新编

Premiere Pro CC 从入门到精通

◉ 鼎翰文化 编著

人 民 邮 电 出 版 社

北 京

图书在版编目（CIP）数据

新编Premiere Pro CC从入门到精通 / 鼎翰文化编著
. -- 北京 : 人民邮电出版社, 2017.7(2018.8重印)
ISBN 978-7-115-40920-1

Ⅰ. ①新… Ⅱ. ①鼎… Ⅲ. ①视频编辑软件 Ⅳ.
①TN94

中国版本图书馆CIP数据核字(2016)第006953号

内 容 提 要

本书以零基础讲解为宗旨，用实例引导读者学习，深入浅出地介绍了应用 Premiere Pro CC 进行视频编辑的相关知识和操作技巧。

全书分为 5 篇，共 24 章。第 1 篇【入门篇】主要介绍了影视编辑的基础知识和 Premiere Pro CC 的基本操作等；第 2 篇【进阶篇】主要介绍了项目文件的创建与编辑、影视素材的采集与添加、影视素材的编辑技巧以及转场特效的应用等；第 3 篇【提高篇】主要介绍了视频特效、影视色彩的校正、视频字幕的调整、字幕特效的应用技巧、视频画面的叠加与合成以及运动视频效果的应用技巧等；第 4 篇【精通篇】主要介绍了音频文件的编辑、Premiere 音轨混合器、音频特效的高级制作以及视频文件的设置与导出等；第 5 篇【高手秘技篇】主要介绍了采集视频的注意事项、“剪辑”命令、辅助编辑工具以及字幕样式库等，供读者巩固提高。

在本书附赠的 DVD 多媒体教学光盘中，包含了与图书内容同步的教学录像。此外，还赠送了大量相关学习内容的教学录像、电子书等扩展学习资源，便于读者全面提高。

本书不仅适合 Premiere Pro CC 的初、中级用户学习使用，也可以作为各类院校相关专业学生和电脑培训班学员的教材或辅导用书。

◆ 编　　著　鼎翰文化
责任编辑　张　翼
责任印制　彭志环

◆ 人民邮电出版社出版发行　　北京市丰台区成寿寺路 11 号
邮编　100164　　电子邮件　315@ptpress.com.cn
网址　http://www.ptpress.com.cn
固安县铭成印刷有限公司印刷

◆ 开本：787×1092　1/16
印张：31.5
字数：910 千字　　2017 年 7 月第 1 版
印数：2 801－3 200 册　　2018 年 8 月河北第 3 次印刷

定价：79.80 元（附光盘）

读者服务热线：(010)81055410　印装质量热线：(010)81055316
反盗版热线：(010)81055315
广告经营许可证：京东工商广登字 20170147 号

电脑是现代社会信息化的重要标志，掌握丰富的电脑知识、正确熟练地操作电脑已成为信息时代对每个人的要求。为满足广大读者的学习需要，我们针对不同学习对象的接受能力，总结了多位电脑高手和计算机教育专家的经验，精心编写了这套“新编从入门到精通”系列丛书。

丛书主要内容

本套丛书涉及读者在日常工作、学习和生活中各个常见的电脑应用领域，在介绍软硬件的基础知识及具体操作时，均以当前的主流版本为主，在必要的地方也兼顾了其他版本，以满足不同领域读者的需求。本套丛书主要包括以下品种。

新编学电脑从入门到精通	新编老年人学电脑从入门到精通
新编笔记本电脑应用从入门到精通	新编 Office 2010 从入门到精通
新编 Office 2013 从入门到精通	新编 Office 2016 从入门到精通
新编 Word 2013 从入门到精通	新编电脑打字与 Word 排版从入门到精通
新编 Excel 2003 从入门到精通	新编 Excel 2010 从入门到精通
新编 Excel 2013 从入门到精通	新编 Excel 2016 从入门到精通
新编 PowerPoint 2016 从入门到精通	新编 Word/Excel/PPT 2003 从入门到精通
新编 Word/Excel/PPT 2007 从入门到精通	新编 Word/Excel/PPT 2010 从入门到精通
新编 Word/Excel/PPT 2013 从入门到精通	新编 Word/Excel/PPT 2016 从入门到精通
新编电脑办公（Windows 7 + Office 2013 版）从入门到精通	新编电脑办公（Windows 7 + Office 2016 版）从入门到精通
新编电脑办公（Windows 8 + Office 2010 版）从入门到精通	新编电脑办公（Windows 8 + Office 2013 版）从入门到精通
新编电脑办公（Windows 10 + Office 2010 版）从入门到精通	新编电脑办公（Windows 10 + Office 2013 版）从入门到精通
新编电脑办公（Windows 10 + Office 2016 版）从入门到精通	新编电脑选购、组装、维护与故障处理从入门到精通
新编 Photoshop CC 从入门到精通	新编 AutoCAD 2015 从入门到精通
新编 AutoCAD 2016 从入门到精通	新编 AutoCAD 2017 从入门到精通
新编 UG NX 10 从入门到精通	新编 UG NX 11 从入门到精通
新编 SolidWorks 2015 从入门到精通	新编 Premiere Pro CC 从入门到精通
新编网站设计与网页制作（Dreamweaver CC + Photoshop CC + Flash CC 版）从入门到精通	

本书特色

零基础、入门级的讲解

无论读者是否从事影视相关行业，是否使用过Premiere Pro CC，都能从本书中找到最佳的起点。本书入门级的讲解，可以帮助读者快速地从新手迈向高手的行列。

精心排版，实用至上

单双栏混合排版，大大扩充了信息容量，从而在有限的篇幅中为读者奉送更多的知识和实战案例。而精心编排的内容能够帮助读者深入理解所学知识，并实现触类旁通。

实例为主，图文并茂

在介绍过程中，每一个知识点均配有实例以辅助讲解，每一个操作步骤均配有对应的插图以加深认识。这种图文并茂的方法，能够帮助读者在学习过程中直观、清晰地看到操作过程和效果，便于深刻理解和掌握所学知识。

高手指导，扩展学习

本书以“高手支招”的形式为读者提炼了各种高级操作技巧，同时在全书最后的“高手秘技篇”中还总结了大量系统、实用的操作方法，以便读者学习到更多的内容。

书盘结合，互动教学

本书配套的多媒体教学光盘内容与书中知识紧密结合并互相补充，帮助读者体验实际操作需求，并借此掌握日常所需的知识、技能以及处理各种问题的方法，达到学以致用的目的，大大增强了本书的实用性。

光盘特点

9小时全程同步教学录像

教学录像涵盖本书所有的知识点，详细讲解每个实战案例的操作过程和关键点。读者可以更轻松地掌握书中的所有知识和技巧，快速掌握实战技能。

超多、超值资源大放送

随书奉送5小时Photoshop经典创意设计案例教学录像、20小时3ds Max教学录像、500个经典Photoshop设计案例效果图、50套精选3ds Max设计源文件、会声会影软件应用电子书、Photoshop CC常用技巧查询手册、Photoshop CC常用快捷键查询手册，以及本书配套的素材文件和教学用PPT等超值资源，以方便读者扩展学习。

配套光盘运行方法

❶ 将光盘放入光驱中，几秒钟后系统会弹出【自动播放】对话框，如下图所示。

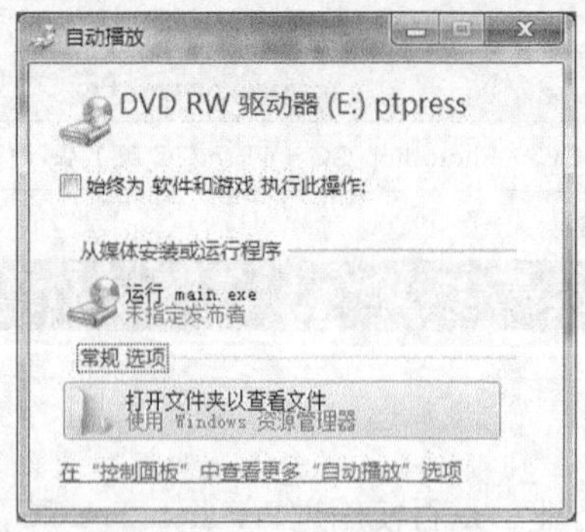

❷ 单击【打开文件夹以查看文件】链接以打开光盘文件夹，用鼠标右键单击光盘文件夹中的main.exe 文件，并在弹出的快捷菜单中选择【以管理员身份运行】菜单项，打开【用户账户控制】对话框，如下图所示。单击【是】按钮，光盘即可自动播放。

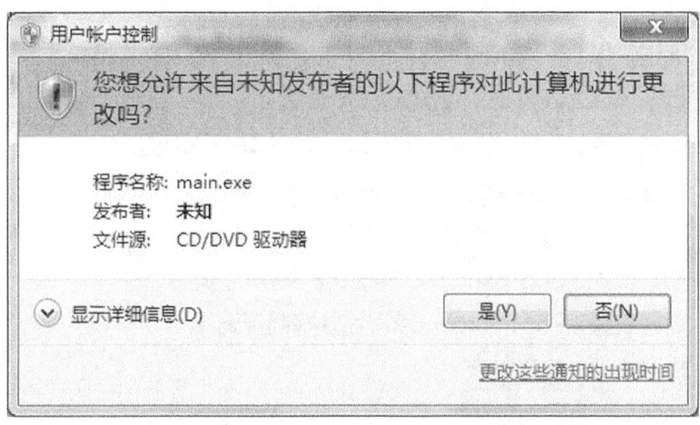

❸ 光盘运行后便可进入光盘的主界面。

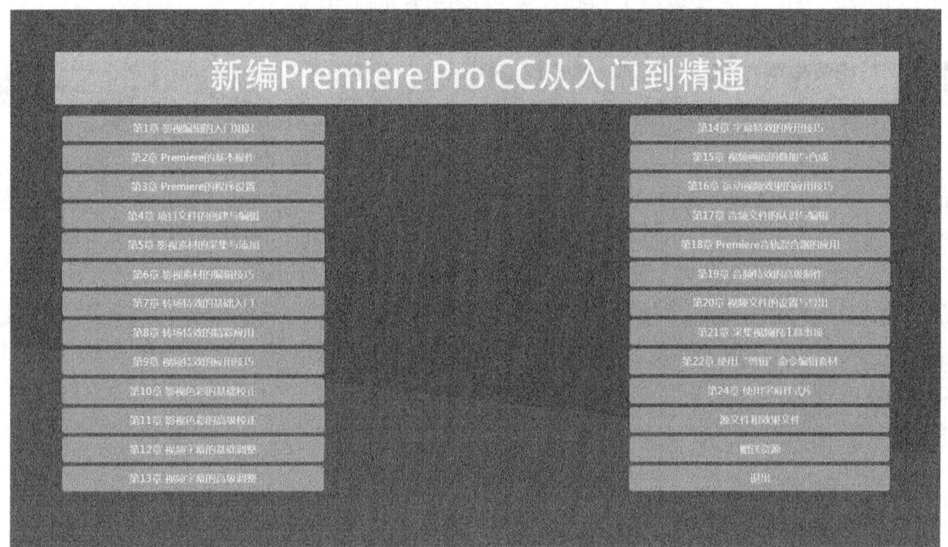

❹ 单击标题名称，即可播放相应的录像。

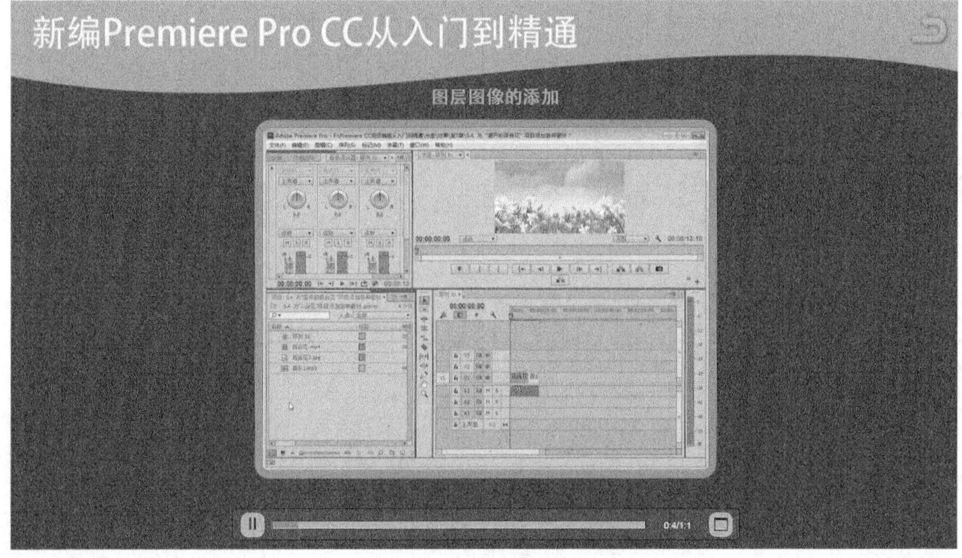

❺ 单击【赠送资源】按钮，即可打开相应的赠送资源文件夹。

- 赠送资源1 5小时Photoshop经典创意设计案例教学录像
- 赠送资源2 20小时3ds Max教学录像
- 赠送资源3 500个经典Photoshop设计案例效果图
- 赠送资源4 50套精选3ds Max设计源文件
- 赠送资源5 会声会影软件应用电子书
- 赠送资源6 Photoshop CC常用技巧查询手册
- 赠送资源7 Photoshop CC常用快捷键查询手册
- 赠送资源8 教学PPT

❻ 单击【源文件和效果文件】按钮，即可打开相对应的文件夹。

❼ 单击光盘主界面上的【退出】按钮，即可退出本光盘系统。

创作团队

本书由鼎翰文化策划编著，参与本书编写、资料整理、多媒体开发及程序调试的人员有尹新梅、杨仁毅、邓建功、李勇、赵阳春、王进修、胥桂蓉、蒋竹、朱世波、唐蓉、杨路平、黄刚、王政、曹洪菲、陈冲、黄君言、李思佳、邓春华、何紧莲、寇吉梅、李彪、刘可立、罗玲、王雨楠、胡勇等。

在编写过程中，我们竭尽所能地将最好的内容呈现给读者，但也难免有疏漏和不妥之处，敬请广大读者不吝指正。若您在学习过程中产生疑问，或有任何建议，可发送电子邮件至 zhangyi@ptpress.com.cn。

编　者

目录

第1篇　入门篇

第3篇 提高篇

第 4 篇 精通篇

第5篇 高手秘技篇

赠送资源（光盘中）

- 赠送资源1　5小时Photoshop经典创意设计案例教学录像
- 赠送资源2　20小时3ds Max教学录像
- 赠送资源3　500个经典Photoshop设计案例效果图
- 赠送资源4　50套精选3ds Max设计源文件
- 赠送资源5　会声会影软件应用电子书
- 赠送资源6　Photoshop CC常用技巧查询手册
- 赠送资源7　Photoshop CC常用快捷键查询手册
- 赠送资源8　教学用PPT

第1篇
入门篇

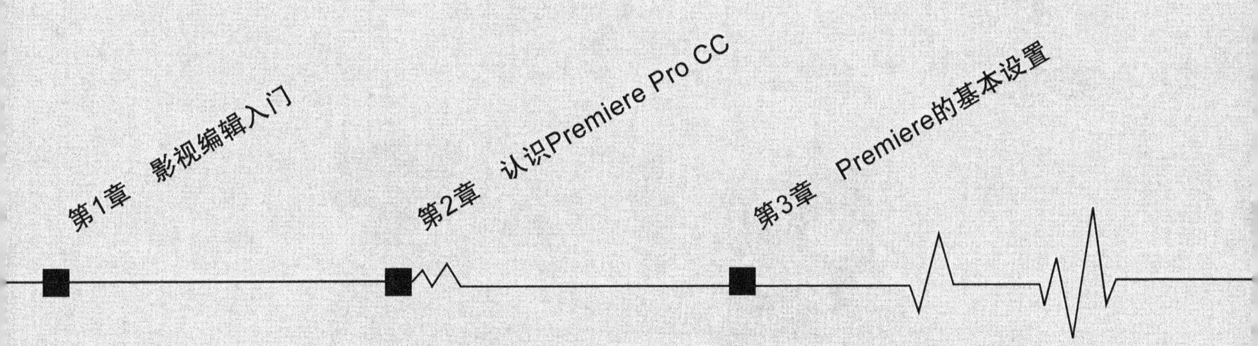

第 1 章

影视编辑入门

学习目标

人类文明发展之初，人们主要通过绘画来记录生活画面。此后，摄影、电影、电视等技术相继出现，使得记录形式逐步由静态图像转变为动态影像，并实现了人们忠实记录和回放生活片段的愿望。随着数字技术的兴起，影片编辑由直接剪接胶片过渡到了借助计算机进行数字化编辑的阶段。然而，无论是通过怎样的方法来编辑视频，其实质都是组接视频片段的过程。不过，要怎样组接这些片段才能符合人们的逻辑思维，并使其具有艺术性和欣赏性，则需要视频编辑人员掌握相应的理论和视频编辑知识。为此，本章将对视频编辑的类型、数字视频的相关知识、视频编辑的术语、视频编辑的过程以及蒙太奇的合成等知识进行详细介绍，以便用户能够在短时间内了解并熟悉视频编辑。

知识要点

- 视频编辑的类型
- 数字视频相关知识
- 视频编辑的术语
- 影片制作的过程
- 蒙太奇的合成
- 影视编辑的常用格式
- 视频制作的前期准备
- 获取影视素材

1.1 视频编辑的类型

在影视视频编辑的发展过程中，先后出现了线性编辑和非线性编辑两种编辑方式。

1.1.1 线性编辑

线性编辑是指源文件从一端进来做标记、分割和剪辑，然后从另一端出去。该编辑的主要特点是录像带必须按照顺序进行编辑。

线性编辑的优点是技术比较成熟，操作相对比较简单。线性编辑可以直接、直观地对素材录像带进行操作，因此操作起来较为简单。

但线性编辑系统所需的设备也为编辑过程带来了诸多的不便，全套的设备不仅需要投放较高的资金、而且设备的连线多，故障发生也频繁，维修起来更是比较复杂。这种线性编辑技术的编辑过程只能按时间顺序进行，无法删除、缩短以及加长中间某一段的视频。

1.1.2 非线性编辑

非线性编辑是指应用计算机图形、图像技术等，在计算机中对各种原始素材进行编辑操作，并将最终结果输出到电脑硬盘、光盘以及磁带等记录设备上的这一系列完整工艺过程。一个完整的非线性编辑系统主要由计算机、视频卡（或 IEEE 1394 卡）、声卡、高速硬盘、专用特效卡以及外围设备构成。

相对于线性编辑的制作途径，非线性编辑是在电脑中利用数字信息进行的视频、音频编辑，只需要使用鼠标和键盘就可以完成视频编辑的操作。取得数字视频素材的方式主要有以下两种。

- 先将录像带上的片段采集下来，即把模拟信号转换为数字信号，然后存储到硬盘中再进行编辑。现在的电影、电视中很多特效的制作过程就是先采用这种方式取得数字化视频，在电脑中进行特效处理后再输出影片。
- 用数码摄像机直接拍摄得到数字视频。数码摄像机在拍摄中，就及时将拍摄的内容转换成了数字信号，只需在拍摄完成后，将需要的片段输入到电脑中即可。

1.2 数字视频相关知识

数字视频是通过视频捕捉设备进行采集，然后将视频信号转换为帧信息，并以每秒约 30 帧的速度播放的运动画面。本节将对数字视频的相关基础知识进行讲解。

1.2.1 数字视频

随着数字技术的迅猛发展，数字视频开始取代模拟视频，并逐渐成为新一代的视频应用标准，现在已广泛应用于商业和网络的传播中。

数字视频是对模拟视频信号进行数字化后的产物，它是基于数字技术记录视频信息的。模拟视频可以通过视频采集卡将模拟视频信号进行 A/D（模 / 数）转换，这个转换过程就是视频捕捉（或采集）过程，将转换后的信号采用数字压缩技术存入计算机磁盘中就成为数字视频。模拟视频一般采用分量数字化方式，先把复合视频信号中的亮度和色度分离，得到 YUV 或 YIQ 分量，然后用三个模 / 数转换器对三个分量分别进行数字化，最后再转换成 RGB 空间。

1.2.2 模拟信号

模拟信号是指信息参数在给定范围内表现为连续的信号，或在一段连续的时间间隔内，其代表信息的特征量可以在任意瞬间呈现为任意数值的信号。模拟信号的幅度、频率及相位都会随着时间发生变化，如声音信号、图形信号等，如下图所示。

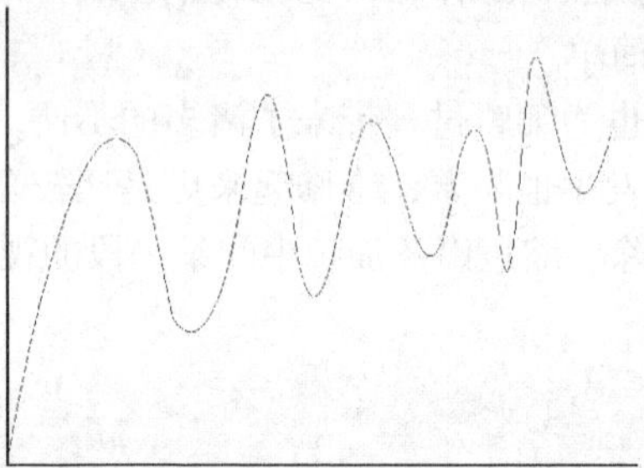

小提示

在模拟通信中，为了提高信噪比，需要在信号传输过程中及时对衰减的信号进行放大，这就使得信号在传输时所叠加的噪声（不可避免）也会被同时放大。随着传输距离的增加，噪声累积也越来越大，以致传输质量严重恶化。

1.2.3 数字信号

与模拟信号不同的是，数字信号的波形幅值被限制在有限个数值之内，因此其抗干扰能力强。除此之外，数字信号还具有便于存储、处理和交换，以及安全性高（便于加密）和相应设备易于实现集成化、微型化等优点。其信号波形如下图所示。

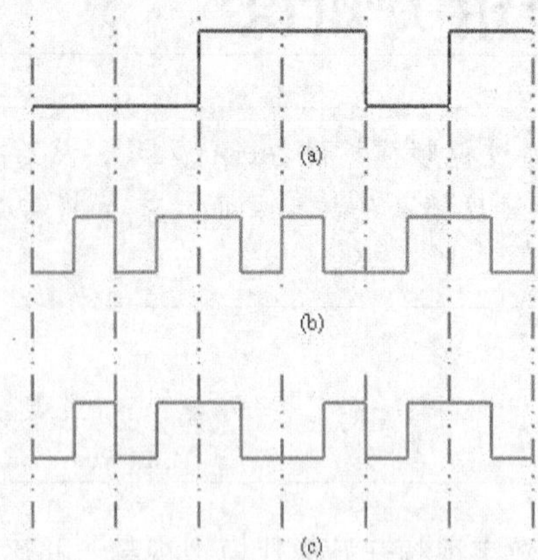

小提示

由于数字信号的幅值为有限个数值,因此在传输过程中虽然也会受到噪声干扰,但当信噪比恶化到一定程度时,只需在适当的距离采用判决再生的方法,即可生成无噪声干扰且和最初发送时一模一样的数字信号。

1.2.4 数字视频的发展

数字视频的发展与计算机的处理能力密切相关。数字视频在个人计算机上的发展，可以大致分为初级、主流和高级几个历史阶段。

- 初级阶段：其主要特点就是在台式计算机上增加了简单的视频功能，利用电脑来处理活动画面，这给人展示了一番美好的前景，但是由于设备还未能普及，都是面向视频制作领域的专业人员。普通 PC 用户还无法奢望在自己的电脑上实现视频功能。
- 主流阶段：这个阶段数字视频在计算机中得到广泛应用，成为主流。初期数字视频的发展没有人们期望的那么快，原因很简单，就是对数字视频的处理很费力，这是因为数字视频的数据量非常之大，1 分钟的满屏真彩色数字视频需要 1.5GB 的存储空间，而在早期一般台式机配备的硬盘容量大约是几百 MB，显然无法胜任如此大的数据量。
- 高级阶段：在这一阶段，普通个人计算机进入了成熟的多媒体计算机时代。各种计算机外设产品日益齐备，数字影像设备争奇斗艳，视音频处理硬件与软件技术高度发达，这些都为数字视频的流行起到了推波助澜的作用。

1.2.5 画面运动的原理

视频的概念最早源于电视系统，是指由一系列静止图像所组成，但能够通过快速播放使其“运动”起来的影像记录技术。

早在电视、电影出现之前，古代的人们便发现燃烧的木炭在被挥动时会由一个“点”变成一条“线”。根据该现象，人们发现了“视觉滞留”的原理：当眼前物体的位置发生变化时，该物体反映在视网膜上的影像不会立即消失，而是会短暂滞留一定时间。如此一来，当多幅内容相近的画面被快速、连续播放时，人类的大脑便会在“视觉滞留”原理的影响下认为画面中的内容在运动。

通常来说，由于物体影像会在人的视网膜上停留 0.1 秒～ 0.4 秒，而导致视觉停留时间不同的原因在于物体的运动速度和每个人之间的个体差异，如下图所示。

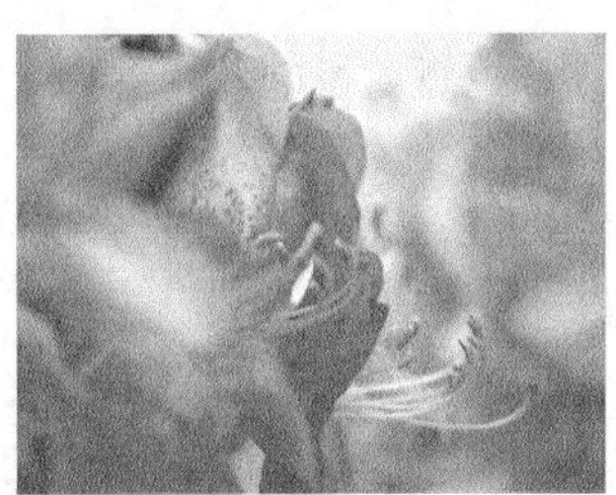 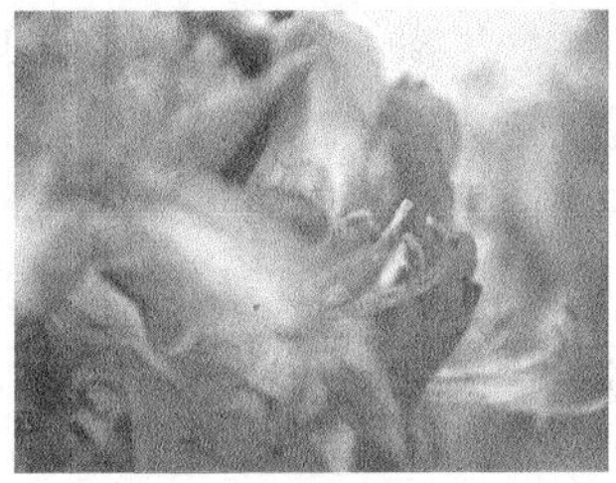 

1.2.6 音频压缩标准

数字音频压缩技术标准分为电话语音压缩、调幅广播语音压缩、调频广播及 CD 音质的宽带音频压缩 3 种，下面分别进行介绍。

- 电话（200Hz ～ 3.4kHz）语音压缩标准：主要有 ITU（国际电传视讯联盟）的 g.722（64kbit/s）、g.721（32kbit/s）、g.728（16kbit/s）和 g.729（8kbit/s）等建议，用于数字电话通信。
- 调幅广播（50Hz ～ 7kHz）语音压缩标准：主要采用 ITU 的 g.722（64kbit/s）建议，用于优质语音、音乐、音频会议和视频会议等。
- 调频广播（20Hz ～ 15kHz）及 CD 音质（20Hz ～ 20kHz）的宽带音频压缩标准：主要采用 MPEG-1 或 MPEG-2 双杜比 AC-3 等建议，用于 CD、MD、MPC、VCD、DVD、HDTV 和电影配音等。

1.2.7　视频压缩标准

数字视频压缩标准是指按照某种特定算法，采用特殊的记录方式来保存数字视频信号的技术。目前使用较多的数字视频压缩标准有 MPEG 系列和 H.26X 系列，下面将分别进行介绍。

1. MPEG系列

MPEG 的全称是运动图像专家组（Moving Picture Experts Group）。MPEG 压缩标准是针对运动图像而设计的，基本方法是在单位时间内采集并保存第一帧信息，然后就只存储其余帧相对第一帧发生变化的部分，以达到压缩的目的。MPEG 压缩标准可实现帧之间的压缩，其平均压缩比可达 5 : 1，压缩率比较高，且又有统一的格式，兼容性好。

- MPEG-1：是专门为CD 光盘所定制的一种视频和音频压缩格式，采用了块方式的运动补偿、离散余弦变换（DCT）、量化等技术，其传输速率可达 1.5Mbit/s。其特点是随机访问，拥有灵活的帧率、运动补偿可跨越多个帧等；不足之处在于压缩比还不够大，且图像质量较差，最大清晰度仅为 352 × 288 分辨率。
- MPEG-2：MPEG-2 制定于 1994 年，其设计目的是为了提高视频数据传输率，能够提供 3Mbit/s ～ 10Mbit/s 的数据传输率，在 NTSC 制式下可流畅输出 720 × 486 分辨率的画面。
- MPEG-4：与 MPEG-1 和 MPEG-2 相比，MPEG-4 不再只是一种具体的数据压缩算法，而是一种为满足数字电视、交互式绘图应用、交互式多媒体等方面内容整合及压缩需求而制定的国际标准，该标准将众多的多媒体应用集成于一个完整框架内，旨在为多媒体通信及应用环境提供标准的算法及工具，从而建立起一种能够被多媒体传输、存储、检索等应用领域普遍采用的统一数据格式。

2. H.26X系列

H.26X 系列压缩标准是由 ITU 所主导提出的，旨在使用较少的带宽传输较多的视频数据，以便用户获得更为清晰的高质量视频画面。

- H.263：是国际电联 ITU-1 专为低码流通信而设计的视频压缩标准，其编码算法与之前版本的 H.261 相同，但在低码率下能够提供较 H.261 更好的图像质量。
- H.264：是目前 H.26X 系列标准中最新版本的压缩标准，其制定目的是为了解决高清数字视频体积过大的问题。H.264 由 MPEG 组织和 ITU-T 联合推出，因此它即是 ITU-T 的 H.264，又是 MPEG-4 的第 10 部分，因此无论是 MPEG-4 AVC、MPEG-4 Part10，还是 ISO/IEC 14496-10，实质上与 H.264 都完全相同。与 H.263 及以往的 MPEG-4 相比，H.264 最大的优势在于拥有很高的数据压缩比率。在同等图像质量条件下，H.264 的压缩比是 MPEG-2 的 2 倍以上，是原有 MPEG-4 的 1.5 ～ 2 倍。这样一来，观看 H.264 数字视频将大大节省用户的下载时间和数据流量费用。

1.2.8 数字视频的分辨率

像素和分辨率都是影响视频质量的主要因素，与视频的播放效果有着密切关系。在电视机、计算机显示器及其他类似的显示设备中，像素是组成图像的最小单位，每个像素则由多个（通常为3个）不同颜色的点组成。而分辨率则是指屏幕上的像素数量，通常用“水平方向像素数量 × 垂直方向像素数量”的方式来表示，如720×480、1024×768等，每幅视频画面的分辨率越大、像素数量越多，整个视频的清晰度也就越高；反之，视频画面便会模糊不清，如下图所示。

1920×1080分辨率效果

720×576分辨率效果

1.2.9 数字视频的颜色深度

颜色深度是指最多支持的颜色种类，一般用“位”来描述。不同格式的图像呈现出的颜色种类会有所不同，如GIF格式图片所支持的是256种颜色，则需要使用256个不同的数值来表示不同的颜色，即从0～255。

颜色深度越小，色彩的鲜艳度就相对较低，如左下图所示；反之，颜色的深度越大，色彩的鲜艳度也会越高，图片占用的空间也会越大，如右下图所示。

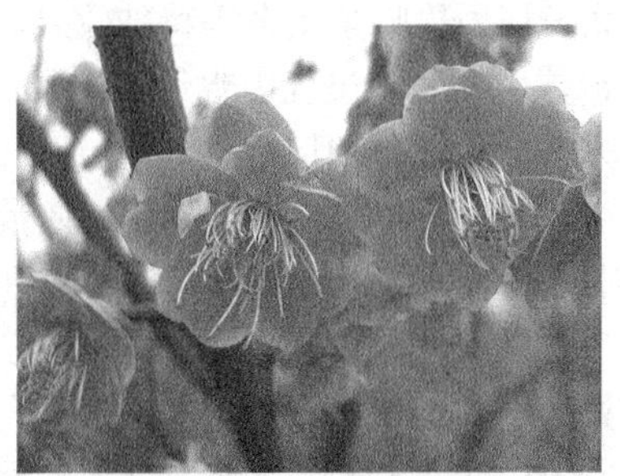

1.2.10 非正方形像素和像素纵横比

在DV出现之前，多数台式机视频系统中使用的标准画幅大小是640像素×480像素。计算机图像是由正方形像素组成的，因此640像素×480像素和320像素×240像素（用于多媒体）的画幅大小非常符合电视的纵横比（宽度比高度），即4∶3（每4个正方形横向像素，对应有3个纵向像素）。

但是在使用720像素×480像素或720像素×486像素的DV画幅大小进行工作时，计算不是很清晰，出现此类问题的原因在于，720像素×480像素的纵横比是3∶2，而不是4∶3的电视标准，使用矩形像素，比宽度更高的非正方形像素（在PAL DV系统中指720像素×576像素），可以将720像素×480像素压缩为4∶3的纵横比。

1.3 视频编辑术语

在进行视频编辑之前，首先需要对视频的相关编辑术语了解清楚，如帧、剪辑、时基以及获取等术语。

1.3.1 帧和场

帧是视频技术中常用的最小单位，一帧是由两次扫描获得的一幅完整图像的模拟信号。视频信号的每次扫描称为场。

视频信号扫描的过程是从图像左上角开始，水平向右到达图像右边后迅速返回左边，并另起一行重新扫描。这种从一行到另一行的返回过程称为水平消隐。每一帧扫描结束后，扫描点从图像的右下角返回左上角，再开始新一帧的扫描。从右下角返回左上角的时间间隔称为垂直消隐。一般行频表示每秒扫描多少行，场频表示每秒扫描多少场，帧频表示每秒扫描多少帧。

1.3.2 剪辑

剪辑即将影片制作中所拍摄的大量素材，经过选择、取舍、分解与组接，最终制作成一个连贯流畅、含义明确、主题鲜明并有艺术感染力的作品的过程。美国导演格里菲斯率先采用了分镜头拍摄，然后再把这些镜头组接起来的方法，因而产生了剪辑艺术。剪辑既是影片制作工艺过程中一项必不可少的工作，也是影片艺术创作过程中所进行的最后一次再创作，对影片剪辑可形成平行蒙太奇、叙事蒙太奇以及隐喻蒙太奇等特殊效果。

视频剪辑技术在发展过程中也经历了几次变革，最初的传统的影像剪辑采用的是机械剪辑和电子剪辑两种方式，下面分别进行介绍。

- 机械剪辑是指直接对胶卷或者录像带进行物理的剪辑，并重新连接起来。因此，这种剪辑相对比较简单也容易理解。随着磁性录像带的问世，这种机械剪辑的方式逐渐显现出其缺陷，因为剪辑录像带上的磁性信息除了需要确定和区分视频轨道的位置外，还需要精确切割两帧视频之间的信息，这就增加了剪辑操作的难度。
- 电子剪辑的问世让这一难题得到了解决。电子剪辑也称为线性录像带电子剪辑，使用这种剪辑方法可按新的顺序重新录制视频信息。

1.3.3 电视制式

电视信号的标准称为电视制式。目前各国的电视制式各不相同，制式的区分主要在于其帧频（场频）、分辨率、信号带宽及载频、色彩空间转换不同等。电视制式主要包含有 NTSC 制式、PAL 制式和 SECAM 制式 3 种。

- NTSC 制式：主要在美国、加拿大、日本、韩国等地被采用。
- PAL 制式：主要在英国、中国、澳大利亚、新西兰等地被采用。根据其中的细节可以进一步划分为 G、I、D 等制式。

- SECAM 制式：主要在东欧、中东等地被采用，它是一种顺序传送彩色信号与存储恢复彩色信号的制式。

1.3.4 时 : 分 : 秒 : 帧

Hours:Minutes:Seconds:Frames（时 : 分 : 秒 : 帧）是 SMPTE（电影与电视工程师协会）规定的，用来描述剪辑持续时间的时间代码标准。在 Premiere Pro CC 中，用户可以很直观地在“时间线”面板中查看到持续时间，如下图所示。

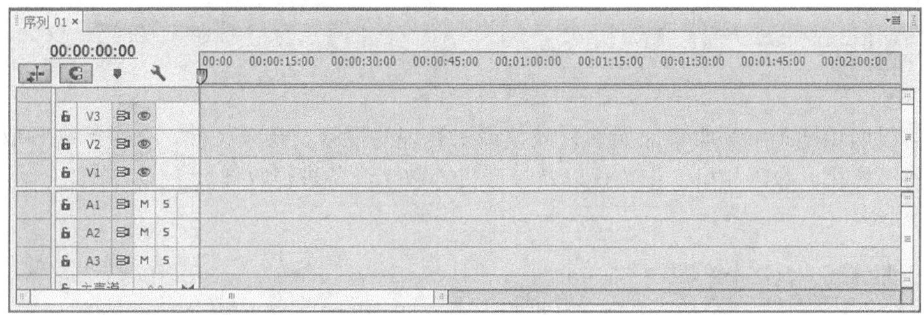

1.3.5 获取和压缩

获取是将模拟的原始影像或声音素材数字化。使用“获取”功能可以通过软件将素材存入电脑，比如拍摄电影的过程就是典型的实时获取。

压缩是用于重组或删除数据以减小剪辑文件尺寸的特殊方法，在压缩影像文件时，可在第一次获取到计算机时进行压缩，或者在 Premiere Pro CC 中进行编辑时再压缩。

1.3.6 复合视频信号

复合视频信号包括亮度和色度的单路模拟信号，即从全电视信号中分离出伴音后的视频信号，色度信号间插在亮度信号的高端。这种信号一般可通过电缆输入或输出至视频播放设备上。由于该视频信号不包含伴音，与视频输入端口、输出端口配套使用时还要设置音频输入端口和输出端口，以便同步传输伴音，因此复合式视频端口也称 AV 端口。

1.3.7 QuickTime

QuickTime 可在 Macintosh 和 Windows 应用程序中综合声音、影像以及动画。它是一款拥有强大的多媒体技术的内置媒体播放器，可让用户以各式各样的文件格式观看互联网视频、高清电影预告片和个人媒体作品，更可让用户以非比寻常的高品质欣赏这些内容。QuickTime 不仅仅是一个媒体播放器，而且是一个完整的多媒体架构，可以用来进行多种媒体的创建、生产和分发，并为这一过程提供端到端的支持，包括媒体的实时捕捉、以编程的方式合成媒体、导入和导出现有的媒体，还有编辑和制作、压缩、分发以及用户回放等多个环节。

1.4 影片制作的过程

一段未处理的视频需要经过繁复的编制过程，包括取材、整理与策划、剪辑与编辑、后期加工、添加字幕以及后期配音等，才能最终成为一个艺术作品。

1.4.1 取材

取材可以简单地理解为收集原始素材或收集未处理的视频及音频文件。在进行视频取材时，用户可以通过录像机、数码相机、扫描仪以及录音机等数字设备进行收集。

1.4.2 整理与策划

使用整理和策划，可以设计出一个完美的视频片段的思路，下面将介绍整理与策划的基础内容。当拥有了众多的素材文件后，用户需要做的第一件事就是整理杂乱的素材，并将其策划出来。策划是一个简单的编剧过程，一部影视节目往往需要经过从剧本编写到分镜头脚本的编写，最终到交付使用或放映的过程。相对影视节目来说，家庭影视的制作过程会显得随意一些。

1.4.3 剪辑与编辑

视频的剪辑与编辑是整个制作过程中最重要的一个项目。视频的剪辑与编辑决定着最终的影片效果。因此，用户除了需要拥有充足的素材外，还要对视频编辑软件有一定的使用能力。

1.4.4 后期加工

后期加工主要是指在完成视频的简单编辑后，对视频进行一些特殊的编辑操作。经过了剪辑和编辑后，用户可以为视频添加一些特效和转场动画。这些后期加工可以增加视频的艺术效果，下图所示为转场效果。

1.4.5 添加字幕

在制作影片时，为视频文件添加字幕，可以凸显影片的主题意思。众多视频编辑软件都提供了独特的文字编辑功能，用户可以展开自己的想象空间，利用这些工具添加各种字幕效果。下图所示为字幕效果的例子。

1.4.6 后期配音

后期配音是指为影片或多媒体加入声音的过程。大多数影片制作都会将配音放在最后一步，这样可以节省很多不必要的重复工作。音乐的加入可以很直观地传达影片中的情感和氛围。

1.5 蒙太奇的合成

蒙太奇的原意为文学、音乐与美术的结合，在影视中表示的是一种将影片内容展现给观众的叙述手法和表现形式，如下图所示。本节将对蒙太奇、镜头组接规律以及镜头组接节奏等基础知识进行介绍。

1.5.1 蒙太奇的含义

在视频编辑领域，蒙太奇的含义存在狭义和广义之分。其中，狭义的蒙太奇专指对镜头画面、声音、色彩等诸元素进行编排和组合的手段。也就是说，是在后期制作过程中，将各种素材按照某种意图进行排列，使之构成一部影视作品。由此可见，蒙太奇是将摄像机拍摄下来的镜头，按照生活逻辑、推理顺序、作者的观点倾向及其美学原则连接起来的手段，是影视语言符号系统中的一种修辞手法。

从广义上来看，蒙太奇不仅仅包含后期视频编辑时的镜头组接，还包含影视剧作从开始到完成的整个过程中创作者们的一种艺术思维方式。

1.5.2 蒙太奇的功能

在现代影视作品中，一部影片通常由 500 ～ 1000 个镜头组成。每个镜头的画面内容、运动形式以及画面与音响组合的方式，都包含着蒙太奇因素。可以说，一部影片从拍摄镜头开始就已经使用蒙太奇了，而蒙太奇的主要功能体现在以下几个方面。

- 通过镜头、场面、段落的分切与组接，对素材进行选择和取舍，以使表现内容主次分明，达到高度的概括和集中。
- 引导观众的注意力，激发观众的联想。每个镜头虽然只表现一定的内容，但组接一定顺序的镜头，能够规范和引导观众的情绪和心理，启迪观众思考。
- 创造独特的影视时间和空间。每个镜头都是对现实时空的记录，经过剪辑，实现对时空的再造，形成独特的影视时空。

1.5.3 表现蒙太奇

表现蒙太奇是以镜头对列为基础，通过相连镜头在形式或内容上相互对照、冲击，从而产生单个镜头本身所不具有的丰富涵义，以表达某种情绪或思想。其目的在于激发观众的联想，启迪观众的思考。表现蒙太奇包含抒情、心理、隐喻和对比蒙太奇 4 种类型。

- 抒情蒙太奇：是一种在保证叙事和描写的连贯性的同时，表现超越剧情之上的思想和情感的手法。它的本意既是叙述故事，亦是绘声绘色的渲染，并且更偏重于后者。意义重大的事件被分解成一系列近景或特写，从不同的侧面和角度捕捉事物的本质含义，渲染事物的特征。
- 心理蒙太奇：是人物心理描写的重要手段，它通过画面镜头组接或声画有机结合，形象生动地展示出人物的内心世界，常用于表现人物的梦境、回忆、闪念，幻觉、遐想、思索等精神活动。这种蒙太奇在剪接技巧上多用交叉穿插等手法，其特点是画面和声音形象的片断性、叙述的不连贯性和节奏的跳跃性，声画形象带有剧中人强烈的主观性。
- 隐喻蒙太奇：通过镜头或场面的对列进行类比，含蓄而形象地表达创作者的某种寓意。这种手法往往将不同事物之间某种相似的特征突现出来，以引起观众的联想，进而领会导演的寓意和领略事件的情绪色彩。隐喻蒙太奇将巨大的概括力和极度简洁的表现手法相结合，往往具有强烈的情绪感染力。不过，运用这种手法应当谨慎，隐喻与叙述应有机结合，避免生硬牵强，如左下图所示。
- 对比蒙太奇：类似文学中的对比描写，即通过镜头或场面之间在内容上（如贫与富、苦与乐、生与死、高尚与卑下、胜利与失败等）或形式上（如景别大小、色彩冷暖、声音强弱、动静等）的强烈对比，产生相互冲突的作用，以表达创作者的某种寓意或强化所表现的内容和思想，如右下图所示。

1.5.4 叙事蒙太奇

叙事蒙太奇是按照事物的发展规律、内在联系以及时间顺序，把不同的镜头连接在一起，叙述一个情节，展示一系列事件的剪接方法。叙事蒙太奇又包含以下几种蒙太奇。

- 平行蒙太奇：这种蒙太奇常以不同时空（或同时异地）发生的两条或两条以上的情节线并列表现，分头叙述而统一在一个完整的结构之中。
- 交叉蒙太奇：该蒙太奇又称交替蒙太奇，它将同一时间不同地域发生的两条或数条情节线迅速而频繁地交替剪接在一起，其中一条线索的发展往往影响另外的线索，各条线索相互依存，最后汇合在一起。这种剪辑技巧极易引起悬念，造成紧张激烈的气氛，加强矛盾冲突的尖锐性，是调动观众情绪的有力手法，惊险片、恐怖片和战争片常用此法造成追逐和惊险的场面。
- 颠倒蒙太奇：这是一种打乱结构的蒙太奇方式，先展现故事或事件的当前状态，再介绍故事的始末，表现为事件概念上“过去”与“现在”的重新组合。它常借助叠印、划变、画外音、旁白等转入倒叙。运用颠倒式蒙太奇，打乱的是事件顺序，但时空关系仍需交代清楚，叙事仍应符合逻辑关系，事件的回顾和推理都以这种结构表现。
- 连续蒙太奇：这种蒙太奇不像平行蒙太奇或交叉蒙太奇那样多线索地发展，而是沿着一条单一的情节线索，按照事件的逻辑顺序，有节奏地连续叙事。这种叙事自然流畅、朴实平顺，但由于缺乏时空与场面的变换，无法直接展示同时发生的情节，难于突出各条情节线之间的对列关系，不利于概括，易有拖沓冗长、平铺直叙之感。因此，在一部影片中绝少单独使用，多与平行、交叉蒙太奇混合使用，相辅相成。

1.5.5 理性蒙太奇

理性蒙太奇是通过画面之间的关系，而不是通过单纯的一环接一环的连贯性叙事表情达意。理性蒙太奇与连贯性叙事的区别在于，即使它的画面属于实际经历过的事实，但按这种蒙太奇组合在一起的事实总是主观视像。理性蒙太奇又包含以下几种蒙太奇。

- 杂耍蒙太奇：杂耍是一个特殊的时刻，其间一切元素都是为了把导演打算传达给观众的思想灌输到他们的意识中，使观众进入引起这一思想的精神状况或心理状态中，以造成情感的冲击。这种手法在内容上可以随意选择，不受原剧情约束，促使造成最终能说明主题的效果。与表现蒙太奇相比，这是一种更注重理性、更抽象的蒙太奇形式。

- 反射蒙太奇：它不像杂耍蒙太奇那样为表达抽象概念随意生硬地插入与剧情内容毫无相关的象征画面，而是所描述的事物和用来做比喻的事物同处一个空间，它们互为依存；或是为了与该事件形成对照；或是为了确定组接在一起的事物之间的反应；或是为了通过反射联想揭示剧情中包含的类似事件，以此作用于观众的感官和意识。
- 思想蒙太奇：这是电影大师维尔托夫创造的，方法是将新闻影片中的文献资料重加编排以表达一个思想。这种蒙太奇形式是一种抽象的形式，因为它只表现一系列思想和被理智所激发的情感。在银幕和观众之间造成一定的“间离效果”，观众冷眼旁观，其参与完全是理性的。

1.5.6 镜头组接规律

将电影或者电视里面单独的画面有逻辑、有构思、有意识、有创意和有规律地连贯在一起，就形成了镜头组接。一部影片是由许多镜头合乎逻辑地、有节奏地组接在一起，从而能够阐释或叙述某件事情的发生和发展。

为了清楚地向观众传达某种思想或信息，组接镜头时必须遵循一定的规律，归纳后可以分为以下几点。

1. 符合观众的思维方式与影片的表现规律

镜头的组接必须要符合生活与思维的逻辑关系。如果影片没有按照上述原则进行编排，必然会由于逻辑关系的颠倒而使观众难以理解。

2. 景别的变化要采用“循序渐进”的方法

通常来说，一个场景内“景”的发展不宜过分剧烈，否则便不易与其他镜头进行组接。相反，如果“景”的变化不大，同时拍摄角度的变换亦不大，也不利于其他镜头的组接。

在拍摄时，“景”的发展变化需要采取循序渐进的方法，并通过渐进式地变换不同视觉距离进行拍摄，以便各镜头之间的顺利连接。在应用这一技巧的过程中，人们还总结出了以下一些典型的组接句型。

- 前进式句型：用来表现由低沉到高昂向上的情绪和剧情的发展。用户在组接前进式句型镜头的时候，如果遇到同一机位、同一景别又是同一主体的画面时是不能进行组接的，因为这样的镜头组接在一起看起来很雷同。
- 后退式句型：该句型是与前进式句型相反的一种表现形式，表示由高昂到低沉、压抑的情绪，在影片中表现由细节扩展到全部，如下图所示。

- 循环式句型：该句型由全景 ➤ 中景 ➤ 近景 ➤ 特写，再由特写 ➤ 近景 ➤ 中景 ➤ 远景的顺序进行表现，甚至还可以反过来运用。表现情绪由低沉到高昂，再由高昂转向低沉，这类句型一般在影视故事片中较为常用，如下图所示。

3. 镜头组接中的拍摄方向与轴线规律

所谓“轴线规律”，是指在多个镜头中，摄像机的位置应始终位于主体运动轴线的同一线，以保证不同镜头内的主体在运动时能够保持一致的运动方向。否则，在组接镜头时，便会出现主体“撞车”的现象，此时的两组镜头便互为跳轴画面。在视频的后期编辑过程中，跳轴画面除了特殊需要外基本无法与其他镜头相组接。

4. 遵循“动接动”“静接静”的原则

当两个镜头内的主体始终处于运动状态，且动作较为连贯时，可以将动作与动作组接在一起，从而达到顺畅过渡、简洁过渡的目的，该组接方法称为“动接动”。

与之相应的是，如果两个镜头的主体运动不连贯，或者它们的画面之间有停顿时，则必须在前一个镜头内的主体完成一套动作后，再与第二个镜头相组接，并且第二个镜头必须是从静止的镜头开始。该组接方法便称为“静接静”。

1.5.7 镜头组接节奏

镜头组接节奏是指通过演员的表演、镜头的转换和运动等因素，让观众直观地感受到人物的情绪、剧情的跌宕起伏、环境气氛的变化。影片内的每一个镜头的组接都需要以影片内容为出发点，并在此基础上调整或控制影片的节奏。处理影片节目的任何一个情节或一组画面，都是从影片表达的内容出发来处理节奏问题。如果在一个宁静祥和的环境里用了快节奏的镜头转换，就会使得观众觉得突兀跳跃，心理难以接受。而在一些节奏强烈，激荡人心的场面中，就应该考虑到种种冲击因素，使镜头的变化速度与观众的心理要求一致，以增强观众的激动情绪，达到吸引和模仿的目的。

1.6 影视编辑的常用格式

在学习使用 Premiere Pro CC 进行视频编辑之前，读者首先需要了解数字视频与音频技术的一些基本知识。下面将介绍常见视频格式和常见音频格式的知识。

1.6.1 数字视频的格式

为了更加灵活地使用不同格式的素材视频文件，用户必须了解当前最流行的几种视频文件格式，如 MJPEG、MPEG、AVI、MOV、RM、RMVB 以及 WMV 等。

- MJPEG 格式：该格式广泛应用于非线性编辑领域，这种压缩方式把运动的视频序列作为连续的静止图像来处理，单独完整地压缩每一帧，在编辑过程中可随机存储每一帧，可进行精确到帧的编辑。此外，MJPEG 的压缩和解压缩是对称的，可由相同的硬件和软件实现。但 MJPEG 只对帧内的空间冗余进行压缩，不对帧间的时间冗余进行压缩，故压缩效率不高。
- MPEG 格式：该格式主要利用了具有运动补偿的帧间压缩编码技术以减小时间冗余度，利用 DCT 技术以减小图像的空间冗余度，利用编码以在信息表示方面减小统计冗余度。这几种技术的综合运用，大大增强了其压缩性能。
- AVI 格式：该格式对视频文件采用了一种有损压缩的方式，但压缩比较高，因此尽管画面质量不是太好，但其应用范围仍然非常广泛。AVI 支持 256 色和 RLE 压缩。AVI 信息主要应用在多媒体光盘上，用来保存电视、电影等各种影像信息。
- MOV 格式：该格式是 QuickTime 影片格式，它是 Apple 公司开发的一种音频、视频文件格式，用于存储常用数字媒体类型。当选择 QuickTime（*.mov）作为“保存类型”时，动画将保存为 .mov 文件。
- RM 格式：该格式是 RealNetworks 公司开发的一种流媒体视频文件格式，可以根据网络数据传输的不同速率制定不同的压缩比率，从而实现在低速率的 Internet 上进行视频文件的实时传送和播放。它主要包含 RealAudio、RealVideo 和 RealFlash 三部分。
- RMVB 格式：该格式是一种视频文件格式，RMVB 中的 VB 指 VBR（Variable Bit Rate，可改变之比特率），其较上一代 RM 格式画面清晰了很多，原因是降低了静态画面下的比特率。该格式可以用 RealPlayer、暴风影音、QQ 影音等播放软件来播放。
- WMV 格式：该格式是微软推出的一种流媒体格式。在同等视频质量下，WMV 格式的体积非常小，因此很适合在网上播放和传输。WMV 格式的其他主要优点还有可扩充的媒体类型、本地或网络回放、可伸缩的媒体类型、多语言支持以及可扩展性等。

1.6.2 数字音频的格式

在编辑视频作品的过程中，除了需要熟悉视频文件格式外，还必须熟悉各种类型的音频格式，如 WAV、MP3、MIDI 以及 WMA 等。

- WAV 格式用于保存 Windows 平台的音频信息资源，被 Windows 平台及其应用程序所广泛支持，该格式也支持 MSADPCM，CCITT A LAW 等多种压缩算法，支持多种音频数字、取样频率和声道，标准格式化的 WAV 文件和 CD 格式一样，也是 44.1kHz 的取样频率，16 位量化数字，因此在声音文件质量上和 CD 相差无几。WAV 音频文件的音质在各种音频文件中是最好的，同时其体积也是最大的，因此不适合用于网络传播。
- MP3 音频的编码采用了 10：1 ～ 12：1 的高压缩率，并且保持低音频部分不失真，为了文件的尺寸，MP3 声音牺牲了声音文件中的 12kHz 到 16kHz 高音频部分的质量。
- MIDI 格式：MIDI 又称乐器数字接口，是数字音乐电子合成乐器的国际统一标准。它定义了计算机音乐程序、数字合成器及其他电子设备交换音乐信号的方式，规定了不同厂家的电子乐器与计算机连接的电缆和硬件及设备数据传输的协议，可以模拟多种乐器的声音。
- WMA 格式：该格式是微软公司推出的、与 MP3 格式齐名的一种新的音频格式。而 WMA 在压缩比和音质方面都超过了 MP3，更是远胜于 RA（Real Audio），即使在较低的采样频率下也能产生较好的音质。一般使用 Windows Media Audio 编码格式的文件以 WMA 作为扩展名，一些使用 Windows Media Audio 编码格式为其所有内容编码的纯音频 ASF 文件也使用 WMA 作为扩展名。

1.6.3 数字图像的格式

常见的数字图像格式主要有 BMP、PCX、TIFF、GIF、JPEG、TGA、EXIF、FPX、PSD、CDR 等。

- BMP 格式：该格式是一种与硬件设备无关的图像文件格式，使用非常广。它采用位映射存储格式，支持 1 ～ 24 位颜色深度，该格式的特点是包含图像信息较丰富，几乎不对图像进行压缩，但占用磁盘空间大。
- PCX 格式：该格式的图像文件由文件头和实际图像数据构成。文件头由 128 字节组成，描述版本信息和图像显示设备的横向、纵向分辨率以及调色板等信息，在实际图像数据中，表示图像数据类型和彩色类型。PCX 图像文件中的数据都是用 PCXREL 技术压缩后的图像数据。
- GIF 格式：该格式也是一种非常通用的图像格式，由于最多只能保存 256 种颜色，且使用 LZW 压缩方式压缩文件，因此 GIF 格式保存的文件非常小巧，不会占用太多的磁盘空间，非常适合 Internet 上的图片传输。此外 GIF 格式还可以保存动画。
- TIFF 格式：该格式用于在不同的应用程序和不同的计算机平台之间交换文件，几乎所有的绘画、图像编辑和页面版式应用程序均支持该文件格式。TIFF 是现存图像文件格式中最复杂的一种，具有可扩展性、方便性以及可改性，可以提供给 IBMPC 等环境中运行图像编辑程序。
- JPEG 格式：该格式支持多种压缩级别，压缩比率通常在 10∶1 ～ 4∶1 之间，压缩比越大，品质就越低；相反，压缩比越小，品质就越好。JPEG 是一种高压缩比、有损压缩真彩色的图像文件格式，其最大的特点是文件比较小，可以进行高倍率的压缩，因而在注重文件大小的领域应用广泛，比如网络上的绝大部分要求高颜色深度的图像都是使用 JPEG 格式。
- TGA 格式：该格式是计算机上应用最广泛的图像格式。在兼顾了 BMP 的图像质量的同时又兼顾了 JPEG 的体积优势。并且还有自身的特点，如通道效果、方向性。因为兼具体积小和效果清晰的特点，所以在 CG 领域常作为影视动画的序列输出格式。
- EXIF 格式：该格式就是在 JPEG 格式头部插入了数码照片的信息，包括拍摄时的光圈、快门、白平衡、ISO、焦距、日期时间等各种拍摄条件，以及相机品牌、型号、色彩编码、拍摄时录制的声音以及全球定位系统（GPS）、缩略图等。简单地说，EXIF=JPEG+ 拍摄参数。因此，用户可以利用任何可以查看 JPEG 文件的看图软件浏览 EXIF 格式的照片，但并不是所有的图形程序都能处理 EXIF 信息。
- FPX 格式：该格式的优点是当影像被放大时仍可维持影像的质量。另外，当修饰 FPX 影像时，只会处理被修饰的部分，不会把整幅影像一并处理，从而减小了处理器及内存的负担，使影像处理时间减少。
- PSD/PDD 格式：该格式是 Adobe 公司的图形设计软件 Photoshop 的专用格式。PSD 文件可以存储成 RGB 或 CMYK 模式，还能够自定义颜色数并加以存储，还可以保存 Photoshop 的层、通道、路径等信息，是目前唯一能够支持全部图像色彩模式的格式。其在大多平面软件内部可以通用（如 CDR、AI、AE 等），另外在一些其他类型编辑软件内也可使用，例如 Office 系列。但是 PSD 格式的图像文件很少为其他软件和工具所支持，所以在图像制作完成后，通常需要转化为一些比较通用的图像格式，以便于输出到其他软件中继续编辑。而且体积庞大也是需考虑的。
- CDR 格式：该格式文件属于 CorelDraw 专用文件存储格式，用户需要安装 CoreDraw 相关软件后才能打开该图形文件。CDR 格式的兼容性比较差，所以只能在 CorelDraw 应用程序中使用，其他图像编辑软件均不能打开此类文件。

1.7 视频制作的前期准备

在进行视频制作之前，应该做好剧本的策划和素材的收集工作。

1.7.1 策划剧本

策划剧本是制作一部优秀视频作品的首要工作，其重点在于创作的构思，是一部影片的灵魂。当脑海中有了一个绝妙的构思后，马上用笔将其描述出来，就形成了剧本。

在编写剧本时，首先要拟定一个比较详细的提纲，然后根据这个提纲尽量做好详细的细节描述，以作为在 Premiere 中进行编辑过程的参考指导。剧本的形式有很多种，如绘画式、小说式等。

1.7.2 准备素材

素材是组成视频节目的各个部分，Premiere Pro CC 所做的只是将其穿插组合成一个连贯的整体。通过 DV 摄像机，可以将拍摄的视频内容通过数据线直接保存到电脑中来获取素材，旧式摄像机拍摄出来的影片还需要进行视频采集才能存入电脑。

在 Premiere Pro CC 中经常使用的素材有以下几种。

- 通过视频采集卡采集的数字视频 AVI 文件。
- 由 Premiere 或者其他视频编辑软件生成的 AVI 和 MOV 文件。
- WAV 格式和 MP3 格式的音频数据文件。
- 无伴音的 FLC 或 FLI 格式文件。
- 各种格式的静态图像，包括 BMP、JPG、PCX、TIF 等。
- FLM（Filmstrip）格式的文件。
- 由 Premiere 制作的字幕（Title）文件。

将素材内容收集完成后，保存在电脑中指定的文件夹，以便管理，然后便可以开始编辑工作了。

1.8 获取影视素材

获取影视素材可以直接从已有的素材库中提取，也可以在实地拍摄后，通过捕获视频信号的方式来实现。视频的捕获包括数字视频的捕获和模拟信号的捕获。

1.8.1 实地拍摄

实地拍摄是取得素材的最常用方法，在进行实地拍摄之前，需要做好充分的准备工作，其准备工作如下。

- 充满电池电量。
- 备足 DV 带。
- 安装好三脚架。
- 计划好拍摄主题。
- 实地考察拍摄现场的大小、灯光情况、主场景的位置。
- 选择好拍摄位置，以确定拍摄的内容。

1.8.2 数字视频捕获

拍摄完毕后，可以在 DV 机中回放所拍摄的片段；也可以通过 DV 机器的 S 端子或 AV 输出与电视机连接，在电视机上欣赏；还可以将 DV 带里所存储的视频素材传输到电脑中，对所拍片段进行编辑。

1.8.3 模拟信号捕获

在电脑上通过视频采集卡可以接收来自视频输入端的模拟视频信号，对该信号进行采集、量化，转换成数字信号，然后压缩编码成数字视频。由于模拟视频输入端可以提供不间断的信息源，视频采集卡要采集模拟视频序列中的每帧图像，并在采集下一帧图像之前把这些数据传入电脑系统。因此，实时采集的关键是每一帧所需的处理时间。如果每帧视频图像的处理时间超过相邻两帧之间的相隔时间，则会出现数据的丢失，即丢帧现象。

1.9 综合案例——将像素纵横比转换为方形像素

本节教学录像时间：2分钟

在 Premiere Pro CC 中创建 DV 项目时，像素纵横比是自动获取的，但是为了素材的变形，可以使用 Premiere Pro CC 的“解释素材”命令，合理设置导入图形或影片的画幅大小。

光盘同步视频文件

配套光盘\将像素纵横比转换为方形像素.mp4

步骤 01 在 Premiere Pro CC 界面中，打开本书配套光盘中的“第 1 章 /1.9 综合实例：将像素纵横比转换为方形像素 .Prproj”项目文件，如下图所示。

步骤 02 在“项目”面板中，选择“一米阳光”图像文件，如下图所示。

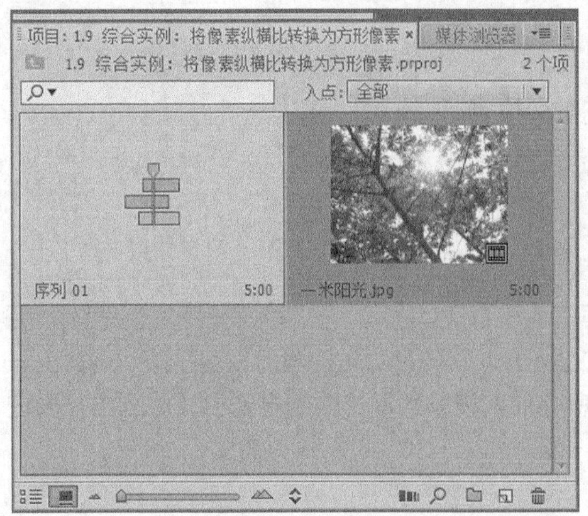

步骤 03 在选择的素材上单击鼠标右键，在弹出的快捷菜单中，选择“修改”➤“解释素材”命令，如下图所示。

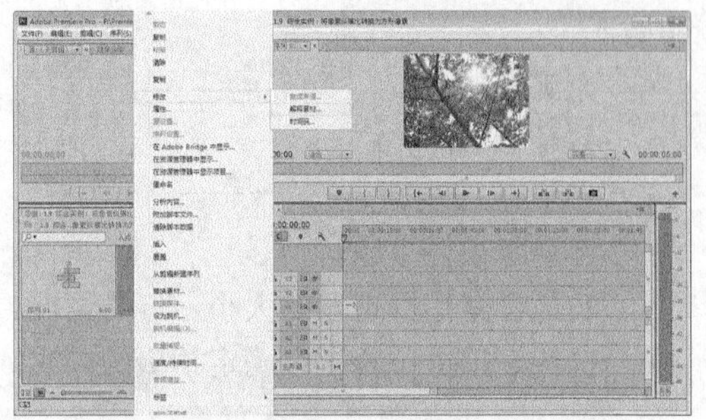

步骤 04 在弹出的“修改剪辑”对话框中，❶ 单击“符合”单选按钮，❷ 在下拉列表中，选择“方形像素（1.0）”选项，如下图所示。

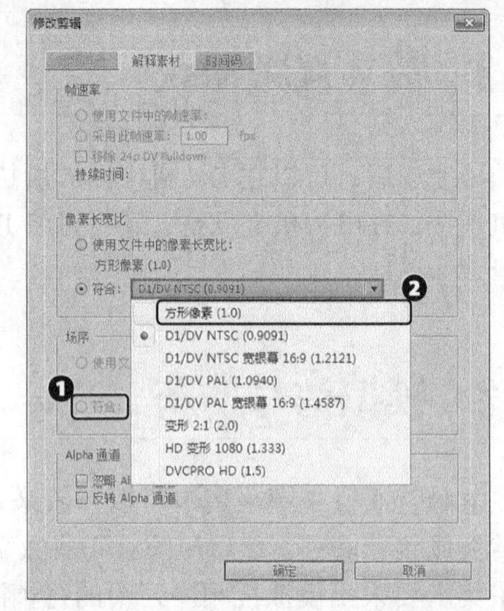

步骤 05 单击“确定”按钮，完成方形像素的修改。

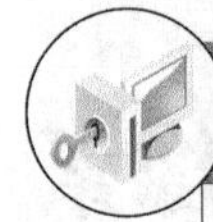

高手支招

通过对前面知识的学习，相信读者朋友已经掌握好影视编辑的相关基础知识。下面结合本章内容，给大家介绍一些遗漏的影视编辑技巧。

隔行扫描与逐行扫描

视频显示有两种基本方式：隔行扫描或逐行扫描。其中，逐行扫描用在计算机显示器和数字电视机上，一次显示图像的所有水平线，作为一帧；隔行扫描用在标准 NTSC、PAL、SECAM 制电视机上，一次只显示一半水平线（第一个扫描场，包含所有奇数线，接下来的第二个扫描场，包含所有偶数线）。隔行扫描依赖人眼的视觉暂留特性（这是心理上造成的，而不是物理上）以及电视机显像管上的磷暂留特性，使两个扫描场变得模糊，形成人眼感觉到的一幅图像。隔行扫描的优点是只要原来的一半数据量就可以获得高刷新速率（50Hz 或 60Hz）；缺点是水平分辨率实质上降低一半，因为视频通常经过滤波以避免图像闪烁等其他缺陷。

镜头组接时间长度

在剪辑、组接镜头时，每个镜头停滞时间的长短，不仅要根据内容难易程度和观众的接受能力来决定，还要考虑到画面构图及画面内容等因素。例如，在处理远景、中景等包含内容较多的镜头时，便需要安排相对较长的时间，以便观众看清这些画面上的内容；对于近景、特写等空间较小的画面，由于画面内容较少，因此可适当减少镜头的停留时间。

第 2 章

认识Premiere Pro CC

学习目标

Premiere Pro CC 是由 Adobe 公司开发的一款非线性视频编辑软件，其强大、专业的功能和简便的操作方法，受到了广大专业视频编辑人员的喜爱，成为目前影视编辑领域内应用最为广泛的视频编辑与处理软件。本章主要介绍 Premiere Pro CC 的新增功能、主要功能以及操作界面等基础知识。

知识要点

- Premiere Pro CC 的新增功能
- Premiere Pro CC 的主要功能
- Premiere Pro CC 的工作界面
- Premiere Pro CC 的功能面板

2.1 了解Premiere Pro CC的新增功能

Premiere Pro CC 是 Premiere 的最新版本，除继承以前版本的优点外，还增加了一些新的功能，使视频编辑更加方便快捷。

2.1.1 Adobe Creative Cloud同步设置

在多台计算机上使用 Adobe Premiere Pro CC 时，在这些计算机之间管理和同步首选项、预设和库可能会非常费时，复杂而又容易出错。Premiere Pro CC 新增的“同步设置”功能可让用户将常规首选项、键盘快捷键、预设和库同步到 Creative Cloud。例如，如使用多台计算机，则利用“同步设置”功能可保持多台计算机的设置同步。同步将通过用户的 Adobe Creative Cloud 账户进行。将所有设置上载到用户的 Creative Cloud 账户，然后再下载并应用到其他计算机上。

用户也可以在包含其他用户软件许可副本的计算机上下载和使用设置。利用此功能，多个用户可在同一台计算机上使用自己的个人设置。例如，在后期制作设施中，多位兼职编辑可进行不同班次的工作。

同步将通过用户的 Adobe Creative Cloud 账户进行。设置会上载到用户的 Creative Cloud 账户，然后下载并应用到其他计算机上。用户必须手动启动同步，同步不会自动发生，也无法计划同步。

2.1.2 改进的用户界面

Premiere Pro CC 提供了 HiDPI 支持，增强了高分辨率用户界面的显示体验。最新款的监视器（如 Apple 的 Retina Mac 计算机，包括 MacBook Pro 的新型号）支持 HiDPI 显示。此外，Premiere Pro CC 改进了标题和动作安全指南；只需单击一次即可在视频与音频的波形之间进行切换。

2.1.3 增强的“时间轴”面板功能

“时间轴”面板中的轨道头现在可以自定义，并可以确定显示哪些控件。由于视频和音频轨道的控件各不相同，因此每种轨道类型各有单独的按钮编辑器。右键单击视频或音频轨道并选择“自定义”选项，如下图所示，然后根据需要拖放按钮即可。

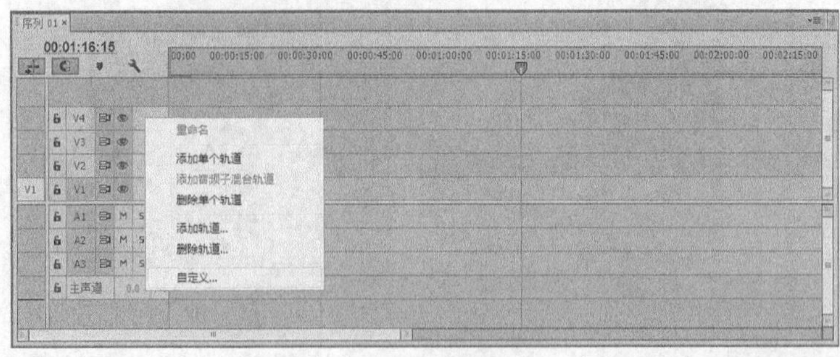

2.1.4 重新链接脱机素材功能

通常，用户可以移动或重命名文件，或将文件转码为其他格式。Premiere Pro CC 可通过新增的“链接媒体”对话框帮助用户查找并重新链接这些文件。当用户打开包含脱机媒体的项目时，“链接媒体”对话框会提供诸如文件名、上次已知的路径以及元数据属性等信息。有了所有这些信息，用户便可以通过 Premiere Pro CC 快速查找并重新链接媒体，使其返回在线状态以便在项目中使用。下图所示为“链接媒体”对话框。

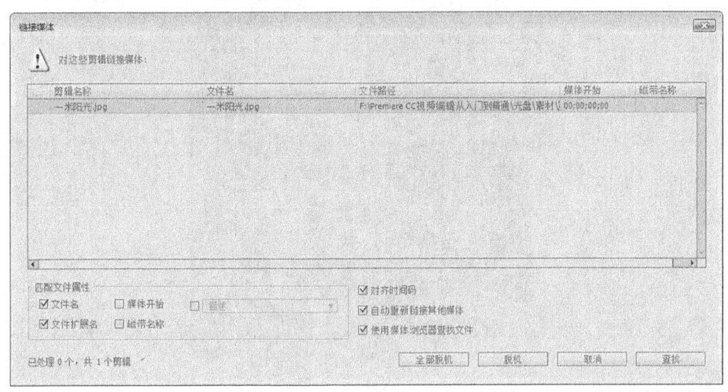

2.1.5 新增隐藏字幕

用户现在可以使用 Premiere Pro CC 中的隐藏字幕文本，而不需要单独的隐藏字幕创作软件。用户可以导入隐藏字幕文本，将其链接到相应的剪辑，编辑文本，以及从 Premiere Pro CC 中调整时间轴的持续时间。完成后，将用户的序列与嵌入的隐藏字幕一起导出到磁带或 Adobe Media Encoder，或者将序列导出为单独的 Sidecar 文件。

2.1.6 新增“多机位”模式

新增的“多机位”模式会在节目监视器中显示多机位编辑界面。用户可以从使用多个摄像机以不同角度拍摄的剪辑中或从特定场景的不同镜头中创建立即可编辑的序列。

用户可以使用“创建多机位源序列”选项，如下图所示，将具有通用入点 / 出点或重叠时间码的剪辑合并为一个多机位序列。用户可以从剪辑素材箱中创建一个多机位源序列。创建多机位序列时，现在提供了一个“偏移音频”控件。

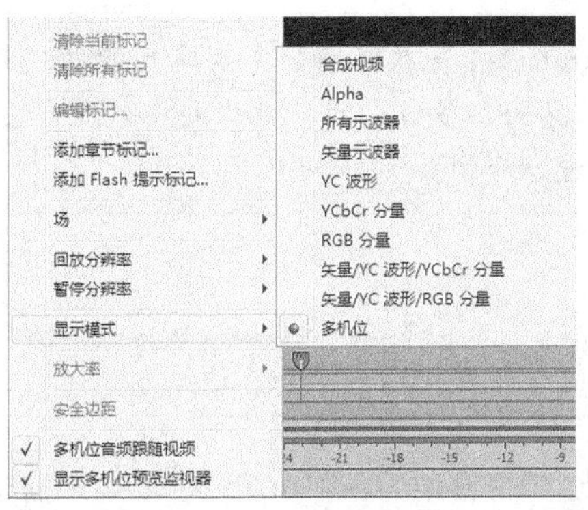

2.1.7 增强的音频功能

音频功能的增强包含有以下两个方面。

1. 重命名的“调音台”面板

现在，“调音台”面板已重命名为“音频轨道混合器”。更改为此名称有助于区分音频轨道混合器和新的“音频剪辑混合器”面板，如下图所示。“音频轨道混合器”中的弹出菜单已进行过重新设计，可以采用分类子文件夹的形式显示音频增效工具，以便更快地进行选择。

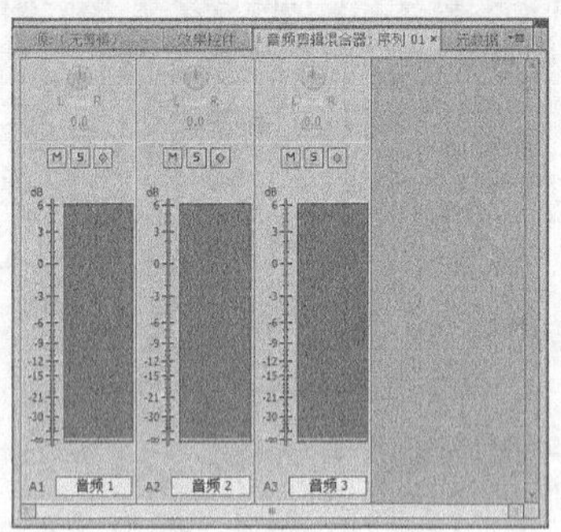

2. 新增的音频增效工具管理器和音频增效工具

“音频增效工具管理器”适用于处理音频效果，可从“音频轨道混合器”和“效果”面板中访问音频增效工具管理器，也可从“音频首选项”对话框中访问音频增效工具管理器，如下图所示。Premiere Pro CC 支持第三方 VST 3 增效工具。在 Mac 上，还可以使用音频单位（AU）增效工具。

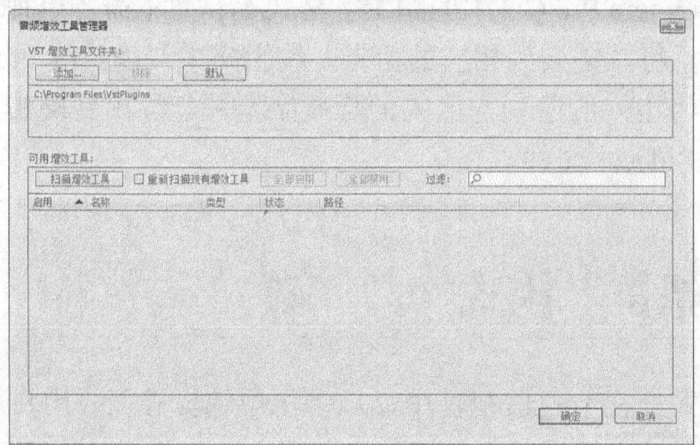

2.2 Premiere Pro CC的主要功能

Premiere Pro CC 是一款具有强大编辑功能的视频编辑软件，其简单的操作步骤、简明的操作界面、多样化的特效受到广大用户的青睐。本节将对 Premiere Pro CC 的主要功能进行介绍。

2.2.1 捕获功能

捕获功能是 Premiere Pro CC 中最常用的一种功能，主要用来捕获素材至软件中，以进行其他操作。Premiere Pro CC 可以直接从便携式数字摄像机、数字录像机、麦克风或者其他输入设备进行素材的捕获。

2.2.2 剪辑与编辑功能

Premiere Pro CC 中的剪辑与编辑功能，除了可以轻松剪辑视频与音频素材外，还可以直接改变素材的播放速度、排列顺序等。

2.2.3 特效滤镜功能

在最新版本的 Premiere Pro CC 中，系统自带有许多不同风格的特效滤镜。为视频或素材图像添加特效滤镜，可以增加素材的美感度。下图所示为添加“三路色彩”视频特效的前后对比效果。

2.2.4 转场功能

段落与段落、场景与场景之间的过渡或转换，就叫做转场。Premiere Pro CC 中能够让各种镜头实现自然的过渡，如黑场、淡入、淡出、闪烁、翻滚以及 3D 转场效果。下图所示为“滑动带”转场效果示例。

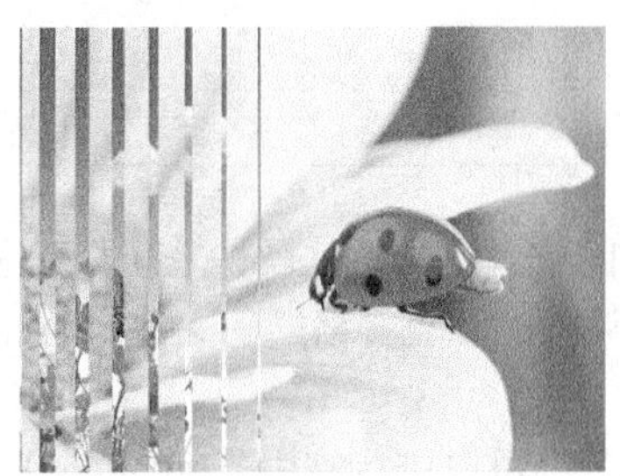

2.2.5 字幕工具功能

字幕是指在电影银幕或电视机荧光屏下方出现的外语对话的译文或其他解说文字以及种种文字，如影片的片名、演职员表、唱词、对白、说明词、人物介绍、地名和年代等。

使用字幕工具能够创建出各种效果的静态或动态字幕，灵活运用这些工具可以使影片的内容更加丰富多彩，下图所示为字幕效果示例。

2.2.6 音频处理功能

Premiere Pro CC 不仅让用户可以处理视频素材，还为用户提供了强大的音频处理功能。用户能直接剪辑音频素材，而且可以添加一些音频特效，下图所示为添加的音频效果。

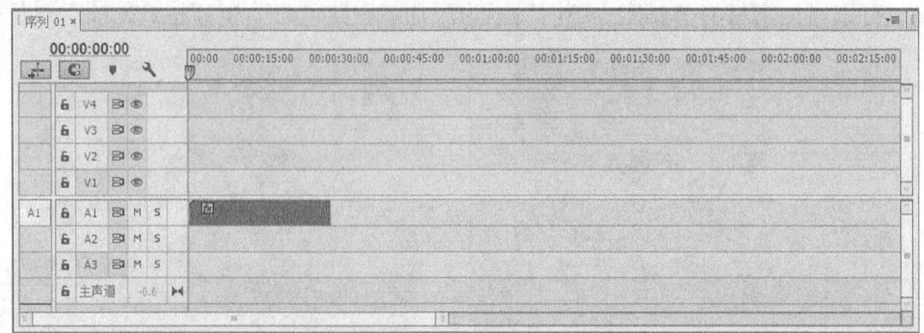

2.2.7 效果输出功能

Premiere Pro CC 拥有强大的输出功能，可以将制作完成后的视频文件输出成多种格式的视频或图片文件，还可以将文件输出到硬盘或刻录成 DVD 光盘。

2.2.8 兼容性与协调性

所谓兼容性，就是指几个硬件之间、几个软件之间或者是几个软硬件之间相互配合的程度。在 Premiere Pro CC 中对多格式视频文件的兼容性进行了调整，让更多格式的文件与 Premiere Pro CC 软件得到兼容。

协调性是指各个不同软件中的一些功能通过协调后，可以进行使用。Premiere Pro CC 与 Adobe 公司的其他产品组件之间有着优良的协调性。如支持 Photoshop 中的混合模式、能够与 Adobe Illustrator 协调使用等。

2.2.9 项目管理功能

在 Premiere Pro CC 中，独有的 Rapid Find 搜索功能能让用户查看并搜索需要的结果。除此之外，独立设置每个序列让用户可以方便地将多个序列分别应用不同的编辑和渲染设置。

2.2.10 时间精确显示功能

控制时间的精确显示可以对影片中的每一个时间进行调整。Premiere Pro CC 拥有更加完善的时间显示功能，使得影片的每一个环节都能得到精确的控制。

2.3 Premiere Pro CC的工作界面

启动 Premiere Pro CC 之后，会有几个面板自动出现在工作界面中，Premiere Pro CC 的工作界面主要由标题栏、菜单栏、工具面板、项目面板、源监视器面板、节目监视器面板、时间轴面板、特效控制台面板、效果面板、项目面板、信息面板等部分组成，如下图所示。

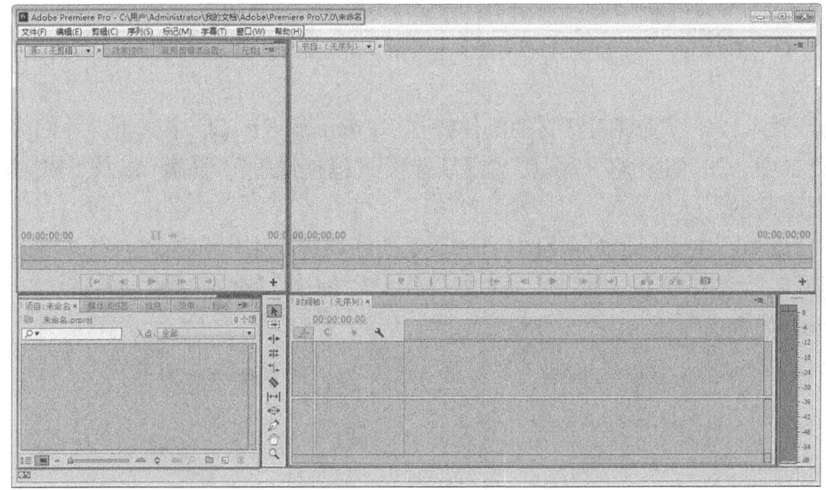

2.3.1 标题栏

标题栏位于 Premiere Pro CC 窗口的最上端，它显示了系统正在运行的应用程序和用户正打开的项目文件的信息。当启动 Premiere Pro CC 后，如果创建项目文件时没有进行项目命名，则默认名称为“未命名”，如下图所示。

Adobe Premiere Pro - C:\用户\Administrator\我的文档\Adobe\Premiere Pro\7.0\未命名

2.3.2 菜单栏

菜单栏提供了 8 组菜单选项，位于标题栏的下方。Premiere Pro CC 的菜单栏由“文件”“编辑”“剪辑”“序列”“标记”“字幕”“窗口”和“帮助”菜单组成。下面将对各菜单的含义进行介绍。

- “文件”菜单：主要用于对项目文件进行操作。在“文件”菜单中包含“新建”“打开项目”“关闭项目”“保存”“另存为”“还原”“捕捉”“批量捕捉”“导入”“导出”以及“退出”

等命令，如左下图所示。

- “编辑”菜单：主要用于一些常规编辑操作。在“编辑”菜单中包含“撤销”“重做”“剪切”“复制”“粘贴”“清除”“全选”“查找”“快捷键”以及“首选项”等命令，如右下图所示。

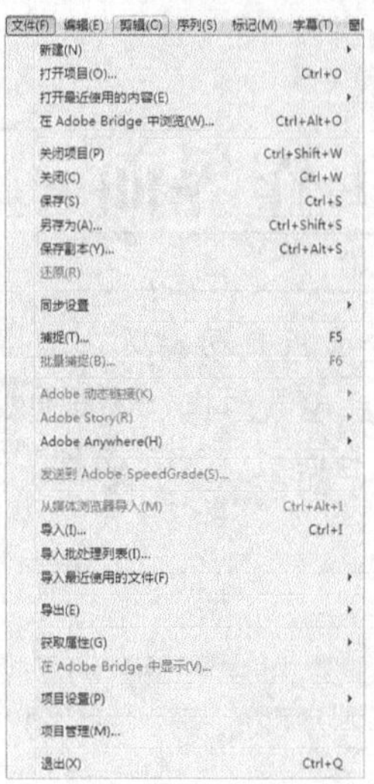

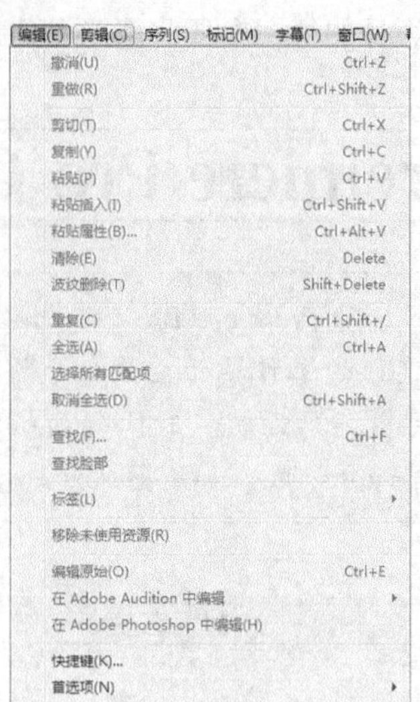

- “剪辑”菜单：用于实现对素材的具体操作。Premiere Pro CC 中剪辑影片的大多数命令都位于该菜单中，如“重命名”“修改”“视频选项”“捕捉设置”“覆盖”以及“替换素材”等命令，如左下图所示。
- “序列”菜单：主要用于对项目中当前活动的序列进行编辑和处理。在“序列”菜单中包含“序列设置”“渲染音频”“提升”“提取”“放大”“缩小”“对齐”“添加轨道”以及“删除轨道”等命令，如右下图所示。

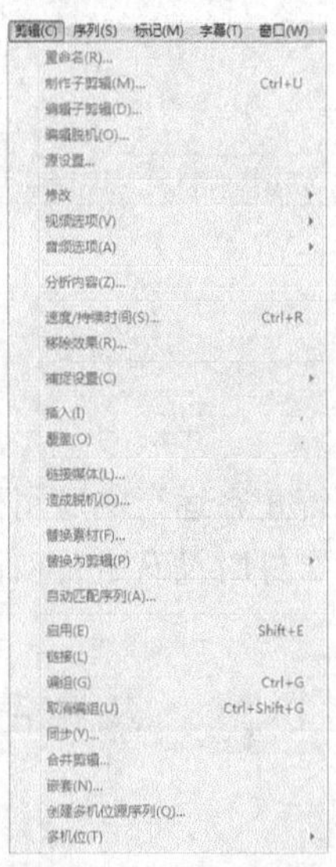

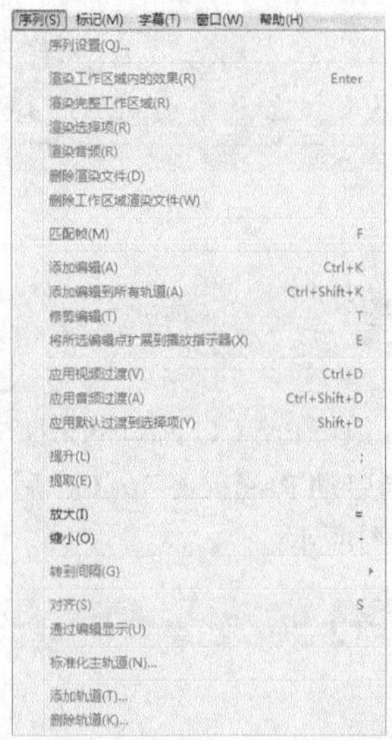

- “标记”菜单：用于对素材和场景序列的标记进行编辑处理。在“标记”菜单中包含“标记入点”“标记出点”“跳到入点”“跳到出点”“添加标记”以及“清除当前标记”等命令，如左下图所示。
- “字幕”菜单：主要用于实现字幕制作过程中的各项编辑和调整操作。在“字幕”菜单中包含“新建字幕”“字体”“大小”“文字对齐”“方向”“图形”“选择”以及“排列”等命令，如右下图所示。

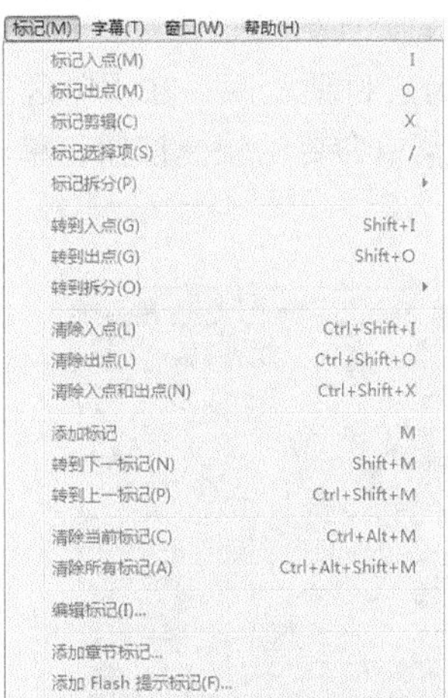

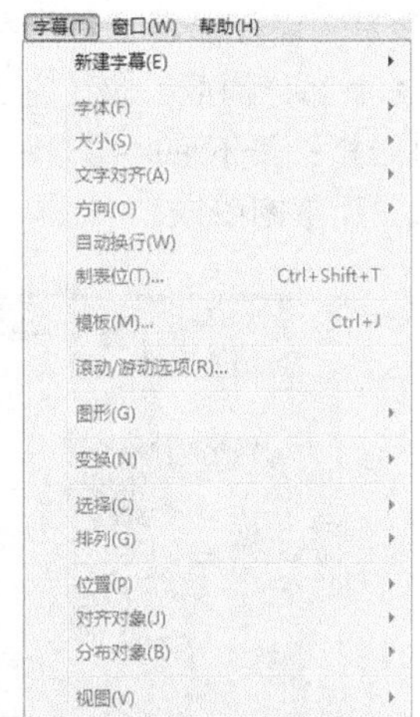

- “窗口”菜单：主要用于实现对各种编辑窗口和控制面板的管理操作。在“窗口”菜单中包含“工作区”“扩展”“事件”“信息”“字幕属性”以及“效果控件”等命令，如左下图所示。
- “帮助”菜单：可以为用户提供在线帮助。在“帮助”菜单中包含“帮助”“支持中心”登录”以及“更新”等命令，如右下图所示。

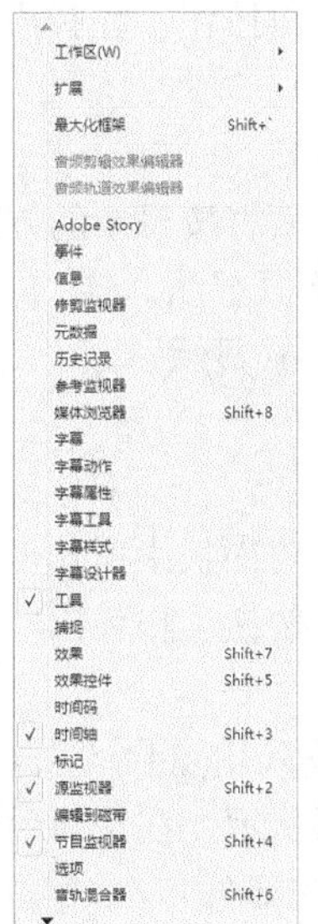

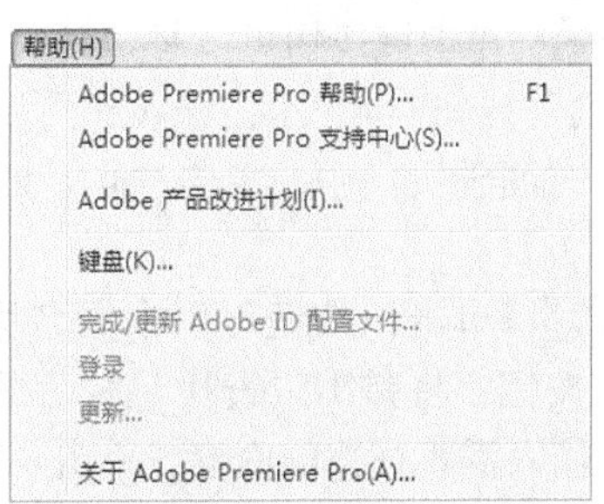

2.4 Premiere Pro CC的功能面板

前面学习了 Premiere Pro CC 的工作界面，包括标题栏和菜单栏，接下来学习各功能面板的主要功能和相关操作。

2.4.1 “项目”面板

如果所工作的项目中包含许多视频、音频素材和其他作品元素，那么应该重视 Premiere Pro CC

的“项目”面板，“项目”面板提供了对作品元素的总览。

“项目”面板由4个部分构成，最上面的一部分为素材预览区；在预览区下方的为查找区；位于最中间的是素材目录栏；最下面是工具栏，也就是菜单命令的快捷按钮，单击这些按钮可以方便地实现一些常用操作，如下图所示。

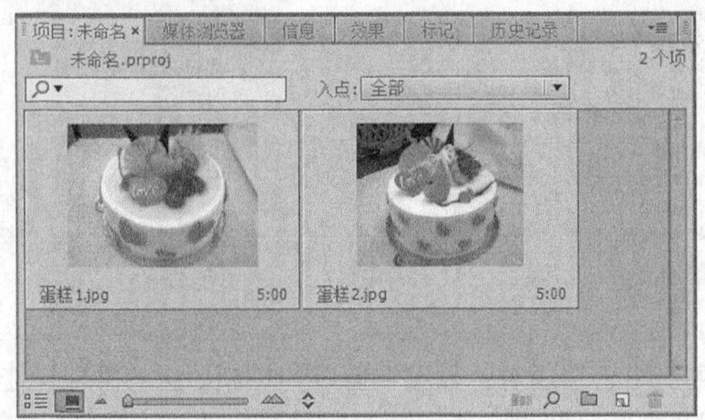

在“项目”面板中包含了多个选项和按钮，下面介绍其含义。

- “素材预览区”选项：该选项区主要用于显示所选素材的相关信息。默认情况下，“项目”面板不显示素材预览区，只有单击面板右上角的下三角按钮，在弹出的列表框中选择“预览区域”选项，才可显示素材预览区。
- “查找区”选项：该选项区主要用于查找需要的素材。
- “素材目录栏”选项：该选项区的主要作用是将导入的素材按目录的方式编排起来。
- “列表视图”按钮：单击该按钮可以将素材以列表形式显示。
- “图标视图”按钮：单击该按钮可以将素材以图标形式显示。
- “缩小”按钮：单击该按钮可以将素材缩小显示。
- “放大”按钮：单击该按钮可以将素材放大显示。
- “自动匹配序列”按钮：单击该按钮可以将“项目”面板中所选的素材自动排列到“时间轴”面板的时间轴页面中。单击“自动匹配序列”按钮，将弹出“自动匹配到序列”对话框。
- “查找”按钮：单击该按钮可以根据名称、标签或入出点在“项目”面板中定位素材。单击“查找”按钮，将弹出“查找”对话框，如下图所示。在该对话框的“查找目标”下方的文本框中输入需要查找的内容，单击“查找”按钮即可。

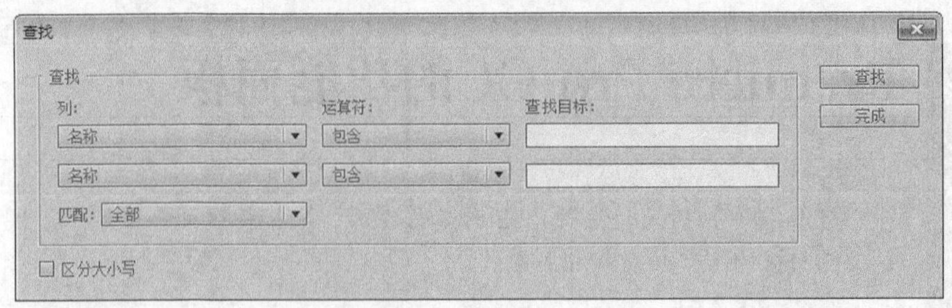

- “新建素材箱”按钮：单击该按钮，可以在“项目”面板中新建一个文件夹，用于分类存放导入的素材。
- “新建项”按钮：单击该按钮，可以快速创建字幕或其他作品元素，如调整图层、色条和色调、颜色遮罩和倒计时向导等，如左下图所示为“新建项”下拉菜单。
- “排序图标”按钮：单击该按钮，可在打开的下拉菜单中选择排序的方式，如右下图所示。

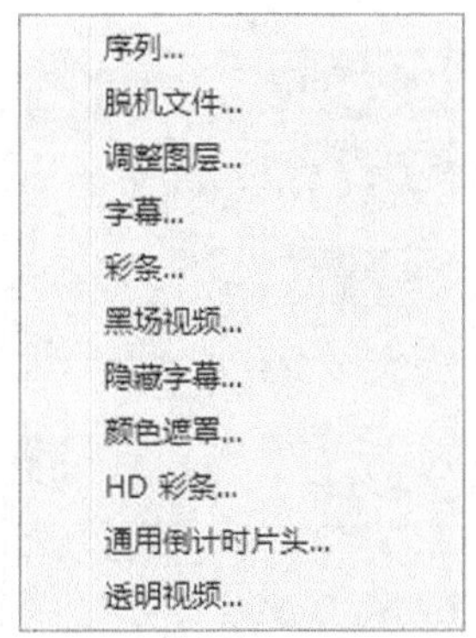

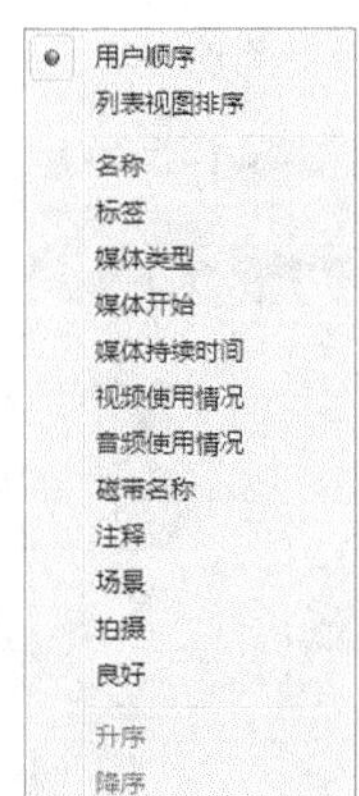

2.4.2 “效果”面板

“效果”面板中包括“预置”“视频特效”“音频特效”“音频切换效果”和“视频切换效果”选项。在“效果”面板中各种选项以效果类型分组的方式存放视频、音频的特效和转场。通过对素材应用视频特效，可以调整素材的色调、明度等效果，应用音频效果可以调整素材音频的音量和均衡等效果，如左下图所示。在“效果”调板中，单击调板右上角的三角形按钮，弹出调板菜单，如右下图所示。

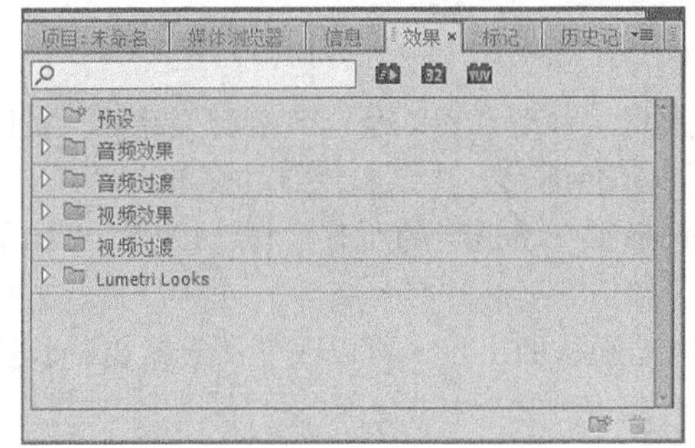

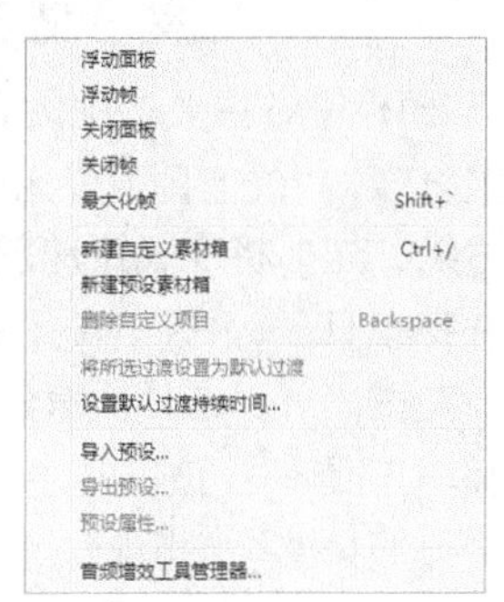

在调板菜单中，各选项的含义如下。

- 新建自定义素材箱：选择该选项，可以在“效果”调板中新建一个自定义素材箱。这个素材箱就类似于上网使用的浏览器中的“收藏夹”，用户可以将各类自己经常用的特效拖到这个素材箱里并保存。
- 删除自定义项目：用于删除手动建立的素材箱。
- 将所选过渡设置为默认过渡：用于将选中的转场设置为系统默认的转场过渡效果，这样用户在使用插入视频到时间线功能时，所使用到的转场即为设定好的转场效果。
- 设置默认过渡持续时间：选择该选项，将弹出“首选项”对话框，在其中可以设置默认转场的持续时间。
- 音频增效工具管理器：选择该选项，将弹出“音频增效工具管理器”对话框，在该对话框中可以设置音频的增效功能。

2.4.3 “效果控件”面板

使用“效果控件”面板可以快速创建与控制音频、视频的特效和切换效果。例如，在“效果”面板中选定一种特效，然后将它拖动到时间轴中的素材上或直接拖到“效果控件”面板中，就可以对素材添加这种特效，如下图所示。

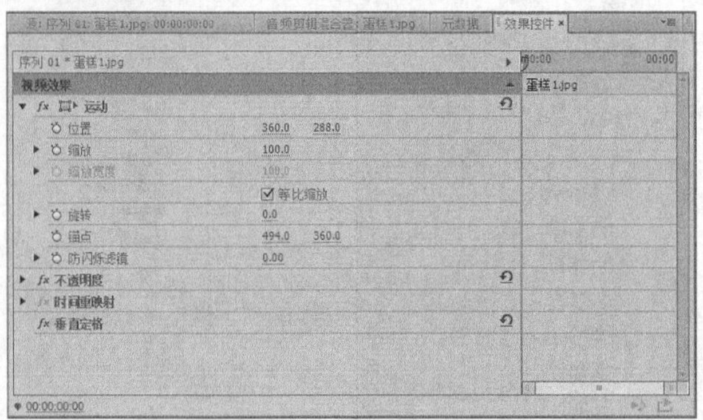

2.4.4 “工具”面板

Premiere Pro CC 的“工具”面板中的工具主要用于在时间轴中编辑素材，如下图所示。在“工具”面板中，单击相应的工具按钮，即可激活工具。

在“工具”面板中各主要选项的含义如下。

- 选择工具：该工具主要用于选择素材、移动素材以及调节素材关键帧。将该工具移至素材的边缘，光标将变成拉伸图标，可以拉伸素材，为素材设置入点和出点。
- 轨道选择工具：该工具主要用于选择某一轨道上的所有素材，按住【Shift】键的同时单击鼠标左键，可以选择所有轨道。
- 波纹编辑工具：该工具主要用于拖动素材的出点，可以改变所选素材的长度，而轨道上其他素材的长度不受影响。
- 滚动编辑工具：该工具主要用于调整两个相邻素材的长度，两个被调整的素材长度变化是一种此消彼长的关系，在固定的长度范围内，一个素材增加的帧数必然会从相邻的素材中减去。
- 比率拉伸工具：该工具主要用于调整素材的速度。缩短素材则速度加快，拉长素材则速度减慢。
- 剃刀工具：该工具主要用于分割素材，将素材分割为两段，产生新的入点和出点。
- 外滑工具：该工具主要用于改变素材的入点与出点，可以保持素材长度不变，且不会影响相邻的素材。
- 内滑工具：使用该工具拖动素材时，不会改变素材的入点、出点及持续时间，但相邻素材的长度会被改变。
- 钢笔工具：该工具主要用于调整素材的关键帧。
- 手形工具：该工具主要用于改变“时间线”面板的可视区域，在编辑一些较长的素材时，使用该工具非常方便。
- 缩放工具：该工具主要用于调整“时间线”面板中显示的时间单位，按住【Alt】键，可以在放大和缩小模式间进行切换。

2.4.5 “时间轴”面板

“时间轴”面板是制作视频作品的基础，它提供了组成项目的视频序列、特效、字幕和切换效果的临时图形总览，如下图所示。时间轴并非仅用于查看，它也是可以交互的。使用鼠标把视频和音频素材、图形和字幕从“项目”面板中拖动到时间轴中即可以构建自己的作品。

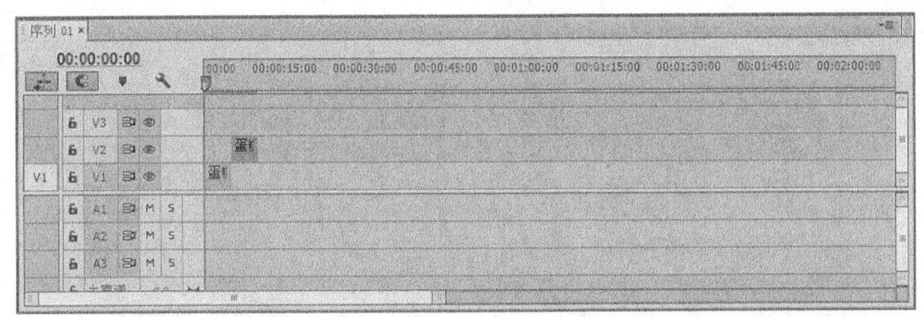

使用“工具”面板中的工具可以在“时间轴”面板中排列、裁剪与扩展素材。单击并拖动工作区条任一端的工作区标记可以指定 Premiere Pro CC 预览或导出的时间线部分。工作区条下方的彩色窄条指示项目的预览文件是否存在。红色条表示没有预览，绿色条表示已经创建了视频预览。如果存在音频预览，则会出现一条更窄的浅绿色条。

2.4.6 “监视器”面板

“监视器”面板主要用于在创建作品时对它进行预览。在预览作品时，在素材源监视器或节目监视器中单击“播放 - 停止切换”按钮可以播放作品，如下图所示。

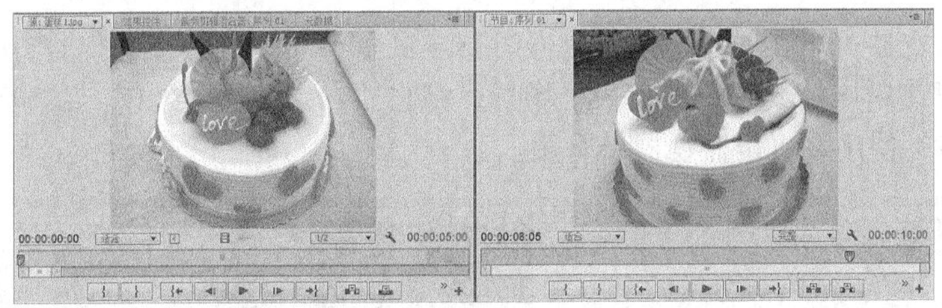

Premiere Pro CC 提供了 5 种不同的监视器面板：素材源监视器、节目监视器、修整监视器、参考监视器和多机位监视器。通过节目监视器的面板菜单可以访问修整、参考和多机位监视器。

1. 素材源监视器

素材源监视器显示还未放入时间轴的视频序列中的源影片，可以使用素材源监视器设置素材的入点和出点，然后将它们插入或覆盖到自己的作品中。素材源监视器也可以显示音频素材的音频波形，如左下图所示。

2. 节目监视器

节目监视器显示视频节目，即在“时间轴”面板中的视频序列中组装的素材、图形、特效和切换效果；也可以使用节目监视器中的“提升”和“提取”按钮移除影片，如右下图所示。要在节目监视器中播放序列，只需单击窗口中的“播放 - 停止切换”按钮或按空格键即可。

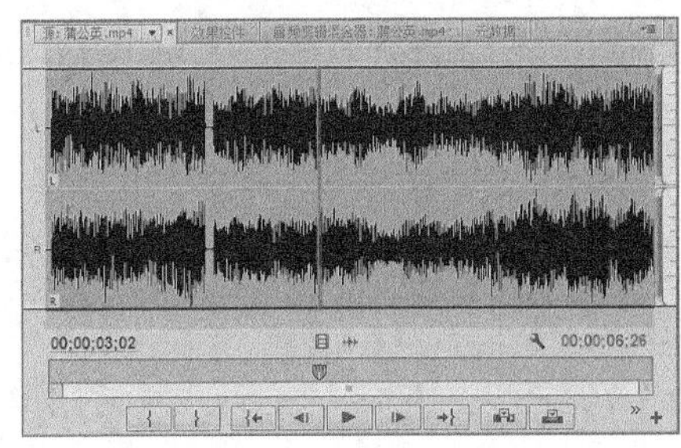

3. 修剪监视器

使用修剪监视器可以精确地进行微调。在“窗口”菜单中单击“修剪监视器”命令，可以访问修剪监视器，如下图所示。

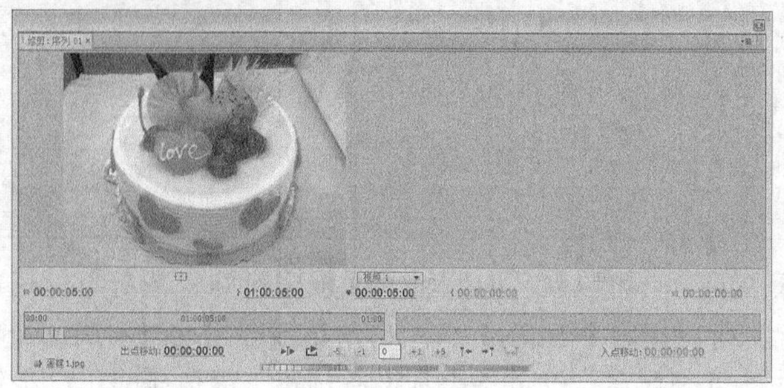

4. 参考监视器

在许多情况下，参考监视器是另一个节目监视器。许多 Premiere Pro CC 编辑使用它进行颜色和音调调整，因为在参考监视器中查看视频示波器（它可以显示色调和饱和度级别）的同时，可以在节目监视器中查看实际的影片，如左下图所示。参考监视器可以设置为与节目监视器同步播放或统调，也可以设置为不统调。

5. 多机位监视器

使用多机位监视器可以在一个监视器中同时查看多个不同的素材，如右下图所示。在监视器中播放影片时，可以使用鼠标或键盘选定一个场景，将它插入到节目序列中。在编辑从不同机位同步拍摄的事件影片时，使用多机位监视器最有用。

2.4.7 “信息”面板

“信息”面板提供了关于素材、切换效果和时间轴中空白间隙的重要信息。要查看活动中的信息面板，单击一段素材、切换效果或时间轴中的空白间隙即可。信息窗口将显示素材或空白间隙的大小、持续时间以及起点和终点，如下图所示。

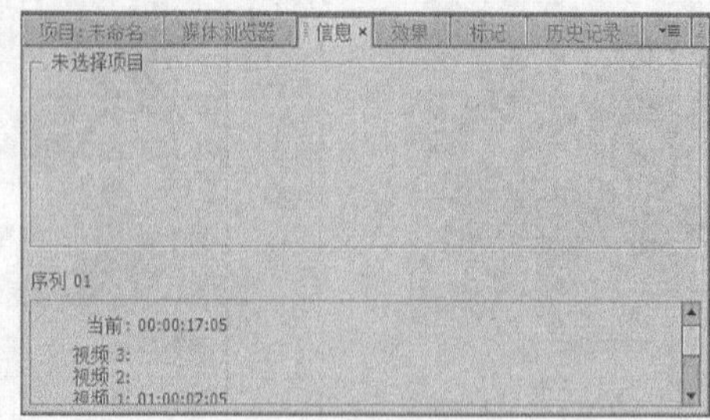

小提示

在编辑过程中，“信息”面板非常有用，因为此面板显示在“时间轴”面板中所编辑的素材的入点和出点。

2.4.8 “历史记录”面板

使用 Premiere Pro CC 的“历史记录”面板可以无限制地执行撤销操作。进行编辑工作时，“历史记录”面板会记录作品制作步骤，要返回到项目的以前状态，只需单击“历史记录”面板中的历史状态即可，如下图所示。

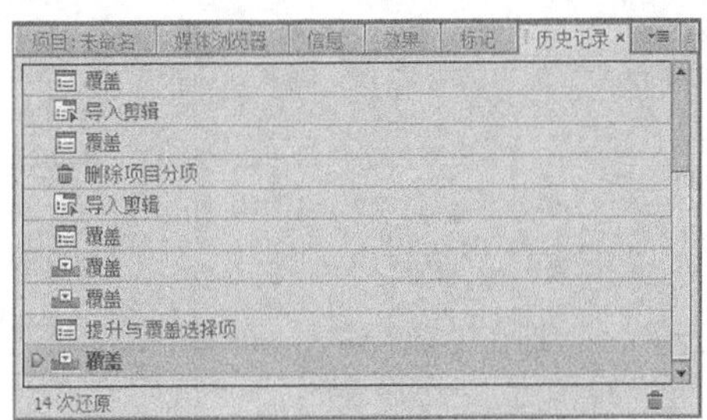

单击并重新开始工作之后，所返回历史状态的所有后续步骤都会从面板中移除，被新步骤取代。如果想在面板中清除所有历史，可以单击面板右方的下拉菜单按钮，然后选择“清除历史记录”选项，如下图所示。如果要删除某个历史状态，可以在面板中选中它并单击“删除重做操作”按钮即可。

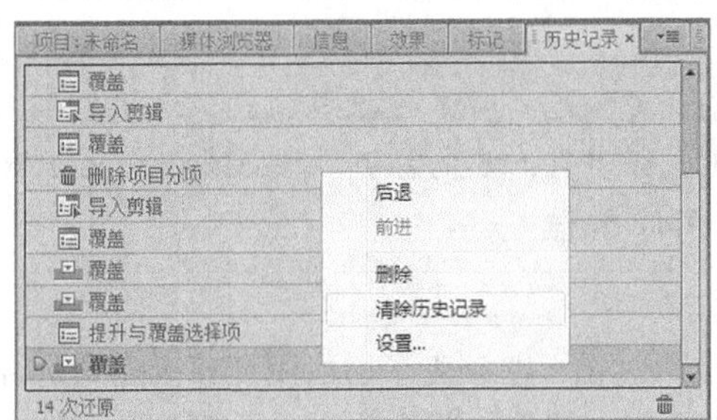

2.4.9 “音频剪辑混合器”面板

使用“音频剪辑混合器”面板可以混合不同的音频轨道、创建音频特效和录制叙述材料，如下图所示。音频剪辑混合器实时工作的功能使它具有这样的优势：在查看伴随视频的同时混合音频轨道并可以应用音频特效。

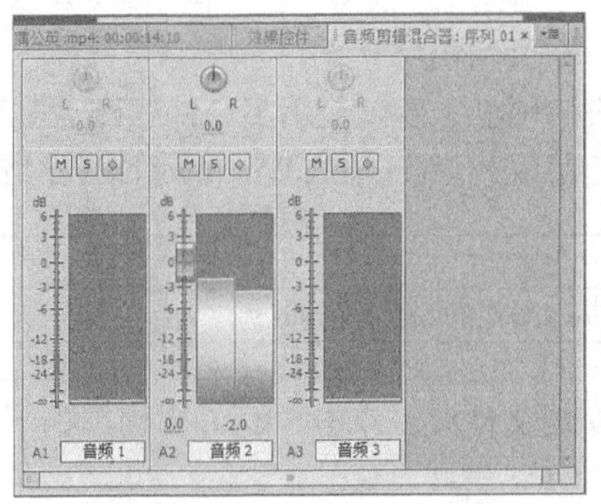

2.4.10 “字幕”面板

使用 Premiere Pro CC 的“字幕”面板可以为视频项目快速创建字幕，也可以使用“字幕”面板创建动画字幕效果。为了辅助字幕放置，“字幕”面板可以在所创建的字幕后面显示视频，如下图所示。

2.5 综合案例——Premiere Pro CC的安装与启动

本节教学录像时间：6分钟

Premiere Pro CC 是 Windows 操作系统环境下的视频剪辑和编辑软件，在启动 Premiere Pro CC 程序前，首先需要学习安装 Premiere Pro CC 的方法。安装完该程序后，方可应用该程序。

在安装 Premiere Pro CC 软件之前，必须先了解所用计算机配置是否能够满足安装此软件版本的最低要求。因为随着软件不断升级，软件的总体结构在不断膨胀，在其中有些新增功能对硬件的要求也在不断增加。只有满足了软件的最低配置要求，计算机才可以顺利安装和运行该软件。在安装 Premiere Pro CC 时需要满足以下配置。

- 处理器：Intel Core 8482、2 Duo 或 AMD Phenom II 处理器；需要 64 位支持。
- 系统：Microsoft Windows 7 Service Pack 1（64 位）或 Windows 8（64 位）。
- 内存：4GB 的 RAM（建议使用 8GB）。
- 占用硬盘空间：安装所占的 4GB 可用硬盘空间；安装期间需要额外的可用磁盘空间（无法安装在卸除式储存装置上）预览档案和其他工作档案（建议使用 10GB）。
- 显示器：1280 × 800 分辨率显示器。
- 硬盘：7200 转 / 分或更快的硬盘（建议使用多个快速磁盘驱动器，已设定 RAID 0 更佳）。
- 声卡：兼容于 ASIO 通信协议或 Microsoft Windows Driver Model 的声卡。

光盘同步视频文件
配套光盘\综合实例：Premiere Pro CC的安装与启动.mp4

步骤 01 打开 Premiere Pro CC 的安装文件夹，双击 Set-up 文件，如下图所示。

步骤02 弹出“Adobe 安装程序”对话框，显示正在初始化安装程序进度，如下图所示。

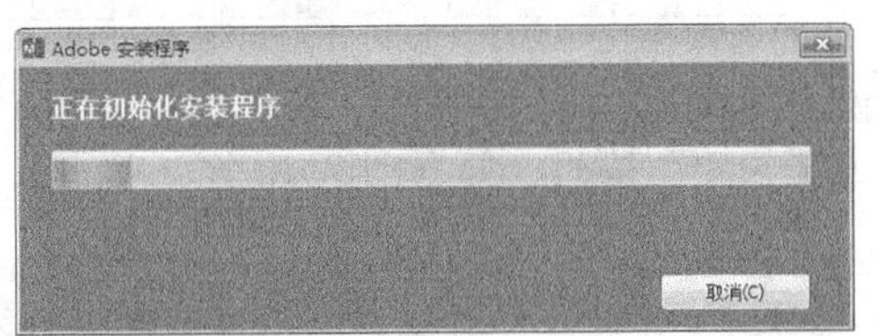

步骤03 初始化完成后，打开“欢迎”对话框，单击“试用”按钮，如下图所示。

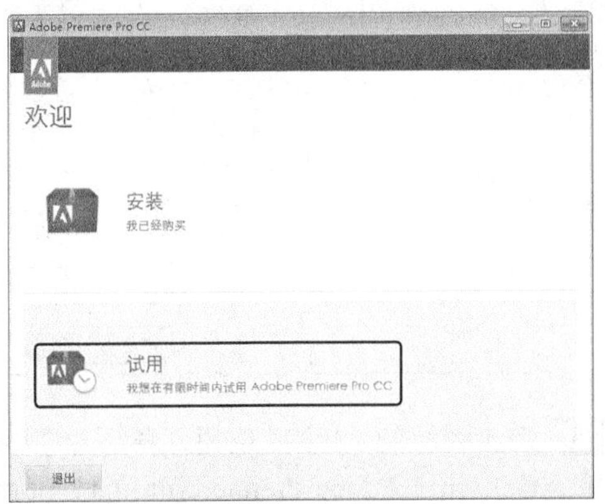

步骤04 打开“需要登录”对话框，单击“登录”按钮，如下图所示。

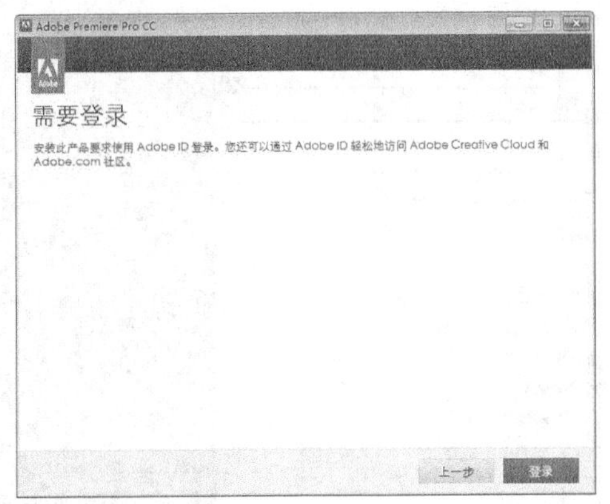

步骤05 打开“登录”对话框，如果没有登录 ID 号，则单击“创建 Adobe ID”按钮，如下图所示。

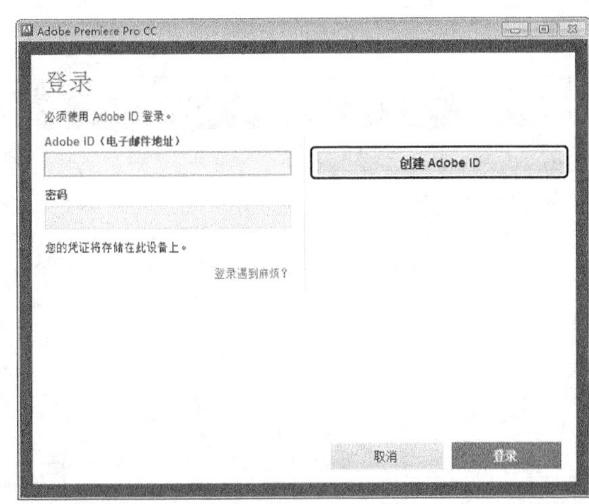

步骤06 打开“创建 Adobe ID”对话框，❶ 依次输入相应的信息。信息输入完成后，❷ 单击“创建”按钮，如下图所示。

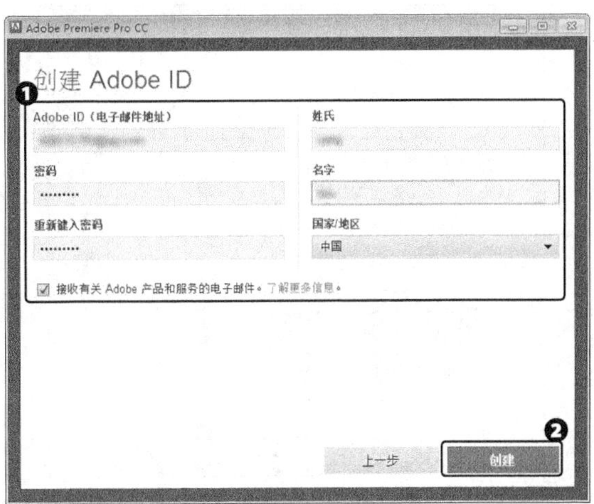

步骤07 打开“Adobe 软件许可协议”对话框，单击“接受”按钮，如下图所示。

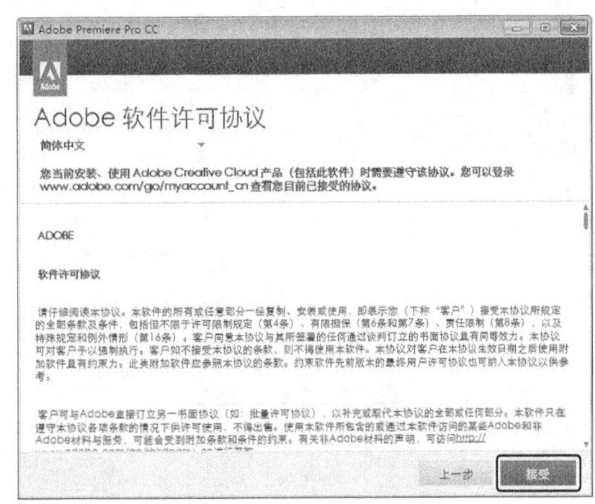

步骤08 打开“选项”对话框，显示安装内容、语言和位置等信息，单击“位置”选项区右侧的

"浏览文件夹"按钮，如下图所示。

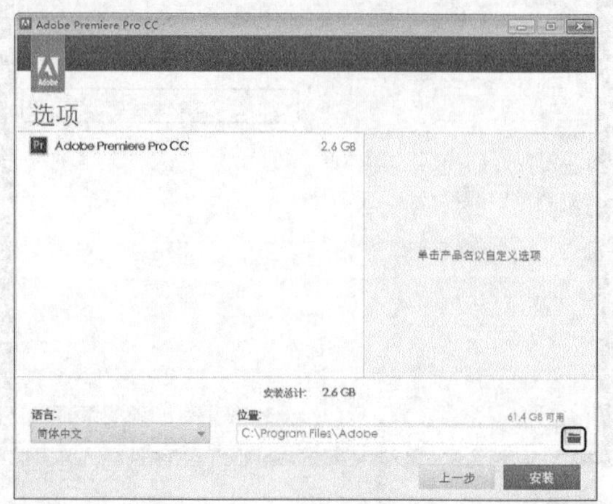

步骤09打开"浏览文件夹"对话框，❶选择所需的安装文件，❷单击"确定"按钮，如下图所示。

步骤10返回"选项"对话框，❶完成安装路径的更改，❷单击"安装"按钮，如下图所示。

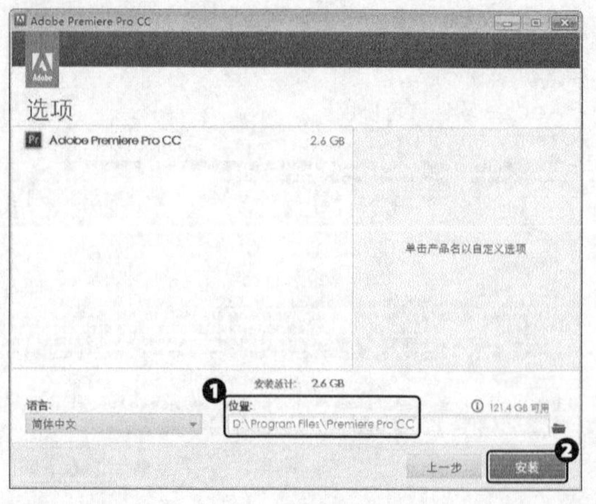

步骤11打开"安装"对话框，开始安装软件，并显示安装进度，如下图所示。

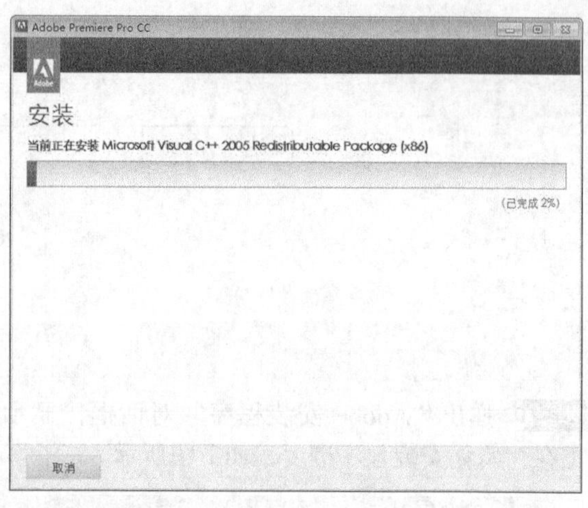

步骤12安装完成后，弹出"安装完成"对话框，单击"关闭"按钮，如下图所示。

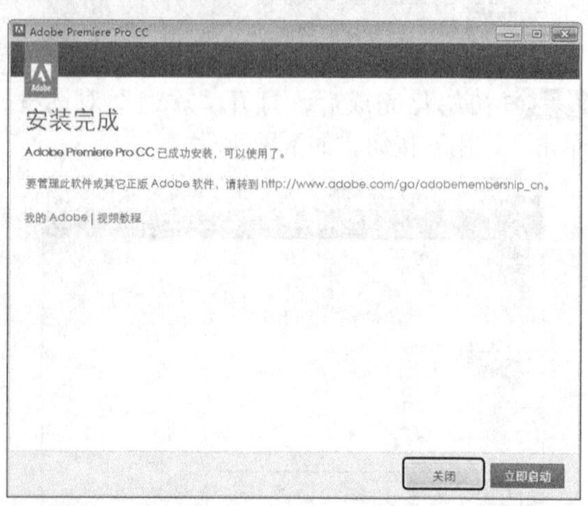

步骤13单击系统的"开始"按钮，❶打开"开始"菜单，❷单击"Adobe Premiere Pro CC"命令，如下图所示。

步骤 14 即可启动 Premiere Pro CC 程序，并显示启动界面，如下图所示。

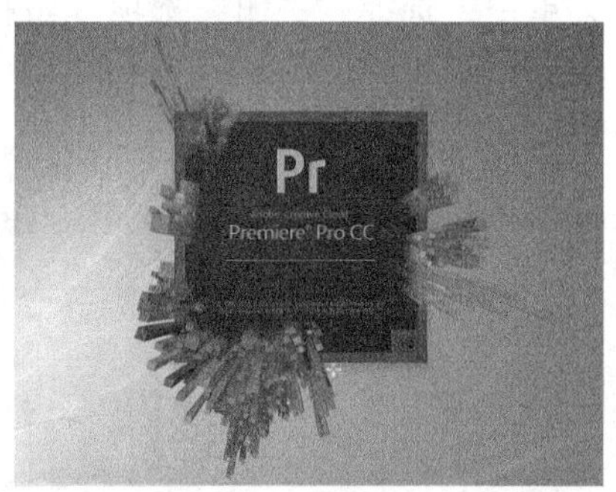

步骤 15 启动完成后，将进入 Premiere Pro CC 工作界面，❶ 并打开“欢迎使用 Adobe Premiere Pro”对话框，❷ 单击“新建项目”按钮，如下图所示。

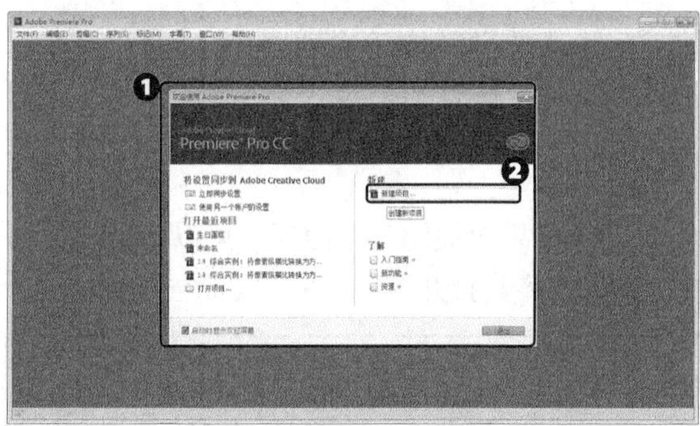

步骤 16 打开“新建项目”对话框，保持默认选项设置，在对话框下方单击“确定”按钮，如下图所示。

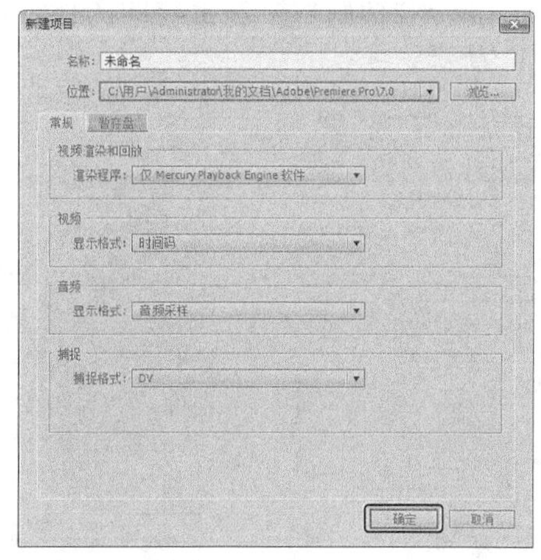

步骤 17 即可进入 Premiere Pro CC 程序窗口，如下图所示。

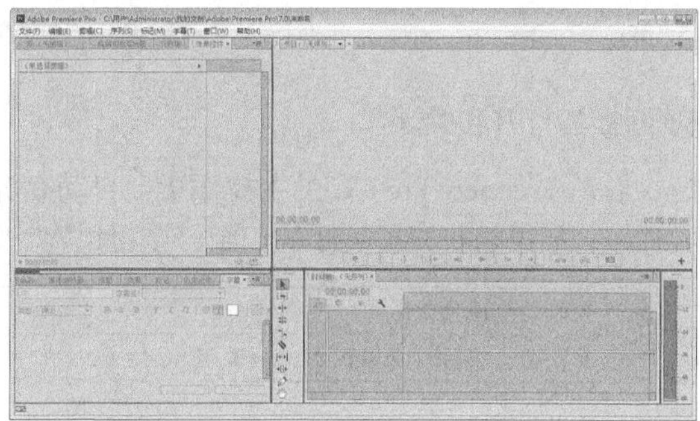

小提示

双击桌面上的Premiere Pro CC程序图标，也可以启动Premiere Pro CC程序。

高手支招

本节教学录像时间：3分钟

通过对前面知识的学习，相信读者朋友已经掌握好 Premiere 的相关基础知识。下面结合本章内容，给大家介绍一些实用技巧。

Premiere Pro CC的退出

当用户完成影视的编辑后，不再需要使用 Premiere Pro CC，则可以退出该程序。退出 Premiere Pro CC 程序有以下 5 种方法。

- 在 Premiere Pro CC 的操作界面中，单击“文件”➤“退出”命令即可，如左下图所示。
- 按【Ctrl + Q】组合键，即可退出程序。

- 在 Premiere Pro CC 的操作界面中，单击右上角的“关闭”按钮。
- 双击“标题栏”左上角的图标，即可关闭程序。
- 单击“标题栏”左上角的图标，在弹出的快捷菜单中，选择“关闭”选项，如右下图所示。

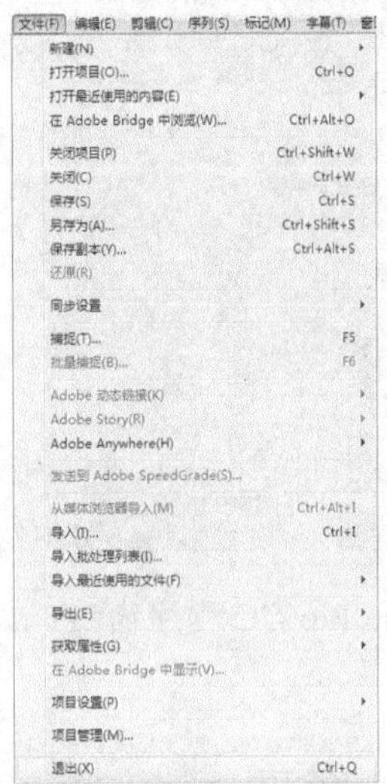

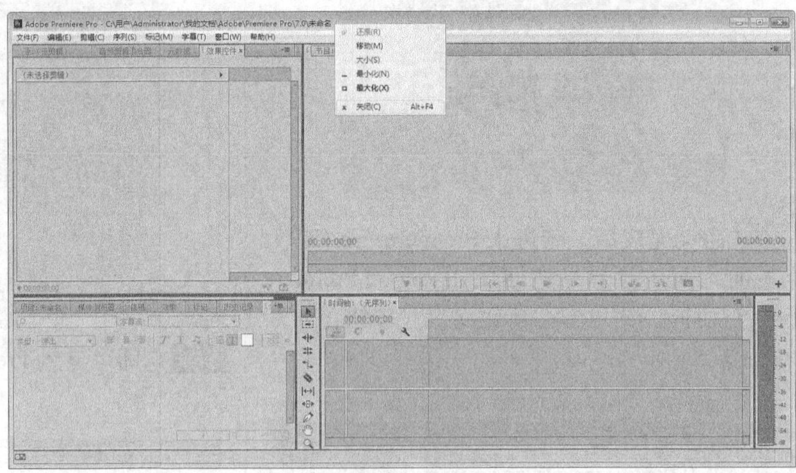

面板的打开和关闭

有时 Premiere Pro CC 的主要面板会自动在屏幕上打开。如果想关闭某个面板，可以单击其关闭按钮；如果想打开被关闭的面板，则可以在“窗口”菜单中将其打开。

	光盘同步视频文件
	配套光盘\秘技2.面板的打开和关闭.mp4

步骤01 在 Premiere Pro CC 的工作界面中，单击“节目监视器”面板中“关闭”按钮，如下图所示，即可关闭“节目监视器”面板。

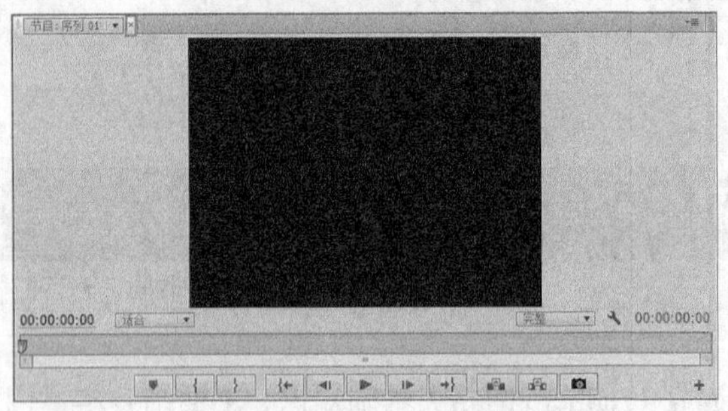

步骤02 在“窗口”菜单中，单击“节目监视器”命令，如右图所示，即可打开“节目监视器”面板。

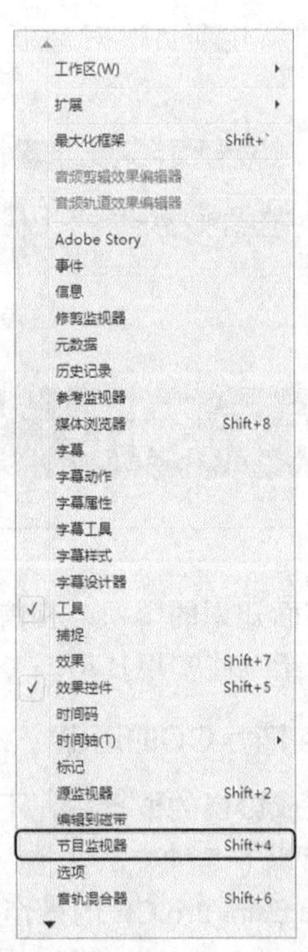

素材信息的查询

在“项目”面板中，将图标视图切换到列表视图可以查看素材的信息。

光盘同步视频文件

配套光盘\秘技3.素材信息的查询.mp4

步骤01 打开本书配套光盘中的“素材/第2章/秘技3.素材信息的查询”项目文件，如下图所示。

步骤02 在“项目”面板中，❶单击“列表视图”按钮，❷则以列表方式显示素材，并可以查看到素材的视频入点和视频出点等信息，如下图所示。

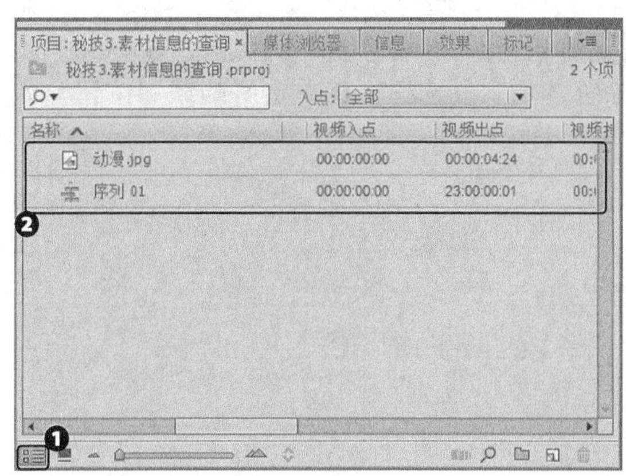

Premiere Pro CC的卸载

在不需要 Premiere Pro CC 应用程序时，可以通过控制面板将其卸载。

光盘同步视频文件

配套光盘\秘技4.Premiere Pro CC的卸载.mp4

步骤01 单击系统左下方的“开始”按钮，❶打开“开始”菜单，❷单击“控制面板”命令，如下图所示。

步骤02 打开“控制面板”窗口，单击“程序和功能”命令，如下图所示。

步骤03 打开“程序和功能”窗口，右键单击“Adobe Premiere Pro CC”，打开快捷菜单，选择“卸载”选项，如下图所示。

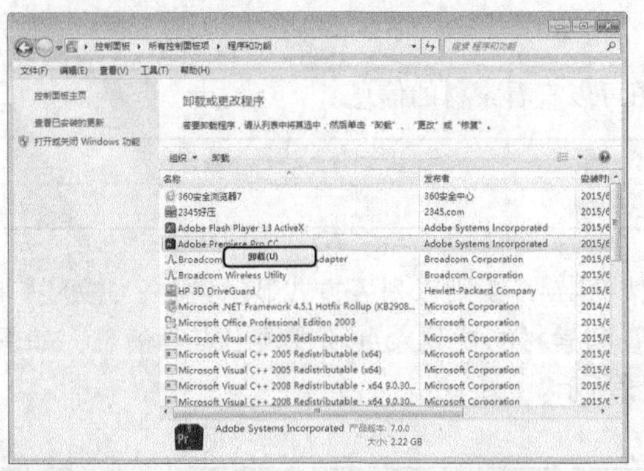

步骤 04 打开“卸载选项”对话框，❶ 勾选“删除首选项”复选框，❷ 单击“卸载”按钮，如下图所示，即可将 Premiere Pro CC 程序卸载。

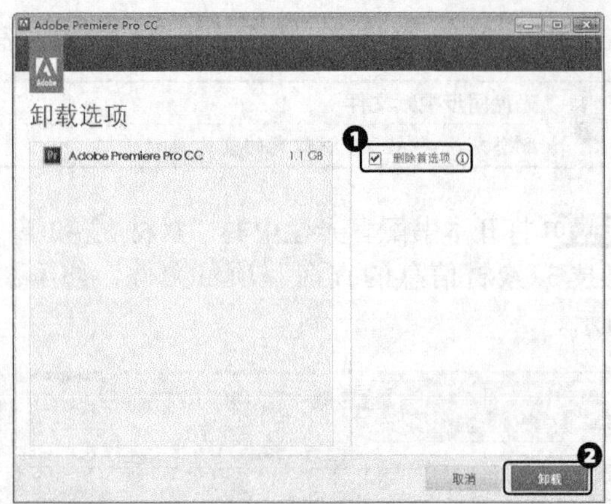

第 3 章

Premiere的基本设置

学习目标

熟悉 Premiere Pro CC 之后，会发现该软件为键盘和程序自定义提供了许多实用的工具和命令。本章将学习如何创建自己的键盘快捷方式，以自定义 Premiere Pro CC 来满足各种需要，同时讲解“首选项”对话框的基础知识，通过设置“首选项”，可以帮助读者自定义默认设置，提高工作效率。

知识要点

- 设置“首选项”对话框
- 自定义快捷键
- 设置项目和序列

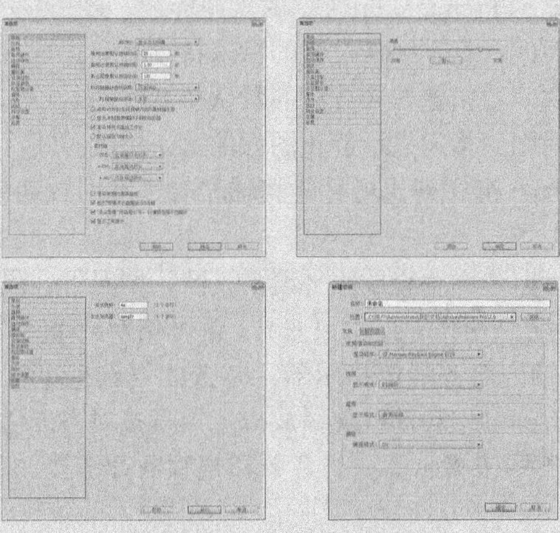

3.1 设置“首选项”对话框

Premiere Pro CC 的首选项控制着每次打开项目时所载入的各种设置。在当前项目中可以更改这些参数设置，但是只有在创建或打开一个新项目后，才能激活这些更改。在编辑菜单中可以更改采集设备的默认值、切换效果和静帧图像的持续时间，以及标签颜色。

3.1.1 常规

“常规”首选项的主要作用是用于自定义从“过渡持续时间”到“工具提示”等各项设置。单击“编辑”➤“首选项”➤“常规”命令，打开“首选项”对话框，在对话框中将显示“常规”参数选项区的内容，如下图所示。

“常规”参数选项区中的各选项的含义如下。

- 启动时：可选择是显示 Premiere Pro CC 的欢迎屏幕，还是显示最近打开过的文件。
- 视频过渡默认持续时间：指定视频过渡的默认持续时间。
- 音频过渡默认持续时间：指定音频过渡的默认持续时间。
- 静止图像默认持续时间：指定显示静止图像的默认持续时间。
- 时间轴播放自动滚屏：当序列比可见时间轴长时，在回放期间可选择不同的选项来自动滚屏时间轴。
- 时间轴鼠标滚动：可以选择垂直或水平滚动。默认情况下，鼠标滚动为水平（Windows）和垂直（Mac OS）。对于 Windows，按【Ctrl】键可切换到垂直滚动。
- 启用对齐时在时间轴内对齐播放指示器：勾选此复选框可打开对齐功能。打开对齐功能，可让播放指示器在时间轴中移动，使播放指示器直接对齐或跳转至某个编辑处。
- 显示未链接剪辑的不同步指示器：当音频和视频断开链接并变为不同步状态时，显示不同步指示器。
- 默认缩放为帧大小：勾选此复选框，可自动地将导入的资源缩放到项目默认的帧大小。

- 素材箱：对于双击某素材箱或按住【Shift】键或【Option】键并双击素材箱时的素材箱行为，可以在“素材箱”首选项中进行控制。
- 渲染视频时渲染音频：勾选此复选框，可让Premiere Pro CC渲染视频预览时自动渲染音频预览。
- 显示“剪辑不匹配警告”对话框：将剪辑拖入序列时，Premiere Pro CC将检测剪辑的属性是否与序列设置相匹配。如果属性不匹配，则会显示“剪辑不匹配警告”对话框。
- “适合剪辑”对话框打开，以编辑范围不匹配项：在源监视器和节目监视器中的入点和出点设置不同时，会显示“适合剪辑”对话框。利用“适合剪辑”对话框，可选择要使用的入点和出点。
- 显示工具提示：用于打开或关闭工具提示。

3.1.2 外观

“外观”首选项的主要作用是设置用户界面的总体亮度。还可以控制高亮蓝色、交互控件和焦点指示器的亮度和饱和度。单击“编辑”➤“首选项”➤“外观”命令，打开“首选项”对话框，在对话框中将显示“外观”参数选项区的内容，如下图所示。

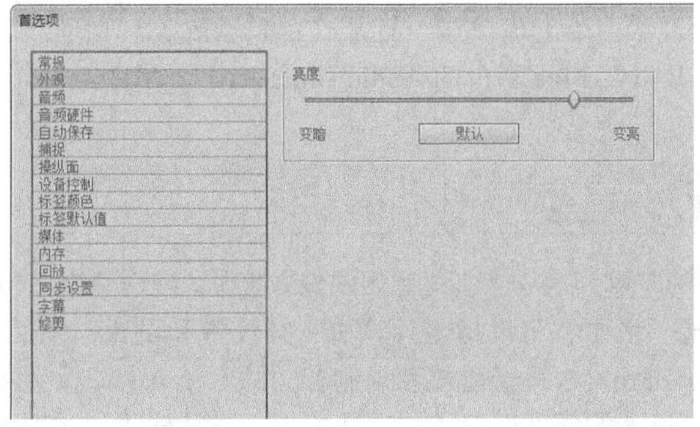

3.1.3 音频

在“首选项”对话框的左侧列表中选择“音频”选项，在对话框右侧将显示相关“音频”的设置参数，如下图所示。

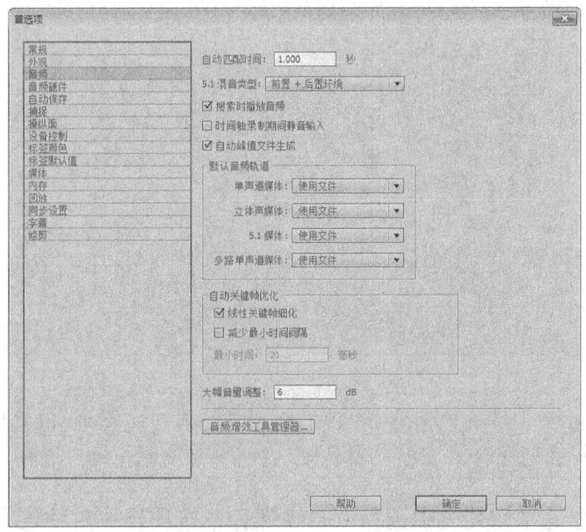

在“音频”参数选项区中，各选项的含义如下。

- 自动匹配时间：此设置指定已调整的任何控件返回到其先前设置的时间（在调音台中）。受影响的控件包括音频、子混合和（发送除外）主音轨的“音量”“声像”及“效果和发送”参数按钮。“自动匹配时间”首选项影响“触动”模式中的属性，以及“读取”模式中带关键帧的效果属性。
- 5.1 混音类型：指定 Premiere Pro CC 将源声道与 5.1 音轨混合的方式。
- 搜索时播放音频：此设置用于控制是否在时间轴或监视器面板中搜索走带时播放音频。
- 时间轴录制期间静音输入：设置使用“调音台”进行录制时是否关闭音频，当计算机上连接有扬声器时，选择此选项可以避免音频反馈。
- 自动峰值文件生成：选择此首选项，可在导入音频时让 Premiere Pro CC 自动生成用于波形显示的峰值文件。
- 默认音频轨道：定义在剪辑添加到序列之后用于显示剪辑音频声道的轨道类型（单声道、立体声、5.1 或多声道 / 单声道）。
- 线性关键帧细化：勾选该复选框，仅在与开始和结束关键帧没有线性关系的点创建关键帧。
- 减少最少时间间隔：勾选该复选框，仅在大于指定值的间隔处创建关键帧。
- 大幅音量调整：利用此首选项，可设置使用“大幅提升剪辑音量”命令时增加的分贝数。
- 音频增效工具管理器：单击该按钮，打开“音频增效工具管理器”对话框，即可使用第三方 VST 3 增效工具以及 Mac 平台的 Audio Units（AU）增效工具。

3.1.4 音频硬件

在“首选项”对话框的左侧列表中选择“音频硬件”选项，在对话框右侧将显示相关“音频硬件”的设置参数，在该参数选项区中，可以指定计算机音频设备和设置，包括 ASIO 和 MME 设置（仅限 Windows），或 Premiere Pro CC 用于播放和录制音频的 CoreAudio 设置（仅限 Mac OS）。当连接音频硬件设备时，该类型设备的硬件设置（如默认输入、默认输出、主时钟、延迟和采样率）将在此对话框中加载。如下图所示。

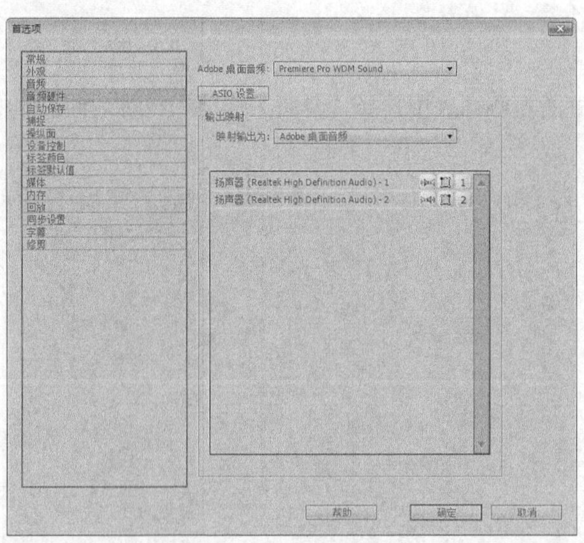

3.1.5 自动保存

在“首选项”对话框的左侧列表中选择“自动保存”选项，在对话框右侧将显示相关“自动保存”的设置参数，在该参数选项区中，可以设置自动保存的间隔时间，并修改自动存储项目的数量，如下图所示。

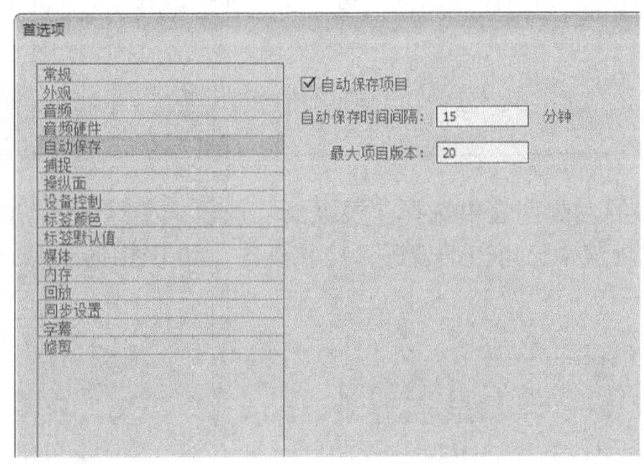

在“自动保存”参数选项区中，各选项的含义如下。

- 自动保存项目：勾选该复选框，则在默认情况下，Premiere Pro CC 会每 15 分钟自动保存一次项目，并将项目文件的 5 个最近版本保留在硬盘上。
- 自动保存时间间隔：自动保存项目，需输入两次保存之间间隔的分钟数。
- 最大项目版本：输入要保存的项目文件的版本数。

小提示

用户不必担心自动保存会消耗大量的硬盘空间。当Premiere Pro CC进行自动保存项目时，它仅保存与媒体文件相关的部分，并不会在每次创建作品的新版本时都重新保存文件。

3.1.6　捕捉

在“首选项”对话框的左侧列表中选择“捕捉”选项，在对话框右侧将显示相关“捕捉”的设置参数，在该参数选项区中，可以设置视频和音频的捕捉参数，如下图所示。

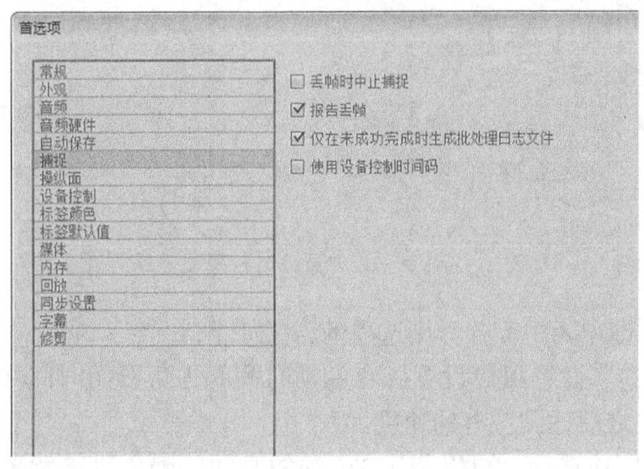

在“捕捉”参数选项区中，各选项的含义如下。

- 丢帧时终止捕捉：选中该复选框：可以在丢帧时中断捕捉。
- 报告丢帧：选中该复选框：可以在屏幕上查看关于捕捉过程和丢失帧的报告。

- 仅在未成功完成时生成批处理日志文件：选中该复选框，可以在硬盘中保存日志文件，列出未能成功批量采集时的结果。
- 使用设备控制时间码：选中该复选框，可以使用捕捉设备来控制时间码。

3.1.7 操纵面

在“首选项”对话框的左侧列表中选择“操纵面”选项，在对话框右侧将显示相关“操纵面”的设置参数，在该参数选项区中，可以配置硬件控制设备，如下图所示。

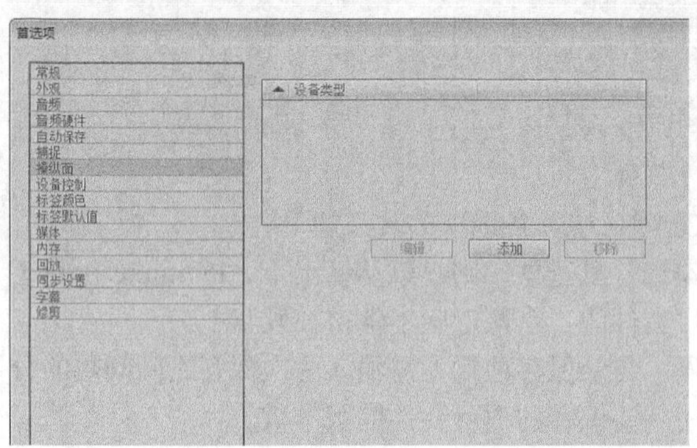

3.1.8 设备控制

在“首选项”对话框的左侧列表中选择“设备控制”选项，在对话框右侧将显示相关“设备控制”的设置参数，在该参数选项区中，可以指定 Premiere Pro CC 用来控制回放 / 录制设备（如 VTR 或摄像机）的设备，如下图所示。

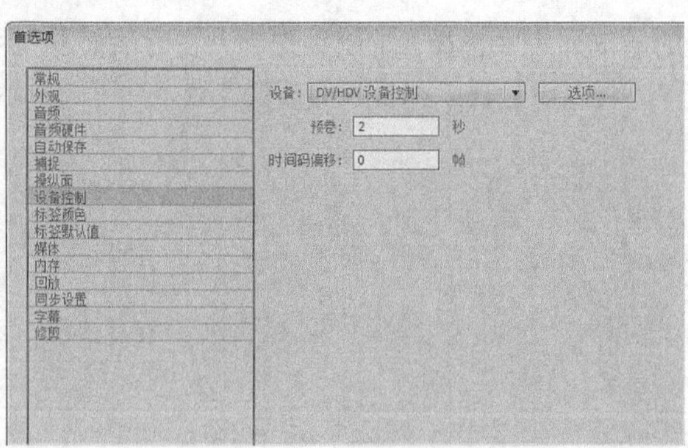

在“设备控制”参数选项区中，各常用选项的含义如下。

- 预卷：使用“预卷”设置可以设置磁盘卷动时间和采集开始时间之间的间隔。这可使录像机或 VCR 在采集之前达到应有的速度。
- 时间码偏移：使用该选项，可以指定 1/4 帧的时间间隔，以补偿采集材料和实际磁带的时间码之间的偏差。使用此选项可以设置采集视频的时间码以匹配录像带上的帧。
- 选项：单击该按钮，可以打开“DV/HDV 设备控制设置”对话框，如下图所示，在此可以选择采集设备的品牌、设置时间码格式，并检查设备的状态是在线还是离线等。

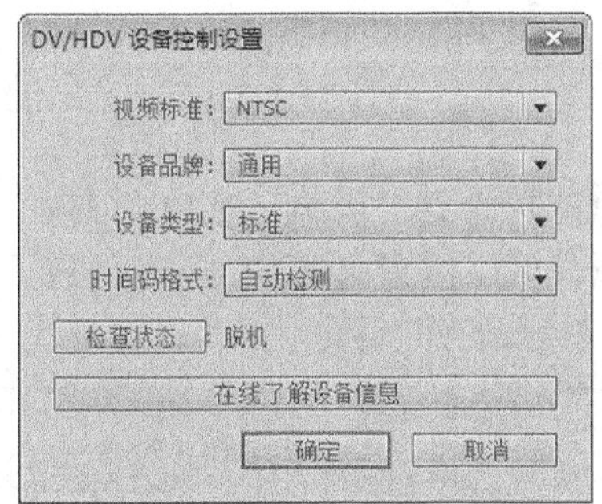

3.1.9 标签颜色

在“首选项”对话框的左侧列表中选择“标签颜色”选项，在对话框右侧将显示相关“标签颜色”的设置参数，在该参数选项区中，可以更改默认颜色和颜色名称；可以在“项目”面板中用这些颜色和颜色名称来标注资源，如下图所示。

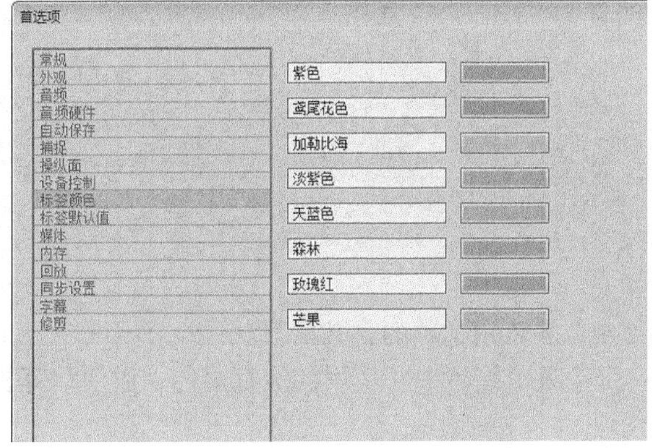

3.1.10 标签默认值

在“首选项”对话框的左侧列表中选择“标签默认值”选项，在对话框右侧将显示相关“标签默认值”的设置参数，在该参数选项区中，可以更改指定的标签颜色，如“项目”面板中出现的视频、音频、文件夹和序列标签等，如左下图所示。

如果不喜欢 Adobe 为各种媒体类型指定的标签颜色，可以更改颜色分配。例如，要更改视频的标签颜色，只需单击“视频”行的下拉菜单并选择不同的颜色即可，如右下图所示。

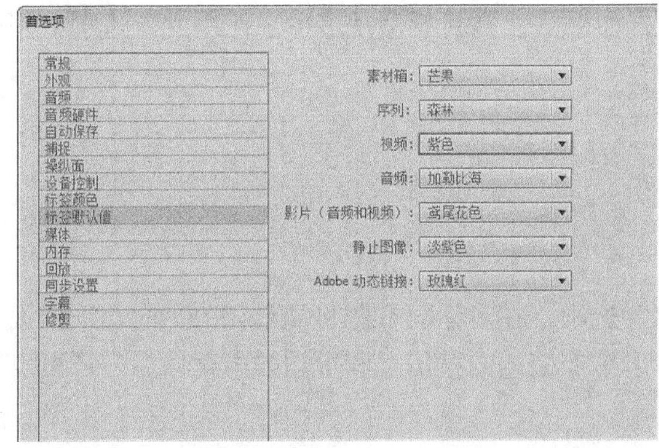

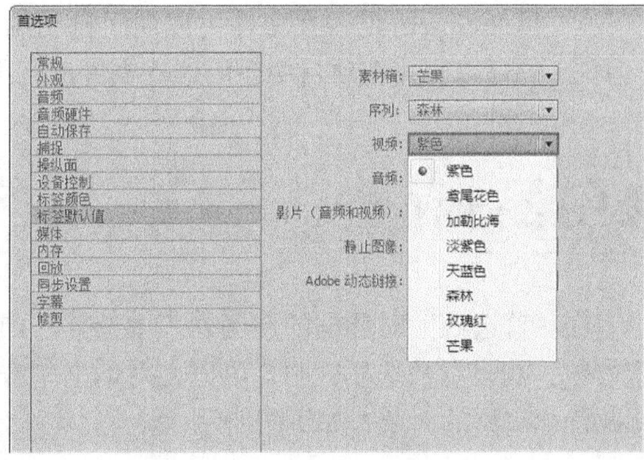

3.1.11 媒体

在“首选项”对话框的左侧列表中选择“媒体”选项，在对话框右侧将显示相关“媒体”的设置参数，在该参数选项区中，可以设置媒体高速缓存数据库的位置，如下图所示。

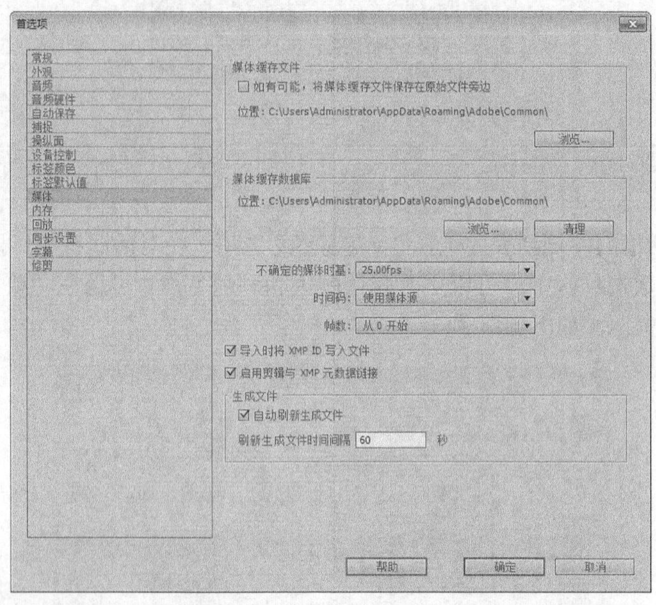

在“媒体”参数选项区中，各常用选项的含义如下。

- 媒体缓存数据库：用于跟踪作品中所使用的缓存媒体，以便计算机使用缓存来快速访问最近使用的数据。
- 不确定的媒体时基：为导入的静止图像序列指定帧速率。
- 时间码：指定Premiere Pro CC是显示所导入剪辑的原始时间码，还是为其分配新时间码（从00:00:00 开始）。
- 帧数：指定 Premiere Pro CC 是为所导入剪辑的第一帧分配 0 或 1，还是按时间码转换分配编号。
- 导入时将 XMP ID 写入文件：选中此复选框，会将 ID 信息写入 XMP 元数据字段。
- 启用剪辑与 XMP 元数据链接：选中此复选框，会将剪辑元数据链接到 XMP 元数据，这样其中一项发生更改时另一项也会随之更改。
- 生成文件：Premiere Pro CC 支持 OP1A MXF 文件的生成文件。通过此首选项，用户可以选择 Premiere 是否在文件生成期间自动刷新，如果是，刷新频率是多少。使用此首选项，用户可以直接在项目中使用这些文件进行编辑。

3.1.12 内存

在“首选项”对话框的左侧列表中选择“内存”选项，在对话框右侧将显示相关“内存”的设置参数，在该参数选项区中，可以在对话框中查看电脑安装的内存信息和可用的内存信息，还可以修改优化渲染的对象，如下图所示。

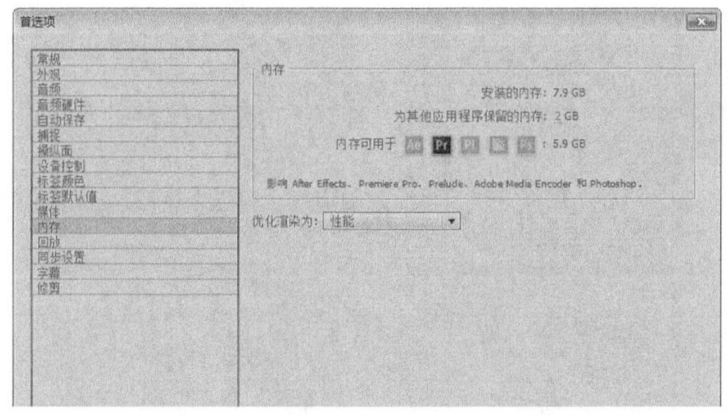

3.1.13 回放

在“首选项”对话框的左侧列表中选择“回放”选项，在对话框右侧将显示相关“回放”的设置参数，在该参数选项区中，可以选择音频或视频的默认播放器，并设置预卷和过卷首选项。也可以访问第三方采集卡的设备设置，如下图所示。

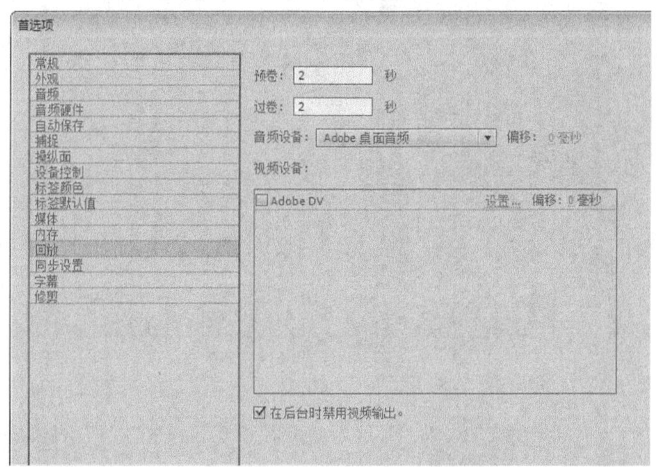

在“回放”参数选项区中，各常用选项的含义如下。

- 预卷：当回放素材以利用多项编辑功能时，编辑点之前存在的秒数。
- 过卷：当回放素材以利用多项编辑功能时，编辑点之后存在的秒数。
- 音频设备：在“音频设备”菜单中选择音频设备。
- 视频设备：通过单击“设置”按钮设置输出 DV 和第三方设备。如果已安装第三方采集卡，请单击“设置”按钮以访问“Mercury 传送”对话框中的视频格式和像素格式。

3.1.14 同步设置

在“首选项”对话框的左侧列表中选择“同步设置”选项，在对话框右侧将显示相关“同步设置”的设置参数，在该参数选项区中，可以让用户在多台计算机上使用 Premiere Pro CC 时，在这些计算机之间管理和同步首选项、预设和库，如下图所示。

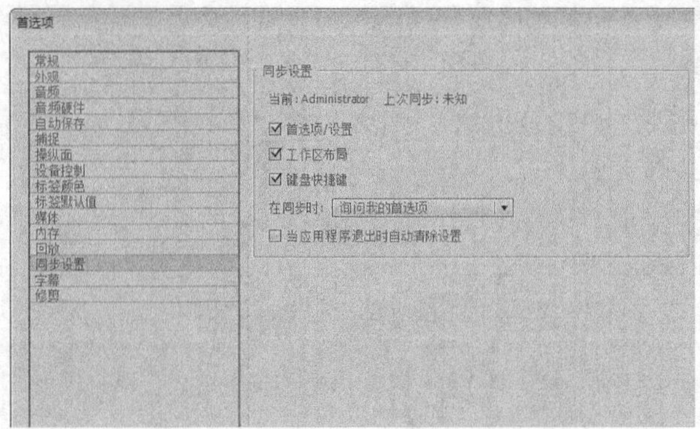

3.1.15 字幕

在“首选项”对话框的左侧列表中选择“字幕”选项，在对话框右侧将显示相关“字幕”的设置参数，在该参数选项区中，可以在对话框中控制 Adobe 字幕设计中出现的样式示例和字体浏览器，如下图所示。

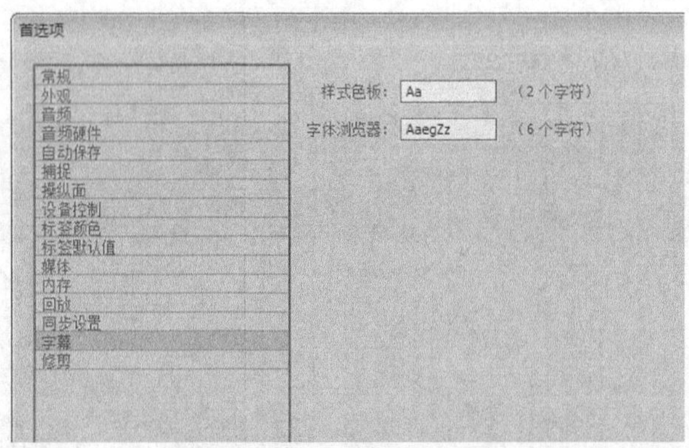

3.1.16 修剪

在“首选项”对话框的左侧列表中选择“修剪”选项，在对话框右侧将显示相关“修剪”的设置参数，在该参数选项区中，可以在对话框中修改最大修整偏移的值和音频时间单位，如下图所示。

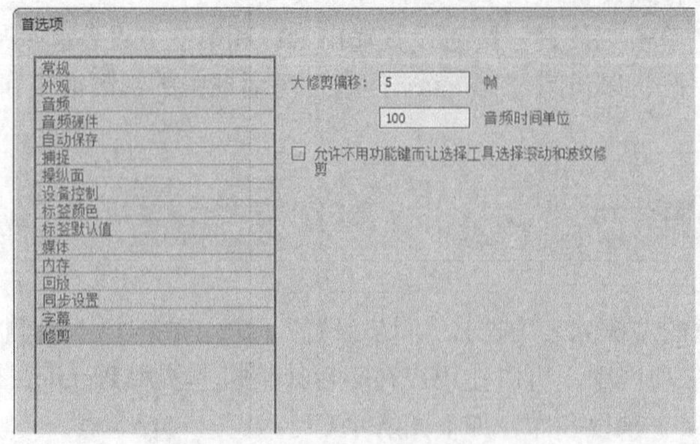

在“节目监视器”面板处于修整监视器视图中时，使用修整参数可以更改“监视器”面板中出现的最大修整偏移，在默认情况下，最大修整偏移设置为 5 帧。如果更改了修整部分的最大修整偏移字段的值，那么下次创建项目时，此值在“监视器”面板中显示为一个按钮。

3.2 设置项目和序列

在 Premiere Pro CC 中创建项目时可以更好地选择设置，仔细选择项目设置能制作出更高品质的视频和音频。

3.2.1 设置“常规”项目

“常规”项目的设置主要在“新建项目”对话框中完成，在启动 Premiere Pro CC 后，单击欢迎界面中的“新建项目”按钮，或者在载入 Premiere Pro CC 后单击“文件”➤“新建”➤“项目”命令，将打开“新建项目”对话框，如下图所示。

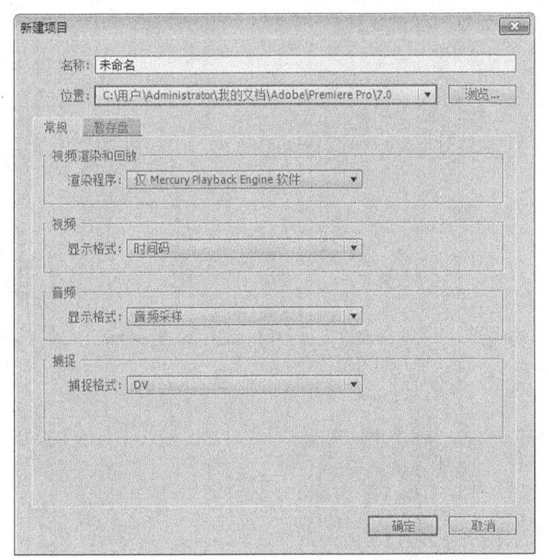

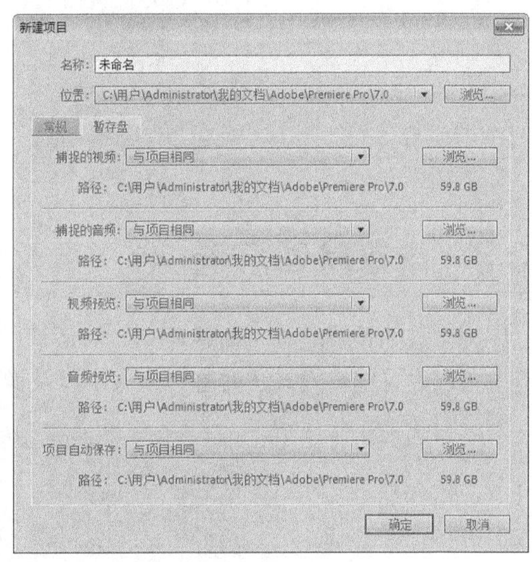

在“新建项目”对话框中，各常用选项的含义如下。

- 名称：用于为该项目命名。
- 位置：用于选择该项目的存储位置。
- 视频显示格式：用于决定帧在时间轴中播放时，Premiere Pro CC 所使用的帧数目，以及是否使用丢帧或不丢帧时间码。
- 音频显示格式：用于在处理音频素材时，更改“时间轴”面板和“节目监视器”面板显示，以显示音频单位而不是视频帧。
- 捕捉：在“捕捉格式”下拉列表框中可以选择所要采集视频或音频的格式，其中包括 DV 和 HDV 格式。
- 捕捉的视频：用于设置存放视频采集文件的路径，单击“浏览”按钮，可以修改其路径。
- 捕捉的音频：用于设置存放音频采集文件的路径。

- 视频预览：用于设置放置预演影片的文件夹。
- 音频预览：用于设置放置预演声音的文件夹。

3.2.2 预设序列

在“新建序列”对话框中，可以选择所需的预设序列，选择“序列预设”选项卡后，在该对话框的“预设描述”区域中，将显示该预设的编辑模式、画面大小、帧速率、像素纵横比和位数深度设置以及音频设置等，如下图所示。

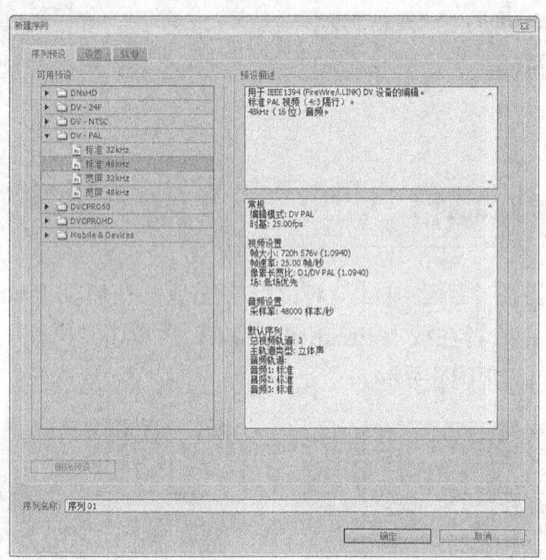

3.2.3 设置序列常规

序列常规的设置是在“新建序列”对话框中的“设置”选项卡中进行的，如下图所示，在该选项卡中可以设置编辑模式、时基、帧大小以及像素长度比等参数。

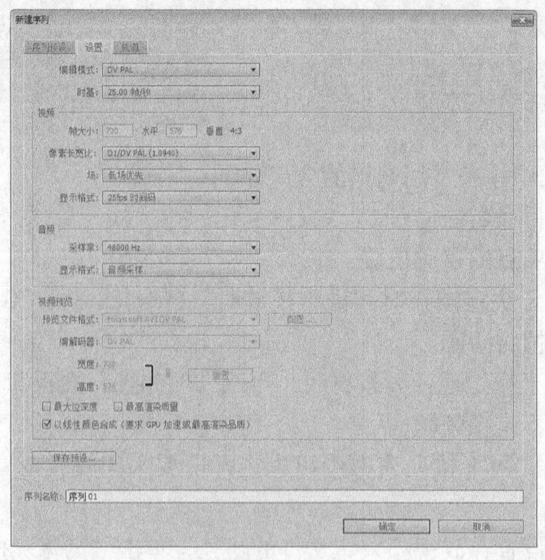

在“设置”选项卡中，各常用选项的含义如下。

- 编辑模式：该模式是由“序列预设”选项卡中选定的预设所决定的。使用编辑模式选项可以设置时间轴播放方法和压缩设置。选择 DV 预设，编辑模式将自动设置为 DV NTSC 或 DV PAL。如果想选择其他的预设，则可以从“编辑模式”下拉列表中选择一种编辑模式，如左下图所示。
- 时基：时基是指时间基准，用于在计算编辑精度时，决定 Premiere Pro CC 如何划分每秒的视频帧。
- 帧大小：用于决定视频的画面大小。
- 像素纵横比：用于设置应该匹配的图像像素形状（图像中一个像素宽与高的比值），如右下图所示。

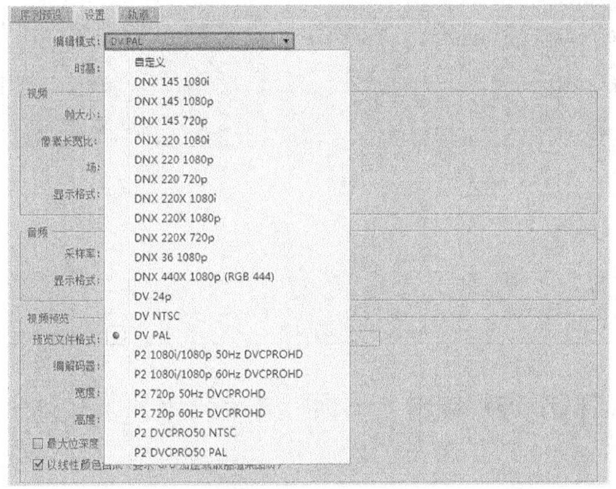

- 场：用于设置视频帧的场，包含有“上场优先”和“下场优先”两个选项。
- 采样率：用于决定音频的品质，其采样率越高，提供的音质越好。
- 视频预览：用于指定使用 Premiere Pro CC 时如何预览视频。大多数选项是由项目编辑模式决定的，因此不能更改。

3.2.4 设置“轨道”序列

“轨道”序列的设置是在“新建序列”对话框中的“轨道”选项卡中进行的，在该选项卡中可以设置“时间轴”面板中的视频和音频轨道数，也可以选择是否创建子混合轨道和数字轨道，如下图所示。

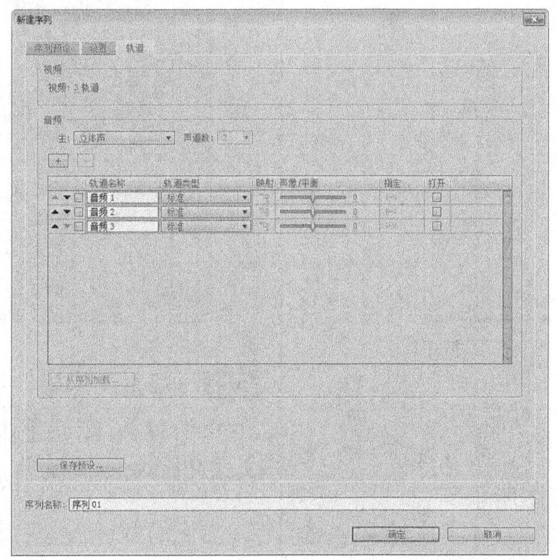

小提示

在“轨道”选项卡中更改设置并不会改变当前时间线，不过如果通过单击“文件”➤“新建”➤“序列”菜单命令的方式创建一个新项目或新序列后，添加到项目中的下一个时间线会显示新设置。

3.3 自定义快捷键

本节教学录像时间：3分钟

使用快捷键的方式可以使重复性的工作更轻松，并提高制作速度。因此，本节将详细讲解自定义快捷键的操作方法。

3.3.1 自定义菜单命令快捷键

更改菜单命令的快捷键需要在“键盘快捷键”对话框中进行编辑，下面将介绍自定义菜单命令快捷键的操作方法。

光盘同步视频文件
配套光盘\自定义菜单命令快捷键.mp4

步骤 01 单击“编辑”➤“快捷键”命令，如下图所示。

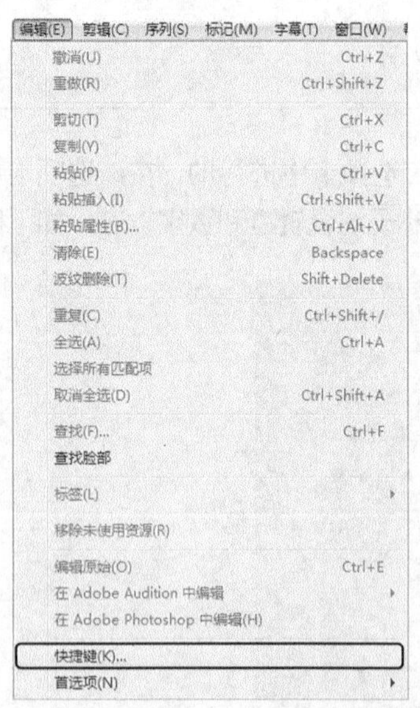

步骤 02 打开“键盘快捷键”对话框，在“命令”下拉列表框中，❶ 展开“文件”命令选项，❷ 选择“打开项目”选项，如下图所示。

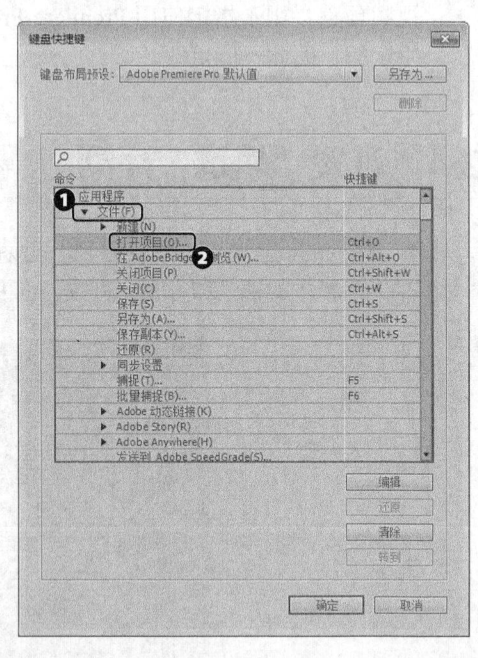

步骤 03 单击“编辑”按钮，并按快捷键【Ctrl + Shift + O】，然后单击“确定”按钮，即可自定义菜单命令的快捷键。

3.3.2 自定义面板快捷键

更改面板快捷键与更改键盘快捷键的方法一样。

光盘同步视频文件
配套光盘\自定义面板快捷键.mp4

步骤01 单击“编辑”➤“快捷键”命令，❶ 打开“键盘快捷键”对话框，❷ 选择“面板”选项，如下图所示。

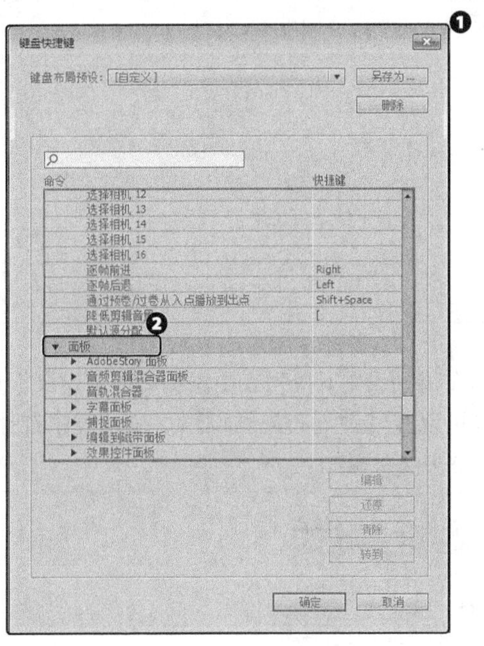

步骤02 展开“捕捉面板”选项，并在展开的选项中，❶ 选择“停止”选项，❷ 单击“编辑”按钮，如下图所示。

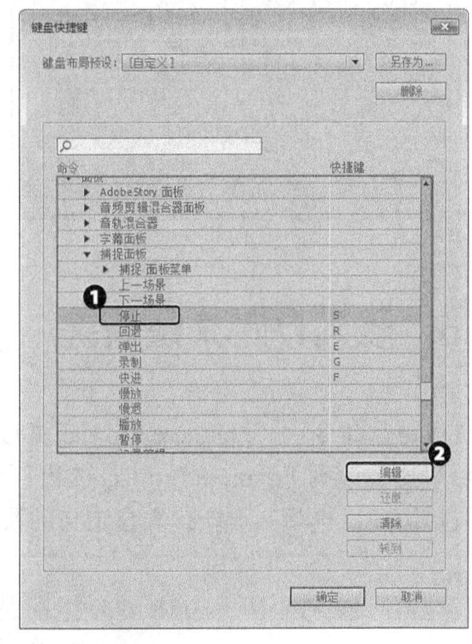

步骤03 按快捷键【Tab】，然后单击“确定”按钮，即可自定义面板的快捷键。

3.3.3 自定义工具快捷键

Premiere Pro CC 为每个工具提供了键盘快捷键，在“键盘快捷键”对话框中的“应用”下拉列表框中选择“工具”选项，可以修改工具的键盘快捷键。要更改对话框“工具”部分的键盘命令，只需要在工具行的快捷方式列中单击鼠标左键，然后重新输入新的键盘快捷键即可。

3.3.4 保存自定义快捷键

为了保存新设置的键盘快捷键，可以使用“另存为”功能将其保存。

光盘同步视频文件
配套光盘\保存自定义快捷键.mp4

步骤01 单击“编辑”➤“快捷键”命令，❶ 打开“键盘快捷键”对话框，❷ 在“键盘布局预设”列表框中，选择“自定义”选项，❸ 并单击“另存为”按钮，如下图所示。

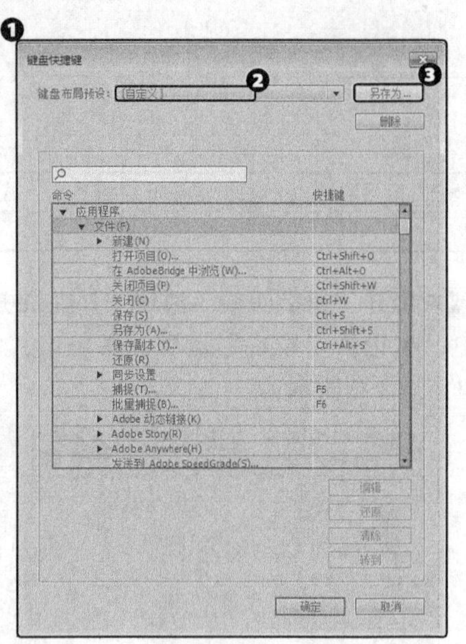

步骤 02 打开“键盘布局设置”对话框，❶ 修改“键盘布局预设名称”为“新快捷键设置”，❷ 单击“保存”按钮，如下图所示。

步骤 03 单击“确定”按钮，即可保存自定义快捷键。

3.3.5 载入自定义快捷键

更改键盘命令后，Premiere Pro CC 将自动在“键盘布局预设”下拉列表中添加新的自定义设置，这样可以避免改写 Premiere Pro CC 的出厂默认值，也可以在“键盘布局预设”下拉列表中选择其他的快捷键预设选项，重新载入自定义的快捷键，如下图所示。

3.4 综合案例——修改界面外观并调整面板大小

本节教学录像时间：2分钟

在 Premiere Pro CC 中可以通过设置“首选项”对话框中的界面参数，重新调整界面的外观，也可以重新调整面板的大小，重新布局 Premiere Pro CC 程序界面。

光盘同步视频文件

配套光盘\综合实例：修改界面外观并调整面板大小.mp4

步骤 01 在 Premiere Pro CC 程序界面中，单击“编辑” ➤ “首选项” ➤ “外观”命令，如下图所示。

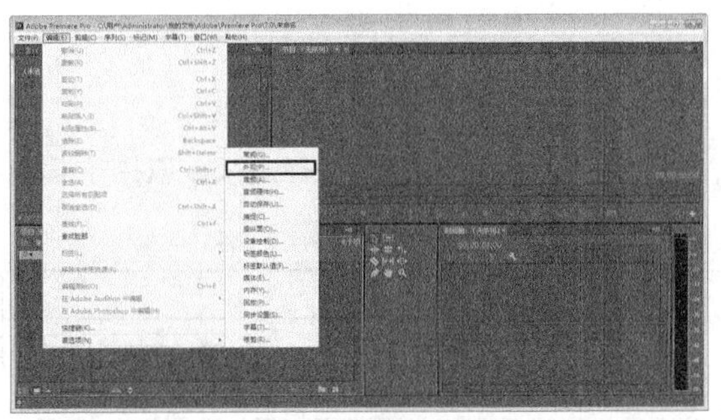

步骤02打开“首选项”对话框，在“亮度”选项区中，单击滑块并向右拖曳至合适位置，如下图所示。

步骤03单击“确定”按钮，即可修改界面外观，如下图所示。

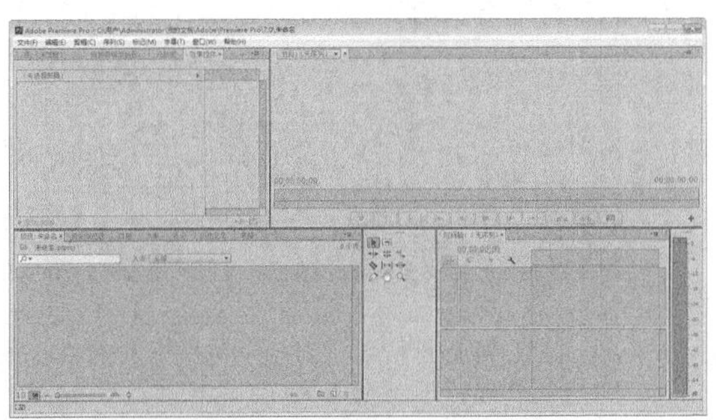

步骤04将鼠标指针移动到“项目”面板和“节目监视器”面板之间，然后向下拖动面板间的边界，修改面板大小，如下图所示。

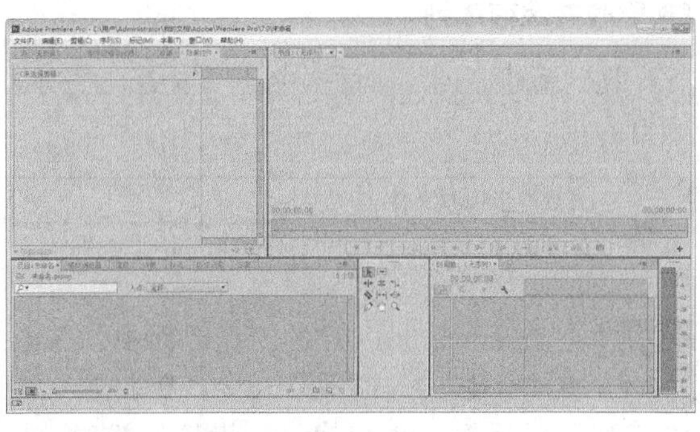

步骤05将鼠标指针移动到“项目”面板和“工具”面板之间，然后向左拖动面板间的边界，修改面板大小，如下图所示。

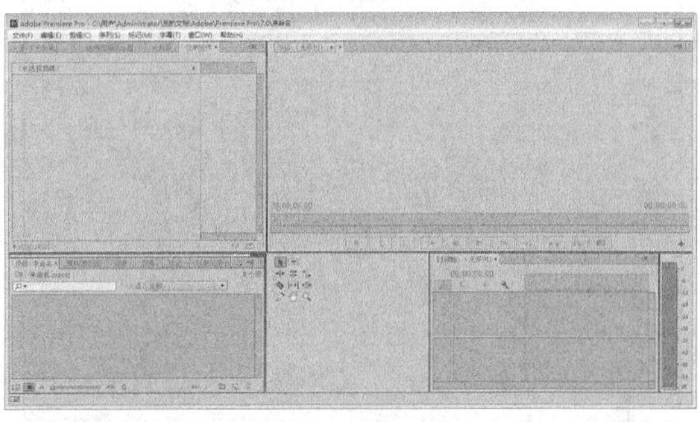

步骤06将鼠标指针移动到“工具”面板和“时间轴”面板之间，然后向左拖动面板间的边界，修改面板大小，如下图所示。

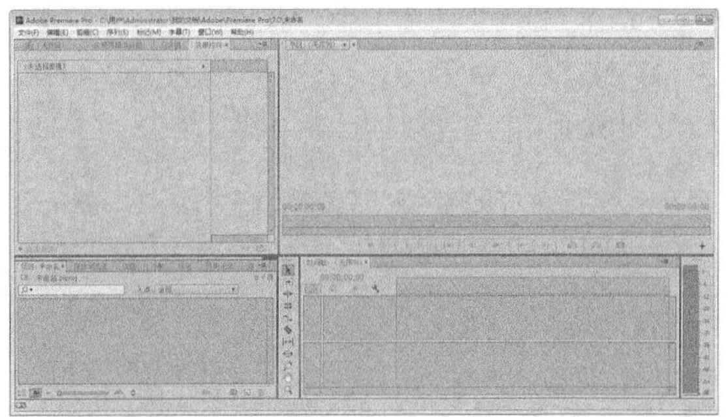

高手支招

本节教学录像时间：4分钟

通过对前面知识的学习，相信读者朋友已经掌握好 Premiere 的程序设置基础知识。下面结合本章内容，给大家介绍一些实用技巧。

 更改并保存序列

在“新建序列”对话框中还可以更改序列预设，并将更改后的序列预设保存起来，以用于其他项目。

光盘同步视频文件
配套光盘\秘技1. 更改并保存序列.mp4

步骤 01 在 Premiere Pro CC 的工作界面中，单击“文件”➤“新建”➤“序列”命令，❶ 打开“新建序列”对话框，❷ 切换至“设置”选项卡，如下图所示。

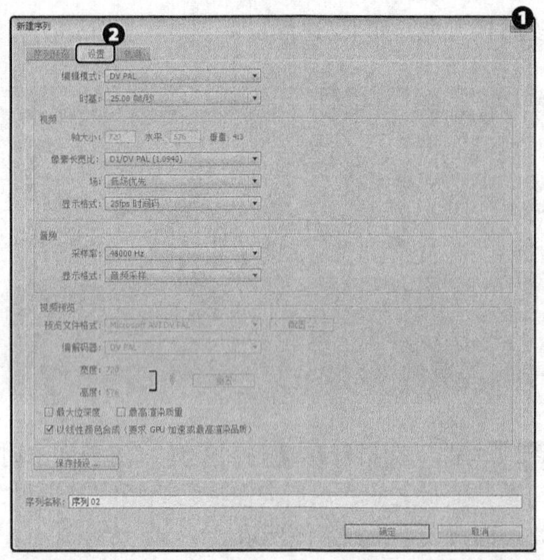

步骤 02 在“设置”选项卡中，❶ 修改“编辑模式”为 DV NTSC，❷ 修改“采样率”为 88200Hz，如下图所示。

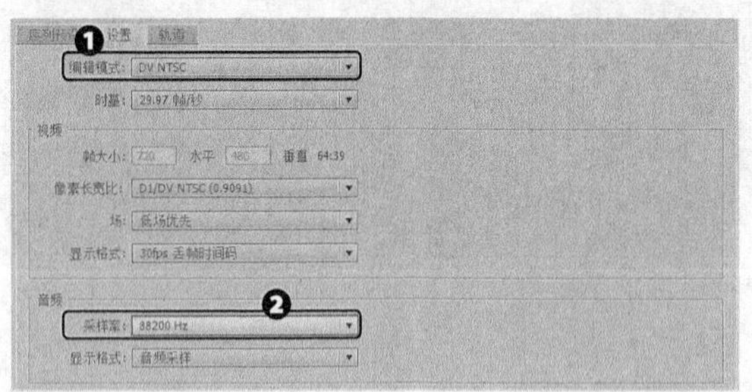

步骤 03 ❶ 修改“序列名称”为“更改序列”，❷ 单击“保存预设”按钮，如下图所示。

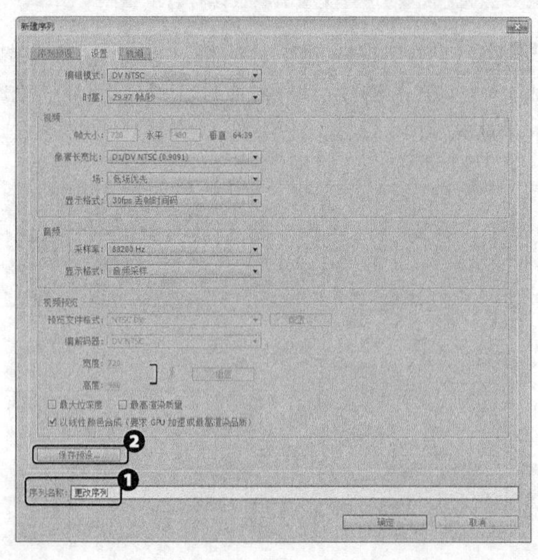

步骤 04 打开“保存设置”对话框，❶ 修改“名称”为“新建序列”，❷ 单击“确定”按钮，如下图所示，即可更改并保存新的序列。

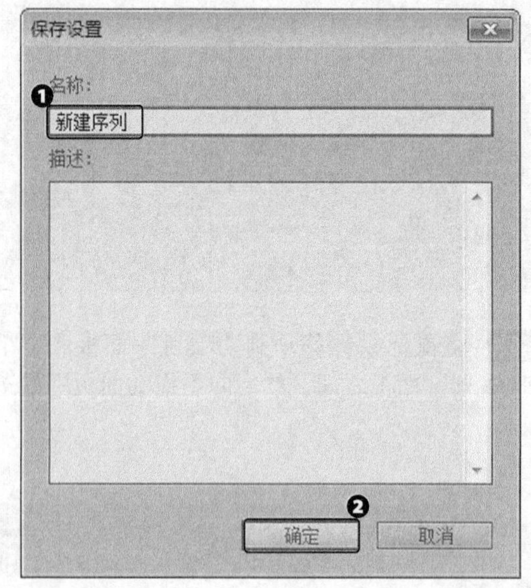

清除自定义键盘命令

如果快捷键设置错误或者想删除某个命令快捷键，可以通过“清除”功能进行清除操作。

光盘同步视频文件
配套光盘\秘技2. 清除自定义键盘命令.mp4

步骤01 单击“编辑”➤“快捷键”命令，❶ 打开“键盘快捷键”对话框，展开“文件”命令选项，❷ 选择“打开项目”选项，如下图所示。

步骤02 单击“清除”按钮，即可清除自定义键盘命令，如下图所示。

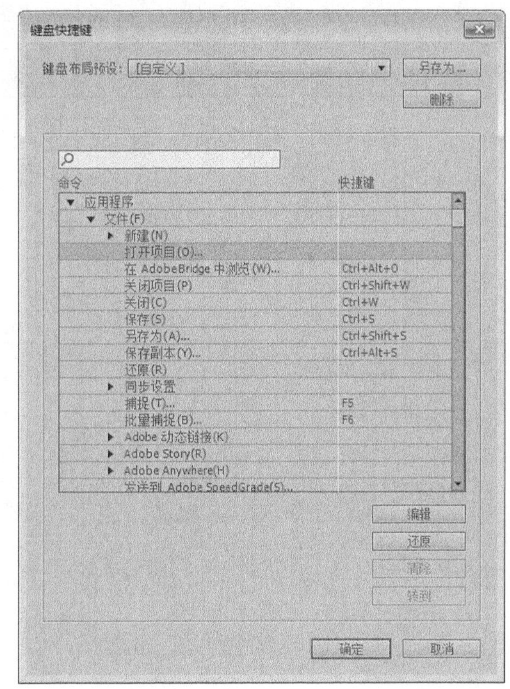

输出音频硬件设置

在“首选项”对话框中的“音频硬件”参数选项区中，可以设置输出音频硬件。

光盘同步视频文件
配套光盘\秘技3. 输出音频硬件设置.mp4

步骤01 单击“编辑”➤“首选项”➤“音频硬件”命令，❶ 打开“首选项”对话框，❷ 单击“ASIO设置”按钮，如左下图所示。

步骤02 打开“音频硬件设置”对话框，❶ 切换至“输出”选项卡，❷ 勾选“设备32位回放”复选框，❸ 并修改“采样”滑块为5120，如右下图所示。

步骤03 单击“确定”按钮，即可设置音频硬件的输出参数。

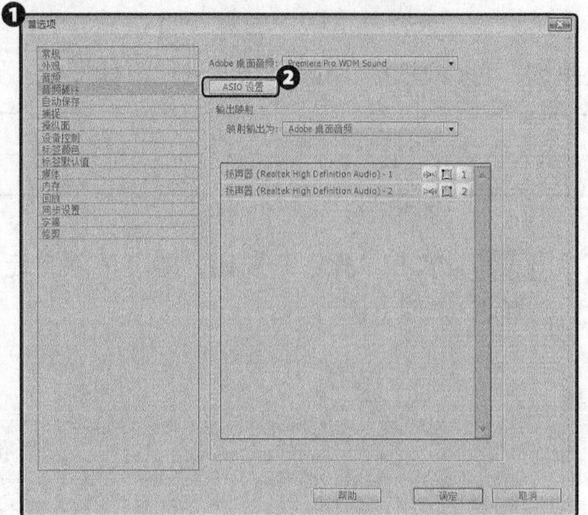
首选项
Adobe 桌面音频:
Premiere Pro WDM Sound
ASIO 设置
输出映射
映射输出为:
Adobe 桌面音频
扬声器 (Realtek High Definition Audio) - 1
扬声器 (Realtek High Definition Audio) - 2
帮助
确定
取消

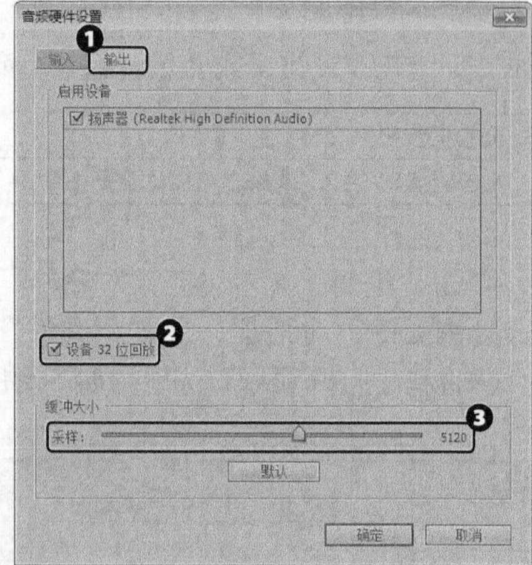
音频硬件设置
输入
输出
启用设备
扬声器 (Realtek High Definition Audio)
设备 32 位回放
缓冲大小
采样:
5120
默认
确定
取消

第2篇
进阶篇

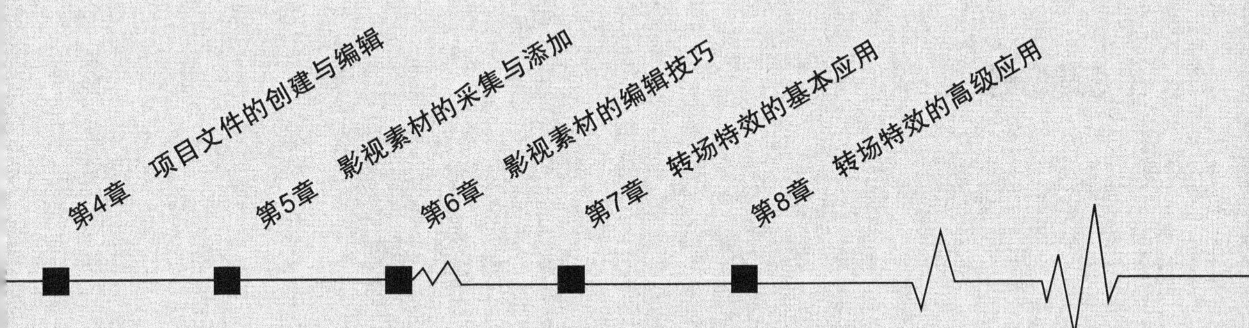

第4章　项目文件的创建与编辑
第5章　影视素材的采集与添加
第6章　影视素材的编辑技巧
第7章　转场特效的基本应用
第8章　转场特效的高级应用

第 4 章

项目文件的创建与编辑

学习目标

Premiere Pro CC 软件主要用于对影视视频文件进行编辑，但在编辑之前，我们首先需要掌握项目文件和素材文件的使用方法。本章将详细介绍创建项目文件、打开项目文件、保存和关闭项目文件以及素材文件的基本操作等内容，以供读者掌握。

知识要点

- 创建项目文件的 2 种方法
- 打开项目文件的 3 种方法
- 保存和关闭项目文件
- 使用“新建”功能创建其他文件
- “水中果实”素材文件的基本操作

4.1 创建项目文件的2种方法

本节教学录像时间：1分钟

Premiere Pro CC 数字视频作品在此称为一个项目而不是视频作品，其原因是 Premiere Pro CC 不仅能创建作品，还可以管理作品资源。因此，工作的文件不仅仅是一份作品，事实上是一个项目。在 Premiere Pro CC 中创建数字视频作品的第一步是新建一个项目文件。本节将介绍创建项目文件的操作方法。

4.1.1 在欢迎界面中创建项目

欢迎界面中包含有“新建项目”功能，使用该功能，可以创建新的项目文件。

光盘同步视频文件
配套光盘\在欢迎界面中创建项目.mp4

步骤 01 启动 Premiere Pro CC 程序后，在欢迎界面中，单击“新建项目”按钮，如下图所示。

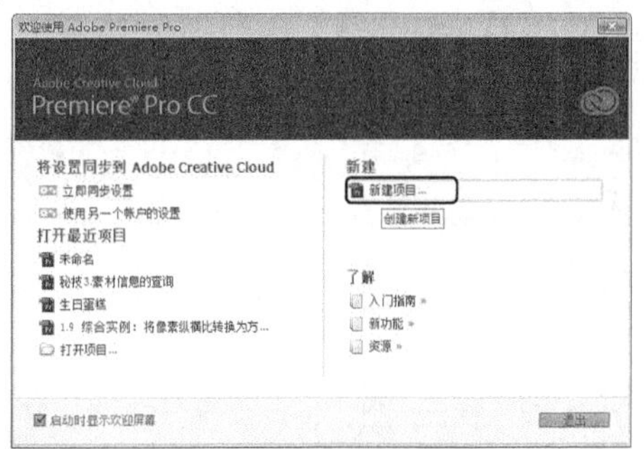

步骤 02 打开“新建项目”对话框，❶修改“名称”为“4.1.1 在欢迎界面创建项目”，❷并单击“浏览”按钮，如下图所示。

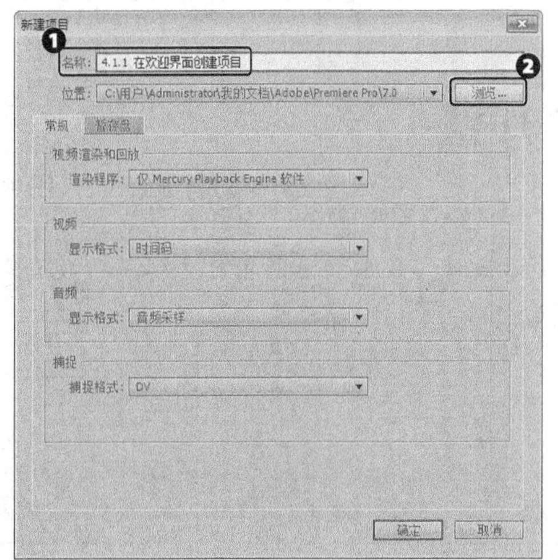

步骤 03 打开“请选择新项目的目标路径”对话框，❶选择“效果 / 第 4 章”文件夹，❷单击“选择文件夹”按钮，如下图所示。

步骤 04 返回到“新建项目”对话框，显示修改后的路径，如下图所示。

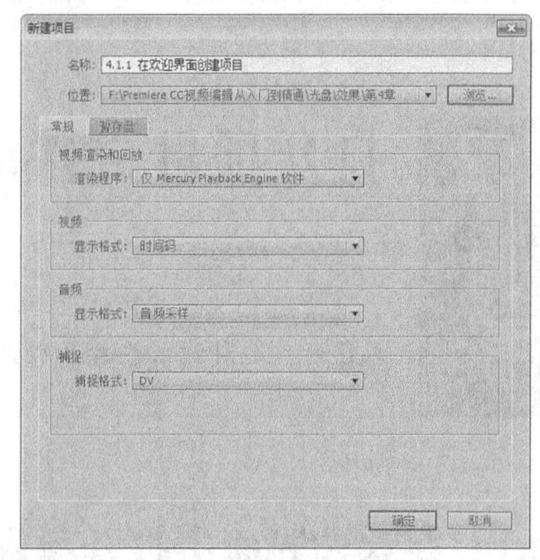

步骤 05 单击“确定”按钮，即可创建项目文件，如下图所示。

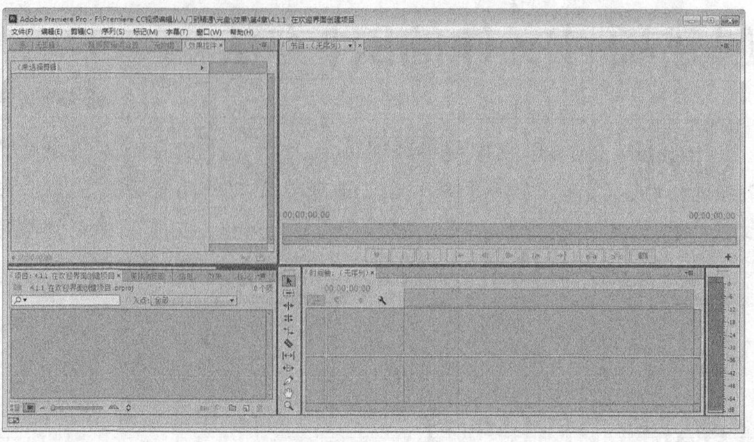

4.1.2 在“文件”菜单中创建项目

除了通过欢迎界面新建项目外，也可以进入到Premiere主界面中，通过“文件”菜单进行创建。其方法如下：单击“文件”➤“新建”➤“项目”命令，如下图所示，打开“新建项目”对话框，修改项目名称和路径，单击“确定”按钮即可新建项目。

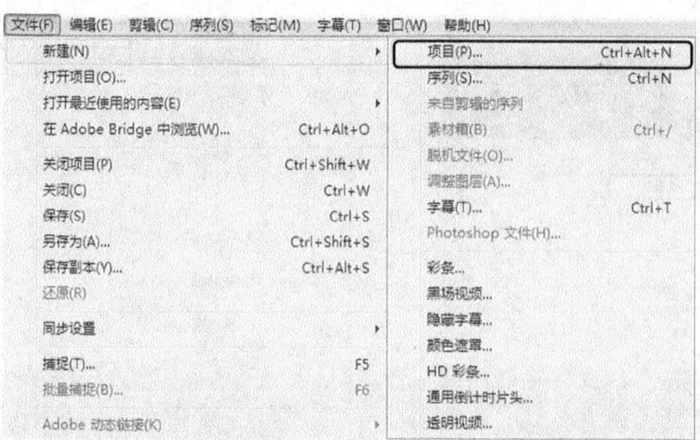

小提示

除了在欢迎界面和“文件”菜单中可以新建项目文件外，还可以按快捷键【Ctrl＋Alt＋N】创建项目文件。

4.2 打开项目文件的3种方法

本节教学录像时间：1分钟

使用Premiere Pro CC进行视频编辑操作时，常常需要对项目文件进行改动或再设计，这时就需要打开原来已有的项目文件。

4.2.1 在欢迎界面中打开项目

在欢迎界面中除了可以创建项目文件外，还可以使用“打开项目”功能打开项目文件。

光盘同步视频文件
配套光盘\在欢迎界面中打开项目.mp4

步骤01 启动 Premiere Pro CC 程序后，在欢迎界面中，单击“打开项目”按钮，如下图所示。

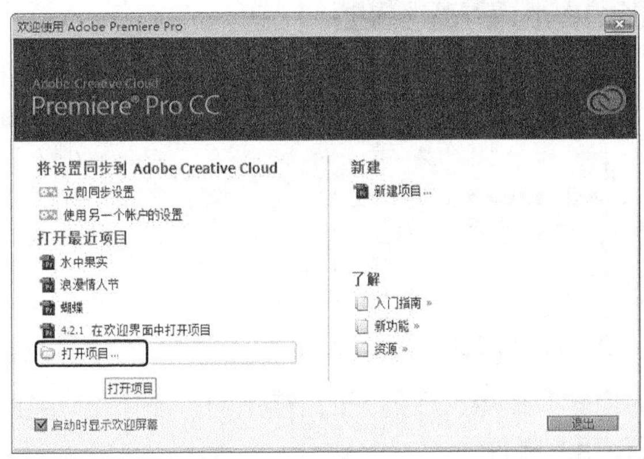

步骤02 打开“打开项目”对话框，❶选择“4.2.1 在欢迎界面中打开项目”项目文件，❷单击“打开”按钮，如右上图所示。

步骤03 即可通过欢迎界面打开项目文件，效果如右下图所示。

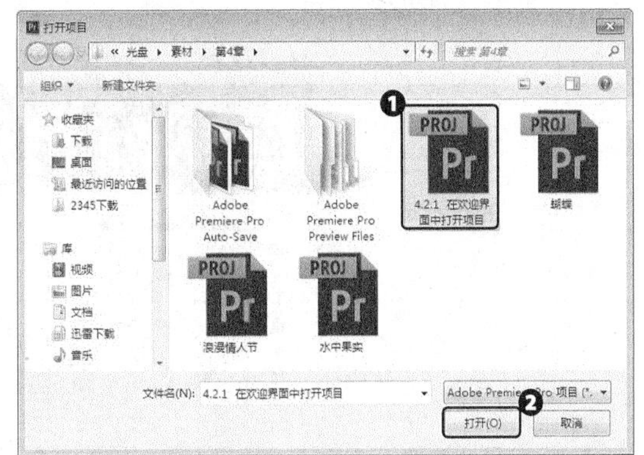

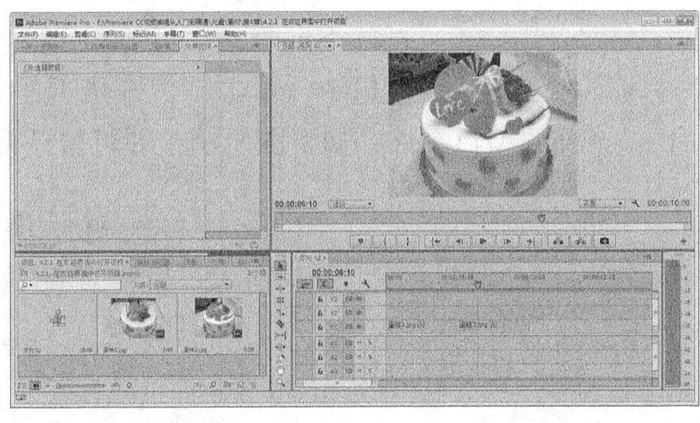

4.2.2 在“文件”菜单中打开项目

除了通过欢迎界面打开项目外，也可以进入到 Premiere 主界面中，通过“文件”菜单进行打开。其方法如下：单击“文件”➤“打开项目”命令，如下图所示，打开“打开项目”对话框，选择需要打开的项目文件，单击“打开”按钮即可打开。

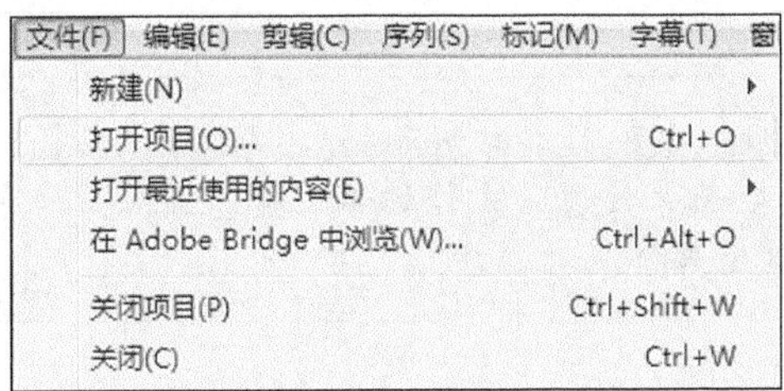

小提示

除了在欢迎界面和“文件”菜单中可以打开项目文件外，还可以按快捷键【Ctrl＋O】打开项目文件。

4.2.3 打开最近使用的项目

使用“打开最近使用项目”功能可以快速地打开最近使用过的项目文件。

打开最近使用的项目有 2 种方法。

- 在欢迎界面中，单击“打开最近项目”选项区中的项目文件链接，如下图所示，即可打开最近使用的项目。

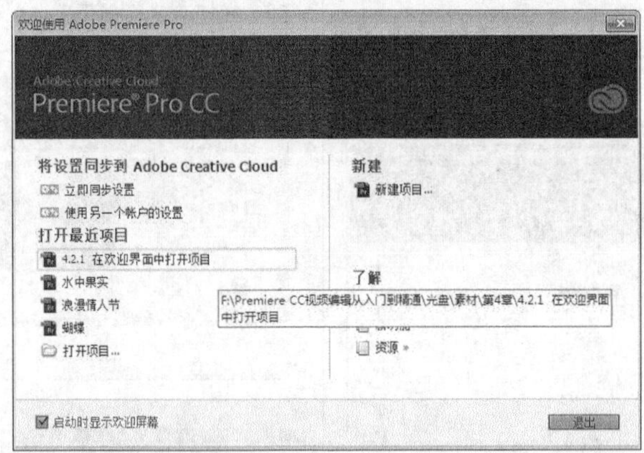

- 在“文件”菜单中，单击“打开最近使用的内容”命令，在展开的子菜单中，选择需要打开的项目文件，如下图所示，即可打开最近使用的项目。

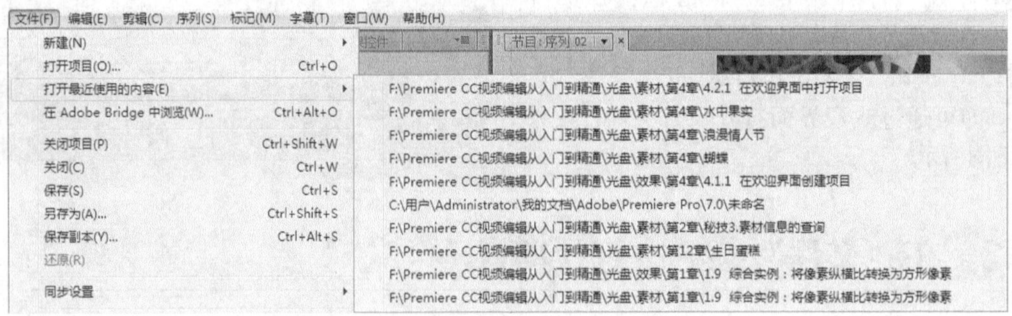

4.3 保存和关闭项目文件

本节教学录像时间：3分钟

使用“保存”功能可以在视频编辑的过程中随时对项目文件进行保存，以避免意外情况发生而导致项目文件的不完整。当项目文件使用完成后，则可以使用“关闭”功能将其关闭。

4.3.1 使用“文件”菜单保存项目

使用“保存”命令，可以将项目文件保存到磁盘中。

光盘同步视频文件

配套光盘\使用“文件”菜单保存项目.mp4

步骤 01 打开本书配套光盘中的“素材 / 第 4 章 / 4.3.1 ‘文件’菜单保存项目的使用”项目文件，如下图所示。

步骤 02 单击“文件”➤“保存”命令，如右上图所示。

步骤 03 弹出“保存项目”对话框，显示保存进度，如右下图所示，即可保存项目文件。

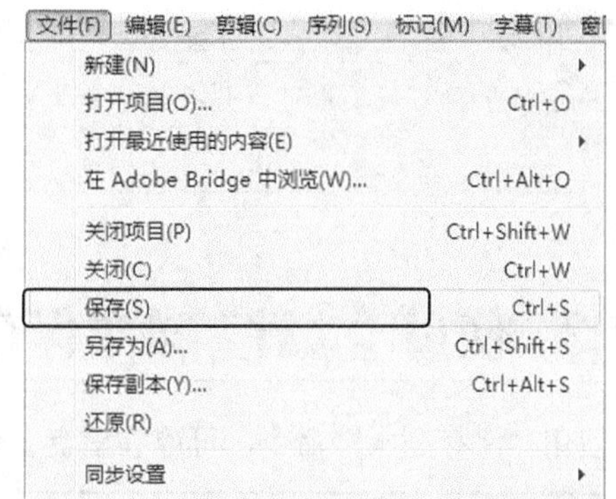

小提示

除了在“文件”菜单中可以保存项目文件外，还可以按快捷键【Ctrl＋S】保存项目文件。

4.3.2 使用“文件”菜单另存为项目

使用“另存为”命令，可以以新名称保存项目文件，或者将项目文件保存到不同的磁盘位置。此命令将使用户停留在最新创建的文件中。

光盘同步视频文件
配套光盘\使用“文件”菜单另存为项目.mp4

步骤 01 单击“文件”➤“另存为”命令，如下图所示。

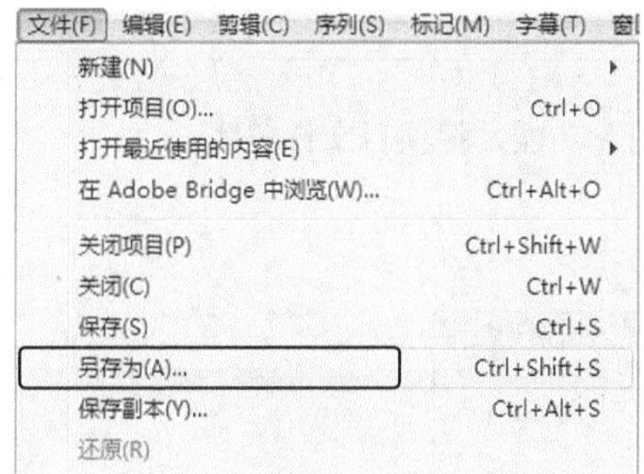

步骤 02 打开“保存项目”对话框，❶ 修改其路径为“效果 / 第 4 章”，❷ 修改项目文件名称，如下图所示。

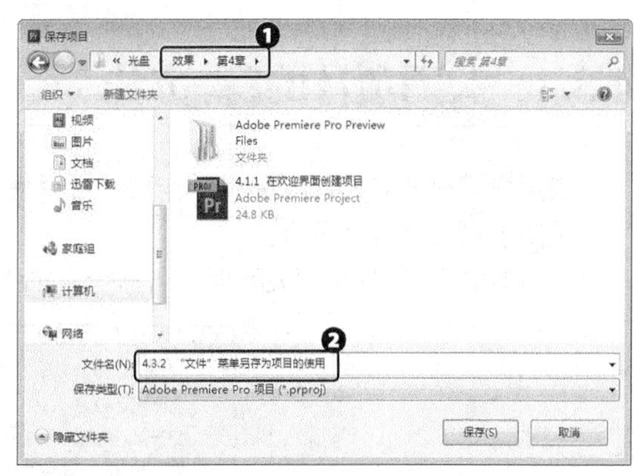

步骤 03 单击“保存”按钮，打开“保存项目”对话框，即可另存为项目文件。

小提示

除了在"文件"菜单中可以另存为项目文件外，还可以按快捷键【Ctrl + Shift + S】，进行项目文件的另存为操作。

4.3.3 使用"文件"菜单保存项目副本

使用"保存副本"命令，可以在磁盘上创建一份项目的副本，但用户仍停留在当前项目中。

光盘同步视频文件

配套光盘\使用"文件"菜单保存项目副本.mp4

步骤 01 单击"文件" ➤ "保存副本"命令，如下图所示。

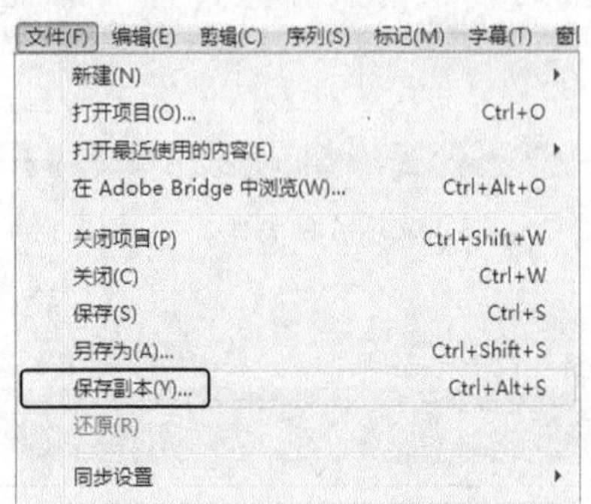

步骤 02 打开"保存项目"对话框，保持默认的保存路径和名称，单击"保存"按钮，如下图所示。

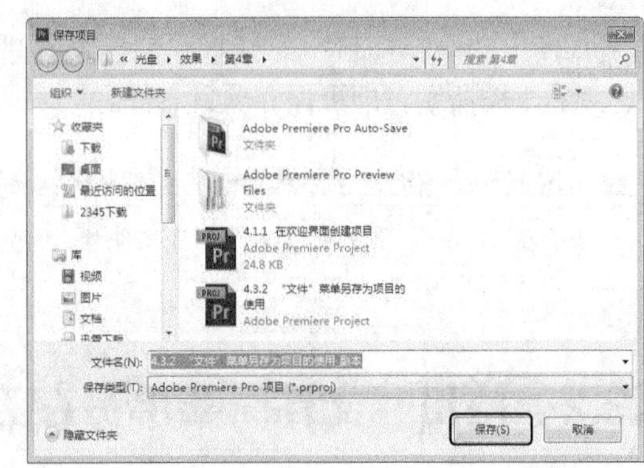

步骤 03 打开"保存项目"对话框，即可保存项目副本文件。

小提示

除了在"文件"菜单中可以保存项目副本文件外，还可以按快捷键【Ctrl + Alt + S】保存项目文件的副本。

4.3.4 关闭项目的2种方法

当用户完成所有的视频编辑操作后，可以使用"关闭"功能，将项目文件关闭。

关闭项目文件有 2 种方法。

- 单击"文件" ➤ "关闭项目"命令，如下图所示。

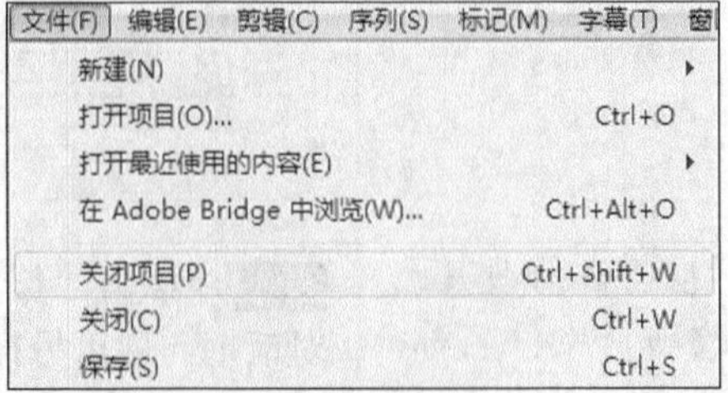

- 按【Ctrl+Shift+W】组合键，执行关闭项目的操作。

4.4 使用“新建”功能创建其他文件

本节教学录像时间：8分钟

使用“新建”功能除了可以创建项目文件外，还可以创建序列、素材箱、调整图层、脱机文件、彩条、黑场视频、颜色遮罩以及透明视频等文件。下面将讲解其创建方法。

4.4.1 新建序列

使用“新建”菜单中的“序列”命令，可以为当前项目添加新序列。

光盘同步视频文件
配套光盘\新建序列.mp4

步骤01 新建一个项目文件，单击“文件”➤“新建”➤“序列”命令，如下图所示。

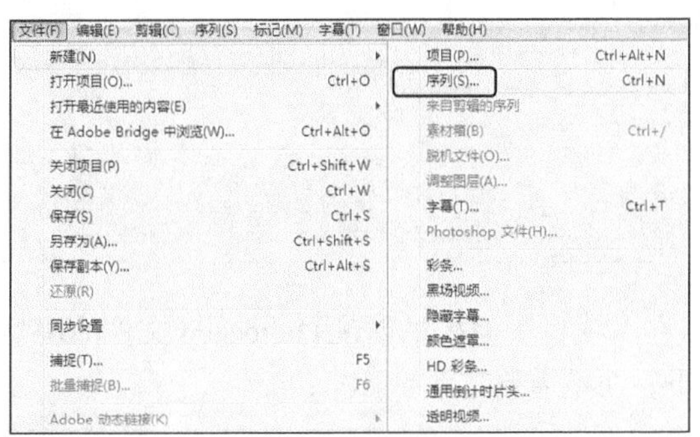

步骤02 打开“新建序列”对话框，❶ 选择合适的序列预设，❷ 单击“确定”按钮，如右上图所示。

步骤03 即可新建序列文件，并在“项目”面板和“时间轴”面板上显示，如右下图所示。

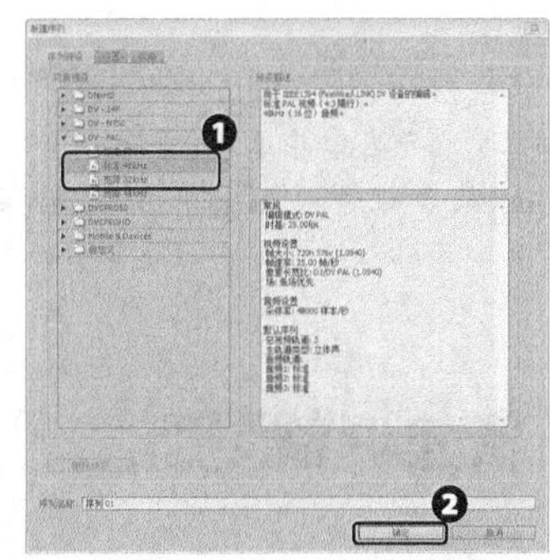

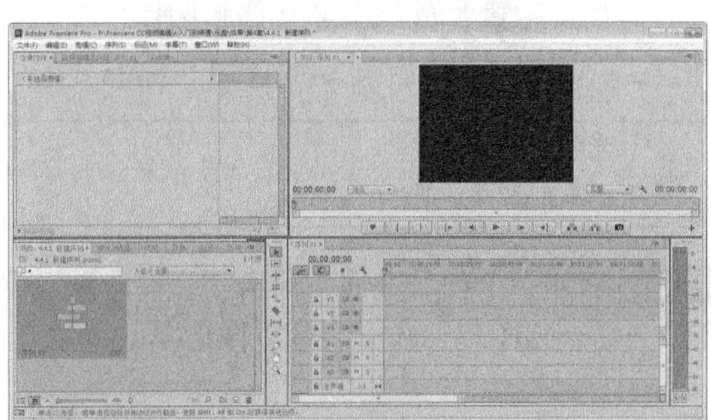

小提示

除了在“文件”菜单中新建序列外，还可以在“项目”面板中，单击鼠标右键，打开快捷菜单，选择“新建”➤“序列”命令新建，也可以按快捷键【Ctrl＋N】快速创建。

4.4.2 新建素材箱

使用“新建”菜单中的“素材箱”命令，可以在“项目”面板中创建新的文件夹。

光盘同步视频文件

配套光盘\新建素材箱.mp4

步骤01 新建一个项目文件，单击“文件”➤“新建”➤“素材箱”命令，如下图所示。

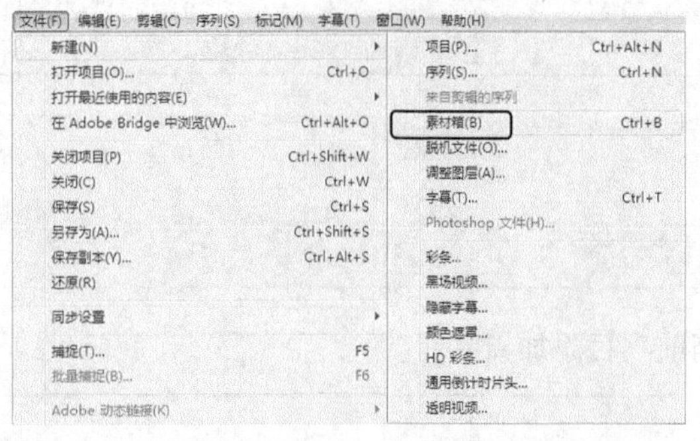

步骤02 在“项目”面板中将显示一个素材箱，在面板空白处单击鼠标左键，完成素材箱的创建，如下图所示。

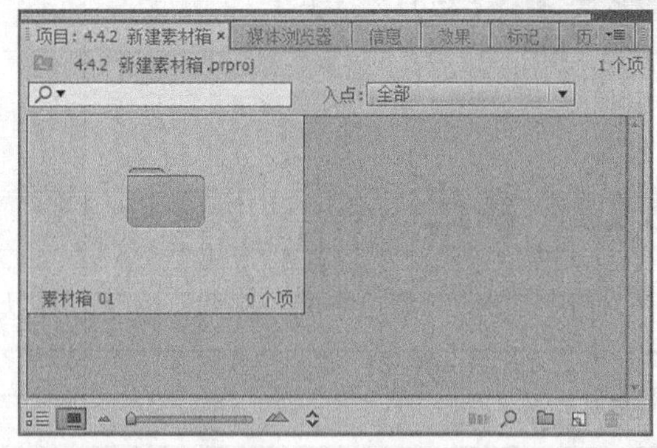

小提示

除了在“文件”菜单中新建素材箱外，还可以在“项目”面板中，单击鼠标右键，打开快捷菜单，选择“新建”➤“素材箱”命令新建，也可以按快捷键【Ctrl＋B】快速创建。

4.4.3 新建调整图层

使用“新建”菜单中的“调整图层”命令，可以在“项目”面板中创建Photoshop文件的调整图层，并将创建的文件自动放置在Premiere Pro项目下，而不需要重新导入。

光盘同步视频文件

配套光盘\新建调整图层.mp4

步骤01 新建一个项目文件，单击“文件”➤“新建”➤“调整图层”命令，如下图所示。

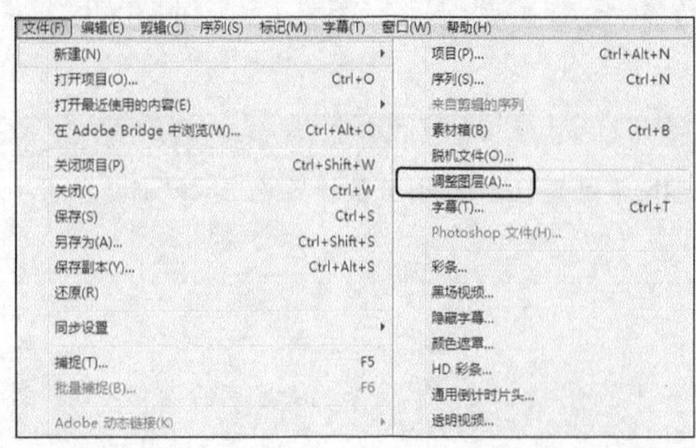

步骤02 打开“调整图层”对话框，单击“确定”按钮，如下图所示。

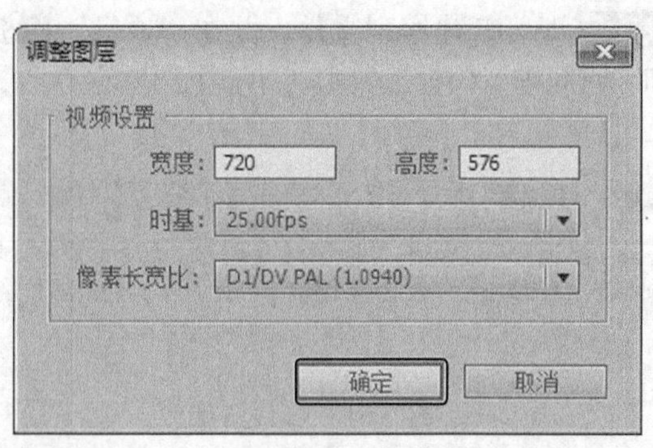

步骤03 即可新建调整图层，并在“项目”面板中显示，如下图所示。

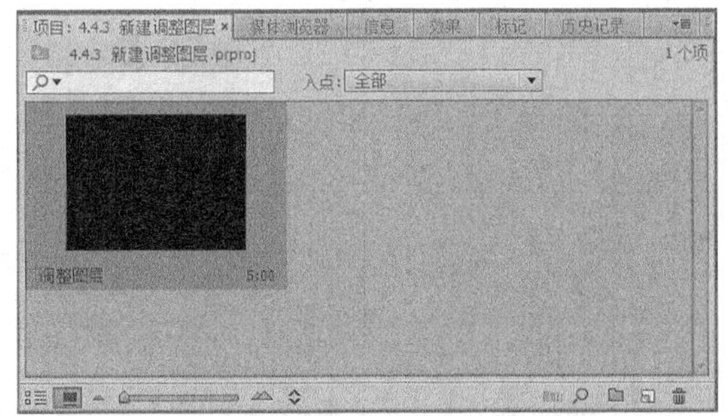

小提示

除了在“文件”菜单中新建调整图层外，还可以在“项目”面板中，单击鼠标右键，打开快捷菜单，选择“新建”➤“调整图层”命令创建。

4.4.4 新建脱机文件

使用“新建”菜单中的“脱机文件”命令，可以在“项目”面板中创建新文件条目，用于采集的影片。

光盘同步视频文件
配套光盘\新建脱机文件.mp4

步骤01 新建一个项目文件，单击“文件”➤“新建”➤“脱机文件”命令，如下图所示。

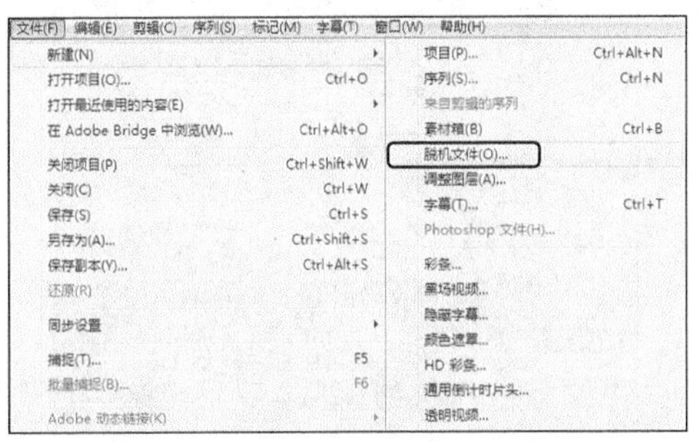

步骤02 打开“新建脱机文件”对话框，保持默认设置，单击“确定”按钮，如下图所示。

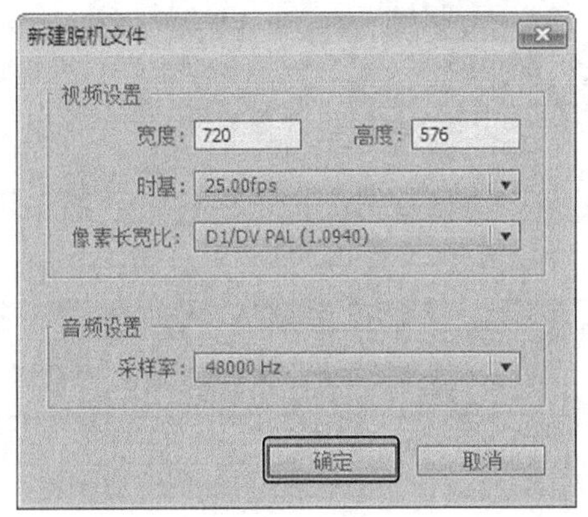

步骤03 打开“脱机文件”对话框，❶ 修改“磁带名称”为“音乐”，❷ 单击“确定”按钮，如下图所示。

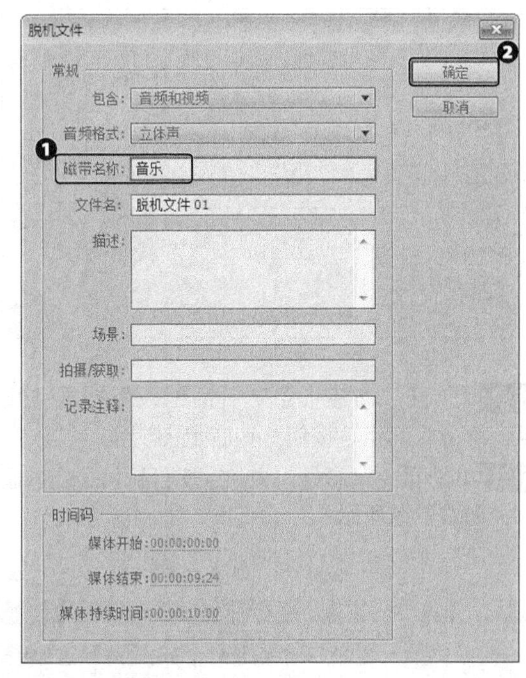

步骤04 即可新建脱机文件，并在“项目”面板中显示，如下图所示。

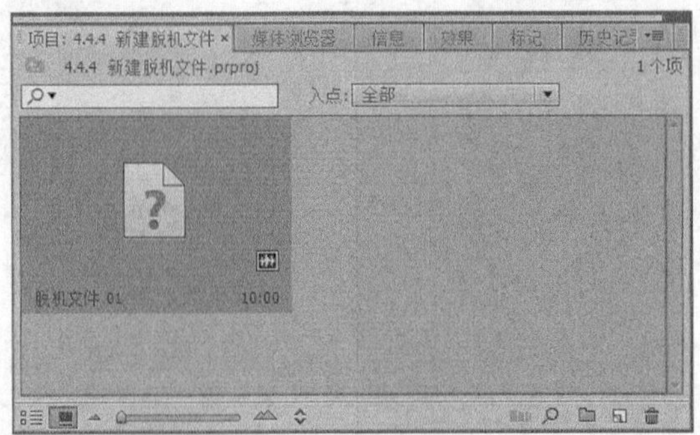

小提示

除了在“文件”菜单中新建脱机文件外，还可以在“项目”面板中，单击鼠标右键，打开快捷菜单，选择“新建”➤“脱机文件”命令创建。

4.4.5 新建彩条

使用“新建”菜单中的“彩条”命令，可以在“项目”面板中的文件夹中添加彩条文件。

光盘同步视频文件

配套光盘\新建彩条.mp4

步骤 01 新建一个项目文件，单击“文件”➤“新建”➤“彩条”命令，如下图所示。

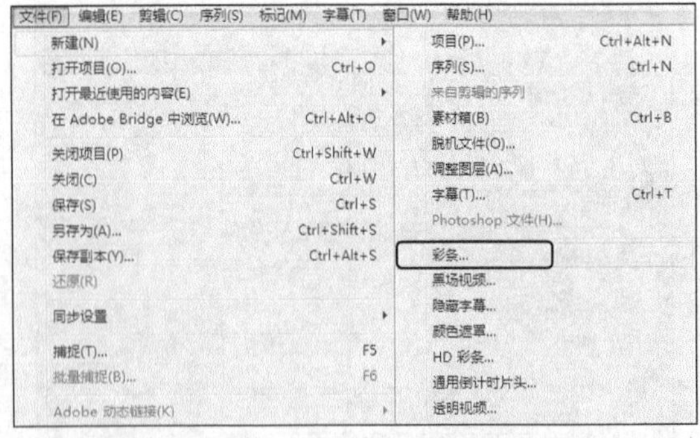

步骤 02 打开“新建彩条”对话框，保持默认设置，单击“确定”按钮，如右上图所示。

步骤 03 即可新建彩条，并在“项目”面板中显示，如右下图所示。

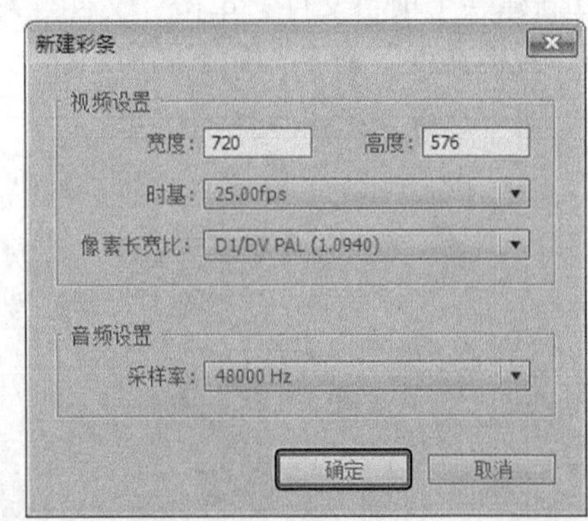

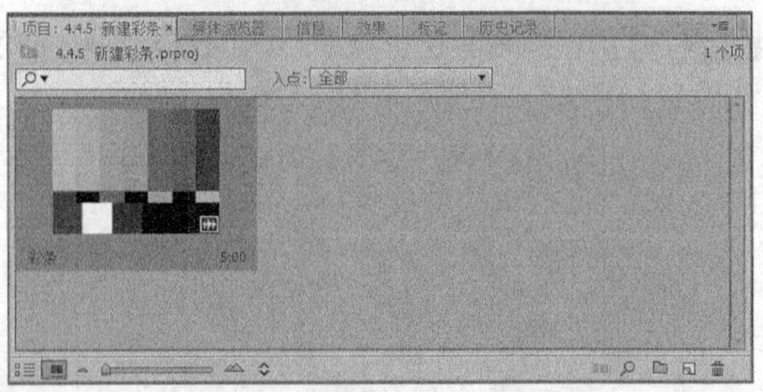

小提示

除了在“文件”菜单中新建彩条外，还可以在“项目”面板中，单击鼠标右键，打开快捷菜单，选择“新建”➤“彩条”命令创建。

4.4.6 新建黑场视频

使用“新建”菜单中的“黑场视频”命令，可以在“项目”面板添加纯黑色的视频素材。

光盘同步视频文件
配套光盘\新建黑场视频.mp4

步骤01 新建一个项目文件，单击“文件”➤“新建”➤“黑场视频”命令，如下图所示。

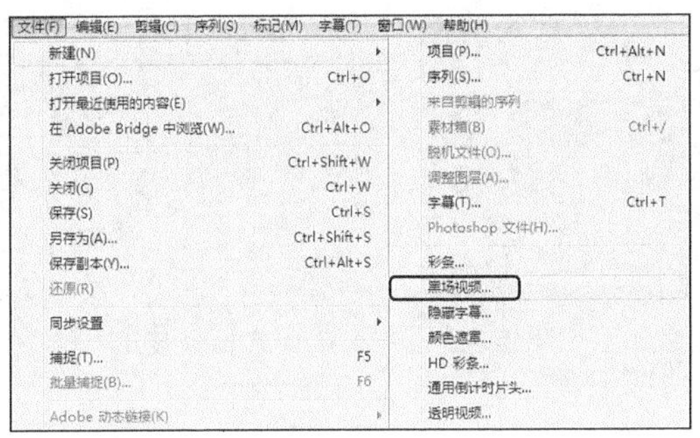

步骤02 打开“新建黑场视频”对话框，保持默认设置，单击“确定”按钮，如右上图所示。

步骤03 即可新建黑场视频，并在“项目”面板中显示，如右下图所示。

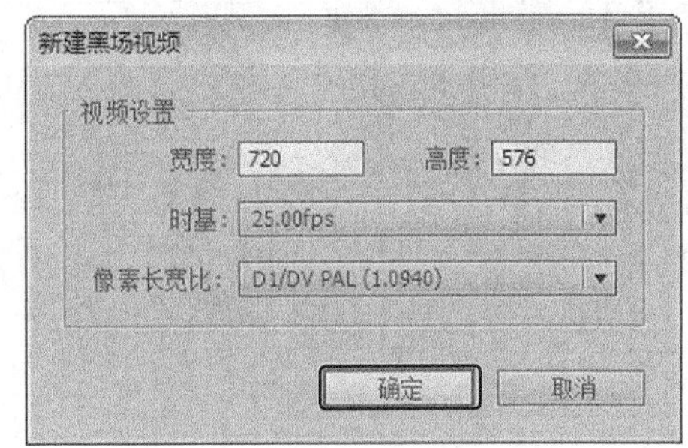

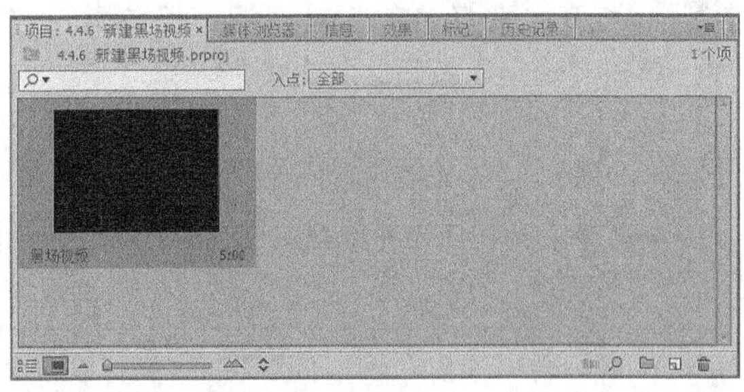

小提示

除了在“文件”菜单中新建黑场视频外，还可以在“项目”面板中，单击鼠标右键，打开快捷菜单，选择“新建”➤“黑场视频”命令创建。

4.4.7 新建颜色遮罩

使用“新建”菜单中的“颜色遮罩”命令，可以在“项目”面板中创建新彩色蒙版。

光盘同步视频文件
配套光盘\新建颜色遮罩.mp4

步骤01 新建一个项目文件，单击“文件”➤“新建”➤“颜色遮罩”命令，如下图所示。

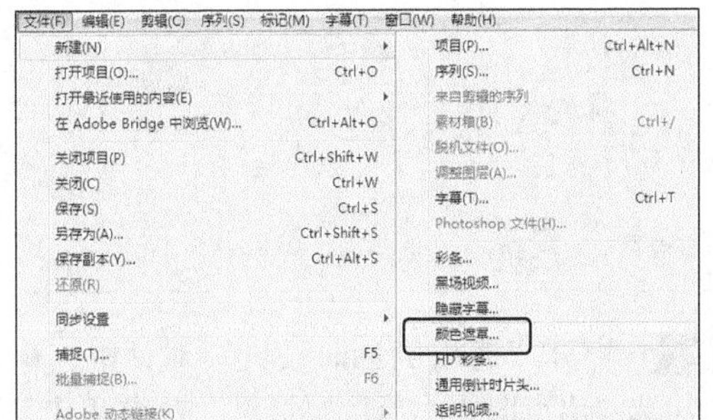

步骤02 打开“新建颜色遮罩”对话框，保持默认设置，单击“确定”按钮，如下图所示。

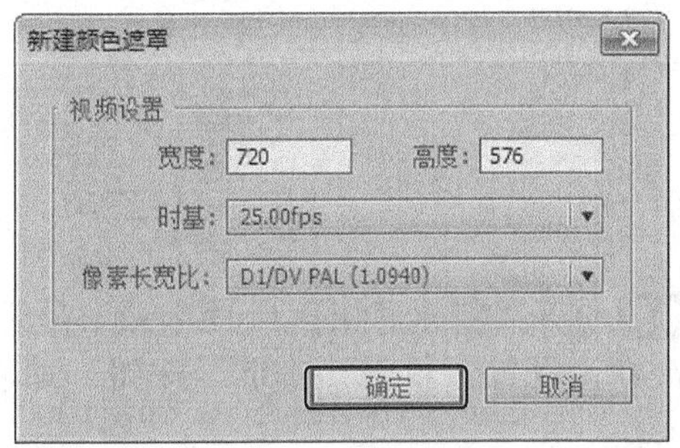

步骤 03 打开“拾色器”对话框，❶ 修改 RGB 颜色分别为 225、22、22，❷ 单击“确定”按钮，如下图所示。

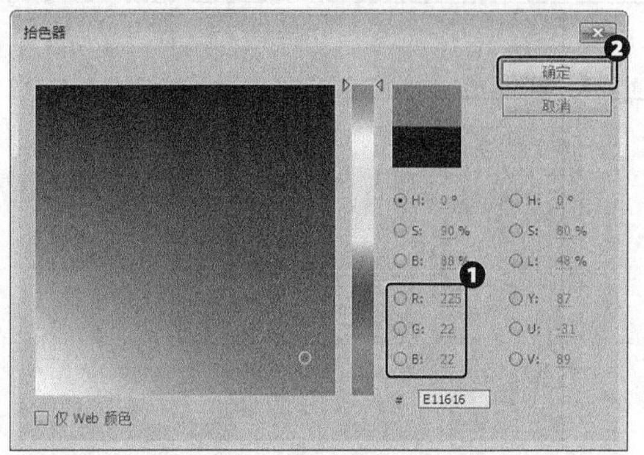

步骤 04 打开“选择名称”对话框，保持默认名称，单击“确定”按钮，如右图所示。

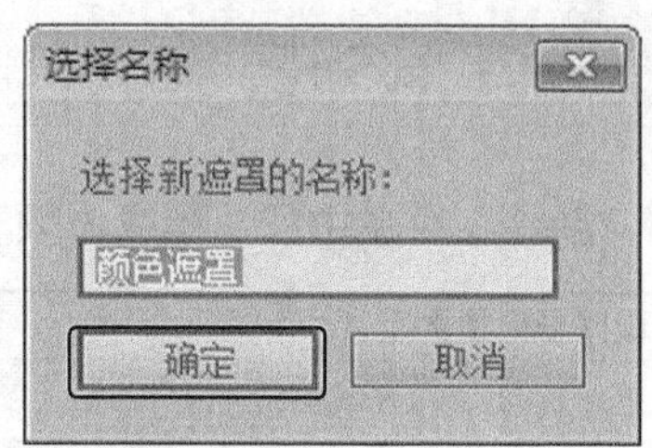

步骤 05 即可新建颜色遮罩，并在“项目”面板中显示，如下图所示。

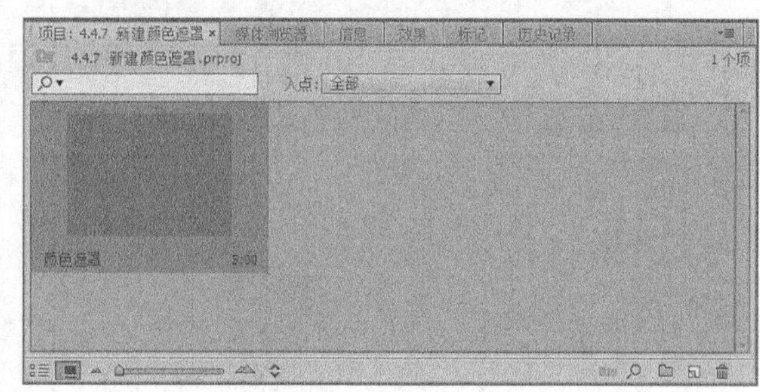

小提示

除了在“文件”菜单中新建颜色遮罩外，还可以在“项目”面板中，单击鼠标右键，打开快捷菜单，选择“新建”➤“颜色遮罩”命令创建。

4.4.8 新建倒计时片头

倒计时片头的主要作用是为影片提供一个在播放前倒数的片头播放效果。使用“新建”菜单中的“通用倒计时片头”命令，可以在“项目”面板中新建一个倒计时的素材。

光盘同步视频文件

配套光盘\新建倒计时片头.mp4

步骤 01 新建一个项目文件，单击“文件”➤“新建”➤“通用倒计时片头”命令，如下图所示。

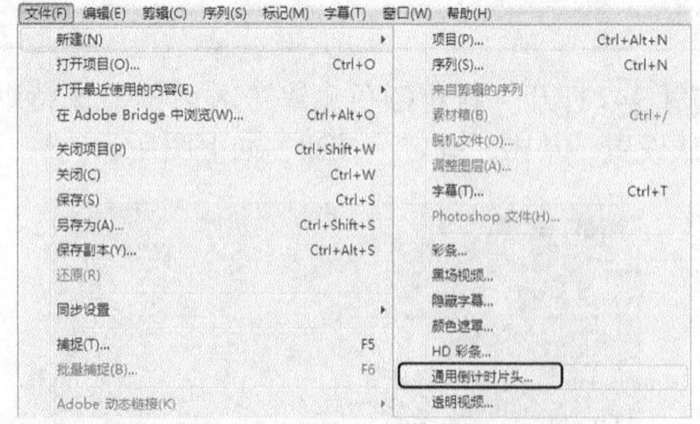

步骤 02 打开“新建通用倒计时片头”对话框，保持默认设置，单击“确定”按钮，如右图所示。

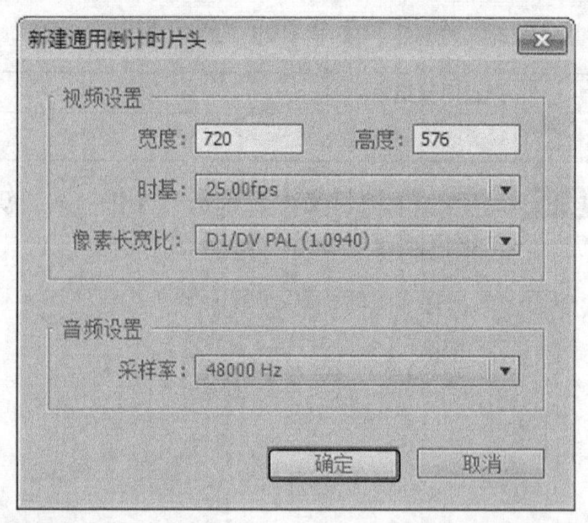

步骤 03 打开“通用倒计时设置”对话框，❶ 取消勾选“出点时提示音”复选框，❷ 并单击“确

定”按钮，如下图所示。

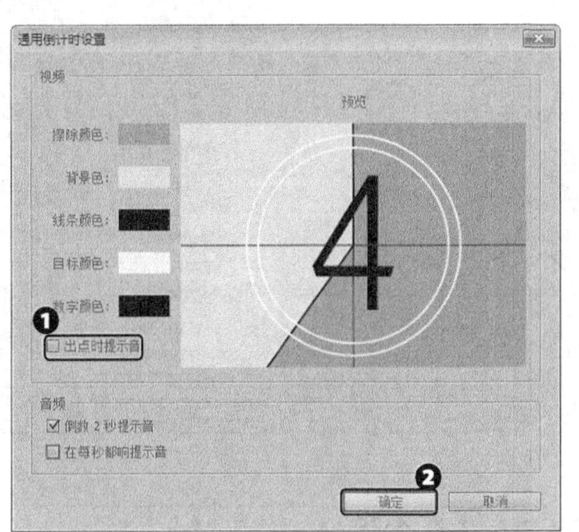

步骤04 即可新建一个倒计时片头，并在“项目”面板中显示，如下图所示。

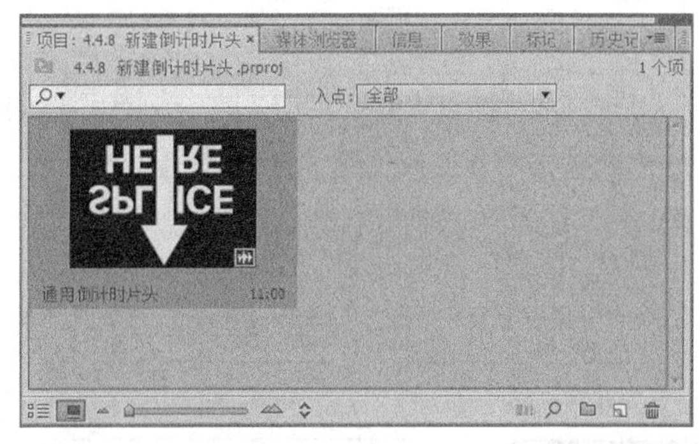

小提示

除了在“文件”菜单中新建倒计时片头外，还可以在“项目”面板中，单击鼠标右键，打开快捷菜单，选择“新建”➤“素材箱”命令新建，也可以按快捷键【Ctrl + B】快速创建。

4.4.9 新建HD彩条

HD 彩条和彩条的类型一样，唯一的区别在于颜色的色调和分布不一样。新建 HD 彩条有 2 种方法。

- 单击“文件”➤“新建”➤“HD 彩条”命令，如左下图所示。
- 在“项目”面板中单击鼠标右键，打开快捷菜单，选择“新建项目”➤“HD 彩条”命令，如右下图所示。

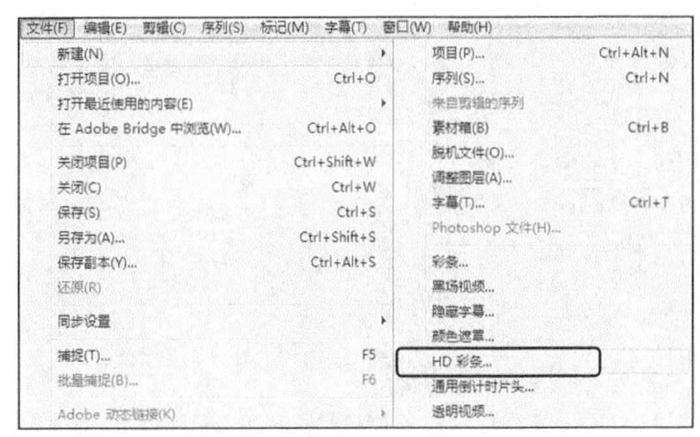

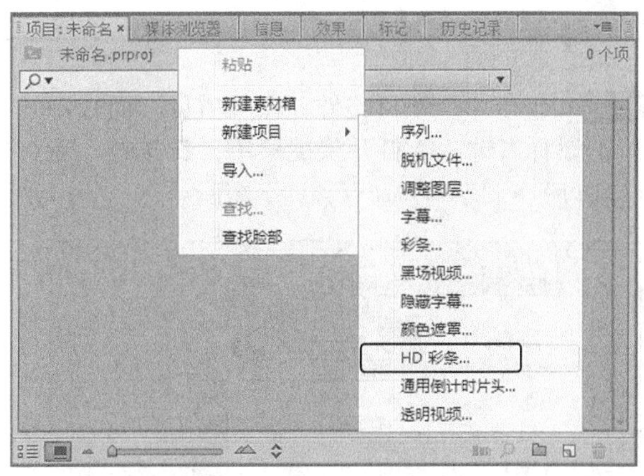

4.4.10 新建透明视频

透明视频和黑场视频很相像，其主要作用是用于在轨道中显示时间码。新建透明视频有 2 种方法。

- 单击“文件”➤“新建”➤“透明视频”命令，如左下图所示。
- 在“项目”面板中单击鼠标右键，打开快捷菜单，选择“新建项目”➤“透明视频”命令，如右下图所示。

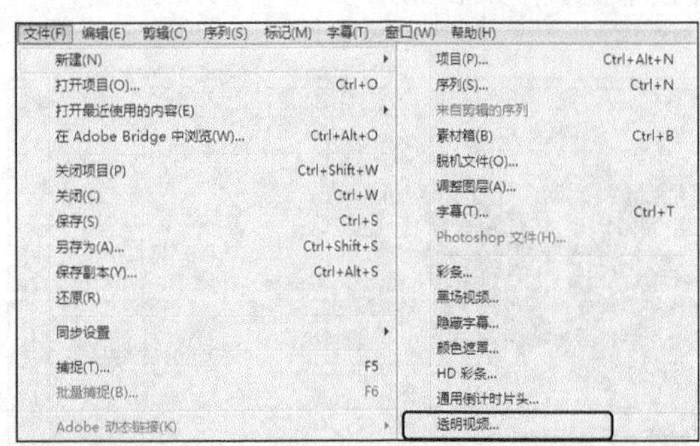
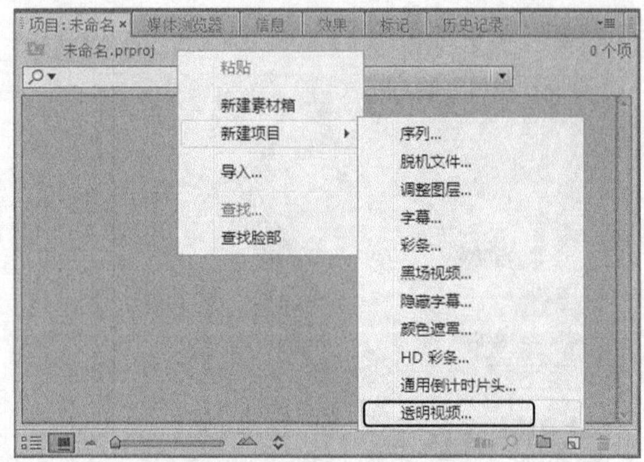

4.5 “水中果实”素材文件的基本操作

本节教学录像时间：6分钟

掌握了 Premiere Pro CC 中项目文件的创建、打开、保存和关闭操作之后，用户还可以在项目文件中进行素材文件的相关基本操作。

4.5.1 素材文件的导入

使用“导入”功能可以将视频、音频、图像等素材导入到“项目”面板中。

光盘同步视频文件
配套光盘\素材文件的导入.mp4

步骤 01 新建一个项目文件，在“项目”面板中单击鼠标右键，❶ 打开快捷菜单，❷ 选择“新建项目”➤“序列”命令，如下图所示。

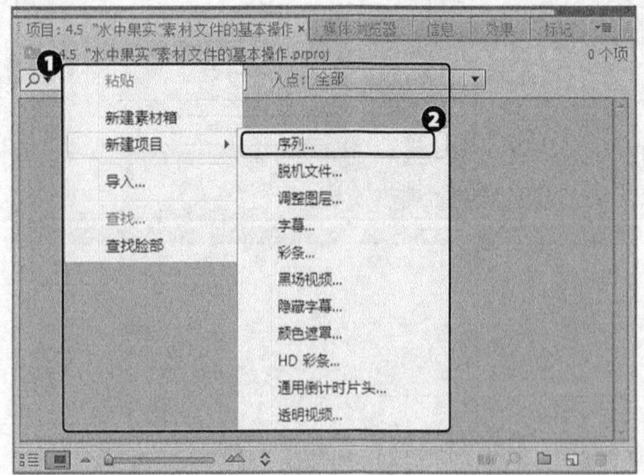

步骤 02 打开“新建序列”对话框，❶ 选择合适的序列预设，❷ 单击“确定”按钮，如右图所示。

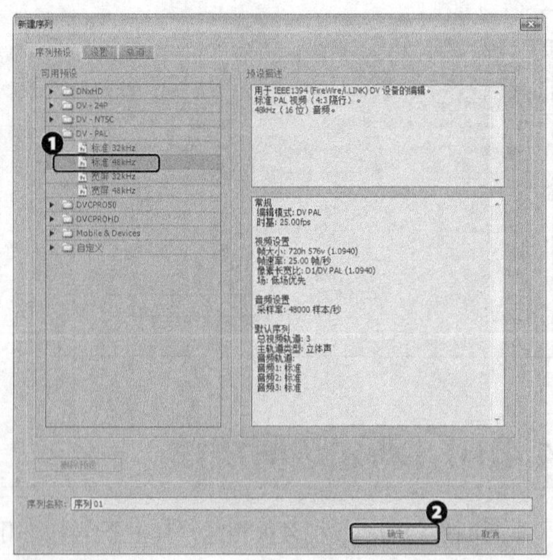

步骤 03 在“项目”面板中即可新建一个序列，如下图所示。

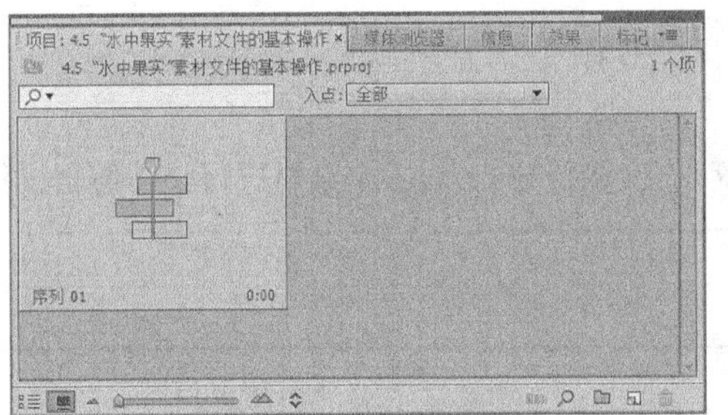

步骤04 单击"文件"➤"导入"命令，如下图所示。

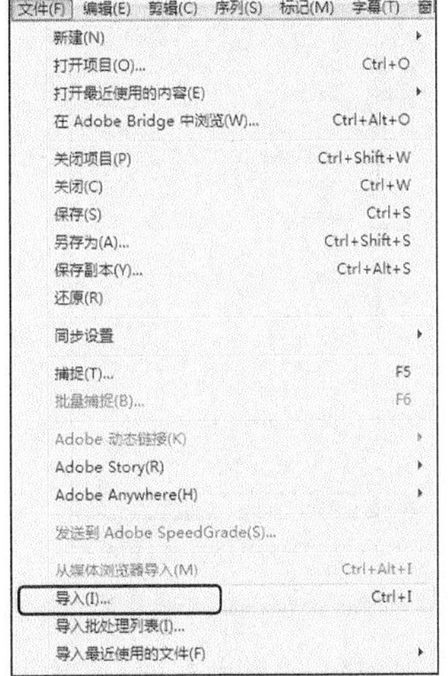

步骤05 打开"导入"对话框，❶ 选择需要导入的图像文件，❷ 单击"打开"按钮，如下图所示。

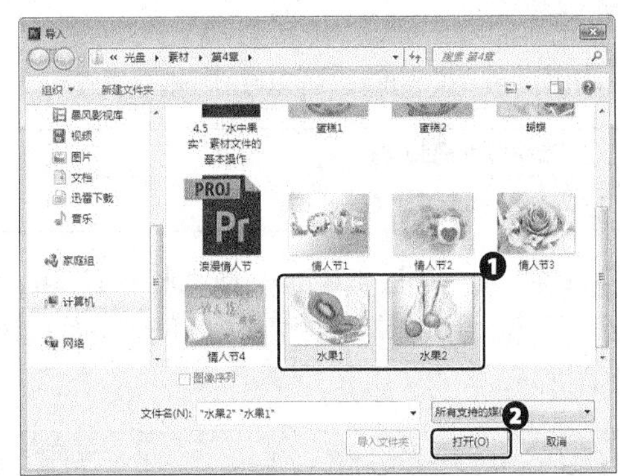

步骤06 即可导入素材文件，并在"项目"面板中显示，如下图所示。

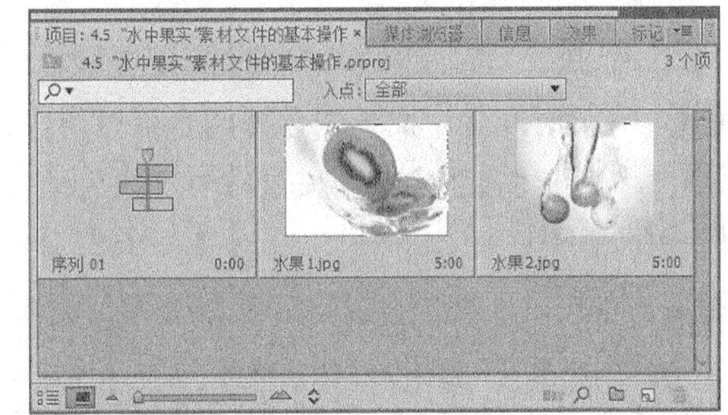

小提示

除了在"文件"菜单中导入素材外，还可以在"项目"面板中的空白处单击鼠标右键，打开快捷菜单，选择"导入"选项导入，也可以按快捷键【Ctrl＋I】进行导入。

4.5.2 查看素材效果

在项目文件中导入素材后，可以在"源监视器"面板中查看素材效果。

光盘同步视频文件

配套光盘\查看素材效果.mp4

步骤01 在"项目"面板中，选择"水果1"图像，如下图所示。

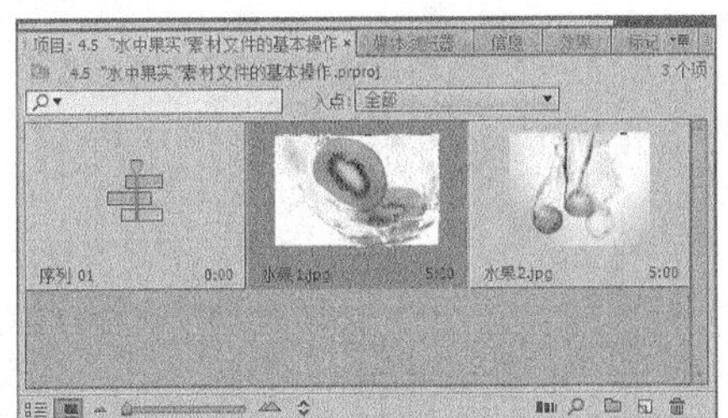

步骤02 在选择的图像上双击鼠标，即可在"源监视器"面板中显示素材效果，如下图所示。

4.5.3 素材文件的编组

使用“编组”功能，可以在添加两个或两个以上的素材文件时，同时对多个素材进行整体编辑操作。

光盘同步视频文件

配套光盘\素材文件的编组.mp4

步骤01在“项目”面板中，选择“水果1”和“水果2”图像，并将其添加至“时间轴”面板中，如下图所示。

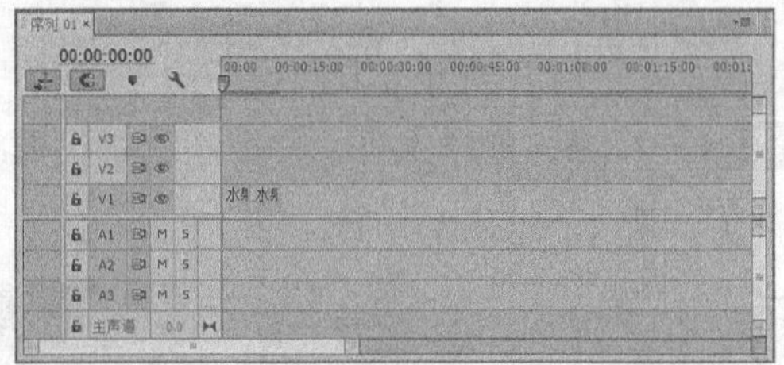

步骤02在“时间轴”面板中选择两个素材图像，单击“剪辑”➤“编组”命令，如右图所示，即可编组素材文件。

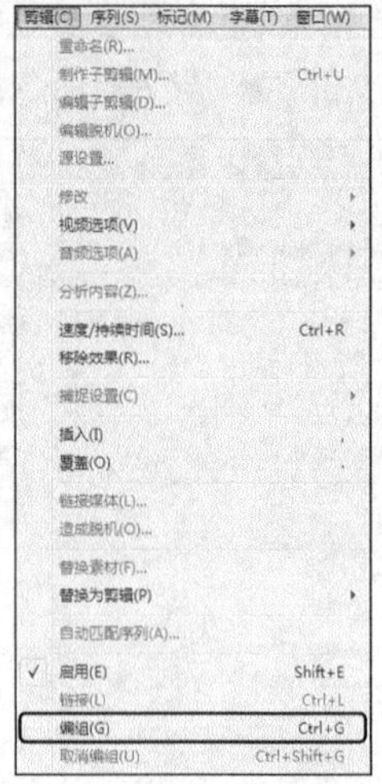

小提示

除了在“剪辑”菜单中编组素材外，还可以在选择素材图像后，在“时间轴”面板上单击鼠标右键，打开快捷菜单，选择“编组”选项编组，也可以按快捷键【Ctrl+G】进行编组。

4.5.4 素材文件的嵌套

“嵌套”功能是将一个时间线嵌套至另一个时间线中，成为一整段素材使用，使用此功能能在很大程度上提高工作效率。

光盘同步视频文件

配套光盘\素材文件的嵌套.mp4

步骤01在“时间轴”面板中选择两个素材图像，单击“剪辑”➤“嵌套”命令，如右图所示。

步骤02打开“嵌套序列名称”对话框，单击“确定”按钮，如左下图所示。

步骤03即可在时间线位置处再次插入嵌套序列文件，如右下图所示。

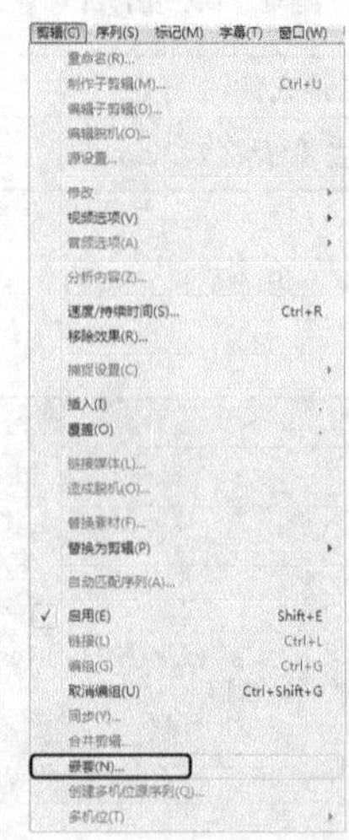

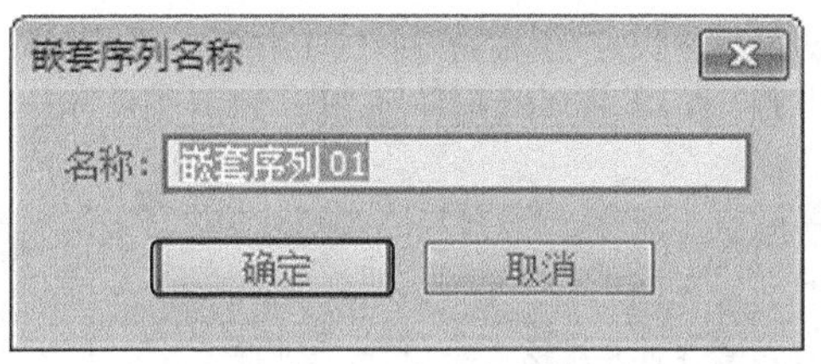

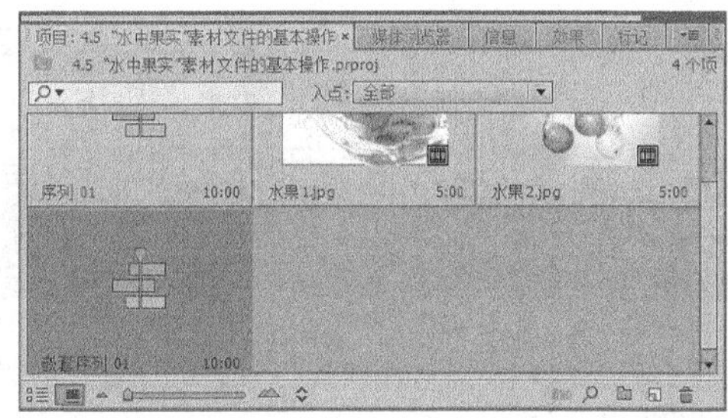

小提示

除了在“剪辑”菜单中嵌套素材外，还可以在选择素材图像后，在“时间轴”面板上单击鼠标右键，打开快捷菜单，选择“嵌套”选项进行嵌套。

4.5.5 插入编辑

插入编辑是在当前“时间轴”面板中没有该素材的情况下，使用“源监视器”面板中的“插入”功能向“时间线”面板中插入素材。

光盘同步视频文件
配套光盘\插入编辑.mp4

步骤 01 在“时间轴”面板中，将时间线移至00:00:01:05 的位置处，如下图所示。

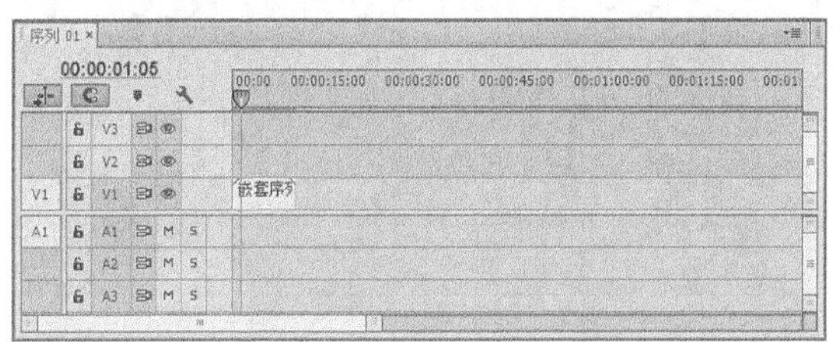

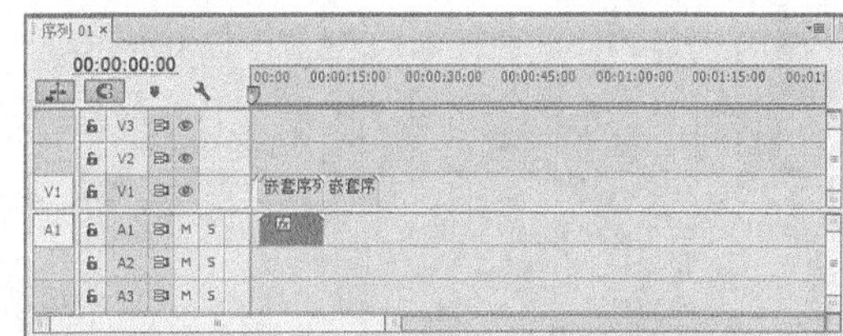

步骤 02 在“节目监视器”面板中，单击“插入”按钮，如右上图所示。

步骤 03 即可在时间线位置处再次插入嵌套序列文件，如右下图所示。

4.6 综合案例——新建与编辑“浪漫情人节”项目

本节教学录像时间：3分钟

本实例将结合使用新建项目、保存项目、关闭项目、新建序列以及导入素材等功能，来制作“浪漫情人节”的项目文件。

光盘同步视频文件
配套光盘\综合实例：新建与编辑“浪漫情人节”项目.mp4

步骤01 启动 Premiere Pro CC 程序后，在欢迎界面中单击“新建项目”按钮，如下图所示。

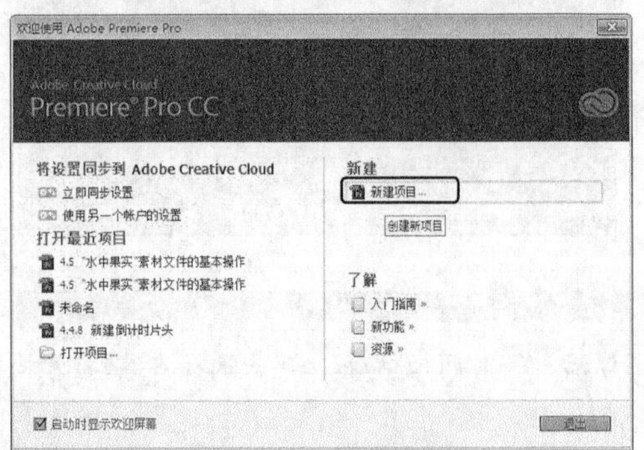

步骤02 打开“新建项目”对话框，❶ 修改名称，❷ 并单击“确定”按钮，如下图所示。

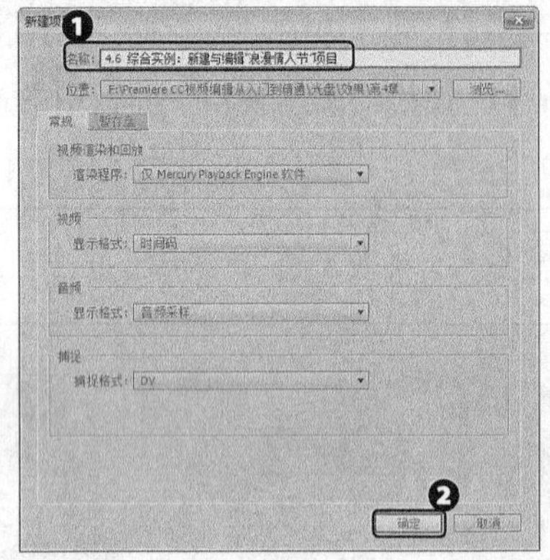

步骤03 即可新建一个项目文件，如下图所示。

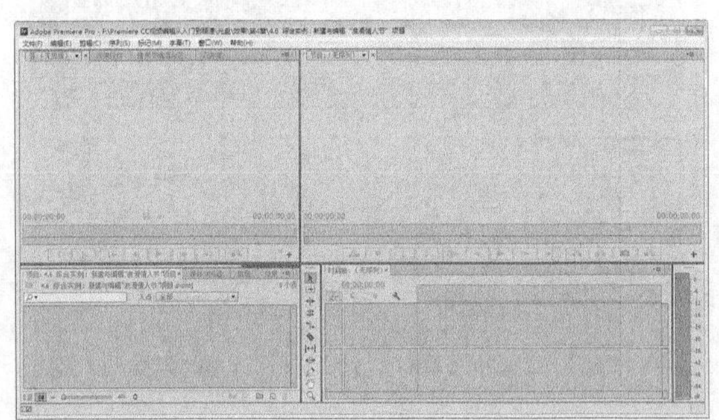

步骤04 单击“文件”➤“新建”➤“序列”命令，如下图所示。

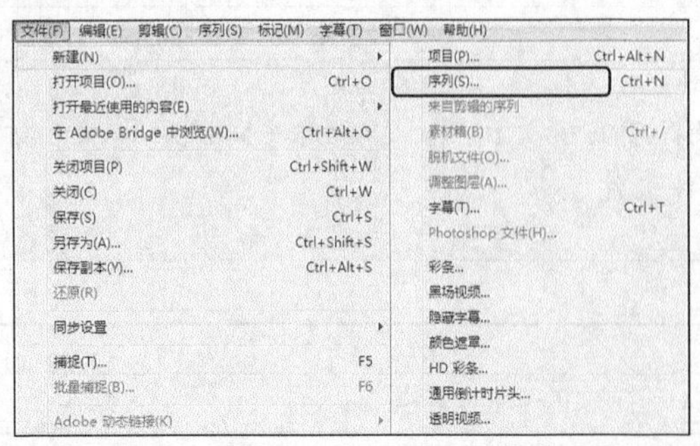

步骤05 打开“新建序列”对话框，❶ 选择序列预设，❷ 单击“确定”按钮，如下图所示。

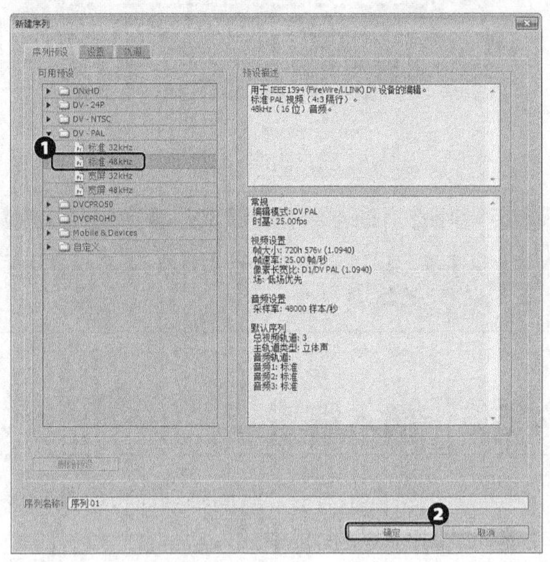

步骤06 即可新建序列，并在“项目”面板中显示出来，如下图所示。

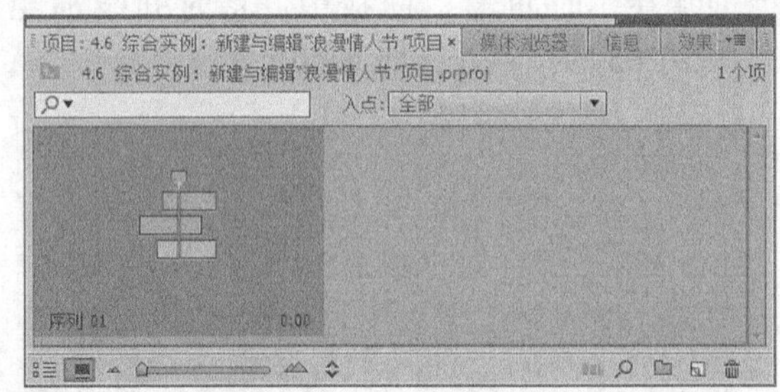

步骤07 在“项目”面板的空白处，单击鼠标右键，❶ 打开快捷菜单，❷ 选择“导入”选项，如下图所示。

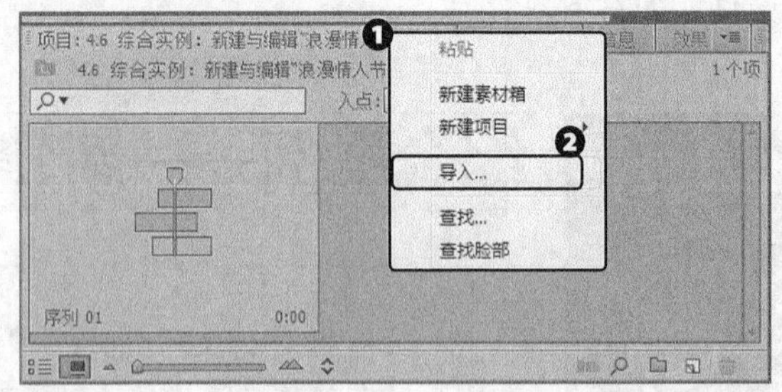

步骤08 打开“导入”对话框，❶ 选择“情人节1”～“情人节4”图像文件，并在对话框下方，❷ 单击“打开”按钮，如下图所示。

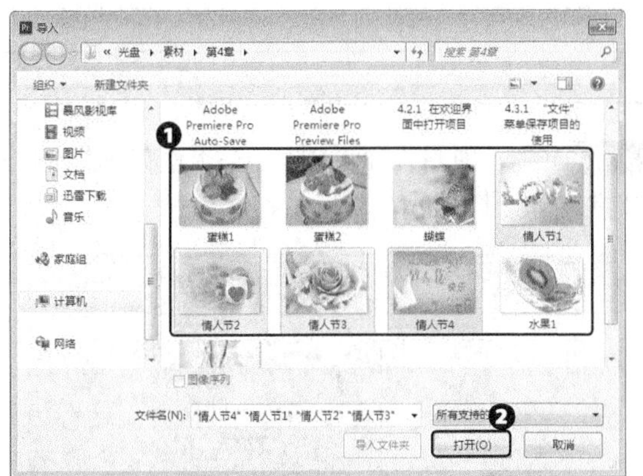

步骤 09 即可导入素材图像，并在“项目”面板中显示，如下图所示。

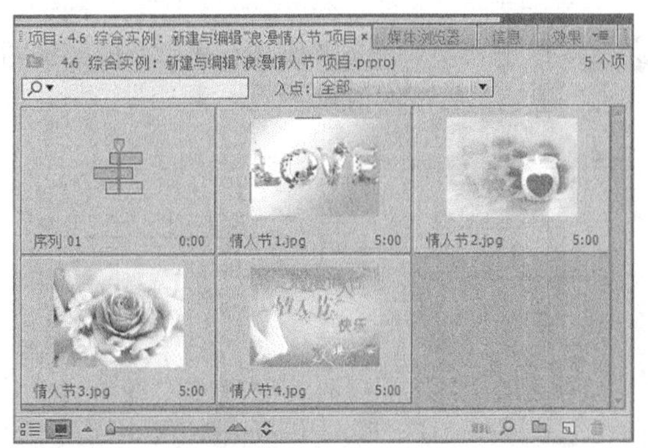

步骤 10 将导入的素材图像添加至“时间轴”面板中，如下图所示。

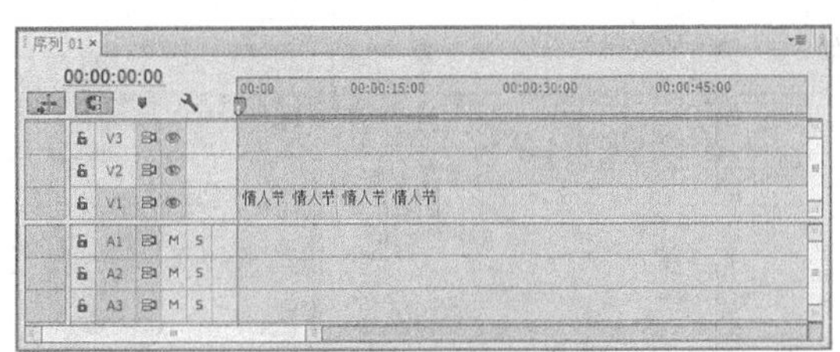

步骤 11 在“节目监视器”面板中，调整图像的显示效果，并单击“播放-停止切换”按钮，查看图像效果，如下图所示。

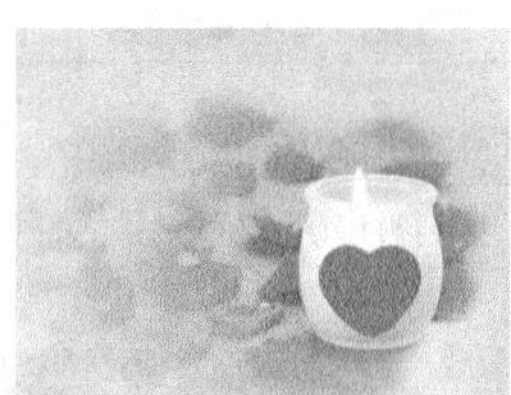

步骤 12 单击“文件”➤“保存”命令，如下图所示。

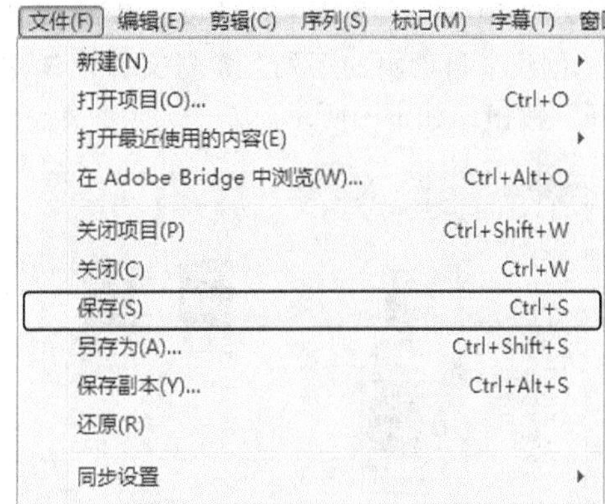

步骤 13 弹出“保存项目”对话框，即可保存项目文件，如下图所示。

步骤 14 单击“文件”➤“关闭项目”命令，即可关闭项目。

高手支招

本节教学录像时间：4分钟

通过对前面知识的学习，相信读者朋友已经掌握好 Premiere 项目文件的创建与编辑的基础知识。下面结合本章内容，给大家介绍一些实用技巧。

创建来自剪辑的序列

使用“新建”菜单中的“来自剪辑的序列”命令，可以通过素材来创建素材序列。

光盘同步视频文件
配套光盘\秘技1. 创建来自剪辑的序列.mp4

步骤 01 在欢迎界面中，单击“打开项目”按钮，如下图所示。

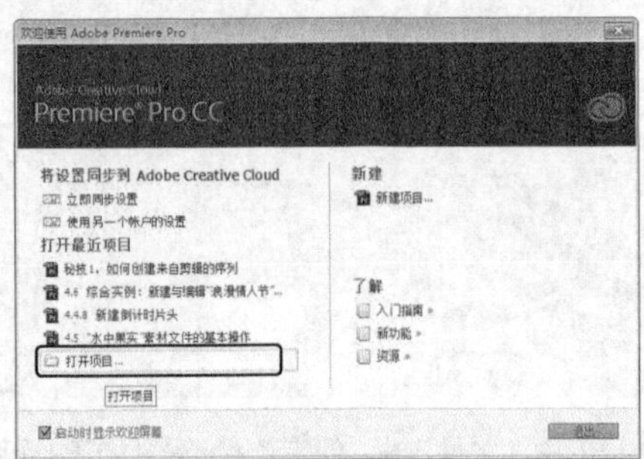

步骤 02 打开“打开项目”对话框，❶ 选择“秘技 1. 创建来自剪辑的序列”素材文件，❷ 单击“打开”按钮，如下图所示。

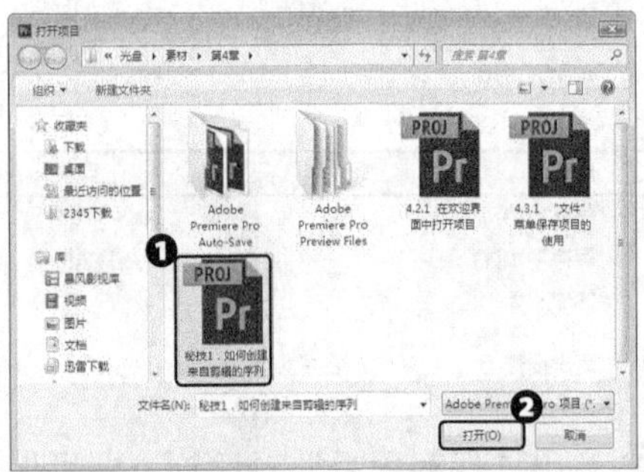

步骤 03 即可打开项目文件，其图像效果如下图所示。

步骤 04 在“项目”面板中，选择“花朵”图像文件，如下图所示。

步骤 05 单击“文件”➤“新建”➤“来自剪辑的序列”命令，如下图所示。

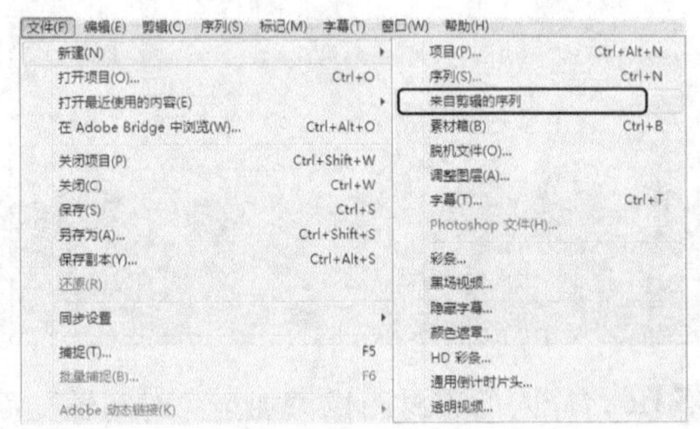

步骤 06 即可创建素材序列，并在“项目”面板中显示，如下图所示。

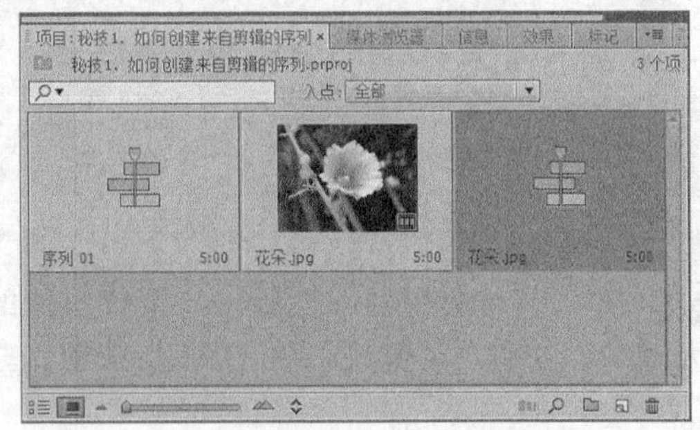

小提示

在创建来自剪辑的序列时，一定要选择素材文件，才能进行创建操作，若不选择素材，则“来自剪辑的序列”命令呈灰色状态显示。

修改倒计时片头

在创建好倒计时片头后，还可以对倒计时片头中的颜色以及提示音进行修改。

光盘同步视频文件
配套光盘\秘技2. 修改倒计时片头.mp4

步骤01 打开本书配套光盘中的"素材/第4章/秘技2. 修改倒计时片头"素材文件，如下图所示。

步骤02 双击倒计时的向导图标，❶ 打开"通用倒计时设置"对话框，❷ 单击"擦除颜色"选项右侧的颜色块，如下图所示。

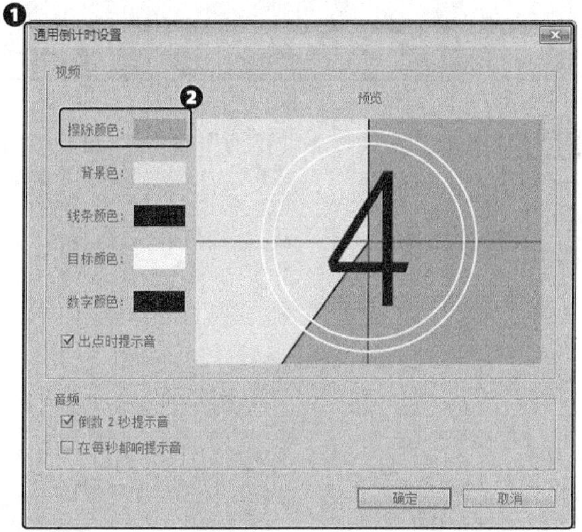

步骤03 打开"拾色器"对话框，❶ 修改RGB颜色参数分别为55、197、5，❷ 单击"确定"按钮，如下图所示。

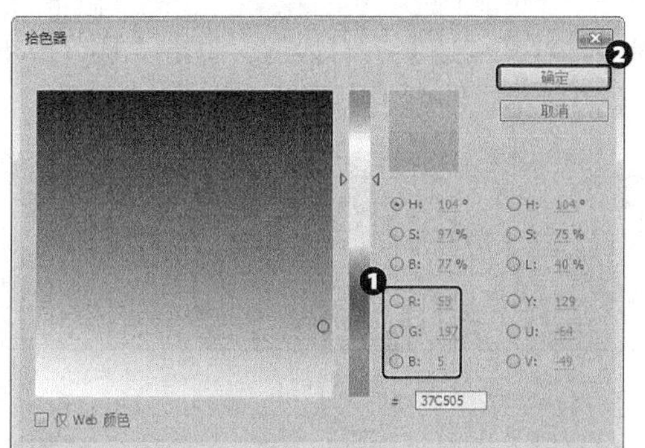

步骤04 返回到"通用倒计时设置"对话框，完成擦除颜色的修改，如下图所示。

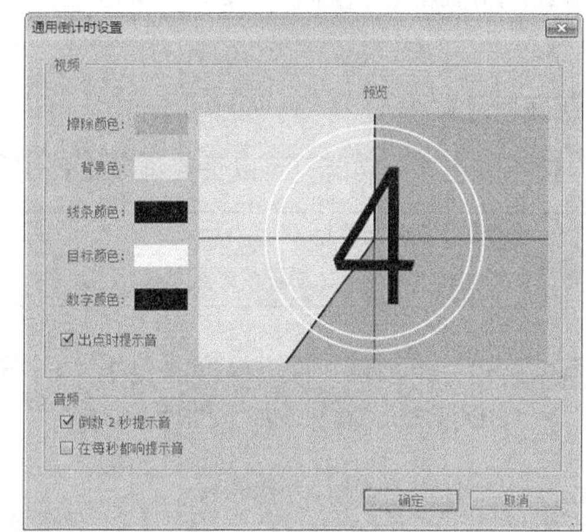

步骤05 单击"数字颜色"选项右侧的颜色块，❶ 打开"拾色器"对话框，❷ 修改RGB颜色参数分别为244、14、14，如下图所示。

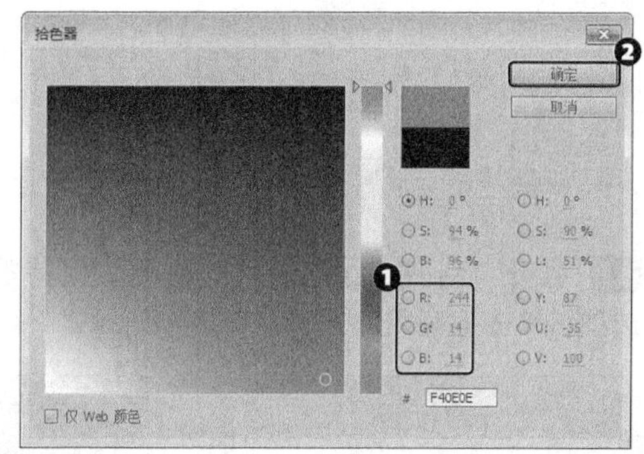

步骤06 单击"确定"按钮，返回到"通用倒计时设置"对话框，完成数字颜色的修改，如下图所示。

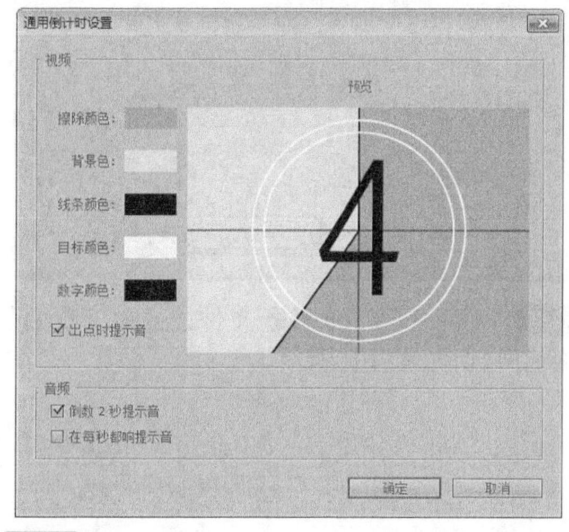

步骤07 单击"确定"按钮，完成倒计时片头的修改。

小提示

除了可以双击倒计时向导图标打开“通用倒计时设置”对话框外，还可以在选择倒计时片头文件后，单击鼠标右键，打开快捷菜单，选择“源设置”打开。

还原项目文件

使用“还原”功能，可以丢弃项目文件中所做的所有操作，将项目文件还原到以前的状态。

光盘同步视频文件
配套光盘\秘技3. 还原项目文件.mp4

步骤01 新建一个项目文件，单击“文件”➤“新建”➤“HD 彩条”命令，如下图所示。

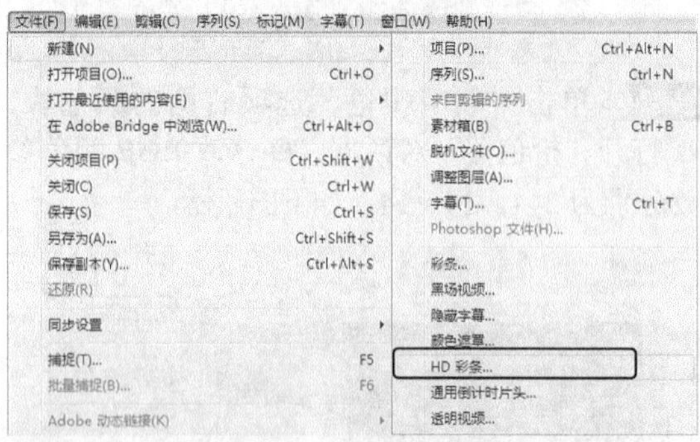

步骤02 打开“新建 HD 彩条”对话框，保持默认选项，单击“确定”按钮，如下图所示。

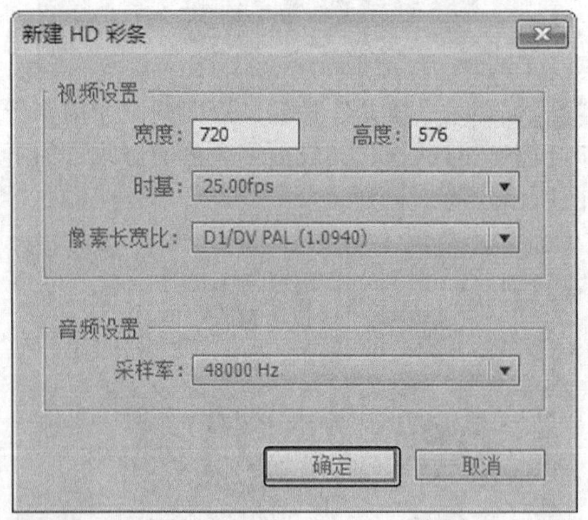

步骤03 即可新建 HD 彩条文件，并在“项目”面板中显示，如下图所示。

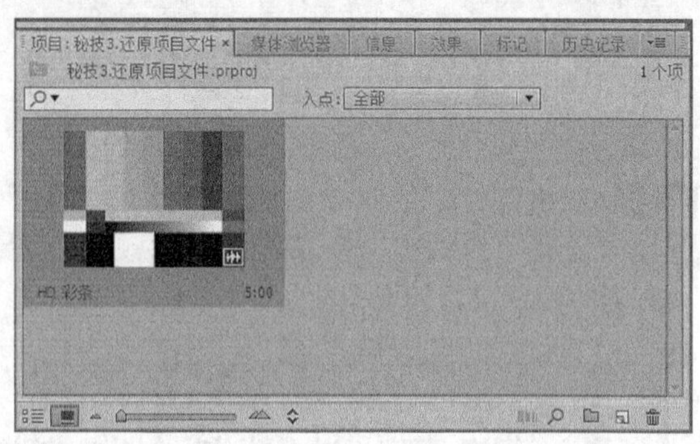

步骤04 单击“文件”➤“还原”命令，如下图所示。

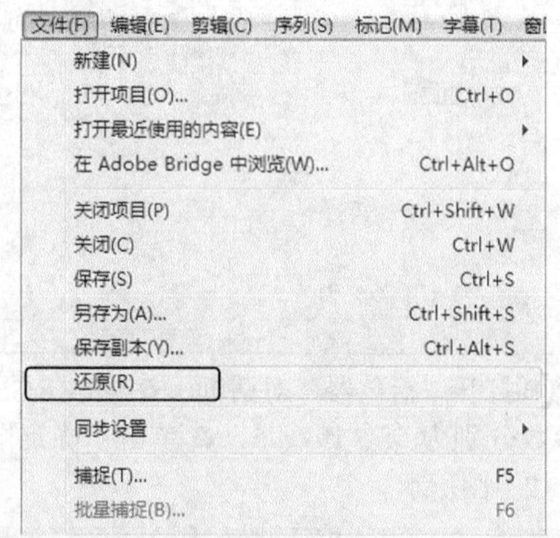

步骤05 打开“还原”对话框，单击“是”按钮，如下图所示，即可还原项目文件。

第 5 章

影视素材的采集与添加

学习目标

高品质的作品一般具有两个特点，一是能吸引观众并紧紧抓住他们的注意力，二是会驱使观众去寻找其他相关资源。在 Premiere Pro CC 项目中，视频素材的质量通常决定着最终作品的品质，而决定素材源质量的主要因素之一是如何采集视频。在采集好视频后，则需要对视频进行编辑和添加操作。本章将对影视素材的采集与添加方法进行详细介绍，帮助读者快速掌握素材添加的技巧。

知识要点

- 采集素材的基本知识
- 正确连接采集设备
- 采集影视素材
- 为“盛开的百合花”添加各种素材

5.1 采集素材所需设备基础知识

在开始为作品采集视频之前，首先应该认识到最终采集到的视频的品质取决于数字化设备的复杂程序和采集素材所使用的硬盘驱动速度。Premiere Pro CC 既能使用低端硬件又能使用高端硬件采集音频和视频。常用的采集硬件有 IEEE 1394、数据采集卡、带有 SDI 输入的 HD 或 SD 采集卡等。本节将详细介绍采集素材硬件的基础知识。

5.1.1 IEEE 1394

IEEE 1394 接口是苹果公司开发的串行标准，俗称火线接口（firewire），如下图所示。同 USB 一样，IEEE 1394 也支持外设热插拔，可为外设提供电源，省去了外设自带的电源，能连接多个不同设备，支持同步数据传输。IEEE 1394 分为 Backplane 模式和 Cable 模式两种传输方式。Backplane 模式最小的速率也比 USB 1.1 最高速率高，分别为 12.5 Mbit/s、25 Mbit/s、50 Mbit/s，可以用于多数的高带宽应用。Cable 模式是速度非常快的模式，分为 100 Mbit/s、200 Mbit/s 和 400 Mbit/s，在 200Mbit/s 下可以传输不经压缩的高质量数据电影。

如果计算机有 IEEE 1394 端口，那么就可以将数字化的数据从 DV 摄像机直接传送到计算机中。DV 和 HDV 摄像机实际上在拍摄时就数字化并压缩了信号。因此，IEEE 1394 端口是连接已数字化的数据和 Premiere Pro CC 之间的一条渠道。如果设备与 Premiere Pro CC 兼容，那么就使用 Premiere Pro CC 的采集窗口启动、停止和预览采集过程。如果计算机上安装有 IEEE 1394 板卡，就可以在 Premiere Pro CC 中启动和停止摄像机或录音机，这称作设备控制。使用设备控制，可以在 Premiere Pro CC 中控制一切动作，也可以作为视频源材料指定特定的磁带位置、录制时间码并建立批量会话，使用批量会话可以在一个会话中自动录制录像带的不同部分。

5.1.2 数据采集卡

数据采集卡可以采集模拟视频信号并对它进行数字化，如下图所示。

数据采集是指从传感器和其他待测设备等模拟和数字被测单元中自动采集非电量或者电量信号，送到上位机中进行分析、处理。数据采集系统是结合基于计算机或者其他专用测试平台的测量软硬件产品来实现的、灵活的、用户自定义的测量系统。数据采集卡，即实现数据采集功能的计算机扩展卡，可以通过 USB、PXI、PCI、PCI Express、火线（IEEE 1394）、PCMCIA、ISA、Compact Flash、485、232、以太网、各种无线网络等总线接入个人计算机。

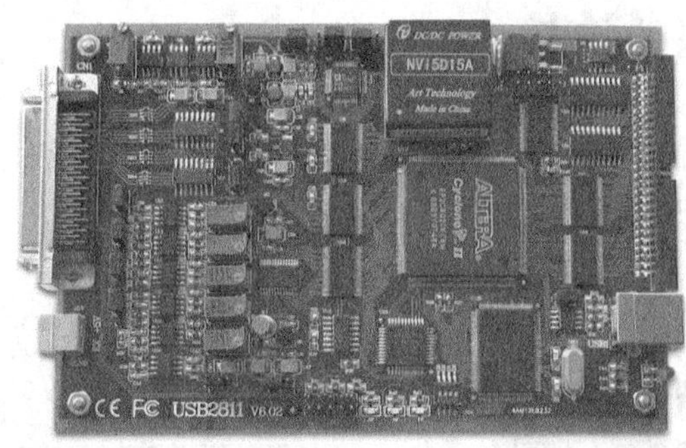

5.1.3 带有SDI输入的HD或SD采集卡

如果正在采集 HD 影片，则需要在系统中安装一张 Premiere Pro CC 兼容的 HD 采集卡，此采集卡就是 SDI 采集卡，如下图所示。

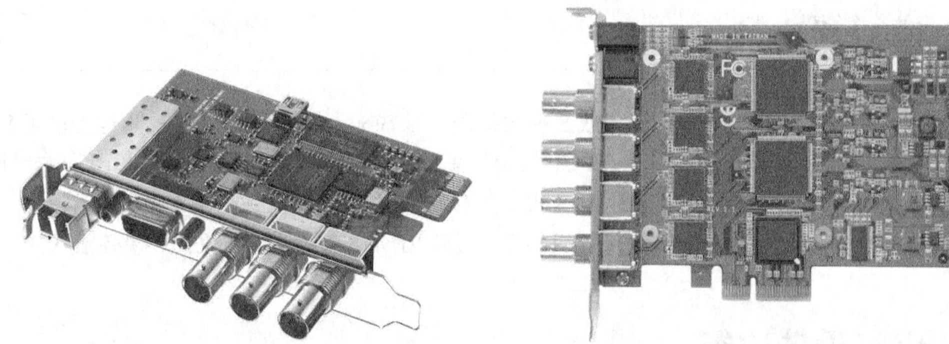

SDI 接口英文全称是“Serial Digital Interface”，中文意思是数字分量串行接口。串行接口相对于其他视频接口有很大的不同，其是将数据字的各个比特以及相应的数据通过单一通道顺序传送的接口。由于串行数字信号的数据率很高，在传送前必须经过处理。用扰码的不归零倒置来代替早期的分组编码，其标准为 SMPTE-259M 和 EBU-Tech-3267，标准包括了含数字音频在内的数字复合和数字分量信号。

SDI 接口不能直接传送压缩数字信号，数字录像机、硬盘等设备记录的压缩信号重放后，必须经解压并经 SDI 接口输出才能进入 SDI 系统。如果反复解压和压缩，必将引起图像质量下降和延时增加，为此，各种不同格式的数字录像机和非线性编辑系统都规定了自己的用于直接传输压缩数字信号的接口。

5.2 正确连接采集设备

在开始采集视频之前，要确保采集设备的正确连接。许多采集设备包含了插件，以便直接采集到 Premiere Pro CC 中，而不是先采集到另一个软件应用程序，然后再导入到 Premiere Pro CC 中。本节将详细讲解正确连接采集设备的操作方法。

5.2.1 IEEE 1394的连接

IEEE 1394 的连接非常简单，其方法是将 IEEE 1394 线缆插进摄像机的 DV 入 / 出插孔，然后将另一端插进计算机的 IEEE 1394 插孔，如下图所示。

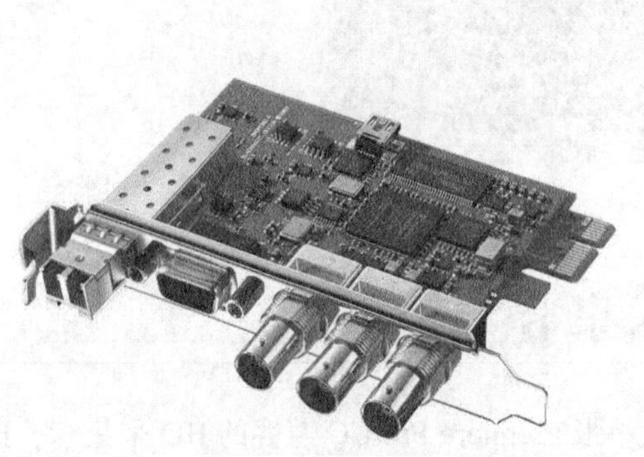

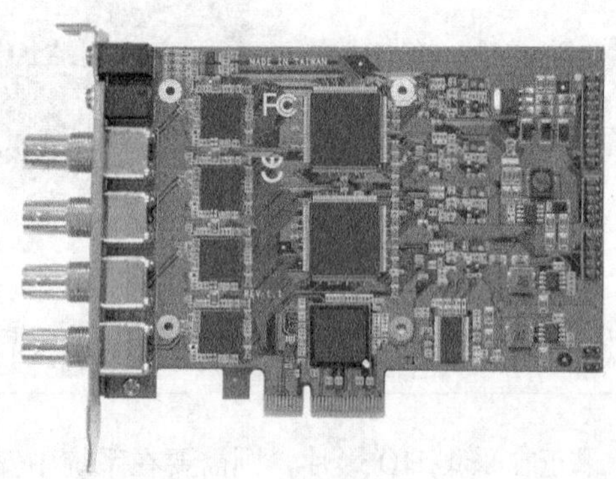

5.2.2 模拟到数据

多数模拟 - 数据采集卡使用复式视频或 S 视频系统，某些板卡既提供了复式视频也提供了 S 视频。连接复式视频系统通常需要使用 3 个 RCA 插孔的线缆，将摄像机或录音机的视频和声音输出插孔连接到计算机采集卡的视频和声音输入插孔。S 视频连接提供了从摄像机到采集卡的视频输出。一般来说，只需简单地将一根线缆从摄像机或录音机的 S 视频输出插孔连接到计算机的 S 视频输入插孔即可。

5.2.3 串行设备控制

使用 Premiere Pro CC 可以通过计算机的串行通信（COM）端口控制专业的录像带录制设备。计算机的串行通信端口通常用于调制解调器通信和打印。串行控制允许通过计算机的串行端口传输与发送时间码信息。使用串行设备控制，就可以采集重放和录制视频。

5.3 采集影视素材

本节教学录像时间：5分钟

在正确连接好采集设备后，就需要对影视素材进行采集操作。本节将详细讲解检查采集设置、“采集窗口”设置以及采集视频或音频等内容。

5.3.1 检查采集设置

在开始采集过程之前，需要检查 Premiere Pro CC 的项目和默认设置，因为它们会影响采集过程。设置完默认值之后，再次启动程序时，这些设置也会继续保存。影响采集的默认值包括暂存盘设置和设备控制设置。

1. 设置暂存盘参数

无论是正在采集数字视频还是数字化模拟视频，初始步骤应该是确保恰当设置 Premiere Pro CC 的采集暂存盘位置。在 Premiere Pro CC 中，可以为视频和音频设置不同的暂存盘，该参数是在“项目设置”对话框中的“暂存盘”选项卡中进行设置，如左下图所示。

2. 设置采集参数

使用 Premiere Pro CC 的采集参数可以指定是否因为丢帧而中断采集、报告丢帧或者在失败时生成批量日志文件。批量日志文件是一份文本文件，上面列出了关于采集失败的信息。

单击“编辑”➤“首选项”➤“捕捉”命令，打开“首选项”对话框的“捕捉”部分，在该对话框中可以查看采集参数，如右下图所示，如果想采用外部设备创建的时间码，而不是素材源材料的时间码，则在“首选项”对话框的“捕捉”选项卡中，勾选“使用设备控制时间码”复选框即可。

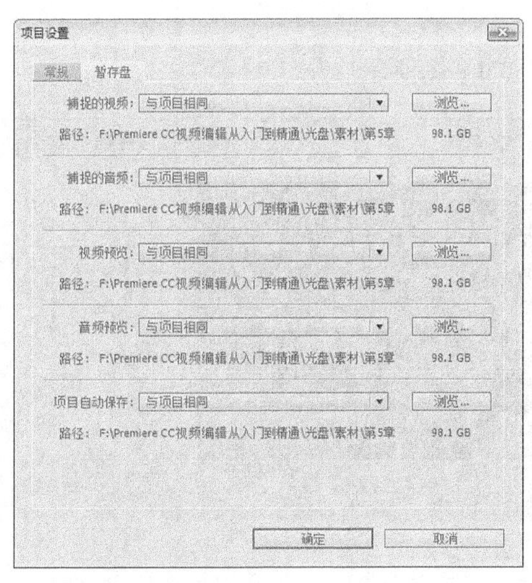

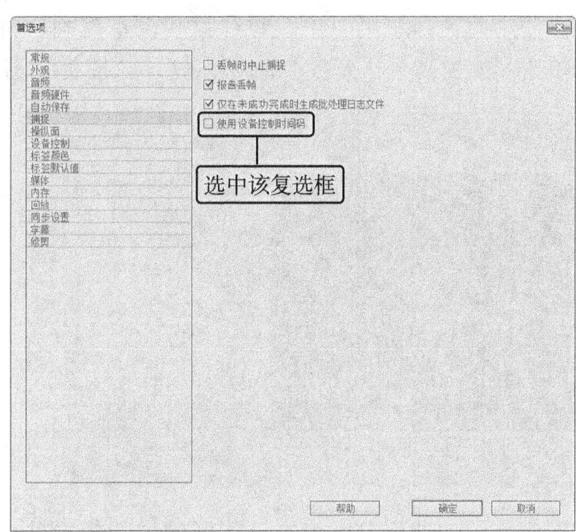

3. 设置设备控制参数

如果系统允许设备控制，就可以使用 Premiere Pro CC 屏幕上的按钮启动或停止录制，并设置入点和出点。也可以执行批量采集操作，使 Premiere Pro CC 自动采集多个素材。

单击“编辑”➤“首选项”➤“设备控制”命令，打开“首选项”对话框的“设备控制”部分，在该对话框中可以查看采集参数，如左下图所示，在“首选项”对话框中的“设备控制”选项卡，单击“选项”按钮，打开“DV/HDV 设备控制设置”对话框，如右下图所示。在该对话框中可以设置特定的视频标准（NTSC 或 PAL）、设备品牌、设备类型（例如标准或 HDV）和时间码格式（丢帧或无丢帧）等参数。

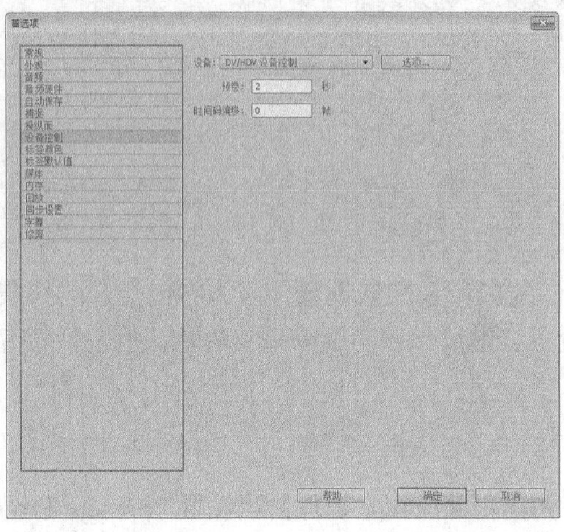

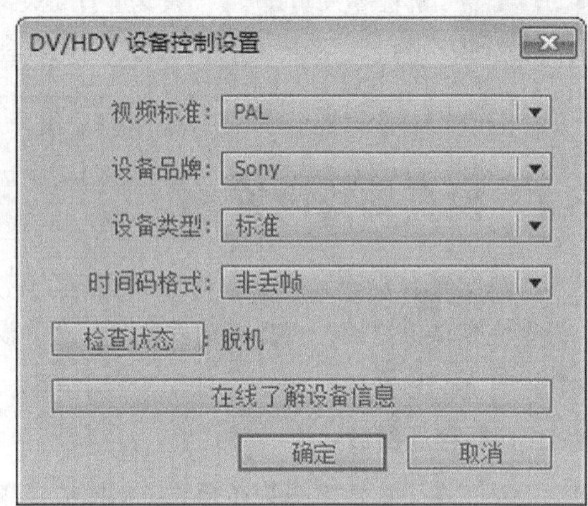

4. 设置采集项目参数

项目的采集设置决定了如何采集视频和音频，采集设置是由项目预置决定的。如果想从 DV 摄像机或 DV 录像机中采集视频，那么采集过程很简单，因为 DV 摄像机能压缩和数字化，所以几乎不需要更改任何设置。但是，为了保证最好品质的采集，必须在采集会话之前创建一个 DV 项目。

5.3.2 设置“捕捉”窗口

在开始采集之前，首先要熟悉采集窗口设置，这些设置决定了是同时采集还是分别采集视频和音频，使用此窗口也可以更改暂存盘和设备控制设备。

单击“文件”➤“捕捉”命令，打开“捕捉”窗口，如下图所示。

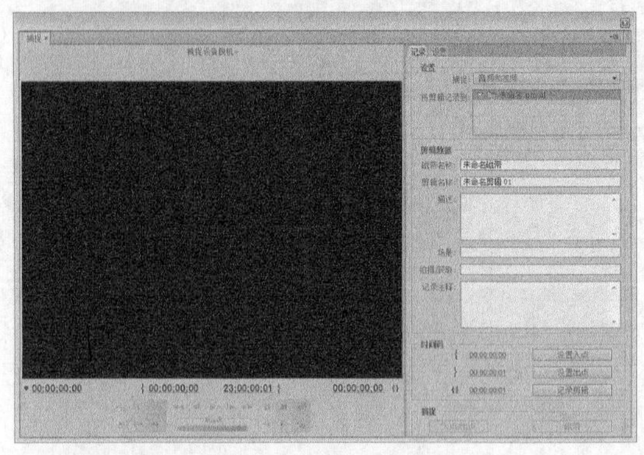

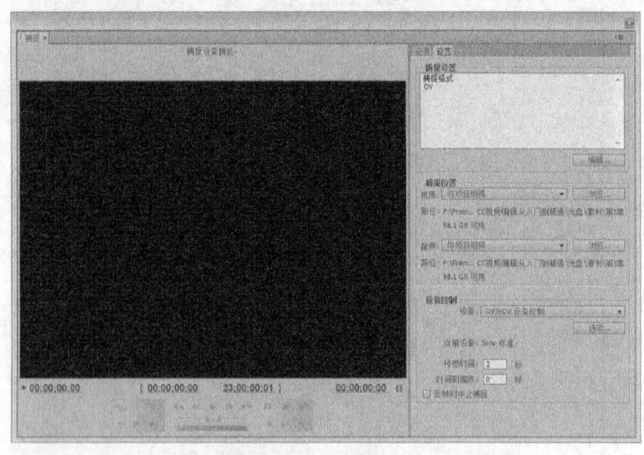

下面介绍“捕捉”窗口中不同区域内的各选项功能。

1. “捕捉设置”选项区

“设置”选项卡中的“捕捉设置”部分与“项目设置”对话框中选定的采集设置一致。单击“设置”选项卡，展开采集设置选项，如左下图所示。如果正在采集 DV，则不能更改画幅大小和音频选项，因为所有的采集设置都遵守 IEEE 1394 标准。但使用第三方板卡的 Premiere Pro CC 用户或许能够看到某些允许更改画面大小、帧速率和音频取样率的设置。

2. “捕捉位置”选项区

“设置”选项卡中的“捕捉位置”选项区显示了视频和音频的默认设置，如右下图所示。单击对应的“浏览”按钮，可更改视频和音频的采集位置。

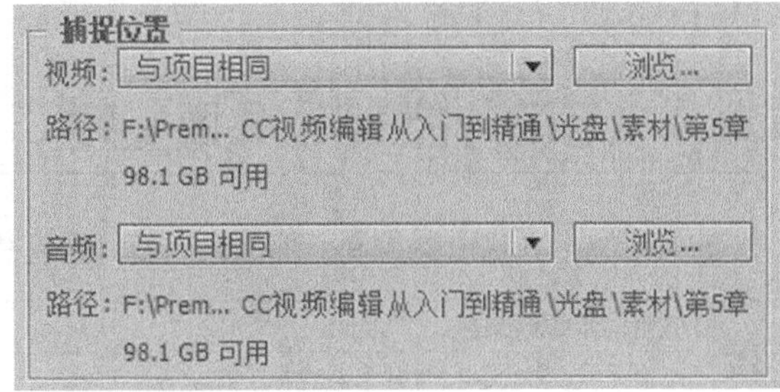

3. “设备控制器”选项区

“设置”选项卡中的“设备控制”选项区显示了设备控制器的默认值，如左下图所示。在此也可以更改默认值，并可以单击“选项”按钮，选择播放设备并查看它是否在线，也可以选择因丢帧而中断采集。

4. “捕捉”窗口菜单

单击“捕捉”窗口右上角的按钮，弹出“捕捉”窗口的菜单命令，如右下图所示。

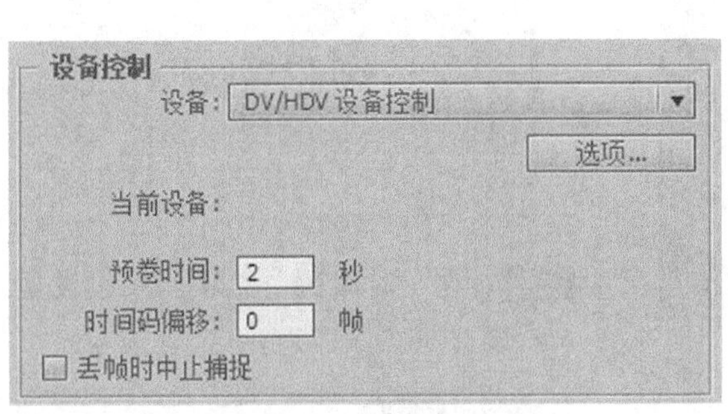

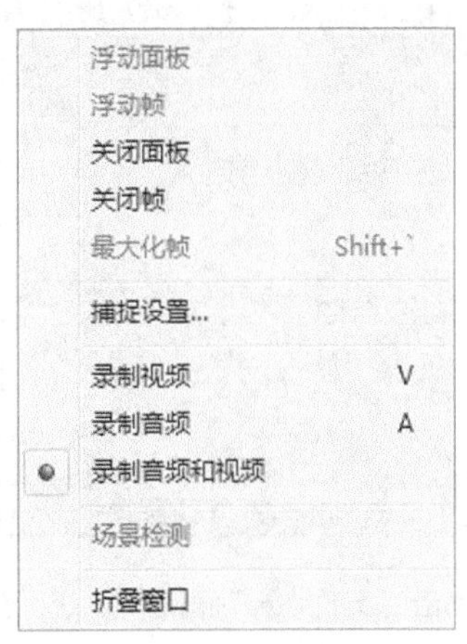

在该窗口菜单中，各常用选项的含义如下。

- 捕捉设置：选择该选项，将打开“捕捉设置”对话框，在该对话框中可以检查或更改采集格式，如下图所示。

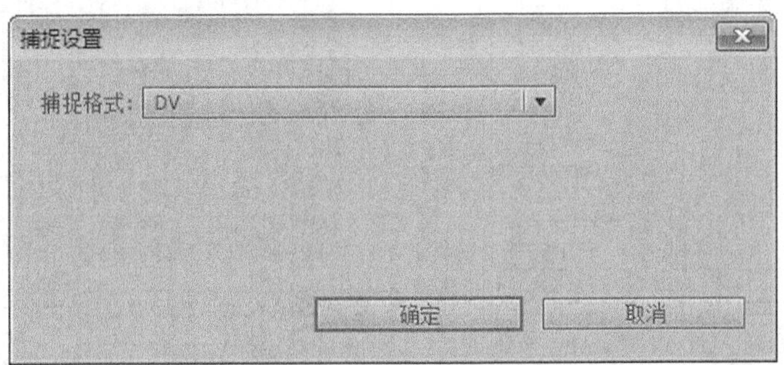

- 录制视频 / 录制音频 / 录制音频和视频：在此可以选择是仅采集音频或仅采集视频，还是同时采集音频和视频。
- 场景检测：选择该选项，将打开 Premiere Pro CC 的自动场景侦测，此功能在设备控制时可用。打开场景侦测时，Premiere Pro CC 会在侦测到视频时间印章发生改变时自动将采集分割成不同的素材。
- 折叠窗口：该选项将从窗口中隐藏“设置”和“记录”标签。在窗口折叠时，该选择变为“展开窗口”命令。

5.3.3 无设备控制时采集视频

如果系统不允许设备控制，那么可以打开录音机或摄像机并在“捕捉”窗口中查看影片以采集视频。

光盘同步视频文件

配套光盘\无设备控制时采集视频.mp4

步骤 01 确保已正确连接所有线缆，打开本书配套光盘中的“素材 / 第 5 章 /5.3.3 无设备控制时采集视频”项目文件，如下图所示。

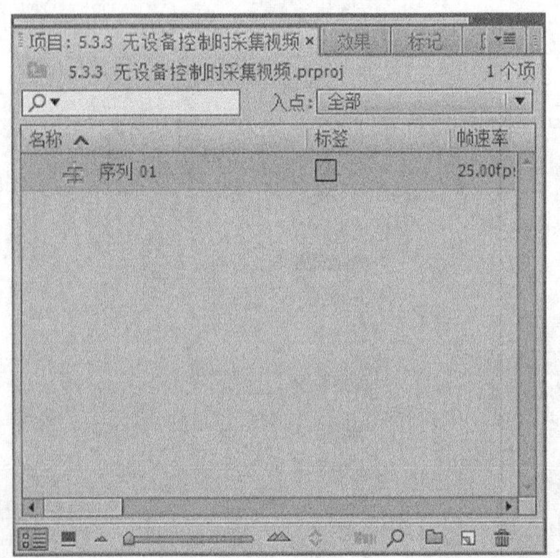

步骤 02 单击“文件”➤“捕捉”命令，如下图所示。

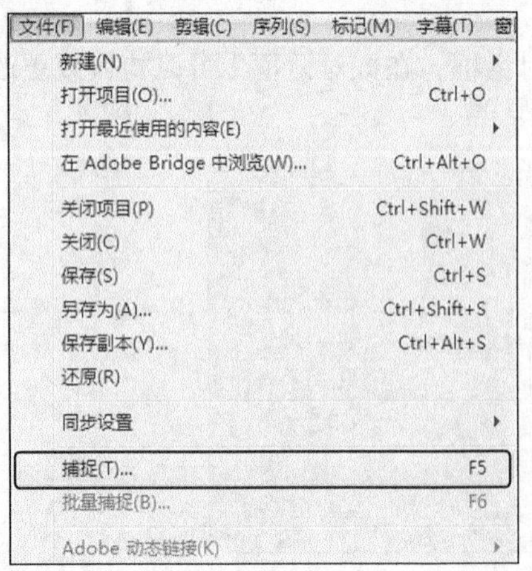

步骤 03 打开“捕捉”窗口，在“设置”选项区中，❶ 单击“捕捉”右侧的下三角按钮，展开列表框，❷ 选择“视频”选项，如下图所示。

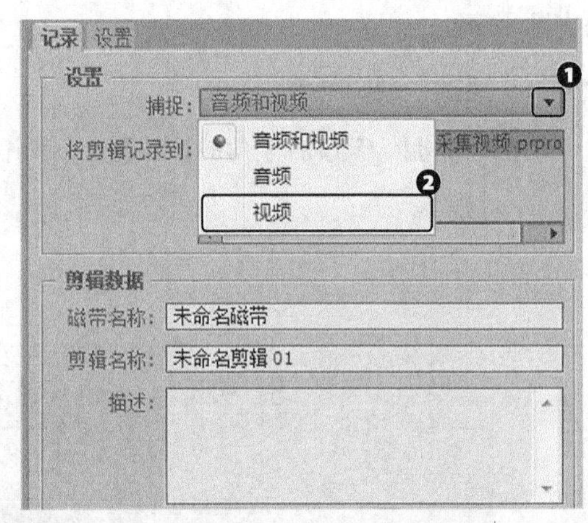

步骤 04 在“时间码”选项区中，设置入点与出点参数，如下图所示。

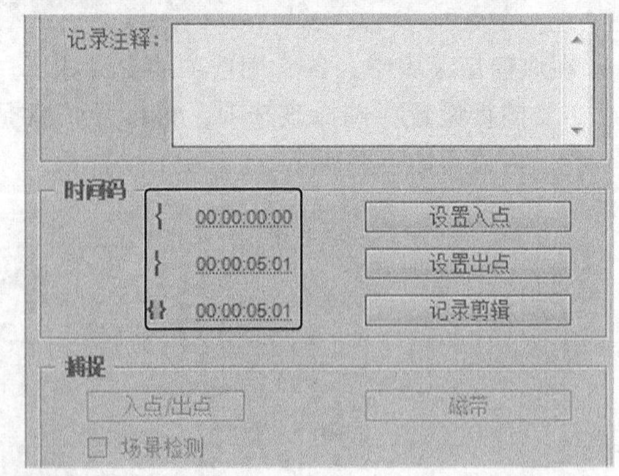

步骤 05 在选项区中，单击“录制”按钮，即可开始捕捉视频。

5.3.4　更改素材的时间码

光盘同步视频文件
配套光盘\更改素材的时间码.mp4

步骤01 打开本书配套光盘中的“素材 / 第 5 章 /5.3.4　更改素材的时间码”项目文件，如下图所示。

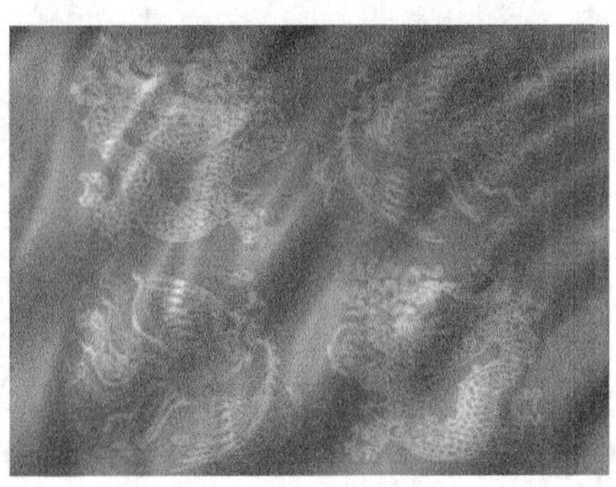

步骤02 在“项目”面板中，选择“龙凤”视频，如下图所示。

步骤03 单击“剪辑”➤“修改”➤“时间码”命令，如下图所示。

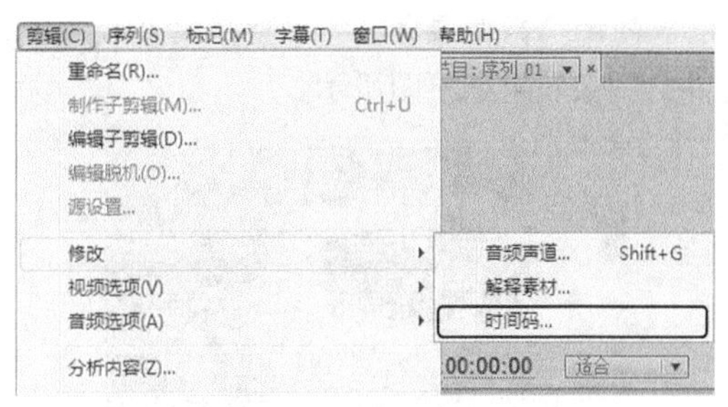

步骤04 打开“修改剪辑”对话框，❶ 修改“持续时间”为 00:00:02:00，❷ 单击“确定”按钮，如下图所示，即可更改素材的时间码。

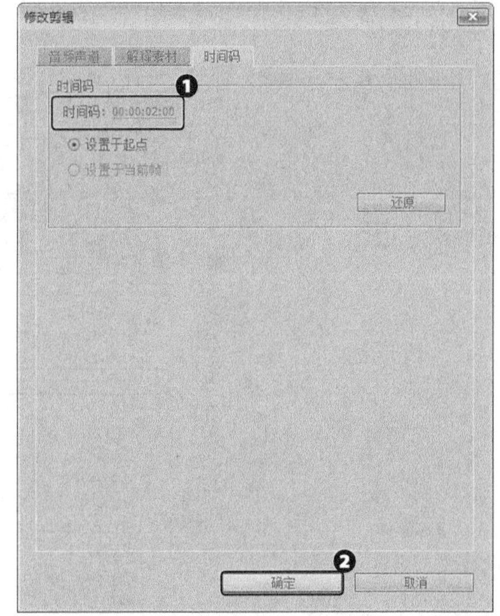

小提示

如果移动到某个特定帧处并想在此启动时间码，则点选“设置于当前帧”单选按钮即可。

5.3.5　使用“音轨混合器”单独采集音频

使用 Premiere Pro CC 的“音轨混合器”面板可以独立于视频采集音频。使用音轨混合器可以直接从音频源（如麦克风或录音机）录制到 Premiere Pro CC。

光盘同步视频文件
配套光盘\使用“音轨混合器”单独采集音频.mp4

步骤 01 将录音机、麦克风或者其他音频设备连接到计算机的声音端口或声卡上。

步骤 02 打开本书配套光盘中的“素材 / 第 5 章 / 5.3.5 使用‘音轨混合器’单独采集音频”项目文件，图像效果如下图所示。

步骤 03 单击“编辑”➤“首选项”➤“音频硬件”命令，如下图所示。

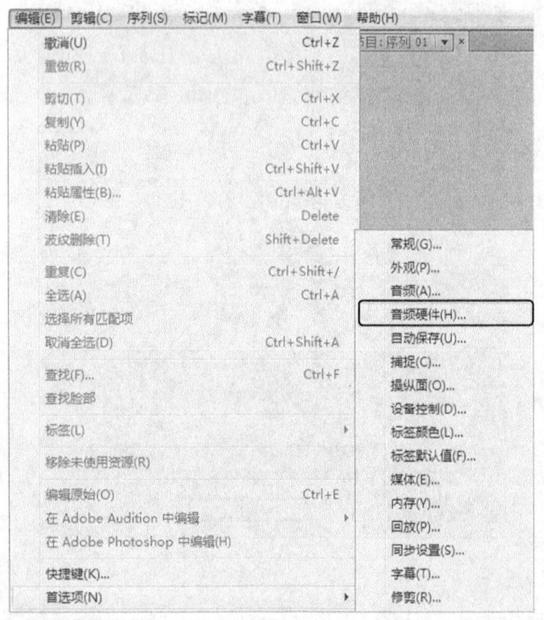

步骤 04 打开“首选项”对话框，在“音频硬件”选项区中，单击“ASIO 设置”按钮，如右上图所示。

步骤 05 打开“音频硬件设置”对话框，❶ 切换至“输入”选项卡，❷ 勾选“麦克风”复选框，❸ 单击“确定”按钮，如右中图所示。

步骤 06 返回到“首选项”对话框，单击“确定”按钮，完成音频硬件的设置。

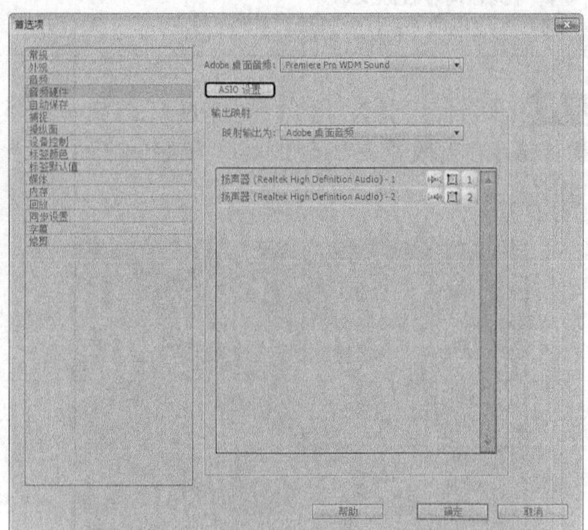

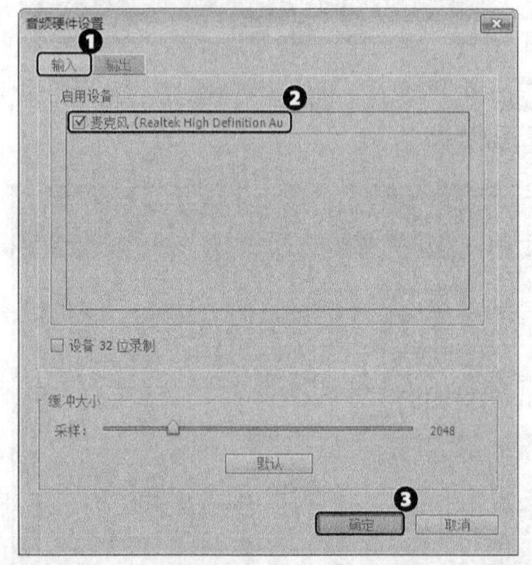

步骤 07 在“音轨混合器”面板中，单击“启用轨道以进行录制”按钮 R，即可启用轨道，如下图所示。

步骤 08 在“音轨混合器”面板的下方，单击“录制”按钮，如下图所示。

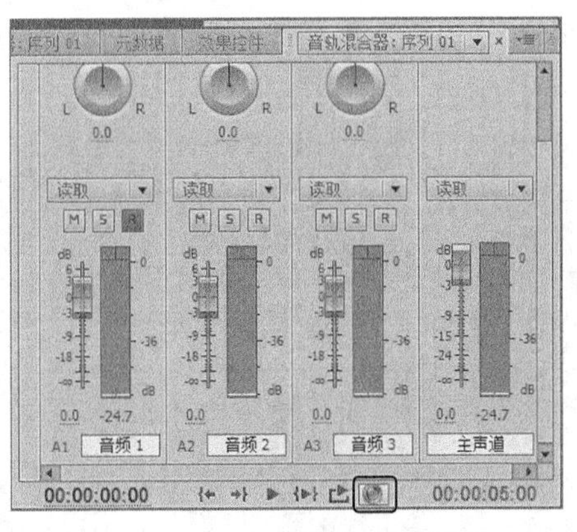

步骤 09 单击面板中的“播放 - 停止切换”按钮，即可开始录制音频，再次单击“录制”按钮，即可结束音频的录制，效果如下图所示。

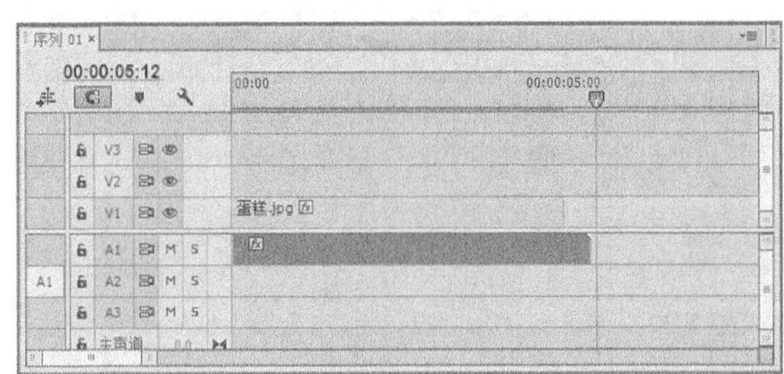

5.4 为“盛开的百合花”项目添加各种素材

本节教学录像时间：5分钟

制作视频影片的首要操作就是添加素材，本节主要介绍在 Premiere Pro CC 中添加影视素材的方法，包括添加视频素材、音频素材、静态图像及图层图像等。

5.4.1 视频素材的添加

添加一段视频素材是一个将源素材导入到素材库，并将素材库的原素材添加到“时间轴”面板中的视频轨道上的过程。

光盘同步视频文件

配套光盘\视频素材的添加.mp4

步骤 01 启动 Premiere Pro CC 程序后，在欢迎界面中，单击“新建项目”按钮，如下图所示。

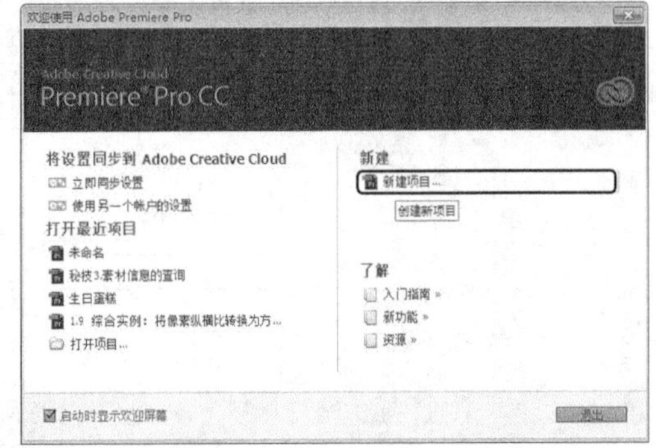

步骤 02 打开“新建项目”对话框，❶修改“名称”为“5.4 为‘盛开的百合花’项目添加各种素材”，❷并单击“浏览”按钮，如右图所示。

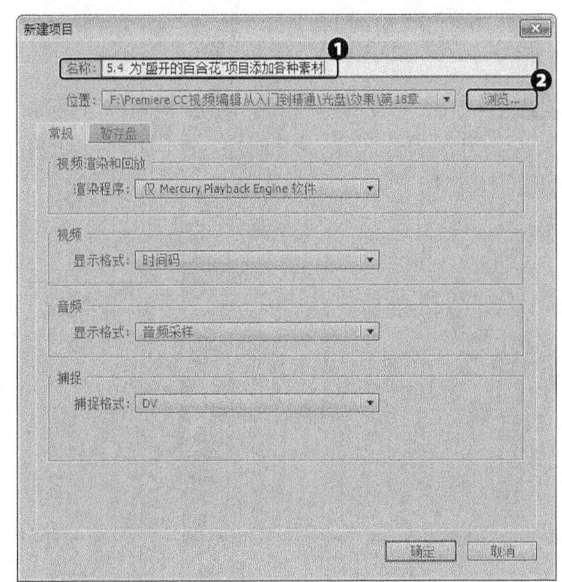

步骤03 打开“请选择新项目的目标路径”对话框，❶ 选择“效果 / 第 5 章”文件夹，❷ 单击“选择文件夹”按钮，如下图所示。

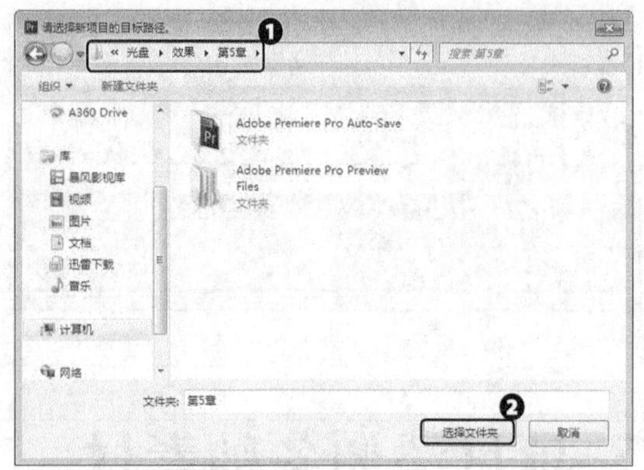

步骤04 返回到“新建项目”对话框，显示修改后的路径，如下图所示。

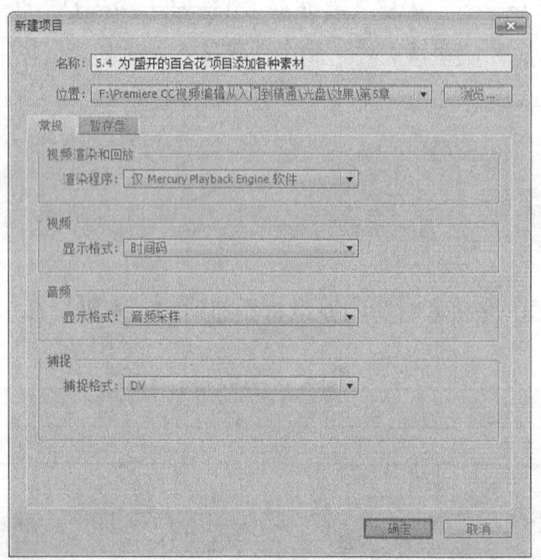

步骤05 单击“确定”按钮，即可新建一个项目文件，并单击“文件”➤“新建”➤“序列”命令，如下图所示。

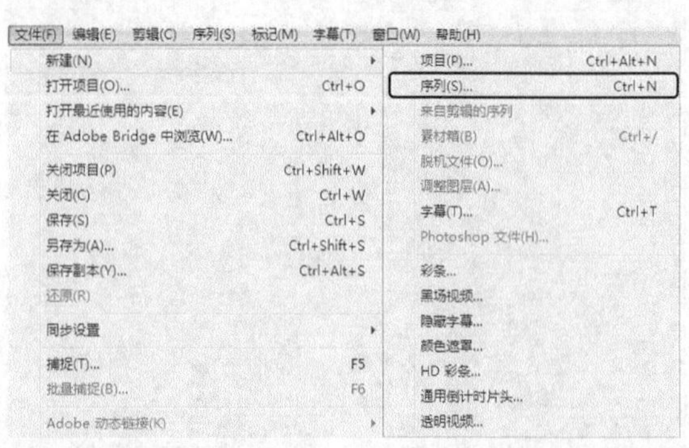

步骤06 打开“新建序列”对话框，❶ 选择“宽屏 48kHz”选项，❷ 单击“确定”按钮，如下图所示。

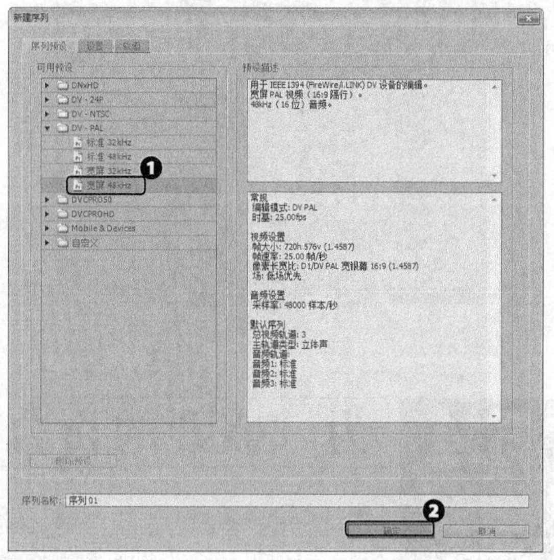

步骤07 即可新建一个序列，其效果如下图所示。

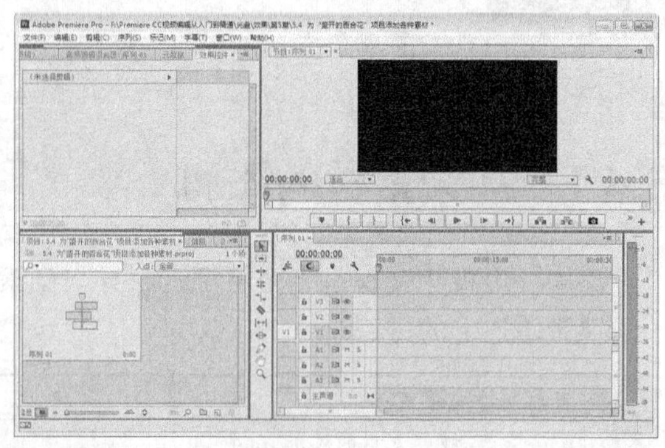

步骤08 在“项目”面板中，单击鼠标右键，❶ 打开快捷菜单，❷ 选择“导入”选项，如下图所示。

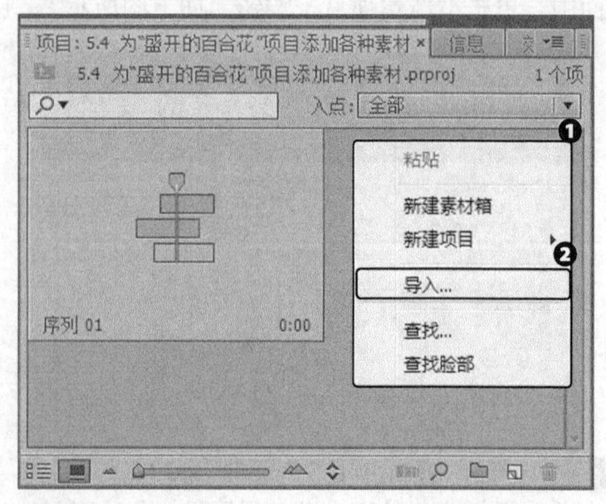

步骤09 打开“导入”对话框，❶ 选择“百合花”视频文件，❷ 单击“打开”按钮，如下图所示。

步骤10 即可将选择的视频导入至“项目”面板中，如下图所示。

步骤11 选择新导入的视频文件，将其添加至“视频 1”轨道上，如下图所示。

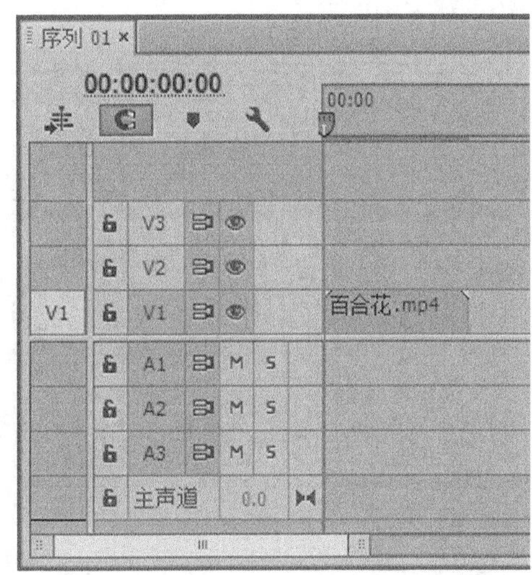

步骤12 在“节目监视器”面板中，调整视频的画面显示大小，如下图所示。

5.4.2 音频素材的添加

为了使影片更加完善，用户可以根据需要为影片添加音频素材。

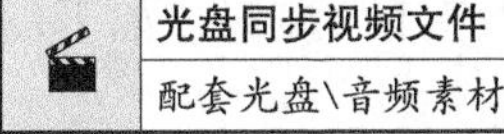

光盘同步视频文件
配套光盘\音频素材的添加.mp4

步骤01 在“项目”面板中，单击鼠标右键，❶ 打开快捷菜单，❷ 选择“导入”选项，如下图所示。

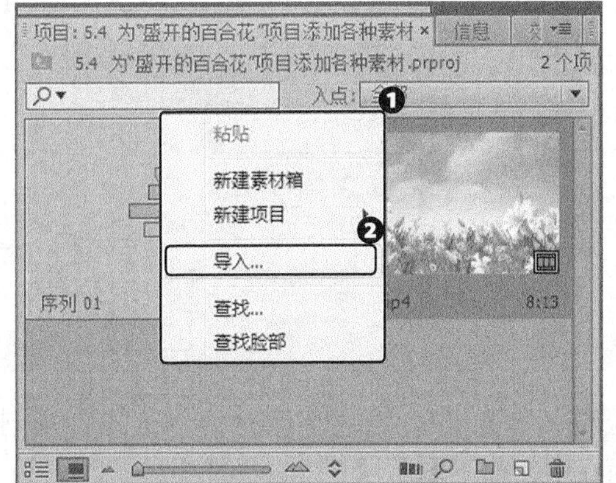

步骤02 打开“导入”对话框，❶ 选择“音乐 1”音频文件，❷ 单击“打开”按钮，如下图所示。

步骤03 即可将选择的音频文件导入至“项目”面板中，如下图所示。

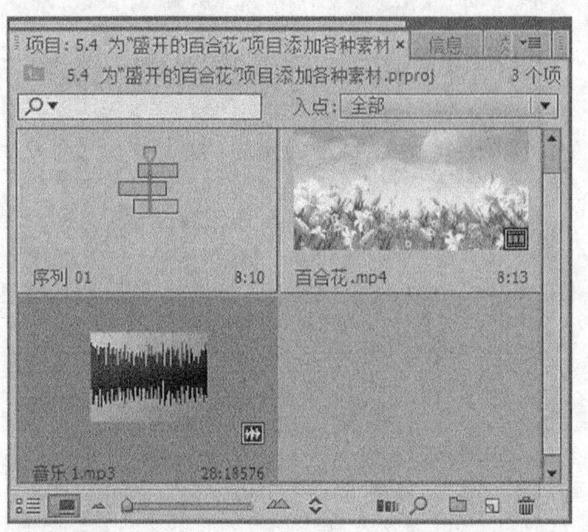

步骤04 选择新导入的音频文件，将其添加至“音频1”轨道上，如下图所示。

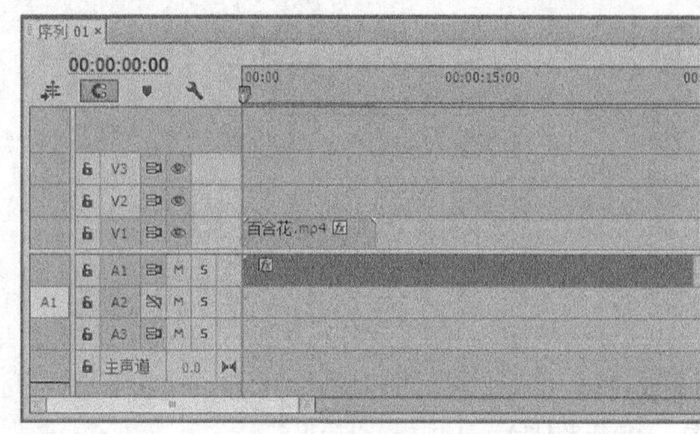

小提示

除了在“项目”面板中通过快捷菜单导入素材外，还有以下3种方法可导入素材。

- 在“文件”菜单中，单击“导入”命令。
- 按快捷键【Ctrl+I】。
- 在“项目”面板中，双击鼠标。

5.4.3 静态图像的添加

为了使影片内容更加丰富多彩，在进行影片编辑的过程中，用户可以根据需要添加各种静态的图像。

光盘同步视频文件

配套光盘\静态图像的添加.mp4

步骤01 单击“文件”➤“导入”命令，如下图所示。

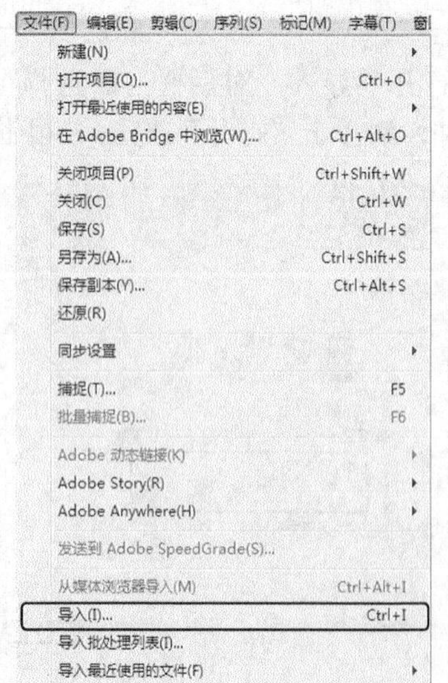

步骤02 打开“导入”对话框，❶ 选择“百合花2”图像文件，❷ 单击“打开”按钮，如下图所示。

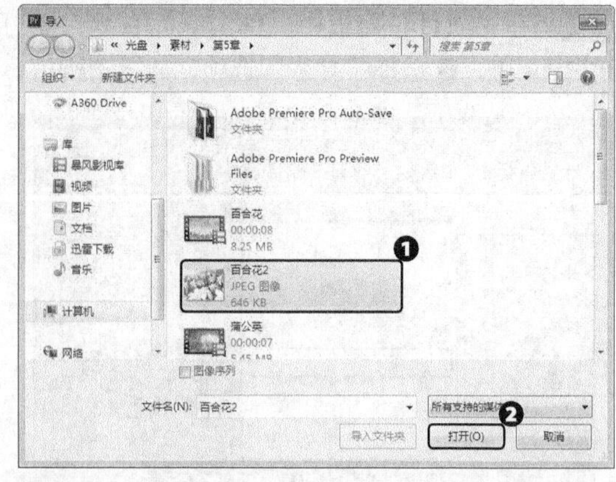

步骤03 即可将选择的图像文件导入至“项目”面板中，如下图所示。

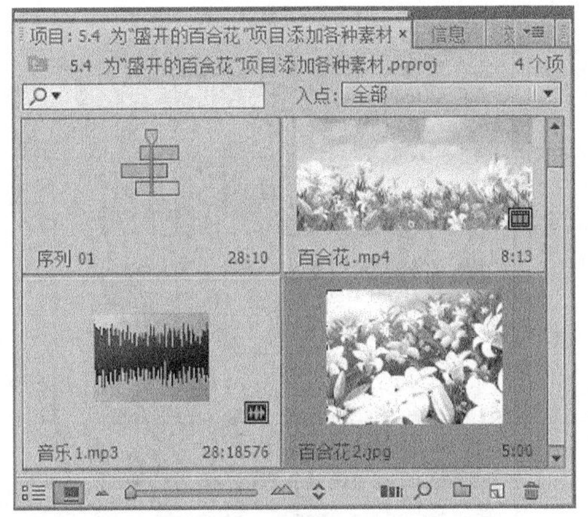

步骤 04 选择新导入的图像文件，将其添加至“视频 1”轨道上的右侧位置，如下图所示。

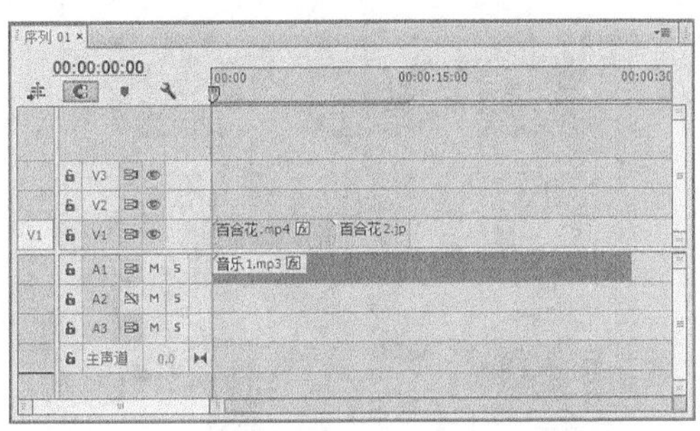

步骤 05 在“音频 1”轨道上，调整“音乐 1”文件的长度，如下图所示。

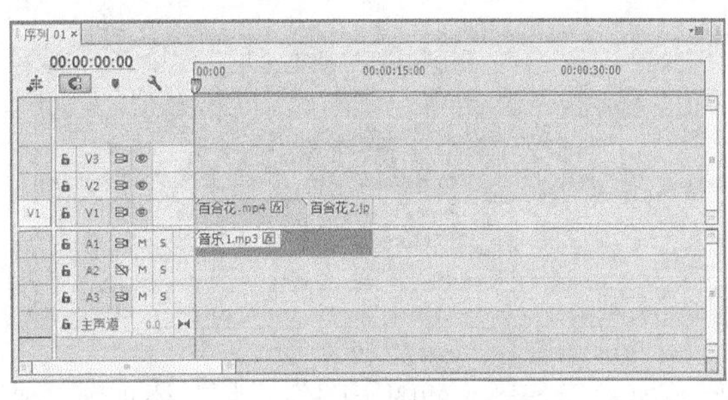

步骤 06 在“节目监视器”面板中，调整静态图像的画面显示大小，如下图所示。

5.4.4 图层图像的添加

在 Premiere Pro CC 中，不仅可以导入视频、音频以及静态图像素材，还可以导入图层图像素材。

	**光盘同步视频文件**
	配套光盘\图层图像的添加.mp4

步骤 01 在“项目”面板中，双击鼠标，❶ 打开“导入”对话框，❷ 选择“闪光”图层文件，❸ 单击“打开”按钮，如下图所示。

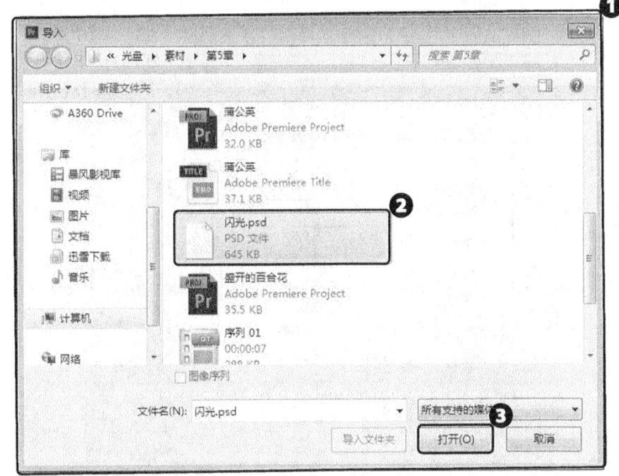

步骤 02 打开“导入分层文件：闪光”对话框，单击“确定”按钮，如下图所示。

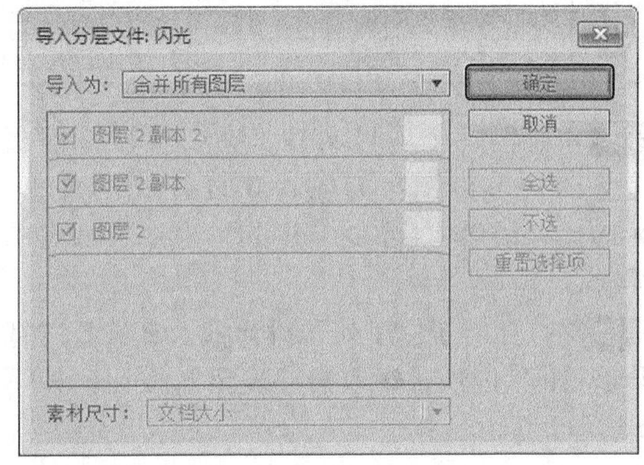

步骤 03 即可将选择的图层文件导入“项目”面板中，如下图所示。

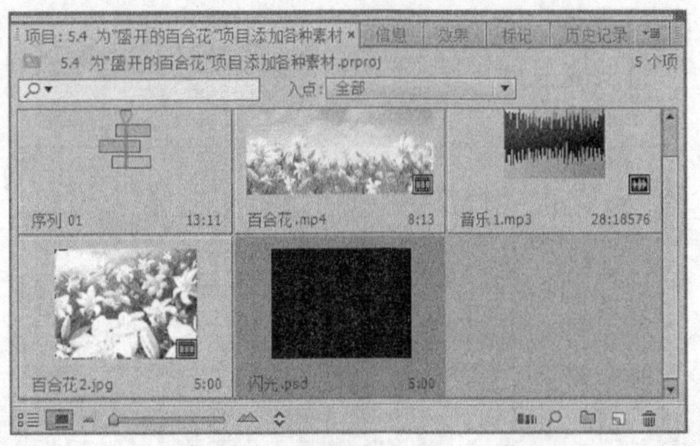

步骤 04 选择新导入的图层图像，将其添加至“视频 2”轨道上，并调整其长度，如下图所示。

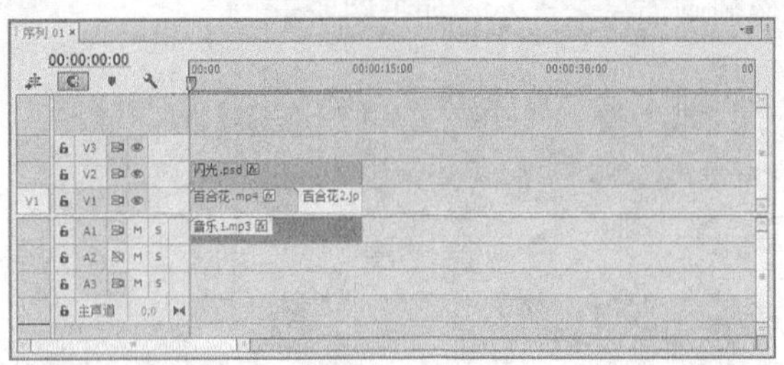

步骤 05 在“节目监视器”面板中，单击“播放 - 停止切换”按钮，预览图像效果，如右图所示。

5.5 综合案例——制作“蒲公英”项目文件

本节教学录像时间：2分钟

本实例将结合选择工具、剃刀工具，影视删除、影视组合、标记入点以及标记出点等功能，来制作“枫叶红了”的项目文件。

光盘同步视频文件

配套光盘\综合实例：制作“蒲公英”项目文件.mp4

步骤 01 新建一个项目文件，在“项目”面板的空白处单击鼠标右键，❶打开快捷菜单，❷选择“新建项目”➤“序列”命令，如右图所示。

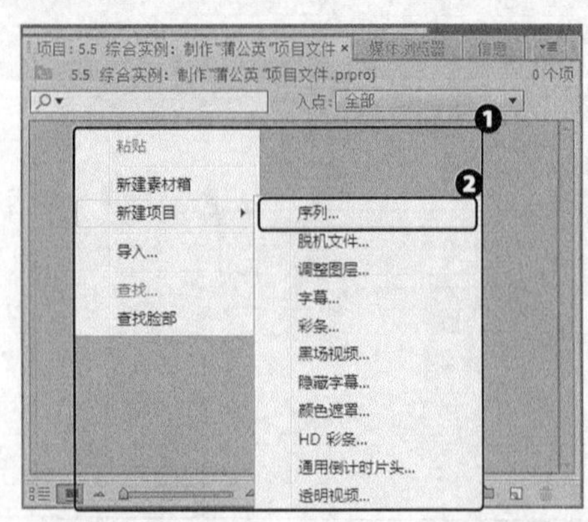

步骤 02 打开“新建序列”对话框，❶选择“宽屏 48kHz”选项，❷单击“确定”按钮，如下图所示。

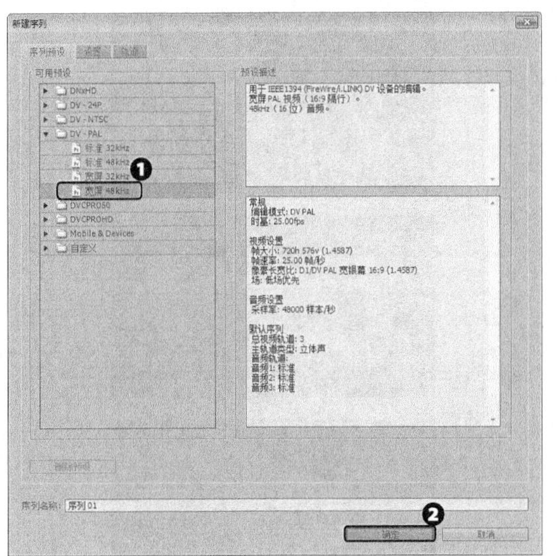

步骤 03 即可新建序列，并在“项目”面板中显示，如下图所示。

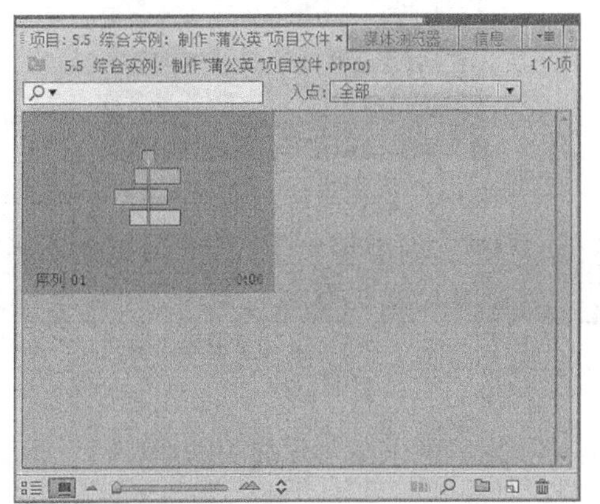

步骤 04 在“项目”面板中，单击鼠标右键，❶ 打开快捷菜单，❷ 选择“导入”选项，如下图所示。

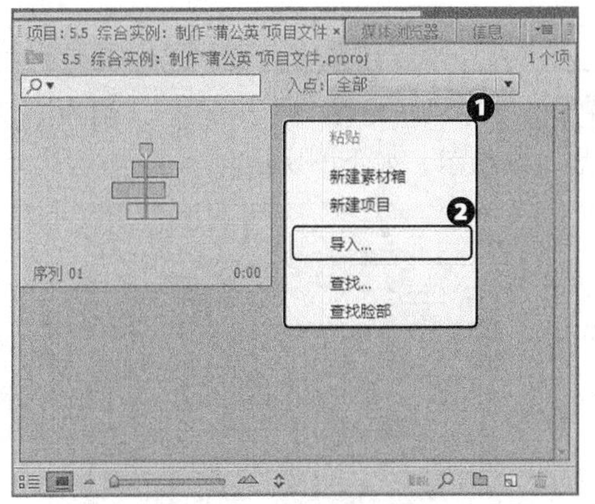

步骤 05 打开“导入”对话框，❶ 依次选择相应的文件，❷ 单击“打开”按钮，如下图所示。

步骤 06 即可导入选择的文件，并在“项目”面板中显示，如下图所示。

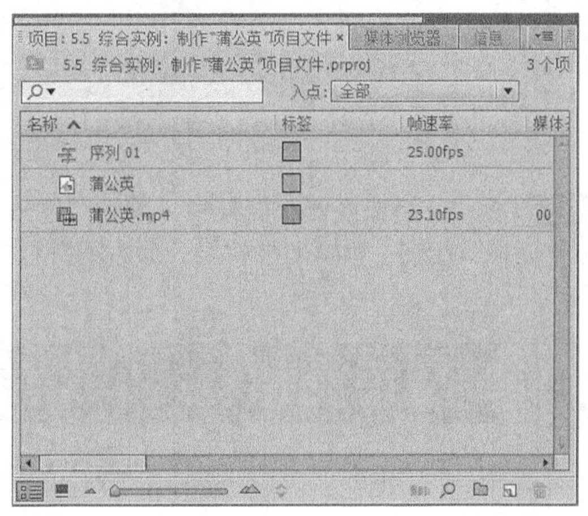

步骤 07 选择“蒲公英”视频文件，将其添加至“视频 1”轨道上，如下图所示。

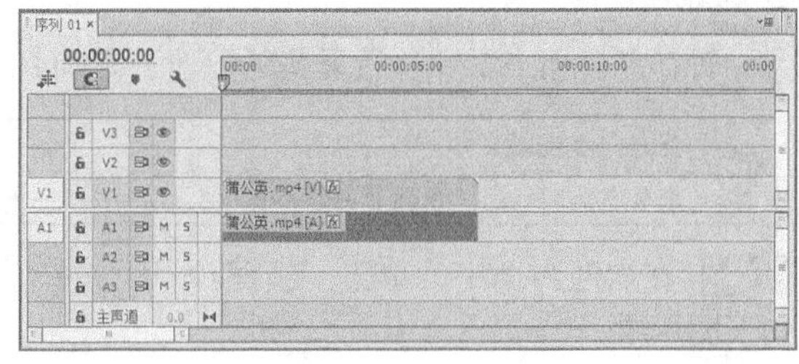

步骤 08 在“节目监视器”面板中，调整视频画面的大小，如下图所示。

步骤 09 选择“蒲公英”字幕文件，将其添加至“视频 2”轨道上，如下图所示。

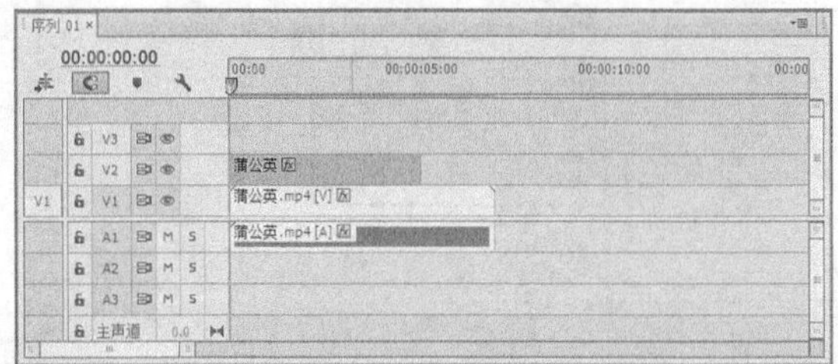

步骤 10 将时间线移至 00:00:01:11 的位置处，调整字幕文件的位置，如下图所示。

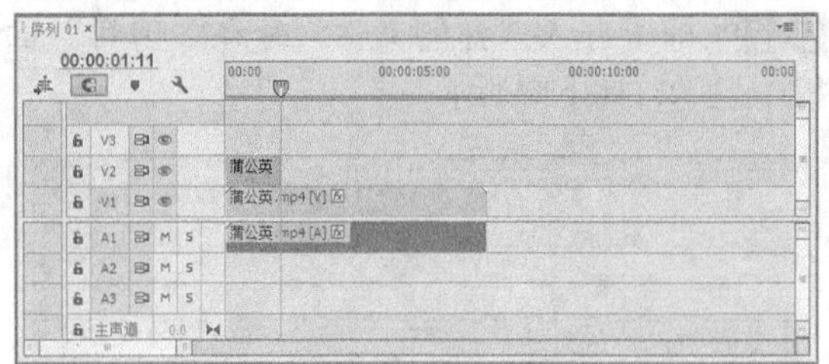

步骤 11 在“节目监视器”面板中，单击“播放 - 停止切换”按钮，预览图像效果，如右图所示。

高手支招

本节教学录像时间：3分钟

通过对前面知识的学习，相信读者朋友已经掌握好影视素材的采集与添加的基本技巧。下面结合本章内容，给大家介绍一些实用技巧。

设置暂存盘

暂存盘是用来实际执行采集的硬盘，下面将介绍设置暂存盘的操作方法。

光盘同步视频文件
配套光盘\秘技1．设置暂存盘.mp4

步骤 01 在欢迎界面中，单击“新建项目”按钮，如下图所示。

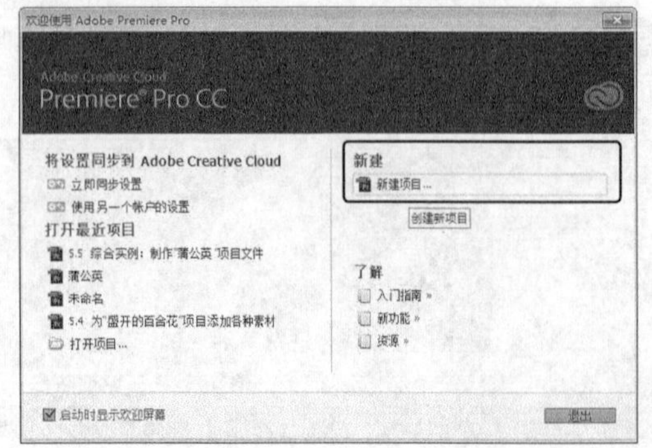

步骤 02 打开“新建项目”对话框，切换至“暂存盘”选项卡，如下图所示。

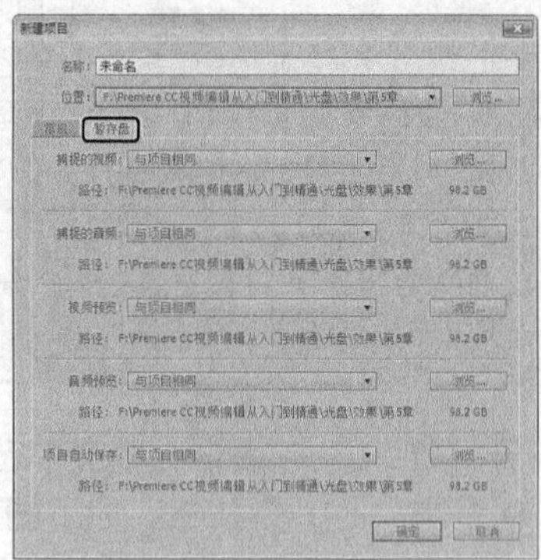

步骤 03 ❶ 单击“捕捉的视频”右侧的下拉按钮，展开列表框，❷ 选择“自定义”选项，如下图所示。

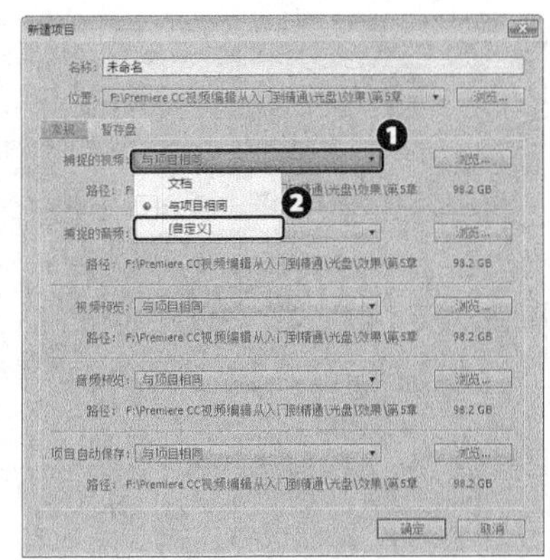

步骤 04 在“暂存盘”选项卡中，单击该选项右侧的“浏览”按钮，如右下图所示。

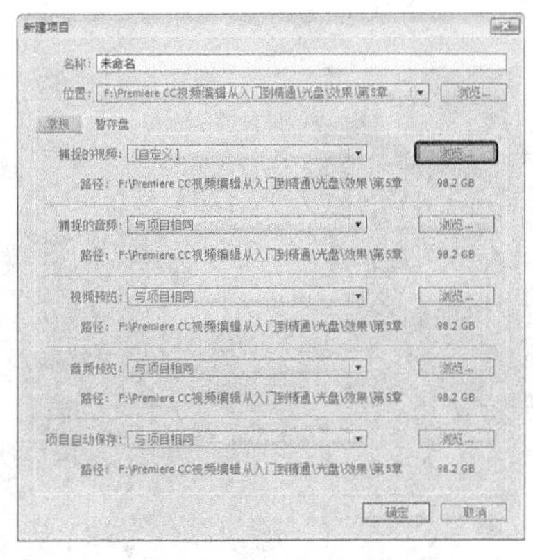

步骤 05 打开“选择文件夹”对话框 ❶ 选择“素材 / 第 5 章”文件夹，❷ 单击“选择文件夹”按钮，如下图所示。

步骤 06 即可完成捕捉视频路径的设置，如下图所示。

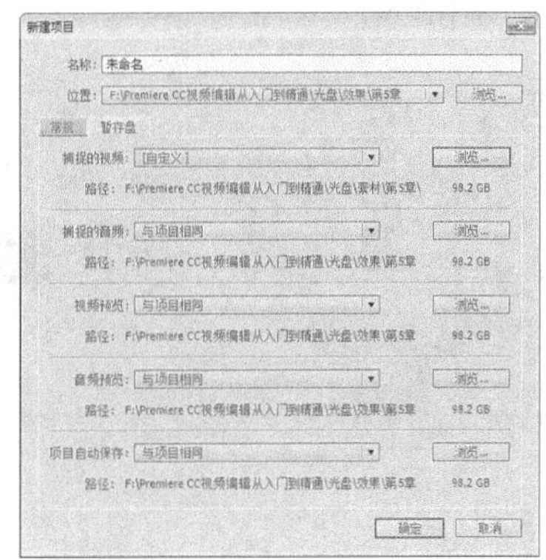

素材的替换操作

如果已经编辑好素材并将它放置在时间线中，并且稍后需要用另一个素材替换该素材，则可以使用“替换素材”功能来实现。

光盘同步视频文件
配套光盘\秘技2. 素材的替换操作.mp4

步骤 01 打开本书配套光盘中的“素材 / 第 5 章 / 秘技 2. 素材的替换操作”素材文件，如下图所示。

步骤 02 在“项目”面板中，选择“旅游 1”素材图像，如右图所示。

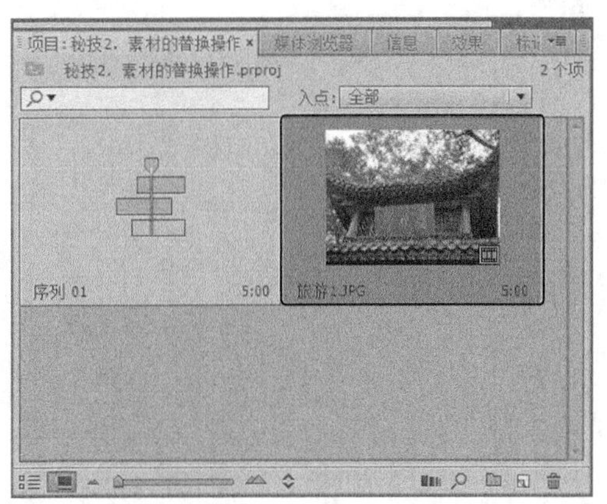

步骤 03 单击鼠标右键，打开快捷菜单，选择“替

换素材”选项，如下图所示。

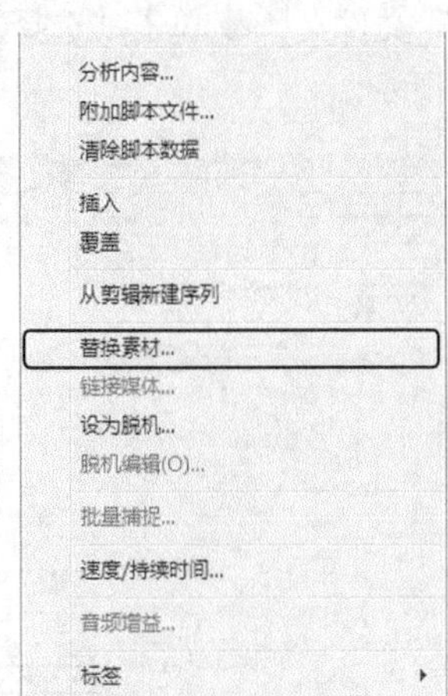

步骤 04 打开“替换‘旅游 1.JPG’素材”对话框，❶ 选择“旅游 2”素材图像，❷ 单击“选择”按钮，如下图所示。

步骤 05 即可替换素材，在“项目”面板中将显示替换后的素材图像，如下图所示。

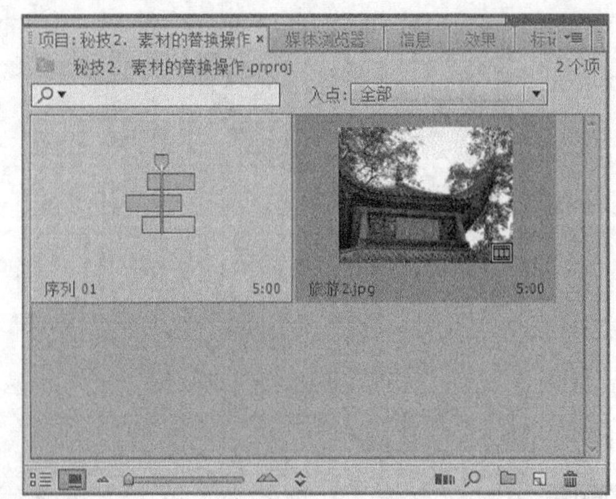

步骤 06 在“节目监视器”面板中查看替换后的素材效果，如下图所示。

第 6 章

影视素材的编辑技巧

学习目标

Premiere Pro CC 提供了两个主要编辑和编排素材的区域，即“节目监视器”面板和“时间轴”面板。这两个面板集成了装配和编辑数字影片、控制透明度和音量等功能，可以帮助读者极大地提高素材编辑工作的工作效率。本章将详细讲解影视素材的编辑技巧，以供读者掌握。

知识要点

- 编辑“六一儿童节”影视素材
- 调整“竹林影动”影视素材
- 修改“生日快乐”素材
- 使用常用工具修饰“数码科技”视频

6.1 编辑“六一儿童节”影视素材

本节教学录像时间：4分钟

对影片素材进行编辑是整个影片编辑过程中的一个重要环节，同样也是 Premiere Pro CC 的一大功能体现。本节将详细介绍编辑影视素材的操作方法。

6.1.1 影视视频的分离

使用“分离”功能，可以将视频文件中的音频分离出来，以进行重新配音或其他编辑操作。

光盘同步视频文件
配套光盘\影视视频的分离.mp4

步骤 01 打开本书配套光盘中的“素材 / 第 6 章 / 6.1 编辑‘六一儿童节’影视素材”项目文件，如下图所示。

步骤 02 在“时间轴”面板中，选择视频素材，如右上图所示。

步骤 03 单击“剪辑”➤“取消链接”命令，如右下图所示，即可分离影视视频。

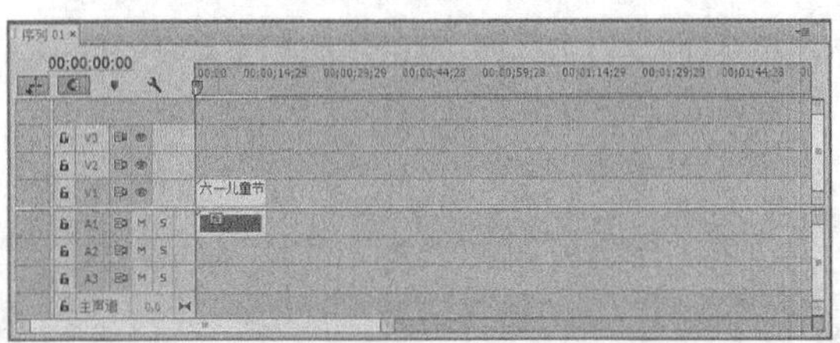

剪辑(C) 序列(S) 标记(M) 字幕(T) 窗口(W)
重命名(R)...
制作子剪辑(M)... Ctrl+U
编辑子剪辑(D)...
编辑脱机(O)...
源设置...
修改
视频选项(V)
音频选项(A)
分析内容(Z)...
速度/持续时间(S)... Ctrl+R
移除效果(R)...
捕捉设置(C)
插入(I)
覆盖(O)
链接媒体(L)...
造成脱机(O)...
替换素材(F)...
替换为剪辑(P)
自动匹配序列(A)...
✓ 启用(E) Shift+E
取消链接 Ctrl+L
编组(G) Ctrl+G

小提示

除了在“剪辑”菜单中可以分离影视视频外，用户还可以在“时间轴”面板中选择视频素材后，单击鼠标右键，打开快捷菜单，选择“取消链接”选项分离；也可以按快捷键【Ctrl + L】，进行快速分离。

6.1.2 影视视频的删除

使用“清除”功能，可以删除一些多余的视频和音频文件。

	光盘同步视频文件
	配套光盘\影视视频的删除.mp4

步骤01 在“时间轴”面板中，选择音频素材，如下图所示。

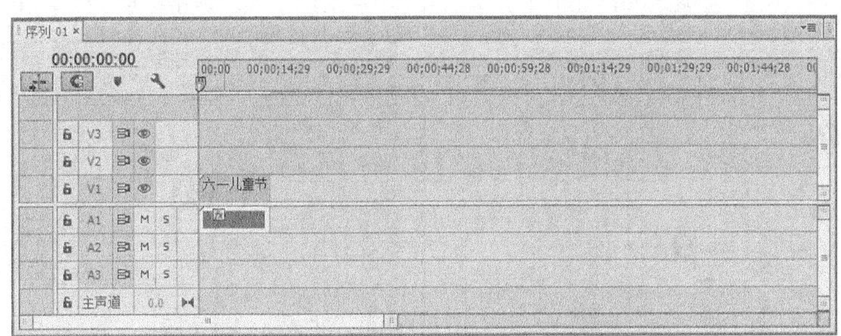

步骤02 单击“编辑”➤“清除”命令，如下图所示。

步骤03 即可删除视频中的音频素材，效果如下图所示。

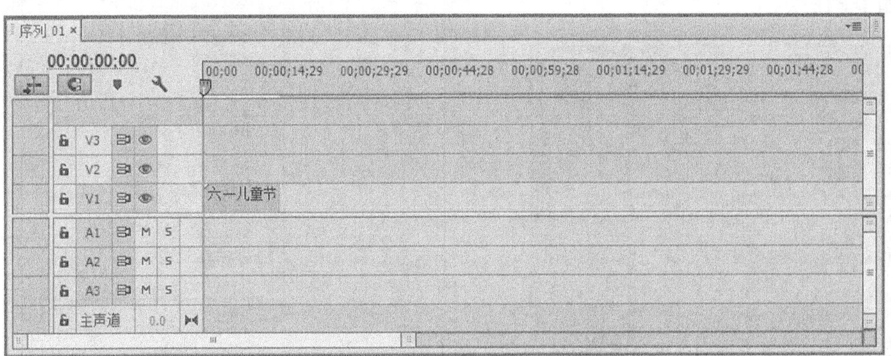

小提示

除了在“编辑”菜单中可以删除视频外，用户还可以在“时间轴”面板中选择音频素材后，单击鼠标右键，打开快捷菜单，选择“清除”选项删除；还可以按快捷键【Delete】或【Backspace】，进行素材文件快速清除。

6.1.3 影视视频的组合

使用“组合”功能，可以在对视频文件和音频文件重新进行编辑后，对其进行组合操作。

光盘同步视频文件
配套光盘\影视视频的组合.mp4

步骤 01 在“项目”面板中单击鼠标右键，❶ 打开快捷菜单，❷ 选择“导入”选项，如下图所示。

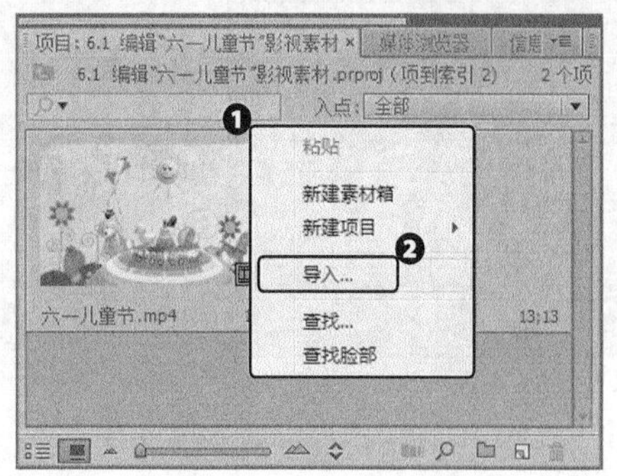

步骤 02 打开“导入”对话框，❶ 选择“音乐 1”音频文件，❷ 单击“打开”按钮，如下图所示。

步骤 03 即可导入音频文件，并在“项目”面板中显示，如下图所示。

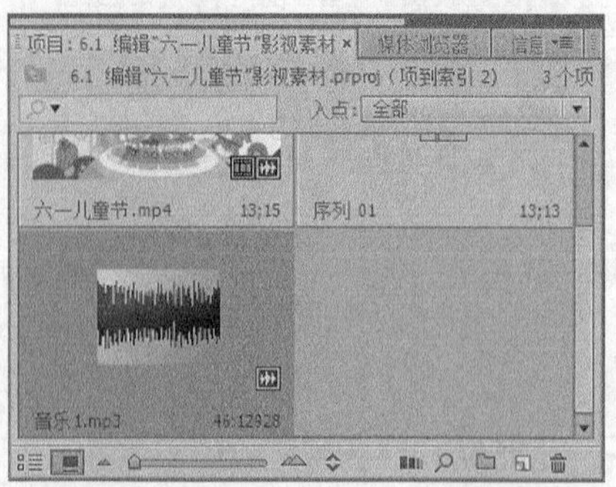

步骤 04 将音频文件添加至“时间轴”面板的音频轨道上，并调整其长度，如下图所示。

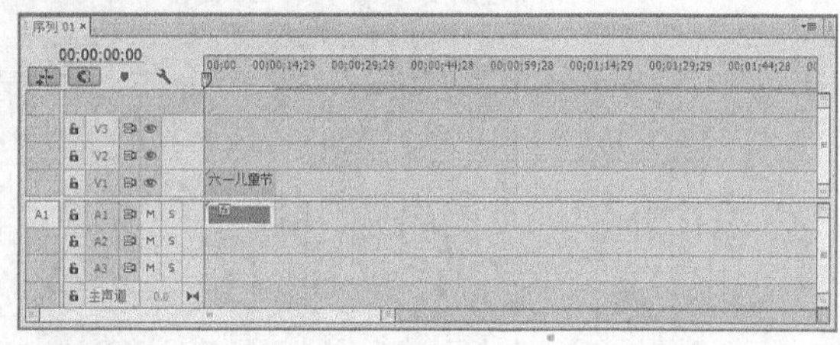

步骤 05 在“时间轴”面板中，选择音频和视频素材，如下图所示。

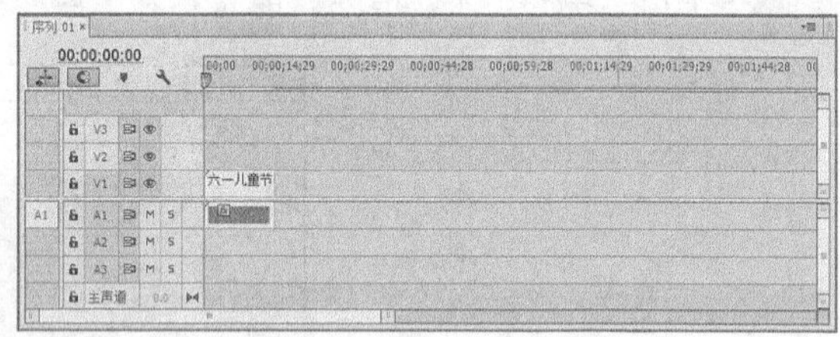

步骤 06 单击“剪辑”➤“链接”命令，如下图所示，即可组合视频和音频。

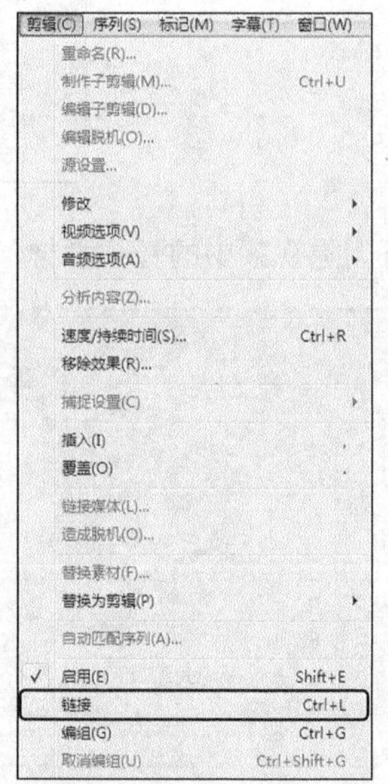

小提示

除了在“剪辑”菜单中可以组合影视视频外，用户还可以在“时间轴”面板中选择视频素材后，单击鼠标右键，打开快捷菜单，选择“链接”选项组合；也可以按快捷键【Ctrl+L】，进行视频文件的快速组合。

6.1.4 影视视频的重命名

影视素材名称是用来方便用户查询的目标位置。用户可以通过重命名的操作来更改素材默认的名称，以便于用户快速查找。

光盘同步视频文件

配套光盘\影视视频的重命名.mp4

步骤01 在“项目”面板中，选择音频素材，如下图所示。

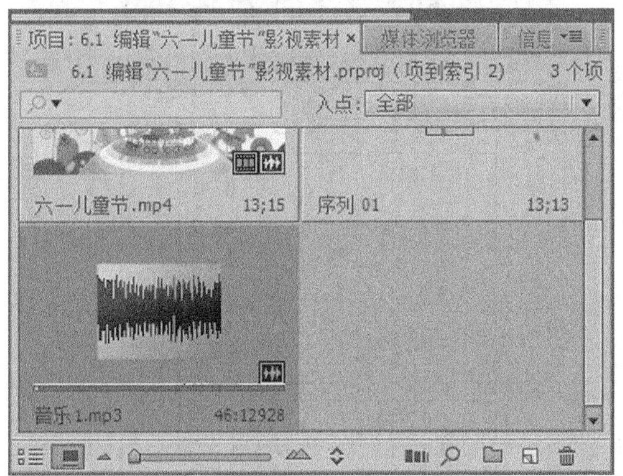

步骤02 单击“剪辑”➤“重命名”命令，如右上图所示。

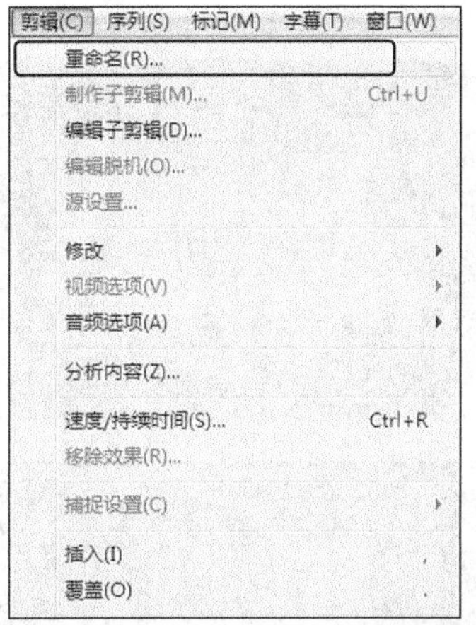

步骤03 在“项目”面板中，输入新的音频名称，即可对选择的文件进行重命名操作，如右下图所示。

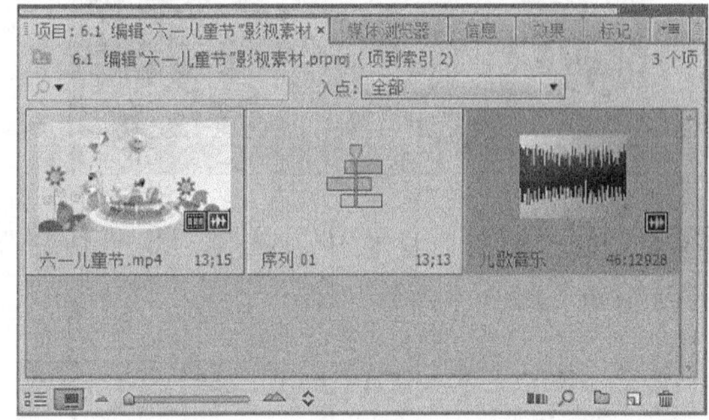

小提示

除了在“剪辑”菜单中可以重命名影视外，用户还可以在“项目”面板中选择素材后，单击鼠标右键，打开快捷菜单，选择“重命名”选项进行重命名。

6.2 修改“生日快乐”素材

本节教学录像时间：5分钟

除了对影视素材进行分离、删除、组合以及重命名外，还可以对影视素材的显示方式进行设置，对素材的出点、入点和标记等进行设置。

6.2.1 显示方式的设置

素材的显示方法分为两种，一种为列表式，另一种为图标式。用户可以通过修改“项目”面板下方的图标按钮，改变素材的显示方法。

	光盘同步视频文件
	配套光盘\显示方式的设置.mp4

步骤 01 打开本书配套光盘中的“素材 / 第 6 章 / 6.2 修改‘生日快乐’素材”项目文件，如下图所示。

步骤 02 在“项目”面板中，选择“生日快乐”素材，如下图所示。

步骤 03 在选择的素材上双击鼠标，则在“源监视器”面板中将显示图像效果，如右上图所示。

步骤 04 单击“源监视器”面板右上角的下三角按钮，在弹出的列表框中选择“音频波形”选项，如右中图所示。

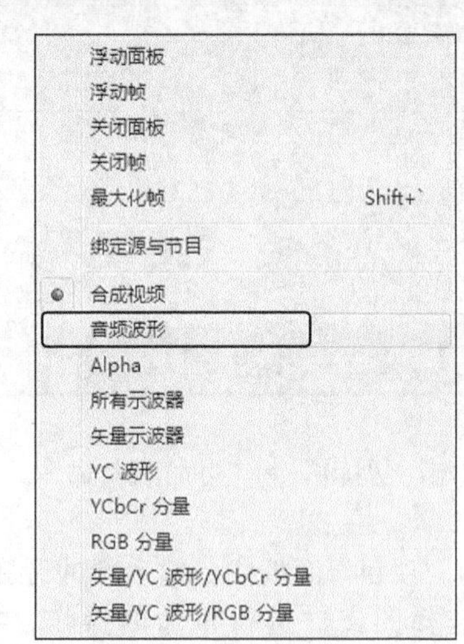

步骤 05 即可改变素材的显示方式，“源监视器”面板中的素材将以“音频波形”方式显示，如下图所示。

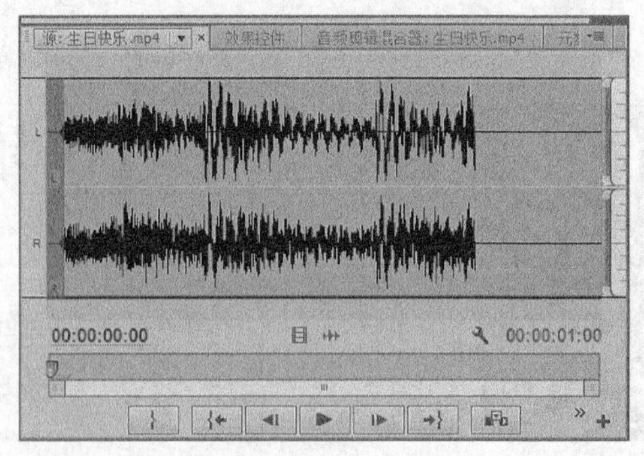

小提示

素材拥有多种显示方式，如默认的“合成视频”模式、Alpha模式以及“所有示波器”模式等。

6.2.2 素材入点的设置

使用“标记入点”功能，可以标识素材起始点时间的可用部分。

光盘同步视频文件
配套光盘\素材入点的设置.mp4

步骤01 在“时间轴”面板中，将时间线修改至00:00:00:02的位置处，如下图所示。

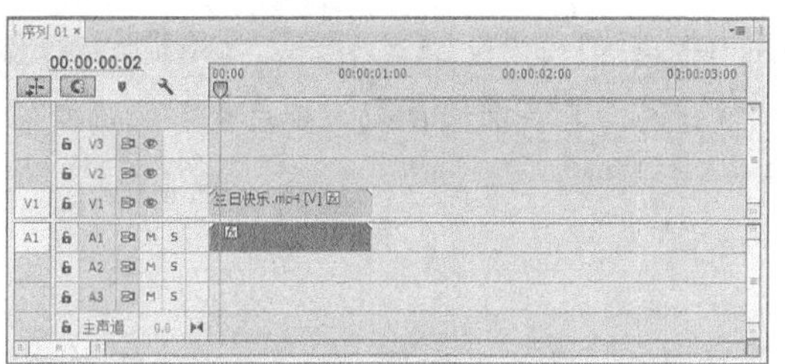

步骤02 在“节目监视器”面板中，单击“标记入点”按钮｛，如下图所示。

步骤03 即可添加素材的入点，其“节目监视器”面板和“时间轴”面板中的效果如下图所示。

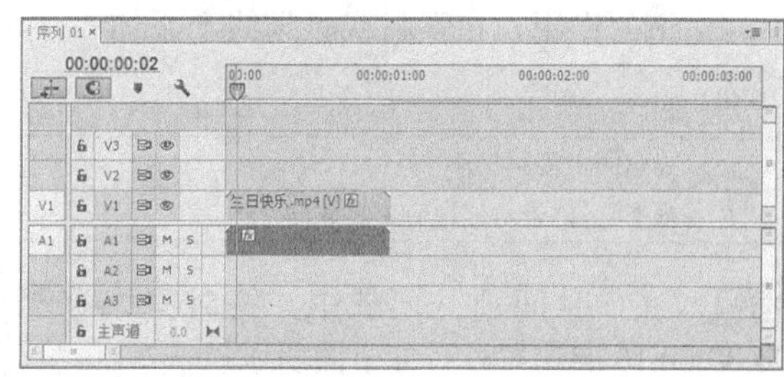

小提示

除了单击按钮可以添加素材入点外，还可以在移至时间线位置后，单击鼠标右键，打开快捷菜单，选择“标记入点”选项；也可以单击“标记”➤“标记入点”命令添加入点。

6.2.3 素材出点的设置

使用“标记出点”功能，可以标识素材终止点时间的可用部分。

光盘同步视频文件
配套光盘\素材出点的设置.mp4

步骤01 在“时间轴”面板中，将时间线移至00:00:00:26的位置处，如下图所示。

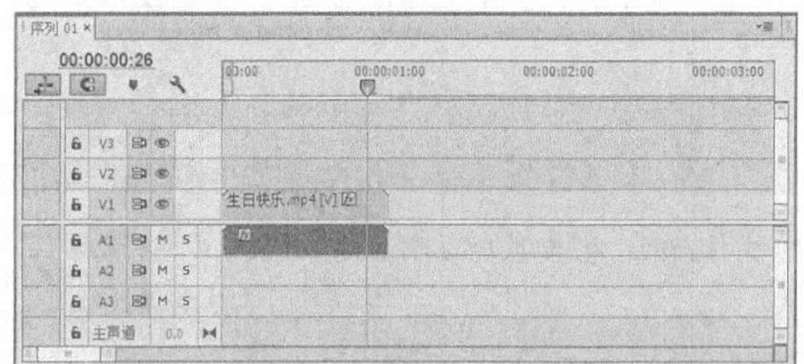

步骤02 在“节目监视器”面板中，单击“标记出点”按钮｝，如下图所示。

步骤03 即可添加素材的出点，其“节目监视器”面板和“时间轴”面板中的效果如下图所示。

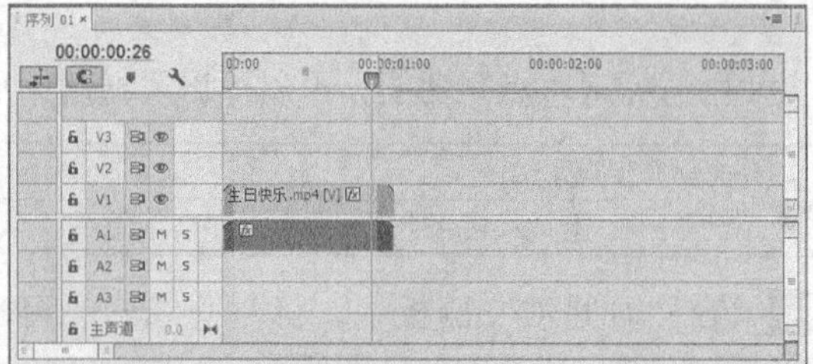

小提示

除了单击按钮可以添加素材出点外，还可以在移至时间线位置后，单击鼠标右键，打开快捷菜单，选择“标记出点”选项；也可以单击“标记”➤“标记出点”命令添加出点。

6.2.4 素材标记的设置

标记的作用是在素材或时间线上添加一个可以快速查找视频帧的记号，还可以快速对齐其他素材。

	光盘同步视频文件
	配套光盘\素材标记的设置.mp4

步骤01 在“时间轴”面板中，将时间线移至00:00:00:10的位置处，如下图所示。

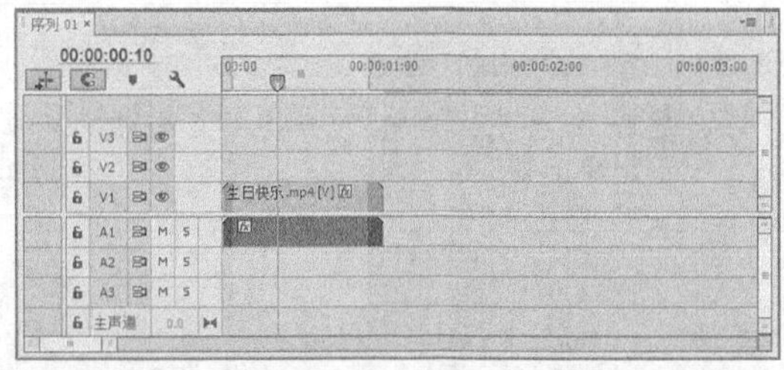

步骤02 在“节目监视器”面板中，单击“添加标记”按钮，如下图所示。

步骤03 即可添加素材的标记，其“节目监视器”面板和“时间轴”面板中的效果如下图所示。

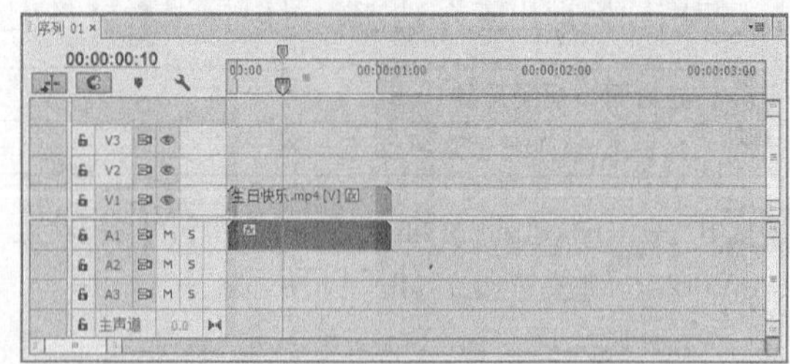

小提示

除了单击按钮可以添加素材标记外，还可以在移至时间线位置后，单击鼠标右键，打开快捷菜单，选择“添加标记”选项；也可以单击“标记”➤“添加标记”命令添加标记。

6.2.5 轨道的锁定

锁定轨道的作用是防止编辑后的特效被修改，因此应将确定不需要修改的轨道进行锁定。

光盘同步视频文件
配套光盘\轨道的锁定.mp4

步骤 01 在“时间轴”面板中，单击“视频”轨道上的“切换轨道锁定”按钮，锁定视频轨道，如下图所示。

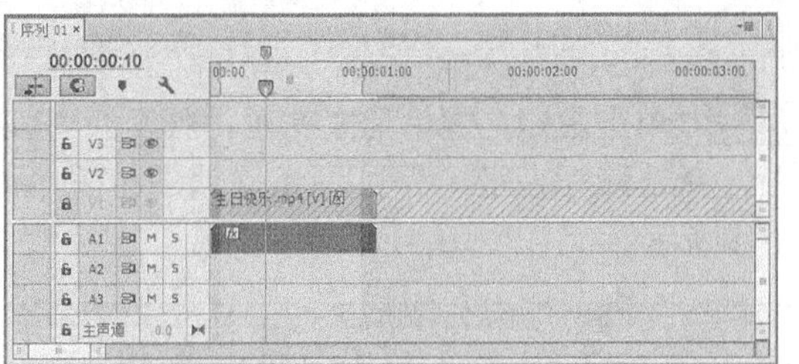

步骤 02 单击“音频”轨道上的“切换轨道锁定”按钮，锁定音频轨道，如下图所示。

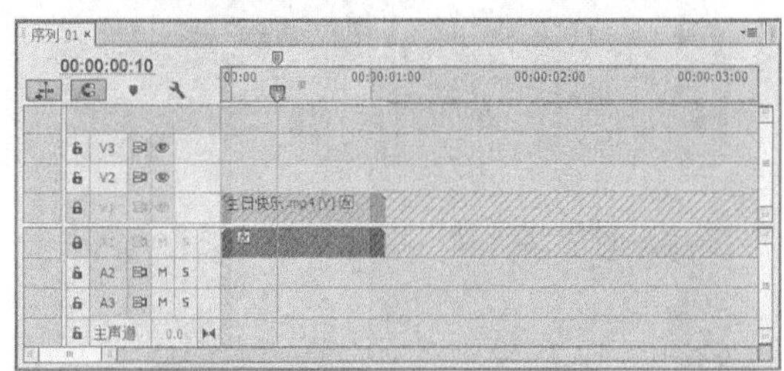

6.2.6 轨道的解锁

当用户需要再次对该轨道中的素材进行编辑时，可以将其解锁，然后进行修改等操作。解锁轨道的具体方法是：在“时间轴”面板中选择“音频 1”轨道中的素材文件，然后单击“切换轨道锁定”按钮，即可解锁该轨道，如下图所示。

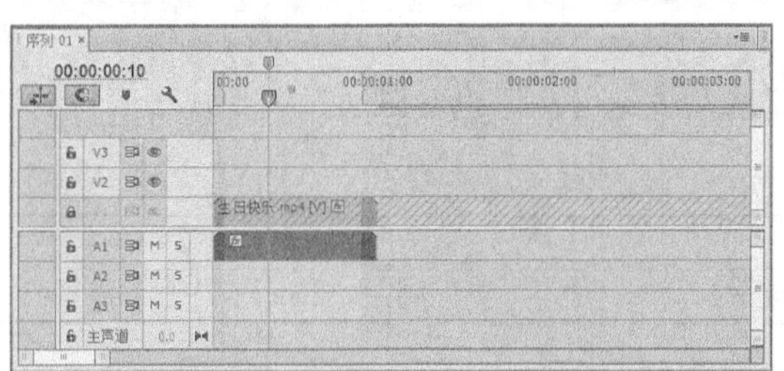

6.3 调整“竹林影动”影视素材

本节教学录像时间：2分钟

在编辑影片时，有时需要调整项目尺寸来放大显示素材，有时需要调整播放时间或播放速度，这些操作都可以在 Premiere Pro CC 中实现。

6.3.1 播放位置的调整

如果对添加到视频轨道上的素材位置不满意，可以根据需要对其进行调整，并且可以将素材调整到不同的轨道位置。

光盘同步视频文件
配套光盘\播放位置的调整.mp4

步骤 01 打开本书配套光盘中的“素材 / 第 6 章 / 6.3 调整‘竹林影动’影视素材，如下图所示。

步骤 02 在“时间轴”面板中，选择“竹林影动”素材，如下图所示。

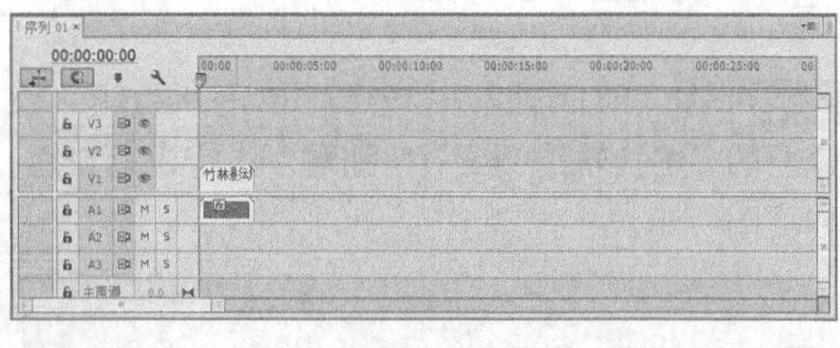

步骤 03 单击鼠标左键将其拖曳到“视频 2”轨道上，释放鼠标左键，即可调整播放的位置，如下图所示。

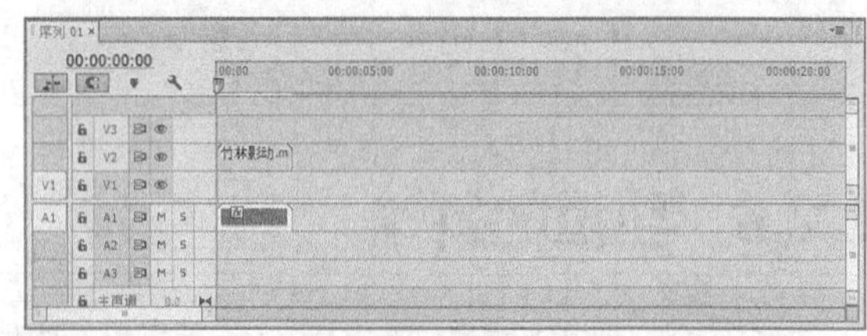

6.3.2 播放速度的调整

每一个素材都具有特定的播放速度，但也可以通过调整视频素材的播放速度制作快镜头或慢镜头效果。

光盘同步视频文件
配套光盘\播放速度的调整.mp4

步骤 01 在“时间轴”面板中，选择“竹林影动”素材，单击鼠标右键，❶ 打开快捷菜单，❷ 选择“速度 / 持续时间”选项，如下图所示。

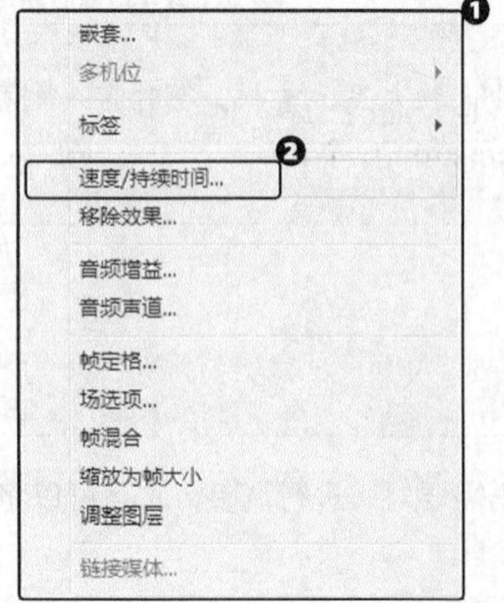

步骤 02 打开“剪辑速度 / 持续时间”对话框，❶ 修改“速度”为 200%，❷ 单击“确定”按钮，如下图所示。

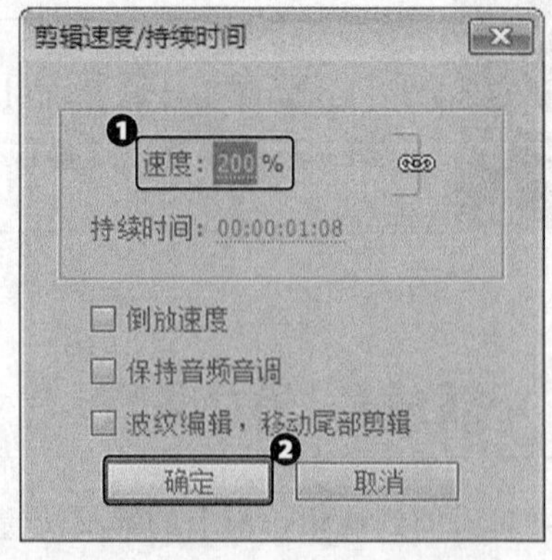

步骤 03 即可修改素材的播放速度，如下图所示。

小提示

除了通过快捷菜单调整播放速度外，还可以在选择素材文件后，单击"剪辑"➤"速度/持续时间"命令调整。

6.4 使用常用工具修饰"数码科技"视频

本节教学录像时间：7分钟

在使用 Premiere Pro CC 编辑影片时，还可以通过选择工具、剃刀工具、滑动工具、比率拉伸工具、波纹编辑工具、轨道选择工具以及滚动编辑工具等对视频素材进行修饰操作。

6.4.1 选择工具

使用选择工具，可以选择一个或多个素材文件，它是 Premiere Pro CC 使用最频繁的工具之一。

光盘同步视频文件

配套光盘\选择工具.mp4

步骤 01 打开本书配套光盘中的"素材 / 第 6 章 /6.4 使用常用工具修饰'数码科技'视频"项目文件，如下图所示。

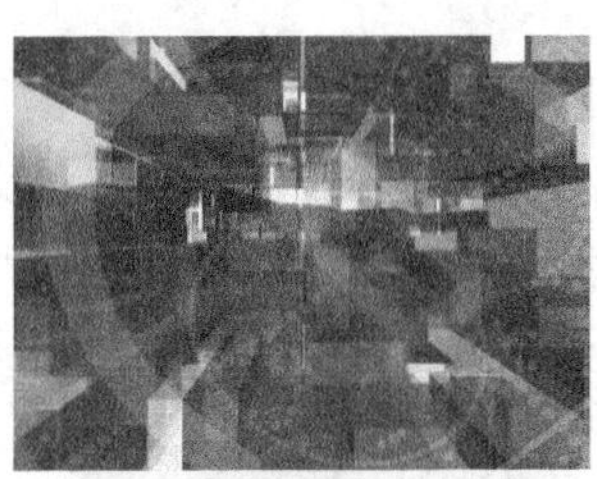

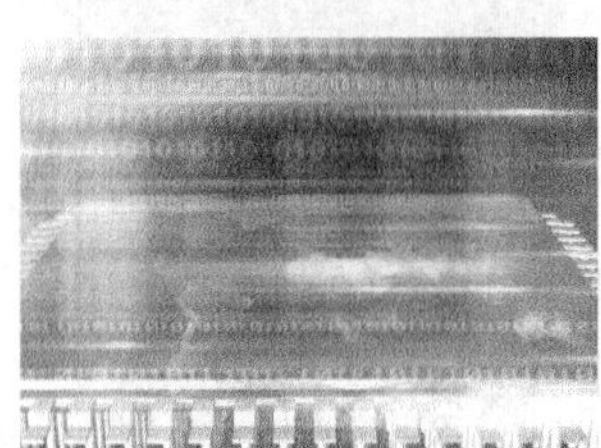

步骤 02 单击"工具"面板中的"选择工具"按钮，如下图所示。

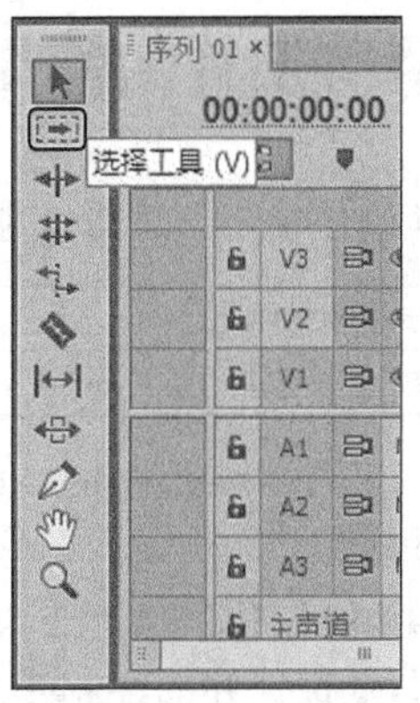

步骤 03 在"视频 1"轨道的"数码 1"素材图像上单击鼠标，即可使用选择工具选择图像，如下图所示。

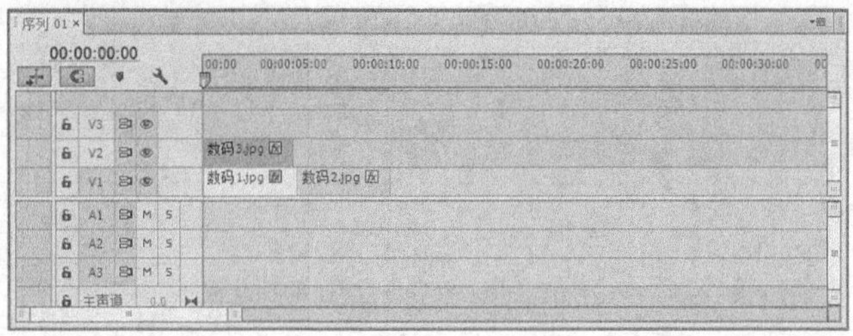

小提示

如果想选择多个素材文件，则可以单击鼠标左键并拖曳光标，框选需要选择的素材。

6.4.2 剃刀工具的使用

使用剃刀工具，可以对选择的素材文件进行剪切操作，将其分为两段或多段素材。

光盘同步视频文件

配套光盘\剃刀工具的使用.mp4

步骤 01 单击“工具”面板中的“剃刀工具”按钮，如下图所示。

步骤 02 在需要修剪的素材上单击鼠标，即可使用剃刀工具剪切素材，如下图所示。

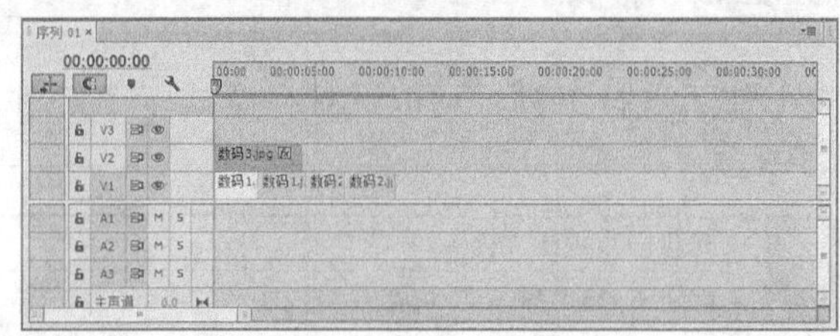

6.4.3 滑动工具的使用

滑动工具包含有外滑工具和内滑工具，其主要作用是调整相邻素材片段的出入点和长度。

光盘同步视频文件

配套光盘\滑动工具的使用.mp4

步骤 01 单击“工具”面板中的“内滑工具”按钮，如右图所示。

步骤 02 在“视频 1”轨道的第 2 个“数码 1”素材图像上单击鼠标，并向左拖曳至 00:00:00:00 处，即可使用滑动工具调整素材，如下图所示。

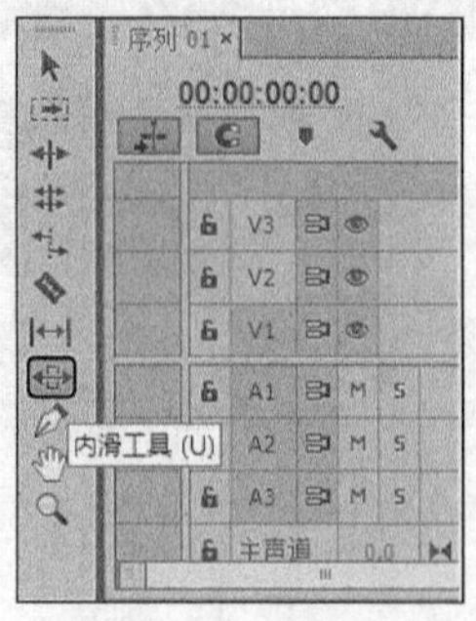

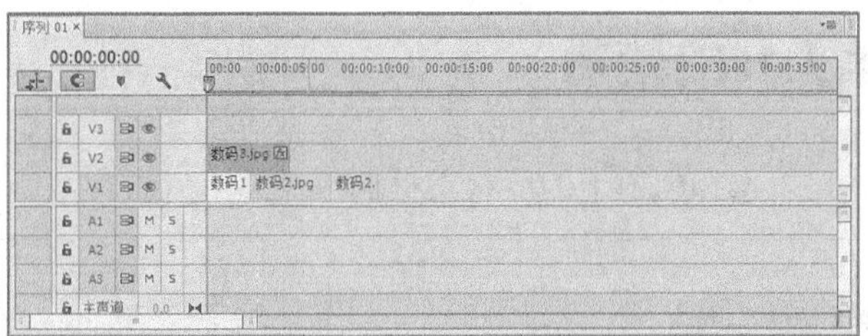

6.4.4 比率拉伸工具的使用

使用比率拉伸工具，可以调整素材的速度，缩短素材则速度加快，拉长素材则速度减慢。

	**光盘同步视频文件**
	配套光盘\比率拉伸工具的使用.mp4

步骤01 单击“工具”面板中的“比率拉伸工具”按钮，如下图所示。

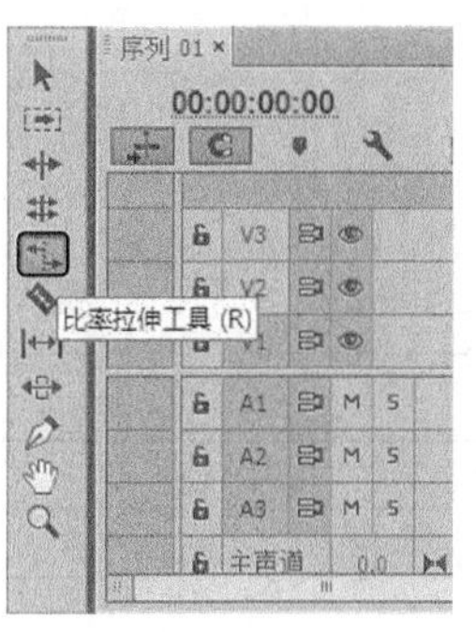

步骤02 在“视频 2”轨道的“数码 3”素材图像上单击鼠标，并向右拖曳至合适位置，即可按比率拉伸素材，如下图所示。

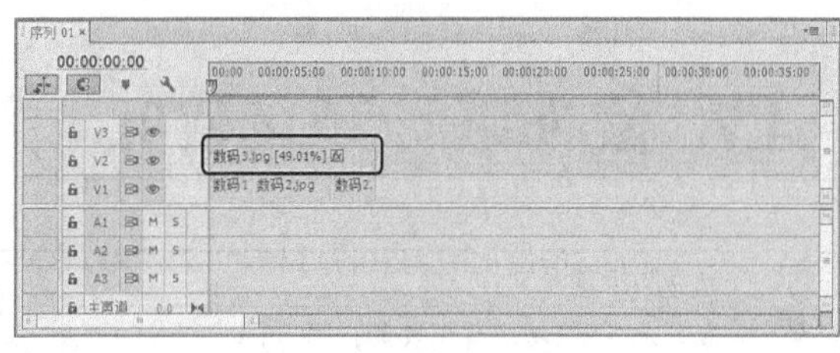

6.4.5 波纹编辑工具的使用

使用波纹编辑工具拖曳素材的出点可以改变所选素材的长度，而轨道上其他素材的长度不受影响。

	**光盘同步视频文件**
	配套光盘\波纹编辑工具的使用.mp4

步骤01 单击“工具”面板中的“波纹编辑工具”按钮，如下图所示。

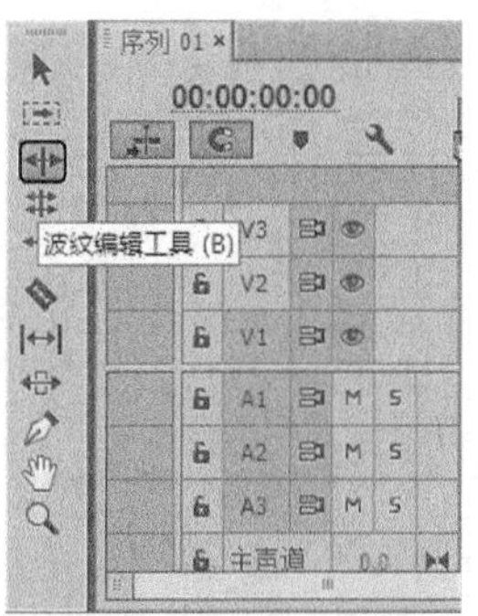

步骤02 在“视频 1”轨道的第 2 个“数码 2”素材图像上单击鼠标，并向右拖曳至 00:00:06:00 的位置处，即可使用波纹编辑工具调整素材长度，如下图所示。

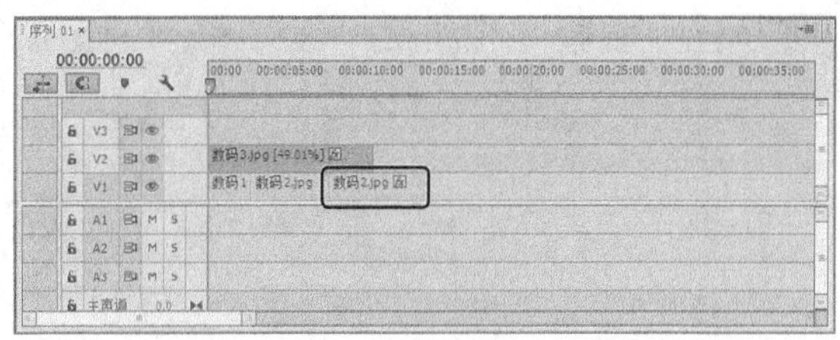

6.4.6 轨道选择工具的使用

使用轨道选择工具，可以选择轨道上的所有素材。

	光盘同步视频文件
	配套光盘\轨道选择工具的使用.mp4

步骤 01 单击“工具”面板中的“轨道选择工具”按钮，如下图所示。

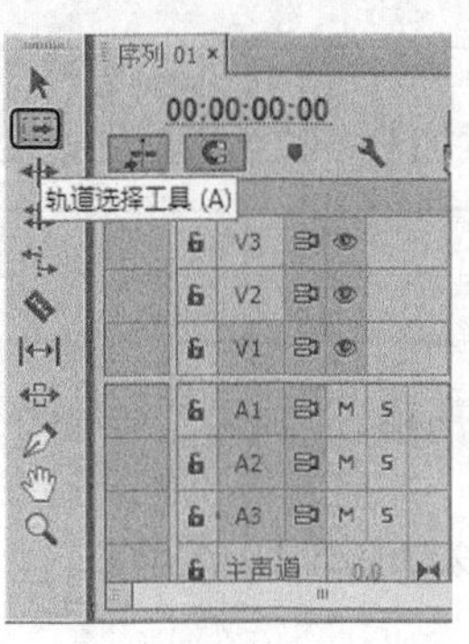

步骤 02 在“时间轴”面板的视频轨道上单击鼠标，即可选择轨道上的所有素材，如下图所示。

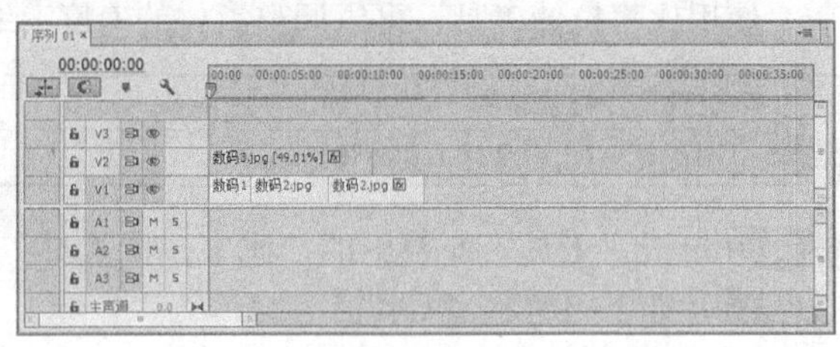

6.4.7 滚动编辑工具的使用

	光盘同步视频文件
	配套光盘\滚动编辑工具的使用.mp4

步骤 01 单击“工具”面板中的“滚动编辑工具”按钮，如下图所示。

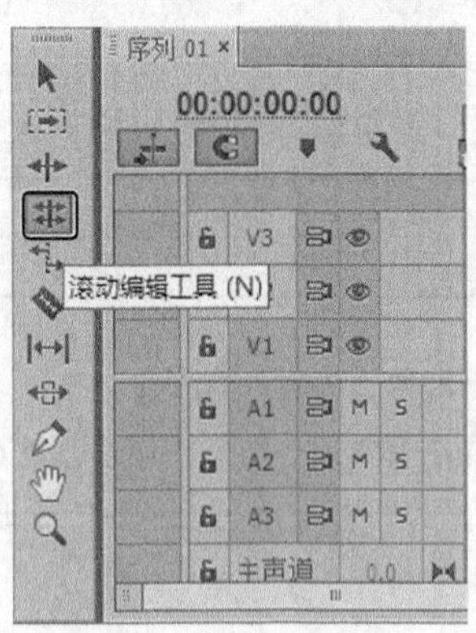

步骤 02 在“视频 1”轨道的“数码 1”素材图像上单击鼠标，并向右拖曳至合适位置，即可使用滚动编辑工具调整素材，如下图所示。

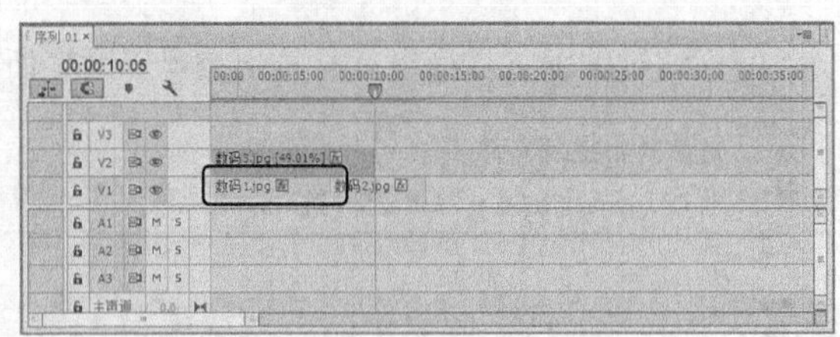

6.5 综合案例——编辑“枫叶红了”影视文件

本节教学录像时间：2分钟

本实例将结合选择工具、影视组合、标记入点以及标记出点等功能，来制作“枫叶红了”的项目文件。

光盘同步视频文件

配套光盘\综合实例：编辑“枫叶红了”影视文件.mp4

步骤01 打开本书配套光盘中的“素材/第6章/6.5 综合实例：编辑‘枫叶红了’影视文件”项目文件，效果如下图所示。

步骤02 单击“文件”➤“导入”命令，如下图所示。

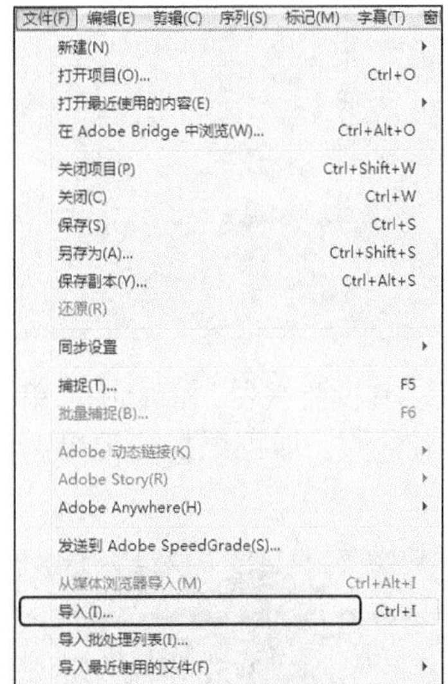

步骤03 打开“导入”对话框，❶ 选择“音乐2”音频文件，❷ 单击“打开”按钮，如下图所示。

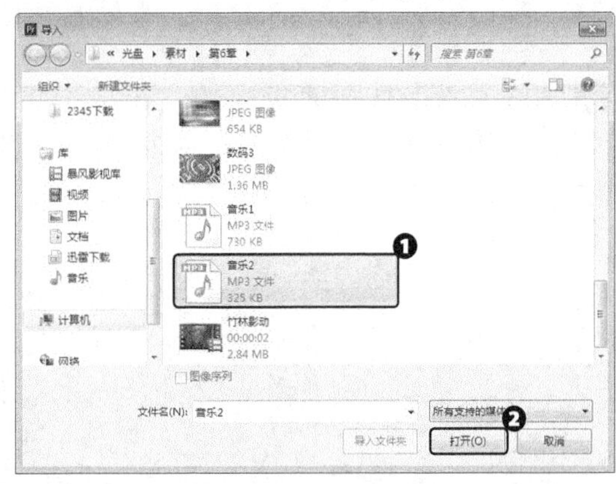

步骤04 即可添加音频文件，并在“项目”面板中显示，如下图所示。

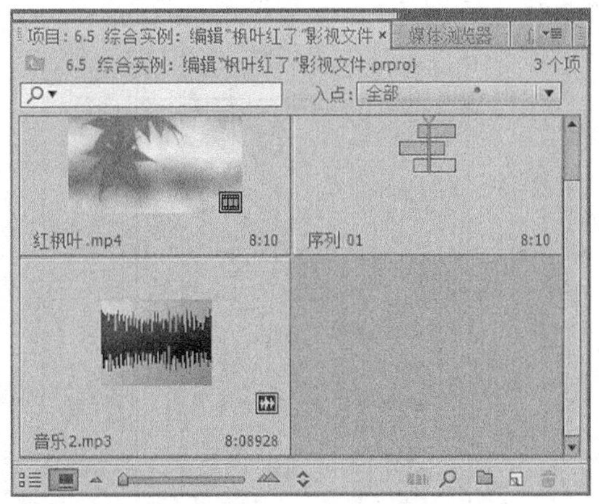

步骤05 将音频文件拖曳至“时间轴”面板的“音频1”轨道上，如下图所示。

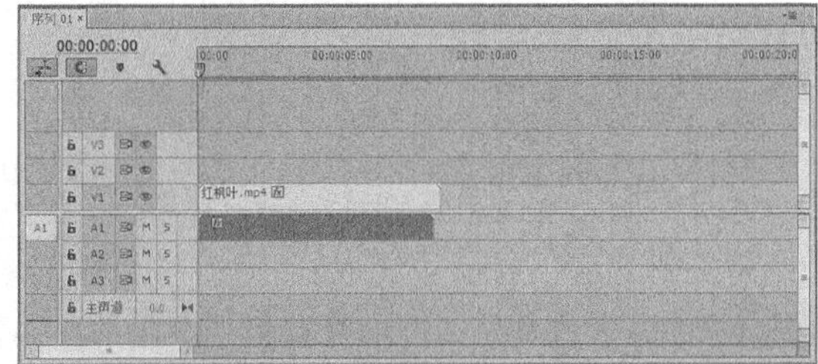

步骤 06 单击“工具”面板中的“滚动编辑工具”按钮，选择“视频 1”轨道上的视频素材，单击鼠标左键并向左拖曳至合适位置，调整素材，如下图所示。

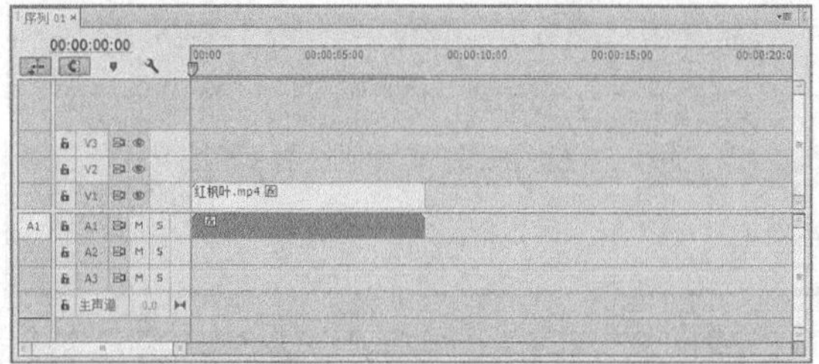

步骤 07 单击“工具”面板中的“选择工具”按钮，选择视频素材和音频素材，如下图所示。

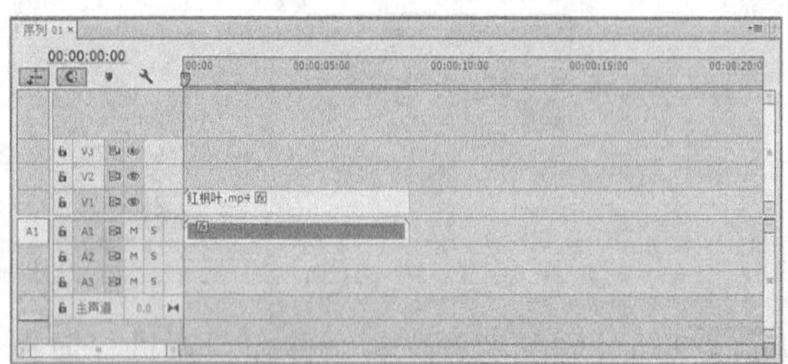

步骤 08 单击“剪辑”➤“编组”命令，如下图所示。

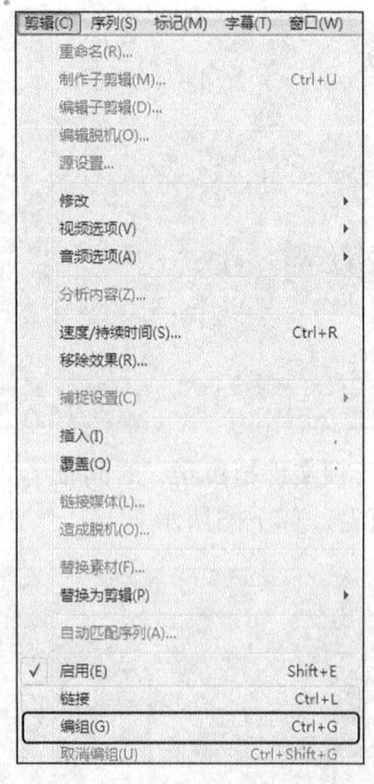

步骤 09 即可组合素材文件，其效果如下图所示。

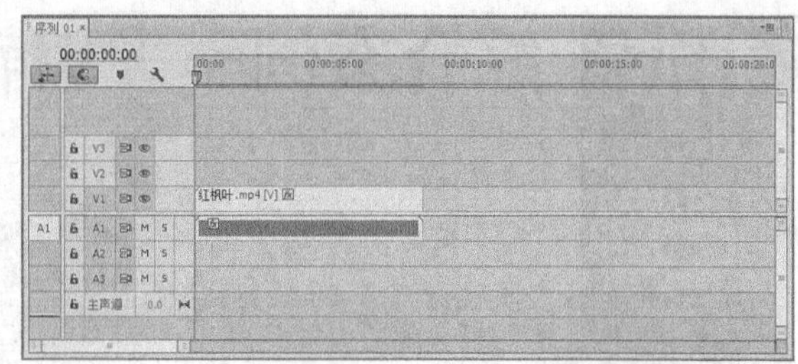

步骤 10 将时间线移至 00:00:00:05 的位置处，如下图所示。

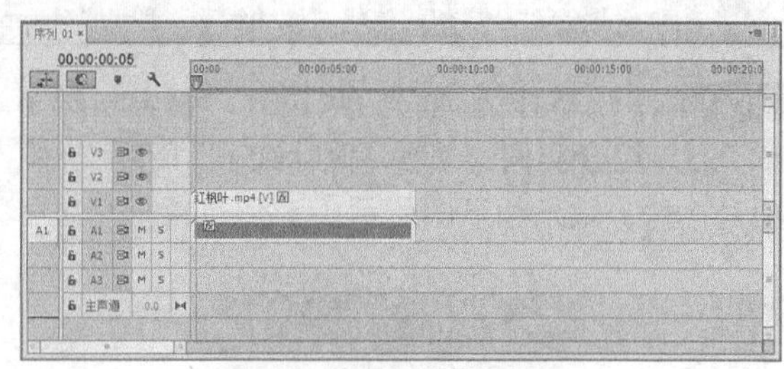

步骤 11 在“节目监视器”面板中，单击“标记入点”按钮，即可添加标记入点，如下图所示。

步骤 12 将时间线移至 00:00:07:10 的位置处，如下图所示。

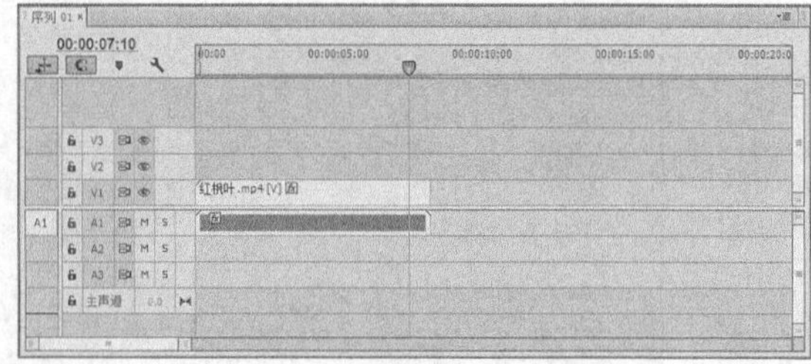

步骤 13 在“节目监视器”面板中，单击“标记出点”按钮，即可添加标记出点，如下图所示。

高手支招

本节教学录像时间：3分钟

通过对前面知识的学习，相信读者朋友已经掌握好影视素材编辑的基本技巧。下面结合本章内容，给大家介绍一些实用技巧。

自动匹配序列

使用“自动匹配序列”功能，可以将素材从“项目”面板放置到时间线中，还可以在素材之间添加默认转场。

光盘同步视频文件
配套光盘\秘技1. 自动匹配序列.mp4

步骤01 打开本书配套光盘中的“素材 / 第 6 章 / 高手支招”项目文件，如下图所示。

步骤02 在“项目”面板中，选择“线条”视频文件，如下图所示。

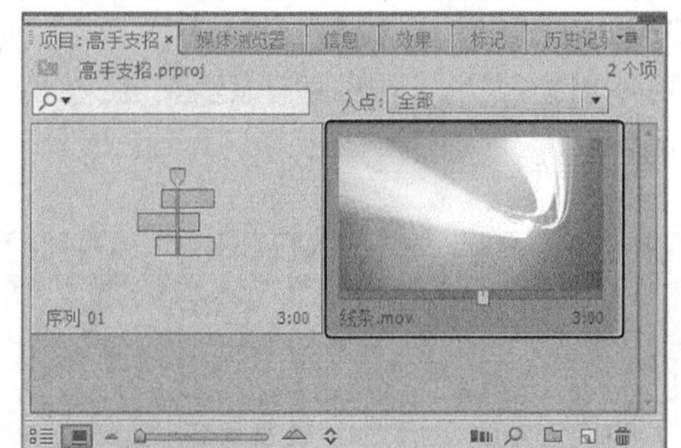

步骤03 单击“剪辑”➤“自动匹配序列”命令，如下图所示。

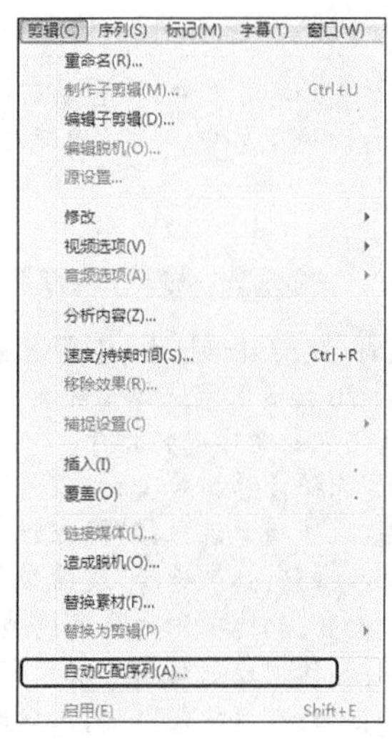

步骤04 打开“序列自动化”对话框，单击“方法”右侧的下三角按钮，展开列表框，选择“插入编辑”选项，如下图所示。

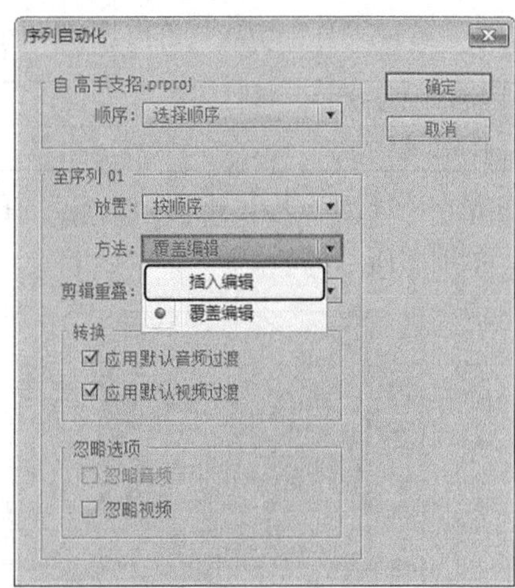

步骤05 ❶ 取消勾选“应用默认音频过渡”复选框，❷ 单击“确定”按钮，如下图所示。

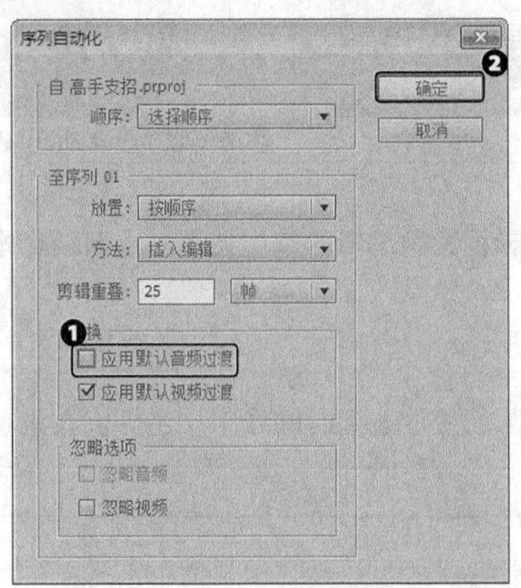

步骤06 完成序列的自动匹配操作，“时间轴”面板上的素材发生变化，如下图所示。

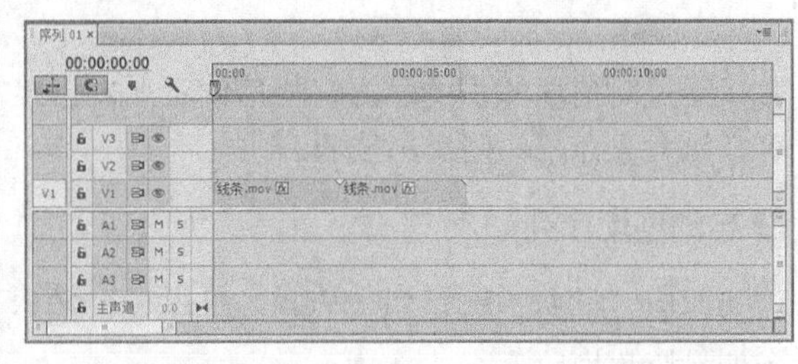

小提示

除了通过“剪辑”菜单中的“自动匹配序列”命令进行序列自动匹配外，还可以在选择视频文件后，单击鼠标右键，在打开的快捷菜单中，选择“自动匹配序列”选项进行自动匹配。

小提示

在“序列自动化”对话框中，各常用选项的含义如下。

- 顺序：此选项用于选择是按素材在“项目”面板中的排列顺序对它们进行排列，还是根据“项目”面板中选择它们的顺序进行排序。
- 放置：选择按顺序对素材进行排序，或者选择时间轴中的每个未编号标记排列。
- 方法：此选项允许选择“插入编辑”或“覆盖编辑”。如果选择“插入编辑”选项，则已经在时间轴中的素材将向右推移；如果选择“覆盖编辑”选项，则来自“项目”面板的素材将替换时间轴中的素材。
- 剪辑重叠：此选项用于指定将多少秒或多少帧用于默认转场。
- 转换：选择则应用目前已经设置好的素材之间的默认切换转场。
- 忽略音频：勾选该复选框，那么Premiere Pro CC不会放置连接到素材的音频。
- 忽略视频：勾选该复选框，那么Premiere Pro CC不会将视频放置到时间轴中。

缩放工具的使用

使用“缩放工具”功能，可以调整“时间轴”面板的显示时间长短。

光盘同步视频文件

配套光盘\秘技2. 缩放工具的使用.mp4

步骤01 单击“工具”面板中的“缩放工具”按钮，如下图所示。

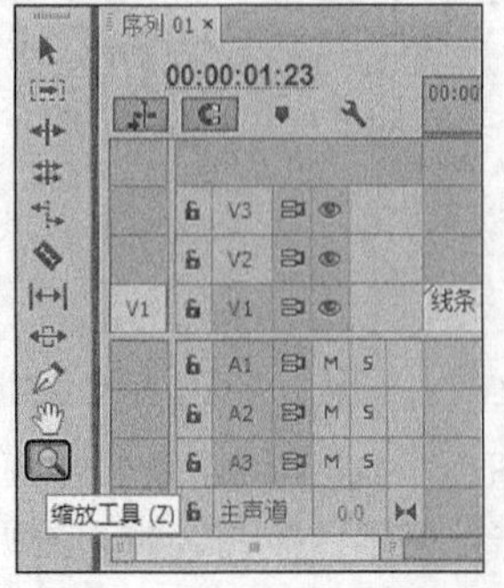

步骤02 在“视频1”轨道上的素材上单击鼠标，即可使用缩放工具调整时间显示长度，如下图所示。

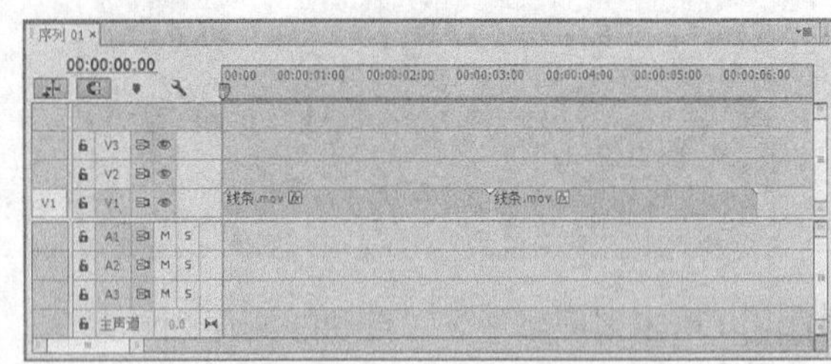

第 7 章

转场特效的基本应用

学习目标

转场是通过一些特殊的效果，在素材与素材之间产生自然、平滑、美观、流畅的过渡效果，让视频画面更富有表现力。本章不仅让读者可以了解 Premiere Pro CC 中的一些常用转场效果，还可以了解添加和替换转场效果的方法。

知识要点

- 转场的基础知识
- 设置“和服少女”项目转场效果属性
- 编辑“蓝色玫瑰”项目的转场特效

学习效果

7.1 转场的基础知识

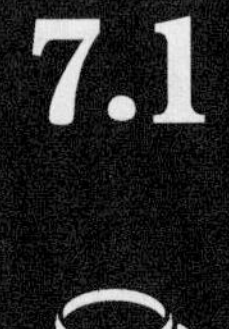

转场是指段落与段落、场景与场景之间的过渡和变换效果，在添加和编辑转场之前，首先需要掌握转场的功能、分类以及应用等基础知识。

7.1.1 转场的概念

视频转场是指为了让一段视频素材以某种特效形式转换到另一段素材而运用的过渡效果，即从上一个镜头的末尾画面到后一个镜头的开始画面之间加上中间画面，使上下两个画面以某种自然的形式过渡。转场除了平滑两个镜头的过渡外，还能起到切换画面和视角的作用。下图所示为转场过渡效果。

7.1.2 转场的分类

Premiere Pro CC 中包含有 3D 运动、伸缩、划像、擦除、映射、溶解、滑动、特殊效果、缩放以及页面剥落 10 大转场类别，下面将分别进行介绍。

- 3D 运动：该文件夹内包含有 10 个切换效果，分别是向上折叠、帘式、摆入、摆出、旋转、旋转离开、立方体旋转、筋斗过渡、翻转和门效果，如左下图所示。
- 伸缩："伸缩"效果文件夹中提供了各种拉伸切换效果，其中至少有一个在效果有效期间内进行拉伸。这些效果包括交叉伸展、伸展、伸展覆盖和伸展进入 4 种效果，如右下图所示。

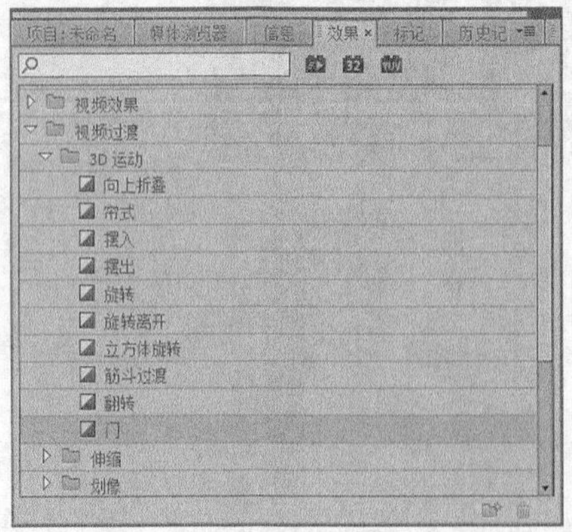

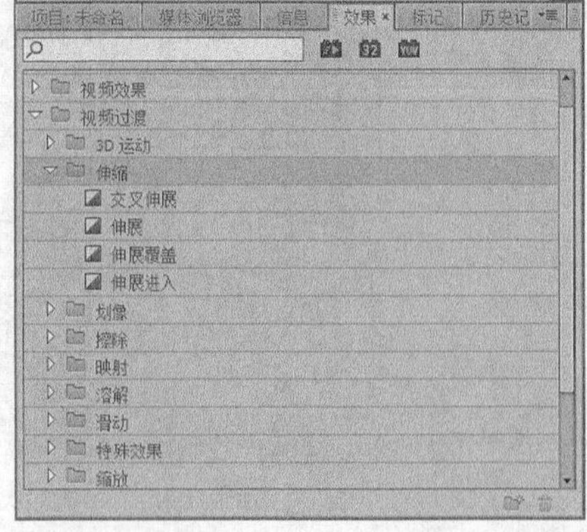

- 划像："划像"转场效果的开始和结束都在屏幕的中心进行。该效果文件夹中包含交叉划像、划像形状、圆划像、星形划像、点划像、盒形划像和菱形划像 7 种转场效果，如左下图所示。
- 擦除："擦除"转场效果擦除素材 A 的不同部分来显示素材 B。许多切换效果都提供看起来非常时髦的数字效果。该效果文件夹包含有划出、双侧平推门、带状擦除、径向擦除、插入、时钟式擦除、棋盘、棋盘擦除、楔形擦除、水波块、油漆飞溅、渐变擦除、百叶窗、螺旋框、随机块、随机擦除以及风车 17 种转场效果，如右下图所示。

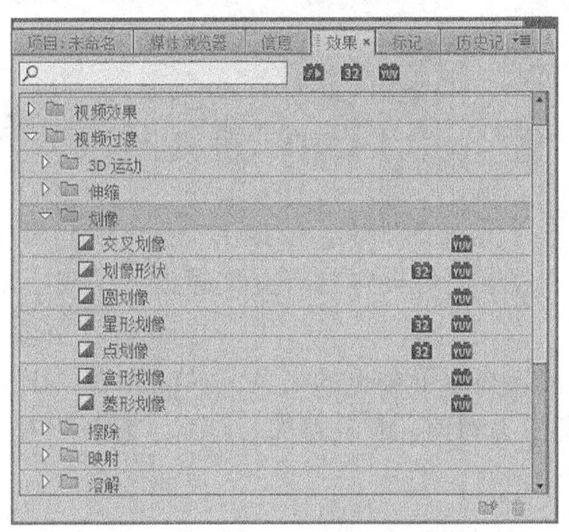

- 映射："映射"转场效果在切换期间重新映射颜色，包含有声道映射和明亮度映射两种，如左下图所示。
- 溶解："溶解"转场效果将一个视频素材逐渐淡入到另一个视频素材中。该效果文件夹中包含有交叉溶解、叠加溶解、抖动溶解、渐隐为白色、渐隐为黑色、胶片溶解、随机反转以及非叠加溶解 8 种转场效果，如右下图所示。

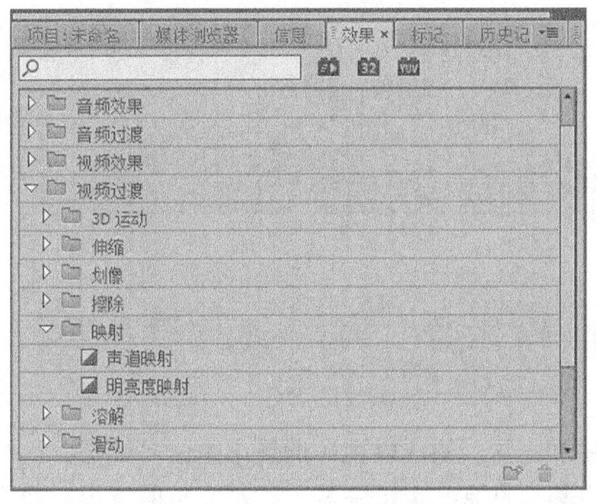

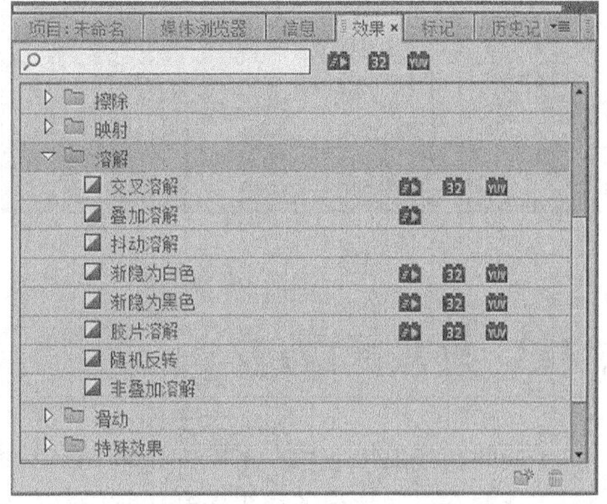

- 滑动："滑动"转场效果用于将素材滑入或滑出画面来体现切换效果。在效果文件夹中包含有中心合并、中心拆分、互换、多旋转、带状滑动、拆分、推、斜线滑动、旋绕、滑动、滑动带以及滑动框 12 种转场效果，如左下图所示。
- 特殊效果："特殊效果"效果文件夹中包含创建特效的各种切换效果，其中许多切换效果可以改变素材的颜色或扭曲图像。"特殊效果"文件夹中的切换效果包含三维、纹理化以及置换 3 种效果，如右下图所示。

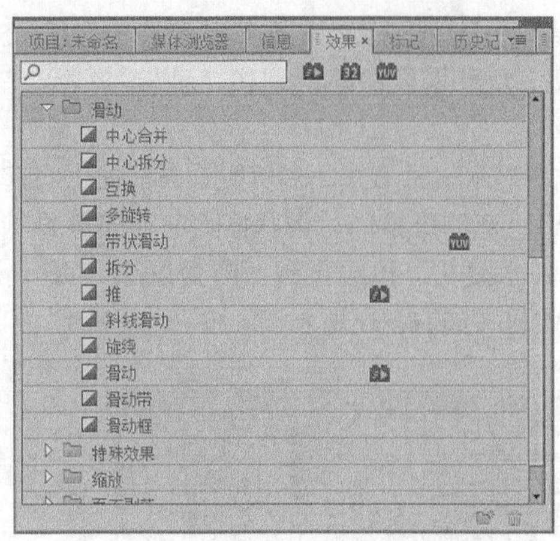

- 缩放：“缩放”转场效果用来放大或缩小整个素材的效果，或提供一些可以放大或缩小的盒子，从而使一个素材替换另一个素材。该效果文件夹包含有交叉缩放、缩放、缩放框以及缩放轨迹 4 种转场效果，如左下图所示。
- 页面剥落：“页面剥落”转场效果模仿了翻转显示下一页的书页。素材 A 在第 1 页上，素材 B 在第 2 页上。在该效果文件夹中包含有中心剥落、剥开背面、卷走、翻页以及页面剥落 5 种转场效果，如右下图所示。

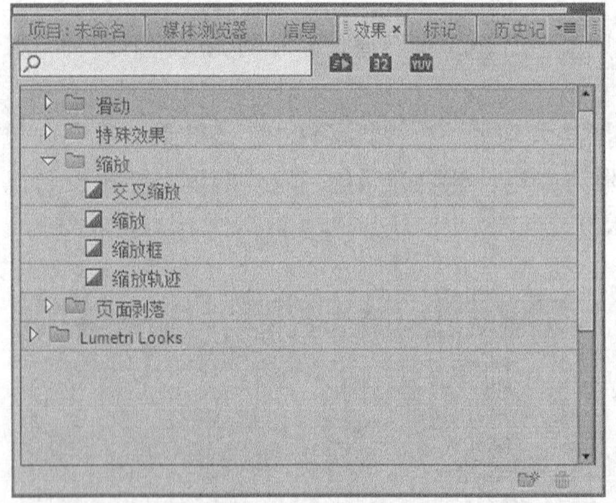

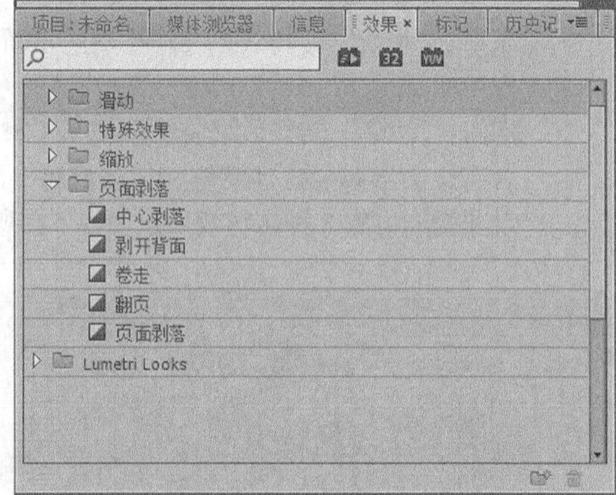

7.1.3 转场的应用

不同的转场效果应用在不同的领域，可以使其效果更佳。构成电视片的最小单位是镜头，一个个镜头连接在一起形成的镜头序列叫做段落。每个段落都具有某个单一的、相对完整的意思。而段落与段落之间、场景与场景之间的过渡或转换，就叫做转场。

在影视科技不断发展的今天，转场的应用已经从单纯的影视效果发展到许多商业动态广告的制作、游戏开场动画的制作以及一些网络视频的制作中。如 3D 转场中的“帘式”转场，多用于娱乐节目的 MTV 中，让节目看起来更加生动；而在叠化转场中的“白场过渡与黑场过渡”转场效果就常用在影视节目的片头和片尾处，这种缓慢的过渡可以避免让观众产生过于突然的感觉。

7.2 编辑“蓝色玫瑰”项目的转场特效

本节教学录像时间：3分钟

在掌握了转场的基础知识后，需要在 Premiere Pro CC 中进行项目文件的转场特效的编辑操作，该操作包括添加、删除和替换转场效果。下面将详细讲解编辑项目的转场特效的操作方法。

7.2.1 转场效果的添加

转场效果被放置在“效果”面板的“视频切换”文件夹中，并分别用 11 个文件夹进行分类，方便用户进行查找。

光盘同步视频文件
配套光盘\转场效果的添加.mp4

步骤 01 打开本书配套光盘中的“素材/第 7 章/7.2 编辑‘蓝色玫瑰’项目的转场特效”项目文件，图像效果如下图所示。

步骤 02 在“效果”面板中，❶展开“视频过渡”列表框，❷选择“3D 运动”选项，如下图所示。

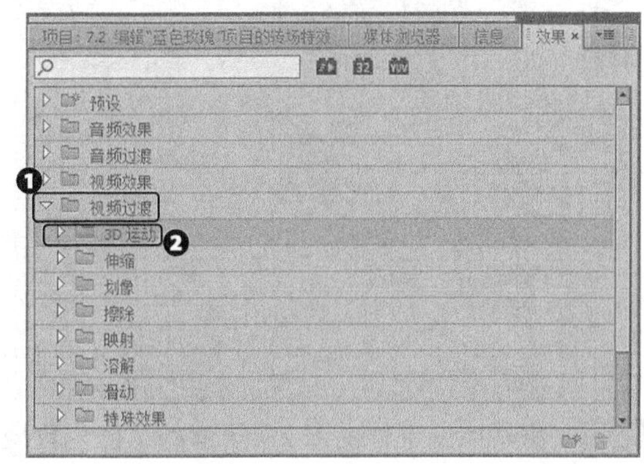

步骤 03 ❶展开选择的选项，❷选择“帘式”转场效果，如下图所示。

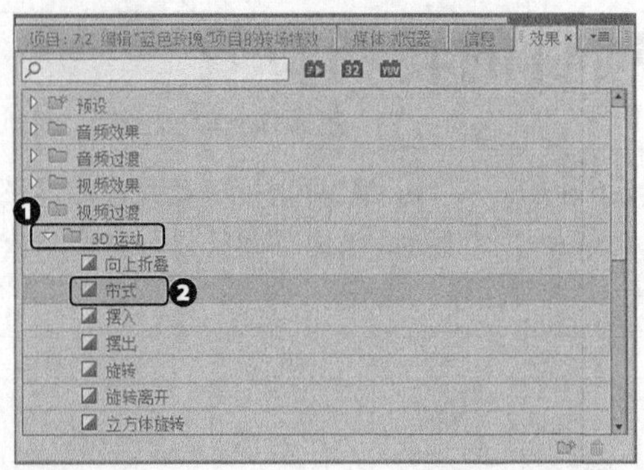

步骤 04 将其拖曳至“视频 1”轨道的“蓝色玫瑰 1”和“蓝色玫瑰 2”素材图像之间，即可添加转场效果，如下图所示。

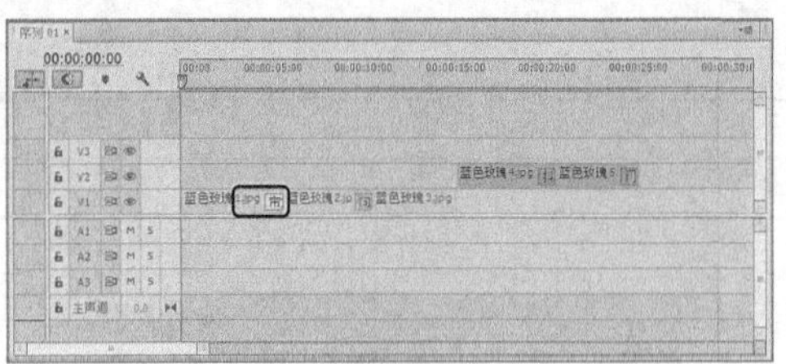

步骤 05 在“节目监视器”面板中，单击“播放 - 停止切换”按钮，查看转场效果，如下图所示。

7.2.2　为不同的轨道添加转场效果

在 Premiere Pro CC 中不仅可以在同一个轨道中添加转场效果，还可以在不同的轨道中添加转场效果。

	**光盘同步视频文件**
	配套光盘\为不同的轨道添加转场效果.mp4

步骤 01 在“效果”面板的“视频过渡”列表框中，❶ 展开“伸缩”列表框，❷ 选择“伸展”选项，如下图所示。

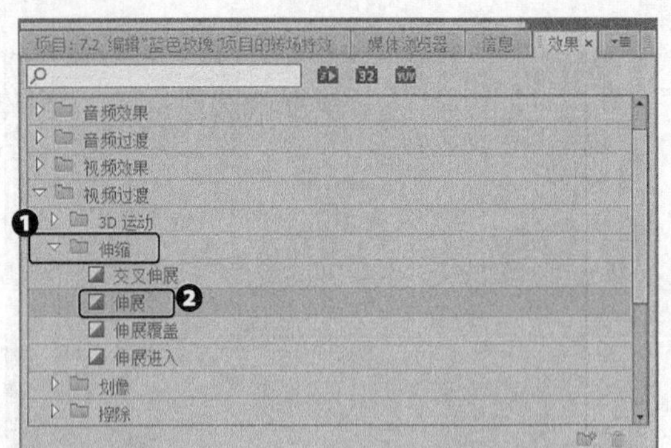

步骤 02 将其拖曳至“视频 2”轨道的“蓝色玫瑰 4”图像上，即可为不同的轨道添加转场效果，如右上图所示。

步骤 03 在“节目监视器”面板中，单击“播放 - 停止切换”按钮，查看转场效果，如右中、右下图所示。

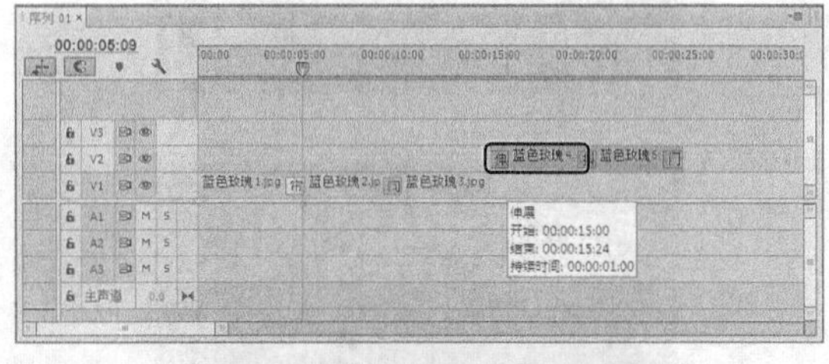

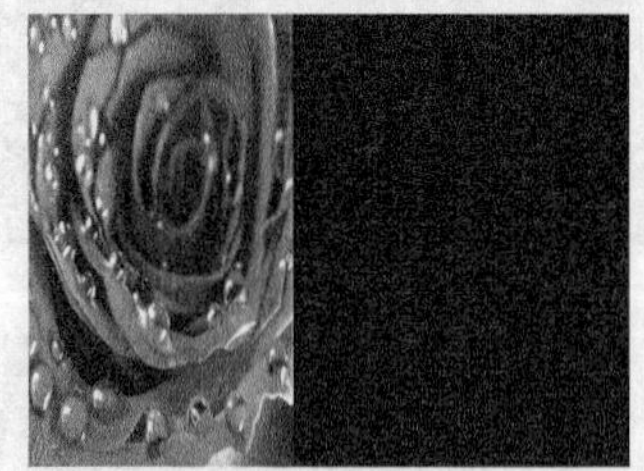

7.2.3 转场效果的替换和删除

当用户发现对添加的转场效果不满意时，可以对其进行替换和删除。

光盘同步视频文件
配套光盘\转场效果的替换和删除.mp4

步骤 01 在“视频 2”轨道上，选择“蓝色玫瑰 5”图像上的“门”转场，如下图所示。

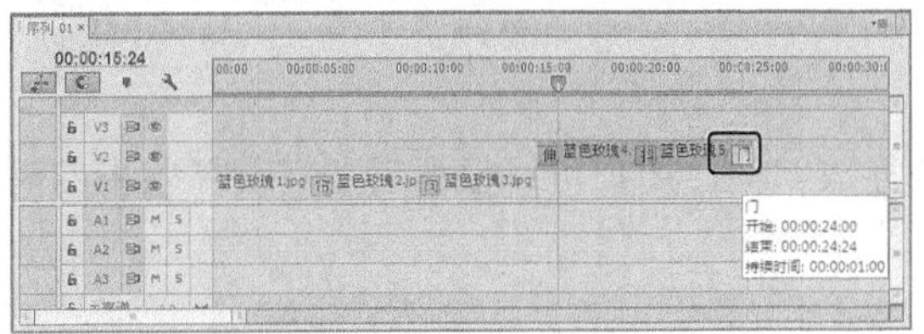

步骤 02 按快捷键【Delete】，即可删除转场效果，如下图所示。

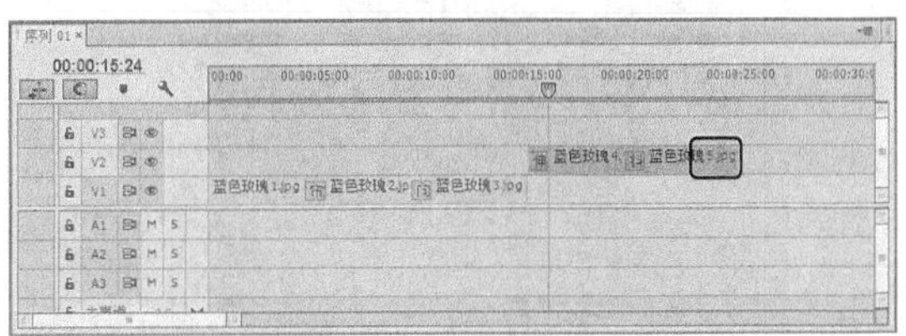

步骤 03 在“效果”面板中，❶ 展开“视频过渡”列表框，❷ 选择“划像”选项，如下图所示。

步骤 04 ❶ 展开选择的选项，❷ 选择“圆划像”选项，如右上图所示。

步骤 05 将其拖曳至“蓝色玫瑰 2”和“蓝色玫瑰 3”素材图像之间，即可替换转场，如右中图所示。

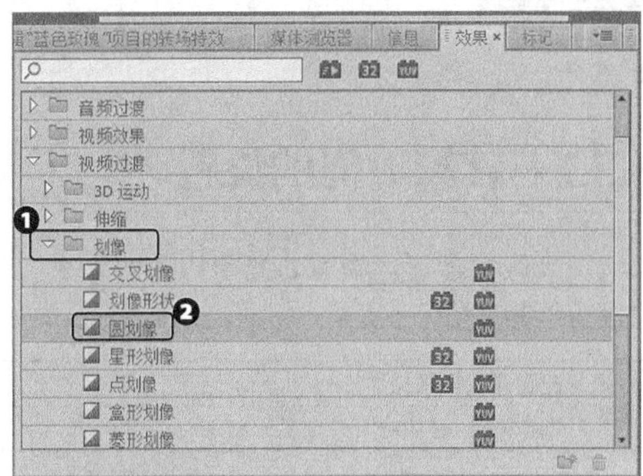

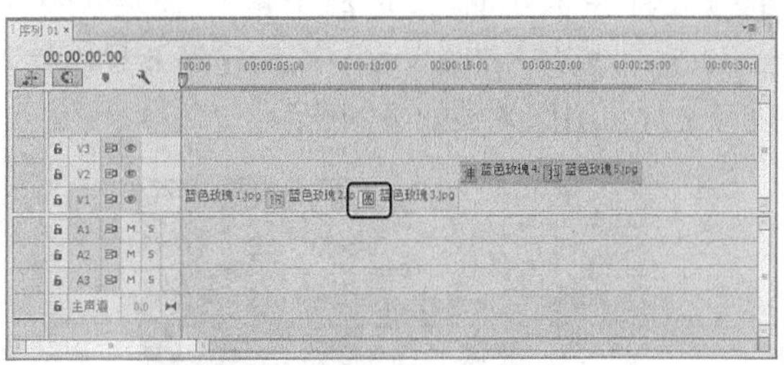

步骤 06 在“节目监视器”面板中，单击“播放-停止切换”按钮，查看转场效果，如下图所示。

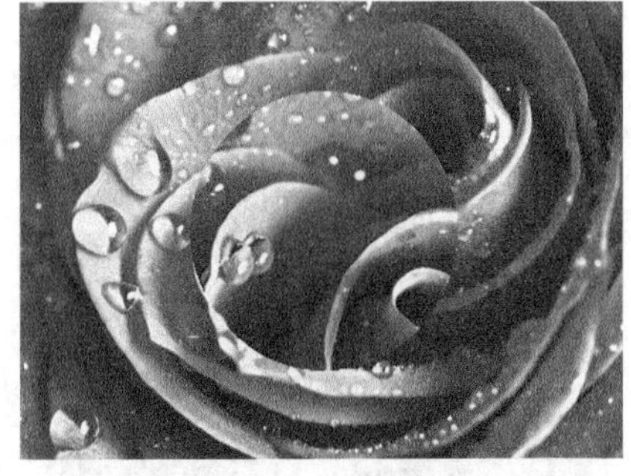

7.3 设置“和服少女”项目转场效果属性

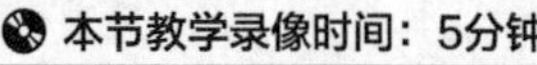

在编辑完转场特效后，还可以对转场效果中的时间、边框、对齐以及反向等属性进行设置。

7.3.1 转场时间的设置

在默认状态下，添加的视频切换效果为30帧的播放时间。用户可以根据需要对转场效果的时间进行调整。

光盘同步视频文件
配套光盘\转场时间的设置.mp4

步骤 01 打开本书配套光盘中的“素材/第7章/7.3 设置‘和服少女’项目转场效果属性”项目文件，图像效果如下图所示。

步骤 02 在“视频1”轨道上，选择“划像形状”转场，如下图所示。

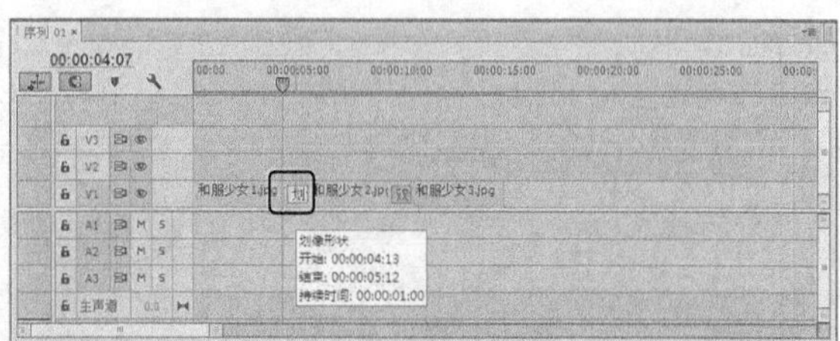

步骤 03 在“效果控件”面板中，单击“持续时间”右侧的文本框，输入时间00:00:03:00，如下图所示。

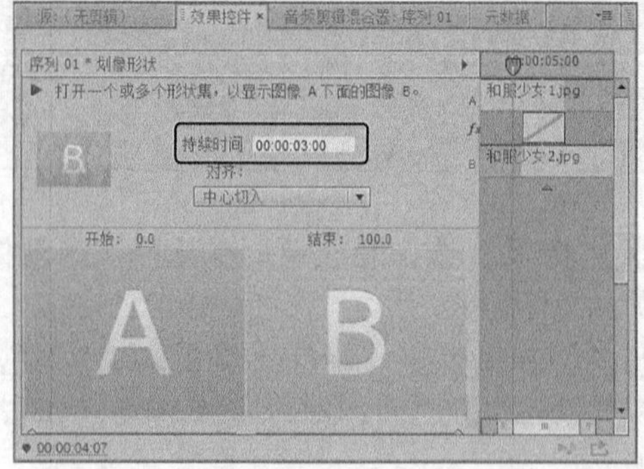

步骤04输入完成后，即可修改持续时间，如下图所示。

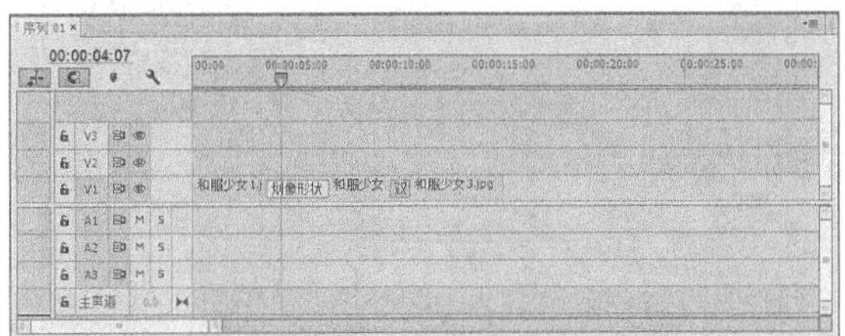

步骤05在“视频 1”轨道上，选择“双侧平推门”转场，如下图所示。

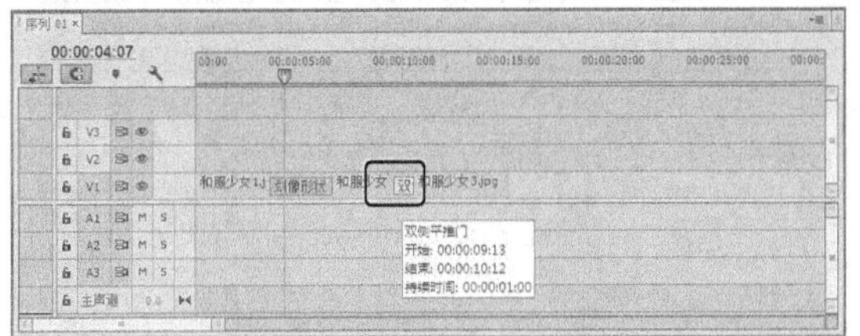

步骤06在“效果控件”面板中，单击“持续时间”右侧的文本框，输入时间00:00:03:00，如下图所示。

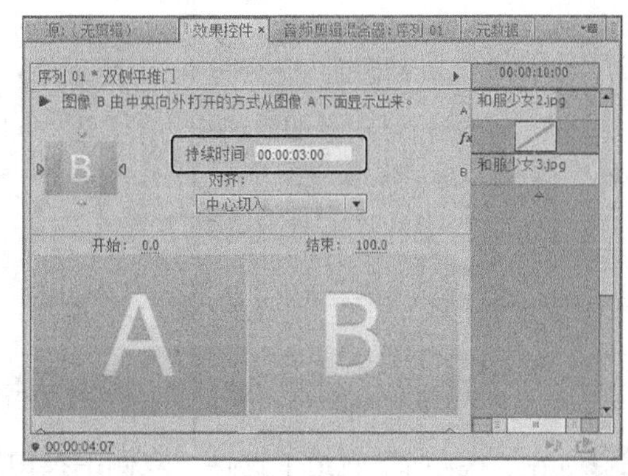

步骤07输入完成后，即可修改持续时间，如下图所示。

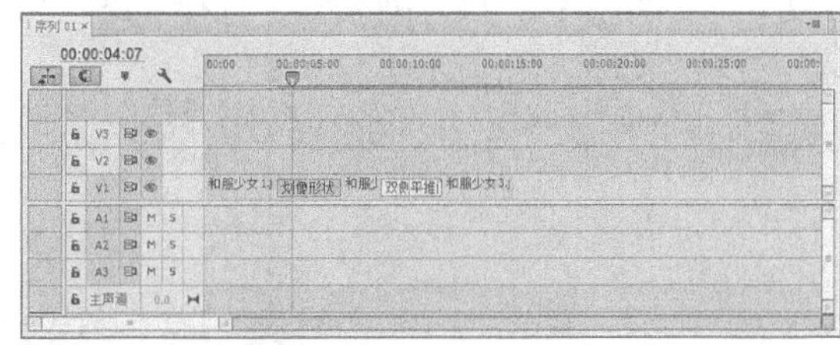

小提示

除了可以在“效果控件”面板中修改转场时间外，用户还可以在选择转场效果后，双击鼠标左键，打开“设置过渡持续时间”对话框，如下图所示，输入持续时间，单击“确定”按钮修改。

7.3.2 转场效果的对齐

转场效果的“对齐”方式包含有中心切入、起点切入、终点切入以及自定义起点4种方式，用户可以通过特效控制台来设置其他的对齐方式。

光盘同步视频文件
配套光盘\转场效果的对齐.mp4

步骤01在“视频 1”轨道上选择“划像形状”转场效果。

步骤02在“效果控件”面板中，单击“对齐”下方的下三角按钮，展开列表框，选择“自定义起点”选项，如右图所示。

步骤03则在图像起点处，进行转场，如下图所示。

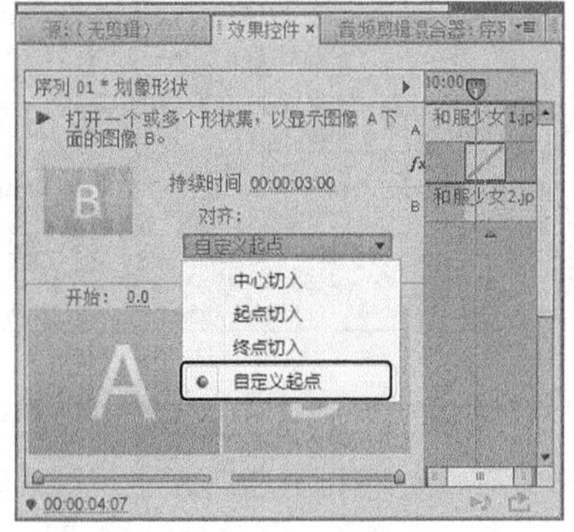

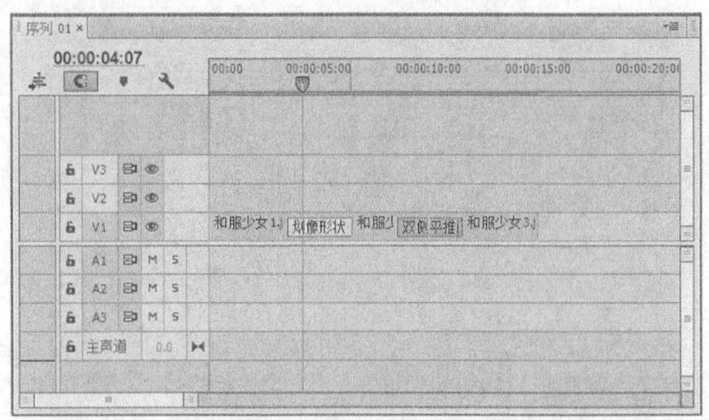

步骤04在“视频 1”轨道上选择“双侧平推门”转场效果。

步骤05在“效果控件”面板中，单击“对齐”下方的下三角按钮，展开列表框，选择“终点切入”选项，如右上图所示。

步骤06则在图像终点处，进行转场，如右下图所示。

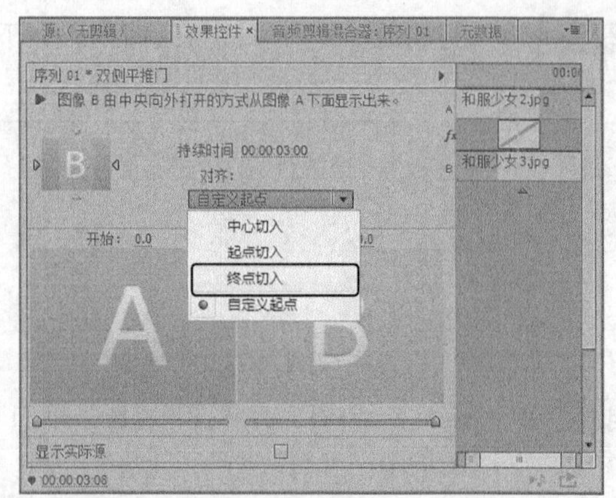

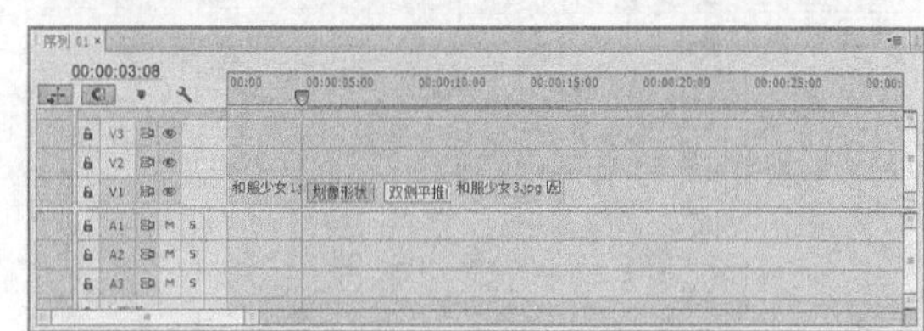

7.3.3 转场效果的反向

使用“反向”功能，可以调整转场效果的方向、顺序、样式，方便用户实现各种效果。

	光盘同步视频文件
	配套光盘\转场效果的反向.mp4

步骤01在“视频 1”轨道上选择“划像形状”转场效果。

步骤02在“效果控件”面板中勾选“反向”复选框，如下图所示。

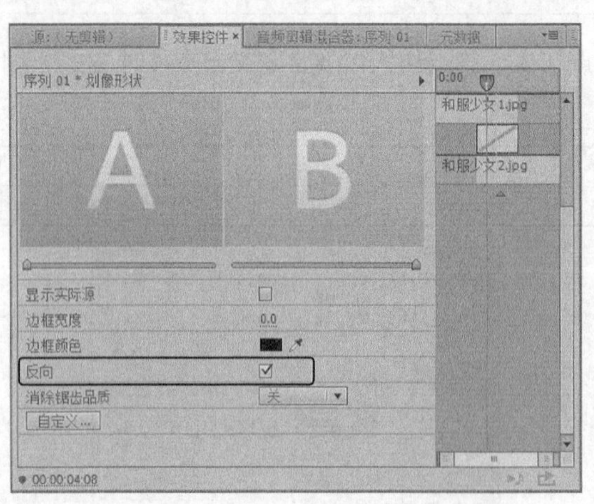

步骤03在“视频 1”轨道上选择“双侧平推门”转场效果。

步骤04在“效果控件”面板中勾选“反向”复选框，如下图所示。

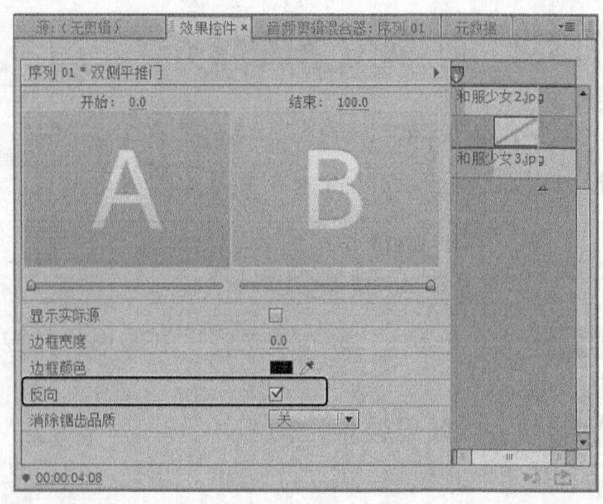

步骤05在“节目监视器”面板中，单击“播放-停止切换”按钮，预览转场反向效果，如下图所示。

7.3.4 转场边框的设置

在设置了反向和对齐转场效果后，也可以为转场效果添加边框，以便让转场效果更加醒目。

光盘同步视频文件
配套光盘\转场边框的设置.mp4

步骤01 在“视频1”轨道上选择“划像形状”转场效果。

步骤02 在“效果控件”面板中，修改“边框宽度”为1，如下图所示。

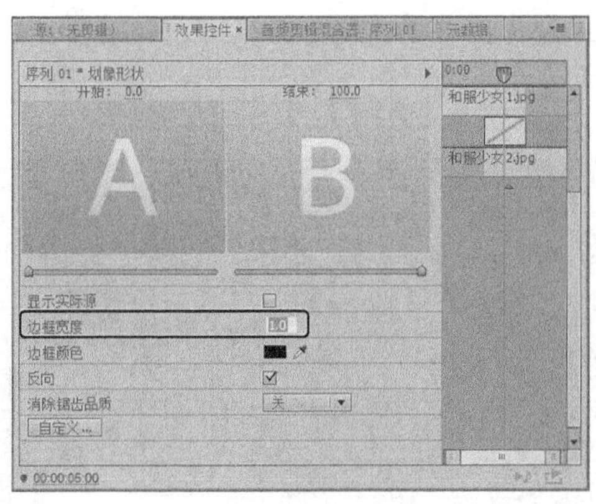

步骤03 在“视频1”轨道上选择“双侧平推门”转场效果。

步骤04 在“效果控件”面板中，修改“边框宽度”为1，如右上图所示。

步骤05 在“节目监视器”面板中，单击“播放-停止切换”按钮，预览转场边框效果，如右中、右下图所示。

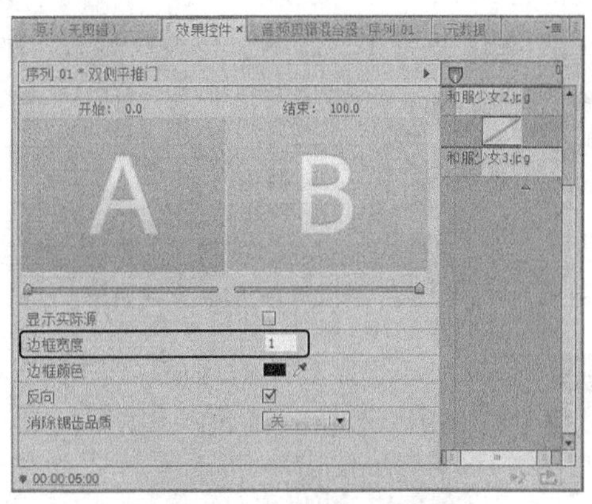

7.4 综合案例——为“猫咪”添加转场效果

本节教学录像时间：5分钟

在掌握了转场的基础知识、转场特效的编辑和属性设置后，本节将通过综合实例对本章的知识进行融会贯通，本实例将结合添加转场、设置转场时间、设置转场方向以及设置转场边框等功能，来制作“猫咪”项目文件的转场效果。

光盘同步视频文件
配套光盘\综合实例：为“猫咪”添加转场效果.mp4

步骤 01 新建一个项目文件，在“项目”面板的空白处单击鼠标右键，❶ 打开快捷菜单，❷ 选择“新建项目”➤“序列”命令，如下图所示。

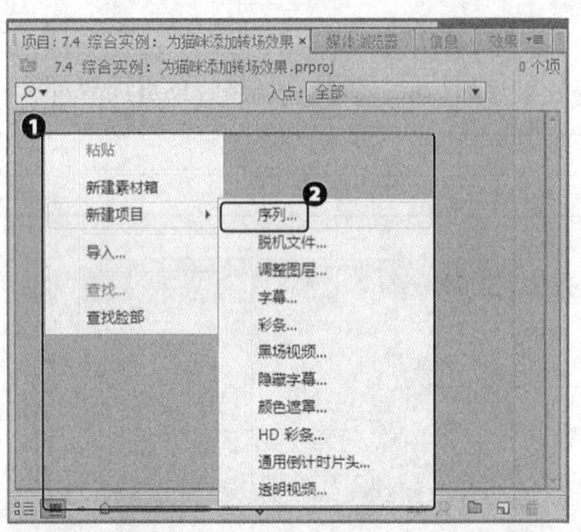

步骤 02 打开“新建序列”对话框，保持默认设置，单击“确定”按钮，如下图所示。

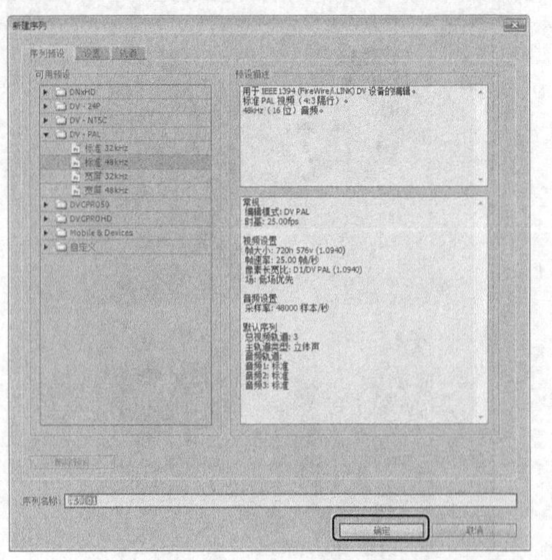

步骤 03 即可新建序列，并在“项目”面板中显示，如下图所示。

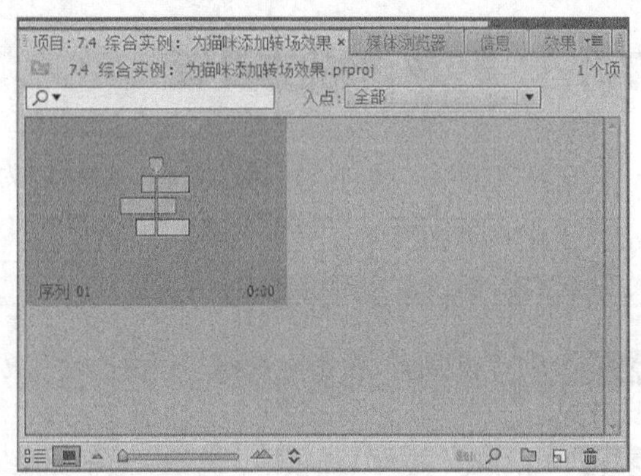

步骤 04 在“项目”面板的空白处单击鼠标右键，❶ 打开快捷菜单，❷ 选择“导入”选项，如下图所示。

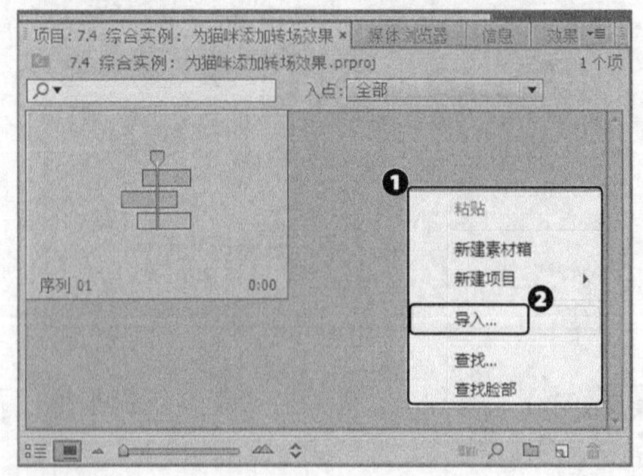

步骤 05 打开“导入”对话框，❶ 选择“猫咪1”～“猫咪3”图像文件，❷ 单击“打开”按钮，如下图所示。

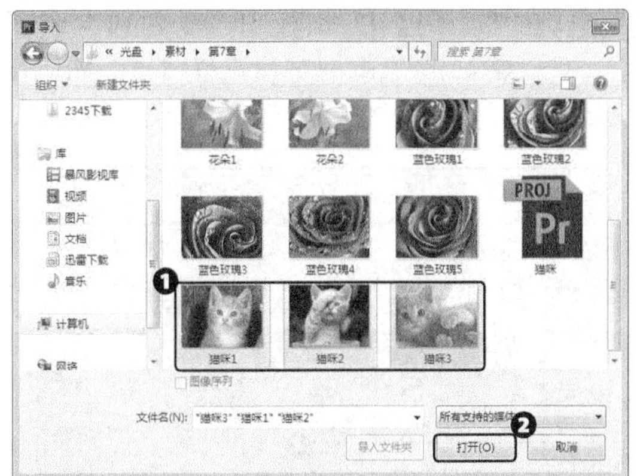

步骤 06 即可将选择的文件导入到“项目”面板中，如下图所示。

步骤 07 在“项目”面板中，选择所有的图像文件，将其添加至“视频 1”轨道上，如下图所示。

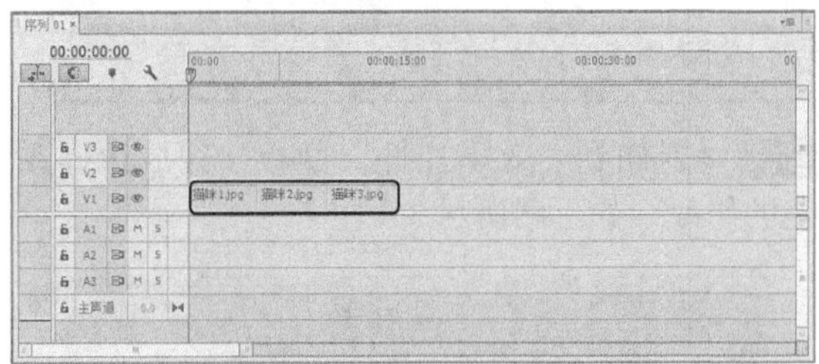

步骤 08 在“节目监视器”面板中，调整素材的显示，如下图所示。

步骤 09 在“效果”面板中，❶ 展开“视频过渡”列表框，❷ 选择“滑动”选项，如下图所示。

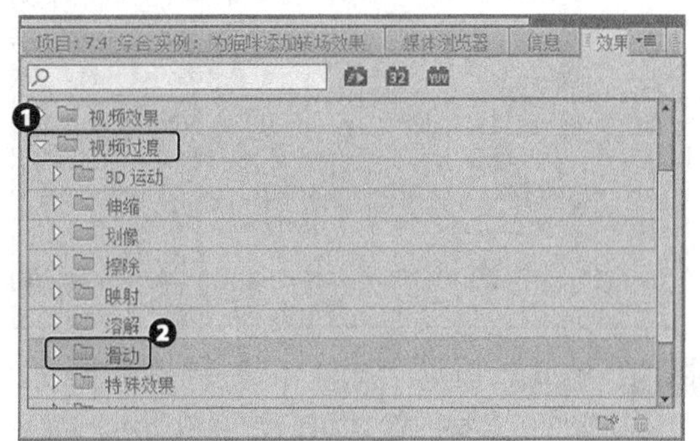

步骤 10 ❶ 在展开的选项中，❷ 选择“带状滑动”选项，如下图所示。

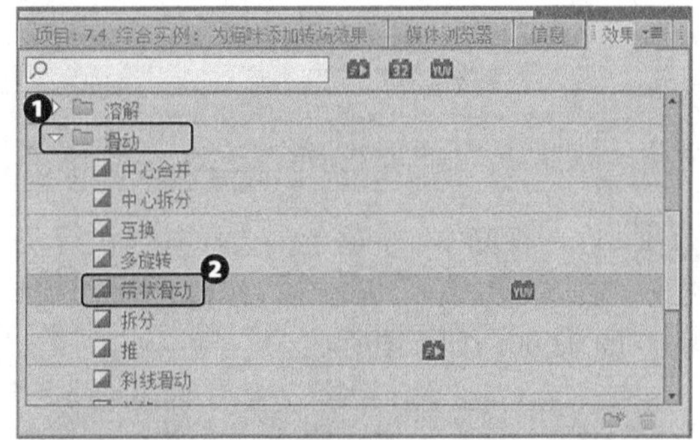

步骤 11 将其添加至“视频 1”轨道的“猫咪 1”和“猫咪 2”素材图像之间，如下图所示。

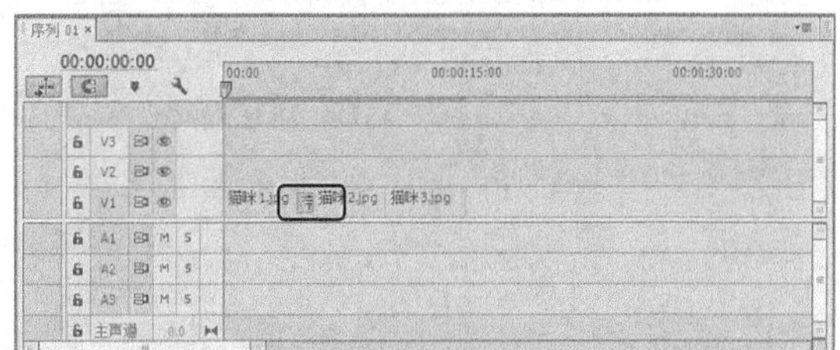

步骤 12 在“效果”面板中，展开“视频过渡”列表框，选择“页面剥落”选项，如下图所示。

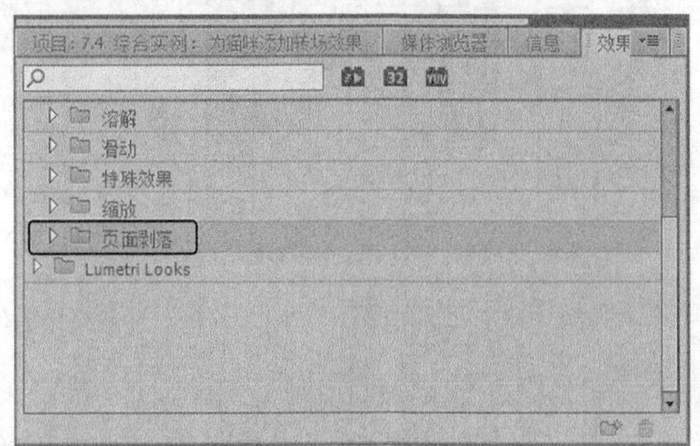

步骤 13 ❶ 在展开的选项中，❷ 选择“卷走”选项，如下图所示。

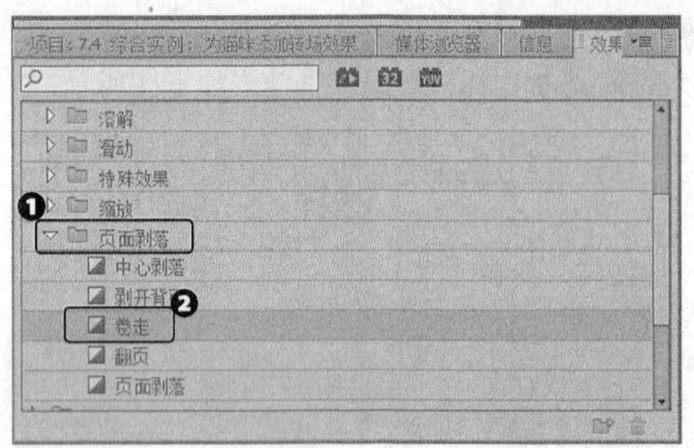

步骤 14 将其添加至“视频 1”轨道的“猫咪 2”和“猫咪 3”素材图像之间，如下图所示。

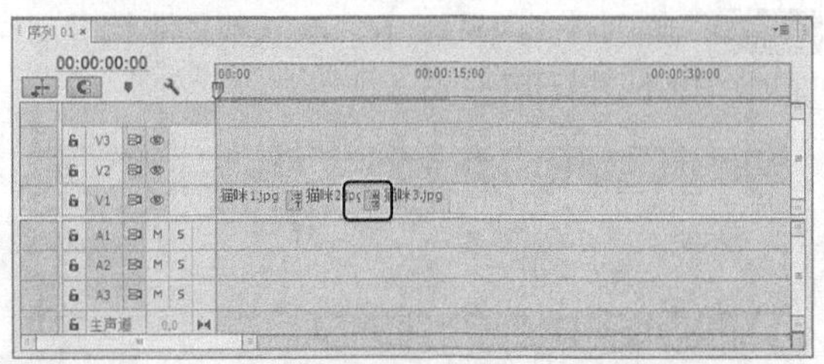

步骤 15 在“视频 1”轨道上，选择“带状滑动”转场，在“效果控件”面板中，修改“持续时间”为 00:00:02:00，如下图所示。

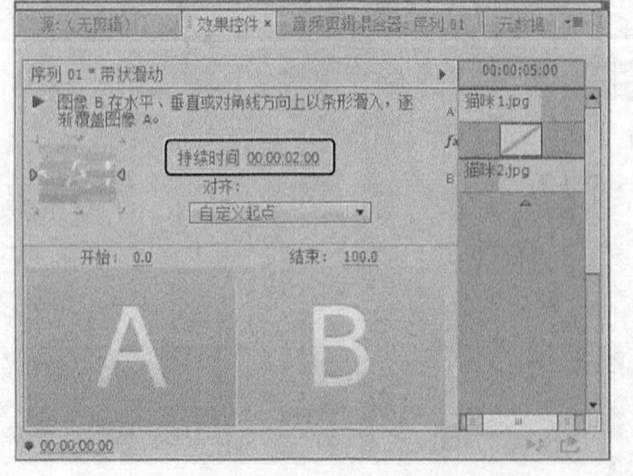

步骤 16 在“效果控件”面板中，❶ 勾选“反向”复选框，❷ 修改“边框宽度”为 1.5，如下图所示。

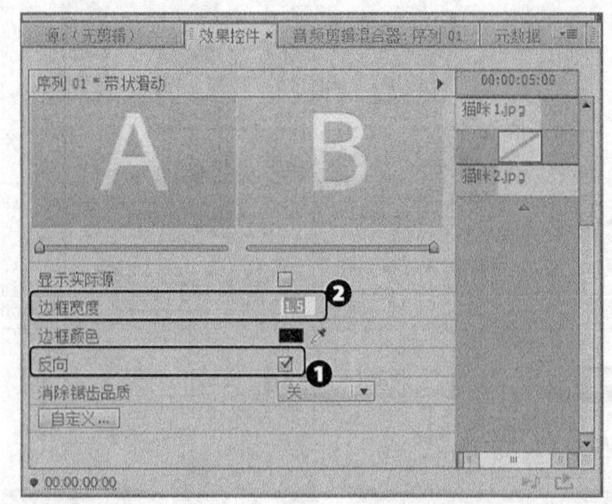

步骤 17 单击“边框颜色”右侧的颜色块，❶ 打开“拾色器”对话框，❷ 修改 RGB 颜色分别为 92、241、10，❸ 单击“确定”按钮，如下图所示。

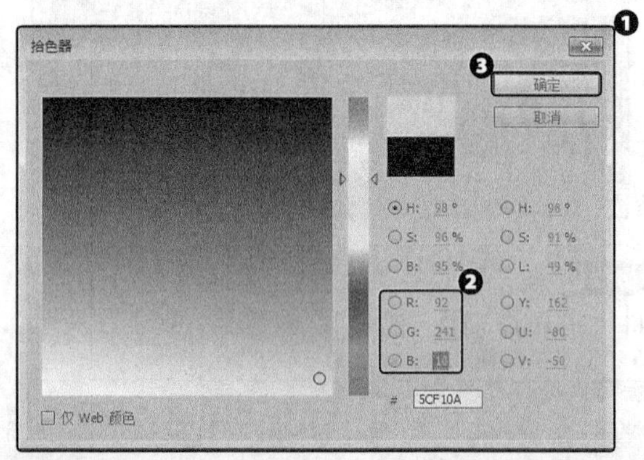

步骤 18 返回到“效果控件”面板，完成边框颜色的修改，如下图所示。

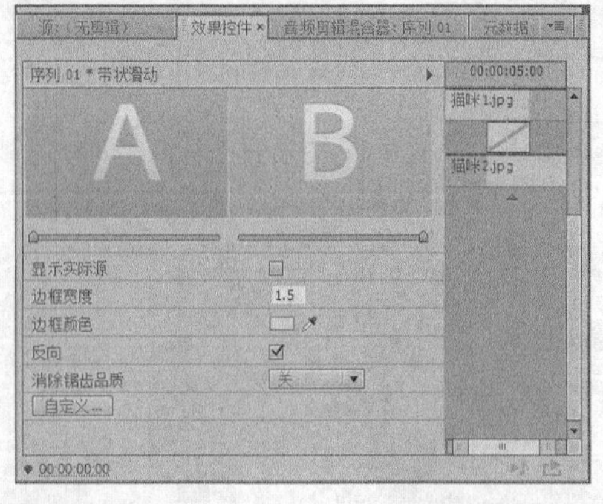

步骤 19 在“视频 1”轨道上，选择“卷走”转场，如下图所示。

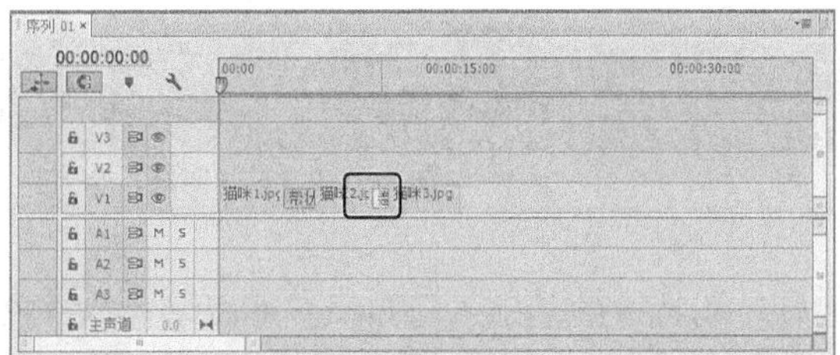

步骤 20 在“效果控件”面板中，修改“持续时间”为 00:00:02:00，如下图所示。

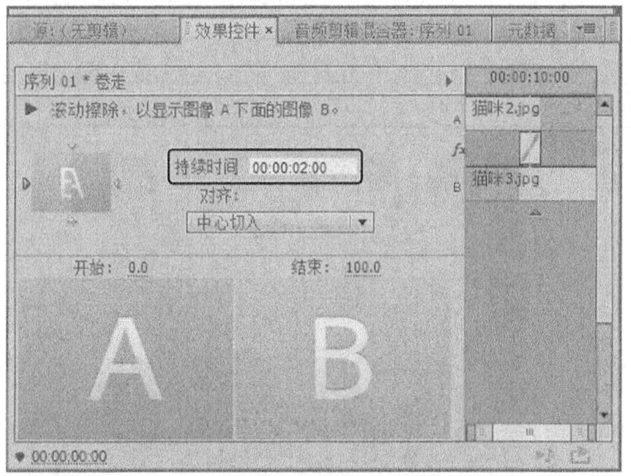

步骤 21 在“效果控件”面板中的下方，勾选“反向”复选框，如下图所示。

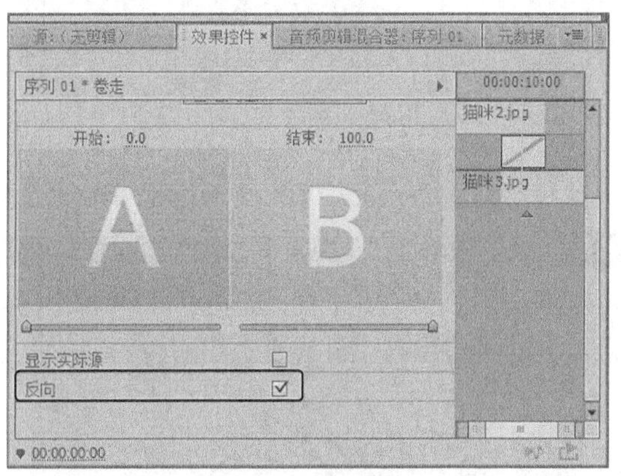

步骤 22 完成所有的转场属性设置，在“节目监视器”面板中，单击“播放 - 停止切换”按钮，预览图像效果，如下图所示。

高手支招

本节教学录像时间：3分钟

通过对前面知识的学习，相信读者朋友已经掌握好转场特效的基础入门知识。下面结合本章内容，给大家介绍一些实用技巧。

显示转场的实际源

系统默认的转场效果并不会显示原始素材，用户可以通过在“效果控制”面板设置来显示素材来源。

光盘同步视频文件

配套光盘\秘技1. 显示转场的实际源.mp4

步骤 01 打开本书配套光盘中的“素材/第7章/高手支招”项目文件，图像效果如下图及右上图所示。

步骤 02 在“视频1”轨道上，选择“盒形划像”转场，如下图所示。

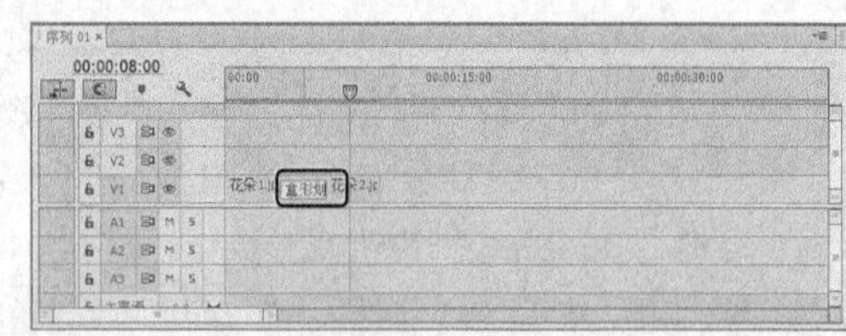

步骤 03 在“效果控件”面板中，勾选“显示实际源”复选框，即可显示场景的实际源，如下图所示。

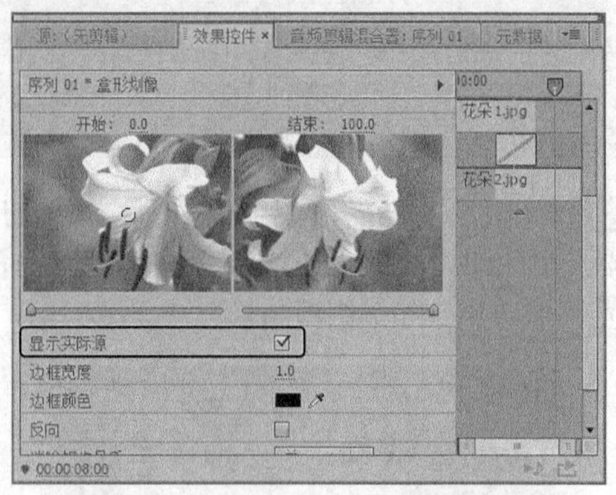

第 8 章

转场特效的高级应用

学习目标

掌握了转场效果的基本设置方法后，接下来就需要对转场效果进行实际的应用操作了。本章主要介绍常用转场效果与高级转场效果的添加方法，主要包括添加双扇平推门、交叉伸展、叠加溶解以及页面剥落转场效果等内容，以供读者掌握。

知识要点

- 为“个人相册”应用转场效果
- 为“自然风光”应用高级转场效果

8.1 为“个人相册”应用转场效果

本节教学录像时间：17分钟

在 Premiere Pro CC 中提供了多样化的转场效果，用户可以通过这些转场效果让镜头之间的衔接更加完美。本节主要介绍常用视频转场特效的添加方法。

8.1.1 双侧平推门转场效果

“双侧平推门”转场效果是通过将素材 A 打开，而显示素材 B。该效果更像是滑动的门而不是侧转打开的门。

光盘同步视频文件

配套光盘\双侧平推门转场效果.mp4

步骤01 新建一个项目文件和序列，在“项目”面板中，单击鼠标右键，❶ 打开快捷菜单，❷ 选择“导入”选项，如下图所示。

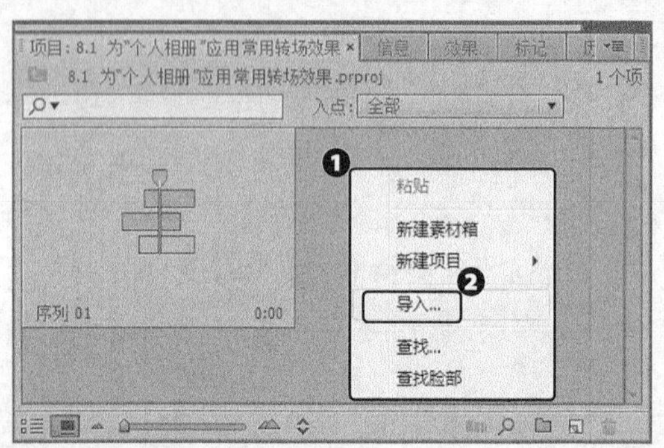

步骤02 打开“导入”对话框，❶ 选择“个人写真1”～“个人写真13”素材，❷ 单击“打开”按钮，如下图所示。

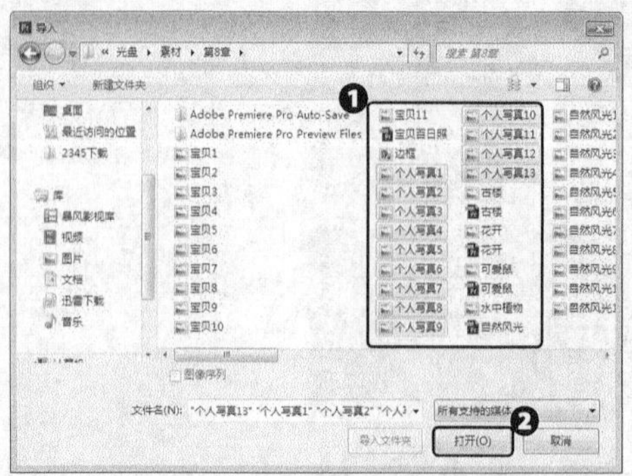

步骤03 即可将选择的图像导入至“项目”面板中，如下图所示。

步骤04 选择添加后的图像素材，将其添加至“视频1”轨道上，并调整显示时间长度，如下图所示。

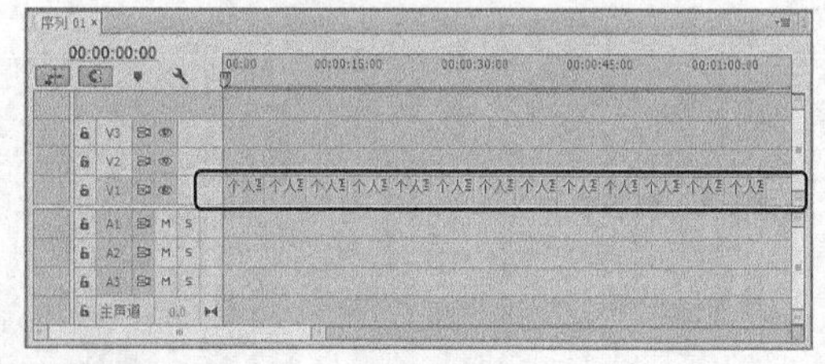

步骤05 在“节目监视器”面板中，调整素材图像的显示效果，如下图所示。

步骤06 在“效果”面板中，❶ 展开“视频过渡”列表框，❷ 选择“擦除”选项，如下图所示。

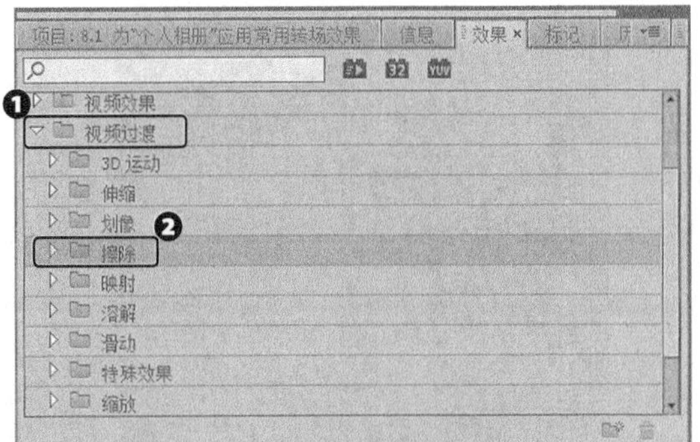

步骤07 ❶ 展开选择的选项，❷ 选择“双侧平推门”选项，如下图所示。

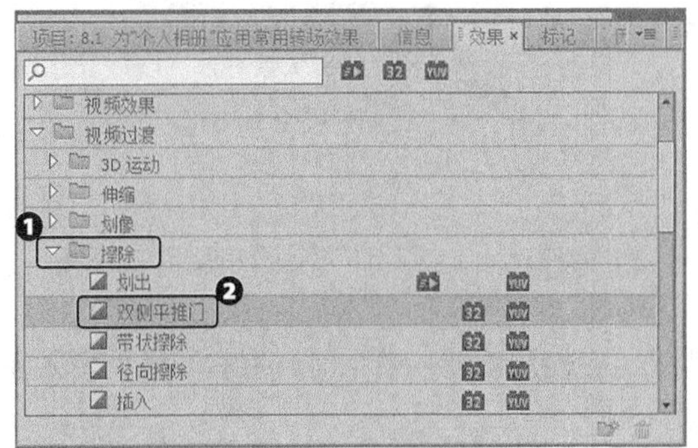

步骤08将其添加至“视频 1”轨道上的“个人写真 1”素材图像的左侧，完成转场效果的添加，如下图所示。

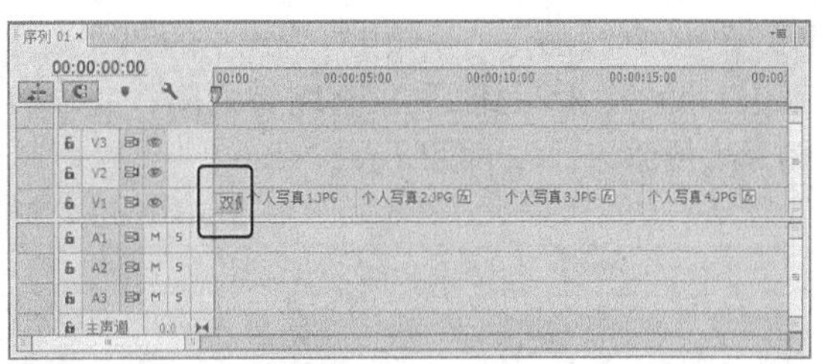

步骤09在“节目监视器”面板中，单击“播放 - 停止切换”按钮，预览转场效果，如下图所示。

8.1.2 向上折叠转场效果

“向上折叠”转场效果采用的是向上折叠素材 A 来显示素材 B 的手法。

	光盘同步视频文件
	配套光盘\向上折叠转场效果.mp4

步骤01在“效果”面板中，❶ 展开“视频过渡”列表框，❷ 选择“3D 运动”选项，如下图所示。

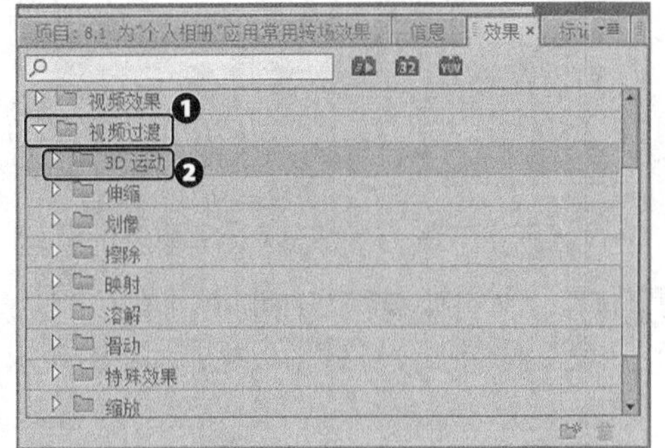

步骤02 ❶ 展开选择的选项，❷ 选择“向上折叠”选项，如下图所示。

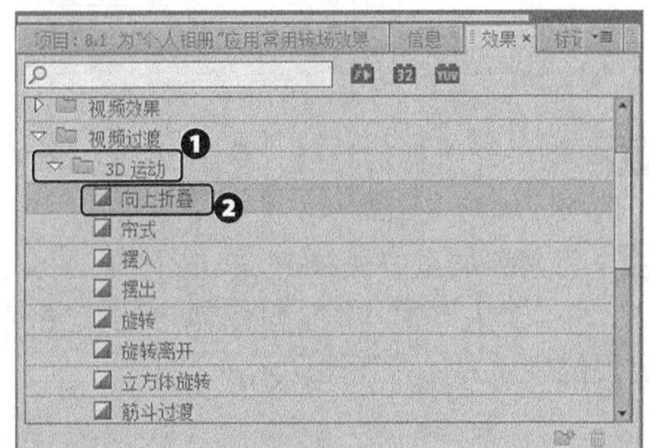

步骤 03 将其添加至“视频 1”轨道上的“个人写真 1”和“个人写真 2”素材图像之间，完成转场效果的添加，如下图所示。

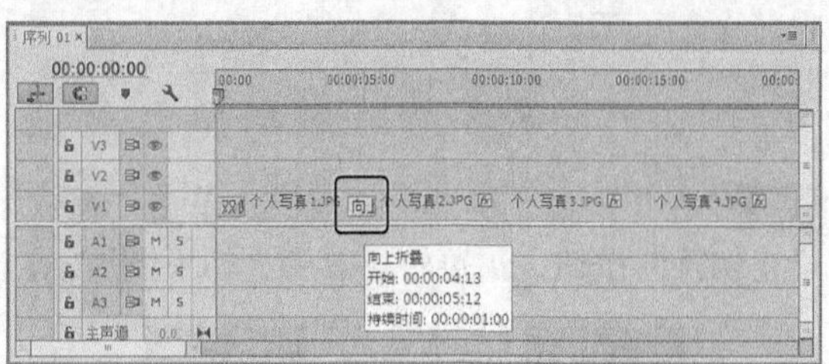

步骤 04 在“节目监视器”面板中，单击“播放 - 停止切换”按钮，预览转场效果，如右图所示。

8.1.3 交叉伸展转场效果

“交叉伸展”转场效果很像是一个 3D 立方切换效果，在使用该转场效果时，素材图像就像是在立方体上转动。

光盘同步视频文件
配套光盘\交叉伸展转场效果.mp4

步骤 01 在“效果”面板中，❶ 展开“视频过渡”列表框，❷ 选择“伸缩”选项，如下图所示。

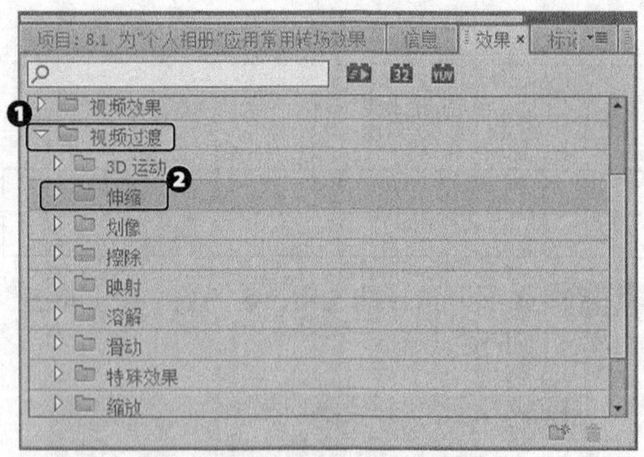

步骤 02 ❶ 展开选择的选项，❷ 并选择“交叉伸展”选项，如右上图所示。

步骤 03 将其添加至“视频 1”轨道上的“个人写真 2”和“个人写真 3”素材图像之间，完成转场效果的添加，如右下图所示。

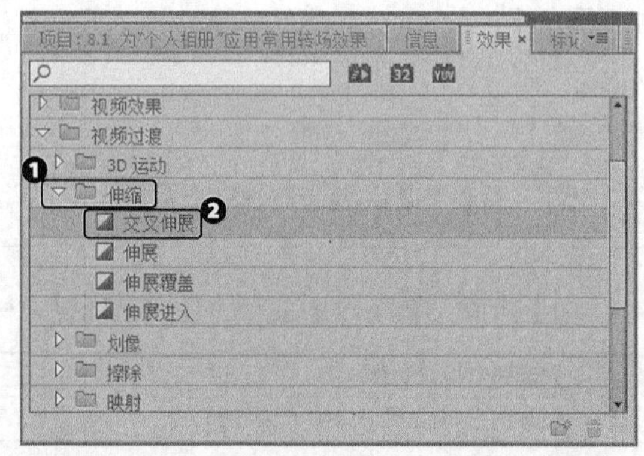

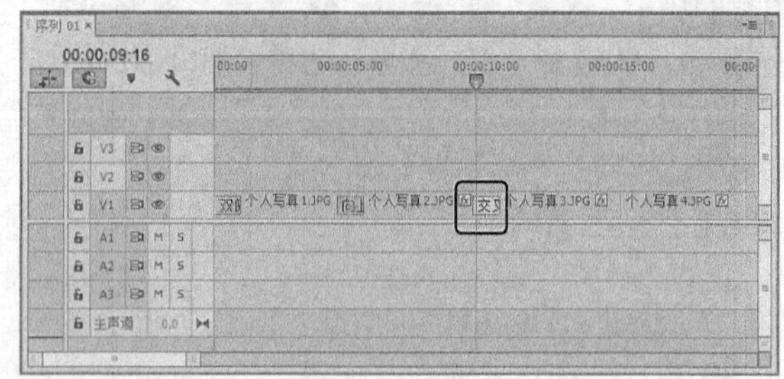

步骤 04 在“节目监视器”面板中，单击“播放 - 停止切换”按钮，预览转场效果，如下图所示。

8.1.4 星形划像转场效果

使用“星形划像”转场效果后，素材 B 出现在慢慢变大的星形中，此星形将逐渐占据整个画面。

<table>
<tr><td rowspan="2"></td><td>光盘同步视频文件</td></tr>
<tr><td>配套光盘\星形划像转场效果.mp4</td></tr>
</table>

步骤 01 在“效果”面板中，❶ 展开“视频过渡”列表框，❷ 选择“划像”选项，如下图所示。

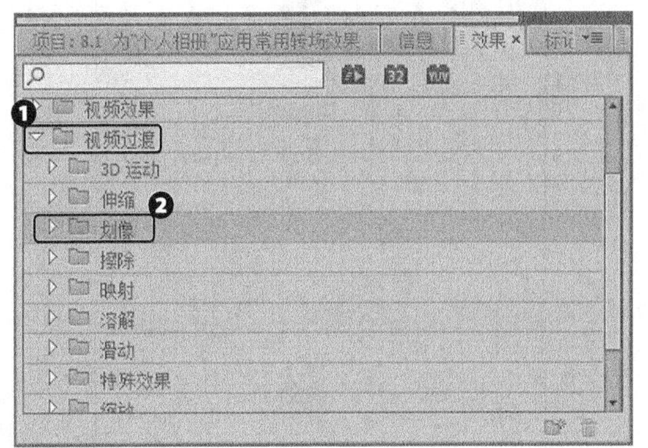

步骤 02 ❶ 展开选择的选项，❷ 并选择“星形划像”选项，如下图所示。

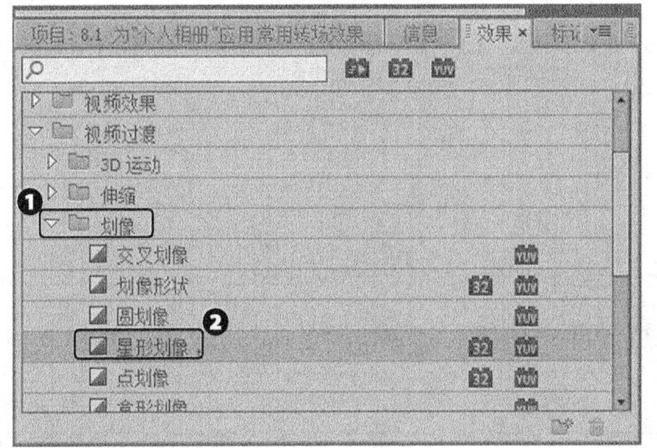

步骤 03 将其添加至“视频 1”轨道上的“个人写真 3”和“个人写真 4”素材图像之间，完成转场效果的添加，如下图所示。

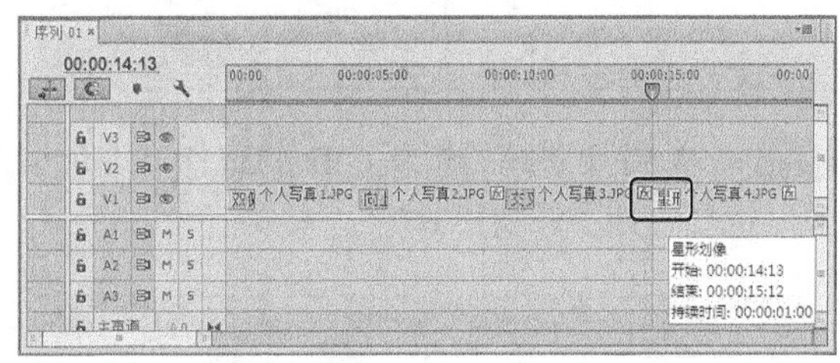

步骤 04 在“节目监视器”面板中，单击“播放 - 停止切换”按钮，预览转场效果，如下图所示。

8.1.5 叠加溶解转场效果

"叠加溶解"转场效果可以通过两个素材图像的叠加效果进行"溶解"转场运动。

光盘同步视频文件
配套光盘\叠加溶解转场效果.mp4

步骤 01 在"效果"面板中，展开"视频过渡"列表框，选择"溶解"选项，如下图所示。

步骤 02 ❶ 展开选择的选项，❷ 并选择"叠加溶解"选项，如下图所示。

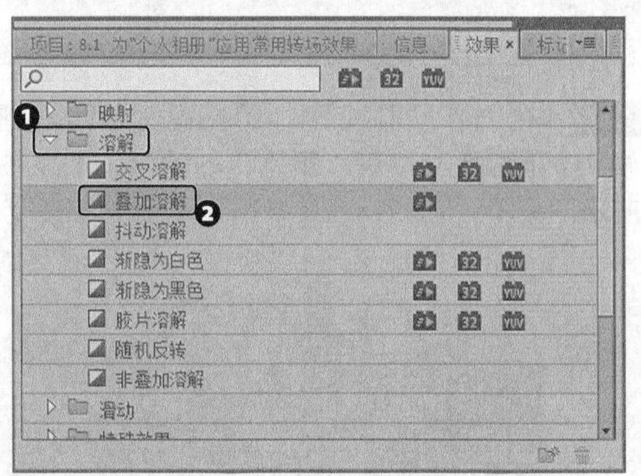

步骤 03 将其添加至"视频 1"轨道上的"个人写真 4"和"个人写真 5"素材图像之间，完成转场效果的添加，如下图所示。

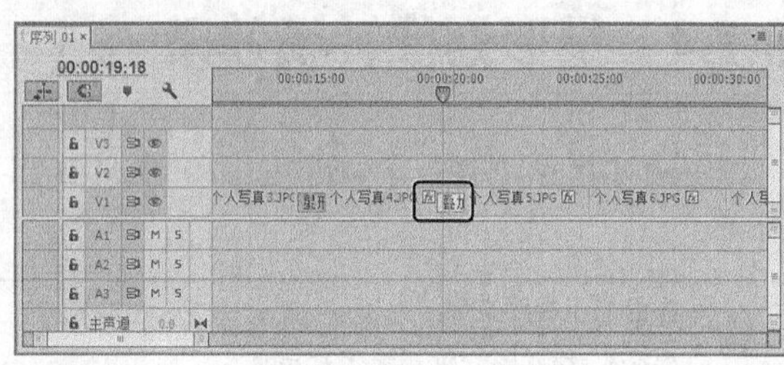

步骤 04 在"节目监视器"面板中，单击"播放-停止切换"按钮，预览转场效果，如下图所示。

8.1.6 中心拆分转场效果

使用"中心拆分"转场效果可以将素材 A 被切分成 4 个象限，逐渐由中心向外移动，并逐渐显示素材 B 图像。

光盘同步视频文件
配套光盘\中心拆分转场效果.mp4

步骤01 在“效果”面板中，❶ 展开“视频过渡”列表框，❷ 选择“滑动”选项，如下图所示。

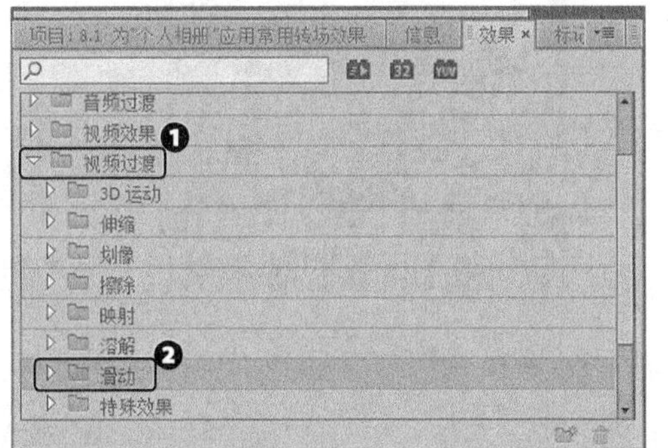

步骤02 ❶ 展开选择的选项，❷ 并选择“中心拆分”选项，如下图所示。

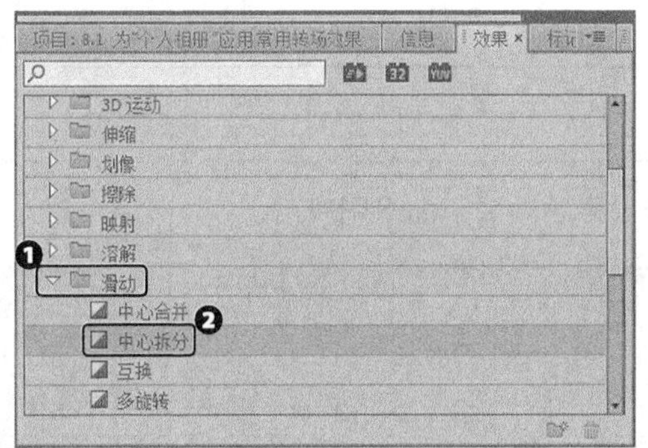

步骤03 将其添加至“视频1”轨道上的“个人写真5”和“个人写真6”素材图像之间，完成转场效果的添加，如下图所示。

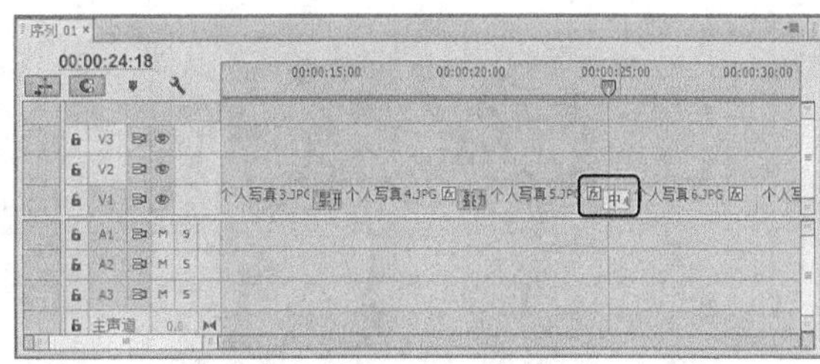

步骤04 在“节目监视器”面板中，单击“播放-停止切换”按钮，预览转场效果，如下图所示。

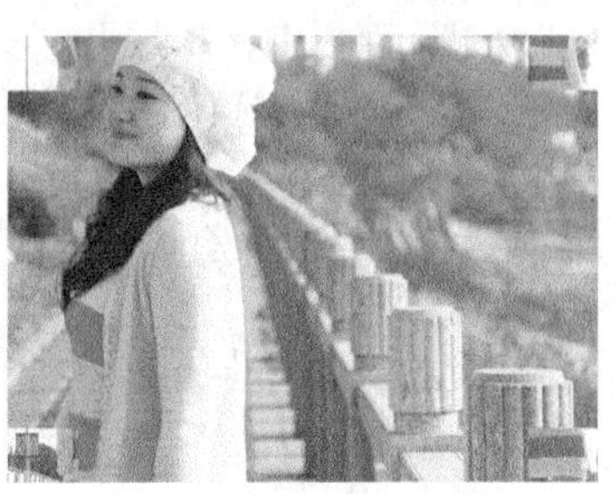

8.1.7 带状滑动转场效果

使用“带状滑动”转场效果时，矩形条带从屏幕的右边和左边出现，逐渐用素材B图像代替素材A图像。

	**光盘同步视频文件**
	配套光盘\带状滑动转场效果.mp4

步骤01 在“效果”面板中，展开“视频过渡”列表框，❶ 选择“滑动”选项，展开选择的选项，❷ 并选择“带状滑动”选项，如下图所示。

步骤02 将其添加至“视频1”轨道上的“个人写真6”和“个人写真7”素材图像之间，完成转场效果的添加，如下图所示。

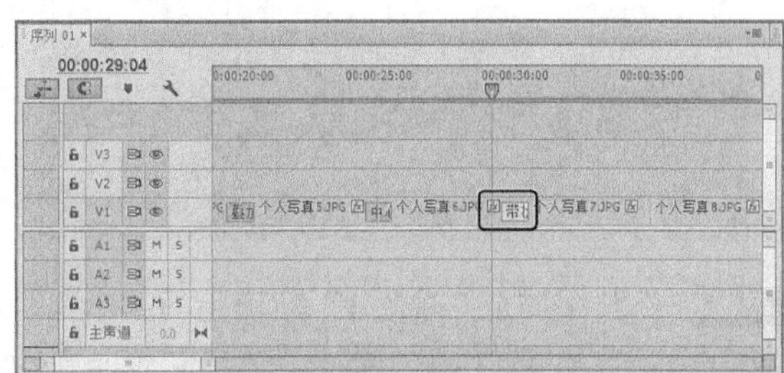

步骤 03 在“节目监视器”面板中，单击“播放-停止切换”按钮，预览转场效果，如下图所示。

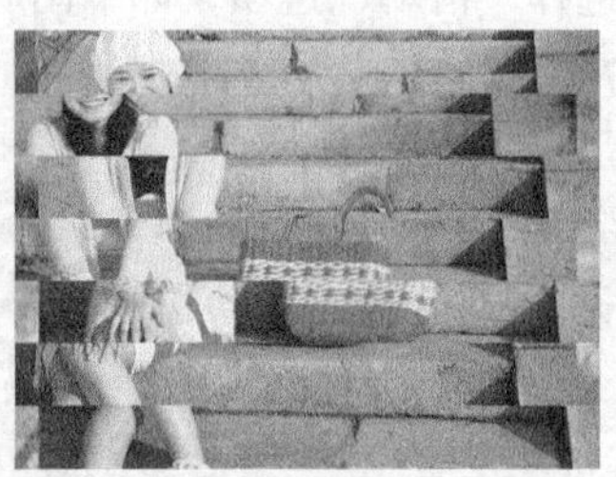

8.1.8 缩放轨迹转场效果

使用“缩放轨迹”转场效果，可以让素材 A 图像逐渐收缩，并在素材 B 图像替换素材 A 图像时留下轨迹痕迹。

光盘同步视频文件

配套光盘\缩放轨迹转场效果.mp4

步骤 01 在“效果”面板中，❶ 展开“视频过渡”列表框，❷ 选择“缩放”选项，如下图所示。

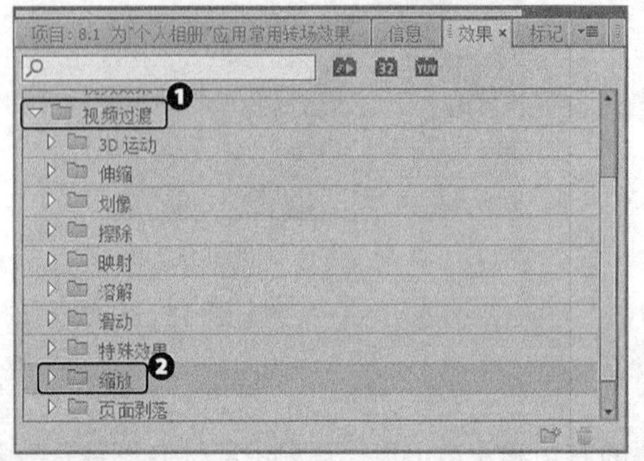

步骤 02 ❶ 展开选择的选项，❷ 并选择“缩放轨迹”选项，如下图所示。

步骤 03 将其添加至“视频 1”轨道上的“个人写真 7”和“个人写真 8”素材图像之间，完成转场效果的添加，如下图所示。

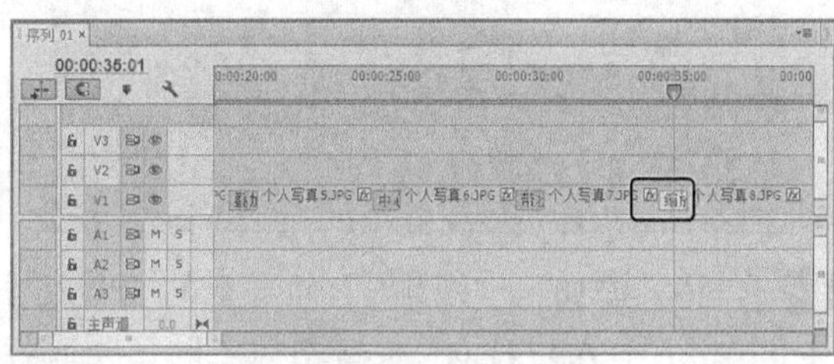

步骤 04 在“节目监视器”面板中，单击“播放-停止切换”按钮，预览转场效果，如下图所示。

8.1.9 页面剥落转场效果

使用“页面剥落”转场效果，可以让素材 A 图像从页面左边滚动到页面右边（没有发生卷曲）来显示素材 B 图像。

	光盘同步视频文件
	配套光盘\页面剥落转场效果.mp4

步骤 01 在“效果”面板中，❶ 展开“视频过渡”列表框，❷ 选择“页面剥落”选项，如下图所示。

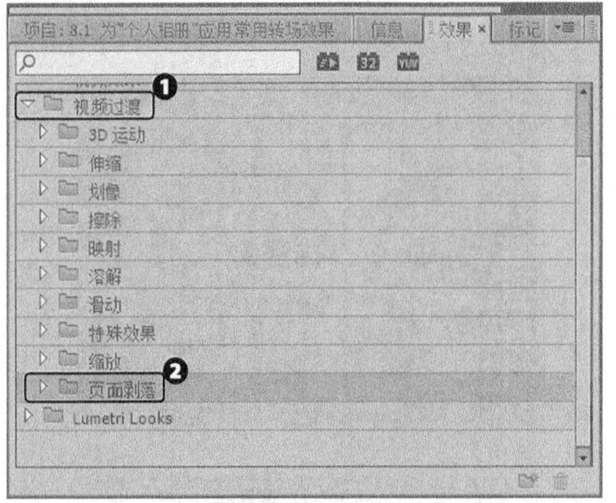

步骤 02 ❶ 展开选择的选项，❷ 并选择“页面剥落”选项，如下图所示。

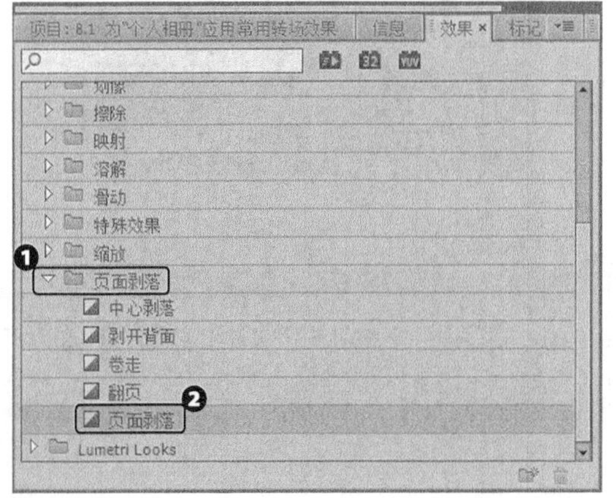

步骤 03 将其添加至“视频 1”轨道上的“个人写真 8”和“个人写真 9”素材图像之间，完成转场效果的添加，如下图所示。

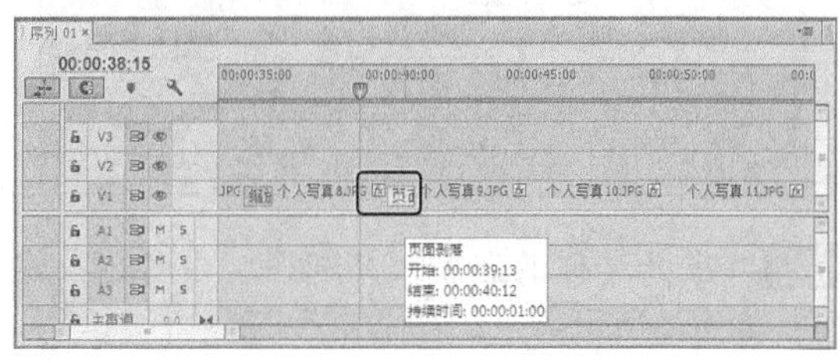

步骤 04 在“节目监视器”面板中，单击“播放 - 停止切换”按钮，预览转场效果，如下图所示。

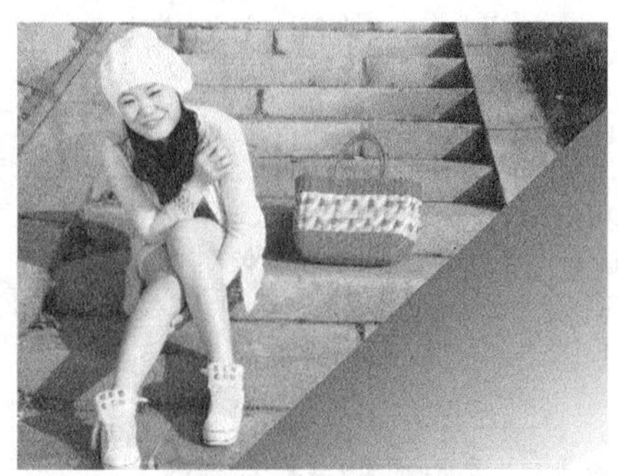

8.1.10 百叶窗转场效果

使用“百叶窗”转场效果，可以让素材 B 图像看起来像是透过百叶窗出现的，百叶窗逐渐打开，从而显示素材 B 图像的完整画面。

	光盘同步视频文件
	配套光盘\百叶窗转场效果.mp4

步骤 01 在“效果”面板中，❶ 展开“视频过渡”列表框，❷ 选择“擦除”选项，如下图所示。

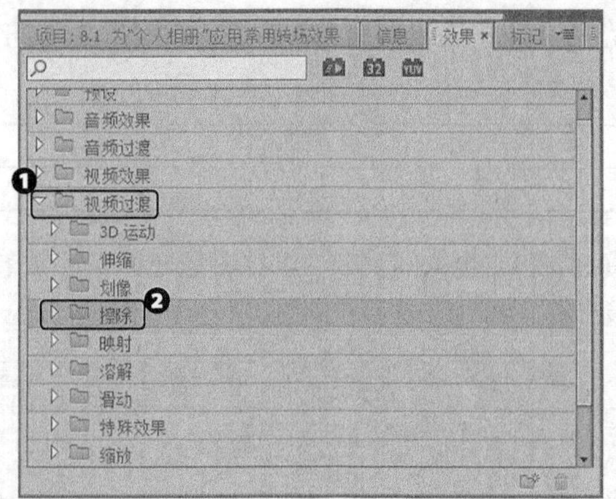

步骤 02 展开选择的选项，并选择“百叶窗”选项，如下图所示。

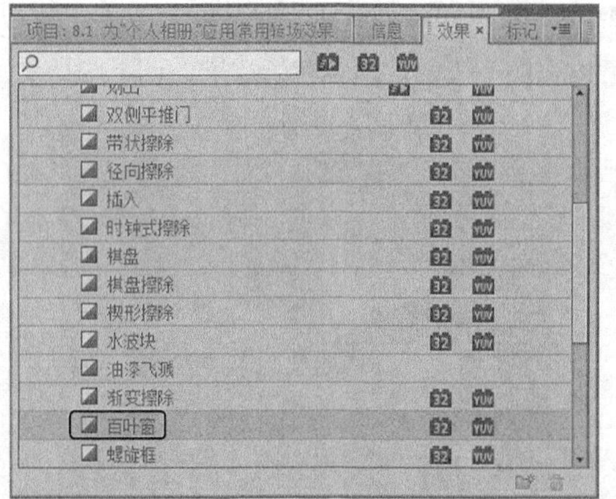

步骤 03 将其添加至“视频 1”轨道上的“个人写真 9”和“个人写真 10”素材图像之间，完成转场效果的添加，如下图所示。

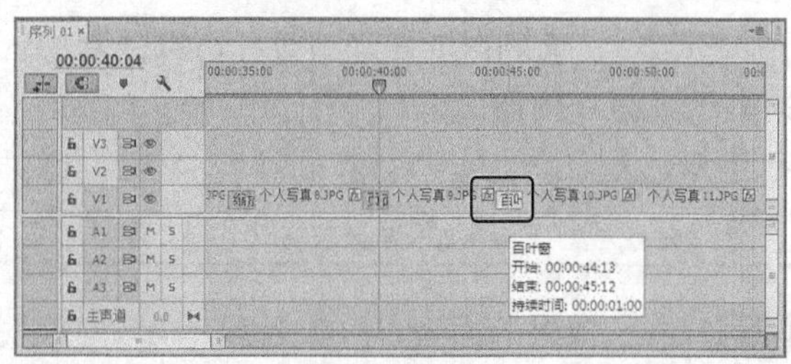

步骤 04 在“节目监视器”面板中，单击“播放 - 停止切换”按钮，预览转场效果，如下图所示。

小提示

在使用“百叶窗”转场效果时，在“效果控件”面板中单击“自定义”按钮，打开“百叶窗设置”对话框，在打开的对话框中选择要显示的条带数即可。

8.1.11 翻转转场效果

使用“翻转”转场效果可以沿垂直轴翻转素材 A 图像来显示素材 B 图像。

	光盘同步视频文件
	配套光盘\翻转转场效果.mp4

步骤 01 在“效果”面板中，❶ 展开“视频过渡”列表框，❷ 选择“3D 运动”选项，如下图所示。

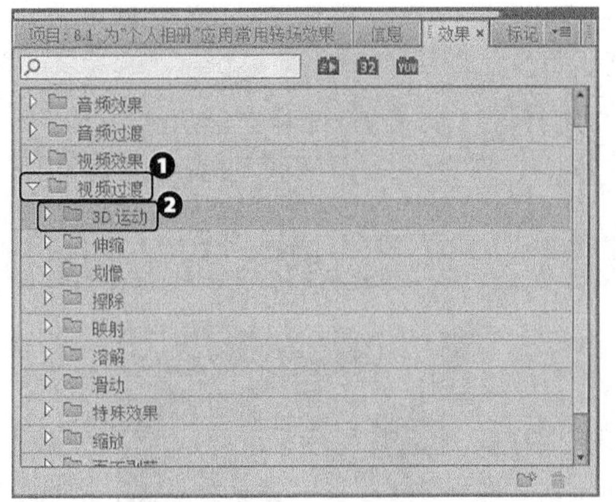

步骤02 ❶ 展开选择的选项，❷ 并选择“翻转”选项，如下图所示。

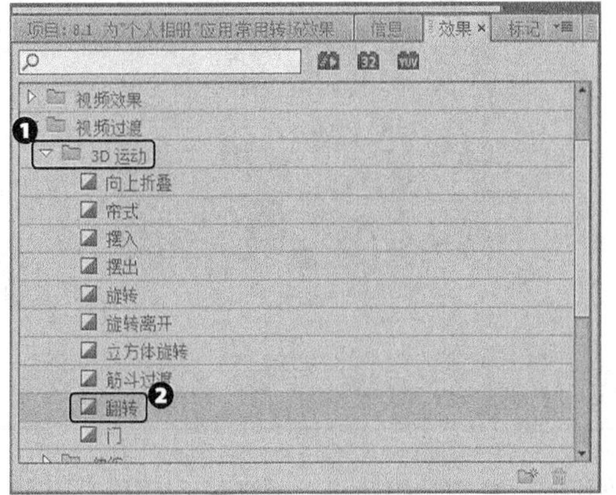

步骤03 将其添加至“视频 1”轨道上的“个人写真 10”和“个人写真 11”素材图像之间，完成转场效果的添加，如下图所示。

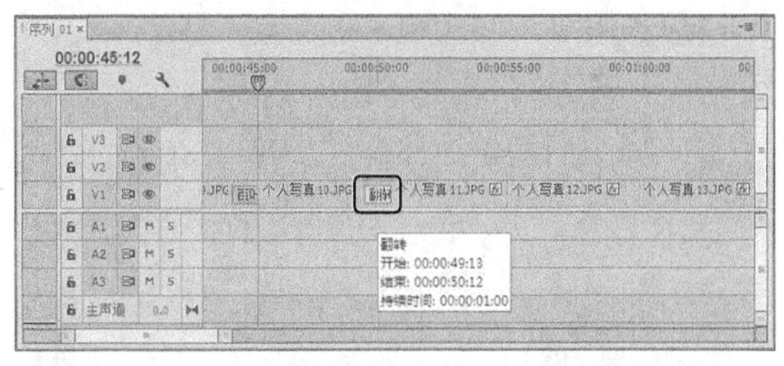

步骤04 在“节目监视器”面板中，单击“播放 - 停止切换”按钮，预览转场效果，如下图所示。

8.1.12 纹理化转场效果

使用“纹理化”转场效果，可以将颜色值从素材 B 图像映射到素材 A 图像中，两个素材的混合可以创建纹理效果。

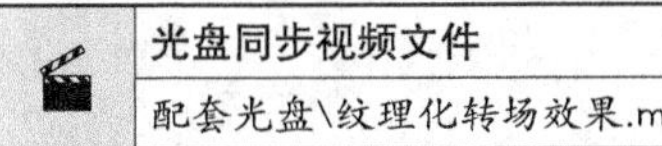

光盘同步视频文件

配套光盘\纹理化转场效果.mp4

步骤01 在“效果”面板中，❶ 展开“视频过渡”列表框，❷ 选择“特殊效果”选项，如右图所示。

步骤02 ❶ 展开选择的选项，❷ 并选择“纹理化”选项，如下图所示。

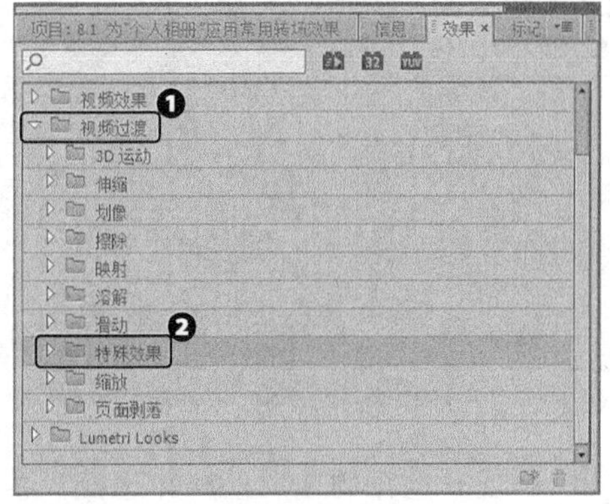

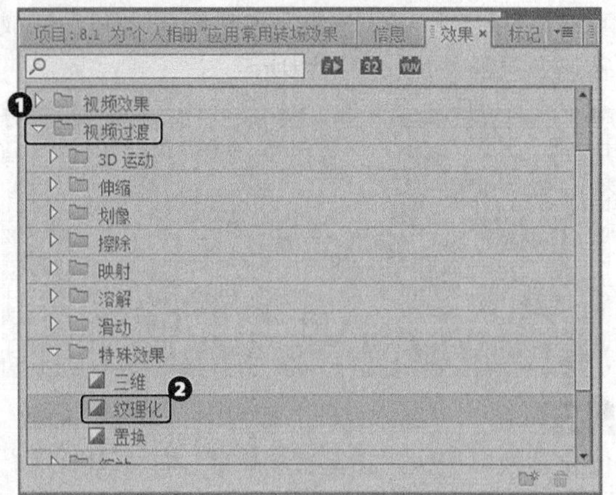

步骤 03 将其添加至“视频 1”轨道上的“个人写真 11”和“个人写真 12”素材图像之间，完成转场效果的添加，如右上图所示。

步骤 04 在“节目监视器”面板中，单击“播放 - 停止切换”按钮，预览转场效果，如右中、右下图所示。

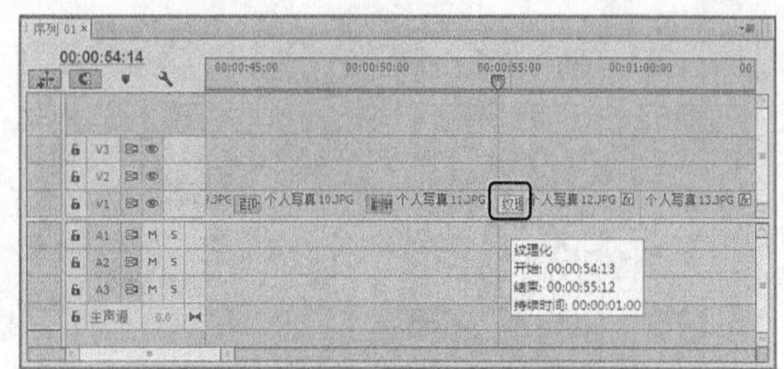

8.1.13 卷走转场效果

使用“卷走”转场效果是将第 1 个镜头中的画面像卷纸张一样地卷出镜头，最终显示出第 2 个镜头。

	光盘同步视频文件
	配套光盘\卷走转场效果.mp4

步骤 01 在“效果”面板中，❶ 展开“视频过渡”列表框，❷ 选择“页面剥落”选项，如下图所示。

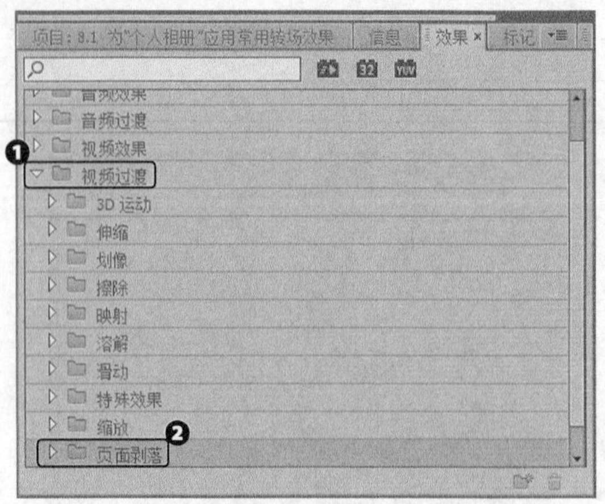

步骤 02 ❶ 展开选择的选项，❷ 并选择“卷走”选项，如下图所示。

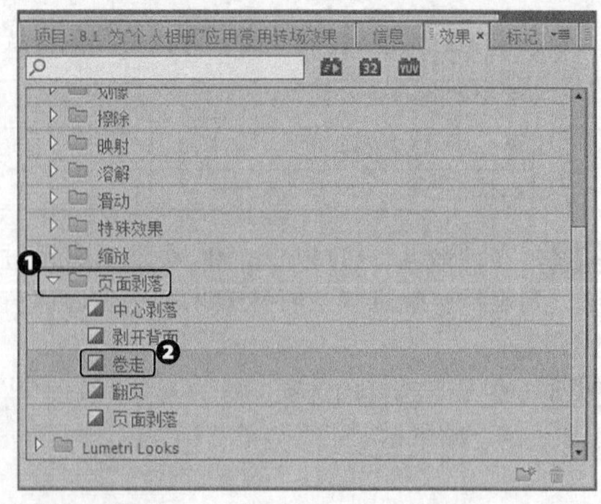

步骤 03 将其添加至“视频 1”轨道上的“个人写真 12”和“个人写真 13”素材图像之间，完成转场效果的添加，如下图所示。

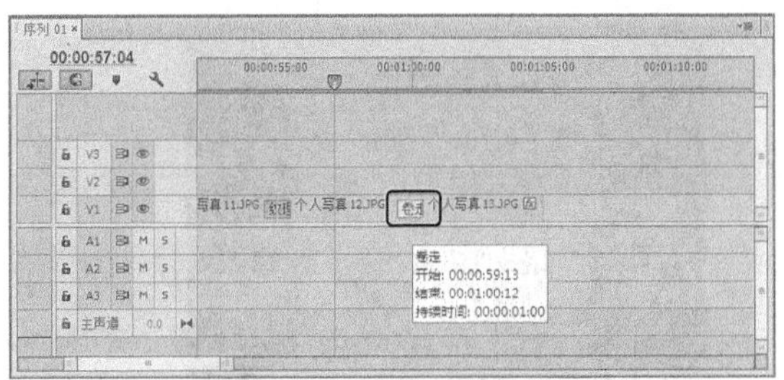

步骤04 在“节目监视器”面板中，单击“播放-停止切换”按钮，预览转场效果，如右图所示。

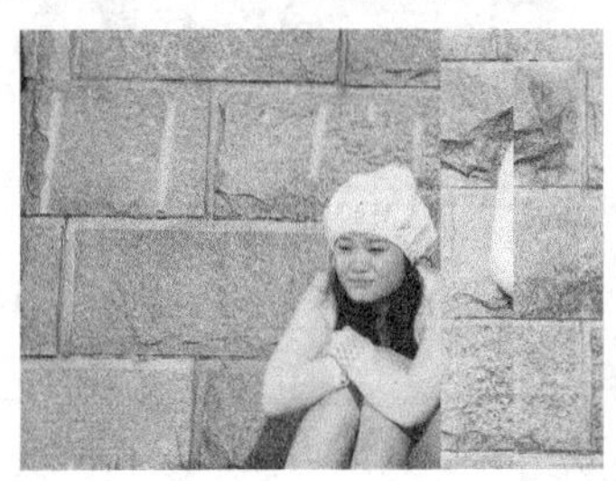

8.1.14 门转场效果

“门”转场效果主要是在两个图像素材之间以关门的形式来实现过渡。

光盘同步视频文件
配套光盘\门转场效果.mp4

步骤01 在“效果”面板中，❶ 展开“视频过渡”列表框，❷ 选择“3D运动”选项，如下图所示。

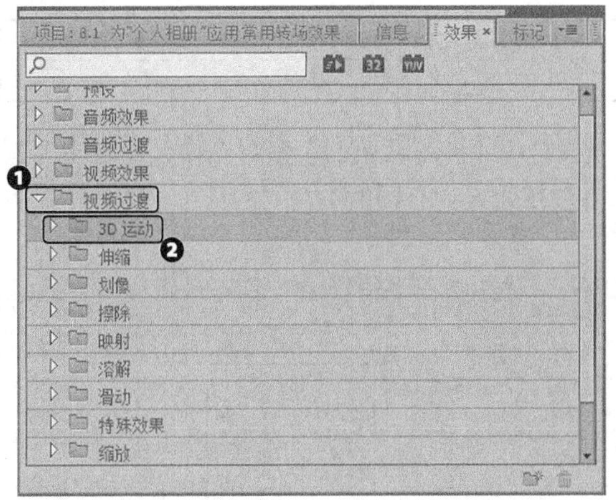

步骤02 ❶ 展开选择的选项，❷ 并选择“门”选项，如右上图所示。

步骤03 将其添加至“视频1”轨道上的“个人写真13”素材图像的右侧，完成“门”转场效果的添加，如右下图所示。

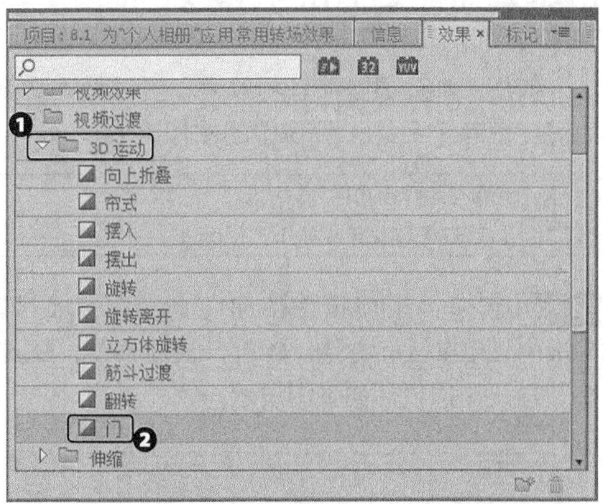

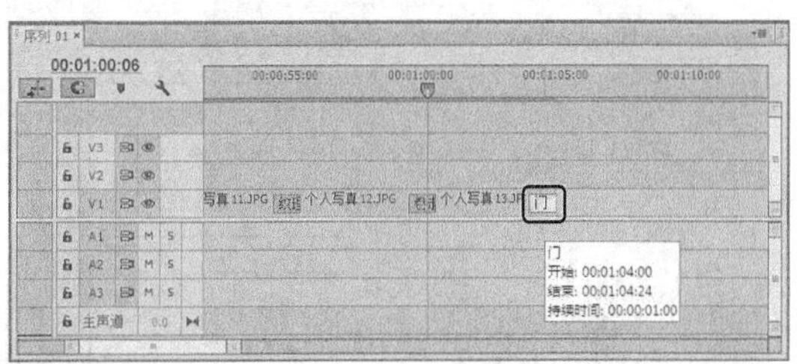

步骤04 在“节目监视器”面板中，单击“播放-停止切换”按钮，预览转场效果，如下图所示。

8.2 为“自然风光”应用高级转场效果

本节教学录像时间：12分钟

在 Premiere Pro CC 中还提供了多种高级转场效果，包括有渐变擦除、翻页、滑动带、滑动、抖动溶解、伸展进入以及划像形状等。本节主要介绍应用高级转场效果的基本操作方法。

光盘同步视频文件

配套光盘\为“自然风光”应用高级转场效果.mp4

8.2.1 渐变擦除转场效果

使用“渐变擦除”转场效果，可以将素材 B 图像逐渐擦过整个屏幕，并使用户选择的灰度图像的亮度值确定素材 A 图像中的图像区域。

光盘同步视频文件

配套光盘\渐变擦除转场效果.mp4

步骤 01 新建一个项目文件和序列，在“项目”面板中，单击鼠标右键，❶ 打开快捷菜单，❷ 选择“导入”选项，如下图所示。

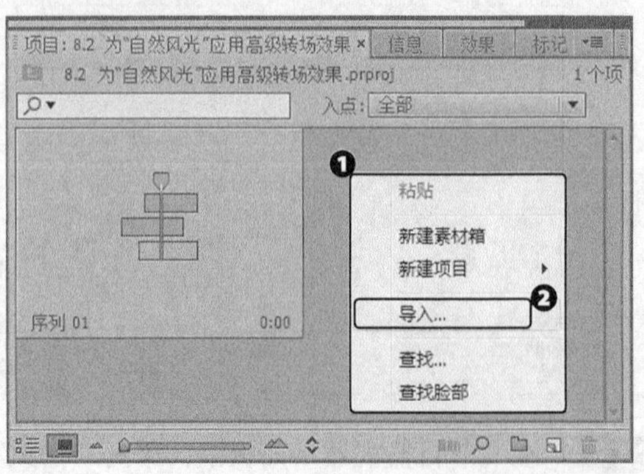

步骤 02 打开“导入”对话框，❶ 选择“自然风光 1”～“自然风光 11”素材图像，❷ 单击“打开”按钮，如右图所示。

步骤03 即可将选择的图像导入至“项目”面板中，如下图所示。

步骤04 选择添加后的图像素材，将其添加至“视频 1”轨道上，并调整显示时间长度，如下图所示。

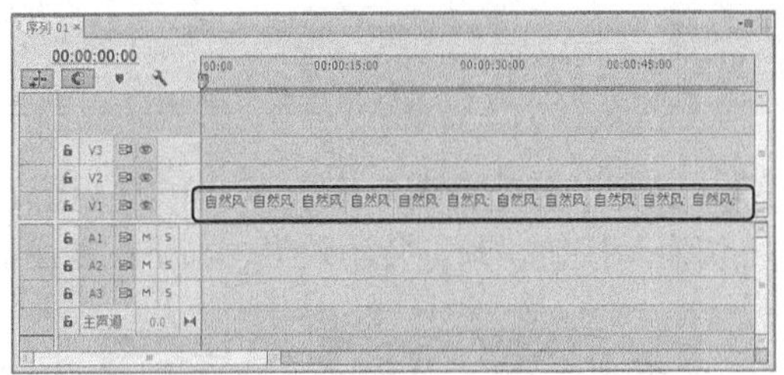

步骤05 在“节目监视器”面板中，调整素材图像的显示效果，如下图所示。

步骤06 在“效果”面板中，❶ 展开“视频过渡”列表框，❷ 选择“擦除”选项，如下图所示。

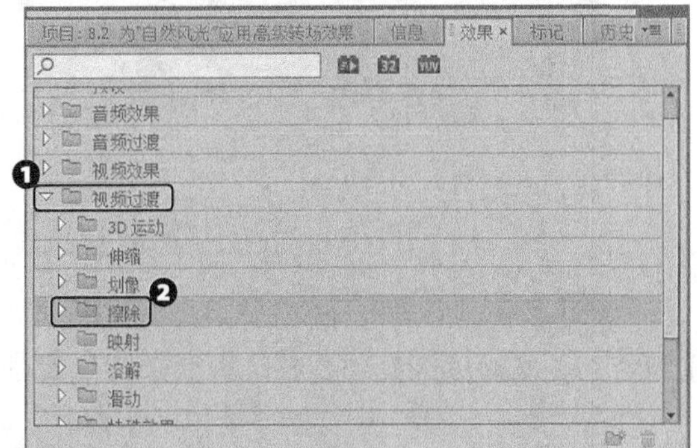

步骤07 展开选择的选项，选择“渐变擦除”选项，如下图所示。

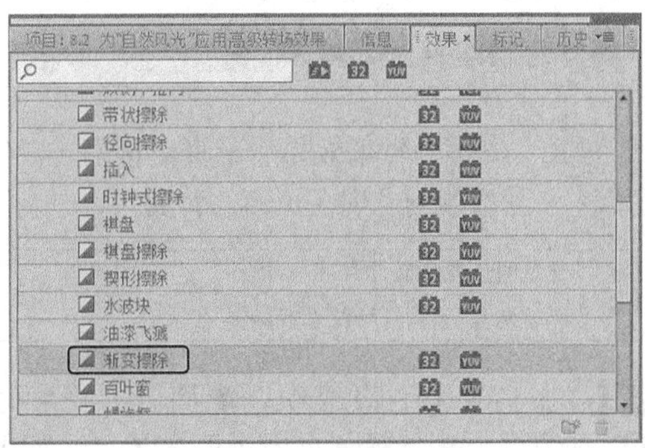

步骤08 将其拖曳至“视频 1”轨道上的“自然风光 1”和“自然风光 2”素材图像之间，❶ 打开“渐变擦除设置”对话框，❷ 修改“柔和度”为 20，❸ 单击“确定”按钮，如下图所示。

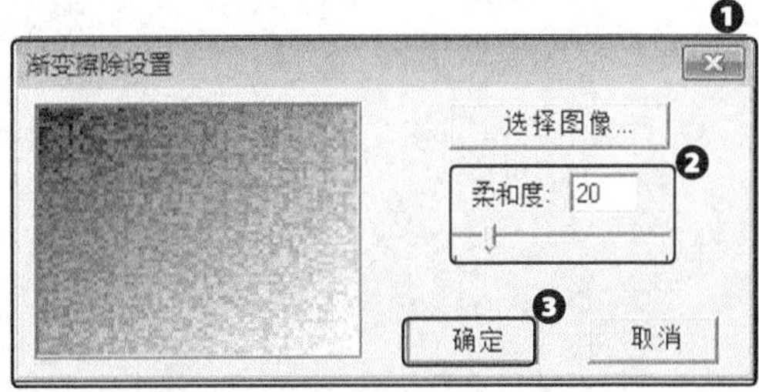

步骤09 完成“渐变擦除”转场效果的添加，如下图所示。

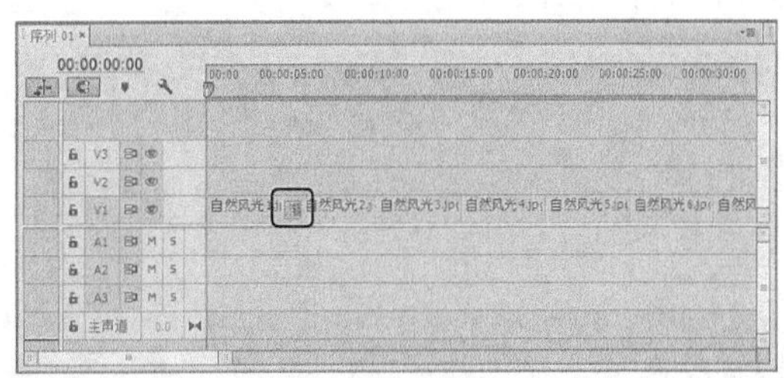

步骤10 在“节目监视器”面板中，单击“播放 - 停止切换”按钮，预览转场效果，如下图所示。

8.2.2 翻页转场效果

使用“翻页”转场效果后，页面将翻转，但不会发生卷曲，在翻转显示素材 B 图像时，可以看见素材 A 图像颠倒出现在页面的背面。

	光盘同步视频文件
	配套光盘\翻页转场效果.mp4

步骤 01 在“效果”面板中，❶展开“视频过渡”列表框，❷选择“页面剥落”选项，如下图所示。

步骤 02 ❶展开选择的选项，❷并选择“翻页”选项，如下图所示。

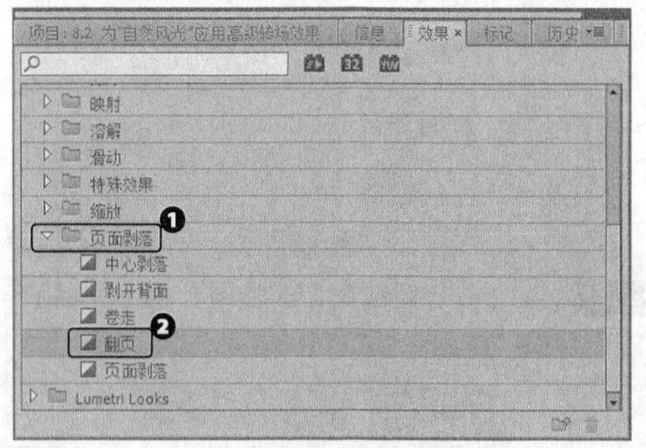

步骤 03 将其添加至“视频 1”轨道上的“自然风光 2”和“自然风光 3”素材图像之间，完成转场效果的添加，如下图所示。

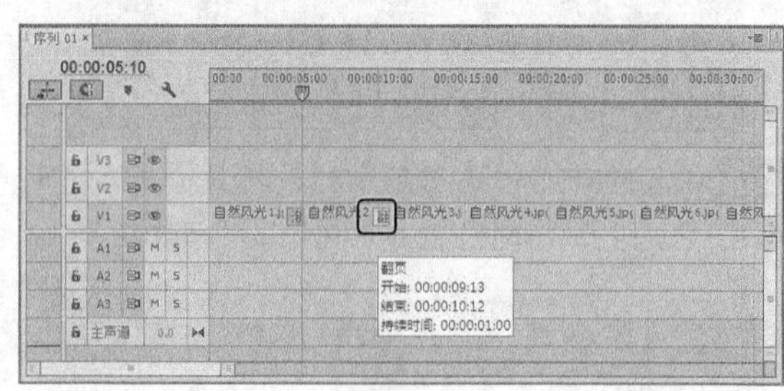

步骤 04 在“节目监视器”面板中，单击“播放-停止切换”按钮，预览转场效果，如下图所示。

8.2.3 滑动带转场效果

使用“滑动带”转场效果后，素材 B 开始处于压缩状态，然后逐渐延伸到整个画面来替代素材 A 图像。

	光盘同步视频文件
	配套光盘\滑动带转场效果.mp4

步骤01 在“效果”面板中，❶ 展开“视频过渡”列表框，❷ 选择“滑动”选项，如下图所示。

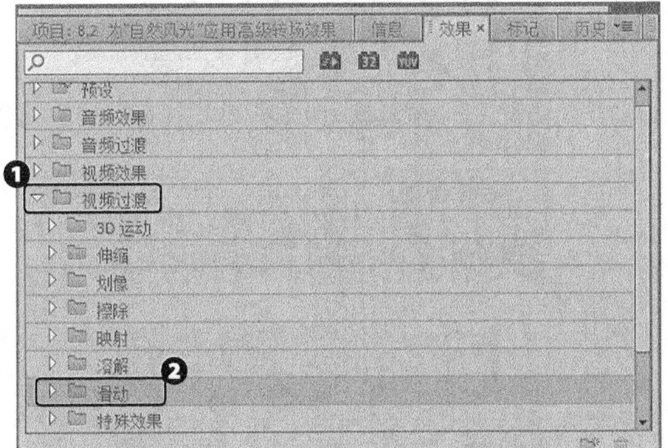

步骤02 ❶ 展开选择的选项，❷ 并选择“滑动带”选项，如下图所示。

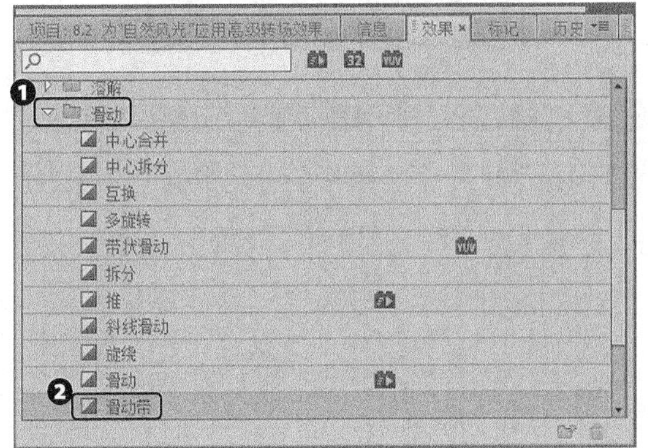

步骤03 将其添加至“视频 1”轨道上的“自然风光 3”和“自然风光 4”素材图像之间，完成转场效果的添加，如下图所示。

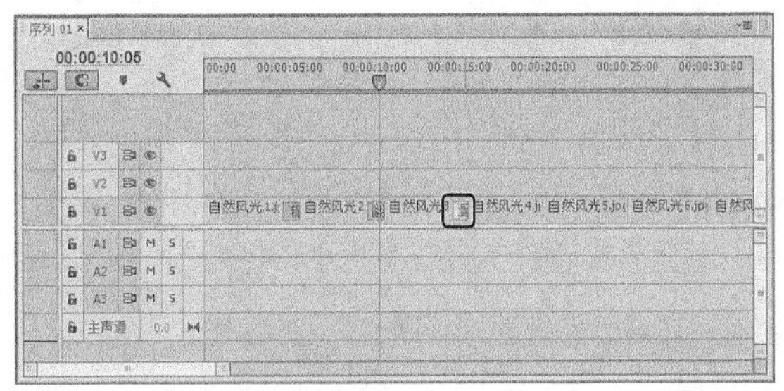

步骤04 在“节目监视器”面板中，单击“播放 - 停止切换”按钮，预览转场效果，如下图所示。

小提示

滑动带的移动方式包含从北到南、从南到北、从西到东、从东到西4种方法。

8.2.4 滑动转场效果

使用“滑动”转场效果后，素材 B 图像逐渐滑动到素材 A 图像上方。

	光盘同步视频文件
	配套光盘\滑动转场效果.mp4

步骤01 在“效果”面板中，展开“视频过渡”列表框，选择“滑动”选项，在展开的选项中，选择“滑动”选项，如下图所示。

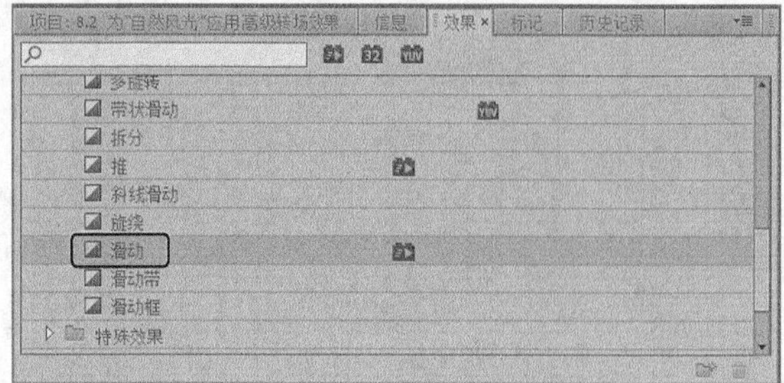

步骤02 将其添加至"视频1"轨道上的"自然风光4"和"自然风光5"素材图像之间，完成转场效果的添加，如下图所示。

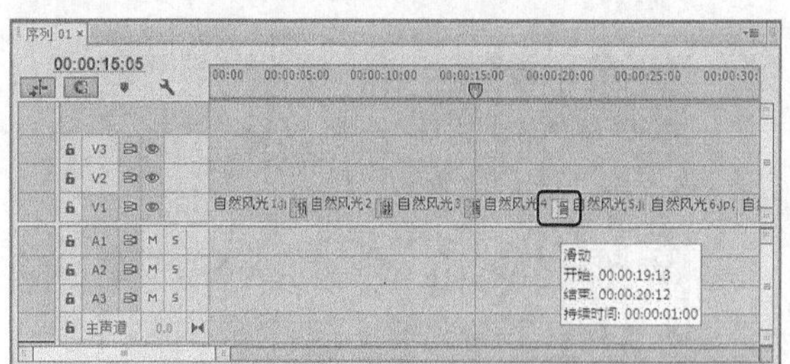

步骤03 在"节目监视器"面板中，单击"播放-停止切换"按钮，预览转场效果，如下图所示。

小提示

"滑动"转场效果的滑动方式可以是从西北到东南、从东南到西北、从东北到西南、从西南到东北、从西到东、从东到西、从北到南、从南到北。

8.2.5 抖动溶解转场效果

"抖动溶解"转场效果是在第一镜头画面中出现点状矩阵，最终第一镜头中的画面完全被替换为第二镜头的画面。

光盘同步视频文件

配套光盘\抖动溶解转场效果.mp4

步骤01 在"效果"面板中，❶展开"视频过渡"列表框，❷选择"溶解"选项，如下图所示。

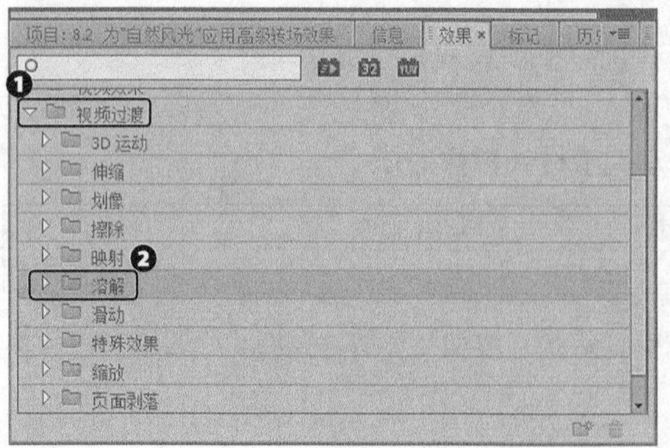

步骤02 ❶展开选择的选项，❷并选择"抖动溶解"选项，如下图所示。

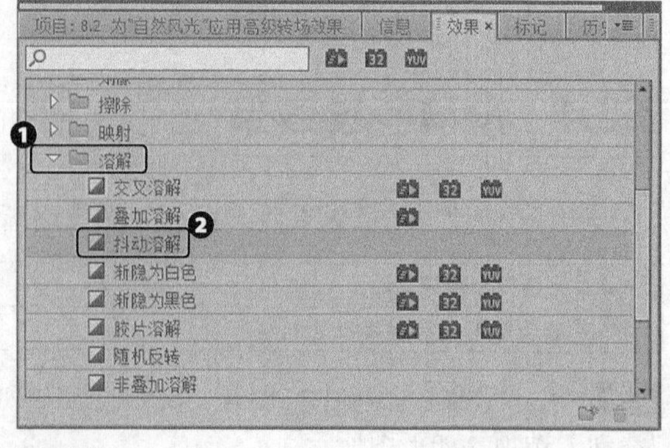

步骤03 将其添加至"视频1"轨道上的"自然风

光 5”和“自然风光 6”素材图像之间，完成转场效果的添加，如下图所示。

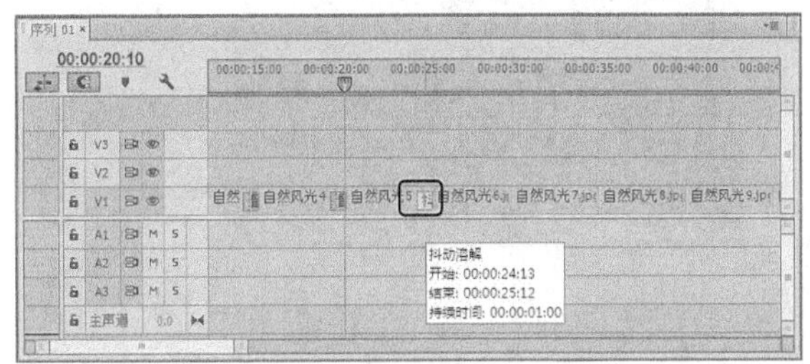

步骤 04 在“节目监视器”面板中，单击“播放 - 停止切换”按钮，预览转场效果，如右图所示。

8.2.6 伸展进入转场效果

“伸展进入”转场效果是以一种覆盖的方式来呈现转场效果的，素材 B 图像的画面在无限放大的同时，逐渐恢复到正常比例和透明度，最终覆盖在素材 A 图像画面上。

光盘同步视频文件
配套光盘\伸展进入转场效果.mp4

步骤 01 在“效果”面板中，❶ 展开“视频过渡”列表框，❷ 选择“伸缩”选项，如下图所示。

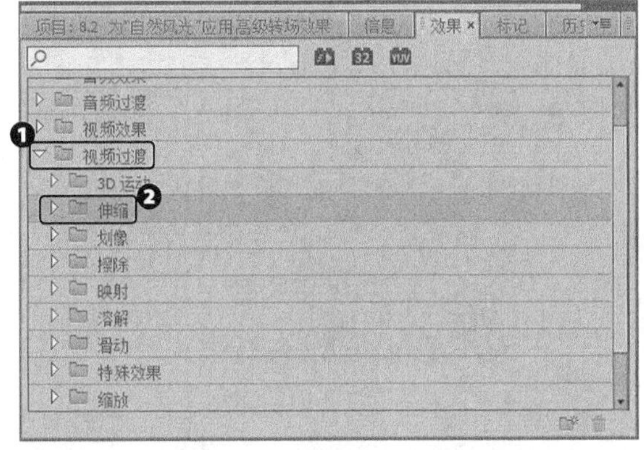

步骤 02 ❶ 展开选择的选项，❷ 并选择“伸展进入”选项，如右上图所示。

步骤 03 将其添加至“视频 1”轨道上的“自然风光 6”和“自然风光 7”素材图像之间，完成转场效果的添加，如右下图所示。

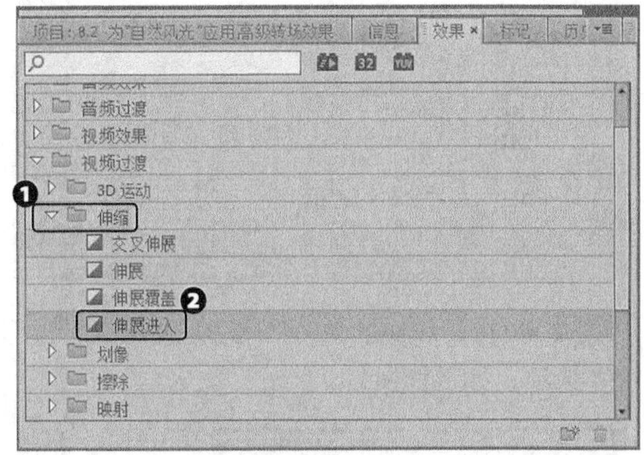

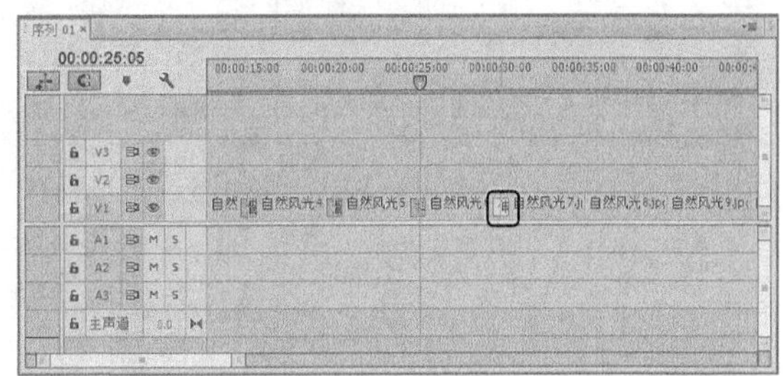

步骤 04 在“节目监视器”面板中，单击“播放 - 停止切换”按钮，预览转场效果，如下图所示。

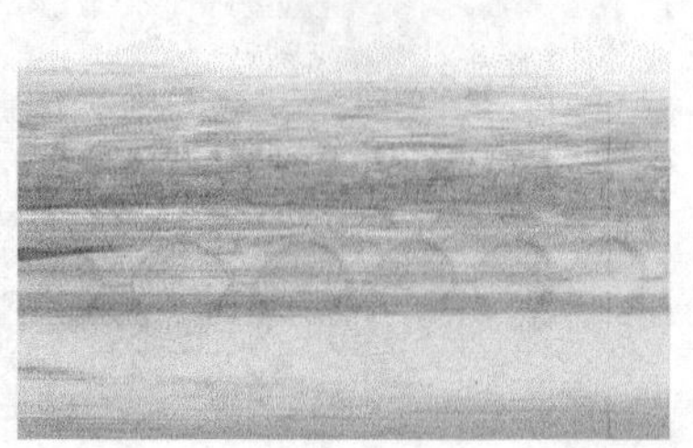

8.2.7 划像形状转场效果

使用“划像形状”转场效果后，可以将素材 A 图像从画面的左上角向右下角进行溶解渐变，最终逐渐转换为素材 B 图像。

光盘同步视频文件
配套光盘\划像形状转场效果.mp4

步骤 01 在“效果”面板中，❶ 展开“视频过渡”列表框，❷ 选择“划像”选项，如下图所示。

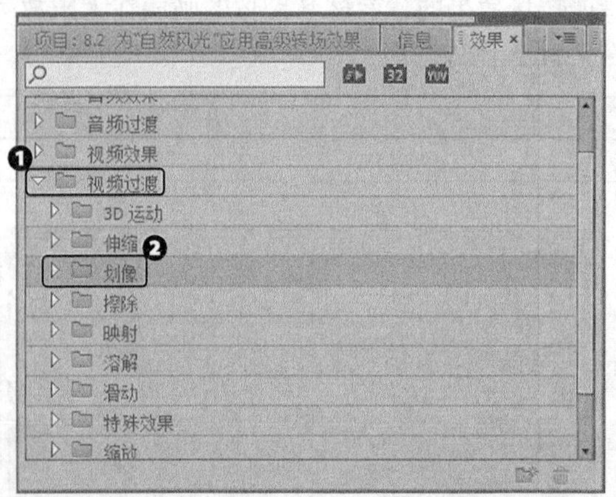

步骤 02 ❶ 展开选择的选项，❷ 并选择“划像形状”选项，如下图所示。

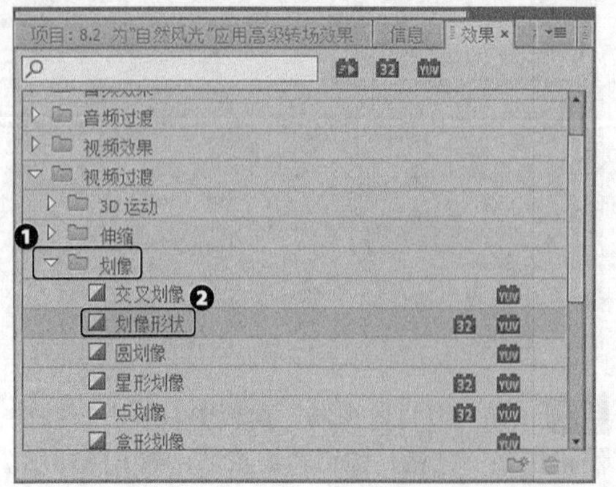

步骤 03 将其添加至“视频 1”轨道上的“自然风光 7”和“自然风光 8”素材图像之间，完成转场效果的添加，如下图所示。

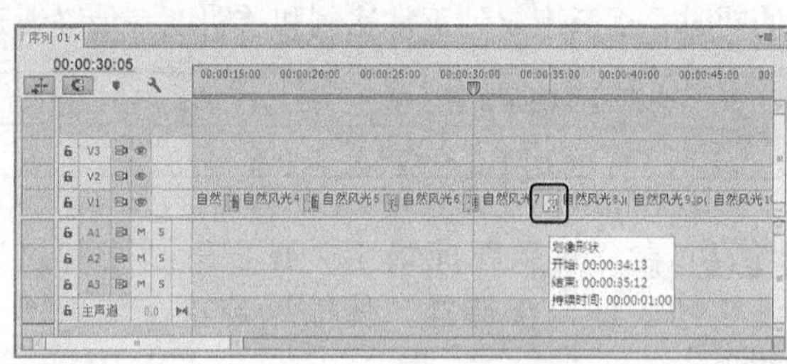

步骤 04 在“节目监视器”面板中，单击“播放 - 停止切换”按钮，预览转场效果，如下图所示。

小提示

在选择“划像形状”转场效果后，可以单击“效果控件”面板中的“自定义形状”按钮，打开“形状划像设置”对话框，在此挑选形状数量和形状类型。

8.2.8 交叉缩放转场效果

使用“交叉缩放”转场效果后，素材 B 图像会缩小，再逐渐放大，直到占据整个画面。

光盘同步视频文件
配套光盘\交叉缩放转场效果.mp4

步骤 01 在“效果”面板中，❶ 展开“视频过渡”列表框，❷ 选择“缩放”选项，如下图所示。

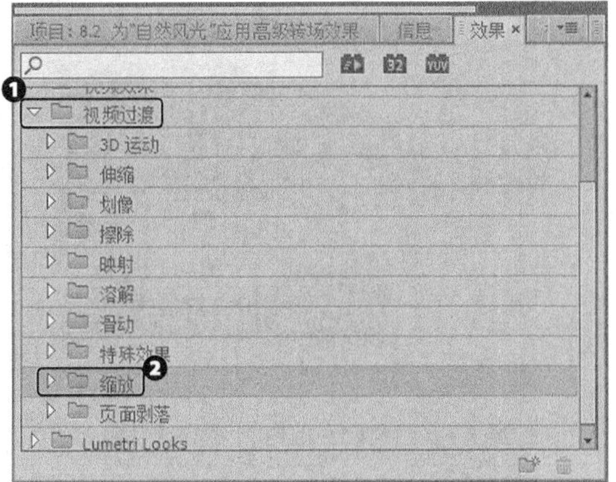

步骤 02 ❶ 展开选择的选项，❷ 并选择“交叉缩放”选项，如下图所示。

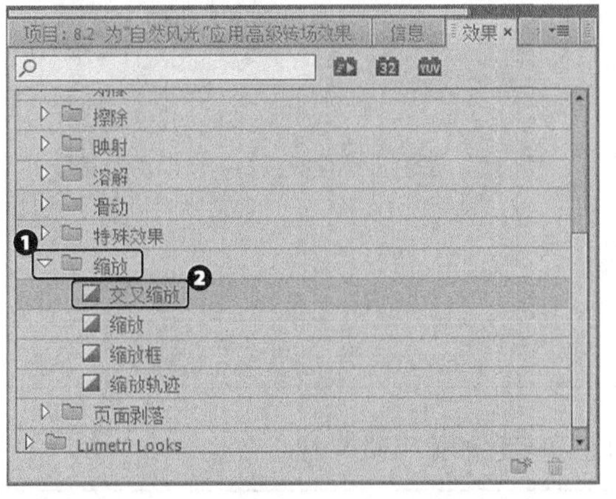

步骤 03 将其添加至“视频 1”轨道上的“自然风光 8”和“自然风光 9”素材图像之间，完成转场效果的添加，如下图所示。

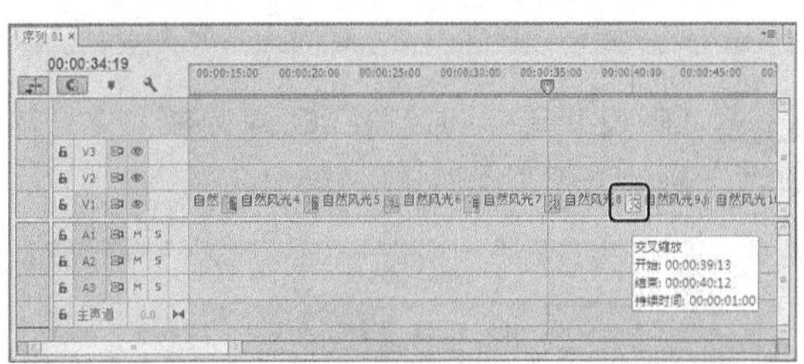

步骤 04 在“节目监视器”面板中，单击“播放 - 停止切换”按钮，预览转场效果，如下图所示。

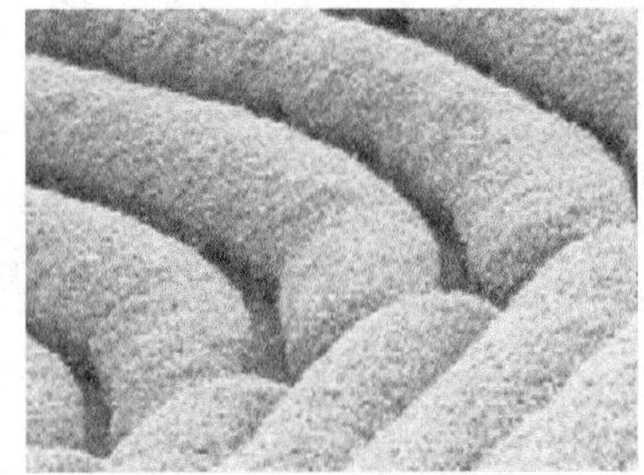

8.2.9 立方体旋转转场效果

使用“立方体旋转”转场效果后，可以使用旋转的 9-D 立方体创建从素材 A 图像到素材 B 图像的切换效果。

光盘同步视频文件

配套光盘\立方体旋转转场效果.mp4

步骤 01 在“效果”面板中，展开“视频过渡”列表框，选择“3D 运动”选项，如下图所示。

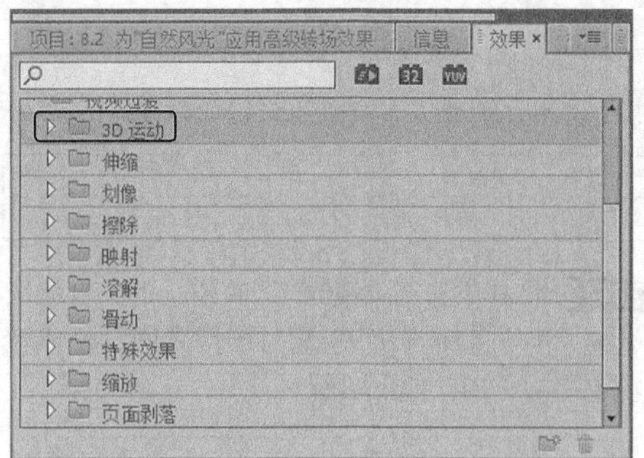

步骤 02 ❶ 展开选择的选项，❷ 并选择“立方体旋转”选项，如下图所示。

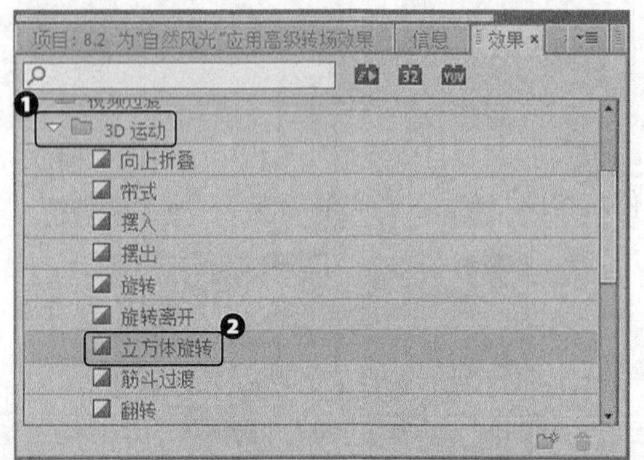

步骤 03 将其添加至“视频 1”轨道上的“自然风光 9”和“自然风光 10”素材图像之间，完成转场效果的添加，如下图所示。

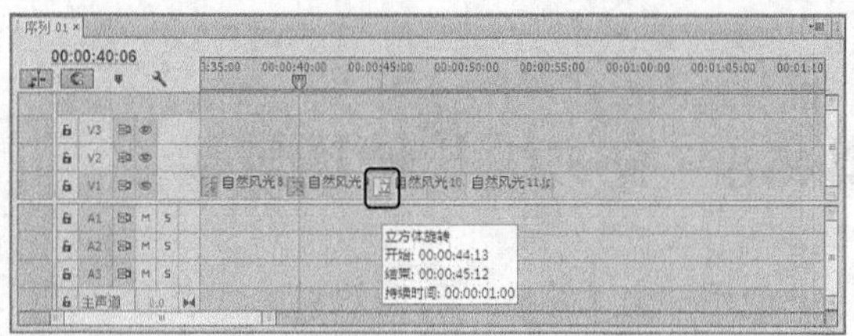

步骤 04 在“节目监视器”面板中，单击“播放 - 停止切换”按钮，预览转场效果，如下图所示。

8.2.10 三维转场效果

使用“三维”转场效果，可以将源图像映射到红色和蓝色的输出通道中。

光盘同步视频文件

配套光盘\三维转场效果.mp4

步骤 01 在“效果”面板中，❶ 展开“视频过渡”列表框，❷ 选择“特殊效果”选项，如下图所示。

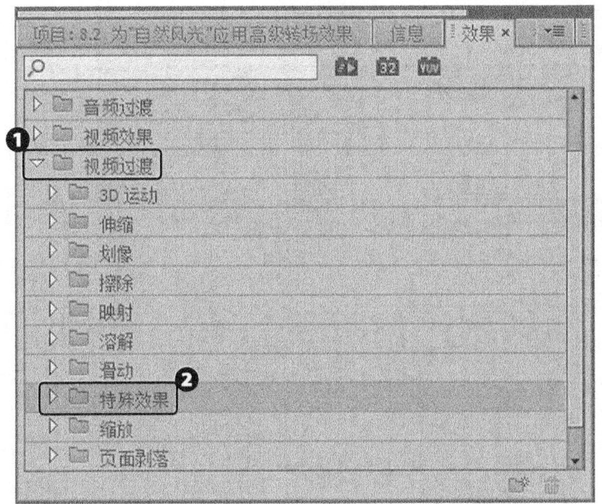

步骤02 ❶ 展开选择的选项，❷ 并选择“三维”选项，如下图所示。

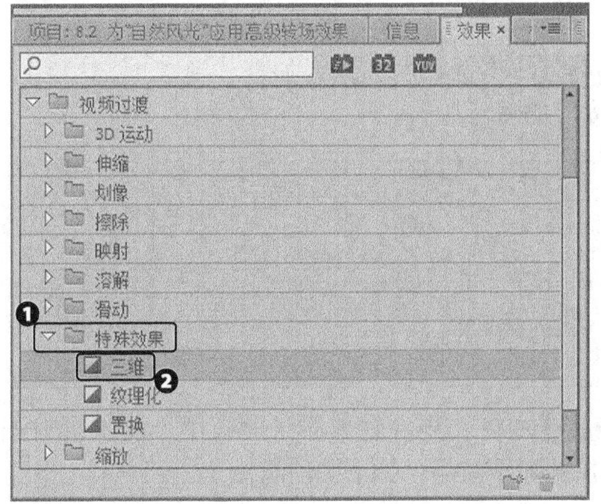

步骤03 将其添加至“视频 1”轨道上的“自然风光 10”和“自然风光 11”素材图像之间，完成转场效果的添加，如下图所示。

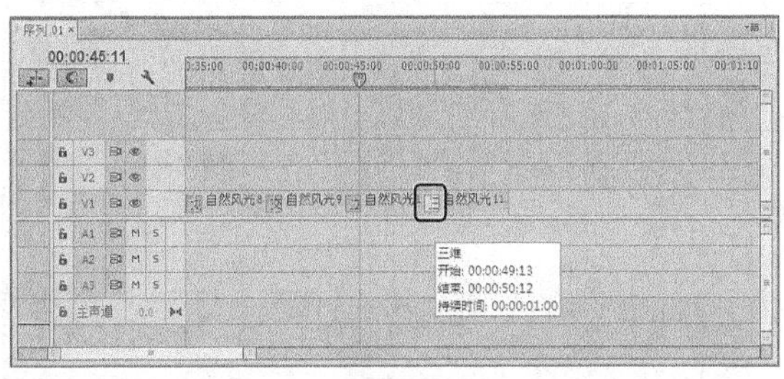

步骤04 在“节目监视器”面板中，单击“播放 - 停止切换”按钮，预览转场效果，如下图所示。

8.3 综合案例——制作“宝贝百日照”相册

本节教学录像时间：9分钟

在掌握了常用转场效果和高级转场效果的应用后，可以结合这两种转场功能，来制作出“宝贝百日照”的电子相册。

光盘同步视频文件

配套光盘\综合实例：制作“宝贝百日照”相册.mp4

步骤01 新建一个项目文件和序列，在“项目”面板的空白处，单击鼠标右键，❶ 打开快捷菜单，❷ 选择“导入”选项，如下图所示。

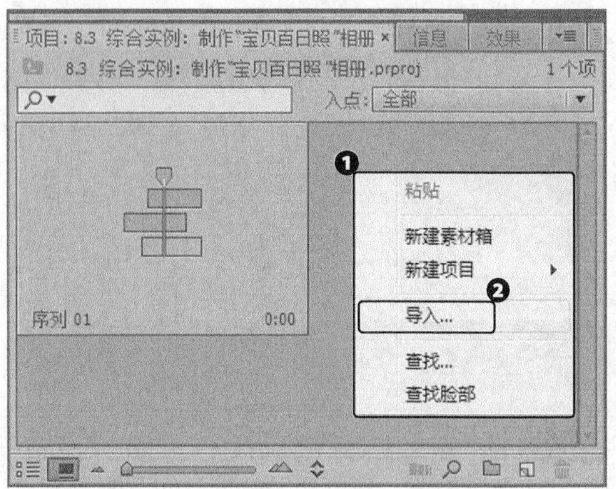

步骤02 打开“导入”对话框，❶ 选择“宝贝1”～“宝贝11”以及“边框”素材图像，❷ 单击“打开”按钮，如下图所示。

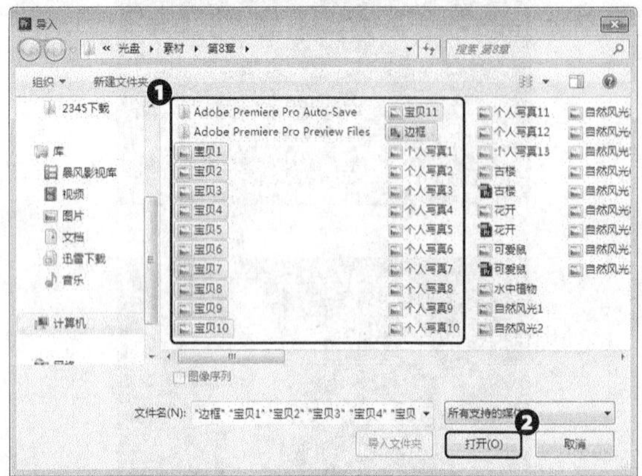

步骤03 即可将选择的素材图像添加至“项目”面板中，如下图所示。

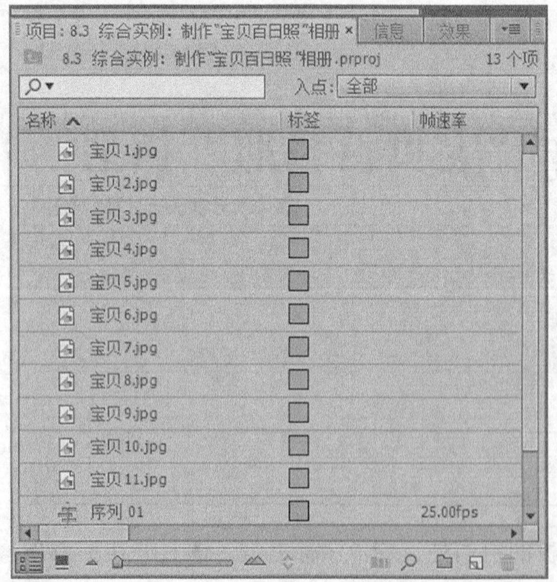

步骤04 在“项目”面板中选择“宝贝1”～“宝贝11”素材图像，如下图所示。

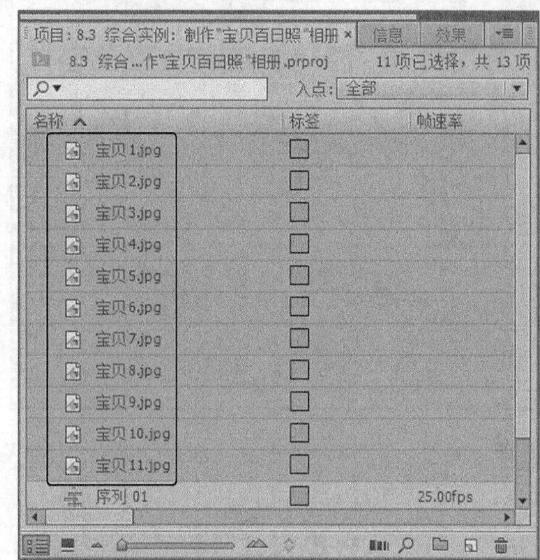

步骤05 将选择的图像添加至“视频1”轨道上，如下图所示。

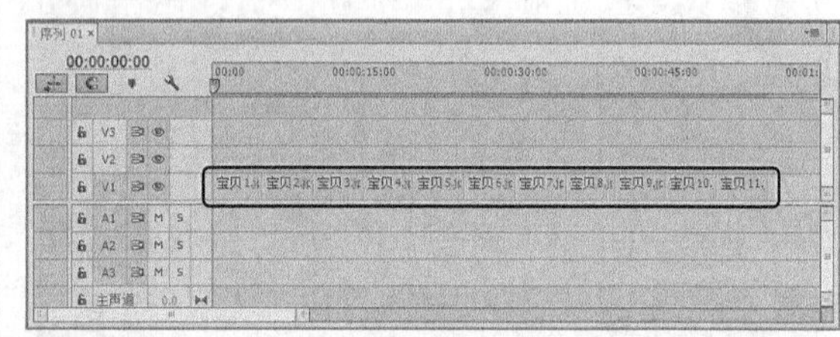

步骤06 在“节目监视器”面板中，调整素材图像的显示效果，如下图所示。

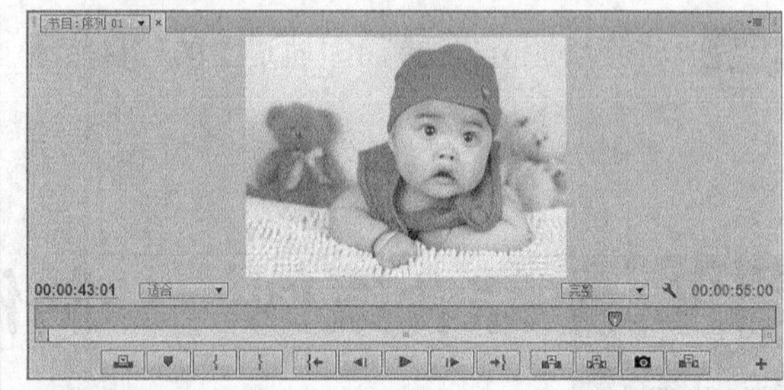

步骤07 在“项目”面板中，选择“边框”素材图像，将其添加至“视频2”轨道上，并调整素材的长度，如下图所示。

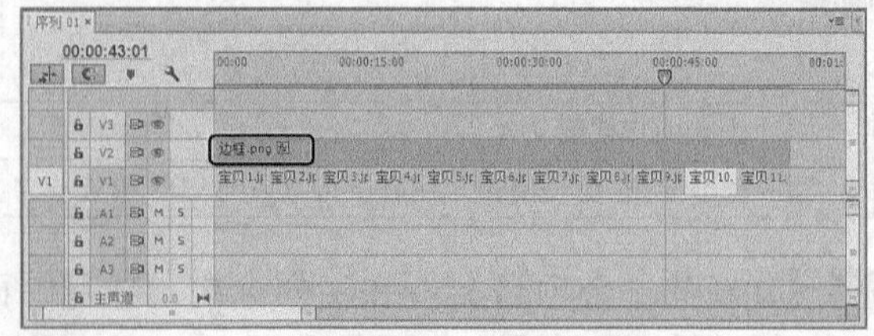

步骤08 在“节目监视器”面板中，调整“边框”

素材的显示效果，如下图所示。

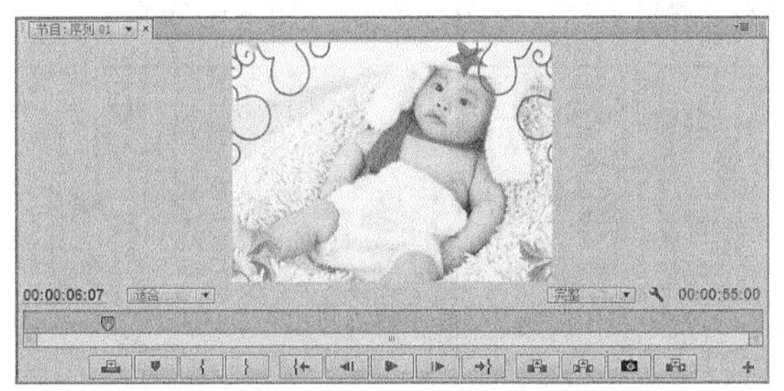

步骤09 在“效果”面板中，❶ 展开“视频过渡”列表框，❷ 选择“划像”选项，如下图所示。

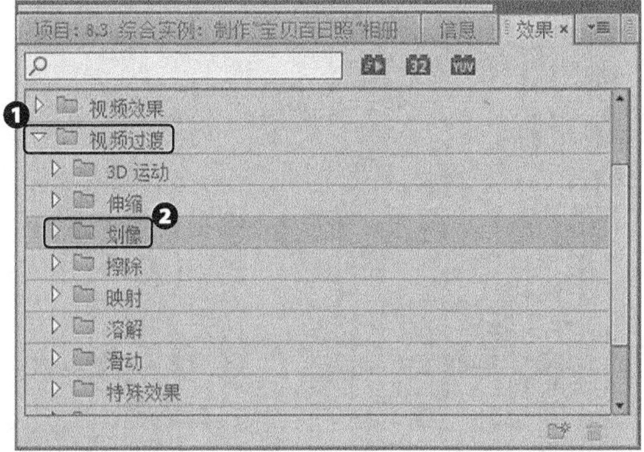

步骤10 ❶ 在展开的选项中，❷ 选择“圆划像”选项，如下图所示。

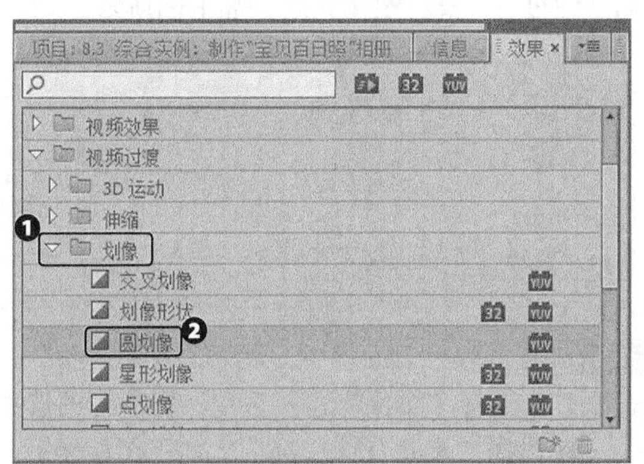

步骤11 将其添加至“视频 1”轨道的“宝贝 1”和“宝贝 2”素材图像之间，如下图所示。

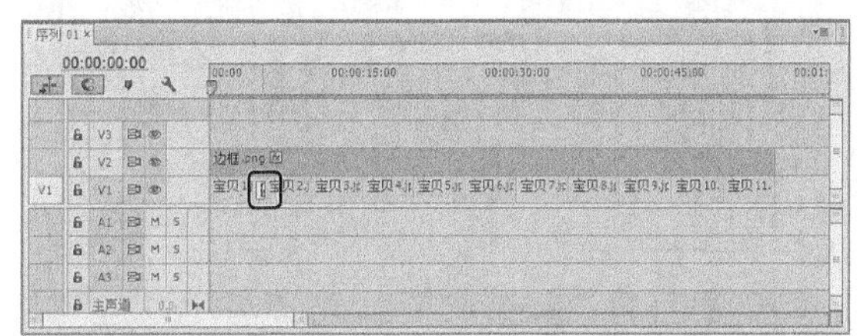

步骤12 在“效果”面板中，❶ 展开“视频过渡”列表框，❷ 选择“擦除”选项，如下图所示。

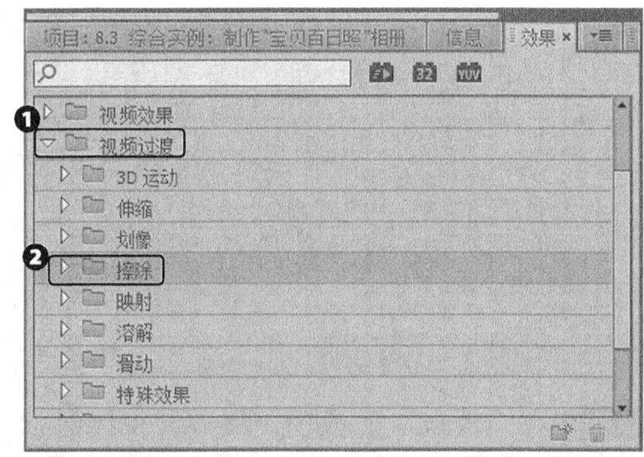

步骤13 ❶ 在展开的选项中，❷ 选择“径向擦除”选项，如下图所示。

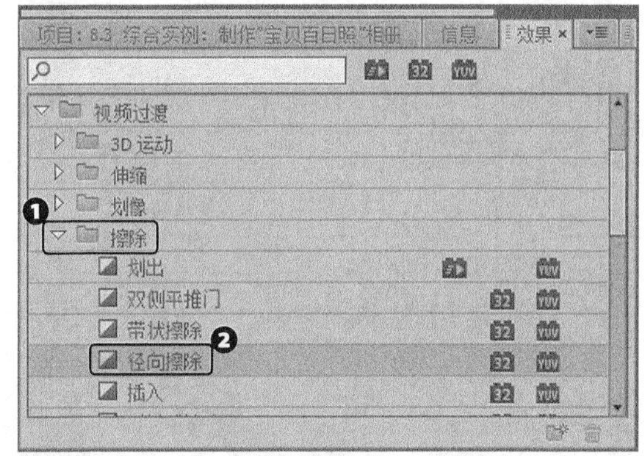

步骤14 将其添加至“视频 1”轨道的“宝贝 2”和“宝贝 3”素材图像之间，如下图所示。

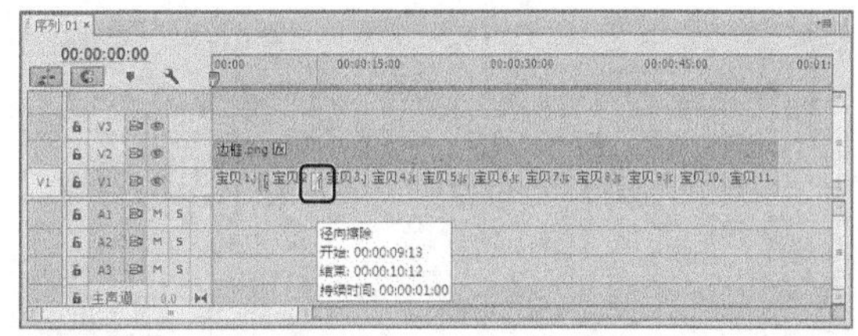

步骤15 在“效果”面板中，展开“视频过渡”列表框，选择“擦除”选项，在展开的选项中，选择“风车”选项，如下图所示。

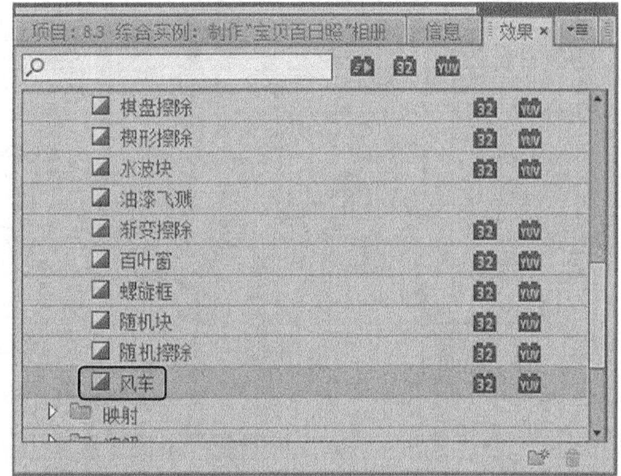

步骤⑯将其添加至“视频 1”轨道的“宝贝 3”和“宝贝 4”素材图像之间，如下图所示。

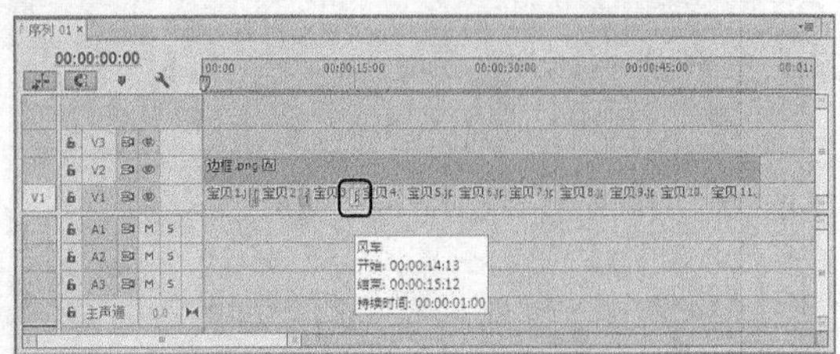

步骤⑰在“效果”面板中，展开“视频过渡”列表框，选择“擦除”选项，在展开的选项中，选择“随机擦除”选项，如下图所示。

步骤⑱将其添加至“视频 1”轨道的“宝贝 4”和“宝贝 5”素材图像之间，如下图所示。

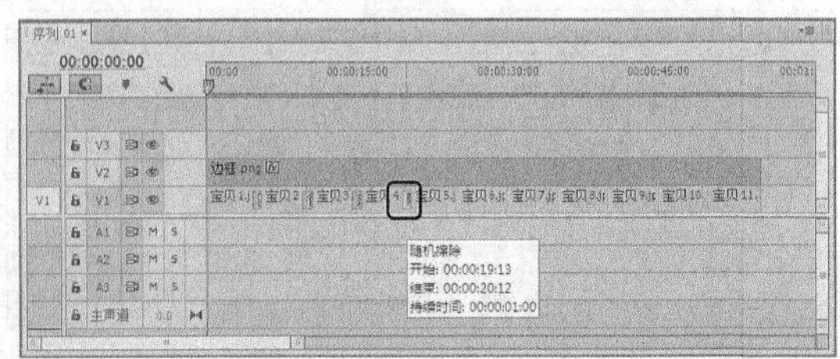

步骤⑲在“效果”面板中，展开“视频过渡”列表框，❶ 选择“溶解”选项，在展开的选项中，❷ 选择“叠加溶解”选项，如下图所示。

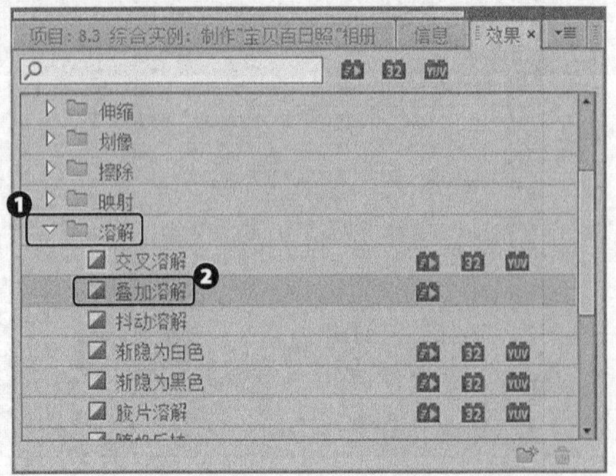

步骤⑳将其添加至“视频 1”轨道的“宝贝 5”和“宝贝 6”素材图像之间，如下图所示。

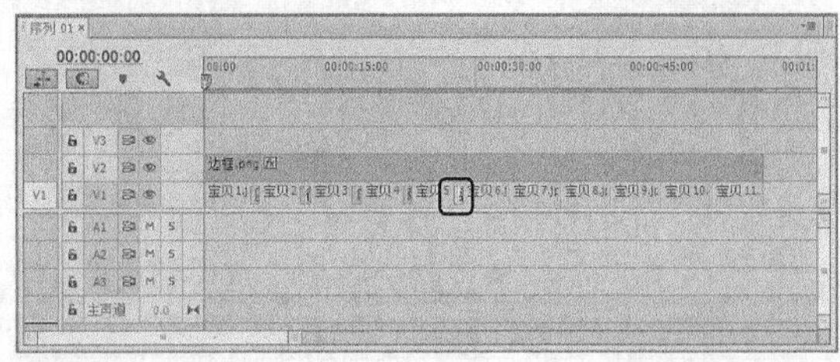

步骤㉑在“效果”面板中，展开“视频过渡”列表框，❶ 选择“滑动”选项，在展开的选项中，❷ 选择“拆分”选项，如下图所示。

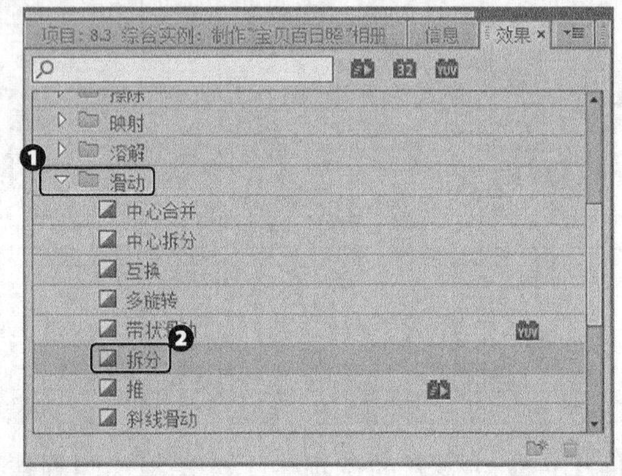

步骤㉒将其添加至“视频 1”轨道的“宝贝 6”和“宝贝 7”素材图像之间，如下图所示。

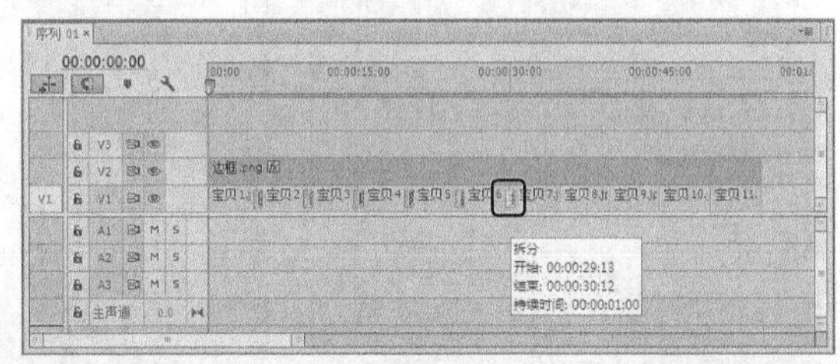

步骤㉓在“效果”面板中，展开“视频过渡”列表框，❶ 选择“页面剥落”选项，在展开的选项中，❷ 选择“剥开背面”选项，如下图所示。

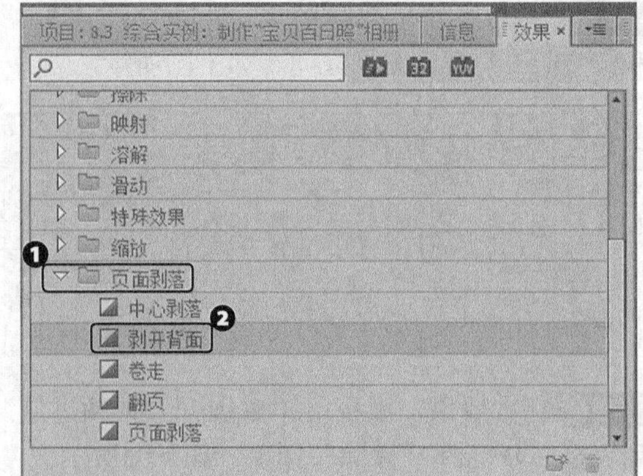

步骤 24 将其添加至“视频 1”轨道的“宝贝 7”和“宝贝 8”素材图像之间，如下图所示。

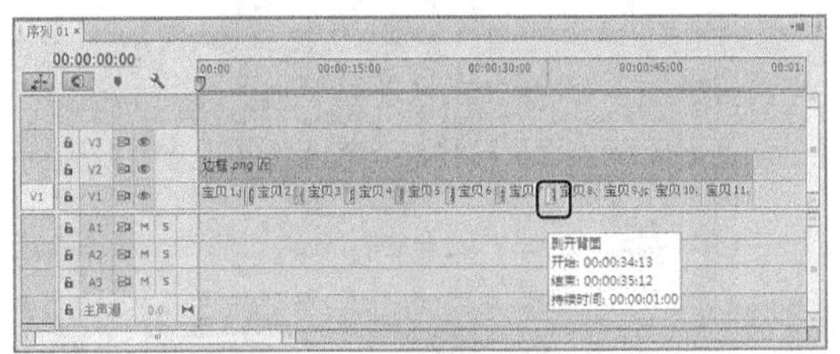

步骤 25 在“效果”面板中，展开“视频过渡”列表框，❶ 选择“滑动”选项，在展开的选项中，❷ 选择“多旋转”选项，如下图所示。

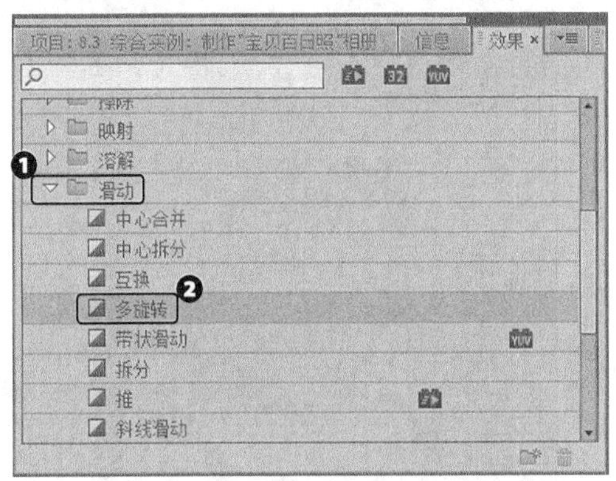

步骤 26 将其添加至“视频 1”轨道的“宝贝 8”和“宝贝 9”素材图像之间，如下图所示。

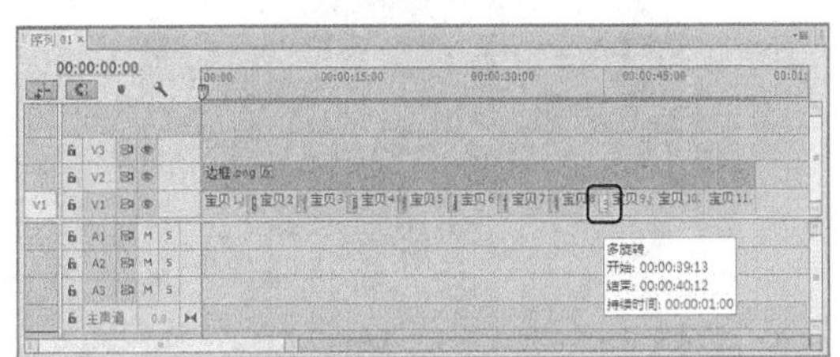

步骤 27 在“效果”面板中，展开“视频过渡”列表框，❶ 选择“擦除”选项，在展开的选项中，❷ 选择“棋盘擦除”选项，如下图所示。

步骤 28 将其添加至“视频 1”轨道的“宝贝 9”和“宝贝 10”素材图像之间，如下图所示。

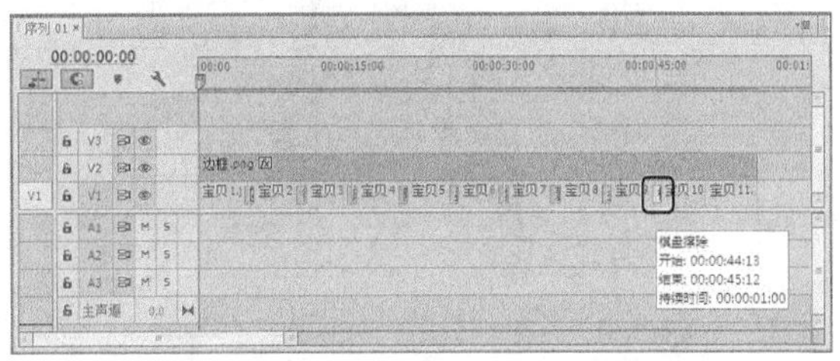

步骤 29 在“效果”面板中，展开“视频过渡”列表框，选择“滑动”选项，在展开的选项中，选择“滑动框”选项，如下图所示。

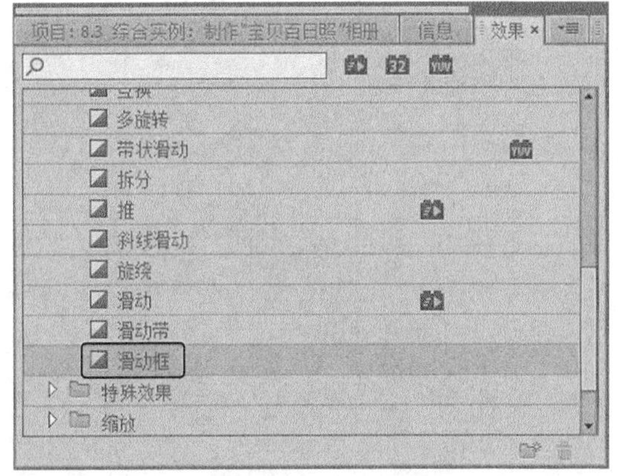

步骤 30 将其添加至“视频 1”轨道的“宝贝 10”和“宝贝 11”素材图像之间，如下图所示。

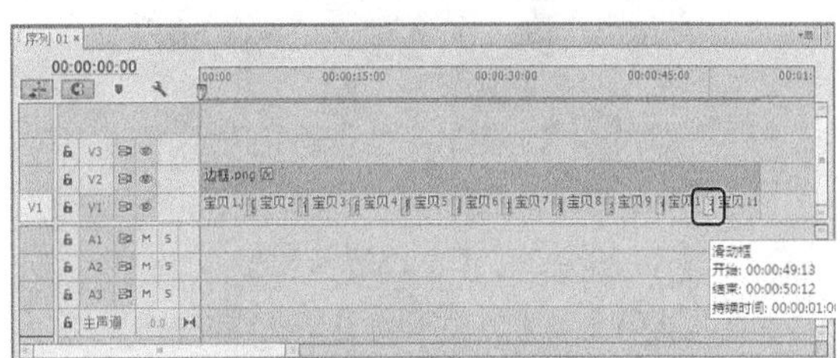

步骤 31 依次选择转场效果，修改“持续时间”为 00:00:02:00，如下图所示。

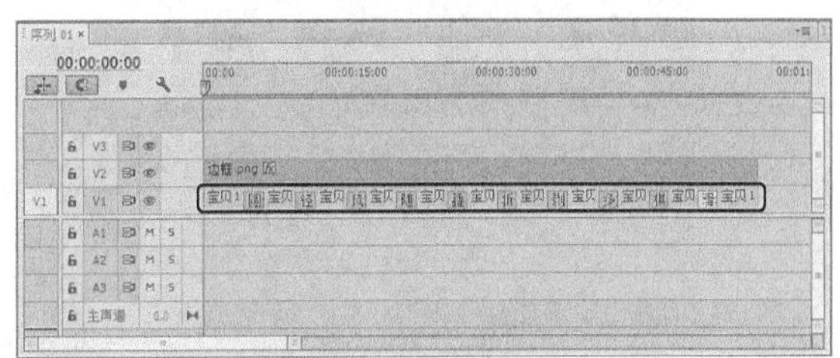

步骤 32 在“节目监视器”面板中，单击“播放 - 停止切换”按钮，预览电子相册效果，如下图所示。

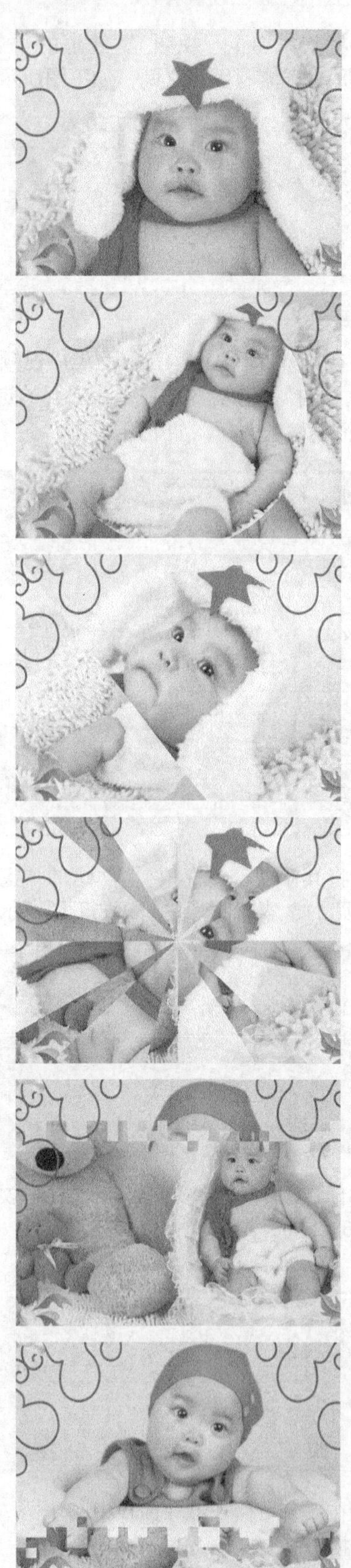

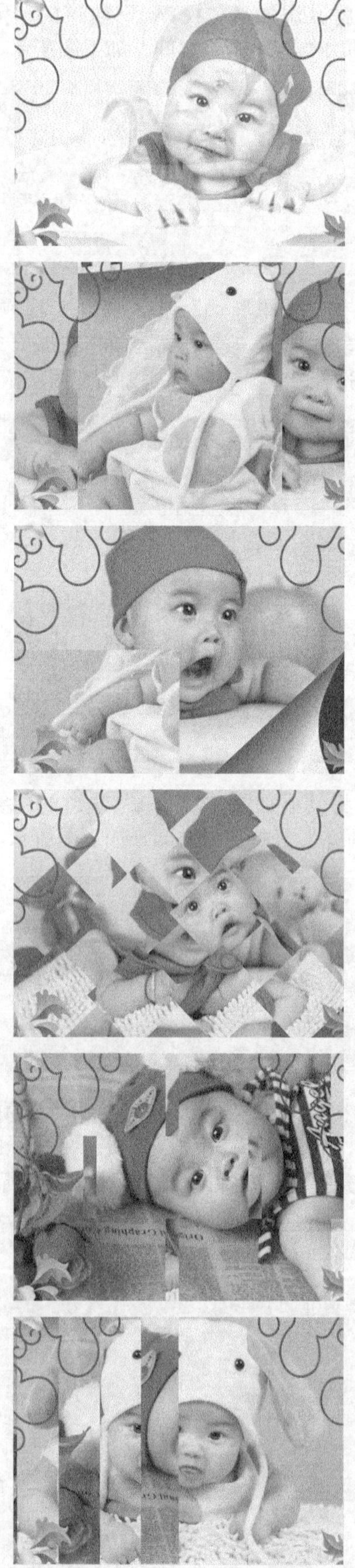

小提示

使用“随机擦除”视频过渡效果后，素材B图像将逐渐出现在顺着屏幕下拉的小块中。

高手支招

本节教学录像时间：4分钟

通过对前面知识的学习，相信读者朋友已经掌握好转场特效的实际应用方法。下面结合本章内容，给大家介绍一些实用技巧。

修改带状滑动的数量

在“带状滑动设置”对话框中，可以对带状滑动的数量参数进行修改。

光盘同步视频文件
配套光盘\秘技1. 修改带状滑动的数量.mp4

步骤 01 打开本书配套光盘中的“素材 / 第 8 章 / 秘技 1. 修改带状滑动的数量”项目文件，如下图所示。

步骤 02 在“视频 1”轨道上，选择“带状滑动”转场，如下图所示。

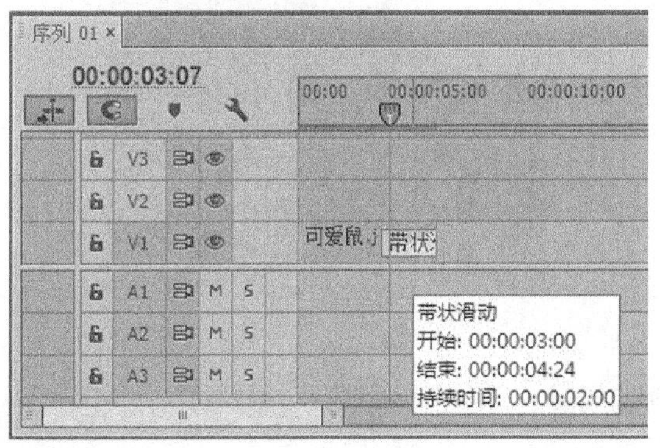

步骤 03 在“效果控件”面板中，单击“自定义”按钮，如下图所示。

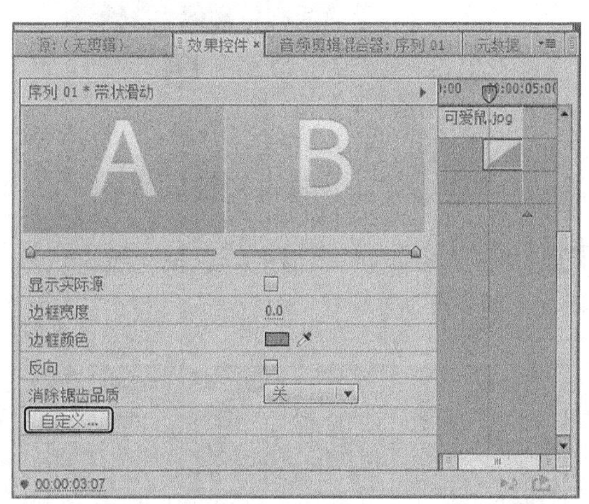

步骤 04 打开“带状滑动设置”对话框，❶ 修改“带数量”为 5，❷ 单击“确定”按钮，如下图所示。

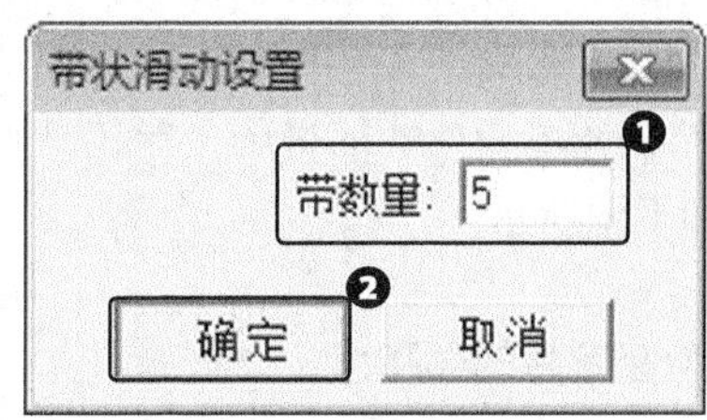

步骤 05 即可修改带状滑动的数量，其图像效果如下图所示。

修改缩放轨迹的数量

在“缩放轨迹设置”对话框中，可以重新修改缩放轨迹的数量，以产生不同的转场效果。

光盘同步视频文件
配套光盘\秘技2. 修改缩放轨迹的数量.mp4

步骤 01 打开本书配套光盘中的“素材/第8章/秘技2. 修改缩放轨迹的数量”项目文件，如下图所示。

步骤 02 在“视频1”轨道上，选择“缩放轨迹”转场，如下图所示。

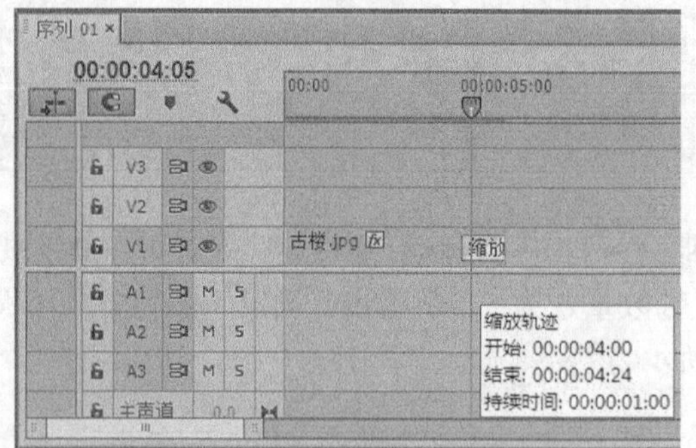

步骤 03 在“效果控件”面板中，单击“自定义”按钮，如下图所示。

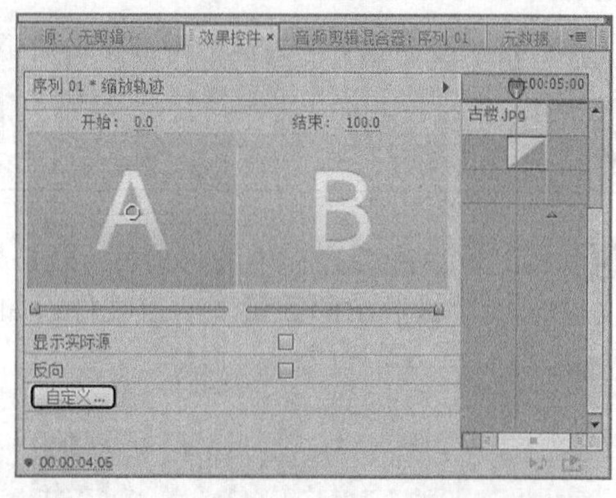

步骤 04 打开“缩放轨迹设置”对话框，❶ 修改“轨迹数量”为4，❷ 单击“确定”按钮，如下图所示。

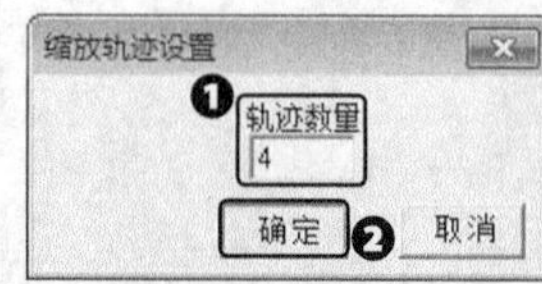

步骤 05 即可修改缩放轨迹的数量，其图像效果如下图所示。

设置渐变擦除的柔和度

在添加“渐变擦除”转场效果后，可以通过“渐变擦除设置”对话框修改其转场的柔和度。

光盘同步视频文件
配套光盘\秘技3. 设置渐变擦除的柔和度.mp4

步骤 01 打开本书配套光盘中的“素材 / 第 8 章 / 秘技 3. 设置渐变擦除的柔和度”项目文件，如下图所示。

步骤 02 在“视频 1”轨道上选择“渐变擦除”转场，如下图所示。

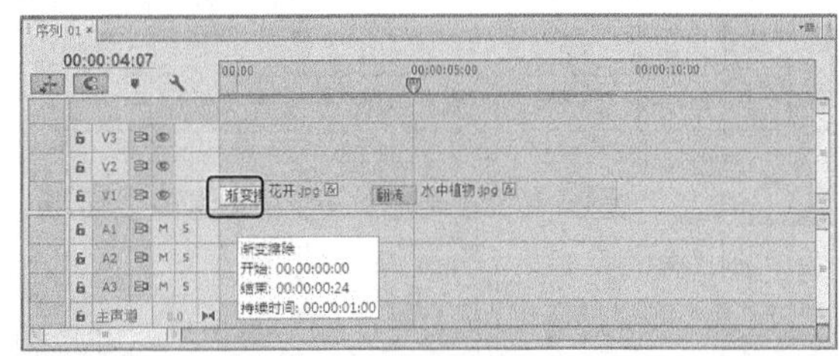

步骤 03 在“效果控件”面板中，单击“自定义”按钮，如下图所示。

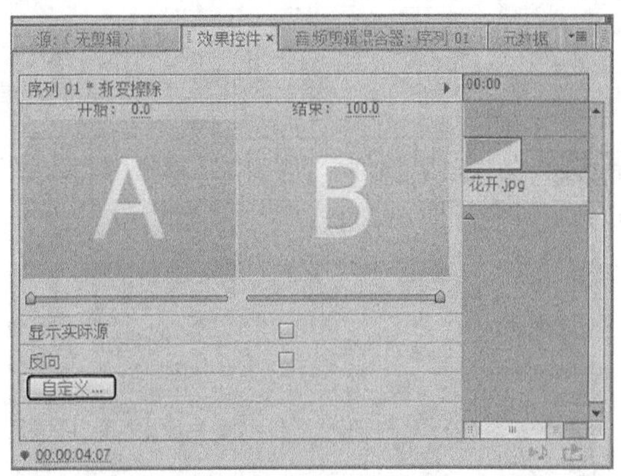

步骤 04 打开“渐变擦除设置”对话框，❶ 修改“柔和度”参数为 32，❷ 单击“确定”按钮，如下图所示。

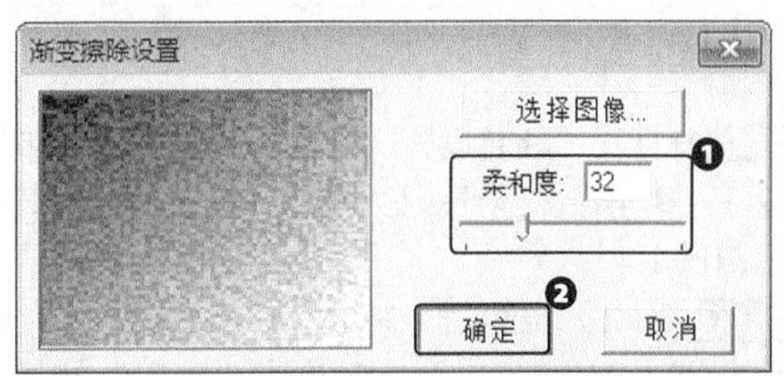

步骤 05 即可修改渐变擦除的柔和度，其图像效果如下图所示。

自定义翻转转场效果

使用“消除锯齿品质”功能，可以消除转场效果的锯齿。“消除锯齿品质”的列表框中包含有关、低、中以及高 4 种消除方式。

光盘同步视频文件
配套光盘\秘技4. 自定义翻转转场效果.mp4

步骤01在“视频 1”轨道上，选择“翻转”转场，如下图所示。

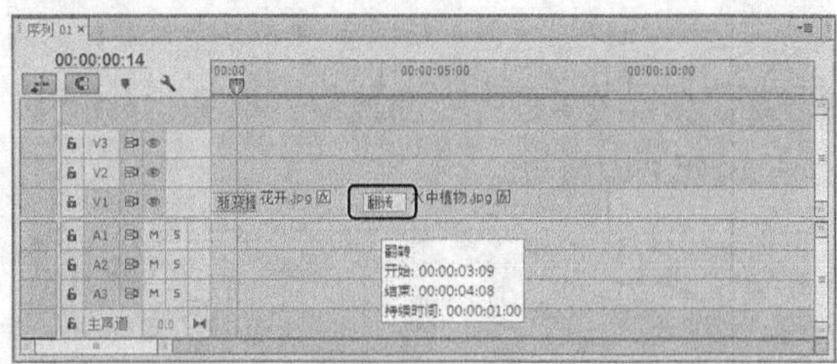

步骤02在“效果控件”面板中，单击“自定义”按钮，如下图所示。

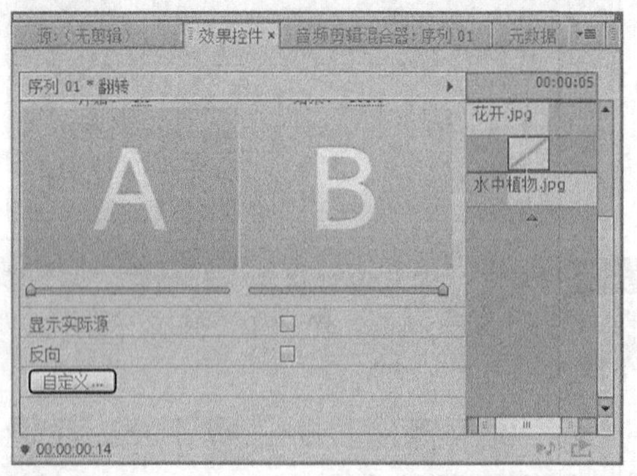

步骤03打开“翻转设置”对话框，❶修改“带”为 3，❷单击“填充颜色”右侧的颜色块，如右上图所示。

步骤04打开“拾色器”对话框，❶修改 RGB 参数分别为 215、80、14，❷单击“确定”按钮，如右中图所示。

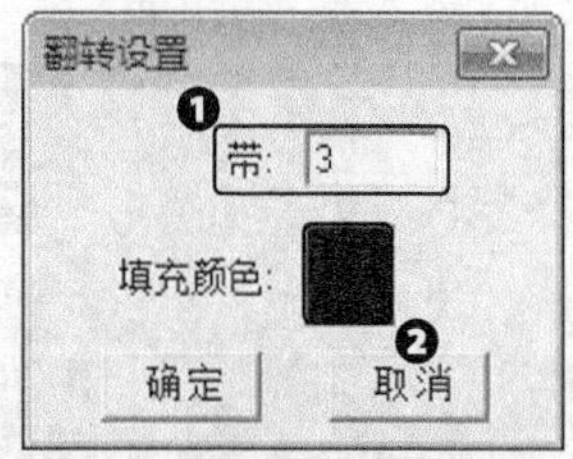

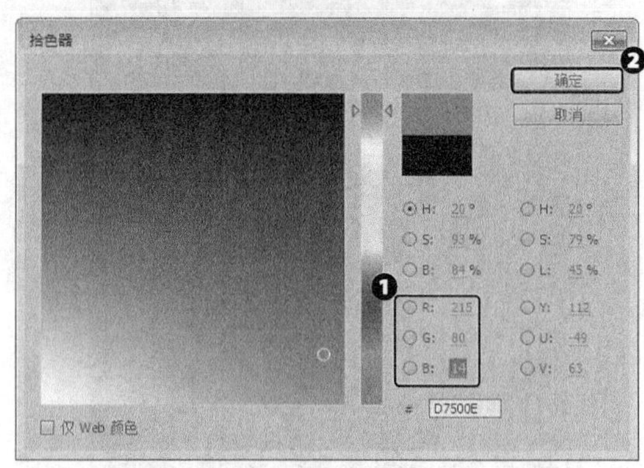

步骤05返回到“翻转设置”对话框，单击“确定”按钮，即可自定义翻转转场效果，其图像效果如下图所示。

第3篇
提高篇

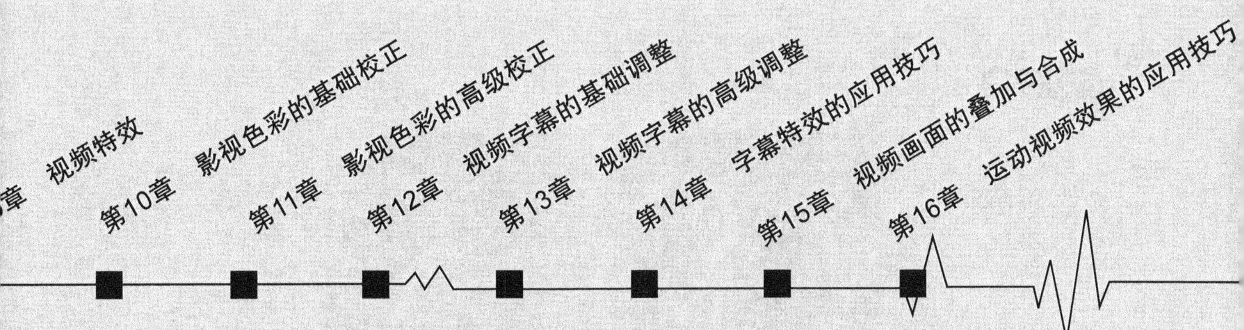
章　视频特效
第10章　影视色彩的基础校正
第11章　影视色彩的高级校正
第12章　视频字幕的基础调整
第13章　视频字幕的高级调整
第14章　字幕特效的应用技巧
第15章　视频画面的叠加与合成
第16章　运动视频效果的应用技巧

第 9 章 视频特效

学习目标

Premiere Pro CC 中丰富的特效可以使枯燥乏味的视频作品充满生趣。例如，使用 Premiere Pro CC“效果”面板上的视频特效可以模糊或倾斜图像，给它添加斜角边、阴影和美术效果。一些效果可以修正视频，提高视频质量；而另一些效果会使视频变得稀奇古怪。修改效果控件，还可以创建惊人的运动效果，例如使素材看起来像地震或者龙卷风袭击过一样。本章将详细讲解视频特效的应用操作，帮助读者快速掌握影视特效的应用技巧。

知识要点

- 操作“浪漫七夕”视频效果
- 添加常用视频效果
- 设置视频效果的参数

9.1 操作“浪漫七夕”视频效果

本节教学录像时间：5分钟

Premiere Pro CC 中为用户提供了 100 多种视频特效，并分为 19 个文件夹分别放置在“效果”面板中的“视频特效”文件夹中。为了更好地应用这些绚丽的特效，用户首先需要掌握视频特效的基本操作方法。

9.1.1 认识视频特效

“效果”面板中不仅包括“视频过渡”文件夹，还包括“视频效果”“音频效果”和“音频过渡”文件夹。单击“效果”面板上“视频特效”文件夹左边的三角，可以查看其中的视频特效，如下图所示。

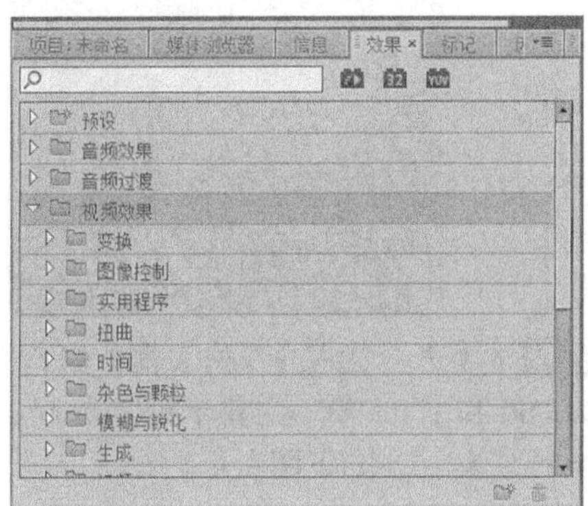

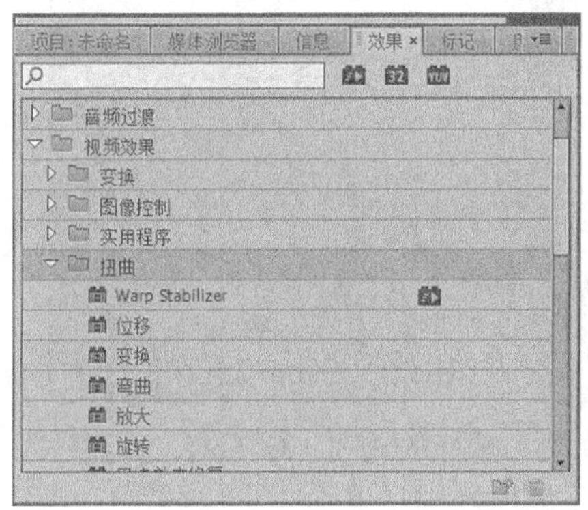

打开“视频效果”文件夹后，会显示一个特效列表。视频效果名称左边的图标表示每个效果，单击一个视频特效并将它拖曳至“时间轴”面板中的一个素材上，这样就可以将这个视频效果应用到视频轨道。单击文件夹左边的三角可以关闭文件夹。

9.1.2 单个视频效果的添加

在 Premiere Pro CC 中可以将选择的视频效果添加至“视频”轨道的素材图像上，完成单个视频效果的添加操作。

光盘同步视频文件
配套光盘\单个视频效果的添加.mp4

步骤 01 打开本书配套光盘中的“素材 / 第 9 章 /9.1　操作‘浪漫七夕’视频效果”项目文件，如右图所示。

步骤 02 在“效果”面板中，选择“视频效果”选项，如下图所示。

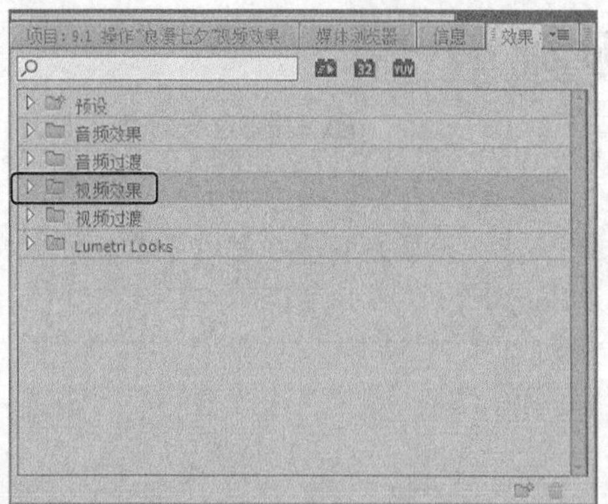

步骤 03 ❶ 展开选择的选项，❷ 选择“调整”选项，如下图所示。

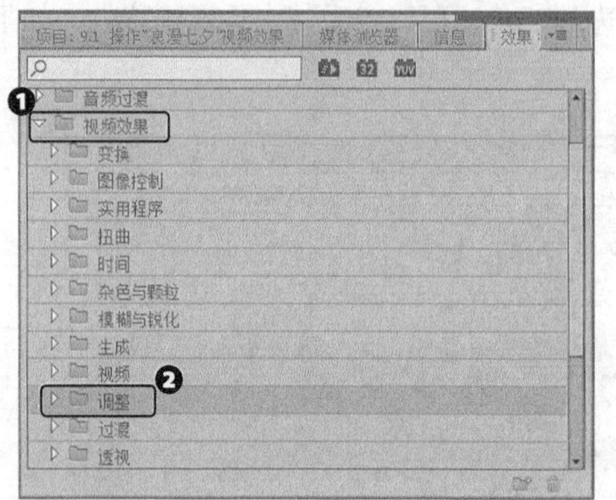

步骤 04 ❶ 展开选择的选项，❷ 选择“光照效果”选项，如下图所示。

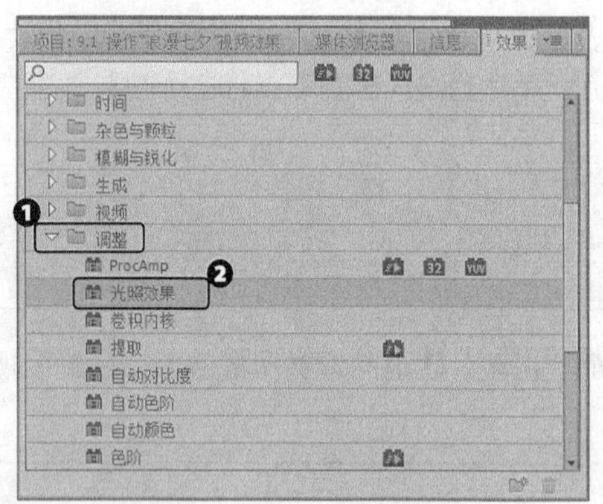

步骤 05 单击鼠标并拖曳，将其添加至“视频 1”轨道的素材图像上，其图像效果如图所示。

步骤 06 选择添加的视频特效，在“效果控件”面板中，修改“环境光照强度”为 50，如图所示。

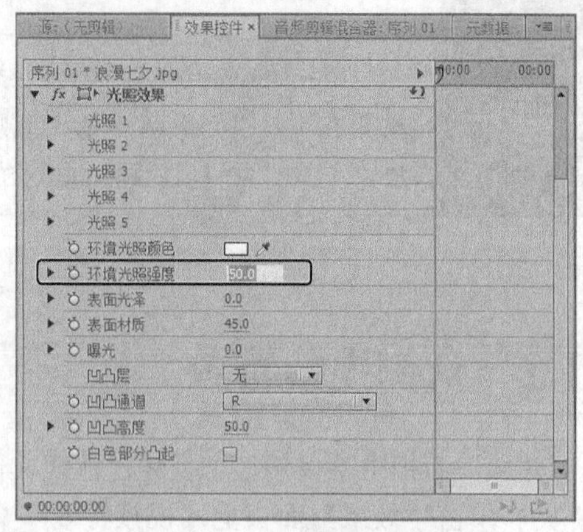

步骤 07 更改光照强度后的图像效果如下图所示。

步骤 08 展开“光照 1”列表框，❶ 修改“中央”为 800 和 100、❷“主要半径”为 15、❸“次要半径”为 10，如下图所示。

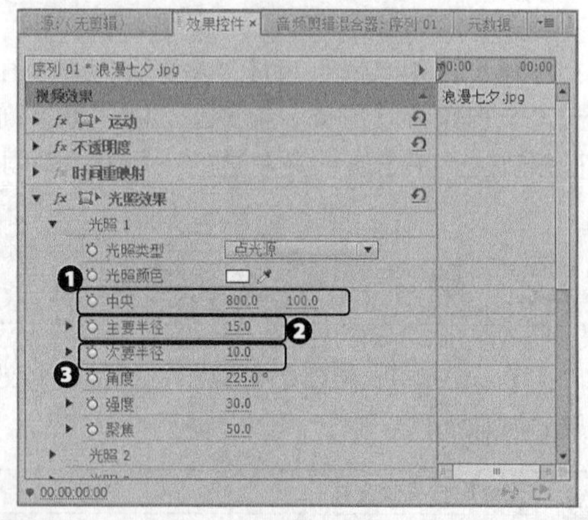

步骤 09 完成“光照效果”单个视频的添加操作，其最终图像效果如下图所示。

9.1.3 多个视频效果的添加

将素材拖入“时间轴”面板后，用户还可以将“效果”面板中的视频特效依次拖曳至“时间轴”面板的素材中，实现多个视频特效的添加。

光盘同步视频文件
配套光盘\多个视频效果的添加.mp4

步骤01 在“效果”面板中，❶ 展开“视频效果”列表框，❷ 选择“扭曲”选项，如下图所示。

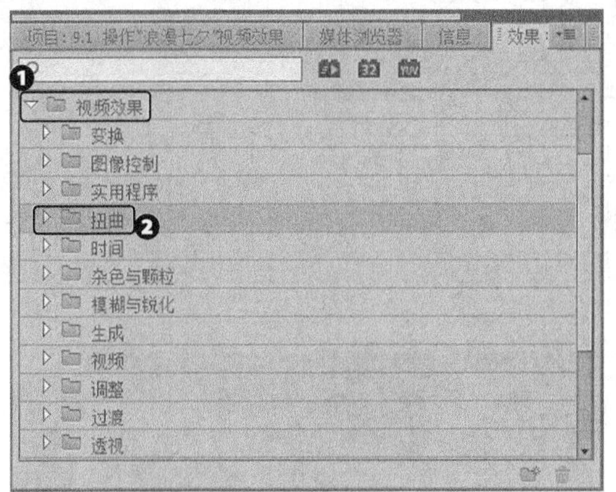

步骤02 ❶ 展开选择的选项，❷ 选择“弯曲”选项，如右上图所示。

步骤03 单击鼠标并拖曳，将其添加至“视频1”轨道的素材图像上，即可添加多个视频效果，其图像效果如右下图所示。

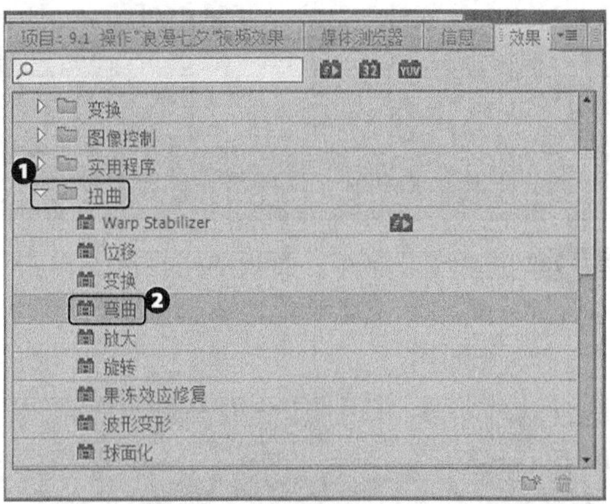

小提示

在“效果控件”面板中，用户可以随意拖曳各个视频特效，调整视频特效的排列顺序，这些操作可能会影响到视频特效的最终效果。

9.1.4 视频效果的复制与粘贴

在编辑视频的过程中，往往需要对多个素材使用同样的视频特效。此时，用户可以使用“复制”和“粘贴”的方法来制作多个相同的视频特效。

光盘同步视频文件
配套光盘\视频效果的复制与粘贴.mp4

步骤01 在“效果控件”面板中，❶ 选择“光照效果”选项，单击鼠标右键，❷ 打开快捷菜单，❸ 选择“复制”选项，如下图所示。

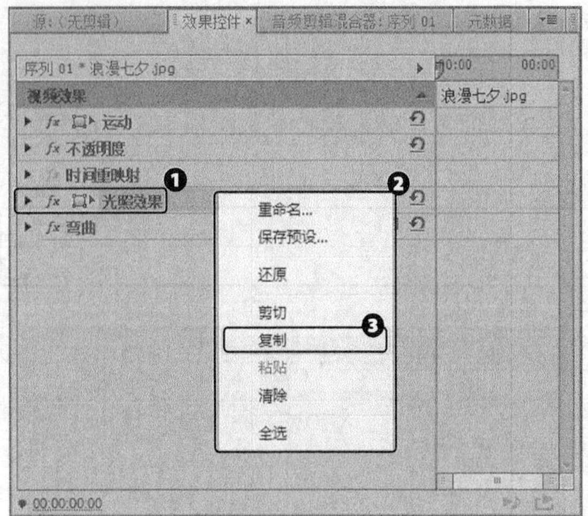

步骤 02 在“效果控件”面板的空白处，单击鼠标右键，❶ 打开快捷菜单，❷ 选择“粘贴”选项，如下图所示。

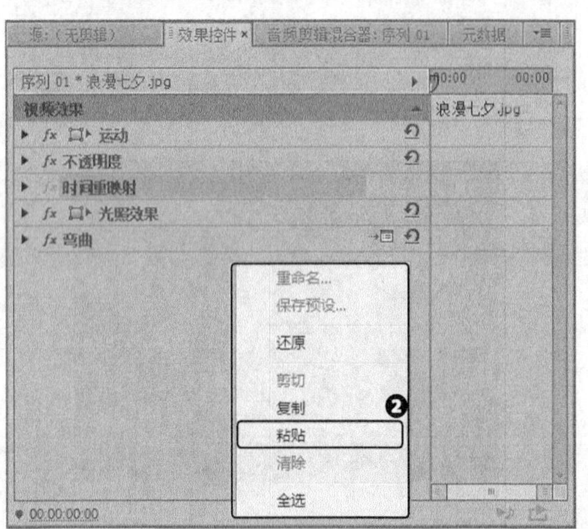

步骤 03 即可复制和粘贴视频效果，如下第 1 图所示，则图像效果也将发生变化，效果如下第 2 图所示。

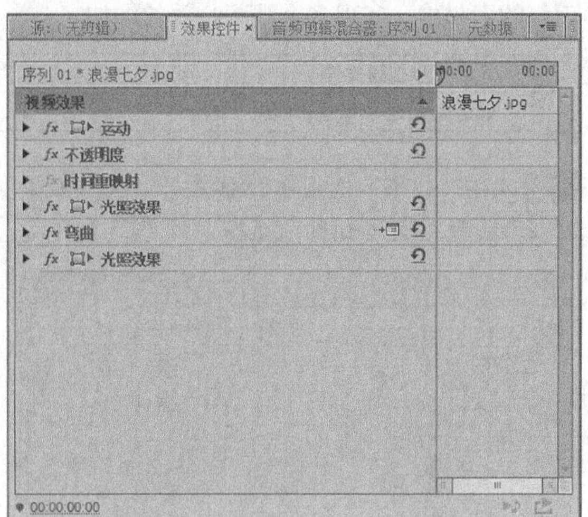

小提示

在“效果控件”面板中选择视频效果后，可按快捷键【Ctrl + C】复制视频效果，按快捷键【Ctrl + V】粘贴视频效果。

9.1.5 视频效果的删除

在进行视频特效添加的过程中，如果对添加的视频特效不满意，可以通过“清除”功能来删除特效。

	光盘同步视频文件
	配套光盘\视频效果的删除.mp4

步骤 01 在“效果控件”面板中，❶ 选择“弯曲”选项，单击鼠标右键，❷ 打开快捷菜单，❸ 选择“清除”选项，如下图所示。

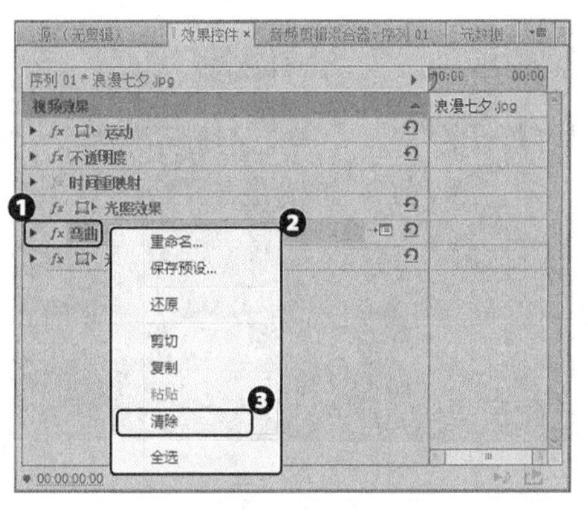

步骤 02 即可删除视频效果，其图像效果如下图所示。

小提示

还可以在“效果控件”面板中选择视频效果后，按快捷键【Delete】清除。

9.2 设置视频效果的参数

本节教学录像时间：1分钟

每一个视频效果都具有自己独有的参数，用户可以通过合理设置这些参数，让这些特效达到最佳效果。本节主要介绍视频特效参数的设置方法。

9.2.1 对话框参数的设置

在添加视频特效后，用户可以根据需要运用对话框设置视频特效的参数。

步骤 01 打开本书配套光盘中的“素材/第9章/9.2.1 对话框参数的设置”项目文件，如下图所示。

步骤 02 在“时间轴”面板的“视频1”轨道的素材图像上，单击鼠标，在“效果控件”面板中单击“设置”按钮，如下图所示。

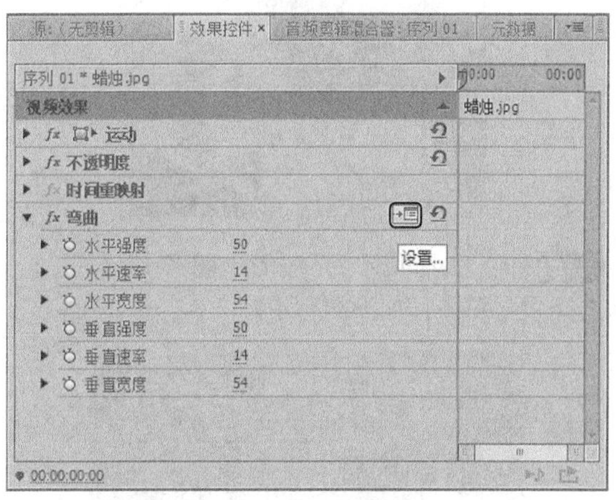

步骤 03 打开“弯曲设置”对话框，将左右两侧的强度向左进行拖曳，如下图所示。

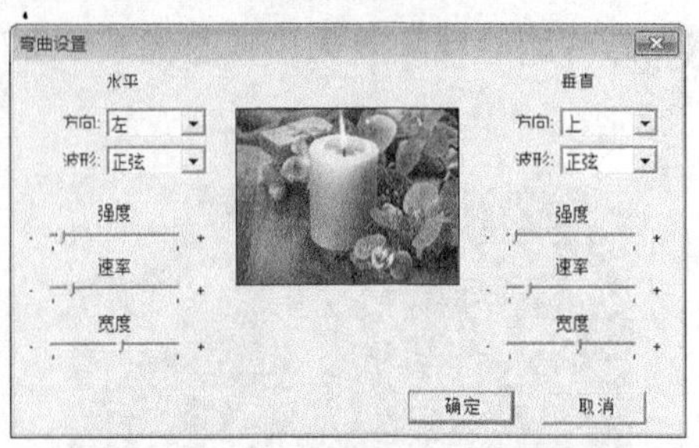

步骤04 单击“确定”按钮，即可通过对话框重新修改参数，图像效果如下图所示。

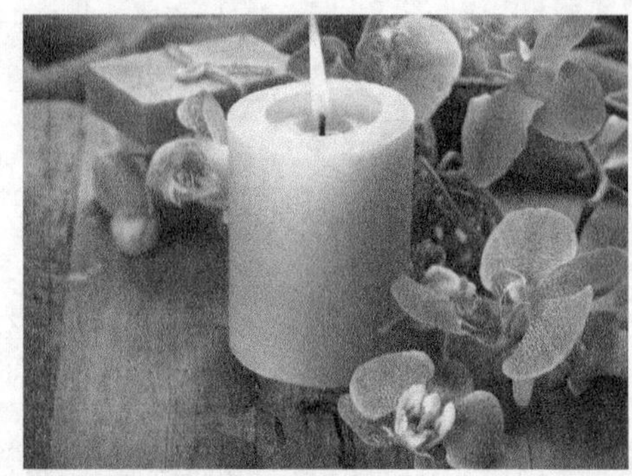

小提示

在“弯曲设置”对话框中，各常用选项的含义如下。

- 强度：用于设置波纹的高度。
- 速率：用于设置频率。
- 宽度：用于设置波纹的宽度。

9.2.2 效果控件参数的设置

在添加视频特效后，用户可以根据需要运用对话框设置视频特效的参数。

光盘同步视频文件

配套光盘\效果控件参数的设置.mp4

步骤01 打开本书配套光盘中的“素材/第9章/9.2.2 效果控件参数的设置”项目文件，如下图所示。

步骤02 在“时间轴”面板的“视频1”轨道上，选择素材图像，如下图所示。

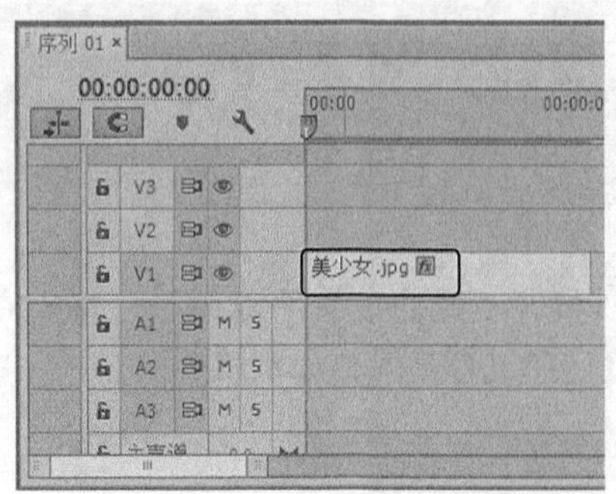

步骤03 在“效果控件”面板中，❶单击“转换类型”右侧的下拉按钮，展开列表框，❷选择“对数到对数”选项，如下图所示。

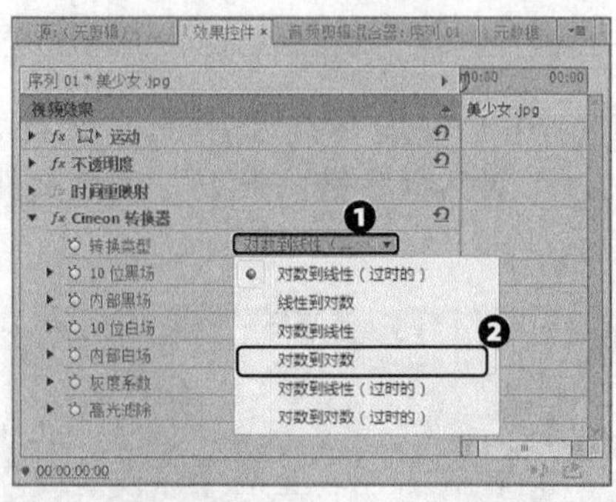

步骤04 即可通过效果控件参数修改特效，其图像效果如下图所示。

9.3 添加常用视频效果

本节教学录像时间：19分钟

在掌握了视频效果的操作和视频效果参数的设置后，就可以添加色度键、翻转、高斯模糊、马赛克以及镜头光晕等常用视频效果。

9.3.1 添加色度键效果

使用“色度键”视频效果可以将图像上的某种颜色及其相似范围的颜色设定为透明，从而可以看见低层的图像。

光盘同步视频文件
配套光盘\添加色度键效果.mp4

步骤01 打开本书配套光盘中的“素材 / 第 9 章 / 9.3.1 添加色度键效果”项目文件，如下图所示。

步骤02 在“项目”面板的空白处单击鼠标右键，❶ 打开快捷菜单，❷ 选择“导入”选项，如下图所示。

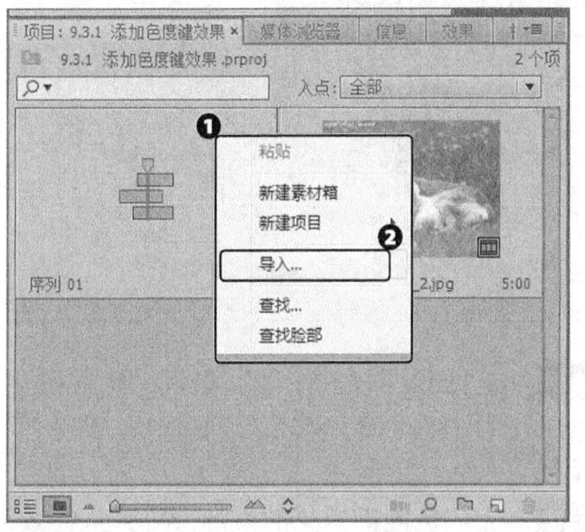

步骤03 打开“导入”对话框，❶ 选择“背景”图像文件，❷ 单击“打开”按钮，如下图所示。

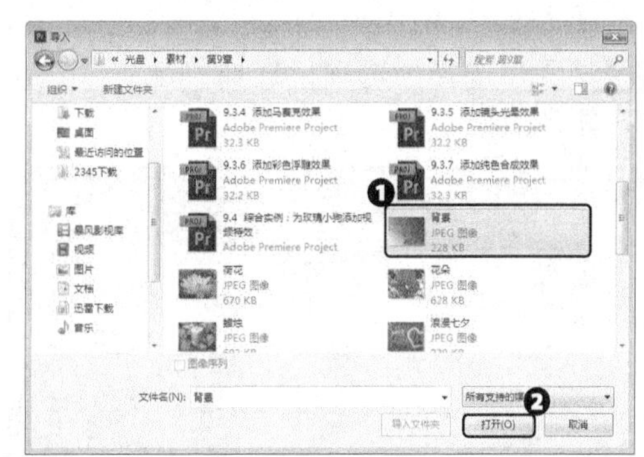

步骤04 即可导入素材图像，并在“项目”面板中显示，如下图所示。

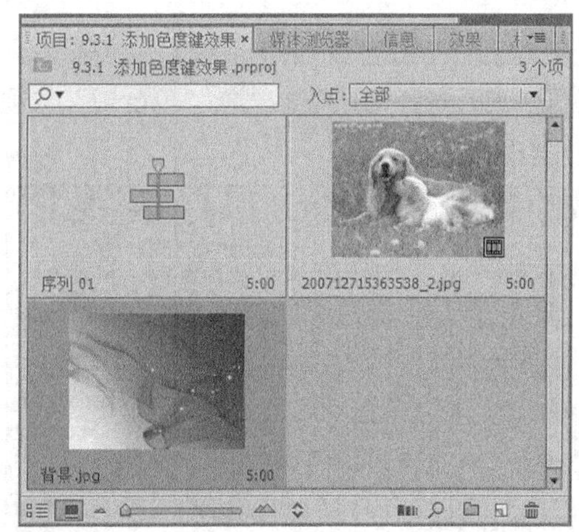

步骤05 选择“背景”图像，将其添加至“视频 1”轨道上，如下图所示。

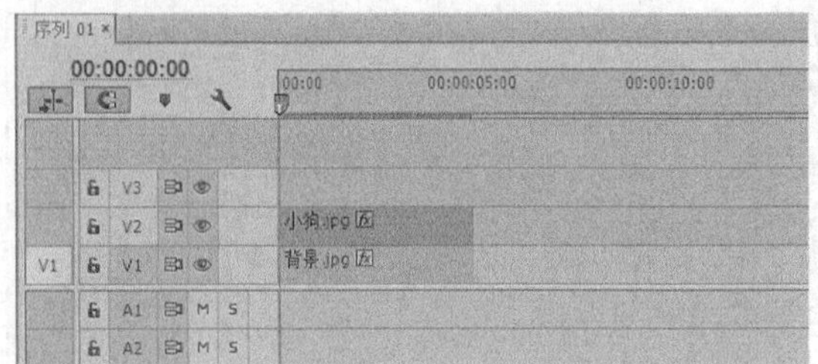

步骤06在“效果”面板中，选择“视频效果”选项，如下图所示。

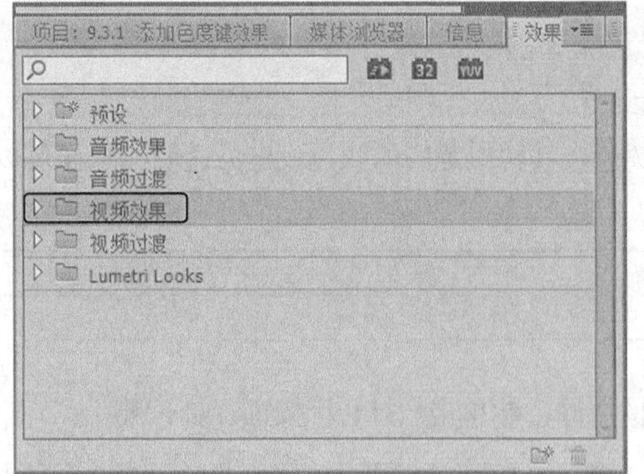

步骤07展开选择的选项，选择“键控”选项，如下图所示。

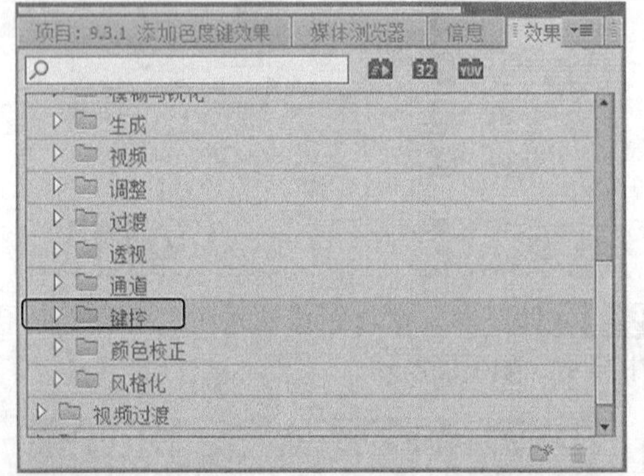

步骤08展开选择的选项，选择“色度键”选项，如下图所示。

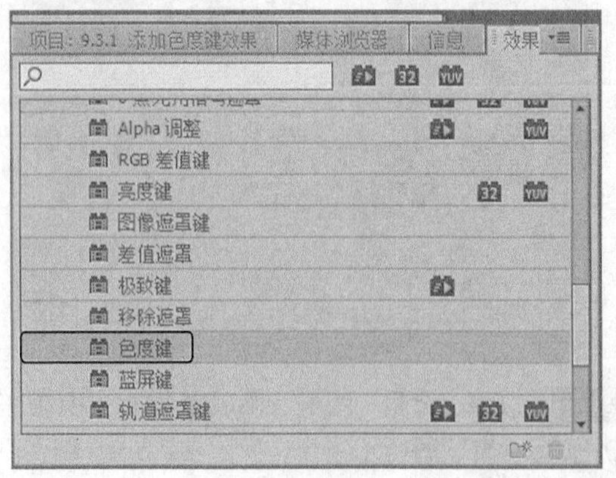

步骤09单击鼠标并拖曳，将其添加到“视频2”轨道的素材图像上，其图像效果如下图所示。

步骤10在“效果控件”面板中，单击“颜色”右侧的颜色块，如下图所示。

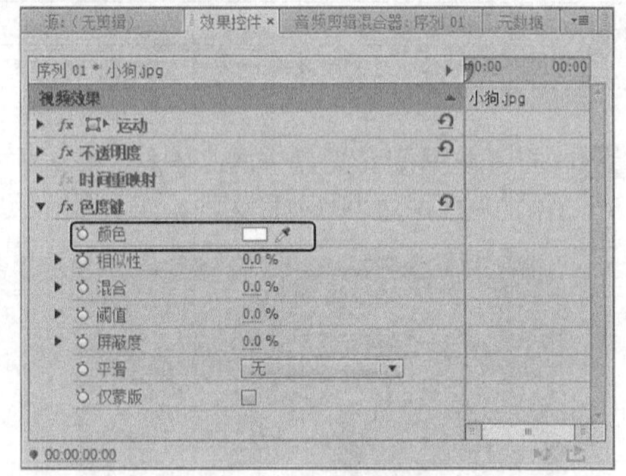

步骤11打开“拾色器”对话框，❶修改RGB参数分别为129、151、64，❷并在对话框的右上方单击“确定”按钮，如下图所示。

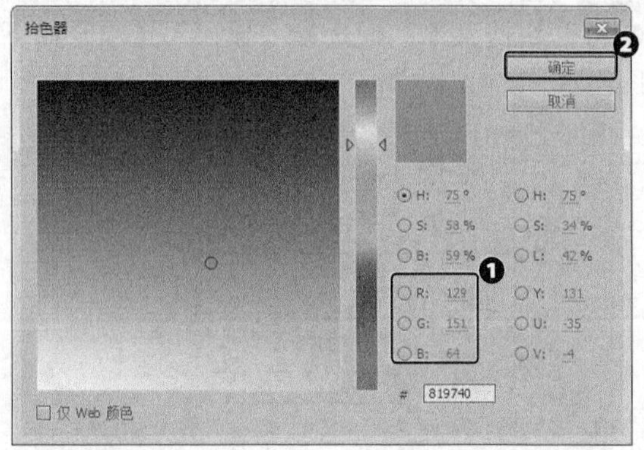

步骤12返回到“效果控件”面板，❶修改“相似性”为15%、❷“阈值”为10%，如左下图所示。

步骤13完成色度键效果的添加，得到最终效果，如右下图所示。

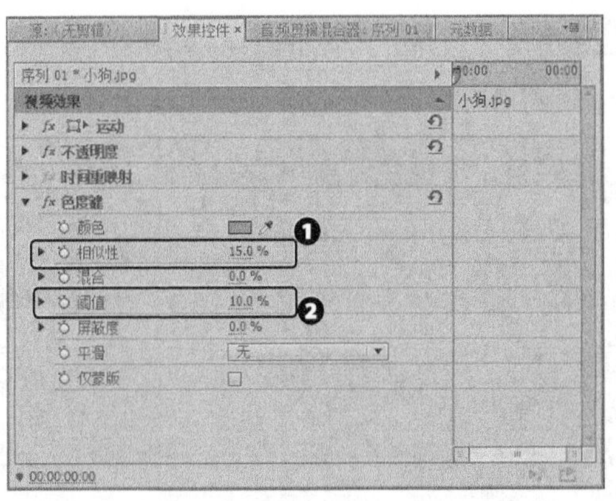

小提示

在“色度键”效果控件中，各常用选项的含义如下。

- 相似性：用于拓宽或缩小要设置为透明的颜色范围。值越高，范围越大。
- 混合：混合使用基础剪辑抠出的剪辑。值越高，可以混合的剪辑越多。
- 阈值：控制抠出的颜色范围内的阴影量。值越高，保留的阴影越多。
- 屏蔽度：使阴影变得更暗或更亮。
- 平滑：指定应用于透明区域与不透明区域之间界限的反失真量。反失真效果可以混合像素以生成较柔化、较平滑的边沿。
- 仅蒙版：根据由键控设置所进行的修改，只显示剪辑的Alpha通道。如果选择了“仅蒙版”，则剪辑的不透明区域显示为白色，透明区域显示为黑色，而部分透明的区域显示为灰色。删除所有的灰色区域以生成清晰的硬边键控。

9.3.2 添加翻转效果

翻转效果包含有“垂直翻转”和“水平翻转”两种方式，其中“垂直翻转”视频特效用于将图像上下垂直反转；而“水平翻转”特效用于将图像左右水平反转。

光盘同步视频文件

配套光盘\添加翻转效果.mp4

步骤01 打开本书配套光盘中的“素材 / 第 9 章 /9.3.2　添加翻转效果”项目文件，如下图所示。

步骤02 在“效果控件”面板中，❶ 展开“视频效果”列表框，❷ 选择“变换”选项，如下图所示。

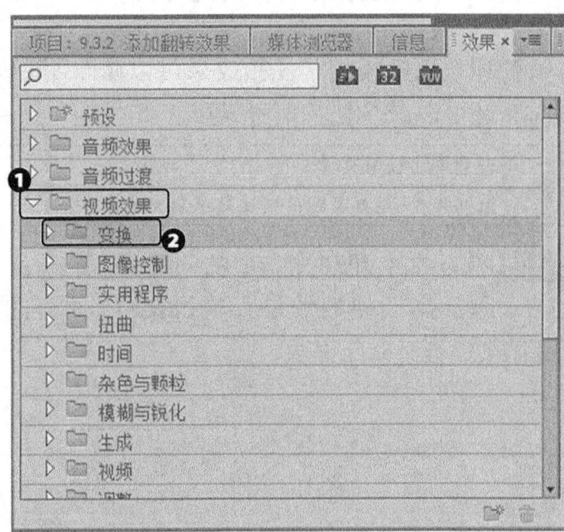

步骤 03 ❶ 展开选择的选项，❷ 选择“垂直翻转”选项，如下图所示。

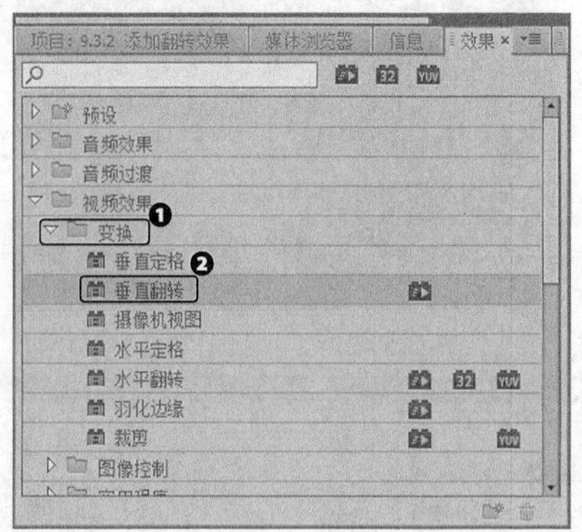

步骤 04 单击鼠标并拖曳，将其添加至“视频 1”轨道的素材图像上，即可添加“垂直翻转”视频效果，其图像效果如下图所示。

步骤 05 在“变换”列表框中，选择“水平翻转”选项，如下图所示。

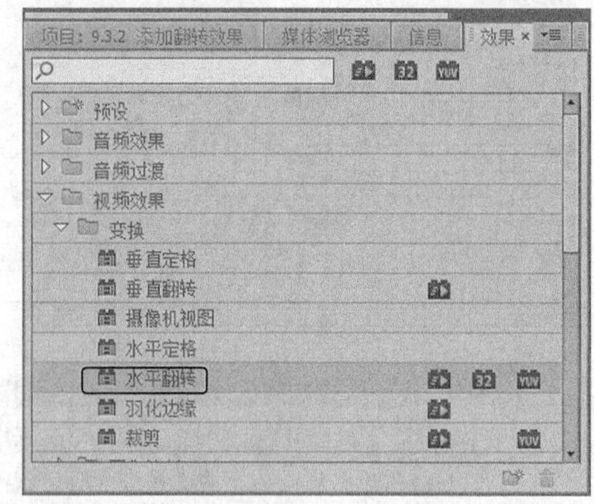

步骤 06 单击鼠标并拖曳，将其添加至“视频 1”轨道的素材图像上，即可添加“水平翻转”视频效果，其图像效果如下图所示。

小提示

“变换”列表框中的视频特效主要是使素材的形状产生二维或者三维的变化，其效果包括“垂直定格”“垂直翻转”“摄像机视图”“水平定格”“水平翻转”“羽化边缘”以及“裁剪”等7种视频特效。

9.3.3 添加高斯模糊效果

使用“高斯模糊”视频效果可以修改明暗分界点的差值，以产生模糊效果。使用该效果模糊视频时，还可以减少视频信号噪声。

光盘同步视频文件

配套光盘\添加高斯模糊效果.mp4

步骤 01 打开本书配套光盘中的“素材 / 第 9 章 / 9.3.3 添加高斯模糊效果”项目文件，如右图所示。

步骤02在“效果”面板中，❶展开“视频效果”列表框，❷选择“模糊与锐化”选项，如下图所示。

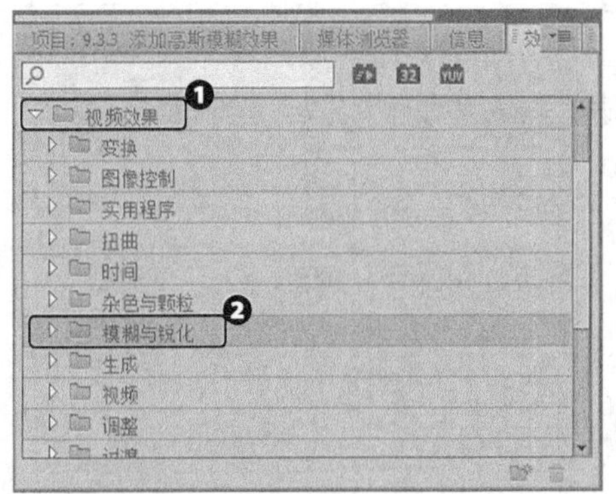

步骤03 ❶展开选择的选项，❷选择“高斯模糊”选项，如下图所示，单击鼠标并拖曳，将其添加至“视频1”轨道的素材图像上。

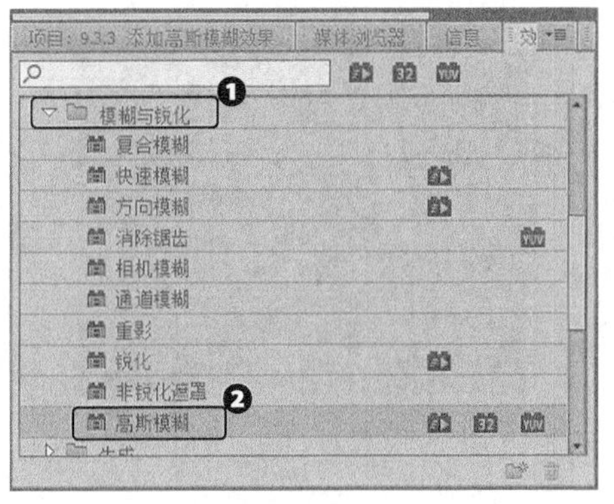

步骤04选择素材图像，在“效果控件”面板中，修改“模糊度”为10，如下图所示。

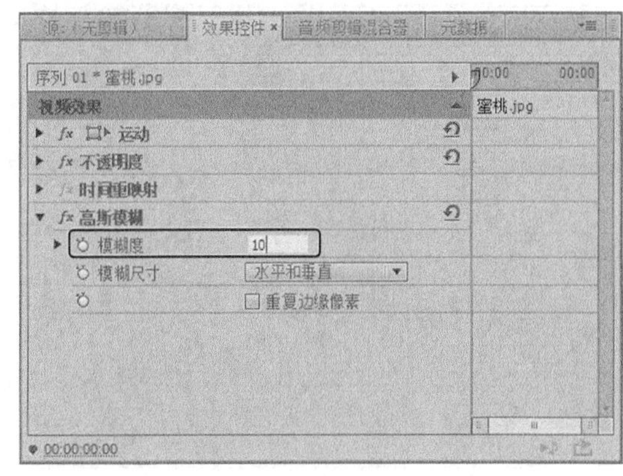

步骤05完成“高斯模糊”视频效果的添加操作，得到最终效果，如下图所示。

9.3.4 添加马赛克效果

使用“马赛克”视频效果可以将图像区域转换成矩形瓦块。

光盘同步视频文件

配套光盘\添加马赛克效果.mp4

步骤01打开本书配套光盘中的“素材/第9章/9.3.4 添加马赛克效果”项目文件，如下图所示。

步骤02在“效果”面板中，展开“视频过渡”列表框，选择“风格化”选项，如下图所示。

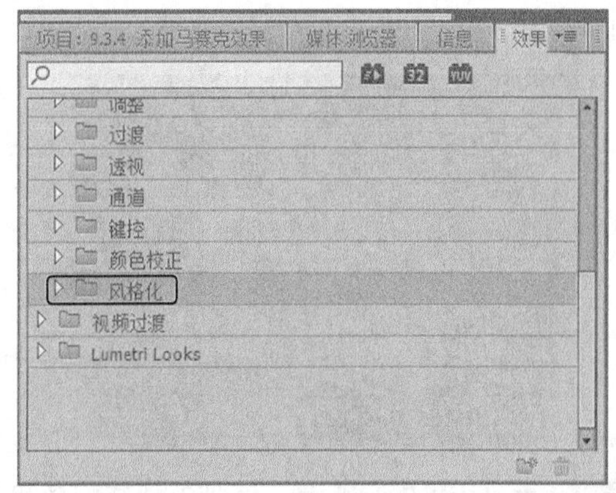

步骤 03 展开选择的选项，选择“马赛克”选项，如下图所示。

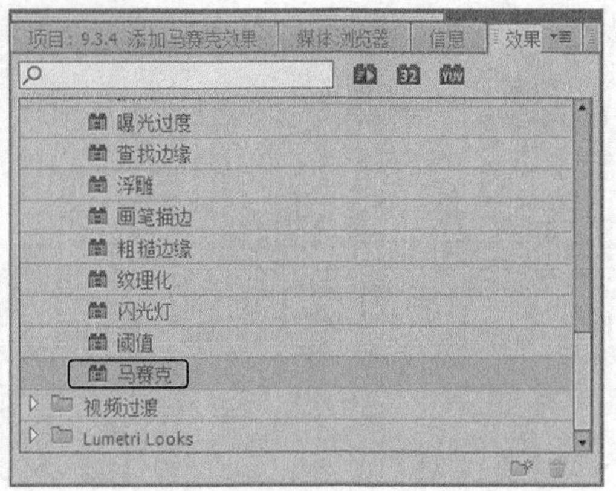

步骤 04 单击鼠标并拖曳，将其添加至“视频 1”轨道的素材图像上，其图像效果如下图所示。

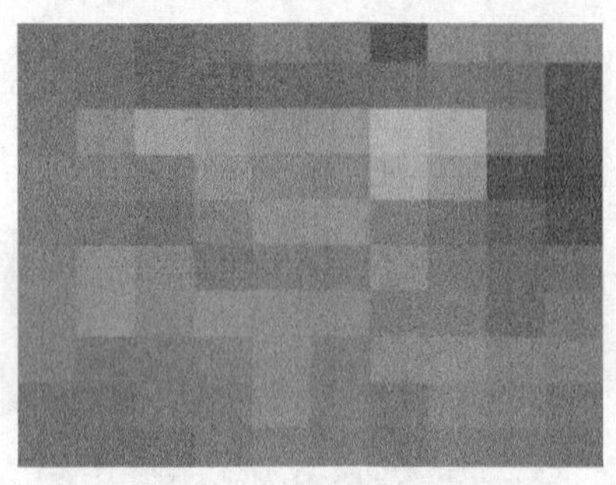

步骤 05 在“效果控件”面板中，❶修改“水平块”为 180、❷“垂直块”为 180，如下图所示。

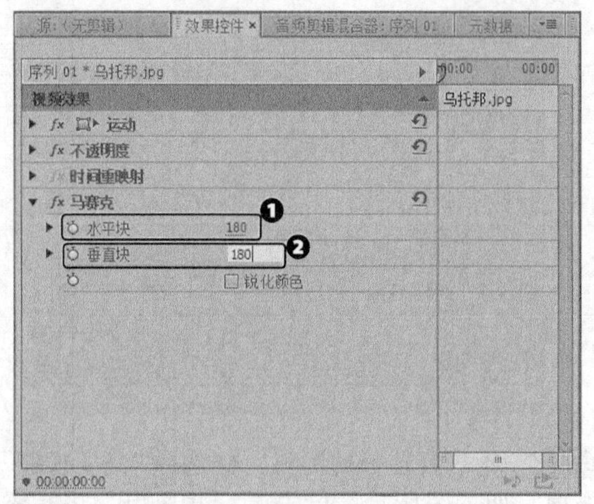

步骤 06 完成马赛克效果的添加，得到最终图像效果，如下图所示。

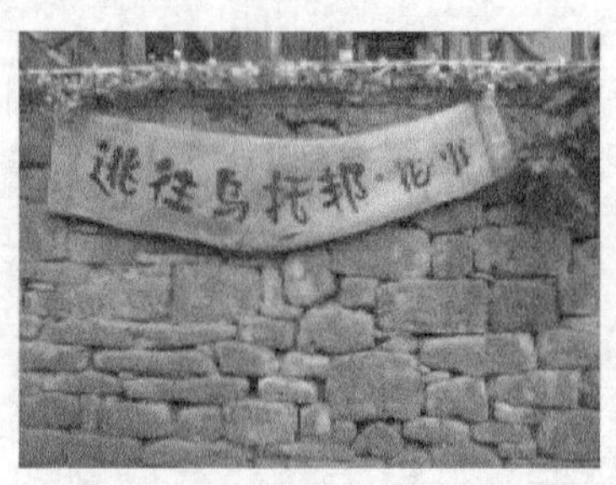

9.3.5 添加镜头光晕效果

使用“镜头光晕”视频效果，可以在图像中创建闪光灯的效果。

	光盘同步视频文件
	配套光盘\添加镜头光晕效果.mp4

步骤 01 打开本书配套光盘中的“素材 / 第 9 章 /9.3.5 添加镜头光晕效果”项目文件，如下图所示。

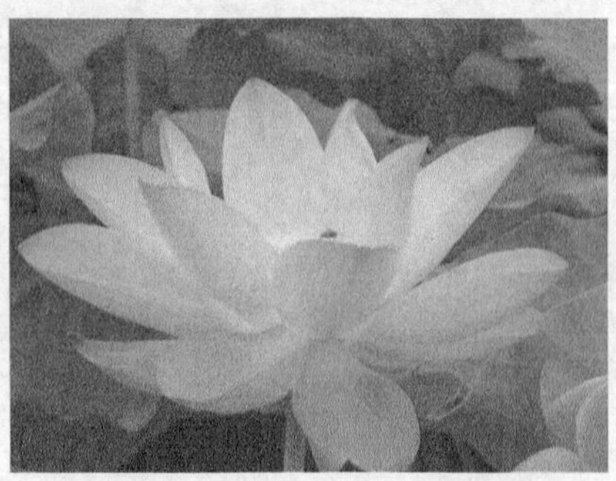

步骤 02 在“效果”面板中，❶ 展开“视频效果”列表框，❷ 选择“生成”选项，如下图所示。

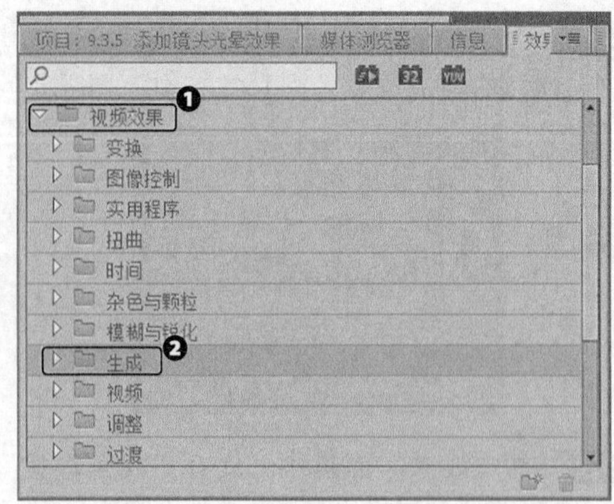

步骤03 ❶ 展开选择的选项，❷ 选择“镜头光晕”选项，如下图所示。

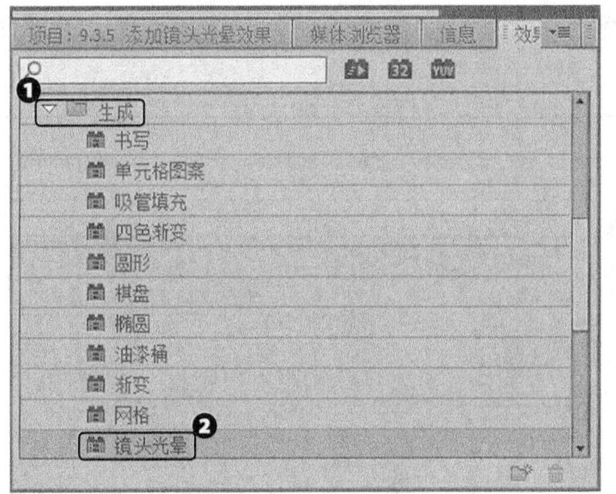

步骤04 单击鼠标并拖曳，将其添加至“视频 1”轨道的素材图像上，其图像效果如下图所示。

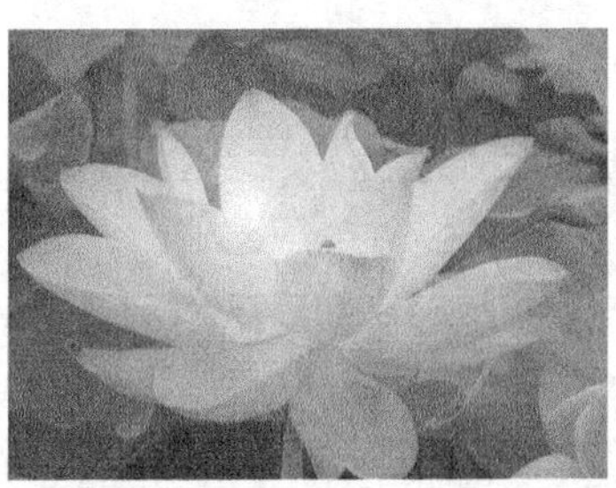

步骤05 在“效果控件”面板中，修改“光晕中心”为 300 和 200，如下图所示。

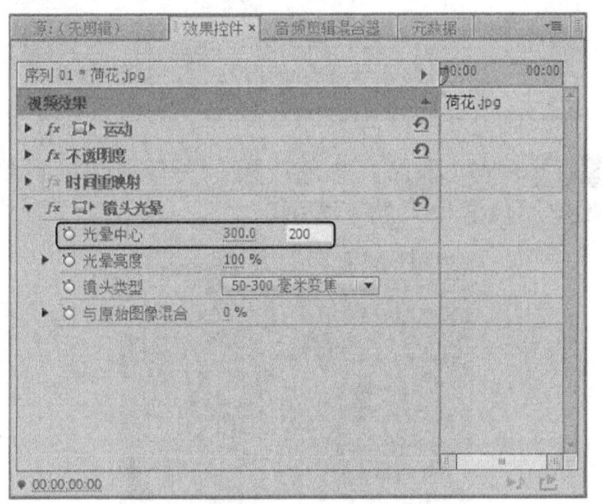

步骤06 则素材图像上的镜头光晕位置发生变化，如下图所示。

步骤07 ❶ 修改“光晕亮度”为 120%、❷“与原始图像混合”为 10%，如下图所示。

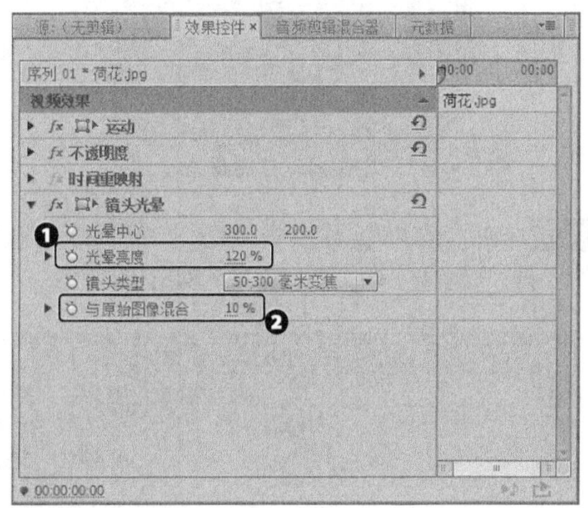

步骤08 完成镜头光晕效果的添加，得到最终图像效果，如下图所示。

小提示

在“镜头光晕”列表框中，各常用选项的含义如下。

- 光晕中心：用于设置镜头光晕效果的位置。
- 光晕亮度：用于设置镜头光晕效果的亮度。
- 镜头类型：用于设置镜头光晕的类型。
- 与原始图像混合：用于设置镜头光晕效果与素材图像的混合度。

9.3.6 添加彩色浮雕效果

使用“彩色浮雕”视频特效可以生成彩色的浮雕效果，素材图像中的颜色对比越强烈，则浮雕效果越明显。

	光盘同步视频文件
	配套光盘\添加彩色浮雕效果.mp4

步骤 01 打开本书配套光盘中的“素材 / 第 9 章 /9.3.6 添加彩色浮雕效果”项目文件，如下图所示。

步骤 02 在“效果”面板中，展开“视频效果”列表框，选择“风格化”选项，如下图所示。

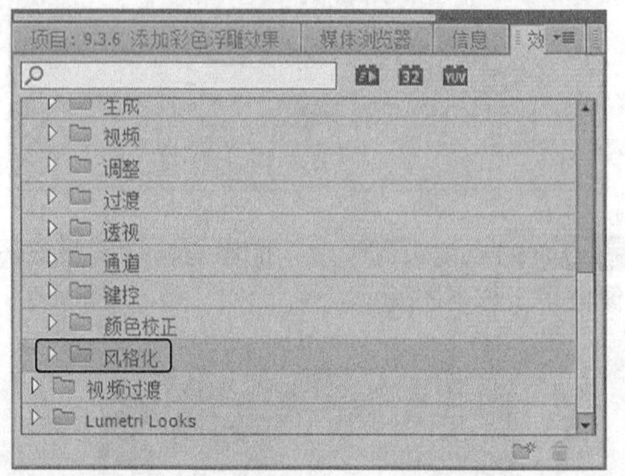

步骤 03 ❶ 展开选择的选项，❷ 选择“彩色浮雕”选项，如右上图所示。

步骤 04 单击鼠标并拖曳，将其添加在“视频 1”轨道的素材图像上，在“效果控件”面板中，❶ 修改“起伏”为 3、❷“对比度”为 200，如右下图所示。

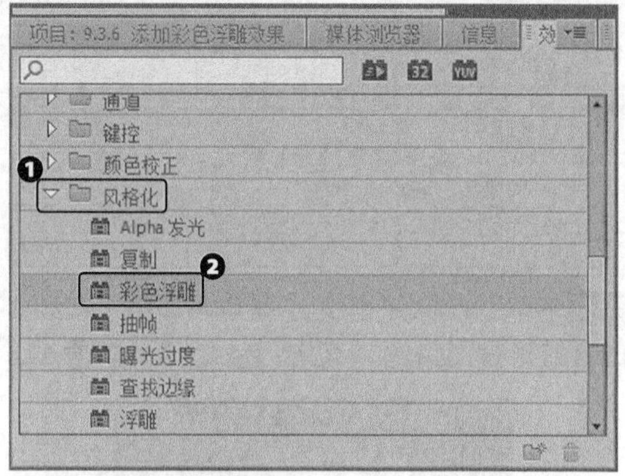

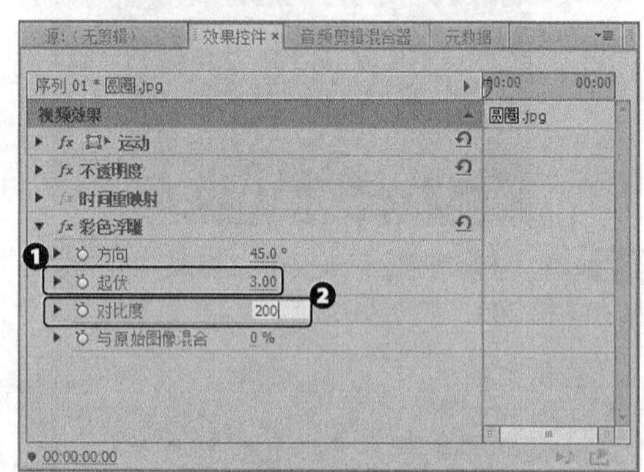

步骤 05 即可添加“彩色浮雕”视频效果，得到最终图像效果，如下图所示。

9.3.7 添加纯色合成效果

使用“纯色合成”视频效果，可以将固态颜色覆盖在素材上。

	光盘同步视频文件
	配套光盘\添加纯色合成效果.mp4

步骤 01 打开本书配套光盘中的“素材 / 第 9 章 / 9.3.7 添加纯色合成效果”项目文件，如下图所示。

步骤 02 在“效果”面板中，展开“视频效果”列表框，选择“通道”选项，如下图所示。

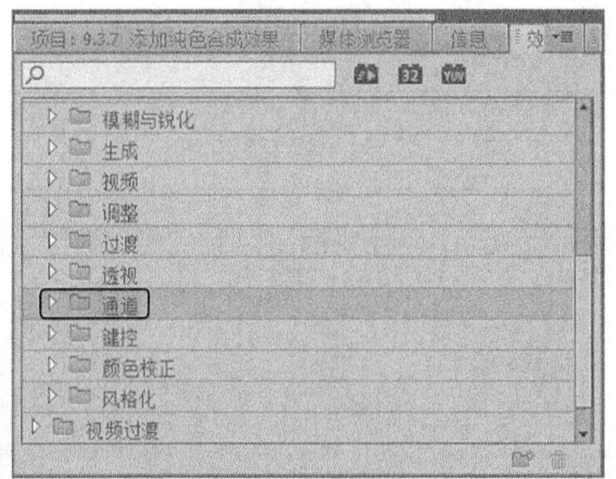

步骤 03 ❶ 展开选择的选项，❷ 选择“纯色合成”选项，如右上图所示。

步骤 04 单击鼠标并拖曳，将其拖曳至“视频 1”轨道素材图像上，在“效果控件”面板中，单击“颜色”右侧的颜色块，如下图所示。

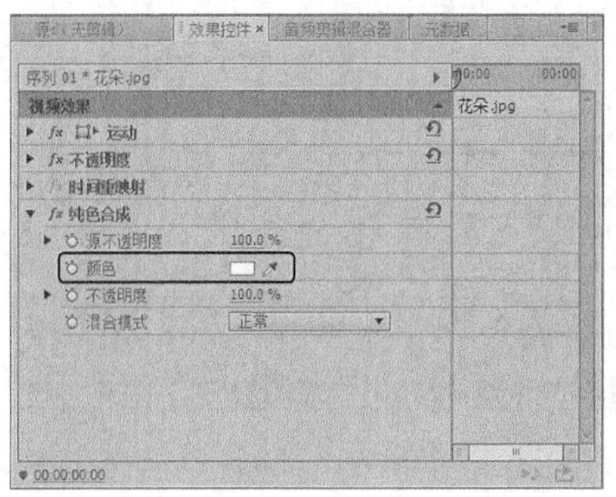

步骤 05 打开“拾色器”对话框，❶ 修改 RGB 参数为 76、125、0，❷ 单击“确定”按钮，如下图所示。

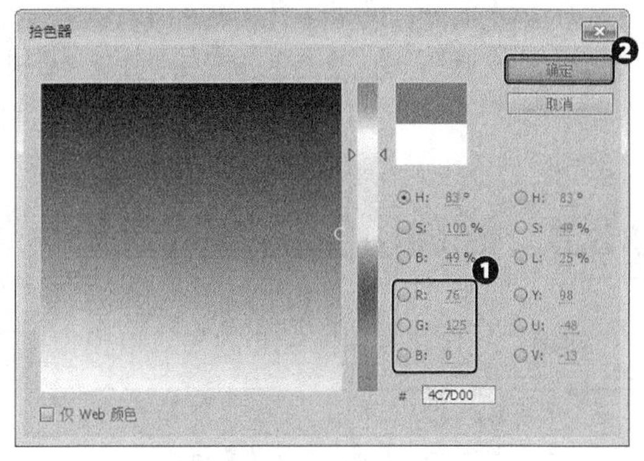

步骤 06 完成颜色修改，❶ 单击“混合模式”右侧下三角按钮，展开列表框，❷ 选择“强光”选项，如下图所示。

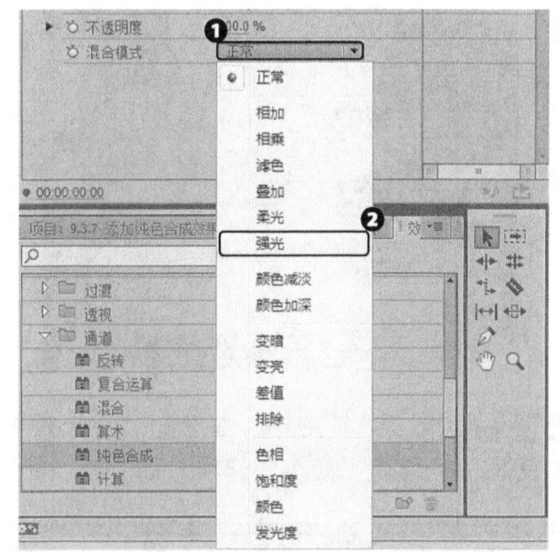

步骤 07 即可完成纯色合成效果的添加操作，得到最终图像效果，如下图所示。

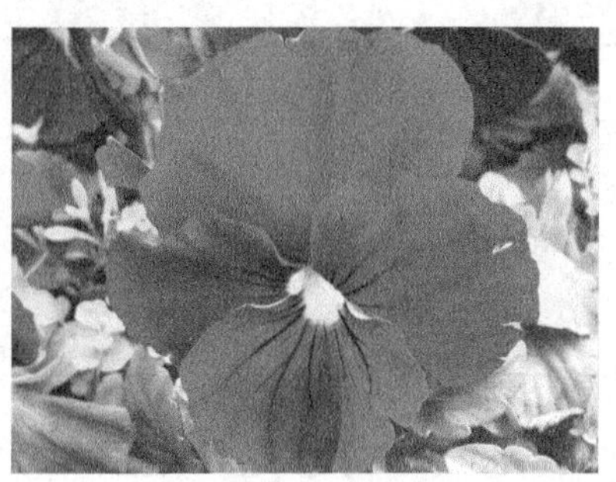

小提示

在"纯色合成"列表框中，各常用选项的含义如下。

- 源不透明度：用于调整源素材的不透明度参数。
- 颜色：用于修改纯色合成的颜色。
- 不透明度：用于调整纯色颜色的透明度。
- 混合模式：用于选择合成素材的显示方式。

9.3.8 添加摄像机视图效果

使用"摄像机视图"视频效果可以模拟以不同的摄像角度查看素材。

光盘同步视频文件

配套光盘\添加摄像机视图效果.mp4

步骤 01 打开本书配套光盘中的"素材/第9章/9.3.8 添加摄像机视图效果"项目文件，如下图所示。

步骤 02 在"效果"面板中，❶展开"视频效果"列表框，❷选择"变换"选项，如下图所示。

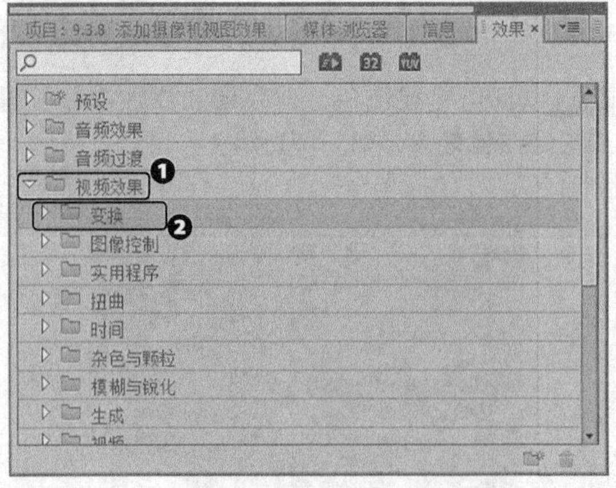

步骤 03 ❶展开选择的选项，❷选择"摄像机视图"选项，如下图所示。

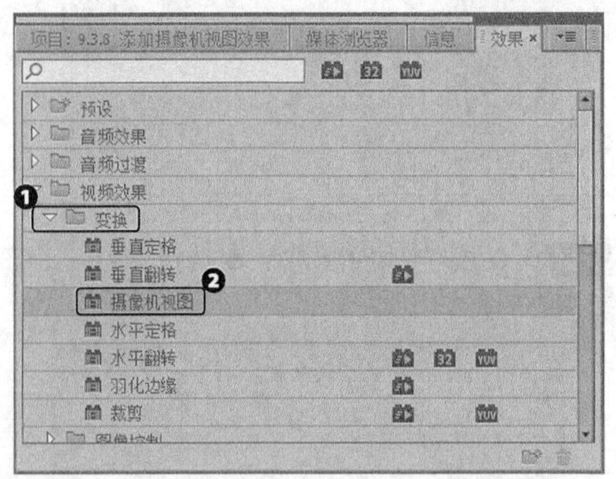

步骤 04 单击鼠标并拖曳，将其添加至"视频1"轨道的素材图像上，在"效果控件"面板中，修改❶"经度"和"纬度"为20和30、❷"滚动"和"焦距"为50和300、❸"距离"和"缩放"为50和5，如下图所示。

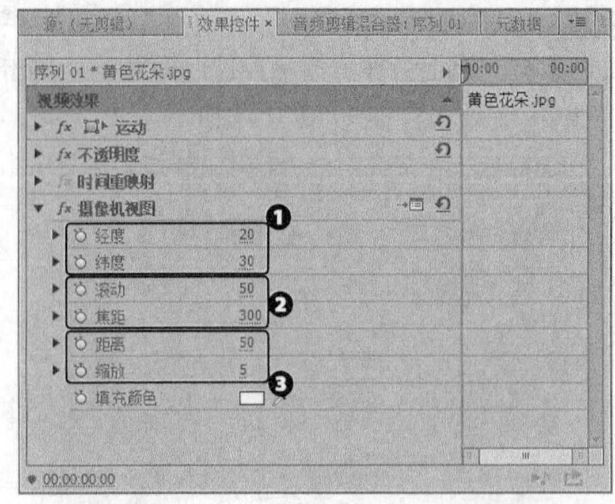

步骤 05 即可完成“摄像机视图”视频效果的添加，得到最终图像效果，如下图所示。

小提示

在“摄像机视图”列表框中，各常用选项的含义如下。

- 经度：用于调整经度参数，可以水平翻转素材。
- 纬度：用于调整纬度参数，可以垂直翻转素材。
- 滚动：通过调整旋转素材来模拟滚动摄像机。
- 焦距：用于调整视野参数，以便让视野更宽广或更狭小。
- 距离：用于更改假想的摄像机和素材间的距离。
- 缩放：用于调整图像的大小。
- 填充颜色：用于创建背景填充色，可以单击颜色块，在打开的“拾色器”对话框中选择一种颜色。

9.3.9 添加闪电效果

使用“闪电”视频效果可以在素材图像中添加出大自然中的闪电效果。

光盘同步视频文件
配套光盘\添加闪电效果.mp4

步骤 01 打开本书配套光盘中的“素材 / 第 9 章 / 9.3.9 添加闪电效果”项目文件，如下图所示。

步骤 02 在“效果”面板中，展开“视频效果”列表框，❶ 选择“生成”选项，展开选择的选项，❷ 选择“闪电”选项，如下图所示。

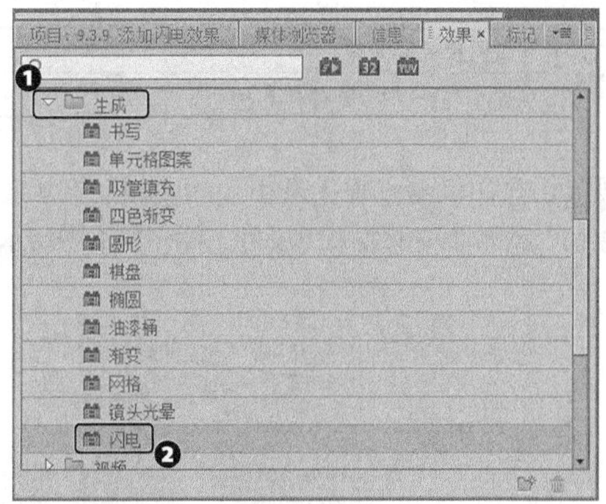

步骤 03 单击鼠标并拖曳，将其添加至“视频 1”轨道的素材图像上，其图像效果如下图所示。

步骤 04 在“效果控件”面板中，修改❶“起始点”参数为 400 和 50、❷“结束点”参数为 500 和 400，如下图所示。

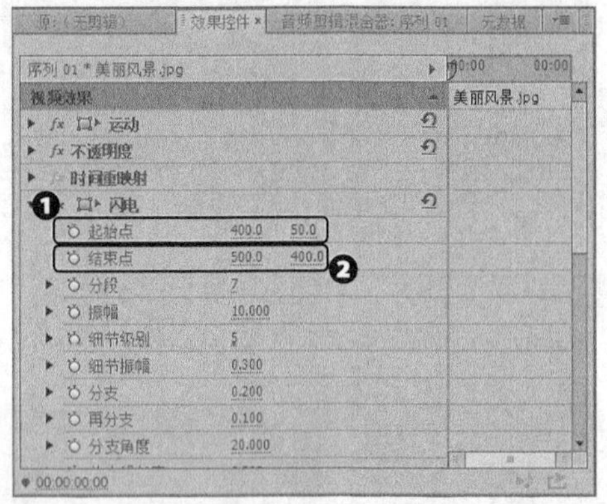

步骤 05 在“效果控件”面板的下方，修改“宽度”为 15，如下图所示。

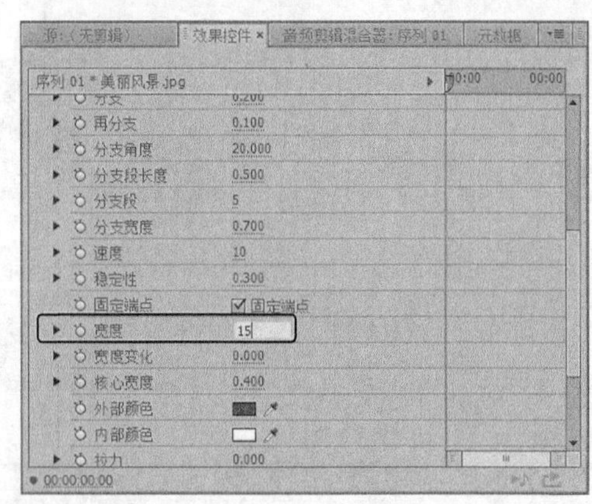

步骤 06 即可完成“闪电”视频效果的添加，得到最终图像效果，如下图所示。

9.3.10 添加油漆桶效果

使用“油漆桶”视频效果可以对图像着色或者对图像的某个区域应用纯色。

	光盘同步视频文件 配套光盘\添加油漆桶效果.mp4

步骤 01 打开本书配套光盘中的“素材 / 第 9 章 / 9.3.10 添加油漆桶效果”项目文件，如下图所示。

步骤 02 在“效果”面板中，展开“视频效果”列表框，❶选择“生成”选项，展开选择的选项，❷选择“油漆桶”选项，如下图所示。

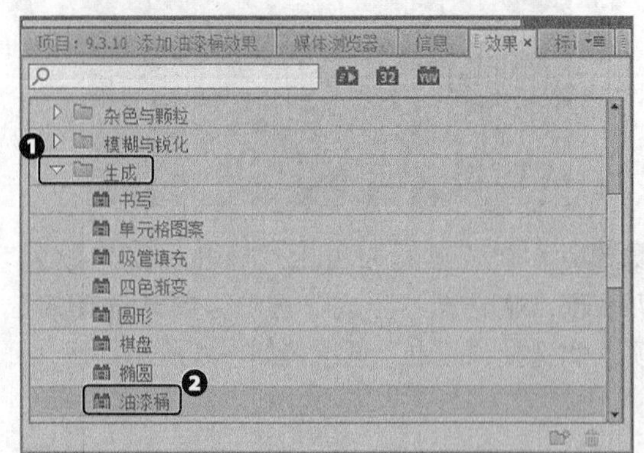

步骤03 单击鼠标并拖曳，将其添加至“视频1”轨道的素材图像上，其图像效果如下图所示。

步骤04 在“效果控件”面板中，修改❶“填充点”分别为200和100、❷“不透明度”为70，如下图所示。

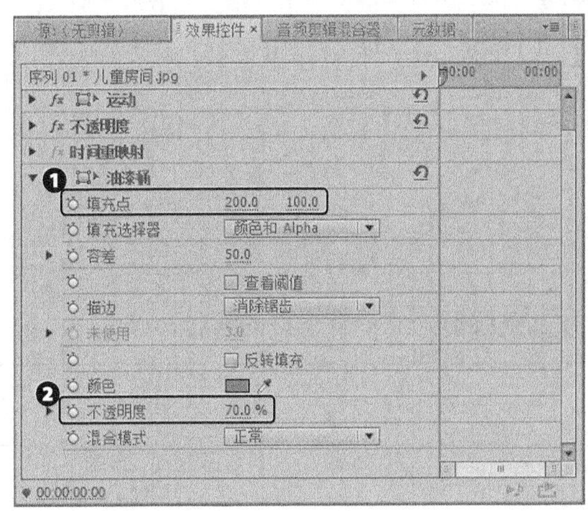

步骤05 修改参数后，则图像效果产生变化，如下图所示。

步骤06 在“效果控件”面板中，❶单击“描边”右侧的下三角按钮，展开列表框，❷选择“描边”选项，如下图所示。

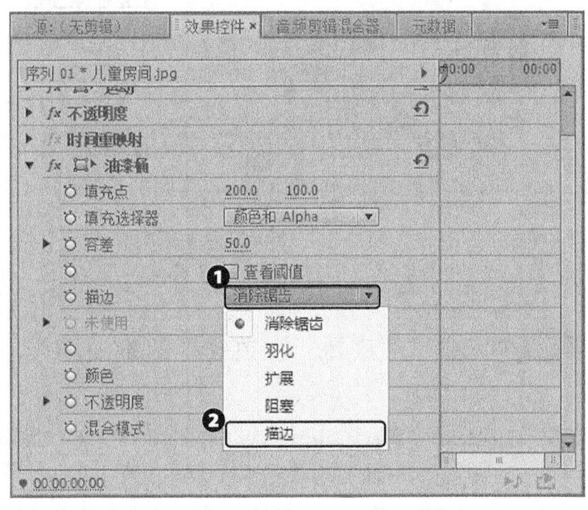

步骤07 修改“描边”方式后，则图像效果产生变化，如下图所示。

步骤08 在“效果控件”面板中，单击“颜色”右侧的颜色块，如下图所示。

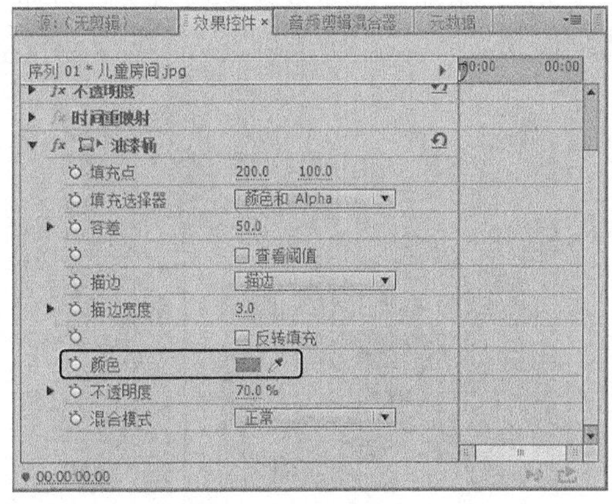

步骤09 打开“拾色器”对话框，❶修改RGB参数分别为173、158、32，❷单击“确定”按钮，如下图所示。

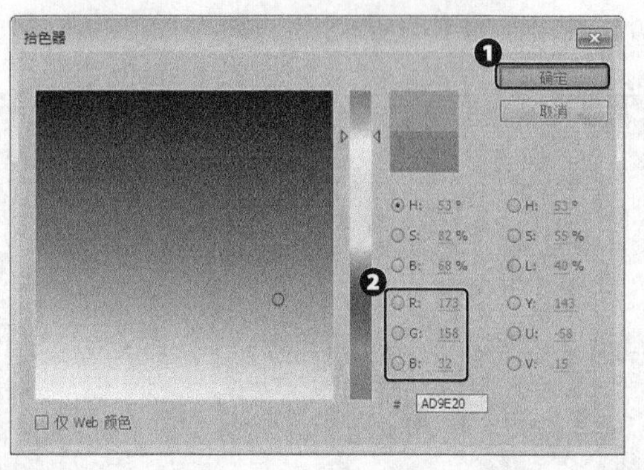

步骤10 完成"油漆桶"视频效果的添加操作，得到最终的图像效果，如下图所示。

小提示

在"油漆桶"列表框中，各常用选项的含义如下。

- 填充点：用于指定颜色的填充区域。
- 容差：可以调节应用于图像的颜色数目。
- 查看阈值：可以用作润色和颜色校正的一种形式，能够提供在黑白状态下的素材预览和填充颜色。
- 描边：用于决定颜色边缘的工作方式。
- 颜色：用于选择着色素材的颜色。

9.3.11 添加百叶窗效果

使用"径向擦除"视频效果可以擦除素材图像，并以条纹形式显示其下方的素材。

光盘同步视频文件
配套光盘\添加百叶窗效果.mp4

步骤01 打开本书配套光盘中的"素材/第9章/9.3.11 添加百叶窗效果"项目文件，如下图所示。

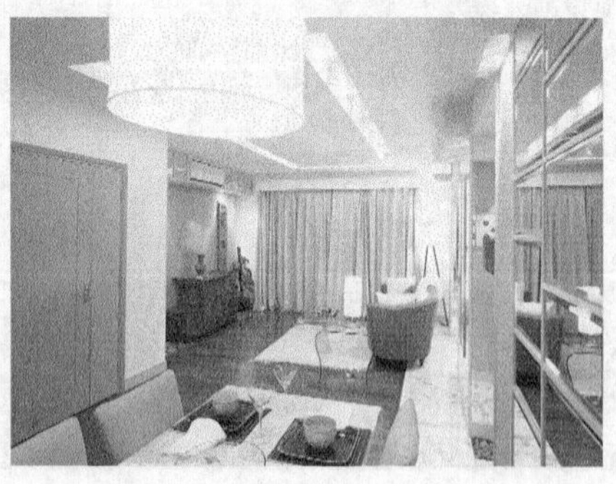

步骤02 在"效果"面板中，❶展开"视频效果"列表框，❷选择"过渡"选项，如下图所示。

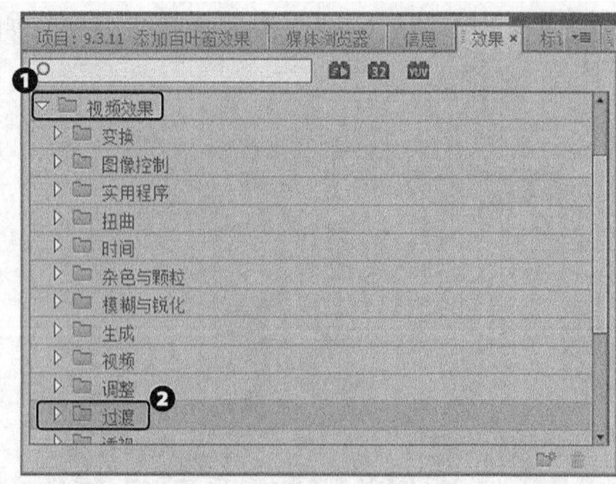

步骤03 ❶展开选择的选项，❷选择"百叶窗"选项，如下图所示。

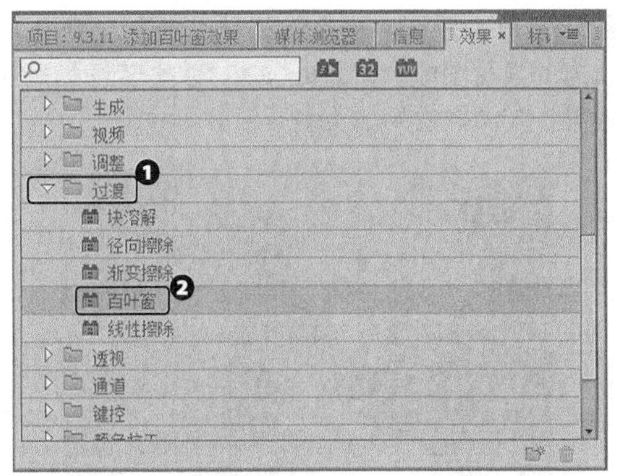

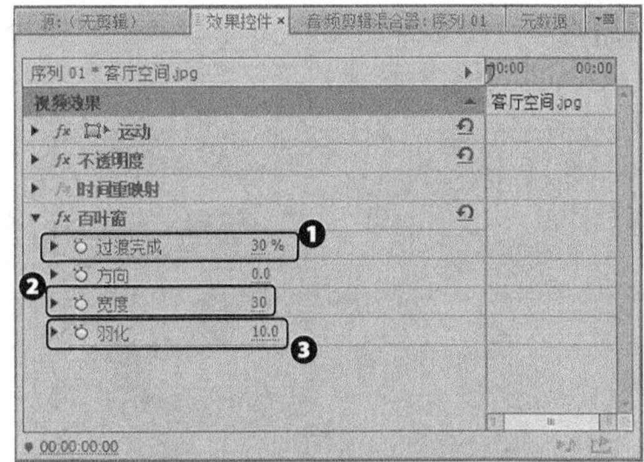

步骤 04 单击鼠标并拖曳，将其添加至“视频 1”轨道的素材图像上，在“效果控件”面板中，修改❶“过渡完成”为30%、❷“宽度”为30、❸“羽化”为10，如右上图所示。

步骤 05 即可完成“百叶窗”视频效果的添加操作，得到最终的图像效果，如右下图所示。

小提示

在“百叶窗”列表框中，各常用选项的含义如下。

- 过渡完成：用于调整百叶窗特效的百分比。
- 方向：用于修改百叶窗的角度。
- 宽度：用于修改百叶窗的数量和宽度。
- 羽化：用于修改百叶窗的柔化边缘。

9.4 综合案例——为“玫瑰小狗”添加视频特效

本节教学录像时间：7分钟

在了解了常用视频效果的添加操作后，可以通过所学的知识，为“玫瑰小狗”项目文件添加多种多样的视频效果，以便让素材图像更加完美地呈现。

光盘同步视频文件

配套光盘\综合实例：为“玫瑰小狗”添加视频特效.mp4

步骤 01 新建一个项目和序列文件，在“项目”面板中，双击鼠标左键，❶打开“导入”对话框，❷选择“玫瑰小狗”素材图像，❸单击“打开”按钮，如右图所示。

步骤 02 即可将选择的素材图像导入至“项目”面板中，如下图所示。

步骤 03 选择导入的素材图像，将其添加至“时间轴”面板的“视频 1”轨道上，如下图所示。

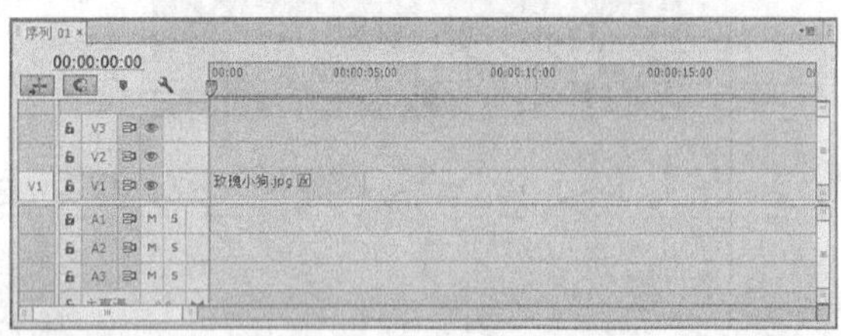

步骤 04 在“节目监视器”面板中，调整素材图像的显示，如下图所示。

步骤 05 在“效果”面板中，❶ 展开“视频效果”选项，❷ 选择“变换”选项，展开选择的选项，❸ 选择“水平翻转”选项，如下图所示。

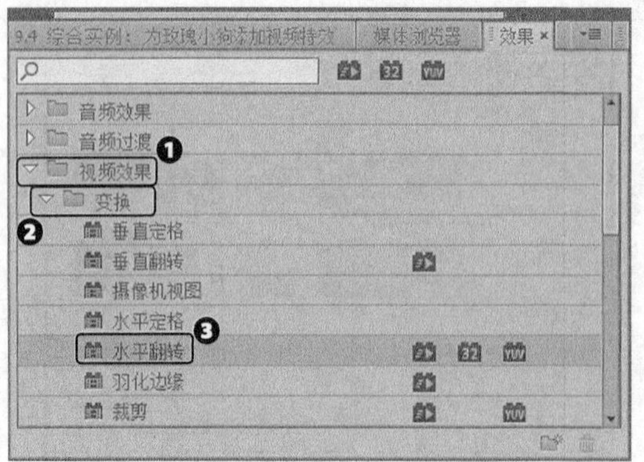

步骤 06 单击鼠标并拖曳，将其添加至“视频 1”轨道的素材图像上，即可添加“水平转场”视频效果，其图像效果如下图所示。

步骤 07 在“效果”面板中，展开“视频效果”选项，❶ 选择“键控”选项，展开选择的选项，❷ 并选择“亮度键”选项，如下图所示。

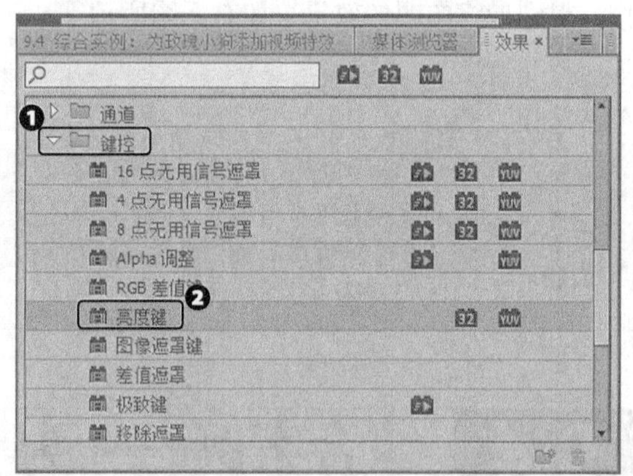

步骤 08 单击鼠标并拖曳，将其添加至“视频 1”轨道的素材图像上，即可添加“亮度键”视频效果，其图像效果如下图所示。

步骤 09 在“效果控件”面板中的“亮度键”列表框中，修改“阈值”为 20，如下第 1 图所示，修改“亮度键”视频效果，其图像效果如下第 2 图所示。

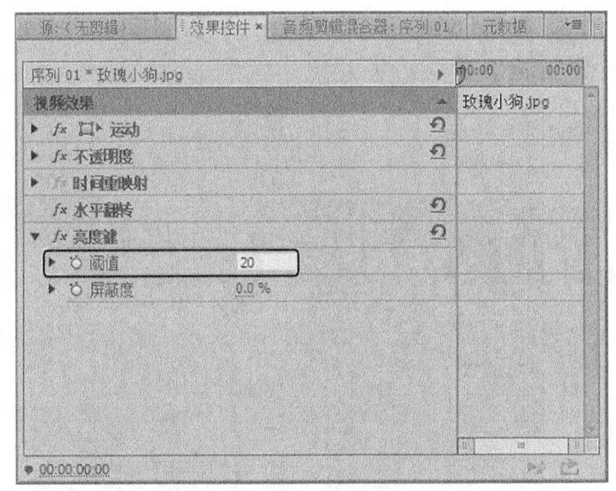

步骤 10 在“效果”面板中，展开“视频效果”选项，选择“键控”选项，展开选择的选项，并选择“颜色键”选项，如下图所示。

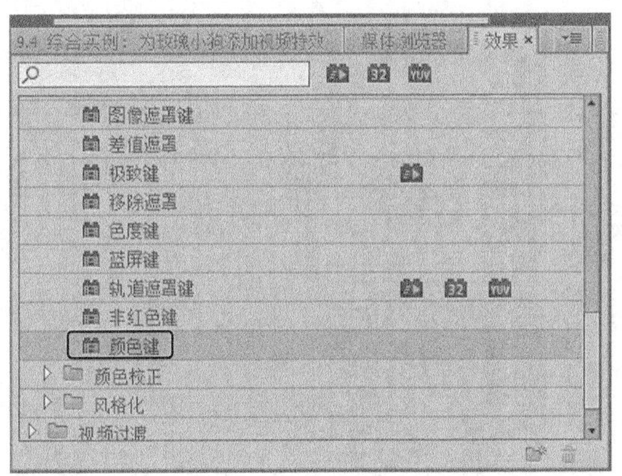

步骤 11 单击鼠标并拖曳，将其添加至“视频 1”轨道的素材图像上，即可添加“颜色键”视频效果。

步骤 12 在“效果控件”面板中的“颜色键”列表框中，单击“主要颜色”右侧的颜色块，如下图所示。

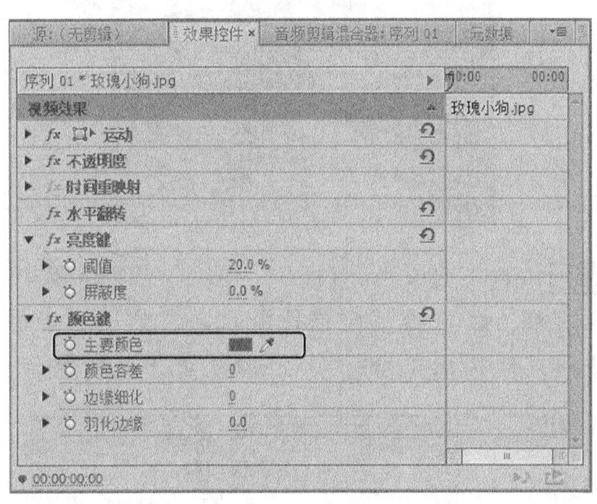

步骤 13 打开“拾色器”对话框，❶ 修改 RGB 参数分别为 220、232、25，❷ 单击“确定”按钮，如下图所示，完成颜色的修改。

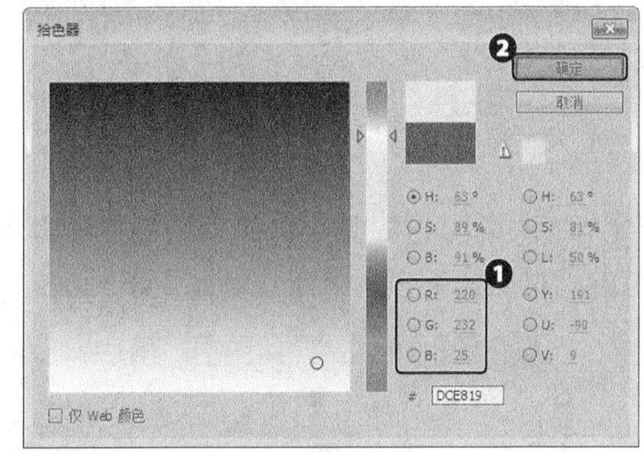

步骤 14 修改 ❶“颜色容差”为 50、❷“边缘细化”为 5、❸“羽化边缘”为 20，如下图所示。

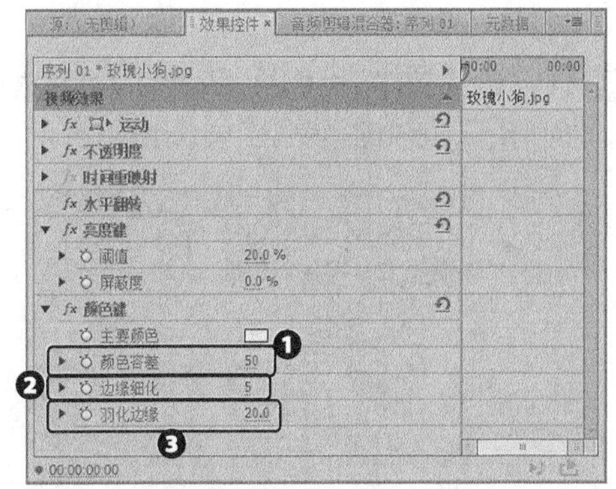

步骤 15 完成“颜色键”视频效果参数的修改，其图像效果如下图所示。

步骤 16 在“效果”面板中，展开“视频效果”列表框，❶ 选择“风格化”选项，展开选择的选项，❷ 选择“闪光灯”选项，如下图所示。

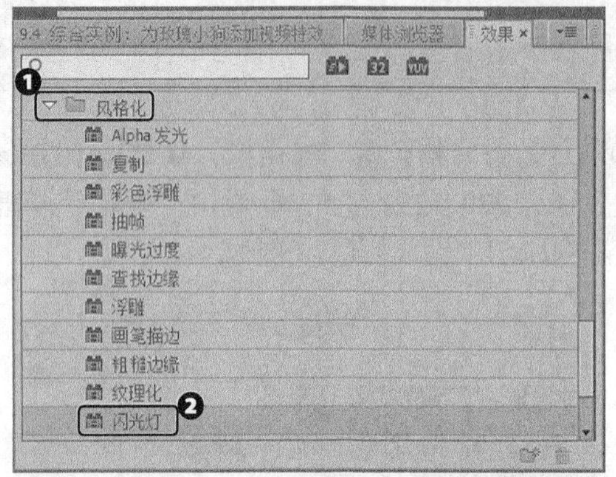

步骤 17 单击鼠标并拖曳，将其添加至“视频 1”轨道的素材图像上，其图像效果如下图所示。

步骤 18 在“效果控件”面板的“闪光灯”列表框中，单击“闪光色”右侧的颜色块，如下图所示。

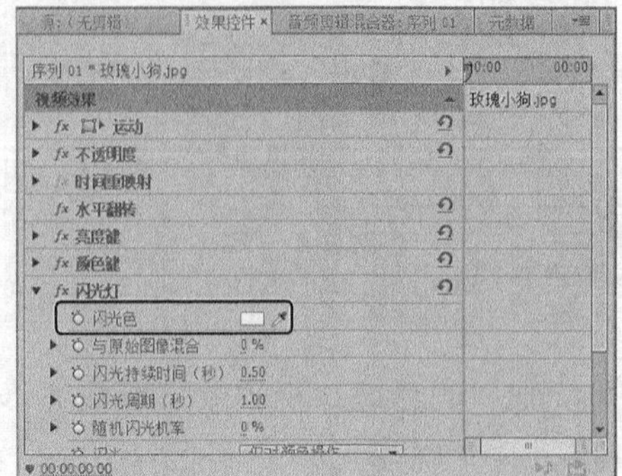

步骤 19 打开“拾色器”对话框，❶ 修改 RGB 参数分别为 61、239、6，❷ 单击“确定”按钮，如下第 1 图所示，完成闪光色参数的设置，其图像效果如下第 2 图所示。

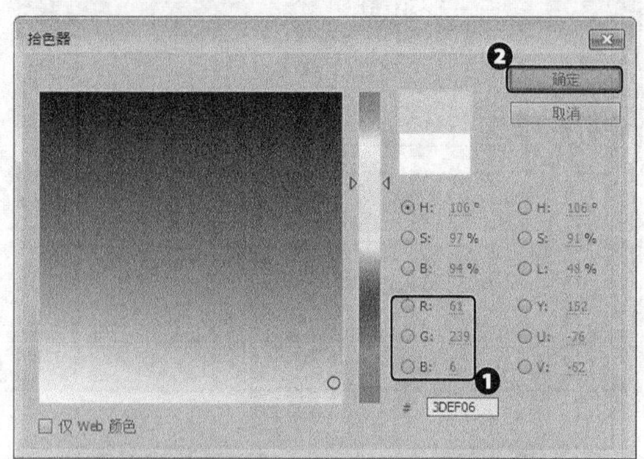

步骤 20 在“效果控件”面板中，修改“与原始图像混合”为 85，如下第 1 图所示，完成“闪光灯”视频效果参数的设置，其图像效果如下第 2 图所示。

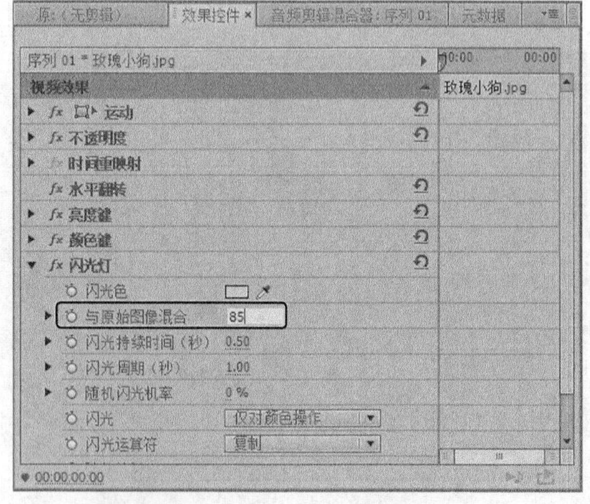

步骤 21 在“效果”面板中，展开“视频过渡”列表框，❶ 选择“生成”选项，展开选择的选项，❷ 并选择“镜头光晕”选项，如下图所示。

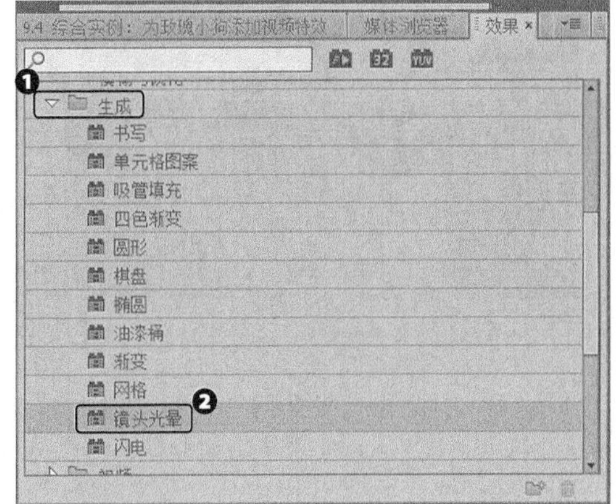

步骤 22 单击鼠标并拖曳，将其添加至“视频 1”轨道的素材图像上，其图像效果如下图所示。

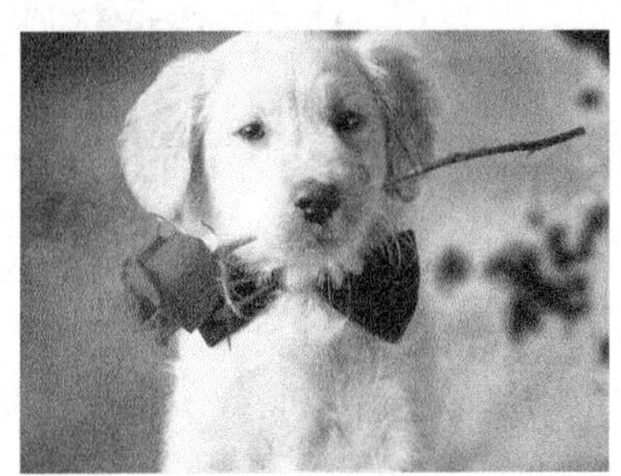

步骤 23 在“效果控件”面板中的“镜头光晕”列表框，修改 ❶“光晕中心”为 900 和 190、❷“光晕亮度”为 130%，如下图所示，完成“镜头光晕”视频效果参数的设置，其图像效果如右上图所示。

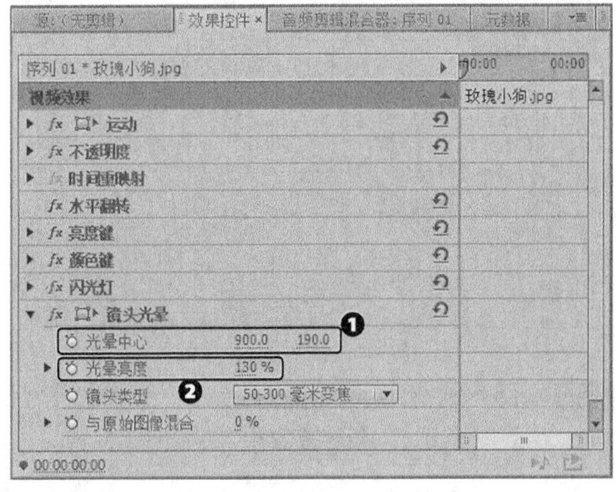

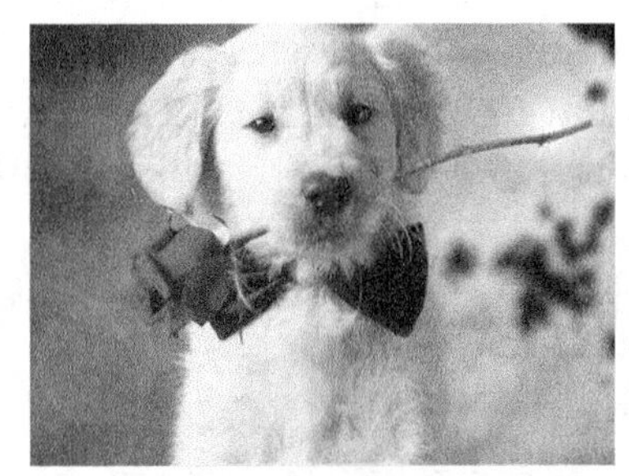

步骤 24 在“效果”面板中，展开“视频过渡”列表框，❶ 选择“通道”选项，展开选择的选项，❷ 并选择“纯色合成”选项，如下图所示。

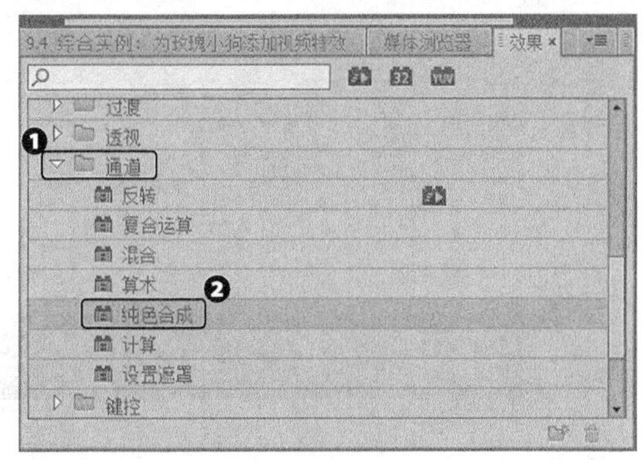

步骤 25 单击鼠标并拖曳，将其添加至“视频 1”轨道的素材图像上，其图像效果如下图所示。

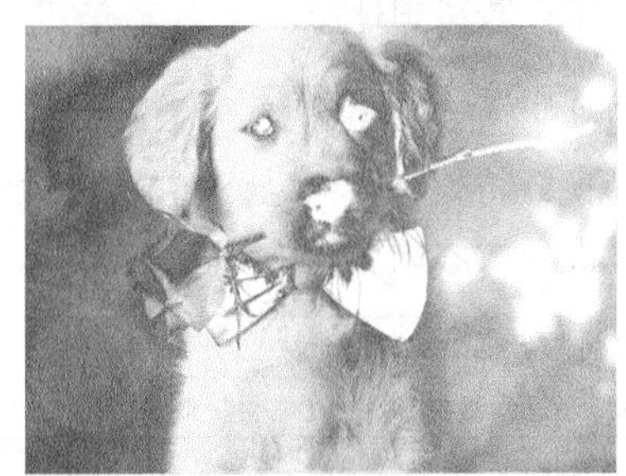

步骤 26 在“效果控件”面板中的“纯色合成”列表框中，❶ 单击“颜色”右侧的颜色块，打开“拾色器”对话框，❷ 修改 RGB 参数分别为 225、233、151，❸ 单击“确定”按钮，如下图所示。

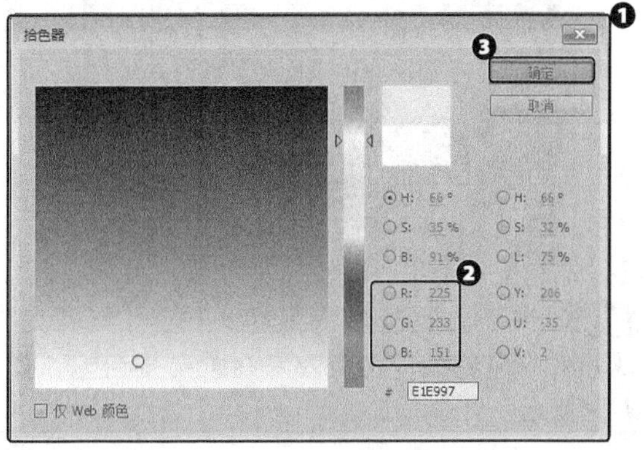

步骤 27 返回到“效果控件”面板，❶ 修改“不透明度”为30.0%，❷ 单击“混合模式”右侧下三角按钮，展开列表框，❸ 选择“滤色”选项，如下图所示。

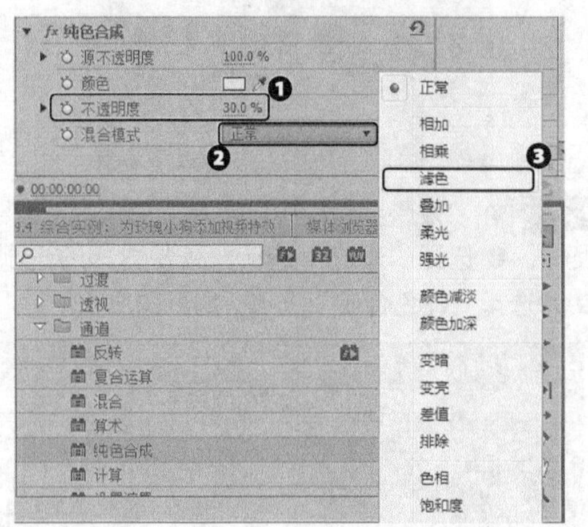

步骤 28 完成“纯色合成”视频效果的添加，得到最终的图像效果，如下图所示。

高手支招

本节教学录像时间：2分钟

通过对前面知识的学习，相信读者朋友已经掌握好视频特效的应用技巧。下面结合本章内容，给大家介绍一些实用技巧。

关闭视频特效

关闭视频特效是指将已添加的视频特效暂时隐藏，如果需要再次显示该特效，用户可以重新启用，而无需再次添加。

光盘同步视频文件
配套光盘\秘技1. 关闭视频特效.mp4

步骤 01 打开本书配套光盘中的“素材 / 第 9 章 / 高手支招”项目文件，如下图所示。

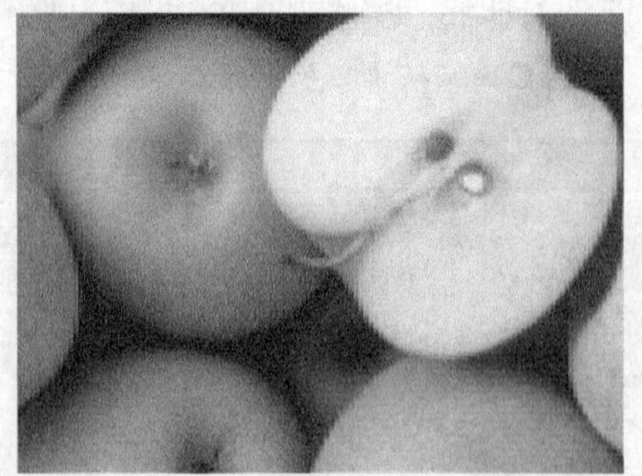

步骤 02 在“效果控件”面板中，单击“马赛克”视频效果左侧的“切换效果开关”按钮 fx，如右图所示。

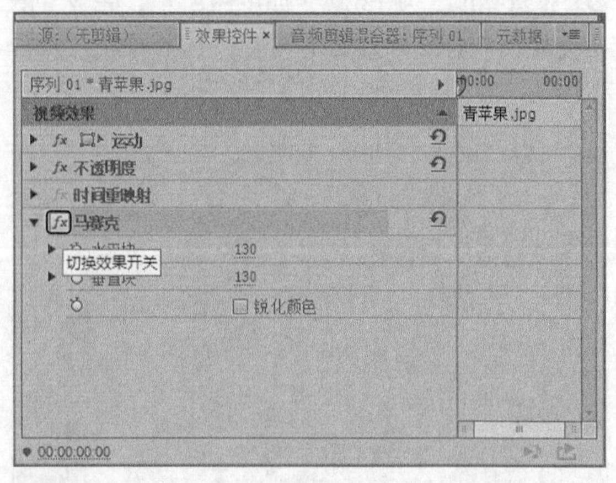

步骤 03 即可关闭视频特效，其“效果控件”面板如左下图所示，其图像效果如右下图所示。

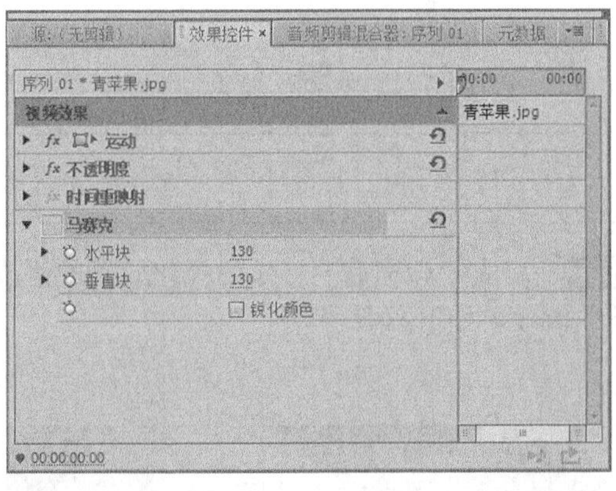

重置视频特效

使用“重置”功能，可以将“效果控件”面板中设置的参数重新恢复到原始状态。

光盘同步视频文件
配套光盘\秘技2. 重置视频特效.mp4

步骤 01 在“效果控件”面板的“马赛克”列表框中，单击“重置”按钮，如下图所示。

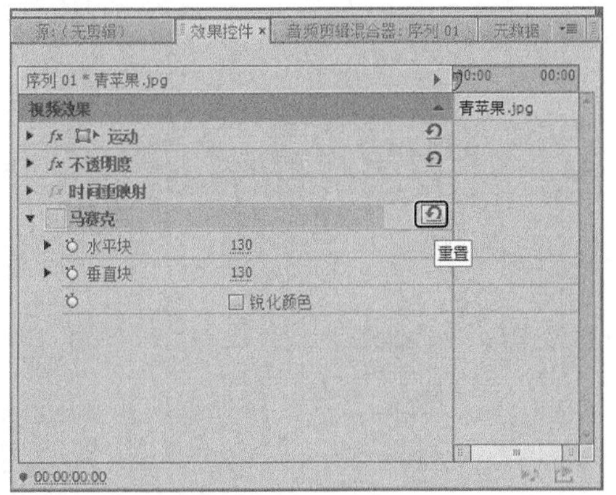

步骤 02 即可重置视频特效，其参数恢复到原始状态，如下图所示。

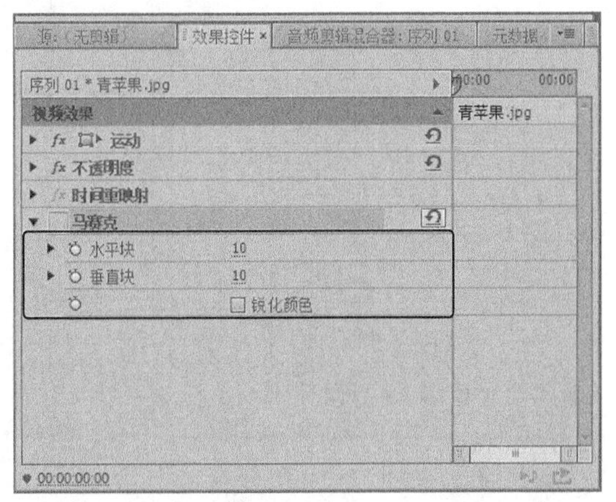

步骤 03 在“效果控件”面板中，单击“马赛克”视频效果左侧的“切换效果开关”按钮，开启视频特效，如下第1图所示，其图像效果如下第2图所示。

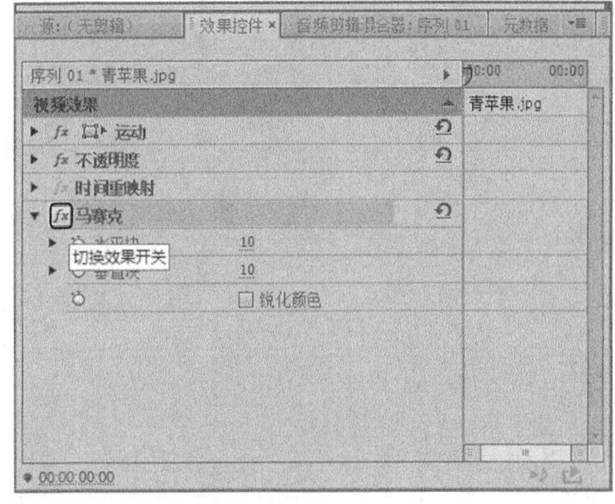

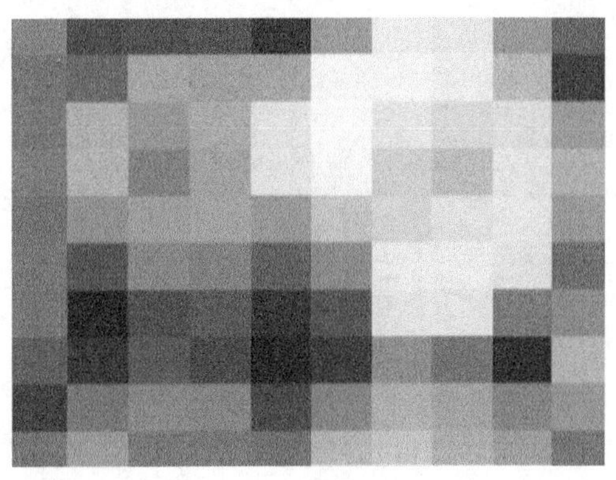

修改“马赛克”特效的锐化效果

在添加“马赛克”视频效果后，可以勾选“锐化颜色”复选框，调整锐化效果。

光盘同步视频文件
配套光盘\秘技3. 修改“马赛克”特效的锐化效果.mp4

步骤 01 在“效果控件”面板中，❶修改“水平块”和“垂直块”均为130，❷并勾选“锐化颜色”复选框，如下图所示。

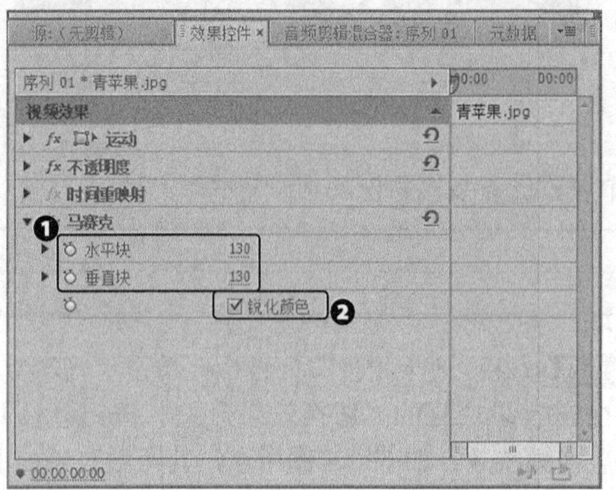

步骤 02 完成“马赛克”特效的锐化效果的修改，其图像效果如下图所示。

第10章 影视色彩的基础校正

学习目标

在制作影视的过程中，色彩的灵活运用是设计者设计水平强有力的体现，通过色彩可以表现设计者独特的风采和个性，运用色彩这一手段可以给制作的影视作品赋予特定的情感和内涵。本章将对影视色彩的基础校正技巧进行详细介绍。

知识要点

- 色彩的基础知识
- 校正影视的色彩

10.1 色彩的基础知识

在开始使用 Premiere Pro CC 校正颜色、亮度和对比度之前，我们先来复习一些关于计算机颜色理论的重要概念。正如即将看到的那样，大多数 Premiere Pro CC 的图像增强效果不是基于视频世界的颜色机制，而是基于计算机创建颜色的原理产生的。

10.1.1 色彩的概念

色彩是由于光线刺激人的眼睛而产生的一种视觉效应，因此光线是影响色彩明亮度和鲜艳度的一个重要因素。从物理角度来讲，可见光是电磁波的一部分，其波长大致为 400nm ～ 700nm，位于该范围内的光线被称为可视光线。自然的光线可以分为红、橙、黄、绿、青、蓝、紫 7 种不同的色彩，如下图所示。

自然界中的大多数物体都拥有吸收、反射和透射光线的特性，由于其本身并不能发光，因此人们看到的大多是剩余光线的混合色彩，如下图所示。

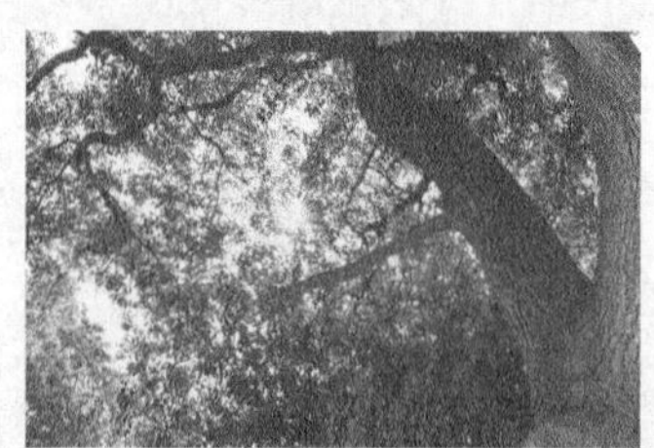

丰富多样的颜色可以分成两个大类——无彩色系和有彩色系，下面将分别进行介绍。

1. 无彩色系

无彩色系是指白色、黑色和由白色黑色调合形成的各种深浅不同的灰色。无彩色按照一定的变化规律，可以排成一个系列，由白色渐变到浅灰、中灰、深灰到黑色，色度学上称此为黑白系列。黑白系列中由白到黑的变化，可以用一条垂直轴表示，一端为白，一端为黑，中间有各种过渡的灰色。纯白是理想的完全反射的物体，纯黑是理想的完全吸收的物体。可是在现实生活中并不存在纯白与纯黑的物体，颜料中采用的锌白和铅白只能接近纯白，煤黑只能接近纯黑。无彩色系的颜色只有一种基本性质——亮度。它们不具备色相和饱和度的性质，也就是说它们的色相与饱和度在理论上都等于零。色彩的亮度可用黑白度来表示，愈接近白色，亮度愈高；愈接近黑色，亮度愈低。黑与白作为颜料，可以调节物体色的反射率，使物体色提高亮度或降低亮度，如左下图所示。

2. 有彩色系

彩色是指红、橙、黄、绿、青、蓝、紫等颜色。不同亮度和饱和度的红橙黄绿青蓝紫色调都属于有彩色系。有彩色是由光的波长和振幅决定的，波长决定色相，振幅决定色调，如右下图所示。

10.1.2 色相

色相是有彩色的最大特征。所谓色相是指能够比较确切地表示某种颜色色别的名称。如玫瑰红、桔黄、柠檬黄、钴蓝、群青、翠绿等。从光学物理上讲，各种色相是由射入人眼的光线的光谱成分决定的。对于单色光来说，色相的面貌完全取决于该光线的波长；对于混合色光来说，则取决于各种波长光线的相对量。物体的颜色是由光源的光谱成分和物体表面反射（或透射）的特性决定的，如下图所示为玫瑰红和桔黄效果。

10.1.3 饱和度

饱和度可定义为彩度除以亮度，与彩度同样表征彩色偏离同亮度灰色的程度。注意，饱和度与彩度完全不是同一个概念，但由于其和彩度决定的是出现在人眼里的同一个效果，所以才会出现视彩度与饱和度为同一概念的情况。

饱和度是指色彩的鲜艳程度，也称色彩的饱和度。饱和度取决于该色中含色成分和消色成分（灰色）的比例。含色成分越大，饱和度越大；消色成分越大，饱和度越小。纯的颜色都是高度饱和的，如鲜红，鲜绿。混杂上白色，灰色或其他色调的颜色，是不饱和的颜色，如绛紫，粉红，黄褐等。如下图所示为不同饱和度效果。

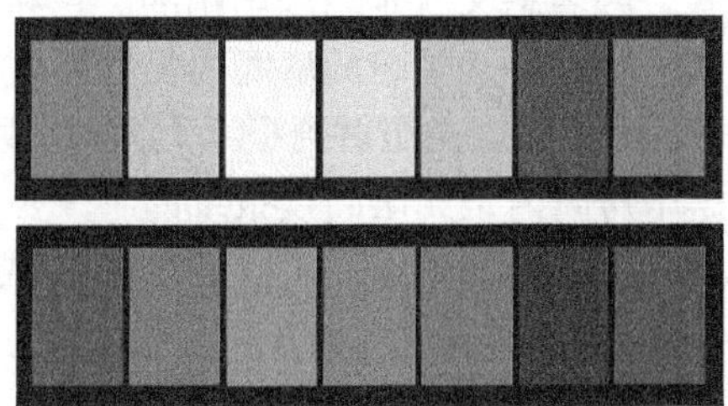

10.1.4 亮度

亮度是指色彩的明亮程度。各种有色物体由于它们的反射光量的区别而产生颜色的明暗强弱。

色彩的亮度有两种情况：一是同一色相不同亮度。如同一颜色在强光照射下显得明亮，弱光照射下显得较灰暗模糊；同一颜色加黑或加白混合以后也能产生各种不同的明暗层次。二是各种颜色的不同亮度。每一种纯色都有与其相应的亮度。黄色亮度最高，蓝紫色亮度最低，红、绿色为中间亮度。色彩的亮度变化往往会影响到饱和度，如红色加入黑色以后亮度降低了，同时饱和度也降低了；如果红色加白则亮度提高了，饱和度却降低了。如下图所示为亮度的明暗对比效果。

10.1.5 RGB色彩模式

RGB 色彩模式是工业界的一种颜色标准，是通过对红（R）、绿（G）、蓝（B）三个颜色通道的变化以及它们相互之间的叠加来得到各式各样的颜色的，RGB 即是代表红、绿、蓝三个通道的颜色，这个标准几乎包括了人类视力所能感知的所有颜色，是目前运用最广的颜色系统之一。

目前的显示器大都是采用了 RGB 颜色标准，在显示器上，是通过电子枪打在屏幕的红、绿、蓝三色发光极上来产生色彩的，目前的电脑一般都能显示 32 位颜色，即有一千万种以上的颜色。

电脑屏幕上的所有颜色，都是由这红色、绿色、蓝色三种色光按照不同的比例混合而成的。一组红色、绿色、蓝色就是一个最小的显示单位。屏幕上的任何一个颜色都可以由一组 RGB 值来记录和表达，下图所示为 RGB 色彩模式。

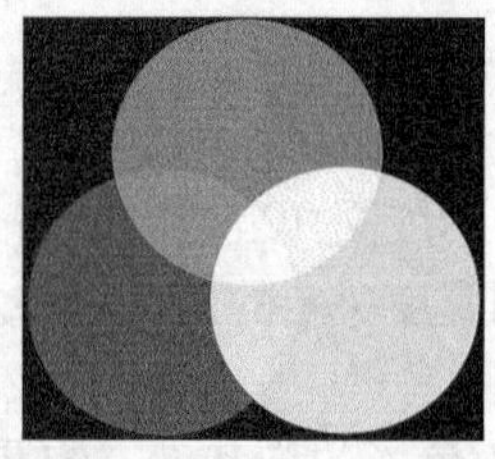

10.1.6 CMYK色彩模式

CMYK 也称作印刷色彩模式，顾名思义就是用来印刷的。它和 RGB 相比有一个很大的不同，RGB 模式是一种发光的色彩模式，你在一间黑暗的房间内仍然可以看见屏幕上的内容；而 CMYK 是一种依靠反光的色彩模式，是由阳光或灯光照射到报纸上，再反射到我们的眼中，才看到内容。它需要有外界光源，如果你在黑暗房间内是无法阅读报纸的。只要是在屏幕上显示的图像，就是 RGB 模式表现的；只要是在印刷品上看到的图像，就是 CMYK 模式表现的，比如期刊、杂志、报纸、宣传画等。下图所示为 CMYK 色彩模式。

10.1.7 灰度模式

灰度模式的图像不包含颜色，彩色图像转换为该模式后，色彩信息都会被删除。灰度模式是一种无色模式，其中含有 256 种亮度级别和一个 Black 通道。因此，用户看到的图像中都是由 256 种不同强度的黑色所组成。下图所示为灰度模式的前后对比效果。

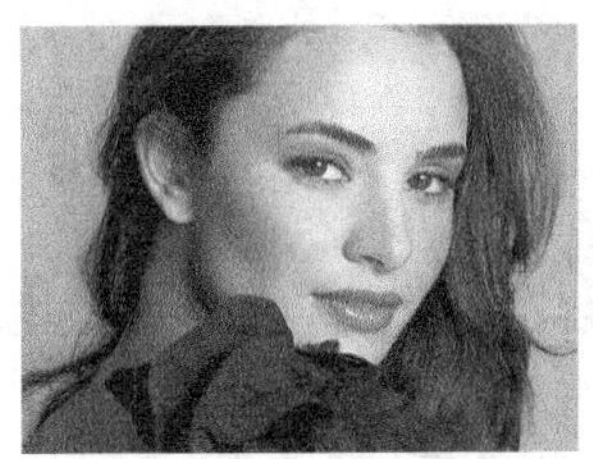

10.1.8 Lab色彩模式

Lab 色彩模式是由一个亮度通道和两个色度通道组成的，是一个彩色测量的国际标准。Lab 颜色模式的色域最广，是唯一不依赖于设备的颜色模式。Lab 颜色模式由 3 个通道组成，一个通道是亮度（L），另外两个是色彩通道，用 a 和 b 来表示。a 通道包括的颜色是从深绿色到灰色再到红色；b 通道则是从亮蓝色到灰色再到黄色。因此，这种色彩混合后将产生明亮的色彩。

10.1.9 HLS色彩模式

HSL 色彩模式是一种颜色标准，是通过对色调、饱和度、亮度三个颜色通道的变化以及它们相互之间的叠加来得到各式各样的颜色。HLS 色彩模式基于人对色彩的心理感受，将色彩分为色相（Hue）、饱和度（Saturation）、亮度（Luminance）3 个要素，这种色彩模式更加符合人的主观感受，让用户觉得更加直观。在 HLS 颜色模式中，颜色的创建方式与颜色的感知方式非常相似，色相指颜色，亮度指颜色的明暗，饱和度指颜色的强度。使用 HLS，通过在颜色轮上选择颜色并调整其强度和亮度，能够快速启动校正工作。这一技术通常比通过增减红绿蓝颜色值微调颜色节省时间。

10.2 校正影视的色彩

本节教学录像时间：22分钟

在掌握了色彩的基础知识后，就可以对影视的色彩进行校正了。本节将详细讲解通过 RGB 曲线、RGB 颜色校正器、亮度曲线、亮度颜色校正器以及快速颜色校正器等工具校正色彩的方法。

10.2.1 校正RGB曲线

使用“RGB 曲线”特效可以通过调整画面的明暗关系和色彩变化来实现画面的校正。

光盘同步视频文件
配套光盘\校正RGB曲线.mp4

步骤 01 打开本书配套光盘中的“素材 / 第 10 章 /10.2.1 校正 RGB 曲线”项目文件，如下图所示。

步骤 02 在“效果”面板中，展开“视频效果”列表框，选择“颜色校正”选项，如下图所示。

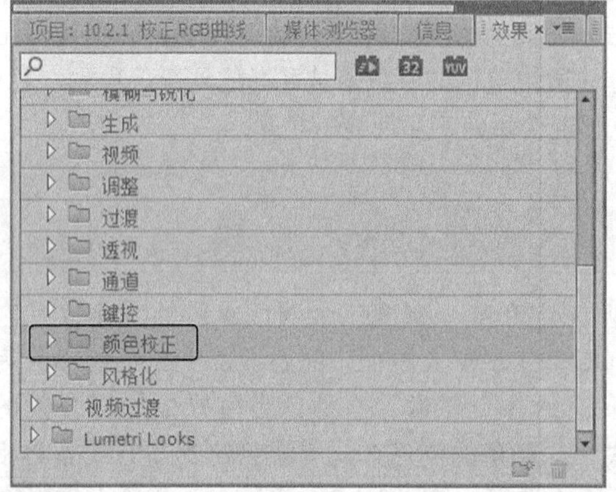

步骤 03 ❶ 展开选择的选项，❷ 并选择“RGB 曲线”选项，如下图所示。

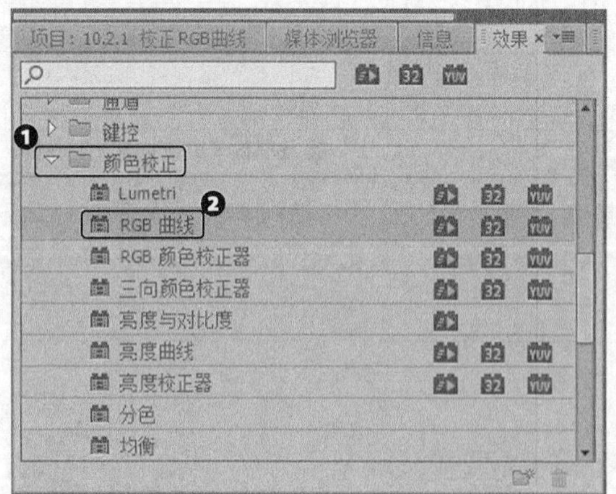

步骤 04 单击鼠标并拖曳，将其添加至“视频 1”轨道的素材图像上，在“效果控件”面板中，调整红色矩形区域的曲线，如下图所示。

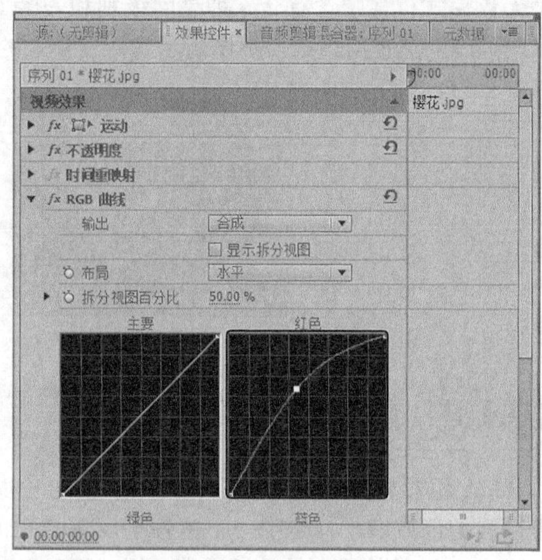

步骤 05 向下拖曳面板，调整绿色矩形区域和蓝色矩形区域的曲线，如下图所示。

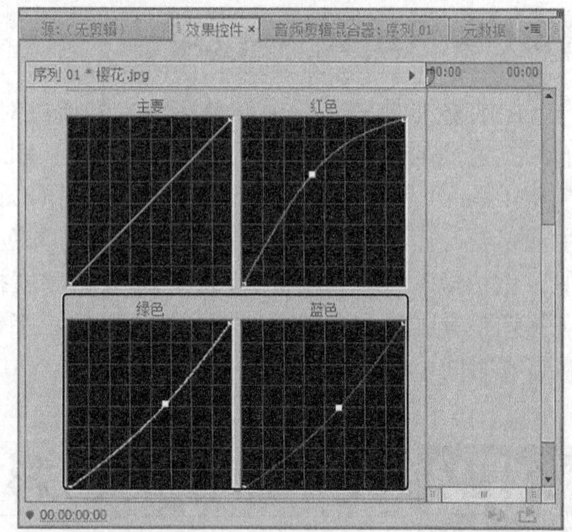

步骤 06 完成通过“RGB 曲线”校正颜色的操作，得到最终的图像效果，如下图所示。

小提示

在“RGB曲线”视频效果中，曲线图中的x轴表示原始图像值，y轴表示变化后的轴。因为开始时所有点都是等价的，所以曲线对话框打开时显示4条对角线。

10.2.2 校正RGB颜色校正器

使用“RGB 颜色校正器”视频效果可以通过设置 RGB 参数值对颜色和亮度进行调整。

光盘同步视频文件
配套光盘\校正RGB颜色校正器.mp4

步骤01 打开本书配套光盘中的“素材 / 第 10 章 /10.2.2 校正 RGB 颜色校正器”项目文件，如下图所示。

步骤02 在“效果”面板中，展开“视频效果”选项，❶ 选择“颜色校正”选项，展开选择的选项，❷ 选择“RGB 颜色校正器”选项，如下图所示。

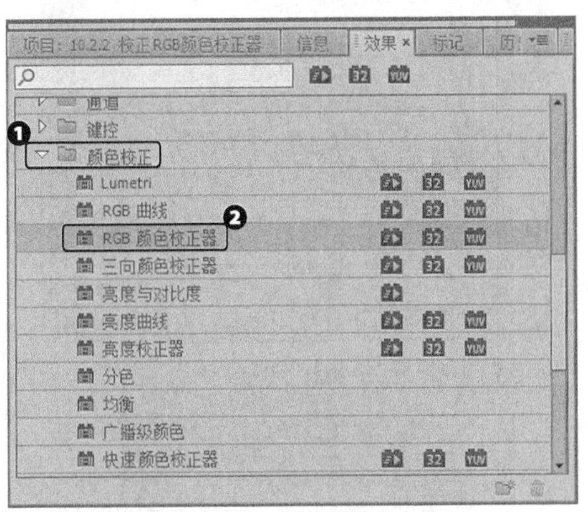

步骤03 单击鼠标并拖曳，将其添加至“视频 1”轨道的素材图像上，在“效果控件”面板的“RGB 颜色校正器”列表框中，修改“灰度系数”为 2.5，如下图所示。

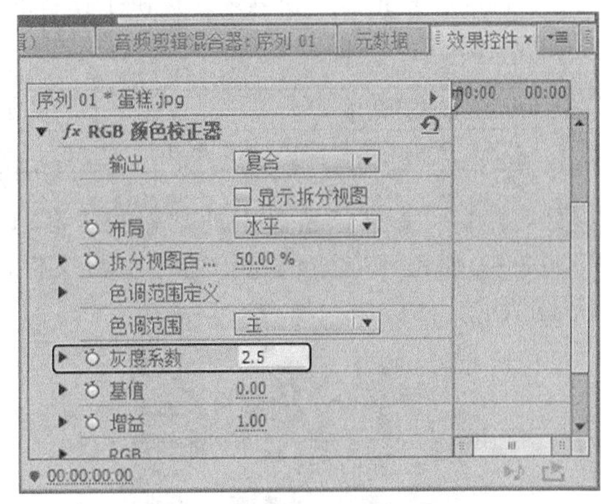

步骤04 完成通过“RGB 颜色校正器”校正颜色的操作，得到最终的图像效果，如下图所示。

小提示

在"RGB颜色校正器"列表框中，各常用选项的含义如下。

- 色调范围定义：单击下三角按钮，查看色调范围定义条，然后单击并拖动来设置想要调节的阴影、中间调和高光范围。单击方块可以控制阴影和高光界限（阴影和高光区域的上限和下限）。单击三角可以控制阴影和高光柔化（受影响和未受影响的区域间的淡化）。柔化滑块能实现更柔和的调节范围。
- 色调范围：在该列表框中，指定要对合成的主图像、高光、中间调，还是对阴影应用校正。
- 灰度系数：表示图像灰度的一个参数。灰度系数越大，则黑色和白色的差别越小，对比度越小，照片呈现一片灰色；灰度系数越小，则黑色和白色的差别越大，对比度越大，照片亮部和暗部呈现强烈对比。
- 基值：增加特定的偏移像素值。结合增益使用，基值能够使图像变亮。
- 增益：通过使像素值加倍来调节亮度。结果是将较亮像素的比率改为较暗像素的比率，不过它对较亮像素的影响更大。
- RGB：单击RGB三角按钮，展开并查看RGB滑块。这些滑块控制素材中红色、绿色和蓝色通道的Gamma、基值和增益。

10.2.3 校正三向颜色校正器

"三向颜色校正器"视频效果提供了完备的控件来校正色彩，包括阴影（图像中最暗的区域）、中间色调和高光（图像中最亮的区域）。

光盘同步视频文件

配套光盘\校正三向颜色校正器.mp4

步骤01 打开本书配套光盘中的"素材/第10章/10.2.3 校正三向颜色校正器"项目文件，如下图所示。

步骤02 在"效果"面板中，展开"视频效果"选项，❶ 选择"颜色校正"选项，展开选择的选项，❷ 选择"三向颜色校正器"选项，如下图所示。

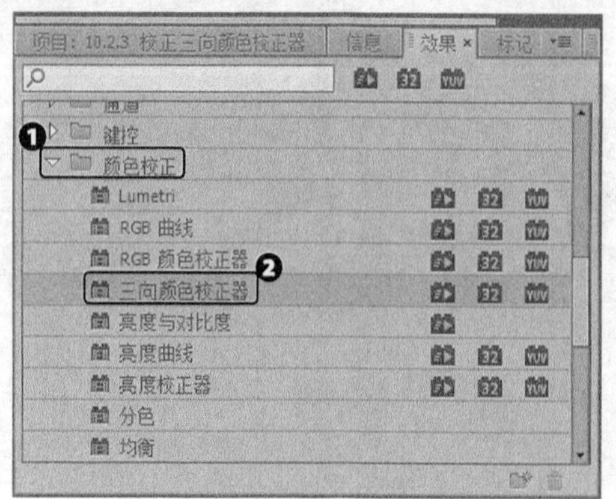

步骤03 单击鼠标并拖曳，将其添加至"视频1"轨道的素材图像上，在"效果控件"面板的"三向颜色校正器"列表框中，❶ 勾选"主要"复选框，❷ 拖曳相应的滑块调整色彩，参数如下第1图所示，其图像效果如下第2图所示。

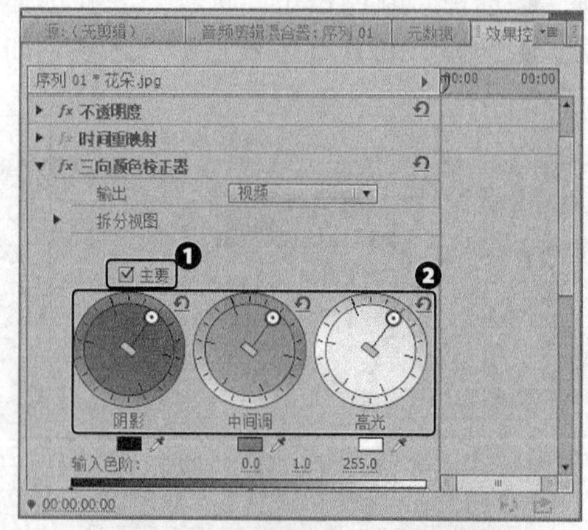

步骤04 在“输出色阶”选项区中，修改第 2 个参数值为 205.7，参数如左下图所示，完成“三向颜色校正器”视频效果的添加，得到最终图像效果，如右下图所示。

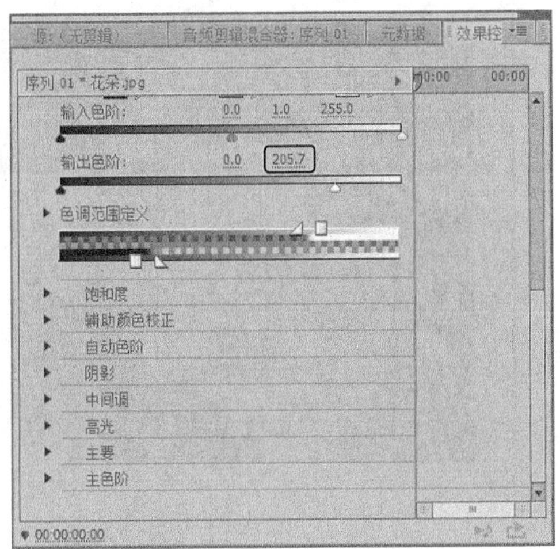

小提示

在“三向颜色校正器”列表框中，各常用选项的含义如下。

- 输出：该列表框中包含“视频”和“亮度”。
- 拆分：默认情况下，“拆分”视图处于收缩状态。
- 主要：勾选该复选框后，所有三个色轮都将用作“主”色轮。一个轮中的更改将反映到其他轮中。

10.2.4 校正亮度与对比度

“亮度与对比度”视频效果是最早使用的图像特效之一。对于亮度不够和缺少对比度的视频素材，使用该特效可以有效地校正图像的色调问题。

光盘同步视频文件
配套光盘\校正亮度与对比度.mp4

步骤01 打开本书配套光盘中的“素材 / 第 10 章 /10.2.4　校正亮度与对比度”项目文件，如下图所示。

步骤02 在“效果”面板中，展开“视频效果”选项，❶ 选择“颜色校正”选项，展开选择的选项，❷ 选择“亮度与对比度”选项，如右图所示。

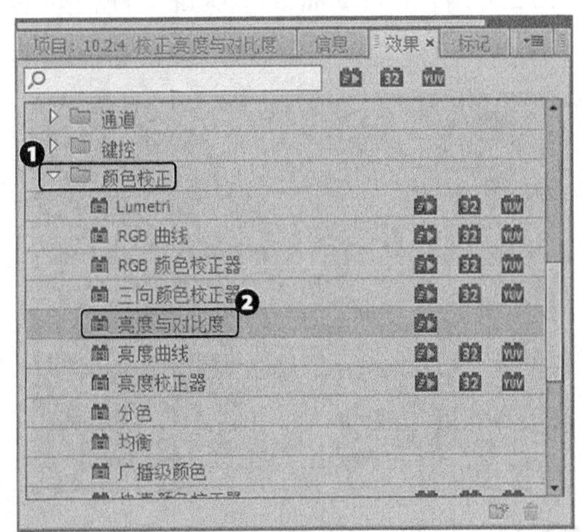

步骤03 单击鼠标并拖曳，将其添加至“视频 1”轨道的素材图像上，在“效果控件”面板的“亮

度与对比度”列表框中，修改❶“亮度”为40、❷“对比度”为15，如下图所示。

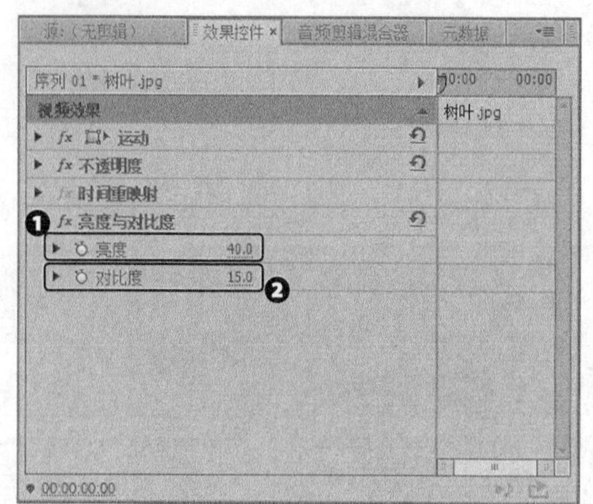

步骤04 完成“亮度与对比度”颜色校正器的使用，得到最终图像效果，如下图所示。

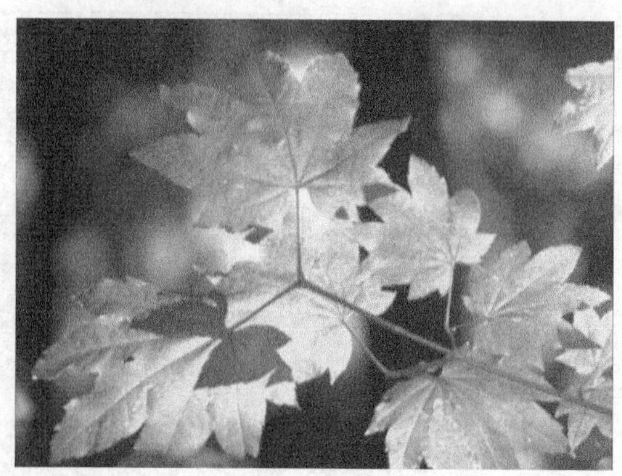

小提示

在“亮度与对比度”列表框中，各常用选项的含义如下。

- 亮度：用于控制图像中的亮度级别。
- 对比度：用于控制图像中最亮和最暗级之间的差异。

10.2.5 校正亮度曲线

使用“亮度曲线”特效可以通过单独调整画面的亮度，让整个画面的明暗得到统一控制。这种调整方法无法单独调整每个通道的亮度。

光盘同步视频文件
配套光盘\校正亮度曲线.mp4

步骤01 打开本书配套光盘中的“素材/第10章/10.2.5 校正亮度曲线”项目文件，如下图所示。

步骤02 在“效果”面板中，展开“视频效果”选项，❶选择“颜色校正”选项，展开选择的选项，❷选择“亮度曲线”选项，如右图所示。

步骤03 单击鼠标并拖曳，将其添加至“视频1”轨道的素材图像上，在“效果控件”面板的“亮度曲线”列表框中，拖动“亮度波形”矩形区域的滑块，如下图所示。

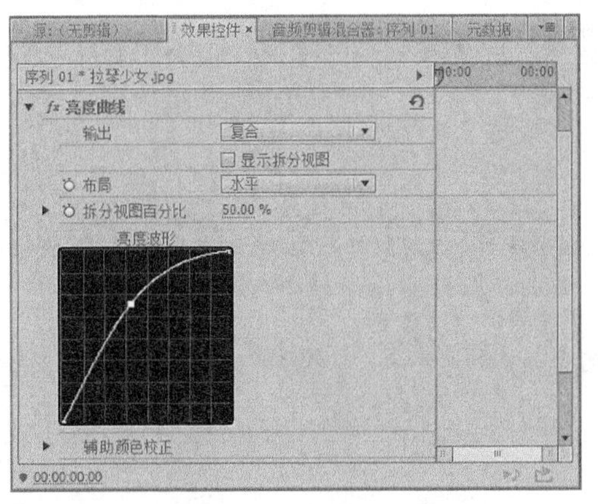

步骤04 即可完成亮度曲线的校正操作，得到最终的图像效果，如下图所示。

10.2.6 校正亮度校正器

使用“亮度校正器”视频效果可以调整素材的亮度或亮度值。在使用“亮度校正器”特效时，首先要分离出想要校正的色调范围，再进行亮度和对比度的调整。

	**光盘同步视频文件**
	配套光盘\校正亮度校正器.mp4

步骤01 打开本书配套光盘中的“素材 / 第 10 章 /10.2.6　校正亮度校正器”项目文件，如下图所示。

步骤02 在“效果”面板中，展开“视频效果”选项，❶ 选择“颜色校正”选项，展开选择的选项，❷ 选择“亮度校正器”选项，如下图所示。

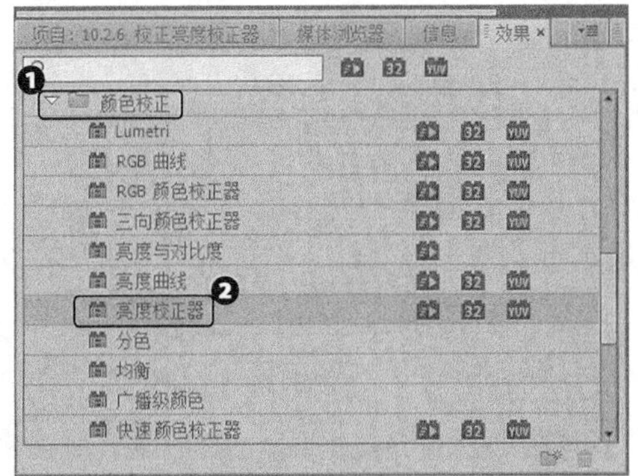

步骤03 单击鼠标并拖曳，将其添加至“视频 1”轨道的素材图像上，在“效果控件”面板的“亮度校正器”列表框中，修改各参数，如下图所示。

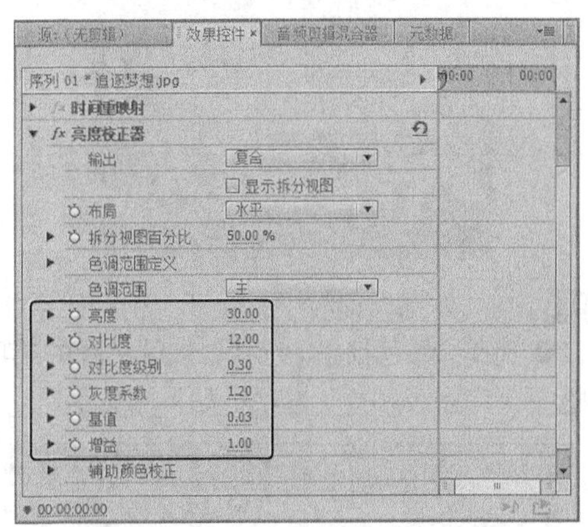

步骤04 完成“亮度校正器”颜色校正工具的使用，得到最终的图像效果，如下图所示。

小提示

在"亮度校正器"列表框中，各常用选项的含义如下。

- 亮度：设置图像中的黑电平。
- 对比度：基于对比度电平调节对比度。
- 对比度级别：为调节对比度控件设置对比度等级。
- 灰度系数：主要调节中间调色阶。因此，如果图像太暗或太亮，但阴影并不过暗，高光也不过亮，则应该使用"灰度系数"控件。
- 基准：用于增加特定的偏移像素值。结合增益使用，基准能够使图像变亮。
- 增益：通过将像素值加倍来调节亮度。结果就是将较亮像素的比率改变成较暗像素的比率。它对较亮像素的影响更大。

10.2.7 校正广播级颜色

"广播级颜色"特效是用于校正需要输出到录像带上的影片色彩，使用这种校正技巧可以改善输出影片的品质。

光盘同步视频文件

配套光盘\校正广播级颜色.mp4

步骤 01 打开本书配套光盘中的"素材/第10章/10.2.7 校正广播级颜色"项目文件，如下图所示。

步骤 02 在"效果"面板中，展开"视频效果"选项，❶ 选择"颜色校正"选项，展开选择的选项，❷ 选择"广播级颜色"选项，如下图所示。

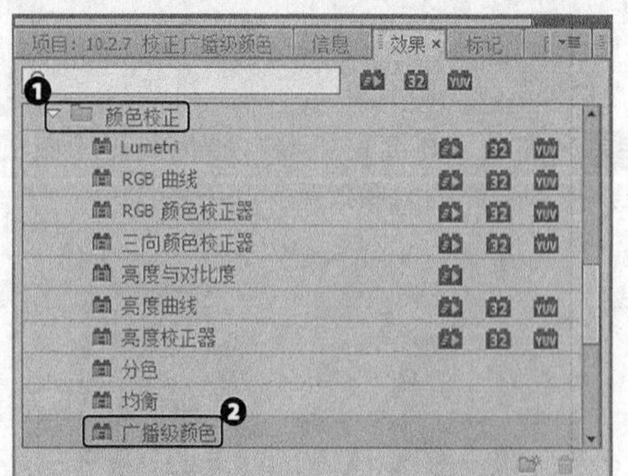

步骤 03 单击鼠标并拖曳，将其添加至"视频1"轨道的素材图像上，在"效果控件"面板的"广播级颜色"列表框中，❶ 单击"广播区域设置"右侧的下三角按钮，展开列表框，❷ 选择"PAL"选项，如下图所示。

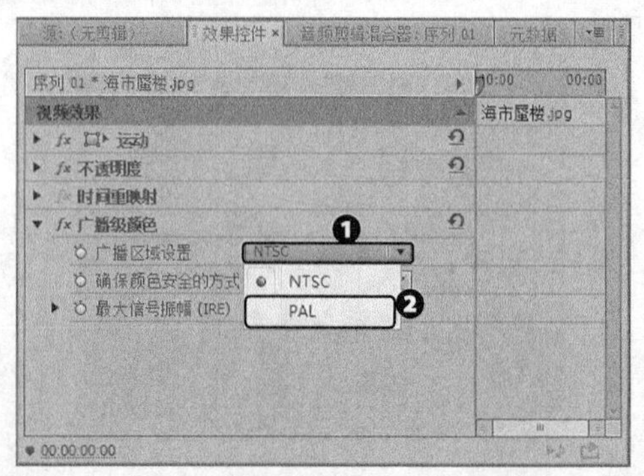

步骤 04 ❶ 单击"确保颜色安全的方式"右侧的三角按钮，展开列表框，❷ 选择"降低饱和度"选项，如下图所示。

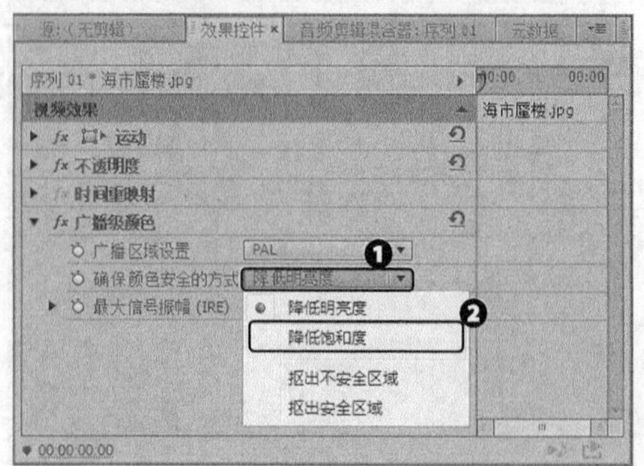

步骤 05 修改“最大信号振幅”为 90，如左下图所示，完成广播级颜色的校正操作，得到最终的图像效果，如右下图所示。

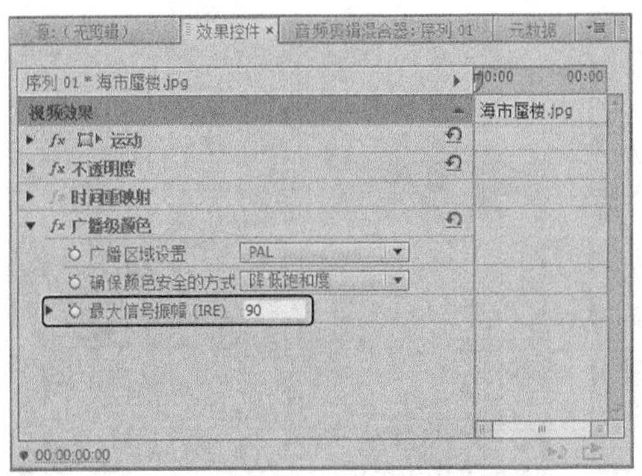

10.2.8 校正快速颜色校正器

使用“快速颜色校正”视频效果不仅可以通过调整素材的色调饱和度校正素材的颜色，还可以调整素材的白平衡。

	光盘同步视频文件
	配套光盘\校正快速颜色校正器.mp4

步骤 01 打开本书配套光盘中的“素材 / 第 10 章 /10.2.8 校正快速颜色校正器”项目文件，如下图所示。

步骤 02 在“效果”面板中，展开“视频效果”选项，选择“颜色校正”选项，展开选择的选项，选择“快速颜色校正器”选项，如下图所示。

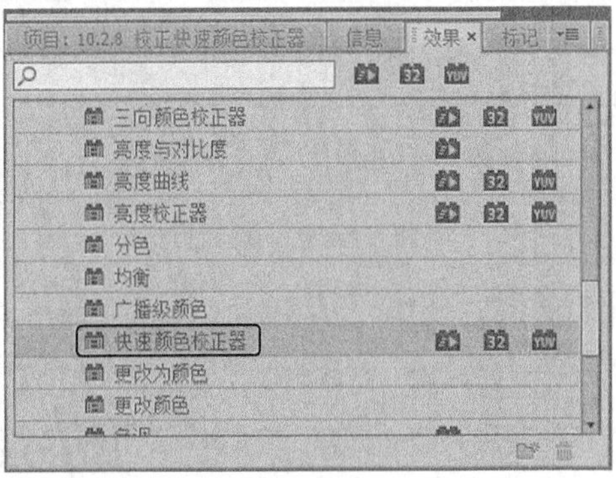

步骤 03 单击鼠标并拖曳，将其添加至“视频 1”轨道的素材图像上，在“效果控件”面板的“快速颜色校正器”列表框中，调整“色相平衡和角度”选项区中的滑块，如下第 1 图所示，调整图像，其图像效果如下第 2 图所示。

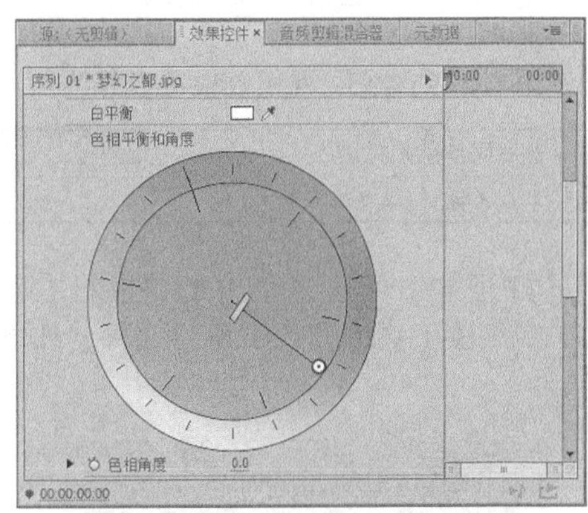

步骤04 修改❶"色相角度"的值为40、❷"平衡数量级"的值为50、❸"平衡角度"的值为45，如左下图所示，完成快速颜色校正器的使用，得到最终的图像效果，如右下图所示。

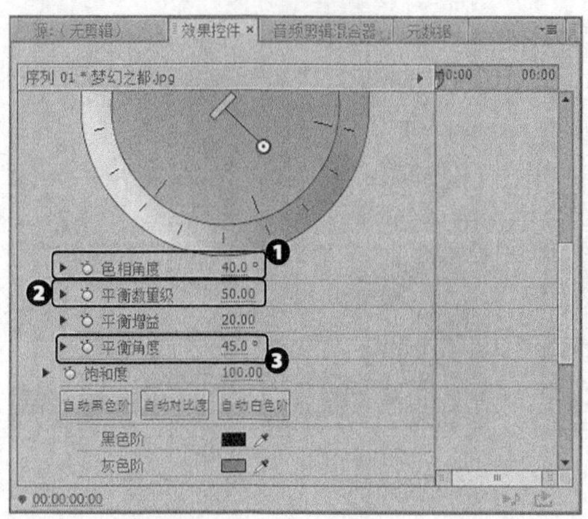

小提示

在"快速颜色校正器"列表框中，各常用选项的含义如下。

- 色相角度：单击并拖动色轮外圈调整色相位。单击并向左拖动色轮外圈会旋转到绿色，而单击并向右拖动会旋转到红色。在拖动时，色相位角度的数值表示色轮上的度数。
- 平衡数量级：单击并拖动色轮中心朝向某一色相位的圆圈来控制色彩强度。
- 平衡增益：用于改变控件来微调平衡增益和平衡角度的参数。
- 平衡角度：用于改变控件所指方向上的颜色。
- 饱和度：用于调整色彩的强度。
- 自动黑色阶：单击该按钮，可以将黑电平增加到7.6IRE以上。

10.2.9 校正更改颜色

使用"更改颜色"视频效果可以修改图像上的色相、饱和度以及指定颜色或颜色区域的亮度。

光盘同步视频文件
配套光盘\校正更改颜色.mp4

步骤01 打开本书配套光盘中的"素材/第10章/10.2.9 校正更改颜色"项目文件，如下图所示。

步骤02 在"效果"面板中，展开"视频效果"选项，选择"颜色校正"选项，展开选择的选项，选择"更改颜色"选项，如下图所示。

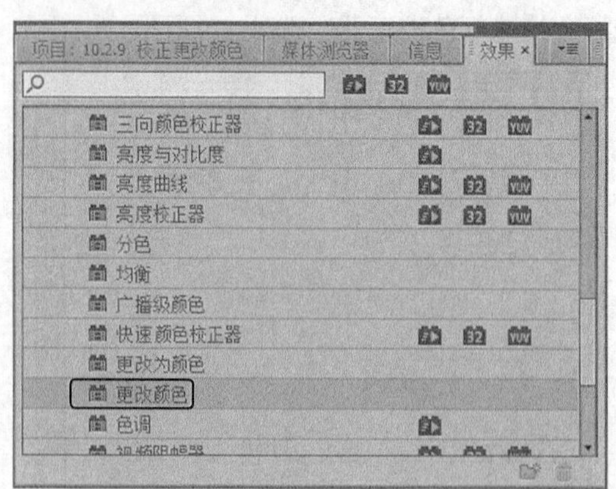

步骤03 单击鼠标并拖曳，将其添加至“视频 1”轨道的素材图像上，在“效果控件”面板中的“更改颜色”列表框中，修改 ❶“亮度变换”为 10、❷“饱和度变换”为 30，❸ 单击“要更改的颜色”右侧的颜色块，如下图所示。

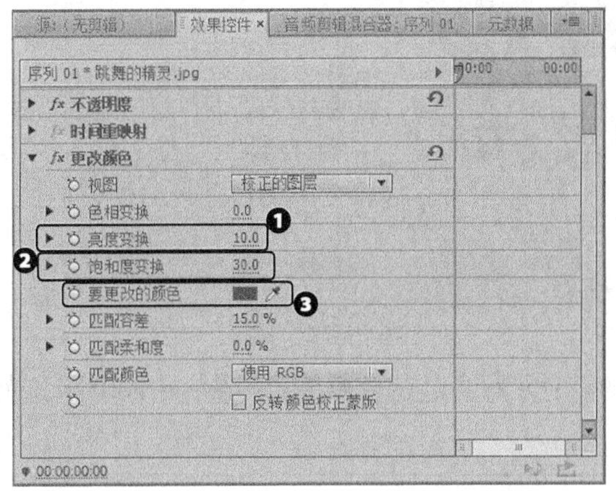

步骤04 打开“拾色器”对话框，❶ 修改 RGB 参数分别为 149、172、232，❷ 单击“确定”按钮，如下图所示。

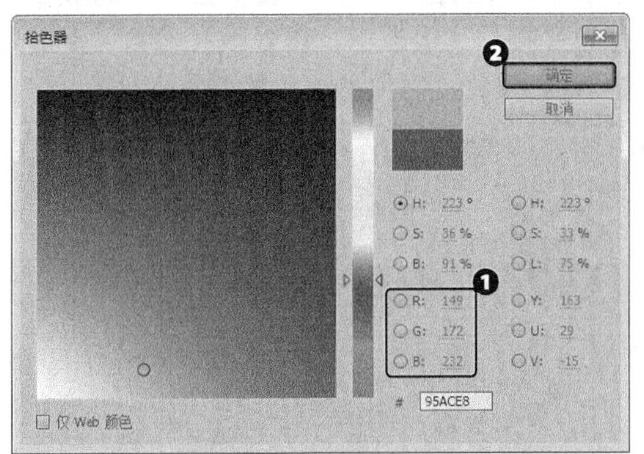

步骤05 完成颜色参数的修改，修改 ❶“匹配容差”为 20%、❷“匹配柔和度”为 30%，如下图所示。

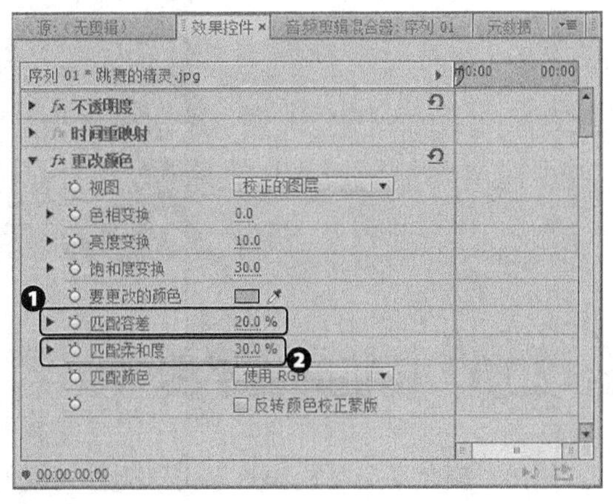

步骤06 ❶ 单击“匹配颜色”右侧的下三角按钮，展开列表框，❷ 选择“使用色相”选项，如下图所示。

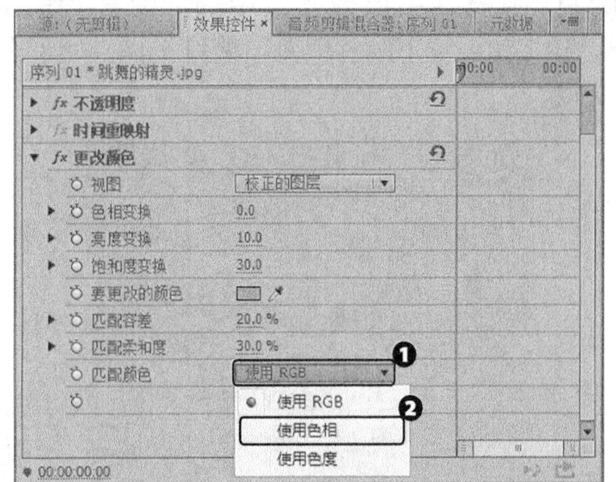

小提示

在“更改颜色”列表框中，各常用选项的含义如下。

- 视图：在该列表框中包含有“校正的图层”和“色彩蒙版校正”两个选项。其中，选择“校正的图层”选项，在校正图像时会显示该图像；如果选择“色彩蒙版校正”选项，会显示表示校正区域的黑色蒙版。
- 色相变换：用于调整所应用颜色的色相。
- 亮度变换：用于增强或减少颜色亮度。使用正数值使图像变亮，负数值使图像变暗。
- 饱和度变换：用于增强或减少颜色的浓度。
- 要更改的颜色：使用吸管工具单击图像选择想要修改的颜色，或者单击样本使用Adobe颜色拾取选择一种颜色。
- 匹配容差：用于控制要调整的颜色（基于色彩更改）的相似度。选择低限度会影响与色彩更改相近的颜色。
- 匹配柔和度：用于柔化实际校正的图像。
- 匹配颜色：该列表框包含有“使用色相”“使用RGB”和“使用色度”3种匹配颜色方式。
- 反转颜色校正蒙版：勾选该复选框，可以反转颜色色彩校正蒙版。蒙版反转时，蒙版中的黑色区域才会受到色彩校正的影响，而不是蒙版的亮度区域。

步骤 07 完成更改颜色的校正操作，得到最终的图像效果，如下图所示。

10.2.10 校正颜色平衡

使用“颜色平衡”视频效果可以允许对素材中的红色、绿色、蓝色通道的阴影、中间调和高光进行修改。

光盘同步视频文件
配套光盘\校正颜色平衡.mp4

步骤 01 打开本书配套光盘中的“素材 / 第 10 章 /10.2.10　校正颜色平衡”项目文件，如下图所示。

步骤 02 在“效果”面板中，展开“视频效果”选项，选择“颜色校正”选项，展开选择的选项，选择“颜色平衡”选项，如下图所示。

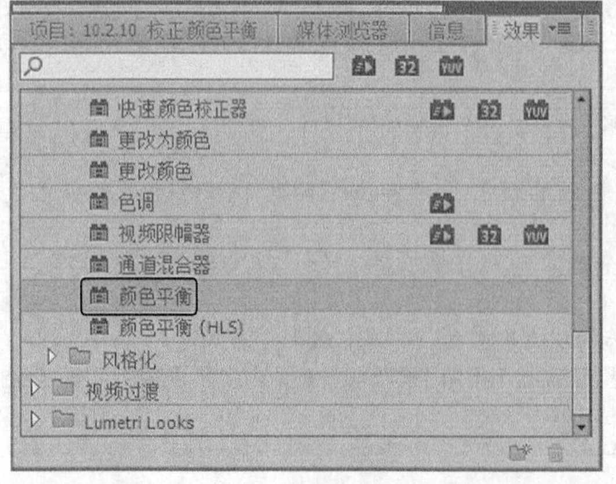

步骤 03 单击鼠标并拖曳，将其添加至“视频 1”轨道的素材图像上，在“效果控件”面板中的“颜色平衡”列表框中，❶ 修改各参数，❷ 并勾选“保持发光度”复选框，如下图所示。

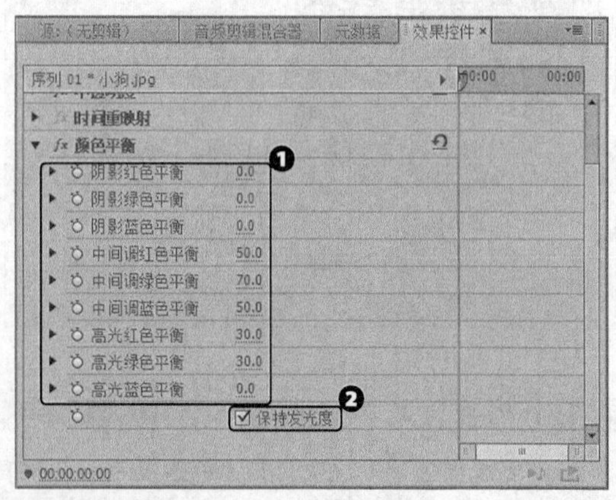

步骤 04 完成颜色平衡的校正操作，得到最终的图像效果，如下图所示。

10.2.11 校正分色效果

使用“分色”视频效果可以将整个图像转换成灰色图像（单色图像除外）。

	光盘同步视频文件
	配套光盘\校正分色效果.mp4

步骤 01 打开本书配套光盘中的“素材 / 第 10 章 /10.2.11 校正分色效果”项目文件，如下图所示。

步骤 02 在“效果”面板中，展开“视频效果”选项，❶ 选择“颜色校正”选项，展开选择的选项，❷ 选择“分色”选项，如下图所示。

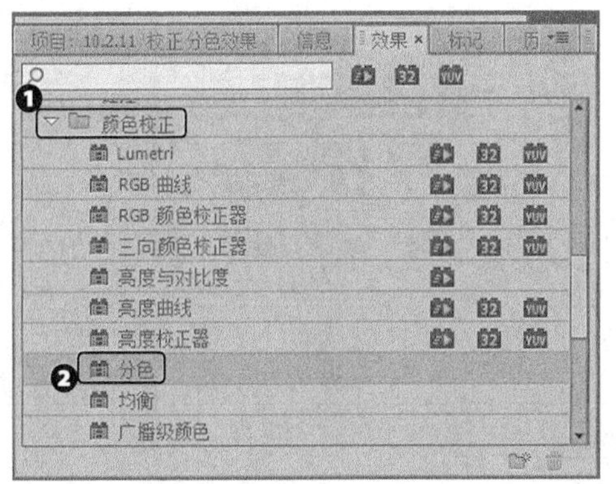

步骤 03 单击鼠标并拖曳，将其添加至“视频 1”轨道的素材图像上，在“效果控件”面板的“分色”列表框中，修改 ❶ “脱色量”为 50%、❷ “容差”为 10%，如右上图所示。

步骤 04 单击“要保留的颜色”右侧的颜色块，打开“拾色器”对话框，❶ 修改 RGB 参数分别为 250、206、238，❷ 单击“确定”按钮，如右下图所示。

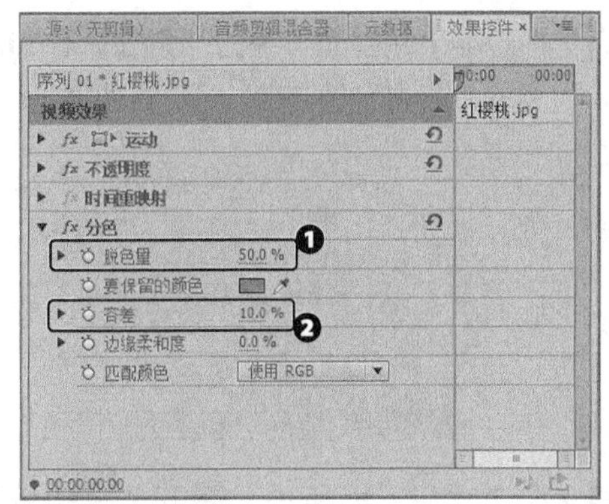

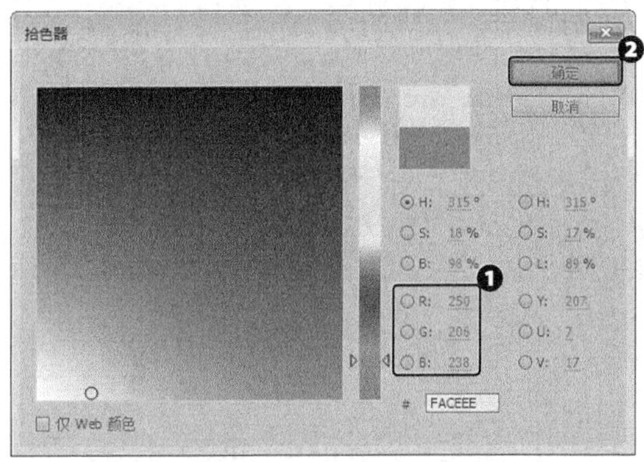

步骤 05 返回到“效果控件”面板，完成颜色参数的修改，即可将分色效果进行校正，得到最终的图像效果，如下图所示。

10.2.12 校正通道混合器

使用“通道混合器”视频效果可以创建棕褐色或浅色的图像效果。

光盘同步视频文件
配套光盘\校正通道混合器.mp4

步骤 01 打开本书配套光盘中的“素材 / 第 10 章 / 10.2.12 校正通道混合器”项目文件，如下图所示。

步骤 02 在“效果”面板中，展开“视频效果”选项，选择“颜色校正”选项，展开选择的选项，选择“通道混合器”选项，如下图所示。

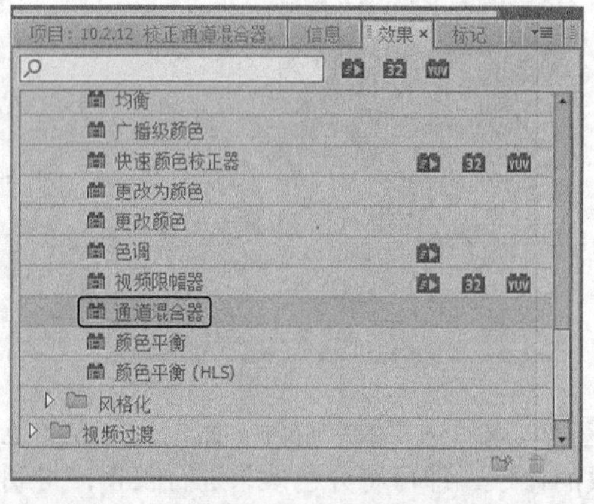

步骤 03 单击鼠标并拖曳，将其添加至“视频 1”轨道的素材图像上，在“效果控件”面板中的“通道混合器”列表框中修改各参数，如下图所示。

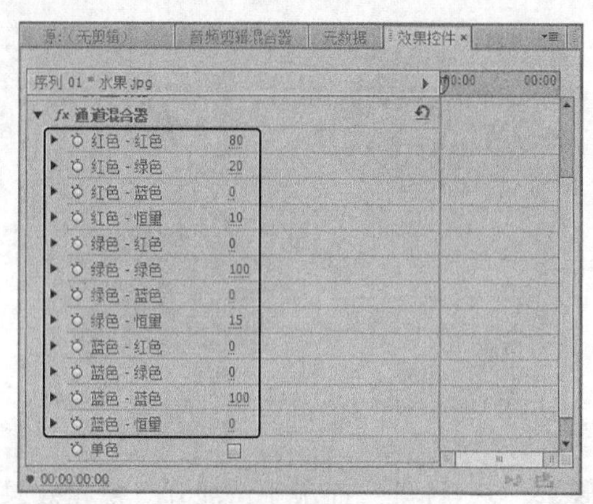

步骤 04 即可使用通道混合器校正色彩，得到最终的图像效果，如下图所示。

10.2.13 校正色调效果

使用“色调”视频效果可以重新调整图像的色彩效果。

光盘同步视频文件
配套光盘\校正色调效果.mp4

步骤 01 打开本书配套光盘中的“素材 / 第 10 章 /10.2.13 校正色调效果”项目文件，如下图所示。

步骤 02 在“效果”面板中，展开“视频效果”选项，选择“颜色校正”选项，展开选择的选项，选择“色调”选项，如下图所示。

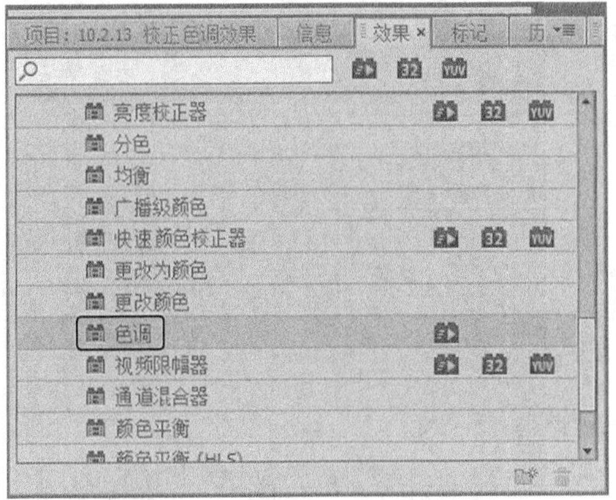

步骤 03 单击鼠标并拖曳，将其添加至“视频 1”轨道的素材图像上，其图像效果如下图所示。

步骤 04 在“效果控件”面板的“色调”列表框中，单击“将黑色映射到”右侧的颜色块，如下图所示。

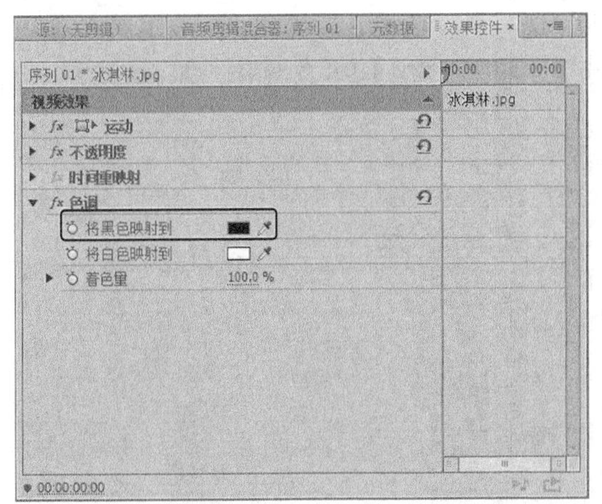

步骤 05 打开“拾色器”对话框，❶ 修改 RGB 参数分别为 237、16、16，❷ 单击“确定”按钮，如下图所示。

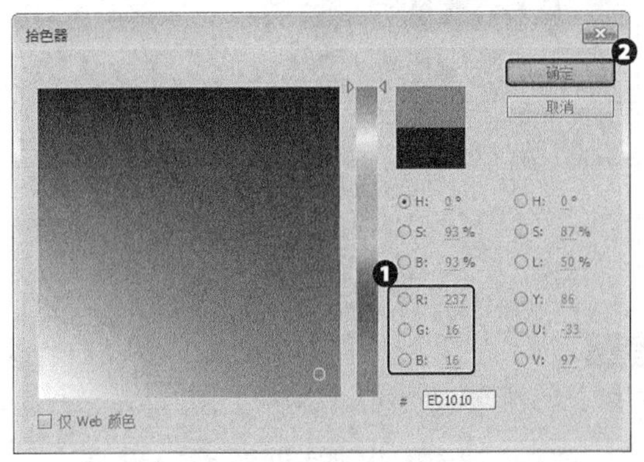

步骤 06 返回到“效果控件”面板，完成黑色映射颜色的修改，其图像效果如下图所示。

步骤 07 在“效果控件”面板中，单击“将白色映射到”右侧的颜色块，如下图所示。

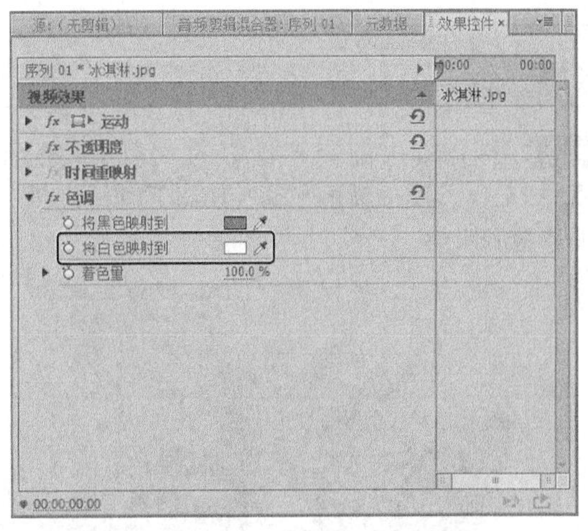

步骤 08 打开“拾色器”对话框，❶ 修改 RGB 参数分别为 23、130、5，❷ 单击“确定”按钮，如下图所示。

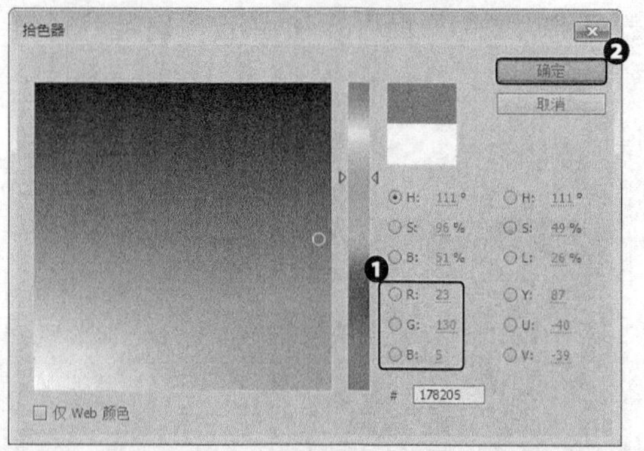

步骤 09 返回到“效果控件”面板，完成白色映射颜色的修改，其图像效果如下图所示。

步骤 10 在“效果控件”面板中，修改“着色量”为 20，如下第 1 图所示，完成色调效果的校正，得到最终的图像效果，如下第 2 图所示。

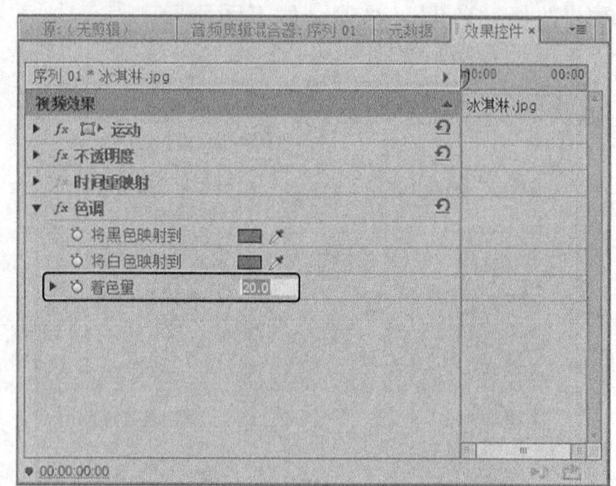

10.2.14 校正颜色平衡（HLS）

使用“颜色平衡（HLS）”特效能够通过调整画面的色相、饱和度以及明度来达到平衡素材颜色的作用。

光盘同步视频文件
配套光盘\校正颜色平衡（HLS）.mp4

步骤 01 打开本书配套光盘中的“素材 / 第 10 章 /10.2.14 校正颜色平衡（HLS）”项目文件，如下图所示。

步骤 02 在“效果”面板中，展开“视频效果”选项，选择“颜色校正”选项，展开选择的选项，选择“颜色平衡（HLS）”选项，如下图所示。

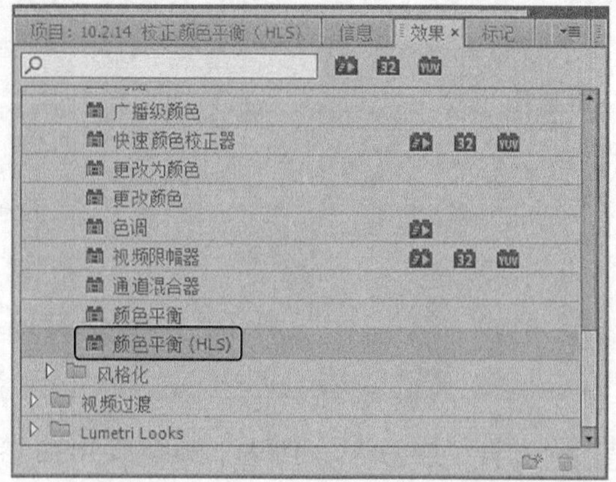

步骤 03 单击鼠标并拖曳，将其添加至“视频 1”轨道的素材图像上，在“效果控件”面板的“颜色平衡（HLS）”列表框中，修改❶“色相”为30、❷“亮度”为10、❸“饱和度”为30，如下图所示。

步骤 04 完成颜色平衡（HLS）的校正操作，得到最终的图像效果，如下图所示。

10.3 综合案例——校正“荷花”项目的颜色

本节教学录像时间：5分钟

在了解了影视色彩的校正技巧后，可以通过所学的知识，为“荷花”项目文件添加多种多样的颜色校正，以便让素材图像的色彩更加丰富。

光盘同步视频文件
配套光盘\综合实例：校正“荷花”项目的颜色.mp4

步骤 01 新建一个项目和序列文件，在“项目”面板中，双击鼠标左键，❶打开“导入”对话框，❷选择“荷花”素材图像，❸单击“打开”按钮，如下图所示。

步骤 02 即可将选择的素材图像导入至“项目”面板中，如右上图所示。

步骤 03 选择导入的素材图像，将其添加至“时间轴”面板的“视频 1”轨道上，如右下图所示。

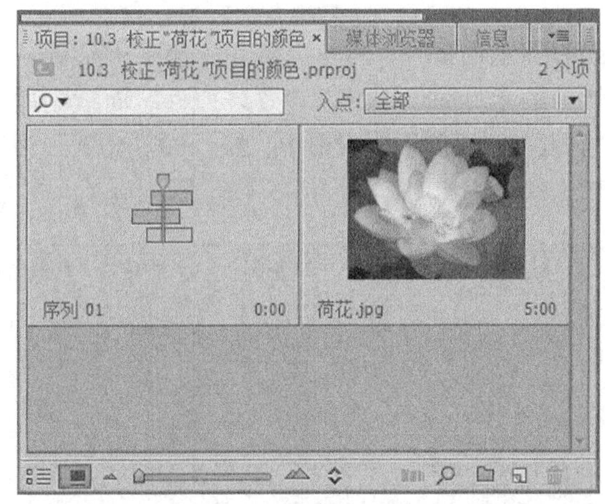

步骤 04 在“节目监视器”面板中，调整素材图像的显示，如下图所示。

步骤 05 在“效果”面板中，展开“视频效果”选项，❶ 选择“颜色校正”选项，展开选择的选项，❷ 选择“亮度与对比度”选项，如下图所示。

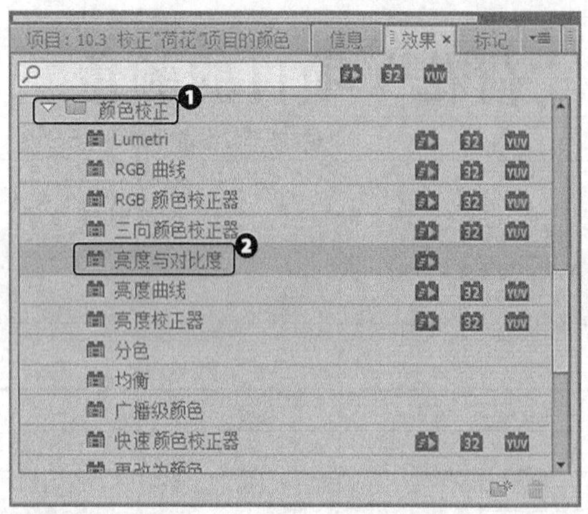

步骤 06 单击鼠标并拖曳，将其添加至“视频 1”轨道的素材图像上，在“效果控件”面板中的“亮度与对比度”列表框中，修改 ❶“亮度”为10、❷“对比度”为10，如下图所示。

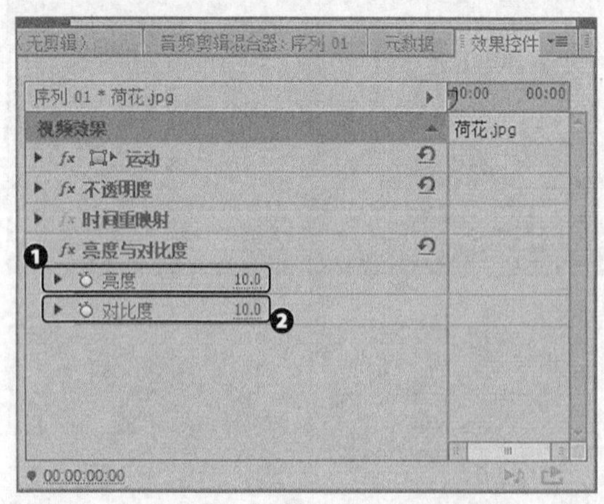

步骤 07 完成“亮度与对比度”视频效果的添加操作，其图像效果如下图所示。

步骤 08 在“效果”面板中，展开“视频效果”选项，选择“颜色校正”选项，展开选择的选项，选择“颜色平衡”选项，如下图所示。

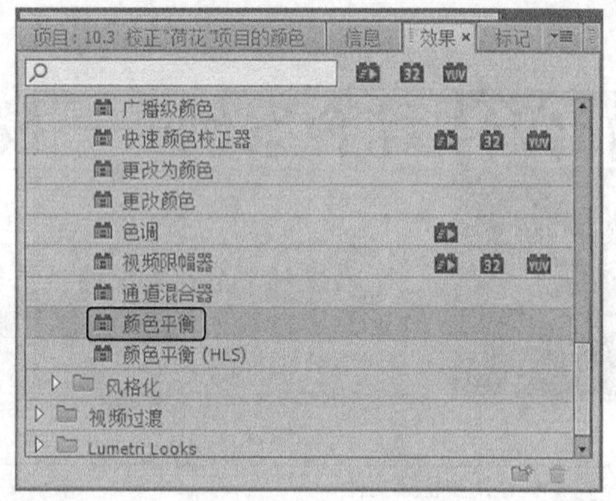

步骤 09 单击鼠标并拖曳，将其添加至“视频 1”轨道的素材图像上，在“效果控件”面板中的“颜色平衡”列表框中，修改各参数，如下图所示。

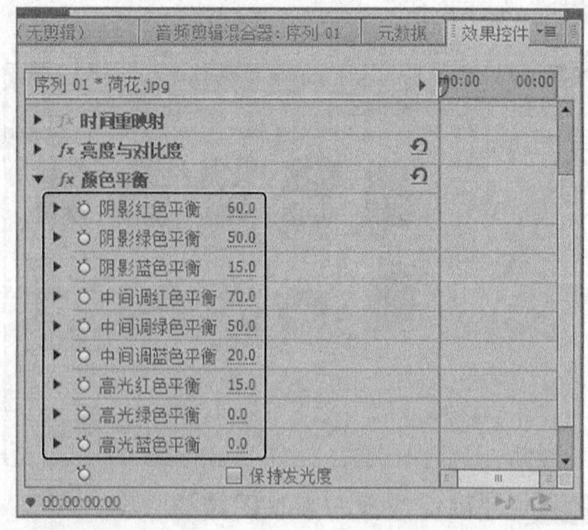

步骤 10 完成“颜色平衡”视频效果的添加操作，其图像效果如下图所示。

步骤⑪在“效果”面板中，展开“视频效果”选项，❶选择“颜色校正”选项，展开选择的选项，❷选择“快速颜色校正器”选项，如下图所示。

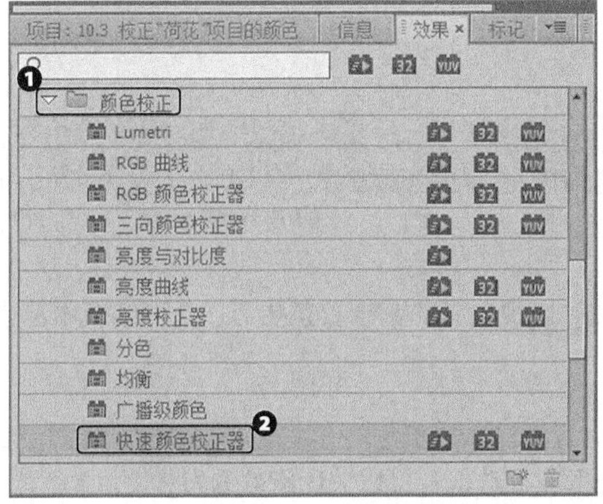

步骤⑫单击鼠标并拖曳，将其添加至“视频1”轨道的素材图像上，在“效果控件”面板中的“快速颜色校正器”列表框中，修改❶“色相角度”为10.0°、❷“平衡数量级”为30、❸“平衡角度”为10.0°，如下图所示。

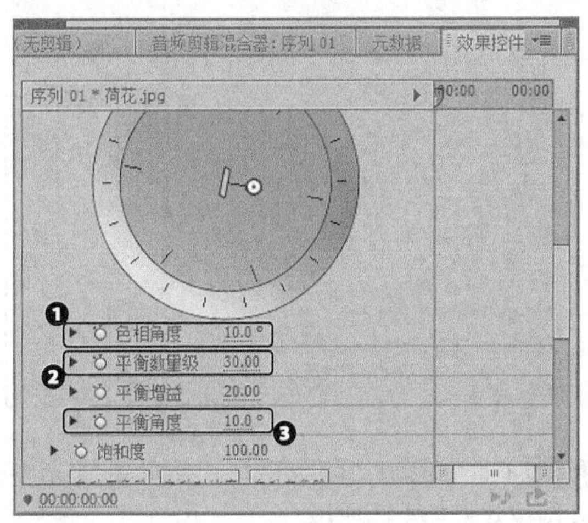

步骤⑬向下拖曳面板，❶修改“输入色阶”的参数分别为0.0、0.9、249.6；❷修改“输出色阶”的参数分别为0.0和240.4，如下图所示。

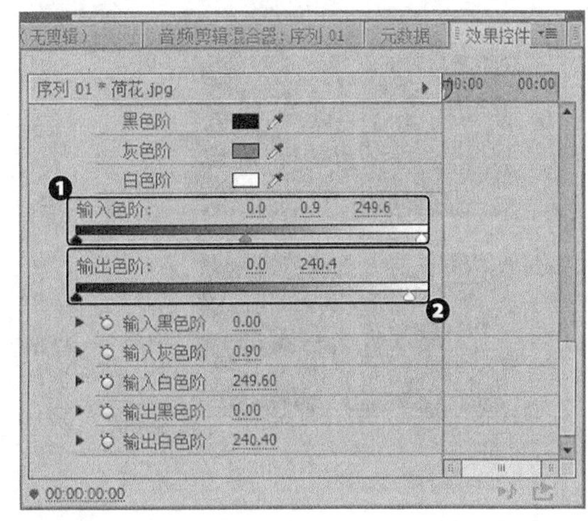

步骤⑭完成“快速颜色校正器”视频效果的添加，其图像效果如下图所示。

步骤⑮在“效果”面板中，展开“视频效果”选项，❶选择“颜色校正”选项，展开选择的选项，❷选择“RGB 曲线”选项，如下图所示。

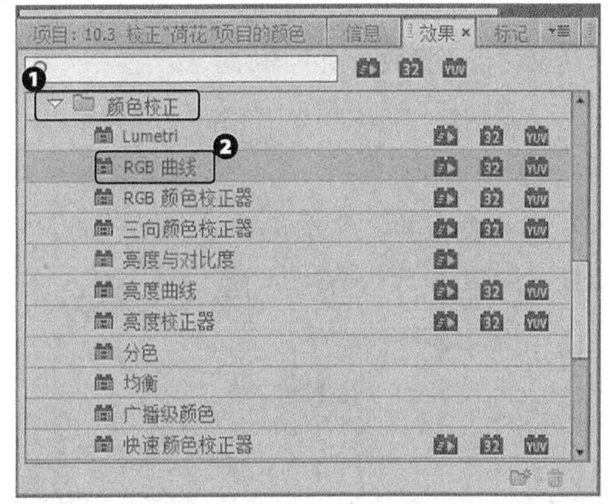

步骤⑯单击鼠标并拖曳，将其添加至“视频1”轨道的素材图像上，在“效果控件”面板中的“RGB 曲线”列表框中，调整各矩形区域内的曲线，如下图所示。

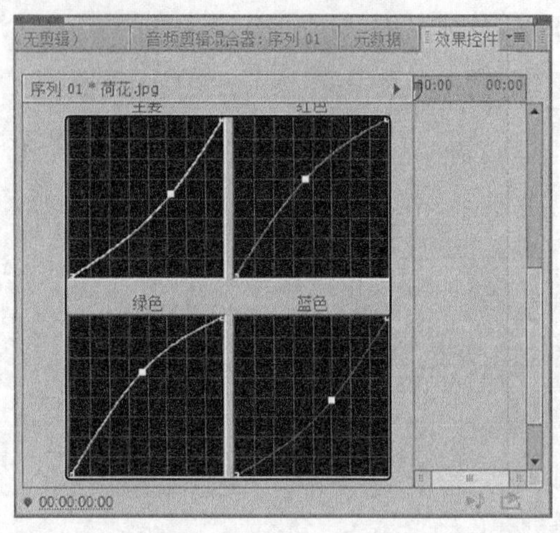

步骤 17 完成"RGB 曲线"视频效果的添加，得到最终的图像效果，如下图所示。

高手支招

本节教学录像时间：3分钟

通过对前面知识的学习，相信读者朋友已经掌握好影视色彩的基础校正技巧。下面结合本章内容，给大家介绍一些实用技巧。

取消"颜色平衡"特效的发光度

在"颜色平衡"列表框中，取消勾选"保持发光度"复选框，可以关闭特效的发光度。

光盘同步视频文件

配套光盘\秘技1. 取消"颜色平衡"特效的发光度.mp4

步骤 01 打开本书配套光盘中的"素材 / 第 10 章 / 秘技 1. 取消'颜色平衡'特效的发光度"项目文件，图像效果如下图所示。

步骤 02 在"效果控件"面板的"颜色平衡"列表框中，取消勾选"保持发光度"复选框，如右图所示。

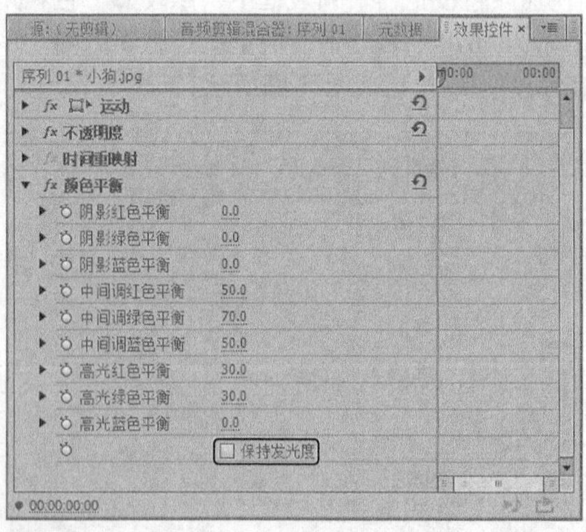

步骤 03 即可取消"颜色平衡"特效的发光度，其图像效果如下图所示。

修改“通道混合器”特效的单色

在“通道混合器”列表框中，可以勾选“单色”复选框，将素材图像调整为单色。

光盘同步视频文件
配套光盘\秘技2. 修改“通道混合器”特效的单色.mp4

步骤 01 打开本书配套光盘中的“素材 / 第 10 章 / 秘技 2. 修改‘通道混合器’特效的单色”项目文件，图像效果如下图所示。

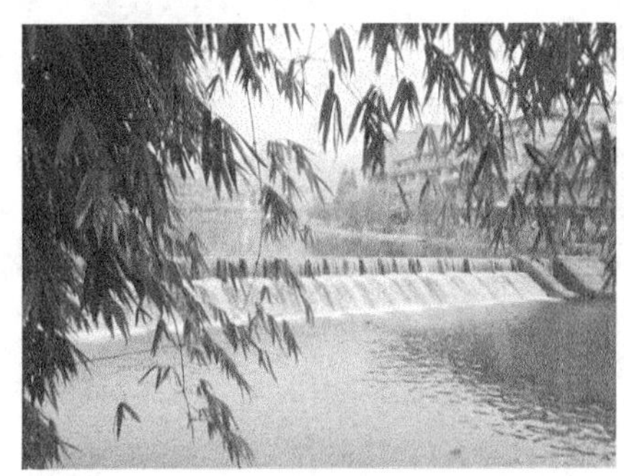

步骤 02 在“效果控件”面板的“通道混合器”列表框中，勾选“单色”复选框，如右第 1 图所示，即可完成“通道混合器”特效的单色修改，如右第 2 图所示。

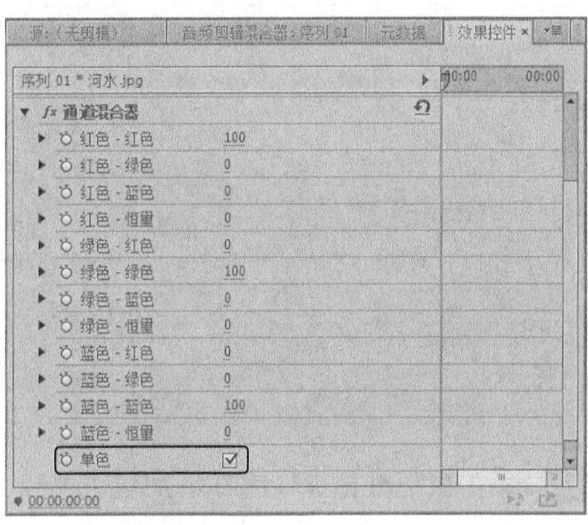

校正视频限幅器效果

使用“视频限幅器”视频效果，可以确保视频落在指定的范围内。用户可以为素材的“亮度”“色度”“色度和亮度”或者“智能限制”设置限幅。

光盘同步视频文件
配套光盘\秘技3. 校正视频限幅器效果.mp4

步骤 01 打开本书配套光盘中的“素材 / 第 10 章 / 秘技 3. 校正视频限幅器效果”项目文件，图像效果如下图所示。

步骤 02 在“效果”面板中，展开“视频效果”选项，选择“颜色校正”选项，展开选择的选项，选择“视频限幅器”选项，如下图所示。

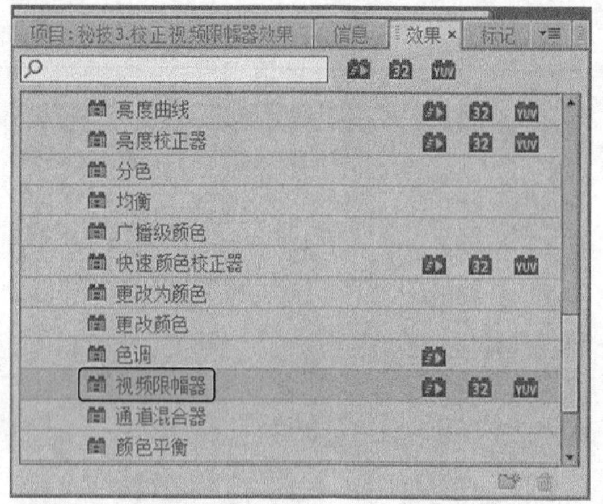

步骤 03 单击鼠标并拖曳，将其添加至“视频 1”轨道的素材图像上，在“效果控件”面板中，修改❶“信号最小值”为30%、❷“信号最大值”为100%，如下图所示。

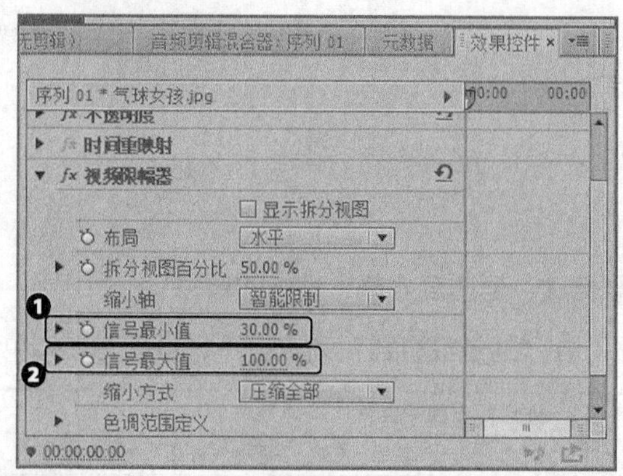

步骤 04 即可校正视频限幅器效果，得到最终的图像效果，如下图所示。

第 11 章

影视色彩的高级校正

学习目标

在进行视频拍摄时，有时无法控制现场的光线条件，这就会导致视频素材太暗或太亮，或者笼罩着各种色泽。此时可以使用 Premiere Pro CC“效果”面板中提供的多种“视频效果”特效来进行校正操作。在第 10 章中讲解了影视色彩的基础校正技巧，本章将详细讲解影视色彩的高级校正技巧。

- 调整“蝴蝶”图像的色彩
- 调整“花朵”图像的色彩
- 控制图像的色彩

学习效果

11.1 调整“蝴蝶”图像的色彩

本节教学录像时间：3分钟

色彩的调整主要是针对素材中的对比度、亮度、颜色以及通道等项目进行特殊的调整和处理。在 Premiere Pro CC 中，系统为用户提供了多种特殊效果。本节将介绍通过自动颜色、自动色阶和自动对比度调整“蝴蝶”图像色彩的操作方法。

11.1.1 自动颜色

使用“自动颜色”视频效果可以通过搜索图像的方式，来标识暗调、中间调和高光，以调整图像的对比度和颜色。

光盘同步视频文件

配套光盘\自动颜色.mp4

步骤 01 打开本书配套光盘中的“素材 / 第 11 章 /11.1 调整‘蝴蝶’图像的色彩”项目文件，如下图所示。

步骤 02 在“效果”面板中，展开“视频效果”列表框，选择“调整”选项，如下图所示。

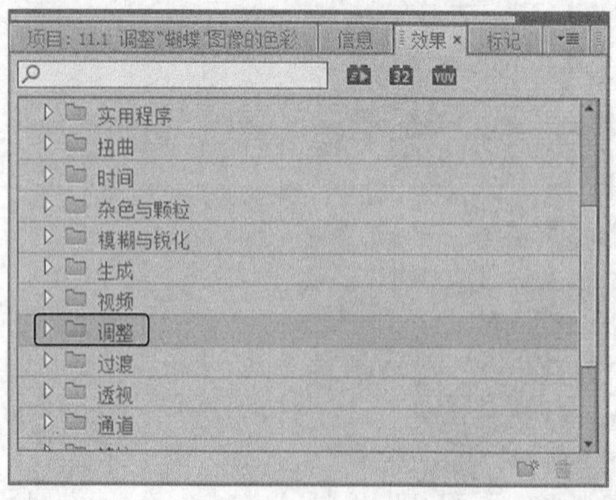

步骤 03 ❶ 展开选择的选项，❷ 选择“自动颜色”选项，如下图所示。

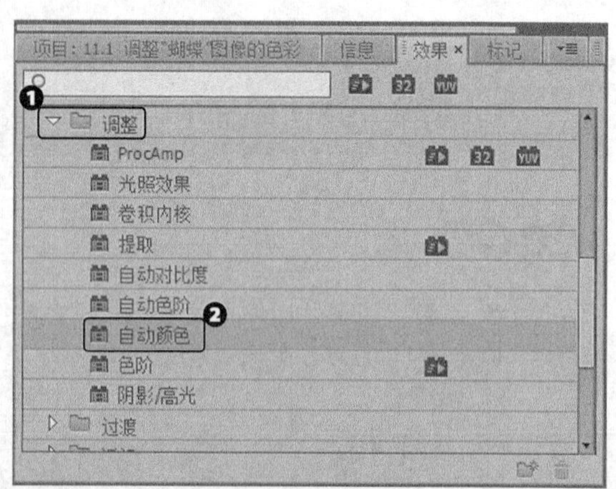

步骤 04 单击鼠标并拖曳，将其添加至“视频 1”轨道的素材图像上，其图像效果如下图所示。

步骤 05 在“效果控件”面板的“自动颜色”列表框中，修改 ❶ “减少黑色像素”为 10%、❷ “减少白色像素”为 10%，如下图所示。

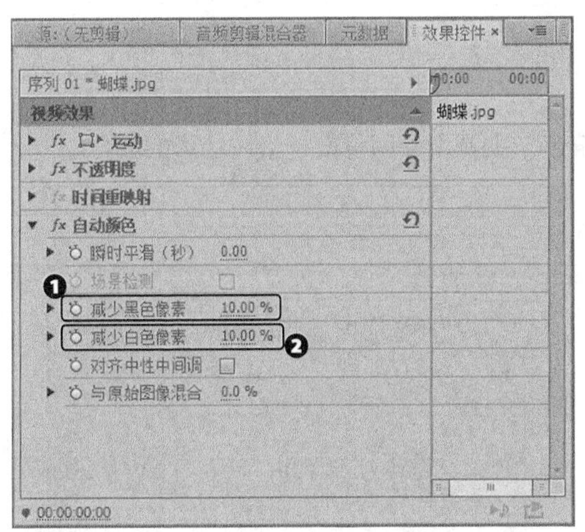

步骤 06 完成自动颜色的校正，得到最终的图像效果，如下图所示。

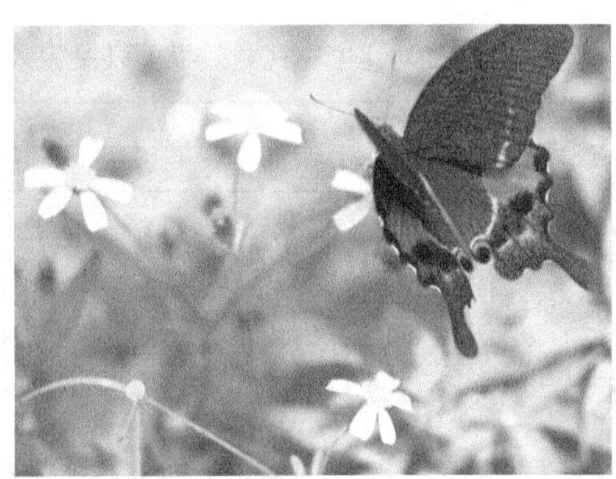

11.1.2 自动色阶

使用“自动色阶”视频效果可以让 Premiere Pro CC 执行快速全面的自动色彩校正。

光盘同步视频文件
配套光盘\自动色阶.mp4

步骤 01 在“效果”面板中，展开“视频效果”列表框，❶ 选择“调整”选项，展开选择的选项，❷ 选择“自动色阶”选项，如下图所示。

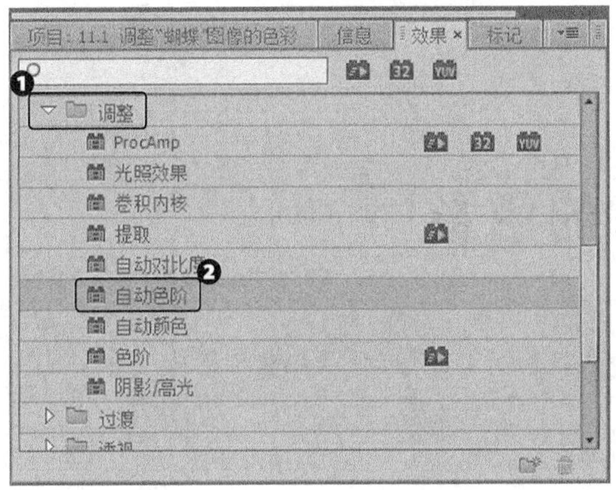

步骤 02 单击鼠标并拖曳，将其添加至“视频 1”轨道的素材图像上，在“效果控件”面板的“自动色阶”列表框中，修改“减少白色像素”为 4%，如右上图所示。

步骤 03 完成自动色阶的调整，得到最终的图像效果，如右下图所示。

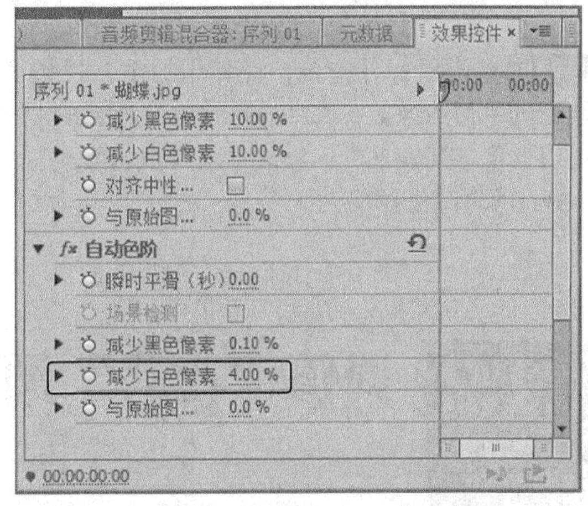

11.1.3 自动对比度

使用“自动对比度”视频效果可以去除素材的偏色，主要用于调整素材整体色彩的混合。

光盘同步视频文件
配套光盘\自动对比度.mp4

步骤 01 在“效果”面板中，展开“视频效果”列表框，❶ 选择“调整”选项，展开选择的选项，❷ 选择“自动对比度”选项，如下图所示。

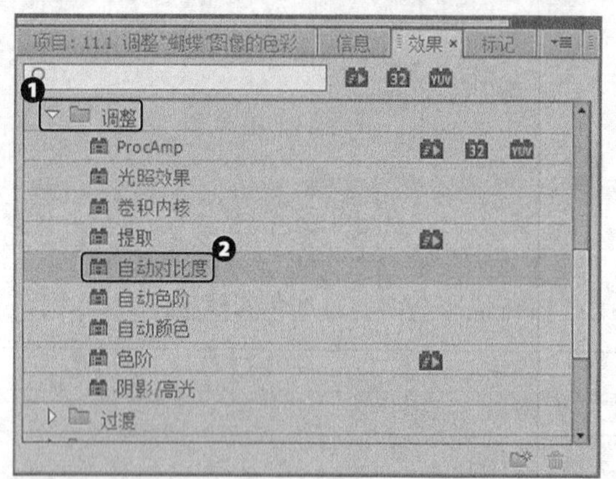

步骤 02 单击鼠标并拖曳，将其添加至“视频 1”轨道的素材图像上，在“效果控件”面板的“自动对比度”列表框中，修改“减少白色像素”为 4.5%，如右上图所示。

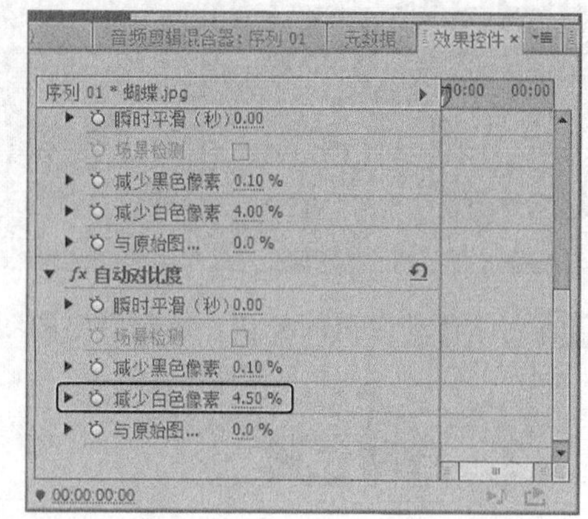

步骤 03 完成自动对比度的调整，得到最终的图像效果，如下图所示。

11.2 调整“花朵”图像的色彩

本节教学录像时间：7分钟

本节将介绍通过卷积内核、光照效果和阴影 / 高光效果调整“花朵”图像色彩的操作方法。

11.2.1 卷积内核

使用“卷积内核”视频效果可以修改图像的亮度和清晰度。

光盘同步视频文件
配套光盘\卷积内核.mp4

步骤01 打开本书配套光盘中的“素材/第11章/11.2 调整‘花朵’图像的色彩”项目文件，如下图所示。

步骤02 在“效果”面板中，❶展开“视频效果”列表框，❷选择“调整”选项，如下图所示。

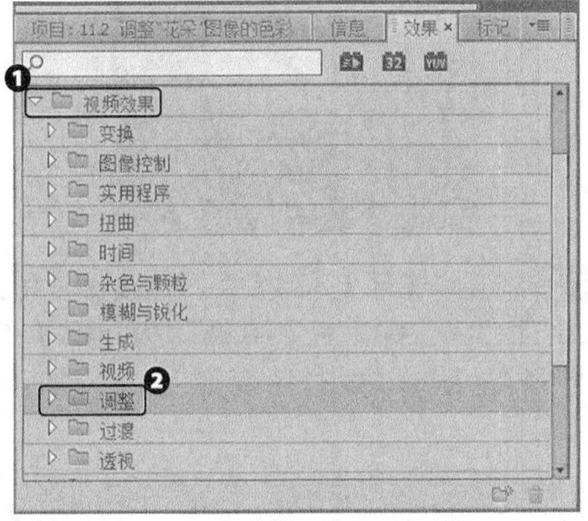

步骤03 ❶展开选择的选项，❷并选择“卷积内核”选项，如右上图所示。

步骤04 单击鼠标并拖曳，将其添加至“视频1”轨道的素材图像上，在“效果控件”面板的“卷积内核”列表框中，❶修改各参数，❷勾选“处理Alpha”复选框，如右下图所示。

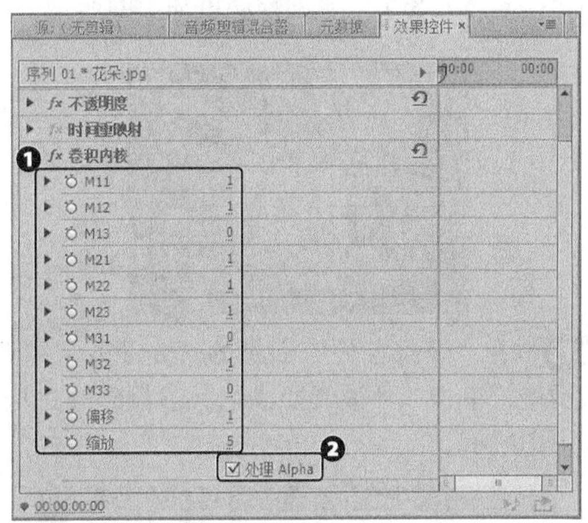

步骤05 即可通过“卷积内核”特效调整素材，得到最终的图像效果，如下图所示。

11.2.2 光照效果

使用“光照效果”视频效果可以为图像添加照明。

	光盘同步视频文件 配套光盘\光照效果.mp4

步骤01 在“效果”面板中，展开“视频效果”列表框，❶选择“调整”选项，展开选择的选项，❷并选择“光照效果”选项，如下图所示。

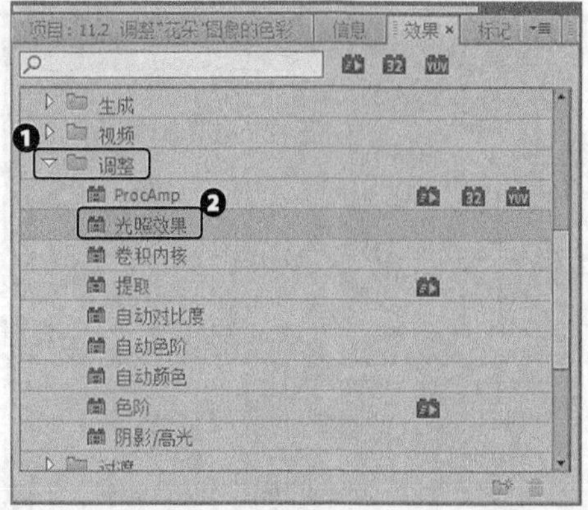

步骤 02 单击鼠标并拖曳，将其添加至“视频 1”轨道的素材图像上，其图像效果如下图所示。

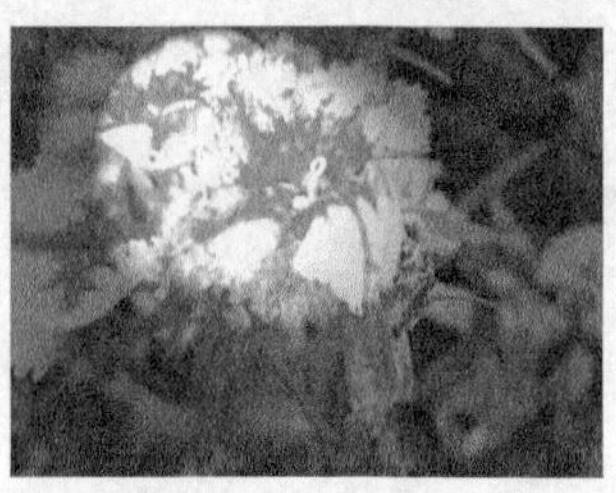

步骤 03 在“效果控件”面板的“光照效果”列表框中，单击“环境光照颜色”右侧的颜色块，如下图所示。

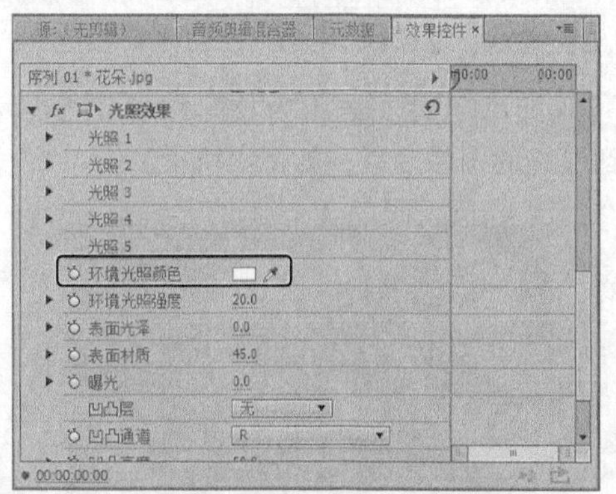

步骤 04 打开“拾色器”对话框，❶ 修改 RGB 参数分别为 245、169、166，❷ 单击“确定”按钮，如下图所示。

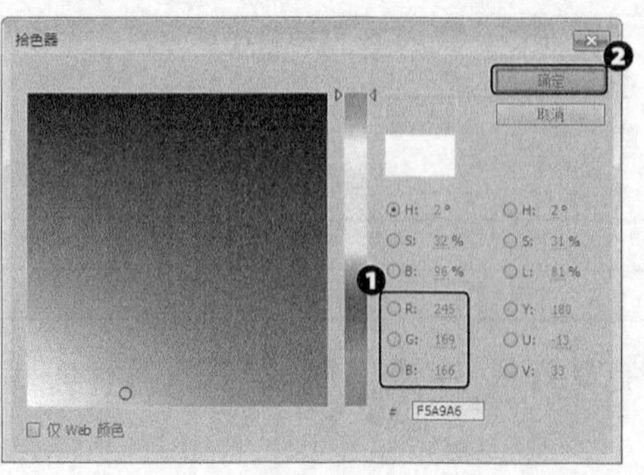

步骤 05 返回到“效果控件”面板，修改“环境光照强度”为 35，如下第 1 图所示，修改参数后的图像效果如下第 2 图所示。

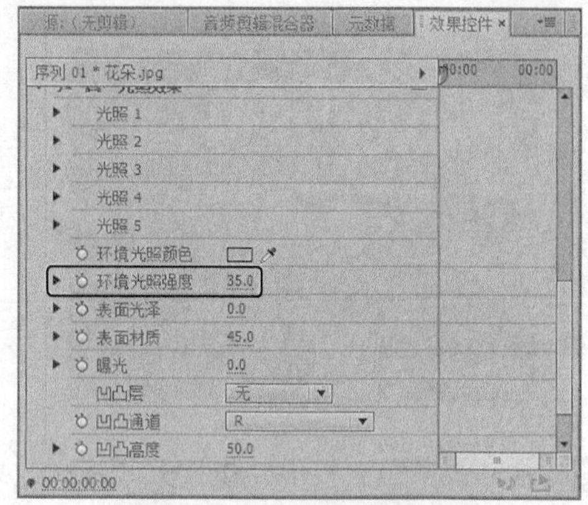

步骤 06 展开“光照 1”列表框，修改 ❶“中央”为 200 和 200、❷“主要半径”为 20、❸“次要半径”为 10、❹“强度”为 15，如下图所示。

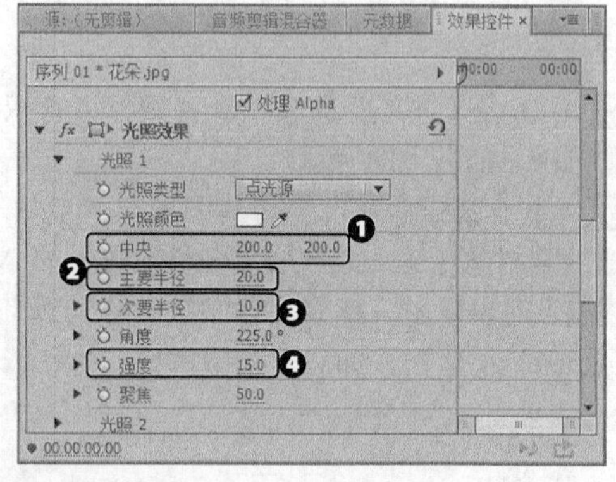

步骤 07 即可通过“光照效果”校正图像的色彩，得到最终的图像效果，如下图所示。

11.2.3 阴影/高光

使用“阴影 / 高光”视频效果可以在图像上处理逆光问题。该视频效果可以使阴影变亮，并减少高光。

光盘同步视频文件
配套光盘\阴影/高光.mp4

步骤 01 在“效果”面板中，展开“视频效果”列表框，❶ 选择“调整”选项，展开选择的选项，❷ 选择“阴影 / 高光”选项，如下图所示。

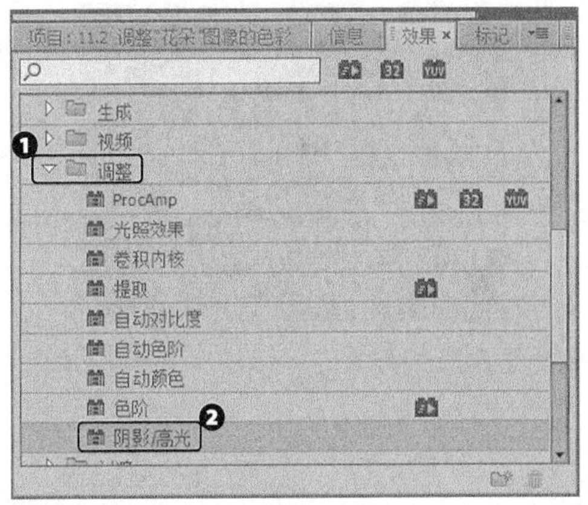

步骤 02 单击鼠标并拖曳，将其添加至“视频 1”轨道的素材图像上，其图像效果如下图所示。

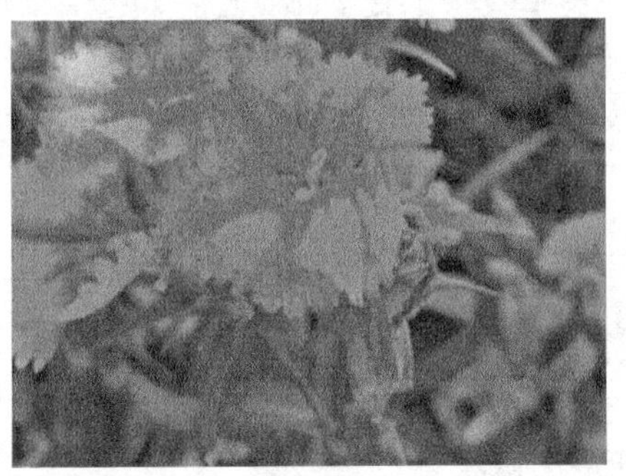

步骤 03 在“效果控件”面板的“阴影 / 高光”列表框中，❶ 取消勾选“自动数量”复选框，❷ 修改“阴影数量”为 65，如下图所示。

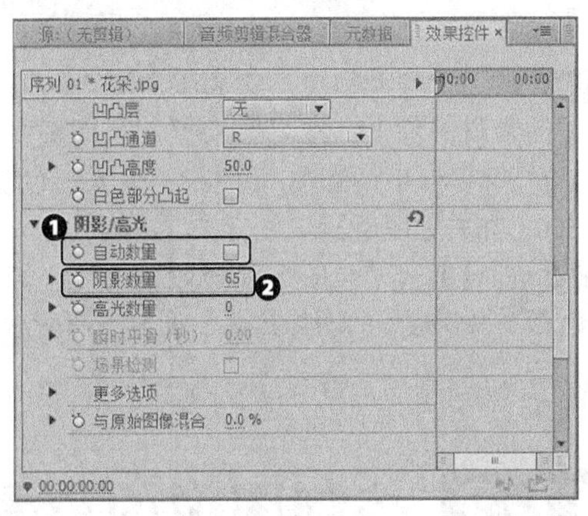

步骤 04 即可通过“阴影 / 高光”特效校正图像的色彩，得到最终的图像效果，如下图所示。

11.2.4 色阶

使用“色阶”视频效果可以用于微调阴影、中间调和高光，也可以同时或单独校正红、绿和蓝色通道。

光盘同步视频文件
配套光盘\色阶.mp4

步骤 01 在“效果”面板中，展开“视频效果”列表框，❶ 选择“调整”选项，展开选择的选项，❷ 并选择“色阶”选项，如下图所示。

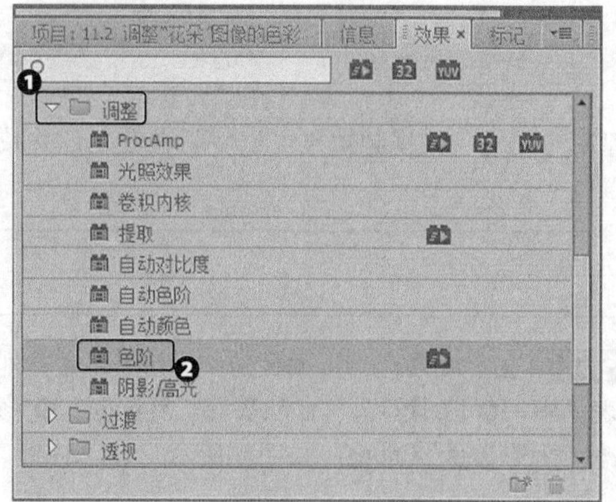

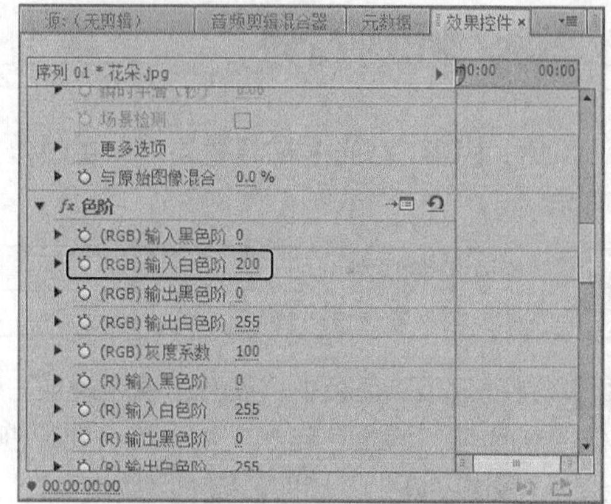

步骤 02 单击鼠标并拖曳，将其添加至“视频 1”轨道的素材图像上，在“效果控件”面板中的“色阶”列表框中，修改“(RGB)输入白色阶”为 200，如右上图所示。

步骤 03 即可通过“色阶”视频效果来校正图像的色彩，得到最终的图像效果，如右下图所示。

11.3 控制图像的色彩

本节教学录像时间：6分钟

Premiere Pro CC 的“图像控制”文件夹中提供了更多的颜色特效，该文件夹中的特效包括“灰度系数校正”“色彩传递”“黑白”“黑白过滤”“颜色替换”以及“颜色平衡（RGB）”5 种。本节将详细讲解控制图像的色彩的操作方法。

11.3.1 黑白

使用“黑白”视频效果可以将一个彩色图像转换成灰度图像。

光盘同步视频文件

配套光盘\同步教学文件\第11章\11.3.1　黑白.mp4

步骤 01 打开本书配套光盘中的“素材 / 第 11 章 / 11.3.1　黑白”项目文件，如右图所示。

步骤 02 在“效果”面板中，❶ 展开“视频效果”列表框，❷ 选择“图像控制”选项，如下页左上图所示。

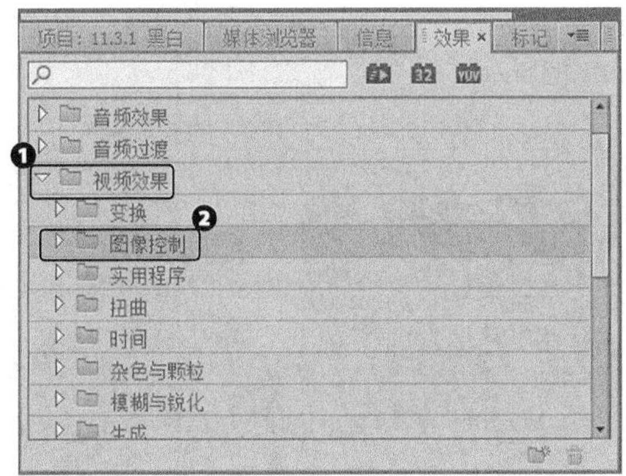

步骤 03 展开选择的选项，并选择“黑白”选项，如右上图所示。

步骤 04 单击鼠标并拖曳，将其添加至“视频 1”轨道的素材图像上，即可通过“黑白”特效控制图像色彩，如右下图所示。

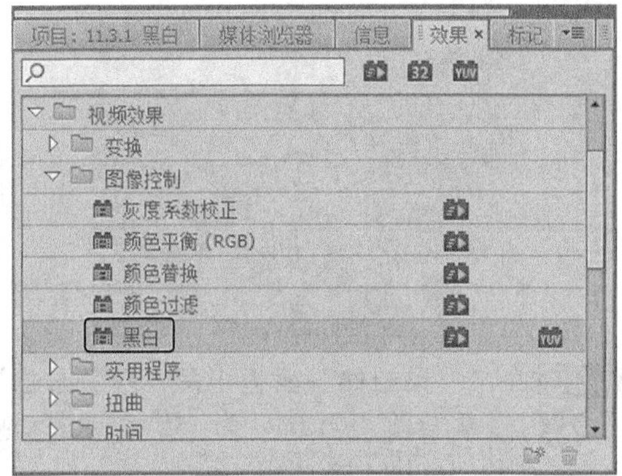

11.3.2 颜色过滤

使用“颜色过滤”视频效果可以将单色素材以外的所有素材转换成灰度图像。

	光盘同步视频文件
	配套光盘\颜色过滤.mp4

步骤 01 打开本书配套光盘中的“素材 / 第 11 章 / 11.3.2　颜色过滤”项目文件，如下图所示。

步骤 02 在“效果”面板中，❶ 展开“视频效果”列表框，❷ 选择“图像控制”选项，展开选择的选项，❸ 并选择“颜色过滤”选项，如右图所示。

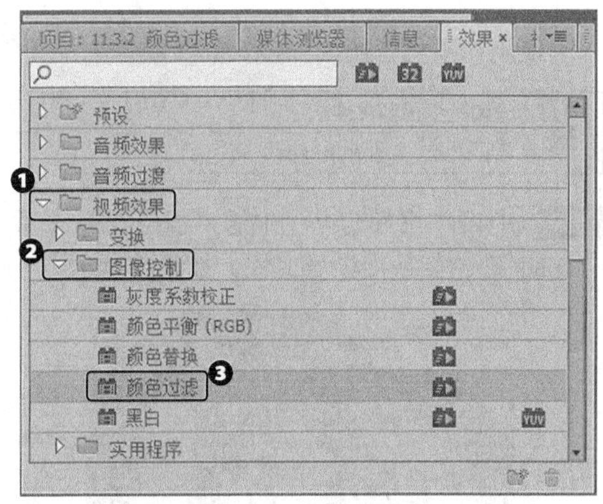

步骤 03 单击鼠标并拖曳，将其添加至“视频 1”轨道的素材图像上，其图像效果如下图所示。

步骤 04 在“效果控件”面板中的“颜色过滤”列表框中，❶ 修改“相似性”为 55，❷ 单击“颜色”右侧的颜色块，如下图所示。

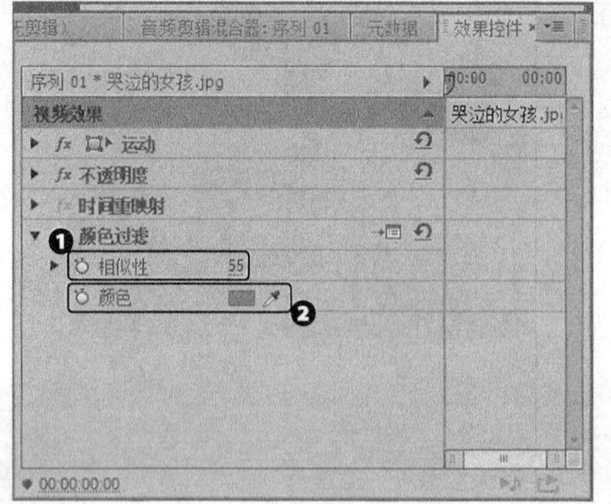

步骤 05 打开“拾色器”对话框，❶ 修改 RGB 参数分别为 48、255、0，❷ 单击“确定”按钮，如下图所示。

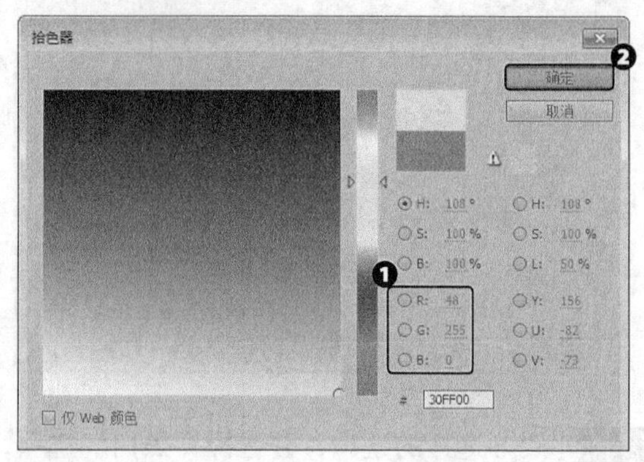

步骤 06 完成颜色的修改，即可通过“颜色过滤”特效控制图像的色彩，得到最终的图像效果，如下图所示。

11.3.3 颜色替换

使用“颜色替换”视频效果可以将一种颜色范围替换为另一种颜色范围。

光盘同步视频文件

配套光盘\颜色替换.mp4

步骤 01 打开本书配套光盘中的“素材 / 第 11 章 / 11.3.3 颜色替换”项目文件，如下图所示。

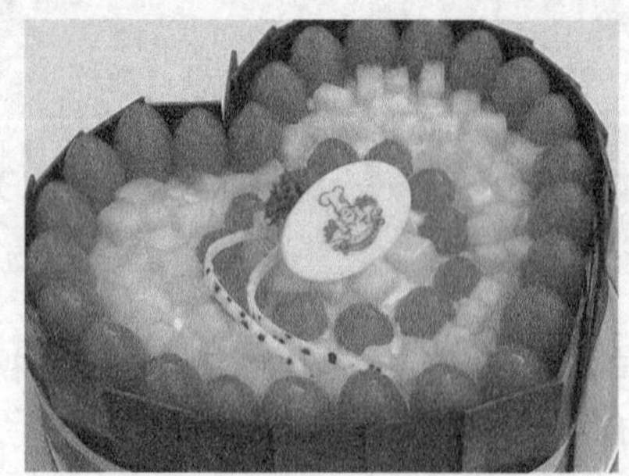

步骤 02 在“效果”面板中，❶ 展开“视频效果”列表框，❷ 选择“图像控制”选项，展开选择的选项，❸ 选择“颜色替换”选项，如下图所示。

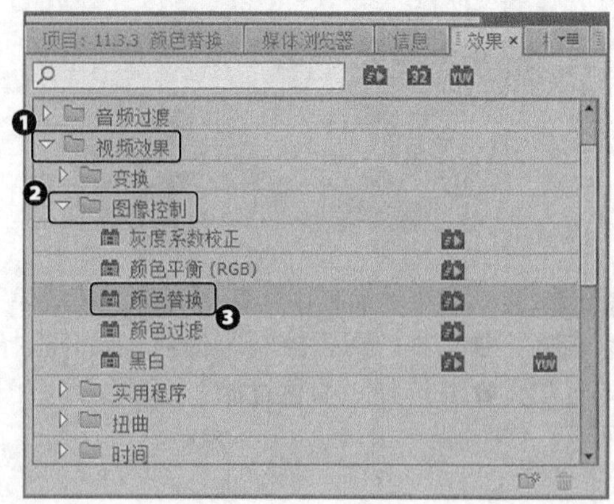

步骤03 单击鼠标并拖曳，将其添加至“视频 1”轨道的素材图像上，在“效果控件”面板的“颜色替换”列表框中，单击“目标颜色”右侧的吸管工具，如下图所示。

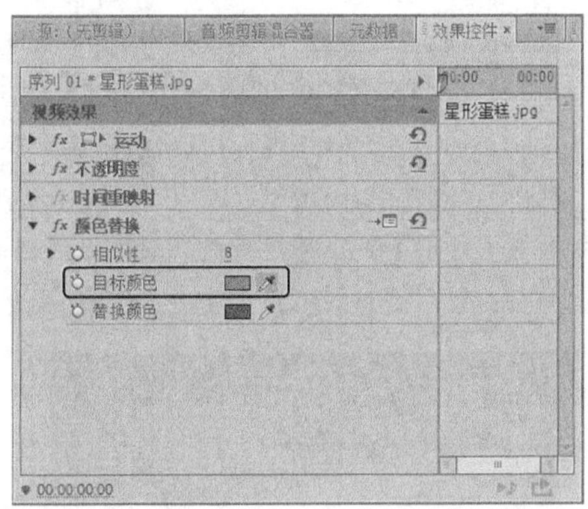

步骤04 在图像的左上方处，单击鼠标，即可吸取颜色，在“效果控件”面板中，单击“替换颜色”右侧的颜色块，如下图所示。

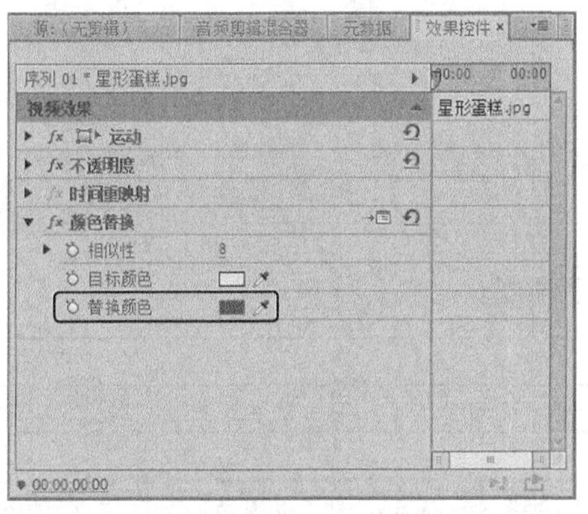

步骤05 打开“拾色器”对话框，❶ 修改 RGB 参数分别为 0、210、54，❷ 单击“确定”按钮，如下图所示。

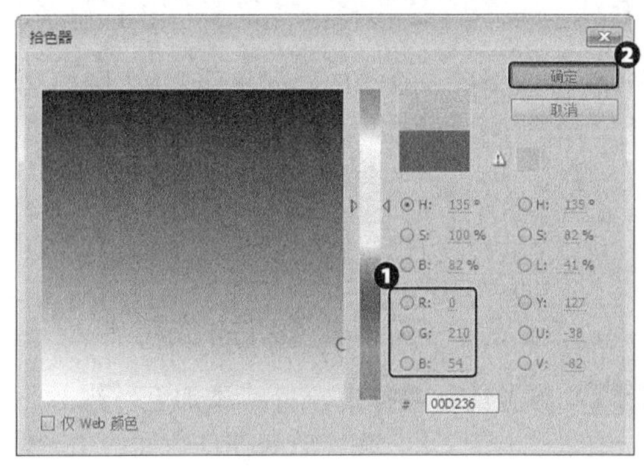

步骤06 完成颜色的修改，即可通过“颜色替换”控制图像色彩，得到最终的图像效果，如下图所示。

11.3.4 灰度系数校正

使用“卷积内核”视频效果可以修改图像的亮度和清晰度。

光盘同步视频文件
配套光盘\灰度系数校正.mp4

步骤01 打开本书配套光盘中的“素材 / 第 11 章 / 11.3.4 灰度系数校正”项目文件，如右图所示。

步骤02 在“效果”面板中，❶ 展开“视频效果”列表框，❷ 选择“图像控制”选项，展开选择的选项，❸ 选择“灰度系数校正”选项，如下页右上图所示。

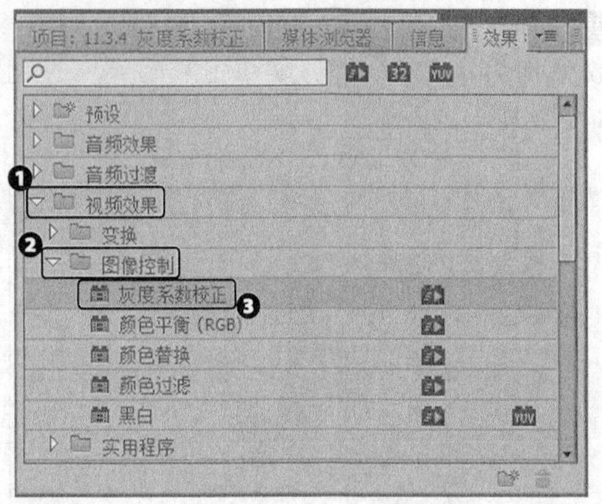

步骤 03 单击鼠标并拖曳，将其添加至“视频 1”轨道的素材图像上，在“效果控件”面板中，修改“灰度系数”为 7，如右上图所示。

步骤 04 即可通过“灰度系数校正”特效控制图像的色彩，得到最终的图像效果，如右下图所示。

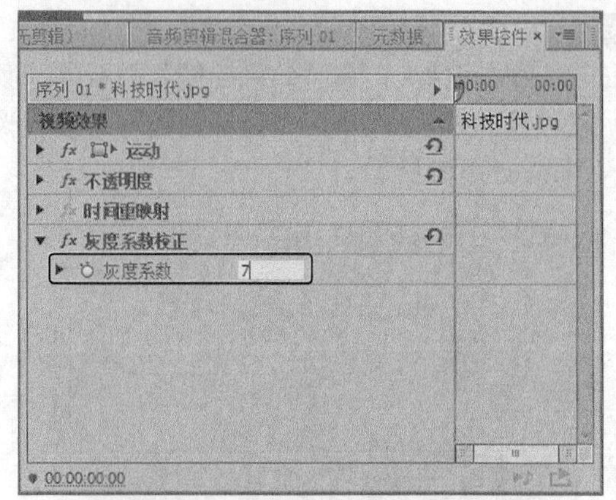

11.3.5 颜色平衡（RGB）

使用“卷积内核”视频效果可以修改图像的亮度和清晰度。

	光盘同步视频文件
	配套光盘\颜色平衡（RGB）.mp4

步骤 01 打开本书配套光盘中的“素材 / 第 11 章 / 11.3.5 颜色平衡（RGB）”项目文件，如下图所示。

步骤 02 在“效果”面板中，❶ 展开“视频效果”列表框，❷ 选择“图像控制”选项，展开选择的选项，❸ 选择“颜色平衡（RGB）”选项，如右图所示。

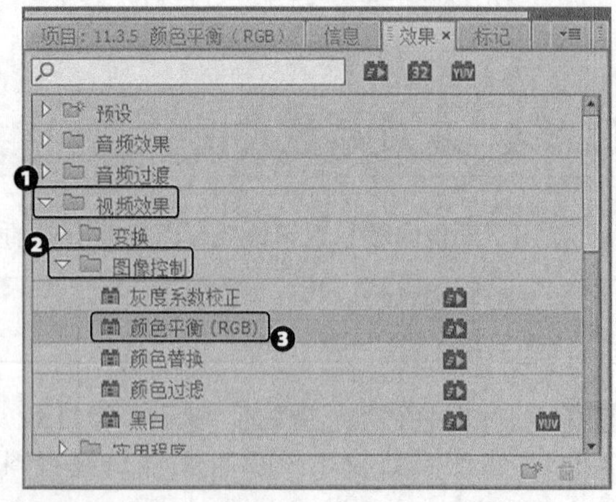

步骤 03 单击鼠标并拖曳，将其添加至“视频 1”轨道的素材图像上，在“效果控件”面板中，修改 ❶ “红色”为 130、❷ “绿色”为 150、❸ “蓝色”为 200，如下图所示。

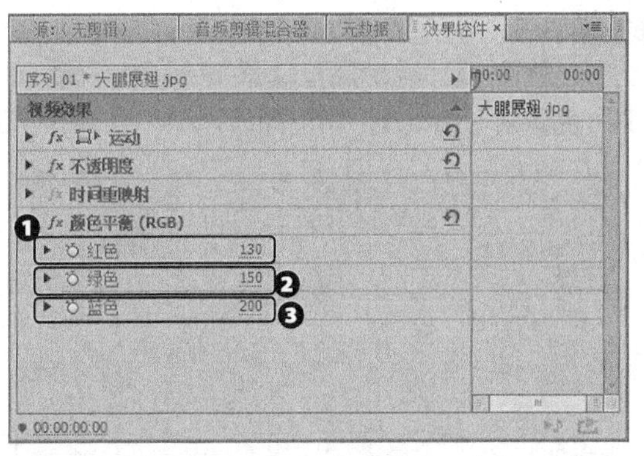

步骤 04 即可通过“颜色平衡（RGB）”特效控制图像的色彩，得到最终的图像效果，如下图所示。

小提示

在“颜色平衡（RGB）”列表框中，各常用选项的含义如下。

- 红色：用于增加或减少图像中的红色。
- 绿色：用于增加或减少图像中的绿色。
- 蓝色：用于增加或减少图像中的蓝色。

11.4 综合案例——调整“芍药”项目的色彩

本节教学录像时间：6分钟

“芍药”素材图像中的色彩调整运用了自动颜色、自动色阶、自动对比度、光照效果以及颜色平衡（RGB）等知识点，下面将进行介绍。

光盘同步视频文件

配套光盘\综合实例：调整“芍药”项目的色彩.mp4

步骤 01 新建一个项目和序列文件，在“项目”面板中，双击鼠标左键，❶ 打开“导入”对话框，❷ 选择“芍药”素材图像，❸ 单击“打开”按钮，如下图所示。

步骤 02 即可将选择的素材图像导入至“项目”面板中，如下图所示。

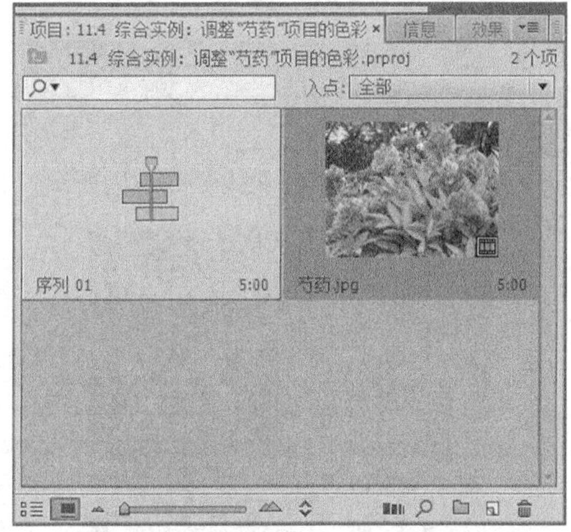

步骤 03 选择导入的素材图像，将其添加至“时间轴”面板的“视频1”轨道上，如下图所示。

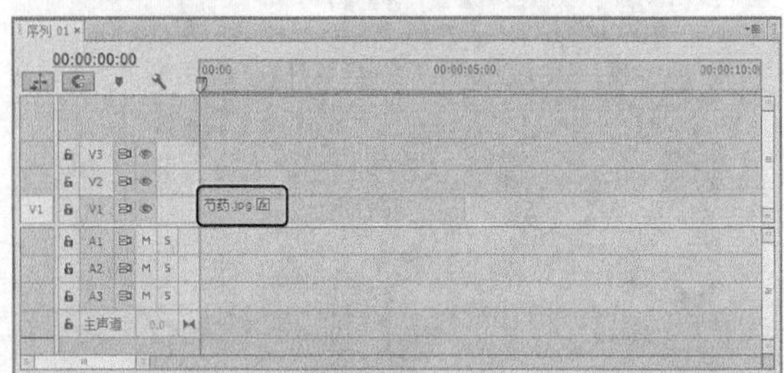

步骤 04 在“节目监视器”面板中，调整素材图像的显示，如下图所示。

步骤 05 在“效果”面板中，展开“视频效果”选项，❶ 选择“调整”选项，展开选择的选项，❷ 选择“自动颜色”选项，如下图所示。

步骤 06 单击鼠标并拖曳，将其添加至“视频1”轨道的素材图像上，其图像效果如下图所示。

步骤 07 在“效果控件”面板的“自动颜色”列表框中，修改 ❶“减少黑色像素”为10%、❷“减少白色像素”为5%，如下图所示。

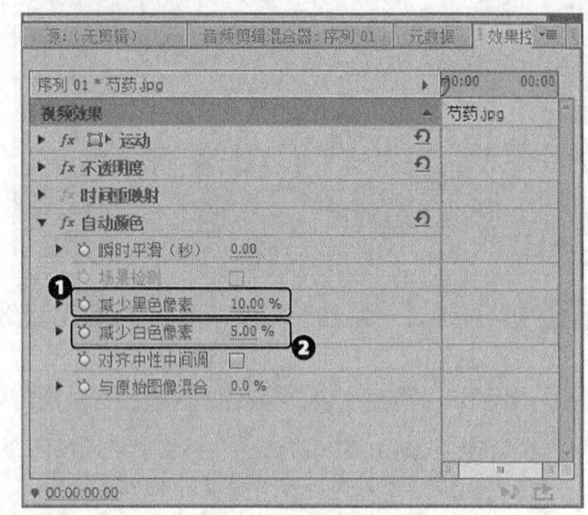

步骤 08 完成“自动颜色”视频效果的添加，其图像效果如下图所示。

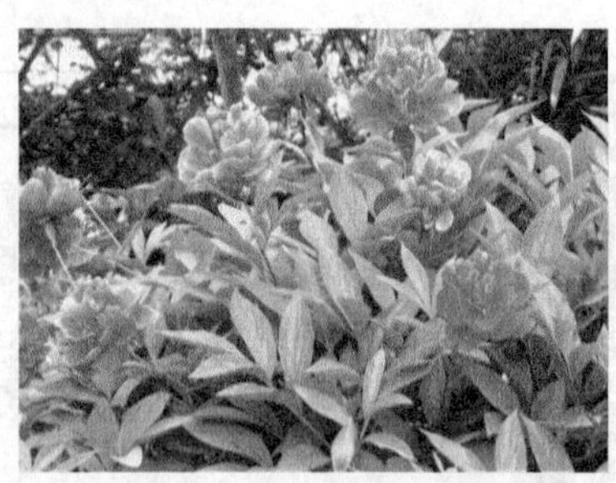

步骤 09 在“效果”面板中，展开“视频效果”选项，❶ 选择“调整”选项，展开选择的选项，❷ 选择“自动色阶”选项，如下图所示。

步骤 10 单击鼠标并拖曳，将其添加至“视频1”轨道的素材图像上，在“效果控件”面板的“自

动色阶”列表框中，修改❶“减少黑色像素”为 10%、❷“减少白色像素”为 10%，如下图所示。

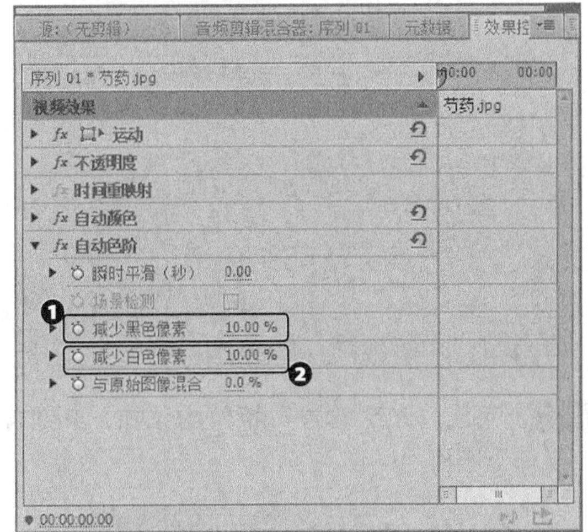

步骤 11 完成“自动色阶”视频效果的添加，其图像效果如下图所示。

步骤 12 在“效果”面板中，展开“视频效果”选项，❶选择“调整”选项，展开选择的选项，❷选择“自动对比度”选项，如下图所示。

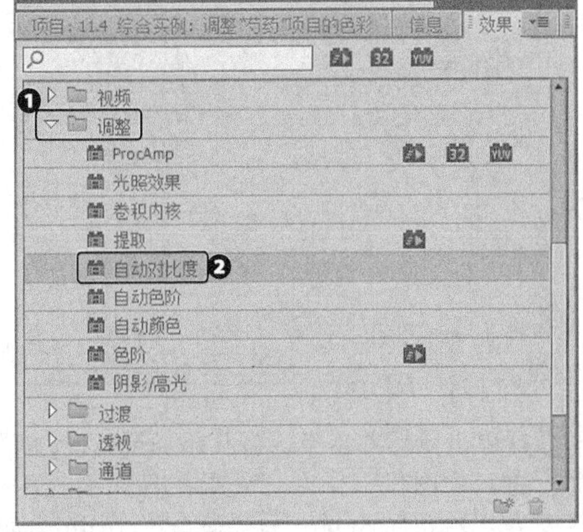

步骤 13 单击鼠标并拖曳，将其添加至“视频 1”轨道的素材图像上，在“效果控件”面板的“自动对比度”列表框中，修改❶“减少黑色像素”为 10%、❷“减少白色像素”为 3%，如下图所示。

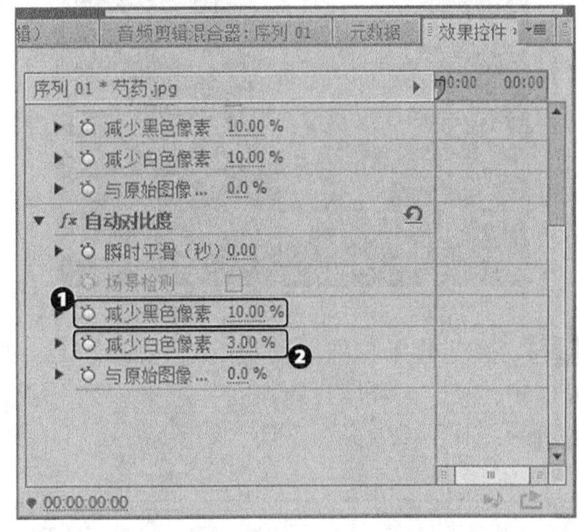

步骤 14 完成“自动对比度”视频效果的添加，其图像效果如下图所示。

步骤 15 在“效果”面板中，展开“视频效果”选项，❶选择“调整”选项，展开选择的选项，❷选择“光照效果”选项，如下图所示。

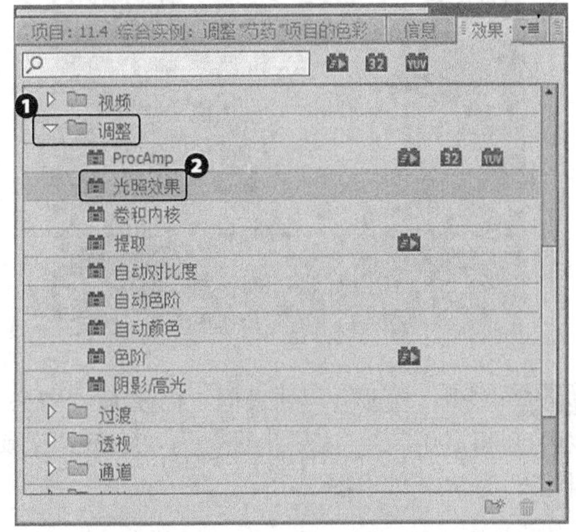

步骤 16 单击鼠标并拖曳，将其添加至“视频 1”轨道的素材图像上，其图像效果如下图所示。

步骤 17 在“效果控件”面板的“光照效果”列表框中，修改“环境光照强度”为 30，如下第 1 图所示，其图像效果如下第 2 图所示。

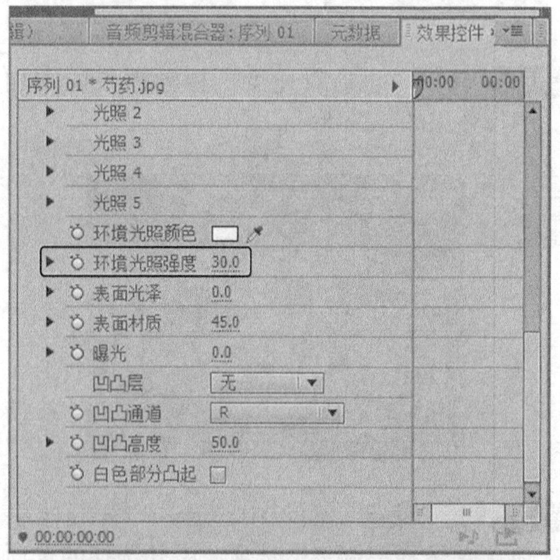

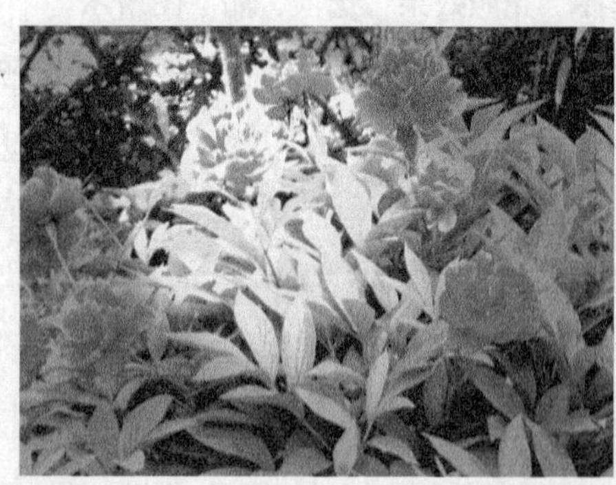

步骤 18 展开“光照 1”列表框，修改 ❶“中央”为 100 和 100、❷“主要半径”为 40、❸“次要半径”为 30，如下图所示。

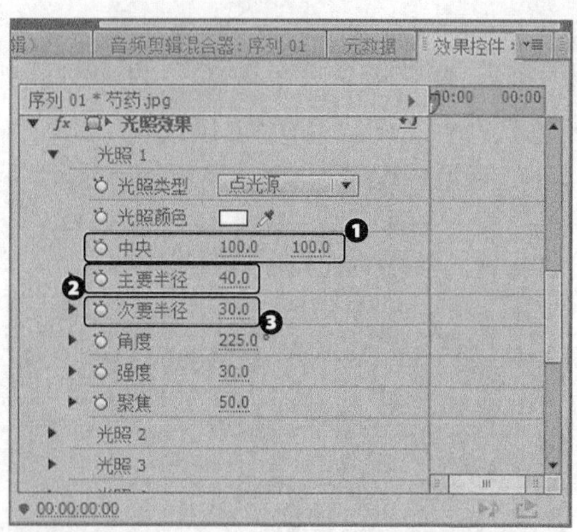

步骤 19 完成“光照效果”特效的添加，其图像效果如下图所示。

步骤 20 在“效果”面板中，展开“视频效果”选项，❶ 选择“图像控制”选项，展开选择的选项，❷ 选择“颜色平衡（RGB）”选项，如下图所示。

步骤 21 单击鼠标并拖曳，将其添加至“视频 1”轨道的素材图像上，在“效果控件”面板中，修改 ❶“红色”为 90、❷“绿色”为 120，如下图所示。

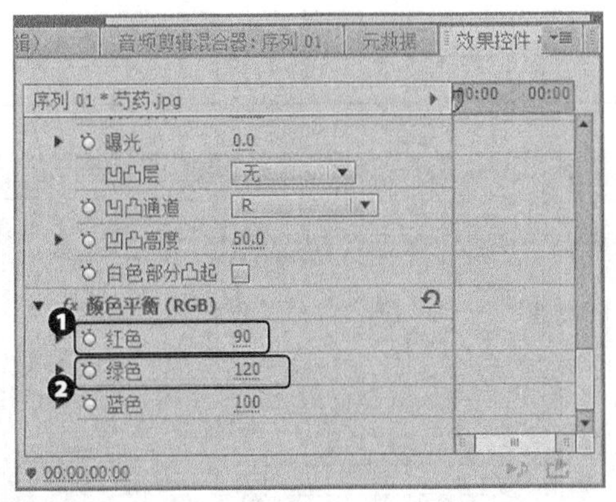

步骤22 完成“颜色平衡（RGB）”视频效果的添加，得到图像效果，如下图所示。

步骤23 在“效果”面板中，展开“视频效果”选项，❶ 选择“调整”选项，展开选择的选项，❷ 选择“色阶”选项，如下图所示。

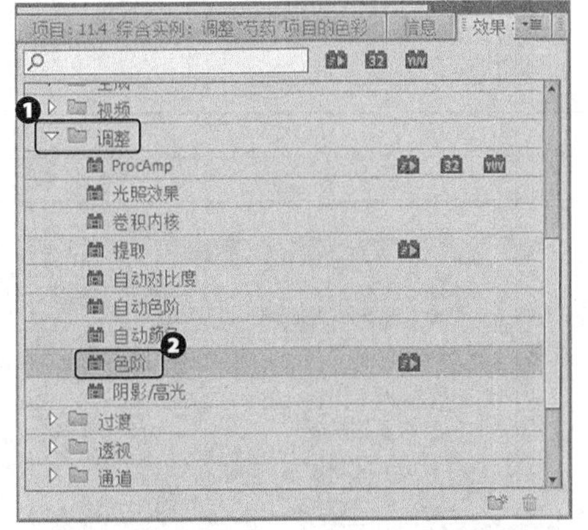

步骤24 单击鼠标并拖曳，将其添加至“视频 1”轨道的素材图像上，在“效果控件”面板中的“色阶”列表框中，修改“（RGB）输入白色阶”为 220，如下图所示。

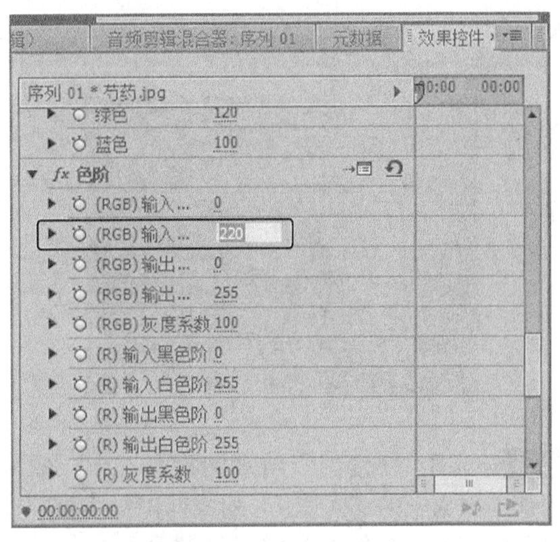

步骤25 完成“色阶”视频效果的添加操作，得到最终的图像效果，如下图所示。

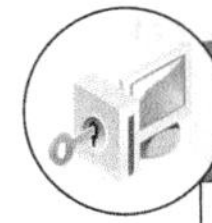

高手支招

本节教学录像时间：3分钟

通过对前面知识的学习，相信读者朋友已经掌握好影视色彩的高级校正技巧。下面结合本章内容，给大家介绍一些实用技巧。

调整“光照效果”的位置

通过修改“中央”的位置参数，可以重新调整“光照效果”特效的位置。

光盘同步视频文件

配套光盘\秘技2. 调整“光照效果”的位置.mp4

步骤01 打开本书配套光盘中的“素材/第11章/秘技2.调整‘光照效果’的位置”项目文件，如下图所示。

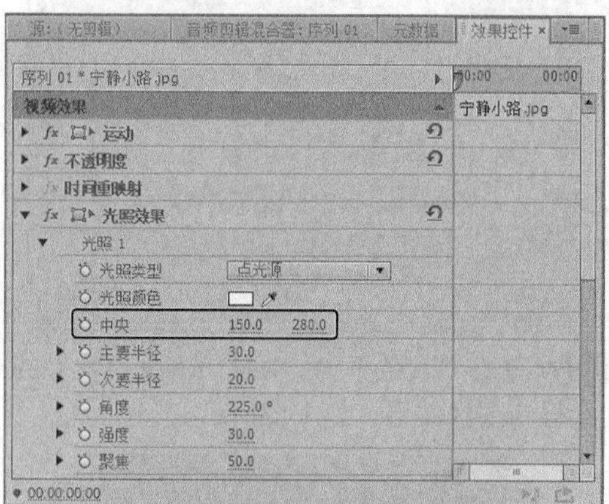

步骤02 选择“视频1”轨道的素材，在“效果控件”面板中的“光照1”列表框中，修改“中央”分别为150和280，如右上图所示。

步骤03 即可完成“光照效果”位置的调整，得到最终效果，如右下图所示。

启用“提取”特效的反转效果

勾选“反转”复选框，可以将设置的参数修改为“反”状态。

光盘同步视频文件

配套光盘\秘技3. 启用“提取”特效的反转效果.mp4

步骤01 打开本书配套光盘中的“素材/第11章/秘技3.启用‘提取’特效的反转效果”项目文件，如下图所示。

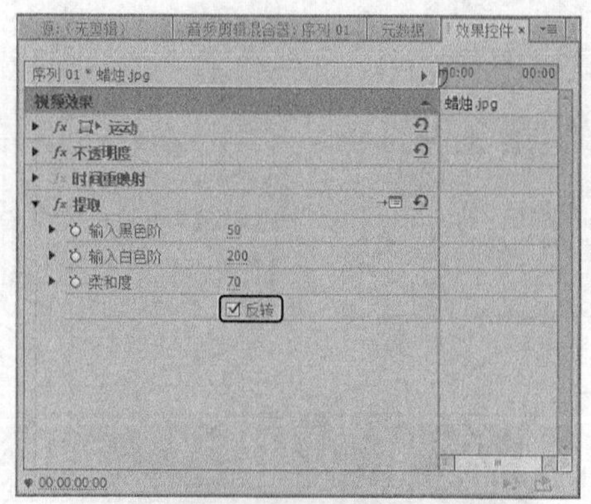

步骤02 选择“视频1”轨道上的素材，在“效果控件”面板中，勾选“反转”复选框，如右上图所示。

步骤03 即可启用“提取”特效的反转效果，得到最终的图像效果，如右下图所示。

第12章 视频字幕的基础调整

学习目标

在视频作品的开头部分使用文字效果可以起制造悬念、引入主题、设立基调的作用，当然也可以用来显示作品的标题。在整个视频中，字幕在片段之间起过渡作用，也可以用来介绍人物和场景。在进行视频字幕调整应用之前，首先需要了解“字幕属性”面板、修改字幕属性以及编辑字幕等基础知识，为编辑字幕奠定基础。

知识要点

- 使用“字幕”窗口
- 修改字幕属性
- 编辑“凤凰古城”视频中的字幕

学习效果

12.1 使用“字幕”窗口

Premiere Pro CC 的“字幕”窗口为在项目中创建用于视频字幕的文字和图形提供了一种简单有效的方法。本节将详细讲解使用“字幕”窗口的方法。

12.1.1 字幕工作区

字幕的编辑操作主要是在字幕面板中完成的，用户可以单击“文件”➤“新建”➤“字幕”命令，如左下图所示，打开“新建字幕”对话框，如右下图所示。

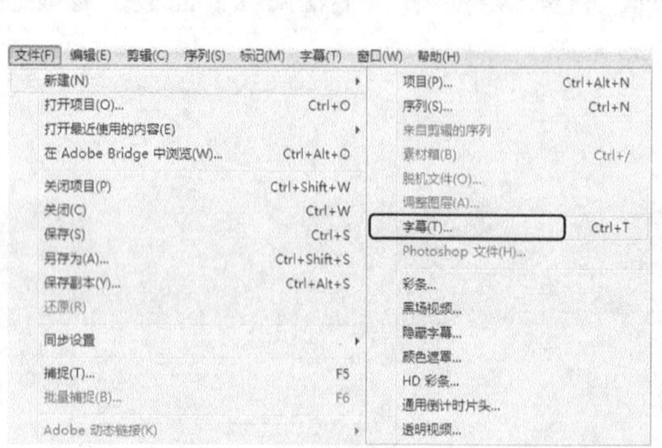

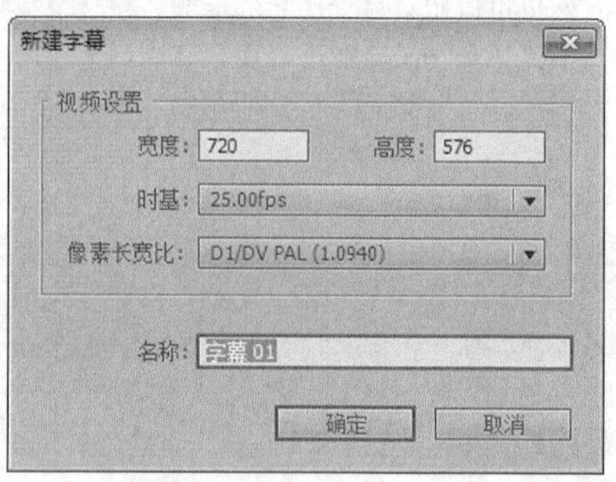

在“新建字幕”对话框中输入字幕名称并单击“确定”按钮，即可打开字幕编辑窗口，如下图所示。

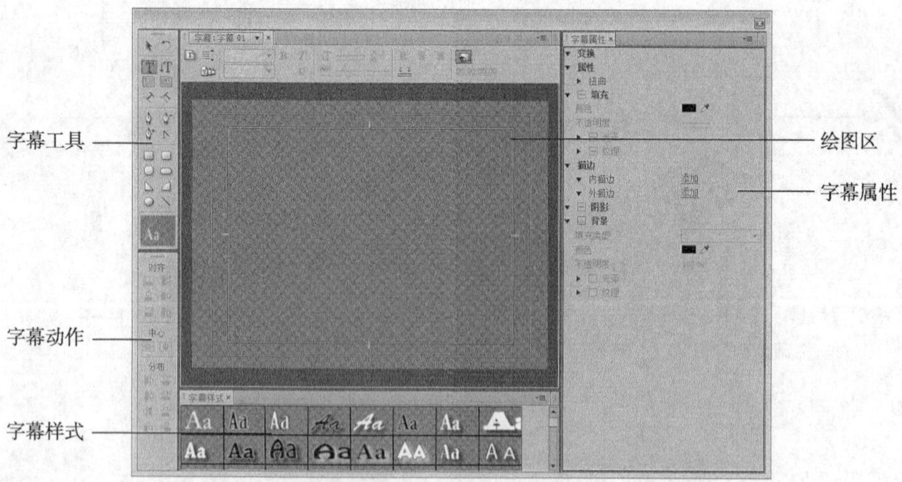

字幕编辑窗口主要包括字幕工具、字幕动作、字幕样式、字幕属性和绘图区 5 个部分组成，各部分的主要含义如下。

- 字幕工具：主要包括创建各种字幕、图形的工具。

- 字幕动作：主要用于对字幕、图形进行移动和旋转等操作。
- 字幕样式：用于设置字幕的样式。
- 字幕属性：主要用于设置字幕、图形的一些特性。
- 绘图区：用于创建字幕、图形的工作区域，在这个区域中有两个线框，外侧的线框为动作安全区；内侧的线框为标题安全区，在创建字幕时，字幕不能超过这个范围。

12.1.2 “字幕样式”面板

“字幕样式”面板中添加了能够帮助用户快速设置字幕的属性，以获得精美的字幕效果。在Premiere Pro CC中为用户提供了大量的字幕样式，如下图所示。

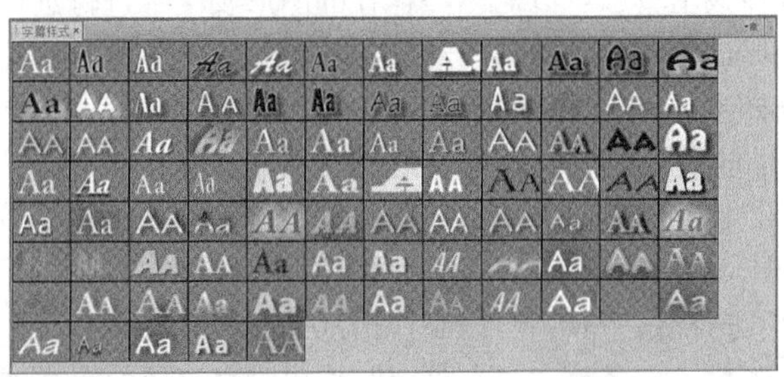

12.1.3 “字幕动作”面板

“字幕动作”面板中的图标用于对齐或分布文字及图形对象，如下图所示。

12.1.4 “字幕”面板

“字幕”面板由绘图区域和主工具栏组成。主工具栏中的选项用于指定创建动态文字、游动文字或滚动文字，还可以指定是否基于当前字幕新建字幕，或者使用其中的选项选择字体和对齐方式。这些选项还允许在背景中显示视频编辑，如下图所示。

12.1.5 “字幕工具”面板

字幕编辑窗口右上角的字幕工具箱中的各种工具，主要用于输入、移动各种文本和绘制各种图形。字幕工具主要包括有选择工具、旋转工具、文字工具、垂直文字工具、区域文字工具、垂直区域文字工具、路径输入工具、垂直路径输入工具以及钢笔工具等，如下图所示。

下面将对各工具的选项含义进行介绍。

- 选择工具：选择该工具，可以对已经存在的图形及文字进行选择。
- 旋转工具：选择该工具，可以对已经存在的图形及文字进行旋转。
- 输入工具：选择该工具，可以在绘图区中输入文本。
- 垂直文字工具：选择该工具，可以在绘图区中输入垂直文本。
- 区域文字工具：选择该工具，可以制作段落文本，适用于文本较多的时候。
- 垂直区域文字工具：选择该工具，可以制作垂直段落文本。
- 路径文字工具：选择该工具，可以制作出水平路径效果文本。
- 垂直路径文字工具：选择该工具，可以制作出垂直路径效果文本。
- 钢笔工具：选择该工具，可以勾画复杂的轮廓和定义多个锚点。
- 删除定位点工具：选择该工具，可以在轮廓线上删除锚点。
- 添加定位点工具：选择该工具，可以在轮廓线上添加锚点。
- 转换定位点工具：选择该工具，可以调整轮廓线上锚点的位置和角度。
- 矩形工具：选择该工具，可以创建矩形。
- 圆角矩形工具：选择该工具，可以绘制出圆角的矩形。
- 切角矩形工具：选择该工具，可以绘制出切角的矩形。
- 圆矩形工具：选择该工具，可以绘制出圆角的矩形。
- 楔形工具：选择该工具，可以绘制出楔形。
- 弧形工具：选择该工具，可以绘制出弧形。
- 椭圆形工具：选择该工具，可以绘制出椭圆形。
- 直线工具：选择该工具，可以绘制出直线。

12.1.6 “字幕属性”面板

“字幕属性”面板位于“字幕编辑”面板的右侧，系统将其分为“变换”“属性”“填充”“描边”以及“阴影”等属性类型，下面将对各选项区进行详细介绍。

1. “变换”选项区

用户可以使用位于“字幕属性”面板中的各类“变换”值对文字进行移动、调整大小或旋转操作，如下页左图所示。其中各主要选项的含义如下。

- 不透明度：用于设置字幕的透明度。
- *X*位置：用于设置字幕在*X*轴的位置。
- *Y*位置：用于设置字幕在*Y*轴的位置。

- 宽度：用于设置字幕的宽度。
- 高度：用于设置字幕的高度。
- 旋转：用于设置字幕的旋转角度。

2. “属性”选项区

“属性”选项区可以调整字幕文本的“字体类型”“大小”“颜色”“行距”“字句”以及为字幕添加下划线等属性。单击“属性”选项左侧的三角形按钮，展开该选项，其中各参数如右下图所示。各主要选项的含义如下。

- 字体系列：单击“字体”右侧的按钮，在弹出的下拉列表框中可选择所需要的字体，显示的字体取决于 Windows 中安装的字库。
- 字体大小：用于设置当前选择的文本字体大小。
- 字符间距：用于设置文本的字距，数值越大，文字的距离越大。
- 基线位移：在保持文字行距和大小不变的情况下，改变文本在文字块内的位置，或将文本更远地偏离路径。
- 倾斜：用于调整文本的倾斜角度，当数值为 0 时，表示文本没有任何倾斜度；当数值大于 0 时，表示文本向右倾斜；当数值小于 0 时，表示文本向左倾斜。
- 小型大写字母：选中该复选框，则选择的所有字母将变为大写。
- 小型大写字母大小：用于设置大写字母的尺寸。
- 下划线：选中该复选框，则可为文本添加下划线。

▼ 变换	
不透明度	100.0 %
X 位置	755.4
Y 位置	305.2
宽度	0.0
高度	99.0
▶ 旋转	0.0 °

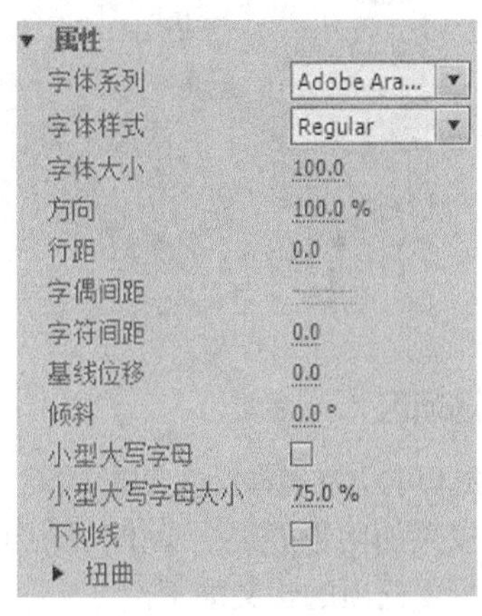

3. “填充”选项区

“填充”选项区主要是用来控制字幕的“填充类型”“颜色”“透明度”以及为字幕添加“材质”和“光泽”属性，单击“填充”选项左侧的三角形按钮，展开该选项，其中各参数如左下图所示。各主要选项的含义如下。

- 填充类型：单击“填充类型”右侧的下三角按钮，在弹出的列表框中可选择不同的选项，可以制作出不同的填充效果。
- 颜色：单击其右侧的颜色色块，可以调整文本的颜色。
- 不透明度：用于调整文本颜色的透明度。
- 光泽：选中该复选框，并单击左侧的“展开”按钮▶，展开具体的“光泽”参数设置，可以在文本上加入光泽效果。
- 纹理：选中该复选框，并单击左侧的“展开”按钮▶，展开具体的“纹理”参数设置，可以对文本进行纹理贴图方面的设置，从而使字幕更加生动和美观。

4. “描边”选项区

在“描边”选项区中可以为字幕添加描边效果。单击“描边”选项左侧的三角形按钮，展开该选项，其中各参数如右下图所示。各主要选项的含义如下。

- 类型：单击“类型”右侧的下三角按钮，弹出下拉列表，该列表中包括“边缘”“凸出”和“凹进”3个选项。
- 大小：用于设置轮廓线的大小。
- 填充类型：用于设置轮廓的填充类型。
- 颜色：单击右侧的颜色色块，可以改变轮廓线的颜色。
- 不透明度：用于设置文本轮廓的透明度。
- 光泽：选中该复选框，可为轮廓线加入光泽效果。
- 纹理：选中该复选框，可为轮廓线加入纹理效果。

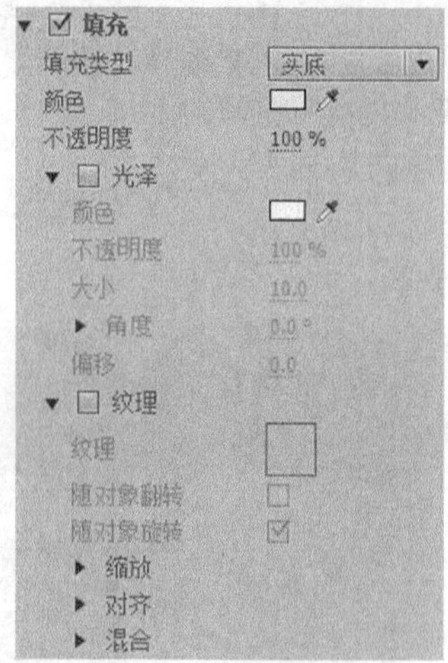

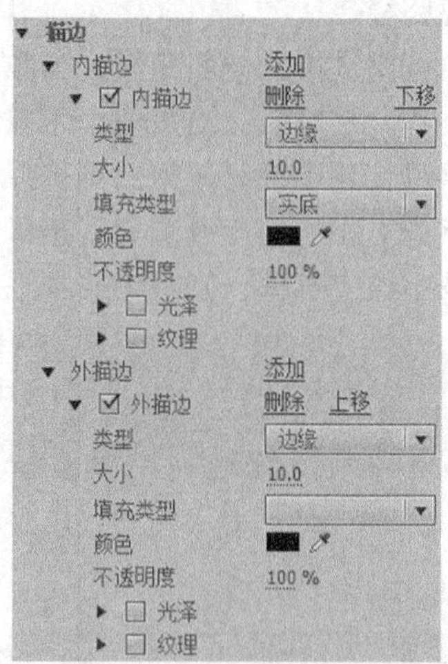

5. “阴影”选项区

“阴影”选项区可以为字幕设置阴影属性，该选项区是一个可选效果，用户只有在勾选“阴影”复选框后，才可以添加阴影效果。单击“阴影”选项左侧的三角形按钮，展开该选项，其中各参数如下图所示。各主要选项的含义如下。

- 颜色：用于设置阴影的颜色。
- 不透明度：用于设置阴影的透明度。
- 角度：用于设置阴影的角度。
- 距离：用于调整阴影和文字的距离，数值越大，阴影与文字的距离越远。
- 大小：用于放大或缩小阴影的尺寸。
- 扩散：为阴影效果添加羽化并产生扩散效果。

12.2 创建“凤凰古城”视频中的字幕

本节教学录像时间：7分钟

字幕是一个独立的文件，用户可以通过创建新的字幕来添加字幕效果。本节将详细介绍创建水平字幕和垂直字幕的操作方法。

12.2.1 水平字幕的创建

使用“文字工具”可以创建出沿水平方向分布的字幕类型。

光盘同步视频文件

配套光盘\水平字幕的创建.mp4

步骤 01 打开本书配套光盘中的“素材 / 第 12 章 / 12.2 创建‘凤凰古城’视频中的字幕”项目文件，如下图及右图所示。

步骤 02 单击“文件”➤“新建”➤“字幕”命令，如下图所示。

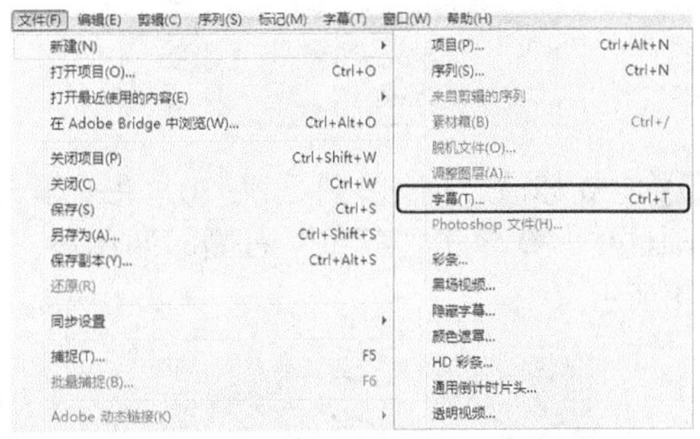

步骤 03 打开“新建字幕”对话框，❶修改“名称”为“水平字幕”，❷单击“确定”按钮，如下图所示。

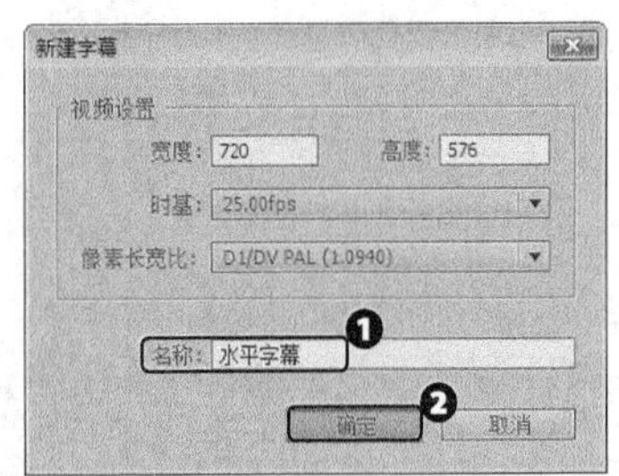

步骤 04 打开"字幕"窗口，在"字幕"面板中输入水平文字"美丽的凤凰"，如下图所示。

步骤 05 在"属性"选项区中的"字体系列"列表框中，选择"方正北魏楷书简体"选项，如下图所示。

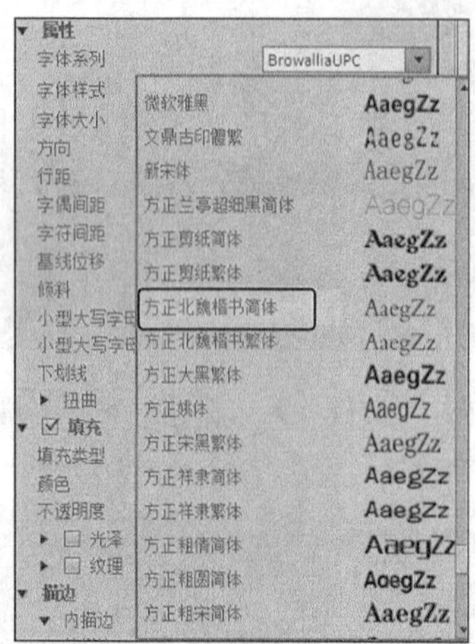

步骤 06 ❶ 修改"字体大小"为 70，在"填充"选项区中，❷ 单击"颜色"右侧的颜色块，如下图所示。

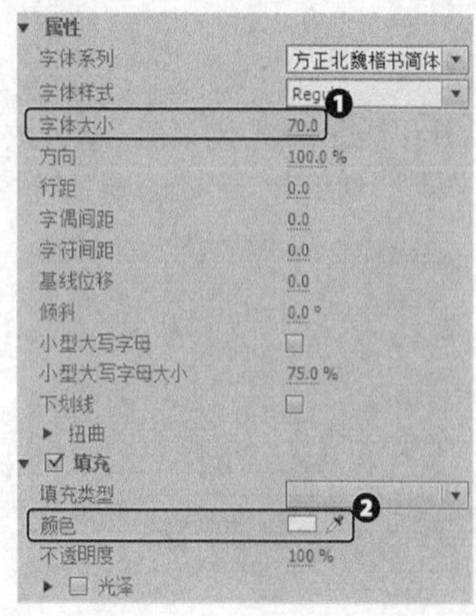

步骤 07 打开"拾色器"对话框，❶ 修改 RGB 参数分别为 162、8、233，❷ 单击"确定"按钮，如下图所示。

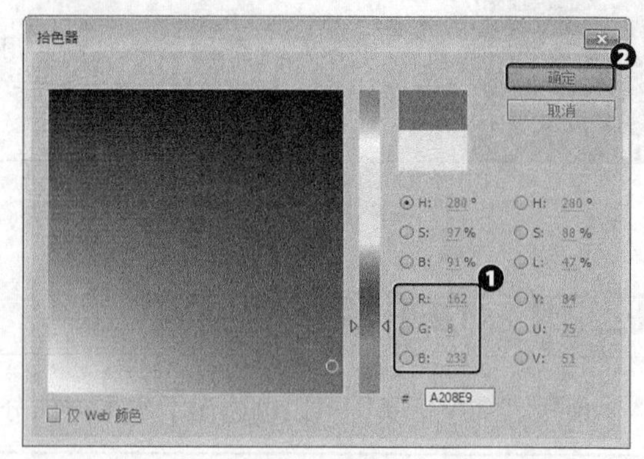

步骤 08 完成字体颜色的修改，在"字幕"面板中，调整文字的位置，如下图所示。

步骤 09 关闭"字幕"窗口，在"项目"面板中，显示新创建的字幕，如下图所示。

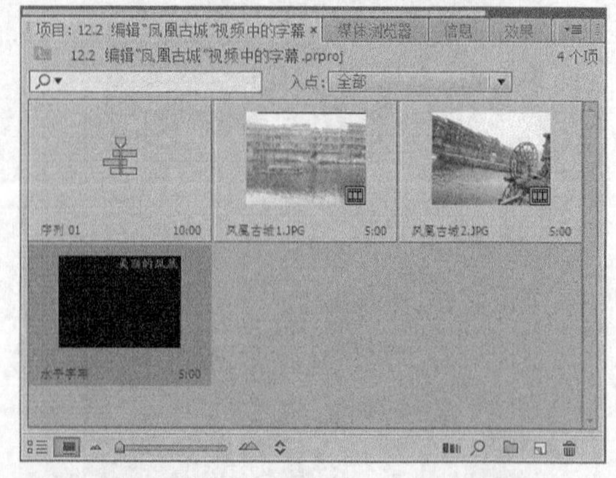

步骤 10 选择"水平字幕"文件，将其添加至"视频 2"轨道上，并调整其长度，如下图所示。

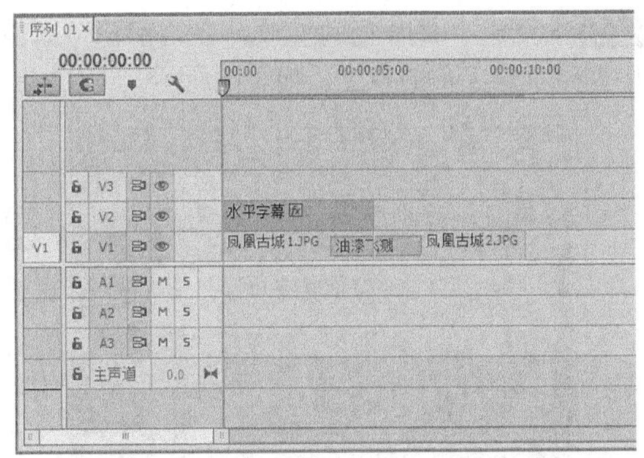

步骤 11 在“节目监视器”面板中，查看新创建的字幕效果，如下图所示。

12.2.2 垂直字幕的创建

使用“垂直文字工具”可以创建出沿垂直方向进行分布的字幕类型。

光盘同步视频文件
配套光盘\垂直字幕的创建.mp4

步骤 01 在“项目”面板空白处单击鼠标右键，打开快捷菜单，选择“新建项目”➤“字幕”选项，如下图所示。

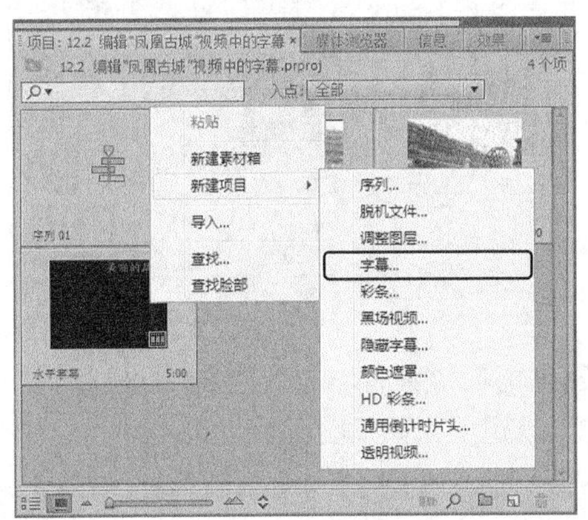

步骤 02 打开“新建字幕”对话框，修改❶“名称”为“垂直字幕”，❷单击“确定”按钮，如下图所示。

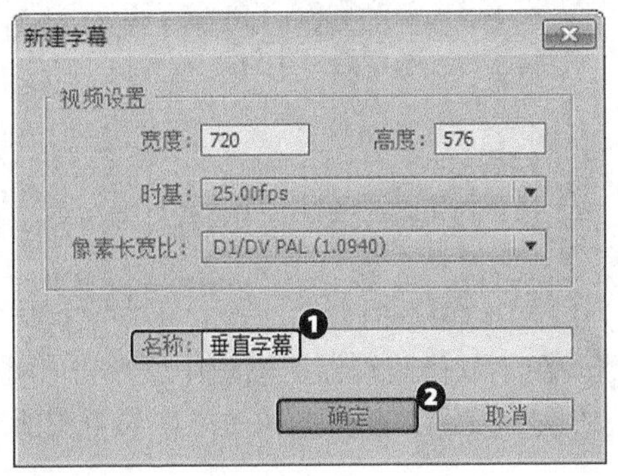

步骤 03 打开“字幕”窗口，单击“垂直文字工具”按钮，如下图所示。

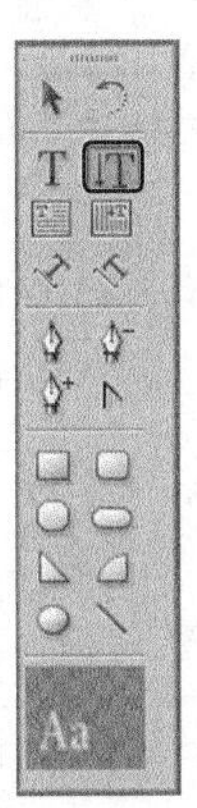

步骤 04 在“字幕”面板中输入垂直文字“孕育凤凰的母亲河”，如下图所示。

步骤 05 在"属性"选项区中的"字体系列"列表框中，选择"方正粗圆简体"选项，如下图所示。

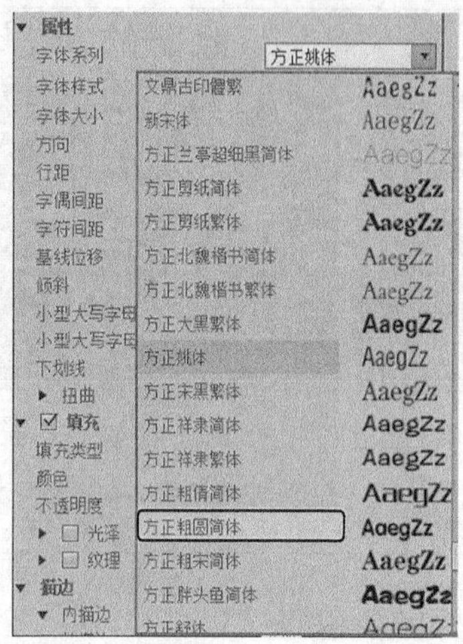

步骤 06 ❶ 修改"字体大小"为 60，在"填充"选项区中，❷ 单击"颜色"右侧的颜色块，如下图所示。

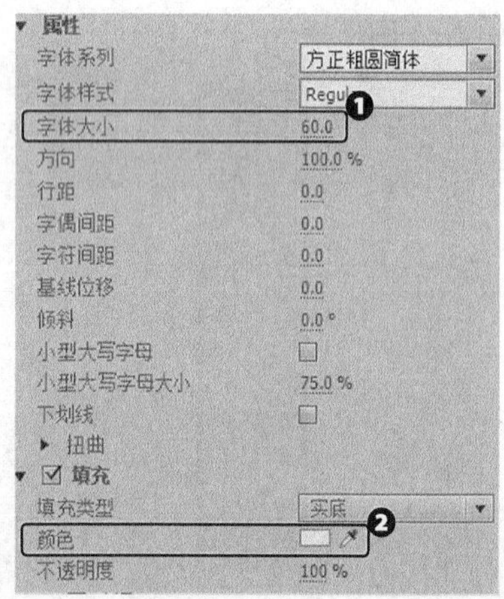

步骤 07 打开"拾色器"对话框，❶ 修改 RGB 颜色参数分别为 242、1、7，❷ 单击"确定"按钮，如下图所示。

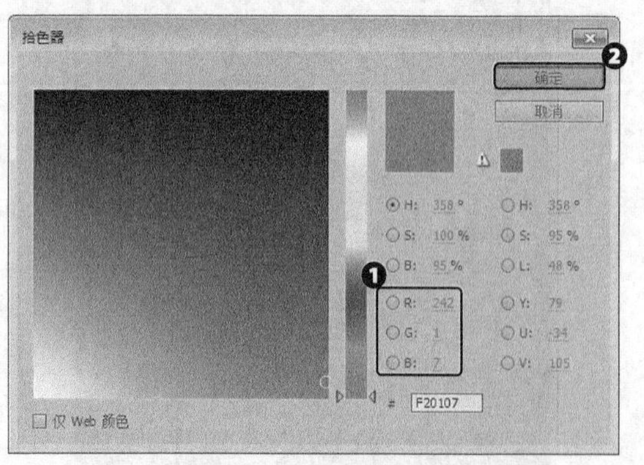

步骤 08 完成字幕颜色的修改，在"字幕"面板中调整垂直字幕的位置，如下图所示。

步骤 09 关闭"字幕"窗口，在"项目"面板中显示新创建的字幕，如下图所示。

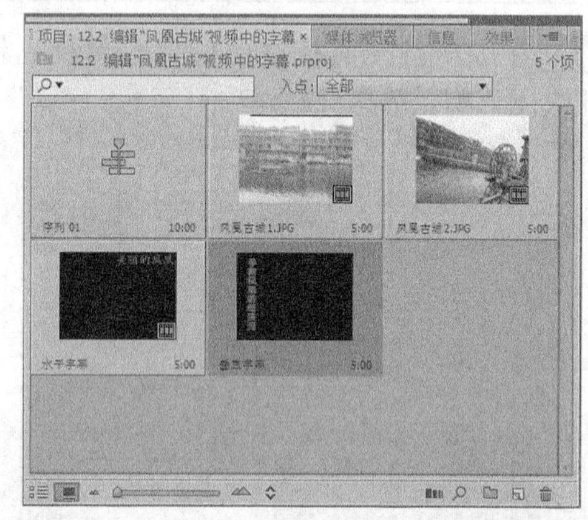

步骤 10 选择"垂直字幕"文件，将其添加"视频 2"轨道上，如下图所示。

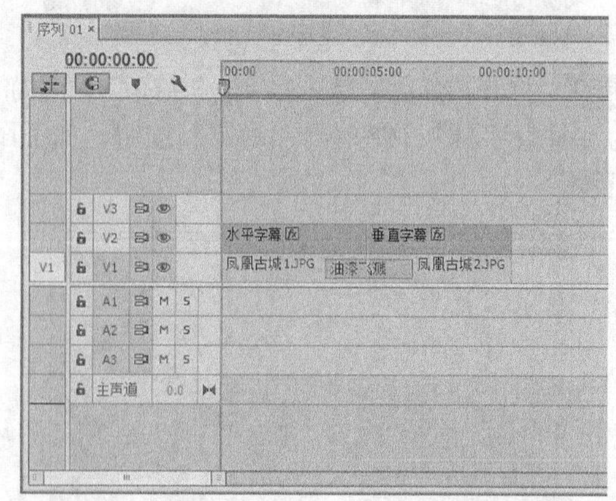

步骤 11 在"节目监视器"面板中，单击"播放 - 停止切换"按钮，预览图像效果，如下图所示。

12.2.3 字幕的导出

为了让用户更加方便地创建字幕，可以使用“导出”功能，将字幕文件导出，这样用户可随时调用这种字幕。

光盘同步视频文件
配套光盘\字幕的导出.mp4

步骤01 在“项目”面板中，选择“垂直字幕”文件，如左下图所示。

步骤02 单击“文件”➤“导出”➤“字幕”命令，如右下图所示。

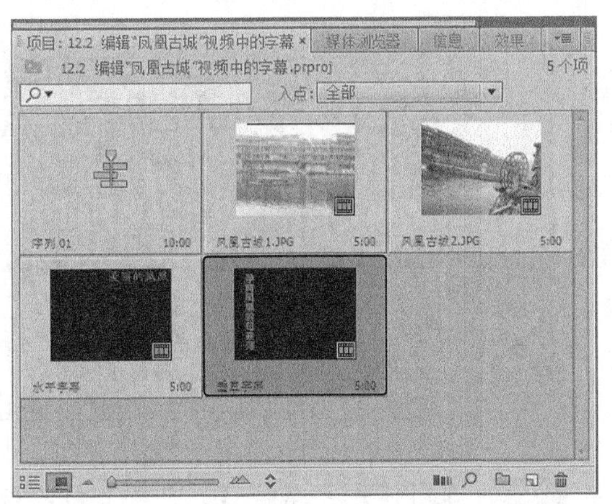

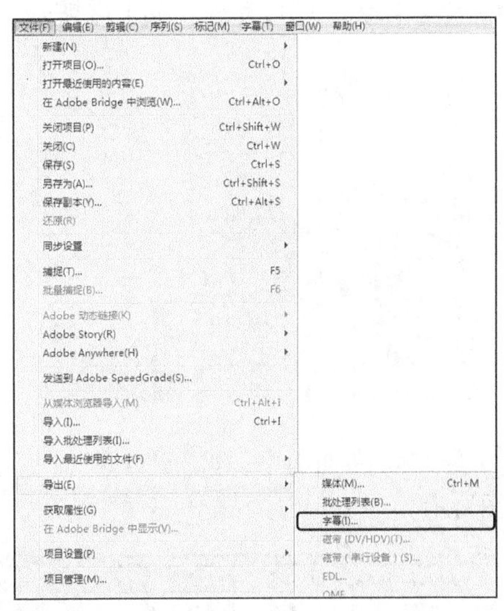

步骤03 打开“保存字幕”对话框，保持默认文件名和路径，单击“保存”按钮，如下图所示，即可导出字幕文件。

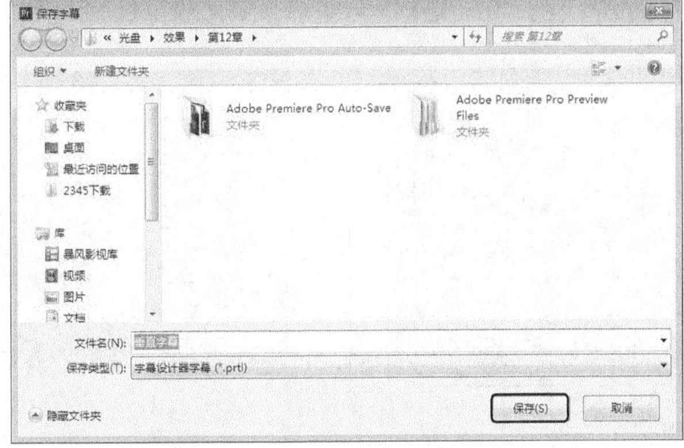

12.3 修改字幕属性

本节教学录像时间：5分钟

要让字幕的整体效果更加具有吸引力和感染力，需要用户对字幕属性进行精心的调整。本节将详细介绍字幕属性的修改方法。

12.3.1 字幕样式

字幕样式是 Premiere Pro CC 为用户预设的字幕属性设置方案，让用户能够快速地设置字幕的属性。

光盘同步视频文件

配套光盘\字幕样式.mp4

步骤 01 打开本书配套光盘中的"素材 / 第 12 章 / 12.3.1 字幕样式"项目文件，如下图所示。

步骤 02 在"项目"面板中，选择"字幕 01"文件，如下图所示。

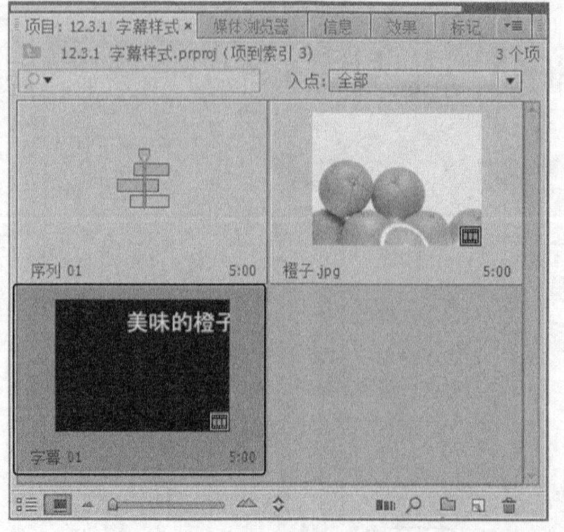

步骤 03 双击选择的文件，打开"字幕"窗口，在"字幕样式"面板中，选择字幕样式，如下图所示。

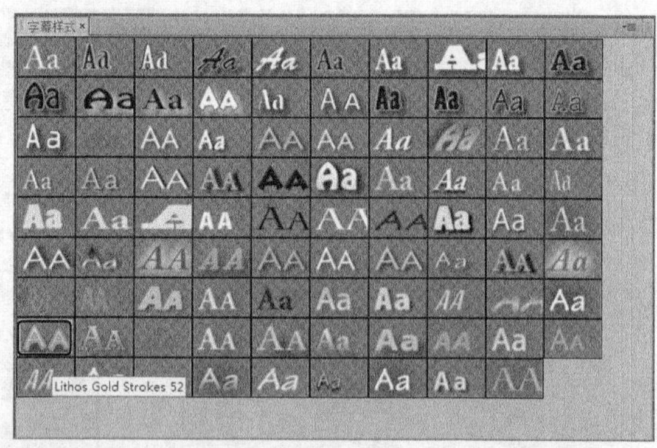

步骤 04 即可使用字幕样式，在"节目监视器"面板中查看图像效果，如下图所示。

12.3.2 变换效果

在“变换”选项区中，可以修改字幕的位置和角度，重新得到字幕效果。

	光盘同步视频文件
	配套光盘\变换效果.mp4

步骤 01 打开本书配套光盘中的“素材 / 第 12 章 / 12.3.2　变换效果”项目文件，如下图所示。

步骤 02 在“项目”面板中，选择“字幕 01”文件，如下图所示。

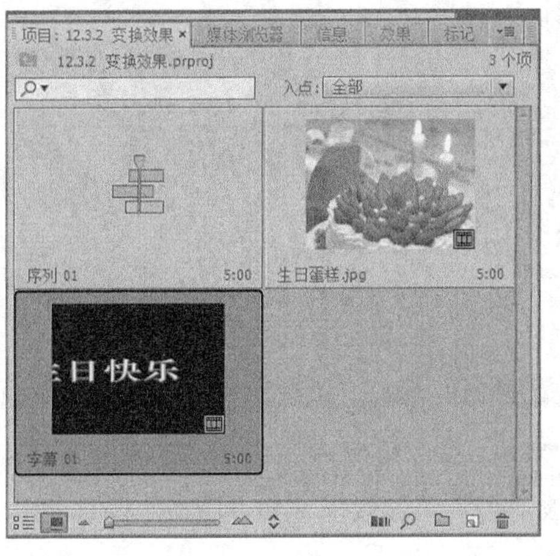

步骤 03 双击选择的文件，打开“字幕”窗口，在“变换”选项区中，❶ 修改“*X* 位置”为 381、❷“*Y* 位置”为 103，如下图所示。

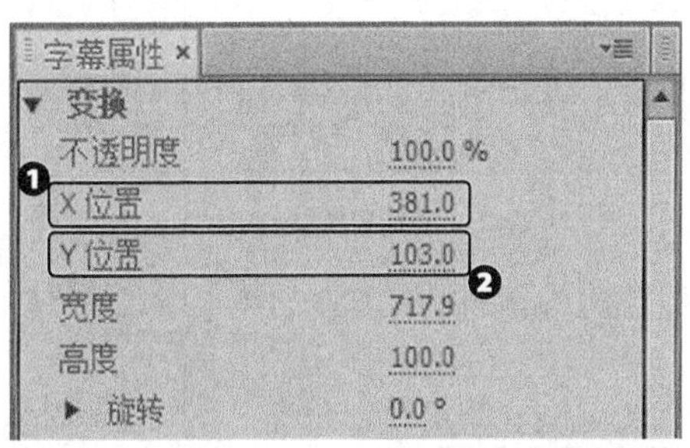

步骤 04 即可变换字体的位置，并查看最终效果，如下图所示。

12.3.3 字体属性

在“属性”选项区中，可以对字体的样式、大小以及颜色等属性重新进行调整。

	光盘同步视频文件
	配套光盘\字体属性.mp4

步骤 01 打开本书配套光盘中的“素材 / 第 12 章 /12.3.3　字体属性”项目文件，如下图所示。

步骤 02 在“项目”面板中，选择“字幕 01”文件，如下图所示。

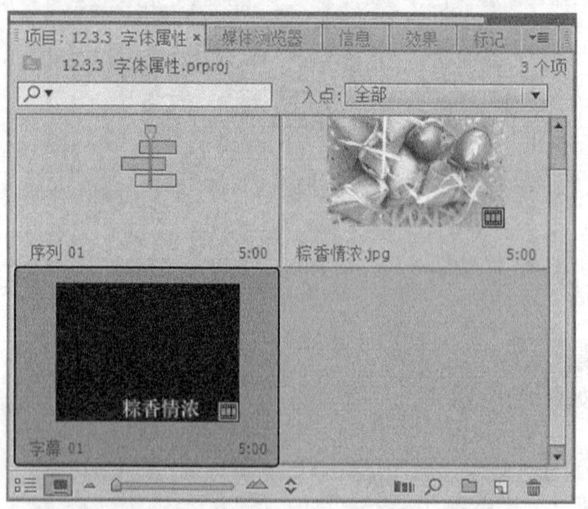

步骤 03 双击选择的文件，打开“字幕”窗口，在“属性”选项区中，❶ 单击“字体系列”右侧的下拉按钮，展开列表框，❷ 选择“方正粗圆简体”选项，如下图所示。

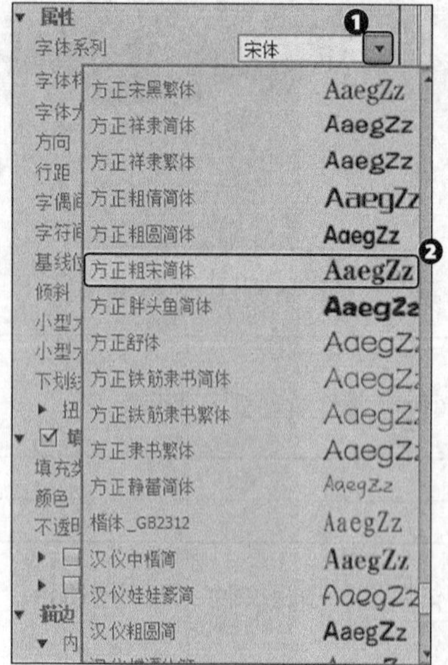

步骤 04 ❶ 修改“字体大小”为 100、❷“字符间距”为 10，如下图所示。

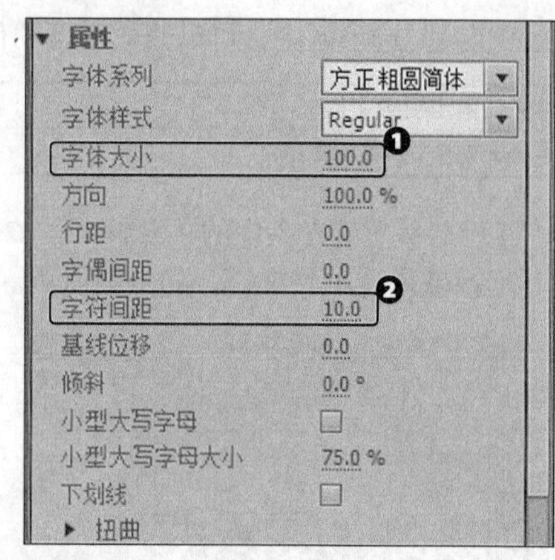

步骤 05 在“字幕”面板中，调整文字的位置，如下图所示。

步骤 06 完成字体属性的修改，在“节目监视器”面板中查看图像效果，如下图所示。

12.4 综合案例——为“郁金香”添加字幕

本节教学录像时间：4分钟

影片的字幕具有极为强大的信息传递功能，不仅可以在视频画面中起到画龙点睛的作用，又可以强化视频作品的视觉冲击力。本节将结合所学知识，制作“郁金香”的综合字幕效果。

光盘同步视频文件

配套光盘\综合实例：为“郁金香”添加字幕.mp4

步骤01 新建一个项目和序列文件，在“项目”面板中，双击鼠标左键，❶ 打开“导入”对话框，❷ 选择“郁金香”素材图像，❸ 单击“打开”按钮，如下图所示。

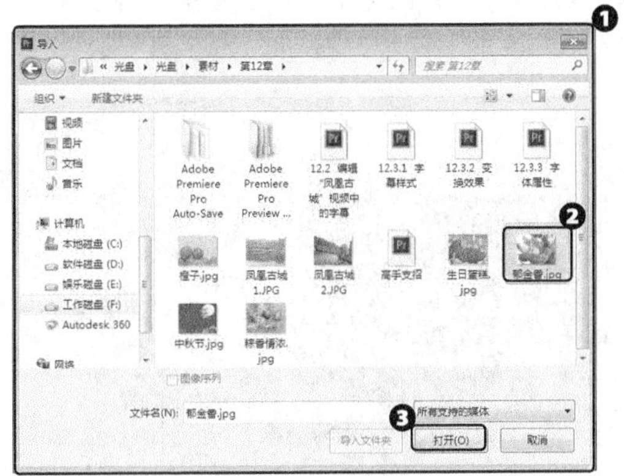

步骤02 即可将选择的素材图像导入“项目”面板中，如下图所示。

步骤03 选择导入的素材图像，将其添加至“时间轴”面板的“视频1”轨道上，如下图所示。

步骤04 在“节目监视器”面板中，调整素材图像的显示，如下图所示。

步骤05 单击“文件”➤“新建”➤“字幕”命令，如下图所示。

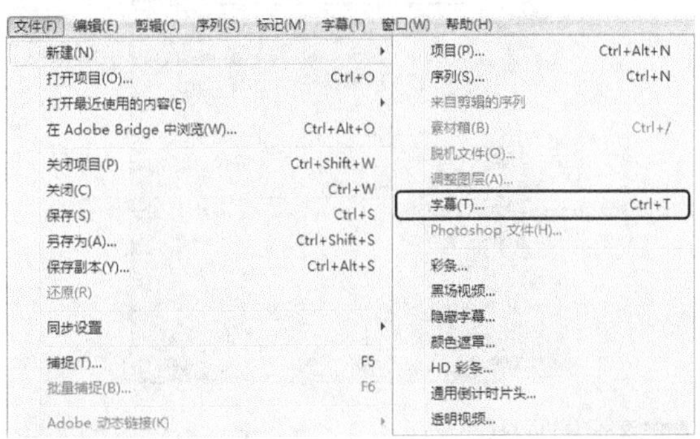

步骤06 打开“新建字幕”对话框，保持默认名称，单击“确定”按钮，如下图所示。

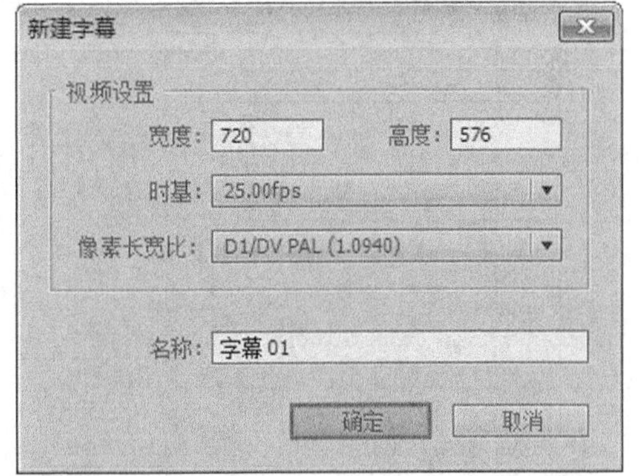

步骤 07 打开“字幕”窗口，单击“文字工具”按钮T，输入文字“香浓郁金香”，如下图所示。

步骤 08 在“属性”选项区中，❶单击“字体系列”右侧的下拉按钮，展开列表框，❷选择“华文新魏”选项，如下图所示。

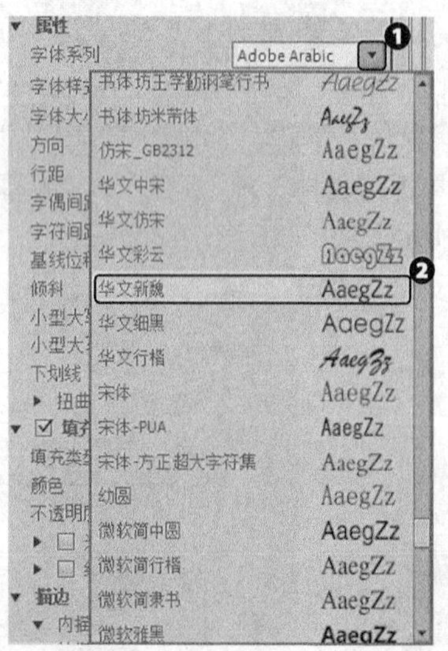

步骤 09 修改❶“字体大小”为75、❷“字符间距”为2，如下图所示。

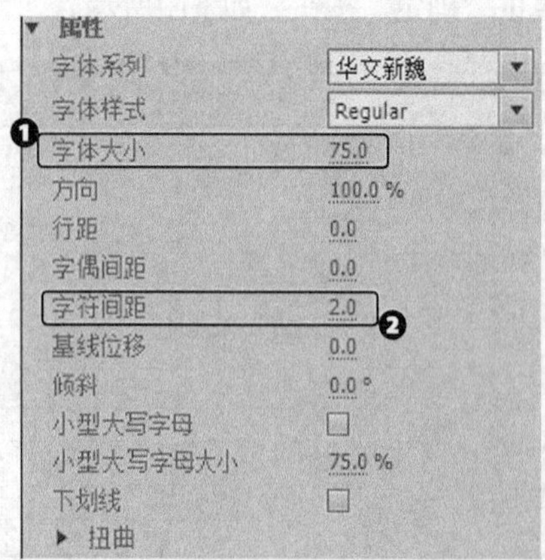

步骤 10 在“填充”选项区中，❶单击“填充类型”右侧的下三角按钮，展开列表框，❷选择“线性渐变”选项，如下图所示。

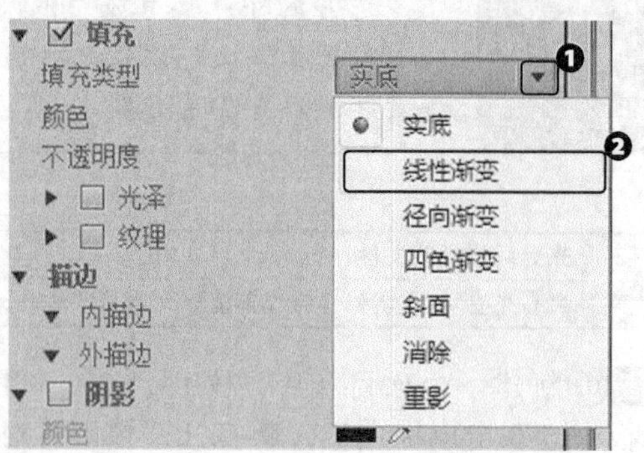

步骤 11 单击第一个颜色的颜色块，打开“拾色器”对话框，❶修改RGB参数分别为165、13、193，❷单击“确定”按钮，如下图所示。

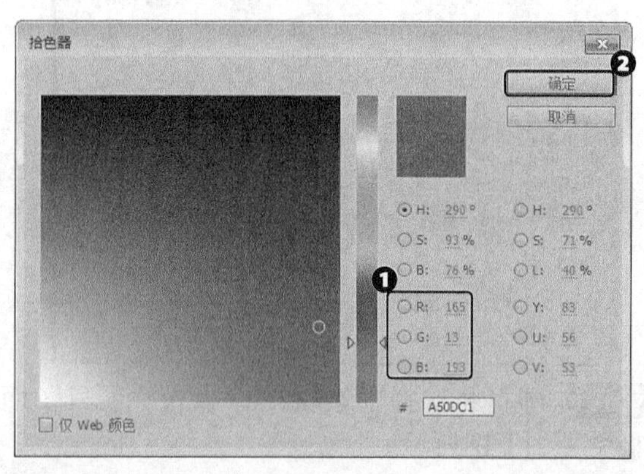

步骤 12 单击第二个颜色的颜色块，打开“拾色器”对话框，❶修改RGB参数分别为245、97、243，❷单击“确定”按钮，如下图所示。

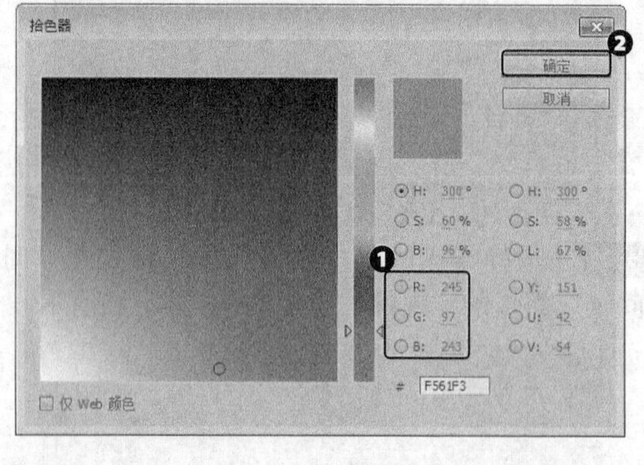

步骤 13 完成字体颜色的修改，在“字幕”面板中调整文字的位置，如下图所示。

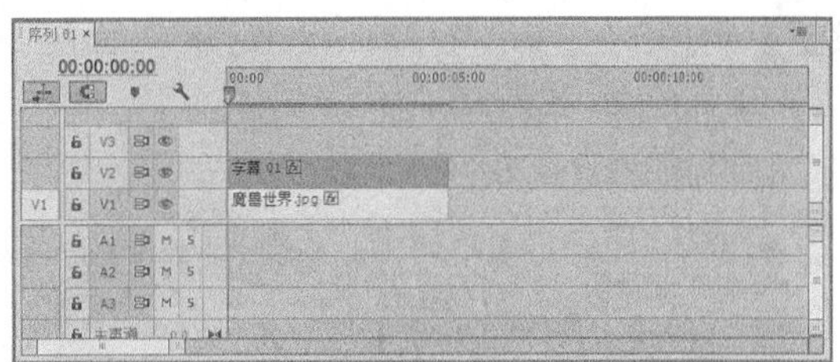

步骤 14 关闭“字幕”窗口，完成字幕的创建，并将新创建的字幕添加至“视频 2”轨道上，如右上图所示。

步骤 15 在“节目监视器”面板中，查看最终的图像效果，如右下图所示。

高手支招

本节教学录像时间：3分钟

通过对前面知识的学习，相信读者朋友已经掌握好视频字幕的基础调整技巧。下面结合本章内容，给大家介绍一些实用技巧。

修改字幕排列属性

在制作字幕文件之前，还可以对字幕进行排序，使字幕文件更加美观。

光盘同步视频文件
配套光盘\秘技1. 修改字幕排列属性.mp4

步骤 01 打开本书配套光盘中的“素材 / 第 12 章 / 高手支招”项目文件，如下图所示。

步骤 02 在“项目”面板的“字幕 01”文件上双击鼠标，如右图所示。

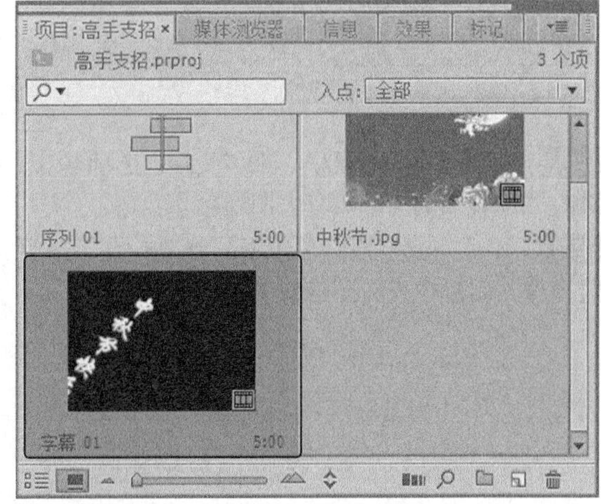

步骤 03 打开“字幕”窗口，在“字幕”面板中选择文字对象，如下图所示。

步骤 04 单击鼠标右键，打开快捷菜单，选择“排列”➤“移到最后”选项，如下图所示，即可完成字幕的排序操作。

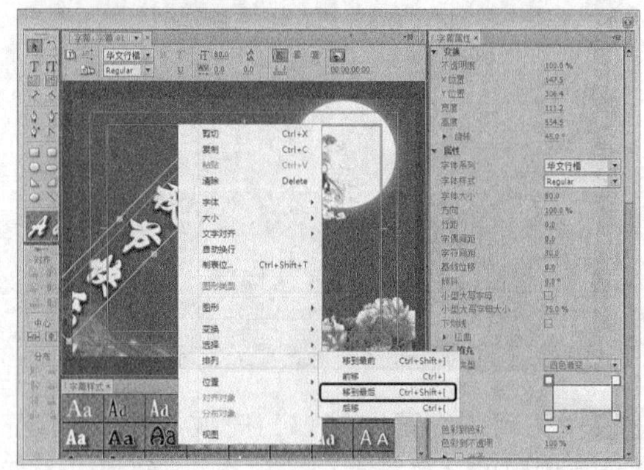

修改字幕旋转角度

在“变换”选项区中，通过修改“旋转”参数可以对字幕的角度进行修改。

	**光盘同步视频文件**
	配套光盘\秘技2. 修改字幕旋转角度.mp4

步骤 01 在“项目”面板中，双击“字幕 01”文件，如下图所示。

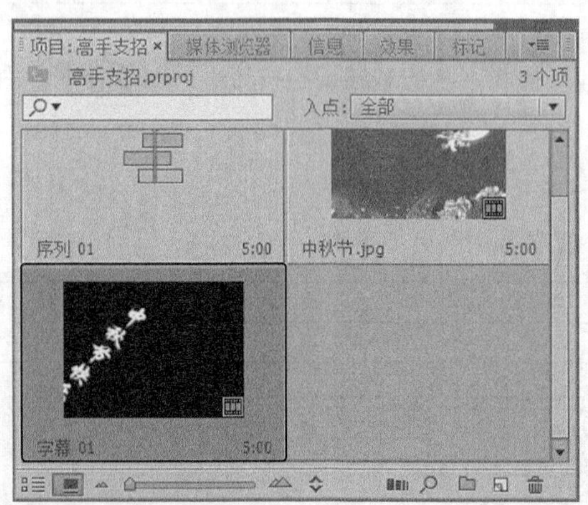

步骤 02 打开“字幕”窗口，在“变换”选项区中，修改“旋转”为 0，如右上图所示。

步骤 03 即可完成字幕旋转角度的修改，在“节目监视器”面板中查看图像效果，如右下图所示。

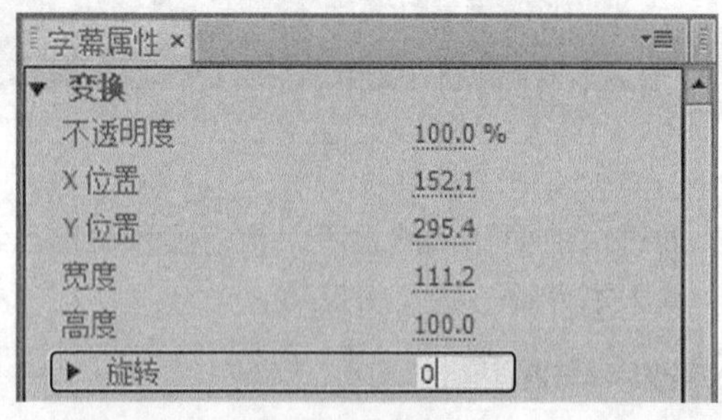

第13章 视频字幕的高级调整

学习目标

在 Premiere Pro CC 中为视频添加字幕后，还可以对字幕进行填充或描边操作，以得到更漂亮的字幕效果。本章主要介绍如何设置实色填充、渐变填充、内描边效果、外描边效果以及字幕阴影等内容，以供读者掌握。

- 为视频设置字幕填充效果
- 为“捧花少女”视频设置描边与阴影效果

13.1 为视频设置字幕填充效果

本节教学录像时间：10分钟

利用"填充"属性除了可以为字幕添加实色填充外，还可以添加"渐变填充""斜面填充""消除填充"等复杂的色彩渐变填充效果，同时还提供了"光泽"与"纹理"字幕填充效果。本节将详细介绍设置字幕填充效果的操作方法。

13.1.1 实色填充

使用"实色填充"功能可以在字体内填充一种单独的颜色。

光盘同步视频文件
配套光盘\实色填充.mp4

步骤 01 打开本书配套光盘中的"素材 / 第 13 章 / 13.1.1 实色填充"项目文件，如下图所示。

步骤 02 在"项目"面板中，双击"字幕 01"文件，如下图所示。

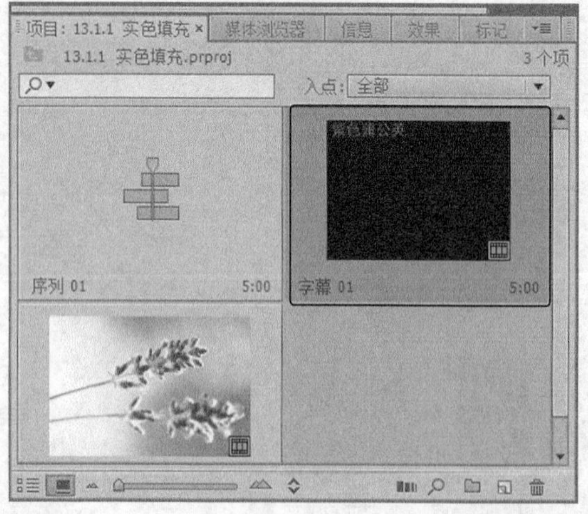

步骤 03 打开"字幕"窗口，在"填充"选项区中，单击"颜色"右侧的颜色块，如下图所示。

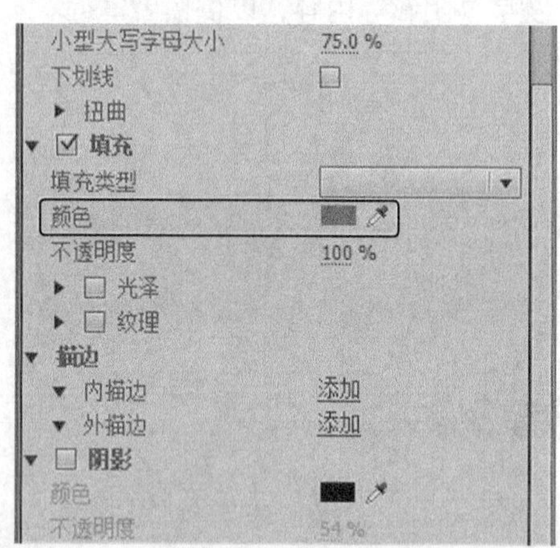

步骤 04 打开"拾色器"对话框，❶ 修改 RGB 参数分别为 179、10、234，❷ 单击"确定"按钮，如下图所示。

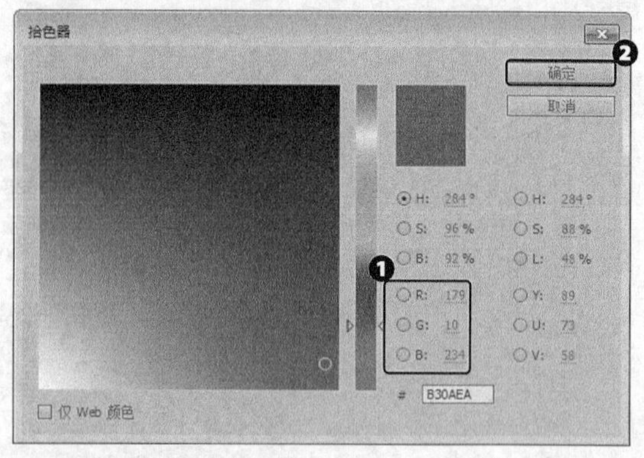

步骤 05 完成字幕颜色的修改，即可实色填充字幕，在"节目监视器"面板中查看最终的图像效

果，如下图所示。

13.1.2 渐变填充

Premiere Pro CC 的颜色控件允许用户对创建的字幕文字应用渐变色。渐变是指从一种颜色向另一种颜色的逐渐过渡，它能够增添对象的生趣和深度，否则颜色就会显得单调。

光盘同步视频文件
配套光盘\渐变填充.mp4

步骤 01 打开本书配套光盘中的“素材 / 第 13 章 / 13.1.2 渐变填充”项目文件，如下图所示。

步骤 02 在“项目”面板中，双击“字幕 01”文件，如下图所示。

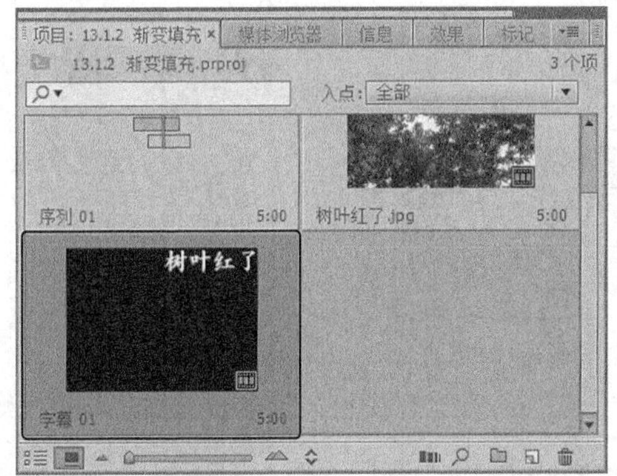

步骤 03 打开“字幕”窗口，❶ 单击“填充类型”右侧的下三角按钮，展开列表框，❷ 选择“径向渐变”选项，如下图所示。

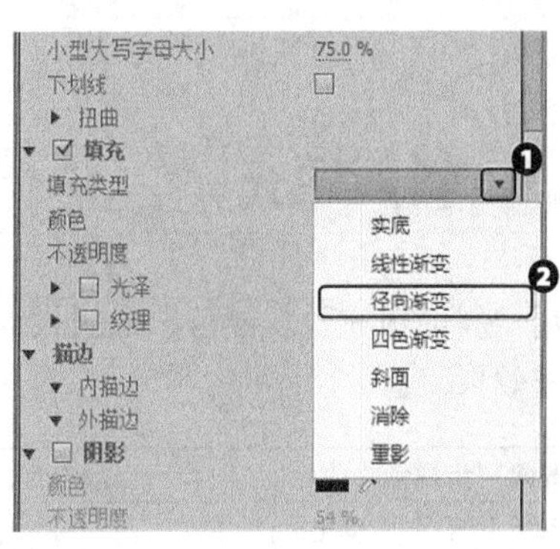

步骤 04 单击第一个颜色的颜色块，❶ 打开“拾色器”对话框，❷ 修改 RGB 参数分别为 53、226、0，❸ 单击“确定”按钮，如下图所示。

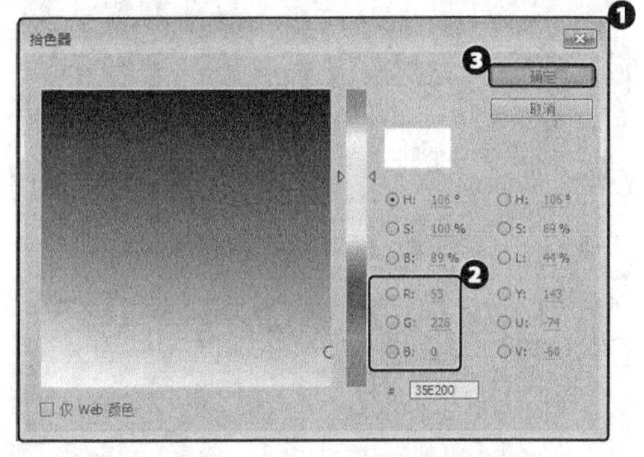

步骤 05 单击第二个颜色的颜色块，❶ 打开“拾色器”对话框，❷ 修改 RGB 参数分别为 156、41、39，❸ 单击“确定”按钮，如下图所示。

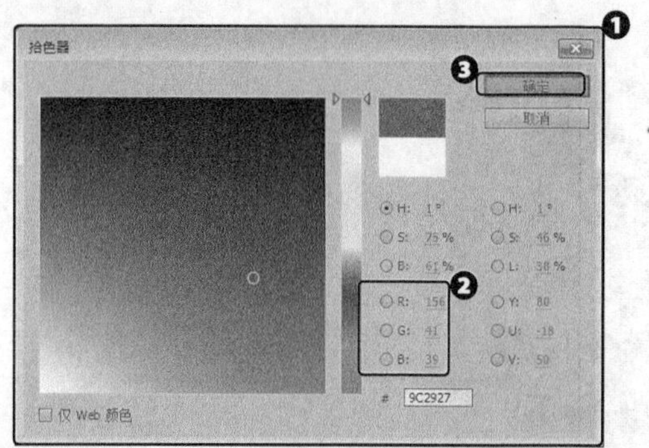

步骤 06 完成字幕颜色的修改，即可渐变填充字幕，在“节目监视器”面板中查看最终的图像效果，如下图所示。

小提示

在“径向渐变填充”选项区中，各常用选项的含义如下。

- 可移动渐变开始颜色滑块和渐变终止颜色滑块：移动滑块会改变每个样本应用到渐变的颜色比例。
- 色彩到色彩：用于修改选中颜色块的颜色。
- 色彩到不透明：用于修改选中颜色块的透明度。
- 角度：用于修改线性渐变中的角度。

13.1.3 斜面填充

使用“斜面填充”功能可以通过设置阴影色彩的方式，模拟出一种中间较亮、边缘较暗的三维浮雕填充效果。

光盘同步视频文件
配套光盘\斜面填充.mp4

步骤 01 打开本书配套光盘中的“素材 / 第 13 章 / 13.1.3 斜面填充”项目文件，如下图所示。

步骤 02 在“项目”面板中，双击“字幕 01”文件，如下图所示。

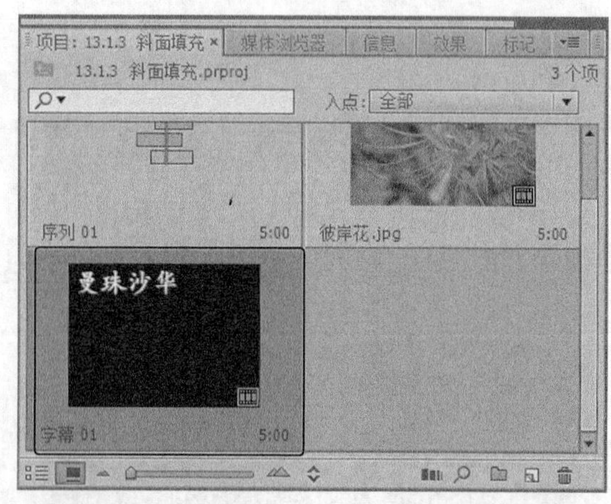

步骤 03 打开“字幕”窗口，❶ 单击“填充类型”右侧的下三角按钮，展开列表框，❷ 选择“斜面”选项，如下图所示。

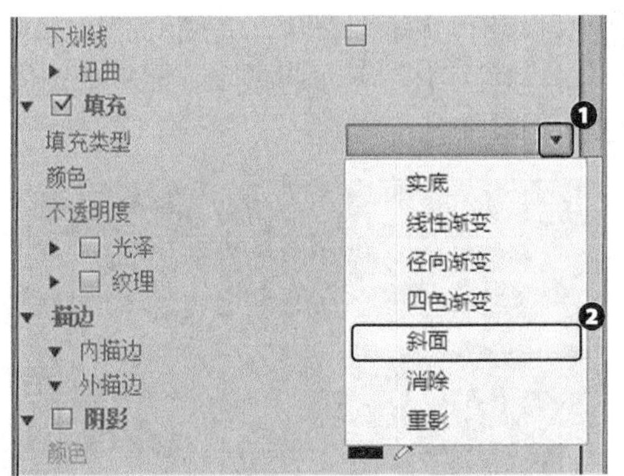

步骤 04 在“填充”选项区中，单击“高光颜色”右侧的颜色块，如下图所示。

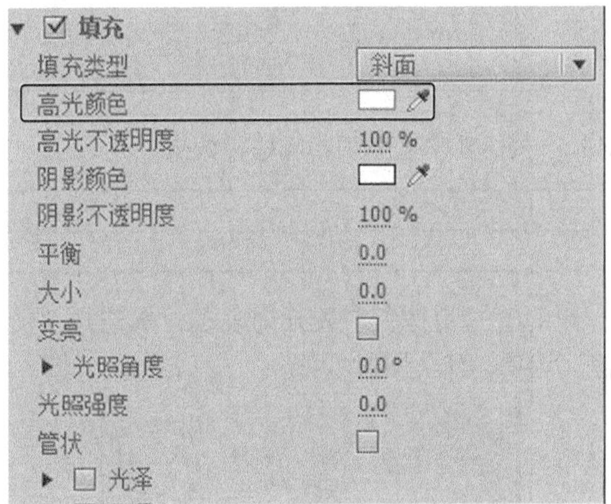

步骤 05 打开“拾色器”对话框，❶ 修改 RGB 参数分别为 219、219、219，❷ 单击“确定”按钮，如下图所示。

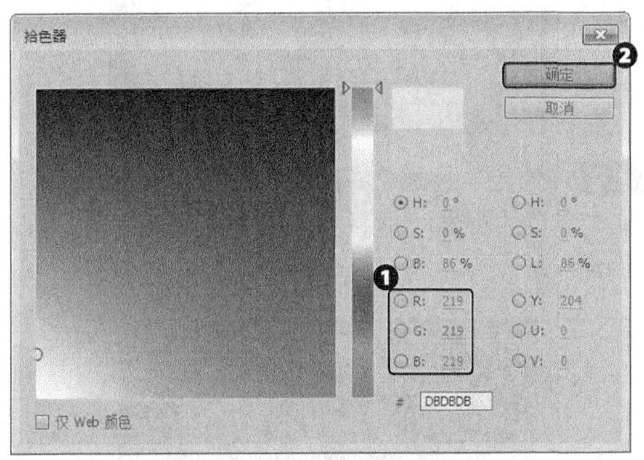

步骤 06 即可完成高光颜色的修改，其字幕效果如下图所示。

步骤 07 在“填充”选项区中，单击“阴影颜色”右侧的颜色块，如下图所示。

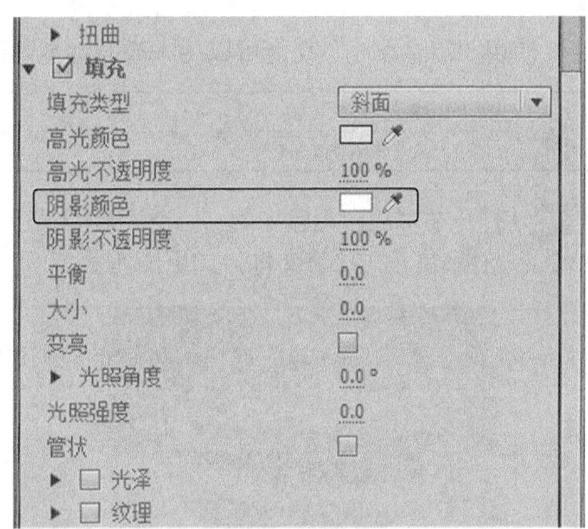

步骤 08 打开“拾色器”对话框，❶ 修改 RGB 参数分别为 251、64、60，❷ 单击“确定”按钮，如下图所示。

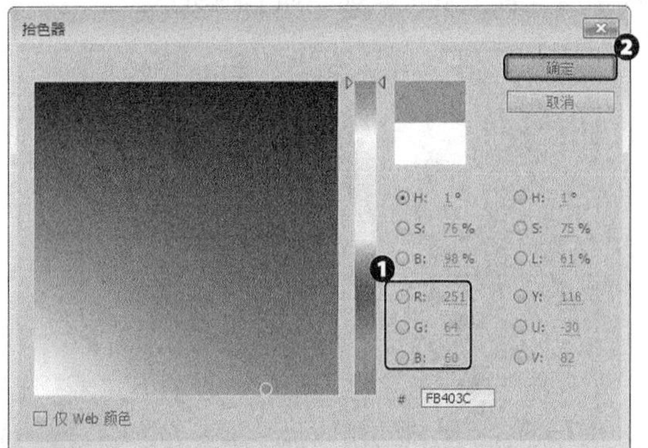

步骤 09 在“填充”选项区中，修改“大小”为 30，如下图所示。

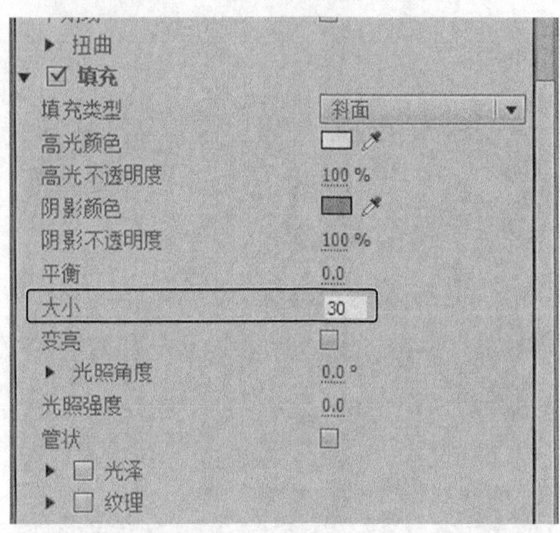

步骤10 关闭“字幕”窗口，完成斜面填充的操作，在“节目监视器”面板中查看最终的图像效果，如下图所示。

13.1.4 消除填充

使用“消除填充”功能可以用来暂时性地隐藏字幕，包括其字幕的阴影和描边效果。

	光盘同步视频文件
	配套光盘\消除填充.mp4

步骤01 打开本书配套光盘中的“素材 / 第 13 章 / 13.1.4 消除填充”项目文件，如下图所示。

步骤02 在“时间轴”面板的“视频 2”轨道的“字幕 01”文件上双击鼠标，如下图所示。

步骤03 打开“字幕”窗口，❶ 单击“填充类型”右侧的下三角按钮，展开列表框，❷ 选择“消除”选项，如下图所示。

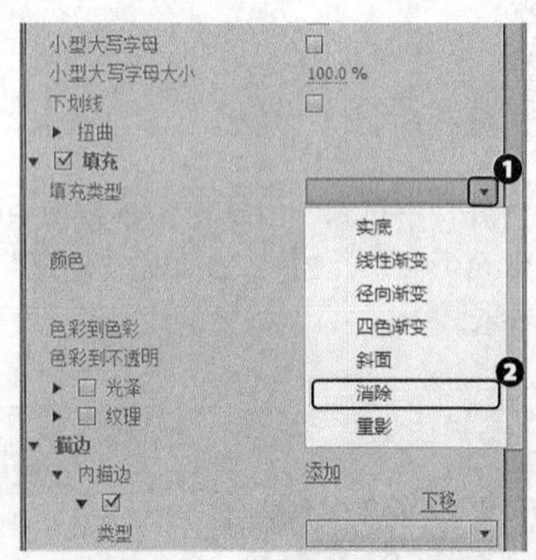

步骤04 关闭“字幕”窗口，即可消除填充字幕，在“节目监视器”面板中查看最终图像效果，如下图所示。

13.1.5 重影填充

重影填充与消除填充拥有类似的功能，两者都可以隐藏字幕的效果，其区别在于重影填充只能隐藏字幕本身，无法隐藏阴影效果。

	光盘同步视频文件
	配套光盘\重影填充.mp4

步骤01 打开本书配套光盘中的“素材 / 第 13 章 / 13.1.5　重影填充”项目文件，如下图所示。

步骤02 在“项目”面板中，双击“字幕 01”文件，如下图所示。

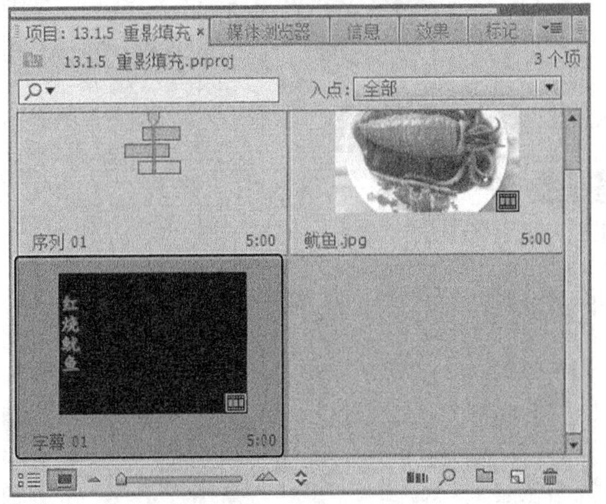

步骤03 打开“字幕”窗口，❶ 单击“填充类型”右侧的下三角按钮，展开列表框，❷ 选择“重影”选项，如下图所示。

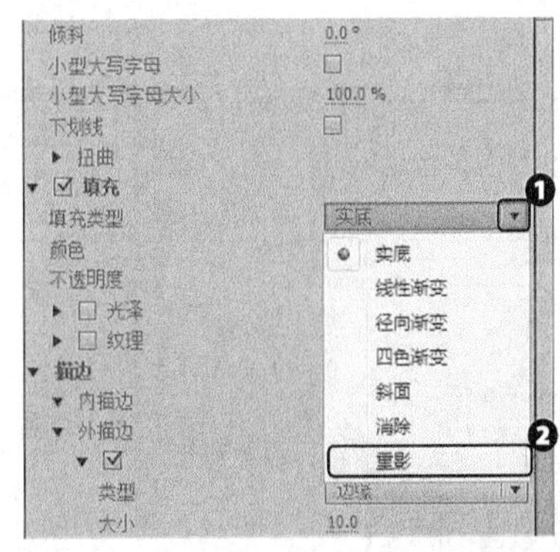

步骤04 关闭“字幕”窗口，即可重影填充字幕，在“节目监视器”面板中查看最终图像效果，如下图所示。

13.1.6 光泽填充

使用“光泽填充”功能可以在字体内填充一种单独的颜色。

	光盘同步视频文件
	配套光盘\光泽填充.mp4

步骤01 打开本书配套光盘中的“素材 / 第 13 章 /13.1.6　光泽填充”项目文件，如下图所示。

步骤 02 在“项目”面板中，双击“字幕 01”文件，如下图所示。

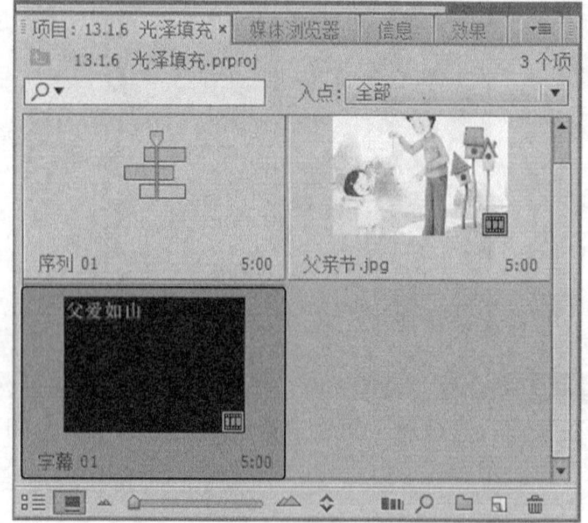

步骤 03 打开“字幕”窗口，在“字幕属性”面板中，勾选“光泽”复选框，如下图所示。

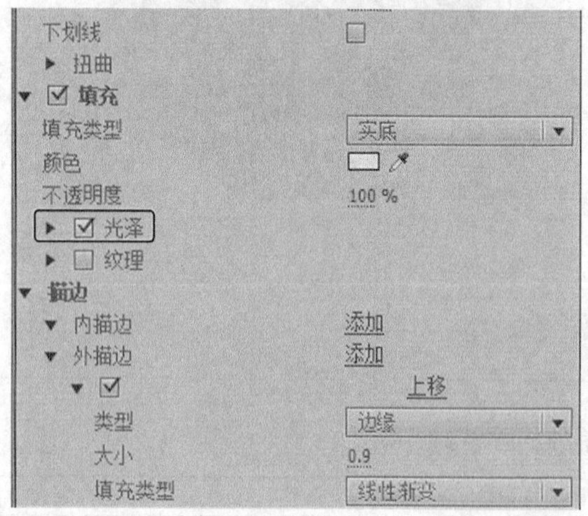

步骤 04 展开“光泽”选项区，单击“颜色”右侧的颜色块，如右上图所示。

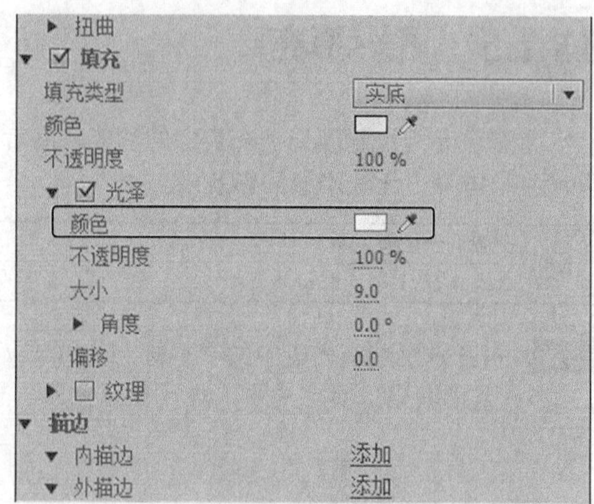

步骤 05 打开“拾色器”对话框，❶ 修改 RGB 参数分别为 246、0、0，❷ 单击“确定”按钮，如下图所示。

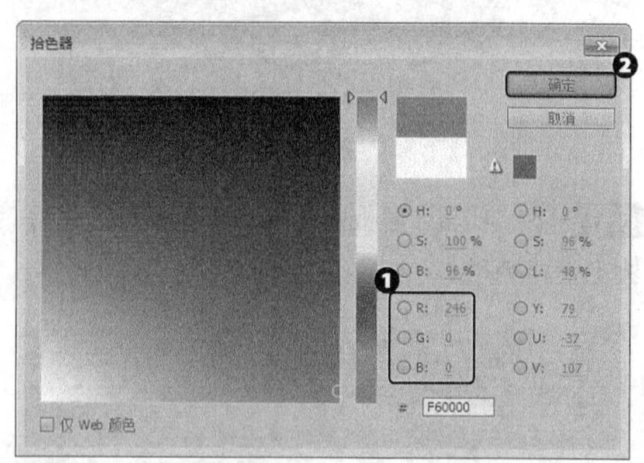

步骤 06 在“光泽”选项区中，修改“大小”为 80，如下图所示。

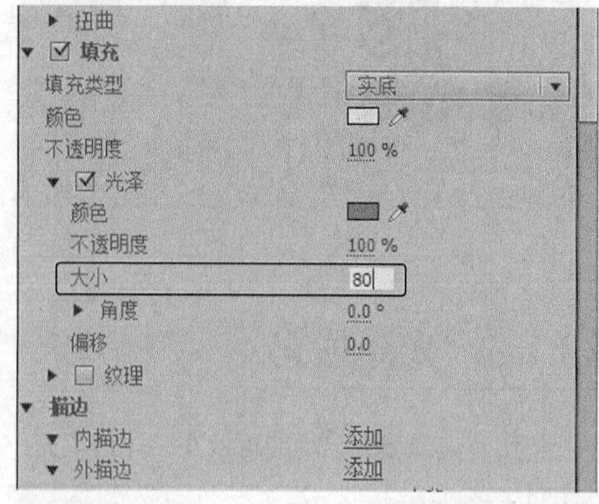

步骤 07 关闭“字幕”窗口，完成光泽填充的操作，在“节目监视器”面板中查看最终的图像效果，如下图所示。

13.1.7 纹理填充

使用“纹理填充”功能可以为字幕添加材质的填充效果。

光盘同步视频文件
配套光盘\纹理填充.mp4

步骤01 打开本书配套光盘中的“素材/第13章/13.1.7 纹理填充”项目文件，如下图所示。

步骤02 在“项目”面板中，双击“字幕01”文件，如下图所示。

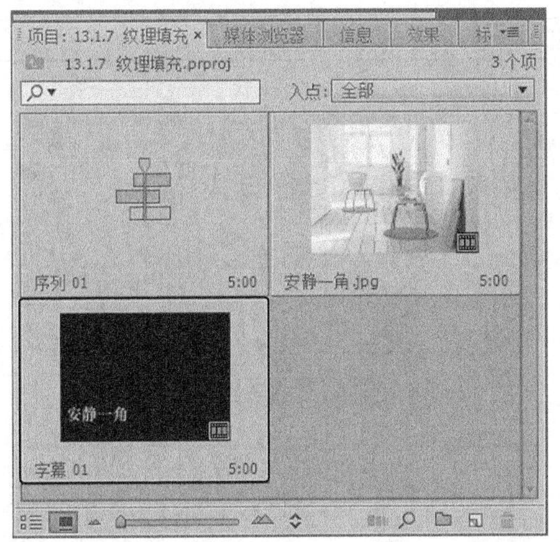

步骤03 打开“字幕”窗口，在“字幕属性”面板中，勾选“纹理”复选框，如下图所示。

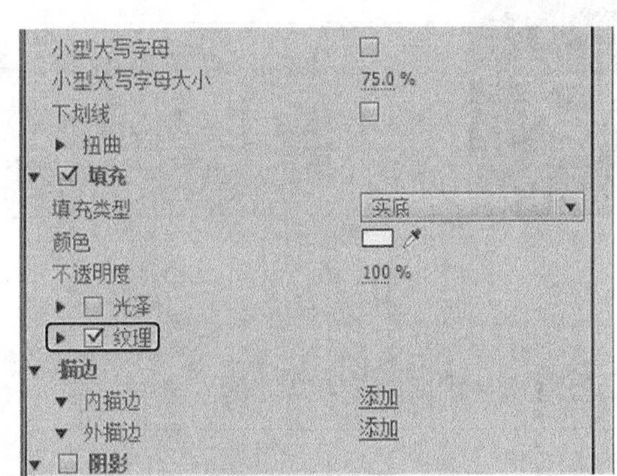

步骤04 展开“纹理”选项区，单击“纹理”右侧的按钮，如下图所示。

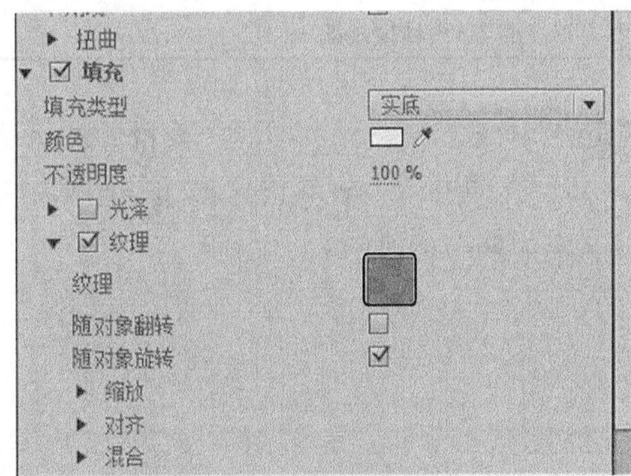

步骤05 打开“选择纹理图像”对话框，❶ 选择“材质”图像，❷ 单击“打开”按钮，如下图所示。

步骤 06 关闭“字幕”窗口，完成纹理填充的操作，在“节目监视器”面板中查看最终的图像效果，如下图所示。

小提示

用户可以创建自己的材质。例如，可以使用Photoshop将任何位图文件保存为PSD、JPEG、TARGA或TIFF文件，也可以使用Premiere Pro CC从视频素材中输出一个画面。

13.2 为“捧花少女”视频设置描边与阴影效果

本节教学录像时间：4分钟

字幕的“描边”与“阴影”的主要作用是为了让字幕效果更加突出、醒目。因此，用户可以有选择地添加或者删除字幕中的描边或阴影效果。本节将详细讲解设置描边与阴影效果的操作方法。

13.2.1 内描边效果

使用“内描边”描边效果，可以从字幕边缘向内进行扩展，这种描边效果可能会覆盖掉字幕的原有填充效果。

光盘同步视频文件

配套光盘\内描边效果.mp4

步骤 01 打开本书配套光盘中的“素材 / 第 13 章 / 13.2 为‘捧花少女’视频设置描边与阴影效果”项目文件，如右图所示。

步骤 02 在“项目”面板中，双击“字幕 01”文件，如下图所示。

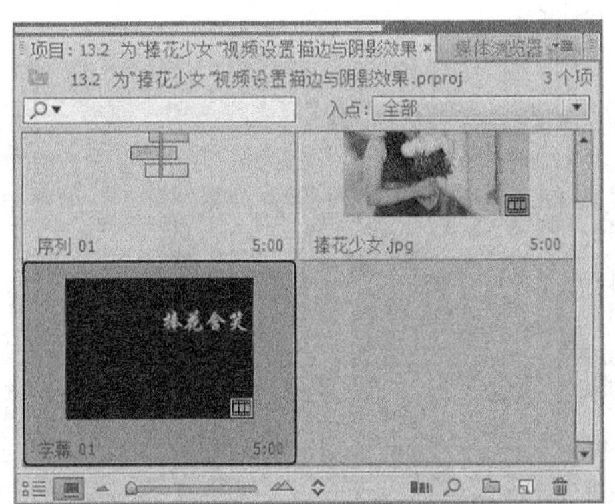

步骤 03 打开“字幕”窗口，在“描边”选项区中，单击“内描边”右侧的“添加”链接，如下图所示。

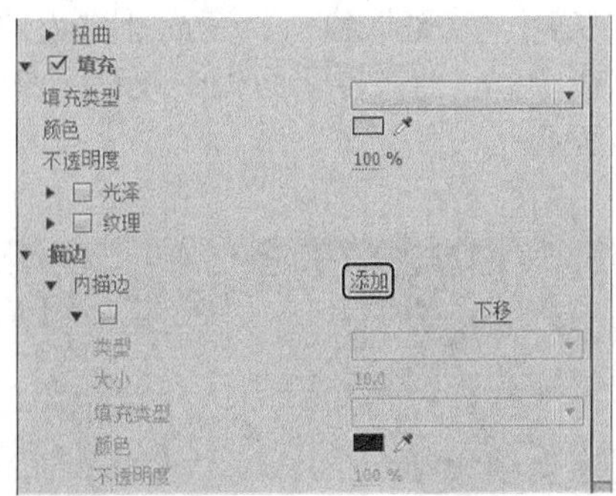

步骤 04 添加一个“内描边”选项，❶ 单击“边缘”右侧的下三角按钮，展开列表框，❷ 选择“深度”选项，如下图所示。

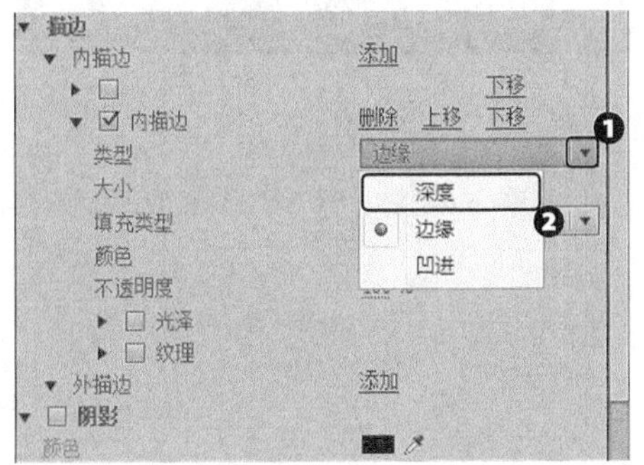

步骤 05 ❶ 修改“大小”为 15、❷ 单击“颜色”右侧的颜色块，如下图所示。

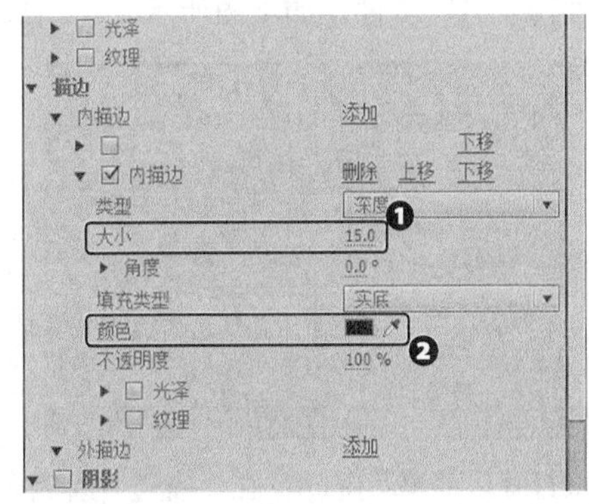

步骤 06 打开“拾色器”对话框，❶ 修改 RGB 参数均为 255，❷ 单击“确定”按钮，如下图所示。

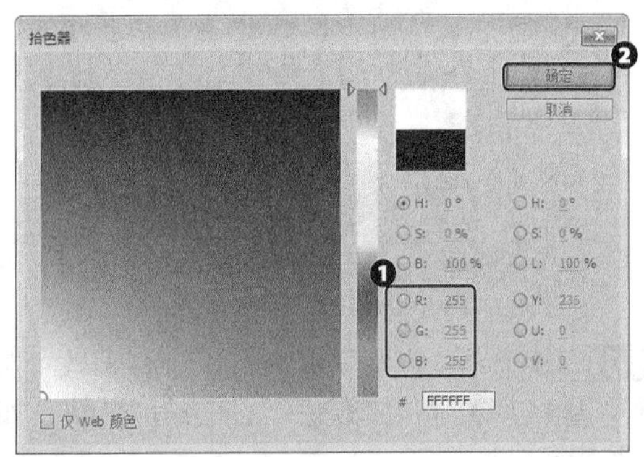

步骤 07 关闭“字幕”窗口，完成“内描边”描边的效果，在“节目监视器”面板中，查看图像效果，如下图所示。

13.2.2 外描边效果

使用“外描边”描边效果是从字幕的边缘向外扩展，并增加字幕占据画面的范围。

光盘同步视频文件
配套光盘\外描边效果.mp4

步骤01 在"时间轴"面板中，双击"视频 2"轨道的"字幕 01"文件，如下图所示。

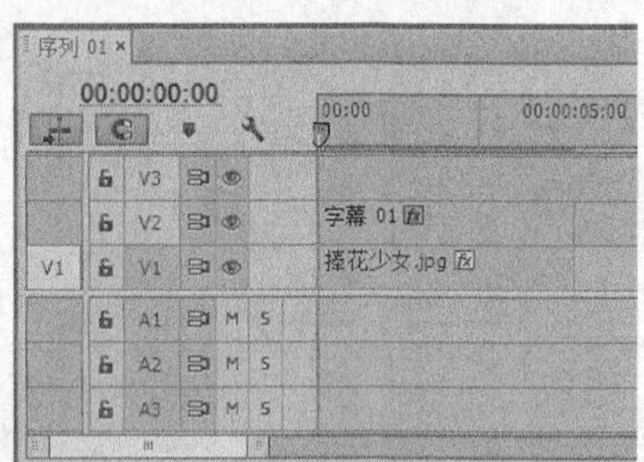

步骤02 打开"字幕"窗口，在"描边"选项区中，❶ 单击"外描边"右侧的"添加"链接，❷ 添加一个"外描边"选项，如下图所示。

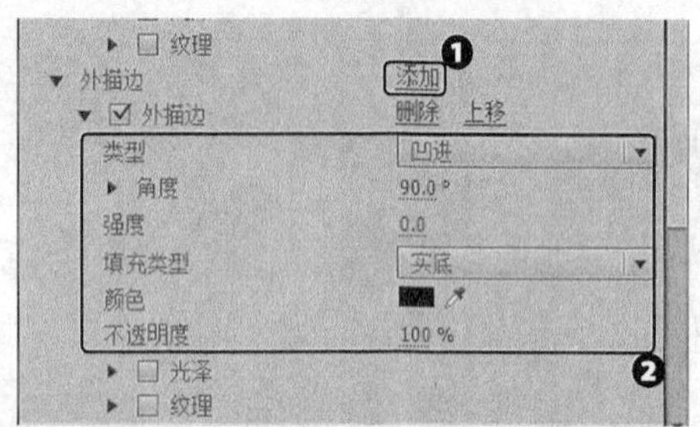

步骤03 ❶ 修改"类型"为"凹进"，❷ 修改"强度"为 15，❸ 单击"颜色"右侧的颜色块，如下图所示。

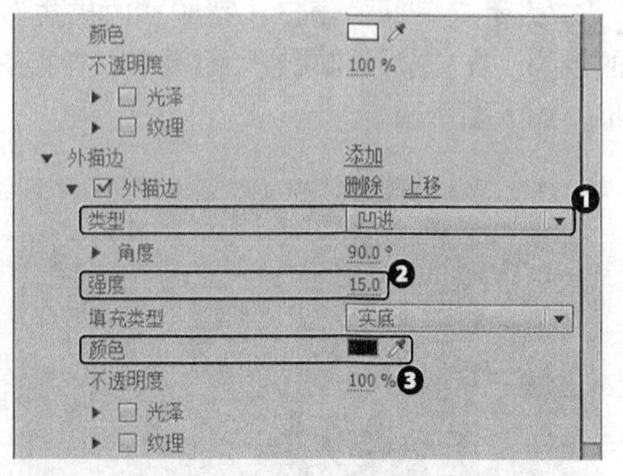

步骤04 打开"拾色器"对话框，❶ 修改 RGB 颜色参数分别为 224、6、6，❷ 单击"确定"按钮，如下图所示。

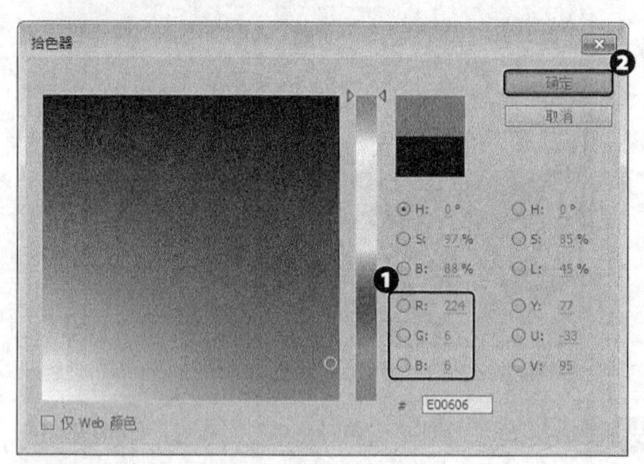

步骤05 关闭"字幕"窗口，完成外描边效果的操作，在"节目监视器"面板中查看图像效果，如下图所示。

13.2.3 字幕阴影效果

若要为文字或图形对象添加最后一笔修饰，可能会想到为它添加阴影。Premiere Pro CC 可以为对象添加外描边或内描边阴影效果。

	光盘同步视频文件
	配套光盘\字幕阴影效果.mp4

步骤01 在"项目"面板中，双击"字幕 01"文件，打开"字幕"窗口，在"字幕属性"面板中，勾选"阴影"复选框，如下图所示。

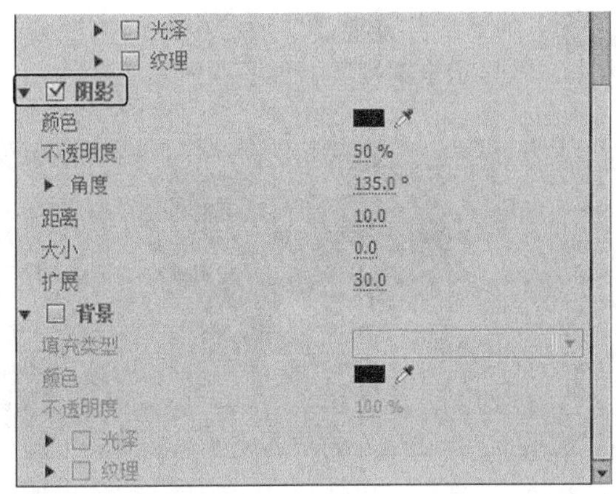

步骤02 ❶ 修改“不透明度”为70%、❷“扩展”为20，如右上图所示。

步骤03 关闭“字幕”窗口，完成字幕阴影效果的设置操作，在“节目监视器”面板中，查看最终的图像效果，如右下图所示。

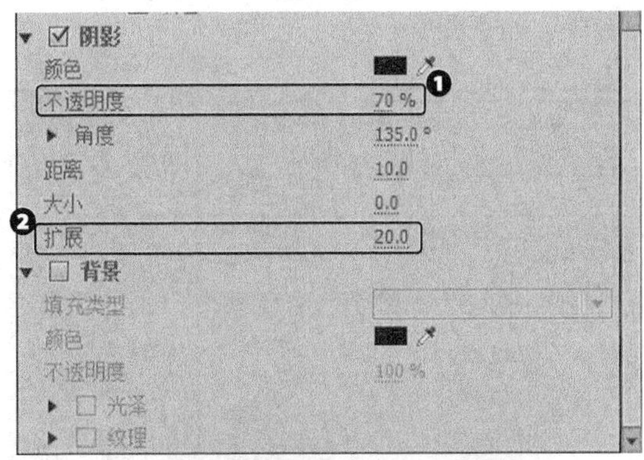

13.3 综合案例——设置“开心童年”视频字幕效果

本节教学录像时间：11分钟

在制作电子相册时，除了添加视频过渡、特效等效果外，还可以为电子相册添加名称以及介绍语言等信息。本节将详细介绍设置“开心童年”视频字幕效果的操作方法。

光盘同步视频文件

配套光盘\综合实例：设置“开心童年”视频字幕效果.mp4

步骤01 新建项目文件和序列，在“项目”面板中单击鼠标右键，❶ 打开快捷菜单，❷ 选择“导入”选项，如下图所示。

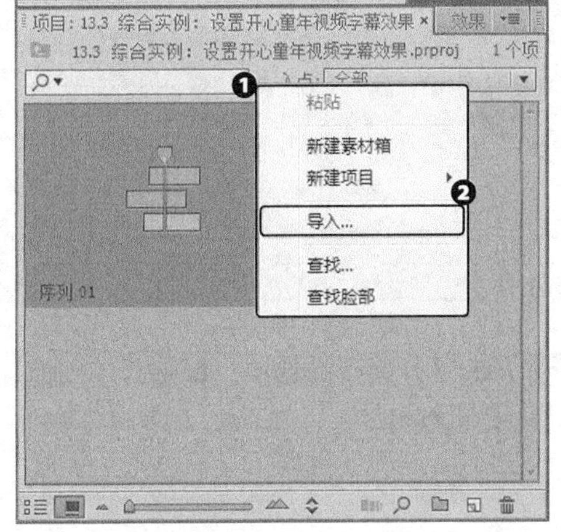

步骤02 打开“导入”对话框，❶ 选择“儿童1”～“儿童6”素材图像，❷ 单击“打开”按钮，如下图所示。

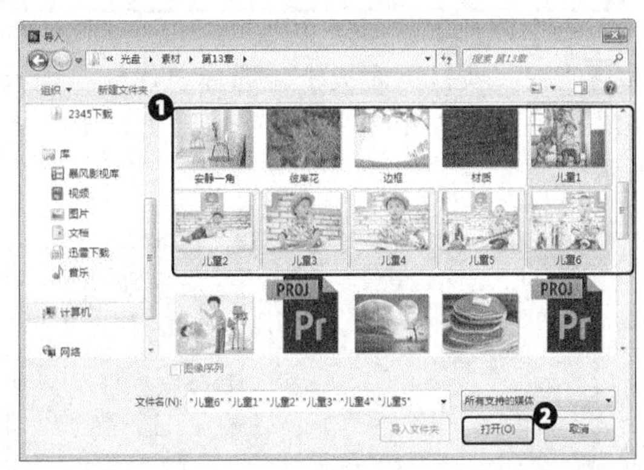

步骤03 即可将导入的素材图像添加至“项目”

面板中，如下图所示。

步骤04 通过“导入”功能将“片头”视频文件和“边框”图像文件添加至“项目”面板中，如下图所示。

步骤05 在“项目”面板中，选择“片头”视频文件，将其添加至“视频1”轨道上，如下图所示。

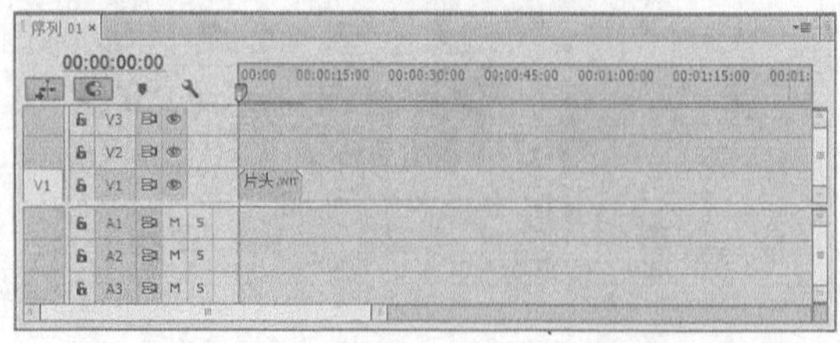

步骤06 在“节目监视器”面板中，调整视频的大小，以显示全部视频，如下图所示。

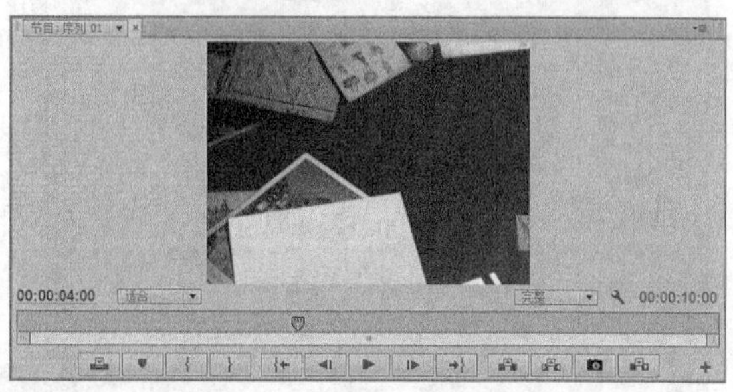

步骤07 在“项目”面板中，选择“儿童1”～“儿童6”素材图像，将其添加至“视频1”轨道的“片头”右侧，如下图所示。并在“节目监视器”面板中调整图像的显示。

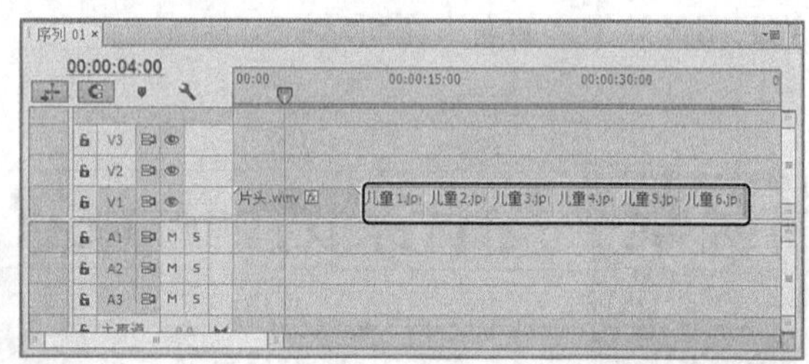

步骤08 在“效果”面板中，选择“视频过渡”选项，如下图所示。

步骤09 ❶ 展开选择的选项，❷ 选择“划像”选项，如下图所示。

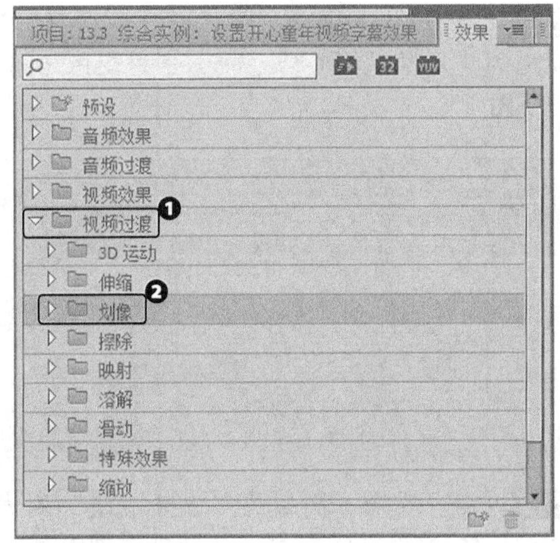

步骤 10 ❶ 展开选择的选项，❷ 选择“圆划像”选项，如下图所示。

步骤 11 单击鼠标并拖曳，将其添加至“视频 1”轨道的“儿童 1”和“儿童 2”素材图像之间，如下图所示。

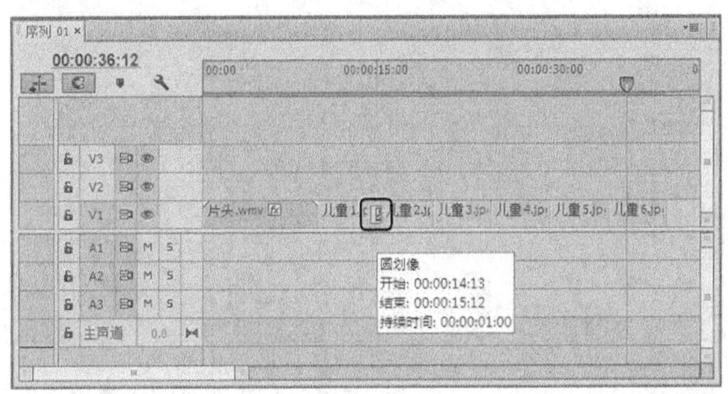

步骤 12 在“效果”面板的“视频过渡”列表框中，❶ 选择“擦除”选项，展开选择的选项，❷ 选择“径向擦除”选项，如右上图所示。

步骤 13 单击鼠标并拖曳，将其添加至“视频 1”轨道的“儿童 2”和“儿童 3”素材图像之间，如下图所示。

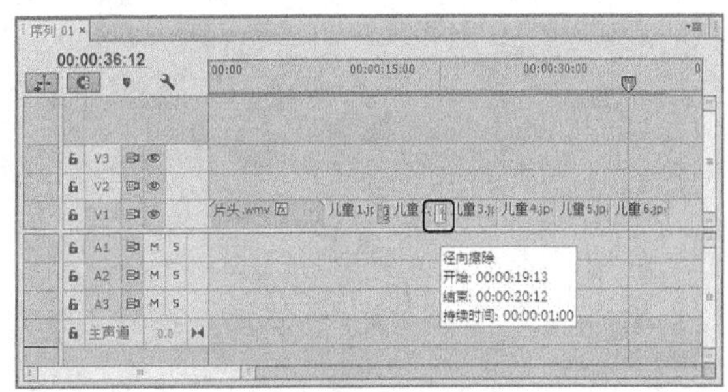

步骤 14 在“效果”面板的“视频过渡”列表框中，选择“擦除”选项，展开选择的选项，选择“渐变擦除”选项，如下图所示。

步骤 15 单击鼠标并拖曳，将其添加至“视频 1”轨道的“儿童 3”和“儿童 4”素材图像之间，❶ 并打开“渐变擦除设置”对话框，❷ 修改“柔和度”为 20，❸ 单击“确定”按钮，如下图所示。

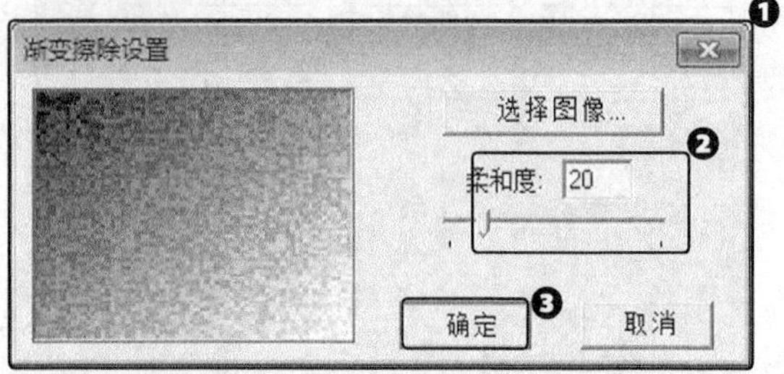

步骤 16 完成“渐变擦除”转场效果的添加操作，在“节目监视器”面板中，单击“播放 - 停止切换”按钮，预览转场效果，如下图所示。

步骤 17 在“效果”面板的“视频过渡”列表框中，选择“擦除”选项，展开选择的选项，并选择“风车”选项，如下图所示。

步骤 18 单击鼠标并拖曳，将其添加至“视频 1”轨道的“儿童 4”和“儿童 5”素材图像之间，如下图所示。

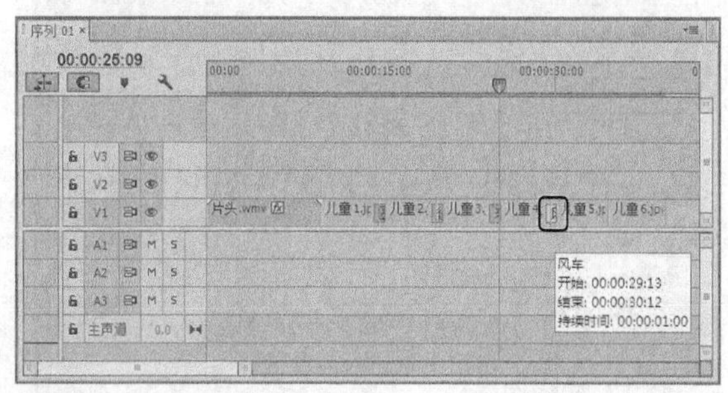

步骤 19 在“效果”面板的“视频过渡”列表框中，❶ 选择“页面剥落”选项，展开选择的选项，❷ 选择“卷走”选项，如下图所示。

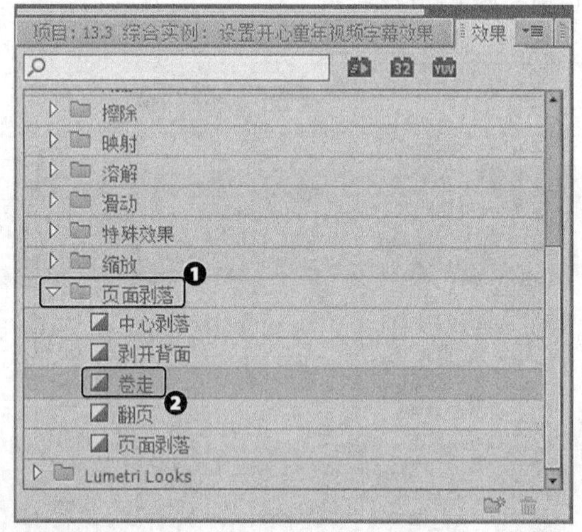

步骤 20 单击鼠标并拖曳，将其添加至“视频 1”轨道的“儿童 5”和“儿童 6”素材图像之间，如下图所示。

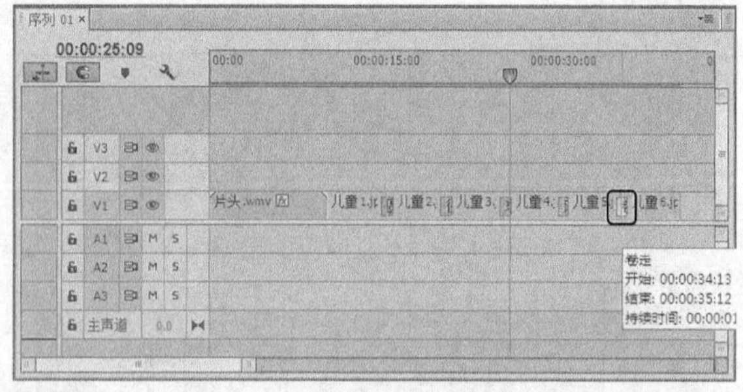

步骤 21 在“视频 1”轨道的“圆划像”转场上，双击鼠标，❶ 打开“设置过渡持续时间”对话框，❷ 修改“持续时间”为 00:00:02:00，❸ 单击“确定”按钮，如下图所示。

步骤22 完成“圆划像”转场效果的持续时间修改，其效果如下图所示。

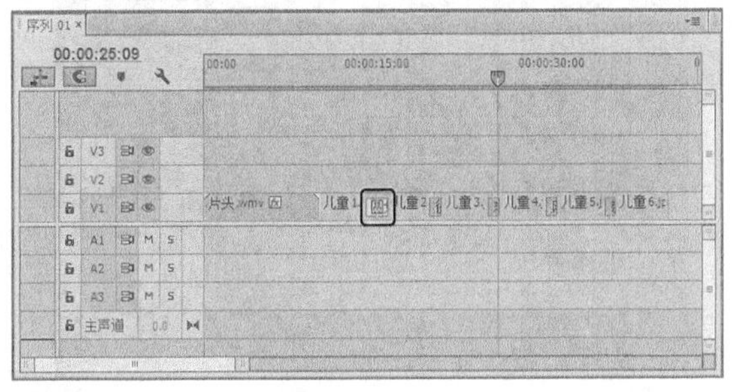

步骤23 采用同样的方法，依次修改其他转场效果的持续时间，如下图所示。

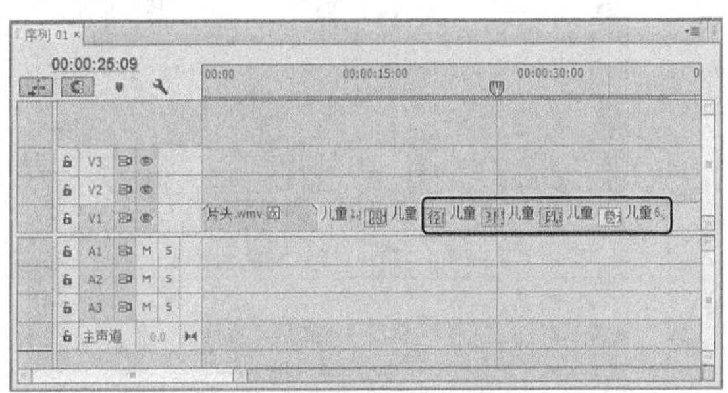

步骤24 在“项目”面板中，选择“边框”素材图像，将其添加至“视频2”轨道的相应位置，并调整其长度，如下图所示。

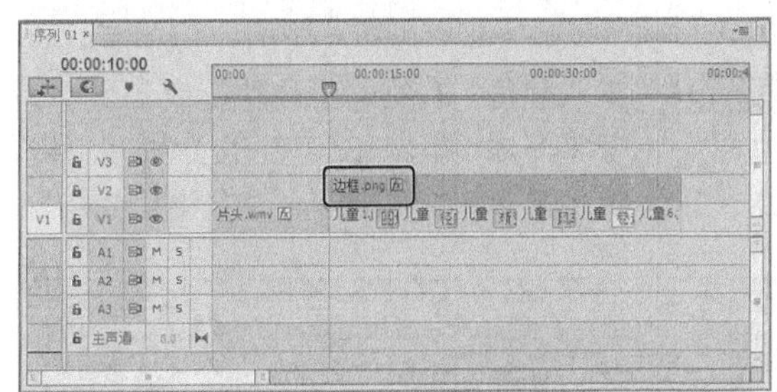

步骤25 在“节目监视器”面板中，调整边框图像的大小，图像效果如下图所示。

步骤26 单击“文件”➤“新建”➤“字幕”命令，如下图所示。

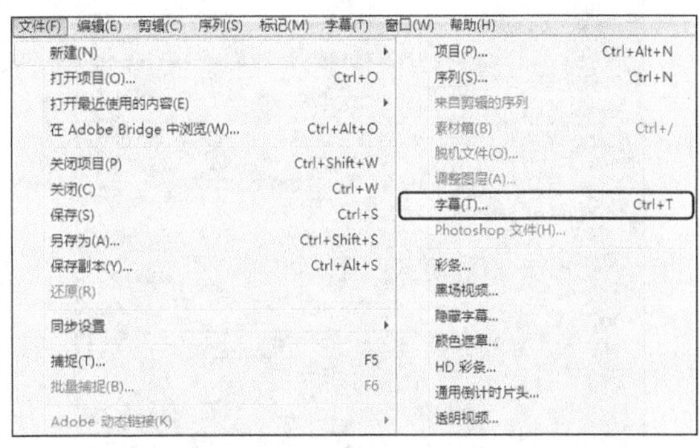

步骤27 打开“新建字幕”对话框，保持默认设置，单击“确定”按钮，如下图所示。

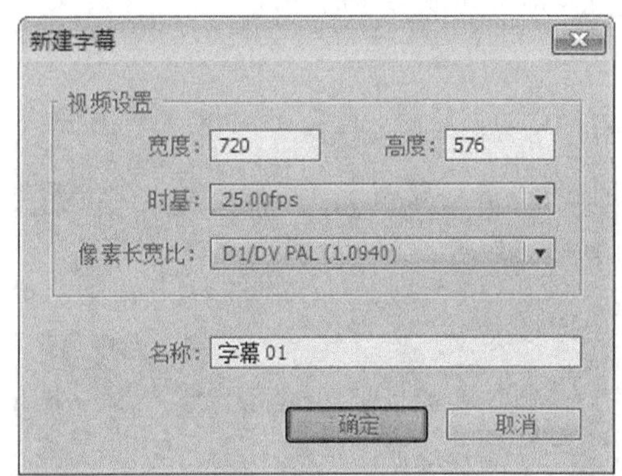

步骤28 打开“字幕”窗口，在“字幕”面板中输入文字“开心童年”，如下图所示。

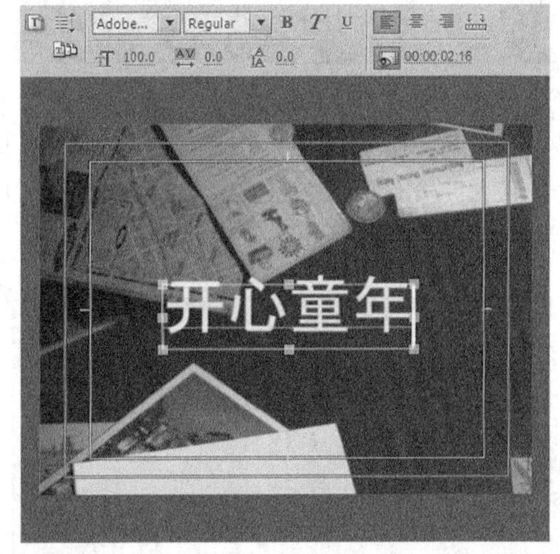

步骤29 在“属性”选项区中，❶ 单击“字体系列”右侧的下拉按钮，展开列表框，❷ 选择“方正北魏楷书简体”选项，如下图所示。

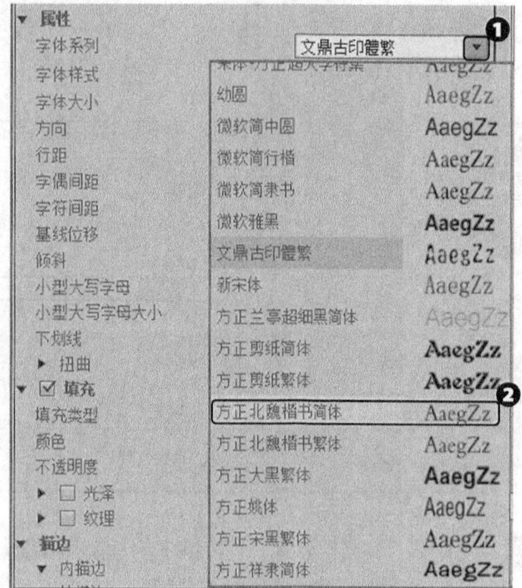

步骤30 即可完成字体的修改，其图像效果如下图所示。

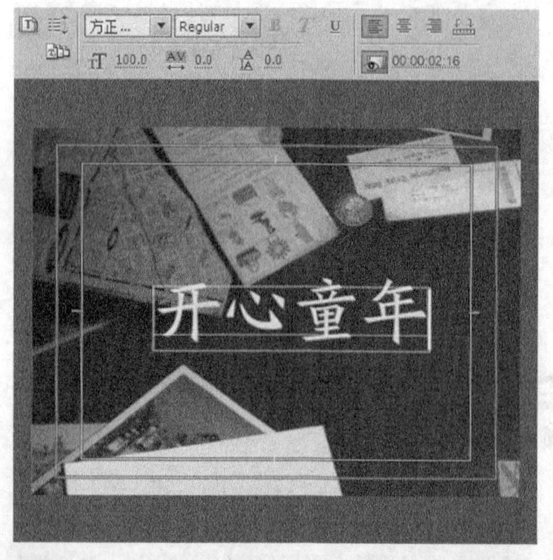

步骤31 在“填充”选项区中，单击“颜色”右侧的颜色块，❶打开“拾色器”对话框，❷修改RGB参数分别为246、249、12，❸单击“确定”按钮，如下图所示。

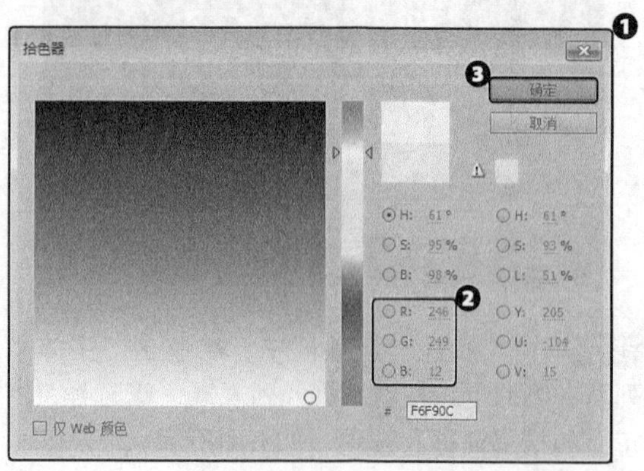

步骤32 即可完成字体颜色的修改，其图像效果如下图所示。

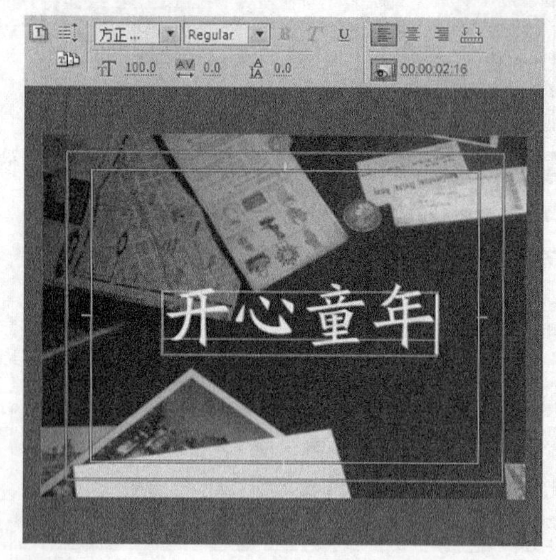

步骤33 在“描边”选项区中，❶单击“外描边”右侧的“添加”链接，❷添加一个“外描边”选项，❸并修改“大小”为15，如下图所示。

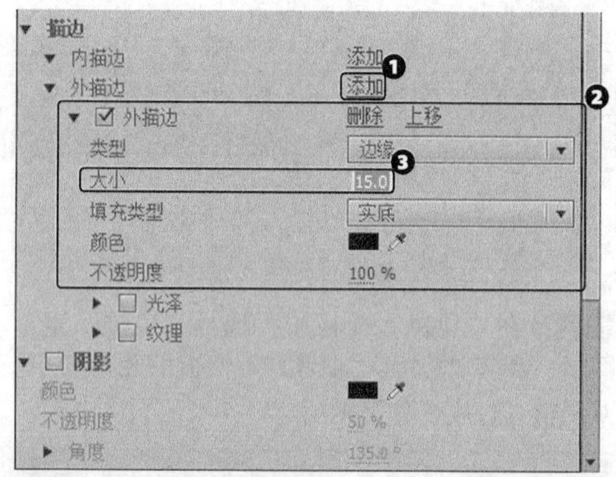

步骤34 单击“颜色”右侧的颜色块，❶打开“拾色器”对话框，❷修改RGB参数分别为240、28、28，❸单击“确定”按钮，如下图所示。

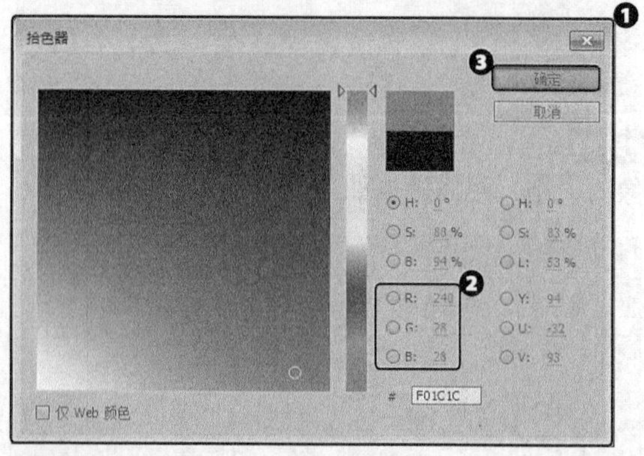

步骤35 即可完成字体外描边效果的修改，其图

像效果如下图所示。

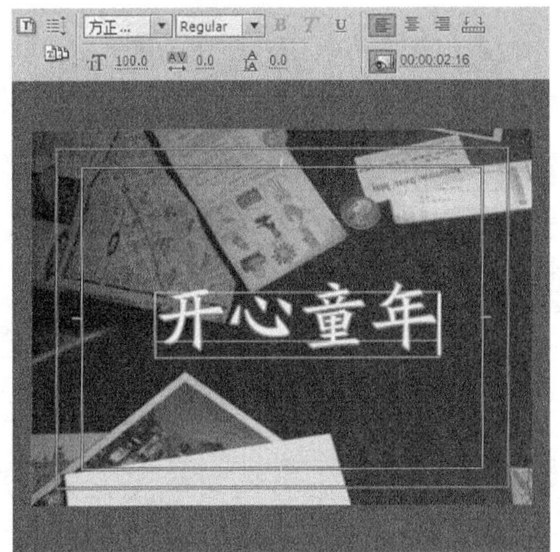

步骤36 在“阴影”选项区中，❶勾选“阴影”复选框，修改❷“不透明度”为40%、❸“距离”为20、❹“扩展”为40，如下图所示。

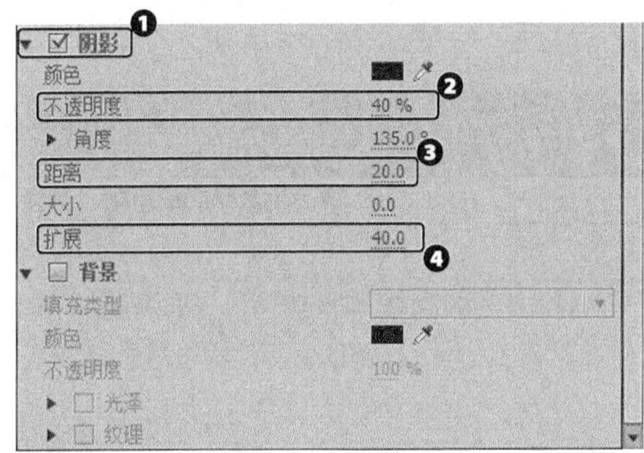

步骤37 即可完成字体阴影效果的修改，其图像效果如下图所示。

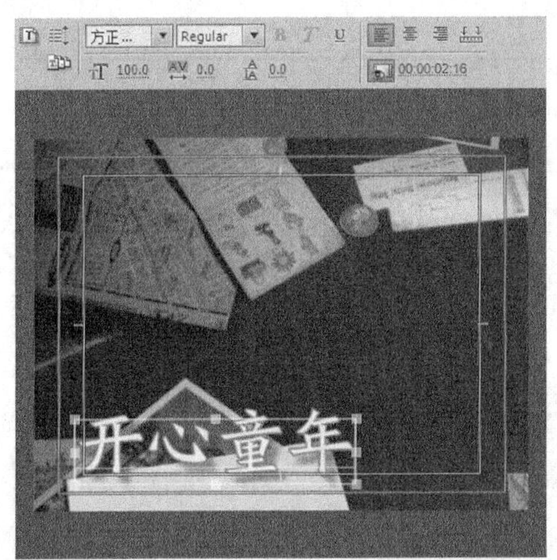

步骤38 关闭“字幕”窗口，完成字幕的创建，在“时间轴”面板中，将时间线移至00:00:05:20的位置处，将新创建的字幕添加至“视频2”轨道的时间线位置处，并调整其长度，如下图所示。

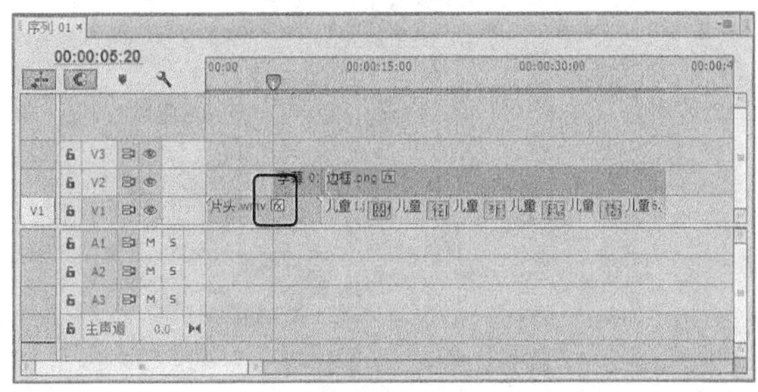

步骤39 在“字幕”窗口中调整字幕文件的位置，并在“节目监视器”面板中，单击“播放-停止切换”按钮，预览图像效果，如下图所示。

高手支招

本节教学录像时间：4分钟

通过对前面知识的学习，相信读者朋友已经掌握好视频字幕的高级调整技巧。下面结合本章内容，给大家介绍一些实用技巧。

设置“线性渐变”填充效果

线性渐变由两种颜色创建，通过线性渐变可以从一种颜色过渡到另一种颜色。

光盘同步视频文件

配套光盘\秘技1. 设置“线性渐变”填充效果.mp4

步骤 01 打开本书配套光盘中的“素材 / 第 13 章 / 秘技 1. 设置‘线性渐变’填充效果”项目文件，如下图所示。

步骤 02 在“项目”面板的“字幕 01”文件上，双击鼠标，如下图所示。

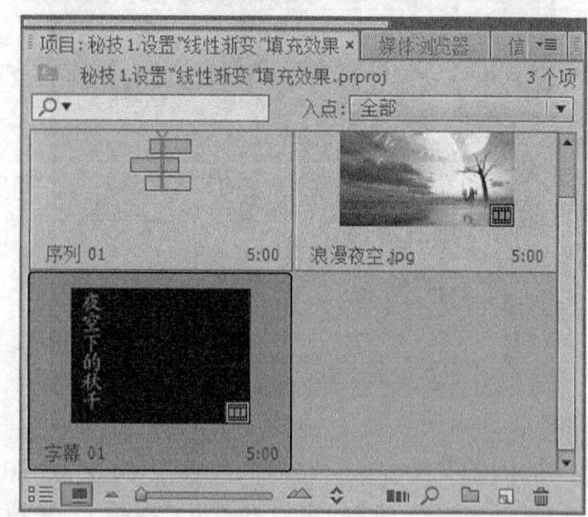

步骤 03 打开“字幕”窗口，❶ 单击“填充类型”右侧的下三角按钮，展开列表框，❷ 选择“线性渐变”选项，如下图所示。

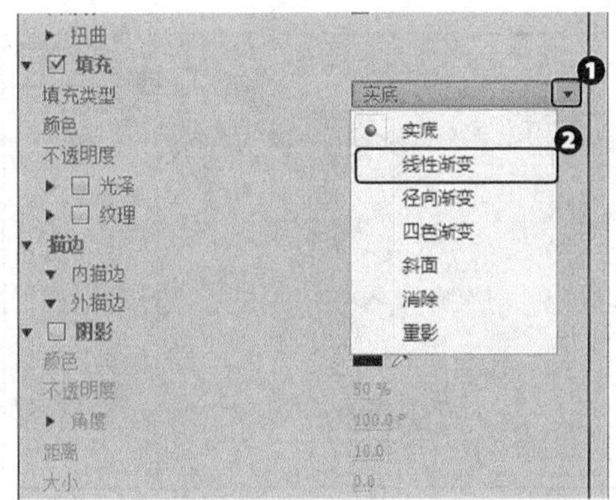

步骤 04 单击第一个颜色块，❶ 打开“拾色器”对话框，❷ 修改 RGB 参数分别为 213、238、235，❸ 单击“确定”按钮，如下图所示。

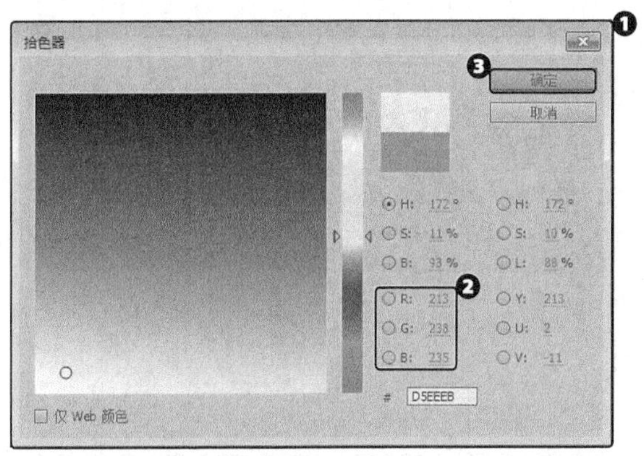

步骤 05 单击第二个颜色块，❶ 打开“拾色器”对话框，❷ 修改 RGB 参数分别为 241、100、102，❸ 单击“确定”按钮，如下图所示。

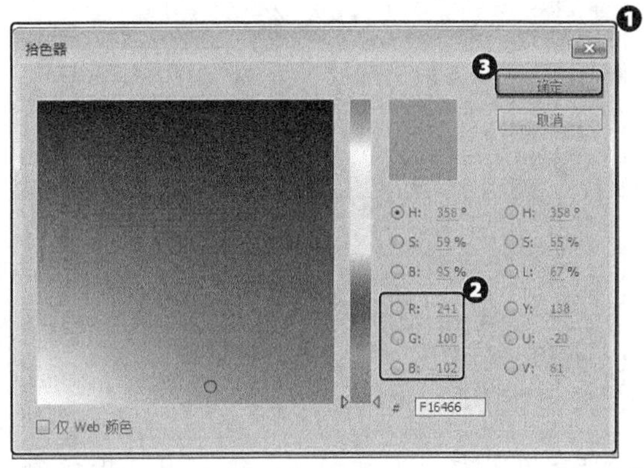

步骤 06 关闭“字幕”窗口，即可使用“线性渐变”填充图像，得到最终的图像效果，如下图所示。

设置“四色渐变”填充效果

四色渐变主要由 4 种颜色创建而成，下面将介绍“四色渐变”填充效果的设置方法。

	光盘同步视频文件
	配套光盘\秘技2. 设置“四色渐变”填充效果.mp4

步骤 01 打开本书配套光盘中的“素材 / 第 13 章 / 秘技 2. 设置‘四色渐变’填充效果”项目文件，如下图所示。

步骤 02 在“项目”面板的“字幕 01”文件上双击鼠标，如下图所示。

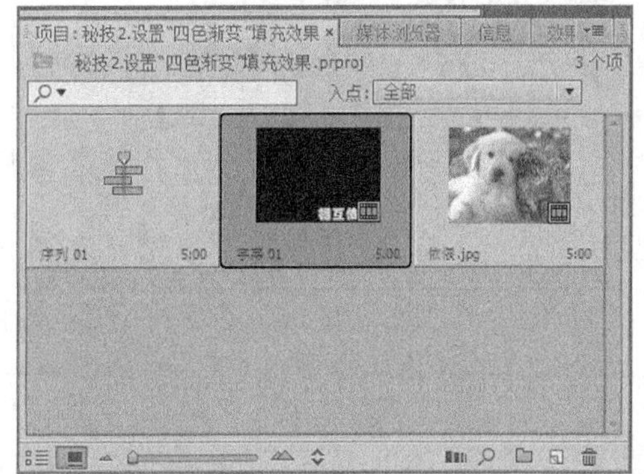

步骤 03 打开“字幕”窗口，❶ 单击“填充类型”右侧的下三角按钮，展开列表框，❷ 选择“四色渐变”选项，如下图所示。

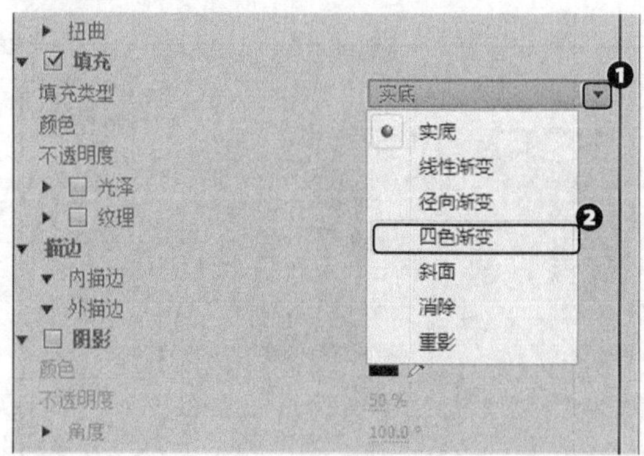

步骤 04 单击左上方颜色块，❶ 打开“拾色器”对话框，❷ 修改 RGB 参数分别为 223、29、189，❸ 单击“确定”按钮，如下图所示。

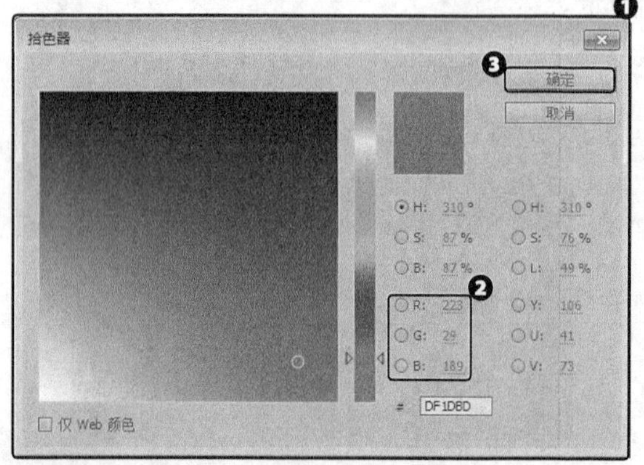

步骤 05 单击左下方颜色块，❶ 打开“拾色器”对话框，❷ 修改 RGB 参数分别为 140、235、11，❸ 单击“确定”按钮，如下图所示。

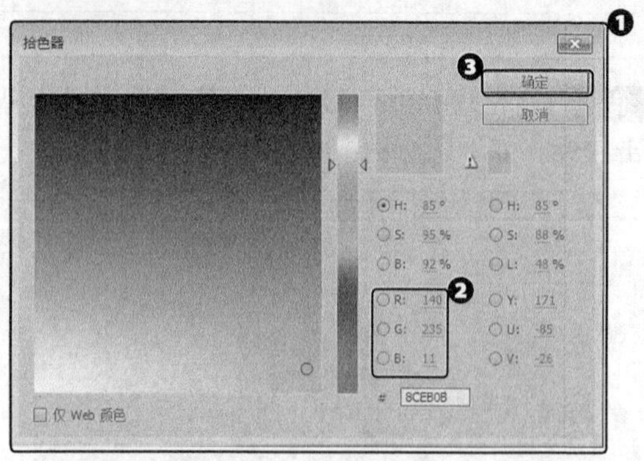

步骤 06 单击右上方颜色块，❶ 打开“拾色器”对话框，❷ 修改 RGB 参数分别为 231、14、14，❸ 单击“确定”按钮，如下图所示。

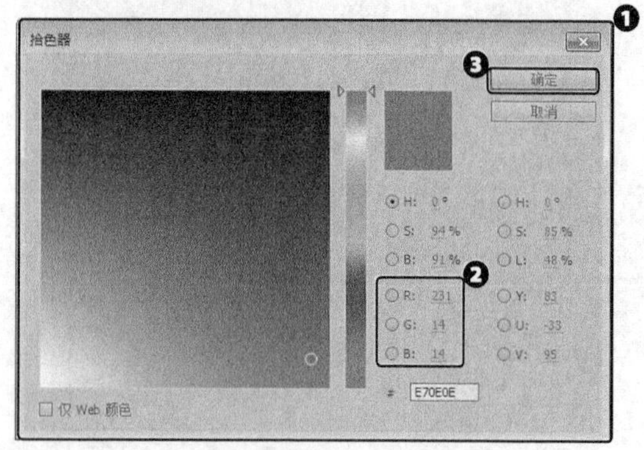

步骤 07 单击右下方颜色块，❶ 打开“拾色器”对话框，❷ 修改 RGB 参数分别为 195、207、5，❸ 单击“确定”按钮，如下图所示。

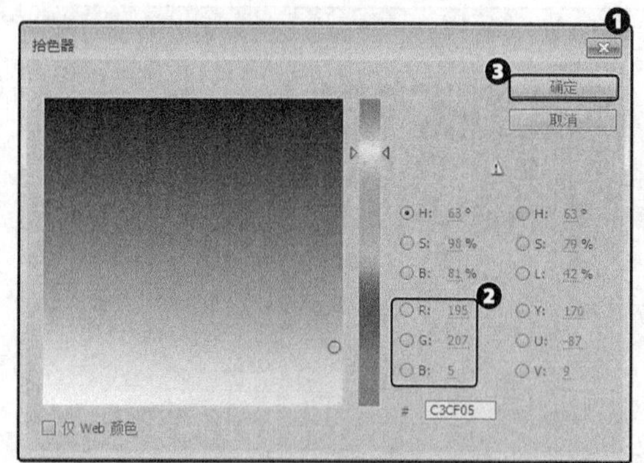

步骤 08 关闭“字幕”窗口，即可使用“四色渐变”填充图像，得到最终的图像效果，如下图所示。

第 14 章

字幕特效的应用技巧

学习目标

字幕与图形一起使用可以更好地传达统计信息、地域信息以及其他技术性信息。Premiere Pro CC 的“字幕设计”提供了制作视频作品所需的所有字幕特性，且无需脱离 Premiere Pro CC 环境就能够实现这些字幕特效。因此，使用“字幕设计”，用户不仅能够创建文字和图形，还可以通过滚动或游动文字来制作阴影和动画效果。本章将详细讲解字幕特效的应用技巧，帮助读者快速掌握字幕的创建与设置方法。

知识要点

- 为“海岛游玩”项目创建直线路径
- 运用其他工具创建“卡通图案”路径
- 制作精彩的字幕效果
- 创建运动字幕
- 应用字幕模板功能

14.1 为“海岛游玩”项目创建直线路径

本节教学录像时间：3分钟

字幕特效的种类很多，其中最常见的一种是通过“字幕路径”使字幕按用户创建的路径移动。字幕路径包含有直线、椭圆、弧形、矩形等。本节将详细讲解直线路径的创建方法。

14.1.1 绘制直线

“直线”是所有图形中最简单且最基本的图形，使用直线工具，可以创建出直线路径。

光盘同步视频文件
配套光盘\绘制直线.mp4

步骤 01 打开本书配套光盘中的“素材 / 第 14 章 / 14.1 为‘海岛游玩’项目创建直线路径”项目文件，图像效果如下图所示。

步骤 02 在“项目”面板中，双击“字幕 01”文件，如下图所示。

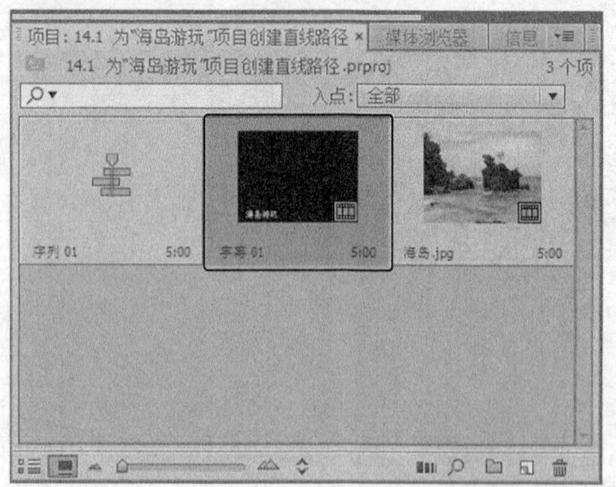

步骤 03 打开“字幕”窗口，在“字幕工具”面板中，单击“直线工具”按钮，如下图所示。

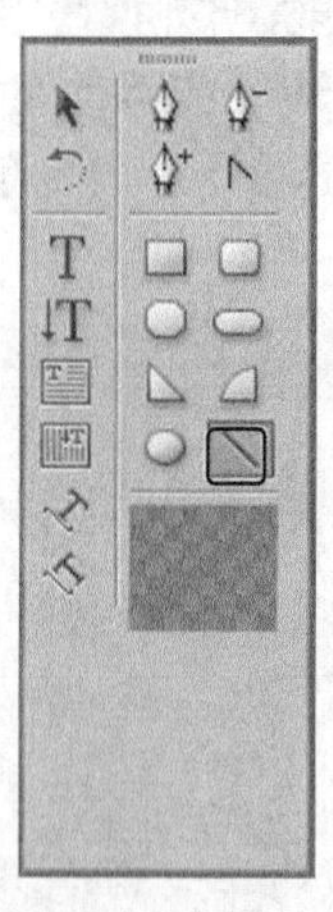

步骤 04 在“字幕”面板中的文字下方，绘制一条直线路径，如下图所示。

步骤 05 在“描边”选项区中，❶ 修改“大小”为 2，❷ 勾选“阴影”复选框，如下图所示。

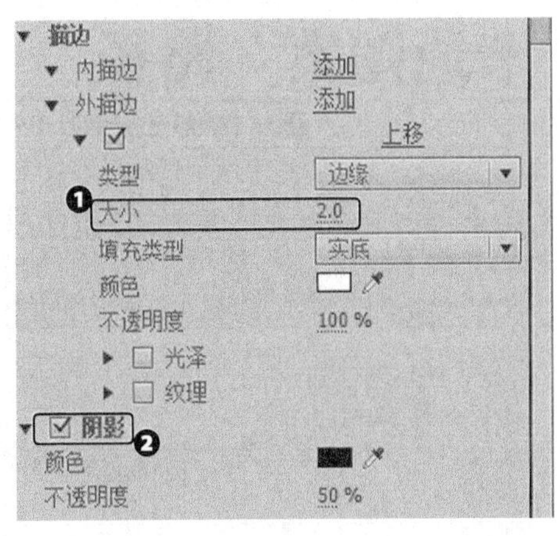

步骤06 关闭“字幕”窗口，完成直线路径的创建，在“节目监视器”面板中查看素材图像效果，如下图所示。

14.1.2 调整直线颜色

在绘制直线后，用户可以在“字幕属性”面板中设置“填充”属性，调整直线的颜色。

	光盘同步视频文件
	配套光盘\调整直线颜色.mp4

步骤01 在“时间轴”面板的“视频2”轨道上，双击“字幕01”文件，如下图所示。

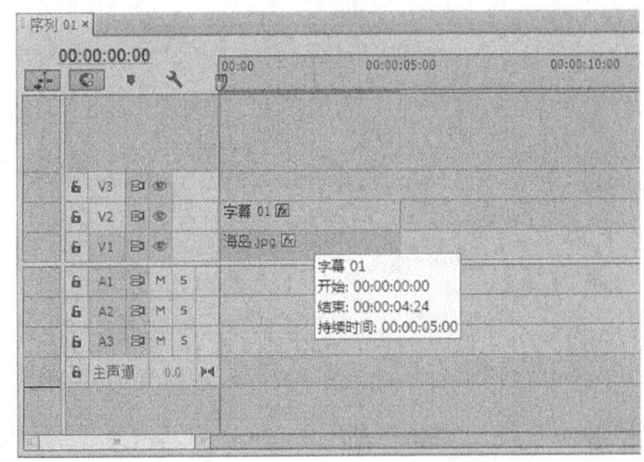

步骤02 打开“字幕”窗口，在“字幕”面板中，选择直线路径，在“填充”面板中，单击“颜色”右侧的颜色块，如下图所示。

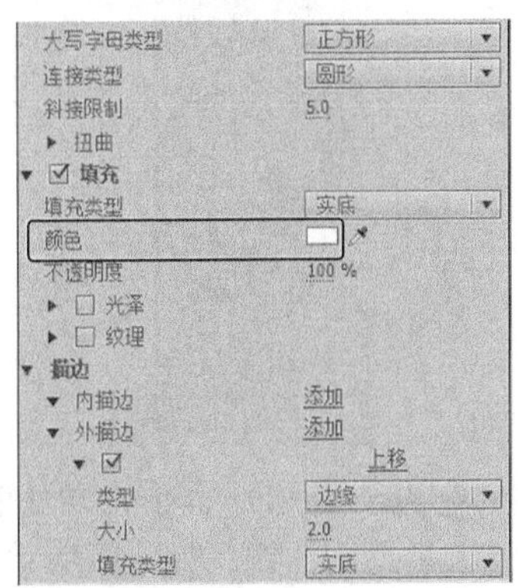

步骤03 打开“拾色器”对话框，❶ 修改RGB参数分别为203、13、210，❷ 单击“确定”按钮，如下图所示。

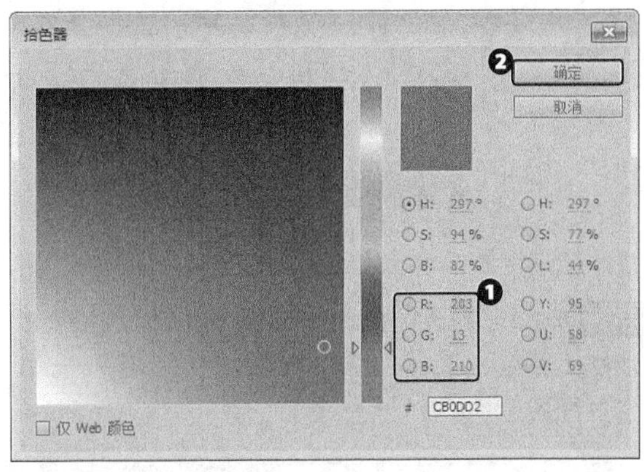

步骤04 关闭“字幕”窗口，完成直线颜色的修改，在“节目监视器”面板中查看最终图像效果，如下图所示。

14.2 运用其他工具创建“卡通图案”路径

本节教学录像时间：6分钟

除了创建直线路径外，还可以使用钢笔工具、椭圆工具以及弧形工具等创建路径，本节将详细讲解这些工具的使用方法。

14.2.1 用钢笔工具创建图形

钢笔工具是一种绘制曲线的工具。使用该工具可以创建带有任意弧度和拐角的任意形状，这些任意多边形通过锚点、直线和曲线连接而成。

光盘同步视频文件
配套光盘\用钢笔工具创建图形.mp4

步骤 01 打开本书配套光盘中的“素材/第14章/14.2 运用其他工具创建‘卡通图案’路径”项目文件，图像效果如下图所示。

步骤 02 在“项目”面板中，单击鼠标右键，打开快捷菜单，选择“新建项目”➤“字幕”选项，如下图所示。

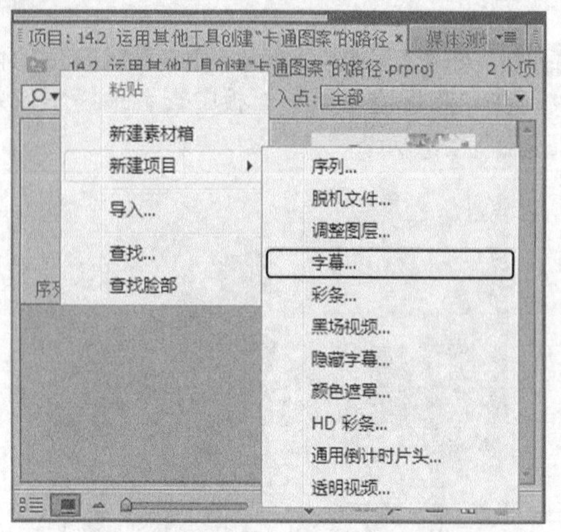

步骤 03 打开“新建字幕”对话框，保持默认设置，单击“确定”按钮，如下图所示。

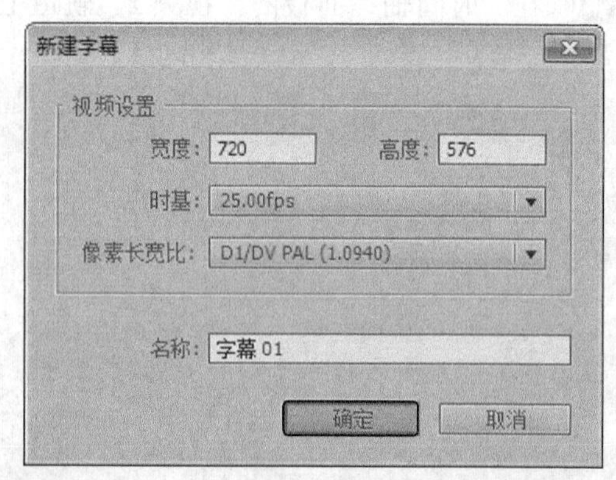

步骤 04 打开“字幕”窗口，在“字幕工具”面板中，单击“钢笔工具”按钮，如下图所示。

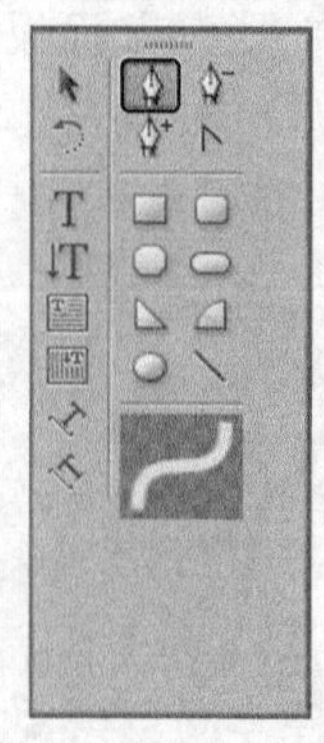

步骤 05 在“字幕”面板中，依次单击鼠标，即可使用钢笔工具绘制曲线，如下图所示。

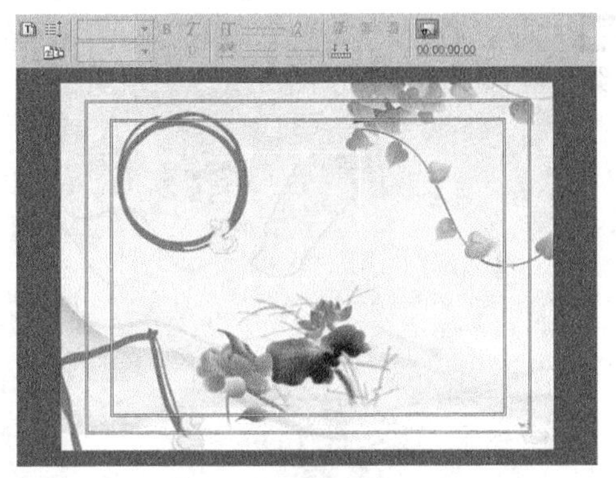

步骤06 在“字幕属性”面板的“填充”选项区中，单击“颜色”右侧的颜色块，如下图所示。

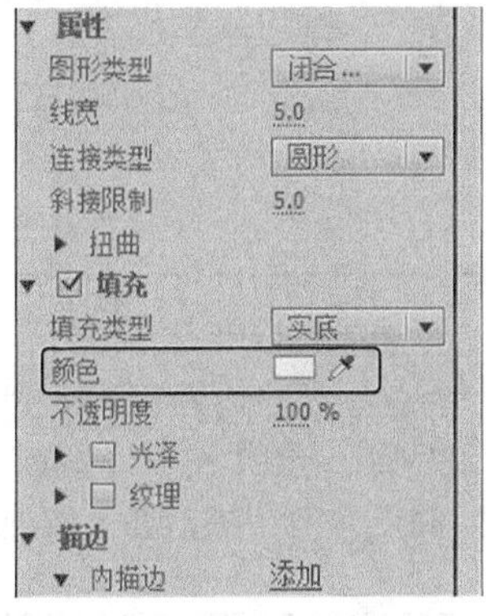

步骤07 打开“拾色器”对话框，❶ 修改 RGB 参数分别为 133、213、36，❷ 单击“确定”按钮，如下图所示。

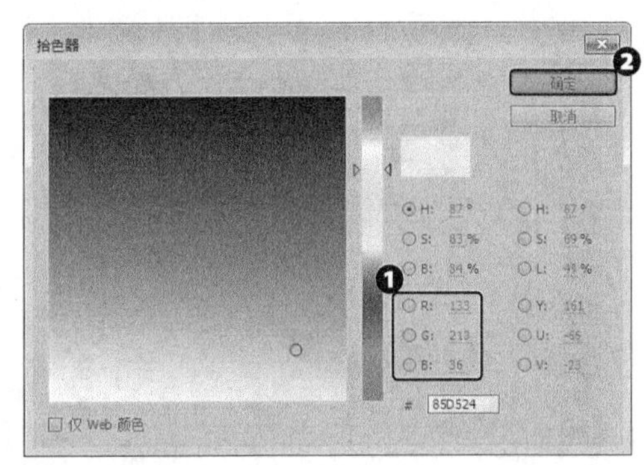

步骤08 关闭“字幕”窗口，完成颜色的修改，将“字幕 01”文件添加至“视频 2”轨道，在“节目监视器”面板中查看图像效果，如下图所示。

14.2.2 用转换锚点工具添加节点

使用“转换锚点工具”按钮可以为直线添加两个或两个以上的节点，并将直线转换为曲线。

	光盘同步视频文件
	配套光盘\用转换锚点工具添加节点.mp4

步骤01 在“项目”面板中，双击“字幕 01”文件，如下图所示。

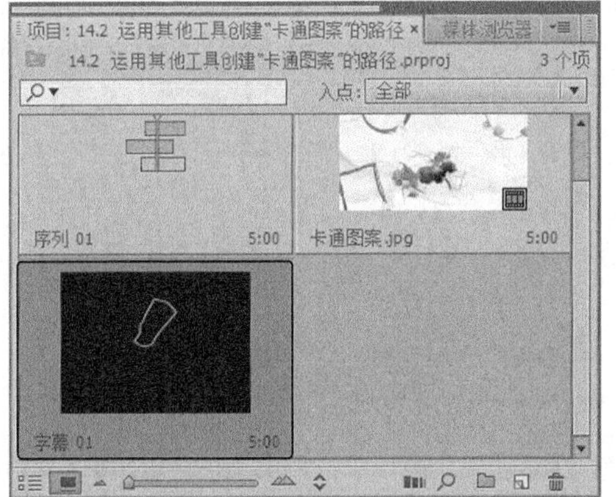

步骤02 打开“字幕”窗口，在“字幕工具”面板中，单击“转换锚点工具”按钮，如下图所示。

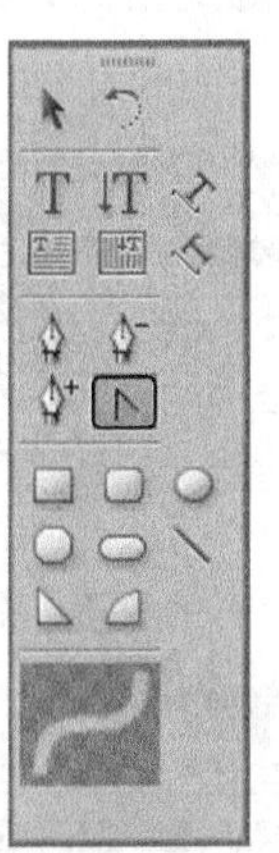

步骤 03 在“字幕”面板中，选择图形对象，依次拾取节点进行调整操作，如下图所示。

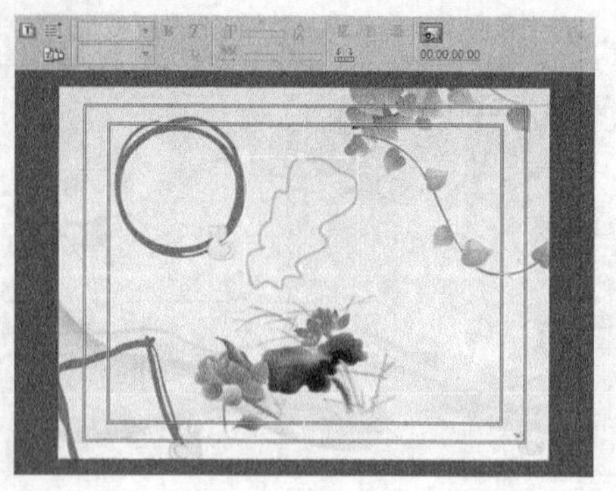

步骤 04 即可通过转换锚点工具添加节点，查看最终的图像效果，如下图所示。

14.2.3 用椭圆工具创建圆

使用“椭圆工具”按钮，可以创建出正圆或者椭圆图形。

光盘同步视频文件
配套光盘\用椭圆工具创建圆.mp4

步骤 01 在“项目”面板中，双击“字幕 01”文件，打开“字幕”窗口，在“字幕工具”面板中，单击“椭圆工具”按钮，如下图所示。

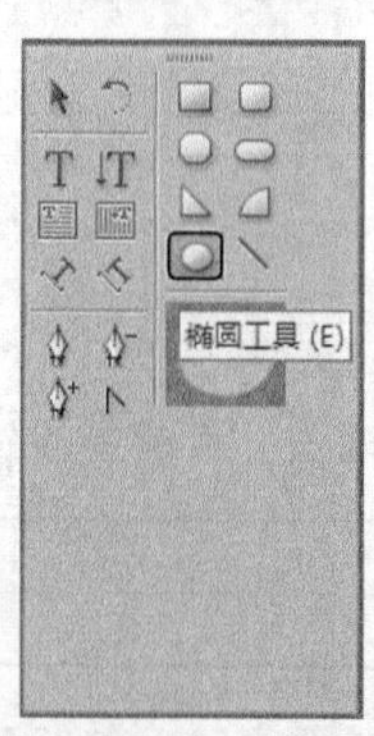

步骤 02 在“字幕”面板中，按住【Shift】键的同时单击鼠标并拖曳指针，绘制一个正圆，如下图所示。

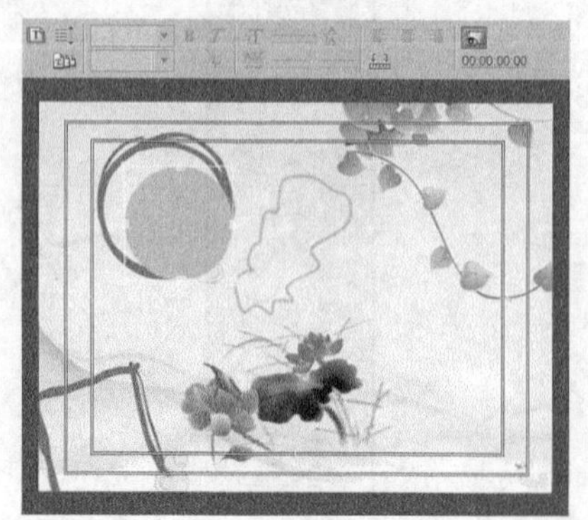

步骤 03 在“变换”选项区中，修改 ❶“宽度”为 165、❷“高度”为 165，如下图所示。

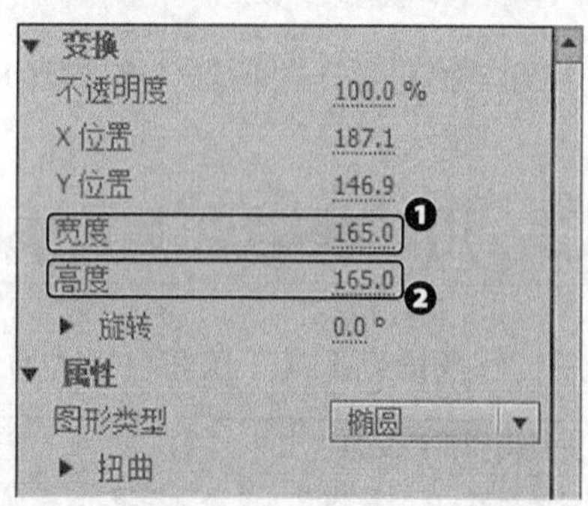

步骤 04 调整椭圆的位置，关闭“字幕”窗口，完成运用椭圆工具创建圆的操作，在“节目监视器”面板中查看图像效果，如下图所示。

14.2.4 用弧形工具创建弧形

使用“弧形工具”按钮，可以创建出圆弧形的图形形状。

	光盘同步视频文件
	配套光盘\弧形工具创建弧形.mp4

步骤 01 在“项目”面板中，双击“字幕 01”文件，打开“字幕”窗口，在“字幕工具”面板中，单击“弧形工具”按钮，如下图所示。

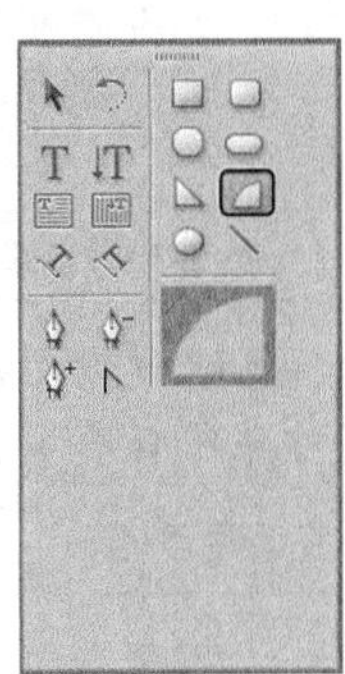

步骤 02 在“字幕”面板中，单击鼠标并拖曳指针，绘制一个弧形，如下图所示。

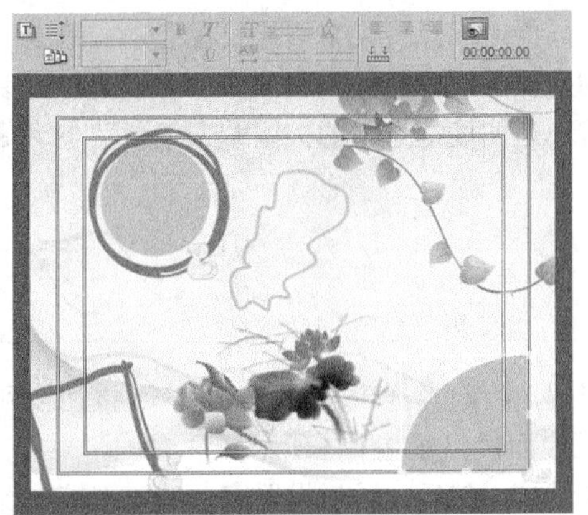

步骤 03 在“变换”选项区中，修改❶“宽度”为 162、❷“高度”为 169，如下图所示。

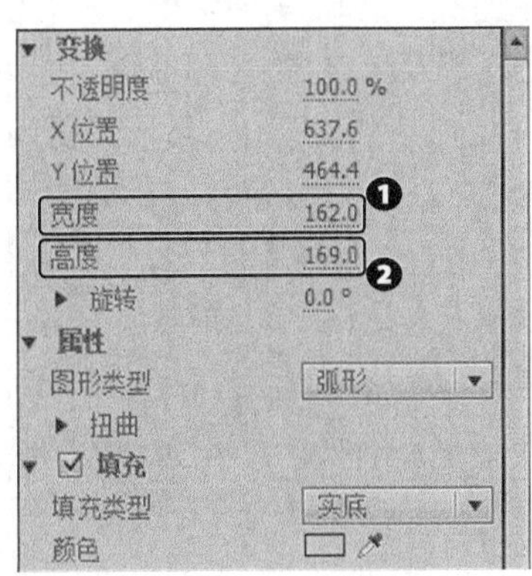

步骤 04 在“字幕”面板中，调整圆弧的位置，如下图所示。

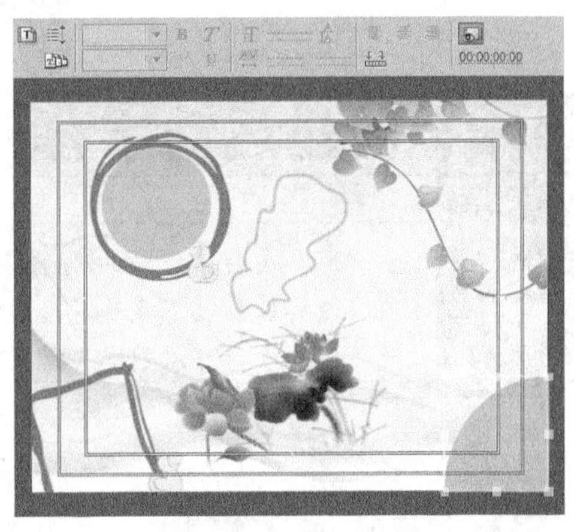

步骤 05 在“填充”选项区中，单击“颜色”右侧的颜色块，如下图所示。

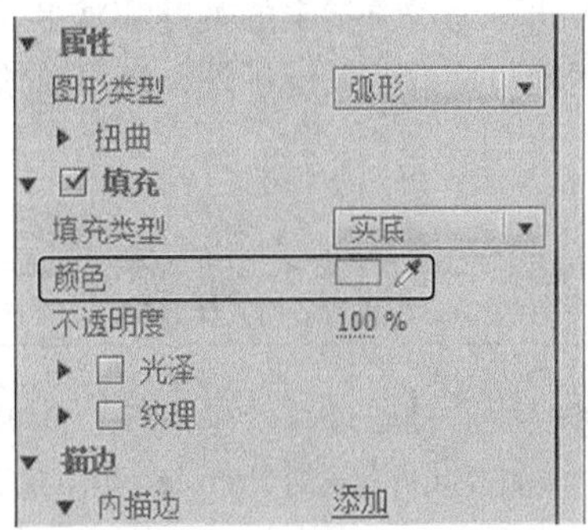

步骤 06 打开“拾色器”对话框，❶修改 RGB 参数分别为 30、129、11，❷单击“确定”按钮，如下图所示。

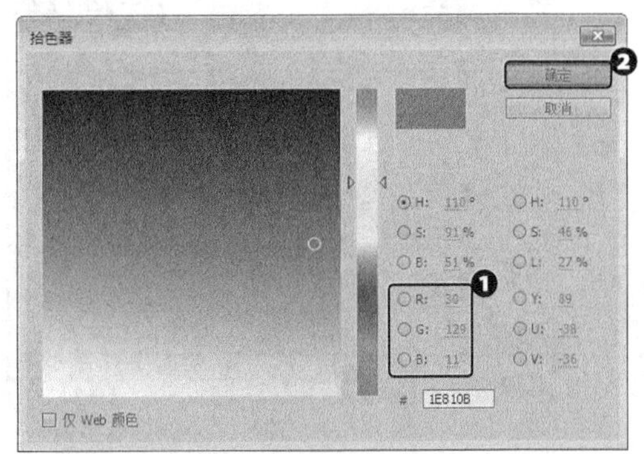

步骤 07 关闭“字幕”窗口，完成通过弧形工具创建弧形的操作，在“节目监视器”面板中查看最终的图像效果，如下图所示。

14.3 创建运动字幕

本节教学录像时间：3分钟

用户在创建视频的致谢部分或者长篇幅的文字时，可能希望文字能够动起来，可以在屏幕上上下滚动或左右游动。Premiere Pro CC 的字幕设计能够满足这一需求。使用字幕设计可以创建平滑的、引人注目的字幕，使字幕如流水般穿过屏幕。

14.3.1 字幕运动原理

字幕的运动是通过关键帧实现的，通过关键帧在不同的时间点变化来引导目标运动、缩放、旋转等。因此，为对象指定的关键帧越多，所产生的运动变化越复杂。用户在制作动态字幕时，除了添加“运动”特效的关键帧外，还可以添加比例、旋转、透明度等选项的关键帧来丰富动态字幕的效果。

14.3.2 “运动”面板

字幕的运动是通过“效果控件”面板来实现的，当用户将素材拖入轨道后，用户可以切换到特效控制台，此时可以看到 Premiere Pro CC 的“运动”设置面板，如左下图所示。

为了使文字在画面中运动，用户必须为字幕添加关键帧，然后，通过设置字幕的关键帧得到一个运动的字幕效果，如右下图所示。

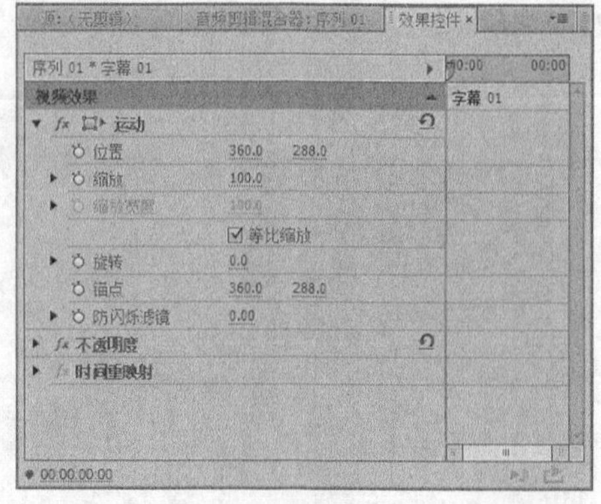

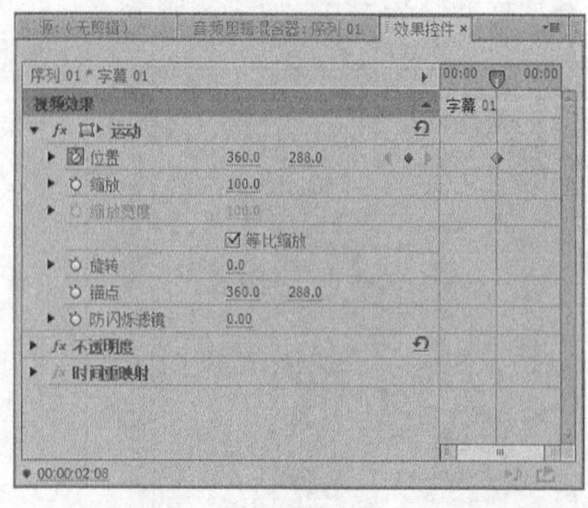

14.3.3 游动运动字幕

游动字幕是指字幕在画面中进行水平运动的动态字幕类型，用户可以设置游动的方向和位置。

光盘同步视频文件
配套光盘\游动运动字幕.mp4

步骤 01 打开本书配套光盘中的“素材 / 第 14 章 / 14.3.3 游动运动字幕”项目文件，如下图所示。

步骤 02 在“项目”面板中，双击“字幕 01”文件，如下图所示。

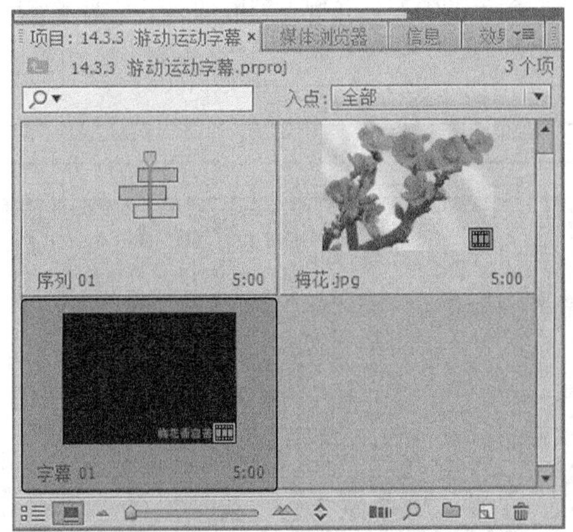

步骤 03 打开“字幕”窗口，在“字幕”面板中，单击“滚动 / 游动选项”按钮，如右上图所示。

步骤 04 打开“滚动 / 游动选项”对话框，❶ 点选“向左游动”单选按钮，❷ 修改“缓入”为 3、❸“过卷”为 7，如右中图所示。

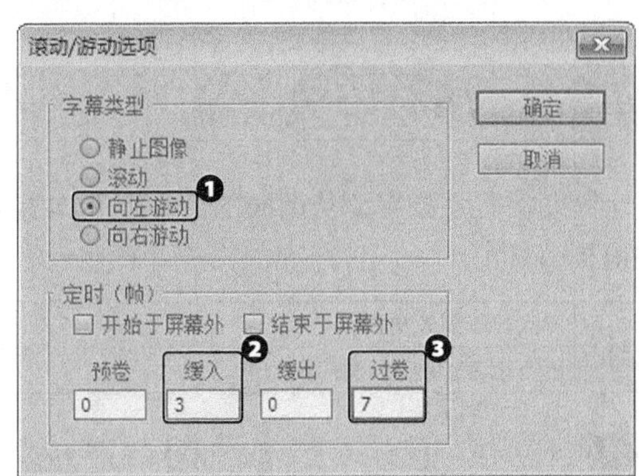

步骤 05 单击“确定”按钮，返回到“字幕”窗口，调整文字的位置，如下图所示。

步骤 06 关闭“字幕”窗口，完成游动运动字幕的创建，在“节目监视器”面板中，单击“播放 -

停止切换”按钮，预览字幕游动效果，如下图所示。

小提示

在“滚动/游动选项”对话框中，各常用选项的含义如下：

- 开始于屏幕外：勾选该复选框，可以使滚动或游动效果从屏幕外开始。
- 结束于屏幕外：勾选该复选框，可以使滚动或游动效果到屏幕外结束。
- 预卷：如果希望文字在动作开始之前静止不动，那么在这个输入框中输入静止状态的帧数目。
- 缓入：如果希望字幕滚动或游动的速度逐渐增加直到正常播放速度，那么输入加速过程的帧数目。
- 缓出：如果希望字幕滚动或游动的速度逐渐变小直到静止不动，那么输入减速过程的帧数目。
- 过卷：如果希望文字在动作结束之后静止不动，那么在这个输入框中输入静止状态的帧数目。

14.3.4 滚动运动字幕

滚动字幕是指字幕从画面的下方逐渐向上运动的动态字幕类型，这种类型的动态字幕通常运用在电视节目中。

光盘同步视频文件

配套光盘\滚动运动字幕.mp4

步骤 01 打开本书配套光盘中的“素材/第14章/14.3.4 滚动运动字幕”项目文件，如下图所示。

步骤 02 在“项目”面板中，双击“字幕01”文件，如右图所示。

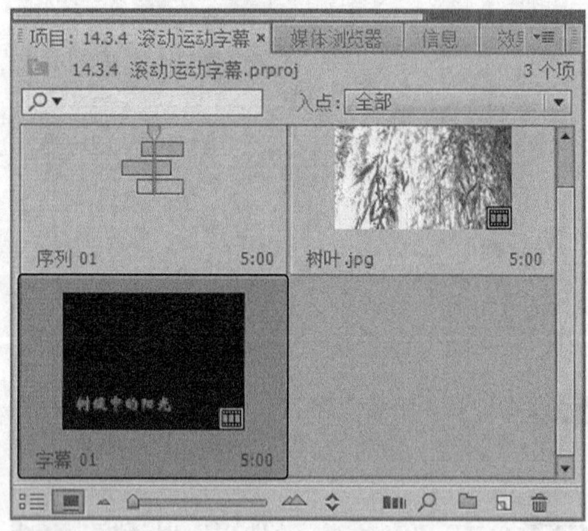

步骤 03 打开“字幕”窗口，在“字幕”面板中，单击“滚动/游动选项”按钮，如下图所示。

步骤 04 打开“滚动/游动选项”对话框，❶点选“滚动”单选按钮，❷勾选“开始于屏幕外”复选框，❸修改“缓入”为2、❹“过卷”为8，如下图所示。

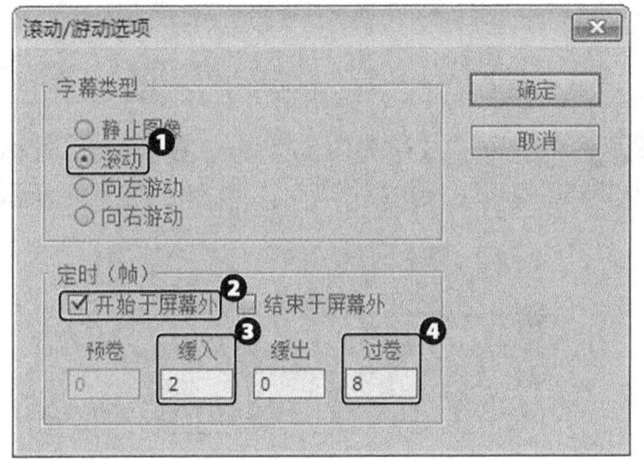

步骤 05 单击“确定”按钮，返回到“字幕”窗口，调整文字的位置，如右上图所示。

步骤 06 关闭“字幕”窗口，完成滚动运动字幕的创建操作，在“节目监视器”面板中，单击“播放-停止切换”按钮，预览滚动游动效果，如下图所示。

14.4 应用字幕模板功能

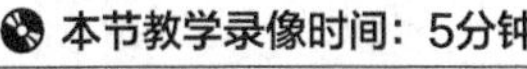

应用字幕样式和模板功能，可以高质、高效地制作专业品质字幕。本节将详细讲解字幕模板的应用方法，包括字幕模板创建、字幕模板应用以及字幕模板删除等内容。

14.4.1 字幕模板的创建

为了避免在编辑字幕属性上花费大量时间，用户可以选择合适的字幕模板来提高工作效率。

光盘同步视频文件

配套光盘\字幕模板的创建.mp4

步骤01 新建一个项目文件和序列，在“项目”面板中单击鼠标右键，选择“新建项目”➤“字幕”选项，如下图所示。

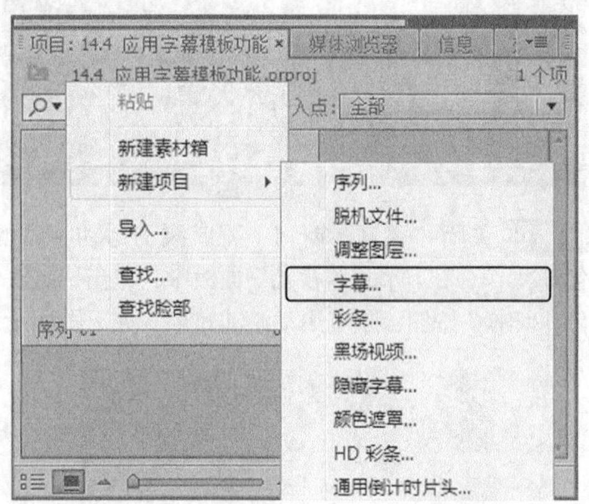

步骤02 打开“新建字幕”对话框，保持默认设置，单击“确定”按钮，如下图所示。

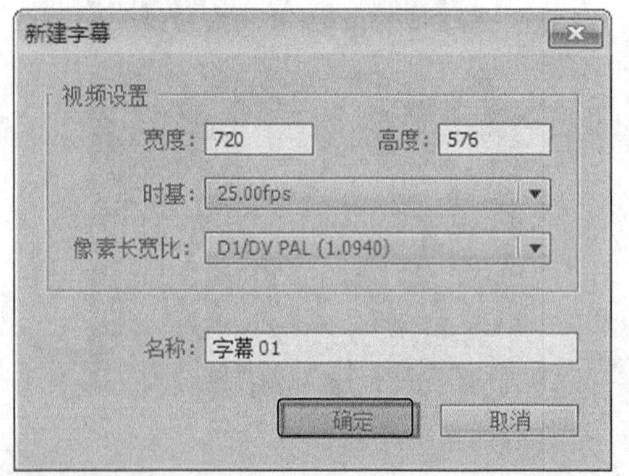

步骤03 打开“字幕”窗口，在“字幕”面板中，单击“模板”按钮，如右上图所示。

步骤04 打开“模板”对话框，❶ 单击相应的按钮，弹出列表框，❷ 选择“导入当前字幕为模板”选项，如右中图所示。

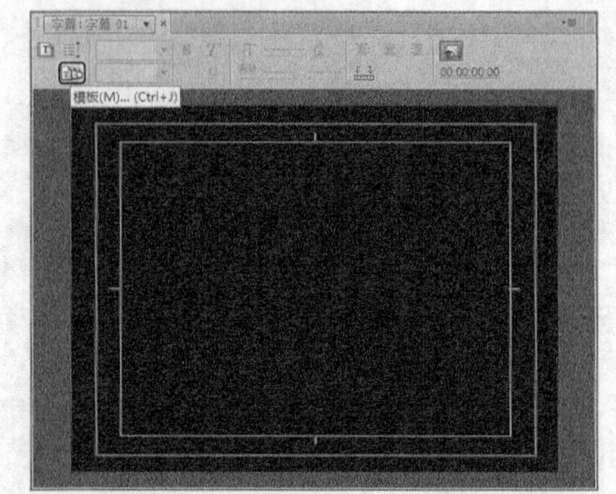

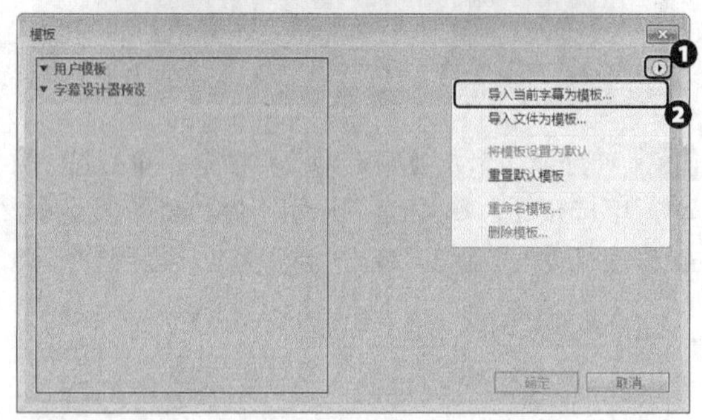

步骤05 打开“另存为”对话框，❶ 修改“名称”为“字幕模板”，❷ 单击“确定”按钮，如下图所示。

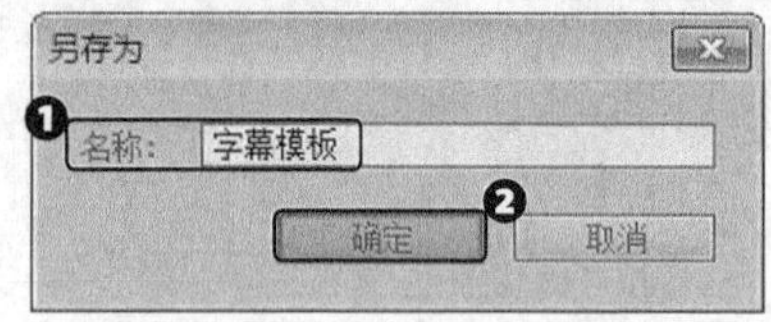

步骤06 即可完成字幕模板的创建，并在“用户模板”列表框中显示，如下图所示。

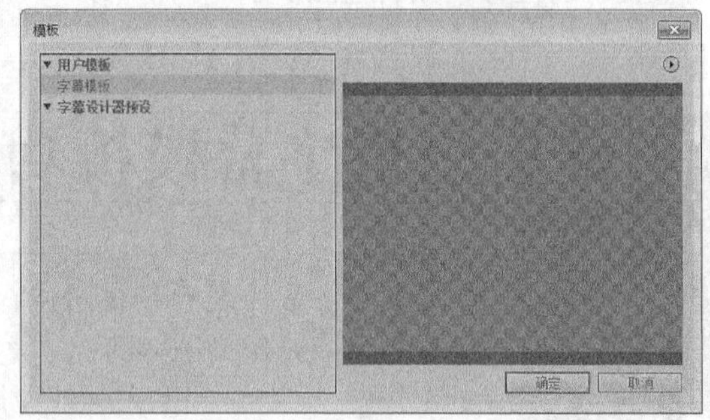

14.4.2 字幕模板的应用

除了可以直接用字幕模板来创建字幕外，还可以在编辑字幕的过程中应用模板。

光盘同步视频文件

配套光盘\字幕模板的应用.mp4

步骤 01 双击字幕文件，打开“字幕”窗口，在“字幕”面板中，单击“模板”按钮，如下图所示。

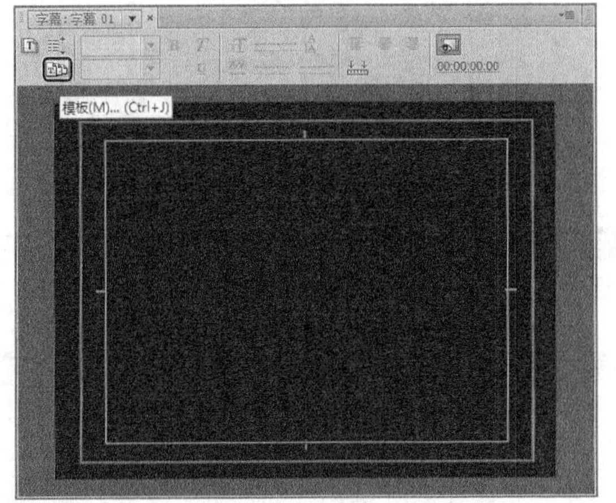

步骤 02 打开“模板”对话框，❶ 单击按钮，弹出列表框，❷ 选择“导入文件为模板”选项，如下图所示。

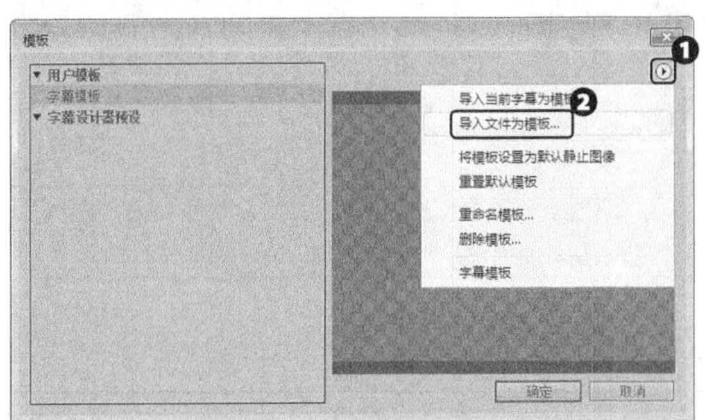

步骤 03 打开“将字幕导入为模板”对话框，❶ 选择“字幕”文件，❷ 单击“打开”按钮，如右上图所示。

步骤 04 打开“另存为”对话框，保持默认名称，单击“确定”按钮，如右中图所示。

步骤 05 完成模板的导入，❶ 选择“字幕”模板，❷ 单击“确定”按钮，如右下图所示。

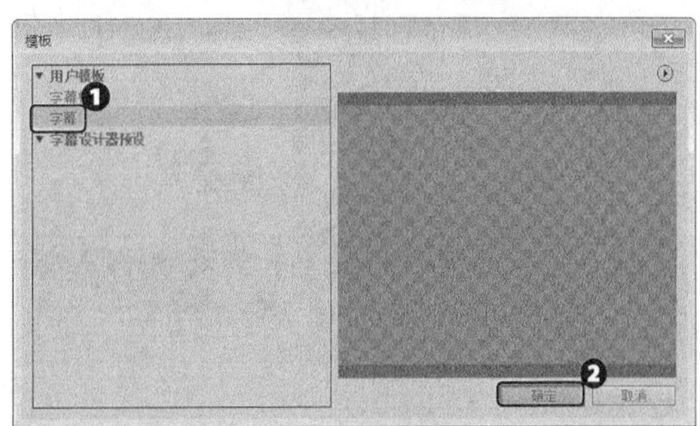

步骤 06 完成字幕模板的应用操作，其图像效果如下图所示。

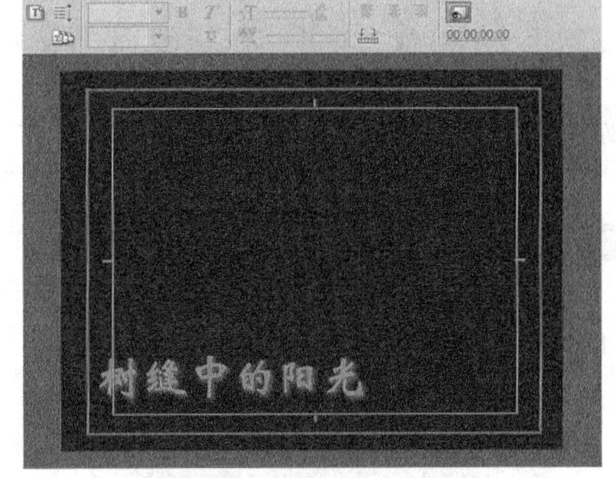

14.4.3 字幕模板的删除

当用户觉得创建的字幕模板不符合要求，或者不需要使用时，则可以通过“删除模板”功能将其删除。

	光盘同步视频文件
	配套光盘\字幕模板的删除.mp4

步骤 01 在“模板”对话框中，选择“字幕模板”选项，如下图所示。

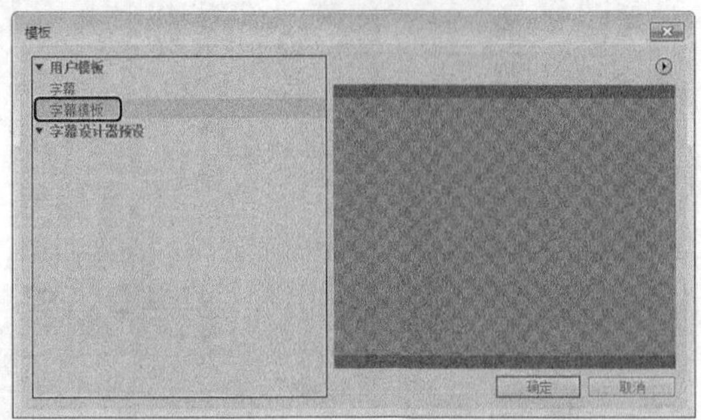

步骤 02 ❶ 单击相应的按钮 ，弹出列表框，❷ 选择“删除模板”选项，如下图所示。

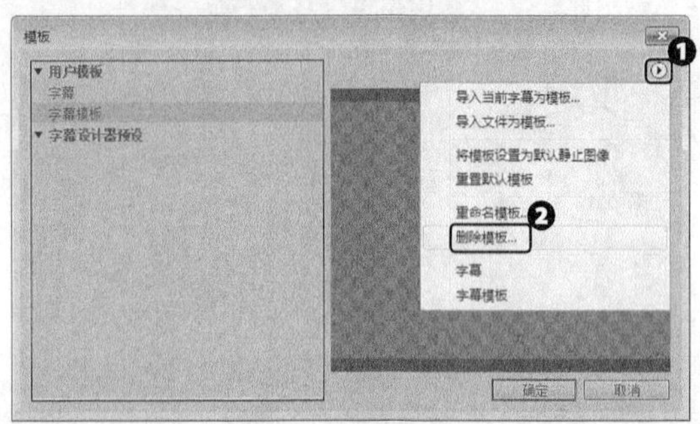

步骤 03 打开“字幕模板”对话框，单击“确定”按钮，如下图所示。

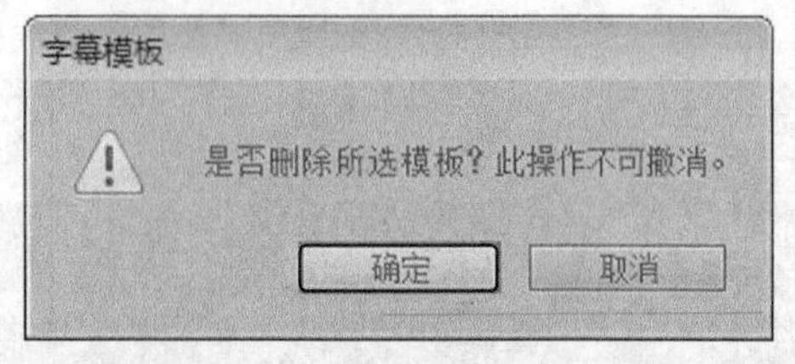

步骤 04 即可完成字幕模板的删除，在“用户模板”列表框中将不显示字幕模板，如下图所示。

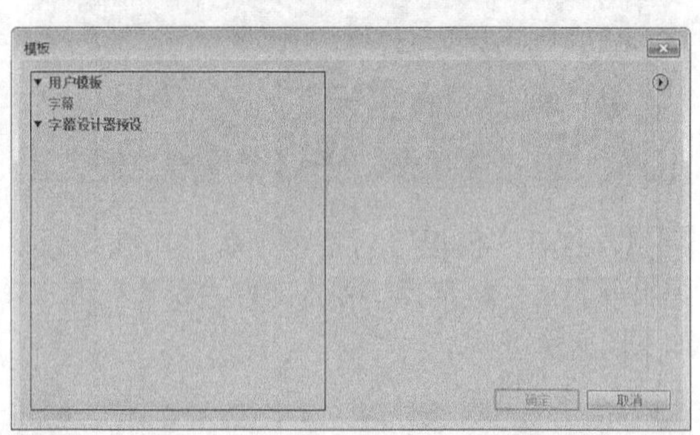

14.4.4 字幕样式的重命名

使用“重命名”功能，可以对字幕样式进行重命名操作。

光盘同步视频文件
配套光盘\字幕样式的重命名.mp4

步骤 01 双击“字幕 01”文件，打开“字幕”窗口，在“字幕样式”面板中，选择合适的字幕样式，如下图所示。

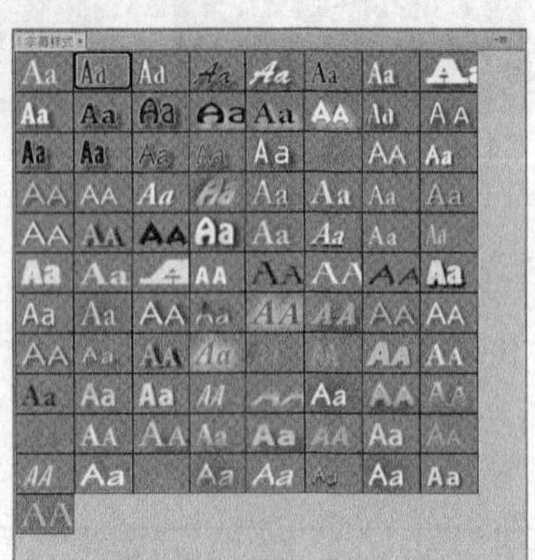

步骤 02 单击鼠标右键，❶ 打开快捷菜单，❷ 选择“重命名样式”选项，如下图所示。

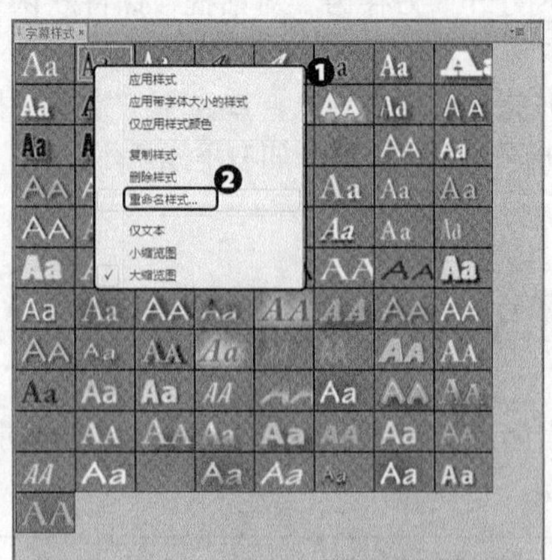

步骤 03 打开“重命名样式”对话框，❶ 修改“名称”为“黑色字体”，❷ 单击“确定”按钮，如下图所示。

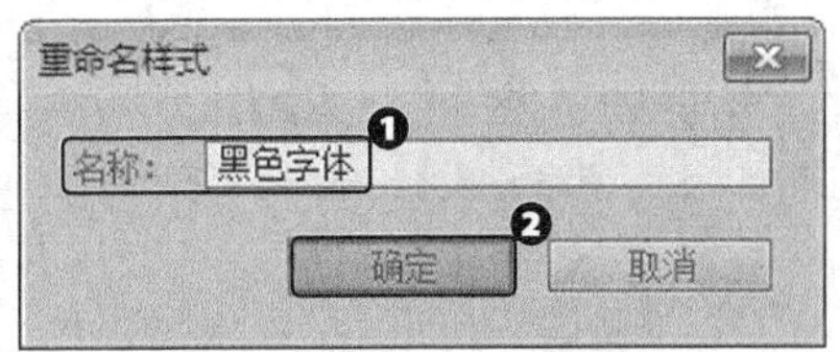

步骤 04 即可完成字幕样式的重命名操作，再次选择样式，显示新的样式名，如右图所示。

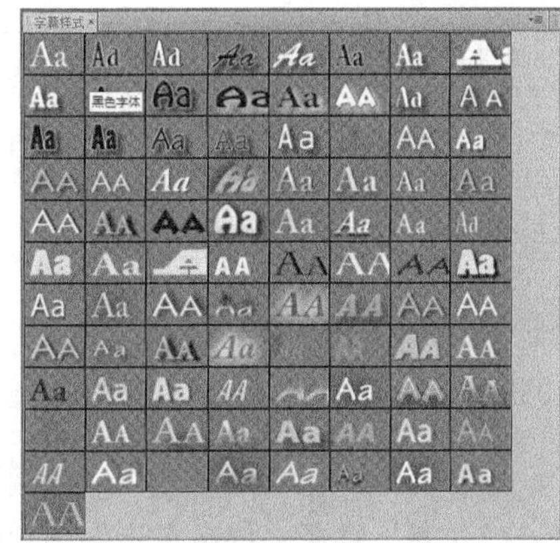

14.5 制作精彩的字幕效果

本节教学录像时间：14分钟

随着动态视频技术的发展，动态字幕的应用也越来越频繁了，这些精美的字幕特效不仅能够点明影视视频的主题，让影片更加生动，具有感染力，还能够为观众传递一种艺术信息。本节主要介绍精彩的字幕特效的制作方法。

14.5.1 流动路径字幕效果

使用“路径文字工具”功能可以在先绘制好路径后，再添加文字，在创建完路径文字后，可以让字幕在所绘制的路径上进行运动。

光盘同步视频文件
配套光盘\流动路径字幕效果.mp4

步骤 01 打开本书配套光盘中的“素材 / 第 14 章 / 14.5.1 流动路径字幕效果”项目文件，如下图所示。

步骤 02 按快捷键【Ctrl + T】，❶ 打开“新建字幕”对话框，保持默认设置，❷ 单击“确定”按钮，如下图所示。

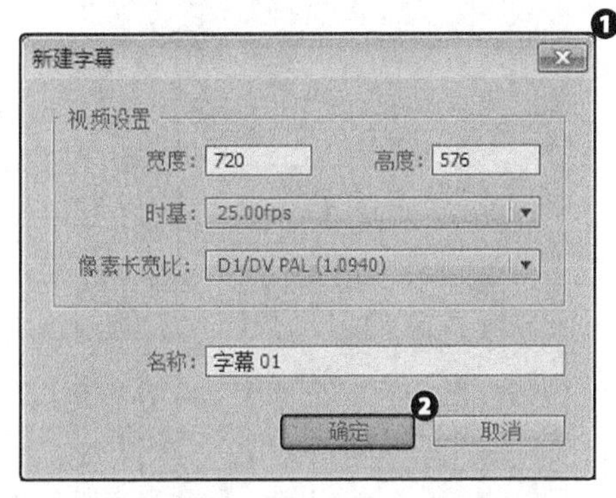

步骤 03 打开“字幕”窗口，在“字幕工具”面板中，单击“路径文字工具”按钮，如下图所示。

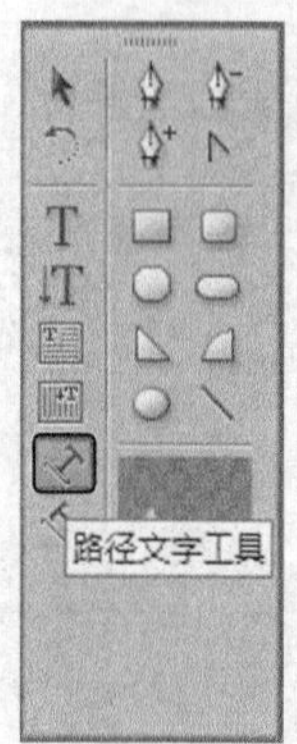

步骤 04 在“字幕”面板，依次单击鼠标绘制路径，按回车键结束路径绘制，并输入文字“枫叶”，如下图所示。

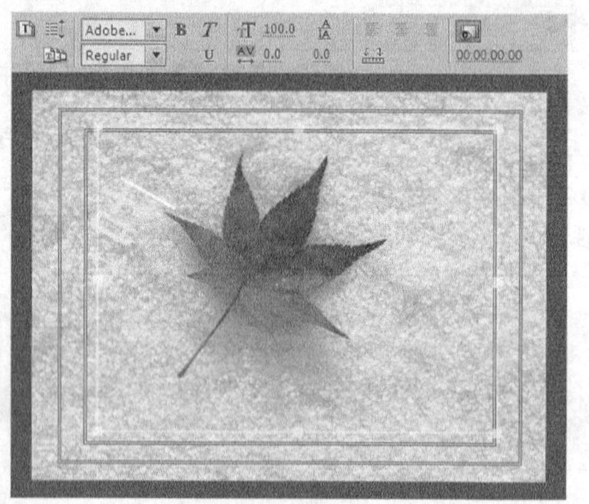

步骤 05 在“字幕属性”面板中，❶ 单击“字体系列”右侧的下拉按钮，展开列表框，❷ 选择“Adobe 楷体 Std”选项，如下图所示。

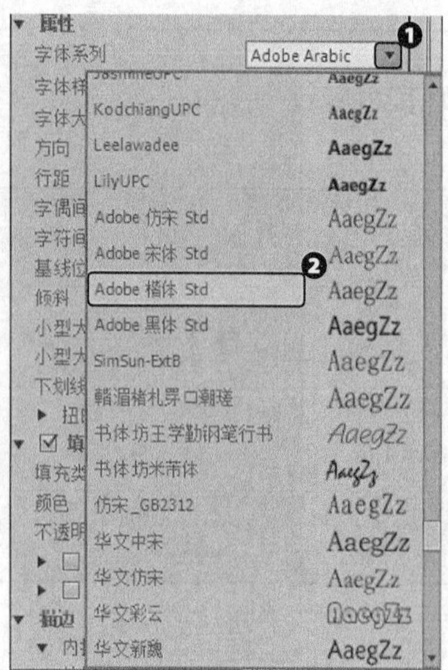

步骤 06 在“填充”选项区中，单击“颜色”右侧的颜色块，❶ 打开“拾色器”对话框，❷ 修改 RGB 参数分别为 50、100、5，❸ 单击“确定”按钮，如下图所示。

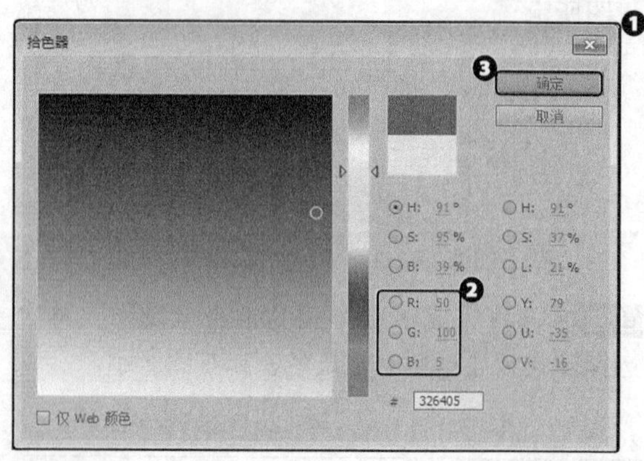

步骤 07 在“描边”选项区中，❶ 单击“外描边”右侧的链接，❷ 添加一个“外描边”选项，❸ 单击“颜色”右侧的颜色块，如下图所示。

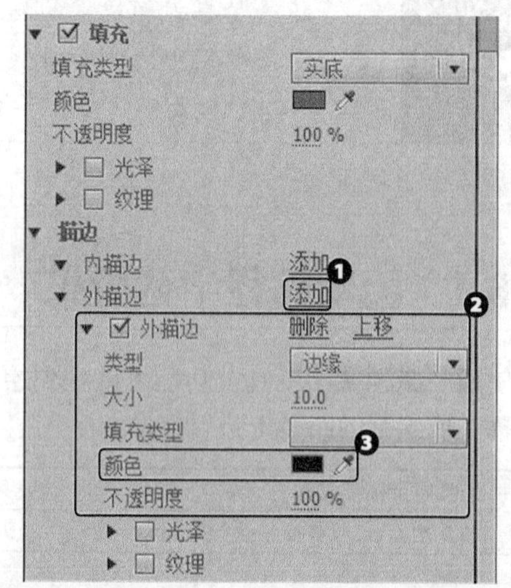

步骤 08 打开“拾色器”对话框，❶ 修改 RGB 参数分别为 246、243、4，❷ 单击“确定”按钮，如下图所示。

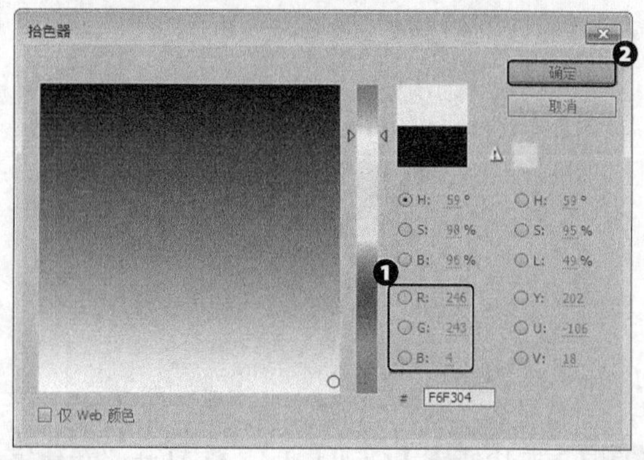

步骤 09 在“描边”选项区中，修改“大小”为 12，如下图所示。

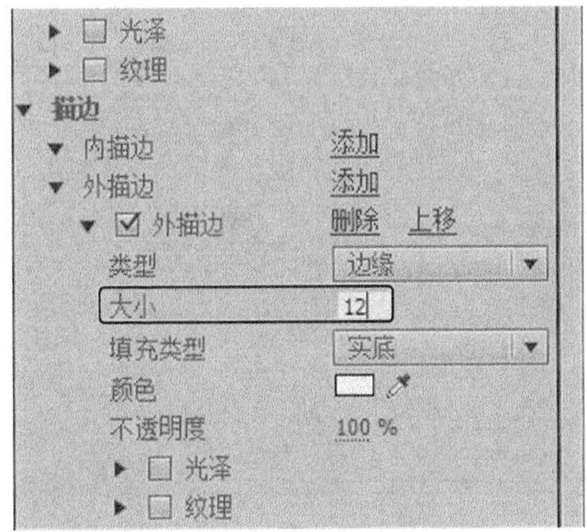

步骤 10 完成字幕的创建，在“字幕”面板中查看字幕效果，如下图所示。

步骤 11 关闭“字幕”窗口，在“项目”面板中选择字幕文件，如下图所示。

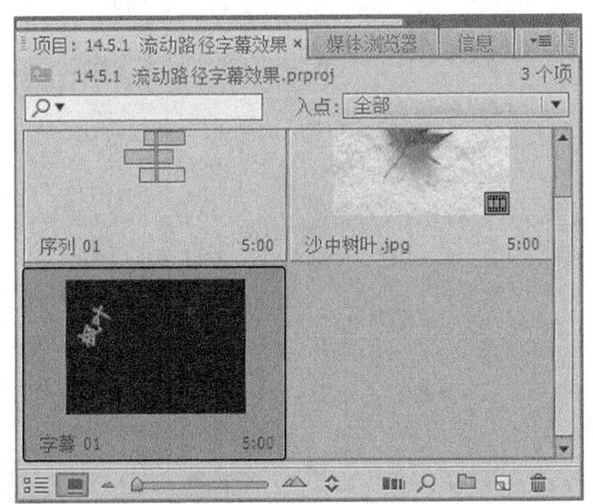

步骤 12 将其添加至“视频 2”轨道上，并调整其长度，如右上图所示。

步骤 13 选择“视频 2”轨道上的字幕文件，将时间线移至 00:00:01:00 的位置处，如右中图所示。

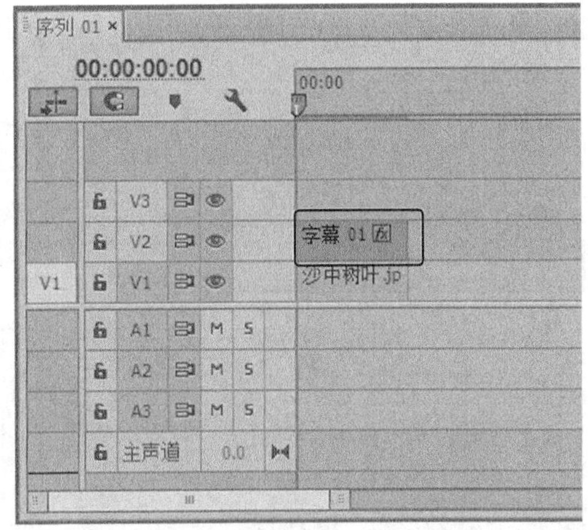

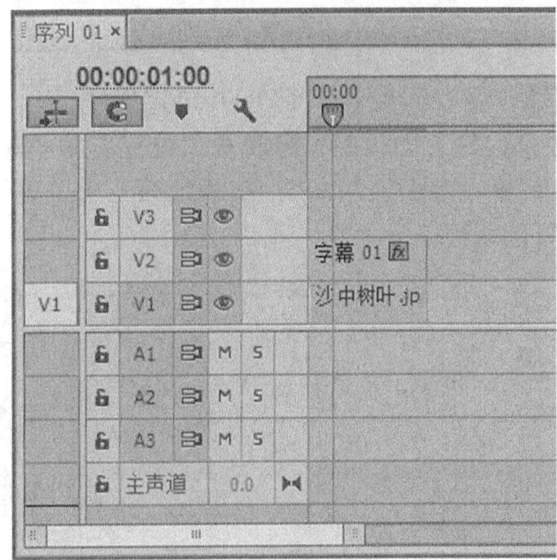

步骤 14 在“效果控件”面板中，修改❶“位置”为 420 和 300、❷“旋转”为 20°，❸添加第一个关键帧，如下图所示。

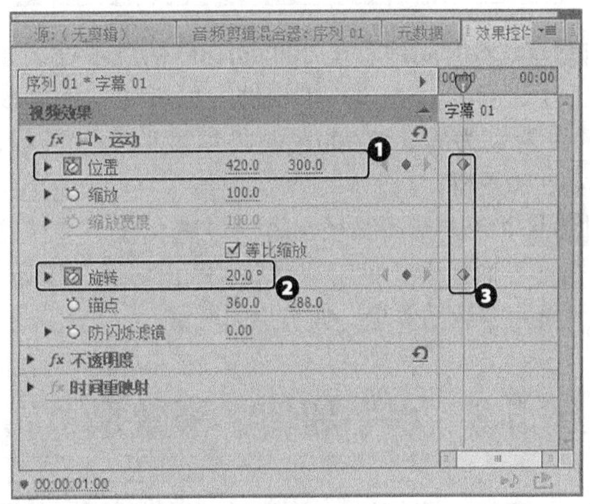

步骤 15 将时间线移至 00:00:02:00 的位置处，在“效果控件”面板中，修改❶“位置”为 550 和

320、❷“旋转”为40°，❸添加第二个关键帧，如下图所示。

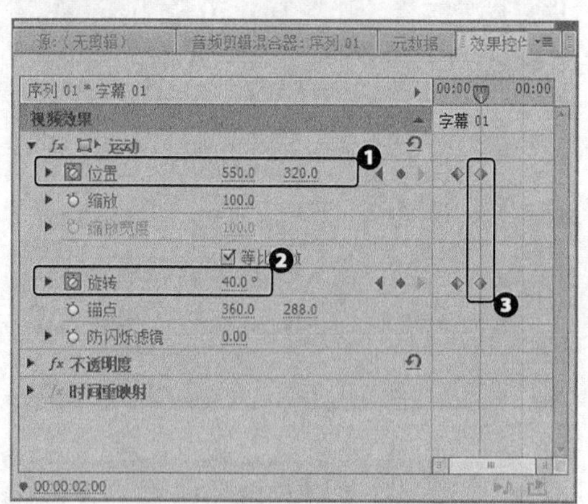

步骤16 将时间线移至00:00:03:00的位置处，在“效果控件”面板中，修改❶“位置”为700和450、❷“旋转”为60°，❸添加第三个关键帧，如下图所示。

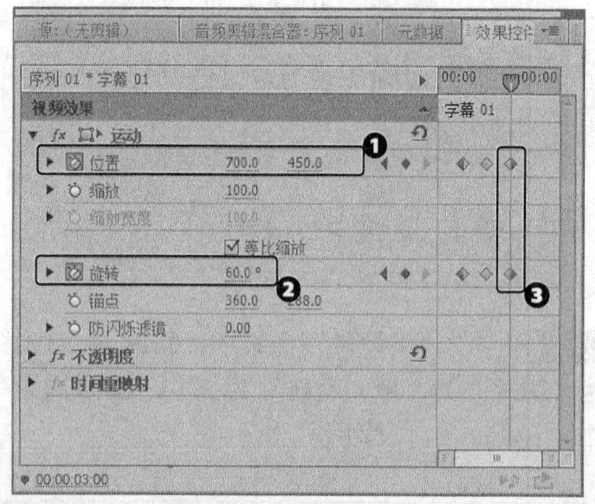

步骤17 将时间线移至00:00:04:00的位置处，如右上图所示，在“效果控件”面板中，❶修改“位置”为680和700，❷添加第四个关键帧，如右中图所示。

步骤18 完成流动路径字幕的设置，在“节目监视器”面板中，单击“播放-停止切换”按钮，预览字幕运动效果，如右下图所示。

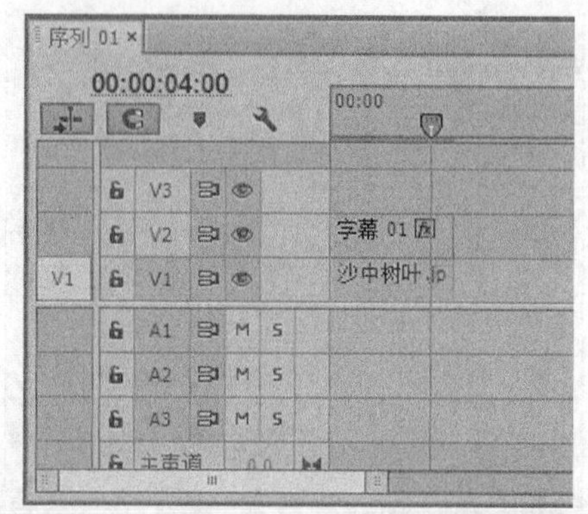

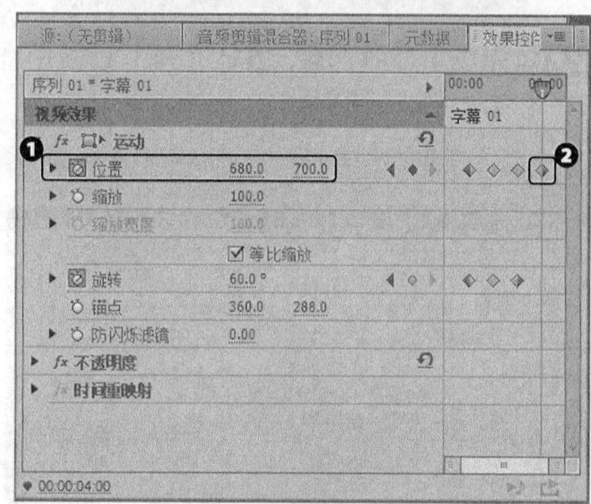

14.5.2 水平翻转字幕效果

字幕的翻转效果主要通过“摄像机视图”视频效果将字幕整体翻转来实现。

光盘同步视频文件
配套光盘\水平翻转字幕效果.mp4

步骤 01 打开本书配套光盘中的“素材 / 第 14 章 / 14.5.2 水平翻转字幕效果”项目文件，如下图所示。

步骤 02 在“效果”面板中，❶ 展开“视频效果”列表框，❷ 选择“变换”选项，展开选择的选项，❸ 选择“摄影机视图”选项，如下图所示。

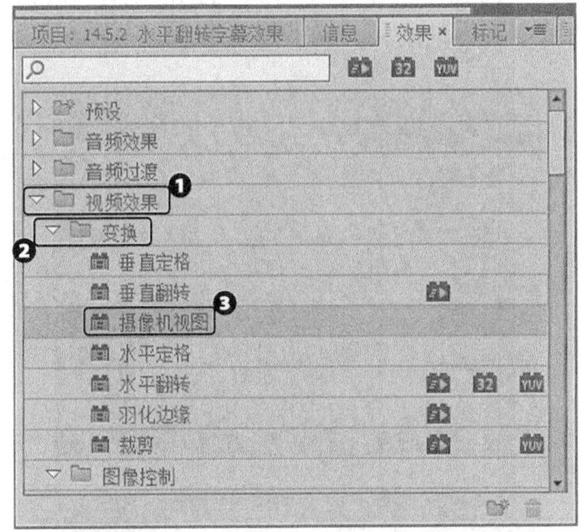

步骤 03 单击鼠标并拖曳，将其添加至“视频 2”轨道的字幕上，在“效果控件”面板上单击“设置”按钮，如下图所示。

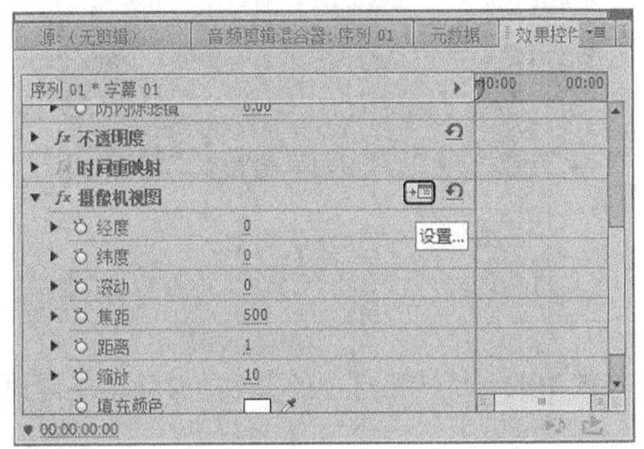

步骤 04 打开“摄像机视图设置”对话框，❶ 取消勾选“填充 Alpha 通道”复选框，❷ 并单击“确定”按钮，如下图所示。

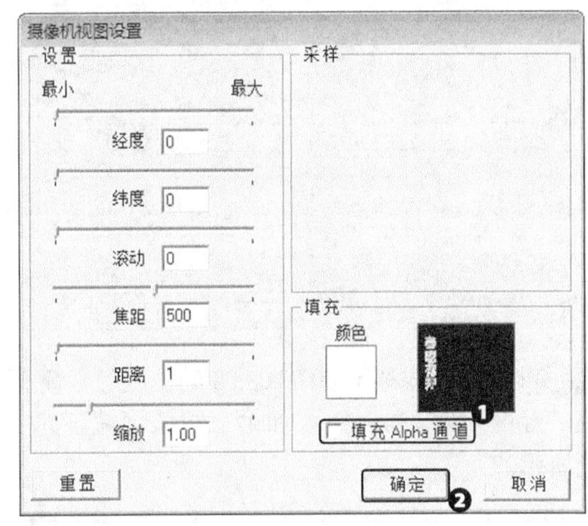

步骤 05 即可修改摄像机视图的背景，将时间线移至 00:00:01:00 的位置处，如下图所示。

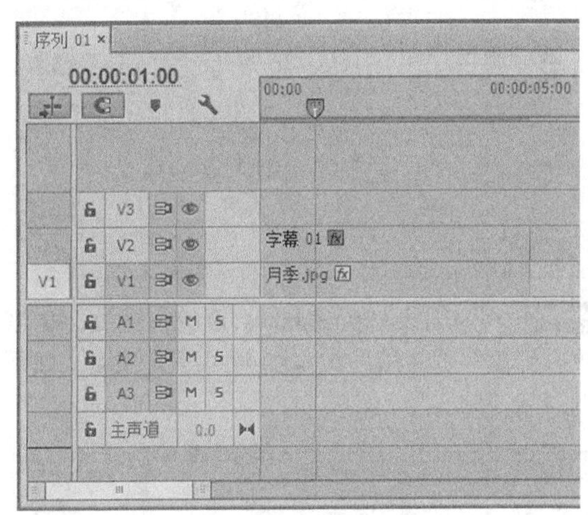

步骤 06 ❶ 修改“经度”为 30，❷ 添加第一组关键帧，如下图所示。

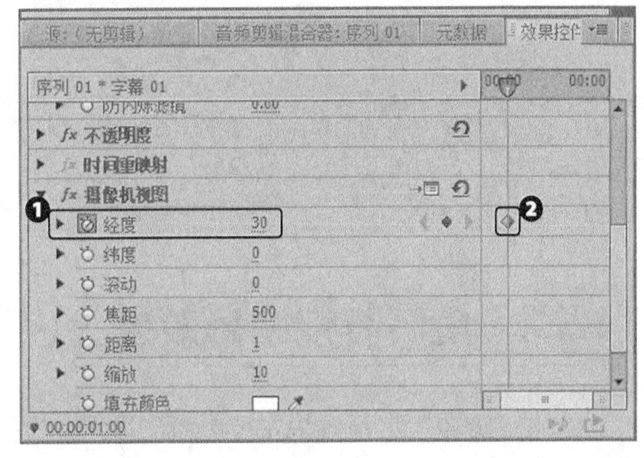

步骤 07 将时间线移至 00:00:02:00 的位置处，❶ 修改“经度”为 70，❷ 添加第二组关键帧，如下图所示。

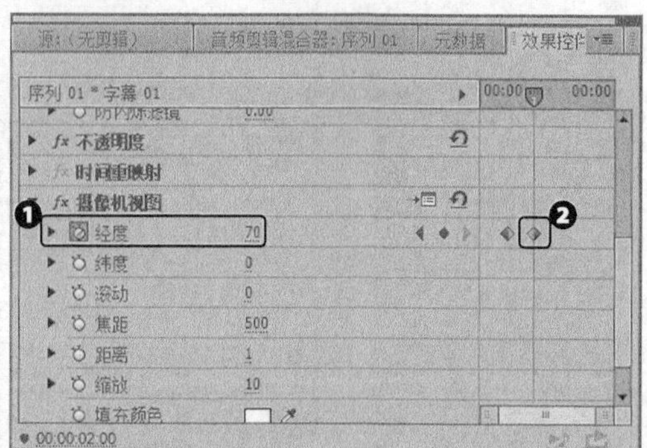

步骤08 将时间线移至00:00:03:00的位置处，❶修改“经度”为130，❷添加第三组关键帧，如下图所示。

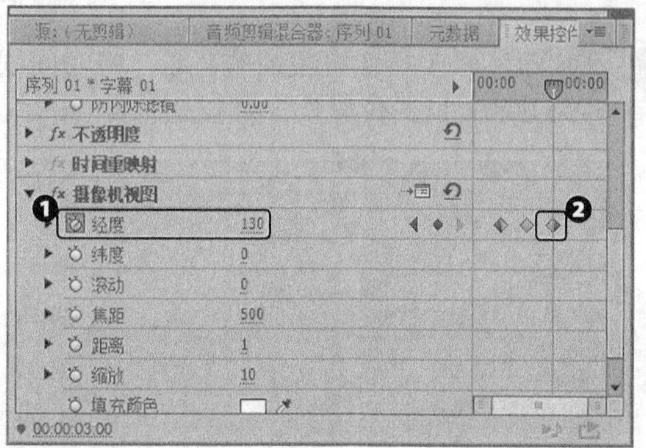

步骤09 将时间线移至00:00:04:00的位置处，❶修改“经度”为180，❷添加第四组关键帧，如下图所示。

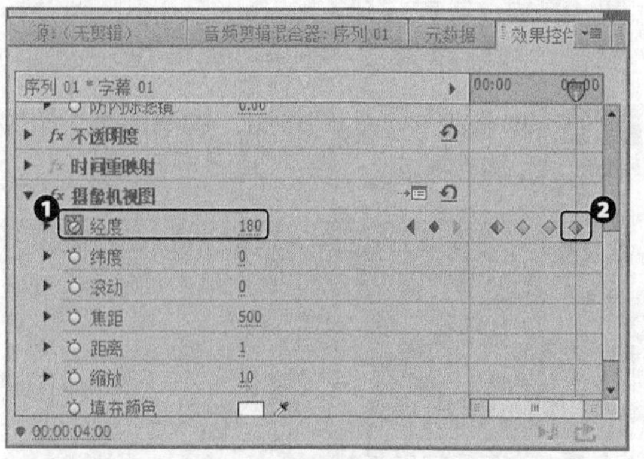

步骤10 将时间线移至00:00:04:22的位置处，❶修改“经度”为0，❷添加第五组关键帧，如下图所示。

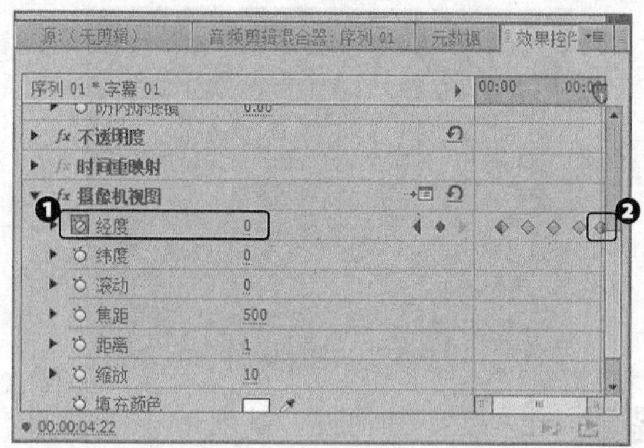

步骤11 完成水平翻转字幕的设置，在“节目监视器”面板中，单击“播放-停止切换”按钮，预览字幕运动效果，如下图所示。

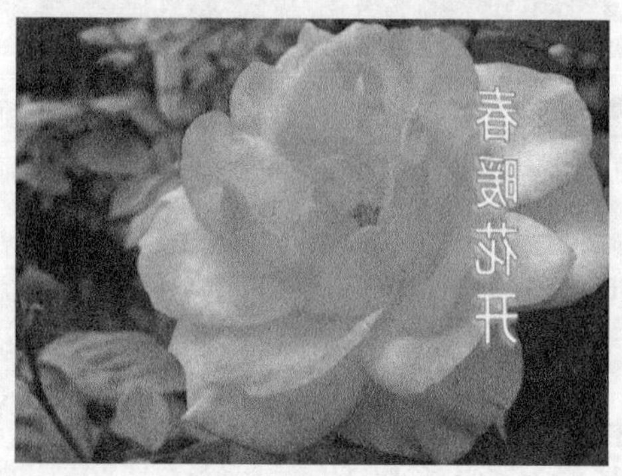

14.5.3 旋转特效字幕效果

使用“旋转”字幕效果主要是通过设置“运动”特效中的“旋转”选项的参数，让字幕在画面中进行旋转运动。

	光盘同步视频文件
	配套光盘\旋转特效字幕效果.mp4

步骤 01 打开本书配套光盘中的“素材 / 第 14 章 / 14.5.3 旋转特效字幕效果”项目文件，如下图所示。

步骤 02 在“时间轴”面板中，选择“视频 2”轨道上的“字幕 01”文件，如下图所示。

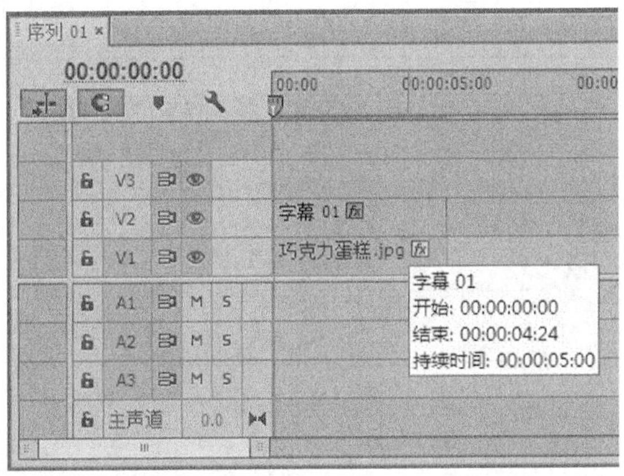

步骤 03 将时间线移至 00:00:00:22 的位置处，在“效果控件”面板中，❶ 修改“旋转”为 30°，❷ 添加第一组关键帧，如下图所示。

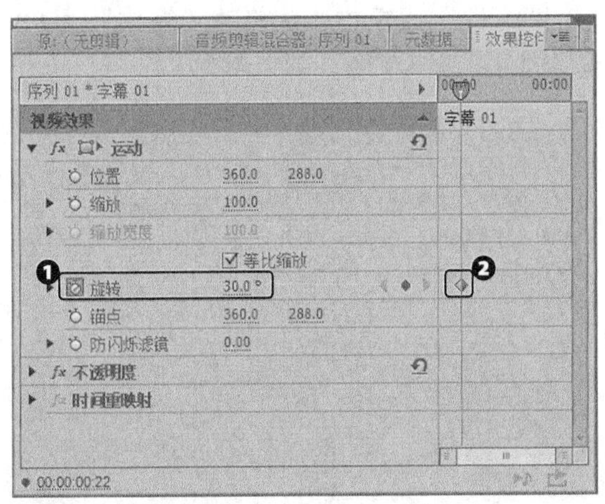

步骤 04 将时间线移至 00:00:01:22 的位置处，在“效果控件”面板中，❶ 修改“旋转”为 60°，❷ 添加第二组关键帧，如右上图所示。

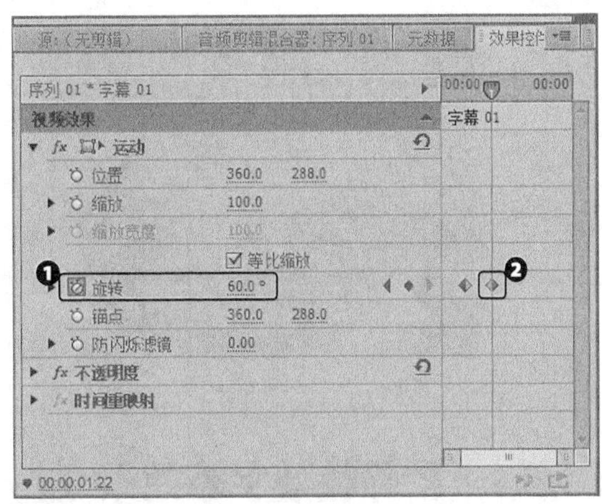

步骤 05 将时间线移至 00:00:02:22 的位置处，在“效果控件”面板中，❶ 修改“旋转”为 90°，❷ 添加第三组关键帧，如下图所示。

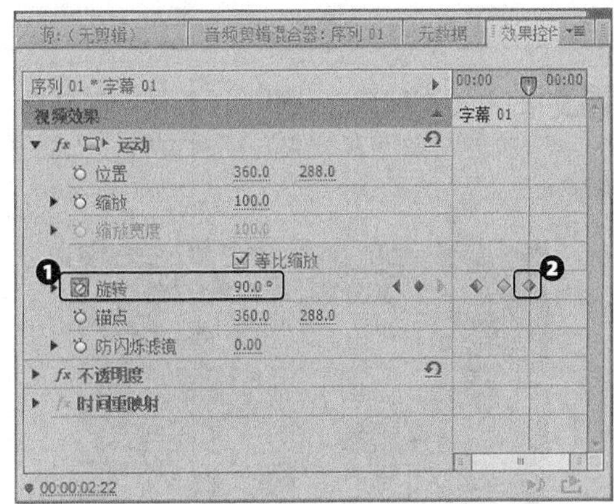

步骤 06 将时间线移至 00:00:03:22 的位置处，在“效果控件”面板中，❶ 修改“旋转”为 0°，❷ 添加第四组关键帧，如下图所示。

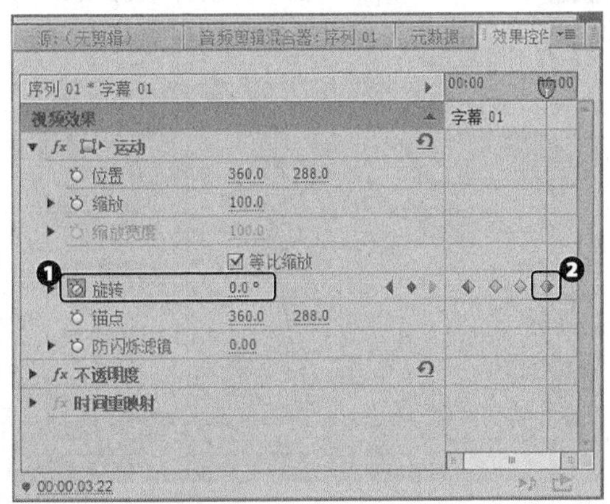

步骤 07 完成旋转特效字幕的设置，在“节目监视器”面板中，单击“播放 - 停止切换”按钮，预览字幕运动效果，如下图所示。

14.5.4　拉伸特效字幕效果

拉伸特效的字幕效果常常用在大型的广告中，如电视广告、电影广告等。

光盘同步视频文件
配套光盘\拉伸特效字幕效果.mp4

步骤 01 打开本书配套光盘中的“素材 / 第 14 章 / 14.5.4　拉伸特效字幕效果”项目文件，如下图所示。

步骤 02 在“时间轴”面板中，选择“视频 2”轨道上的“字幕 01”文件，如下图所示。

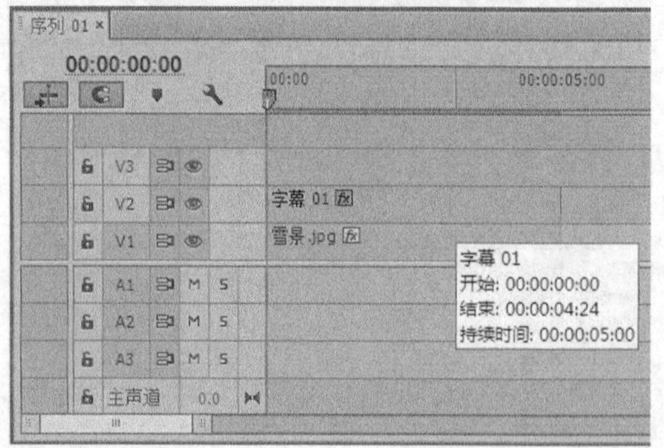

步骤 03 将时间线移至 00:00:01:00 的位置处，在“效果控件”面板中，❶ 修改“缩放”为 40，❷ 添加第一组关键帧，如右上图所示。

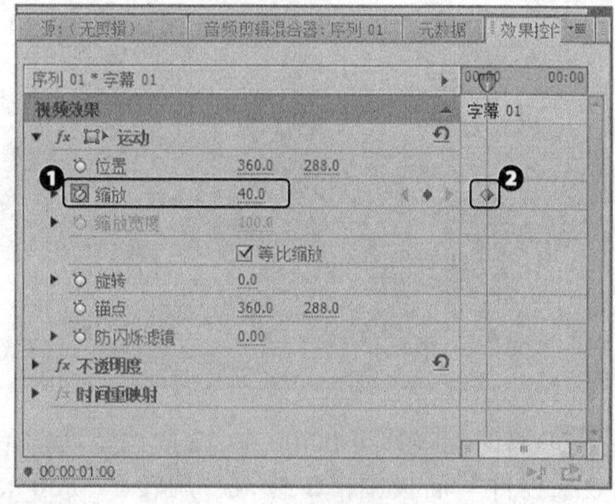

步骤 04 将时间线移至 00:00:02:00 的位置处，在“效果控件”面板中，❶ 修改“缩放”为 90，❷ 添加第二组关键帧，如下图所示。

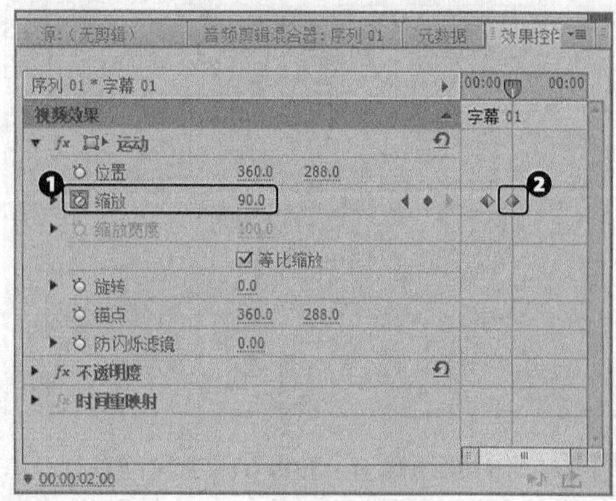

步骤 05 完成拉伸特效字幕的设置，在“节目监

视器”面板中单击“播放 - 停止切换”按钮，预览字幕运动效果，如下图所示。

14.5.5 扭曲特效字幕效果

扭曲特效字幕效果主要是运用了“弯曲”特效让画面产生扭曲、变形效果的特点，让用户制作的字幕发生扭曲变形。

	光盘同步视频文件
	配套光盘\扭曲特效字幕效果.mp4

步骤 01 打开本书配套光盘中的“素材 / 第 14 章 / 14.5.5 扭曲特效字幕效果”项目文件，如下图所示。

步骤 02 在“效果”面板中，❶ 展开“视频效果”列表框，❷ 选择“扭曲”选项，如下图所示。

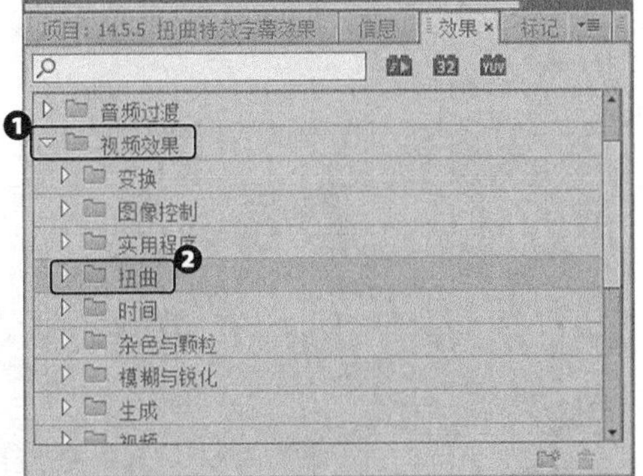

步骤 03 ❶ 展开选择的选项，❷ 并选择“弯曲”选项，如下图所示。

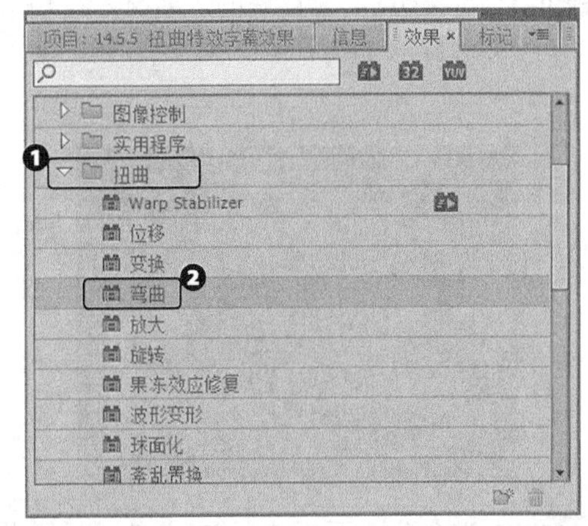

步骤 04 单击鼠标并拖曳，将其添加至“视频 2”轨道的字幕文件上，并在“效果控件”面板中，修改“水平强度”为 53，如下图所示。

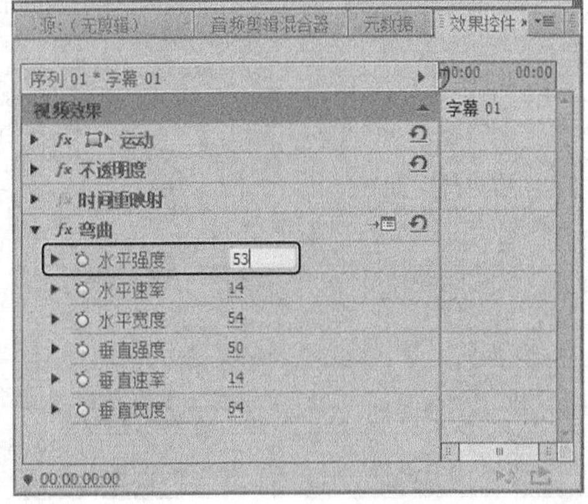

步骤 05 完成扭曲特效字幕的设置，在“节目监视器”面板中单击“播放 - 停止切换”按钮，预览字幕运动效果，如下图所示。

14.5.6 发光特效字幕效果

发光特效字幕主要是运用了“镜头光晕”特效让字幕产生发光的效果。

	**光盘同步视频文件**
	配套光盘\发光特效字幕效果.mp4

步骤 01 打开本书配套光盘中的“素材 / 第 14 章 / 14.5.6 发光特效字幕效果”项目文件，如下图所示。

步骤 02 在“效果”面板中，展开“视频效果”列表框，选择“生成”选项，展开选择的选项，选择“镜头光晕”选项，如下图所示。

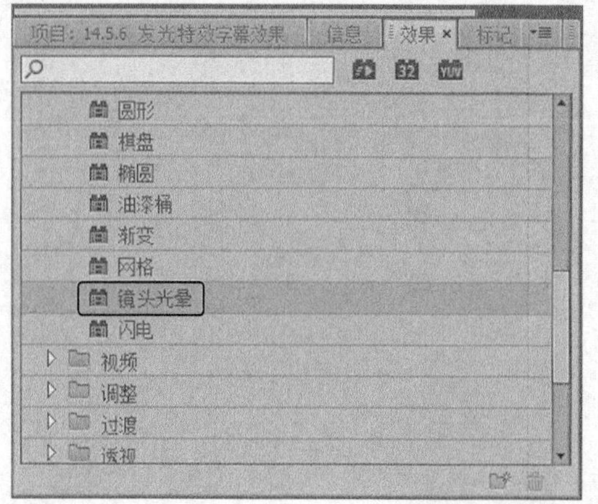

步骤 03 单击鼠标并拖曳，将其添加至“视频 2”轨道上，并选择“视频 2”轨道上的字幕文件，如下图所示。

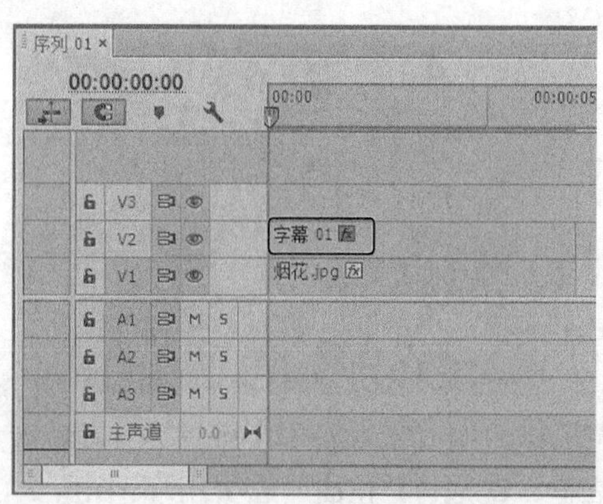

步骤 04 将时间线移至 00:00:01:00 的位置处，如下图所示。

步骤 05 在“效果控件”面板中，❶ 修改“光晕中心”为 200 和 200、❷“光晕亮度”为 200%，❸ 添加第一组关键帧，如下图所示。

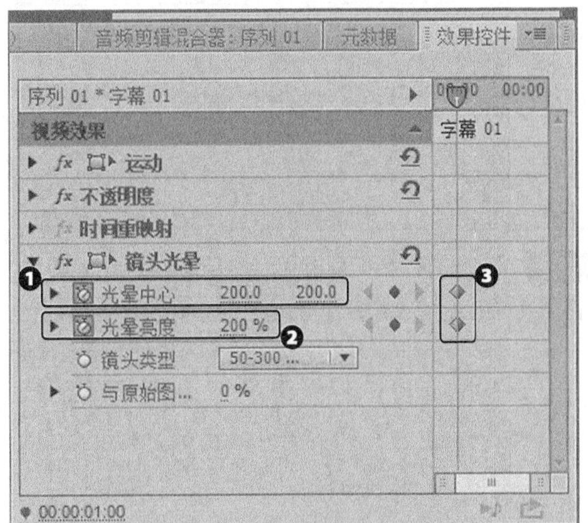

步骤 06 将时间线移至 00:00:03:00 的位置处，在“效果控件”面板中，❶ 修改“光晕中心”为 100 和 100、❷“光晕亮度”为 150%，❸ 添加第二组关键帧，如右上图所示。

步骤 07 完成发光特效字幕的设置，在“节目监视器”面板中单击“播放 - 停止切换”按钮，预览字幕运动效果，如右中图、右下图所示。

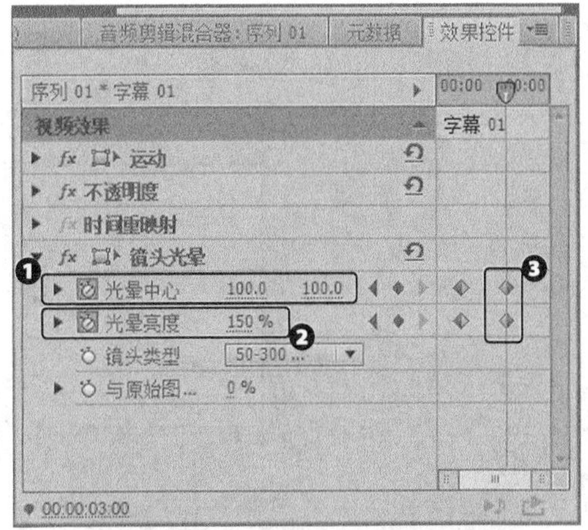

14.6 综合案例——制作“欢乐谷游玩”的动态字幕

本节教学录像时间：16分钟

震撼的动态字幕能够让影片气氛更加浓烈，本节将详细讲解在“欢乐谷游玩”电子相册中制作动态字幕的操作方法。

光盘同步视频文件

配套光盘\综合实例：制作“欢乐谷游玩”的动态字幕.mp4

步骤 01 新建项目文件和一个序列，在“项目”面板中，单击鼠标右键，❶ 打开快捷菜单，❷ 选择“导入”选项，如下图所示。

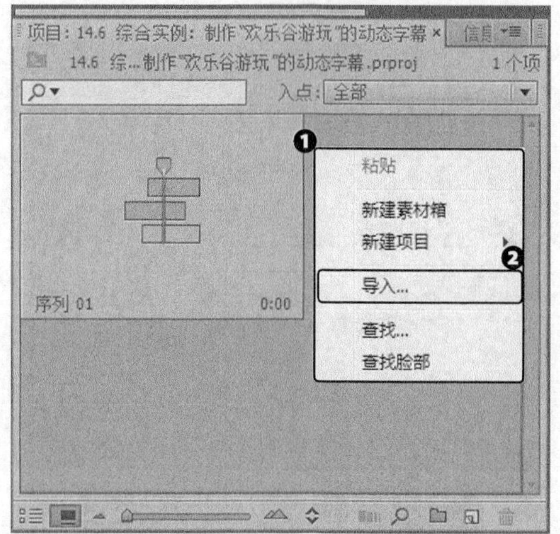

步骤 02 打开"导入"对话框，❶ 选择"欢乐谷1"～"欢乐谷 8"素材图像、"片头"和"片尾"视频文件，❷ 单击"打开"按钮，如下图所示。

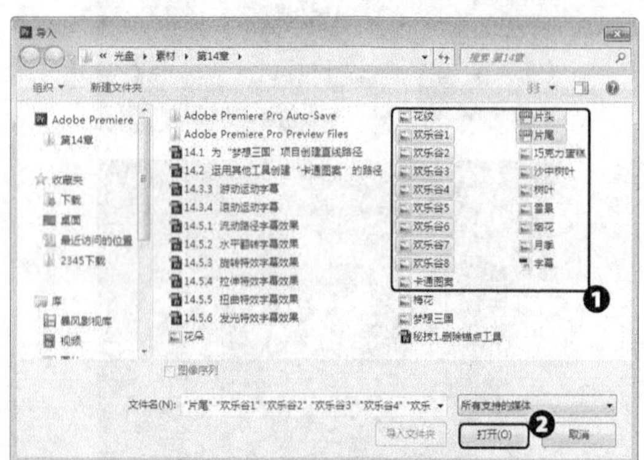

步骤 03 即可导入素材，在"项目"面板中，选择"片头"素材，将其添加至"视频 1"轨道上，如下图所示。

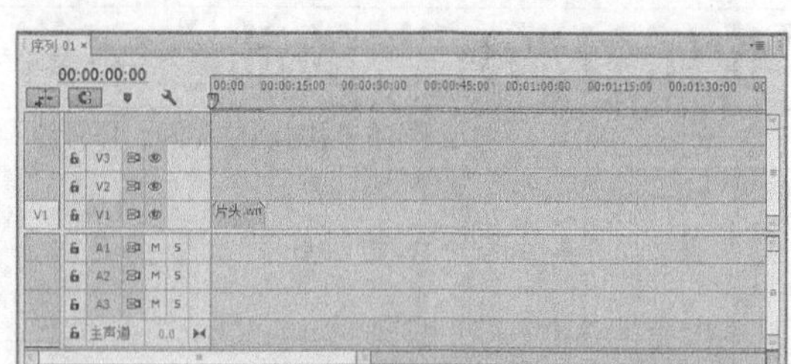

步骤 04 在"节目监视器"面板中，调整图像的显示，如下图所示。

步骤 05 在"项目"面板中，选择"欢乐谷1"～"欢乐谷 8"素材图像，将其添加至"视频 1"轨道上，如下图所示。

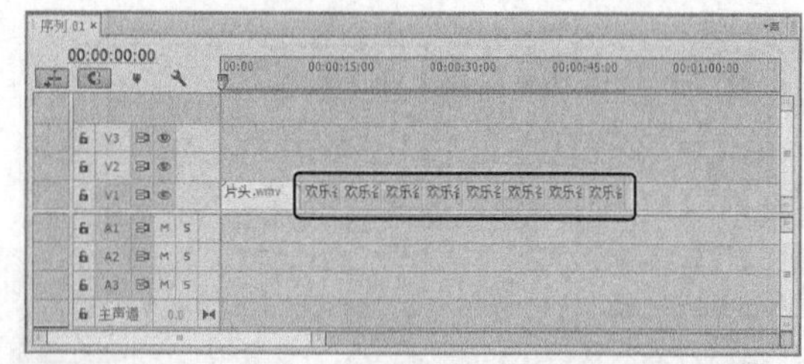

步骤 06 在"项目"面板中，选择"片尾"素材，将其添加至"视频 1"轨道上，如下图所示。

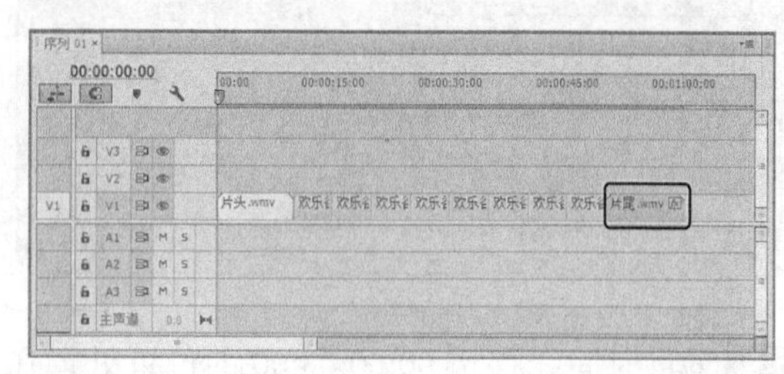

步骤 07 在"节目监视器"面板中，调整图像的显示。

步骤 08 在"效果"面板中，展开"视频过渡"列表框，❶ 选择"页面剥落"选项，展开选择的选项，❷ 选择"卷走"选项，如下图所示。

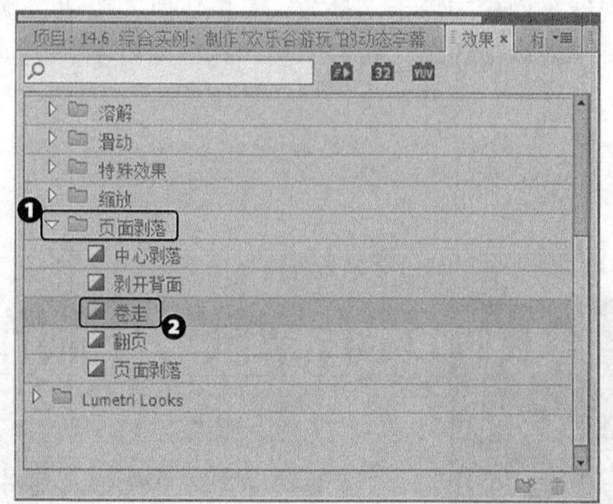

步骤 09 单击鼠标并拖曳，将其添加至"视频 1"轨道"欢乐谷 1"和"欢乐谷 2"素材图像之间，如下图所示。

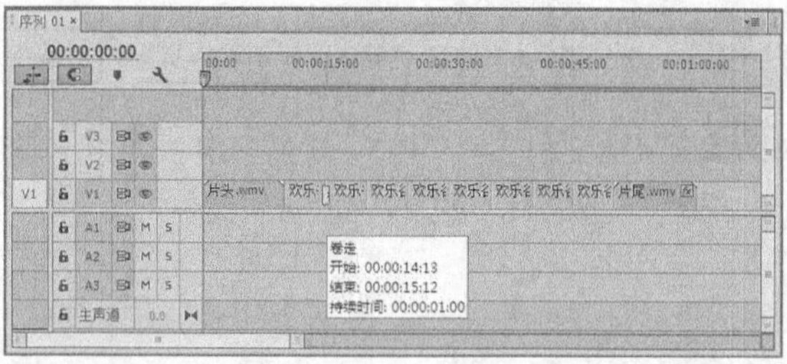

步骤 10 在“效果”面板中，展开“视频过渡”列表框，❶ 选择“溶解”选项，展开选择的选项，❷ 选择“交叉溶解”选项，如下图所示。

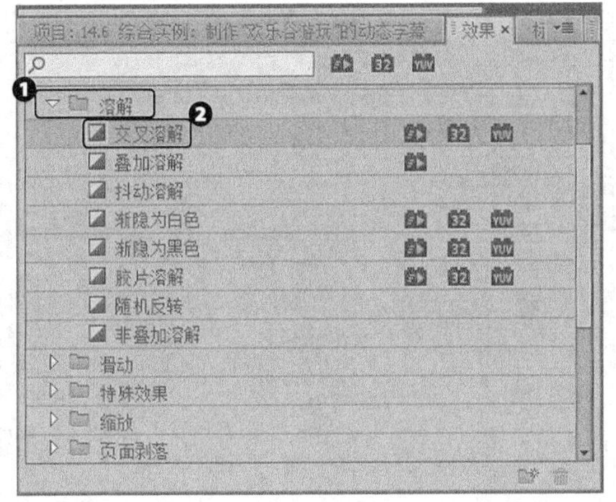

步骤 11 单击鼠标并拖曳，将其添加至“视频 1”轨道“欢乐谷 2”和“欢乐谷 3”素材图像之间，如下图所示。

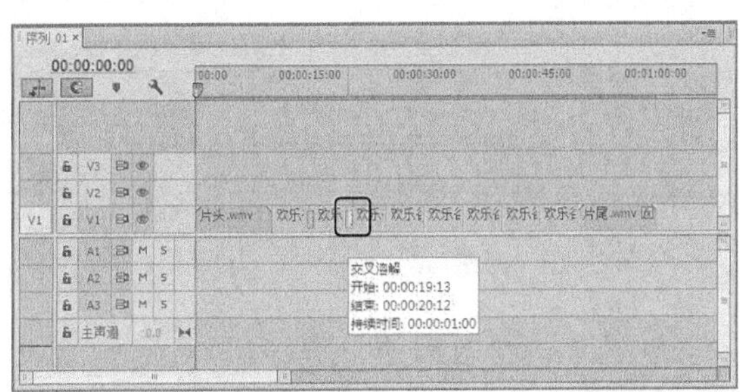

步骤 12 在“效果”面板中，展开“视频过渡”列表框，选择“擦除”选项，展开选择的选项，选择“百叶窗”选项，如下图所示。

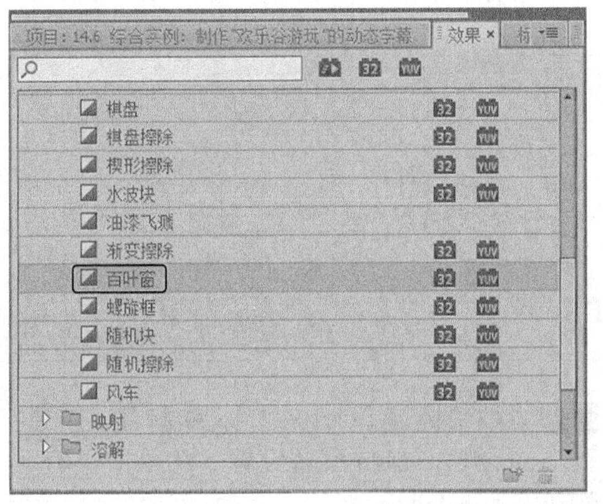

步骤 13 单击鼠标并拖曳，将其添加至“视频 1”轨道“欢乐谷 3”和“欢乐谷 4”素材图像之间，如下图所示。

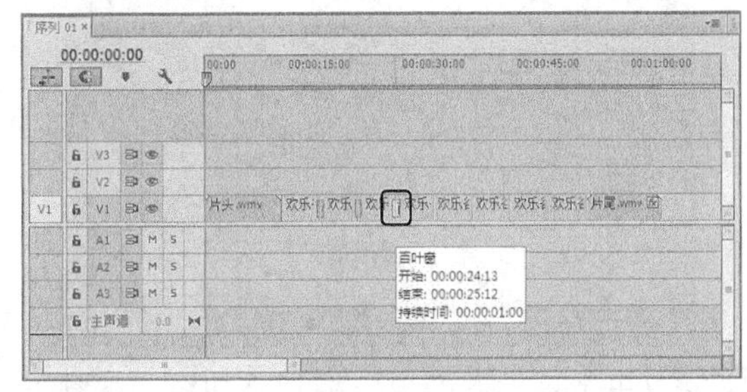

步骤 14 在“效果”面板中，展开“视频过渡”列表框，❶ 选择“划像”选项，展开选择的选项，❷ 选择“交叉划像”选项，如下图所示。

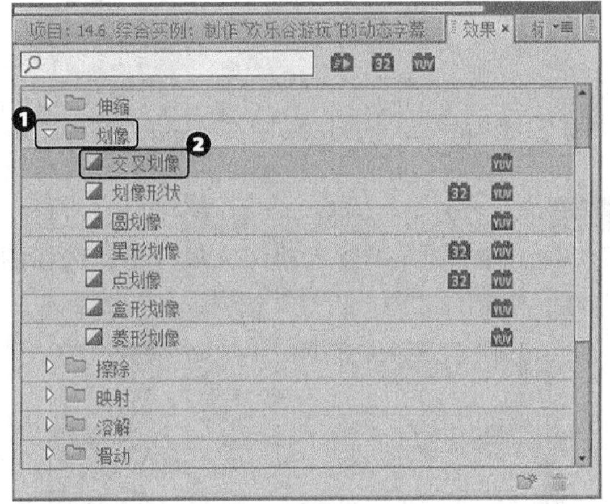

步骤 15 单击鼠标并拖曳，将其添加至“视频 1”轨道“欢乐谷 4”和“欢乐谷 5”素材图像之间，如下图所示。

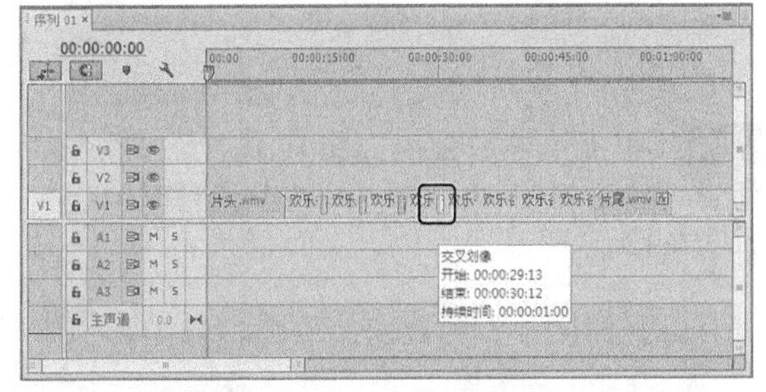

步骤 16 在“效果”面板中，❶ 展开“视频过渡”列表框，❷ 选择“3D 运动”选项，展开选择的选项，❸ 选择“帘式”选项，如下图所示。

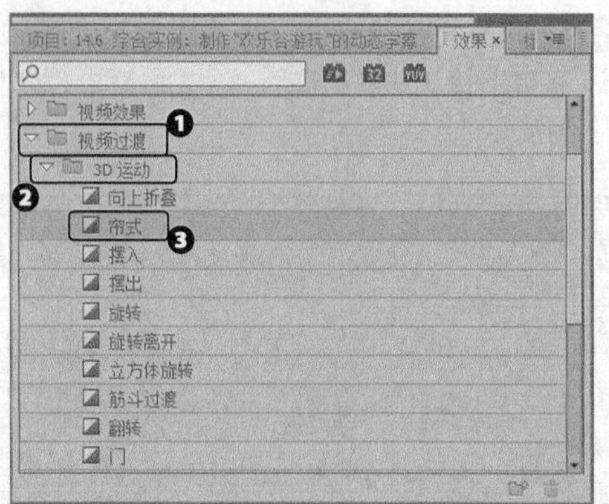

步骤 17 单击鼠标并拖曳，将其添加至“视频 1”轨道“欢乐谷 5”和“欢乐谷 6”素材图像之间，如下图所示。

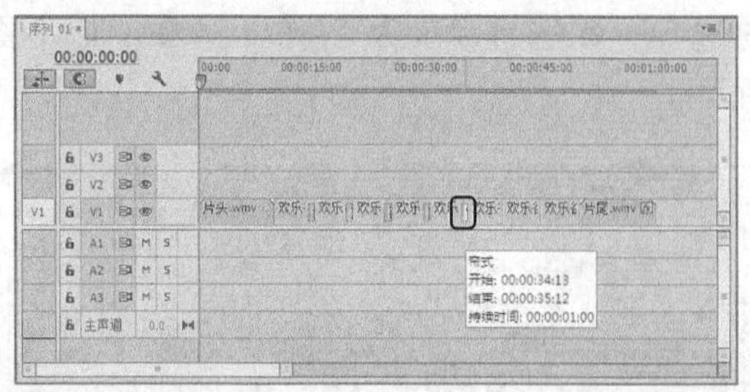

步骤 18 在“效果”面板中，❶ 展开“视频过渡”列表框，❷ 选择“3D 运动”选项，展开选择的选项，❸ 选择“向上折叠”选项，如下图所示。

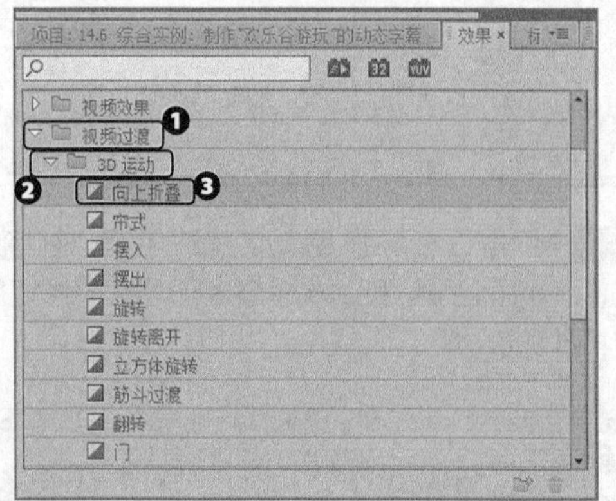

步骤 19 单击鼠标并拖曳，将其添加至“视频 1”轨道“欢乐谷 6”和“欢乐谷 7”素材图像之间，如下图所示。

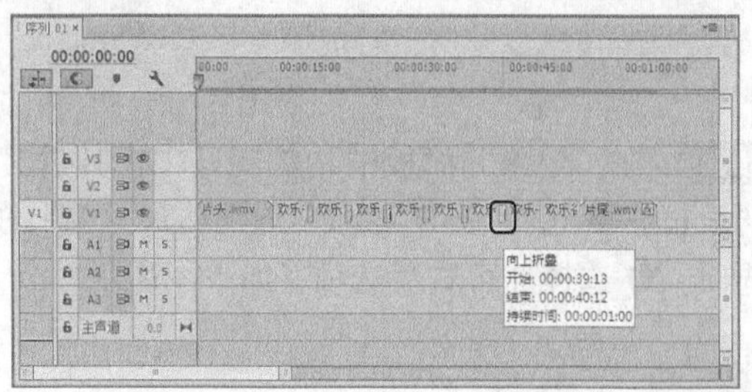

步骤 20 在“效果”面板中，❶ 展开“视频过渡”列表框，❷ 选择“3D 运动”选项，展开选择的选项，❸ 选择“门”选项，如下图所示。

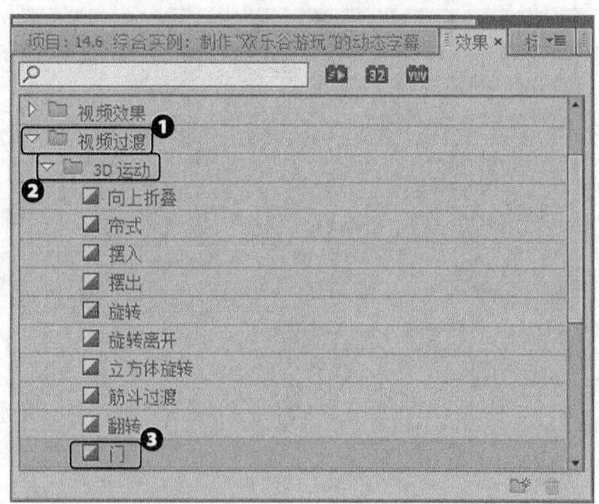

步骤 21 单击鼠标并拖曳，将其添加至“视频 1”轨道“欢乐谷 7”和“欢乐谷 8”素材图像之间，如下图所示。

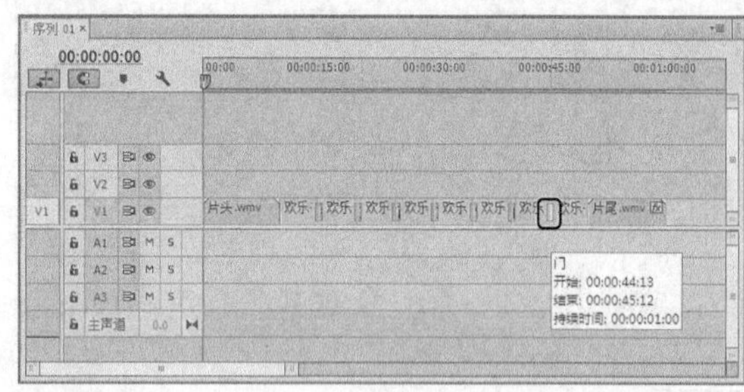

步骤 22 在“时间轴”面板中，依次选择视频过渡效果，修改“持续时间”均为 00:00:02:00，如下图所示。

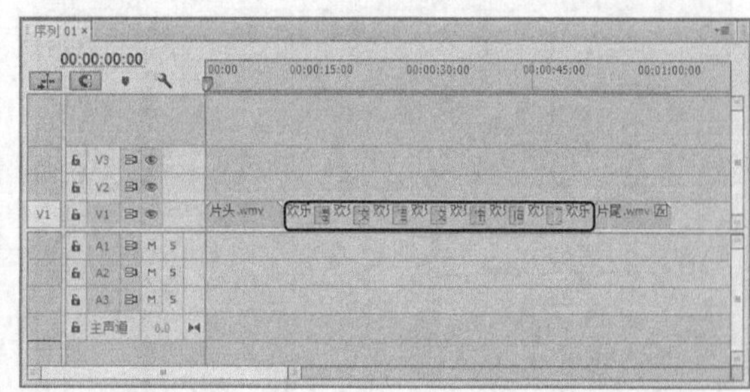

步骤 23 按快捷键【Ctrl + T】，❶ 打开“新建字幕”对话框，保持默认设置，❷ 单击“确定”按钮，如下图所示。

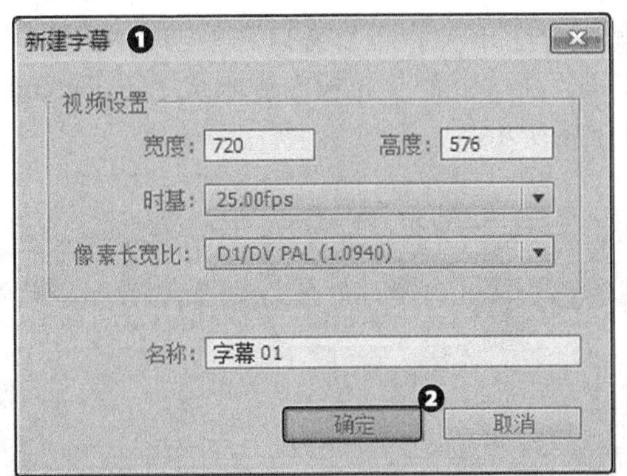

步骤24 打开“字幕”窗口，单击“文字工具”按钮，在“字幕”面板中输入文字“欢乐谷游玩”，如下图所示。

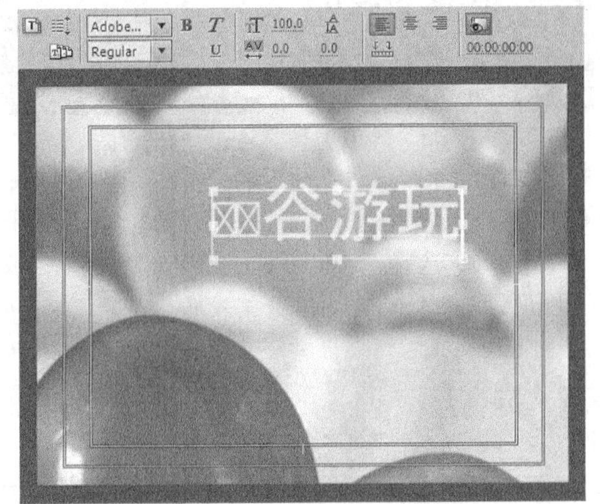

步骤25 在“字幕属性”面板的“属性”选项区中，❶ 单击“字体系列”右侧的下三角按钮，展开列表框，❷ 选择“华文中宋”选项，如下图所示。

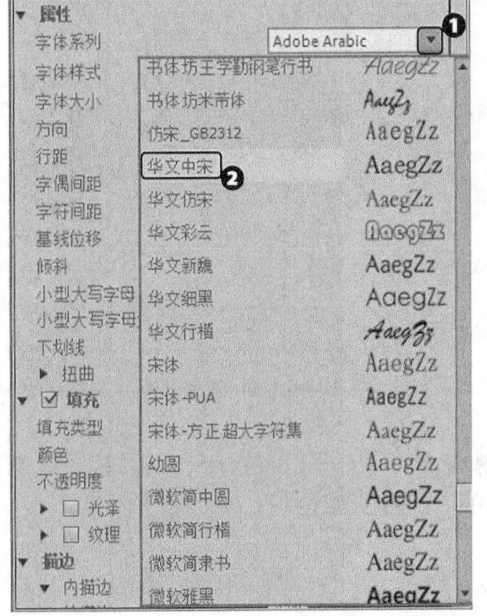

步骤26 ❶ 修改“字体大小”为80，❷ 并单击“颜色”右侧的颜色块，如下图所示。

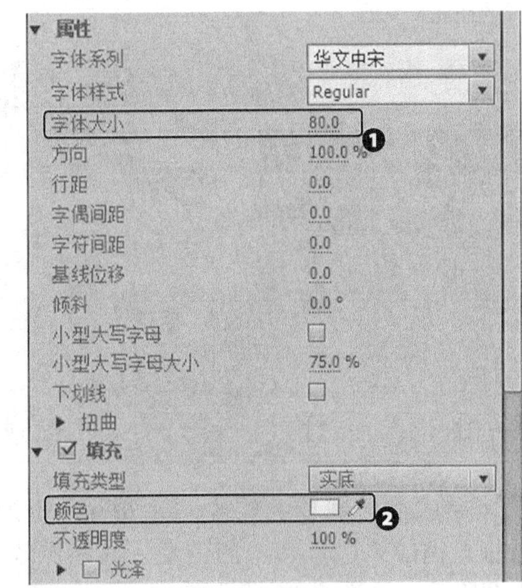

步骤27 打开“拾色器”对话框，❶ 修改RGB参数分别为200、108、71，❷ 单击“确定”按钮，如下图所示。

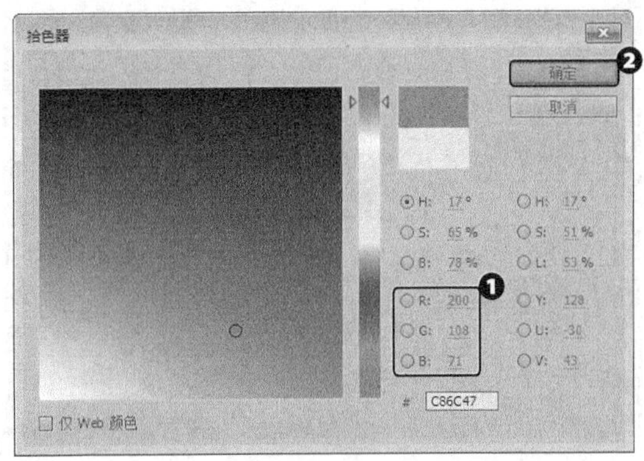

步骤28 在“描边”选项区中，❶ 添加“外描边”选项，❷ 单击“颜色”右侧的颜色块，如下图所示。

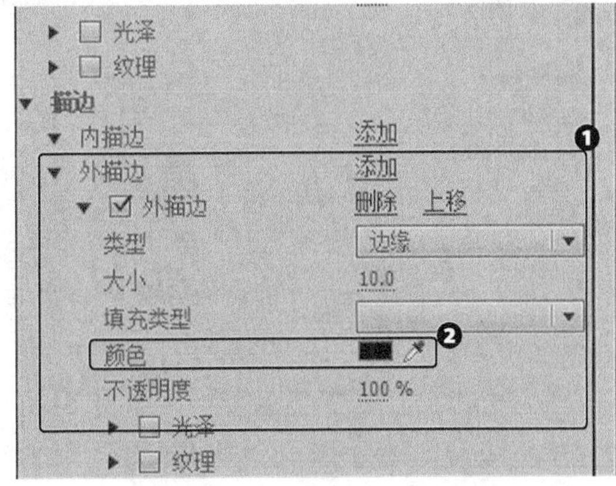

步骤29 打开“拾色器”对话框，❶ 修改RGB参数分别为241、244、9，❷ 单击“确定”按钮，如下图所示。

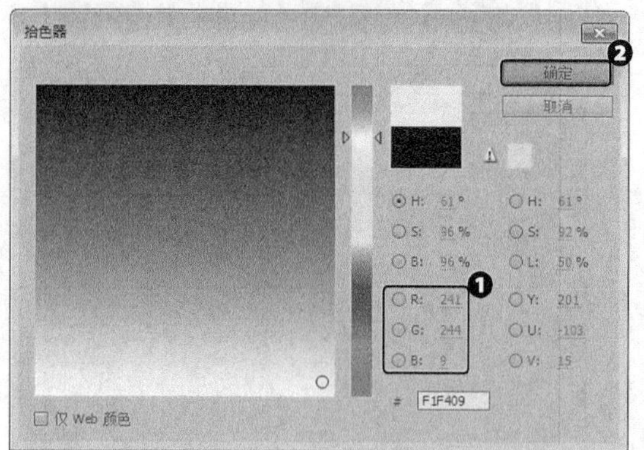

步骤30 完成描边颜色的修改，并勾选“阴影”复选框，完成“字幕01”的创建，其图像效果如下图所示，并关闭“字幕”窗口。

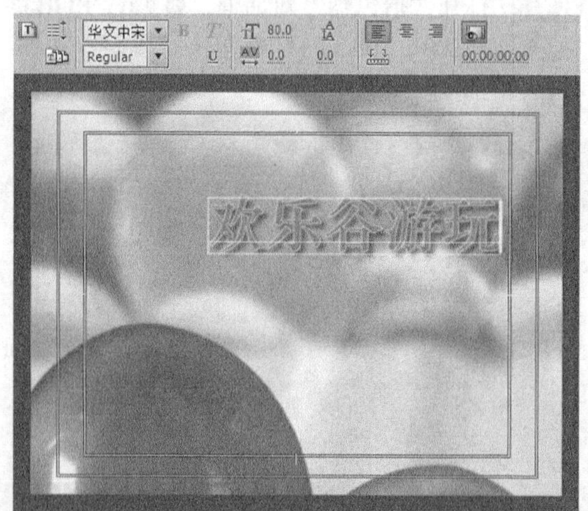

步骤31 按快捷键【Ctrl + T】，❶ 打开“新建字幕”对话框，保持默认设置，❷ 单击“确定”按钮，如下图所示。

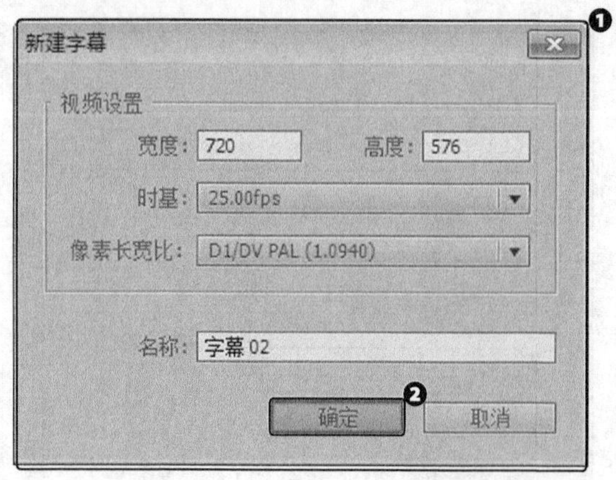

步骤32 打开“字幕”窗口，单击“文字工具”按钮，在“字幕”面板中输入文字“The end”，如下图所示。

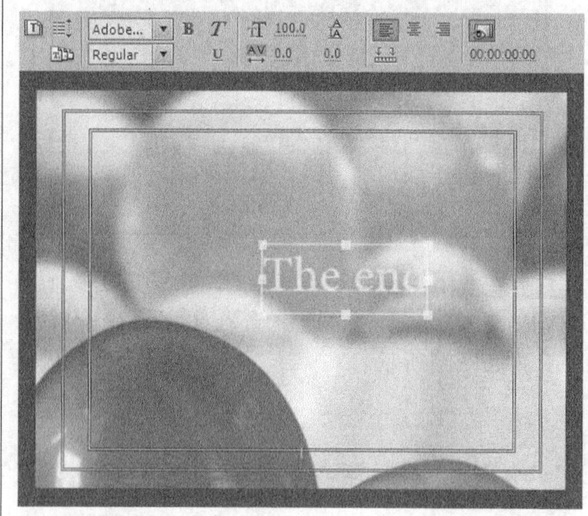

步骤33 在“字幕属性”面板的“属性”选项区中，❶ 单击“字体系列”右侧的下三角按钮，展开列表框，❷ 选择“Adobe Caslon Pro”选项，如下图所示。

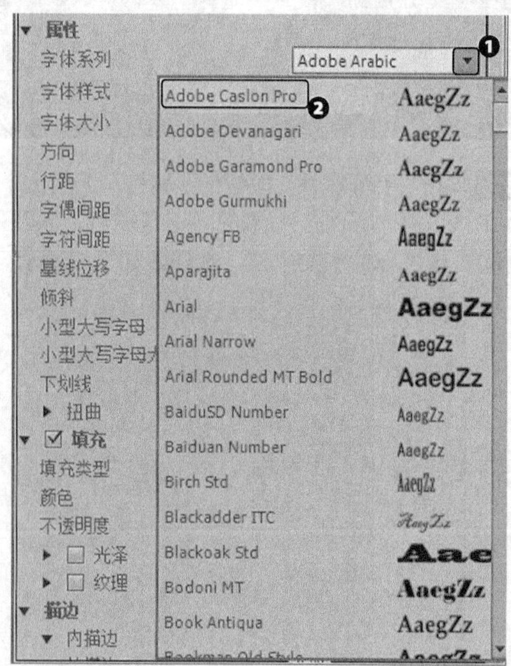

步骤34 ❶ 修改“字体大小”为110，❷ 并单击“颜色”右侧的颜色块，如下图所示。

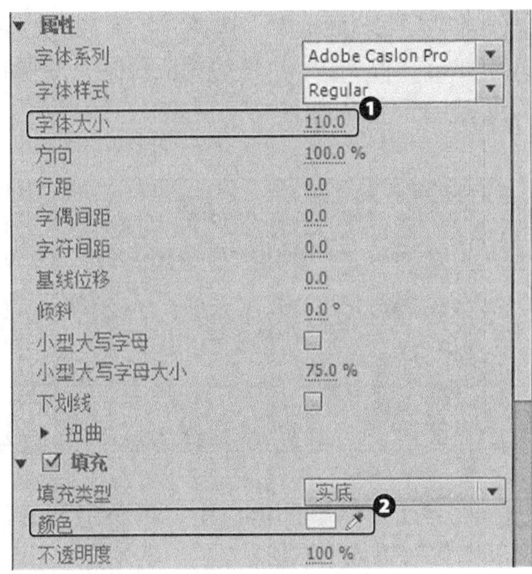

步骤35 打开“拾色器”对话框，❶ 修改 RGB 参数分别为 253、237、163，❷ 单击“确定”按钮，如下图所示。

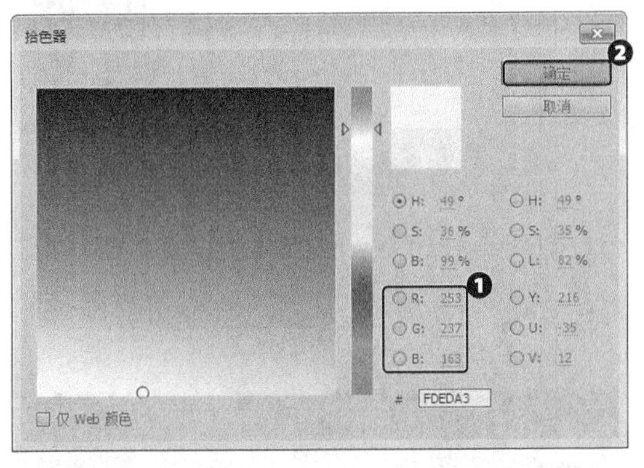

步骤36 在“描边”选项区中，❶ 添加“外描边”选项，❷ 修改“大小”为 5，❸ 单击“颜色”右侧的颜色块，如下图所示。

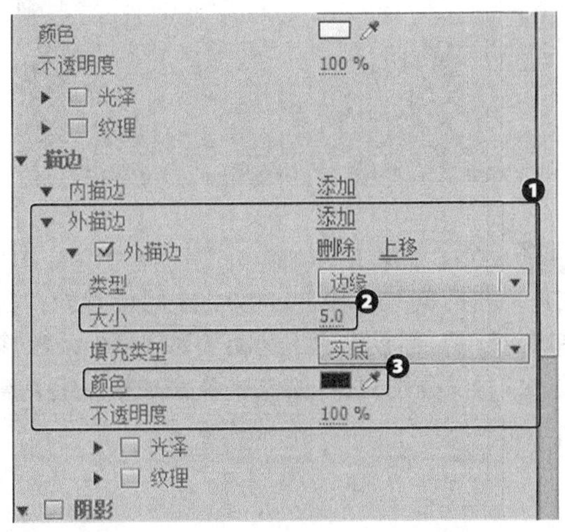

步骤37 打开“拾色器”对话框，❶ 修改 RGB 参数分别为 175、137、35，❷ 单击“确定”按钮，如下图所示。

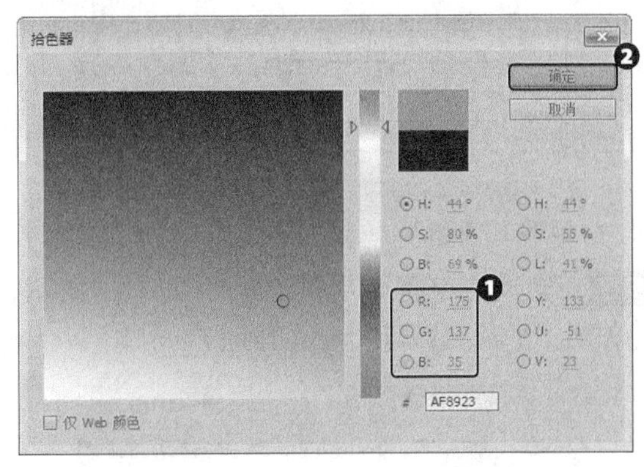

步骤38 完成描边颜色的修改，❶ 并勾选“阴影”复选框，❷ 单击“颜色”右侧的颜色块，如下图所示。

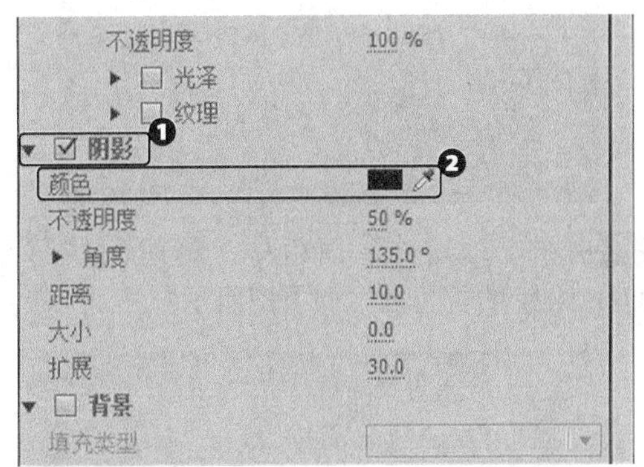

步骤39 打开“拾色器”对话框，❶ 修改 RGB 参数分别为 66、35、7，❷ 单击“确定”按钮，如下图所示。

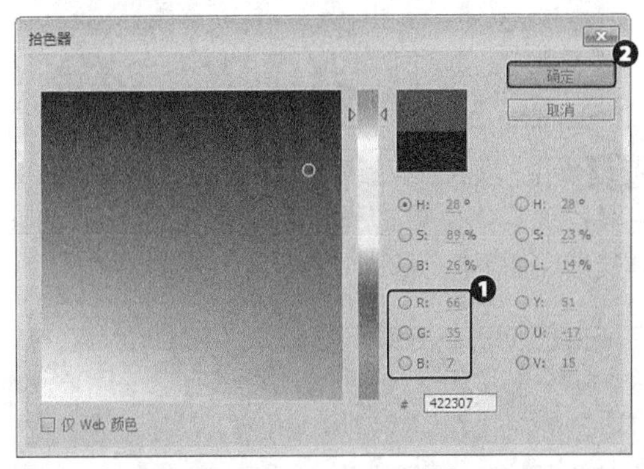

步骤40 返回到“阴影”选项区，❶ 修改“角度”为 0°、❷“距离”为 4.5、❸“扩展”为 36，如下图所示。

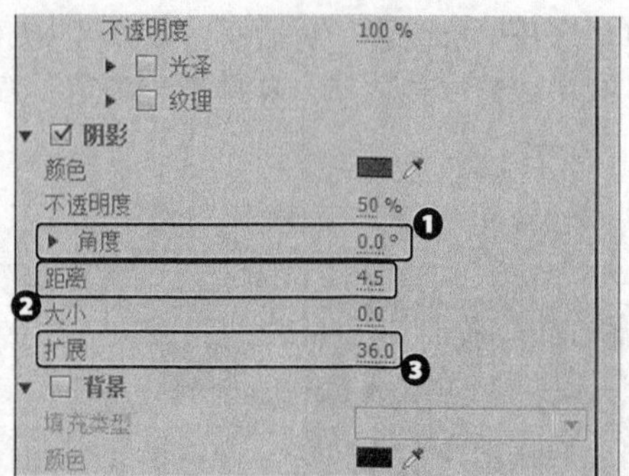

步骤 41 完成“字幕 02”的创建，如下图所示，并关闭“字幕”窗口。

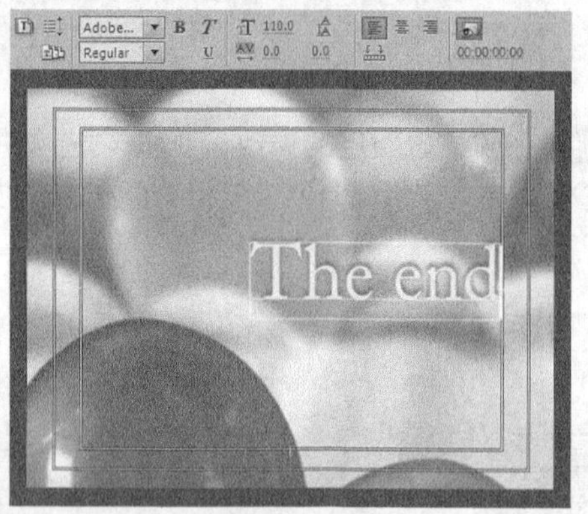

步骤 42 在“时间轴”面板中，将时间线移至00:00:04:21 的位置处，如下图所示。

步骤 43 在“项目”面板中，选择“字幕 01”文件，将其添加至“视频 2”轨道的相应位置，并调整其长度，如下图所示。

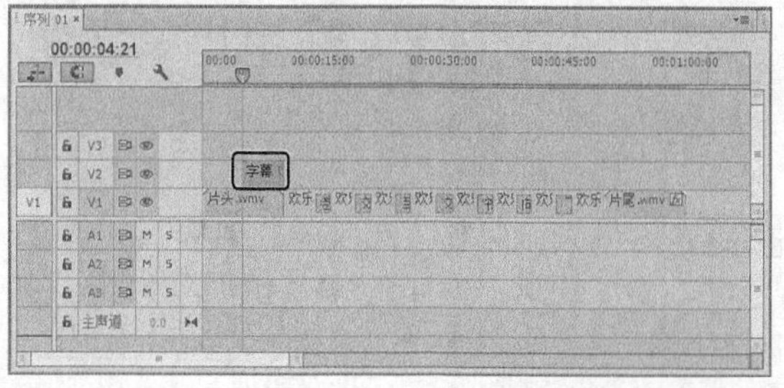

步骤 44 在“项目”面板中，选择“字幕 02”文件，将其添加至“视频 2”轨道的相应位置，并调整其长度，如下图所示。

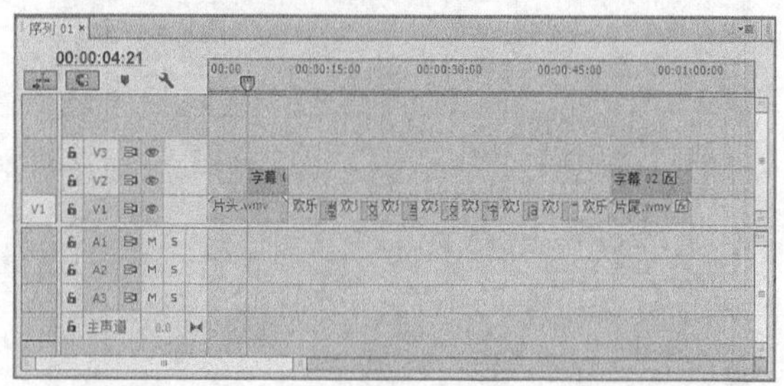

步骤 45 在各个“字幕”窗口中，调整字幕的位置，其图像效果如下图所示。

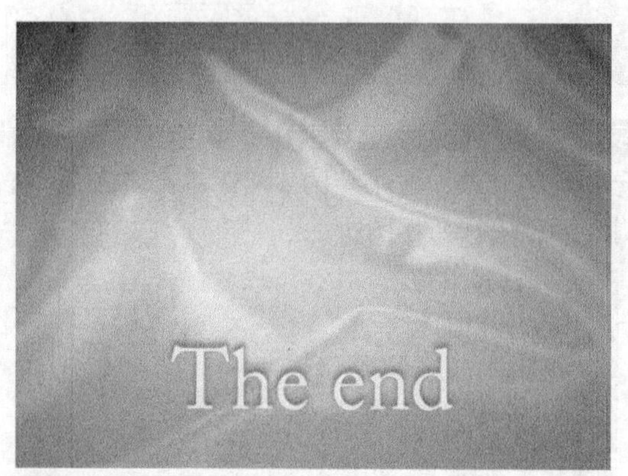

步骤 46 在“视频 2”轨道上，选择“字幕 01”文件，将时间线移至 00:00:04:21 的位置处，在“效果控件”面板中的“运动”列表框中，❶ 修改“位置”分别为 50 和 50，❷ 添加第一组关键帧，如下图所示。

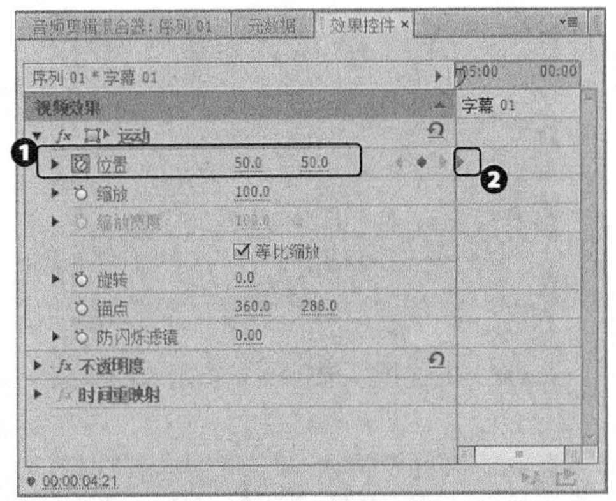

步骤 47 将时间线移至 00:00:06:21 的位置处，在“效果控件”面板中的“运动”列表框中，❶ 修改“位置”分别为 197 和 197，❷ 添加第二组关键帧，如下图所示。

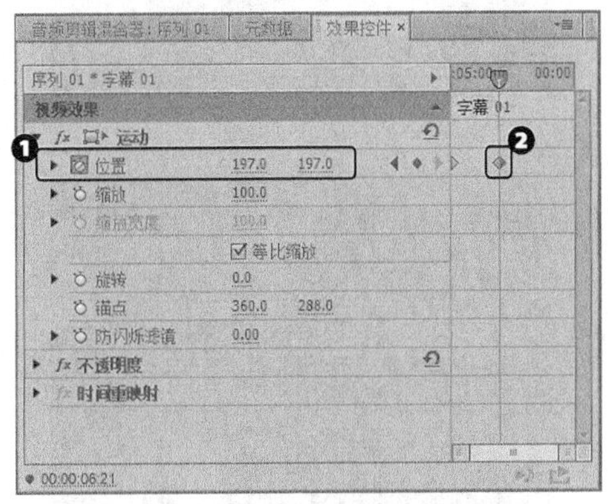

步骤 48 将时间线移至 00:00:07:21 的位置处，在“效果控件”面板中的“运动”列表框中，❶ 修改“位置”分别为 362 和 92，❷ 添加第三组关键帧，如下图所示。

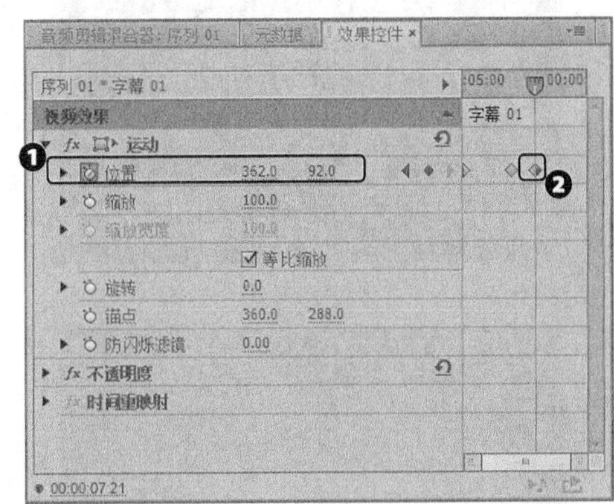

步骤 49 在“视频 2”轨道上，选择“字幕 02”文件，将时间线移至 00:00:50:00 的位置处，在“效果控件”面板中的“运动”列表框中，❶ 修改“位置”分别为 360 和 288，❷ 添加第一组关键帧，如下图所示。

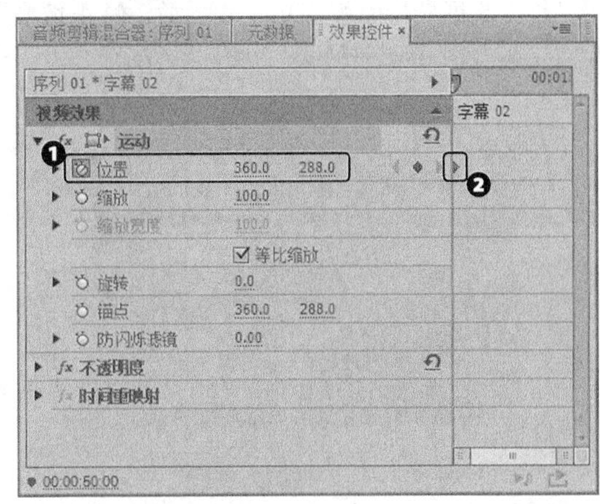

步骤 50 将时间线移至 00:00:52:00 的位置处，在“效果控件”面板中的“运动”列表框中，❶ 修改“位置”分别为 360 和 200，❷ 添加第二组关键帧，如下图所示。

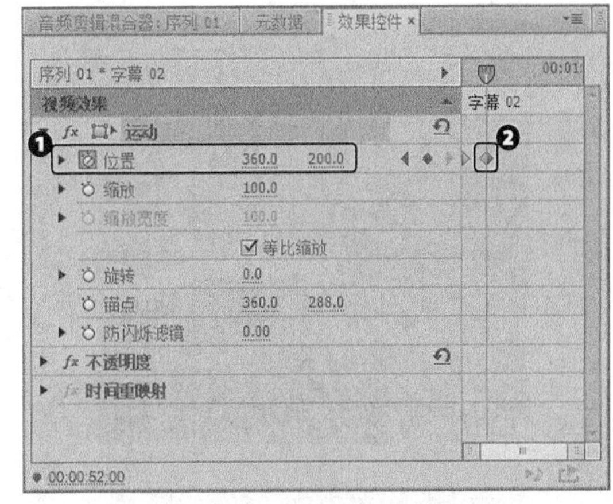

步骤 51 将时间线移至 00:00:54:00 的位置处，在“效果控件”面板中的“运动”列表框中，❶ 修改“位置”分别为 360 和 120，❷ 添加第三组关键帧，如下图所示。

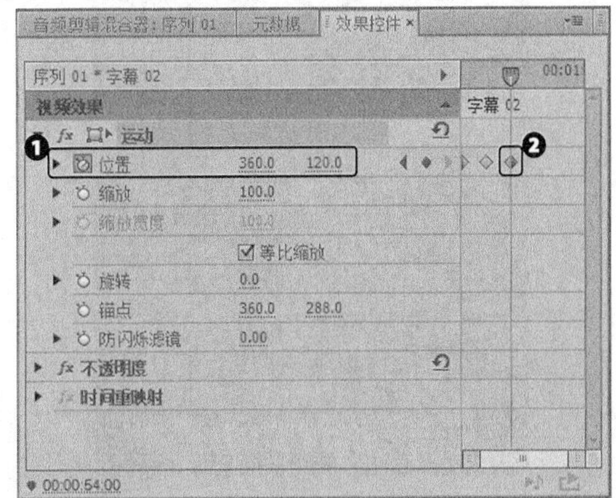

步骤 52 完成“欢乐谷游玩”电子相册的制作，在“节目监视器”面板中单击“播放 - 停止切换”按钮，预览电子相册效果，如下图所示。

高手支招

本节教学录像时间：3分钟

通过对前面知识的学习，相信读者朋友已经掌握好视频字幕特效的应用技巧。下面结合本章内容，给大家介绍一些实用技巧。

删除锚点工具

使用“删除锚点”工具，可以将字幕路径中多余的锚点删除。

光盘同步视频文件
配套光盘\秘技1. 删除锚点工具.mp4

步骤01 打开本书配套光盘中的“素材/第14章/秘技1.删除锚点工具”项目文件，如下图所示。

步骤02 在“项目”面板的“字幕01”文件上双击鼠标，如下图所示。

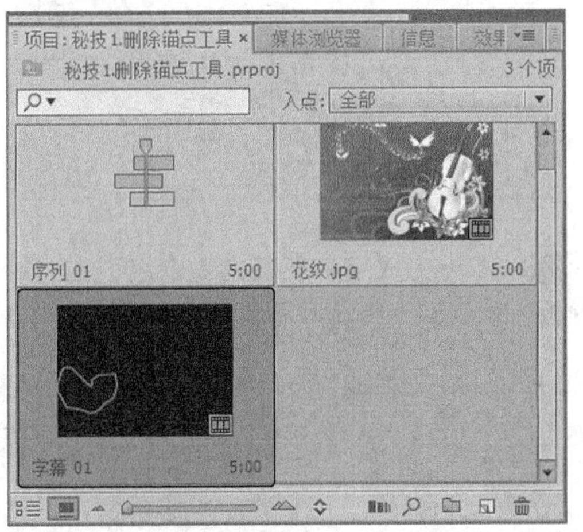

步骤03 打开“字幕”窗口，在“字幕工具”面板中，单击“删除锚点工具”按钮，如下图所示。

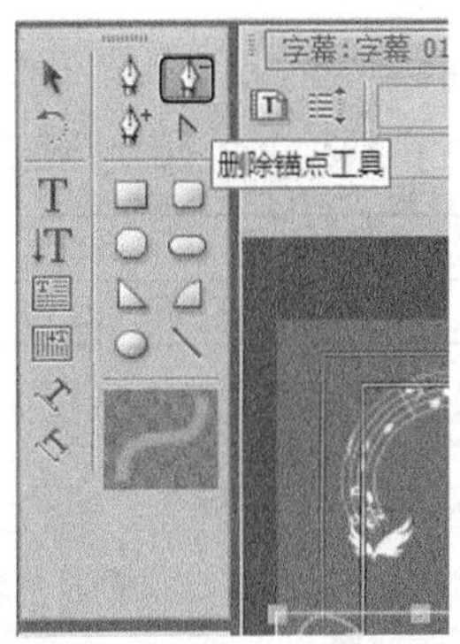

步骤04 在“字幕”面板中需要删除的锚点上依次单击鼠标，即可删除锚点，关闭“字幕”窗口，在“节目监视器”面板中查看最终的图像效果，如下图所示。

字幕样式的删除

如果用户对创建好的字幕样式觉得不满意，可以将其删除。

光盘同步视频文件
配套光盘\秘技2. 字幕样式的删除.mp4

步骤01 在“字幕样式”面板中，选择不需要的字幕样式，单击鼠标右键，❶打开快捷菜单，❷选择“删除样式”选项，如下图所示。

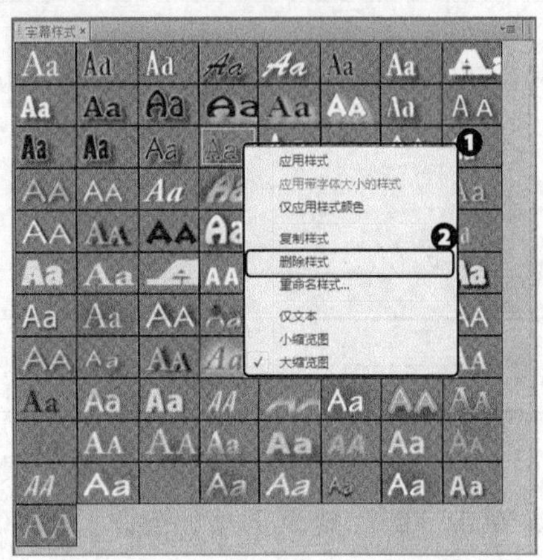

步骤02 弹出提示对话框，提示是否删除所选样式，单击“确定”按钮，如下图所示，即可完成字幕样式的删除操作。

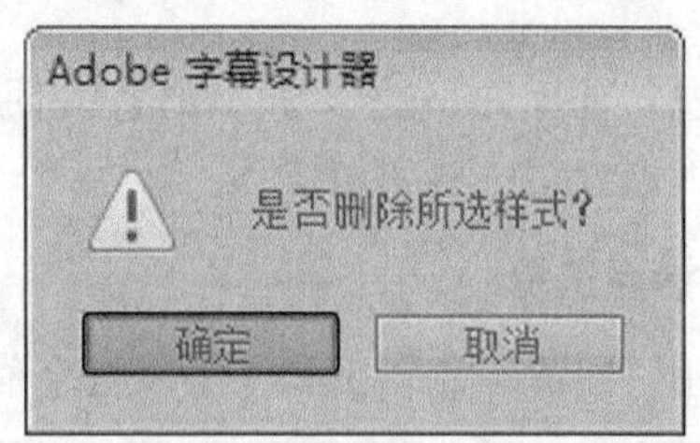

字幕模板的重命名

线性渐变由两种颜色创建，通过线性渐变可以从一种颜色过渡到另一种颜色。

	光盘同步视频文件
	配套光盘\秘技3. 字幕模板的重命名.mp4

步骤01 在“模板”对话框中，选择“字幕”选项，如下图所示。

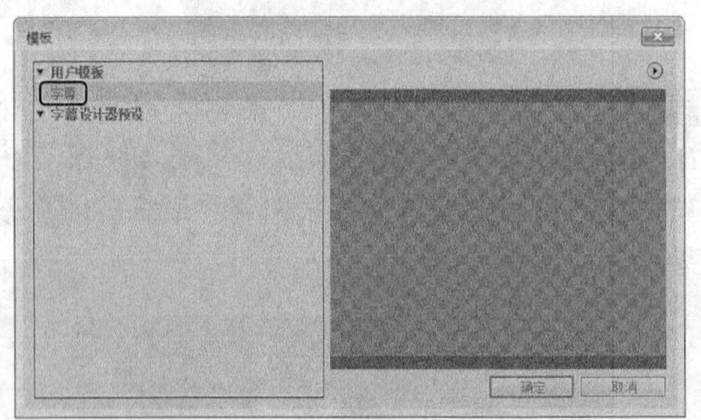

步骤02 ❶单击相应的按钮，弹出列表框，❷选择“重命名模板”选项，如下图所示。

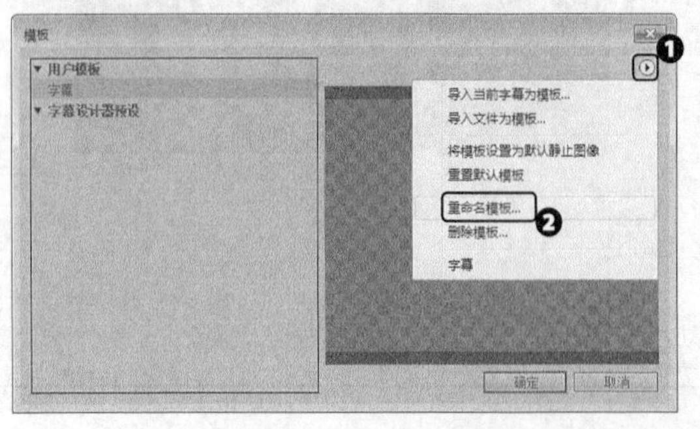

步骤03 打开“模板名称”对话框，❶修改“名称”为“树叶字幕”，❷单击“确定”按钮，如下图所示。

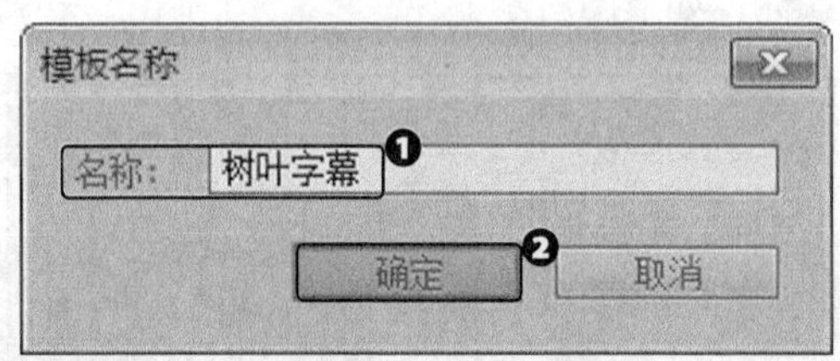

步骤04 即可完成字幕模板的重命名，在“用户模板”列表框中将显示新名称，如下图所示。

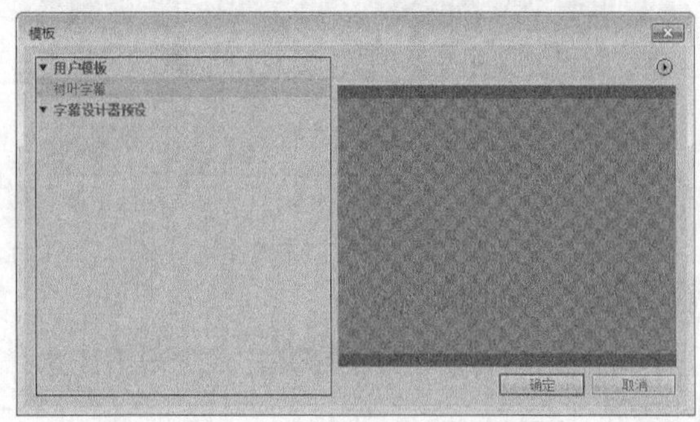

第15章

视频画面的叠加与合成

学习目标

在 Premiere Pro CC 中，可以像制作拼贴画一样将两个或多个视频素材重叠起来，然后将它们混合在一起，从而创建奇妙的透明效果。Premiere Pro CC 视频效果中的“键控”选项提供了多种效果，使用这些特效可以将某个轨道上的图像区域切割成不同部分（隐藏），并用其他轨道中的视频填充这些部分，从而获得更加奇妙的效果。本章将详细讲解视频画面的叠加与合成方法，以帮助读者制作更加精美的影视效果。

知识要点

- 认识 Alpha 通道与遮罩
- 运用叠加合成效果

学习效果

15.1 认识Alpha通道与遮罩

本节教学录像时间：4分钟

Alpha 通道是图像额外的灰度图层，利用 Alpha 通道可以将视频轨道中图像、文字等素材与其他视频轨道中的素材进行组合。而遮罩能够根据自身灰阶的不同，有选择地隐藏素材画面中的内容。

15.1.1 Alpha通道概述

Alpha 通道是一个 8 位的灰度通道，该通道用 256 级灰度来记录图像中的透明度信息，定义透明、不透明和半透明区域，其中黑表示透明，白表示不透明，灰表示半透明。例如：一个使用 16 位存储的图片，可能 5 位表示红色，5 位表示绿色，5 位表示蓝色，1 位是阿尔法。在这种情况下，它要么表示透明要么不是。一个使用 32 位存储的图片，每 8 位表示红绿蓝和 Alpha 通道。在这种情况下，Alpha 通道就不光可以表示透明还是不透明，还可以表示 256 级的半透明度。

在新的或现有的 Alpha 通道中，可以将任意选区存储为蒙版。可以编辑 Alpha 通道，添加或删除其中的颜色，并且可为蒙版颜色和不透明度指定设置。一般 alpha 值取 0 ～ 1 之间。

通道分为三种通道：主通道、专色通道以及普通通道，下面将分别进行介绍。

- 主通道：该通道是在打开新图像时，自动创建的颜色信息通道。图像的颜色模式确定所创建的颜色通道的数目。例如，RGB 图像有 4 个默认通道，即红色、绿色和蓝色各有一个通道，以及一个用于编辑图像的复合通道（主通道）。
- 专色通道：该通道是除 RGB 三个颜色之外的用户自己添加的颜色。和主通道一样，也是用来存储颜色信息的。只不过要记得，做完效果之后要合并到主通道里面。
- 普通通道：该通道不是用来存储颜色信息的，而是用来存储选区的。

15.1.2 运用Alpha通道进行视频叠加

Alpha 通道信息都是静止的图像信息，因此需要运用 Photoshop 这一类图像编辑软件来生成带有通道信息的图像文件。通过 Photoshop 创建了带 Alpha 通道的文件后，用户接下来就可以运用该文件创建合成特效了。

光盘同步视频文件

配套光盘\运用Alpha通道进行视频叠加.mp4

步骤 01 打开本书配套光盘中的“素材 / 第 15 章 / 15.1.2 运用 Alpha 通道进行视频叠加”项目文件，如右图所示。

步骤 02 在“项目”面板的空白处，❶ 单击鼠标右键，打开快捷菜单，❷ 选择“导入”选项，如下图所示。

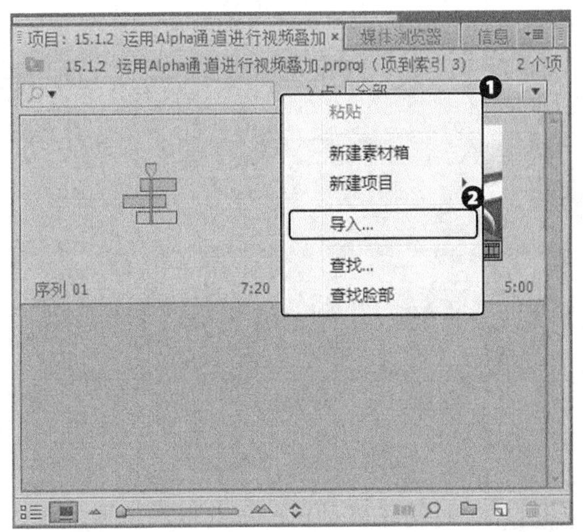

步骤 03 打开“导入”对话框，❶ 选择“枫叶 .psd”图层文件，❷ 单击“打开”按钮，如下图所示。

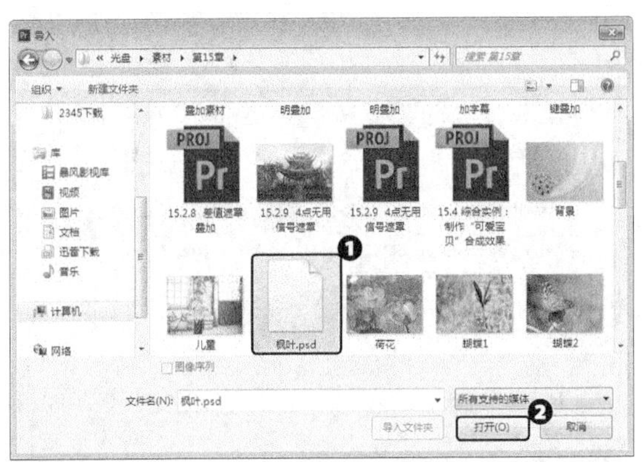

步骤 04 打开“导入分层文件：枫叶”对话框，单击“确定”按钮，如下图所示。

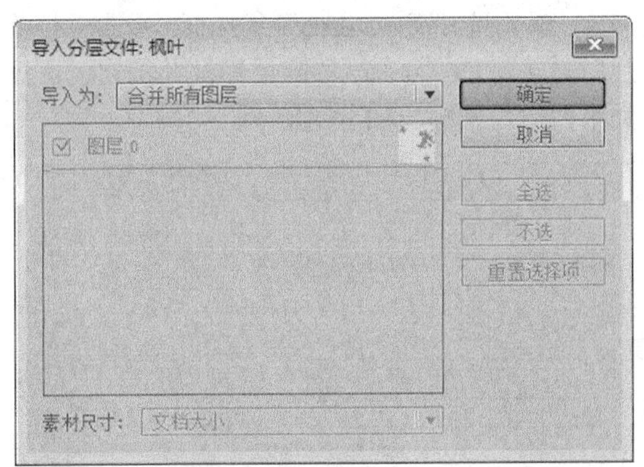

步骤 05 导入图层图像，并在“项目”面板中显示，如右上图所示。

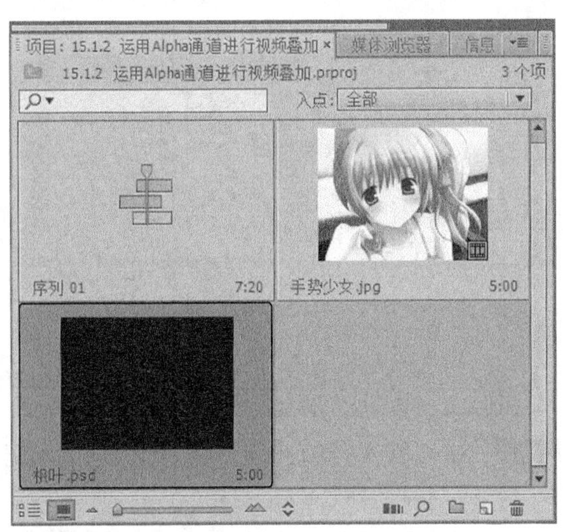

步骤 06 选择导入的图层文件，将其添加至“视频 2”轨道上，并调整其长度，如下图所示。

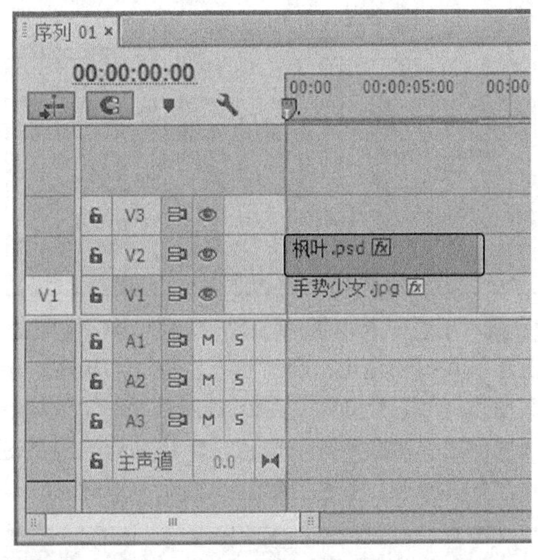

步骤 07 在“节目监视器”面板中，调整图层中图像的大小显示，如下图所示。

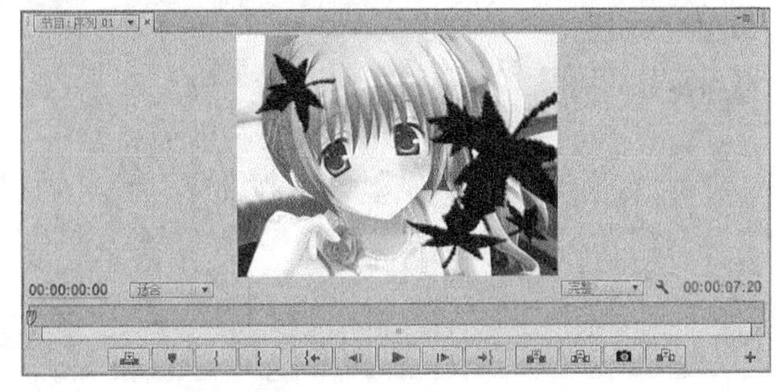

步骤 08 在“效果”面板中，展开“视频效果”列表框，选择“键控”选项，如下图所示。

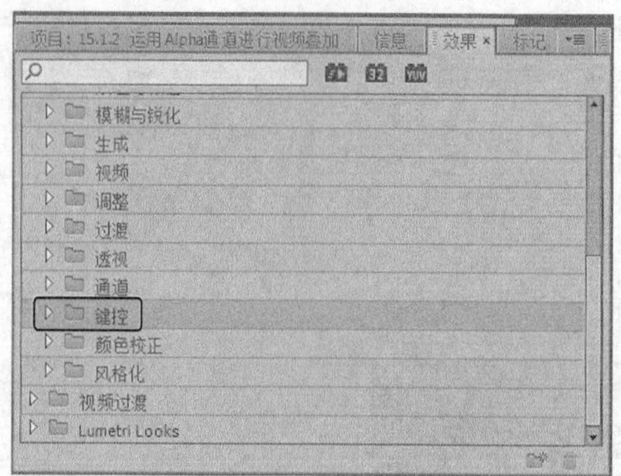

步骤 09 ❶ 展开选择的选项，❷ 选择“Alpha 调整”选项，如下图所示。

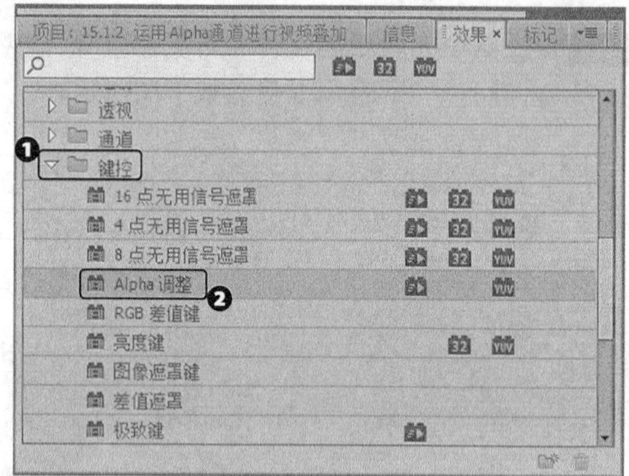

步骤 10 单击鼠标并拖曳，将其添加至“视频 2”轨道的素材图像上，在“效果控件”面板中，依次单击“不透明度”“反转 Alpha”和“仅蒙版”选项前的“切换动画”按钮，❶ 添加第一组关键帧，❷ 并修改“不透明度”为 20%，如下图所示。

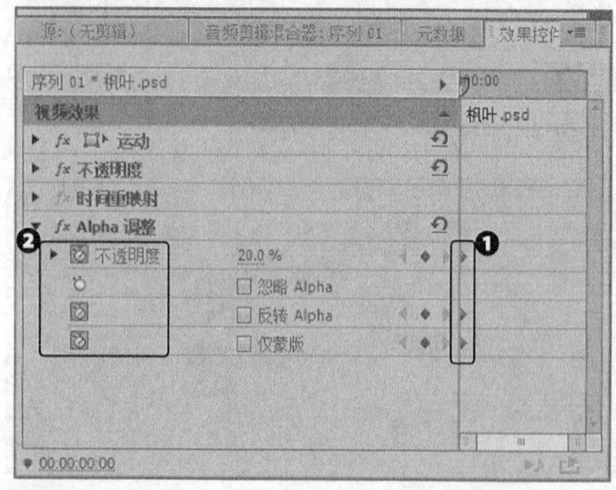

步骤 11 将时间线移至 00:00:01:00 的位置处，在“效果控件”面板中，❶ 修改“不透明度”为 50%，❷ 勾选“反转 Alpha”复选框，单击“仅蒙版”选项区的“添加 / 移除关键帧”按钮，❸ 添加第二组关键帧，如下图所示。

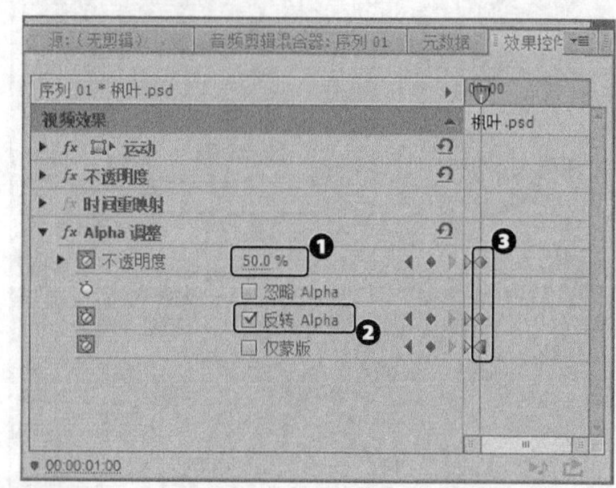

步骤 12 将时间线移至 00:00:04:00 的位置处，在“效果控件”面板中，❶ 修改“不透明度”为 5%，❷ 取消勾选“反转 Alpha”复选框，单击“仅蒙版”选项区中的“添加 / 移除关键帧”按钮，❸ 添加第三组关键帧，如下图所示。

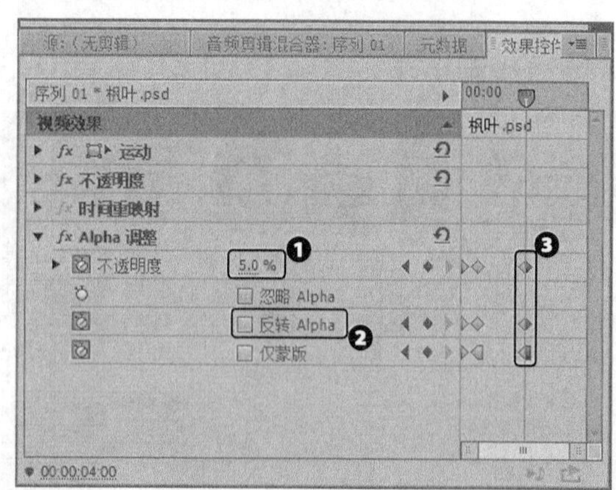

步骤 13 将时间线移至 00:00:07:00 的位置处，在“效果控件”面板中，❶ 修改“不透明度”为 15%，❷ 勾选“反转 Alpha”复选框，单击“仅蒙版”选项区的“添加 / 移除关键帧”按钮，❸ 添加第四组关键帧，如下图所示。

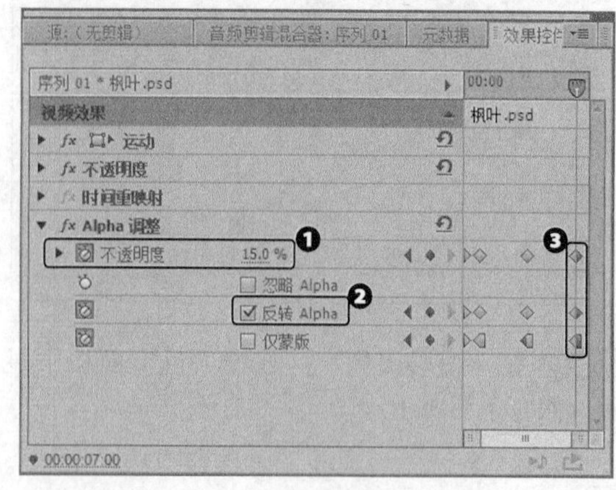

步骤 14 即可运用 Alpha 通道进行视频叠加，在“节目监视器”面板中，单击“播放 - 停止切换”按钮，预览视频叠加效果，如下图所示。

15.1.3 认识遮罩

遮罩是所有处理图形图像的应用程序所依赖的合成基础。计算机以 Alpha 通道来记录图像的透明信息，当素材不含 Alpha 通道时，则需要通过遮罩来建立透明区域。

在 Premiere Pro CC 中，常见的遮罩包含有图像遮罩、无用信号遮罩、差异遮罩、移除遮罩以及轨道遮罩等，下面将分别进行介绍。

- 图像遮罩：该遮罩可以用一幅静态的图像作蒙版。是将素材作为划定遮罩的范围，或者为图像导入一张带有 Alpha 通道的图像素材来指定遮罩的范围。
- 无用信号遮罩：该遮罩主要是针对视频图像的特定键进行处理。是运用多个遮罩点，并在素材画面中连成一个固定的区域，用来隐藏画面中的部分图像。系统提供了 4 点、8 点以及 16 点无信号遮罩特效。
- 差值遮罩：该遮罩可以将两个图像相同区域进行叠加。其对比两个相似的图像剪辑，并去除图像剪辑在画面中的相似部分，最终只留下有差异的图像内容。
- 移除遮罩：该遮罩是通过红色、绿色和蓝色通道或 Alpha 通道创建透明效果。通常，“移除遮罩”视频效果用来去除黑色或白色背景。对于那些固有背景颜色为白色或黑色的图形，这个效果非常有用。
- 轨道遮罩：“图像遮罩键”只能使用一个静态遮罩图像作为遮罩使用，而如果用户想要使遮罩能够动态使用，就可以使用“轨道遮罩键”视频效果。

15.2 运用叠加合成效果

本节教学录像时间：17分钟

在 Premiere Pro CC 中可以通过设置素材透明度，制作出各种混合叠加的效果。如“透明度叠加”是将一个素材的部分显示在另一个素材画面上，利用半透明的画面来呈现下一张画面；而“蓝屏键叠加”是用于去除画面中的蓝色图像。本节将详细讲解运用叠加合成图像效果的操作方法。

15.2.1 透明度叠加

在 Premiere Pro CC 中，使用“透明度”选项可以改变视频轨道的透明度来创建混合效果。下面将介绍运用透明度叠加合成的操作方法。

	光盘同步视频文件
	配套光盘\透明度叠加.mp4

步骤 01 打开本书配套光盘中的“素材 / 第 15 章 / 15.2.1 透明度叠加”项目文件，图像效果如下图所示。

步骤 02 在“时间轴”面板中，选择“视频 2”轨道上的“花纹 2”素材图像，如下图所示。

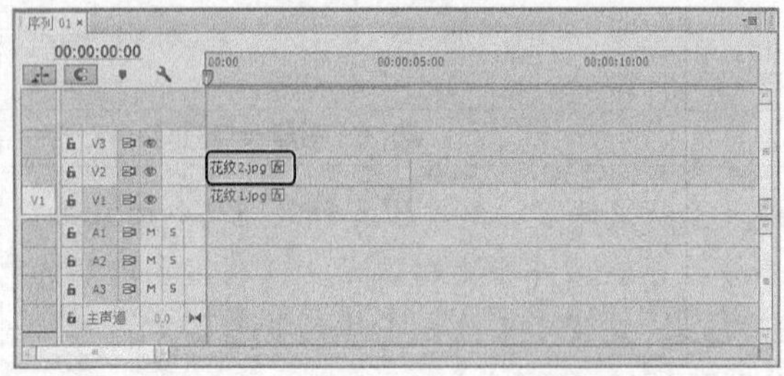

步骤 03 在“效果控件”面板中，❶ 修改“不透明度”为 10%，❷ 添加第一组关键帧，如右上图所示。

步骤 04 将时间线移至 00:00:01:00 的位置处，在“效果控件”面板中，❶ 修改“不透明度”为 40%，❷ 添加第二组关键帧，如右中图所示。

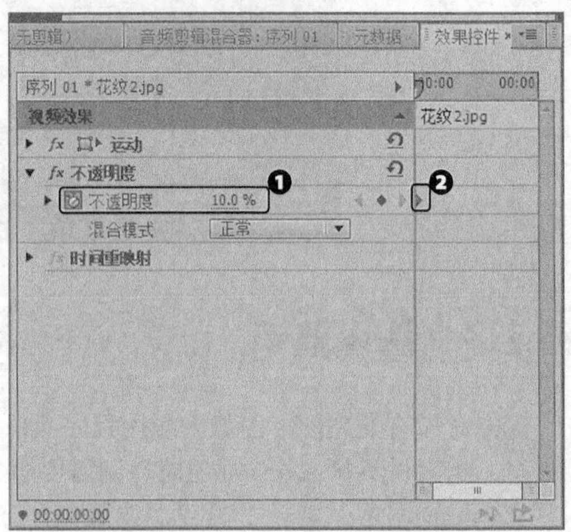

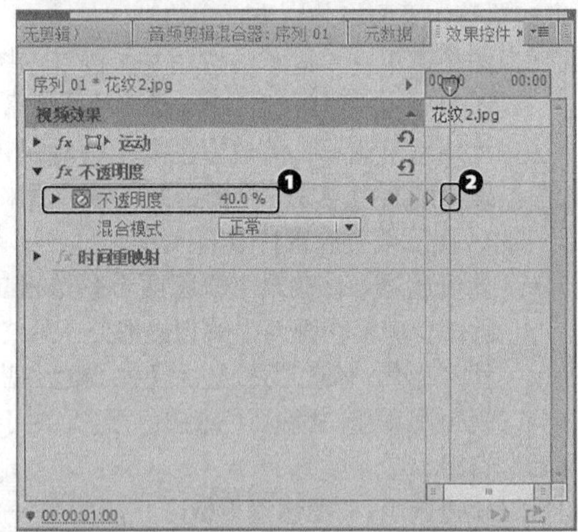

步骤 05 将时间线移至 00:00:03:00 的位置处，在“效果控件”面板中，❶ 修改“不透明度”为 70%，❷ 添加第三组关键帧，如下图所示。

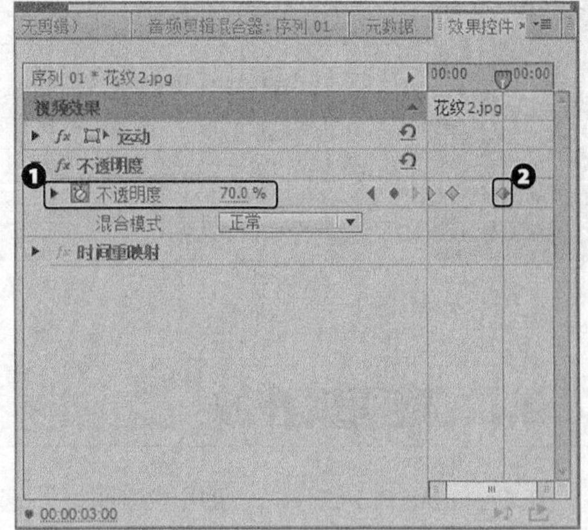

步骤 06 将时间线移至 00:00:04:00 的位置处，在“效果控件”面板中，❶ 修改“不透明度”为 90%，❷ 添加第四组关键帧，如下图所示。

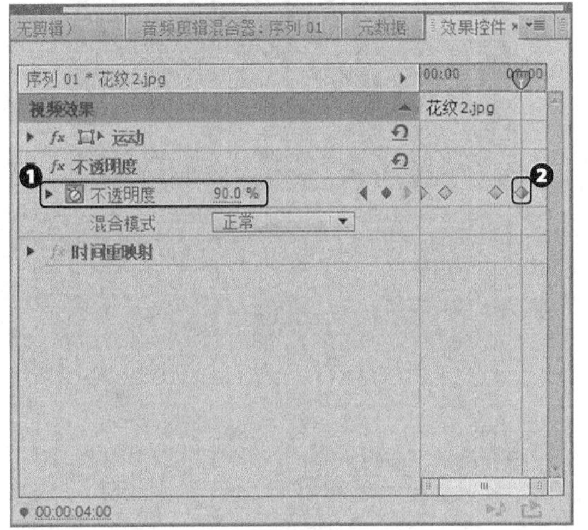

步骤 07 即可运用透明度进行视频叠加，在“节目监视器”面板中单击“播放 - 停止切换”按钮，预览视频叠加效果，如右图所示。

15.2.2 蓝屏键透明叠加

在电视节目中，主持人经常在蓝色的背景前进行录制，在这种情况下，往往使用“蓝屏键”。蓝屏键可以去除照明良好的蓝色背景。

光盘同步视频文件
配套光盘\蓝屏键透明叠加.mp4

步骤 01 打开本书配套光盘中的“素材 / 第 15 章 / 15.2.2 蓝屏键透明叠加”项目文件，图像效果如下图及右图所示。

步骤 02 在“效果”面板中，展开“视频过渡”列表框，选择“键控”选项，如下图所示。

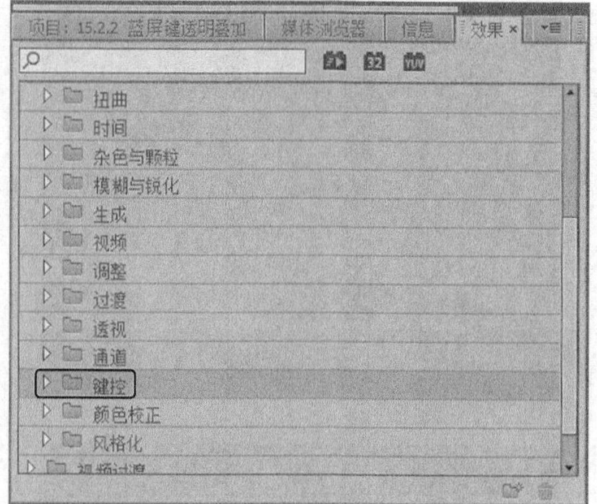

步骤03 ❶ 展开选择的选项，❷ 选择“蓝屏键”选项，如下图所示。

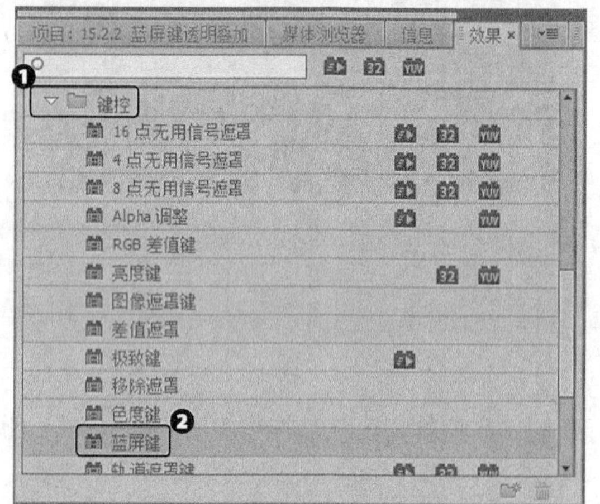

步骤04 单击鼠标并拖曳，将其添加至“视频 2”轨道的素材图像上，其图像效果如右上图所示。

步骤05 在“效果控件”面板的“蓝屏键”列表框中，❶ 修改“阈值”为 35%、❷“屏蔽度”为 10%，如右中图所示。

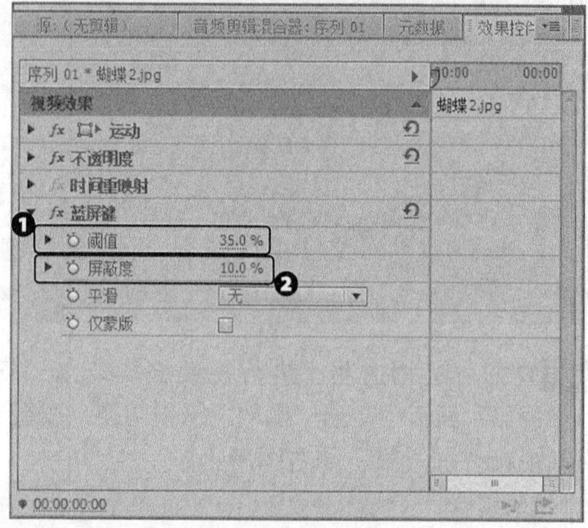

步骤06 即可通过蓝屏键透明叠加素材，并在“节目监视器”面板中查看最终图像效果，如下图所示。

小提示

在“蓝屏键”列表框中，各常用选项的含义如下。

- 阈值：用于修改去除蓝色和绿色区域的参数值。
- 屏蔽度：用于微调键控的效果。
- 平滑：用于设置锯齿消除，通过混合像素颜色来平滑边缘。
- 仅蒙版：用于指定是否显示素材的Alpha通道。

15.2.3 非红色键透明叠加

使用“非红色键”视频效果可以将图像上的背景变成透明色。

光盘同步视频文件
配套光盘\非红色键透明叠加.mp4

步骤01 打开本书配套光盘中的“素材 / 第 15 章 / 15.2.3 非红色键透明叠加”项目文件，如下图所示。

步骤02 在“项目”面板中双击鼠标，❶ 打开“导入”对话框，❷ 选择“花草”图像文件，❸ 单击“打开”按钮，如下图所示。

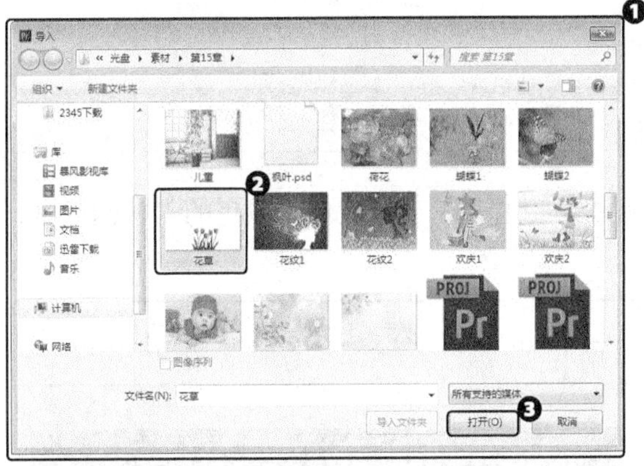

步骤03 即可导入选择的图像文件，并在“项目”面板中显示，如下图所示。

步骤04 选择新导入的素材，将其添加至“时间轴”面板的“视频 2”轨道上，并调整其长度，如下图所示。

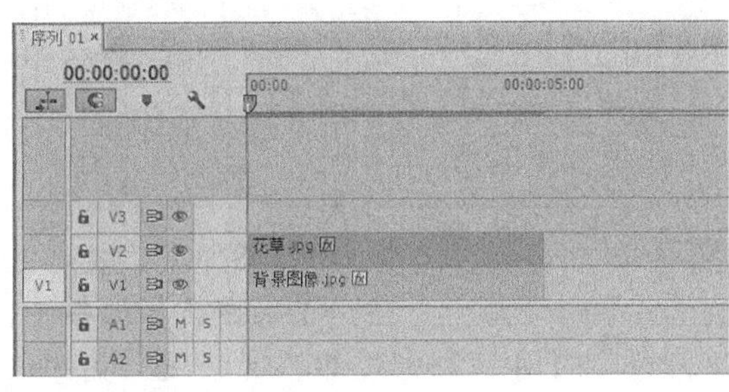

步骤05 在“节目监视器”面板中，调整新添加图像的大小和位置，图像效果如下图所示。

步骤06 在“效果”面板中，展开“视频效果”列表框，选择“键控”选项，如下图所示。

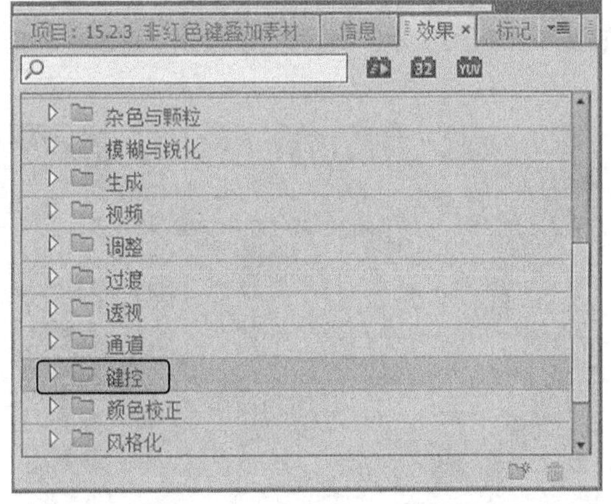

步骤07 展开选择的选项，并选择“非红色键”选项，如下图所示。

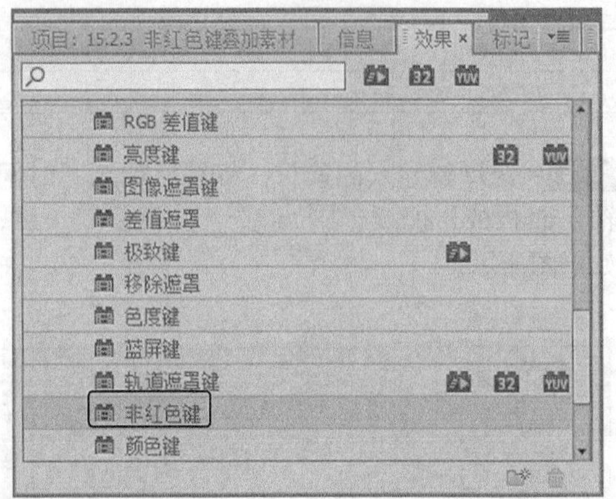

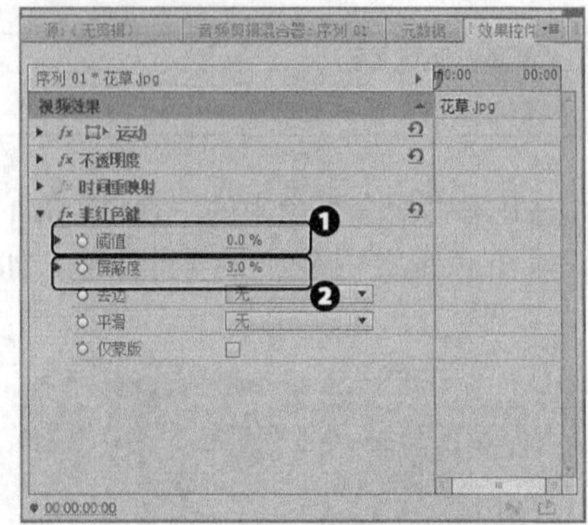

步骤 08 单击鼠标并拖曳，将其添加至“视频 2”轨道的素材图像上，在“效果控件”面板中，❶ 修改“阈值”为 0%、❷“屏蔽度”为 3%，如右上图所示。

步骤 09 即可运用非红色键透明叠加素材图像，在“节目监视器”面板中查看最终图像效果，如右下图所示。

15.2.4 颜色键透明叠加

“颜色键”特效通过设置透明的颜色来体现透明效果，主要用于有大量相似色的素材画面中，其作用是隐藏素材画面中指定的色彩范围。

光盘同步视频文件
配套光盘\颜色键透明叠加.mp4

步骤 01 打开本书配套光盘中的“素材 / 第 15 章 / 15.2.4 颜色键透明叠加”项目文件，图像效果如下图及右图所示。

步骤 02 在“效果”面板中，展开“视频效果”列表框，选择“键控”选项，展开选择的选项，选择“颜色键”选项，如下图所示。

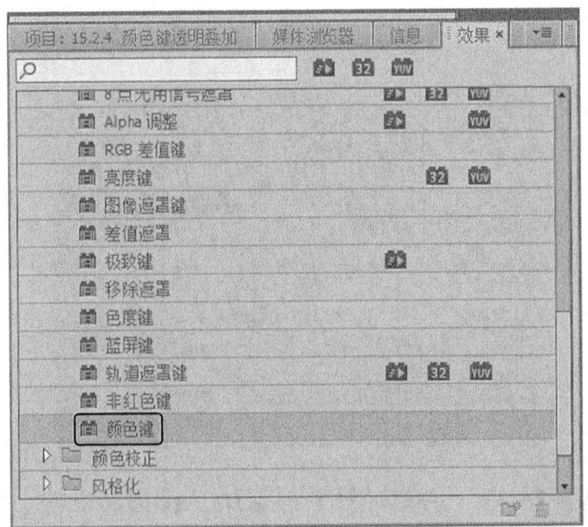

步骤 03 单击鼠标并拖曳，将其添加至“视频 2”轨道的素材图像上，在“效果控件”面板中，单击“主要颜色”右侧的颜色块，如下图所示。

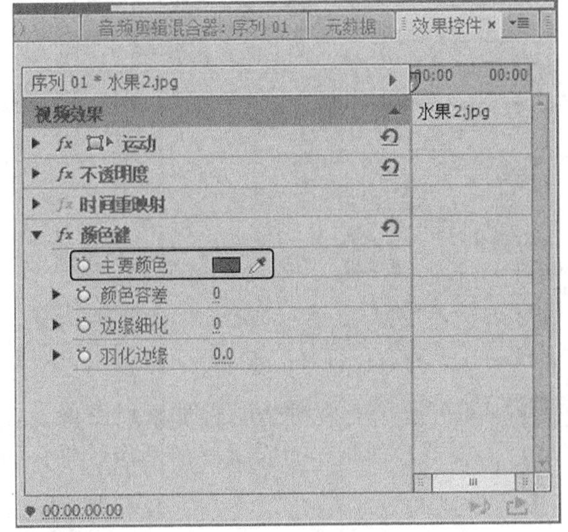

步骤 04 打开“拾色器”对话框，❶ 修改 RGB 参数分别为 204、28、36，❷ 单击“确定”按钮，如右上图所示。

步骤 05 在“效果控件”面板的“颜色键”列表框中，修改 ❶“颜色容差”为 60、❷“边缘细化”为 5、❸“羽化边缘”为 70，如右中图所示。

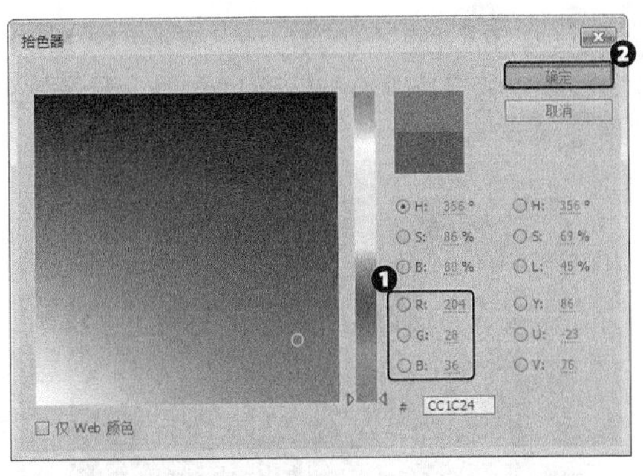

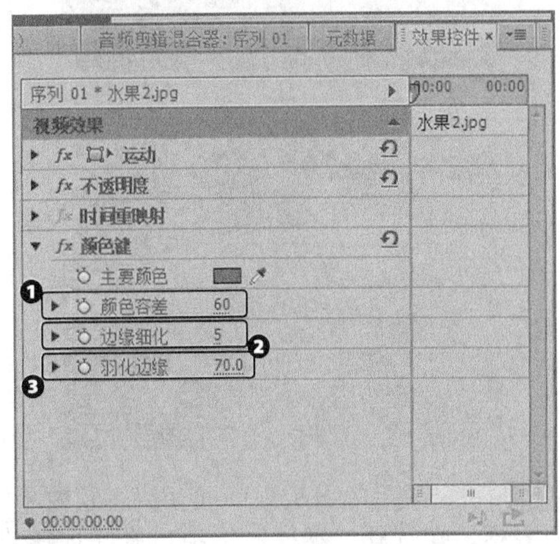

步骤 06 即可运用颜色键透明叠加素材图像，在“节目监视器”面板中查看最终图像效果，如下图所示。

15.2.5 亮度键透明叠加

使用“亮度键”视频效果可以去除素材中较暗的图像区域。

	**光盘同步视频文件**
	配套光盘\亮度键透明叠加.mp4

步骤 01 打开本书配套光盘中的“素材 / 第 15 章 / 15.2.5 亮度键透明叠加”项目文件，图像效果如下图所示。

步骤 02 在“效果”面板中，展开“视频效果”列表框，❶ 选择“键控”选项，展开选择的选项，❷ 选择“亮度键”选项，如下图所示。

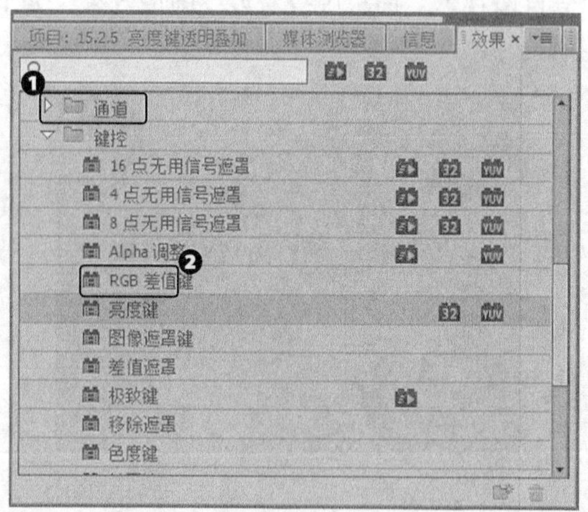

步骤 03 单击鼠标并拖曳，将其添加至“视频 2”轨道的素材图像上，其图像效果如下图所示。

步骤 04 在“效果控件”面板中，❶ 修改“阈值”为 75、❷“屏蔽度”为 72，如下图所示。

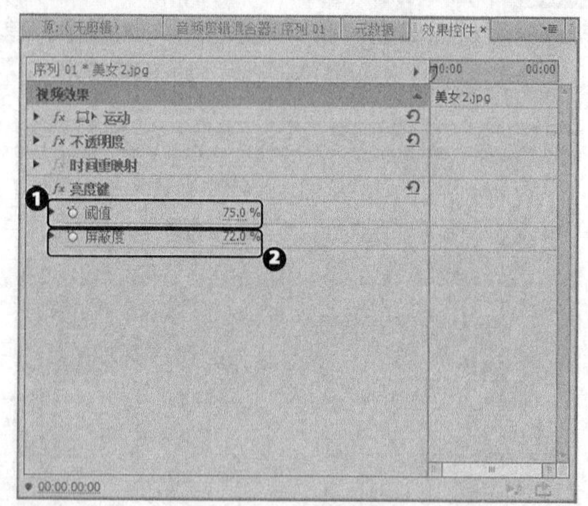

步骤 05 即可运用亮度键透明叠加素材图像，在“节目监视器”面板中查看最终的图像效果，如下图所示。

小提示

在“亮度键”列表框中，各常用选项的含义如下。

- 阈值：用于修改被去除的暗色值。
- 屏蔽度：用于控制界限范围的透明度，参数越大，则透明度越高。

15.2.6 极致键叠加字幕

“极致键”视频效果用于校正素材色彩，并将素材中与指定键色相似的区域从素材上遮罩起来。

光盘同步视频文件
配套光盘\极致键叠加字幕.mp4

步骤 01 打开本书配套光盘中的“素材 / 第 15 章 / 15.2.6 极致键叠加字幕”项目文件，如下图所示。

步骤 02 在“效果”面板中，展开“视频效果”列表框，❶ 选择“键控”选项，展开选择的选项，❷ 选择“极致键”选项，如下图所示。

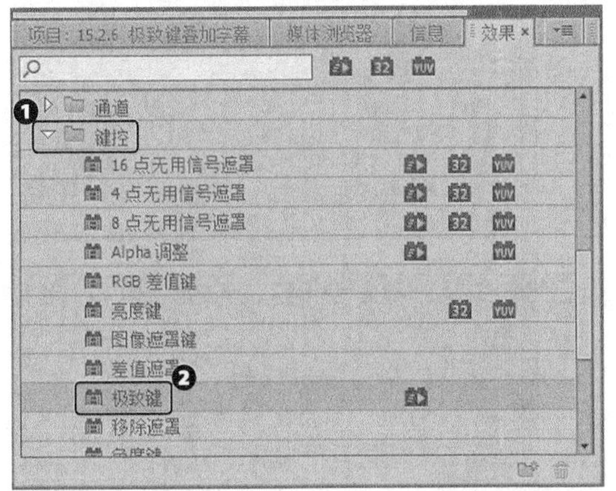

步骤 03 单击鼠标并拖曳，将其添加至“视频 2”轨道的字幕文件上，在“效果控件”面板中，❶ 单击“输出”右侧的下三角按钮，展开列表框，❷ 选择“颜色通道”选项，如下图所示。

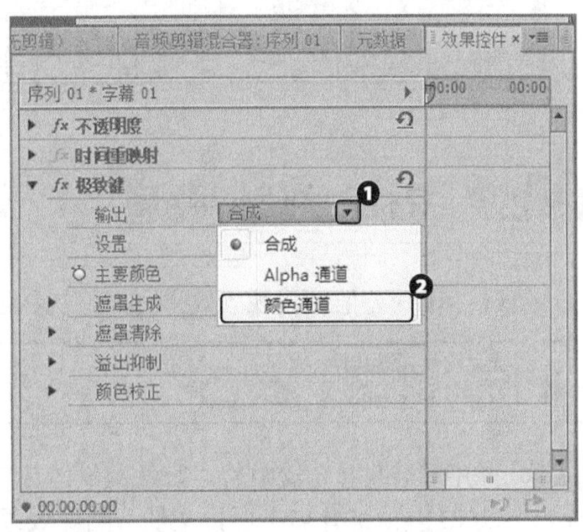

步骤 04 ❶ 单击“设置”右侧的下三角按钮，展开列表框，❷ 选择“强效”选项，如下图所示。

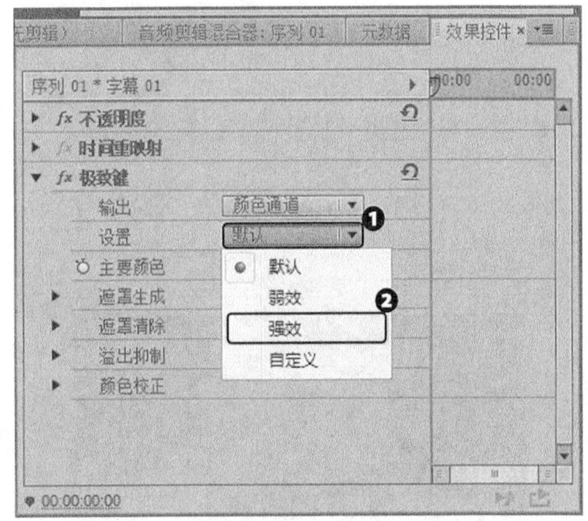

步骤 05 单击“主要颜色”右侧的颜色块，❶ 打开“拾色器”对话框，❷ 修改 RGB 参数分别为 136、19、190，❸ 单击“确定”按钮，如左下图所示。

步骤 06 即可运用极致键叠加字幕效果，在“节目监视器”面板中查看最终的图像效果，如右下图所示。

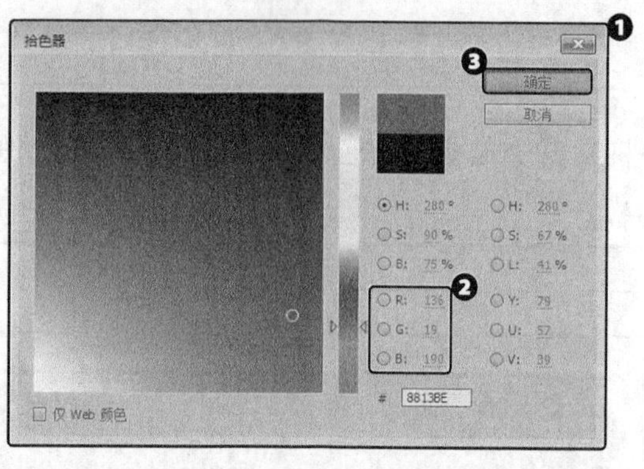

15.2.7 RGB差值键叠加

使用"RGB 差值键"视频效果可以将视频素材中的一种颜色差值做透明处理。

光盘同步视频文件
配套光盘\RGB差值键叠加.mp4

步骤01 打开本书配套光盘中的"素材 / 第 15 章 / 15.2.7 RGB 差值键叠加"项目文件，图像效果如下图所示。

步骤02 在"效果"面板中，展开"视频效果"列表框，❶ 选择"键控"选项，展开选择的选项，❷ 选择"RGB 差值键"选项，如右上图所示。

步骤03 单击鼠标并拖曳，将其添加至"视频 2"轨道的素材图像上，在"效果控件"面板中的"RGB 差值键"列表框中，修改"相似性"为 58，如右下图所示。

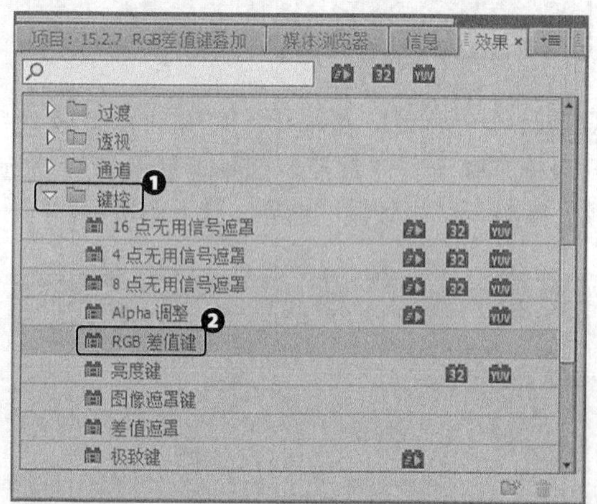

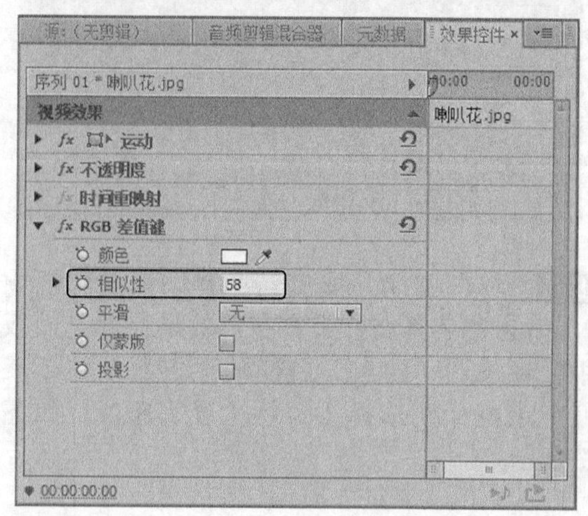

步骤 04 即可运用 RGB 差值键叠加素材图像，在“节目监视器”面板中查看最终的图像效果，如下图所示。

15.2.8 差值遮罩叠加

使用“差值遮罩”视频效果可以去除一个素材与另一个素材中相配的图像区域。

光盘同步视频文件
配套光盘\差值遮罩叠加.mp4

步骤 01 打开本书配套光盘中的“素材 / 第 15 章 / 15.2.8 差值遮罩叠加”项目文件，图像效果如下图所示。

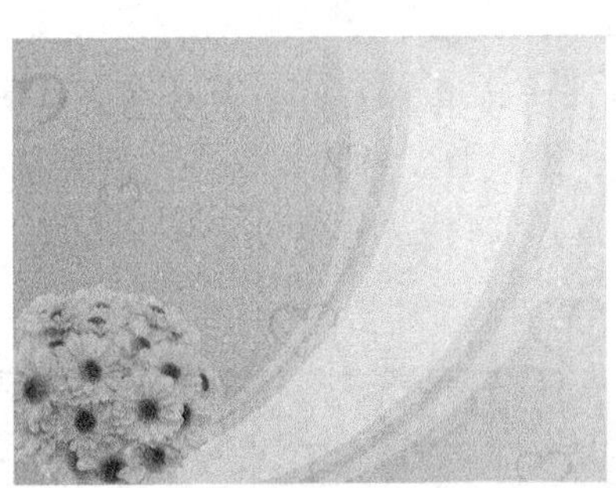

步骤 02 在“效果”面板中，展开“视频效果”列表框，❶ 选择“键控”选项，展开选择的选项，❷ 选择“差值遮罩”选项，如右上图所示。

步骤 03 单击鼠标并拖曳，将其添加至“视频 2”轨道的素材图像上，在“效果控件”面板中，❶ 单击“差值图层”右侧的下三角按钮，展开列表框，❷ 选择“视频 1”选项，如右下图所示。

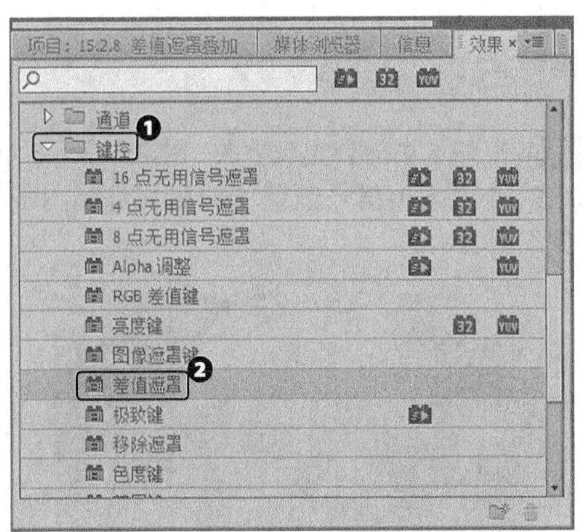

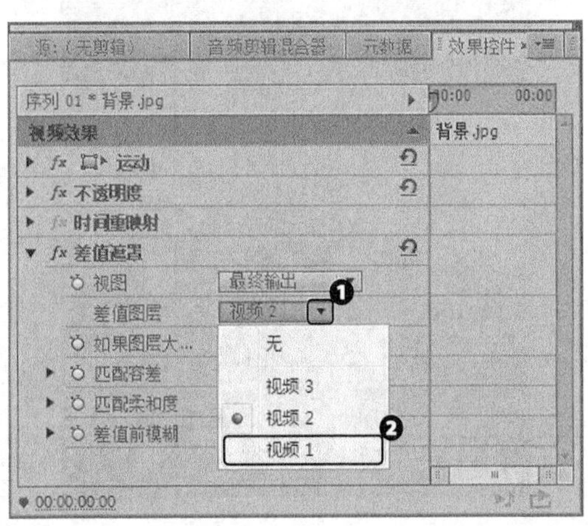

步骤04 修改❶“匹配容差”为20%、❷“匹配柔和度”为50%、❸“差值前模糊”为50%，如下图所示。

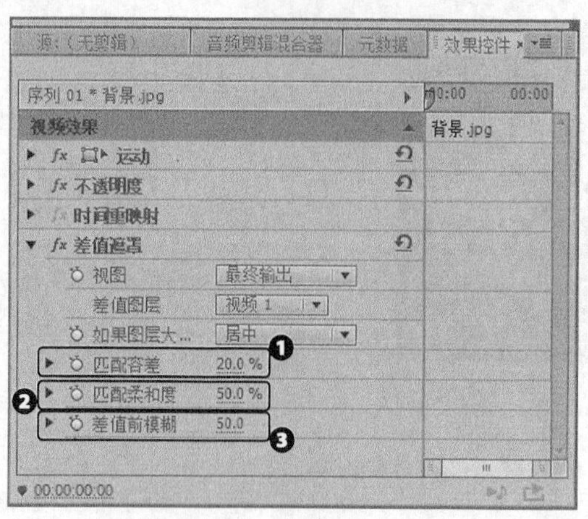

步骤05 即可运用差值遮罩叠加素材图像，在“节目监视器”面板中查看最终的图像效果，如下图所示。

15.2.9 4点无用信号遮罩

4点无用信号遮罩可以在素材画面中设定4个遮罩点，并利用这些遮罩点连成的区域来隐藏部分图像。

光盘同步视频文件
配套光盘\4点无用信号遮罩.mp4

步骤01 打开本书配套光盘中的“素材/第15章/15.2.9 4点无用信号遮罩”项目文件，图像效果如下图所示。

步骤02 在“效果”面板中，展开“视频效果”列表框，❶选择“键控”选项，展开选择的选项，❷选择“4点无用信号遮罩”选项，如下图所示。

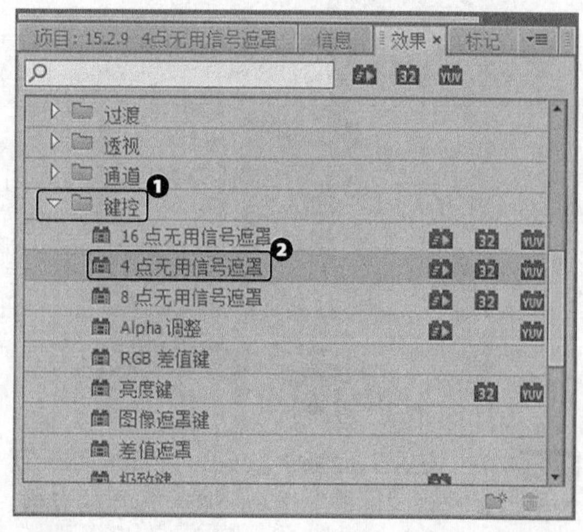

步骤03 单击鼠标并拖曳，将其添加至“视频2”轨道的素材图像上，将时间线移至00:00:00:15的位置处，如下图所示。

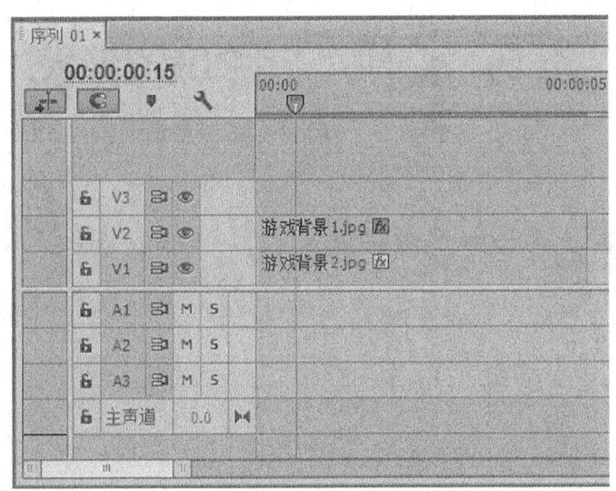

步骤 04 在“效果控件”面板中，修改❶“上右”为300和150、❷“下左”为100和200，❸添加第一组关键帧，如下图所示。

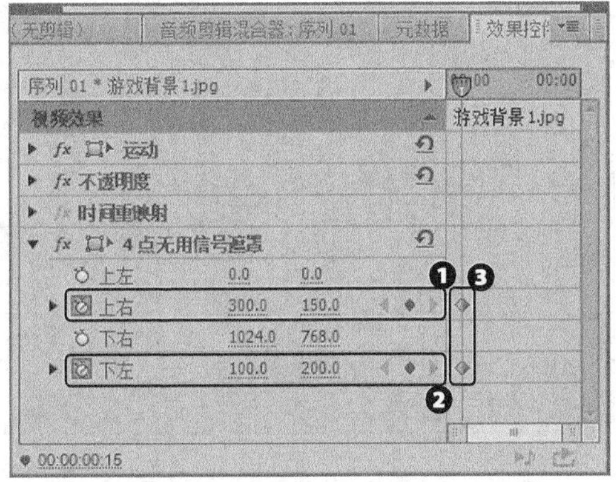

步骤 05 将时间线移至00:00:01:15的位置处，在“效果控件”面板中，修改❶“上右”为700和300、❷“下左”为20和500，❸添加第二组关键帧，如下图所示。

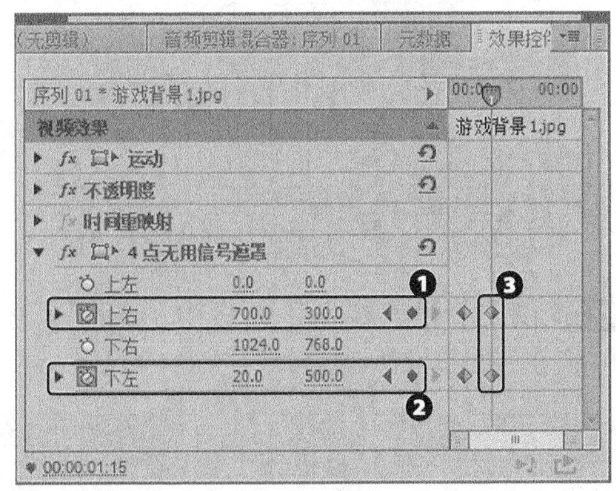

步骤 06 将时间线移至00:00:03:15的位置处，在“效果控件”面板中，修改❶“上右”为400和150、❷“下左”为300和700，❸添加第三组关键帧，如右上图所示。

步骤 07 将时间线移至00:00:04:15的位置处，在“效果控件”面板中，修改❶“上右”为150和700、❷“下左”为50和100，❸添加第四组关键帧，如右中图所示。

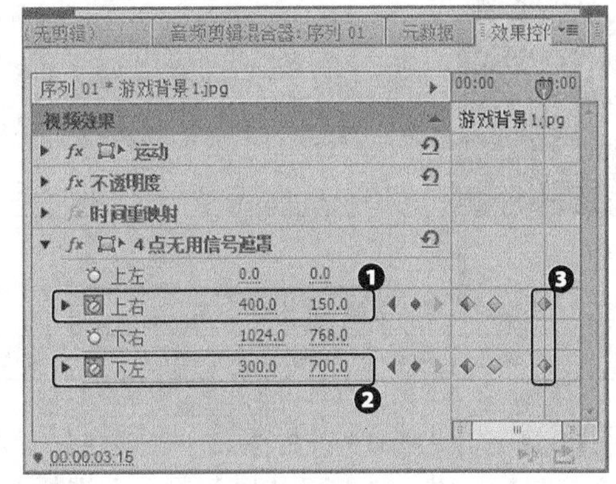

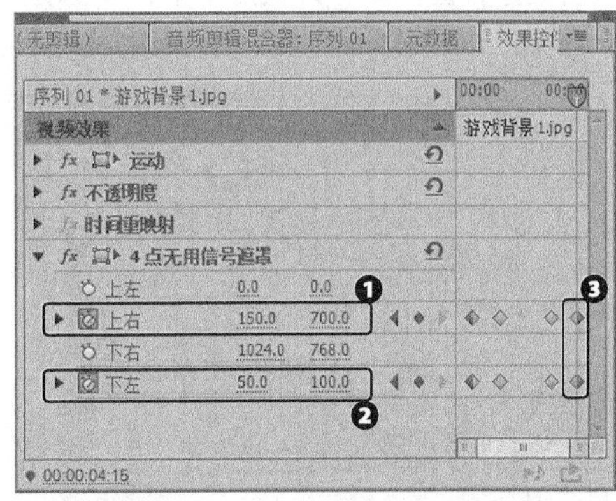

步骤 08 即可运用4点无用信号遮罩叠加素材图像，在“节目监视器”面板中，单击“播放-停止切换”按钮，预览图像叠加效果，如下图所示。

15.3 综合案例——制作"可爱宝贝"合成效果

本节教学录像时间：8分钟

在了解了前面的Alpha通道与遮罩、叠加合成效果等知识后，可以通过本实例的制作，对本章所学的知识进行融会贯通。

光盘同步视频文件

配套光盘\综合实例：制作"可爱宝贝"合成效果.mp4

步骤 01 新建项目和序列文件，在"项目"面板中单击鼠标右键，❶ 打开快捷菜单，❷ 选择"导入"选项，如下图所示。

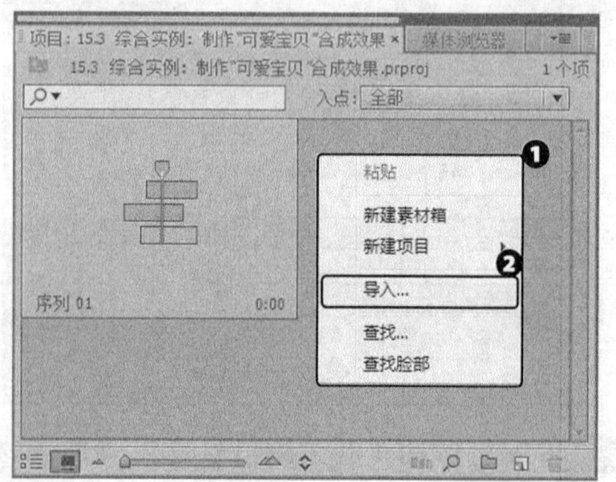

步骤 02 打开"导入"对话框，❶ 选择"可爱宝贝""可爱背景"和"鲜花"素材图像，❷ 单击"打开"按钮，如下图所示。

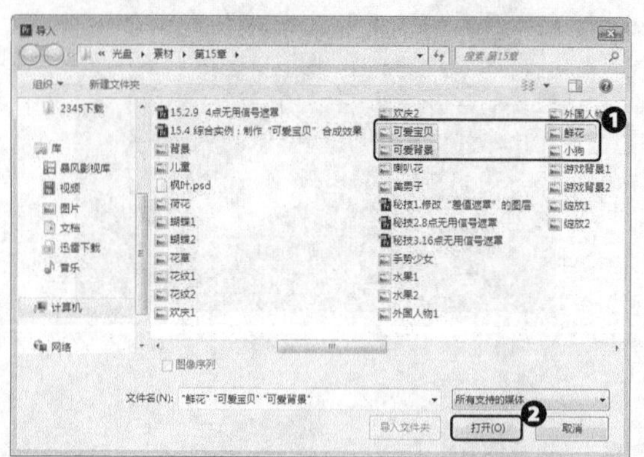

步骤 03 即可导入素材图像，并将其添加至"项目"面板中，如右上图所示。

步骤 04 在"项目"面板中，选择"可爱宝贝"素材图像，将其添加至"视频 1"轨道上，如右中图所示。

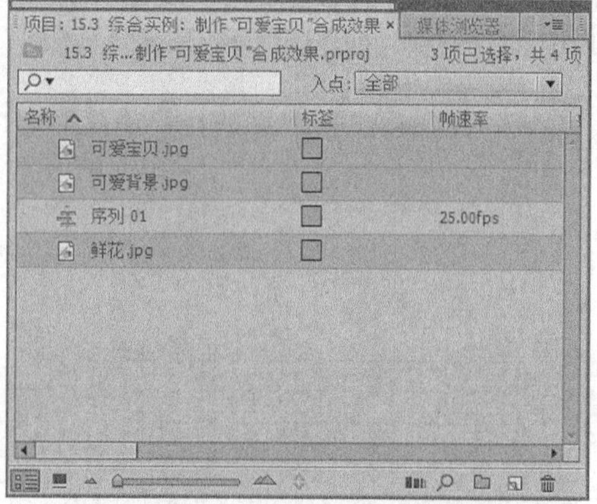

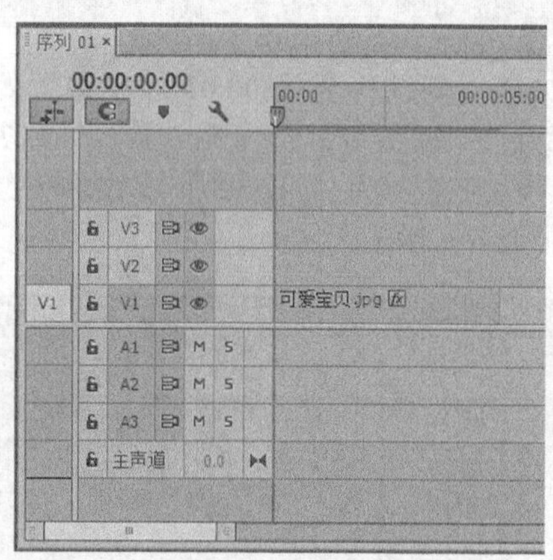

步骤 05 在"节目监视器"面板中，调整素材图像的大小，如下图所示。

步骤 06 在"项目"面板中，选择"可爱背景"素材图像，将其添加至"视频 2"轨道上，并调整其长度，如下图所示。

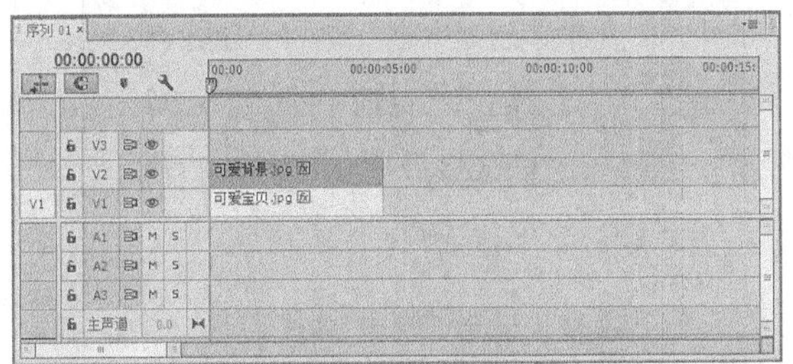

步骤 07 在"节目监视器"面板中，调整素材图像的大小，如下图所示。

步骤 08 在"效果"面板中，展开"视频效果"列表框，❶ 选择"键控"选项，展开选择的选项，❷ 选择"亮度键"选项，如下图所示。

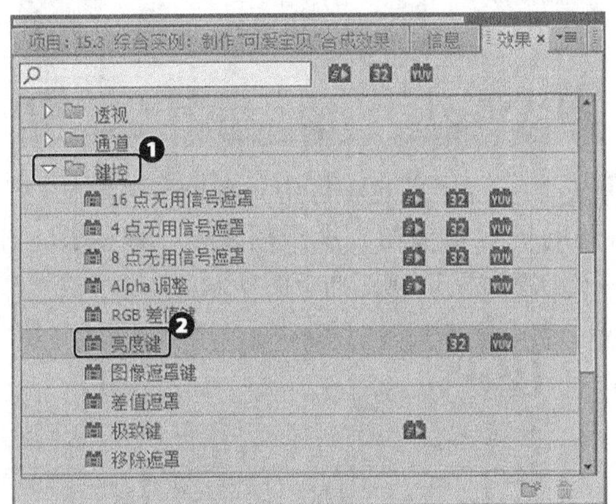

步骤 09 单击鼠标并拖曳，将其添加至"视频 2"轨道的素材图像上，其图像效果如下图所示。

步骤 10 在"效果控件"面板的"亮度键"列表框中，修改 ❶"阈值"为 0%、❷"屏蔽度"为 70%，如下图所示。

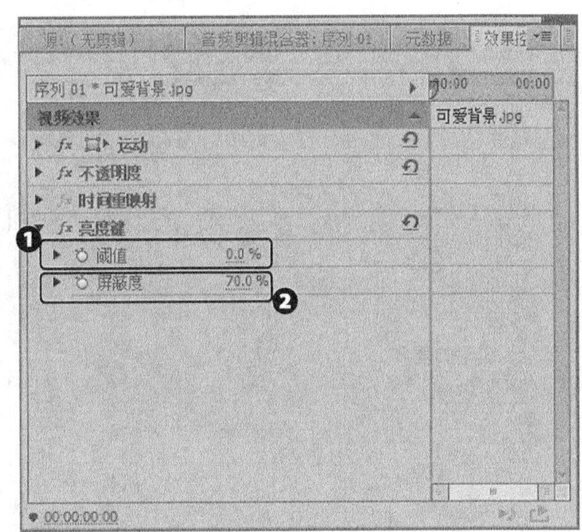

步骤 11 即可运用亮度键透明叠加图像，在"节目监视器"面板中查看素材图像效果，如下图所示。

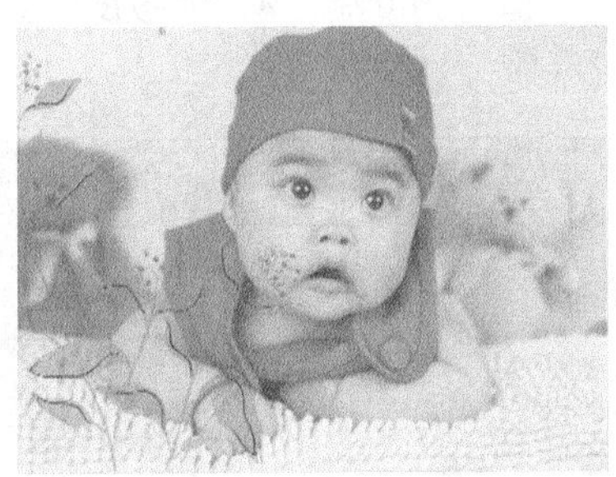

步骤 12 在"项目"面板中，选择"鲜花"素材图像，将其添加至"视频 3"轨道上，并调整其长度，如下图所示。

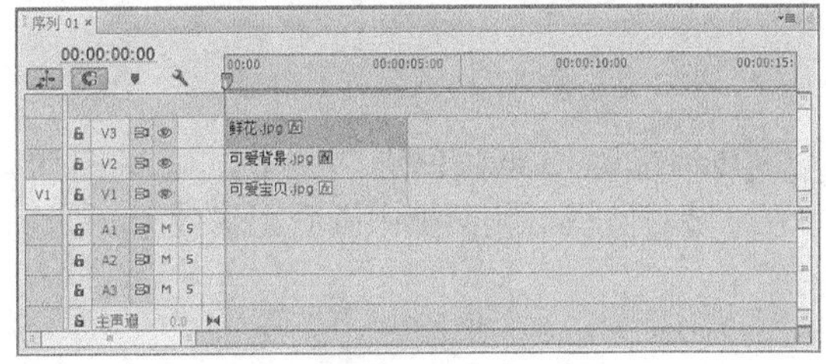

步骤 13 在"节目监视器"面板中，调整素材图像的大小和位置，如下图所示。

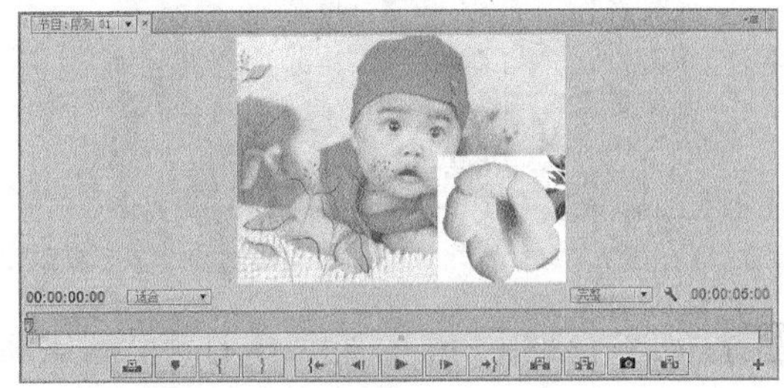

步骤 14 在“效果”面板中，展开“视频效果”列表框，选择“键控”选项，展开选择的选项，选择“非红色键”选项，如下图所示。

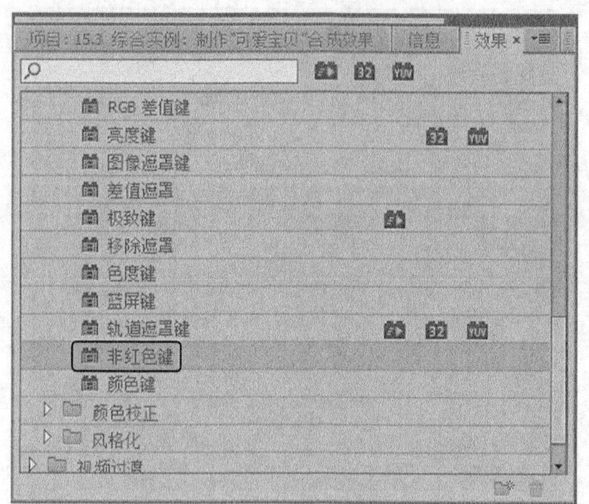

步骤 15 单击鼠标并拖曳，将其添加至“视频 3”轨道的素材图像上，在“效果控件”面板中，修改 ❶“阈值”为 0%、❷“屏蔽度”为 1.5%，如下图所示。

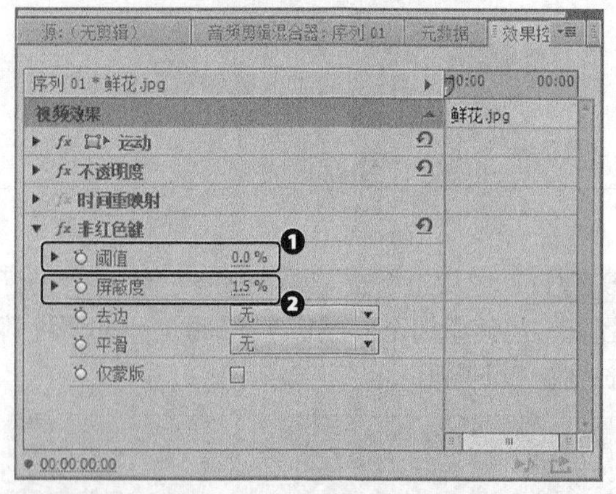

步骤 16 即可运用非红色键透明叠加素材图像，并在“节目监视器”面板中查看图像效果，如下图所示。

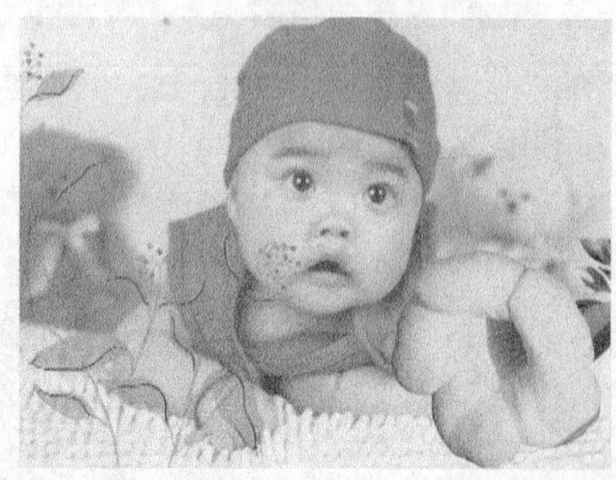

步骤 17 按快捷键【Ctrl + T】，❶ 打开“新建字幕”对话框，保持默认设置，❷ 单击“确定”按钮，如下图所示。

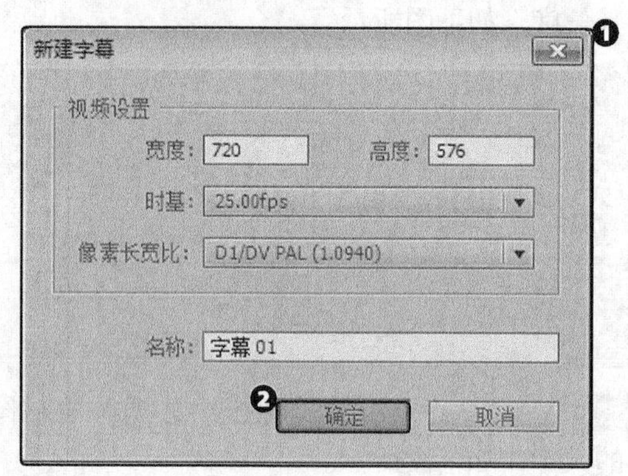

步骤 18 打开“字幕”窗口，在“字幕工具”面板中单击“文字工具”按钮，输入文字“可爱宝贝”，如下图所示。

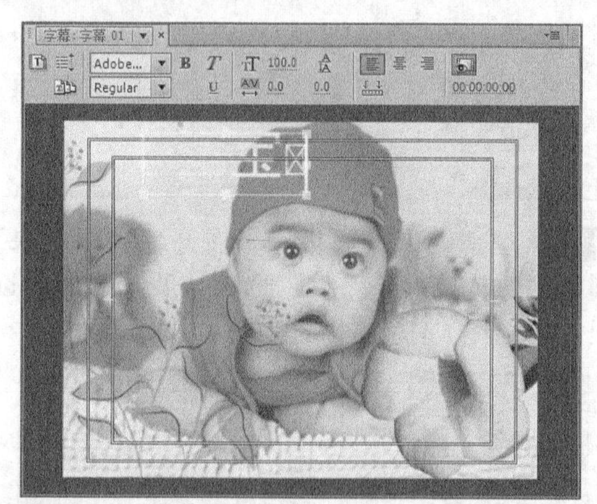

步骤 19 在“属性”选项区中，❶ 单击“字体系列”右侧的下三角按钮，展开列表框，❷ 选择“楷体 _GB2312”选项，如下图所示。

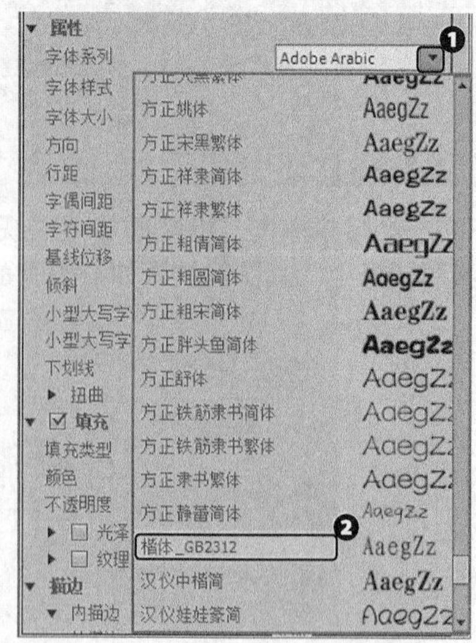

步骤 20 ❶ 修改“字体大小”为 80，❷ 单击“颜色”右侧的颜色块，如下图所示。

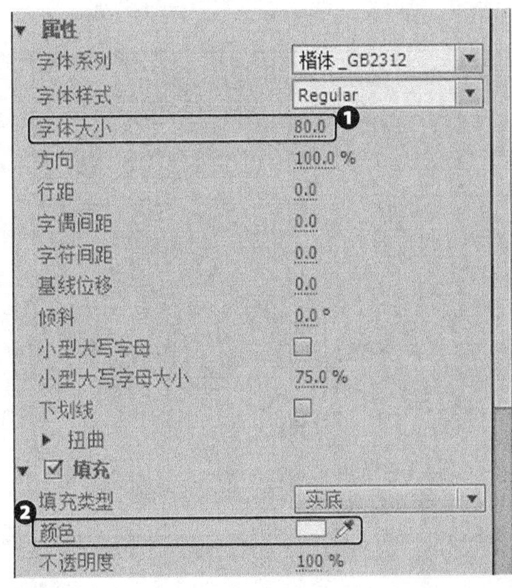

步骤 21 打开“拾色器”对话框，❶ 修改 RGB 参数分别为 130、253、86，❷ 单击“确定”按钮，如下图所示。

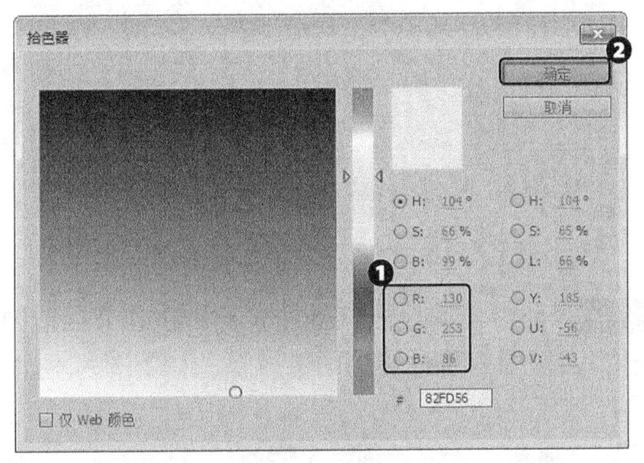

步骤 22 在“描边”选项区中，❶ 添加一个“外描边”链接，❷ 修改“大小”为 3，如下图所示。

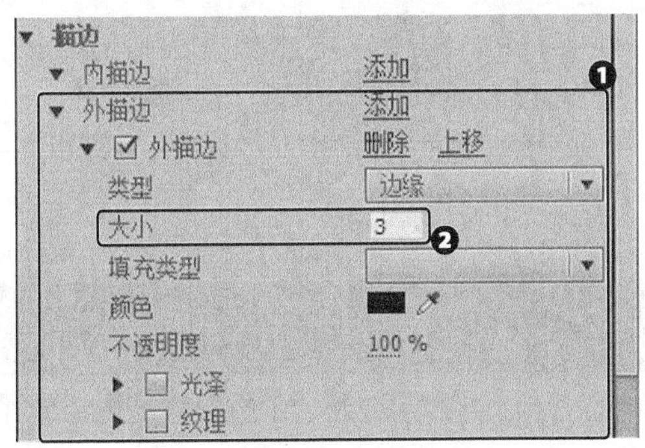

步骤 23 ❶ 单击“填充类型”右侧的下三角按钮，展开列表框，❷ 选择“线性渐变”选项，如下图所示。

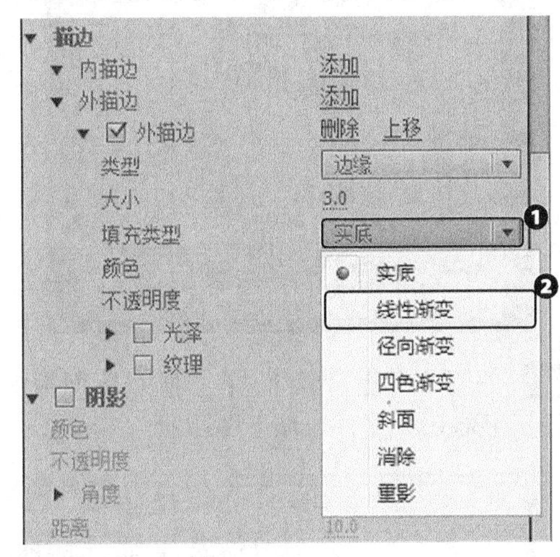

步骤 24 单击左侧的颜色块，❶ 打开“拾色器”对话框，❷ 修改 RGB 参数分别为 234、85 和 0，❸ 单击“确定”按钮，如下图所示。

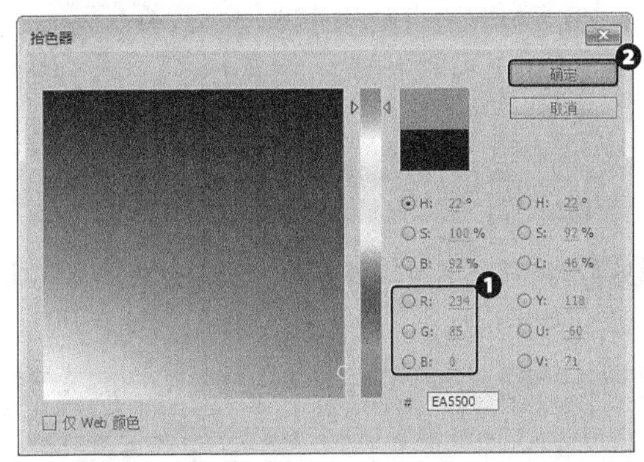

步骤 25 在“阴影”选项区中，❶ 勾选“阴影”复选框，❷ 修改各参数，如下图所示。

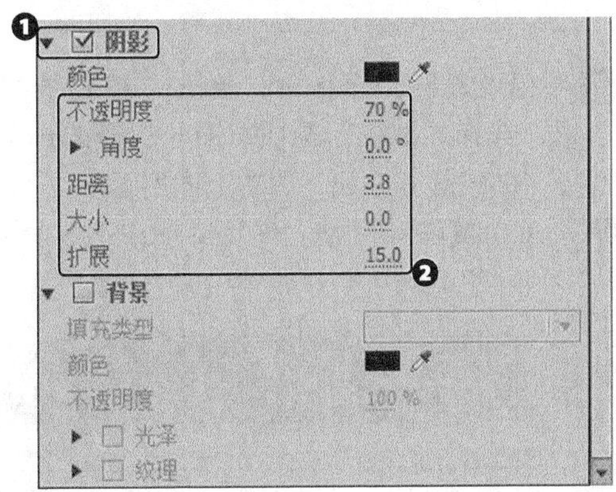

步骤 26 完成字体属性的修改，在“字幕”面板中，调整文字的位置，如下图所示。

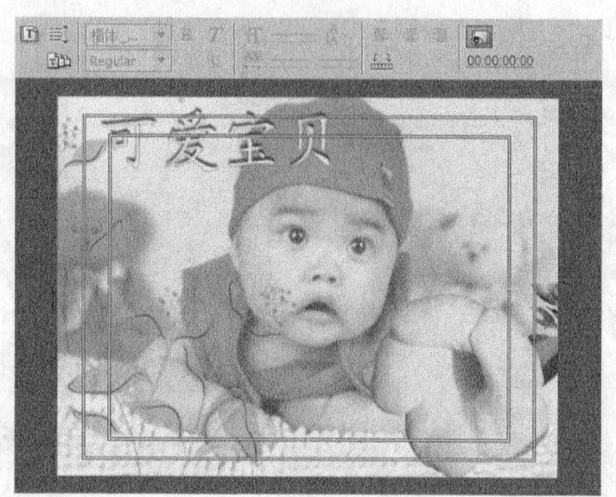

步骤27关闭“字幕”窗口，在“项目”面板中，选择“字幕 01”文件，如下图所示。

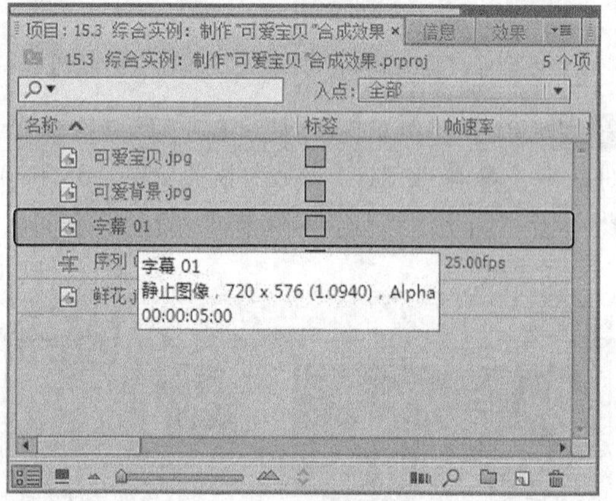

步骤28将其添加至“视频 4”轨道上，并调整其长度，如下图所示。

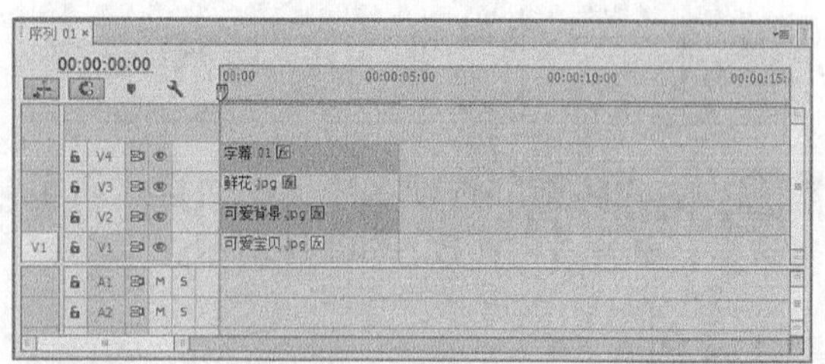

步骤29在“效果”面板中，展开“视频效果”列表框，选择“键控”选项，展开选择的选项，并选择“极致键”选项，如右上图所示。

步骤30单击鼠标并拖曳，将其添加至“视频 4”轨道的字幕文件上，在“效果控件”面板中，❶ 单击“设置”右侧的下三角按钮，展开列表框，选择“强效”选项，如右中图所示。

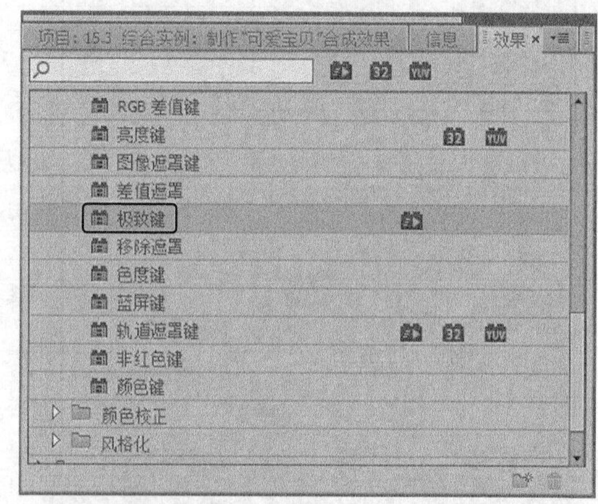

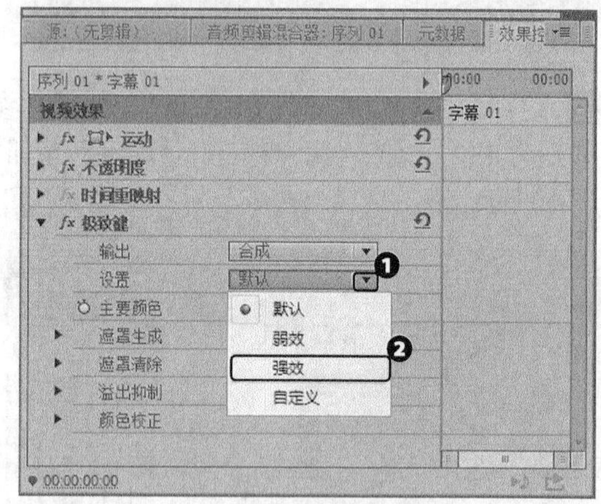

步骤31即可使用极致键叠加字幕，在“节目监视器”面板中查看最终的图像效果，如下图所示。

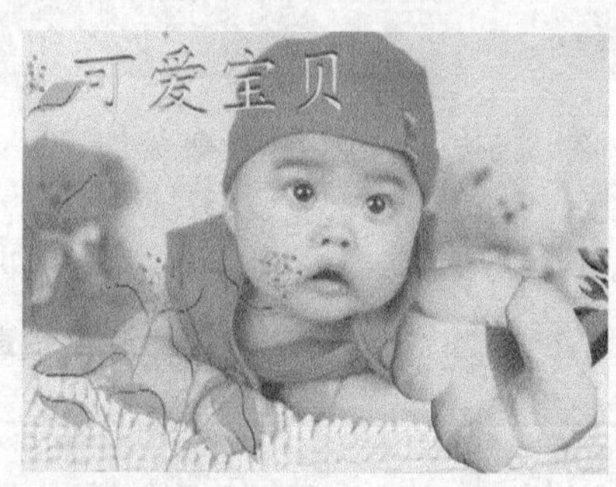

高手支招

本节教学录像时间：9分钟

通过对前面知识的学习，相信读者朋友已经掌握好视频画面的叠加与合成技巧。下面结合本章内容，给大家介绍一些实用技巧。

修改“差值遮罩”的图层

在进行差值遮罩图像时，可以对“差值图层”选项进行修改。

	光盘同步视频文件
	配套光盘\秘技1. 修改“差值遮罩”的图层.mp4

步骤 01 打开本书配套光盘中的“素材/第15章/秘技1. 修改‘差值遮罩’的图层”项目文件，如下图所示。

步骤 02 选择“视频2”轨道上的素材图像，如下图所示。

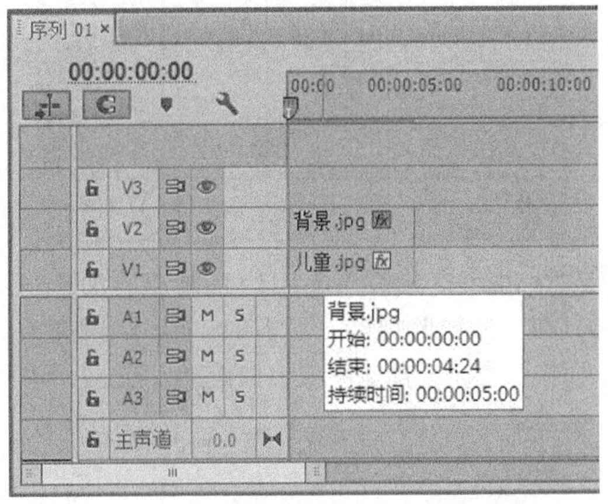

步骤 03 在“效果控件”面板中，❶ 单击“差值图层”右侧的下三角按钮，展开列表框，❷ 选择“视频3”选项，如下图所示。

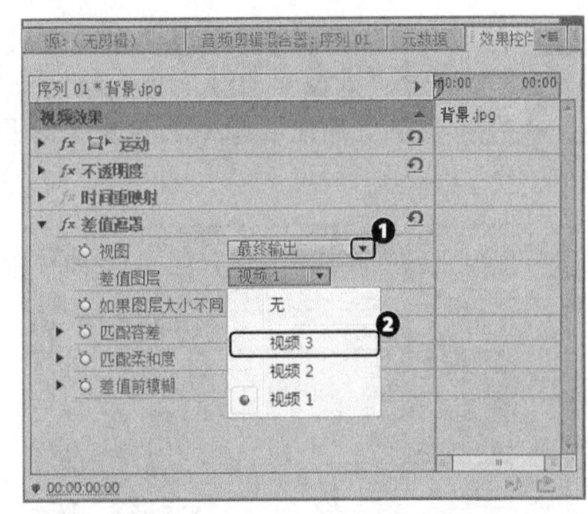

步骤 04 即可修改“差值遮罩”的图层，得到最终的图像效果，如下图所示。

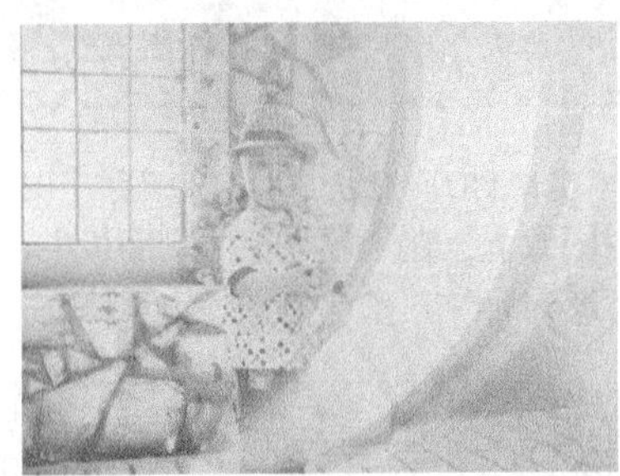

8点无用信号遮罩

8点无用信号遮罩与4点无用信号遮罩的作用一样，该效果包含了4点无用信号遮罩特效的所有遮罩点，并增加了4个调节点。

	光盘同步视频文件
	配套光盘\秘技2. 8点无用信号遮罩.mp4

步骤 01 打开本书配套光盘中的“素材/第15章/秘技2. 8点无用信号遮罩”项目文件，如右图及下图所示。

步骤 02 在“效果”面板中，展开“视频效果”列表框，❶ 选择“键控”选项，展开选择的选项，❷ 选择“8 点无用信号遮罩”选项，如下图所示。

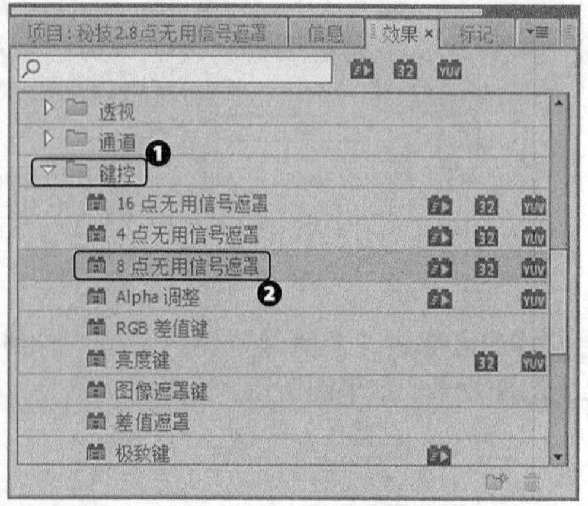

步骤 03 单击鼠标并拖曳，将其添加至“视频 2”轨道的素材图像上，在“效果控件”面板中，❶ 修改各参数，❷ 添加第一组关键帧，如下图所示。

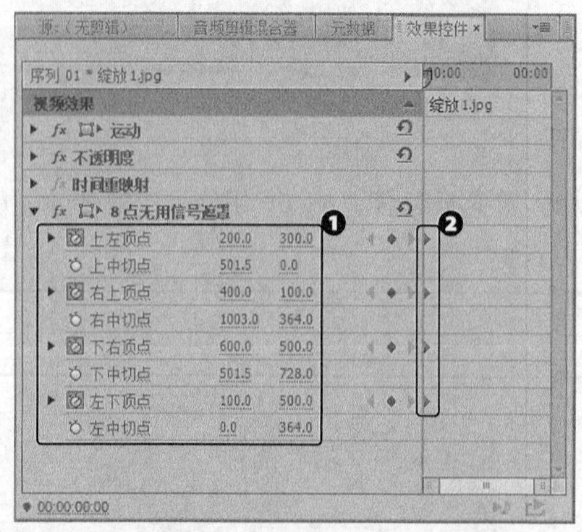

步骤 04 将时间线移至 00:00:02:00 的位置处，在“效果控件”面板中，❶ 修改各参数，❷ 添加第二组关键帧，如右上图所示。

步骤 05 将时间线移至 00:00:04:00 的位置处，在“效果控件”面板中，❶ 修改各参数，❷ 添加第三组关键帧，如右中图所示。

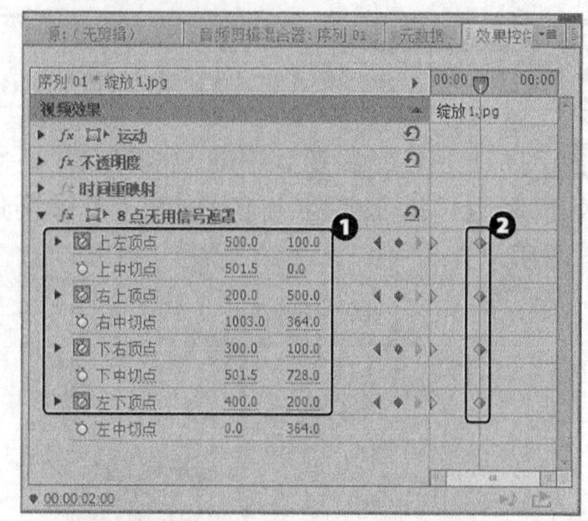

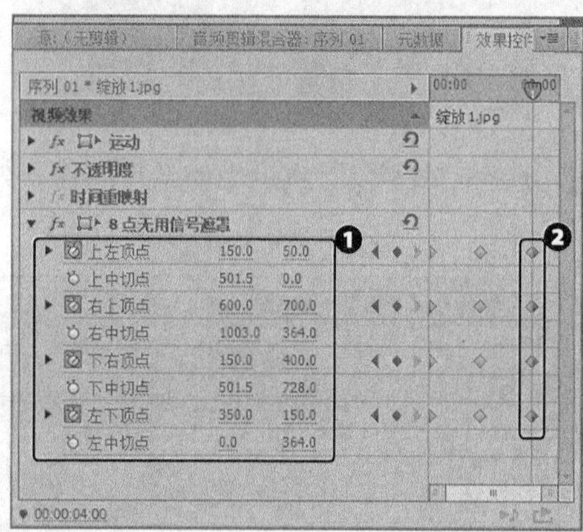

步骤 06 即可运用 8 点无用信号遮罩叠加素材图像，在“节目监视器”面板中，单击“播放 - 停止切换”按钮，预览图像叠加效果，如下图所示。

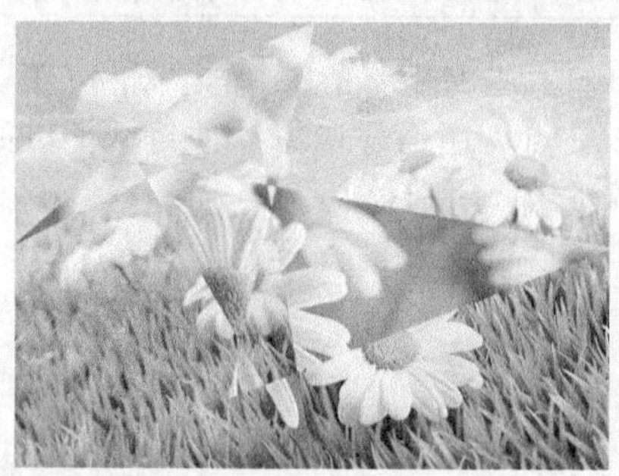

16点无用信号遮罩

16 点无用信号遮罩包含了 8 点无用信号遮罩的所有遮罩点，并在 8 点无用信号遮罩的基础上增加了 8 个遮罩点。

	光盘同步视频文件
	配套光盘\秘技3. 16点无用信号遮罩.mp4

步骤 01 打开本书配套光盘中的“素材 / 第 15 章 / 秘技 3. 16 点无用信号遮罩”项目文件，如下图所示。

步骤 02 在“效果”面板中，展开“视频效果”列表框，❶ 选择“键控”选项，展开选择的选项，❷ 选择“16 点无用信号遮罩”选项，如下图所示。

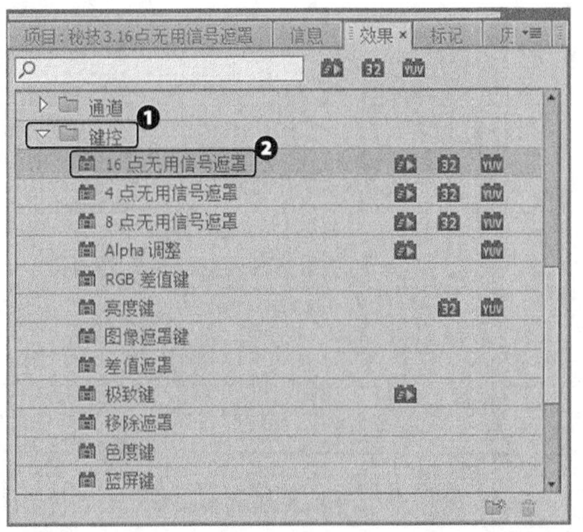

步骤 03 单击鼠标并拖曳，将其添加至“视频 2”轨道的素材图像上，在“效果控件”面板中，❶ 修改各参数，❷ 添加第一组关键帧，如下图所示。

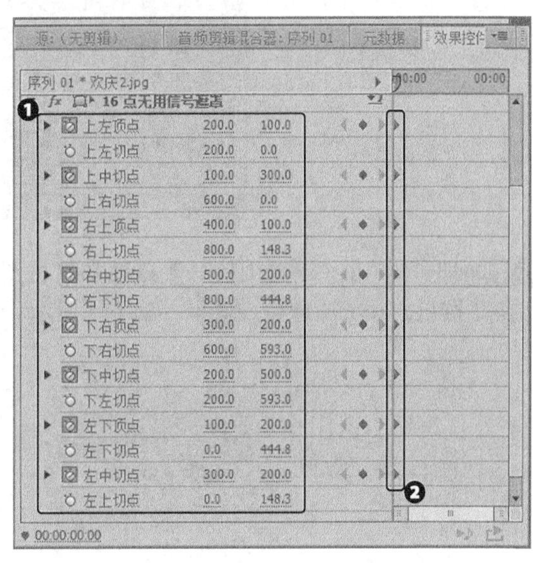

步骤 04 将时间线移至 00:00:02:00 的位置处，在“效果控件”面板中，❶ 修改各参数，❷ 添加第二组关键帧，如下图所示。

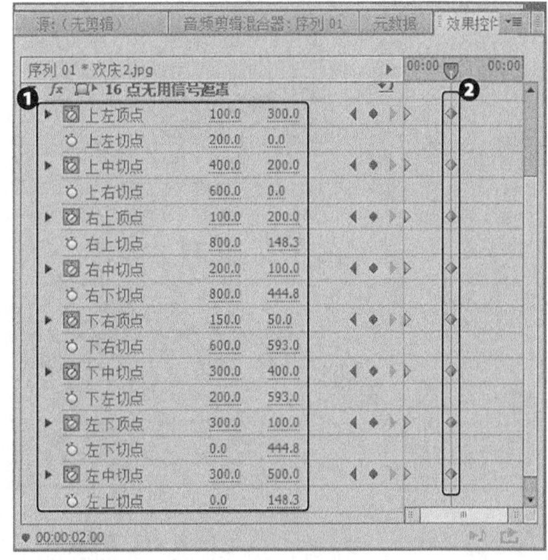

步骤 05 将时间线移至 00:00:04:00 的位置处，在“效果控件”面板中，❶ 修改各参数，❷ 添加第三组关键帧，如下图所示。

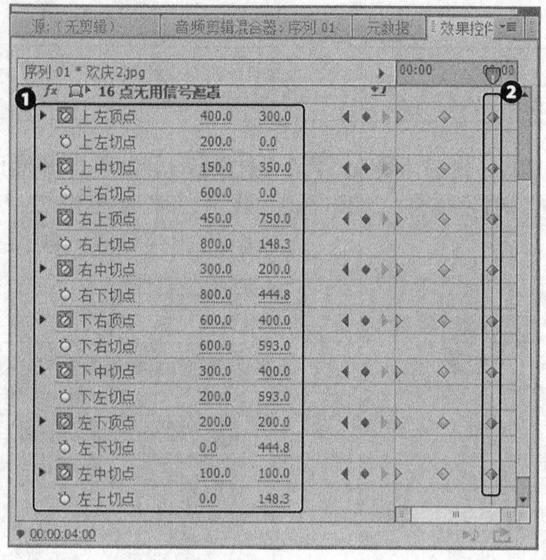

步骤 06 即可运用 16 点无用信号遮罩叠加素材图像，在“节目监视器”面板中，单击“播放 - 停止切换”按钮，预览图像叠加效果，如下图所示。

第16章 运动视频效果的应用技巧

学习目标

动态效果是指在原有的视频画面中合成或创建移动、变形和缩放等运动的效果。在制作影视视频的过程中，适当地添加一些动态效果可以增加影视节目的效果。本章主要介绍如何通过关键帧来创建影视动态效果，让画面效果更为精彩。

知识要点

- 设置运动关键帧
- 制作运动效果
- 制作“美味寿司”画中画效果

16.1 设置运动关键帧

在编辑运动路径之前，首选需要掌握运动关键帧的设置方法，包括添加关键帧、关键帧的调节、关键帧的复制和粘贴、关键帧的切换以及关键帧的删除等。

16.1.1 添加关键帧

添加关键帧是为了让影片素材形成运动效果。因此，一段运动的画面通常需要两个以上的关键帧。添加关键帧的方法是：首先展开“效果控件”面板，并单击面板中相应特效属性左侧的“切换动画”按钮，此时系统将为特效添加第一个关键帧，如下图所示。

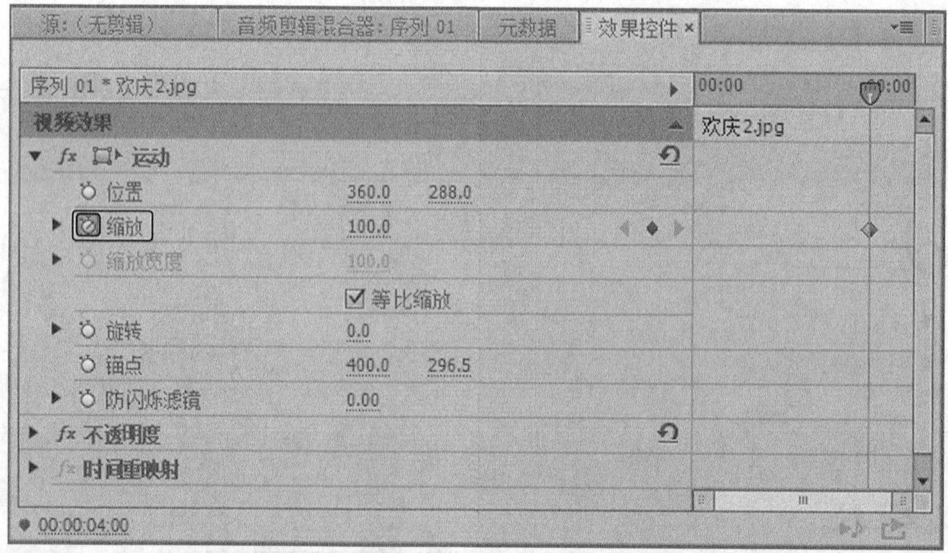

16.1.2 关键帧的调节

添加完一个运动关键帧后，任何时候都可以重新访问这个关键帧并进行调节，适当地调节关键帧的位置和属性，可以使运动效果更加流畅。

调节关键帧的方法有以下两种。

- 在“效果控件”面板中，选择需要调节的关键帧，单击鼠标左键将其拖曳至合适位置，即可完成关键帧的调节，如下图所示。

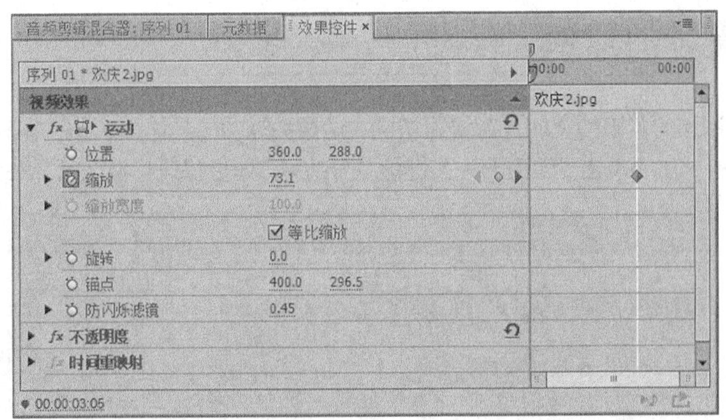

- 在“时间轴”面板中，选择需要调节的关键帧，不仅可以调整其位置，同时可以调节其参数的变化。当用户向上拖曳关键帧时，对应参数将增加；反之向下拖曳关键帧时，则对应参数将减少。如下图所示。

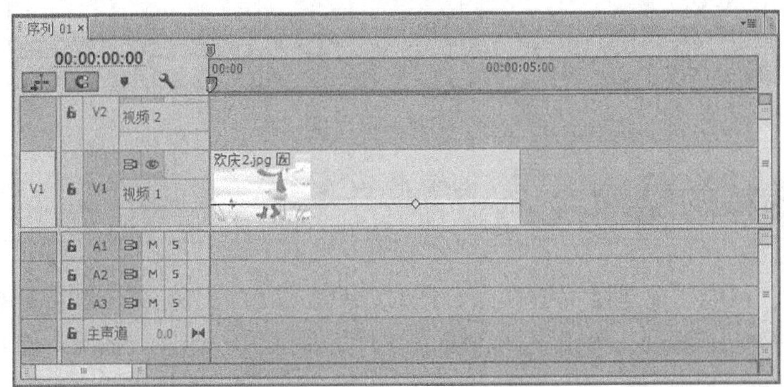

16.1.3 关键帧的复制和粘贴

在编辑关键帧的过程中，可以将一个关键帧点复制粘贴到时间线中的另一位置，粘贴的关键帧点的素材属性与原关键帧点的素材属性相同。

复制和粘贴关键帧的操作方法是：在“效果控件”面板中单击鼠标右键，打开快捷菜单，选择“复制”选项，如左下图所示，在“效果控件”面板中单击鼠标右键，打开快捷菜单，选择“粘贴”选项，即可复制一份相同的关键帧，如右下图所示。

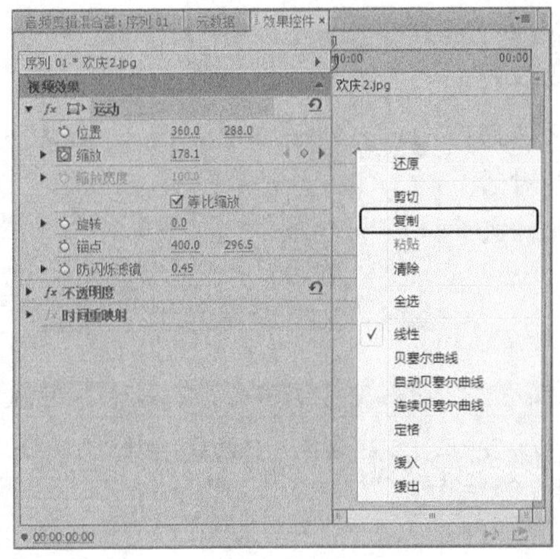

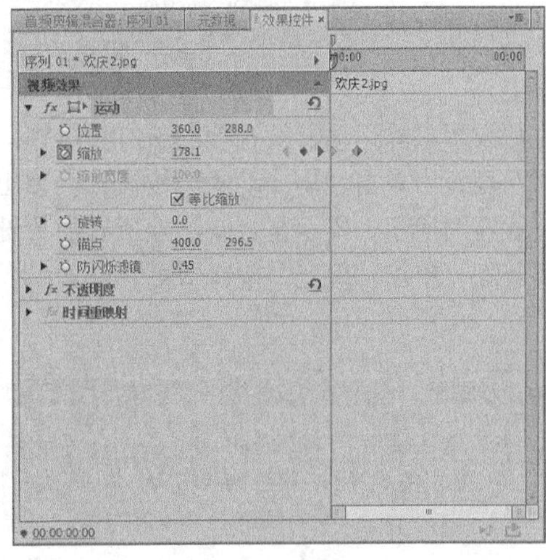

16.1.4 关键帧的切换

用户可以在已添加的关键帧之间进行快速切换。切换关键帧的具体方法是：在选择“时间轴”面板中已添加关键帧的素材后，单击“转到下一关键帧”按钮▶，即可快速切换至第二关键帧，如下图所示。

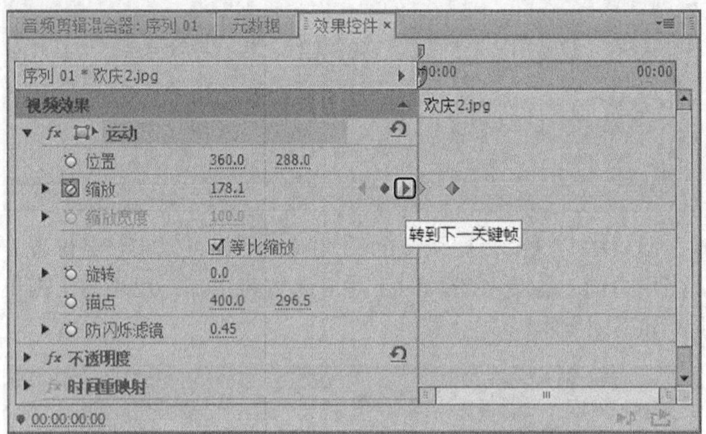

16.1.5 关键帧的删除

在编辑过程中，可能需要删除关键帧点。此时，只需简单地选择关键帧，并按【Delete】键删除即可；也可以在选择关键帧后，单击鼠标右键，打开快捷菜单，选择“清除”选项，如下图所示。

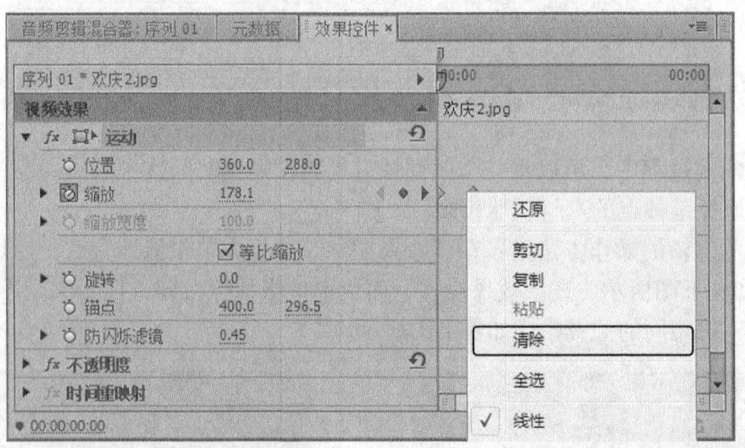

如果要删除运动特效选项的所有关键帧，可以在“效果控件”面板中单击“切换动画”按钮，会弹出“警告”对话框，如右图所示，提示是否要删除所有的关键帧。如果确实需要删除，单击“确定”按钮即可。

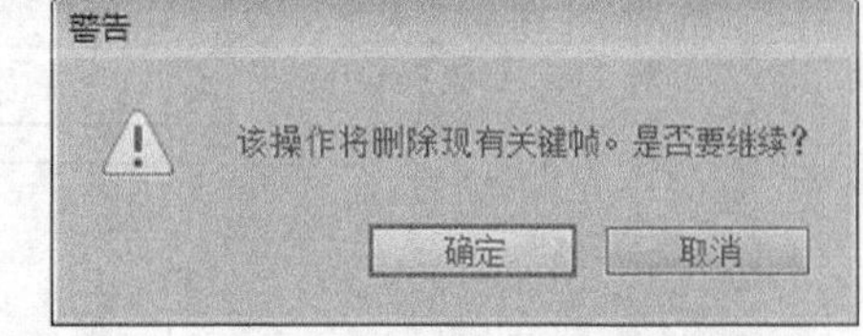

小提示

除了通过快捷菜单中的相应命令进行关键帧的复制和粘贴外，还可以在选择关键帧后，单击“编辑”➤“复制”命令，复制关键帧，在相应的位置处，单击“编辑”➤“粘贴”命令，粘贴关键帧。

16.2 制作运动效果

本节教学录像时间：17分钟

如果要创建向多个方向移动，或者在素材的持续时间内不断改变大小或旋转的运动效果，需要添加关键帧。使用关键帧可以在指定的时间内创建运动效果。本节将详细讲解制作运动效果的操作方法。

16.2.1 飞行运动效果

在制作运动特效的过程中，用户可以通过设置“位置”选项的参数得到一段镜头飞过的画面效果。

光盘同步视频文件
配套光盘\飞行运动效果.mp4

步骤 01 打开本书配套光盘中的“素材 / 第 16 章 / 16.2.1 飞行运动效果”项目文件，如下图所示。

步骤 02 在“项目”面板的空白处，单击鼠标右键，❶ 打开快捷菜单，❷ 选择“导入”选项，如下图所示。

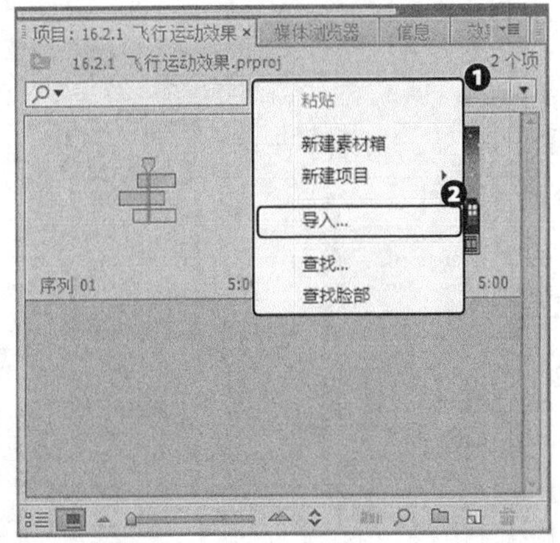

步骤 03 打开“导入”对话框，❶ 选择“流星.psd”图层文件，❷ 单击“打开”按钮，如下图所示。

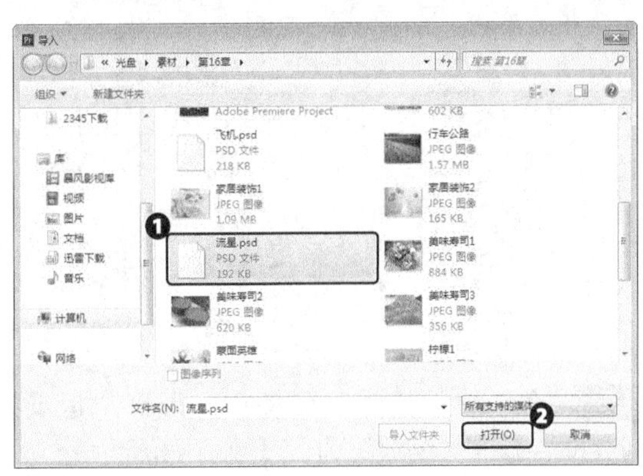

步骤 04 打开“导入分层文件：流星”对话框，单击“确定”按钮，如下图所示。

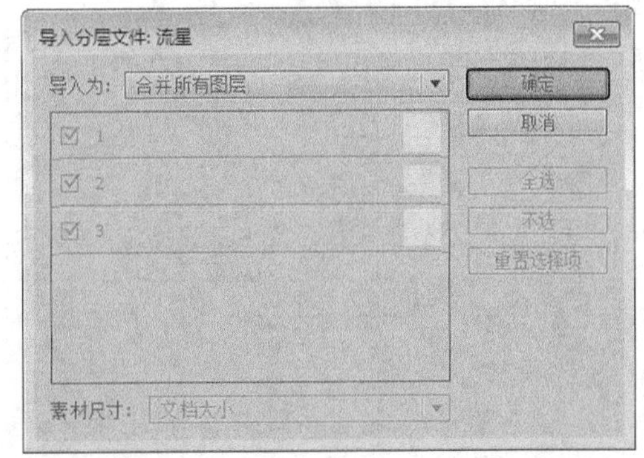

步骤 05 即可将选择的文件导入到“项目”面板中，如下图所示。

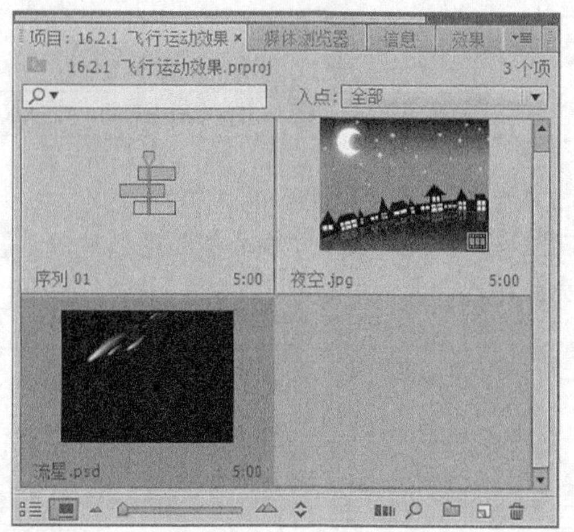

步骤06选择新导入的文件，将其添加至“视频2”轨道上，如下图所示。

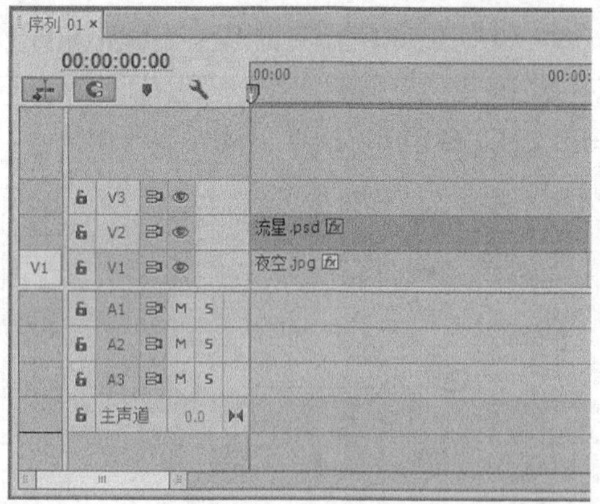

步骤07在“效果控件”面板中，展开“运动”列表框，修改“缩放”为57，如下图所示。

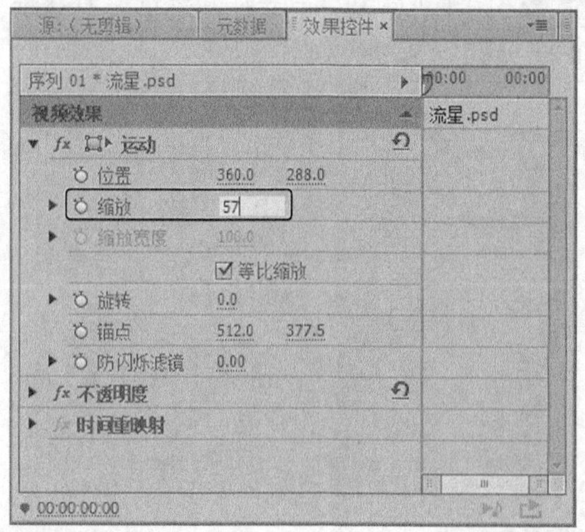

步骤08即可修改图形的大小，并查看图像效果，如下图所示。

步骤09将时间线移至00:00:00:08位置处，❶修改“位置”分别为619和220，❷添加第一组关键帧，如下图所示。

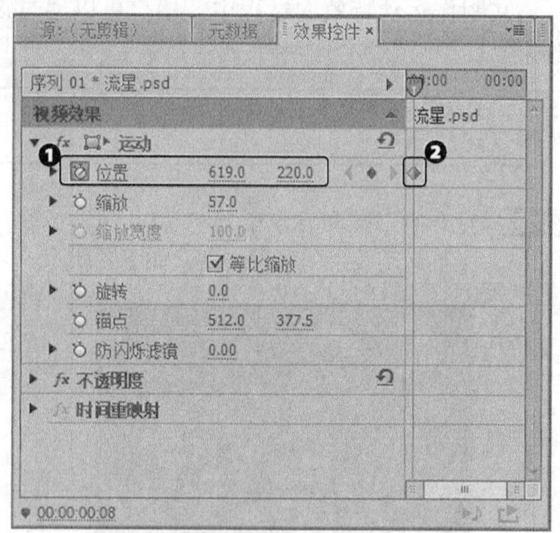

步骤10将时间线移至00:00:01:08位置处，❶修改“位置”分别为500和300，❷添加第二组关键帧，如下图所示。

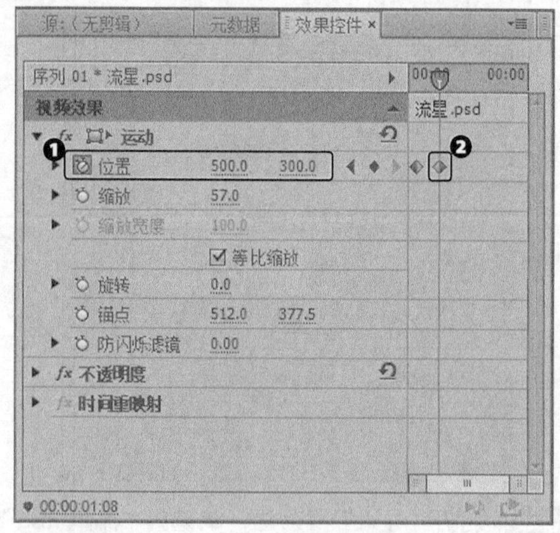

步骤 11 将时间线移至 00:00:02:08 位置处，❶ 修改“位置”分别为 350 和 450，❷ 添加第三组关键帧，如下图所示。

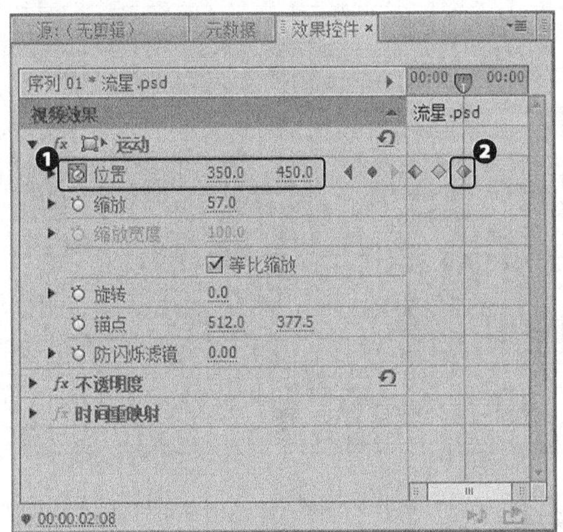

步骤 12 将时间线移至 00:00:03:08 位置处，❶ 修改“位置”分别为 200 和 700，❷ 添加第四组关键帧，如下图所示。

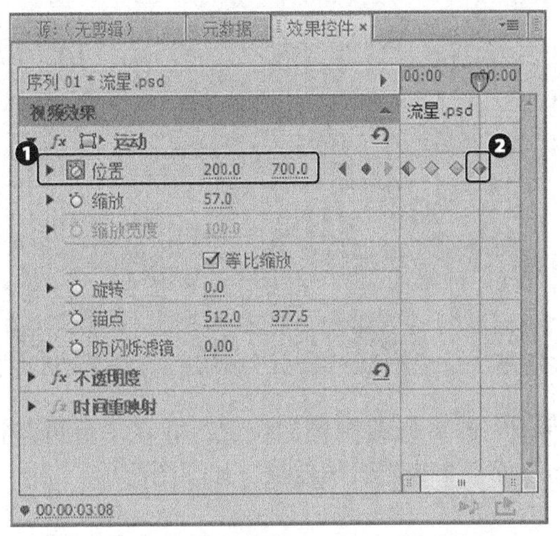

步骤 13 将时间线移至 00:00:04:08 位置处，❶ 修改“位置”分别为 100 和 900，❷ 添加第五组关键帧，如下图所示。

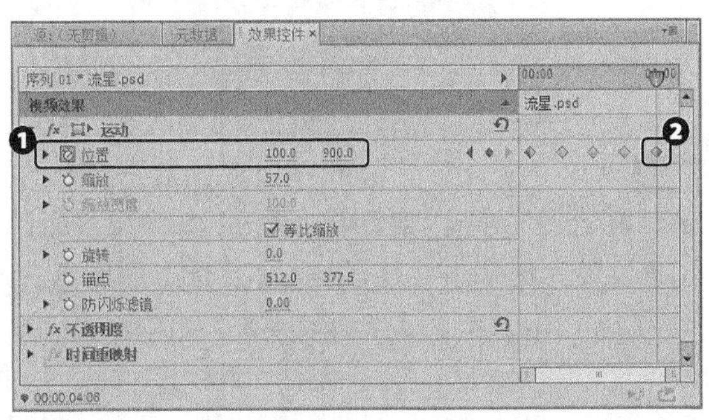

步骤 14 完成飞行运动效果的制作，在“节目监视器”面板中，单击“播放 - 停止切换”按钮，预览图像运动效果，如下图所示。

16.2.2 缩放运动效果

使用缩放运动效果，素材图像会以从小到大或从大到小的形式展现在用户的眼前。

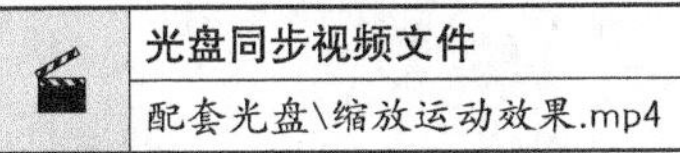

光盘同步视频文件

配套光盘\缩放运动效果.mp4

步骤 01 打开本书配套光盘中的“素材 / 第 16 章 /16.2.2　缩放运动效果”项目文件，如下图所示。

步骤 02 在“项目”面板的空白处，双击鼠标左键，❶ 打开“导入”对话框，❷ 选择“柠檬 .psd”图形文件，❸ 单击“打开”按钮，如下图所示。

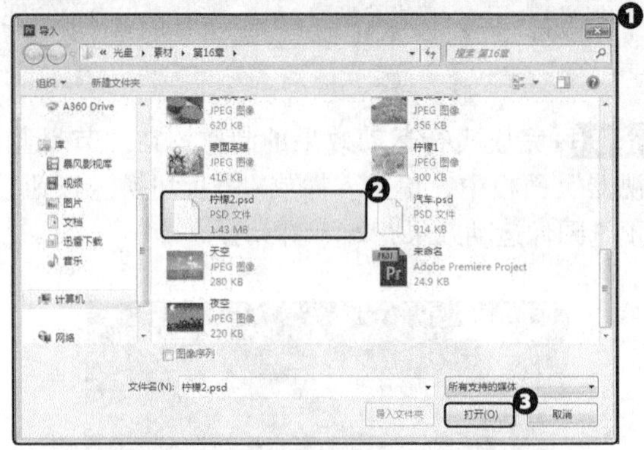

步骤 03 打开“导入分层文件：柠檬 2”对话框，单击“确定”按钮，如下图所示。

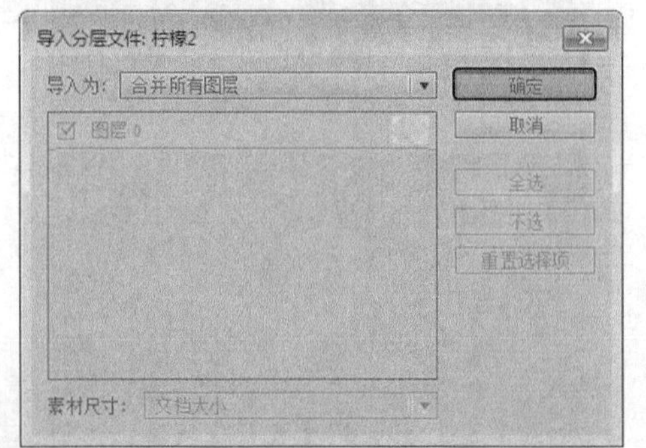

步骤 04 即可将选择的文件导入到“项目”面板中，如下图所示。

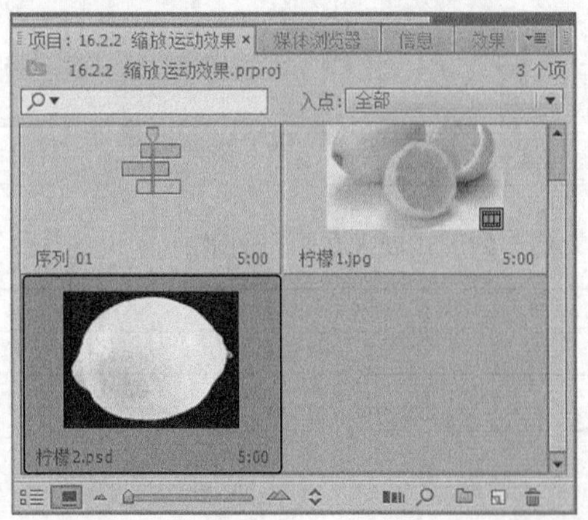

步骤 05 选择新导入的文件，将其添加至“视频 2”轨道上，如下图所示。

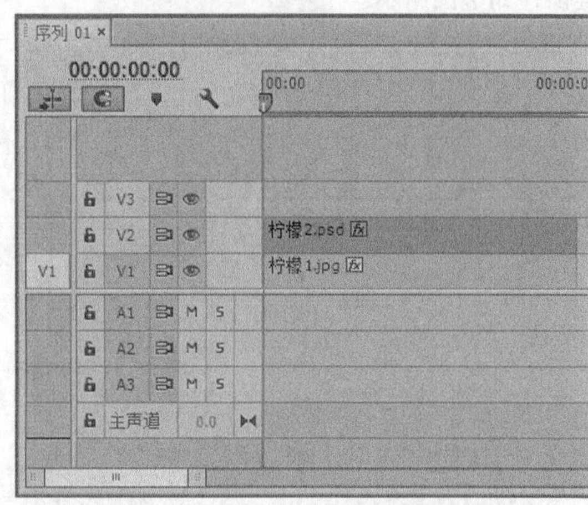

步骤 06 在“效果控件”面板中的“运动”列表框中，修改“位置”为 139 和 432，如下图所示。

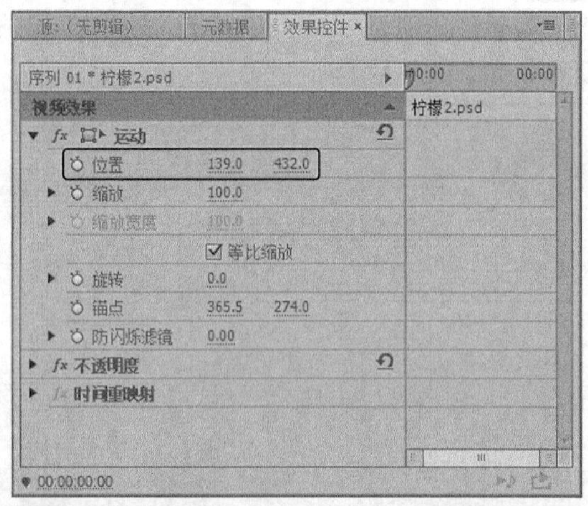

步骤 07 即可修改图像的位置，并在“节目监视器”面板中查看图像效果，如下图所示。

步骤 08 在“效果控件”面板中，❶ 单击“缩放”前的“切换动画”按钮，❷ 添加第一组关键帧，如下图所示。

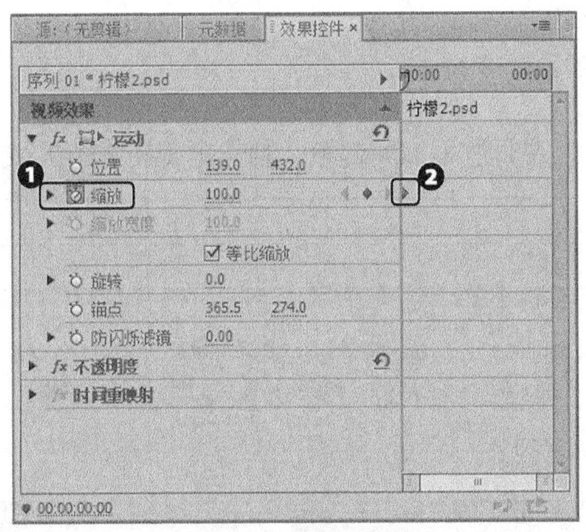

步骤 09 将时间线移至 00:00:01:00 的位置处，在“效果控件”面板中，❶ 修改“缩放”为 70，❷ 添加第二组关键帧，如下图所示。

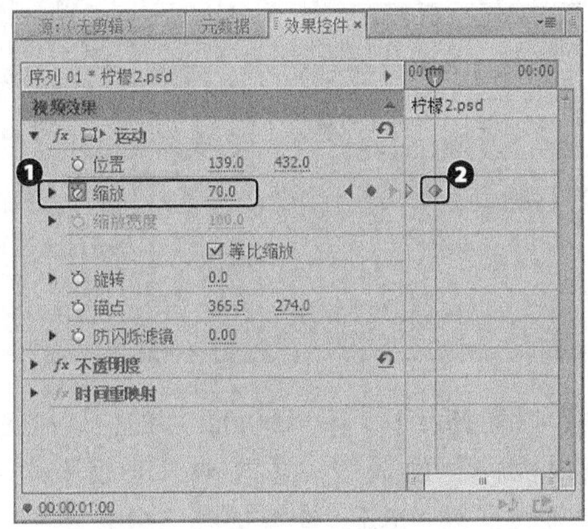

步骤 10 将时间线移至 00:00:02:00 的位置处，在“效果控件”面板中，❶ 修改“缩放”为 50，❷ 添加第三组关键帧，如下图所示。

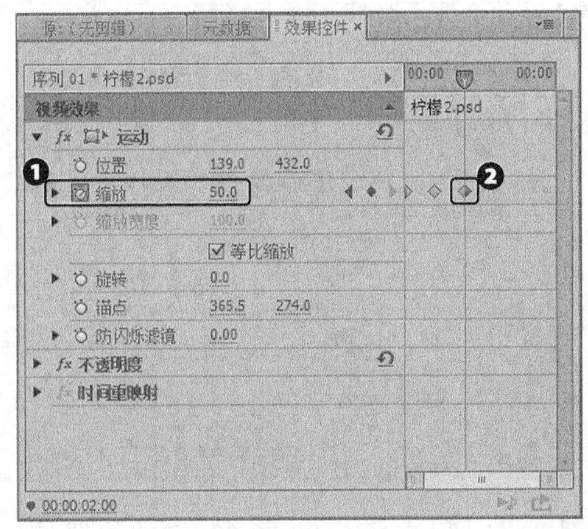

步骤 11 将时间线移至 00:00:03:00 的位置处，在“效果控件”面板中，❶ 修改“缩放”为 40，❷ 添加第四组关键帧，如下图所示。

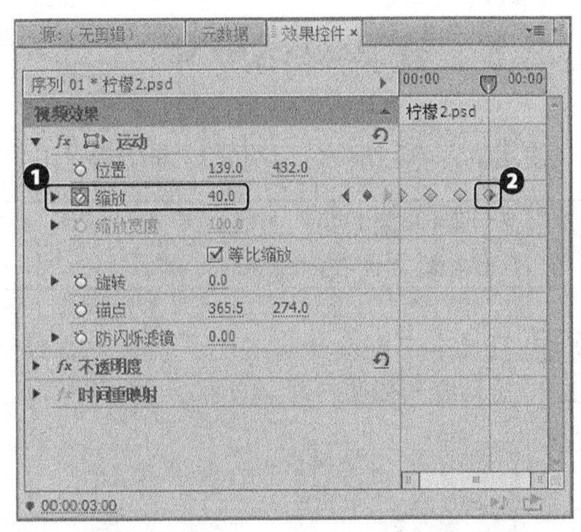

步骤 12 将时间线移至 00:00:04:00 的位置处，在“效果控件”面板中，❶ 修改“缩放”为 30，❷ 添加第五组关键帧，如下图所示。

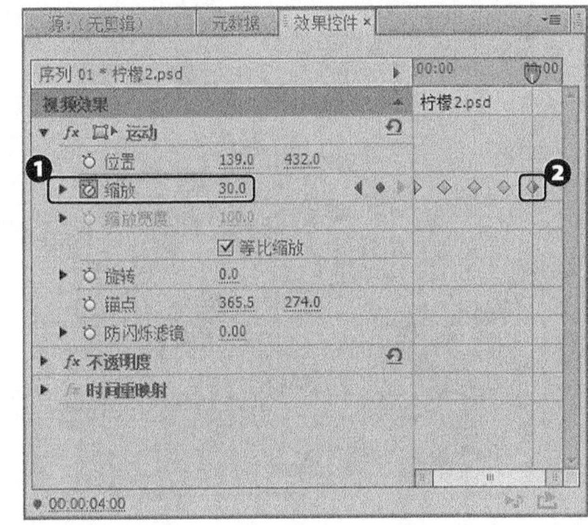

步骤 13 完成缩放运动效果的制作，在“节目监视器”面板中，单击“播放 - 停止切换”按钮，预览图像运动效果，如下图所示。

16.2.3 旋转降落效果

使用“旋转”选项可以将素材围绕指定的轴进行旋转，并通过添加关键帧，制作出旋转降落的效果。

光盘同步视频文件
配套光盘\旋转降落效果.mp4

步骤 01 打开本书配套光盘中的“素材 / 第 16 章 / 16.2.3 旋转降落效果”项目文件，如下图所示。

步骤 02 将时间线移至 00:00:00:00 的位置处，在“效果控件”面板中，修改❶“缩放”为 120、❷“旋转”为 0%，❸添加第一组关键帧，如下图所示。

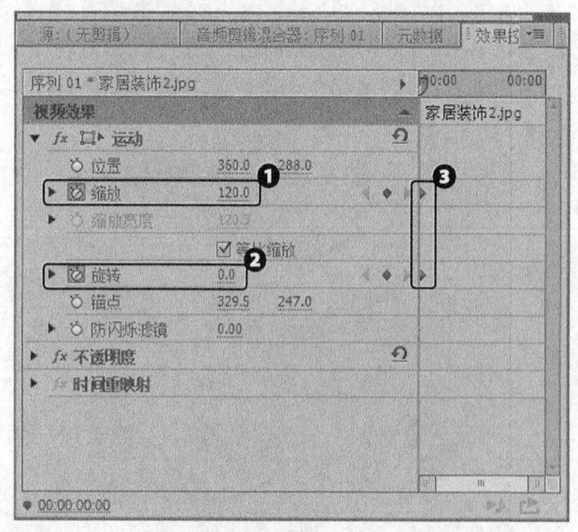

步骤 03 将时间线移至 00:00:01:00 的位置处，在“效果控件”面板中，修改❶“缩放”为 70、❷“旋转”为 60%，❸添加第二组关键帧，如下图所示。

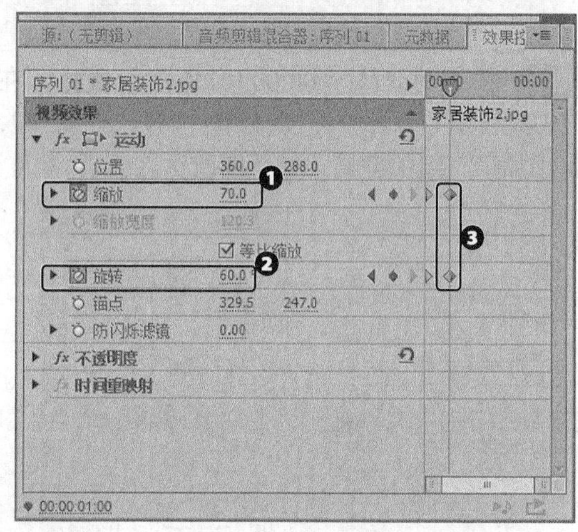

步骤 04 将时间线移至 00:00:02:00 的位置处，在“效果控件”面板中，修改❶“缩放”为 40、❷“旋转”为 120%，❸添加第三组关键帧，如下图所示。

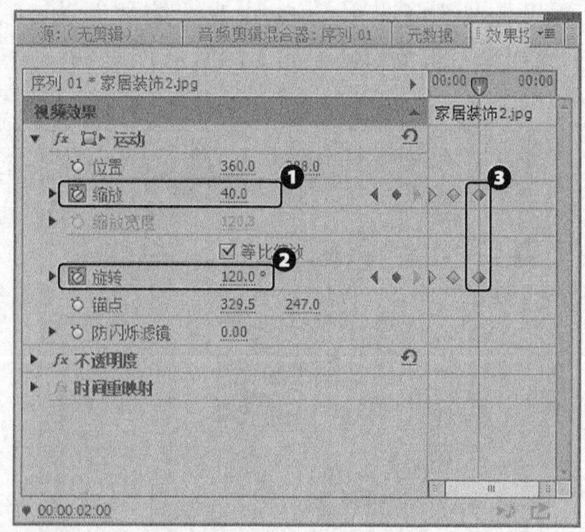

步骤 05 将时间线移至 00:00:03:00 的位置处，在“效果控件”面板中，修改❶“缩放”为 20、❷“旋转”为 180%，❸添加第四组关键帧，如下图所示。

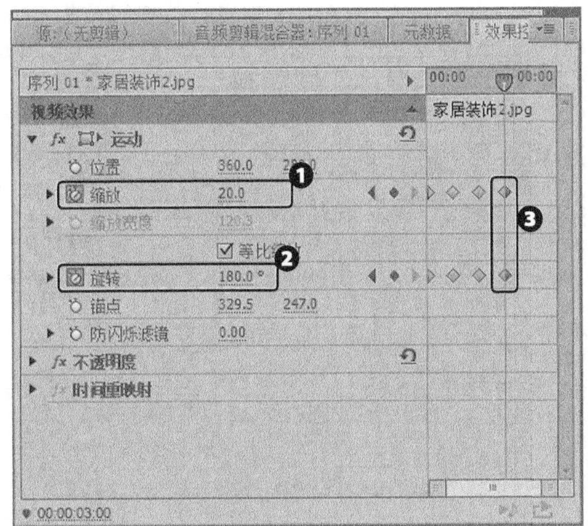

步骤 06 将时间线移至 00:00:04:00 的位置处，在“效果控件”面板中，修改❶“缩放”为 0、❷“旋转”为 30%，❸ 添加第五组关键帧，如下图所示。

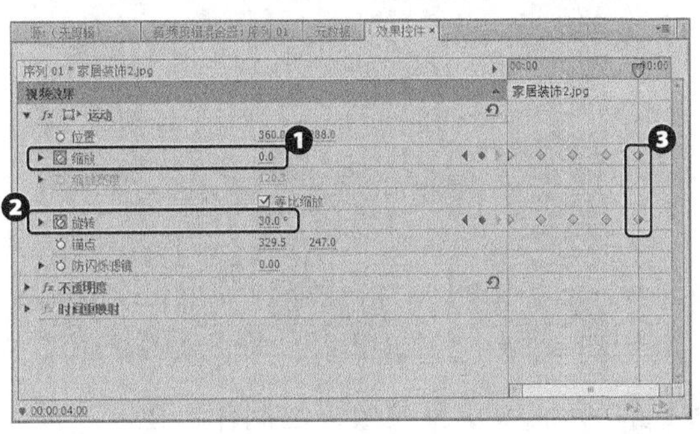

步骤 07 完成旋转效果的制作，在“节目监视器”面板中，单击“播放 - 停止切换”按钮，预览图像运动效果，如下图所示。

16.2.4 镜头推拉效果

在视频节目中，制作镜头的推拉可以增加画面的视觉效果。

光盘同步视频文件
配套光盘\镜头推拉效果.mp4

步骤 01 打开本书配套光盘中的“素材 / 第 16 章 / 16.2.4 镜头推拉效果”项目文件，如下图所示。

步骤 02 在“时间轴”面板中，选择“视频 2”轨道上的图层图像，如下图所示。

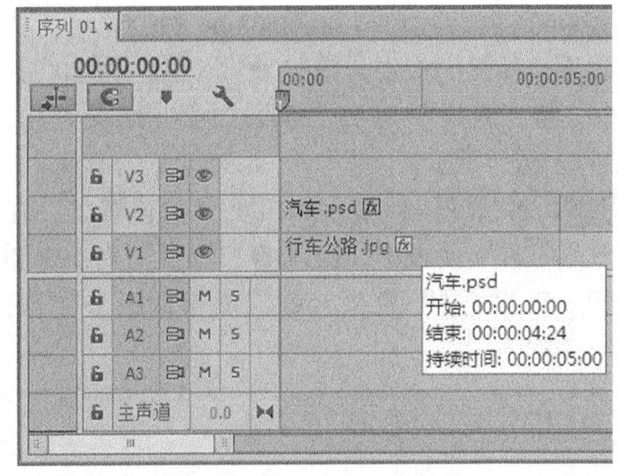

步骤03 在“效果控件”面板中，❶单击“位置”和“缩放”选项前的“切换动画”按钮，❷添加第一组关键帧，如下图所示。

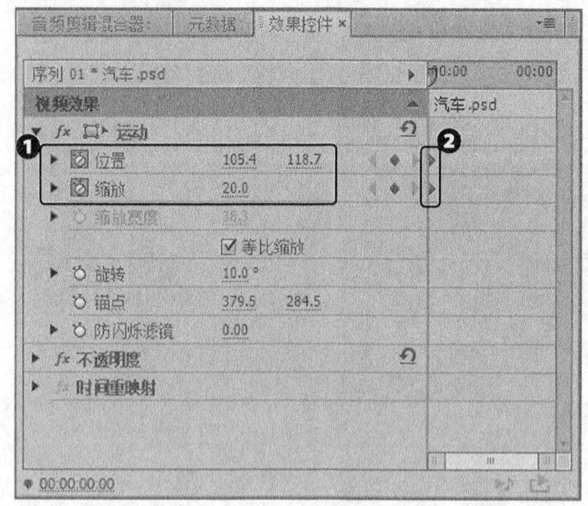

步骤04 将时间线移至00:00:01:00的位置处，在“效果控件”面板中，修改❶“位置”为300和200、❷“缩放”为35，❸添加第二组关键帧，如下图所示。

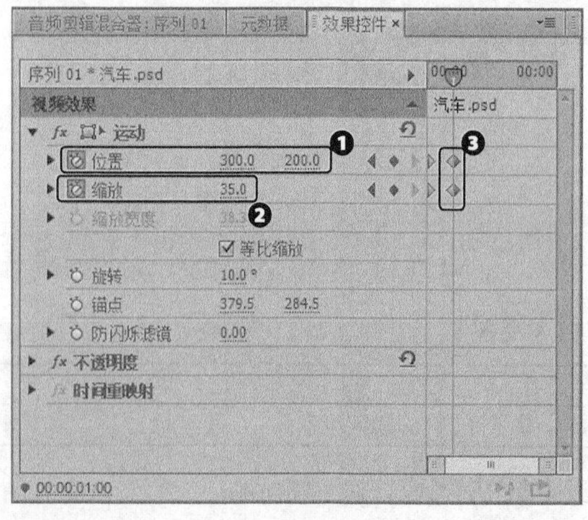

步骤05 将时间线移至00:00:03:00的位置处，在“效果控件”面板中，修改❶“位置”为500和300、❷“缩放”为45，❸添加第三组关键帧，如右上图所示。

步骤06 将时间线移至00:00:04:18的位置处，在“效果控件”面板中，修改❶“位置”为601和349、❷“缩放”为55，❸添加第四组关键帧，如右中图所示。

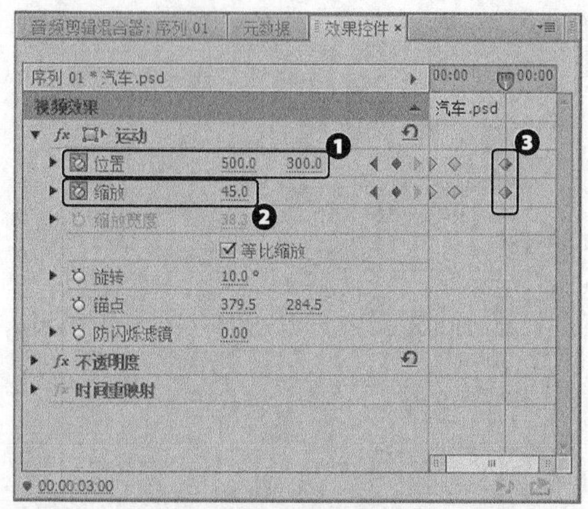

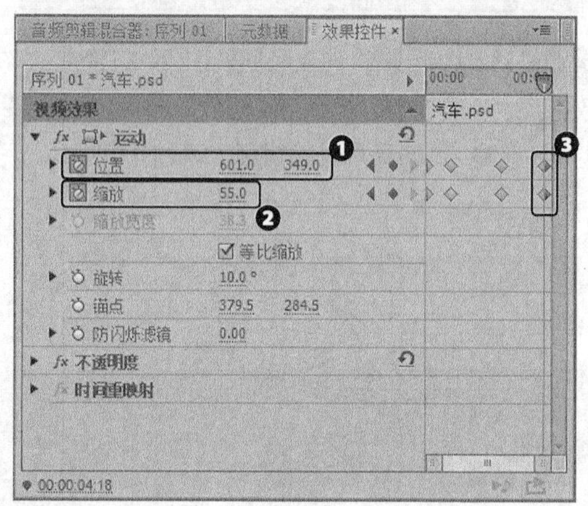

步骤07 完成镜头推拉效果的制作，在“节目监视器”面板中，单击“播放-停止切换”按钮，预览图像运动效果，如下图所示。

16.2.5 字幕漂浮效果

可以通过为字幕添加“波形变形”视频效果，然后为字幕添加透明度效果来制作漂浮的效果。

光盘同步视频文件
配套光盘\字幕漂浮效果.mp4

步骤 01 打开本书配套光盘中的“素材 / 第 16 章 / 16.2.5 字幕漂浮效果”项目文件，如下图所示。

步骤 02 在“效果”面板中，❶ 展开“视频效果”列表框，❷ 选择“扭曲”选项，如下图所示。

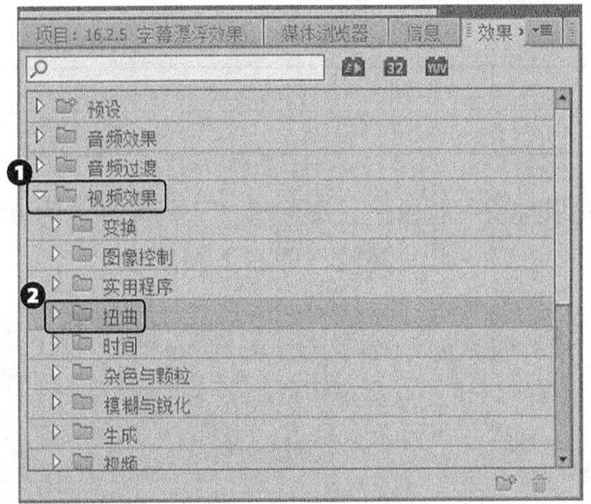

步骤 03 ❶ 展开选择的选项，❷ 并选择“波形变形”选项，如下图所示。

步骤 04 单击鼠标并拖曳，将其添加至“视频 2”轨道的字幕文件上，在“效果控件”面板中，❶ 修改“不透明度”为 40%，❷ 添加第一组关键帧，如下图所示。

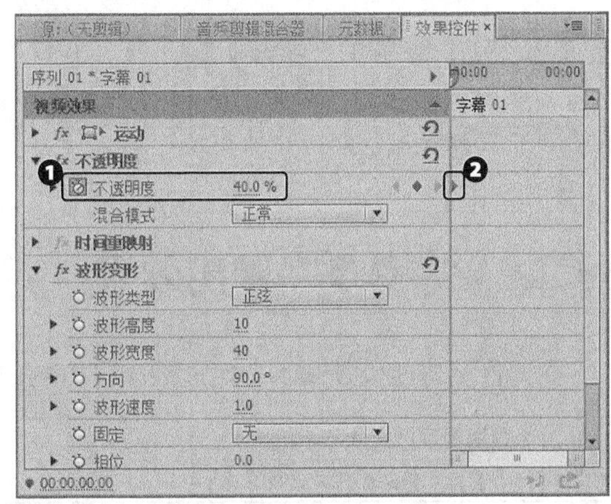

步骤 05 将时间线移至 00:00:02:05 的位置处，❶ 修改“不透明度”为 65%，❷ 添加第二组关键帧，如下图所示。

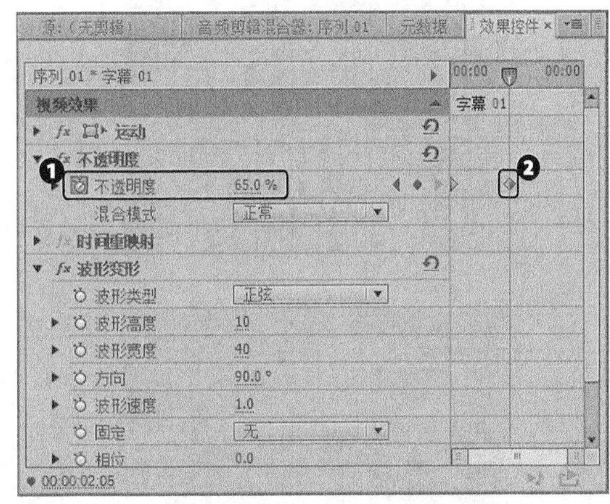

步骤 06 将时间线移至 00:00:04:10 的位置处，❶ 修改“不透明度”为 100%，❷ 添加第三组关键帧，如下图所示。

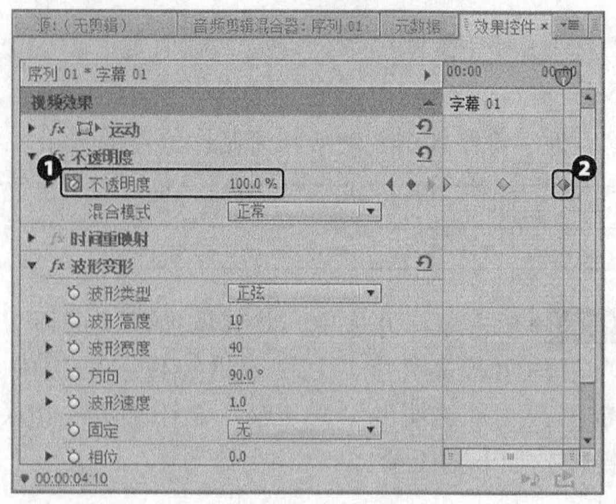

步骤 07 完成字幕漂浮效果的制作，在“节目监视器”面板中，单击“播放 - 停止切换”按钮，预览字幕运动效果，如右图所示。

16.2.6 字幕逐字输出效果

在调整字幕的位置和不透明度后，可以制作出字幕的逐字输出效果。

光盘同步视频文件
配套光盘\字幕逐字输出效果.mp4

步骤 01 打开本书配套光盘中的“素材 / 第 16 章 / 16.2.6　字幕逐字输出效果”项目文件，如下图所示。

步骤 02 在“时间轴”面板中，选择“视频 2”轨道的“字幕 01”文件，如右上图所示。

步骤 03 将时间线移至 00:00:01:00 的位置处，在“效果控件”面板中，❶ 修改“不透明度”为 0%，❷ 添加第一组关键帧，如右下图所示。

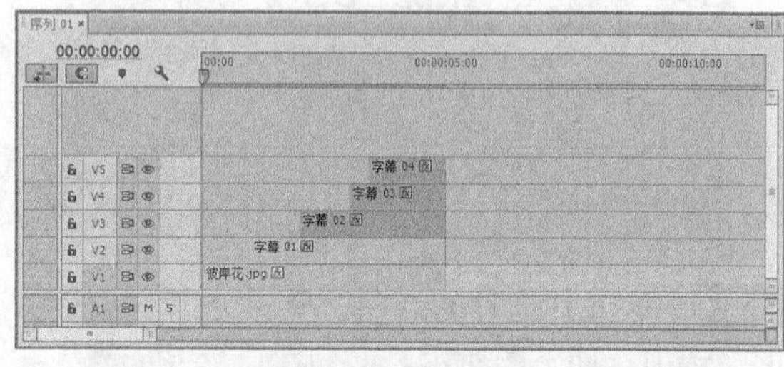

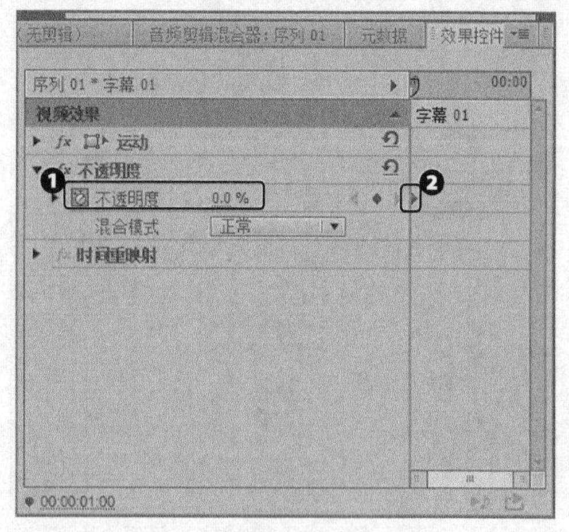

步骤 04 将时间线移至 00:00:01:15 的位置处，在“效果控件”面板中，❶ 修改“不透明度”为 100%，❷ 添加第二组关键帧，如下图所示。

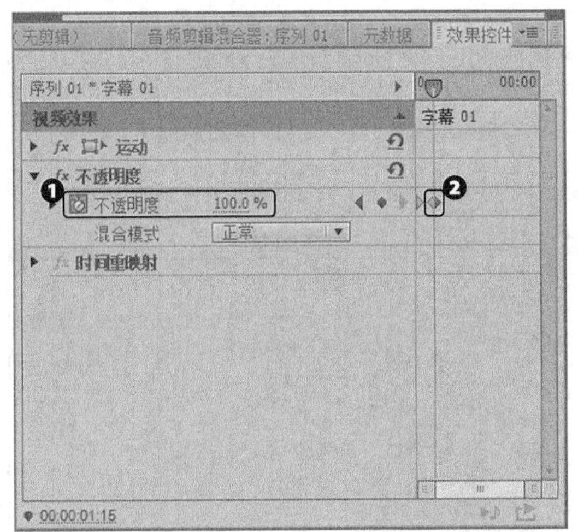

步骤 05 在“时间轴”面板中，选择“视频 3”轨道的“字幕 02”文件，如下图所示。

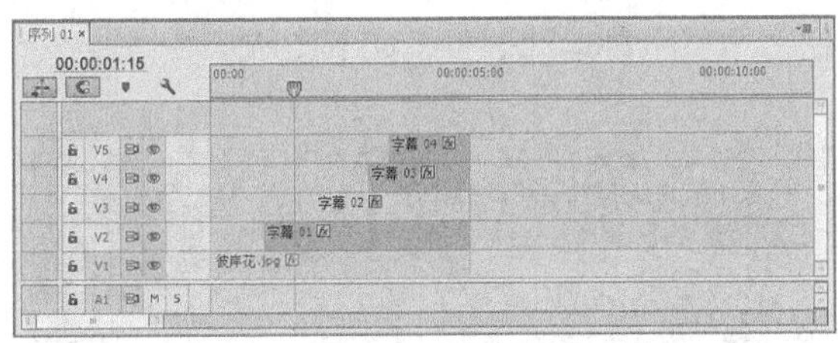

步骤 06 将时间线移至 00:00:02:00 的位置处，在“效果控件”面板中，❶ 修改“位置”为 360 和 370，❷ 修改“不透明度”为 0%，❸ 添加第一组关键帧，如下图所示。

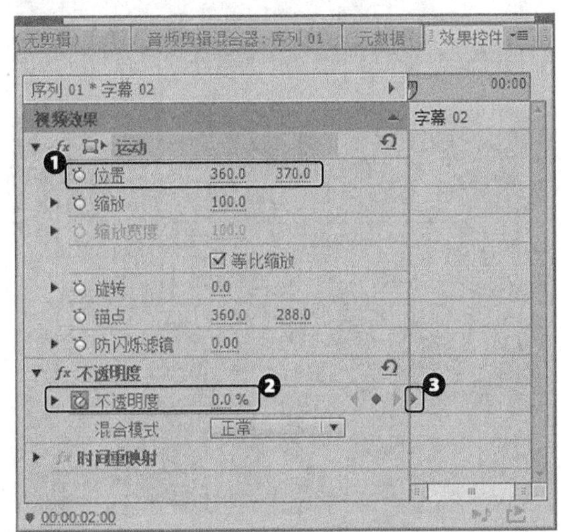

步骤 07 将时间线移至 00:00:02:15 的位置处，在“效果控件”面板中，❶ 修改“不透明度”为 100%，❷ 添加第二组关键帧，如下图所示。

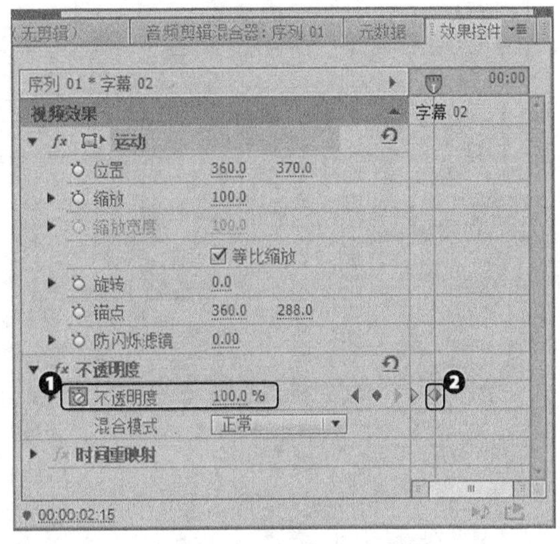

步骤 08 在“时间轴”面板中，选择“视频 4”轨道的“字幕 03”文件，如下图所示。

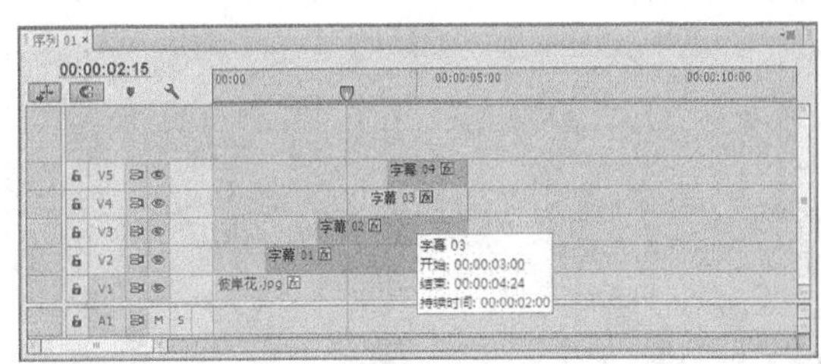

步骤 09 将时间线移至 00:00:03:00 的位置处，在“效果控件”面板中，❶ 修改“位置”为 360 和 450，❷ 修改“不透明度”为 0%，❸ 添加第一组关键帧，如下图所示。

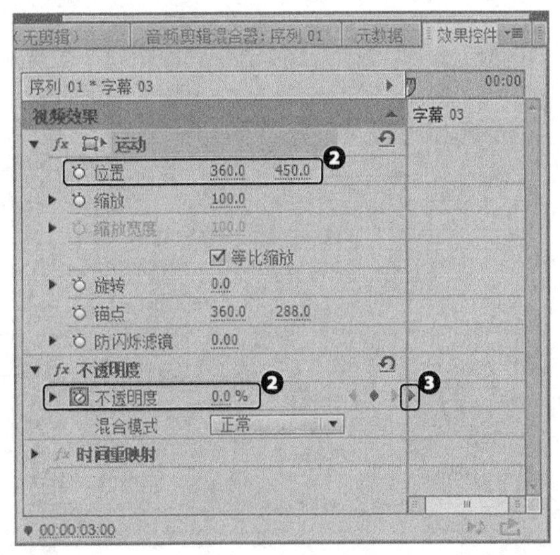

步骤 10 将时间线移至 00:00:03:15 的位置处，在

"效果控件"面板中，❶ 修改"不透明度"为100%，❷ 添加第二组关键帧，如下图所示。

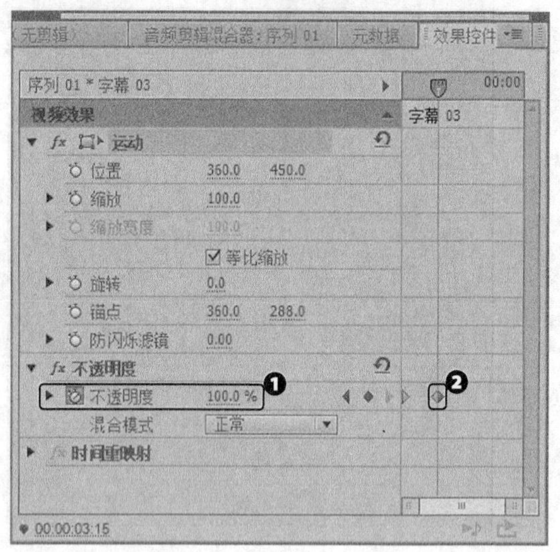

步骤 11 在"时间轴"面板中，选择"视频 5"轨道的"字幕 04"文件，如下图所示。

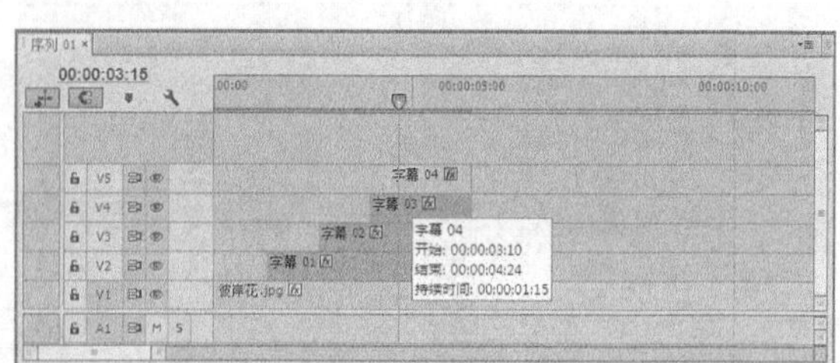

步骤 12 将时间线移至 00:00:04:00 的位置处，在"效果控件"面板中，❶ 修改"位置"为 360 和 550，❷ 修改"不透明度"为 0%，❸ 添加第一组关键帧，如下图所示。

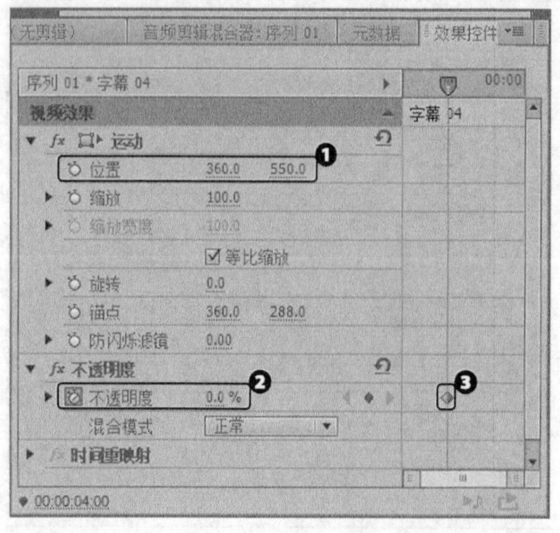

步骤 13 将时间线移至 00:00:04:15 的位置处，在"效果控件"面板中，❶ 修改"不透明度"为 100%，❷ 添加第二组关键帧，如下图所示。

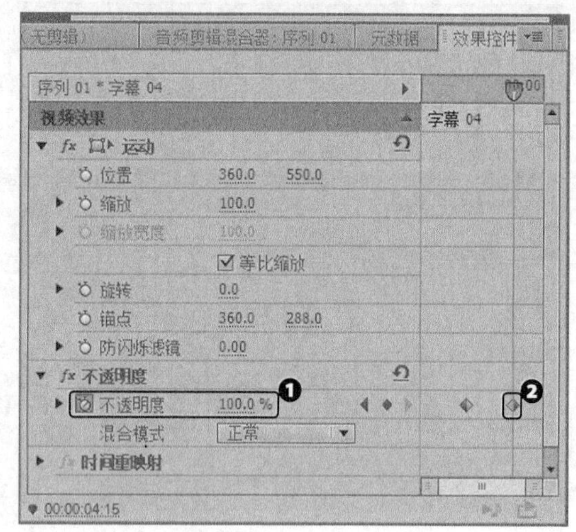

步骤 14 完成字幕逐字输出效果的制作，在"节目监视器"面板中，单击"播放 - 停止切换"按钮，预览字幕运动效果，如下图所示。

16.3 制作“美味寿司”画中画效果

本节教学录像时间：7分钟

画中画是一种视频内容呈现方式。在一部视频全屏播出的同时，于画面的小面积区域上同时播出另一部视频。被广泛用于电视、视频录像、监控、演示设备等领域。

16.3.1 认识画中画

画中画是视频技术发展的产物，可将普通的平面图像转化为层次分明、全景多变的精彩画面。画中画效果是指在正常观看的主画面上，同时插入一个或多个经过压缩的子画面，以便观众在欣赏主画面的同时，观看其他影视效果。通过数字化处理，还可生成景物远近不同、具有强烈视觉冲击力的全景图像，给人一种身在画中的全新视觉享受。画中画效果不仅可以同步显示多个不同的画面，还可以显示两个或多个内容相同的画面效果，让画面产生万花筒的特殊效果。

画中画的实际应用主要体现在以下 4 个方面。

- 天气预报：随着计算机处理视频技术的普及，画中画效果逐渐成为天气预报节目的常用的播放技巧。在天气预报节目中，几乎大部分都是运用了画中画效果来进行播放的。工作人员通过后期的制作，将两个画面合成至一个背景中，得到最终天气预报的效果。
- 新闻播报：画中画效果在新闻节目播放中的应用也十分广泛。在新闻联播中，常常会看到节目主持人的左上角出来一个新的画面，这些画面通常是为了配合主持人报道新闻而设置的。
- 影视广告宣传：随着数码科技的发展，画中画效果被许多广告产业搬上了银幕中。加入了画中画效果的宣传动画，常常具有更加明显的宣传效果。
- 显示器：随着电脑显示器的应用不断升级，画中画作为电视行业应用较为普及的技术，在显示器中也得以引用。如今随着网络电视的不断普及，以及大屏显示器的出现，画中画在显示器中的应用也不再是人们想象中的那么鸡肋。在市场上，以华硕 VE276Q 和三星 P2370HN 为代表的带有画中画功能的显示器，受到了用户的一致认可，同时也将显示器的娱乐性进一步增强。

16.3.2 画中画效果的导入

在制作画中画效果之前，首先需要掌握画中画效果的导入技巧。

光盘同步视频文件
配套光盘\画中画效果的导入.mp4

步骤 01 新建项目文件和序列，在“项目”面板中单击鼠标右键，❶ 打开快捷菜单，❷ 选择“导入”选项，如下图所示。

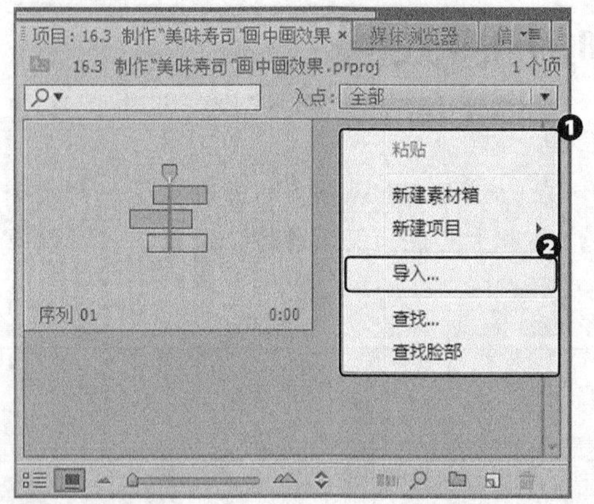

步骤02 打开“导入”对话框，❶ 选择“美味寿司 1”“美味寿司 2”和“美味寿司 3”素材图像，❷ 单击“打开”按钮，如下图所示。

步骤03 即可将选择的文件导入至“项目”面板中，如下图所示。

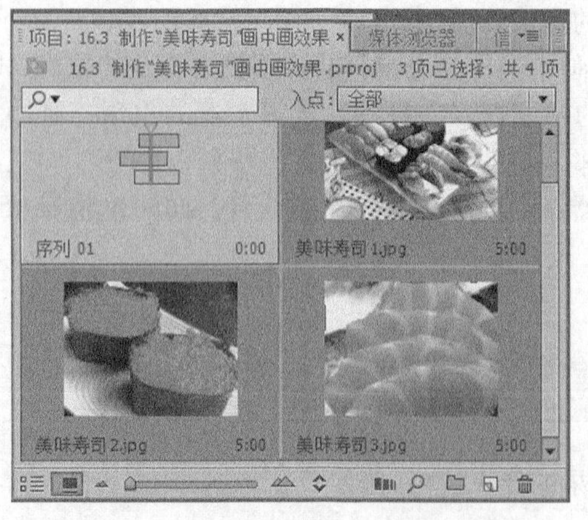

步骤04 在“项目”面板中，选择“美味寿司 1”素材图像，将其添加至“视频 1”轨道上，如下图所示。

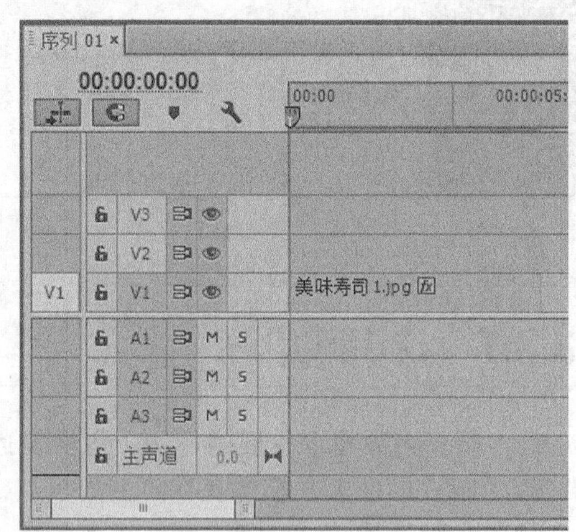

步骤05 在“项目”面板中，选择“美味寿司 2”素材图像，将其添加至“视频 2”轨道上，并调整“视频 1”和“视频 2”轨道上的素材图像至 00:00:07:00 的位置处，如下图所示。

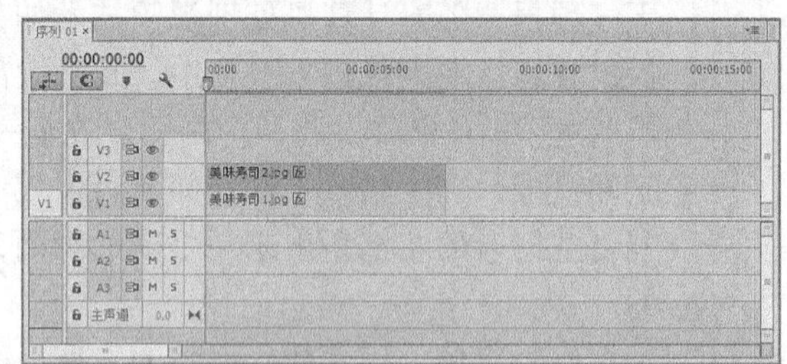

步骤06 在“时间轴”面板中，将时间线移至 00:00:03:00 的位置处，在“项目”面板中，选择“美味寿司 3”素材图像，将其添加至“视频 3”轨道上，并调整其长度，如下图所示。

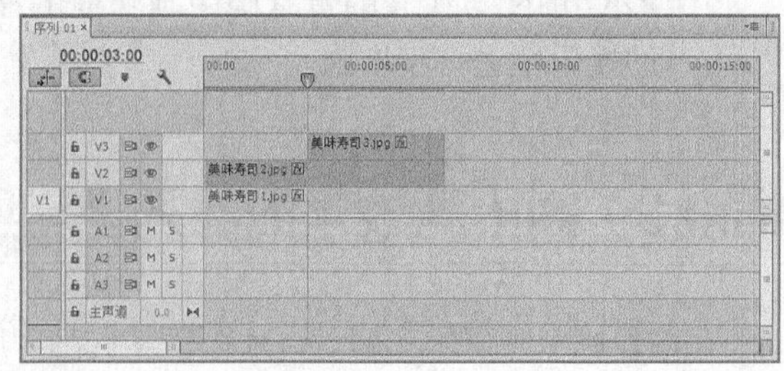

16.3.3　画中画效果的制作

在添加好画中的“画”（图片素材）后，就可以通过添加“位置”和“缩放”的关键帧制作出画中画效果。

	光盘同步视频文件
	配套光盘\画中画效果的制作.mp4

步骤 01 在“时间轴”面板中的“视频 1”轨道上，选择素材图像，在“效果控件”面板中的“运动”列表框中，修改“缩放”为 88，如下图所示，调整“美味寿司 1”图像的大小。

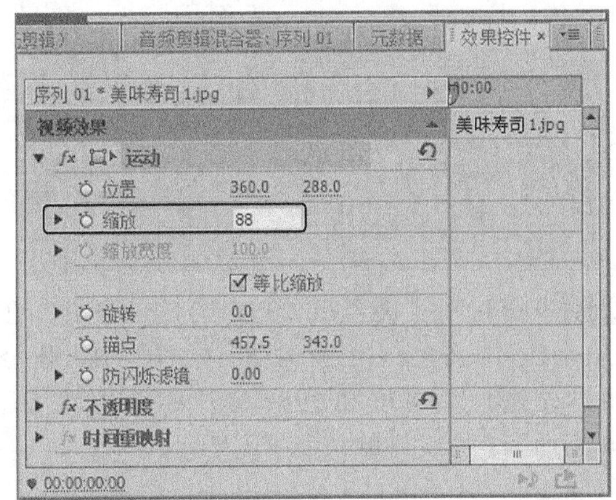

步骤 02 将时间线移至开始处，选择“视频 2”轨道上的素材，在“效果控件”面板中的“运动”列表框中，❶修改“位置”为 115 和 96、❷“缩放”为 25，❸添加第一组关键帧，如下图所示。

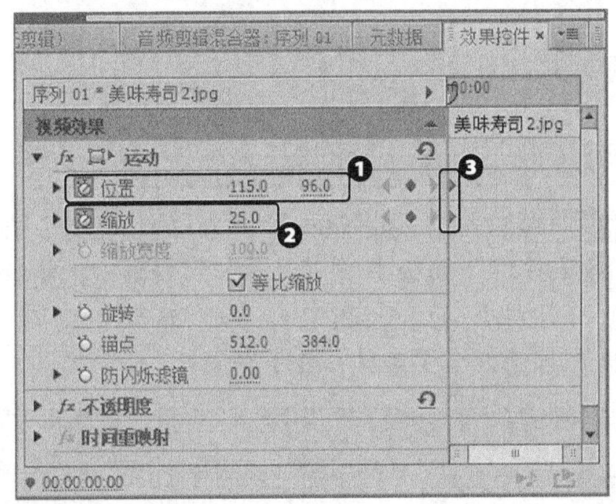

步骤 03 将时间线移至 00:00:01:00 的位置处，在“效果控件”面板中的“运动”列表框中，❶修改“位置”为 605 和 96，❷添加第二组关键帧，如右上图所示。

步骤 04 将时间线移至 00:00:02:00 的位置处，在“效果控件”面板中的“运动”列表框中，❶修改“位置”为 605 和 485，❷添加第三组关键帧，如右中图所示。

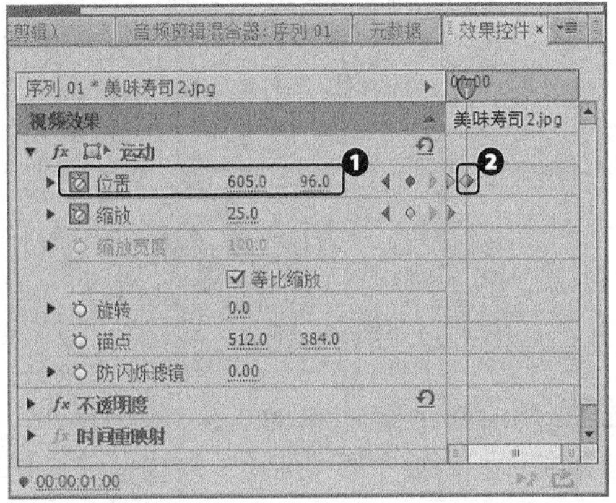

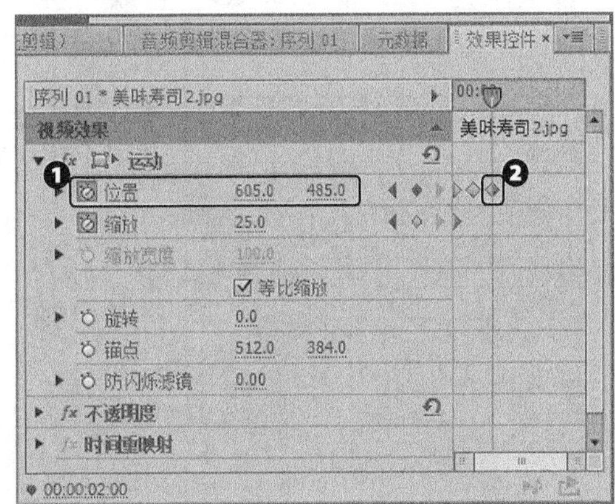

步骤 05 将时间线移至 00:00:03:00 的位置处，在“效果控件”面板中的“运动”列表框中，❶修改“位置”为 117 和 92，❷添加第四组关键帧，如下图所示。

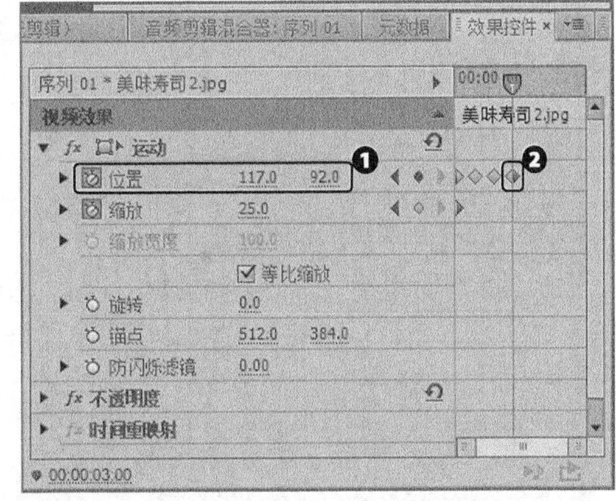

步骤 06 将时间线移至 00:00:05:00 的位置处，在“效果控件”面板中的“运动”列表框中，❶修改“缩放”为 40，❷添加第五组关键帧，如下图所示。

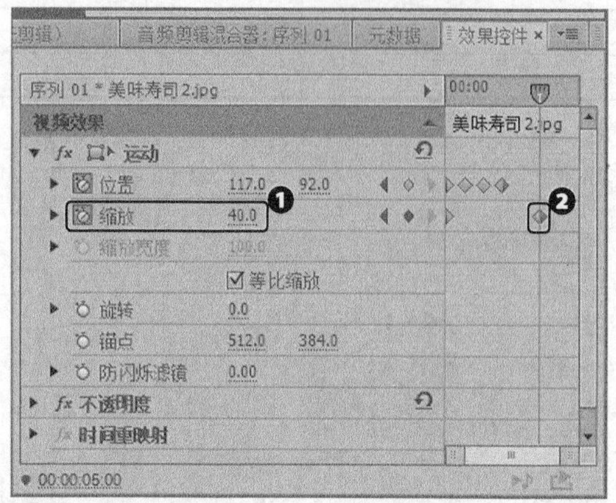

步骤 07 将时间线移至 00:00:06:00 的位置处，在“效果控件”面板中的“运动”列表框中，❶ 修改“位置”为 271.5 和 354、❷“缩放”为 60，❸ 添加第六组关键帧，如下图所示。

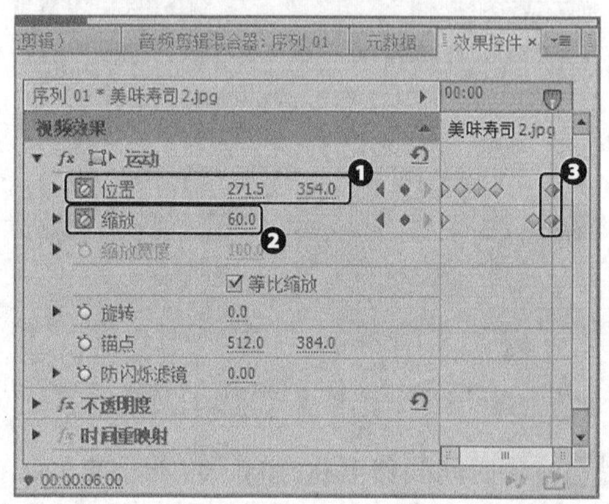

步骤 08 将时间线移至 00:00:03:00 的位置处，选择“视频 3”轨道上的素材图像，在“效果控件”面板中的“运动”列表框中，❶ 修改“位置”为 97 和 500、❷“缩放”为 25，❸ 添加第一个关键帧，如下图所示。

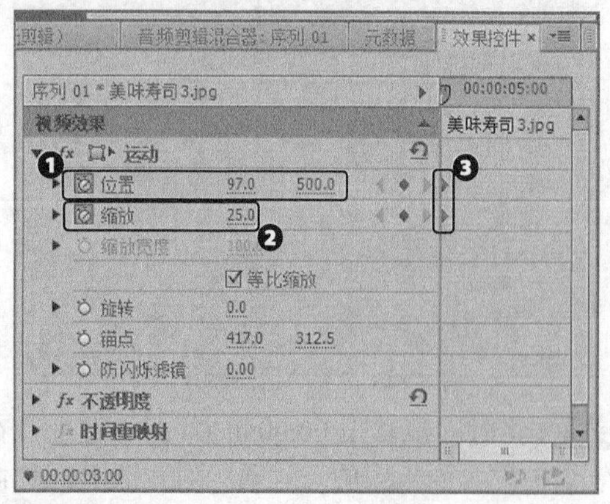

步骤 09 将时间线移至 00:00:04:00 的位置处，在“效果控件”面板中的“运动”列表框中，❶ 修改“位置”为 625 和 500，❷ 添加第二个关键帧，如下图所示。

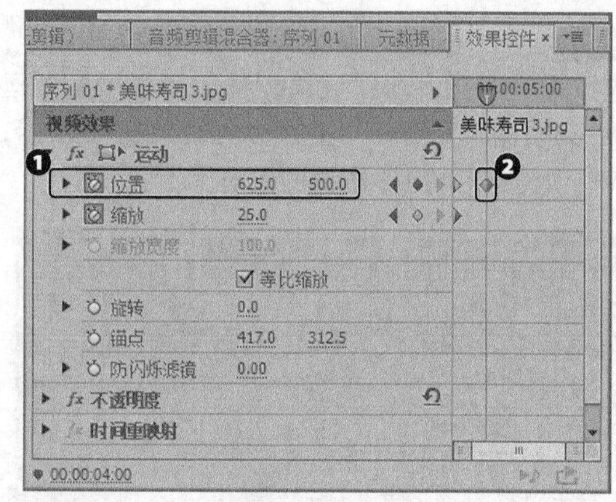

步骤 10 将时间线移至 00:00:05:00 的位置处，在“效果控件”面板中的“运动”列表框中，❶ 修改“位置”为 490 和 395、❷“缩放”为 60，❸ 添加第三个关键帧，如下图所示。

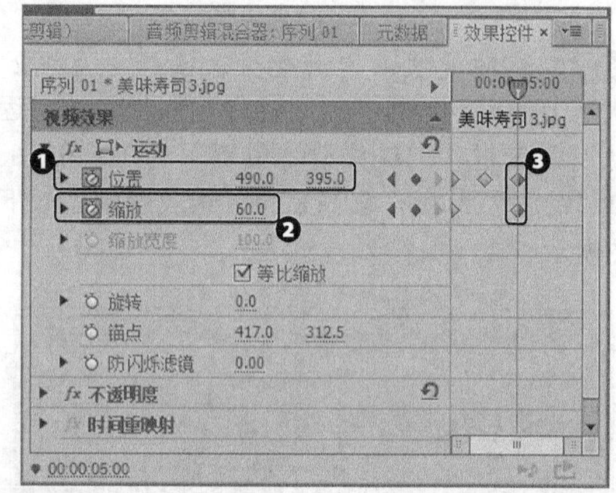

步骤 11 将时间线移至 00:00:06:00 的位置处，在“效果控件”面板中的“运动”列表框中，❶ 修改“位置”为 568 和 124、❷“缩放”为 40，❸ 添加第四个关键帧，如下图所示。

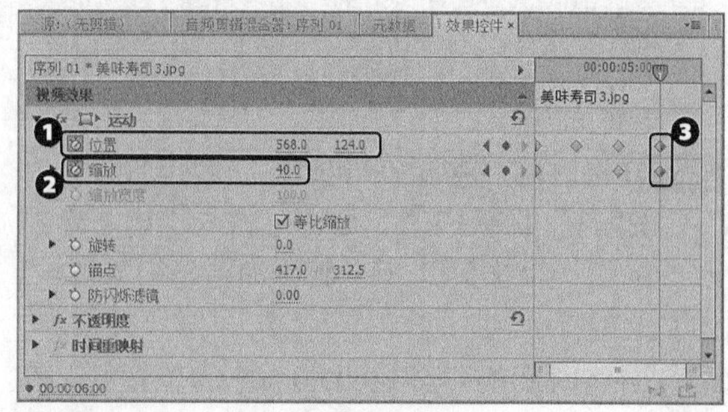

步骤 12 完成画中画效果的制作，在“节目监视器”面板中，单击“播放 - 停止切换”按钮，预览画中画效果，如下图所示。

16.4 综合案例——制作飞机飞行的运动效果

本节教学录像时间：4分钟

本实例讲解飞机飞行的运动效果的制作方法，在本实例的制作过程中，需要创建出向多个方向移动，并在持续时间内不断改变大小和旋转的运动效果。

光盘同步视频文件

配套光盘\综合实例：制作飞机飞行的运动效果.mp4

步骤01 新建项目文件和序列，在“项目”面板中单击鼠标右键，❶ 打开快捷菜单，❷ 选择“导入”选项，如下图所示。

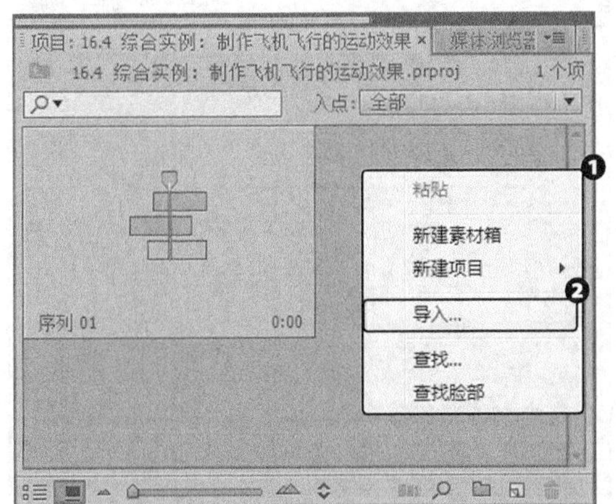

步骤02 打开“导入”对话框，❶ 选择“天空”背景图像，❷ 单击“打开”按钮，如下图所示。

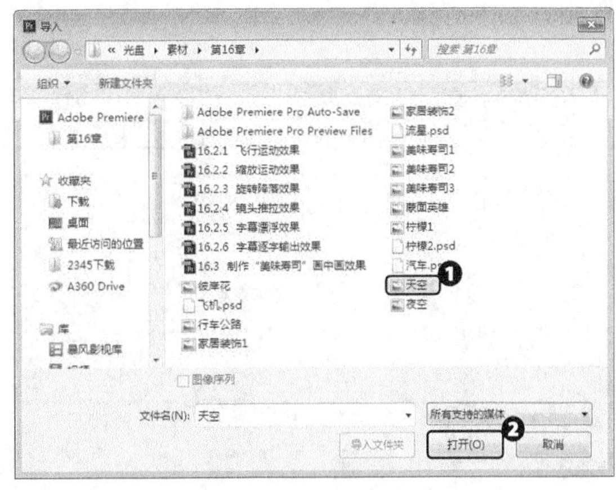

步骤 03 即可导入选择的素材图像，并在“项目”面板中显示，如下图所示。

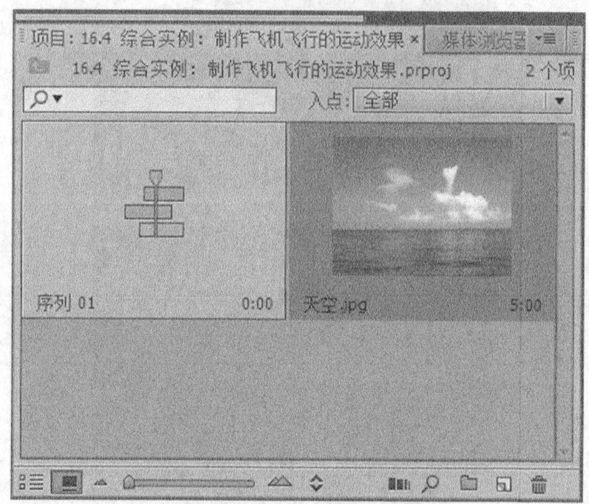

步骤 04 在“项目”面板空白处，双击鼠标，❶ 打开“导入”对话框，❷ 选择“飞机”图层图像，❸ 单击“打开”按钮，如下图所示。

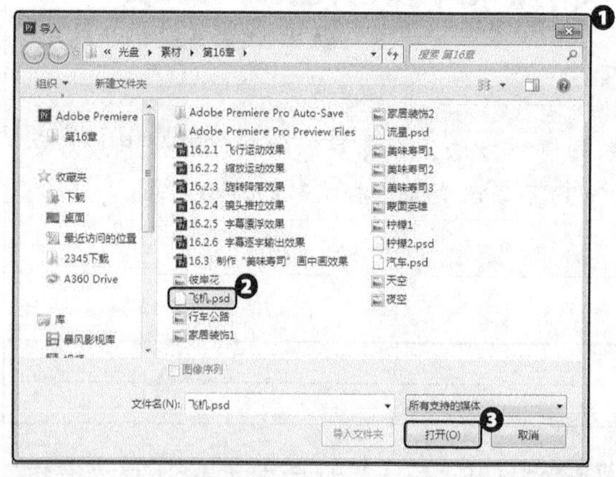

步骤 05 打开“导入分层文件：飞机”对话框，保持默认设置，单击“确定”按钮，如下图所示。

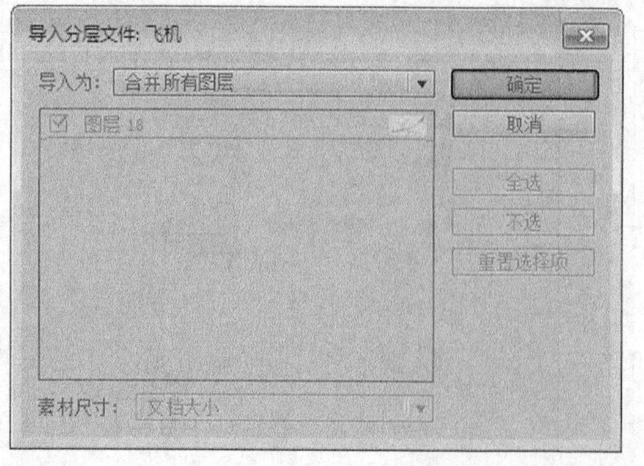

步骤 06 即可导入选择的图层文件，并在“项目”面板中显示，如下图所示。

步骤 07 分别选择“天空”和“飞机”图层，依次将其添加至“视频 1”和“视频 2”轨道上，如下图所示。

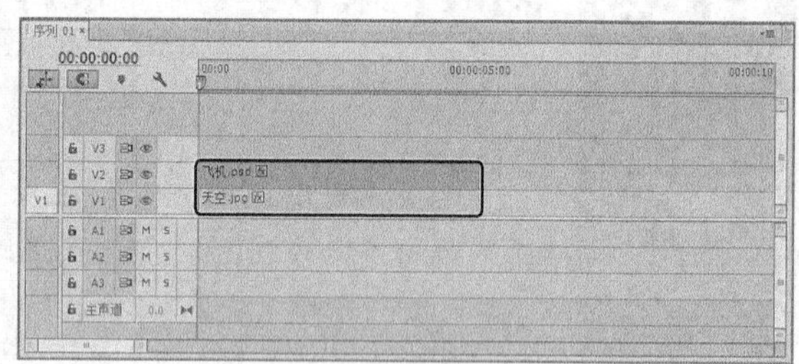

步骤 08 选择“视频 1”轨道上的素材图像，在“效果控件”面板中，修改“缩放”为 110，如下第 1 图所示，即可调整图像的大小，其效果如下第 2 图所示。

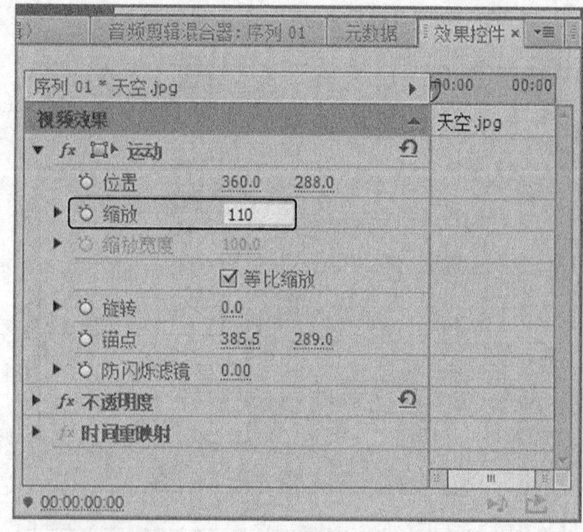

步骤09 选择“视频 2”轨道上的素材，在“效果控件”面板中，❶修改“缩放”为 54、❷“旋转”为 15%，如下第 1 图所示，即可调整图像的大小，其效果如下第 2 图所示。

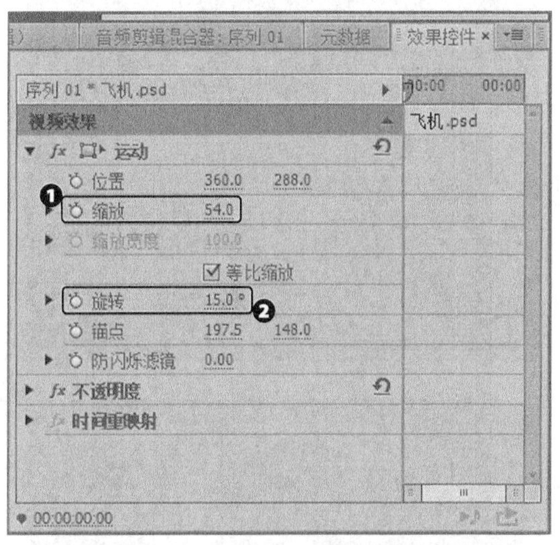

步骤10 ❶修改“位置”为 636 和 47、❷“不透明度”为 100%，❸添加第一个关键帧，如右上图所示。

步骤11 将时间线移至 00:00:01:00 的位置处，❶修改“位置”为 500 和 47，❷添加第二个关键帧，如右中图所示。

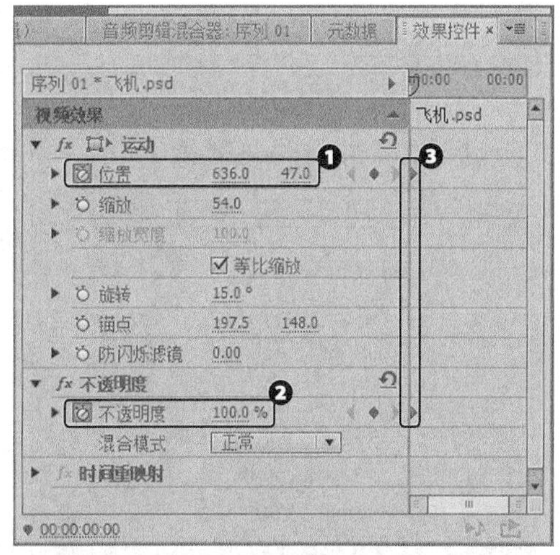

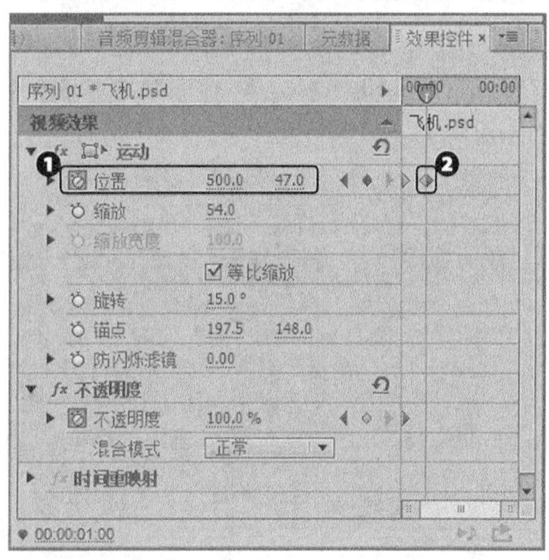

步骤12 将时间线移至 00:00:02:00 的位置处，❶修改“位置”为 400 和 47，❷添加第三个关键帧，如下图所示。

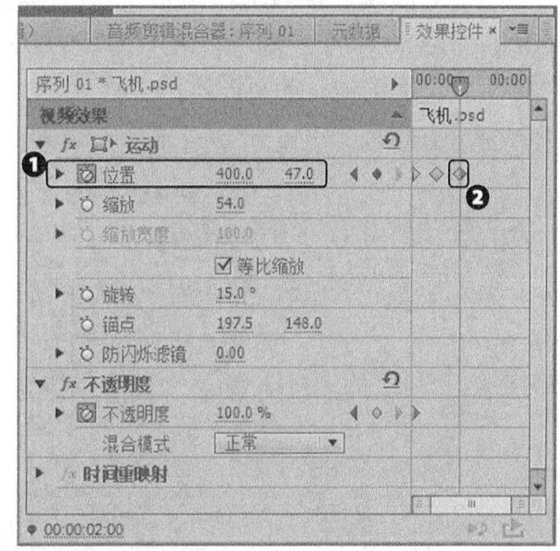

步骤13 将时间线移至 00:00:03:00 的位置处，❶修改“位置”为 250 和 47，❷添加第四个关键帧，

如下图所示。

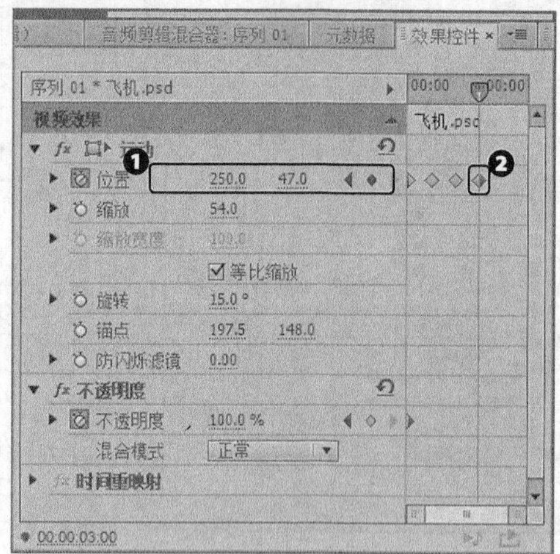

步骤 14 将时间线移至 00:00:04:00 的位置处，❶ 修改“位置”为 150 和 47，❷ 添加第 5 个关键帧，如下图所示。

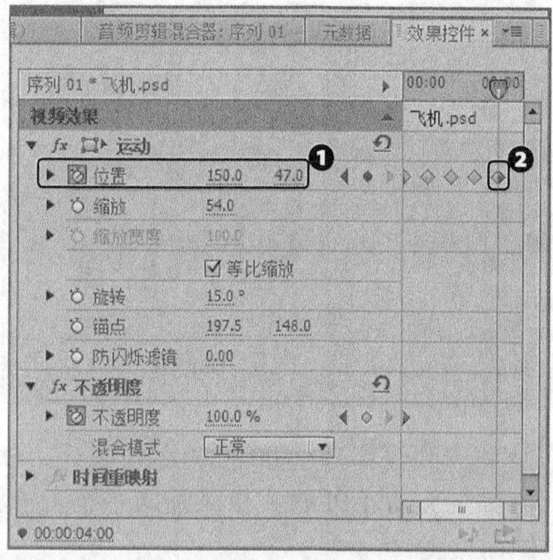

步骤 15 将时间线移至 00:00:04:15 的位置处，修改 ❶“位置”为 50 和 47、❷“不透明度”为 0%，❸ 添加第六个关键帧，如下图所示。

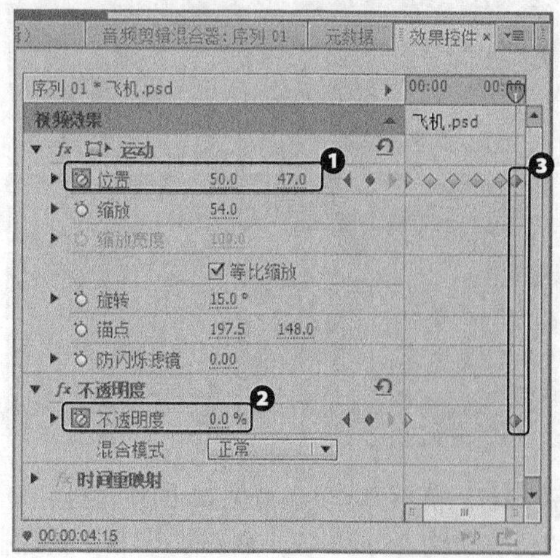

步骤 16 完成飞机飞行的运动效果的制作，在“节目监视器”面板中，单击“播放 - 停止切换”按钮，预览飞机飞行运动效果，如下图所示。

高手支招

本节教学录像时间：3分钟

通过对前面知识的学习，相信读者朋友已经掌握好运动视频效果的应用技巧。下面结合本章内容，给大家介绍一些实用技巧。

在“效果控件”面板中设置渐隐

渐隐视频素材或者静帧图像，实际上是在改变素材或视频的透明度。“视频 1”轨道上的任何视频轨道都可以作为叠加轨道并渐隐。

光盘同步视频文件
配套光盘\秘技1. 在“效果控件”面板中设置渐隐.mp4

步骤 01 打开本书配套光盘中的“素材 / 第 16 章 / 高手支招”项目文件，如下图所示。

步骤 02 在“时间轴”面板中，选择“视频 2”轨道上的素材图像，如下图所示。

步骤 03 在“效果控件”面板中的“不透明度”列表框中，展开“不透明度”选项，单击下方的滑块并向右移动至合适位置，如下图所示。

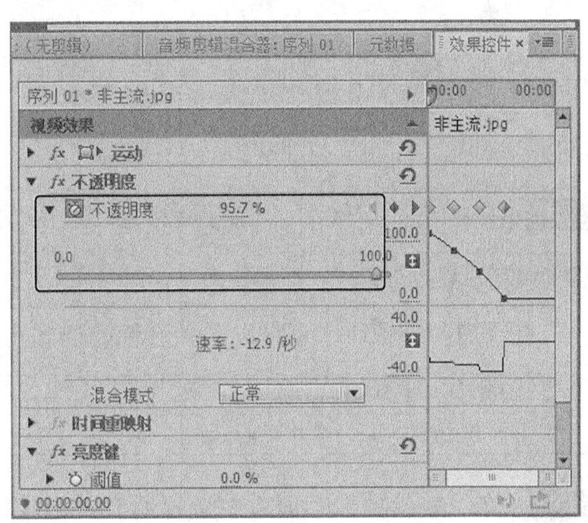

步骤 04 即可通过“效果控件”面板中重新调整不透明度的参数，其效果如下图所示。

移动单个关键帧

在添加好关键帧后，还可以通过鼠标单击某个关键帧，调整关键帧的位置。

光盘同步视频文件
配套光盘\秘技2. 移动单个关键帧.mp4

步骤 01 在“效果控件”面板中，选择第3个关键帧，单击鼠标并移动至00:00:04:02的位置处，如下图所示。

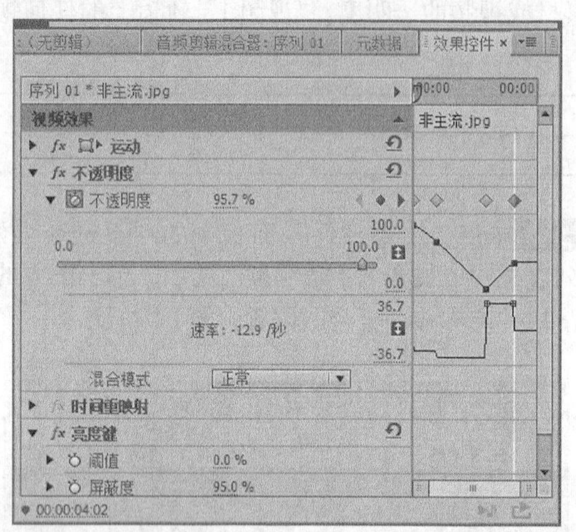

步骤 02 在移动关键帧后，则图像的运动效果发生改变，在“节目监视器”面板中，单击“播放-停止切换”按钮，查看运动效果，如下图所示。

修改关键帧样式

在添加关键帧后，还可以对关键帧的样式重新进行修改。

光盘同步视频文件
配套光盘\秘技3. 修改关键帧样式.mp4

步骤 01 在“效果控件”面板中选择所有关键帧，单击鼠标右键，❶打开快捷菜单，❷选择“贝塞尔曲线”选项，如下图所示。

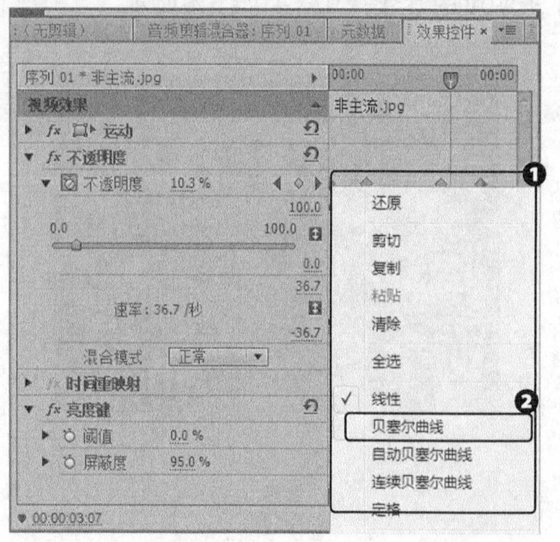

步骤 02 即可修改关键帧的样式，如下图所示。

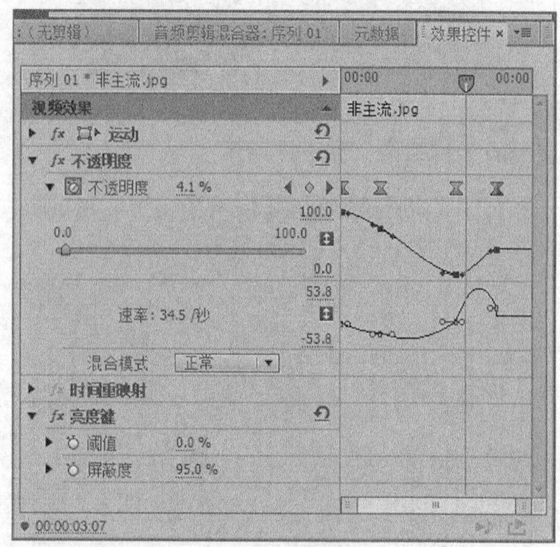

第4篇
精通篇

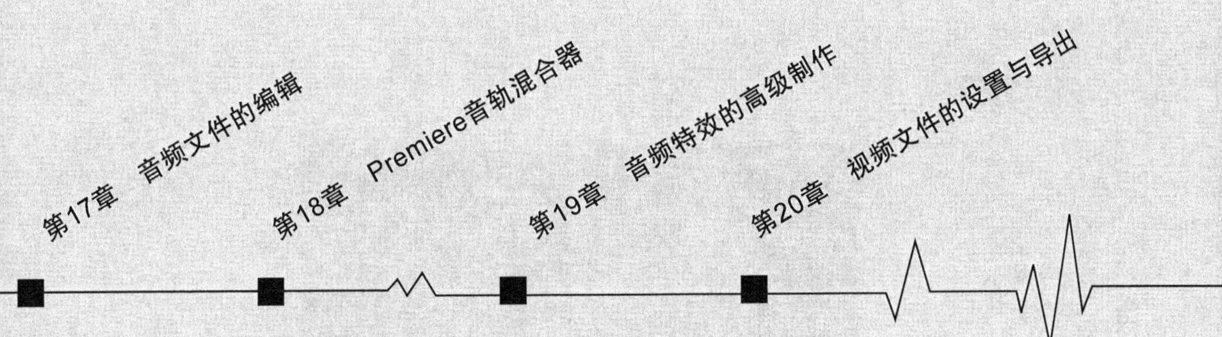
第17章　音频文件的编辑
第18章　Premiere音轨混合器
第19章　音频特效的高级制作
第20章　视频文件的设置与导出

第17章

音频文件的编辑

学习目标

Premiere Pro CC 提供了许多将声音集成到视频项目中的方法。在时间线中放入视频素材后，Premiere Pro CC 会自动采集与视频素材一起提供的声音。如果要淡入或淡出背景音乐或旁白，Premiere Pro CC 的“效果控件”面板提供了相应的工具。本章将详细讲解音频文件与编辑的基础知识，以供读者掌握。

知识要点

- 熟悉数字音频
- 音频和音频轨道的基础操作
- 编辑音频效果

学习效果

17.1 熟悉数字音频

在开始使用 Premiere Pro CC 的音频功能之前，需要对什么是声音以及声音类型等基础知识有一个基本了解。本节将详细讲解数字音频的基础知识。

17.1.1 认识声音

声音是由物体振动产生的，正在发声的物体叫声源，声音以声波的形式传播。声音是一种压力波，当演奏乐器、拍打一扇门或者敲击桌面时，它们的振动会引起介质——空气分子——有节奏地振动，使周围的空气产生疏密变化，形成疏密相间的纵波，这就产生了声波。这种现象会一直延续到振动消失为止。

声音有响度、音调、音色、失真、静音以及增益 6 个特点，下面将分别进行介绍。

1. 响度

“响度”是用于表达声音的强弱程度的重要指标，其大小取决于声波振幅的大小。响度是人耳判别声音由轻到响的强度等级概念，它不仅取决于声音的强度（如声压级），还与它的频率及波形有关。响度的单位为“宋”，1 宋的定义为声压级为 40dB、频率为 1000Hz、且来自听者正前方的平面波形的强度。如果另一个声音听起来比 1 宋的声音大 n 倍，即该声音的响度为 n 宋。

2. 音调

音调就是通常大家所说的“音高”，它是声音的一个重要物理特性。通常较大的物体振动所发出的音调会较低，而轻巧的物体则可以发出较高的音调。音调的高低决定于声音频率的高低，频率越高音调越高，频率越低音调越低。为了得到影视动画中某些特殊效果，可以将声音频率变高或者变低。

3. 音色

“音色”主要是由声音波形的谐波频谱和包络决定，也被称为“音品”。音色就好像是绘图中的颜色，发音体和发音环境的不同都会影响声音的质量。声音可分为基音和泛音，音色是由混入基音的泛音所决定的，泛音越高谐波越丰富，音色就越有明亮感和穿透力，不同的谐波具有不同的幅值和相位偏移，由此产生各种音色。音色的不同取决于不同的泛音，每一种乐器、不同的人以及所有能发声的物体发出的声音，除了一个基音外，还有许多不同频率（振动的速度）的泛音伴随，正是这些泛音决定了其不同的音色，使人能辨别出是不同的乐器甚至不同的人发出的声音。

4. 失真

失真是指声音经录制加工后产生的一种畸变，一般分为非线性失真和线性失真两种。非线性失真是指声音在录制加工后出现了一种新的频率，与原声产生了差异。而线性失真则没有产生新的频率，但是原有声音的比例发生了变化，要么增加了高频成分的音量，要么减少了低频成分的音量等。

5. 静音

所谓静音就是无声，在影视作品中没有声音是一种具有积极意义的表现手段。

6. 增益

增益是“放大量”的统称，它包括功率的增益、电压的增益和电流的增益。通过调整音响设备的增益量，可以对音频信号电平进行调节，使系统的信号电平处于一种最佳状态。

17.1.2 声音的类型

通常情况下，人类能够听到20Hz～20kHz范围之间的声音频率。因此，按照内容、频率范围以及时间的不同，可以将声音分为“自然音”“纯音”“复合音”“协和音”以及“噪音”等，下面将分别进行介绍。

1. 自然音

自然音就是指大自然所发出的声音，如下雨、刮风、流水等。之所以称之为“自然音”，是因为其概念与名称相同，自然音结构是不以人的意志为转移的音之宇宙属性，当地球还没有出现人类时，这种现象就已经存在。

2. 纯音

纯音是指声音中只存在一种频率的声波，此时，发出的声音便称为“纯音”。纯音是具有单一频率的正弦波，而一般的声音是由几种频率的波组成的。常见的纯音如金属撞击的声音。

3. 复合音

由基音和泛音结合在一起形成的声音，叫做复合音。复合音的产生是由物体振动所产生的，不仅整体在振动，它的部分同时也在振动。因此，平时所听到的声音，都不只是一个声音，而是由许多个声音组合而成的，于是便产生了复合音。试在钢琴上弹一较低的音，用心聆听，不难发现，除了最响的音之外，还有一些非常弱的声音同时在响，这就是全弦的振动和弦的部分振动所产生的结果。

4. 协和音

协和音也是声音类型的一种，同样是由多个音频所构成的组合音频，不同之处是构成组合音频的频率是两个单独的纯音频。

5. 噪音

噪音是指音高和音强变化混乱、听起来不谐和的声音，是由发音体不规则的振动产生的。噪音可以对人的正常听觉起一定的干扰，它通常是由不同频率和不同强度声波的无规律组合所形成的声音，即物体无规律地振动所产生的声音。噪音不仅由声音的物理特性决定，而且还与人们的生理和心理状态有关。噪声主要来源于交通运输、车辆鸣笛、工业噪音、建筑施工、社会噪音（如音乐厅、高音喇叭、早市和人的大声说话）等。

17.1.3 声音的常见术语

声音的常见术语包括频率、周期、波长、声速、分贝以及声音功率等，下面将分别进行介绍。

1. 频率

赫兹是频率单位，记为 Hz，指每秒钟周期性变化的次数。声源在一秒中内振动的次数，记作 f。

2. 周期

声源振动一次所经历的时间。记作 T，单位为 s。T=1/f。

3. 波长

沿声波传播方向，振动一个周期所传播的距离；或在波形上相位相同的相邻两点间的距离。记为 λ，单位为 m。

4. 声速

声波每秒在介质中传播的距离。记作 c，单位为 m/s。声速与传播声音的介质和温度有关。在空气中，声速（c）和温度（t）的关系可简写为：c=331.4+0.607t。常温下，声速约为 345m/s。

5. 分贝

是用来表示声音强度的单位，记为 dB。人们日常生活中遇到的声音，若以声压值表示，由于变化范围非常大，可以达六个数量级以上，同时由于人体听觉对声信号强弱刺激反应不是线形的，而是成对数比例关系，所以采用分贝来表达声学量值。所谓分贝是指两个相同的物理量（例如 $A1$ 和 $A0$）之比取以 10 为底的对数并乘以 10（或 20）。即分贝 $N=10\lg(A1/A0)$。式中 $A0$ 是基准量（或参考量），$A1$ 是被量度量。被量度量和基准量之比取对数，这对数值称为被量度量的“级”。亦即用对数标度时，所得到的是比值，它代表被量度量比基准量高出多少级。

6. 声功率

是指单位时间内，声波通过垂直于传播方向某指定面积的声能量。在噪声监测中，声功率是指声源总声功率。单位为 W。

7. 声强

是指单位时间内，声波通过垂直于传播方向单位面积的声能量。单位为 W/m^2。

8. 声压

是由于声波的存在而引起的压力增值，单位为 Pa。声波在空气中传播时形成压缩和稀疏交替变化，所以压力增值是正负交替的。但通常讲的声压是取均方根值，叫有效声压，故实际上总是正值。对于球面波和平面波，声压与声强的关系是：$I=P^2/(\rho c)$。式中：ρ - 空气密度，c- 声速。

9. 响度级

响度级是建立在两个声音主观比较的基础上的。选择 1000Hz 的纯音作基准音，若某一噪声听起来与该纯音一样响，则该噪声的响度级在数值上就等于这个纯音的声压级（dB）。响度级用 LN 表示，单位是“方”。如果某噪声听起来与声压级为 80dB、频率为 1000Hz 的纯音一样响，则该噪声的响度级就是 80 方。

10. 声音重量

声音没有质量，也就是没有重量。声音不是物体，只是一个名称，声音是一种纵波，波是能量的传递形式，它有能量，所以能产生效果，但是它不同于光（电磁波），光有质量有能量有动量，声音在物理上只有压力，没有质量。

11. 超/次声波

正常人能够听见20Hz到20 000Hz的声音，而老年人的高频声音减少到10 000Hz（或可以低到6 000Hz）左右。人们把频率高于20 000Hz的声音称为超声波，低于20Hz的称为次声波。其中，超声波（高于20 000Hz）和正常声波（20Hz～20 000Hz）遇到障碍物后会向原传播方向的反方向传播，而部分次声波（低于20Hz）可以穿透障碍物。俄罗斯在北冰洋进行的核试验产生的次声波曾经环绕地球6圈。超低频率次声波比其他声波（10Hz以上的声波）对人更具破坏力，一部分可引起人体血管破裂导致死亡，但是这类声波的产生条件极为苛刻，能让人遇上的概率很低。人的发声频率在100Hz（男低音）到10 000Hz（女高音）范围内。

17.1.4 数字音频的应用

随着数字音频储存和传输功能的提高，许多模拟音频已经无法与之比拟。因此数字音频技术已经广泛应用于数字录影机、调音台以及数字音频工作站等的音频制作中。

1. 数字录音机

"数字录音机"与模拟录音机相比，加强了剪辑功能和自动编辑功能。它采用了数字化的方式来记录音频信号，因此实现了很高的动态范围和频率响应。

2. 数字调音台

"数字调音台"是一种同时拥有A/D和D/A转换器以及DSP处理器的音频控制台。作为音频设备的新生力量已经在专业录音领域占据重要的席位，特别是近一两年来，数字调音台开始涉足扩声场所，足见调音台由模拟向数字转移是一般不可阻挡的潮流。数字调音台主要有以下8个功能。

- 操作过程可存储性。
- 信号的数字化处理。
- 数字调音台的信噪比和动态范围高。
- 20bit的44.1kHz取样频率，可以保证20Hz～20kHz范围内的频响不均匀度小于±1dB，总谐波失真小于0.015%。
- 每个通道都可以方便地设置高度质量的数字压缩限制器和降噪扩展器。
- 数字通道的位移寄存器可以给出足够的信号延迟时间，以便对各声部的节奏同步作出调整。
- 立体声的两个通道的联动调整十分方便。
- 数字式调音台没有故障诊断功能。

3. 数字音频工作站

数字音频工作站是从计算机控制的硬磁盘为主要记录媒体、具有很强功能、性能优异并有良好的人机界面的设备。也是一种可以根据需要对轨道进行扩充，从而能够方便地进行音频、视频同步编辑的设备。数字音频工作站用于节目录制、编辑、播出时，与传统的模拟方式相比，具有节省力、物力、提高节目质量、节目资源共享、操作简单、编辑方便、播出及时安全等优点，因此音频工作站的建立可以认为是声音节目制作由模拟走向数字的必经之路。

17.2 音频和音频轨道的基础操作

本节教学录像时间：6分钟

在掌握了数字音频的基础知识后，接下来就来学习音频和音频轨道的基础操作。本节主要讲解添加音频、清除音频文件、删除音频以及分割音频等内容。

17.2.1 运用“项目”面板添加音频

在“项目”面板中，运用“导入”功能，可以将音频文件添加至“项目”面板中。

光盘同步视频文件
配套光盘\运用“项目”面板添加音频.mp4

步骤01 打开本书配套光盘中的“素材/第17章/17.2.1 运用‘项目’面板添加音频”项目文件，图像效果如下图所示。

步骤02 在“项目”面板的空白处，单击鼠标右键，❶打开快捷菜单，❷选择“导入”选项，如下图所示。

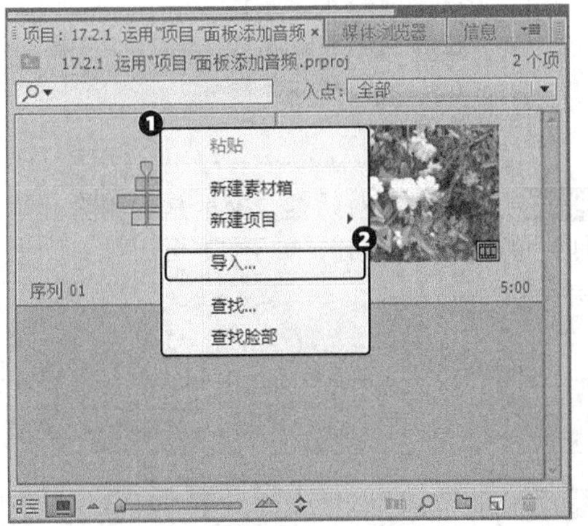

步骤03 打开“导入”对话框，❶选择“音乐1”音频文件，❷单击“打开”按钮，如下图所示。

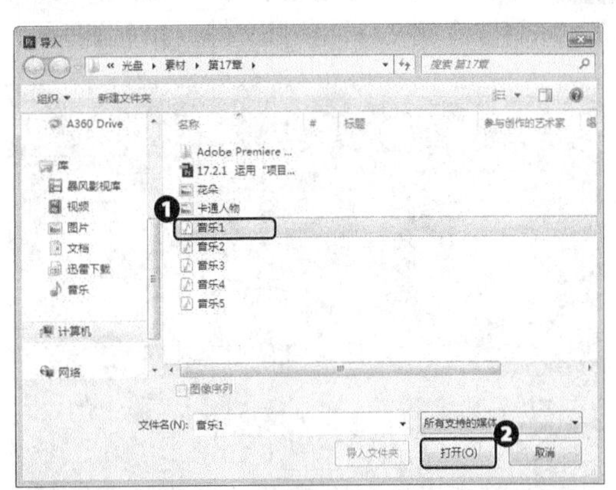

步骤04 即可导入选择的音乐文件，并在“项目”面板中显示，如下图所示。

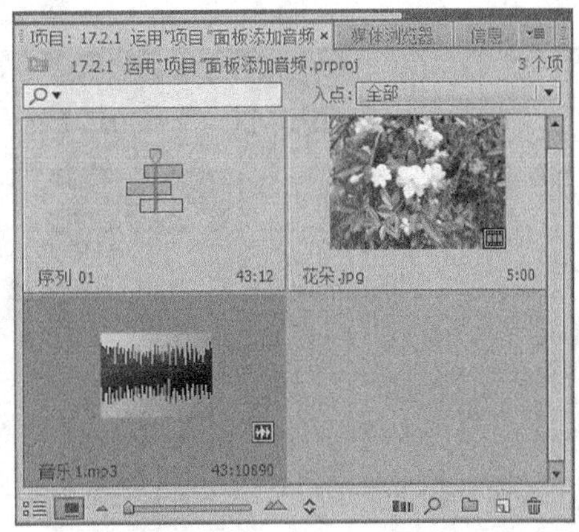

步骤05 选择新导入的音频文件，将其添加至“音频 1”轨道上，即可通过“项目”面板完成音频的添加，如下图所示。

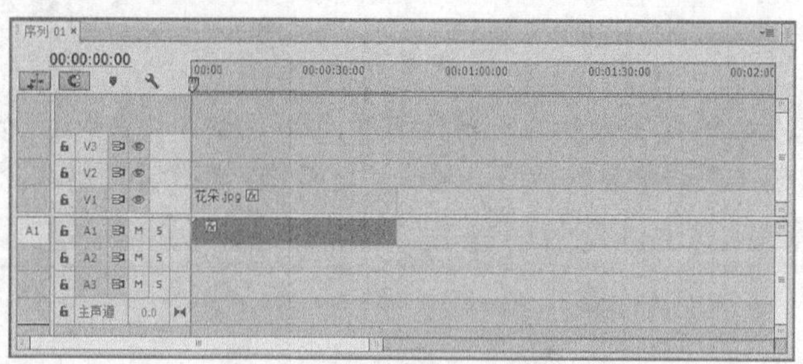

17.2.2 清除音频文件

在“项目”面板中如果需要删除多余的音频文件，则可以使用“清除”功能，直接清除音频文件。

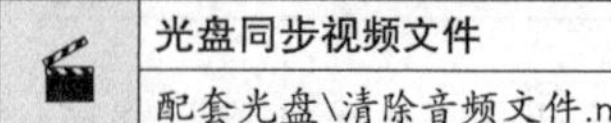

光盘同步视频文件
配套光盘\清除音频文件.mp4

步骤01 打开本书配套光盘中的“素材 / 第 17 章 / 17.2.2　清除音频文件”项目文件，如下图所示。

步骤02 在“项目”面板中，选择音频文件，如下图所示。

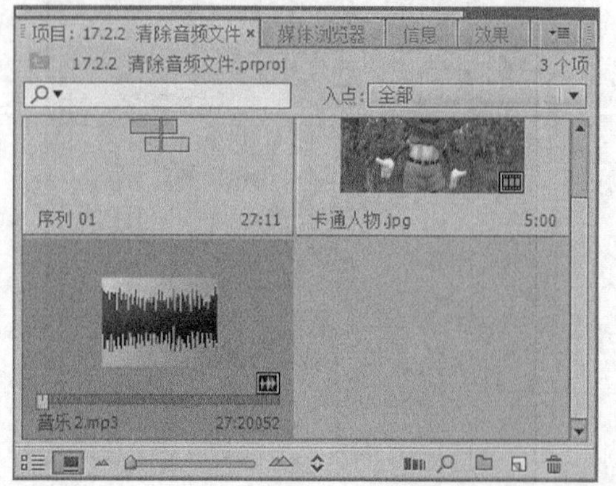

步骤03 单击鼠标右键，❶ 打开快捷菜单，❷ 选择“清除”选项，如下图所示。

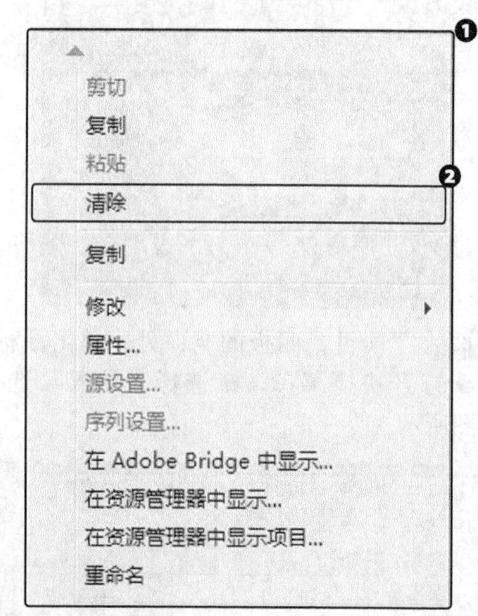

步骤04 弹出提示对话框，提示是否删除音频文件，单击“是”按钮，如下图所示。

步骤05 即可清除音频文件，在“项目”面板中将不显示音频文件，如下图所示。

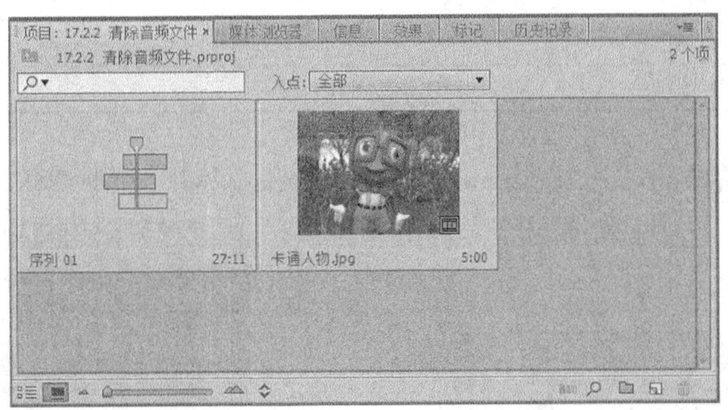

17.2.3 删除音频轨道上的音频

在“项目”面板中，运用“导入”功能，可以将音频文件添加至“项目”面板中。

光盘同步视频文件
配套光盘\删除音频轨道上的音频.mp4

步骤01 打开本书配套光盘中的“素材/第17章/17.2.3 删除音频轨道上的音频”项目文件，如下图所示。

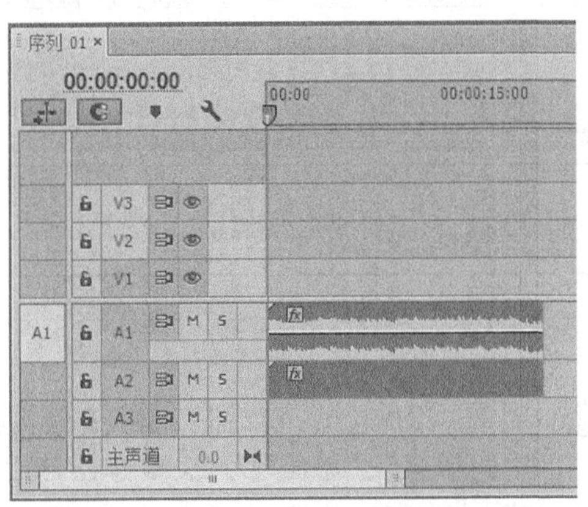

步骤02 在“时间轴”面板中，选择“音频2”轨道上的音乐，如右上图所示。

步骤03 按【Delete】键，即可删除音频轨道上的音频，则“音频2”轨道上不显示音乐文件，如右下图所示。

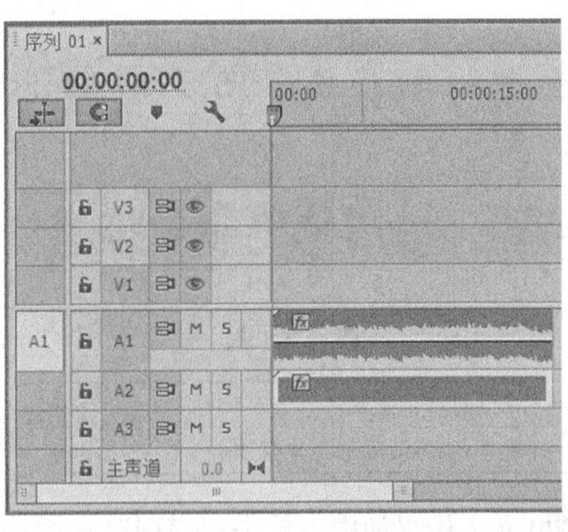

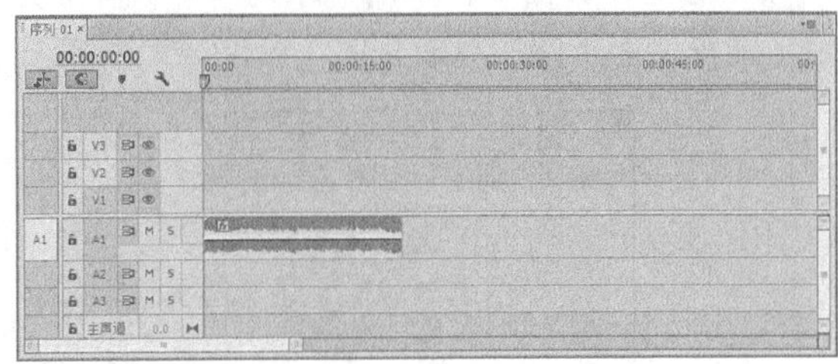

小提示

删除掉音频轨道上的音频文件后，并不能删除整个音频文件，在“项目”面板中一样显示了音频轨道被删除的文件。

17.2.4 音频文件的分割

使用剃刀工具不仅可以分割视频和素材图像，也可以对音频文件进行分割。

光盘同步视频文件

配套光盘\音频文件的分割.mp4

步骤 01 打开本书配套光盘中的“素材 / 第 17 章 / 17.2.4 音频文件的分割”项目文件，效果如下图所示。

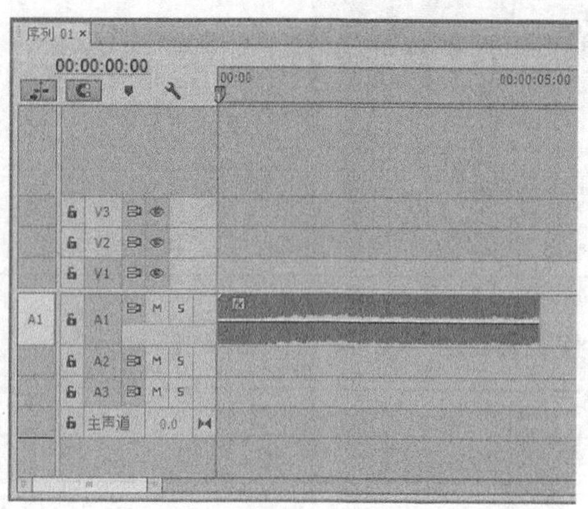

步骤 02 在“工具”面板中，单击“剃刀工具”按钮，如右上图所示。

步骤 03 在“音频 1”轨道的音频文件上，依次单击鼠标，即可分割音频文件，如右下图所示。

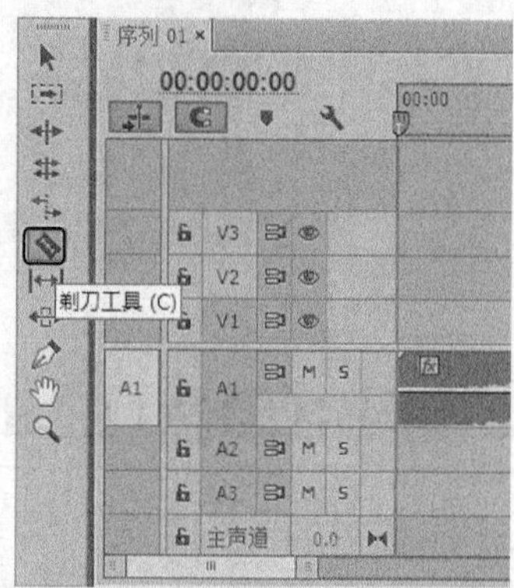

17.2.5 运用菜单命令添加音频轨道

用户在添加音频轨道时，可以使用“序列”菜单中的“添加轨道”命令来添加。

光盘同步视频文件

配套光盘\运用菜单命令添加音频轨道.mp4

步骤 01 在工作界面中，单击“序列”➤“添加轨道”命令，如下图所示。

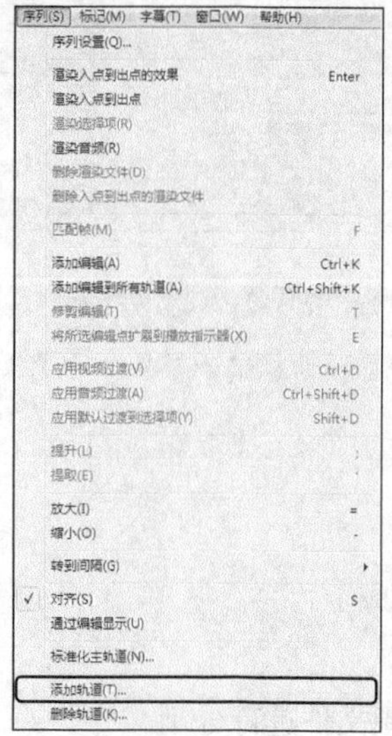

步骤 02 打开“添加轨道”对话框，在“音频轨道”选项区中，❶ 修改“添加”为 2，❷ 单击“确定”按钮，如下图所示。

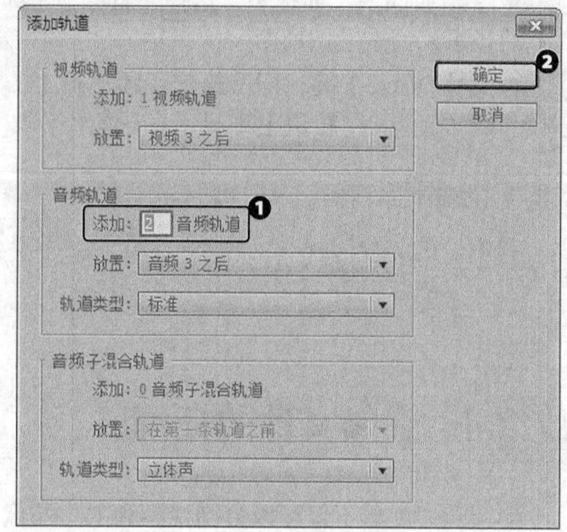

步骤03 即可添加音频轨道，效果如下图所示。

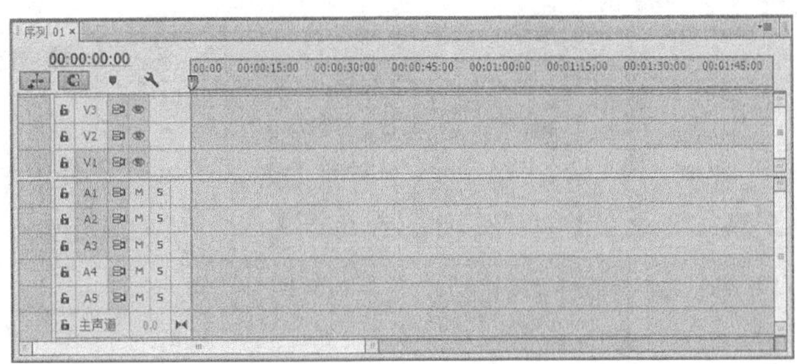

17.2.6 音频轨道的删除

当添加的音频轨道过多时，用户可以删除部分音频轨道。

光盘同步视频文件
配套光盘\音频轨道的删除.mp4

步骤01 在工作界面中，单击“序列”➤“删除轨道”命令，如左下图所示。

步骤02 打开“删除轨道”对话框，❶ 勾选“删除音频轨道”复选框，❷ 单击“确定”按钮，如右下图所示。

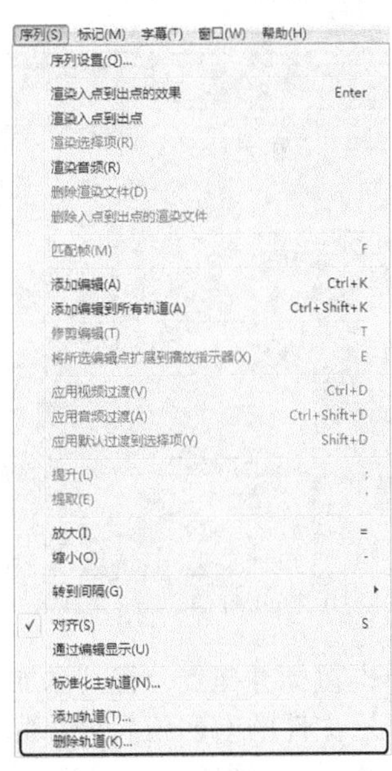

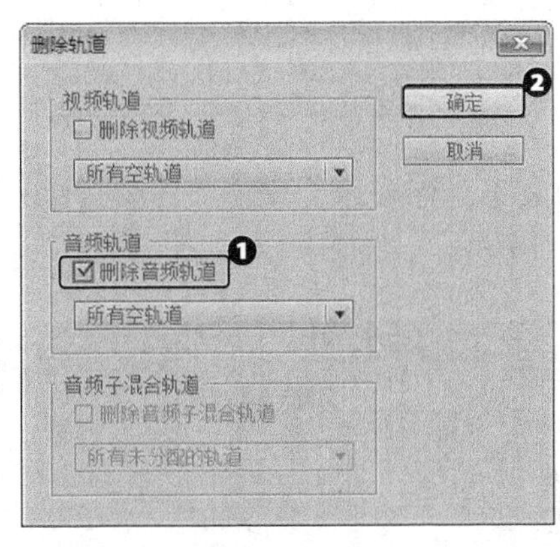

步骤03 即可删除音频轨道，效果如下图所示。

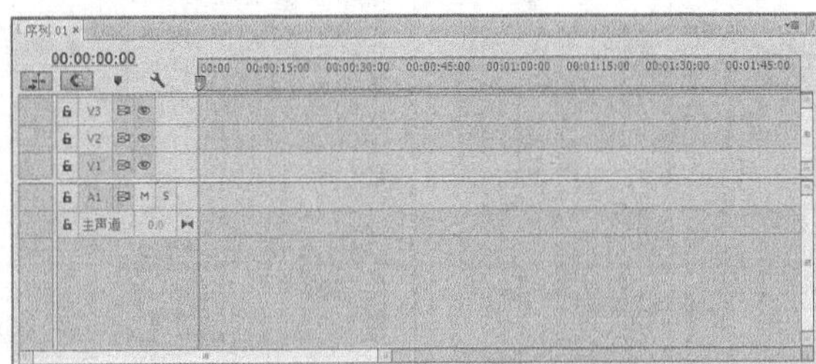

17.3 编辑音频效果

本节教学录像时间：5分钟

在 Premiere Pro CC 中，用户可以对音频素材进行适当的处理，让音频达到更好的视听效果。本节将详细讲解编辑音频效果的操作方法。

17.3.1 音频过渡的添加

"音频过渡"列表框中提供了"恒定功率""恒定增益"和"指数型淡入淡出"3 种音频过渡效果。

	光盘同步视频文件 配套光盘\音频过渡的添加.mp4

步骤 01 打开本书配套光盘中的"素材 / 第 17 章 / 17.3.1 音频过渡的添加"项目文件，如下图所示。

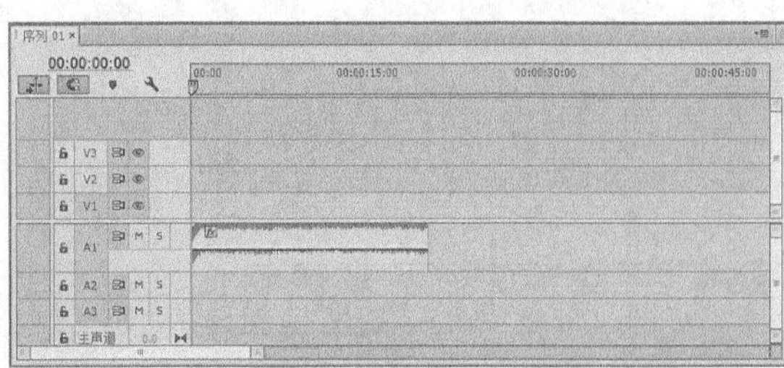

步骤 02 在"效果"面板中，选择"音频过渡"选项，如下图所示。

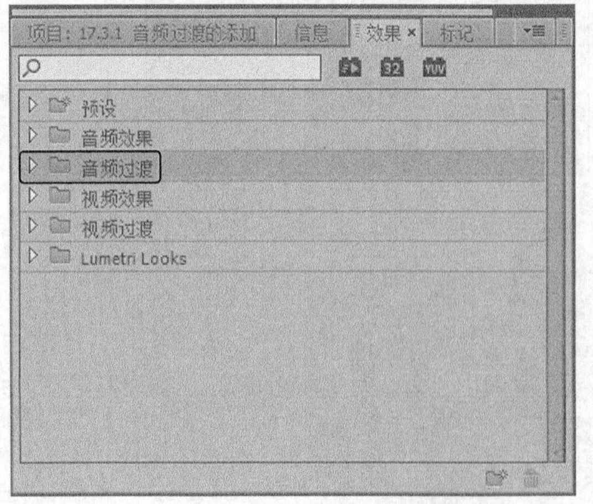

步骤 03 展开选择的选项，❶ 选择"交叉淡化"选项，再次展开选择的选项，❷ 并选择"指数淡化"选项，如下图所示。

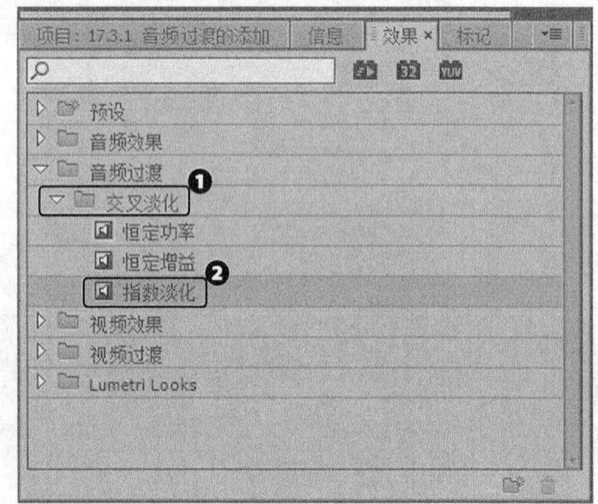

步骤 04 单击鼠标并拖曳，将其添加至"音频 1"轨道的音乐文件的右侧位置处，完成音频过渡效果的添加，如下图所示。

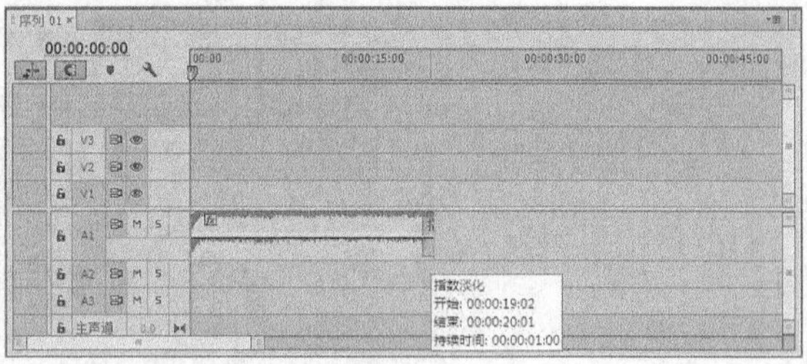

17.3.2 音频效果的添加

Premiere Pro CC 中提供了大量的音频效果，用户可以根据需要为音乐文件添加各种音频效果。

光盘同步视频文件
配套光盘\音频效果的添加.mp4

步骤 01 打开本书配套光盘中的“素材 / 第 17 章 / 17.3.2 音频效果的添加”项目文件，如下图所示。

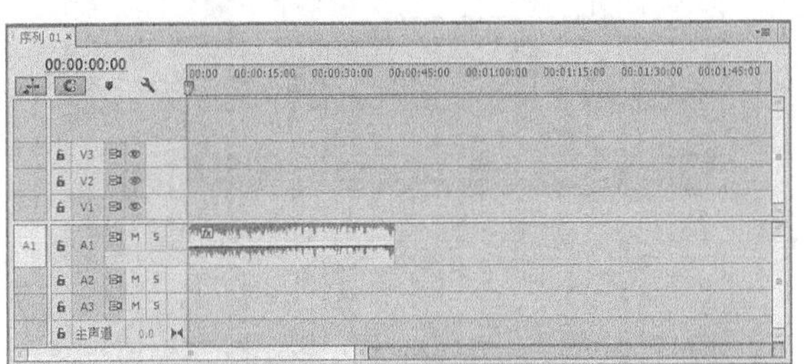

步骤 02 在“效果”面板中，选择“音频效果”选项，如下图所示。

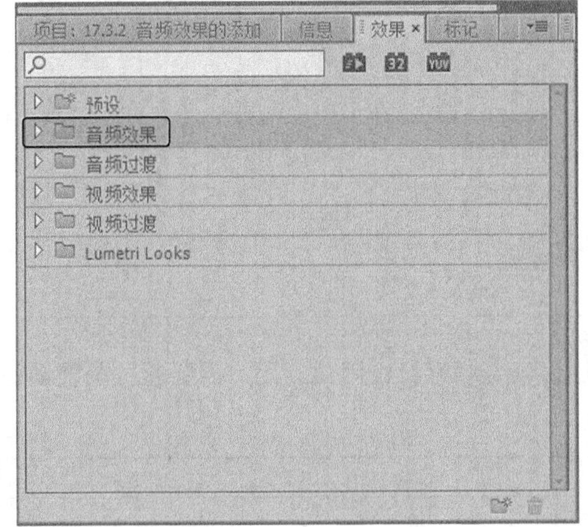

步骤 03 ❶ 展开选择的选项，❷ 选择“Analog Delay”选项，如下图所示。

步骤 04 单击鼠标并拖曳，将其添加至“音频 1”轨道的音乐文件上，在“效果控件”面板中的“模拟延迟”列表框中，勾选“旁路”复选框，如下图所示，即可完成音频效果的添加。

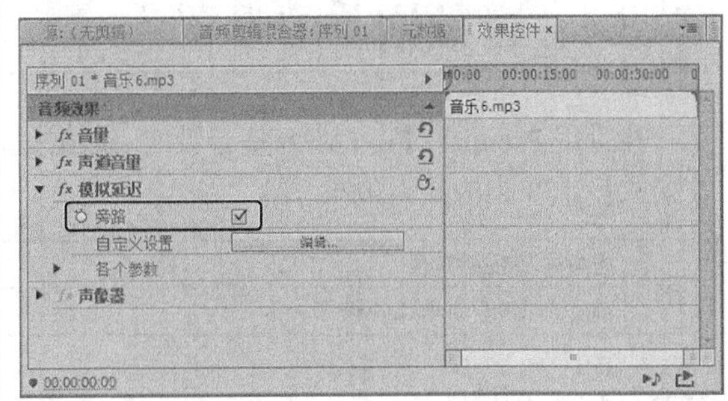

17.3.3 运用“效果控件”面板删除特效

在添加音频效果后，如果对添加的音频效果不满意，则可以在“效果控件”面板中删除音频效果。

	光盘同步视频文件
	配套光盘\运用“效果控件”面板删除特效.mp4

步骤 01 打开本书配套光盘中“素材 / 第 17 章 /17.3.3 运用‘效果控件’面板删除特效”项目文件，如下图所示。

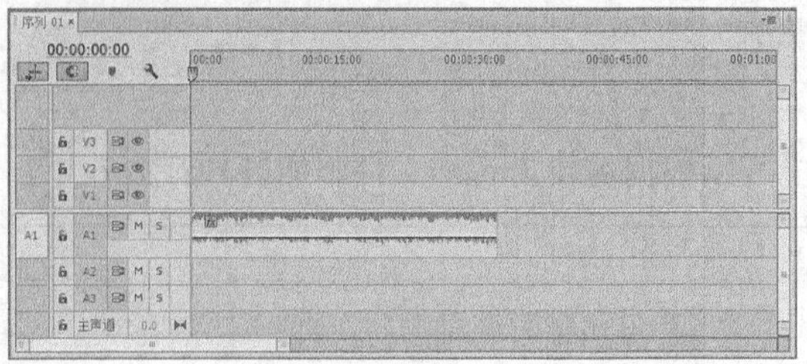

步骤 02 在“时间轴”面板中，选择“音频 1”轨道的音频文件，如下图所示。

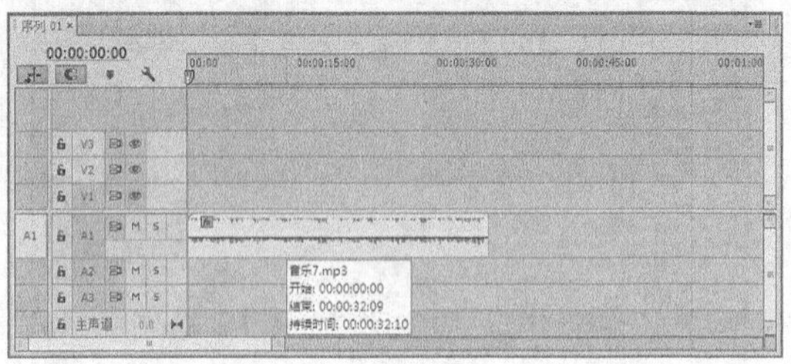

步骤 03 在“效果控件”面板中，选择“和声 / 镶边”选项，单击鼠标右键，❶ 打开快捷菜单，❷ 选择“清除”选项，如右上图所示。

步骤 04 即可运用“效果控件”面板删除特效，效果如右下图所示。

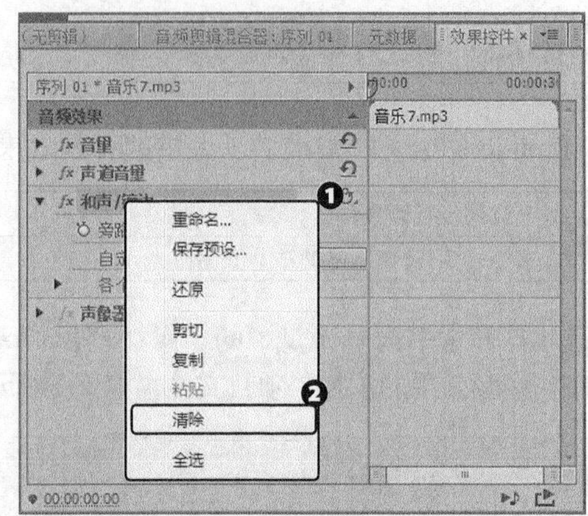

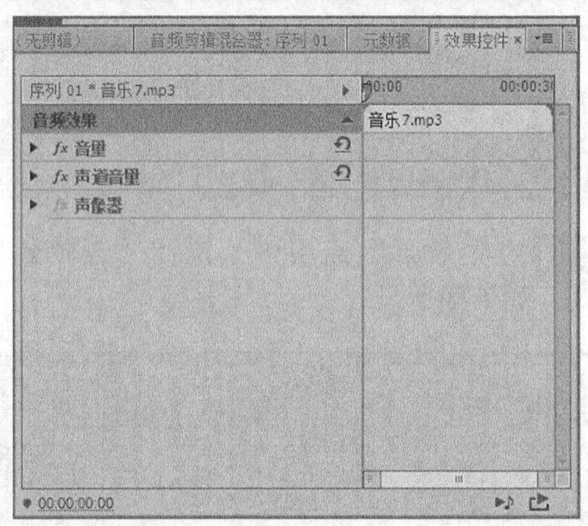

17.3.4 音频增益的设置

在运用 Premiere Pro CC 调整音频时，往往会使用多个音频素材，因此，用户需要通过调整增益效果来控制音频的最终效果。

光盘同步视频文件
配套光盘\音频增益的设置.mp4

步骤 01 打开本书配套光盘中的“素材 / 第 17 章 / 17.3.4 音频增益的设置”项目文件，如下图所示。

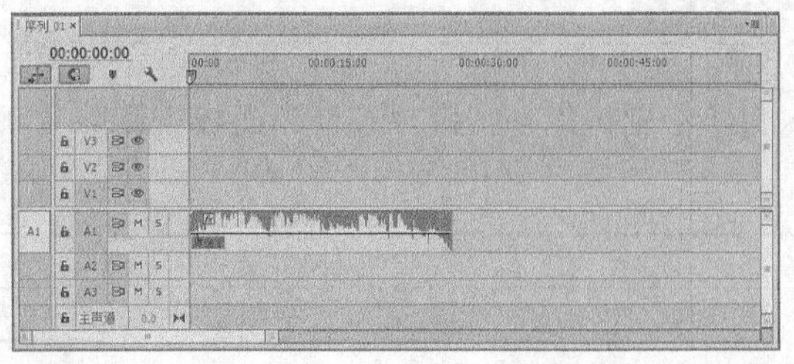

步骤 02 在“时间轴”面板中，选择“音频 1”轨道的音频文件，如右图所示。

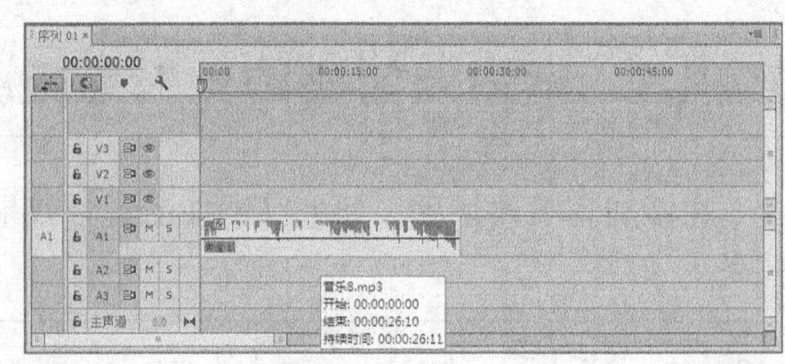

步骤 03 单击“剪辑”➤“音频选项”➤“音频增益”命令，如下图所示。

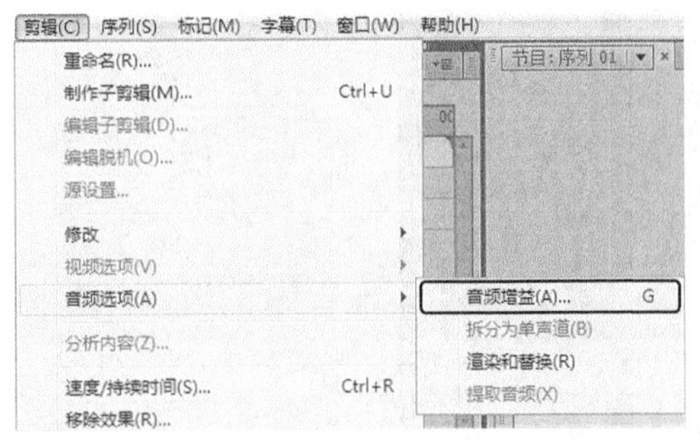

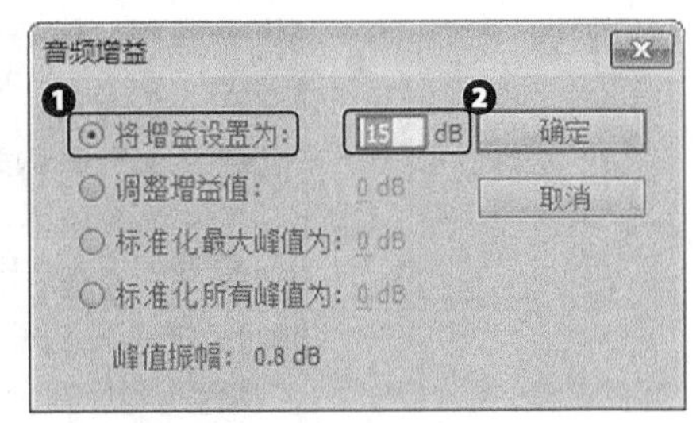

步骤 04 打开“音频增益”对话框，❶ 点选“将增益设置为”单选按钮，❷ 修改参数为 15，如右上图所示。

步骤 05 单击“确定”按钮，即可修改音频的增益，且“时间轴”面板中的音频文件的波形发生变化，效果如右下图所示。

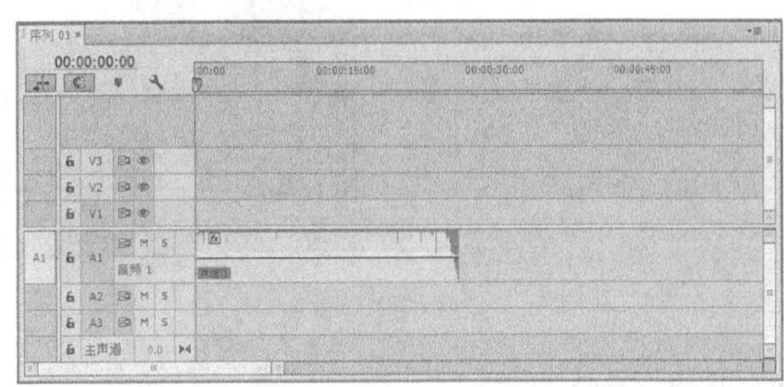

17.3.5 音频淡化的设置

淡化效果可以让播放的音频音量逐渐变弱，直到完全消失。这种淡化效果需要通过两个以上的关键帧来实现。

光盘同步视频文件
配套光盘\音频淡化的设置.mp4

步骤 01 打开本书配套光盘中的“素材 / 第 17 章 / 17.3.5 音频淡化的设置”项目文件，如下图所示。

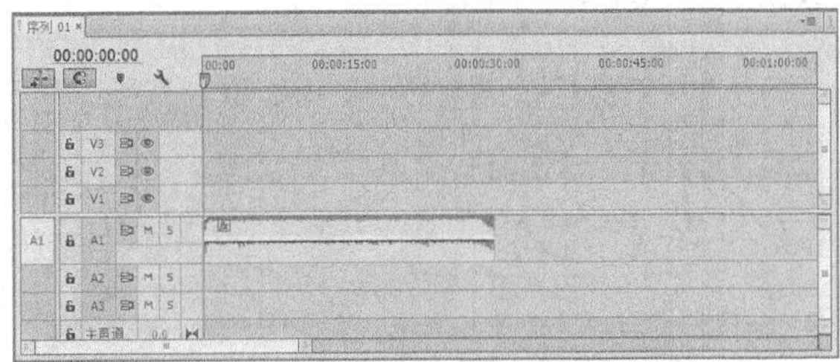

步骤 02 在“时间轴”面板中，选择“音频 1”轨道的音频文件，如下图所示。

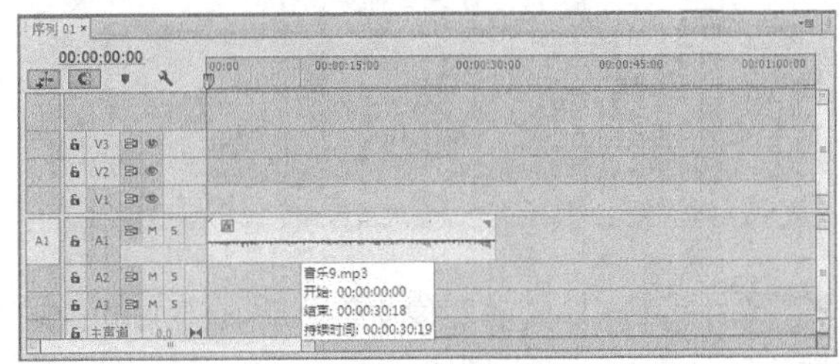

步骤 03 在“效果控件”面板中的“音量”列表框中，❶ 修改“级别”为 5，❷ 添加第一组关键帧，如下图所示。

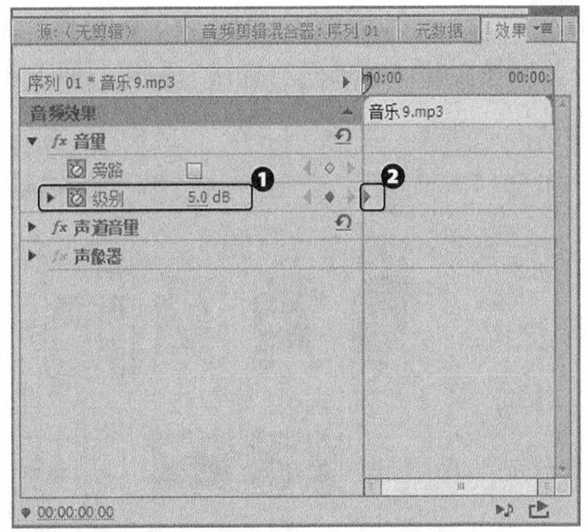

步骤 04 将时间线移至 00:00:07:00 的位置处，在“效果控件”面板中的“音量”列表框中，❶ 修改“级别”为 -200，❷ 添加第二组关键帧，如下图所示。即可完成对音频素材的淡化设置。

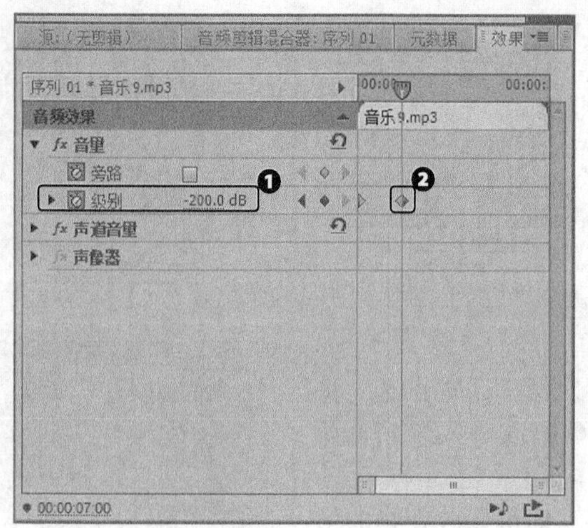

17.4 综合案例——制作“公益广告”音频效果

本节教学录像时间：7分钟

在学习了本章所讲解的音频的基础操作和编辑音频效果等内容后，可以将所学知识运用到本节的实例中，以制作出更加动听的音乐效果。

光盘同步视频文件

配套光盘\综合实例：制作“公益广告”音频效果.mp4

步骤 01 新建一个项目和序列，在“项目”面板中双击鼠标，打开“导入”对话框，❶ 选择“背景”图像文件，❷ 单击“打开”按钮，如下图所示。

步骤 02 即可导入选择的图像文件，并在“项目”面板中显示，如下图所示。

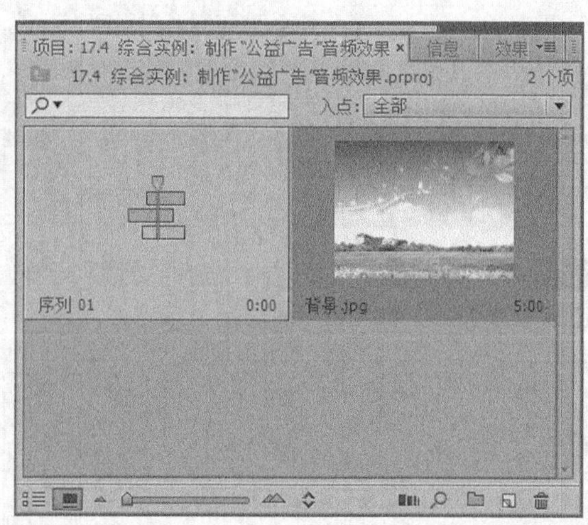

步骤 03 选择新导入的图像文件，将其添加至“视频 1”轨道上，如下图所示。

步骤04 选择新添加的素材图像，在“效果控件”面板中，修改“缩放”为78，如下图所示。

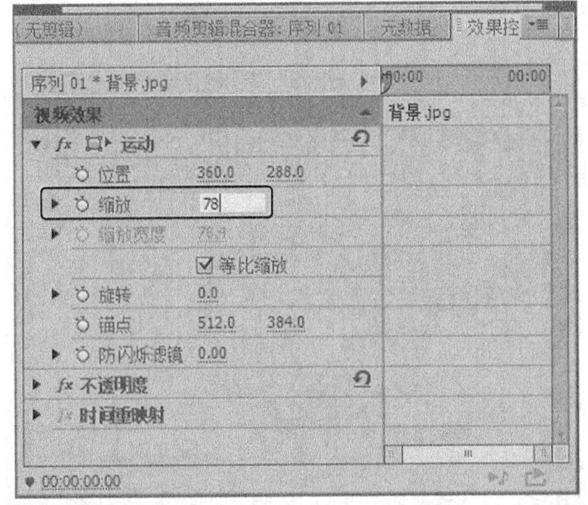

步骤05 即可调整图像的大小，并在“节目监视器”面板中查看图像，效果如下图所示。

步骤06 按快捷键【Ctrl + I】，❶ 打开“导入”对话框，❷ 选择“地球”文件，❸ 单击“打开”按钮，如下图所示。

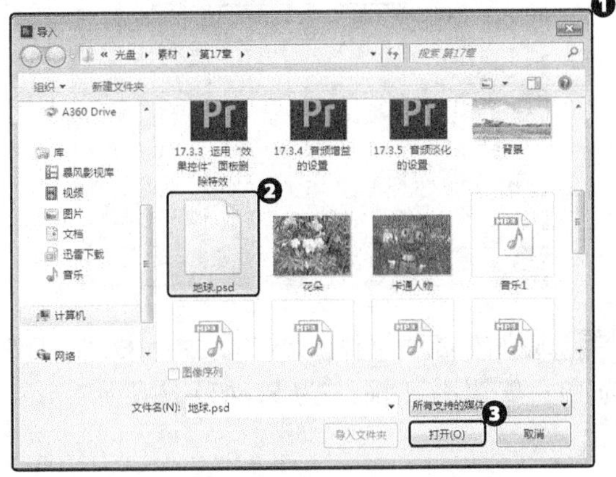

步骤07 打开“导入分层文件：地球”对话框，单击“确定”按钮，如下图所示。

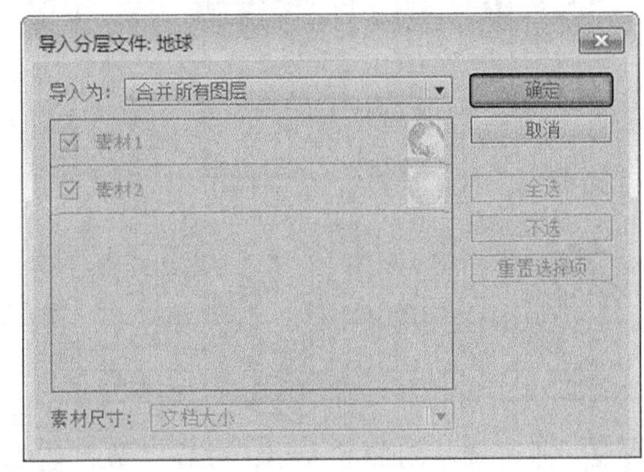

步骤08 即可导入选择的图层文件，并在“项目”面板中显示，如下图所示。

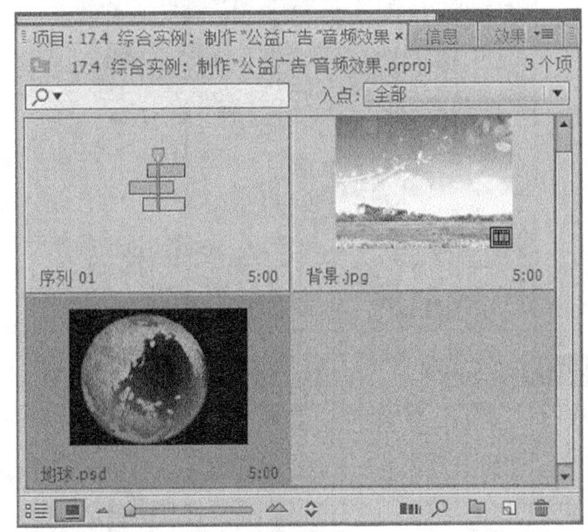

步骤09 选择新导入的图层文件，将其添加至“视频2”轨道上，如下图所示。

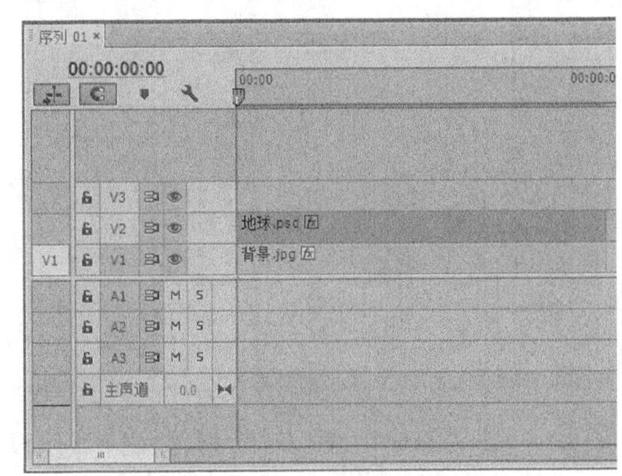

步骤10 选择“视频2”轨道上的文件，在“效果控件”面板中，修改 ❶ “位置”为360和250、❷ “缩放”为50，如下图所示。

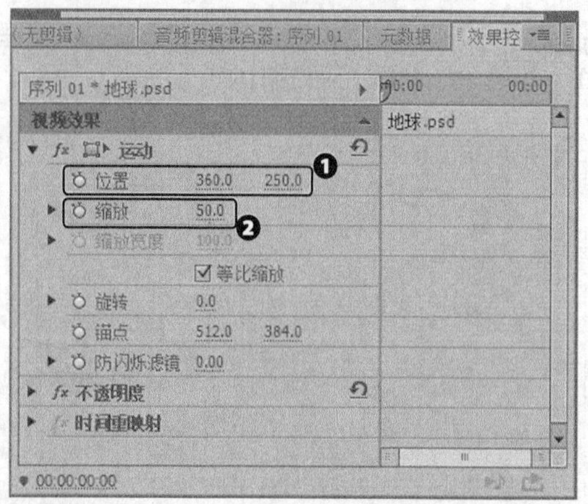

步骤11 即可调整图像的大小，并在“节目监视器”面板中查看图像，效果如下图所示。

步骤12 在“项目”面板中单击鼠标右键，❶ 打开快捷菜单，❷ 选择“新建项目”➤“字幕”选项，如下图所示。

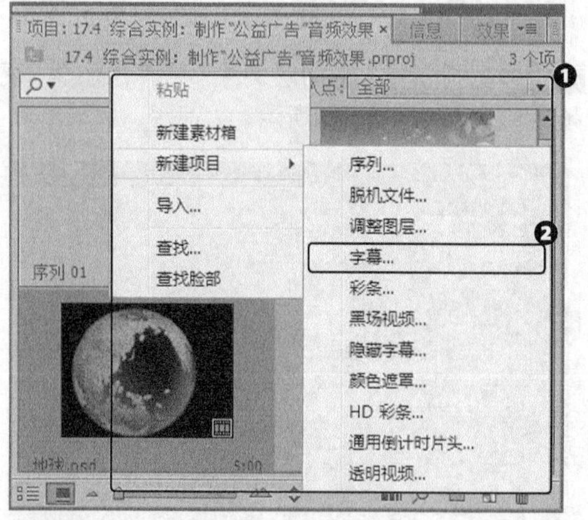

步骤13 打开“新建字幕”对话框，保持默认设置，单击“确定”按钮，如右上图所示。

步骤14 打开“字幕”窗口，单击“文字工具”按钮，输入文字，如右中图所示。

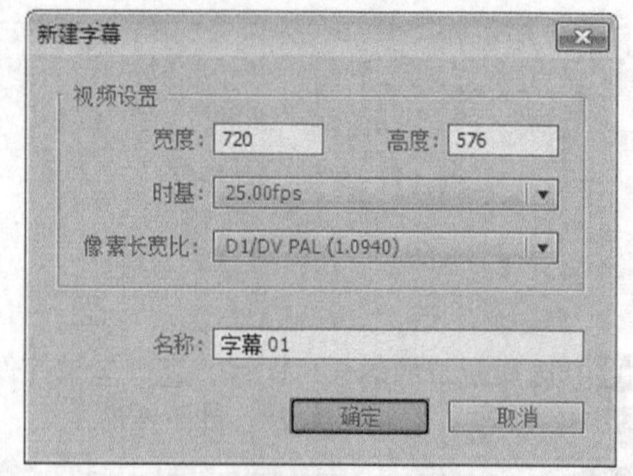

步骤15 在“属性”面板中，❶ 单击“字体系列”右侧的下拉按钮，展开列表框，❷ 选择“华文中宋”选项，如下图所示。

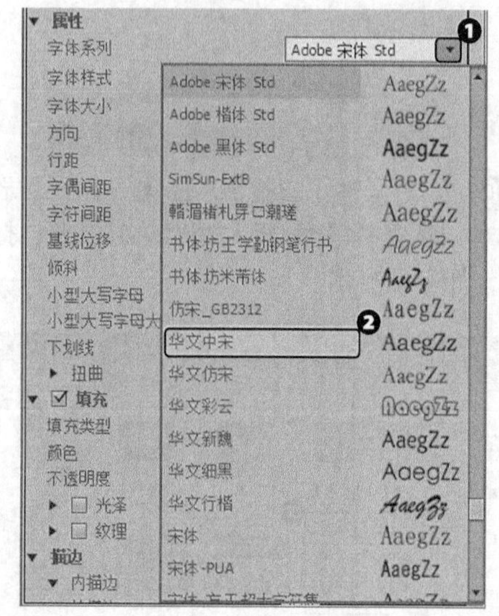

步骤16 修改 ❶“字体大小”为 50、❷“行距”为 10、❸“字符间距”为 5，如下图所示。

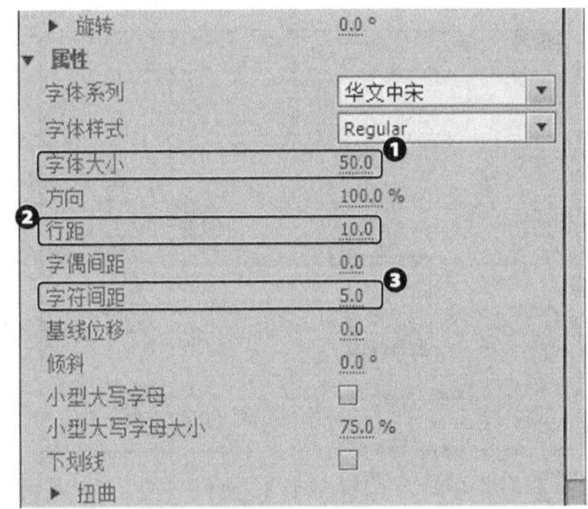

步骤17 单击“颜色”右侧的颜色块，❶ 打开“拾色器”对话框，❷ 修改 RGB 参数分别为 93、168、0，❸ 单击“确定”按钮，如下图所示。

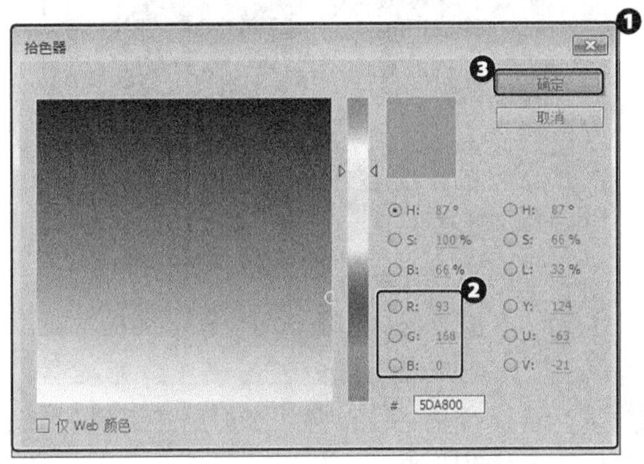

步骤18 ❶ 添加一个“外描边”链接，❷ 单击“颜色”右侧的颜色块，如下图所示。

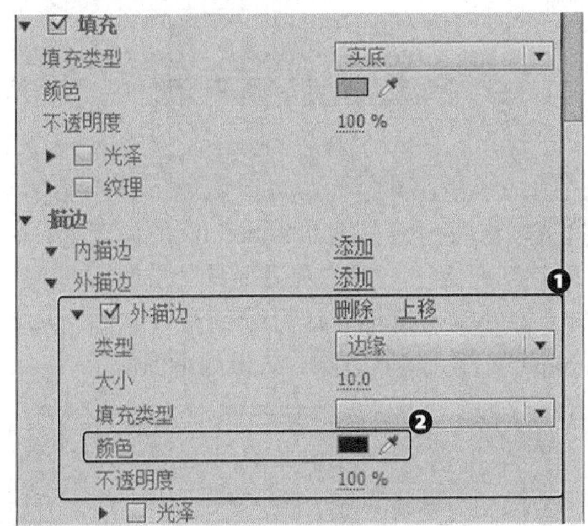

步骤19 打开“拾色器”对话框，❶ 修改 RGB 参数均为 255，❷ 单击“确定”按钮，如右上图所示。

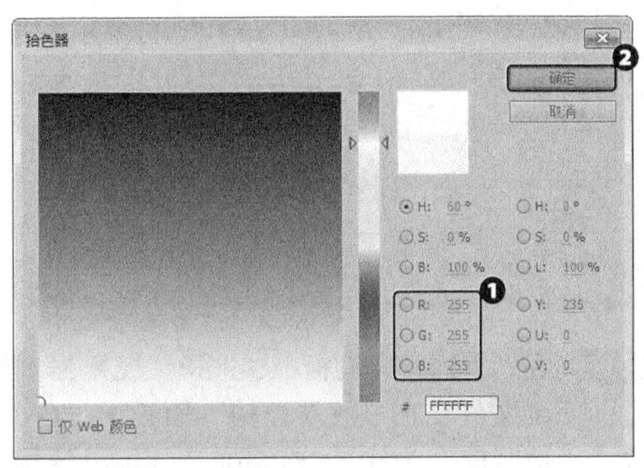

步骤20 ❶ 修改“大小”为 15，❷ 并勾选“阴影”复选框，如下图所示。

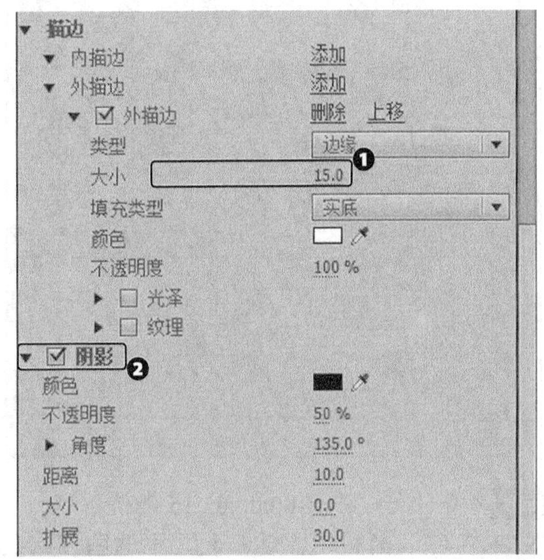

步骤21 在“字幕”面板中，调整文字的位置，如下图所示。

步骤22 关闭“字幕”窗口，并将新创建的字幕添加至“视频 3”轨道上，如下图所示。

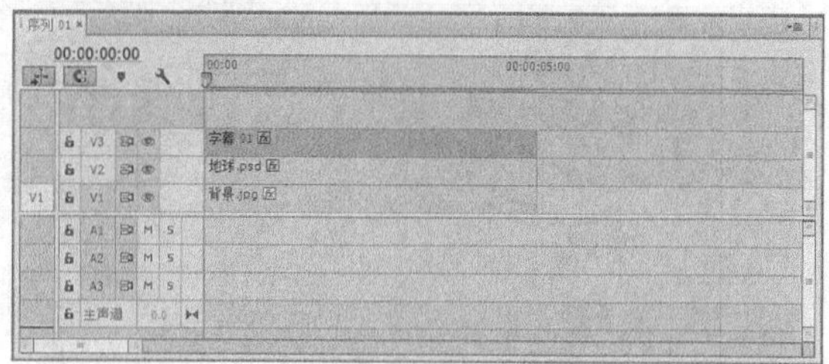

步骤 23 在“时间轴”面板中，选择“视频 3”轨道的字幕文件，在“效果控件”面板中，❶修改“不透明度”为 0%，❷添加第一组关键帧，如下图所示。

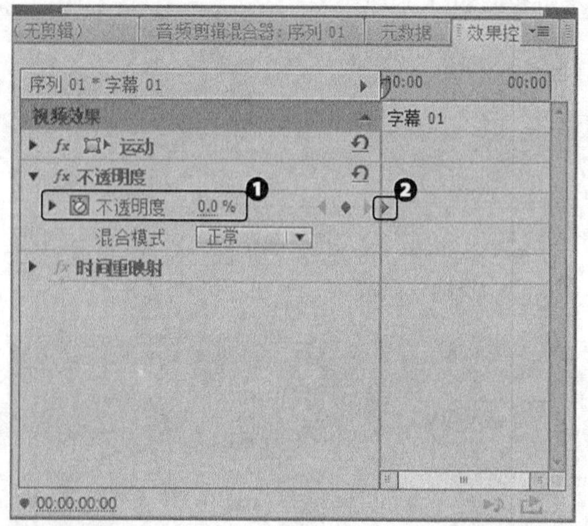

步骤 24 将时间线移至 00:00:02:15 的位置处，在“效果控件”面板中，❶修改“不透明度”为 100%，❷添加第二组关键帧，如下图所示。

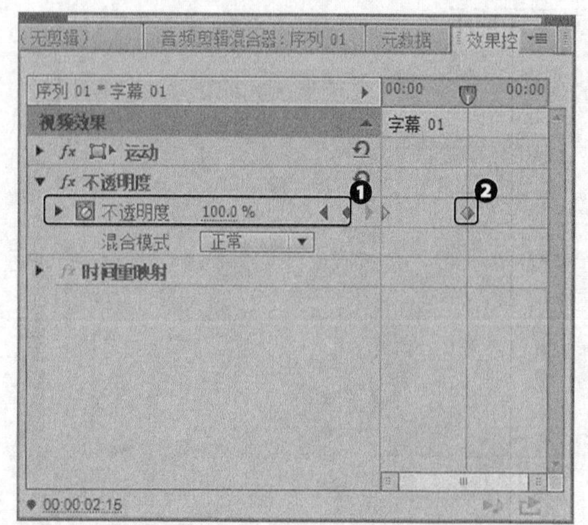

步骤 25 按快捷键【Ctrl + I】，❶打开“导入”对话框，❷选择“音乐 10”音频文件，❸单击“打开”按钮，如右上图所示。

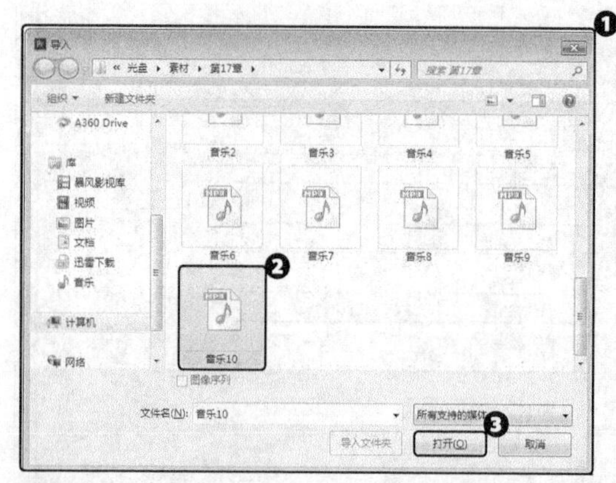

步骤 26 即可导入选择的音频文件，并在“项目”面板中显示，如下图所示。

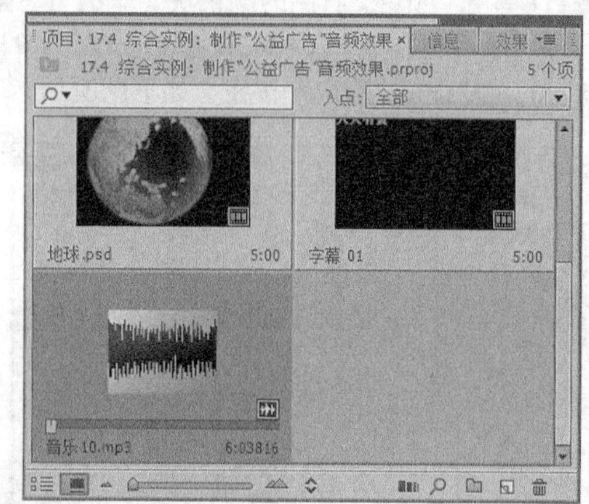

步骤 27 选择音频文件，将其添加至“音频 1”轨道上，如下图所示。

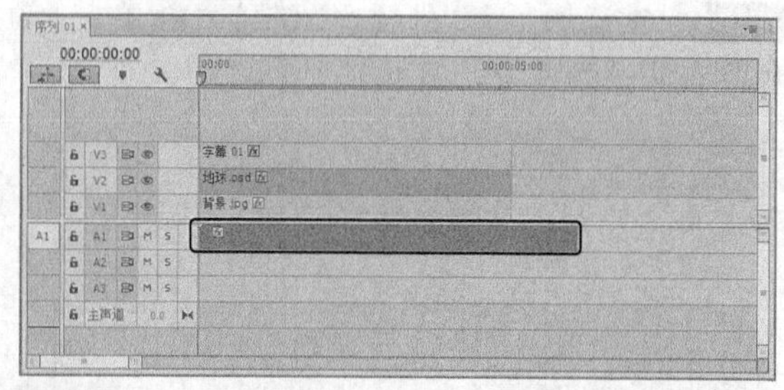

步骤 28 将时间线移至 00:00:05:00 的位置处，在“工具”面板中单击“剃刀工具”按钮，在时间线位置处单击鼠标，即可分割音频文件，选择右侧的文件，将其删除，效果如下图所示。

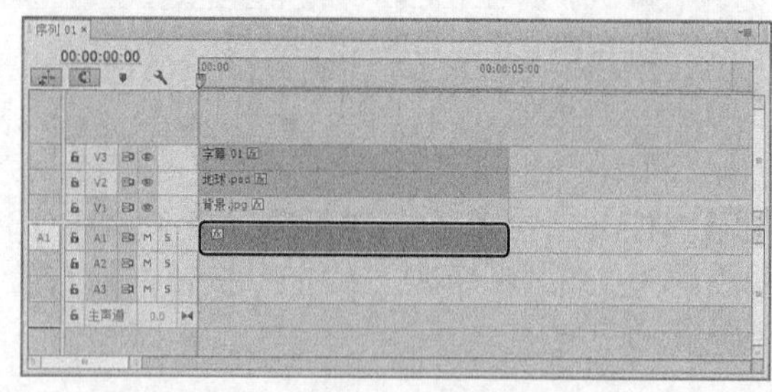

步骤29 在“效果”面板中，❶ 展开“音频过渡”列表框，❷ 选择“交叉淡化”选项，如下图所示。

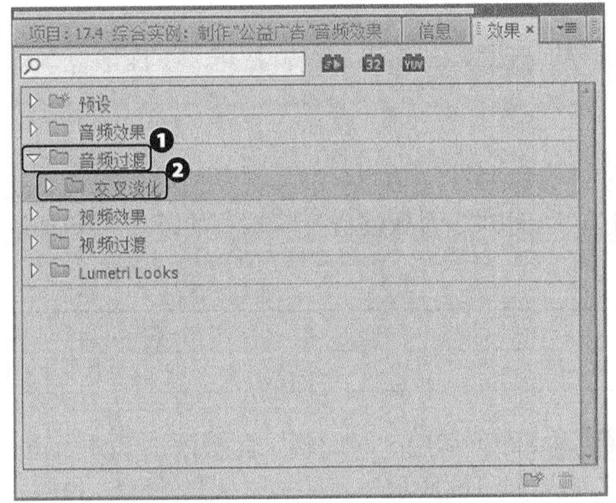

步骤30 ❶ 展开选择的选项，❷ 选择“恒定功率”选项，如下图所示。

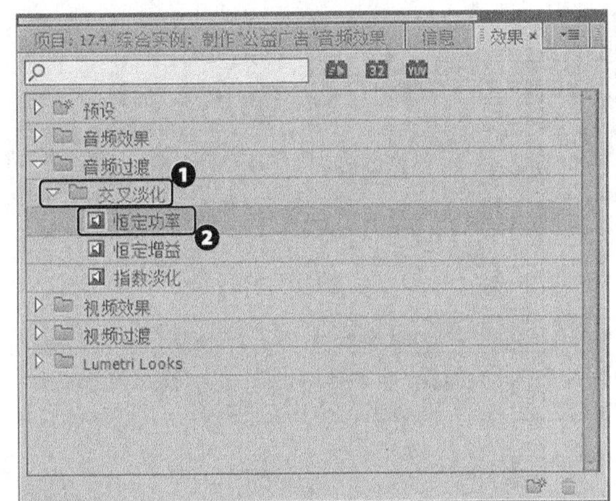

步骤31 单击鼠标并拖曳，将其添加至“音频 1”轨道的音频文件的左侧，效果如下图所示。

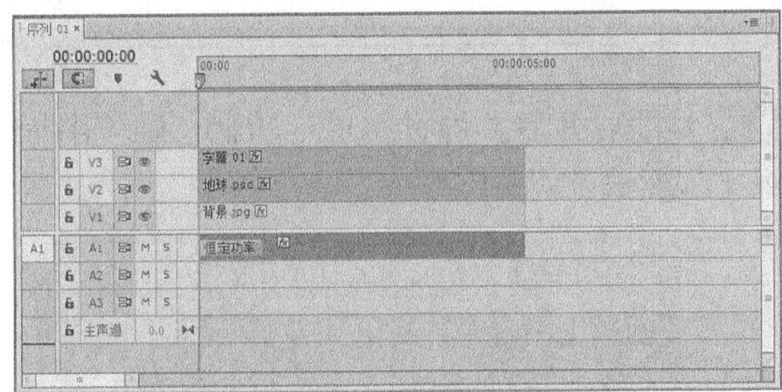

步骤32 即可完成“公益广告”的制作，在“节目监视器”面板中，单击“播放 - 停止切换”按钮，预览广告效果，如右图所示。

高手支招

本节教学录像时间：3分钟

通过对前面知识的学习，相信读者朋友已经掌握好音频的基础知识与编辑技巧。下面结合本章内容，给大家介绍一些实用技巧。

运用“时间轴”面板添加音频轨道

除了通过菜单命令添加音频轨道外，还可以通过“时间轴”面板进行音频轨道的添加，下面介绍其方法。

光盘同步视频文件
配套光盘\秘技1. 运用“时间轴”面板添加音频轨道.mp4

步骤 01 在“时间轴”面板中，右键单击音频轨道，❶ 打开快捷菜单，❷ 选择“添加单个轨道”选项，如下图所示。

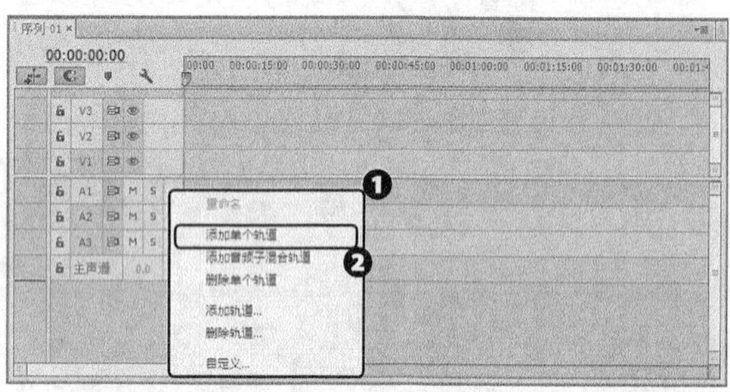

步骤 02 即可运用“时间轴”面板添加音频轨道，其效果如下图所示。

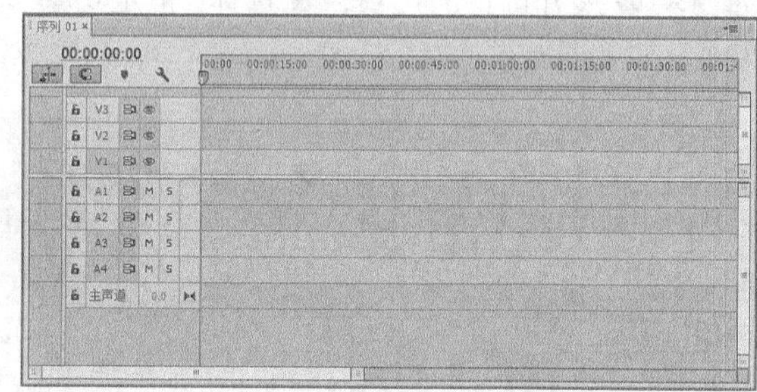

小提示

用户也可以在快捷菜单中选择“添加轨道”选项，打开“添加轨道”对话框，进行多条音频轨道的添加操作。

设置静音轨道

在音频轨道中，使用“静音轨道”功能，可以开启或关闭轨道上的音频文件的声音。

光盘同步视频文件
配套光盘\秘技2. 设置静音轨道.mp4

步骤 01 在新添加的音频轨道上，单击“静音轨道”按钮M，如下图所示。

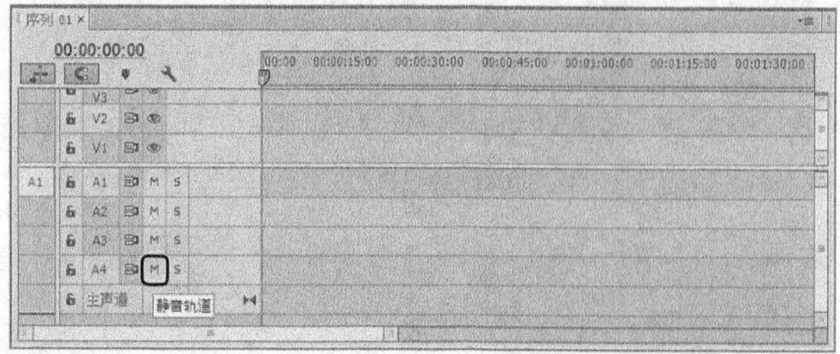

步骤 02 即可开启“静音轨道”功能，则该图标显示为绿色，如下图所示。

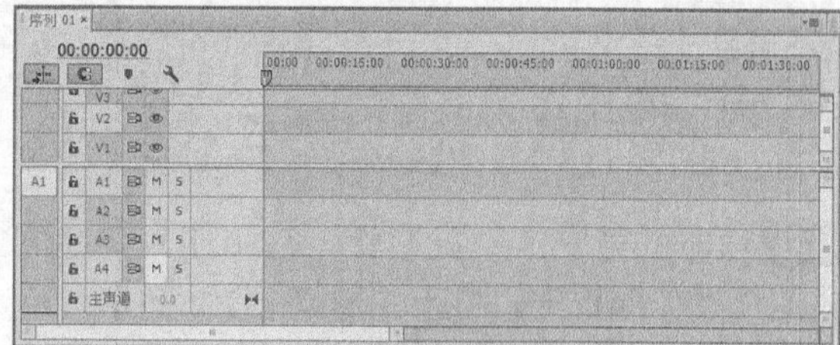

第18章

Premiere音轨混合器

学习目标

在录音工作室中，工程师使用混合控制台控制音乐轨道的混合。在Premiere Pro CC中，可以使用它的“音轨混合器”创建混音。与专业的音轨混合器一样，Premiere Pro CC的音轨混合器允许调整音频级别、淡入和淡出、均衡立体声、控制效果以及创建效果发送，还允许录制音频、分离音频和聆听“单独的”轨道音频。本章将详细讲解Premiere音轨混合器的应用方法，以供读者掌握。

知识要点

- 应用“音轨混合器”面板
- 编辑音频效果
- 制作立体声音频的效果
- 音频处理顺序

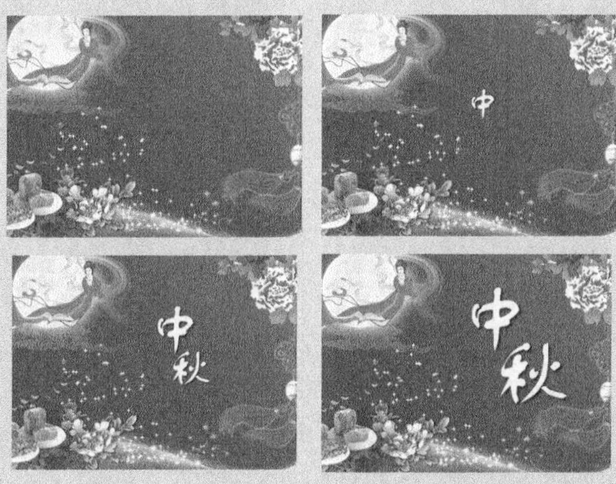

18.1 应用“音轨混合器”面板

Premiere Pro CC 的“音轨混合器”面板是最复杂和最强大的工具之一，要有效地使用它，应该熟悉它的所有控件和功能。

18.1.1 认识“音轨混合器”面板

如果在工作界面中没有显示“音轨混合器”面板，则可以单击“窗口”➤“音轨混合器”命令，打开“音轨混合器”面板，如下图所示，在该面板中会自动为当前活动序列显示至少两个轨道和主轨道。

如果在序列中拥有两个以上的音频轨道，可以用鼠标单击并拖动“音轨混合器”面板的左右边缘和下方边缘来扩展面板。音轨混合器提供了两个主要视图，分别是折叠视图和展开视图，前者没有显示效果区域，后者用于不同轨道的效果，如下图所示。

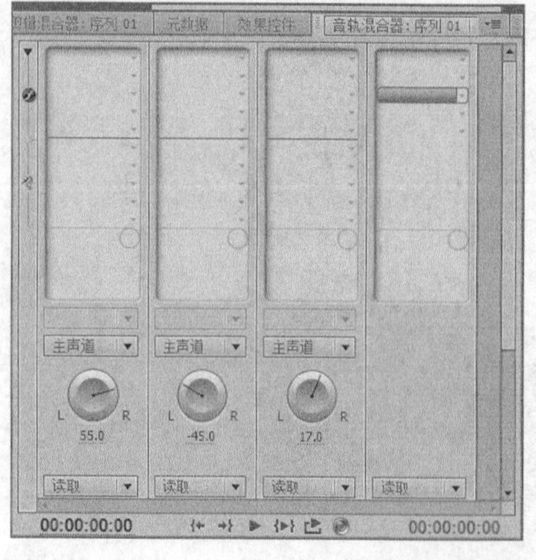

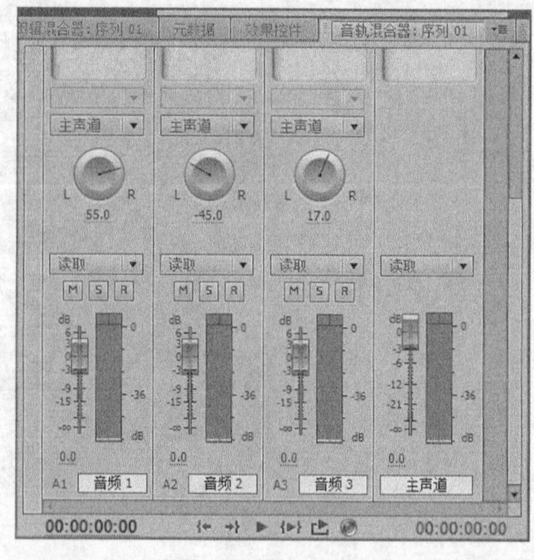

18.1.2 自动模式

“自动模式”列表框主要是用来调节音频素材和音频轨道，如左下图所示。当调节对象是音频素材时，调节效果只会对当前素材有效，如果调节对象是音频轨道，则音频特效将应用与整个音频轨道。

在“自动模式”列表框中，各选项的含义如下。

- 读取：选择该选项，可以自动读取存储的音量和平衡的相关数据，并在重新播放时使用这些数据进行控制。
- 写入：选择该选项，可以自动读取存储的音量和平衡的相关数据，并能记录音频素材在音频混合器中的所有操作步骤。
- 关闭：选择该选项，可以在重新播放素材时忽略音量和平衡的相关设置。
- 闭锁：选择该选项，可以自动读取存储的音量和平衡的相关数据。
- 触动：选择该选项，可以自动读取存储的音量和平衡的相关数据；并能够对音量和平衡的变化进行纠正。

18.1.3 轨道控制

“轨道控制”按钮组包括“静音轨道”按钮M、“独奏轨道”按钮S、“启用轨道以进行录制”按钮R等，如右下图所示。这些按钮的主要作用是让音频或素材在预览时，其指定的轨道完全以静音或独奏的方式进行播放。

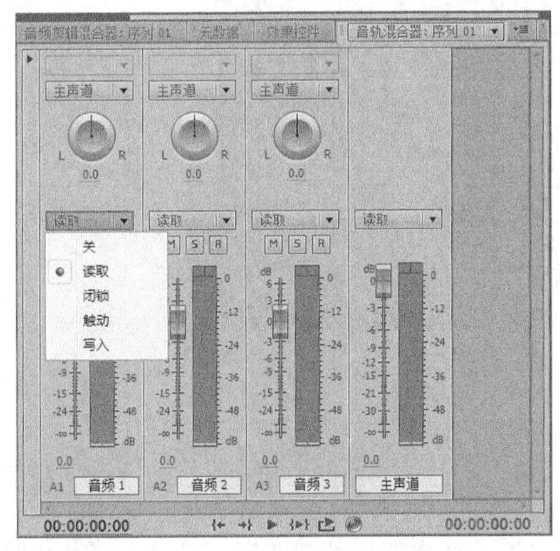

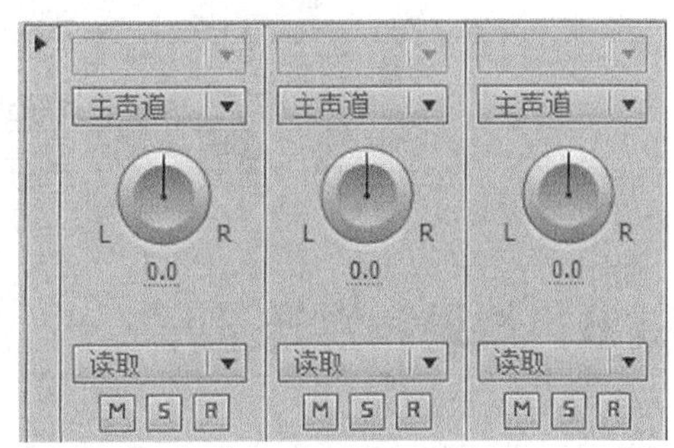

在“轨道控制”列表框中，各选项的含义如下。

- 静音轨道：单击该按钮，可以在播放时该轨迹上的音频素材为静音状态。
- 独奏轨道：单击该按钮，可以只播放该轨迹上的音频，其余音频轨迹上的素材为静音状态。
- 启用轨道以进行录制：单击该按钮，可以在所选轨道上录制下声音信息，这样可以非常方便地进行后期配音。

18.1.4 平衡控制器

平衡控制器可以用来调节只有左、右两个声道的音频素材，当用户向左拖动滑轮时，左声道音量将提升；向右拖动滑轮时，右声道将提升，如下图所示。

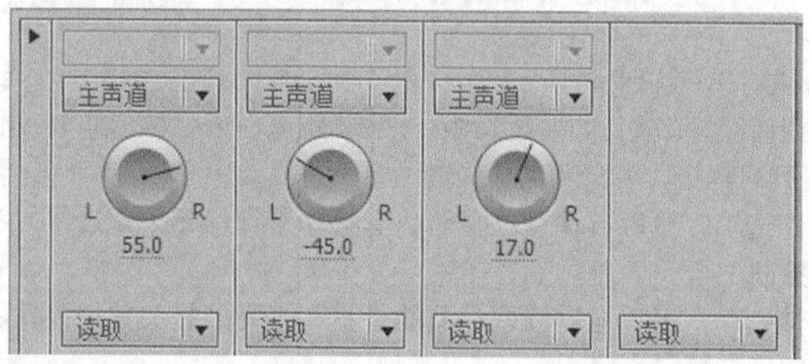

18.1.5 “音量”控件

可以上下拖动“音量”滑块来调整轨道音量。音量以分贝为单位进行录制，分贝音量显示在“音量”控件中，在单击并拖动“音量”滑块更改音频轨道的音量时，“音轨混合器”面板中的自动化设置可以将关键帧放入“时间轴”面板中该轨道的音频图形线中。下图所示为“音量”控件。

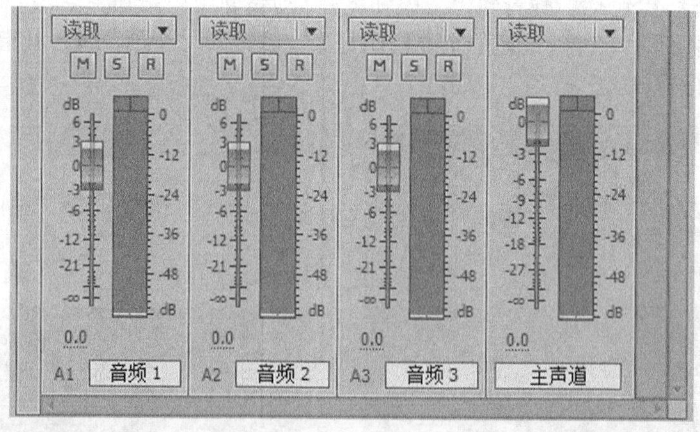

18.1.6 效果和发送选项

“效果”选项和“发送”选项出现在“音轨混合器”面板的展开视图中，要显示效果和发送，可以单击“自动模式”选项左侧的“显示/隐藏效果与发送”图标；要添加效果和发送，可以单击“效果选择”按钮和“发送分配选择”按钮。

1. 效果选择区域

在效果选择区域中，单击“效果选择”按钮，选择一个效果，如下页左上图所示。在每个轨道的效果区域中，最多可以放置5个效果。在加载效果时，可以在效果区域的底部调整效果设置。

2. 效果发送区域

效果发送区域位于效果选择区域的下方，如下页右上图所示为创建发送的弹出菜单。发送允许用户使用音量控制按钮将部分轨道发送到子混合轨道。

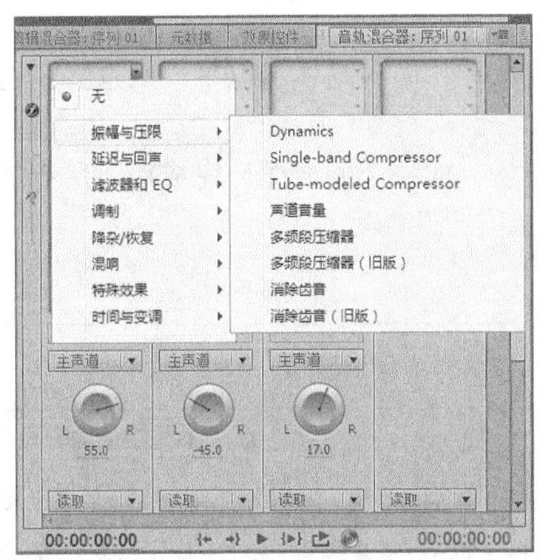

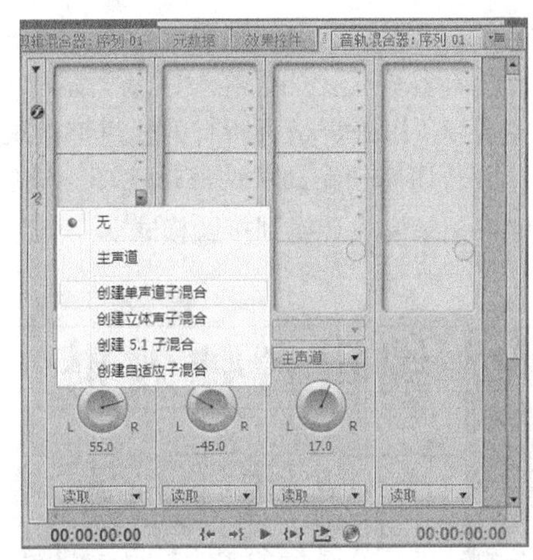

18.1.7 “音轨混合器”面板菜单

通过对“音轨混合器”面板的学习，用户应该对“音轨混合器”面板的组成有了一定了解。在“音轨混合器”面板中，单击面板右上角的三角形按钮，将弹出面板菜单，如下图所示。

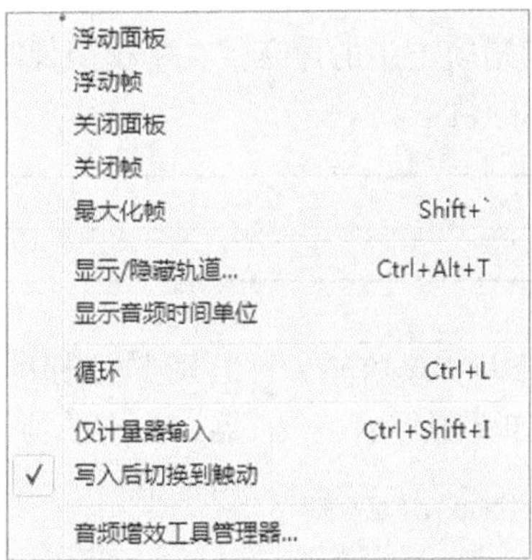

下面将介绍面板菜单中各主要选项的含义。

- 显示 / 隐藏轨道：该选项可以对“音轨混合器”面板中的轨道进行隐藏或者显示设置。选择该选项，或按【Ctrl+T】组合键，弹出“显示 / 隐藏轨道”对话框，如左下图所示，在左侧列表框中，处于选中状态的轨道为显示状态，未被选中的轨道则为隐藏状态。
- 显示音频时间单位：选择该选项，可以在“时间轴”面板的时间标尺上显示出音频单位，如右下图所示。

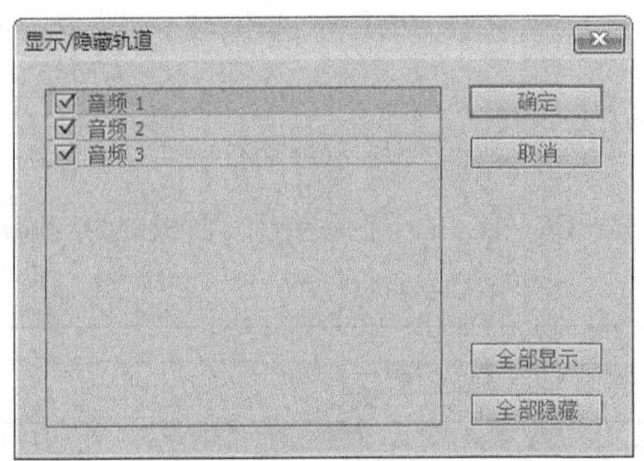

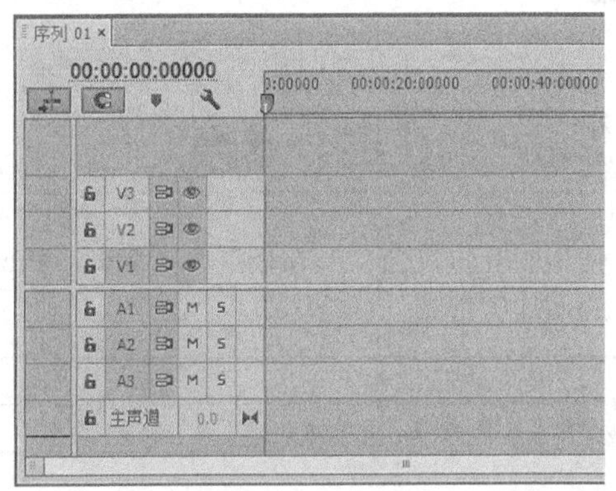

- 循环：选择该选项，则系统会循环播放音乐。
- 仅计量器输入：如果在 VU 表上显示硬件输入电平，而不是轨道电平，则选择该选项来监控音频，以确定是否所有的轨道都被录制。
- 写入后切换到触动：选择该选项，则回放结束后，或一个回放循环完成后，所有的轨道设置将记录模式转换到接触模式。

18.2 编辑音频效果

本节教学录像时间：8分钟

在熟悉“音轨混合器”面板中的功能之后，可以使用该面板为音频轨道应用和调整音频效果，也可以通过“时间轴”面板的音频轨道上的“音量：级别”功能调整音频效果。

18.2.1 平衡声像器

平衡声像器可以重新分配多声道轨道中的声音。在平衡声像时，必须认识到声像平衡的能力取决于正在播放的轨道以及输出目标的轨道。

光盘同步视频文件
配套光盘\平衡声像器.mp4

步骤 01 打开本书配套光盘中的“素材/第 18 章/18.2.1 平衡声像器”项目文件，如下图所示。

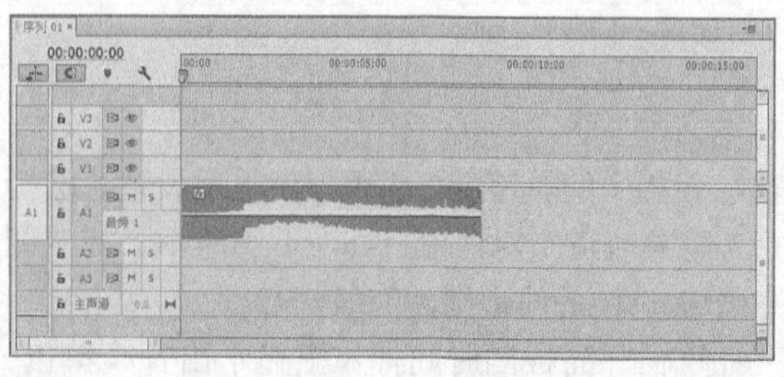

步骤 02 在“音频 1”轨道上，❶单击“音量：级别”按钮 fx，展开列表框，❷选择“声像器”➤“平衡”选项，如下图所示，即可平衡声像器。

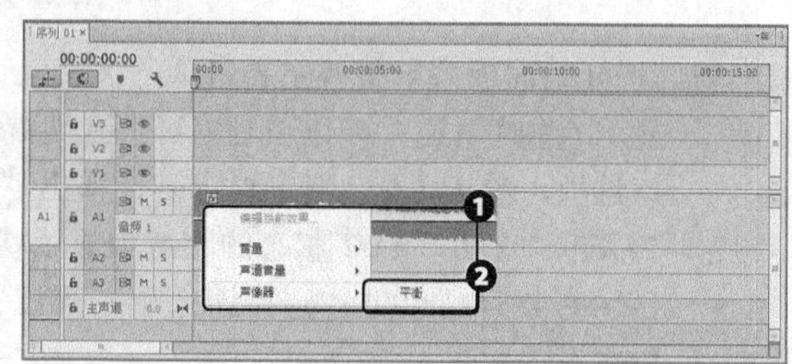

18.2.2 创建混合音频

使用“音轨混合器”面板混合音频时，Premiere Pro CC 可以在“效果控件”面板中为当前选中的音频添加关键帧。

光盘同步视频文件
配套光盘\创建混合音频.mp4

步骤01 打开本书配套光盘中的“素材 / 第 18 章 / 18.2.2 创建混合音频”项目文件，如下图所示。

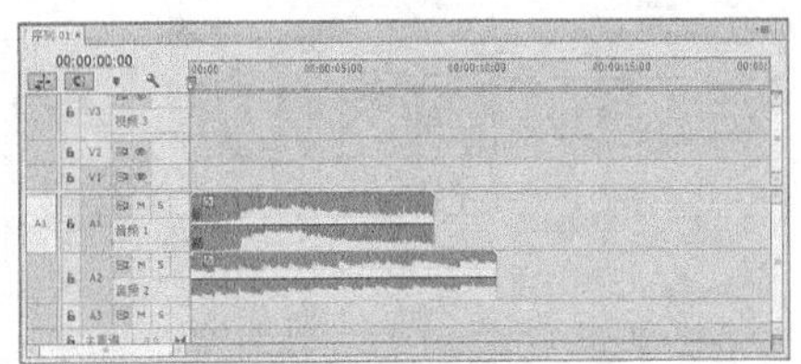

步骤02 在“时间轴”面板中，选择“音频 1”轨道上的音频文件，如下图所示。

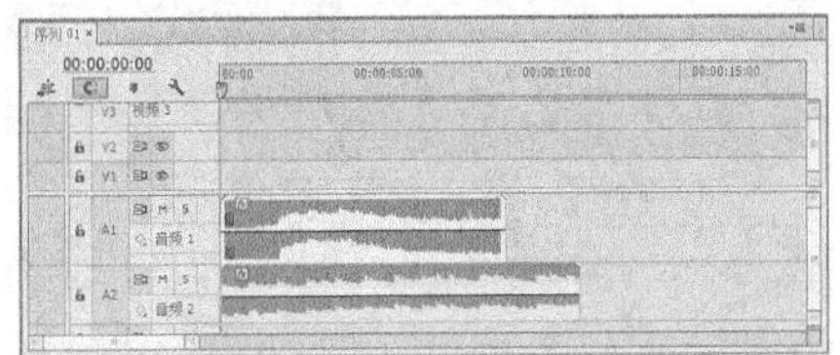

步骤03 在“效果控件”面板中的“声道音量”列表框中，❶ 修改“左”和“右”均为 6，❷ 添加第一组关键帧，如下图所示。

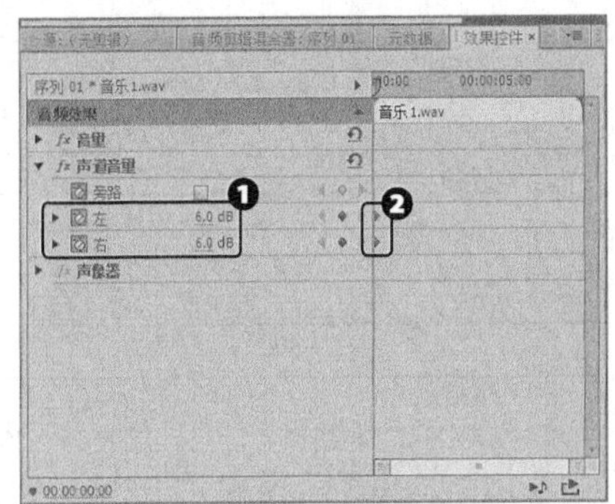

步骤04 将时间线移至 00:00:02:00 的位置处，❶ 修改“左”和“右”均为 -10，❷ 添加第二组关键帧，如下图所示。

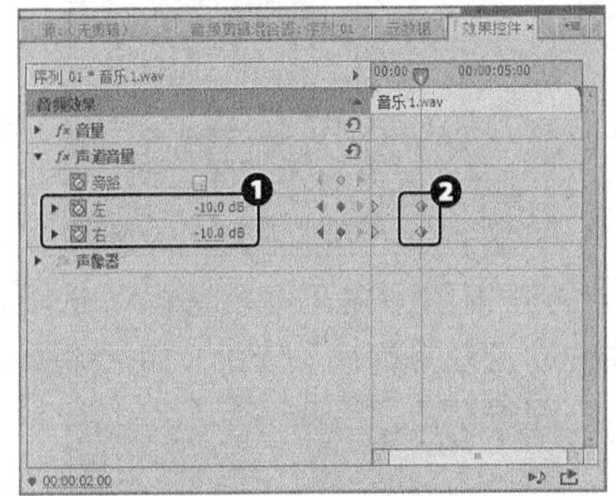

步骤05 将时间线移至 00:00:04:00 的位置处，❶ 修改“左”和“右”均为 5，❷ 添加第三组关键帧，如右上图所示。

步骤06 将时间线移至 00:00:06:00 的位置处，❶ 修改“左”和“右”均为 -20，❷ 添加第四关键帧，如右中图所示。

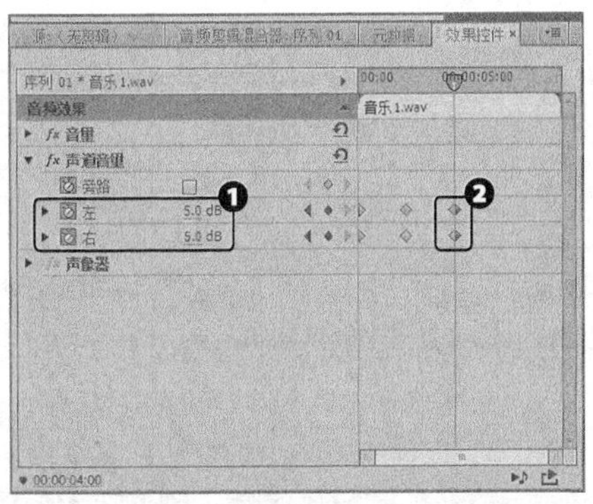

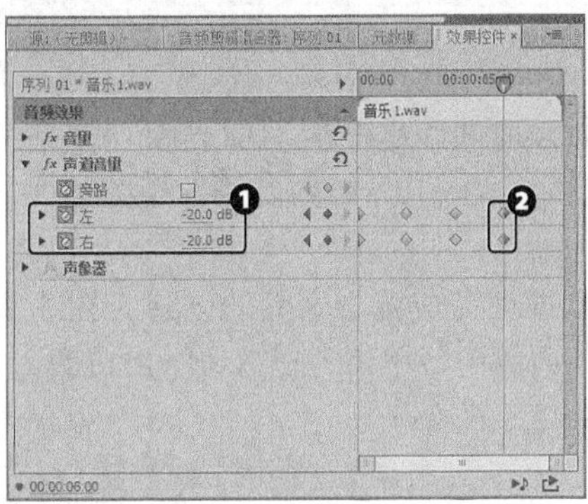

步骤07 在“时间轴”面板中，选择“音频 2”轨道上的音频文件，如下图所示。

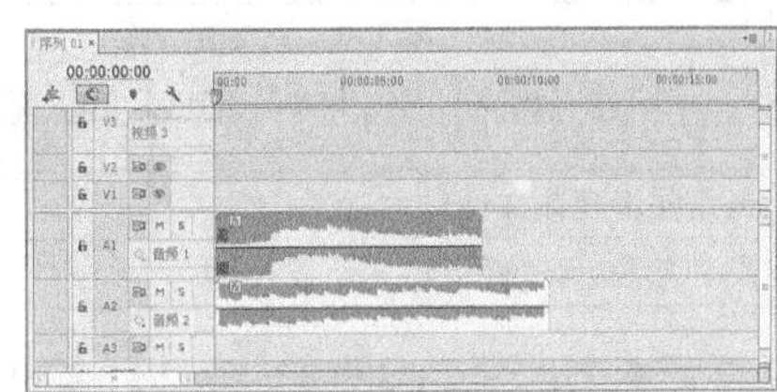

步骤08 在“效果控件”面板中的“音量”列表框中，❶ 修改“级别”为 4，❷ 添加第一组关键帧，如下图所示。

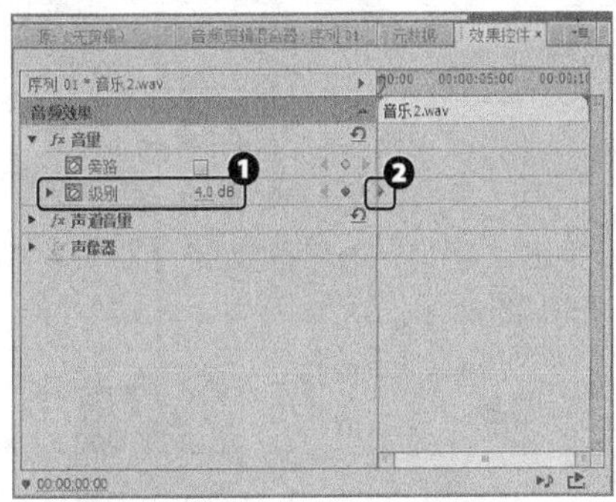

步骤09 将时间线移至 00:00:02:15 的位置处，❶ 修改“级别”为 -30，❷ 添加第二组关键帧，如下页左上图所示。

步骤10 将时间线移至 00:00:05:15 的位置处，❶ 修改“级别”为 6，❷ 添加第三组关键帧，如右上图所示。

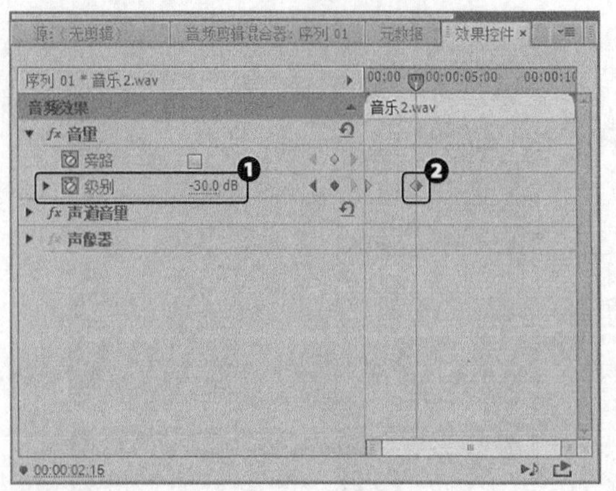

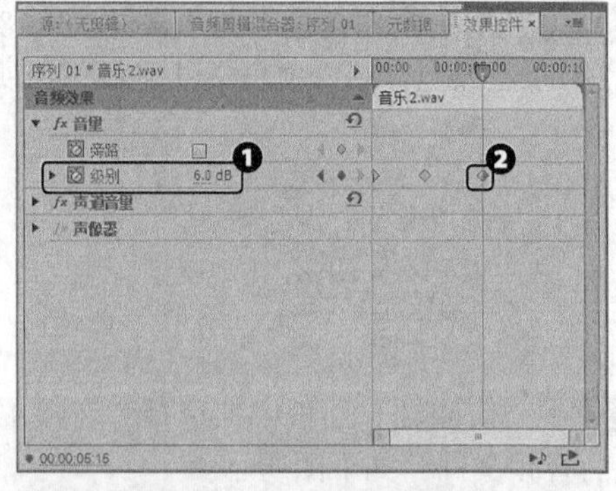

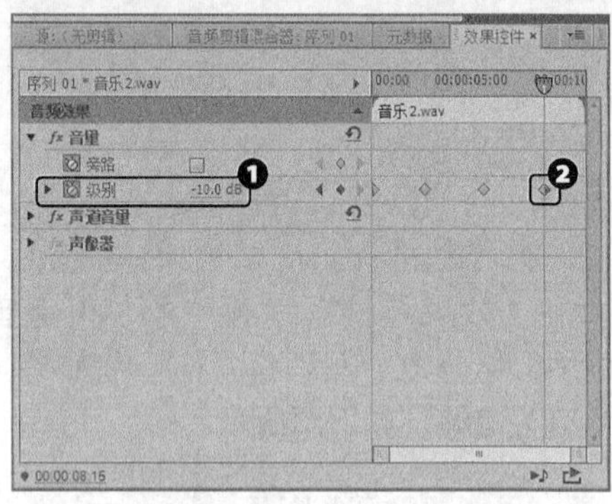

步骤 11 将时间线移至 00:00:08:15 的位置处，❶ 修改“级别”为 -10，❷ 添加第四组关键帧，如右下图所示。

步骤 12 即可完成混合音频的创建，在“节目监视器”面板中，单击“播放 - 停止切换”按钮，试听混合音频效果。

18.2.3 通过面板添加效果

在“音轨混合器”中，可以通过面板添加各种音频效果。

	光盘同步视频文件
	配套光盘\通过面板添加效果.mp4

步骤 01 打开本书配套光盘中的“素材 / 第 18 章 / 18.2.3 通过面板添加效果”项目文件，如下图所示。

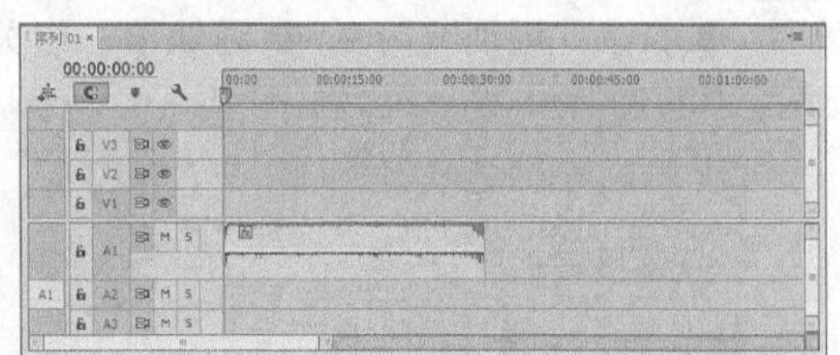

步骤 02 单击“窗口”➤“音轨混合器”➤“序列”命令，如下图所示。

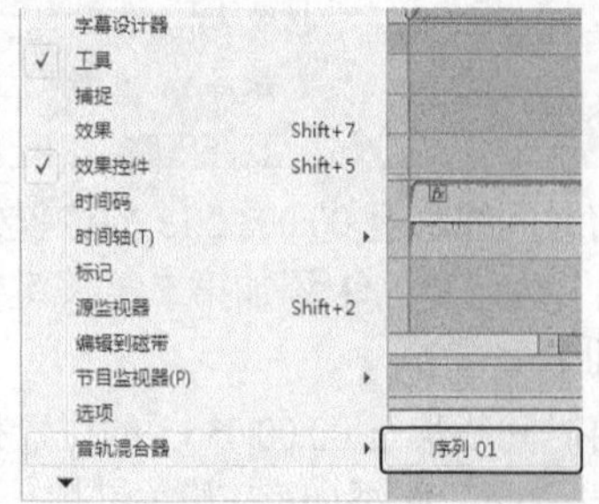

步骤 03 展开“音轨混合器”面板，单击“显示 / 隐藏效果和发送”按钮▶，如下图所示。

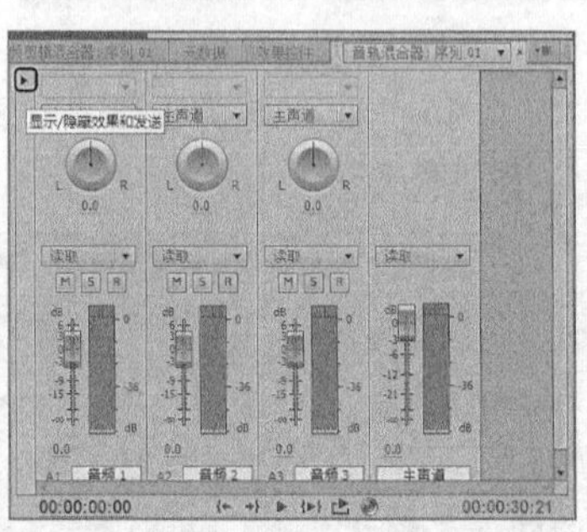

步骤 04 展开视图，在“效果选择”选项区中，单击第一个“效果选择”按钮，如下图所示。

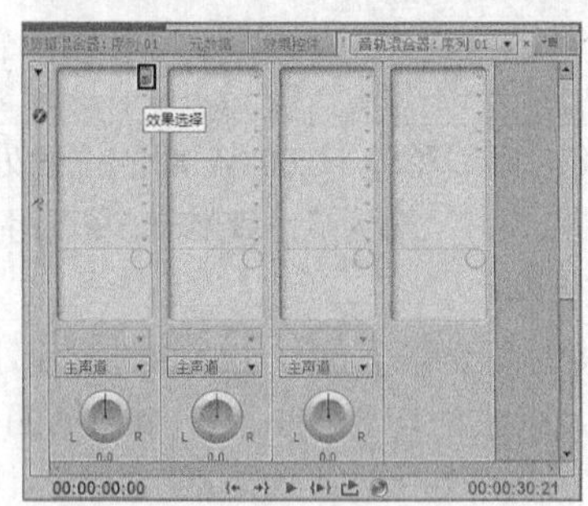

步骤 05 展开列表框，选择“降杂 / 恢复”➤“消除嗡嗡声”选项，如下图所示。

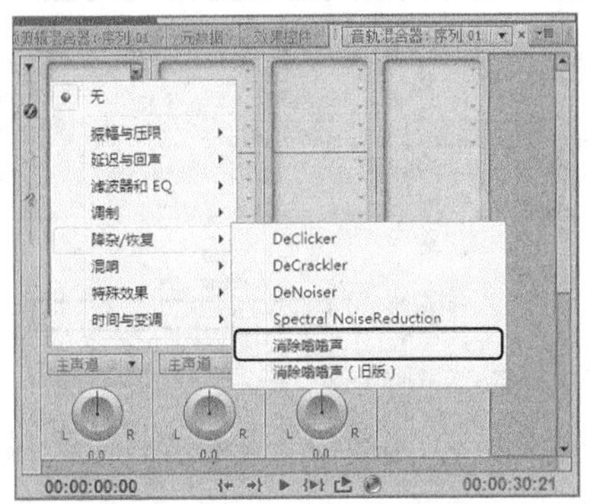

步骤 06 即可添加音频效果，并在“音轨混合器”面板中显示，如右上图所示。

步骤 07 再次单击“显示 / 隐藏效果和发送”按钮 ▶，隐藏视图，修改第一个“自动模式”列表框中的选项为“触动”，如右下图所示。即可通过面板添加音频效果，在“节目监视器”面板中，单击“播放 - 停止切换”按钮，试听音乐效果。

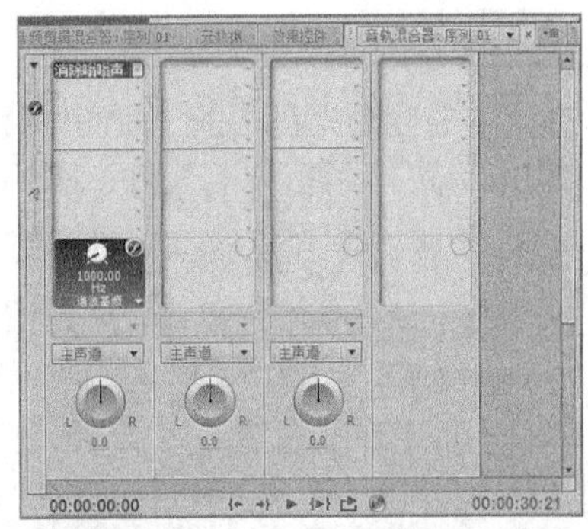

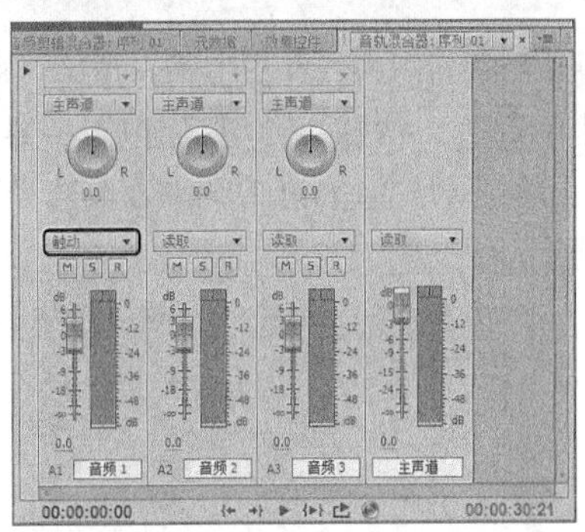

18.2.4 通过面板移除效果

在“音轨混合器”面板中，可以删除音频效果。

光盘同步视频文件
配套光盘\通过面板移除效果.mp4

步骤 01 打开本书配套光盘中的“素材 / 第 18 章 / 18.2.4 通过面板移除效果”项目文件，如下图所示。

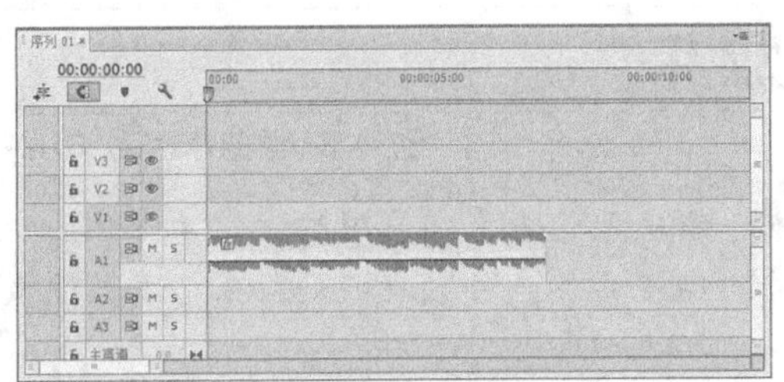

步骤 02 在“音频 1”轨道上，选择音频文件，在“音轨混合器”面板中，❶ 单击“延迟”右侧的下三角按钮，展开列表框，❷ 选择“无”选项，如下图所示。

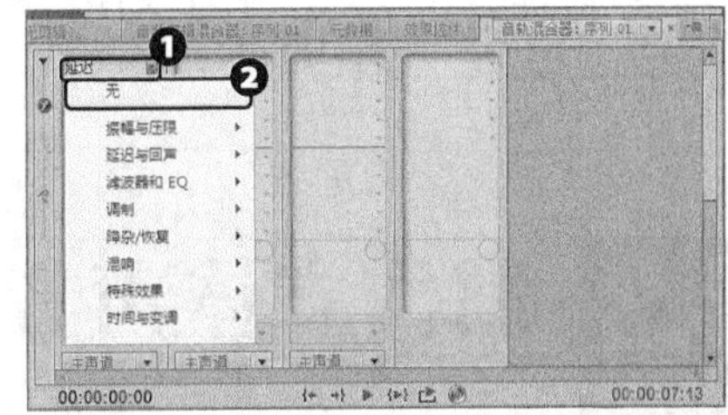

步骤 03 即可通过面板移除效果，在“音频混合器”面板中将不显示，如下图所示。

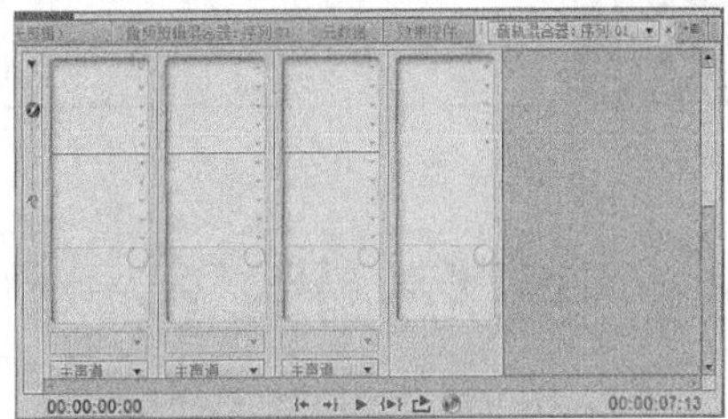

18.2.5 使用“旁路”设置

使用“旁路”设置，可以关闭或绕过一个效果。

光盘同步视频文件

配套光盘\使用“旁路”设置.mp4

步骤 01 打开本书配套光盘中的“素材/第18章/18.2.5 使用‘旁路’设置”项目文件，如下图所示。

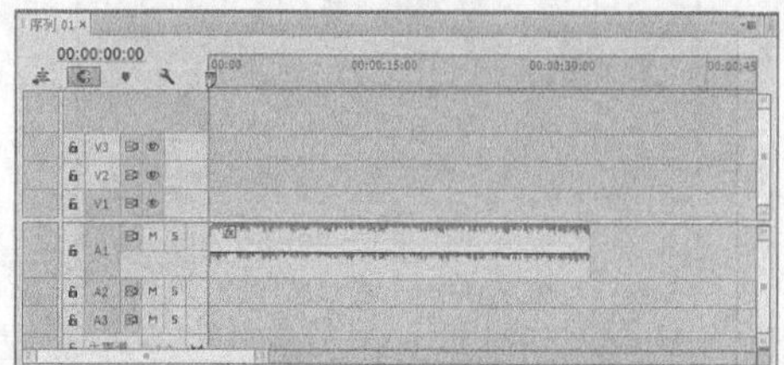

步骤 02 在“音轨混合器”面板中，单击“显示/隐藏效果和发送”按钮▶，展开视图，在“效果选择”选项区中，单击第一个“效果选择”按钮，如下图所示。

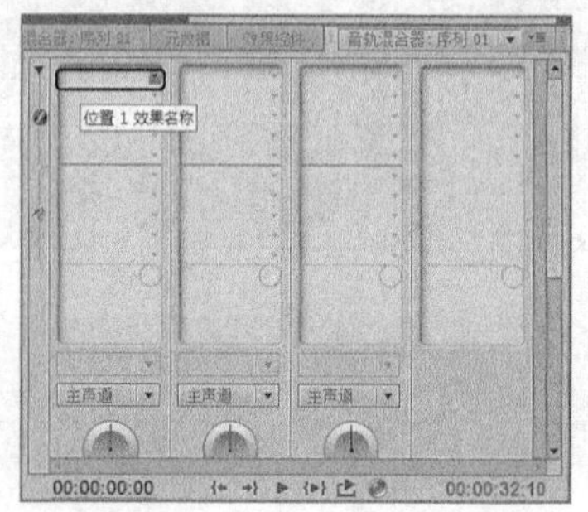

步骤 03 展开列表框，选择“振幅与压限”➤“消除齿音”选项，如右上图所示。

步骤 04 即可添加音频效果，在效果控件的右侧单击“旁路”按钮，如右中图所示。

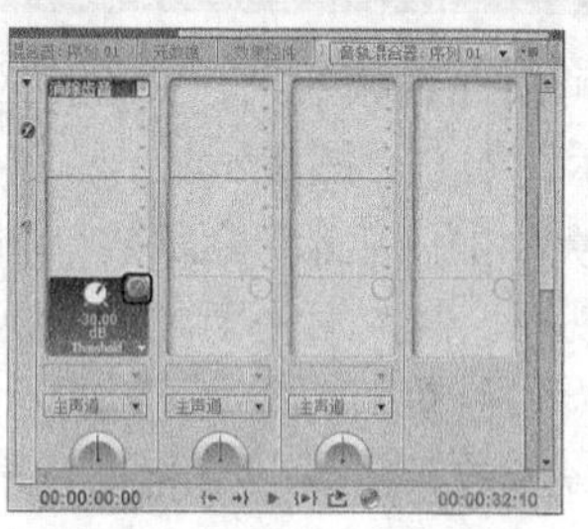

步骤 05 即可使用“旁路”设置，则“旁路”按钮上显示一条斜线，如下图所示。

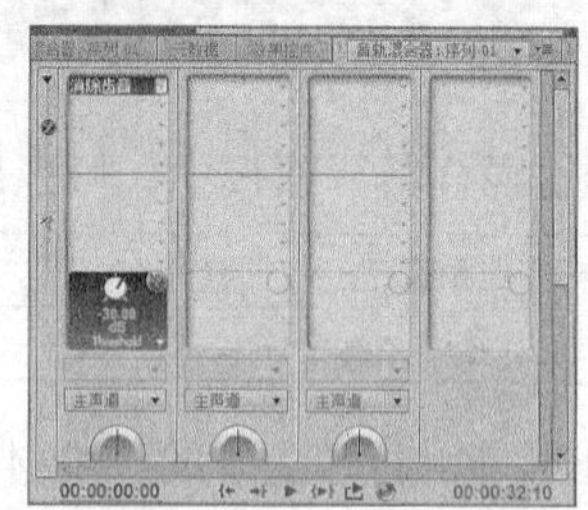

18.3 制作立体声音频的效果

本节教学录像时间：6分钟

Premiere Pro CC 拥有强大的立体音频处理能力，在使用的素材为立体声道时，Premiere Pro CC 可以在两个声道间实现立体声音频特效的效果。本节主要介绍立体声音频效果的制作方法。

18.3.1 视频素材的导入

在制作立体声音频效果之前，用户首先需要导入一段音频或有声音的视频素材，并将其拖曳至“时间轴”面板中。

光盘同步视频文件

配套光盘\视频素材的导入.mp4

步骤01 新建一个项目文件和序列，单击“文件”➤“导入”命令，如下图所示。

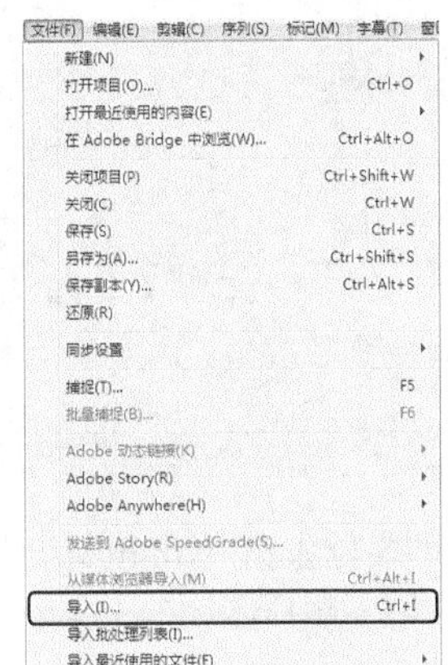

步骤02 打开“导入”对话框，❶选择“花朵”视频文件，❷单击“打开”按钮，如下图所示。

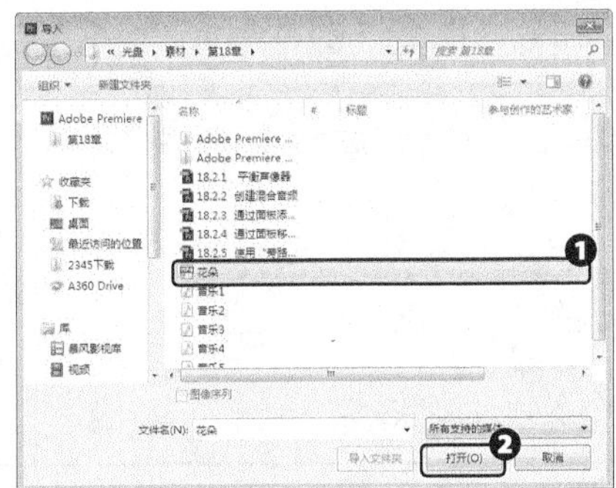

步骤03 即可导入选择的视频文件，并在“项目”面板中显示，如下图所示。

步骤04 选择新导入的视频文件，将其添加至“时间轴”面板的“视频1”轨道上，如下图所示。

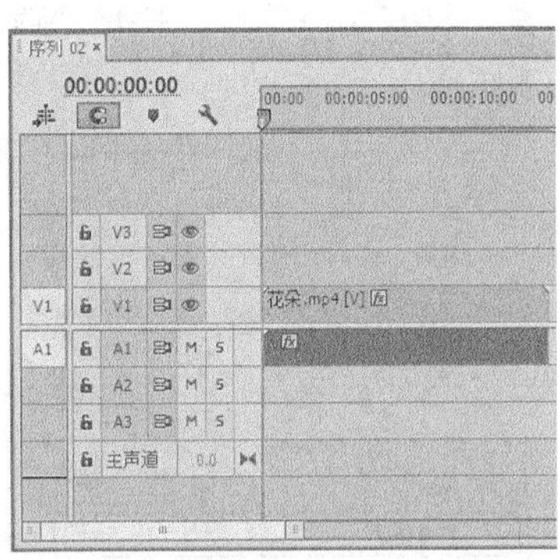

步骤05 在“节目监视器”面板中，调整视频画面的大小，单击“播放-停止切换”按钮，预览视频效果，如下图所示。

18.3.2 分割音频文件

在添加好视频素材后，需要对视频文件的音频和视频进行分离，才能分割音频。

	光盘同步视频文件
	配套光盘\分割音频文件.mp4

步骤01 在“视频 1”轨道上，选择视频文件，单击鼠标右键，打开快捷菜单，选择“取消链接”选项，如下图所示。

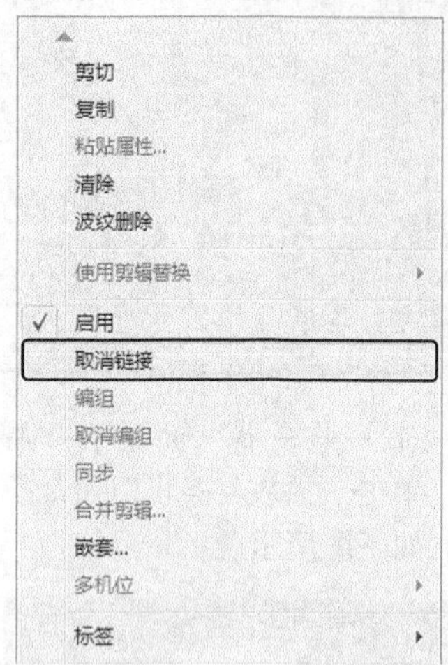

步骤02 即可解组视频文件。在“工具”面板中，单击“剃刀工具”按钮，在“时间轴”面板中，将时间线移至 00:00:06:02 的位置处，如下图所示。

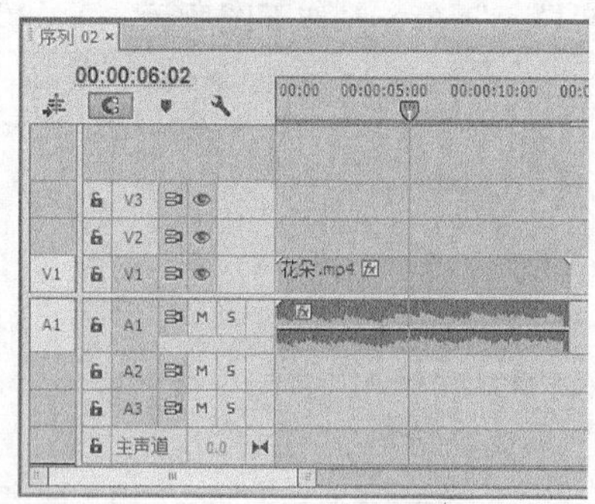

步骤03 在时间线位置处单击鼠标，即可分割音频文件，效果如下图所示。

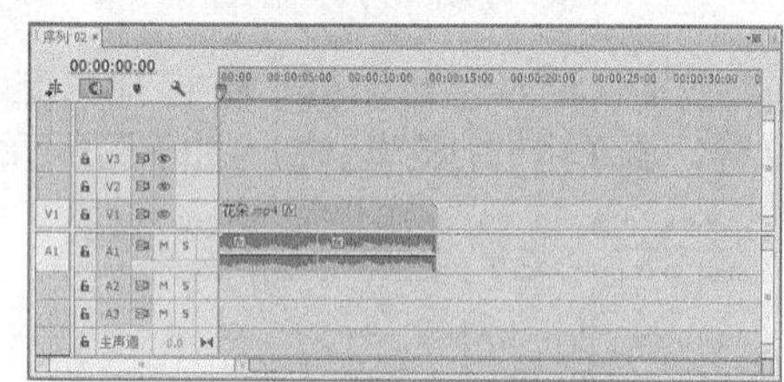

18.3.3 音频过渡的添加

在分割音频素材后，可以在两个音频素材之间添加一个音频过渡效果。

光盘同步视频文件
配套光盘\音频过渡的添加.mp4

步骤01 在“效果”面板中，❶ 展开“音频过渡”列表框，❷ 选择“交叉淡化”选项，如下图所示。

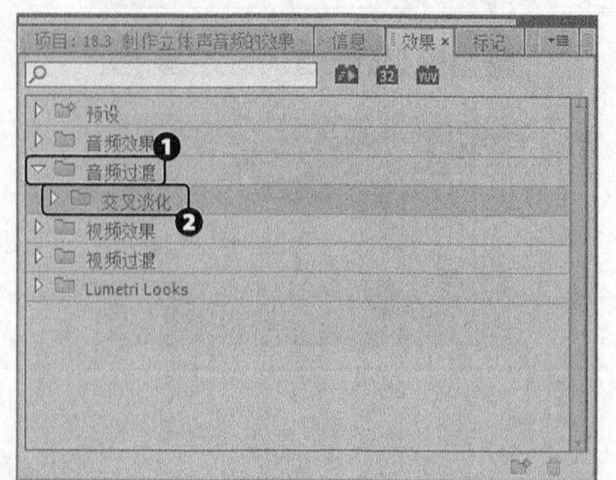

步骤02 ❶ 展开选择的选项，❷ 选择“指数淡化”选项，如右上图所示。

步骤03 单击鼠标并拖曳，将其添加到“音频 1”轨道的两个音频文件之间，完成音频过渡的添加，如右下图所示。

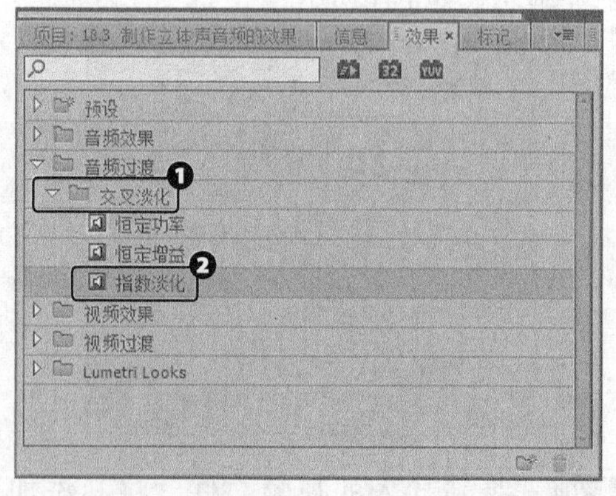

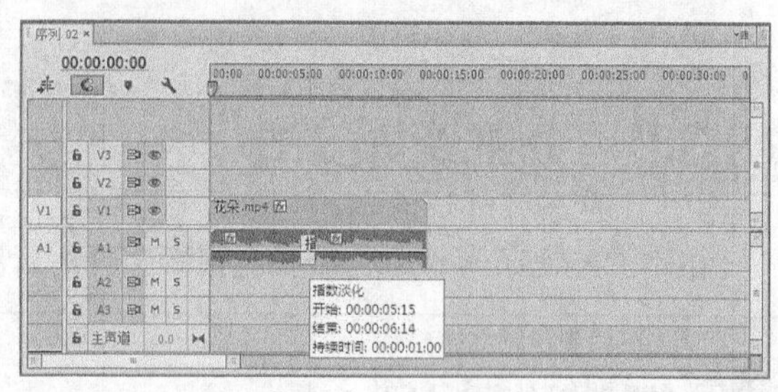

18.3.4 音频效果的添加

添加好音频过渡后，接下来将讲解音频效果的添加方法。

光盘同步视频文件
配套光盘\音频效果的添加.mp4

步骤01 在“效果”面板中，选择“音频效果”选项，如下图所示。

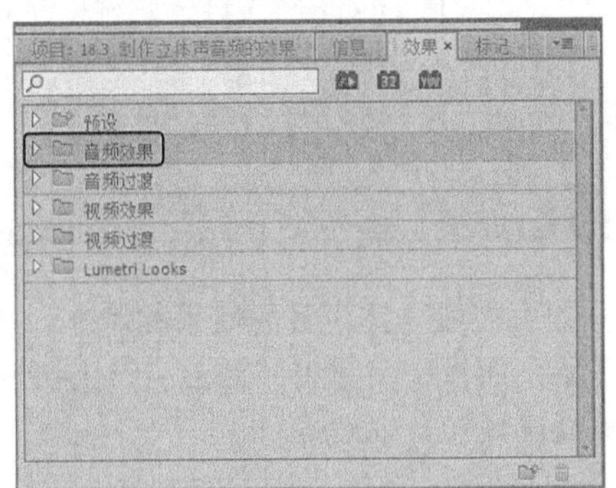

步骤02 ❶ 展开选择的选项，❷ 选择“多功能延迟”选项，如下图所示。

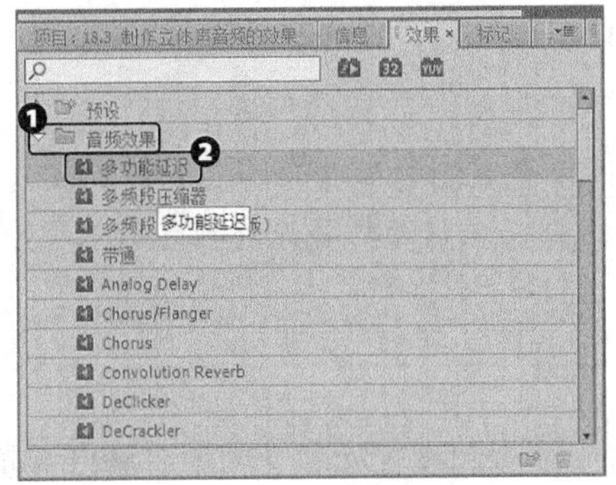

步骤03 单击鼠标并拖曳，将其添加至“音频1”轨道的右侧音频素材上，并将时间线移至00:00:06:02的位置处，如下图所示。

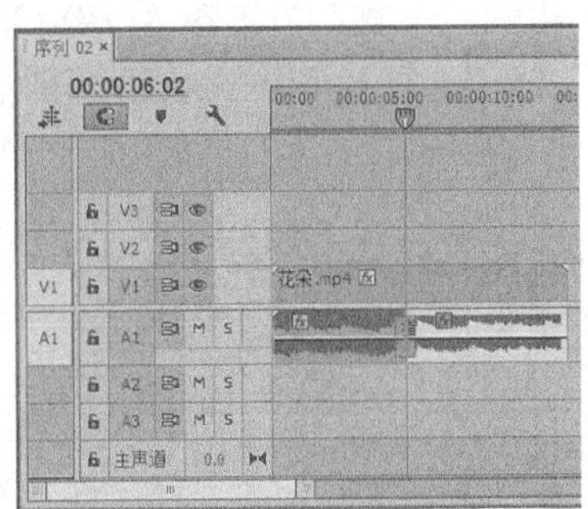

步骤04 在“效果控件”面板中，❶ 勾选“旁路”复选框，❷ 修改“延迟”为1，❸ 添加关键帧，如下图所示。

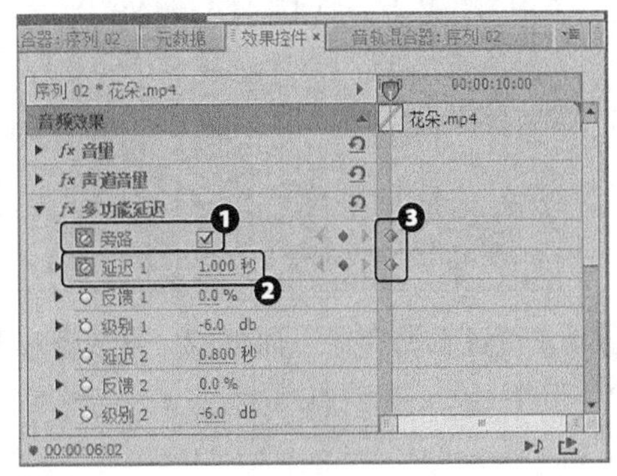

步骤05 在“时间轴”面板中，将时间线移至00:00:10:15的位置处，如下图所示。

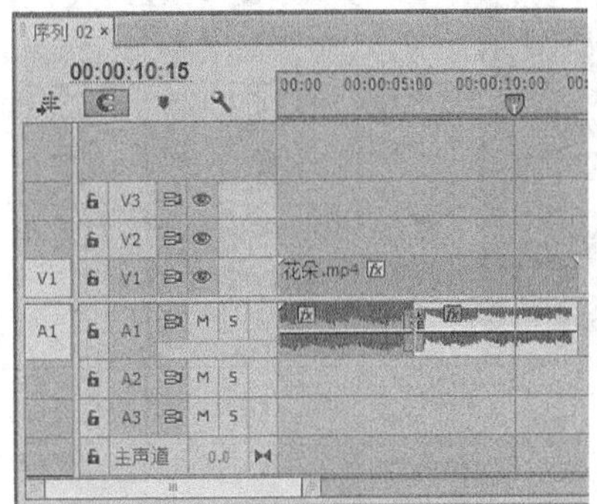

步骤06 在“效果控件”面板中，❶ 取消勾选“旁路”复选框，❷ 添加一组关键帧，如下图所示，即可完成音频效果的添加操作。

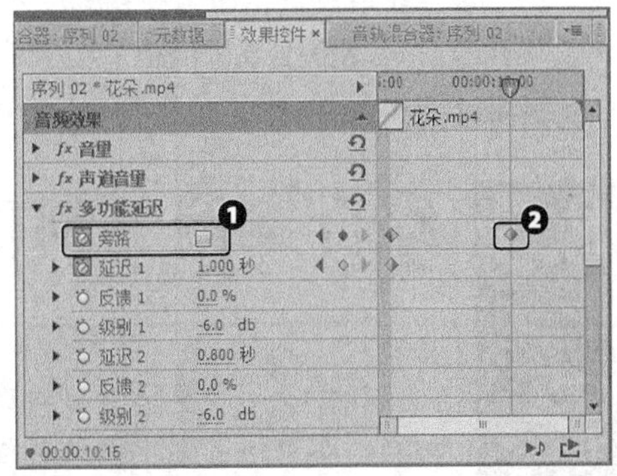

18.3.5 音轨混合器的设置

音频特效添加完成后，接下来需要使用音轨混合器来控制添加的音频特效。

光盘同步视频文件

配套光盘\音轨混合器的设置.mp4

步骤 01 在"时间轴"面板中，选择"音频 1"轨道上左侧的音频文件，如下图所示。

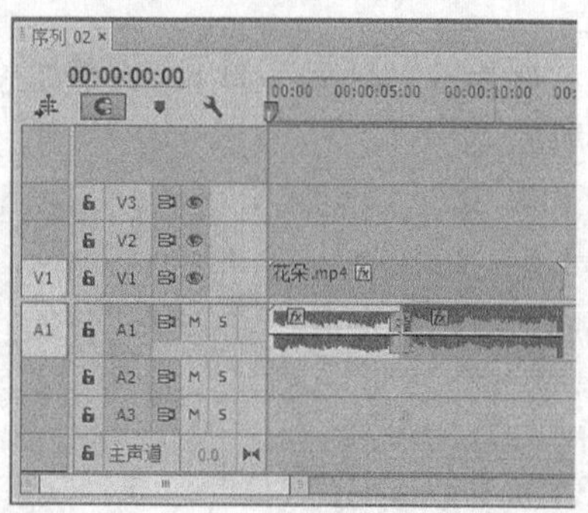

步骤 02 在"音轨混合器"面板中，修改各参数，如下图所示。

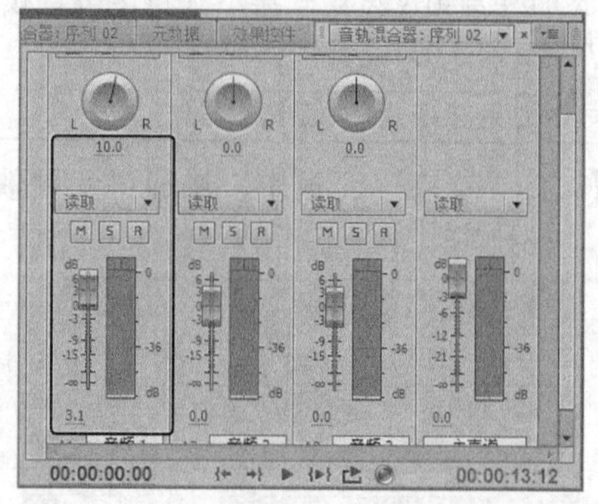

步骤 03 即可完成立体声音频效果的制作，在"节目监视器"面板中，单击"播放 - 停止切换"按钮，预览视频和音频效果。

18.4 音频处理顺序

因为所有控件都可以用于音频，所以用户可能想知道 Premiere Pro CC 处理音频时的顺序。例如，素材效果是在轨道效果之前处理还是在轨道效果之后处理。下面具体来介绍。

首先，Premiere Pro CC 会根据"新建目录"对话框中的音频设置处理音频。在输出音频时，Premiere Pro CC 可以按以下顺序进行。

- 第一步：使用 Premiere Pro CC 的"音频增益"命令调整音频增益素材。
- 第二步：素材效果。
- 第三步：轨道设置，如"预衰减"效果、"衰减"效果、"后衰减"效果和"声像 / 平衡"。
- 第四步："音轨混合器"面板中从左到右的轨道音量，以及通过任意子混合轨道发送到主轨道的输出。

18.5 综合案例—制作"中秋广告"音频

本节教学录像时间：9分钟

在学习了本章所讲解的应用"音轨混合器"面板等内容后，可以将所学知识运用到本节的实例中，以制作出更加动听的音乐效果。

光盘同步视频文件

配套光盘\综合实例：制作"中秋广告"音频.mp4

步骤01新建一个项目和序列，在“项目”面板中双击鼠标，❶打开“导入”对话框，❷选择“中秋背景”图像文件，❸单击“打开”按钮，如下图所示。

步骤02即可导入选择的图像文件，并在“项目”面板中显示，如下图所示。

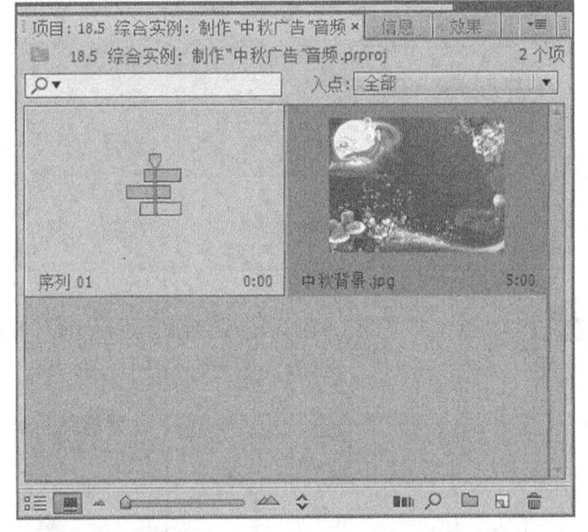

步骤03选择新导入的图像文件，将其添加至“视频1”轨道上，如下图所示。

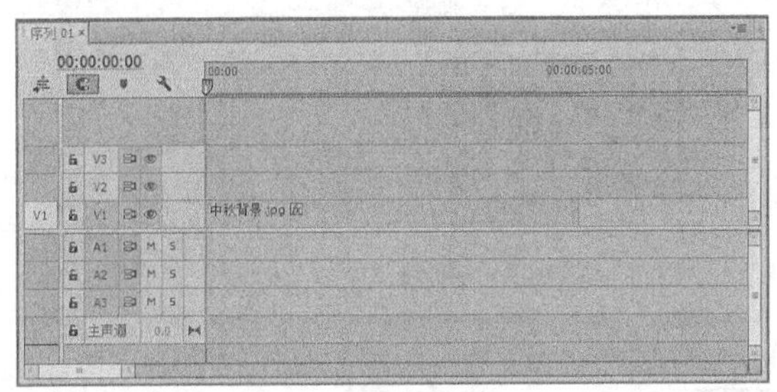

步骤04选择新添加的素材图像，在“效果控件”面板中，修改“缩放”为85，如下图所示。

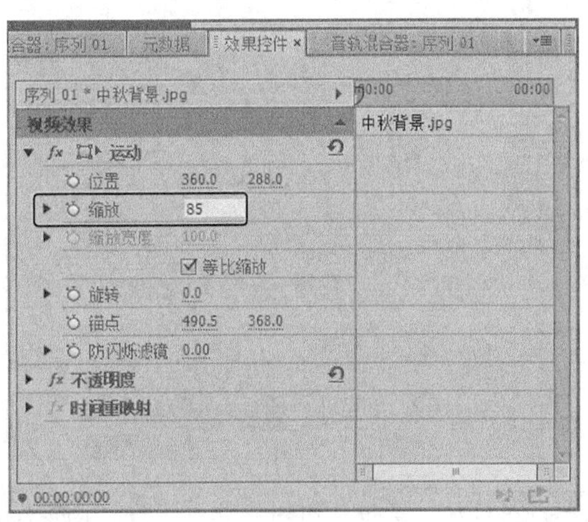

步骤05即可调整图像的大小，并在“节目监视器”面板中查看图像，效果如下图所示。

步骤06在“项目”面板中，单击鼠标右键，❶打开快捷菜单，❷选择“新建项目”➤“字幕”命令，如下图所示。

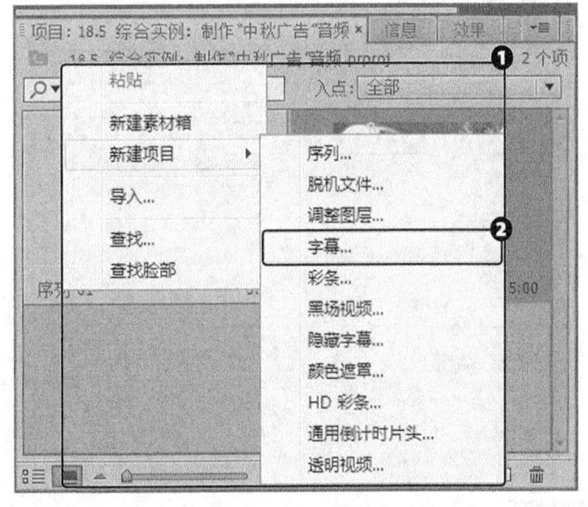

步骤07打开“新建字幕”对话框，保持默认设置，单击“确定”按钮，如下图所示。

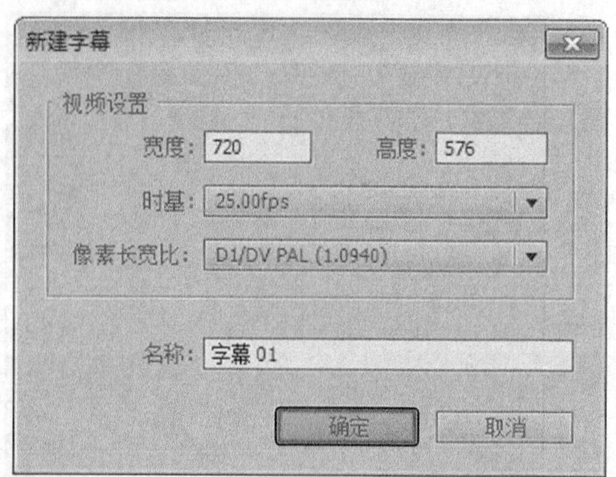

步骤 08 打开“字幕”窗口，在“字幕”面板中，输入文字“中”，如下图所示。

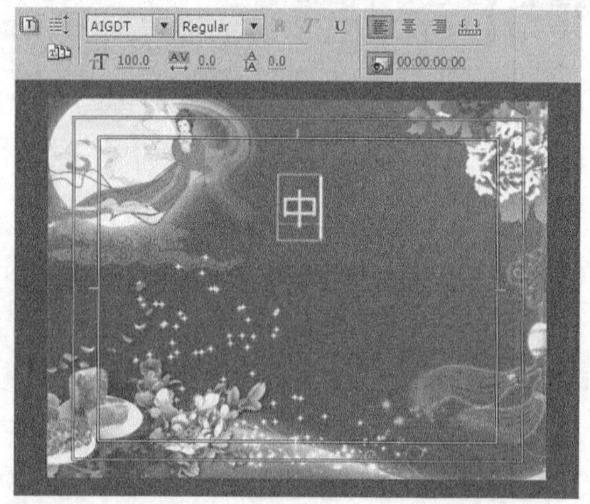

步骤 09 在“属性”选项区中，❶修改“字体系列”为“方正舒体”、❷“字体大小”为150，如下图所示。

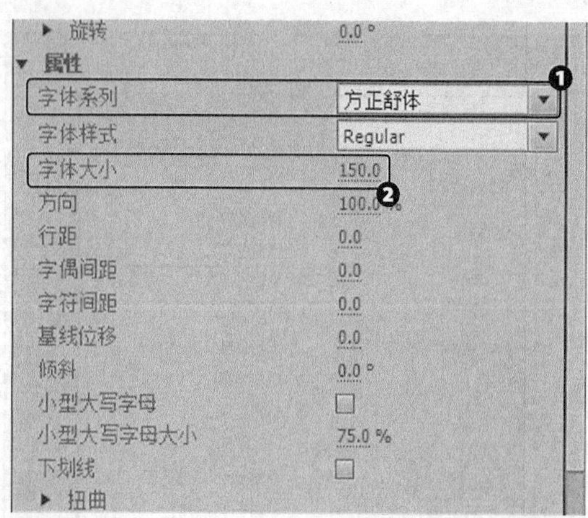

步骤 10 在“填充”选项区中，单击“颜色”右侧的颜色块，❶打开“拾色器”对话框，❷修改RGB参数均为255，❸单击“确定”按钮，如下图所示。

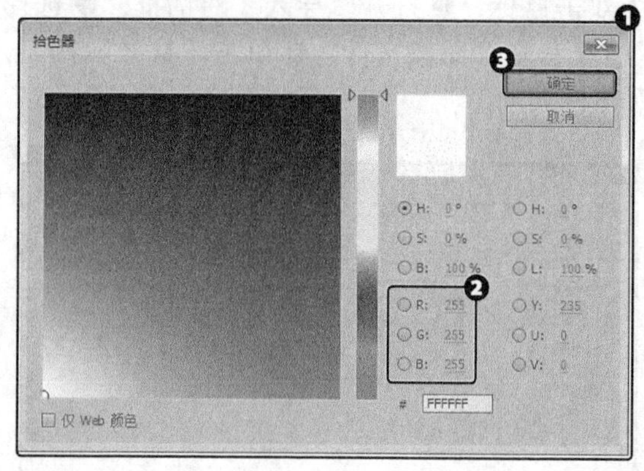

步骤 11 ❶勾选“阴影”复选框，❷修改“不透明度”为70%、❸“距离”为8，如下图所示。

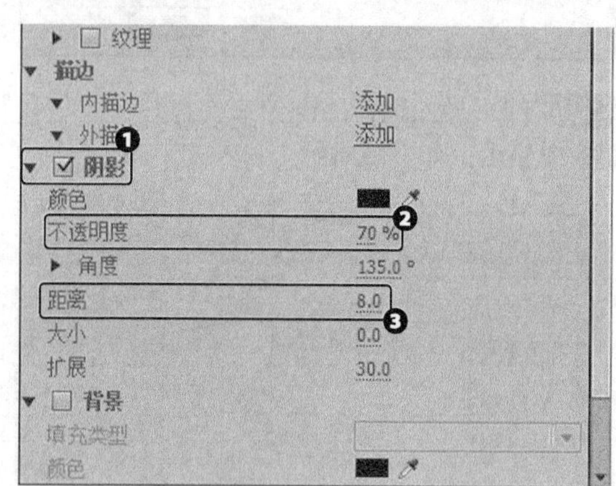

步骤 12 关闭“字幕”窗口，完成“字幕01”的创建，并在“项目”面板中显示，如下图所示。

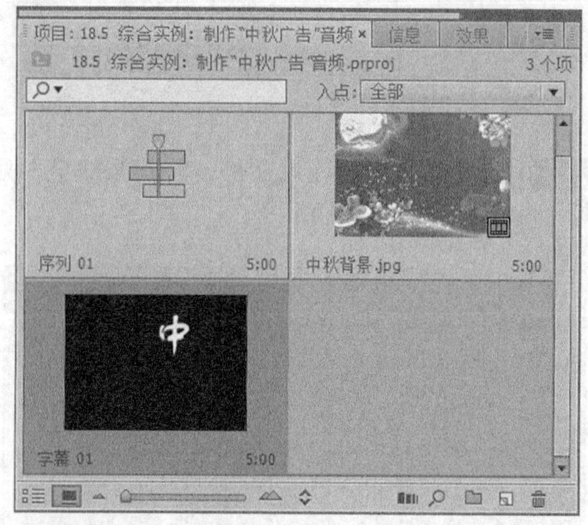

步骤 13 选择“字幕01”文件，单击鼠标右键，❶打开快捷菜单，❷选择“复制”选项，如下图所示。

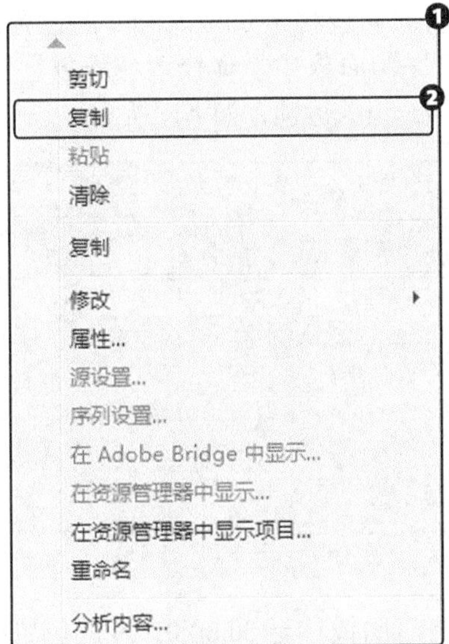

步骤14 在“项目”面板的空白处，单击鼠标右键，❶打开快捷菜单，❷选择“粘贴”选项，如下图所示。

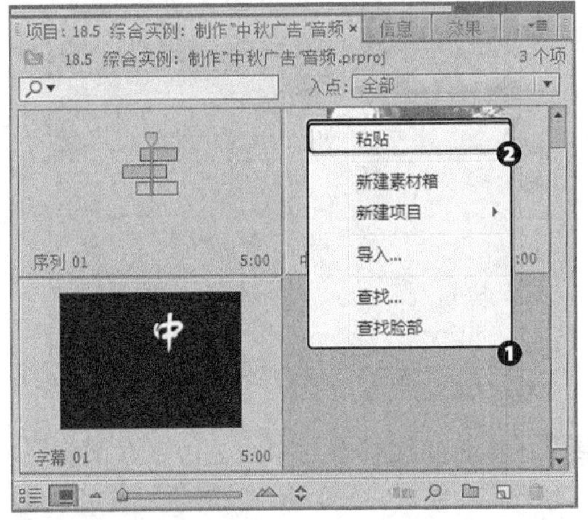

步骤15 即可复制并粘贴文件，并在“项目”面板中显示，如下图所示。

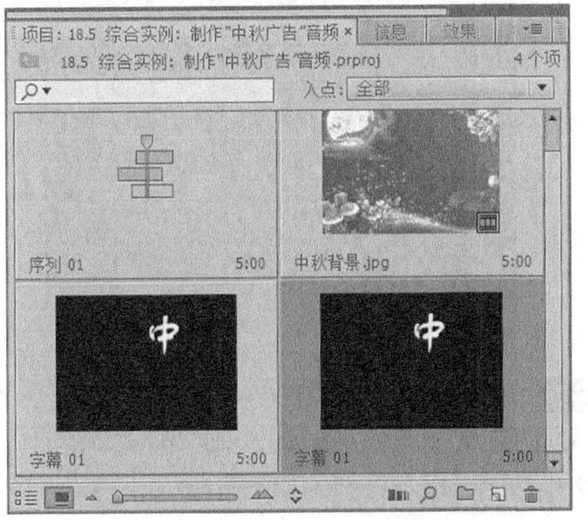

步骤16 选择复制后的字幕文件，单击鼠标右键，❶打开快捷菜单，❷选择“重命名”选项，如下图所示。

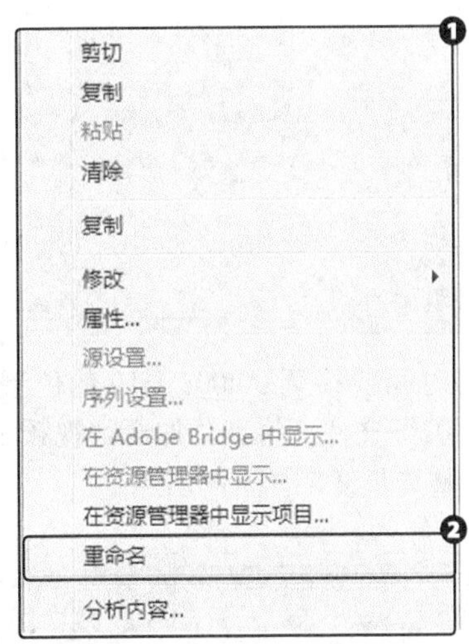

步骤17 将选择的字幕文件名称修改为“字幕 02”，完成字幕文件的重命名操作，如下图所示。

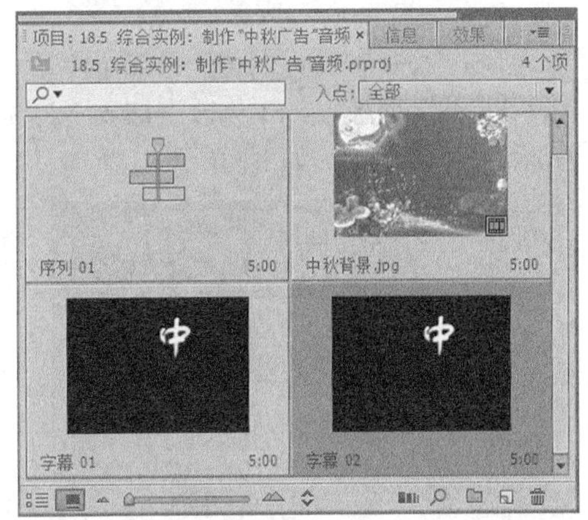

步骤18 双击“字幕 02”文件，打开“字幕”窗口，在“字幕”面板中，修改“中”字为“秋”字，并调整字幕的位置，如下图所示。

步骤 19 将时间线移至00:00:01:02的位置处，选择“字幕01”文件，将其添加至“视频2”轨道上，并调整其长度，如下图所示。

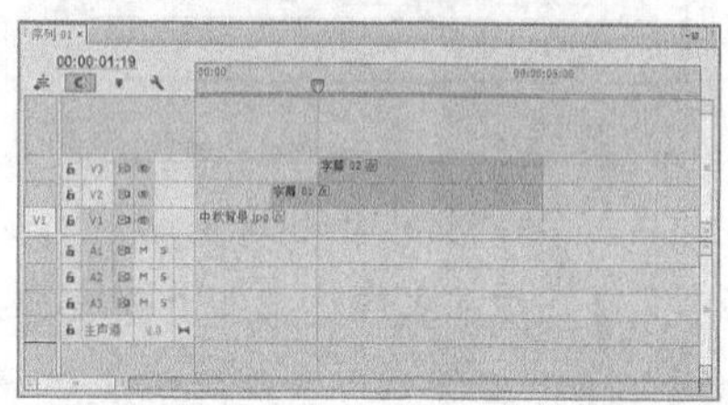

步骤 20 将时间线移至00:00:01:19的位置处，选择“字幕02”文件，将其添加至“视频3”轨道上，并调整其长度，如下图所示。

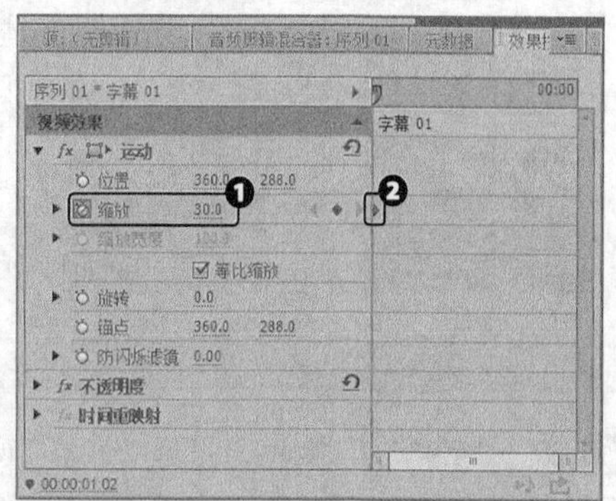

步骤 21 选择“视频2”轨道上的“字幕01”文件，在“效果控件”面板中，❶ 修改“缩放”为30，❷ 添加第一组关键帧，如下图所示。

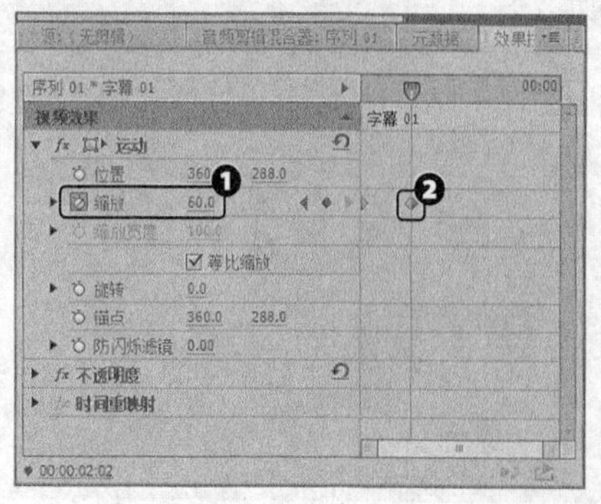

步骤 22 将时间线移至00:00:02:02的位置处，在“效果控件”面板中，❶ 修改“缩放”为60，❷ 添加第二组关键帧，如下图所示。

步骤 23 将时间线移至00:00:03:02的位置处，在“效果控件”面板中，❶ 修改“缩放”为100，❷ 添加第三组关键帧，如下图所示。

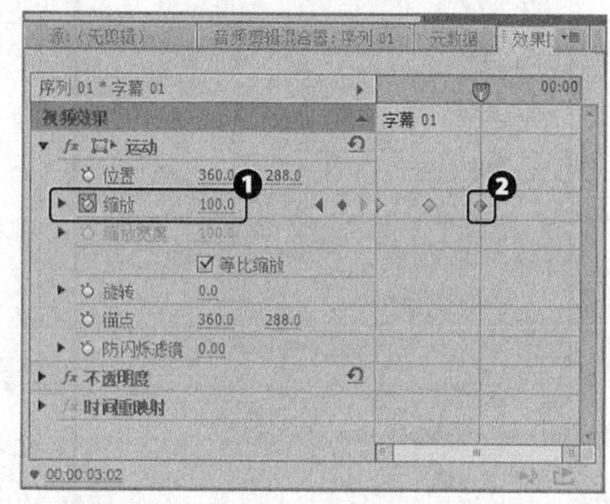

步骤 24 将时间线移至00:00:01:19的位置处，选择“视频3”轨道上的“字幕02”文件，在“效果控件”面板中，❶ 修改“缩放”为35，❷ 添加第一组关键帧，如下图所示。

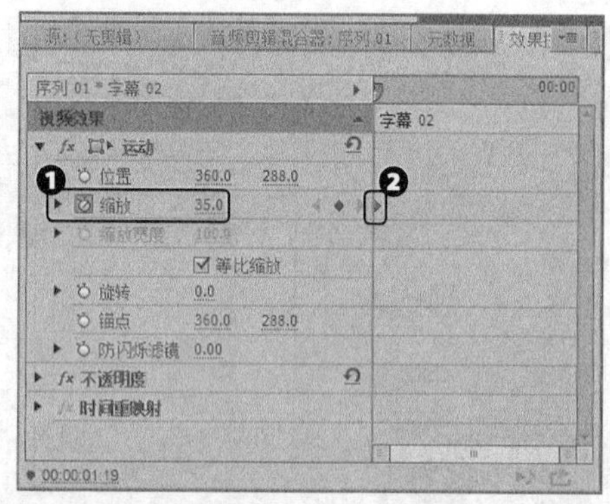

步骤 25 将时间线移至00:00:02:19的位置处，在“效果控件”面板中，❶ 修改“缩放”为65，❷ 添加第二组关键帧，如下图所示。

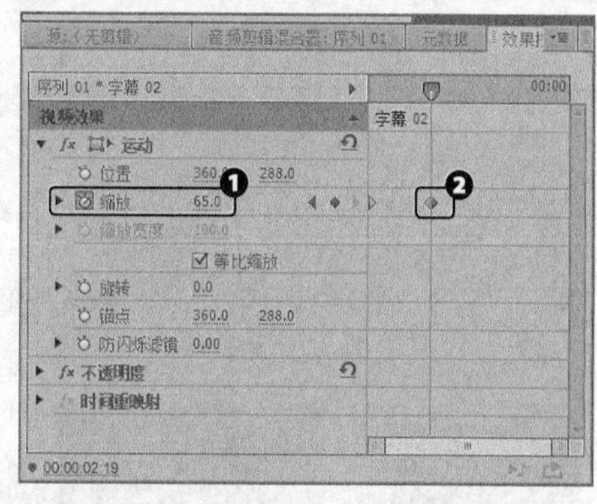

步骤 26 将时间线移至00:00:03:19的位置处，在“效果控件”面板中，❶ 修改“缩放”为100，❷ 添加第三组关键帧，如下图所示。

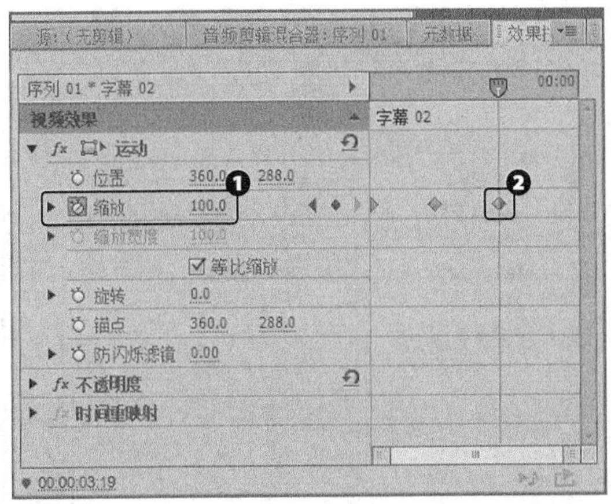

步骤27 在“项目”面板中，单击鼠标右键，❶ 打开快捷菜单，❷ 选择“导入”选项，如下图所示。

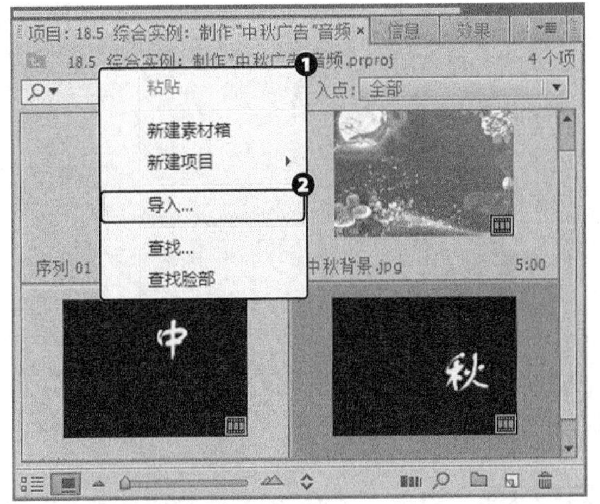

步骤28 打开“导入”对话框，❶ 选择“音乐 6”音频文件，❷ 单击“打开”按钮，如下图所示。

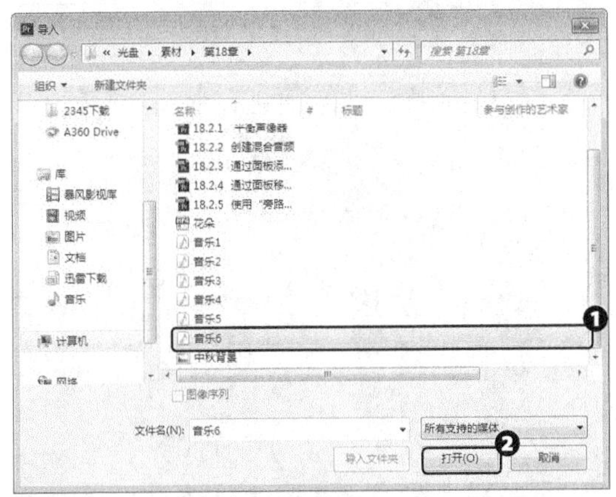

步骤29 即可导入选择的音频文件，并在“项目”面板中显示，如右上图所示。

步骤30 选择音频文件，将其添加至“音频 1”轨道上，如右中图所示。

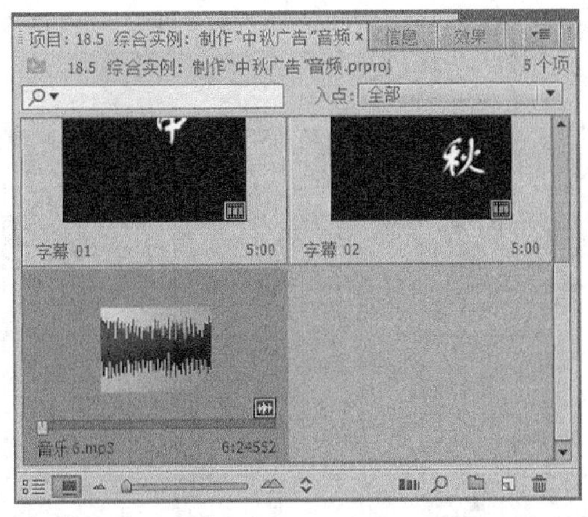

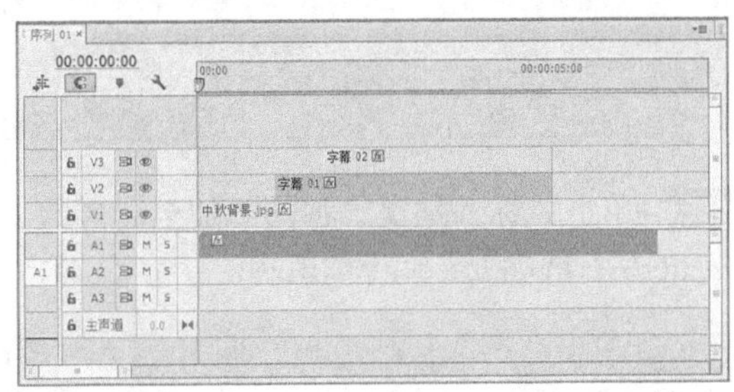

步骤31 单击“剃刀工具”按钮，在“音频 1”轨道的相应位置处单击鼠标，分割音频素材，并删除右侧的音频素材，如下图所示。

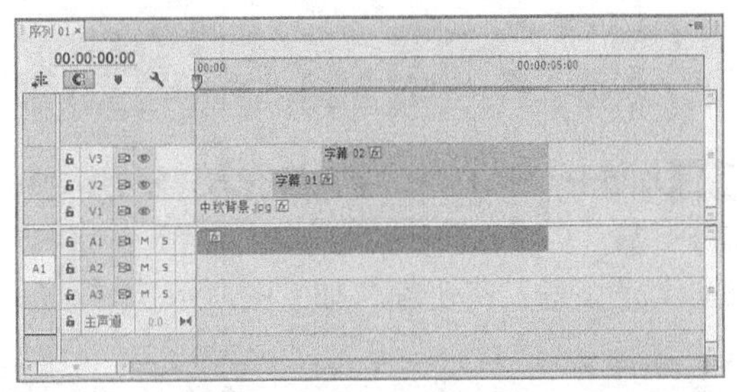

步骤32 在“效果”面板中，❶ 展开“音频过渡”列表框，❷ 选择“交叉淡化”选项，如下图所示。

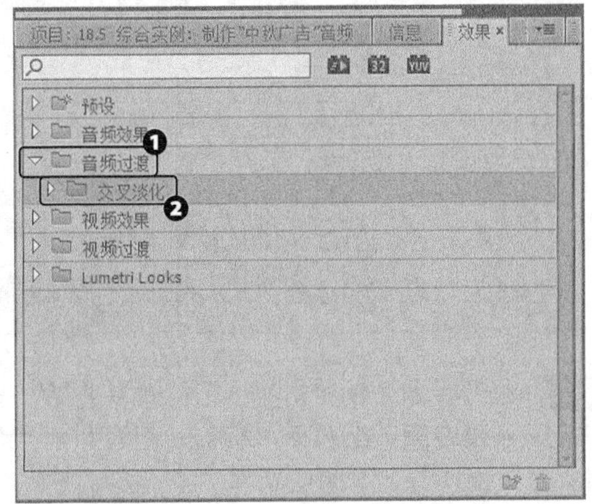

步骤33 ❶ 展开选择的选项，❷ 选择“恒定功率”选项，如下图所示。

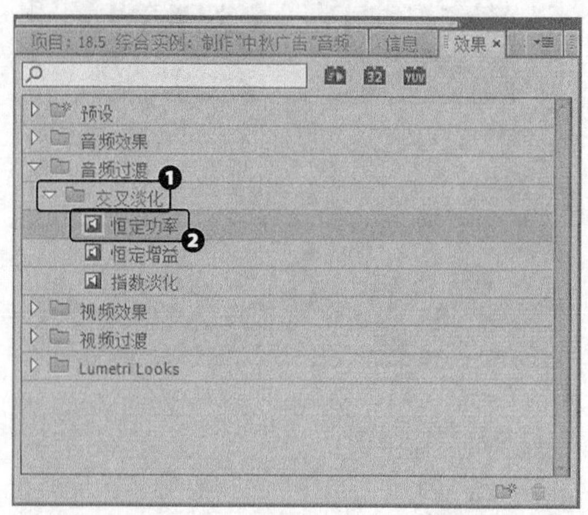

步骤34 单击鼠标并拖曳，将其添加至“音频 1”轨道的左右两端处，如下图所示。

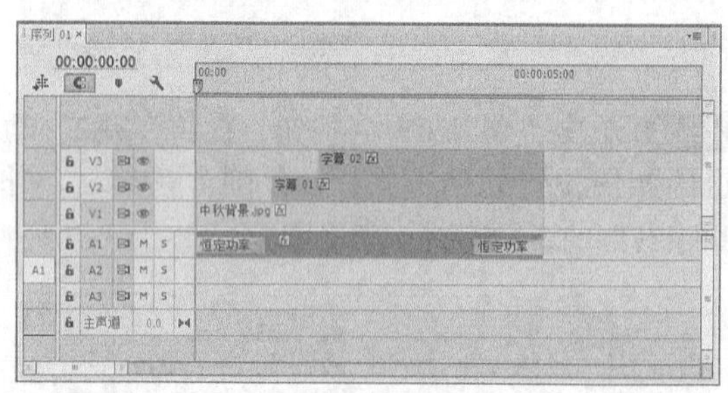

步骤35 单击“窗口”➤“音轨混合器”➤“序列 01”命令，展开“音轨混合器”面板，单击“显示 / 隐藏效果和发送”按钮▶，如下图所示。

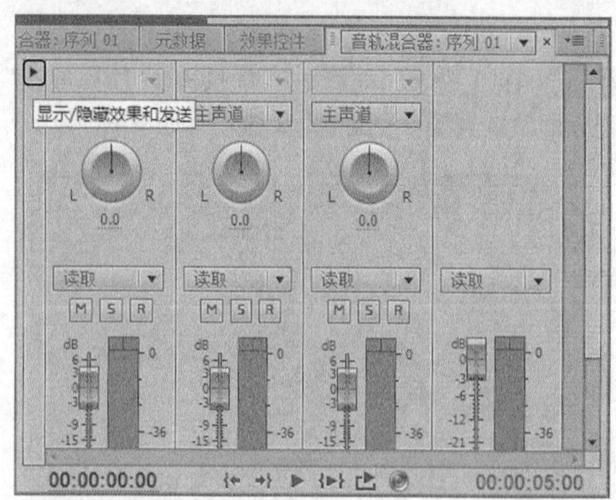

步骤36 展开视图，❶ 单击第一个“效果选择”按钮，展开列表框，❷ 选择“振幅与压限”➤“声道音量”选项，如下图所示。

步骤37 即可通过面板添加效果，并修改参数为 5，如下图所示。

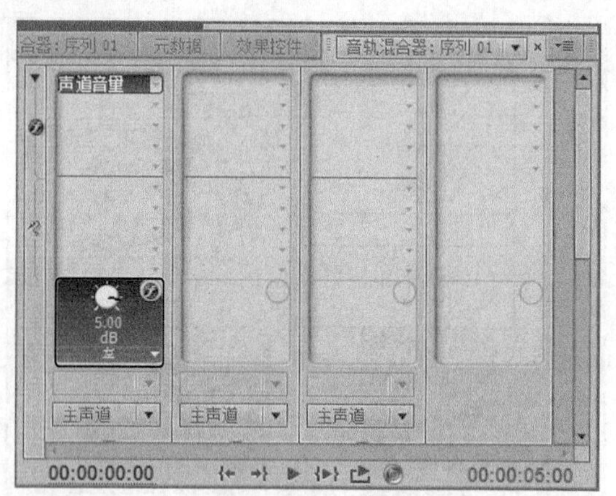

步骤38 再次单击“显示 / 隐藏效果和发送”按钮▶，隐藏视图，并修改各参数，如下图所示，完成音频效果的修改。

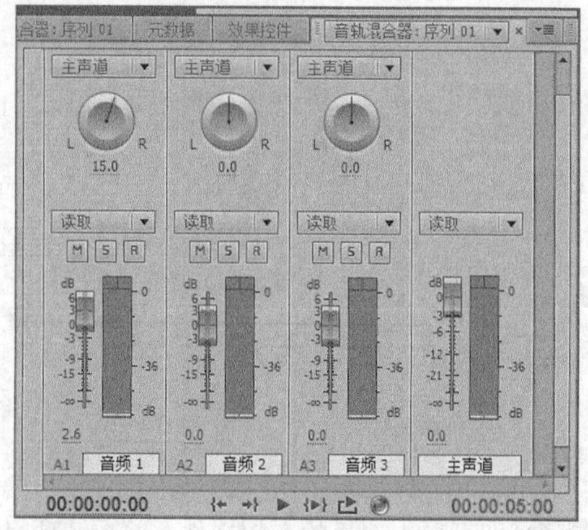

步骤39 在“节目监视器”面板中，单击“播放 - 停止切换”按钮，预览实例和试听音频效果，如下图所示。

高手支招

本节教学录像时间：3分钟

通过对前面知识的学习，相信读者朋友已经掌握好 Premiere 音轨混合器的应用技巧。下面结合本章内容，给大家介绍一些实用技巧。

设置音频单位

如果想编辑出一段长度小于一帧的无关声音，用户可以自行设置音频“单位”显示音频时间。

光盘同步视频文件

配套光盘\同步教学文件\第18章\秘技1. 设置音频单位.mp4

步骤01 单击“文件”➤“项目设置”➤“常规”命令，如下图所示。

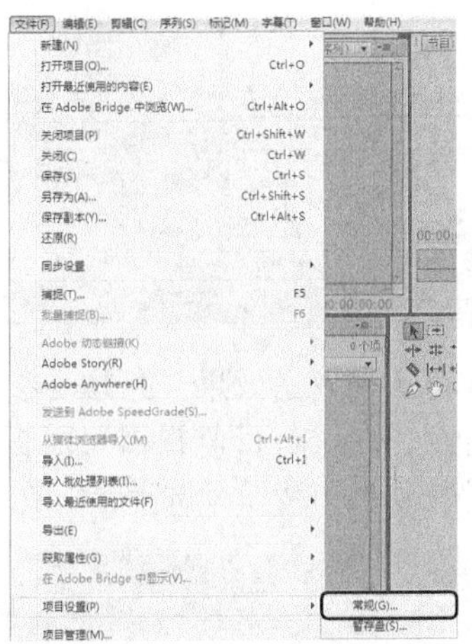

步骤02 打开“项目设置”对话框，在“音频”选项区中，❶ 单击“显示格式”右侧的下三角按钮，展开列表框，❷ 选择“毫秒”选项，如下图所示。

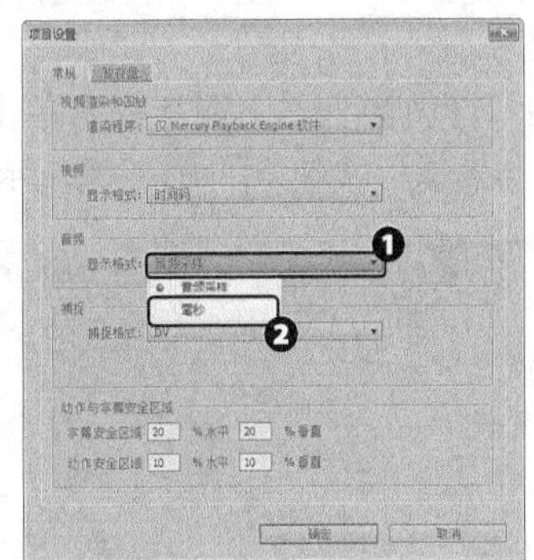

步骤03 单击“确定”按钮，完成音频单位的设置操作。

设置独奏声道

在“音轨混合器”面板中，单击“独奏轨道”按钮 S，可以只播放该轨迹上的音频。

光盘同步视频文件

配套光盘\同步教学文件\第18章\秘技2. 设置独奏声道.mp4

步骤 01 打开本书配套光盘中的“素材 / 第 18 章 / 秘技 2. 设置独奏声道”项目文件，如下图所示。

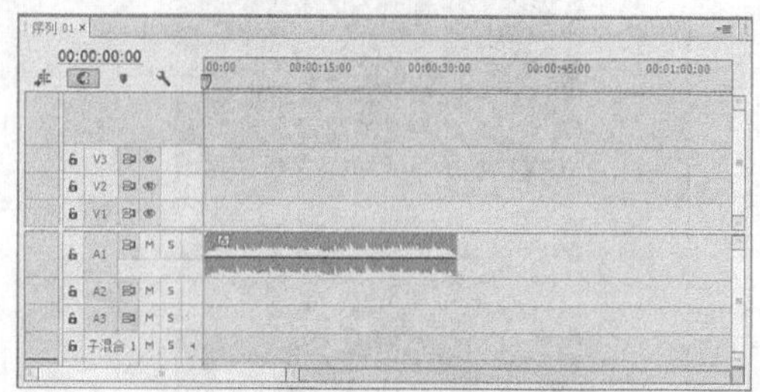

步骤 02 在“音轨混合器”面板中，单击“独奏轨道”按钮，如右上图所示。

步骤 03 即可设置独奏声道，且该按钮呈黄色显示，并在“时间轴”面板中也呈黄色显示，如右下图所示。

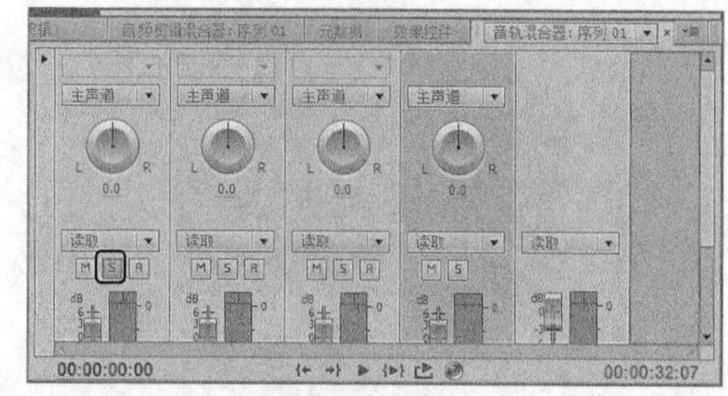

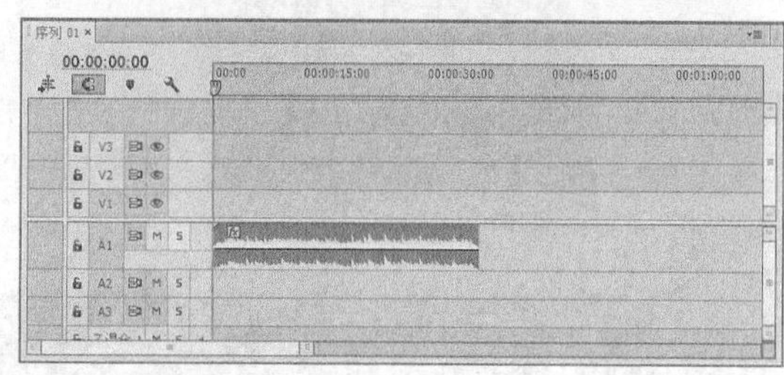

发送音频效果

在效果发送区域中，选择各种轨道选项，可以对音频效果进行发送。

光盘同步视频文件

配套光盘\同步教学文件\第18章\秘技3. 发送音频效果.mp4

步骤 01 打开本书配套光盘中的“素材 / 第 18 章 / 秘技 3. 发送音频效果”项目文件，如下图所示。

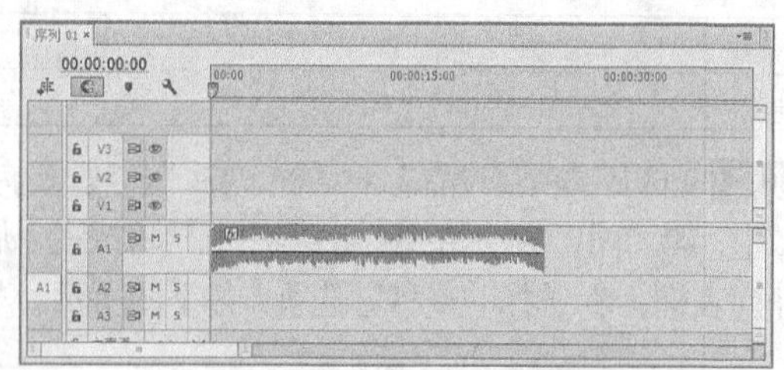

步骤 02 在“音轨混合器”面板中，单击“显示 / 隐藏效果和发送”按钮▶，如下图所示。

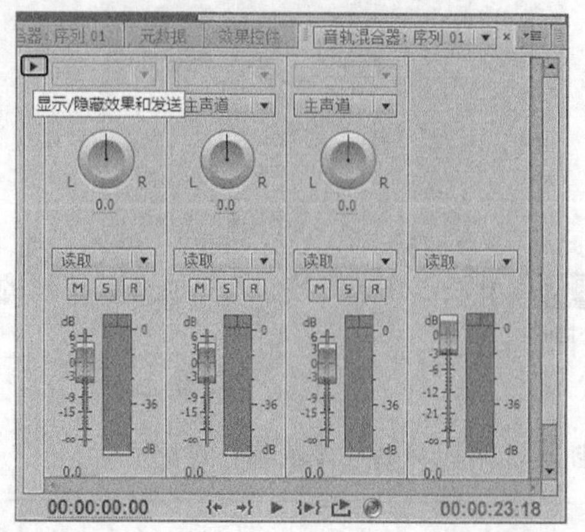

步骤 03 展开视图，在“效果发送”选项区中，❶ 单击相应的下三角按钮，展开列表框，❷ 选择“创建立体声子混合”选项，如下图所示。

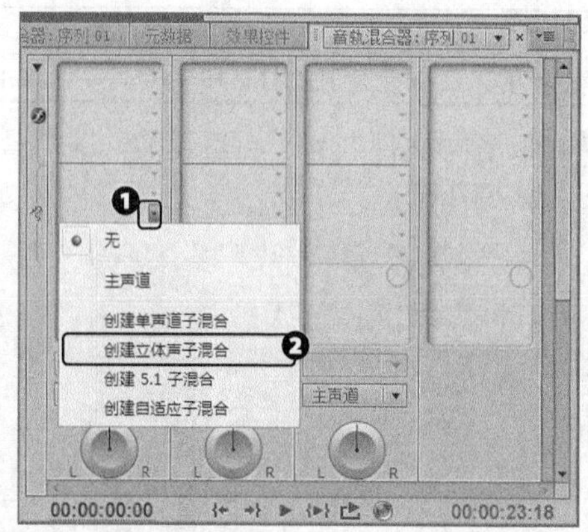

步骤 04 即可添加发送效果，并修改参数为 -50，如下图所示，在“节目监视器”面板中，单击“播放 - 停止切换”按钮，试听音乐效果。

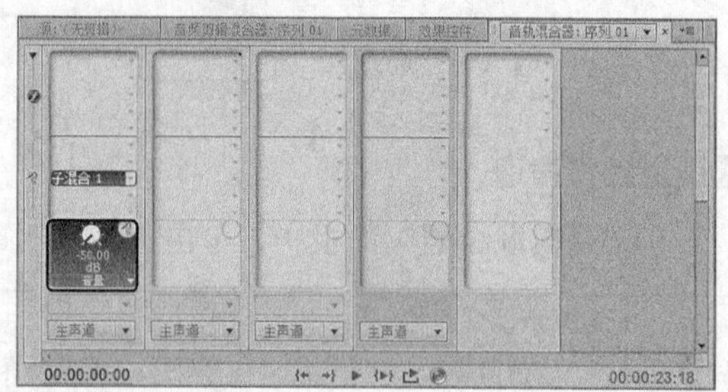

第19章

音频特效的高级制作

学习目标

在 Premiere Pro CC 中，为影片添加优美动听的音乐，可以使制作的影片的品质更上一个台阶。因此，音频的编辑是完成影视节目制作的一个重要环节。本章主要讲解音频特效的高级制作方法，内容包含处理音频效果、添加常用音频效果以及添加高级音频效果等。

知识要点

- 处理音频效果
- 添加常用音频效果
- 添加高级音频效果

学习效果

19.1 处理音频效果

本节教学录像时间：4分钟

对添加的音频素材进行适当的处理，可以让音频素材达到更好的试听效果。

19.1.1 EQ均衡器

使用 EQ 音频特效，可以平衡音频素材中的声音频率、波段和多重波段均衡等内容。

光盘同步视频文件
配套光盘\EQ均衡器.mp4

步骤 01 打开本书配套光盘中的“素材 / 第 19 章 / 19.1.1 EQ 均衡器”项目文件，如下图所示。

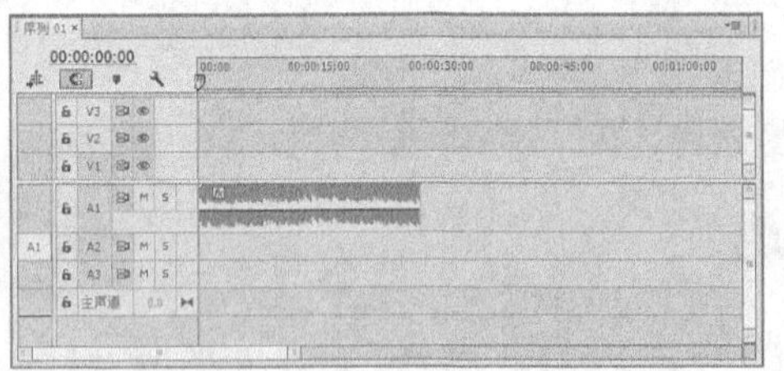

步骤 02 在“效果”面板中，选择“音频效果”选项，如下图所示。

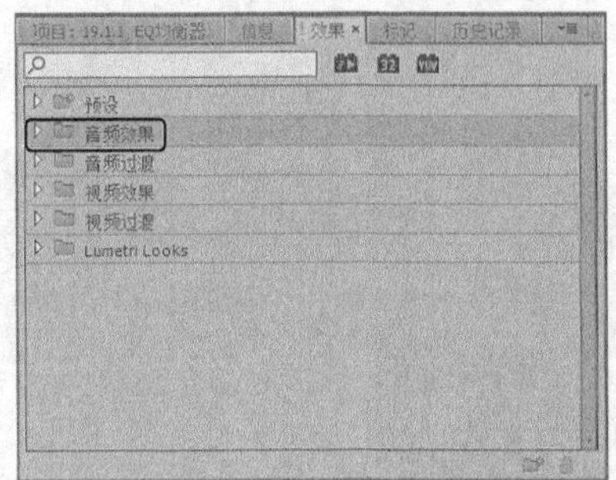

步骤 03 展开选择的选项，选择“EQ”选项，如下图所示。

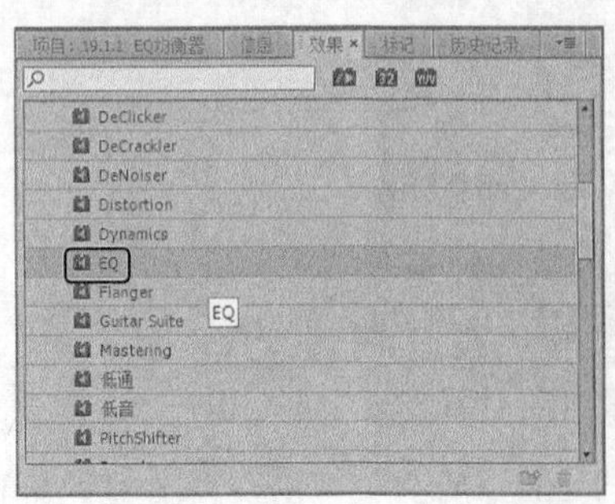

步骤 04 单击鼠标并拖曳，将其添加至“音频 1”轨道上，在“效果控件”面板中，单击“编辑”按钮，如下图所示。

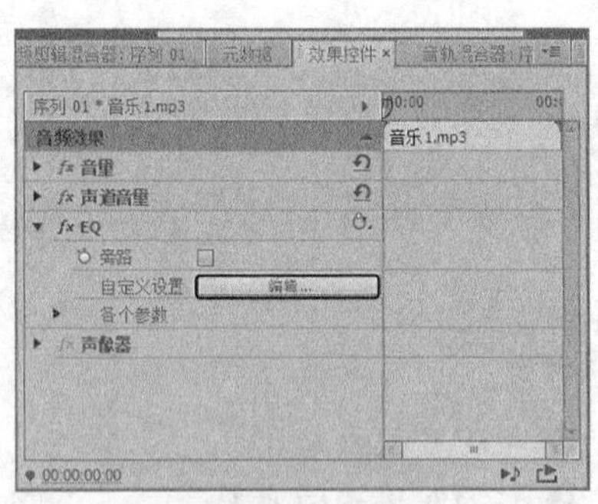

步骤 05 打开“剪辑效果编辑器”对话框，修改各参数，如下图所示。

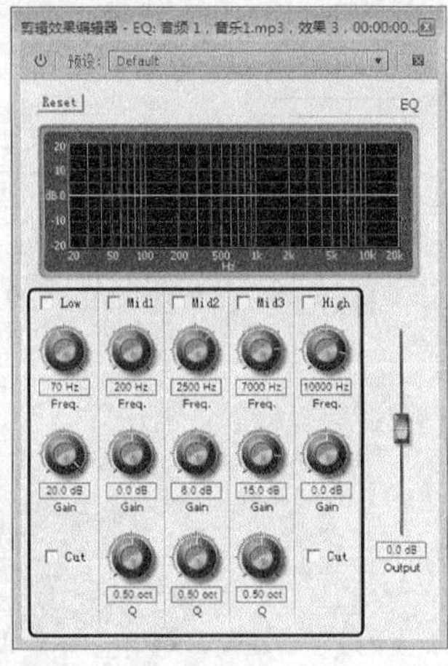

步骤 06 关闭对话框，完成 EQ 均衡器的添加操作，在“节目监视器”面板中，单击“播放 - 停止切换”按钮，试听音频效果。

19.1.2 高低音转换

高低音之间的转换是运用 Dynamics 特效对组合的或独立的音频进行调整来实现的。

光盘同步视频文件
配套光盘\高低音转换.mp4

步骤01 打开本书配套光盘中的“素材 / 第 19 章 / 19.1.2 高低音转换”项目文件，如下图所示。

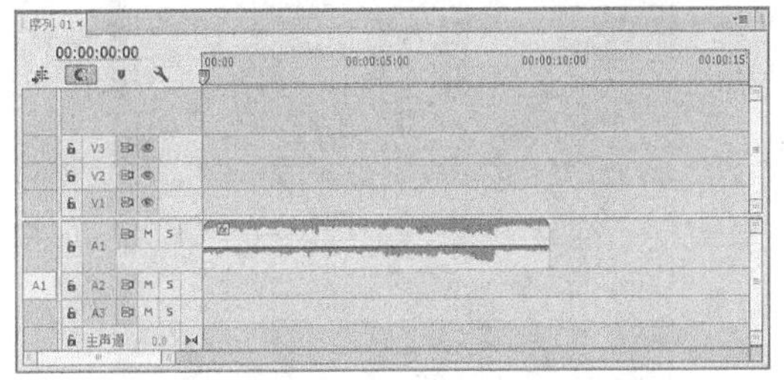

步骤02 在“效果”面板中，选择“音频效果”选项，展开选择的选项，选择“Dynamics”选项，如下图所示。

步骤03 单击鼠标并拖曳，将其添加至“音频 1”轨道上，在“效果控件”面板中，单击“编辑”按钮，如下图所示。

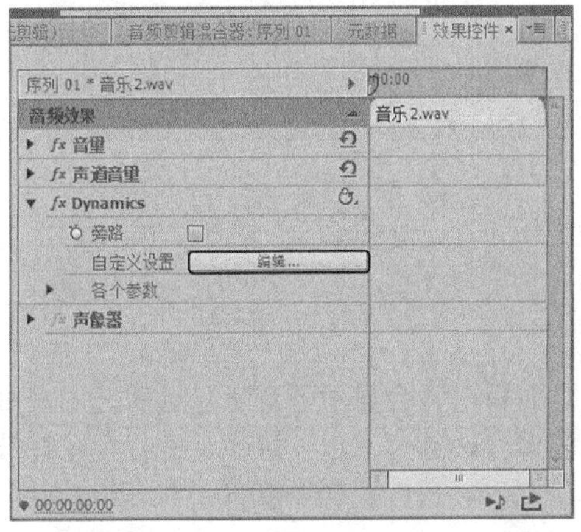

步骤04 打开“剪辑效果编辑器”对话框，❶ 单击“预设”右侧的下三角按钮，展开列表框，❷ 选择“soft clip”选项，如下图所示。

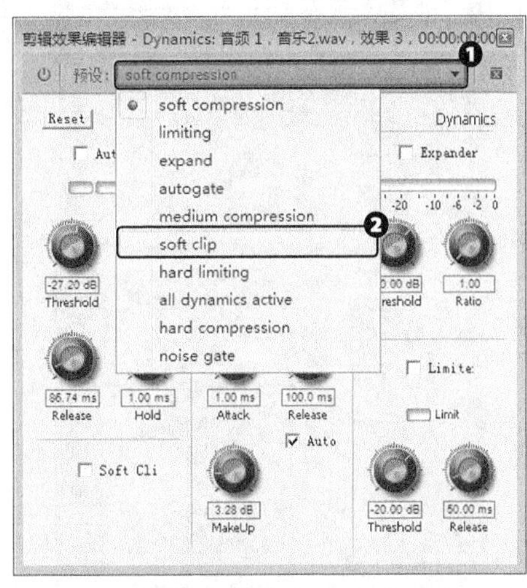

步骤05 单击“关闭”按钮，关闭对话框，在“效果控件”面板中，❶ 展开“各个参数”列表框，❷ 单击每个选项前的“切换动画”按钮，❸ 添加第一组关键帧，如下图所示。

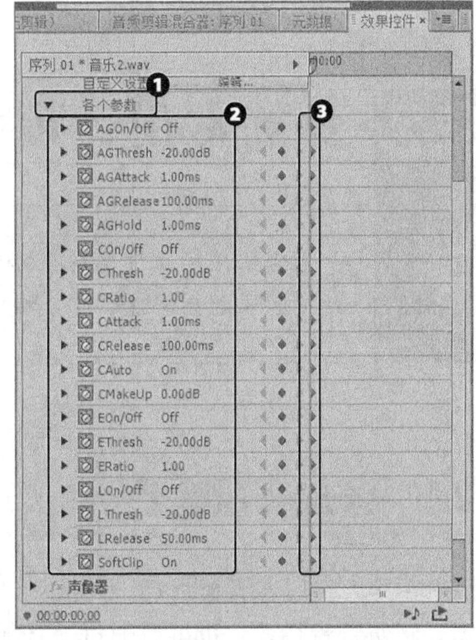

步骤06 将时间线移至 00:00:02:00 的位置处，在

"效果控件"面板中，❶ 单击"预设"按钮，展开列表框，❷ 选择"hard limiting"选项，如下第 1 图所示，❸ 即可自动添加第二组关键帧，如下第 2 图所示。

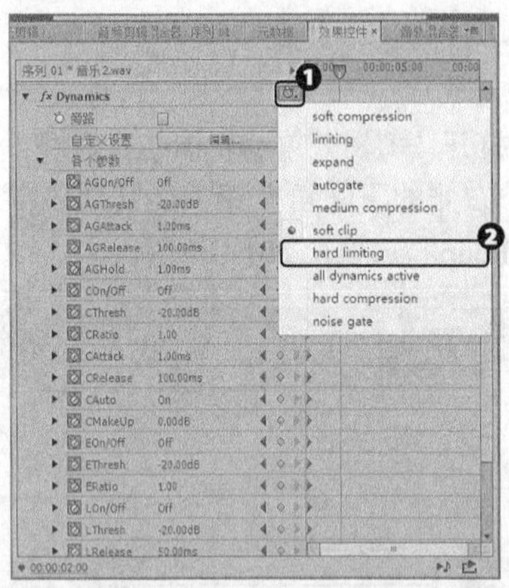

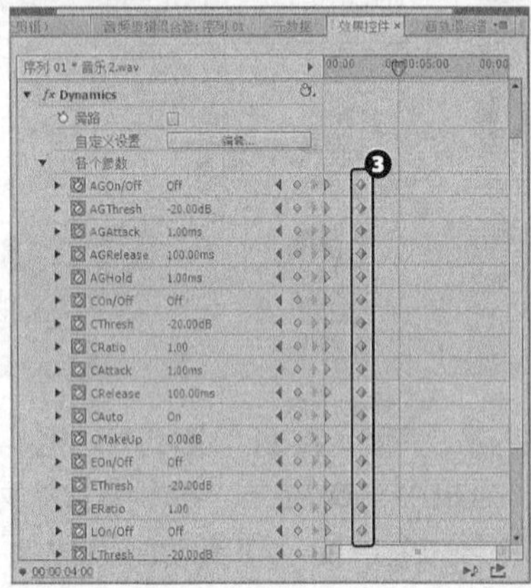

步骤 07 将时间线移至 00:00:04:00 的位置处，在"效果控件"面板中，❶ 单击"预设"按钮，展开列表框，❷ 选择"hard compression"选项，如下第 1 图所示，❸ 即可自动添加第三组关键帧，如下第 2 图所示。

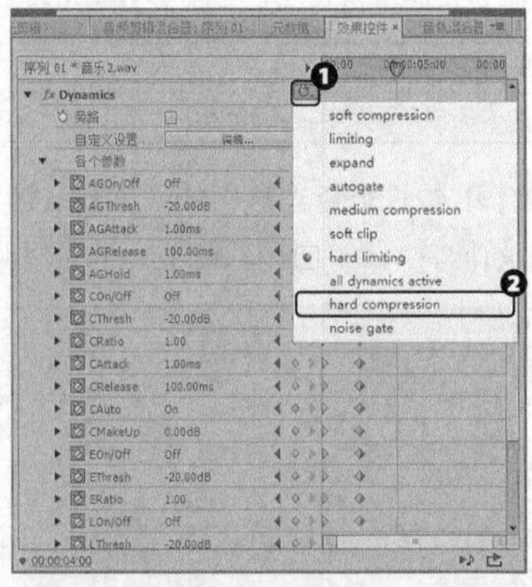

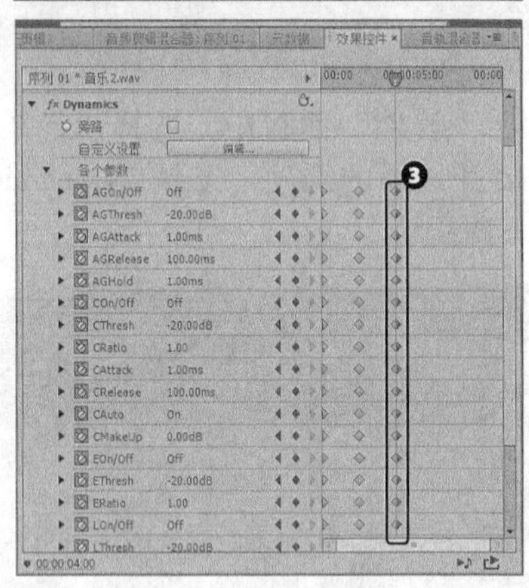

步骤 08 完成高低音的转换操作，在"节目监视器"面板中，单击"播放 - 停止切换"按钮，试听音频效果。

19.2 添加常用音频效果

本节教学录像时间：7分钟

音频在影片中是一个不可或缺的元素，用户可以根据需要添加常用的音频特效。本节主要介绍常用音频特效的添加方法。

19.2.1 添加音量特效

用户在导入一段音频素材后，对应的"效果控件"面板中将会显示"音量"选项，用户可以根据需要制作音量特效。也可以通过"音频效果"列表框，选择"音量"选项，进行音量特效的添加。

光盘同步视频文件
配套光盘\添加音量特效.mp4

步骤 01 打开本书配套光盘中的“素材 / 第 19 章 / 19.2.1 添加音量特效”项目文件，如下图所示。

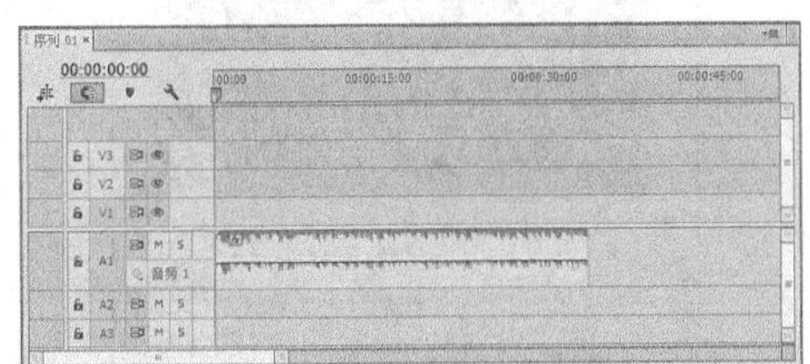

步骤 02 在“音频 1”轨道上，选择音频素材，在“效果控件”面板的“音量”列表框中，❶ 单击“旁路”和“级别”右侧的“添加 / 移除关键帧”按钮，❷ 添加一组关键帧，如右上图所示。

步骤 03 将时间线移至 00:00:32:08 的位置处，❶ 修改“级别”为 −30，❷ 添加一组关键帧，如右下图所示。

步骤 04 完成音量特效的添加操作，在“节目监视器”面板中，单击“播放 - 停止切换”按钮，试听音频效果。

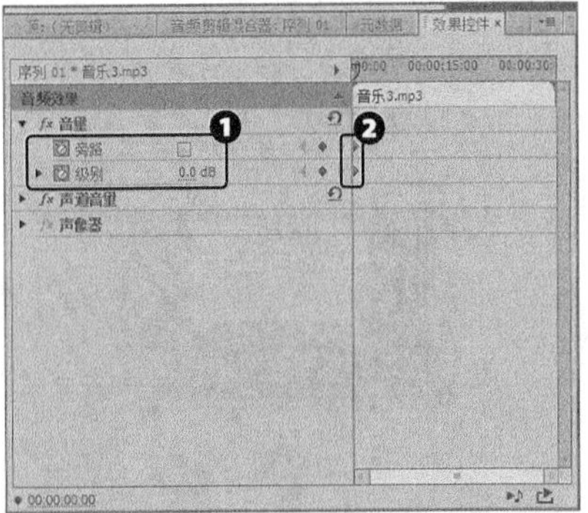

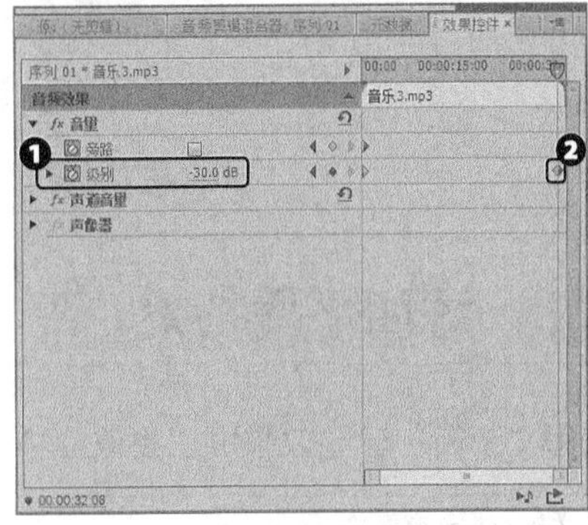

19.2.2 添加降噪特效

使用 DeNoiser（降噪）特效可以降低音频素材中的机器噪音、环境噪音和外音等不应有的杂音。

光盘同步视频文件
配套光盘\添加降噪特效.mp4

步骤 01 打开本书配套光盘中的“素材 / 第 19 章 / 19.2.2 添加降噪特效”项目文件，如下图所示。

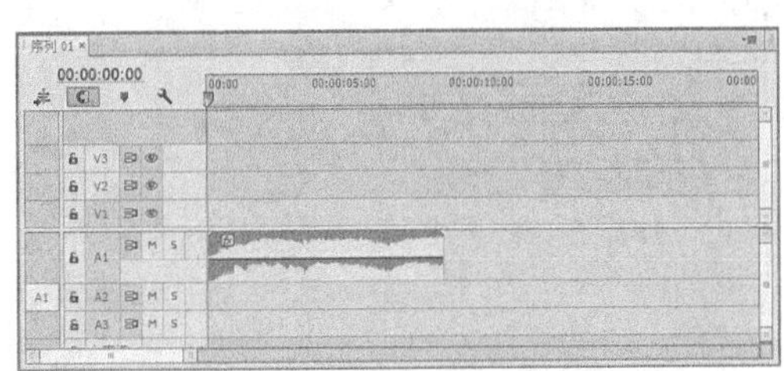

步骤 02 在“效果”面板中，展开“音频效果”列表框，选择“DeNoiser”选项，如右上图所示。

步骤 03 单击鼠标并拖曳，将其添加至“音频 1”轨道上，在“效果控件”面板中，单击“编辑”按钮，如右下图所示。

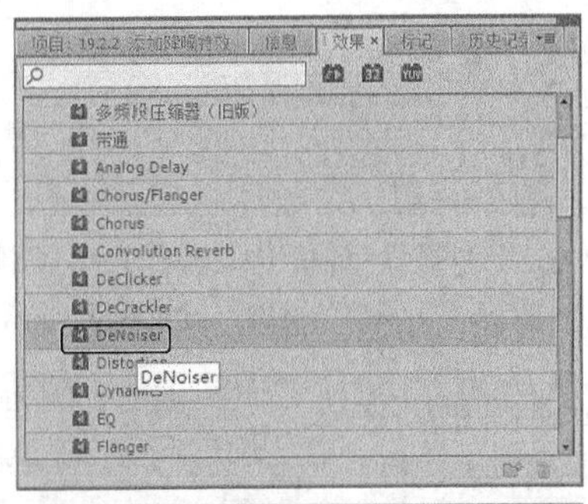

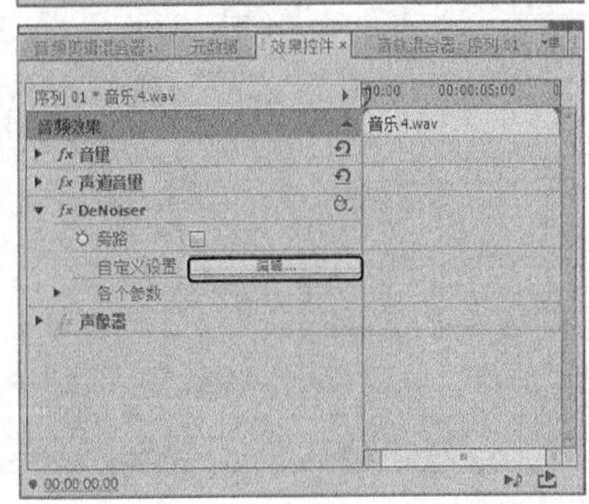

步骤 04 打开“剪辑效果编辑器”对话框，❶ 单击“预设”右侧的下三角按钮，展开列表框，❷ 选择“Init 3”选项，如下图所示。

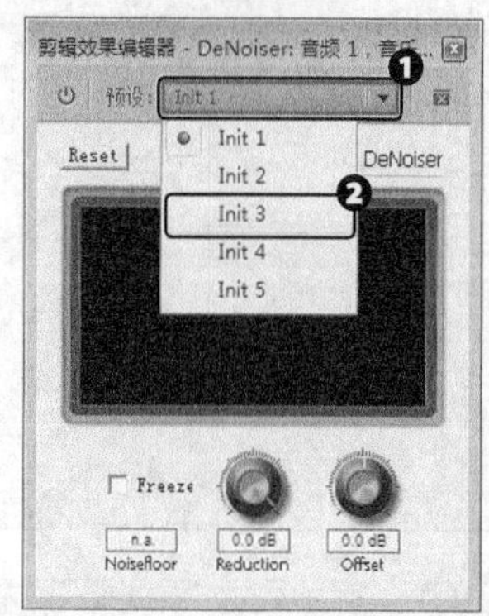

步骤 05 在对话框的下方，修改各参数，如下图所示。

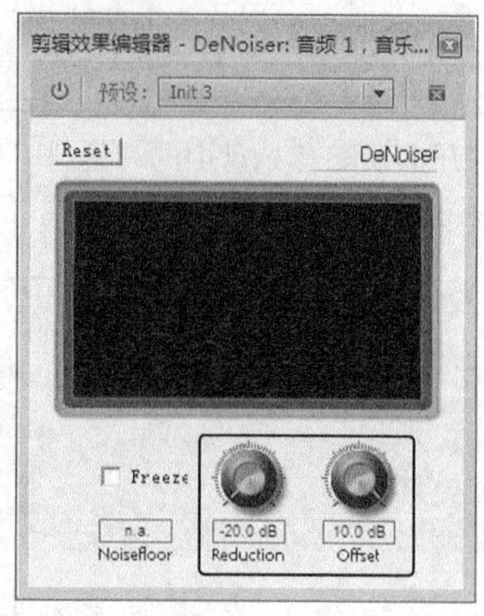

步骤 06 关闭对话框，即可完成降噪特效的添加操作，在“节目监视器”面板中，单击“播放 - 停止切换”按钮，试听音频效果。

19.2.3 添加平衡特效

使用“平衡”音频效果可以更改立体声素材中左右立体声声道的音量。

光盘同步视频文件
配套光盘\添加平衡特效.mp4

步骤 01 打开本书配套光盘中的“素材 / 第 19 章 / 19.2.3 添加平衡特效”项目文件，如下图所示。

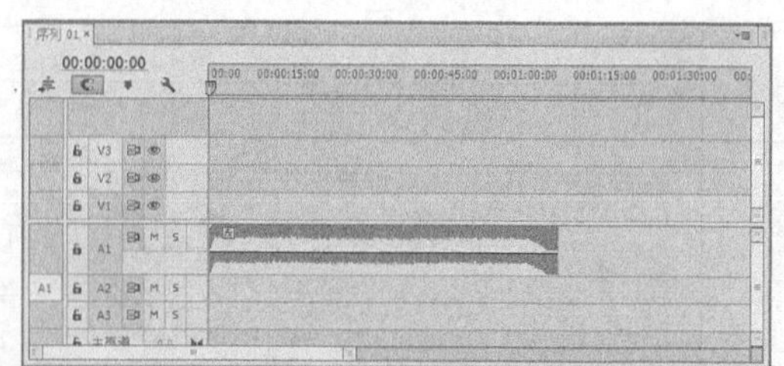

步骤 02 在“效果”面板中，展开“音频效果”列表框，选择“平衡”选项，如下图所示。

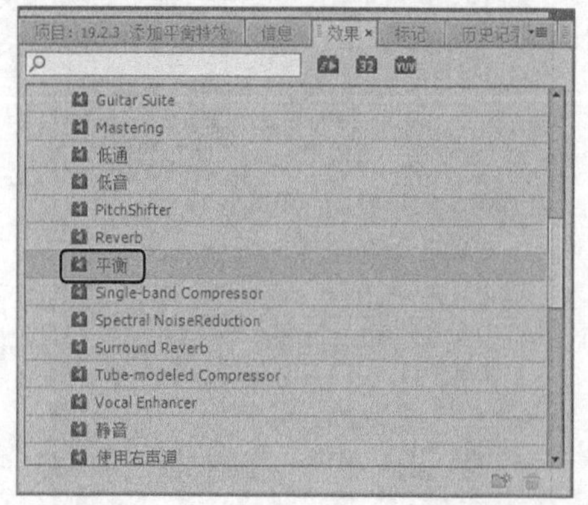

步骤 03 单击鼠标并拖曳，将其添加至“音频 1”轨道上，在“效果控件”面板中，❶ 勾选“旁路”复选框，❷ 修改“平衡”为 30，如下图所示。

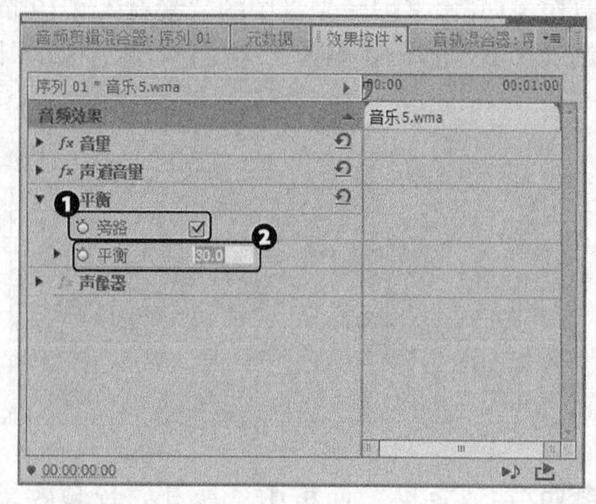

步骤 04 即可完成平衡特效的添加操作，在“节目监视器”面板中，单击“播放 - 停止切换”按钮，试听音频效果。

小提示

在设置“平衡”参数值时，如果“平衡”值为正数时，可提高右声道的音量并降低左声道的音量；若“平衡”值为负数时，可以降低右声道的音量并提高左声道的音量。

19.2.4 添加延迟特效

“延迟”特效用于创建回声，该回声发生在“延迟”字段中所输入的时间之后。

光盘同步视频文件

配套光盘\添加延迟特效.mp4

步骤01 打开本书配套光盘中的“素材/第19章/19.2.4 添加延迟特效”项目文件，如下图所示。

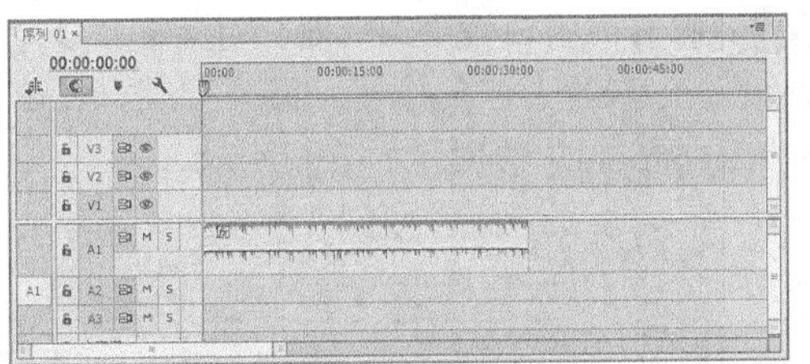

步骤02 在“效果”面板中，展开“音频效果”列表框，选择“延迟”选项，如下图所示。

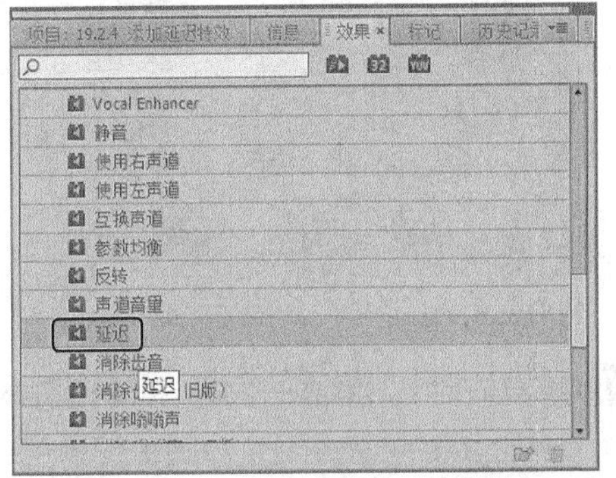

步骤03 单击鼠标并拖曳，将其添加至“音频1”轨道上，在“效果控件”面板中，❶勾选“旁路”复选框，❷修改“延迟”为0.5，❸添加第一组关键帧，如下图所示。

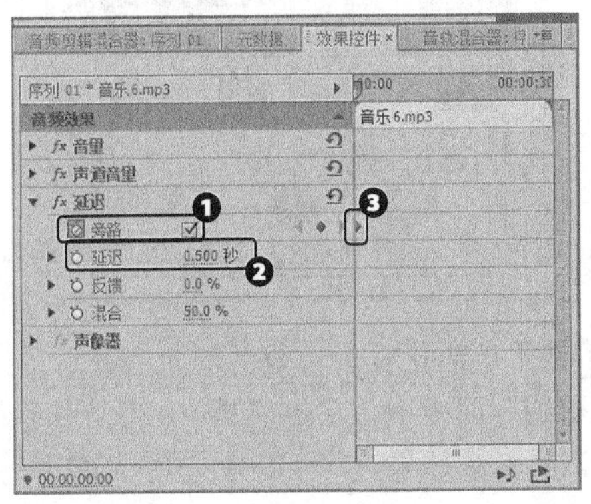

步骤04 将时间线移至00:00:08:10的位置处，在“效果控件”面板中，❶取消勾选“旁路”复选框，❷添加第二组关键帧，如下图所示。

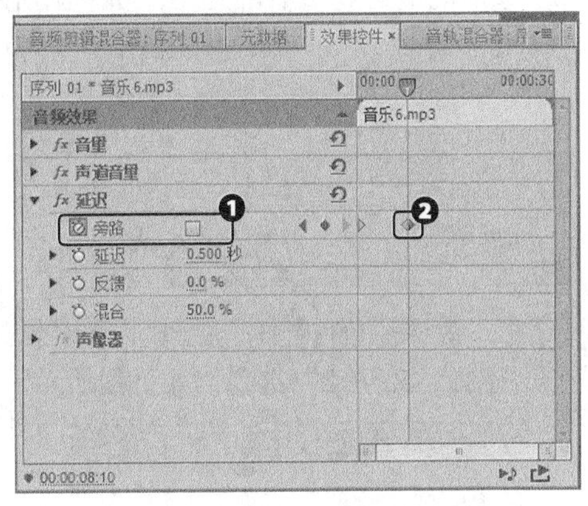

步骤05 将时间线移至00:00:23:11的位置处，在“效果控件”面板中，❶勾选“旁路”复选框，❷添加第三组关键帧，如下图所示。

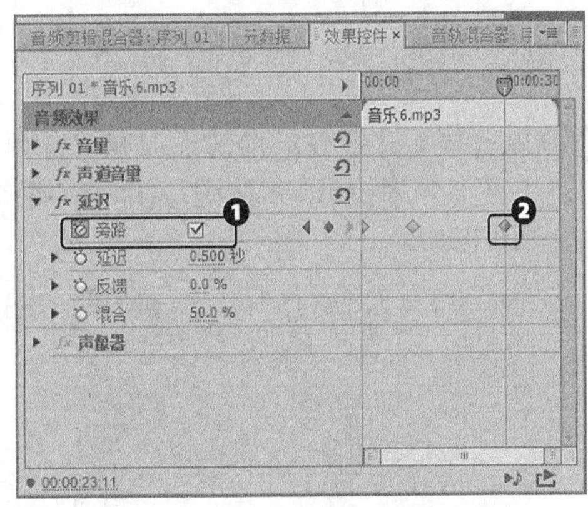

步骤06 即可完成延迟特效的添加操作，在“节目监视器”面板中，单击“播放-停止切换”按钮，试听音频效果。

小提示

在“延迟”列表框中，各选项的含义如下。

- 反馈：用于设置弹回延迟的音频百分比参数。
- 混合：用于指定效果中发生回声的次数。

19.2.5 添加混响特效

使用“混响”特效可以模拟房间内部的声波传播方式，产生一种室内回声效果，能够体现出宽阔回声的真实效果。

光盘同步视频文件

配套光盘\添加混响特效.mp4

步骤01 打开本书配套光盘中的“素材 / 第 19 章 / 19.2.5 添加混响特效”项目文件，如下图所示。

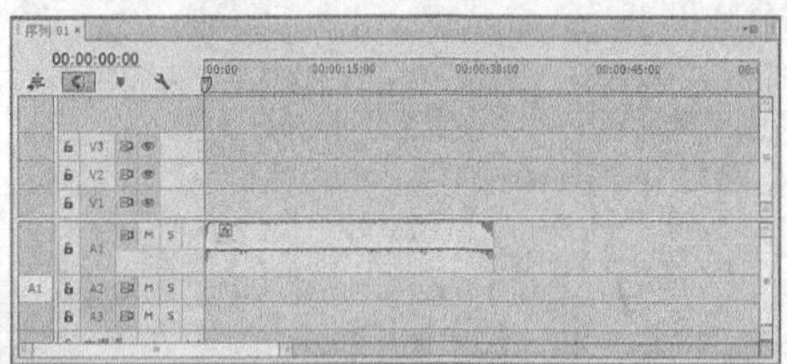

步骤02 在“效果”面板中，展开“音频效果”列表框，选择“Reverb”选项，如下图所示。

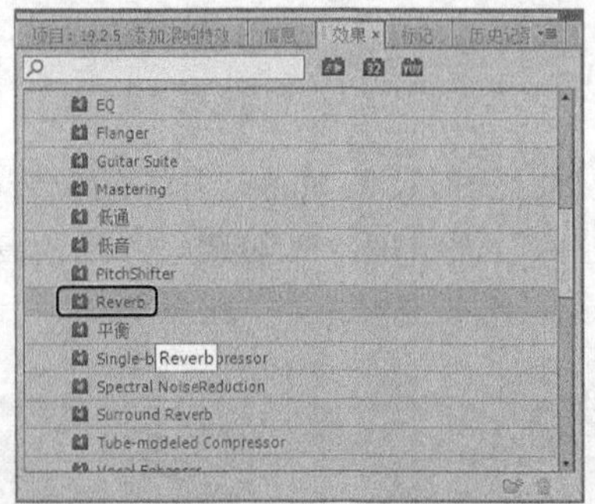

步骤03 单击鼠标并拖曳，将其添加至“音频 1”轨道上，在“效果控件”面板中，单击“编辑”按钮，如下图所示。

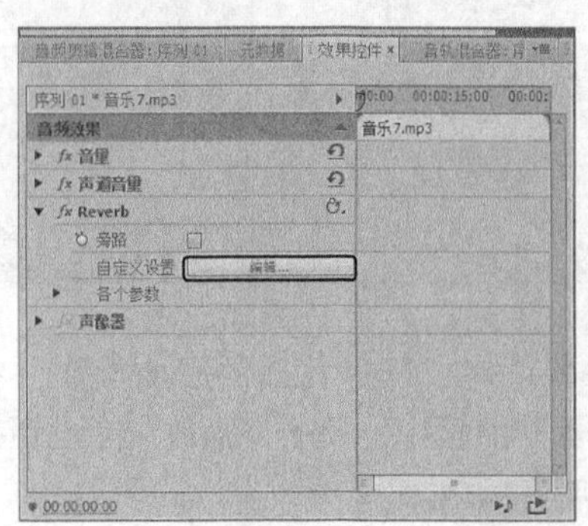

步骤04 打开“剪辑效果编辑器”对话框，❶ 单击“预设”右侧的下三角按钮，展开列表框，❷ 选择“large room”选项，如下图所示。

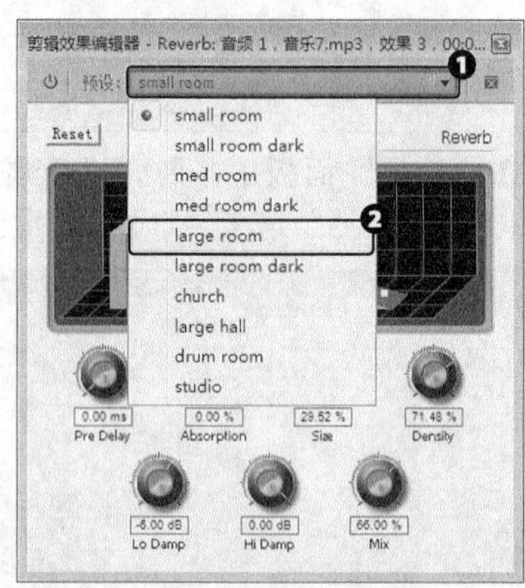

步骤05 在对话框中，修改各参数，如下图所示。

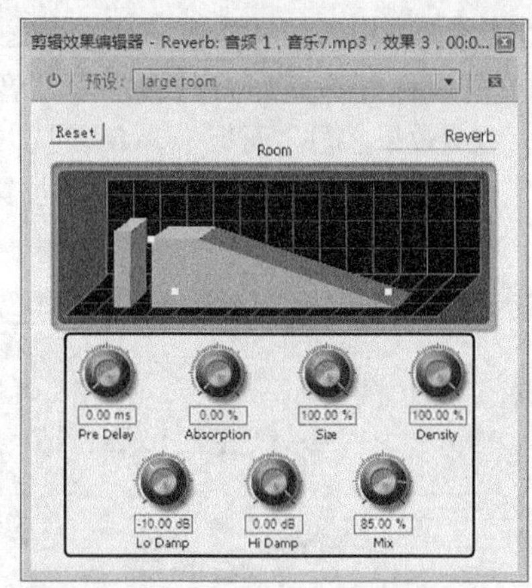

步骤06 即可完成混响特效的添加操作，在“节目监视器”面板中，单击“播放 - 停止切换”按钮，试听音频效果。

小提示

在"剪辑效果编辑器"对话框中，各选项的含义如下。

- Pre Delay：指定信号与回响之间的时间。
- Absorption：指定声音被吸收的百分比。
- Size：指定空间大小的百分比。
- Density：指定回响拖尾的密度。
- Lo Damp：指定低频的衰减，衰减低频可以防止环境声音造成的回响。
- Hi Damp：指定高频的衰减，衰减高频可以使回响声音更加柔和。
- Mix：控制回响的力度。

19.2.6 添加消频特效

使用"消频"音频效果，可以消除音频文件中的声音。

光盘同步视频文件
配套光盘\添加消频特效.mp4

步骤01 打开本书配套光盘中的"素材/第19章/19.2.6 添加消频特效"项目文件，如下图所示。

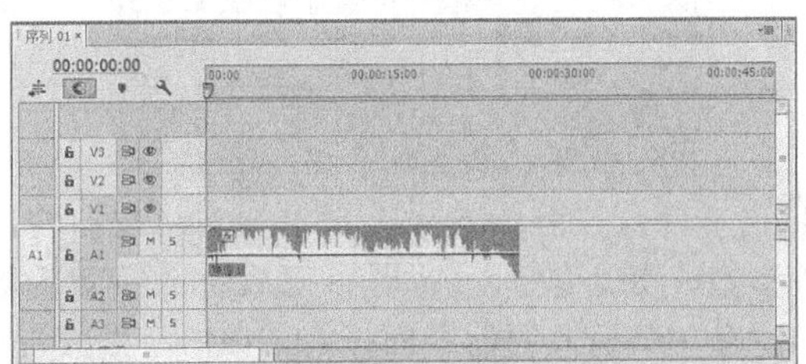

步骤02 在"效果"面板中，展开"音频效果"列表框，选择"消频"选项，如下图所示。

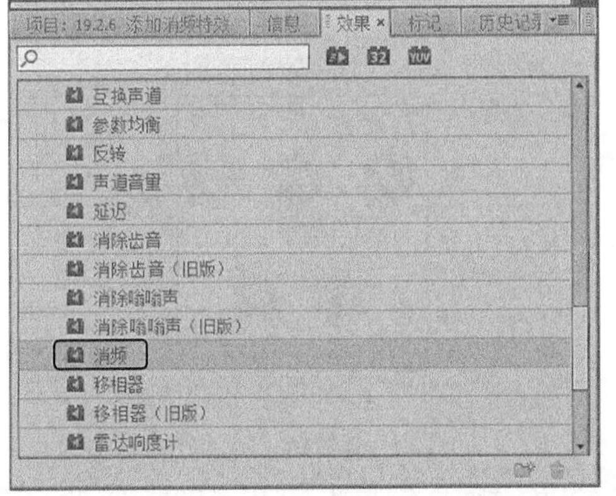

步骤03 单击鼠标并拖曳，将其添加至"音频1"轨道上，在"效果控件"面板中，❶修改"中心"为3000、❷"Q"为8，如下图所示。

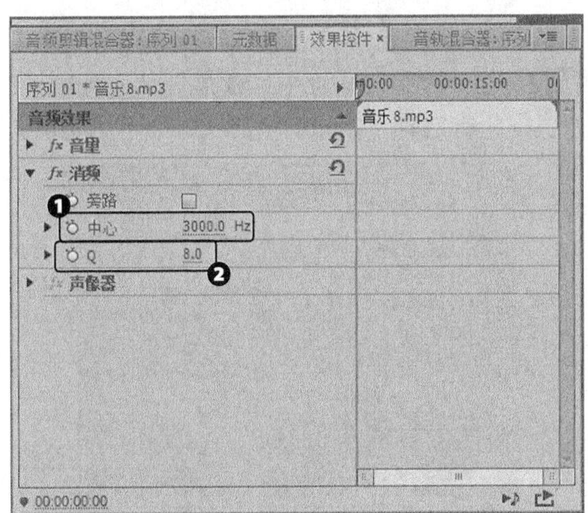

步骤04 即可完成消频特效的添加操作，在"节目监视器"面板中，单击"播放-停止切换"按钮，试听音频效果。

19.3 添加高级音频效果

 本节教学录像时间：17分钟

在了解了一些常用的音频特效后，接下来我们将学习如何制作一些并不常用的音频特效，如 Chorus（合成）特效、DeCrackler（降爆声）特效、低通特效以及高音特效等。

19.3.1 添加合成特效

使用“合成”音频效果可以合成仅包含单一乐器或语音的音频信号，从而取得更好的音频效果。

光盘同步视频文件

配套光盘\添加合成特效.mp4

步骤 01 打开本书配套光盘中的“素材 / 第 19 章 / 19.3.1　添加合成特效”项目文件，如下图所示。

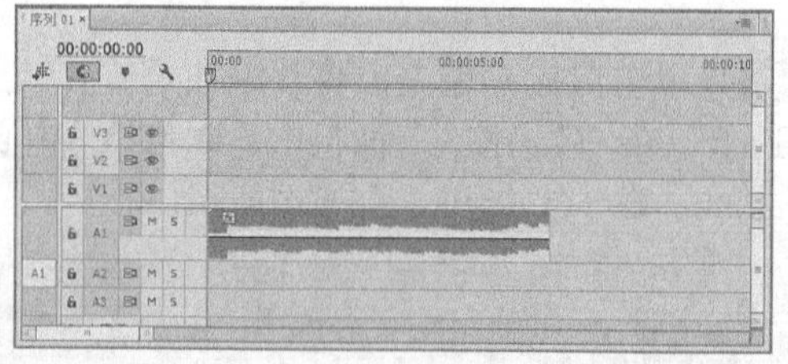

步骤 02 在“效果”面板中，❶ 展开“音频效果”列表框，❷ 选择“Chorus”选项，如下图所示。

步骤 03 单击鼠标并拖曳，将其添加至“音频 1”轨道上，在“效果控件”面板中，单击“编辑”按钮，如下图所示。

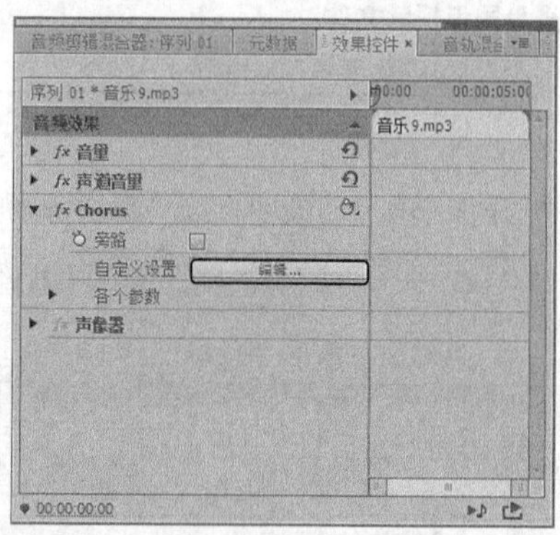

步骤 04 打开“剪辑效果编辑器”对话框，修改各参数，如下图所示，即可完成合成特效的添加。在“节目监视器”面板中，单击“播放 - 停止切换”按钮，试听音乐效果。

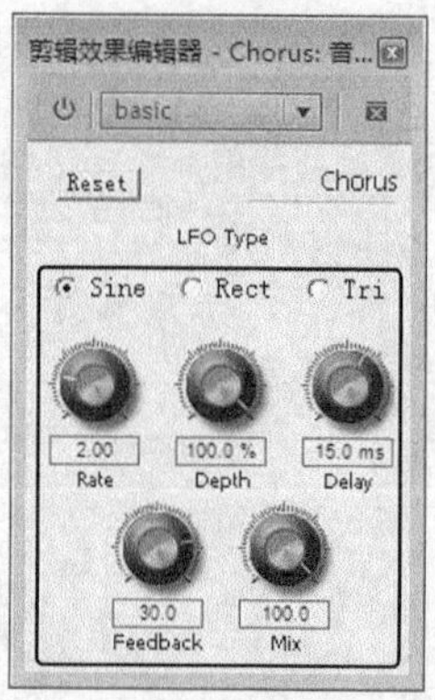

小提示

在“剪辑效果编辑器”对话框中，各常用选项的含义如下。

- Rate：用于设置震荡速度。
- Depth：用于设置效果声延时的程度，较高数值产生的音调变化较大，通常设置为较小的数值。

19.3.2 添加反转特效

使用“反转”音频效果可以模拟房间内部的声音情况，能表现出宽阔、真实的效果。

光盘同步视频文件

配套光盘\添加反转特效.mp4

步骤01 打开本书配套光盘中的“素材 / 第 19 章 / 19.3.2 添加反转特效”项目文件，如下图所示。

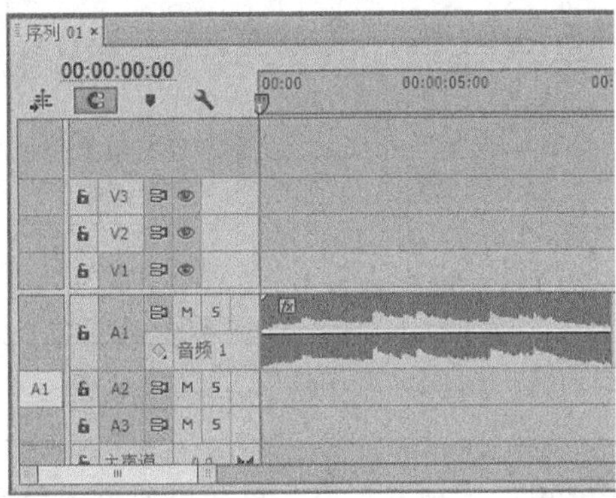

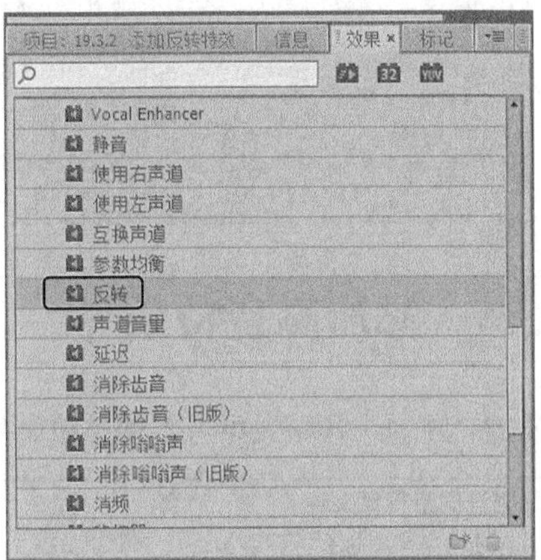

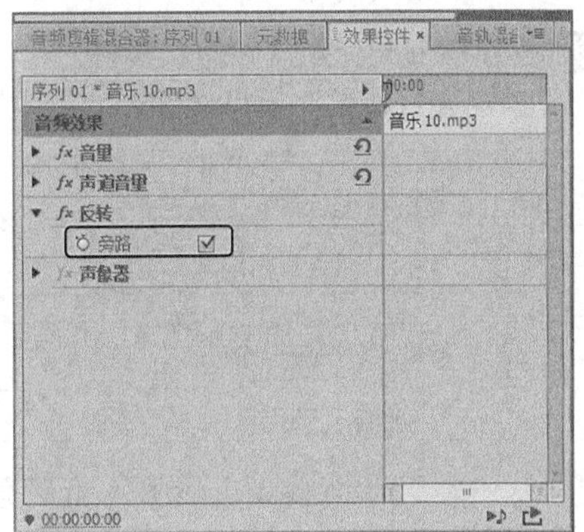

步骤02 在“效果”面板中，展开“音频效果”列表框，选择“反转”选项，如右上图所示。

步骤03 单击鼠标并拖曳，将其添加至“音频 1”轨道上，在“效果控件”面板中，勾选“旁路”复选框，如右下图所示。

步骤04 即可完成反转特效的添加操作，在“节目监视器”面板中，单击“播放 - 停止切换”按钮，试听音频效果。

19.3.3 添加低通特效

使用“低通”音频效果可以去除音频素材中的高频部分。

光盘同步视频文件

配套光盘\添加低通特效.mp4

步骤01 打开本书配套光盘中的“素材 / 第 19 章 / 19.3.3 添加低通特效”项目文件，如下图所示。

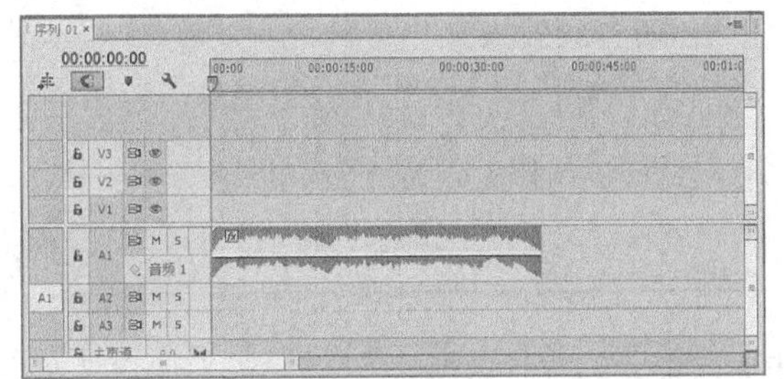

步骤02 在“效果”面板中，展开“音频效果”列表框，选择“低通”选项，如下页左上图所示。

步骤03 单击鼠标并拖曳，将其添加至“音频 1”轨道上，在“效果控件”面板中，修改“屏蔽度”为 2000，如下页右上图所示。

步骤04 即可完成低通特效的添加操作，在“节目监视器”面板中，单击“播放 - 停止切换”按钮，试听音频效果。

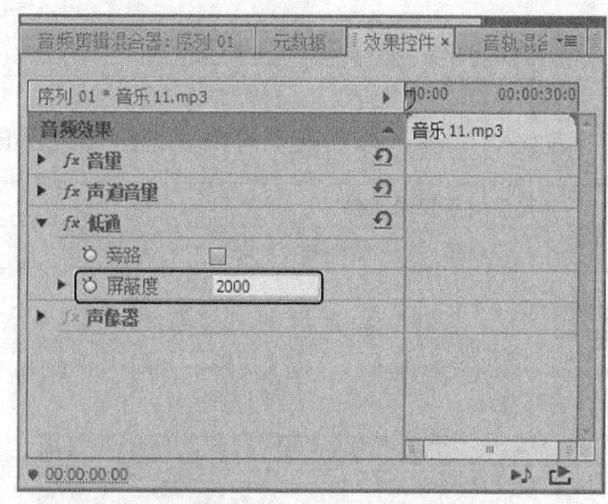

19.3.4　添加高音特效

使用"高音"音频效果可以调整较高的频率（4000Hz 以及更高的频率）。

光盘同步视频文件
配套光盘\添加高音特效.mp4

步骤 01 打开本书配套光盘中的"素材 / 第 19 章 / 19.3.4　添加高音特效"项目文件，如下图所示。

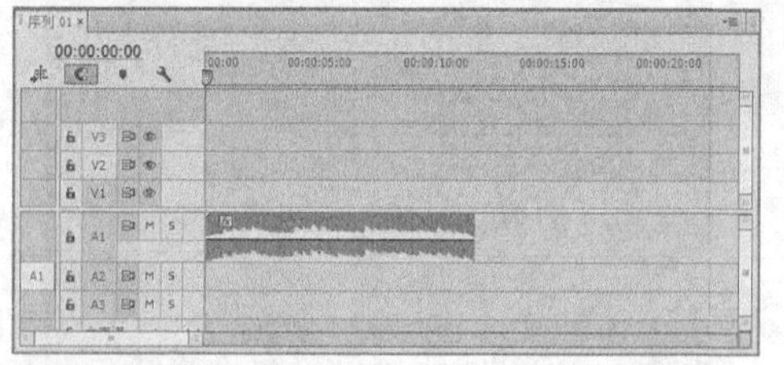

步骤 02 在"效果"面板中，展开"音频效果"列表框，选择"高音"选项，如下图所示。

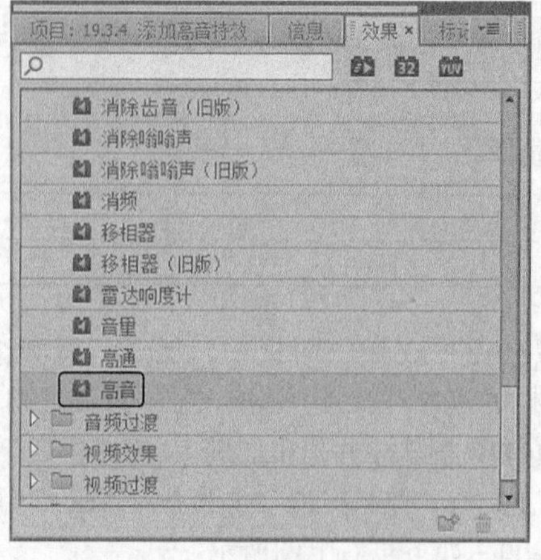

步骤 03 单击鼠标并拖曳，将其添加至"音频 1"轨道上，在"效果控件"面板中，修改"提升"为 20，如下图所示。

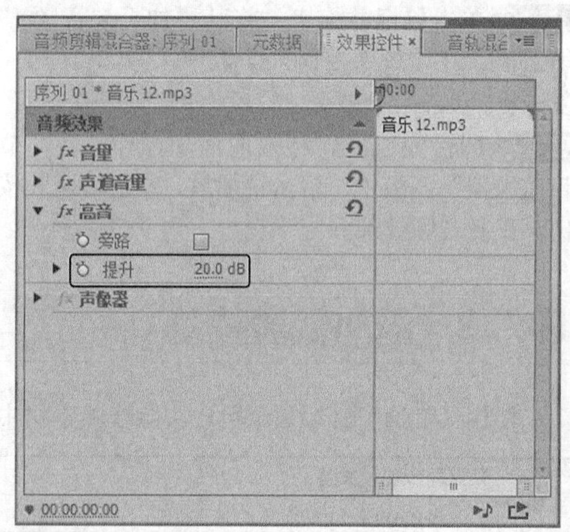

步骤 04 即可完成高音特效的添加操作，在"节目监视器"面板中，单击"播放 - 停止切换"按钮，试听音频效果。

19.3.5　添加降爆声特效

使用 DeCrackler（降爆声）特效可以消除音频中无声部分的背景噪声。

光盘同步视频文件
配套光盘\添加降爆声特效.mp4

步骤01 打开本书配套光盘中的“素材 / 第 19 章 / 19.3.5 添加降爆声特效”项目文件，如下图所示。

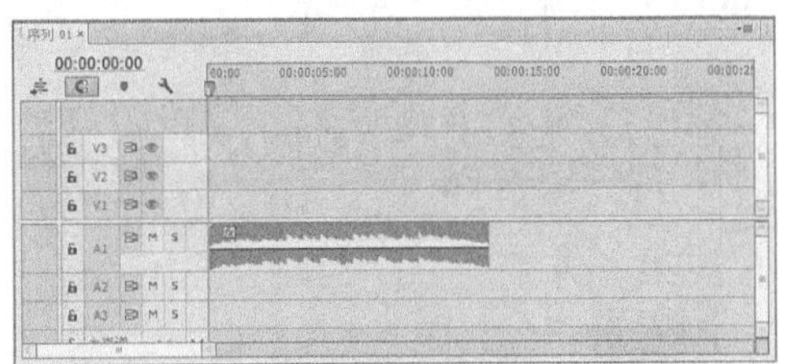

步骤02 在“效果”面板中，❶展开“音频效果”列表框，❷选择“DeCrackler”选项，如下图所示。

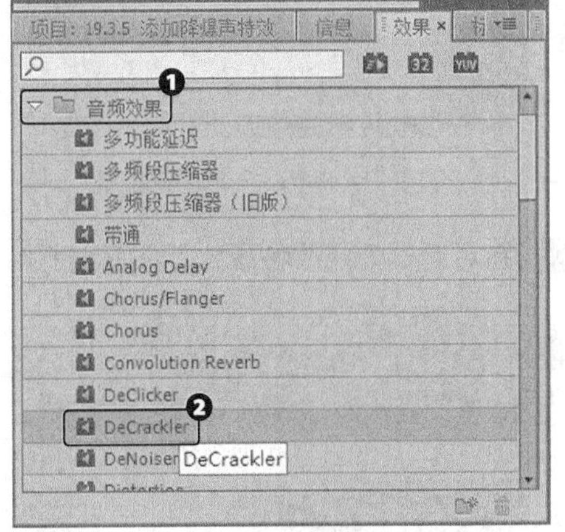

步骤03 单击鼠标并拖曳，将其添加至“音频 1”轨道上，在“效果控件”面板中，单击“编辑”按钮，如下图所示。

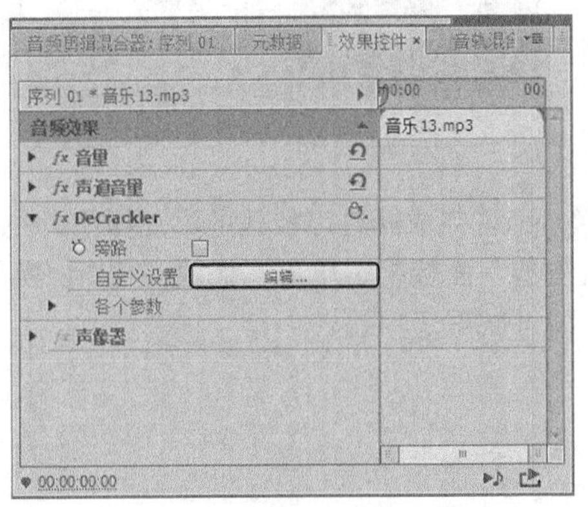

步骤04 打开“剪辑效果编辑器”对话框，修改各参数，如下图所示。

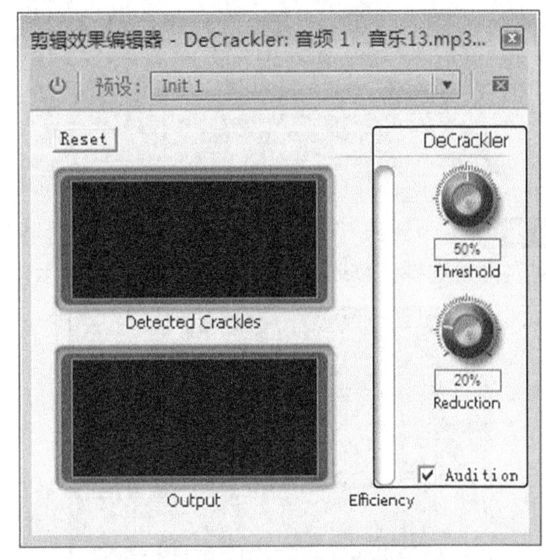

步骤05 关闭对话框，在“效果控件”面板中，勾选“旁路”复选框，如下图所示。

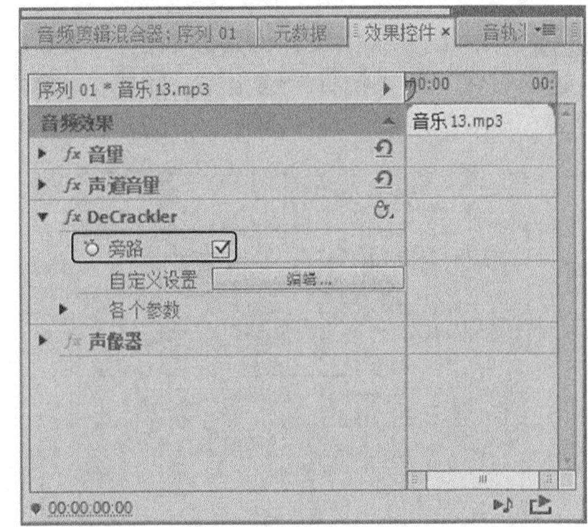

步骤06 即可完成降爆声特效的添加操作，在“节目监视器”面板中，单击“播放 - 停止切换”按钮，即可试听音频效果。

19.3.6 添加滴答声特效

使用滴答声（Declicker）音频效果，可以降低或消除各种噪声，其中 20Hz 以下的音频都将被消除。

光盘同步视频文件

配套光盘\添加滴答声特效.mp4

步骤01 打开本书配套光盘中的"素材 / 第 19 章 / 19.3.6 添加滴答声特效"项目文件，如下图所示。

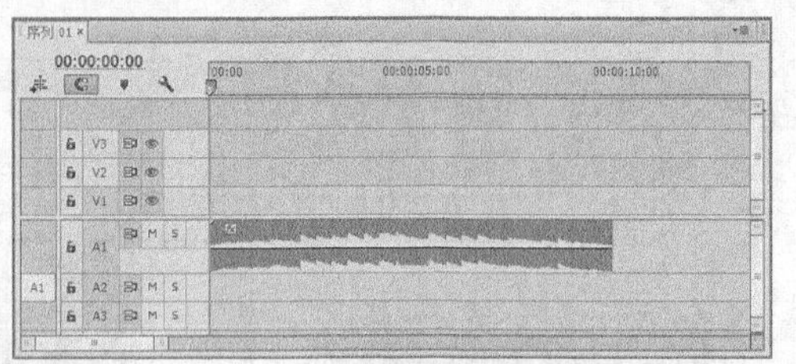

步骤02 在"效果"面板中，展开"音频效果"列表框，选择"Declicker"选项，如下图所示。

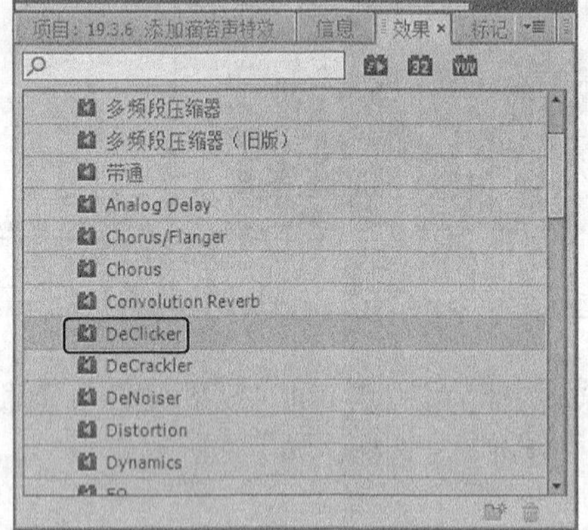

步骤03 单击鼠标并拖曳，将其添加至"音频 1"轨道上，在"效果控件"面板中，单击"编辑"按钮，如下图所示。

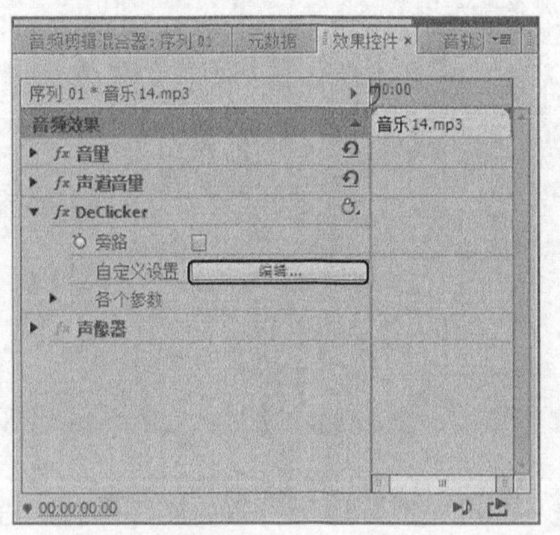

步骤04 打开"剪辑效果编辑器"对话框，❶单击"预设"右侧的下三角按钮，展开列表框，❷选择"Init 7"选项，如下图所示。

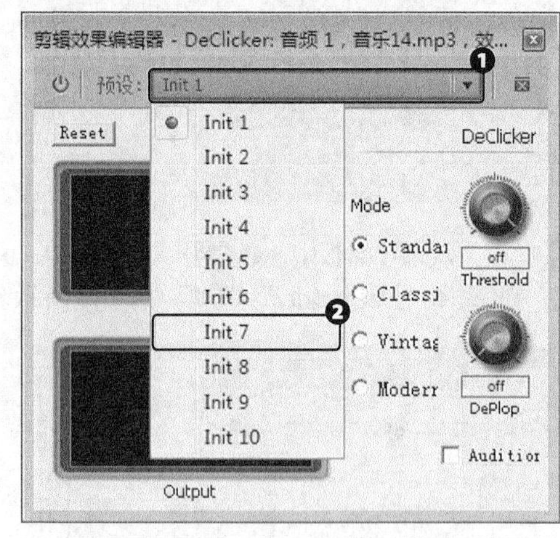

步骤05 在对话框中修改各参数，如下图所示。

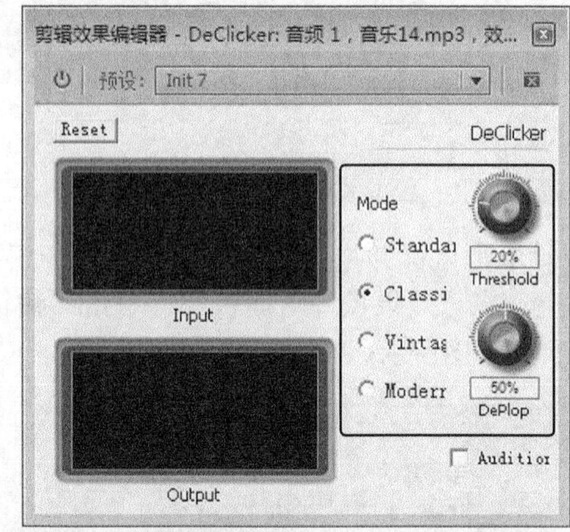

步骤06 即可完成滴答声特效的添加操作，在"节目监视器"面板中，单击"播放 - 停止切换"按钮，即可试听音频效果。

19.3.7 添加互换声道特效

使用"互换声道"音频效果可以交换立体声轨道中的左声道和右声道。

光盘同步视频文件

配套光盘\添加互换声道特效.mp4

步骤 01 打开本书配套光盘中的“素材 / 第 19 章 / 19.3.7　添加互换声道特效”项目文件，如下图所示。

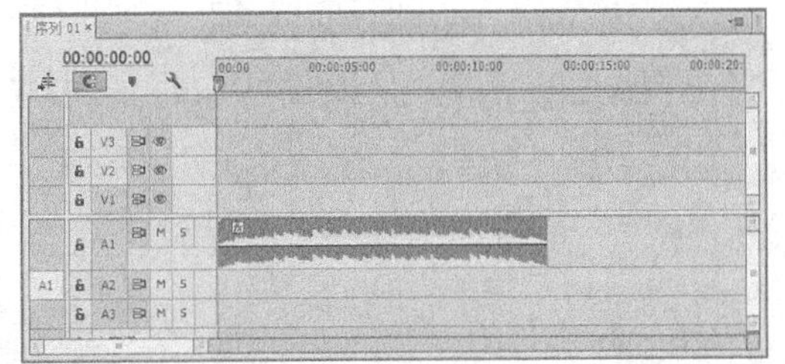

步骤 02 在“效果”面板中，展开“音频效果”列表框，选择“互换声道”选项，如下图所示。

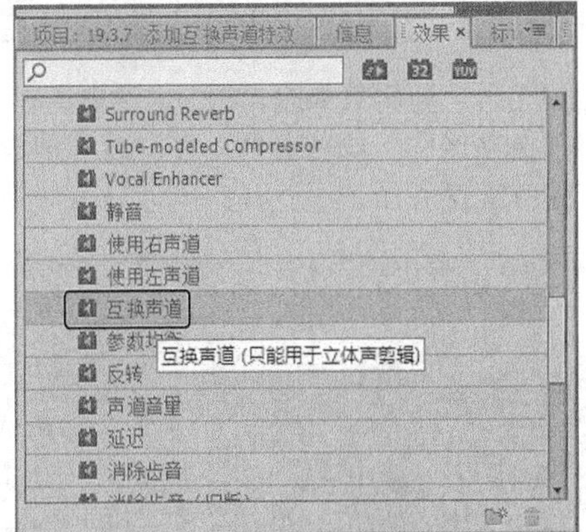

步骤 03 单击鼠标并拖曳，将其添加至“音频 1”轨道上，在“效果控件”面板中的“互换声道”列表框中，❶ 勾选“旁路”复选框，❷ 添加第一组关键帧，如下图所示。

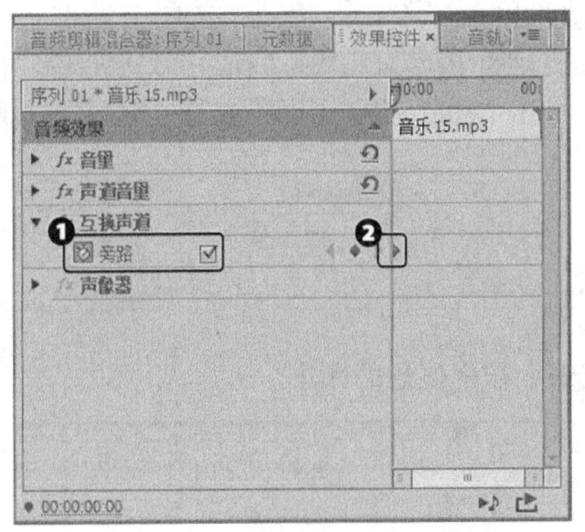

步骤 04 将时间线移至 00:00:02:00 的位置处，❶ 取消勾选“旁路”复选框，❷ 添加第二组关键帧，如下图所示。

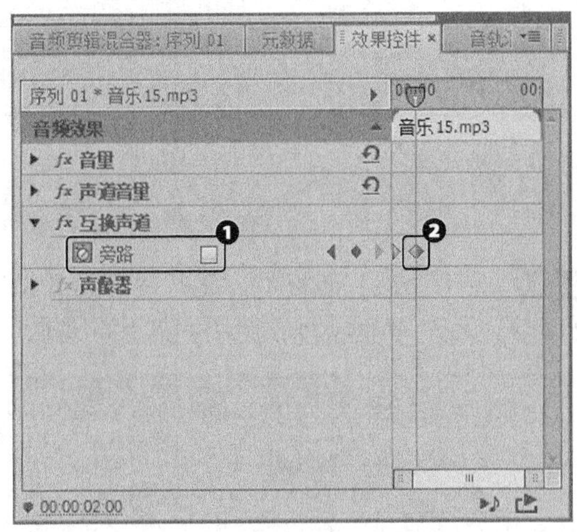

步骤 05 将时间线移至 00:00:06:00 的位置处，❶ 勾选“旁路”复选框，❷ 添加第三组关键帧，如下图所示。

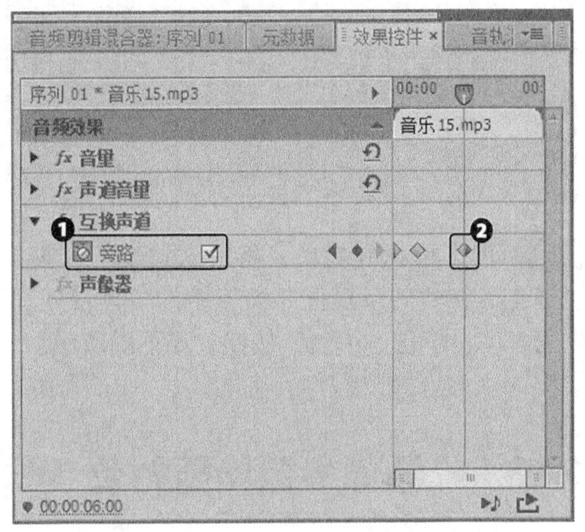

步骤 06 即可完成互换声道特效的添加操作，在“节目监视器”面板中，单击“播放 - 停止切换”按钮，试听音频效果。

19.3.8　添加母带处理特效

使用“母带处理”音频效果可以对作品的响度、音色、动态进行创造性的调整。

	**光盘同步视频文件**
	配套光盘\添加母带处理特效.mp4

步骤 01 打开本书配套光盘中的"素材 / 第 19 章 / 19.3.8 添加母带处理特效"项目文件，如下图所示。

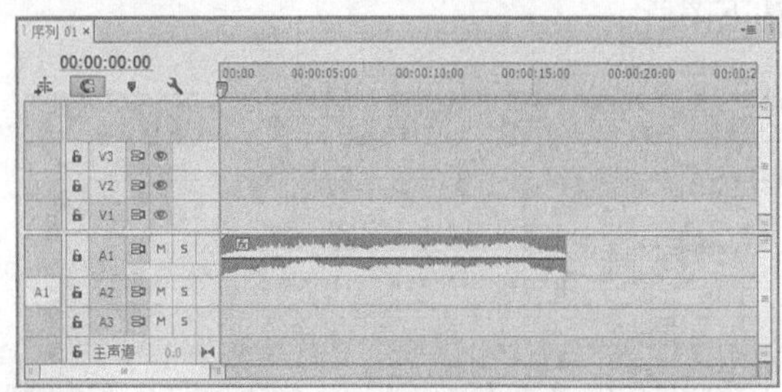

步骤 02 在"效果"面板中，展开"音频效果"列表框，选择"Mastering"选项，如下图所示。

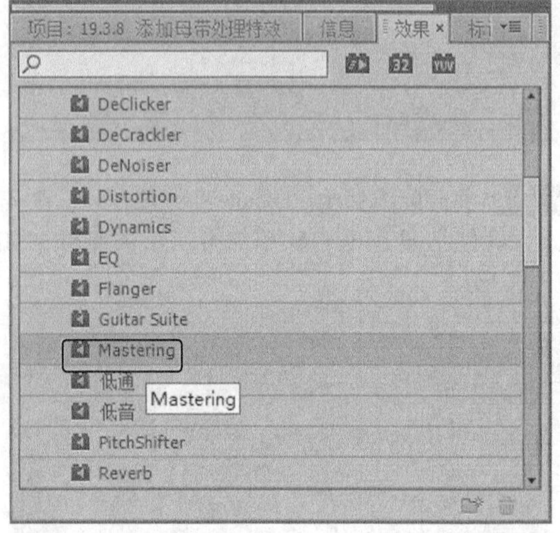

步骤 03 单击鼠标并拖曳，将其添加至"音频 1"轨道上，在"效果控件"面板中的"母带处理"列表框中，单击"编辑"按钮，如下图所示。

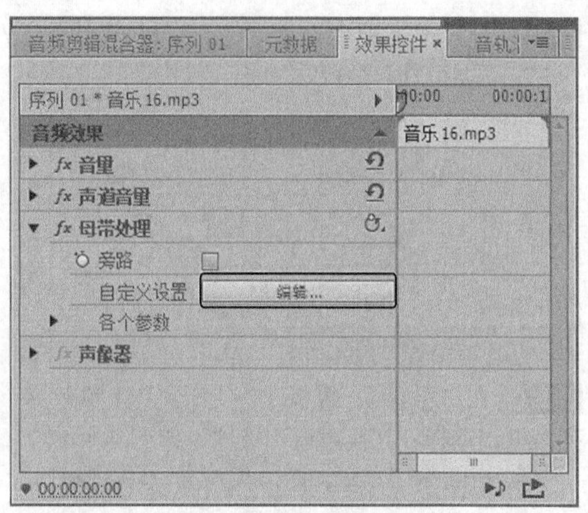

步骤 04 打开"剪辑效果编辑器"对话框，在"均衡器"选项区中，调整曲线，并修改其他参数，如下图所示。

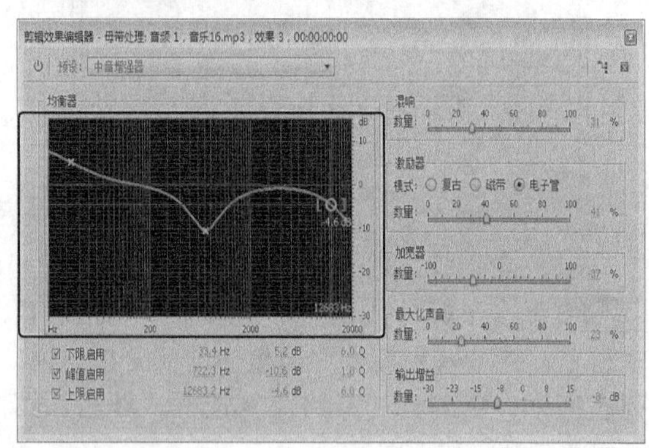

步骤 05 单击"关闭"按钮，关闭对话框，完成母带处理特效的添加操作，在"节目监视器"面板中，单击"播放 - 停止切换"按钮，试听音频效果。

19.3.9 添加参数均衡特效

使用"参数均衡"音频效果可以增大或减小与指定中心频率接近的频率。

光盘同步视频文件
配套光盘\添加参数均衡特效.mp4

步骤 01 打开本书配套光盘中的"素材 / 第 19 章 / 19.3.9 添加参数均衡特效"项目文件，如右图所示。

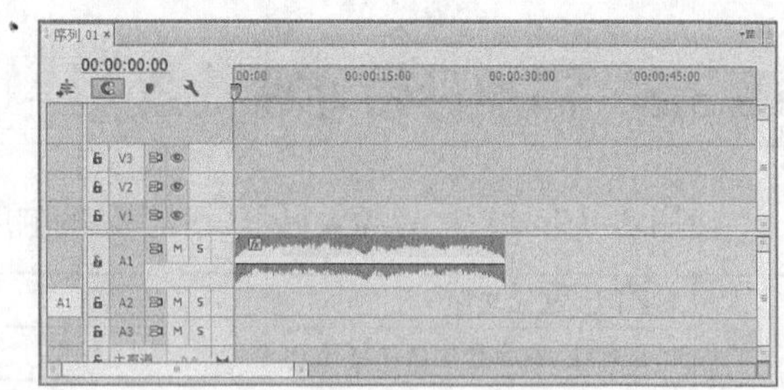

步骤 02 在"效果"面板中，展开"音频效果"列表框，选择"参数均衡"选项，如下图所示。

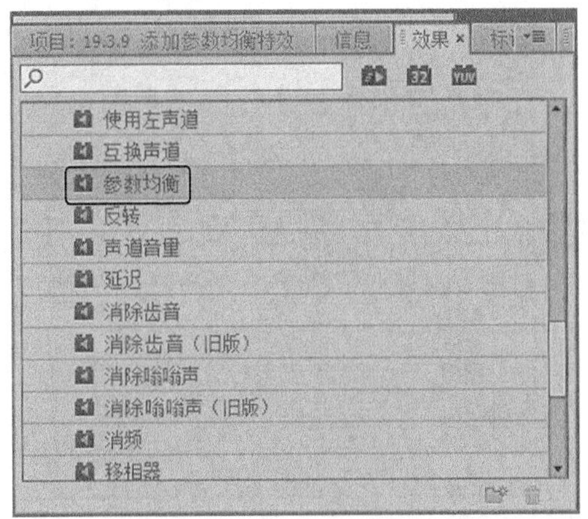

步骤03 单击鼠标并拖曳，将其添加至“音频 1”轨道上，在“效果控件”面板的“参数均衡”列表框中，修改 ❶“中心”为 500、❷“Q”为 5、❸“提升”为 20，如下图所示。

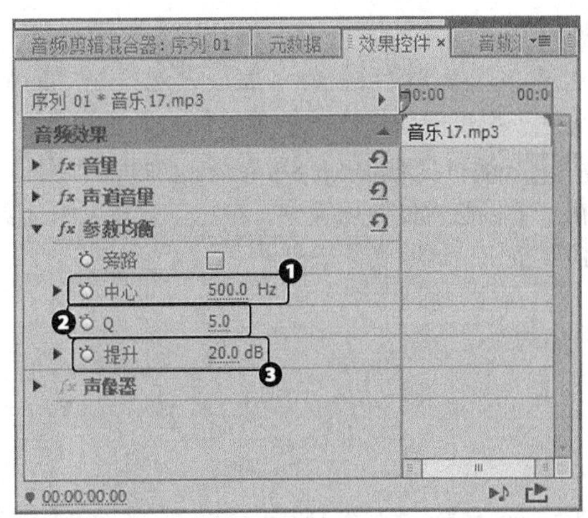

步骤04 即可完成参数均衡特效的添加操作。在“节目监视器”面板中，单击“播放 - 停止切换”按钮，试听音频效果。

小提示

在“参数均衡”列表框中，各常用选项的含义如下。

- 中心：用于指定要保持的频带中心。
- Q：用于指定要保留的频带范围。要创建大范围的保留频率，请使用低参数设置；要保留小的频率带，请使用高参数设置。
- 提升：用于设置增大或减小的范围。

19.3.10 添加Pitch Shifter特效

使用“Pitch Shifter”音频效果可以更改音调，尤其是想变化声音时很有用。

光盘同步视频文件
配套光盘\添加Pitch Shifter特效.mp4

步骤01 打开本书配套光盘中的“素材 / 第 19 章 / 19.3.10 添加 Pitch Shifter 特效”项目文件，如下图所示。

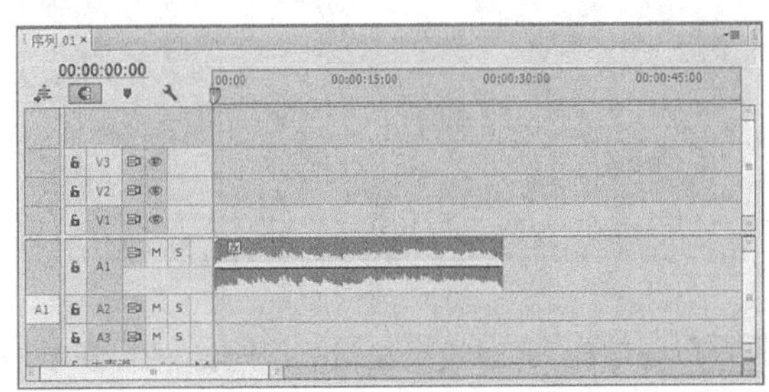

步骤02 在“效果”面板中，展开“音频效果”列表框，选择“Pitch Shifter”选项，如右图所示。

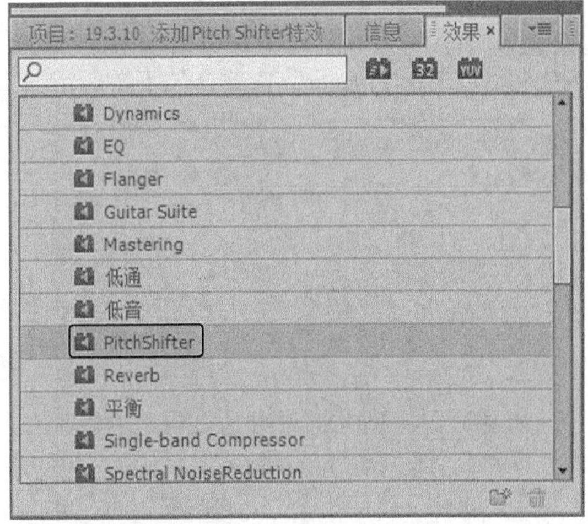

步骤 03 单击鼠标并拖曳，将其添加至“音频 1”轨道上，在“效果控件”面板中展开相应的列表框，拖曳滑块，调整参数，如右图所示。

步骤 04 即可完成 Pitch Shifter 特效的添加操作，在“节目监视器”面板中，单击“播放 - 停止切换”按钮，试听音频效果。

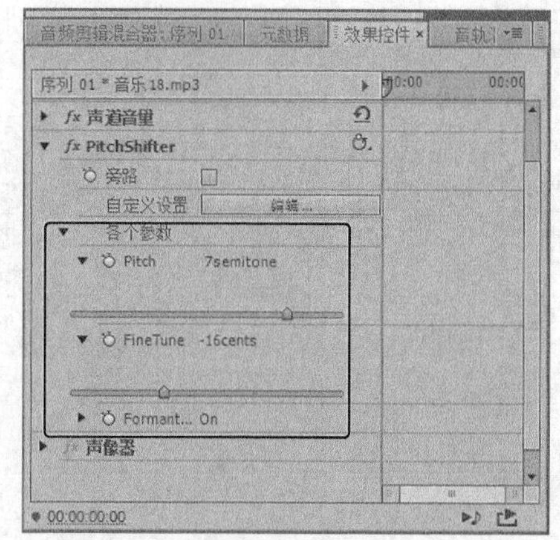

小提示

在“Pitch Shifter”列表框中，各常用选项的含义如下。

- Pitch：用于更改音调，以半音程为单位。
- FineTune：用于对效果进行微调。

19.3.11 添加Flanger特效

“Flanger”音频效果和“Chorus”音频效果类似，可以将原始声音的中心频率反向并与原始声音混合，为声音增加一种推波助澜的效果。

光盘同步视频文件
配套光盘\添加Flanger特效.mp4

步骤 01 打开本书配套光盘中的“素材 / 第 19 章 / 19.3.11 添加 Flanger 特效”项目文件，如下图所示。

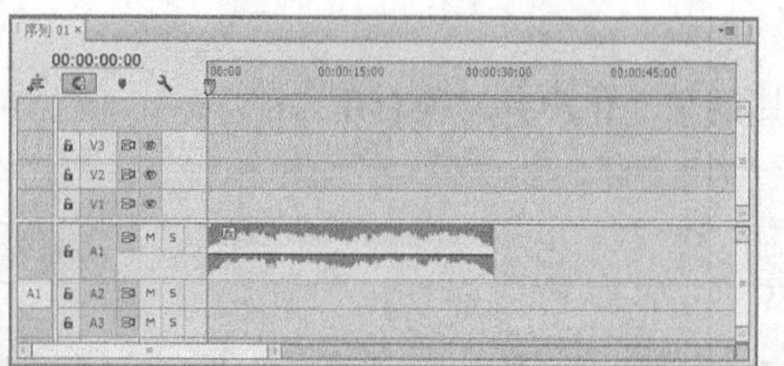

步骤 02 在“效果”面板中，展开“音频效果”列表框，选择“Flanger”选项，如下图所示。

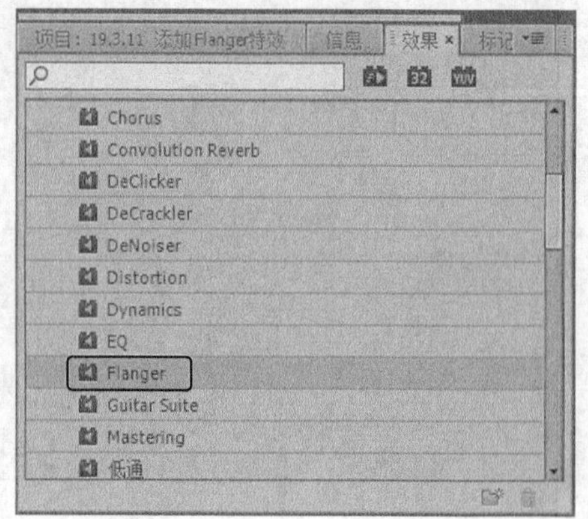

步骤 03 单击鼠标并拖曳，将其添加至“音频 1”轨道上，在“效果控件”面板中，单击“编辑”按钮，如下图所示。

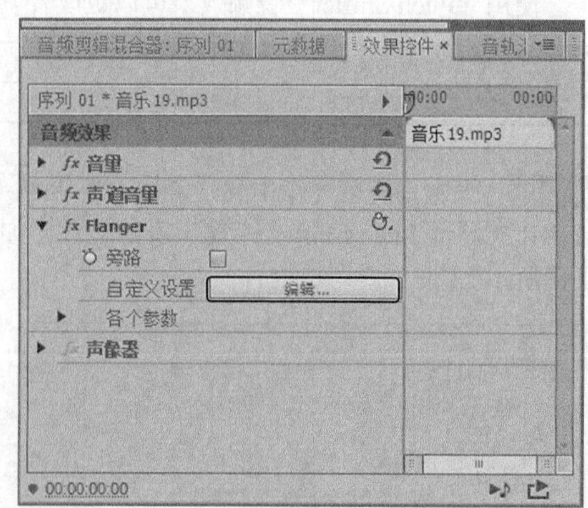

步骤 04 打开“剪辑效果编辑器”对话框，❶ 单击“预设”右侧的下三角按钮，展开列表框，❷ 选择“swirl”选项，如下图所示。

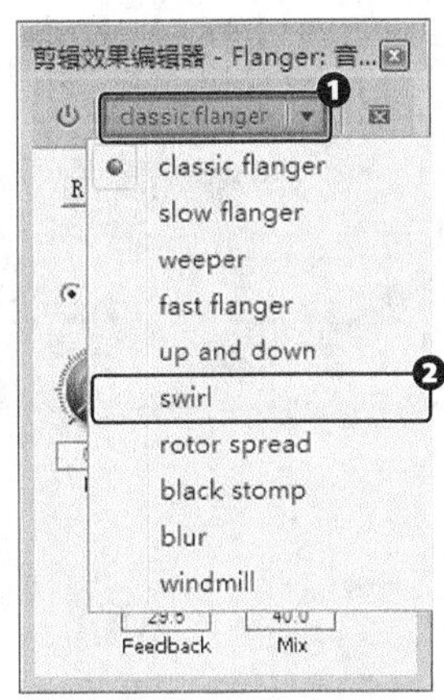

步骤 05 在对话框的下方，修改各参数，如下图所示。

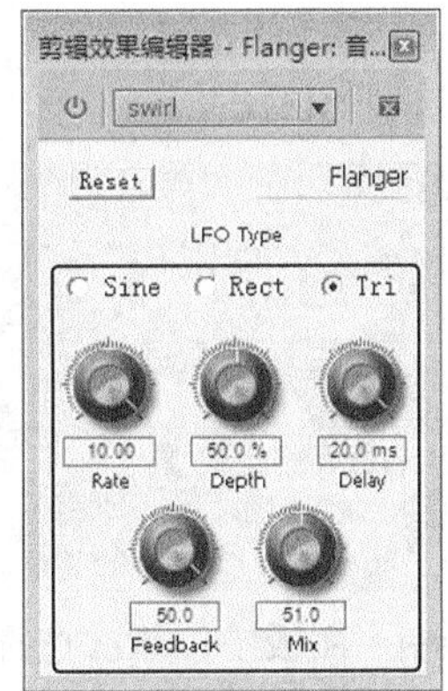

步骤 06 即可完成 Flanger 特效的添加操作，在“节目监视器”面板中，单击“播放 - 停止切换”按钮，即可试听音频效果。

小提示

在“剪辑效果编辑器”对话框中，各常用选项的含义如下。

- Rate：用于设置效果循环的速度。
- Depth：用于设置效果的延时时间。
- Mix：用于设置原始声音与效果声混合的比例。

19.4 综合案例——制作“百年好合”音乐特效

本节教学录像时间：15分钟

通过学习前面小节中常用音频和高级音频效果的添加方法，读者可以掌握音频效果的添加方法，接下来再通过本节的综合实例，对音频效果的添加方法进行完善。

光盘同步视频文件

配套光盘\综合实例：制作“百年好合”音乐特效.mp4

步骤 01 新建一个项目和序列，在“项目”面板中，单击鼠标右键，❶ 打开快捷菜单，❷ 选择“导入”选项，如下图所示。

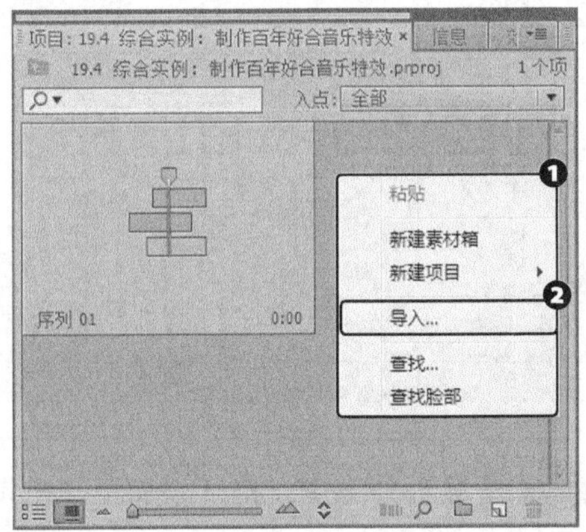

步骤 02 打开“导入”对话框，❶ 选择多个素材，❷ 单击“打开”按钮，如下图所示。

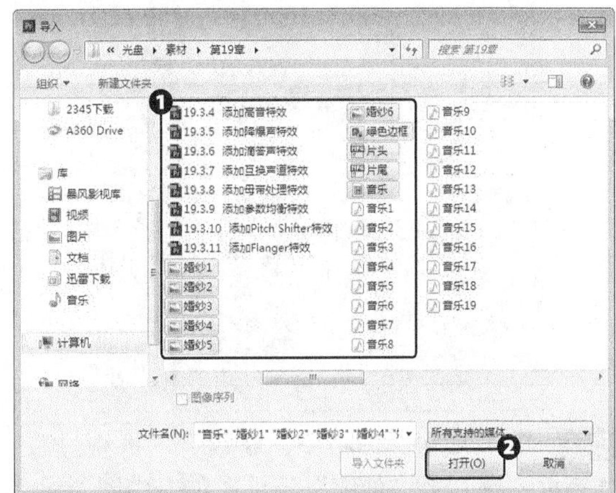

步骤 03 即可导入选择的素材图像，并在“项目”面板中显示，如下图所示。

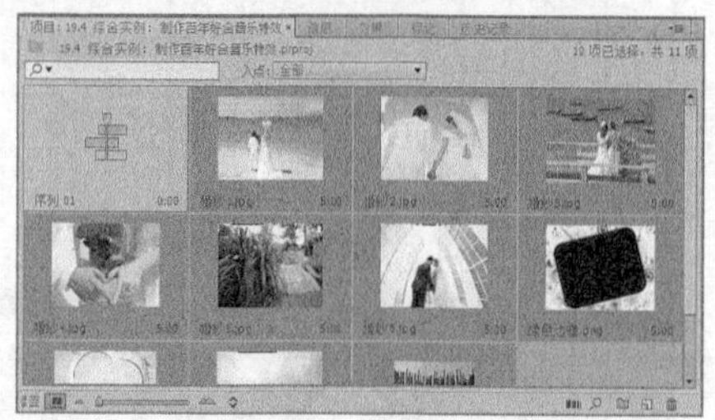

步骤 04 在“项目”面板中，依次选择“片头”“片尾”和“婚纱 1”～“婚纱 6”素材，将其添加至“视频 1”轨道中，如下图所示。

步骤 05 在“节目监视器”面板中，调整各个素材的画面大小。

步骤 06 将时间线移至 00:00:10:01 的位置处，在“项目”面板中选择“绿色边框”素材，将其添加至“视频 2”轨道的相应位置，并调整其长度，如下图所示。

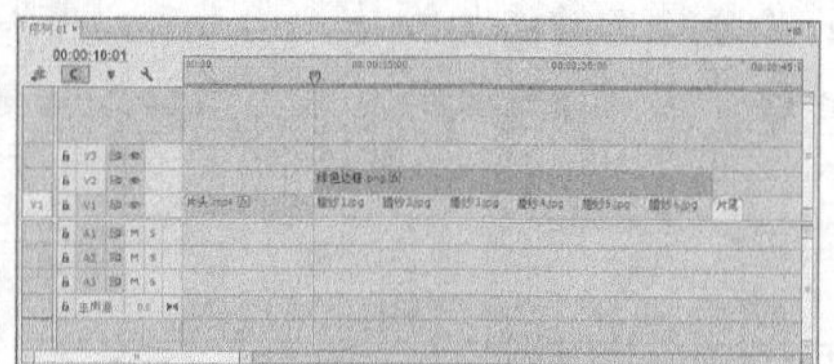

步骤 07 选择“视频 2”轨道上的素材，在“效果控件”面板中，修改“缩放”为 90，如下图所示。在“节目监视器”面板中，查看边框效果，如右上图所示。

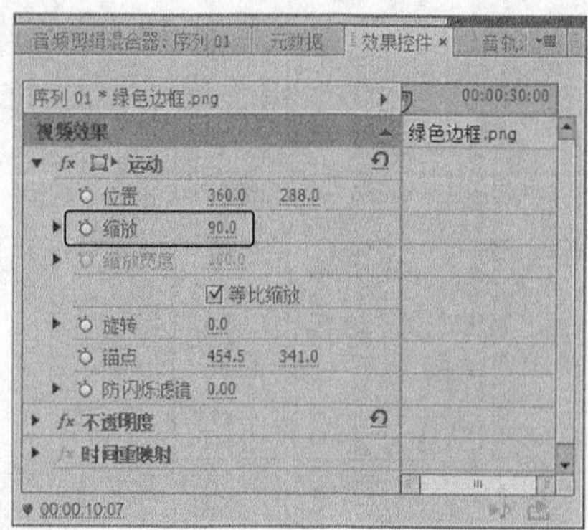

步骤 08 在“效果”面板中，❶ 展开“视频过渡”列表框，❷ 选择“伸缩”选项，如右中图所示。

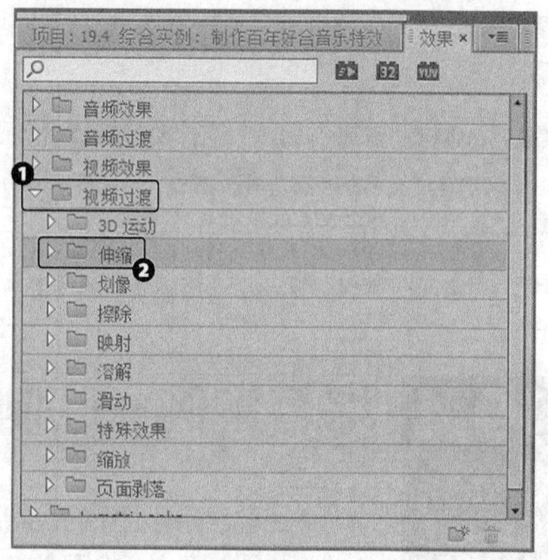

步骤 09 ❶ 展开选择的选项，❷ 选择“伸展覆盖”选项，如下图所示。

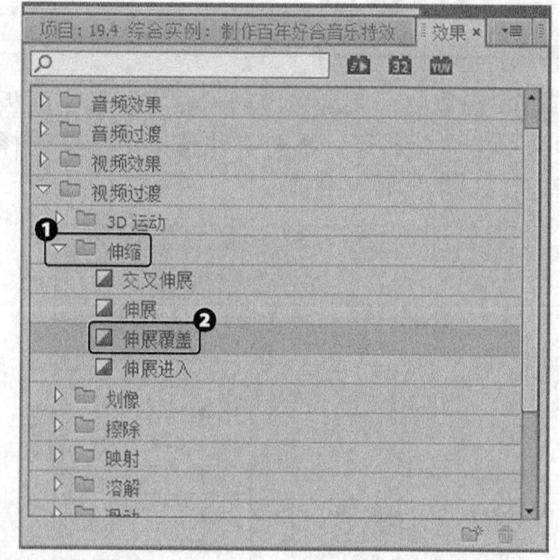

步骤 10 单击鼠标并拖曳，将其添加至“视频 1”

轨道上的“婚纱 1”和“婚纱 2”素材图像之间，如下图所示。

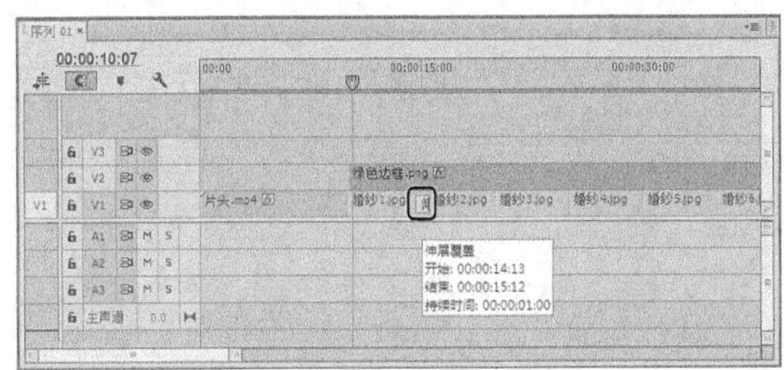

步骤 11 在“效果”面板中，❶ 展开“视频过渡”列表框，❷ 选择“划像”选项，如下图所示。

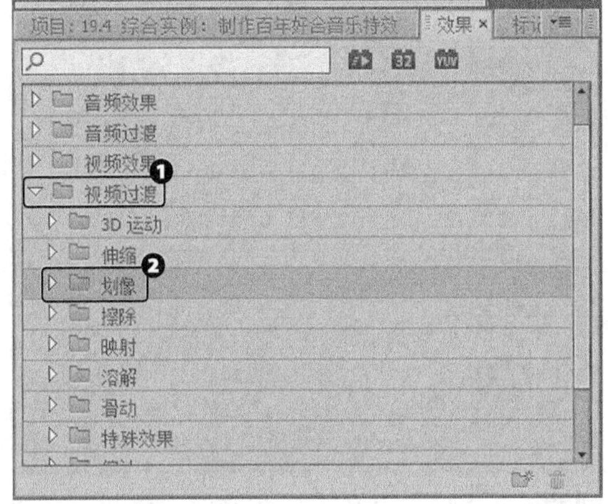

步骤 12 ❶ 展开选择的选项，❷ 选择“盒形划像”选项，如下图所示。

步骤 13 单击鼠标并拖曳，将其添加至“视频 1”轨道上的“婚纱 2”和“婚纱 3”素材图像之间，如右上图所示。

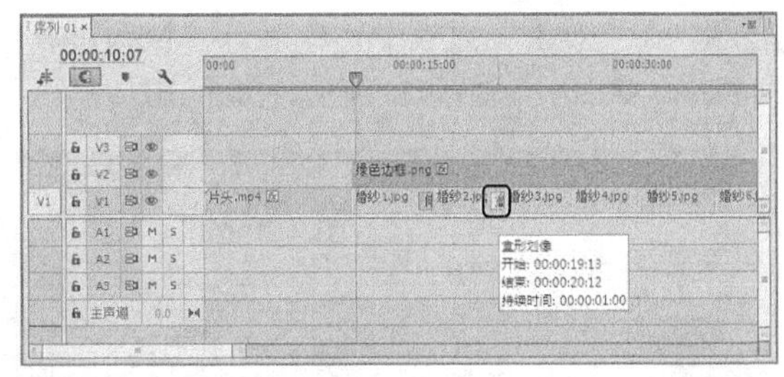

步骤 14 在“效果”面板中，❶ 展开“视频过渡”列表框，❷ 选择“擦除”选项，如下图所示。

步骤 15 ❶ 展开选择的选项，❷ 选择“棋盘擦除”选项，如下图所示。

步骤 16 单击鼠标并拖曳，将其添加至“视频 1”轨道上的“婚纱 3”和“婚纱 4”素材图像之间，如下图所示。

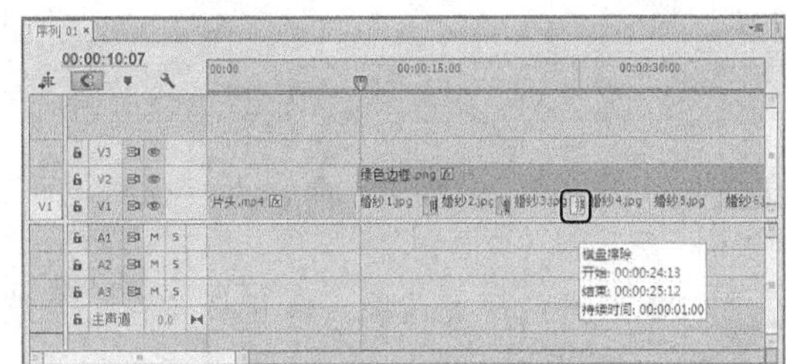

步骤 17 在“效果”面板中，❶ 展开“视频过渡”列表框，❷ 选择“溶解”选项，如下图所示。

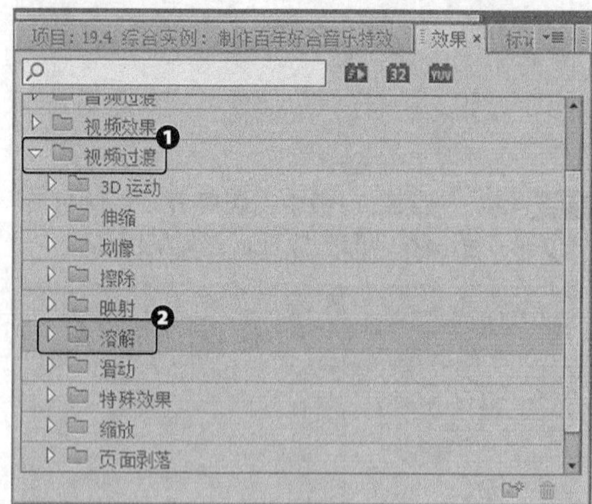

步骤 18 ❶ 展开选择的选项，❷ 选择“随机反转”选项，如下图所示。

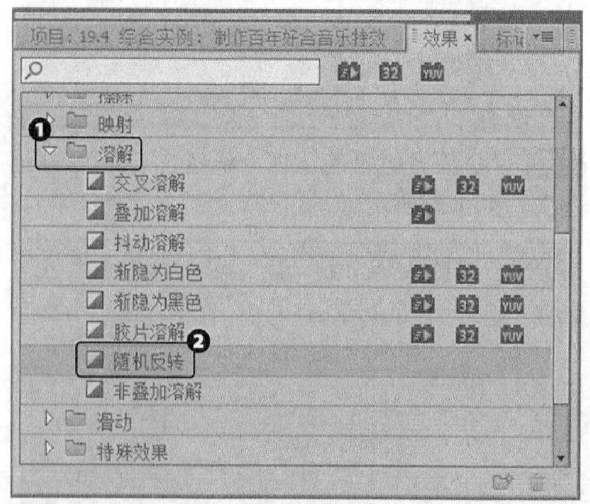

步骤 19 单击鼠标并拖曳，将其添加至“视频 1”轨道上的“婚纱 4”和“婚纱 5”素材图像之间，如下图所示。

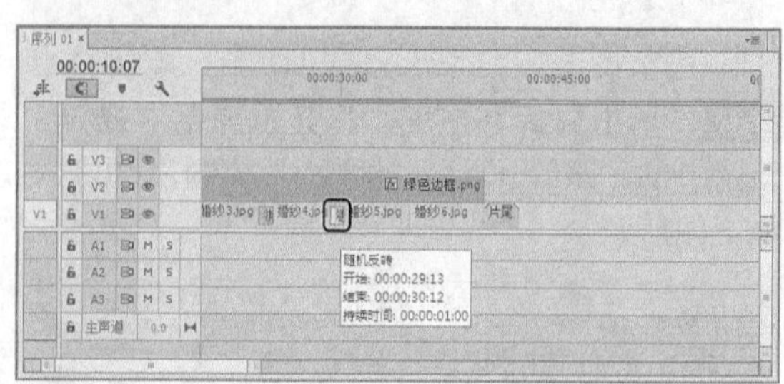

步骤 20 在“效果”面板中，❶ 展开“视频过渡”列表框，❷ 选择“页面剥落”选项，如右上图所示。

步骤 21 ❶ 展开选择的选项，❷ 选择“卷走”选项，如右中图所示。

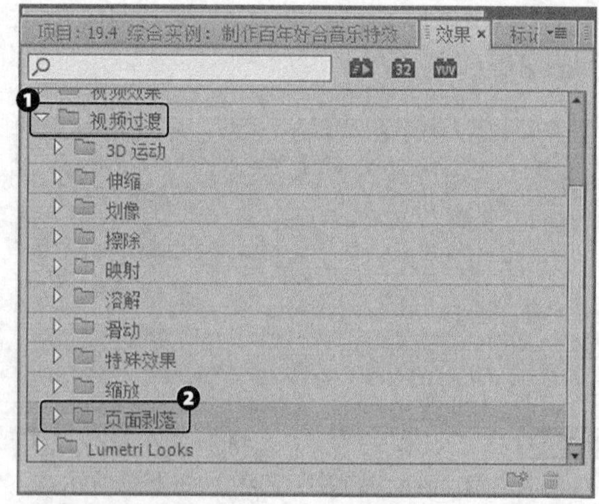

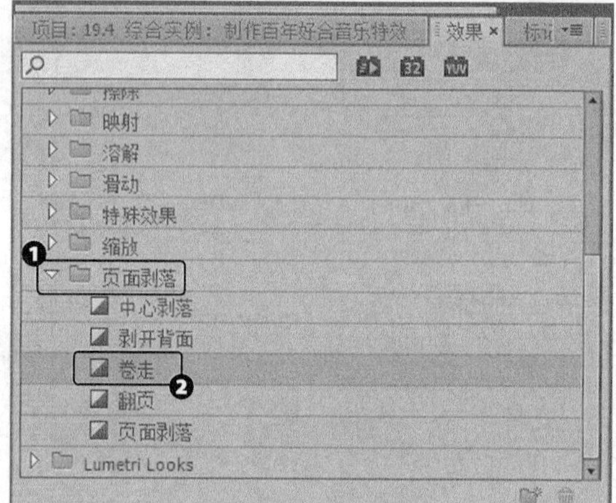

步骤 22 单击鼠标并拖曳，将其添加至“视频 1”轨道上的“婚纱 5”和“婚纱 6”素材图像之间，如下图所示。

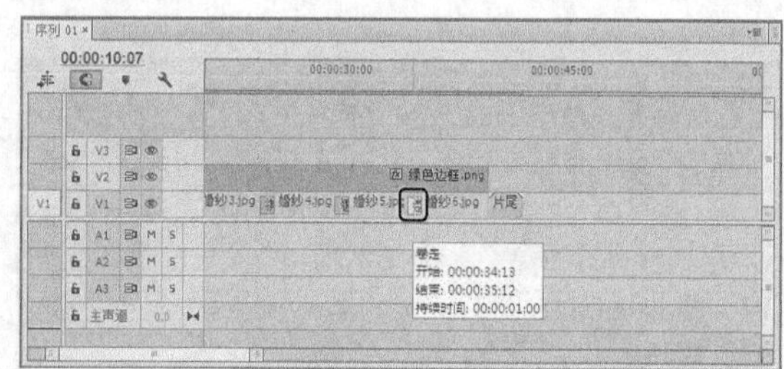

步骤 23 在“时间轴”面板中，依次选择视频过渡效果，修改“持续时间”均为 00:00:02:00，如下图所示。

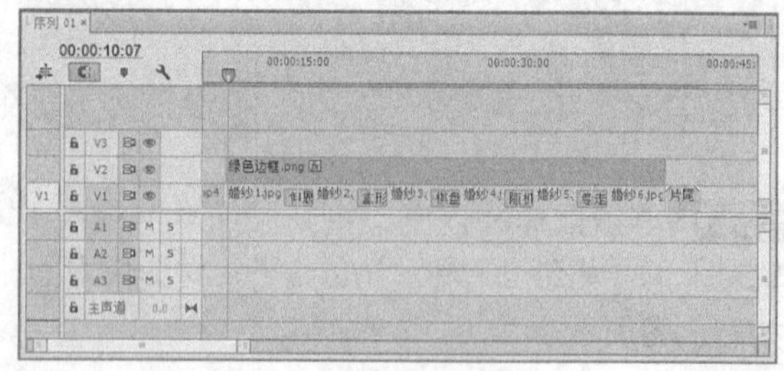

步骤 24 在“项目”面板中，单击鼠标右键，❶ 打开快捷菜单，❷ 选择“新建项目”➤“字幕”选项，如下图所示。

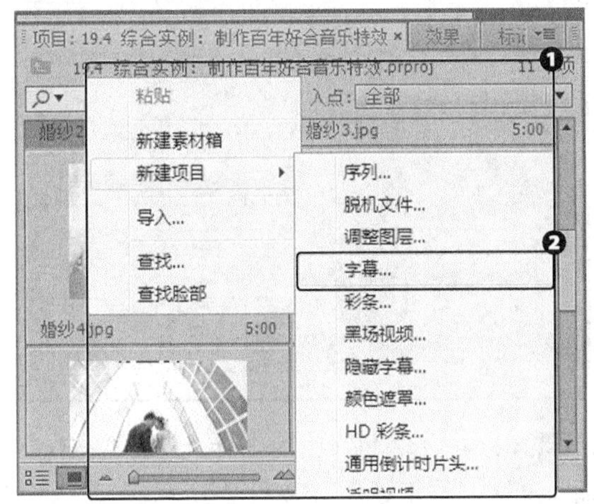

步骤 25 打开“新建字幕”对话框，保持默认设置，单击“确定”按钮，如下图所示。

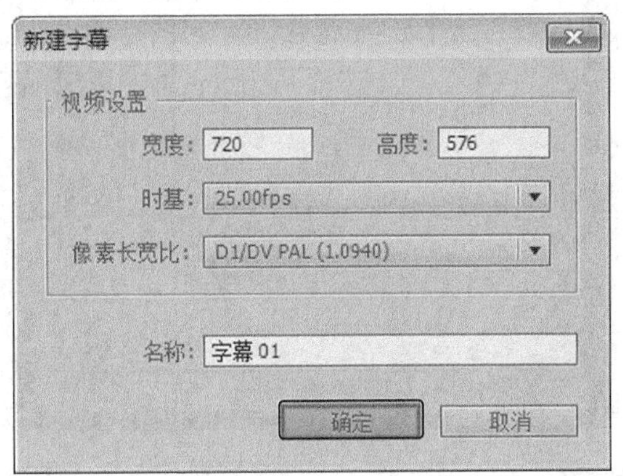

步骤 26 打开“字幕”窗口，在“字幕”面板中，输入文字“执子之手 与子偕老”，如下图所示。

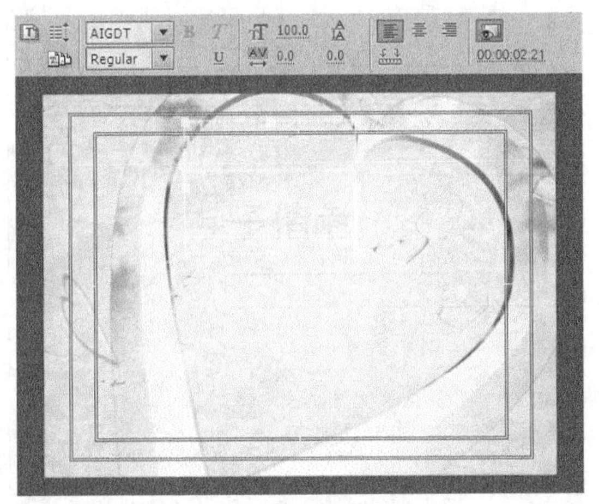

步骤 27 在“属性”选项区中，修改 ❶“字体系列”为“方正北魏楷书简体”、❷“字体大小”为 80、❸“行距”为 8、❹“字符间距”为 8，如下图所示。

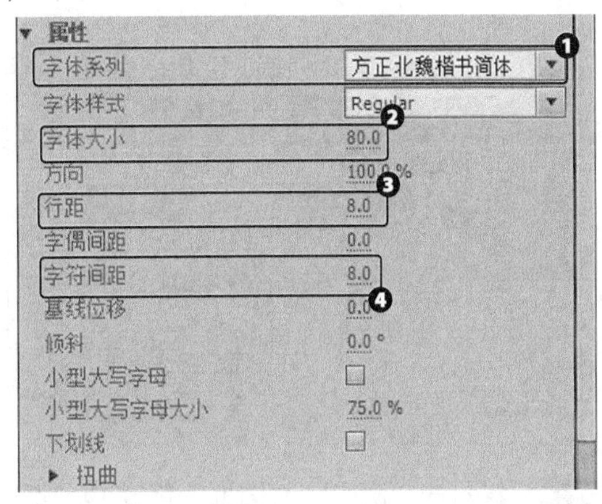

步骤 28 在“填充”选项区中，单击“颜色”右侧的颜色块，❶ 打开“拾色器”对话框，❷ 修改 RGB 参数分别为 234、17、103，❸ 单击“确定”按钮，如下图所示。

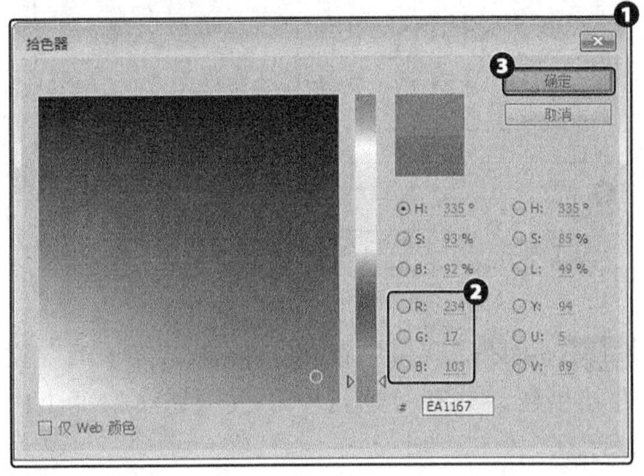

步骤 29 在“描边”选项区中，❶ 添加一个“外描边”选项，❷ 修改“大小”为 12，❸ 单击“颜色”右侧的颜色块，如下图所示。

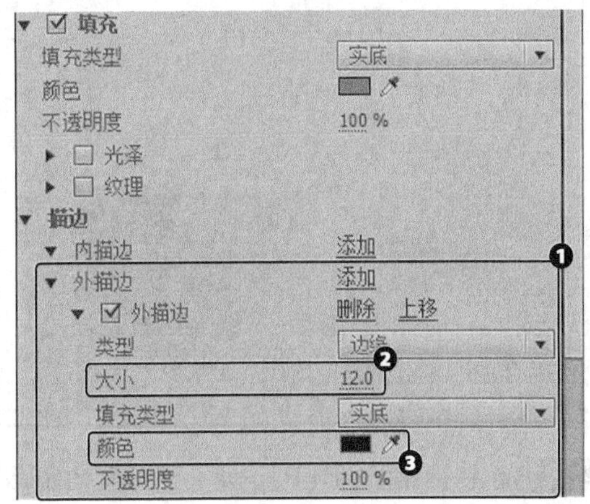

步骤30 打开“拾色器”对话框，❶ 修改 RGB 参数分别为 94、107、21，❷ 单击“确定”按钮，如下图所示。

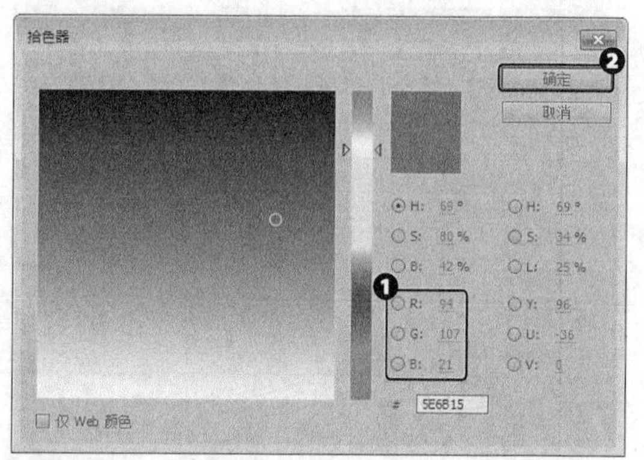

步骤31 ❶ 勾选“阴影”复选框，修改 ❷“不透明度”为 30%、❸“距离”为 12、❹“大小”为 5，如下图所示。

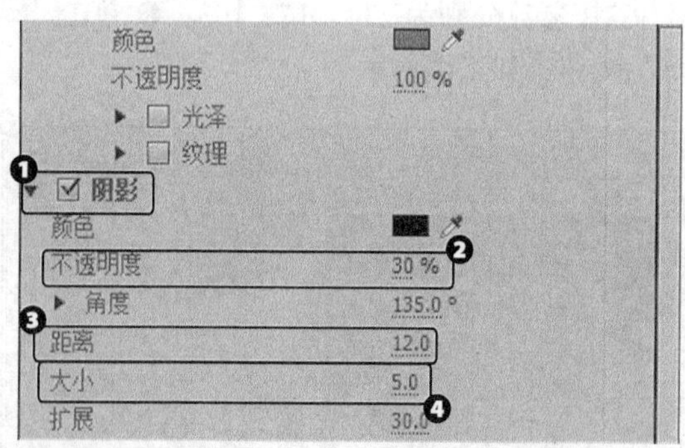

步骤32 关闭“字幕”窗口，完成“字幕 01”文件的创建，并在“项目”面板中显示，如下图所示。

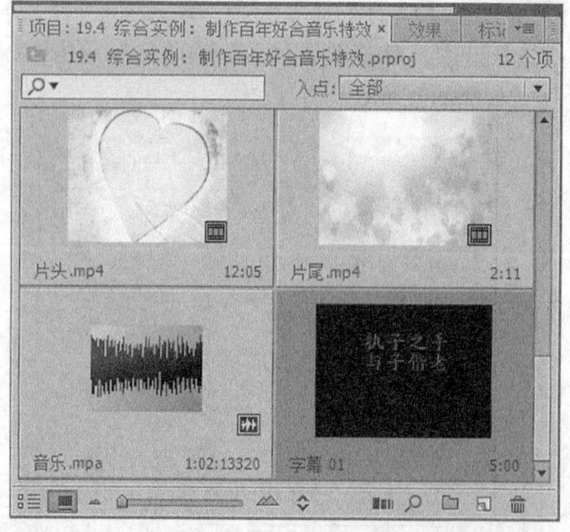

步骤33 按快捷键【Ctrl+T】，❶ 打开“新建字幕”对话框，保持默认设置，❷ 单击“确定”按钮，如下图所示。

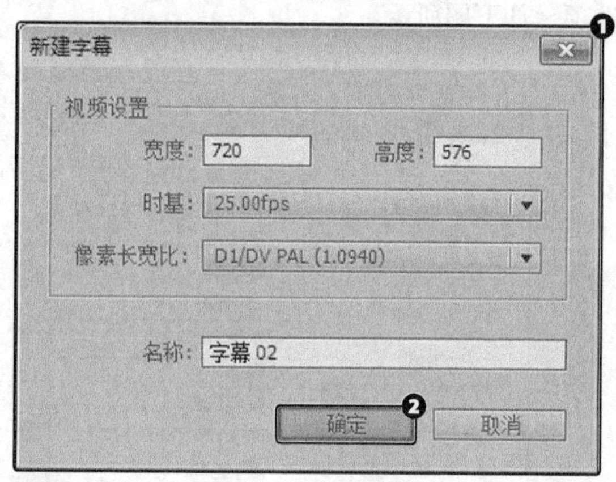

步骤34 打开“字幕”窗口，在“字幕”面板中输入文字“百年好合”，如下图所示。

步骤35 在“属性”选项区中，修改 ❶“字体系列”为“汉仪粗圆简”、❷“字体大小”为 110、❸“字符间距”为 5，如下图所示。

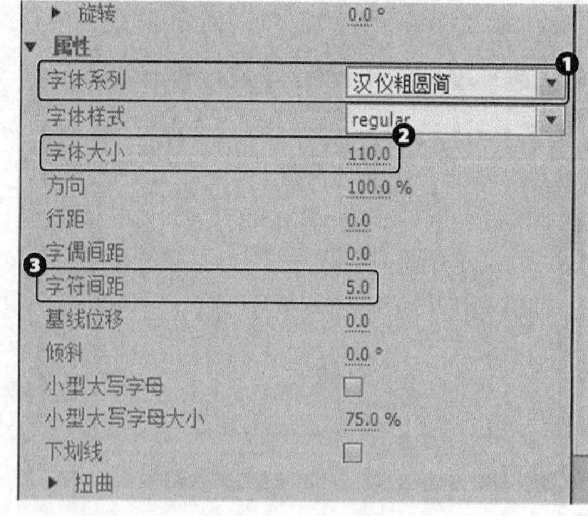

步骤36 在“填充”选项区中，单击“颜色”右侧的颜色块，❶ 打开“拾色器”对话框，❷ 修改 RGB 参数分别为 236、223、7，❸ 单击“确定”按钮，如下图所示。

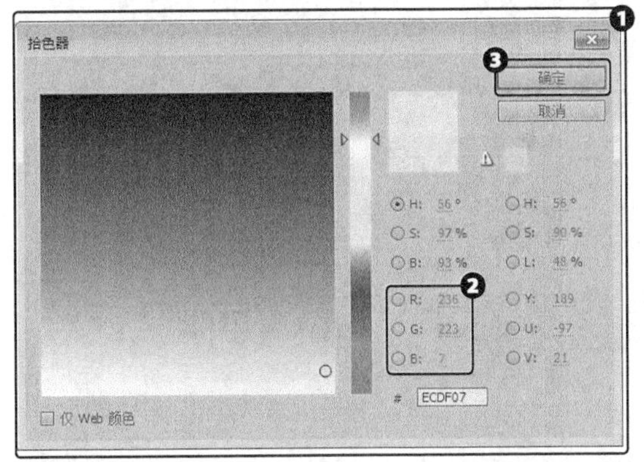

步骤37 在“描边”选项区中，❶ 添加一个“外描边”选项，❷ 修改“大小”为 15，❸ 单击“颜色”右侧的颜色块，如下图所示。

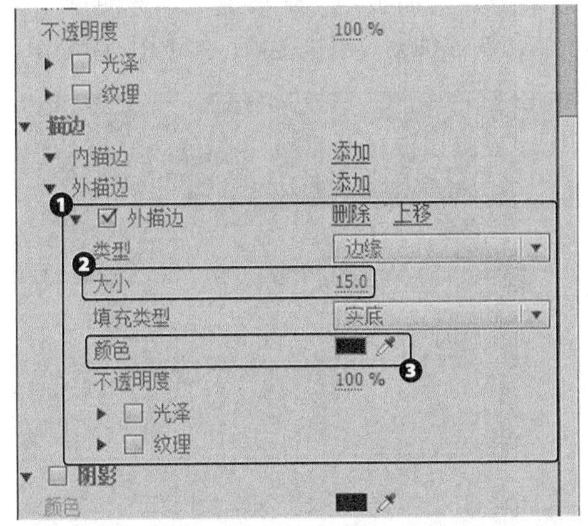

步骤38 打开“拾色器”对话框，❶ 修改 RGB 参数均为 255，❷ 单击“确定”按钮，如下图所示。

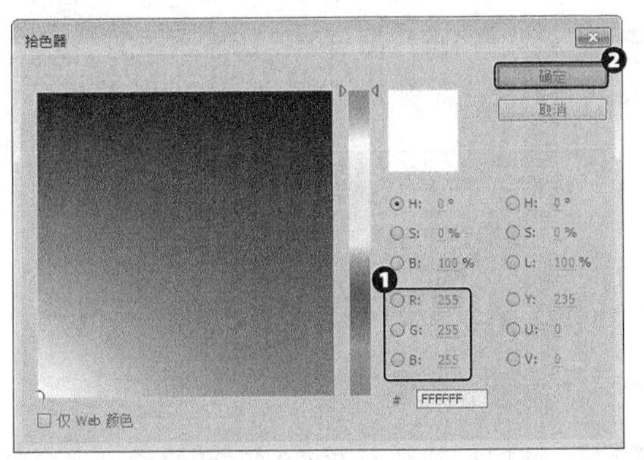

步骤39 ❶ 勾选“阴影”复选框，❷ 修改“不透明度”为 70%，如下图所示。

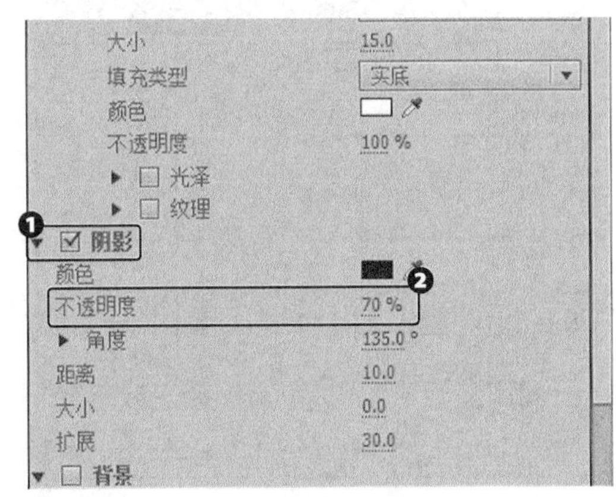

步骤40 关闭“字幕”窗口，完成“字幕 02”文件的创建。

步骤41 在“项目”面板中，分别选择“字幕 01”和“字幕 02”文件，将其添加至“视频 2”轨道的对应位置处，如下图所示。

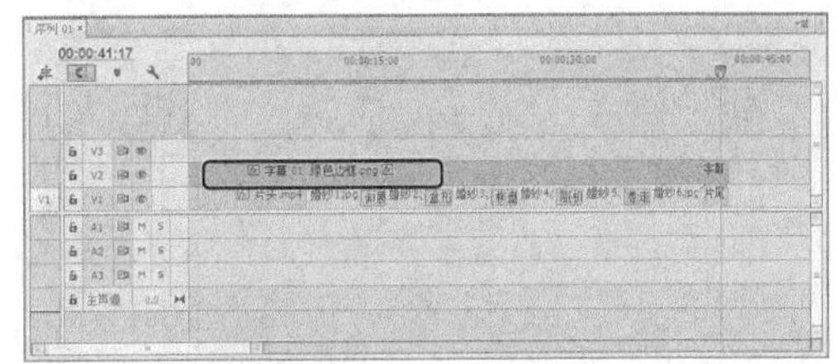

步骤42 选择“字幕 01”文件，在“效果控件”面板中，修改 ❶ “位置”为 900 和 300、❷ “不透明度”为 0%，❸ 添加第一组关键帧，如下图所示。

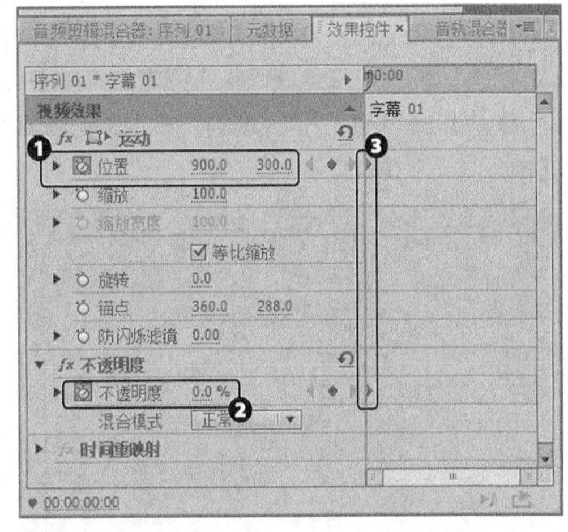

步骤43 将时间线移至 00:00:03:00 的位置处，在“效果控件”面板中，修改 ❶ “位置”为 700 和 300、❷ “不透明度”为 20%，❸ 添加第二组关键帧，如下图所示。

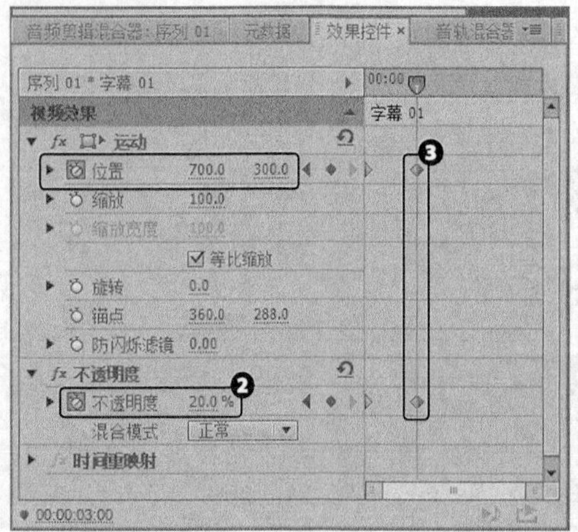

步骤 44 将时间线移至00:00:06:00的位置处，在“效果控件”面板中，修改❶“位置”为500和350、❷“不透明度”为65%，❸添加第三组关键帧，如下图所示。

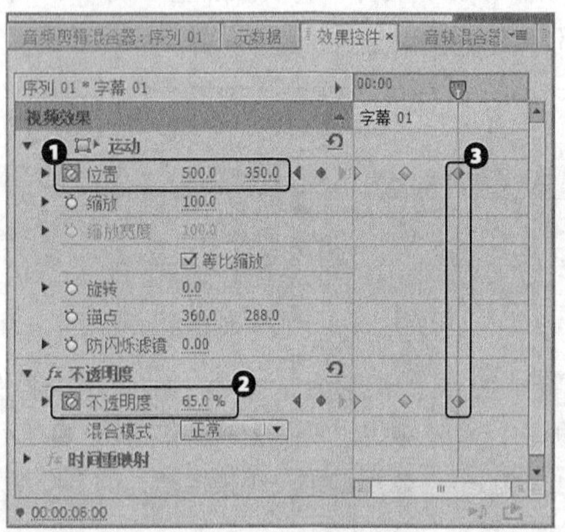

步骤 45 将时间线移至00:00:09:00的位置处，在“效果控件”面板中，修改❶“位置”为400和350、❷“不透明度”为100%，❸添加第四组关键帧，如下图所示。

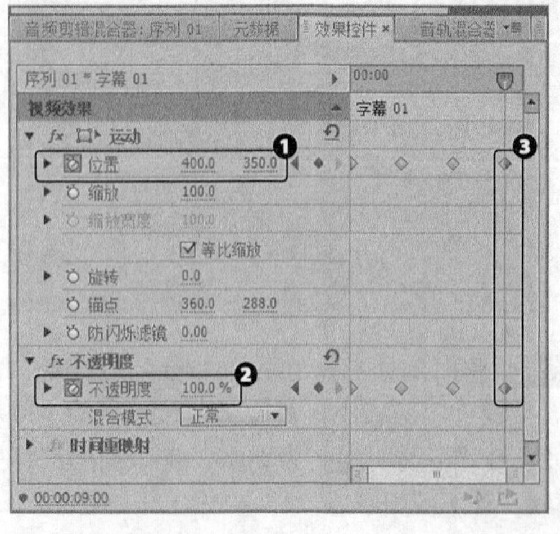

步骤 46 选择“字幕02”文件，在“效果控件”面板中，❶修改“不透明度”为0%，❷添加第一组关键帧，如下图所示。

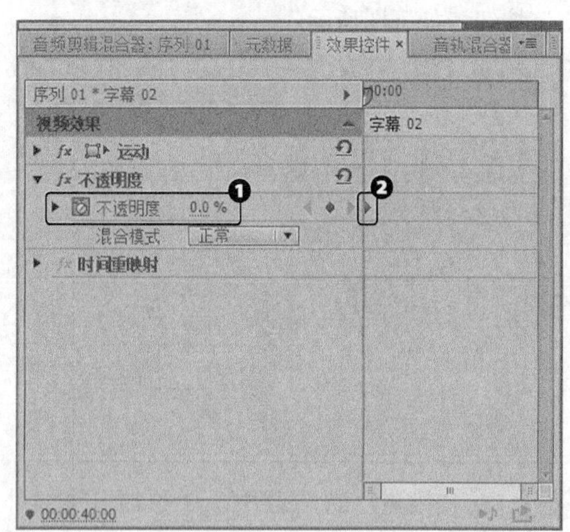

步骤 47 将时间线移至00:00:41:12的位置处，在“效果控件”面板中，❶修改“不透明度”为100%，❷添加第二组关键帧，如下图所示。

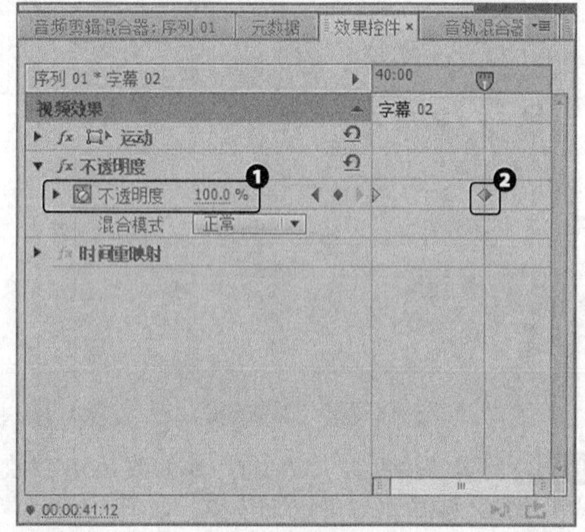

步骤 48 在“项目”面板中，选择“音乐”文件，将其添加至“音频1”轨道上，如下图所示。

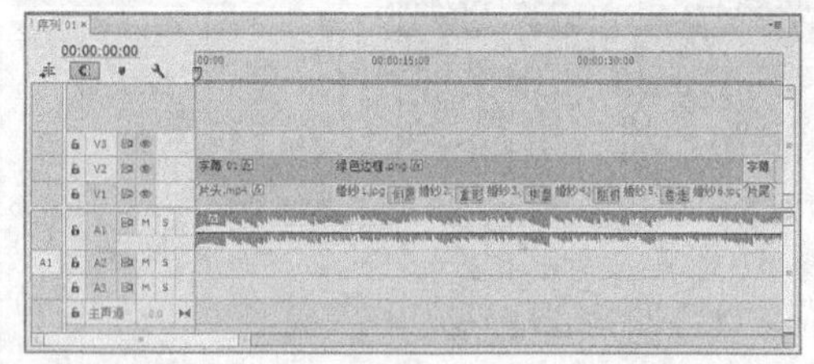

步骤 49 将时间线移至00:00:42:08的位置处，单击“剃刀工具”按钮，在时间线处，分割音频文

件，并将多余的音频文件删除，如下图所示。

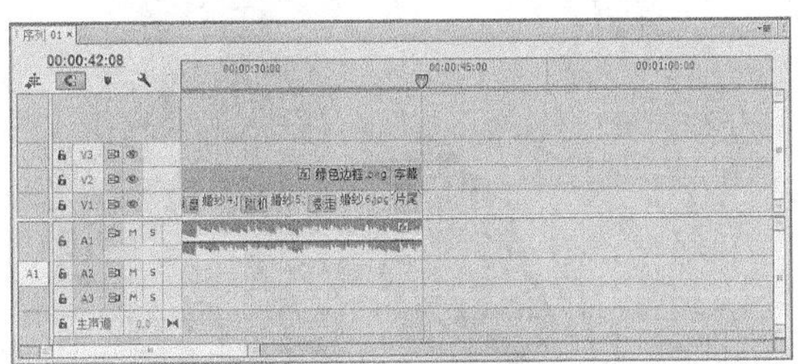

步骤 50 在“效果”面板中，❶ 展开“音频效果”列表框，❷ 选择“多功能延迟”选项，如下图所示。

步骤 51 单击鼠标并拖曳，将其添加至“音频 1”轨道上，在“效果控件”面板中，修改各参数，如下图所示。

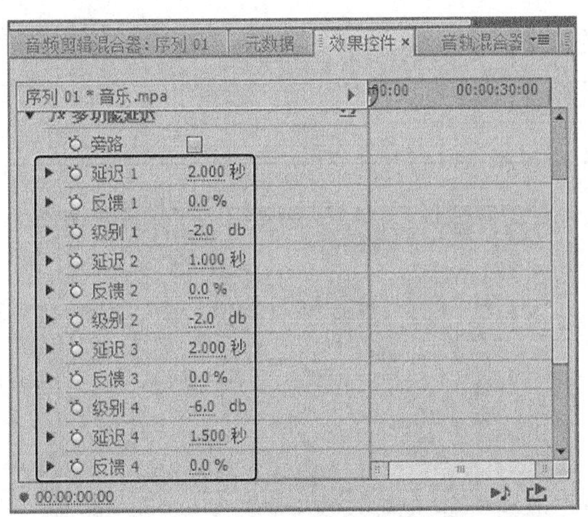

步骤 52 完成多功能延迟特效的添加操作，在“节目监视器”面板中，单击“播放 - 停止切换”按钮，预览实例效果，如下图所示。

高手支招

本节教学录像时间：3分钟

通过对前面知识的学习，相信读者朋友已经掌握好音频特效的高级制作技巧。下面结合本章内容，给大家介绍一些实用技巧。

应用高通特效

使用“高通”音频效果可以移除截止频率以上的频率。

光盘同步视频文件
配套光盘\秘技1. 应用高通特效.mp4

步骤 01 打开本书配套光盘中的“素材 / 第 19 章 / 秘技 1. 应用高通特效”项目文件，如下图所示。

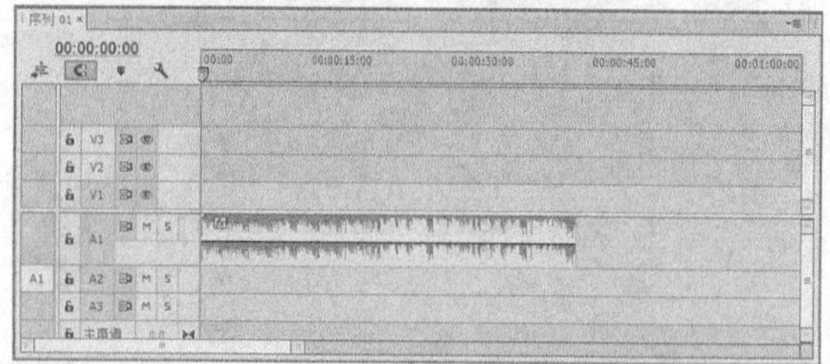

步骤 02 在“效果”面板中，展开“音频效果”列表框，选择“高通”选项，如右图所示。

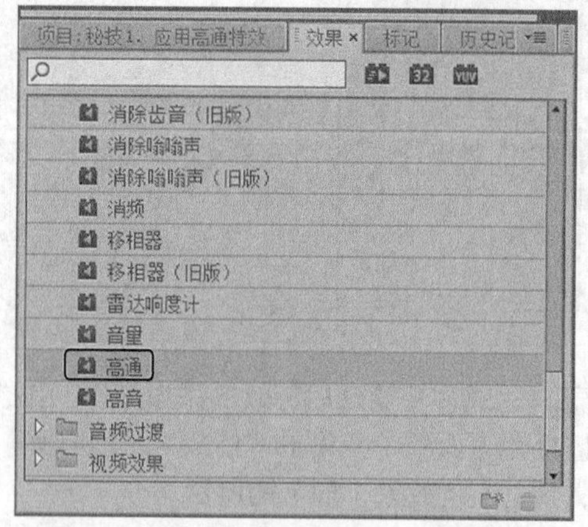

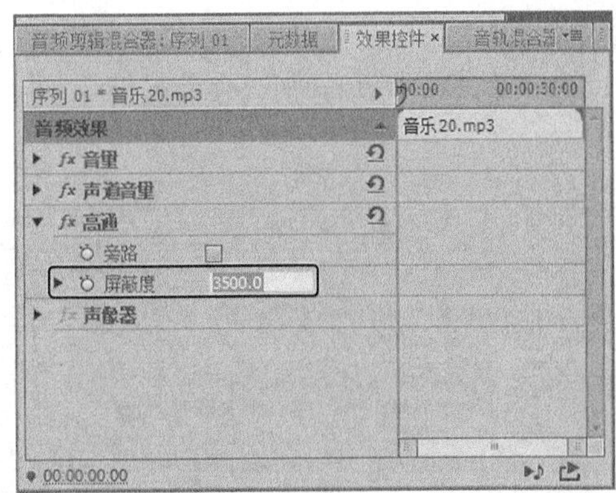

步骤 03 单击鼠标并拖曳，将其添加至“音频 1”轨道上，在“效果控件”面板中，修改“屏蔽度”为 3500，如右图所示。

步骤 04 即可完成高通特效的添加操作，在“节目监视器”面板中，单击“播放 - 停止切换”按钮，即可试听音频效果。

应用低音特效

使用“低音”音频效果可以调整较低的频率（200Hz 以及更低的频率）。

光盘同步视频文件
配套光盘\秘技2. 应用低音特效.mp4

步骤 01 打开本书配套光盘中的“素材 / 第 19 章 / 秘技 2. 应用低音特效”项目文件，如下图所示。

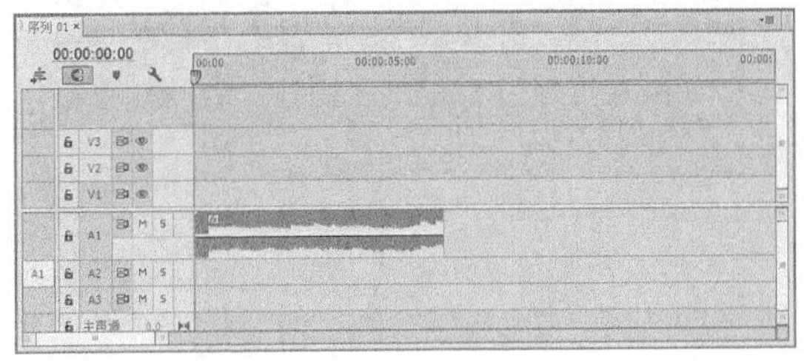

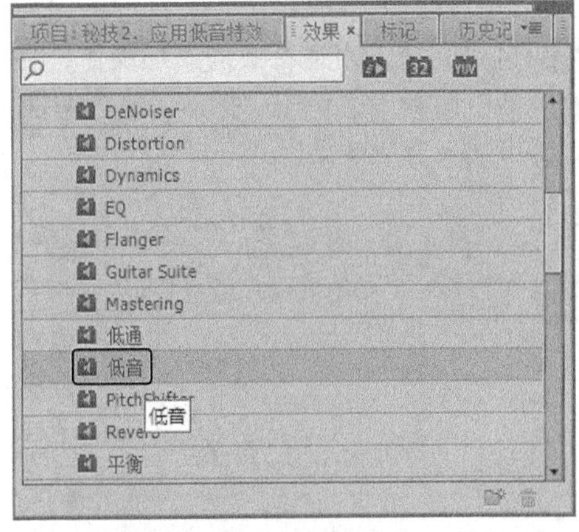

步骤 02 在“效果”面板中，展开“音频效果”列表框，选择“低音”选项，如右上图所示。

步骤 03 单击鼠标并拖曳，将其添加至“音频 1”轨道上，在“效果控件”面板中，修改“提升”为 −20，如右下图所示。

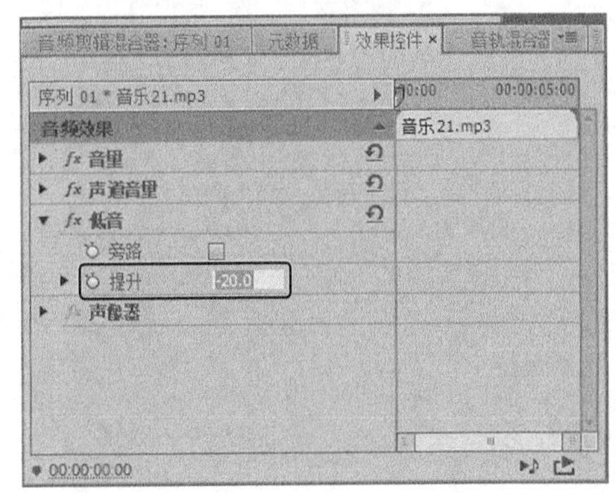

步骤 04 即可完成低音特效的添加操作，在“节目监视器”面板中，单击“播放 - 停止切换”按钮，即可试听音频效果。

应用左声道特效

光盘同步视频文件
配套光盘\秘技3. 应用左声道特效.mp4

步骤 01 打开本书配套光盘中的“素材 / 第 19 章 / 秘技 3. 应用左声道特效”项目文件，如下图所示。

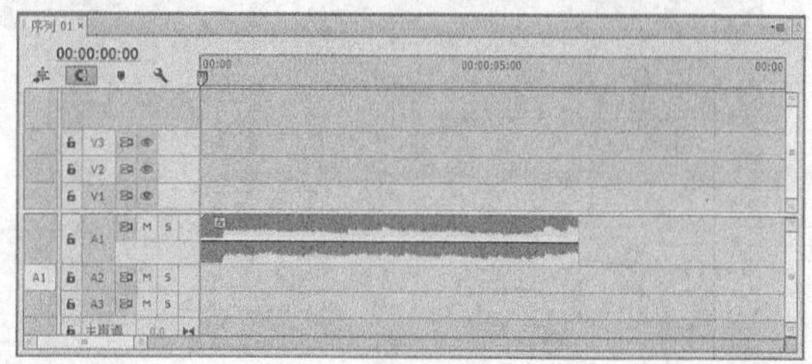

步骤 02 在“效果”面板中，展开“音频效果”列表框，选择“使用左声道”选项，如右上图所示。

步骤 03 单击鼠标并拖曳，将其添加至“音频 1”轨道上，在“效果控件”面板中，勾选“旁路”复选框，如右下图所示。

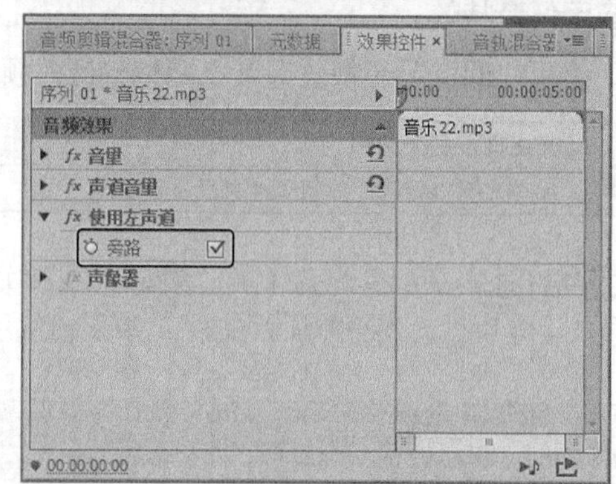

步骤 04 即可完成左声道特效的添加操作，在“节目监视器”面板中，单击“播放 - 停止切换”按钮，即可试听音频效果。

第20章

视频文件的设置与导出

学习目标

由于DVD是目前最流行的影片载体，所以视频制作者和编辑们对Premiere Pro CC的DVD制作功能特别感兴趣。在Premiere Pro CC中，当用户完成一段影视内容的编辑，并且对编辑的效果感到满意时，可以将其输出成各种不同格式的文件。本章主要介绍如何设置影片输出的参数，并输出成各种不同格式的文件。

知识要点

- 设置视频的参数
- 设置影片导出参数
- 使用章节标记
- 导出影视文件

20.1 设置视频的参数

在导出视频文件时，用户需要对视频的格式、预设、输出名称和位置以及其他选项进行设置。接下来将介绍“导出设置”对话框以及导出视频所需要设置的参数。

20.1.1 视频预览区域

视频预览区域主要用来预览视频效果，单击“文件”➤“导出”➤“媒体”命令，如左下图所示，即可弹出“导出设置”对话框，如右下图所示，在对话框中的左侧为视频预览区域，用户可以拖曳窗口底部的“当前时间指示器”查看导出的影视效果。如果用户觉得导出视频的范围过大，可以单击对话框左上角的“裁剪输出视频”按钮。此时，视频预览区域中的画面将显示 4 个调节点，拖曳其中的某个点，即可裁剪输出视频的范围。

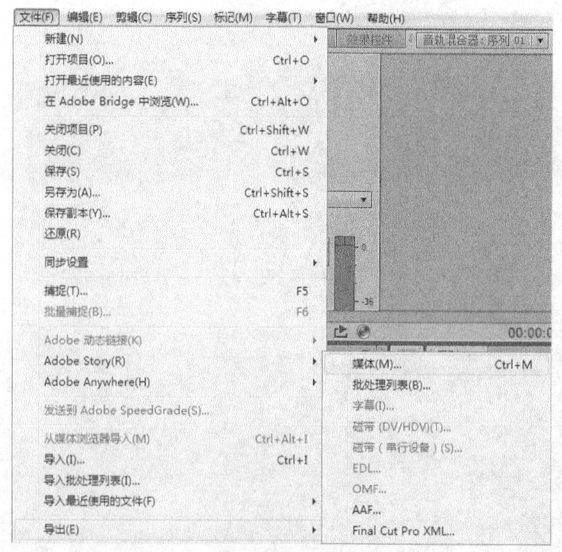

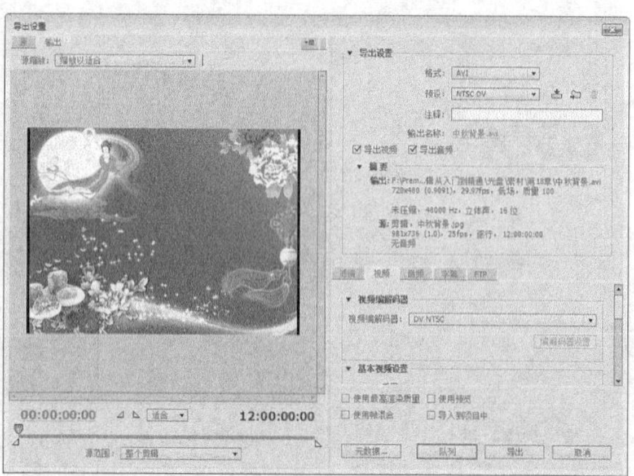

20.1.2 参数设置区域

“参数设置区域”选项区中的各参数决定着影片的最终效果，用户可以在这里设置视频参数。在设置参数时，用户可以根据需要设置导出视频的格式，比如单击“格式”选项右侧的下三角按钮，弹出列表框，选择 MPEG4 格式，如下页左上图所示；还可以根据导出视频格式的不同，设置“预设”选项。单击“预设”选项右侧的下三角按钮，在弹出的列表框中选择相应选项即可，如下页右上图所示。

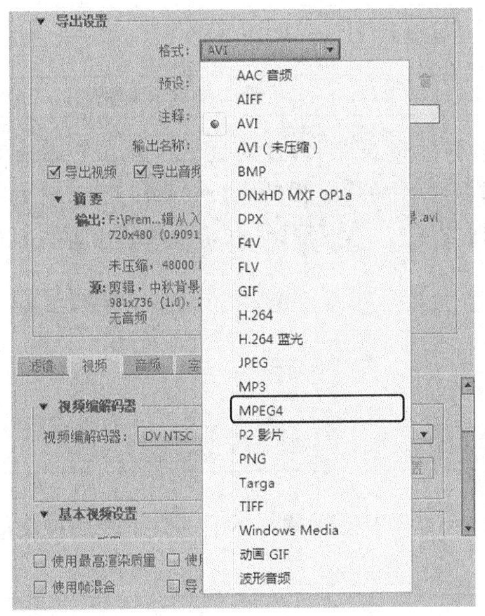

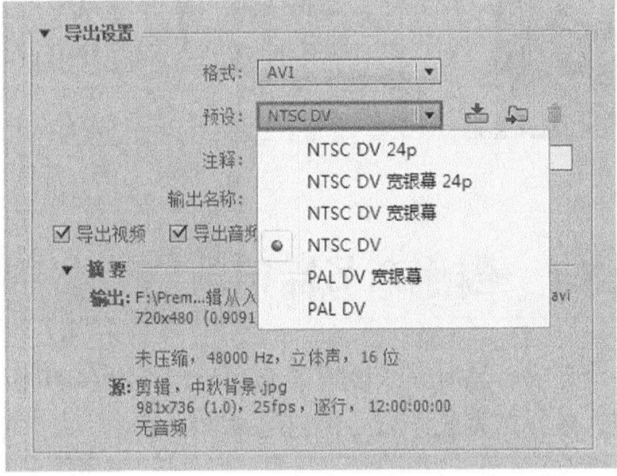

20.2 设置影片导出参数

当用户完成 Premiere Pro CC 中的各项编辑操作后，即可将项目导出为各种格式类型的音频文件。本节将详细介绍影片导出参数的设置方法。

20.2.1 音频参数

Premiere Pro CC 还可以将素材输出为音频，其音频参数的设置方法是：首先在“导出设置”对话框中设置“格式”为 MP3，并设置“预设”为“MP3 256kbit/s 高质量”。接下来单击“输出名称”右侧的相应超链接，弹出“另存为”对话框，设置文件名和储存位置，单击“保存”按钮，即可完成音频参数的设置。

20.2.2 滤镜参数

用户还可以为需要导出的视频添加“高斯模糊”滤镜效果，让画面产生朦胧的模糊效果。设置滤镜参数的具体方法是：首先设置导出视频的“格式”为 Microsoft AVI、“预设”为 PAL DV。接下来，切换至“滤镜”选项卡，选中“高斯模糊”复选框，设置“模糊度”为 11、“模糊尺寸”为“水平和垂直”。设置完成后，可以在“视频预览区域”中单击“输出”标签，切换至“输出”选项卡，查看输出视频的模糊效果。

20.3 使用章节标记

本节教学录像时间：2分钟

Premiere Pro CC 的章节标记简化了制作交互式 DVD 的过程，其在 Encore 中作为章节标记出现，并且可以用作导航链接目的地。因此，Premiere Pro CC 的章节标记可以帮助用户在开发 DVD 项目时管理它。本节将详细讲解使用章节标记的操作方法。

20.3.1 创建章节标记

沿着项目的时间线设置章节标记，可以在 Premiere Pro CC 中创建章节标记。为了避免重设章节标记，最好在完成作品后再创建章节标记。

光盘同步视频文件

配套光盘\创建章节标记.mp4

步骤 01 打开本书配套光盘中的“素材 / 第 20 章 / 20.3.1 创建章节标记”项目文件，如下图所示。

步骤 02 单击“标记”➤“添加章节标记”命令，如下图所示。

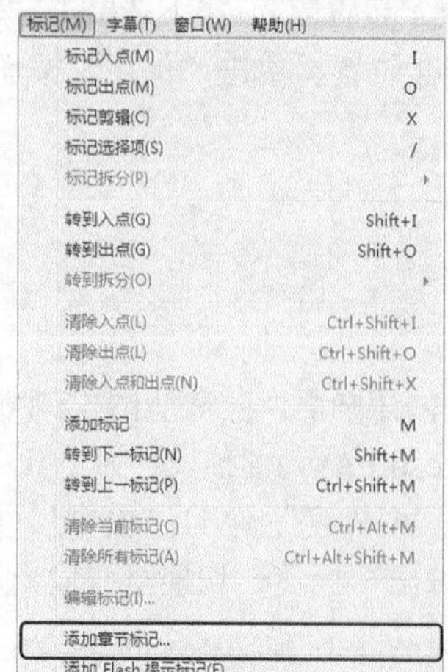

步骤 03 打开“标记”对话框，❶ 修改“名称”为“美食”、❷“注释”为“美味的蒸鱼”，❸ 单击“确定”按钮，如下图所示。

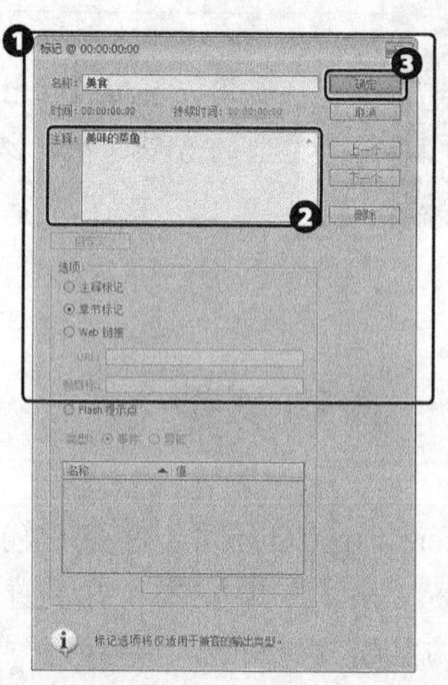

步骤 04 即可添加章节标记，并在“时间轴”面板中显示出来，如下图所示。

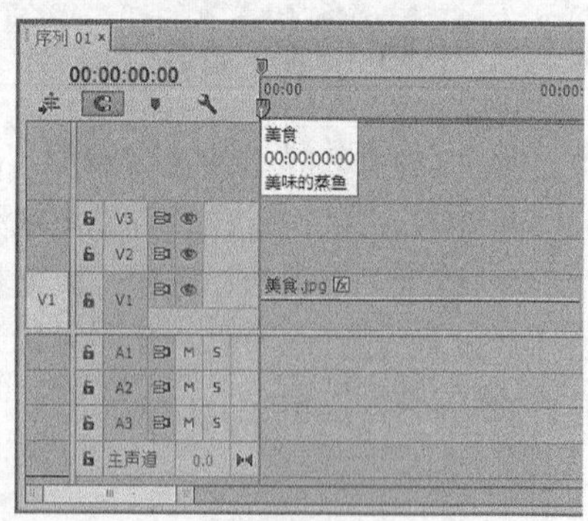

20.3.2 使用章节标记

在创建章节标记后，可以对章节标记进行移动、编辑和删除操作。

	光盘同步视频文件
	配套光盘\使用章节标记.mp4

步骤 01 打开本书配套光盘中的“素材 / 第 20 章 / 20.3.2 使用章节标记”项目文件，如下图所示。

步骤 02 在“时间轴”面板中，单击章节标记，如下图所示。

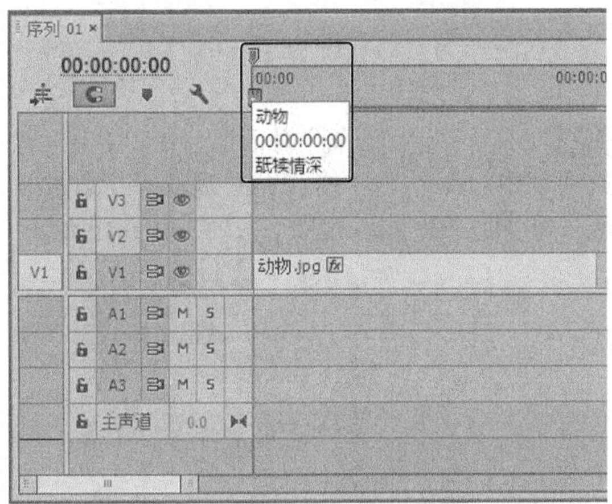

步骤 03 将其向右拖曳至合适的位置，即可移动章节标记，如下图所示。

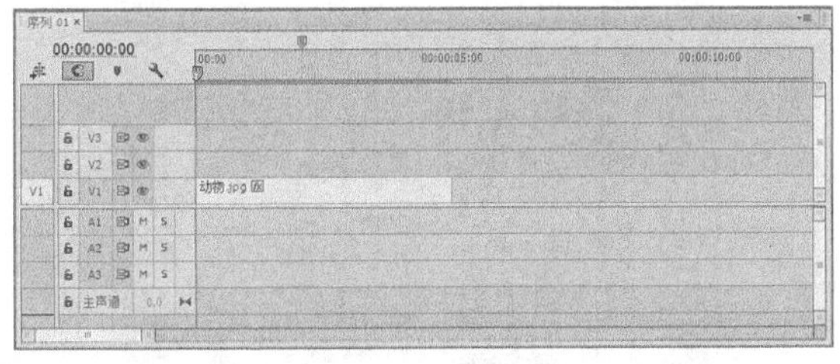

步骤 04 双击章节标记，❶ 打开“标记 动物”对话框，❷ 修改“持续时间”为 00:00:01:00，如下图所示。

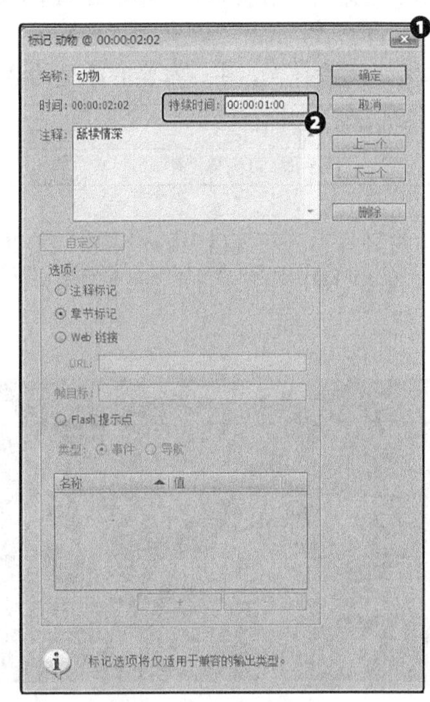

步骤 05 单击“确定”按钮，即可调节章节标记的持续时间，如下图所示。

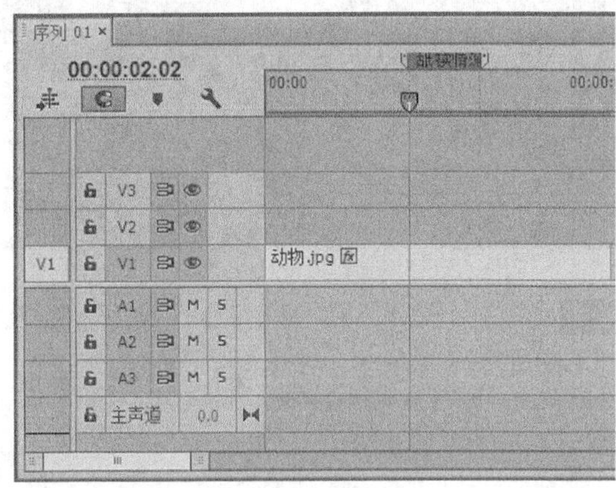

20.4 导出影视文件

本节教学录像时间：13分钟

目前，视频文件的格式在不断增加，而 Premiere Pro CC 可以根据所选文件的不同，调整不同的视频输出选项，以便用户更为快捷地调整视频文件的设置。本节将详细讲解导出影视文件的操作方法。

20.4.1 导出AVI视频文件

AVI 英文全称为 Audio Video Interleaved，即音频视频交错格式，是将语音和影像同步组合在一起的文件格式。AVI 是视频文件的主流，这种格式的文件随处可见，比如一些游戏、教育软件的文件夹中，多媒体光盘中，都会有不少的 AVI 文件。

光盘同步视频文件
配套光盘\导出AVI视频文件.mp4

步骤 01 打开本书配套光盘中的“素材 / 第 20 章 / 20.4.1 导出 AVI 视频文件”项目文件，如下图所示。

步骤 02 单击“文件”➤“导出”➤“媒体”命令，如下图所示。

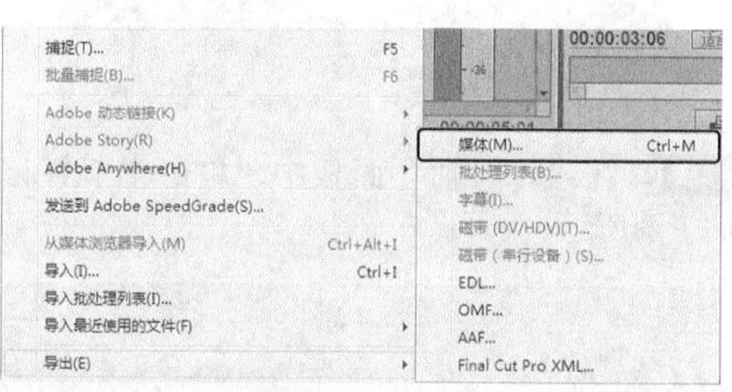

步骤 03 打开“导出设置”对话框，在“导出设置”选项区中，❶ 单击“格式”右侧的下三角按钮，展开列表框，❷ 选择“AVI”选项，如下图所示。

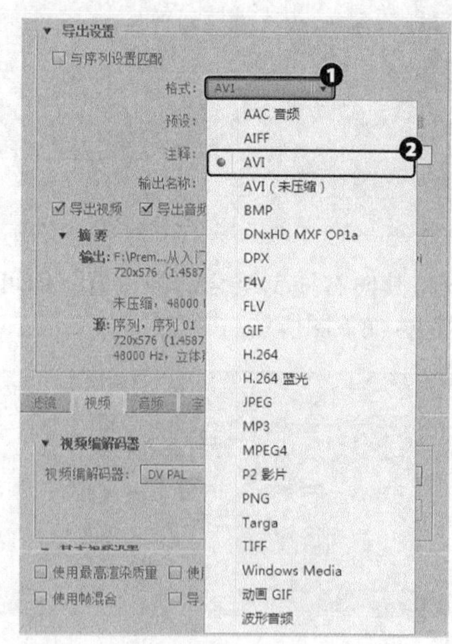

步骤04 ❶ 单击“预设”右侧的下三角按钮，展开列表框，❷ 选择“NTSC DV 宽银幕”选项，如下图所示。

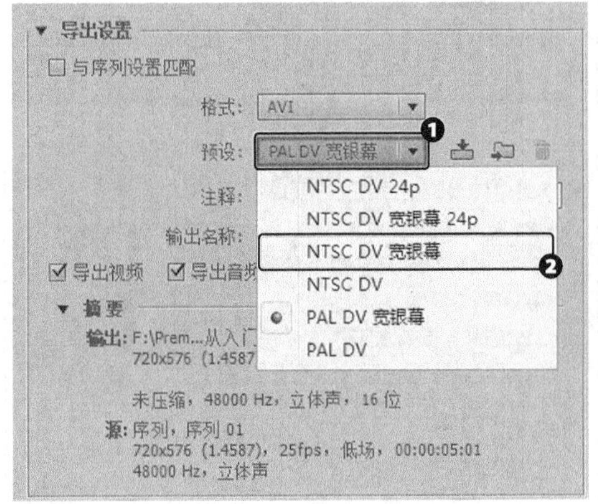

步骤05 单击“输出名称”右侧的链接，如下图所示。

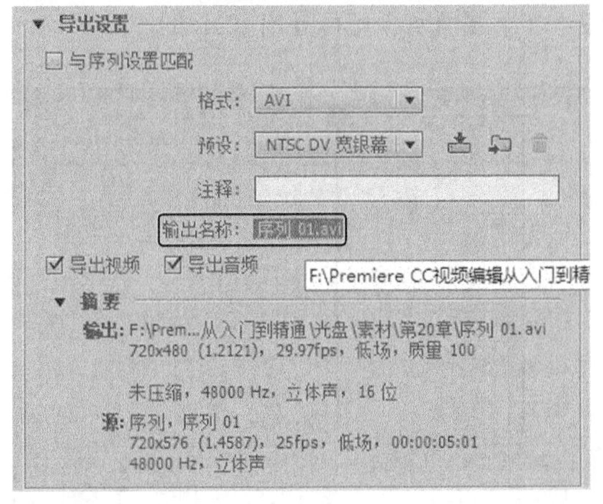

步骤06 打开“另存为”对话框，❶ 修改保存路径和文件名称，❷ 单击“保存”按钮，如下图所示。

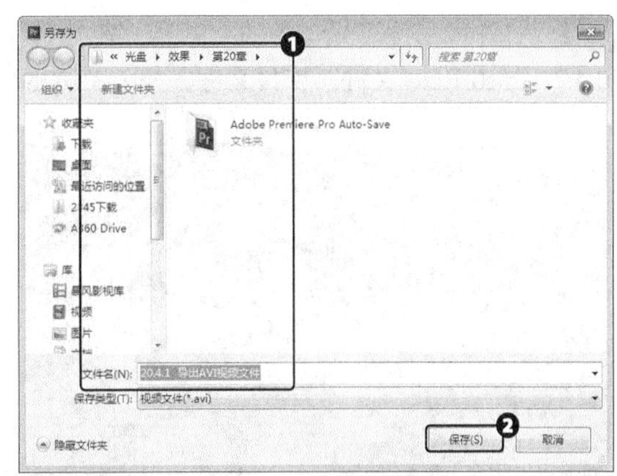

步骤07 在“导出设置”对话框的右下方，单击“导出”按钮，如下图所示。

步骤08 弹出“编码 序列 01”对话框，显示导出进度，即可完成 AVI 视频文件的导出操作，如下图所示。

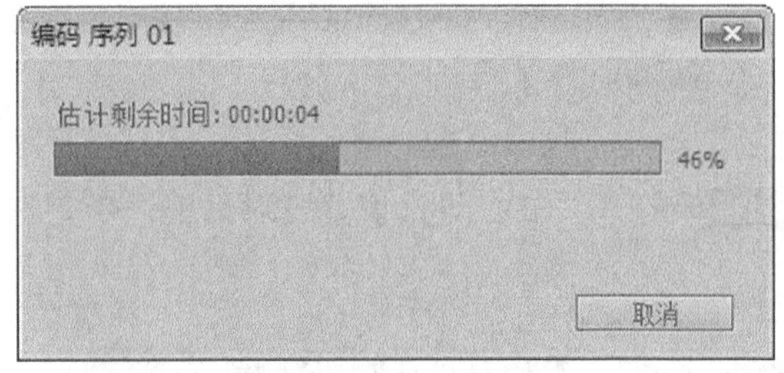

20.4.2 导出EDL文件

EDL 文件是在编辑时由很多编辑系统自动生成的，并可保存到磁盘中。当在脱机 / 联机模式下工作时，编辑决策列表极为重要。脱机编辑下生成的 EDL 文件被读入到联机系统中，作为最终剪辑的基础。

光盘同步视频文件
配套光盘\导出EDL文件.mp4

步骤 01 打开本书配套光盘中的“素材 / 第 20 章 / 20.4.2 导出 EDL 文件”项目文件，如下图所示。

步骤 02 单击“文件”➤“导出”➤“EDL”命令，如下图所示。

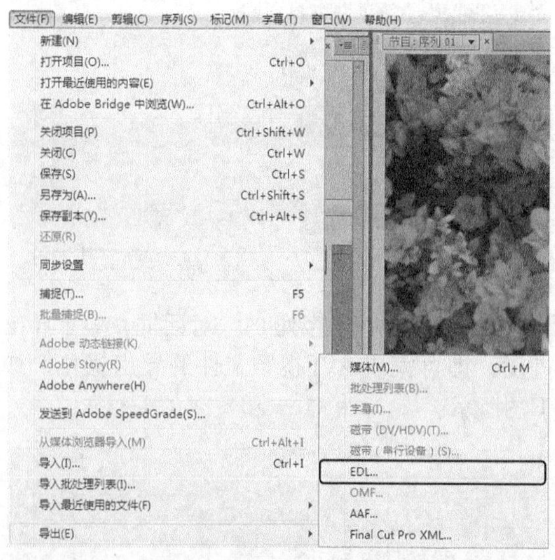

步骤 03 打开“EDL 导出设置”对话框，❶ 勾选“使用源文件名称”复选框，❷ 单击“确定”按钮，如下图所示。

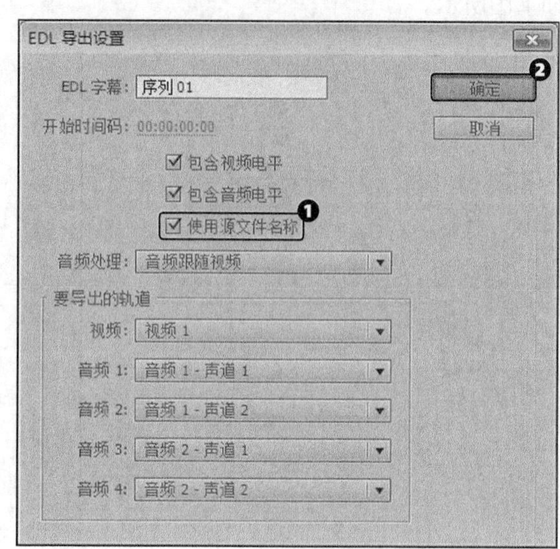

步骤 04 打开“将序列另存为 EDL”对话框，❶ 修改保存路径和文件名，❷ 单击“保存”按钮，如下图所示，即可导出 EDL 文件。

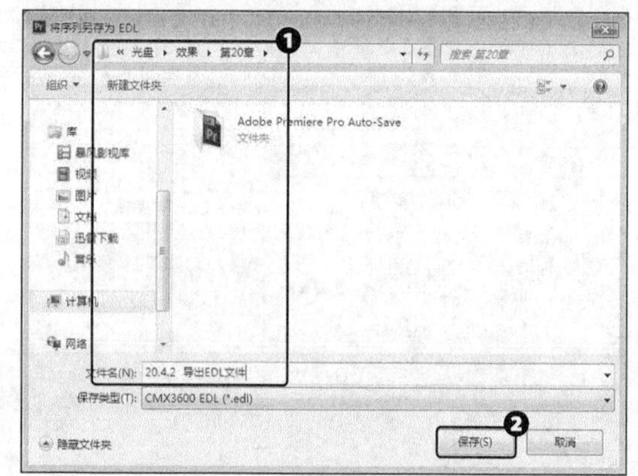

20.4.3 导出OMF文件

OMF 是公开媒体框架（Open Media Framework）的缩略语，指的是一种要求数字化音频视频工作站把关于同一音段的所有重要资料制成同类格式便于其他系统阅读的文本交换协议。OMF 文件类似于标准的 MIDI 文件，但是要比 MIDI 文件复杂得多。

光盘同步视频文件
配套光盘\导出OMF文件.mp4

步骤 01 打开本书配套光盘中的“素材 / 第 20 章 / 20.4.3　导出 OMF 文件”项目文件，如下图所示。

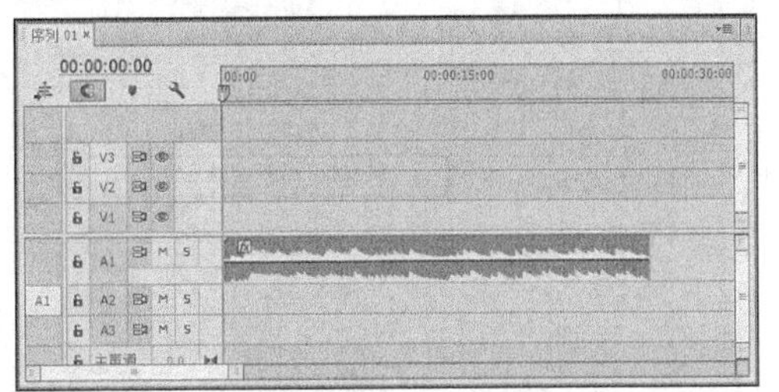

步骤 02 单击“文件”➤“导出”➤“OMF”命令，如下图所示。

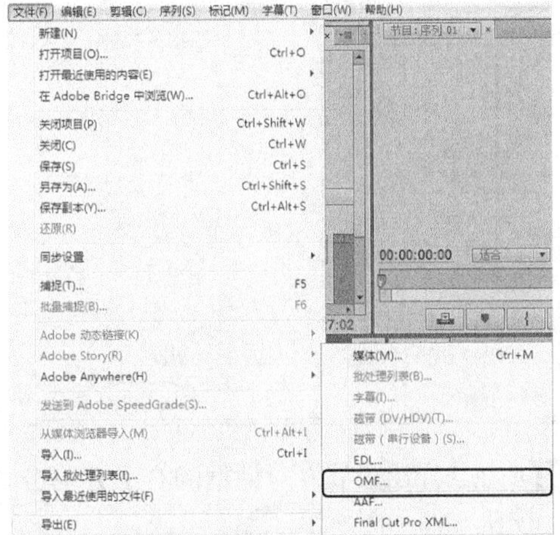

步骤 03 打开“OMF 导出设置”对话框，❶ 单击“每采样位数”右侧的下三角按钮，❷ 展开列表框，选择“24”选项，如下图所示。

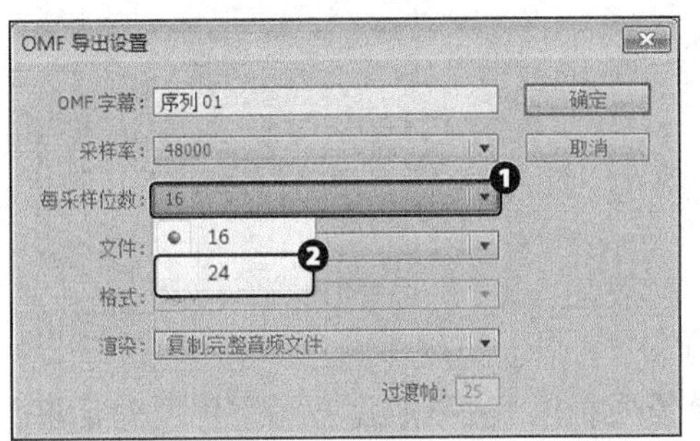

步骤 04 单击“确定”按钮，❶ 打开“将序列另存为 OMF”对话框，❷ 修改保存路径和文件名，❸ 单击“保存”按钮，如下图所示。

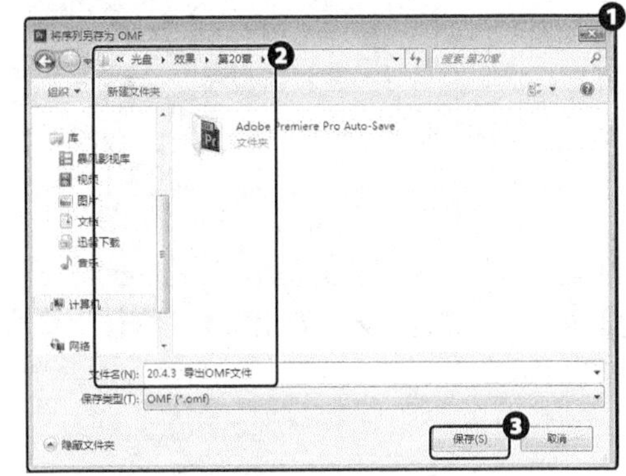

步骤 05 弹出“将媒体文件导出到 OMF 文件夹”对话框，显示导出进度，如下图所示。

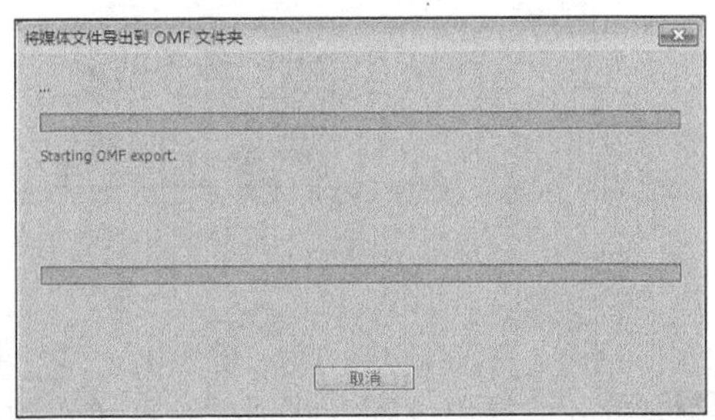

步骤 06 弹出“OMF 导出信息”对话框，单击“确定”按钮，如下图所示，完成 OMF 文件的导出操作。

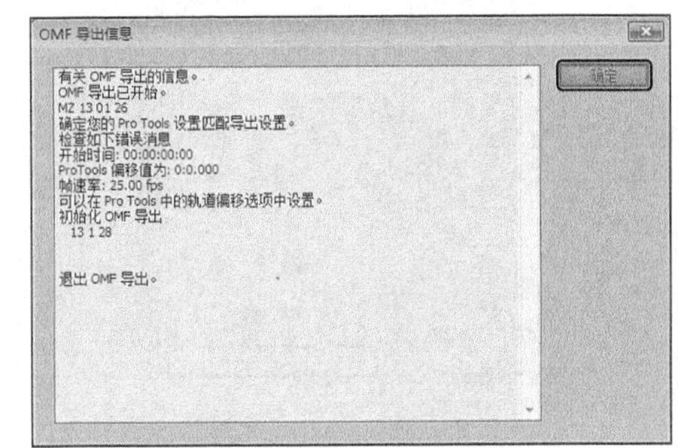

20.4.4　导出MP3音频文件

MP3 格式的音频文件凭借高采样率的音质和占用空间少的特性，成为了目前最为流行的一种音乐文件。下面将介绍 MP3 文件的导出方法。

	光盘同步视频文件
	配套光盘\导出MP3音频文件.mp4

步骤 01 打开本书配套光盘中的“素材 / 第 20 章 / 20.4.4 导出 MP3 音频文件”项目文件，如下图所示。

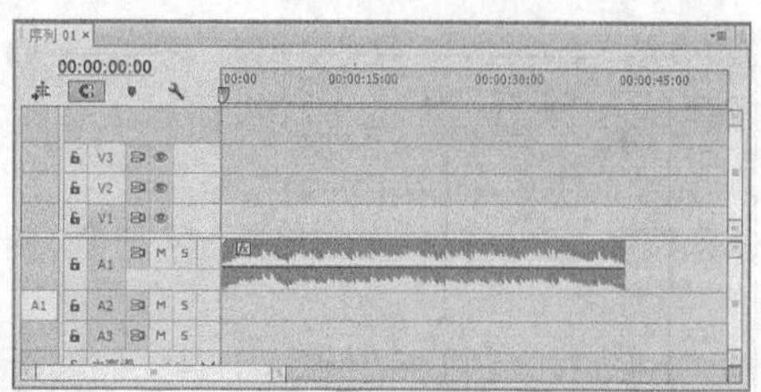

步骤 02 单击“文件”➤“导出”➤“媒体”命令，如下图所示。

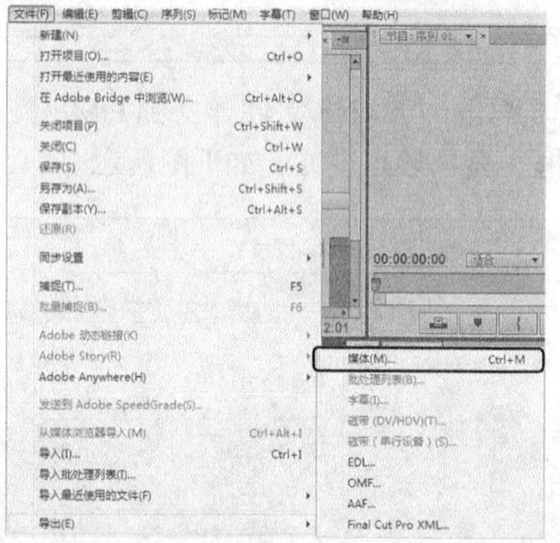

步骤 03 打开“导出设置”对话框，❶ 单击“格式”右侧的下三角按钮，展开列表框，❷ 选择“MP3”选项，如下图所示。

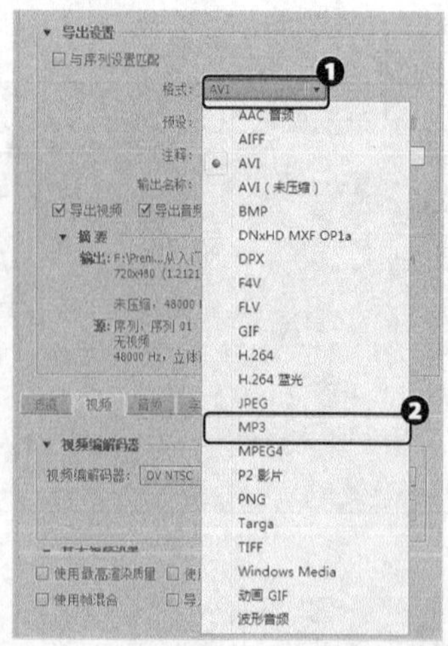

步骤 04 ❶ 单击“预设”右侧的下三角按钮，展开列表框，❷ 选择“MP3 256 kbps 高品质”选项，如右上图所示。

步骤 05 单击“输出名称”右侧的链接，打开“另存为”对话框，❶ 修改保存路径和文件名，❷ 单击“保存”按钮，如右中图所示。

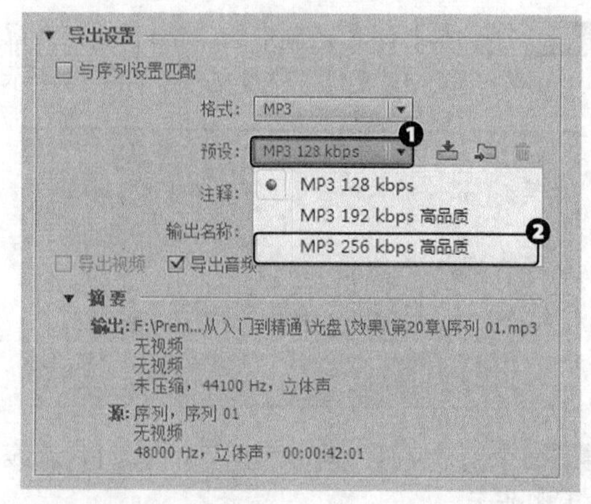

步骤 06 在“导出设置”对话框的右下方单击“导出”按钮，如下图所示。

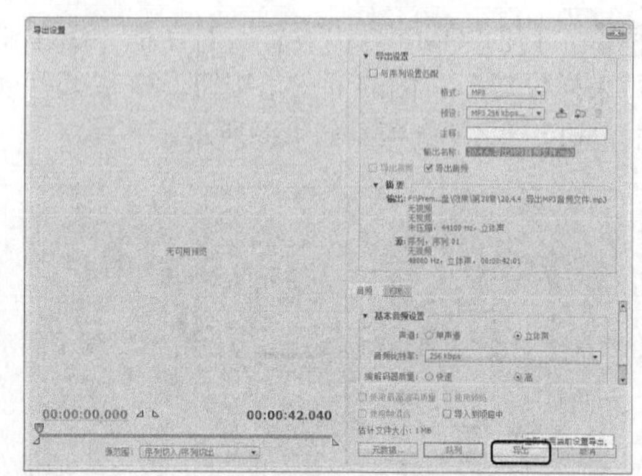

步骤 07 弹出“渲染所需音频文件”对话框，显示渲染进度，如右下图所示，即可导出 MP3 音频文件。

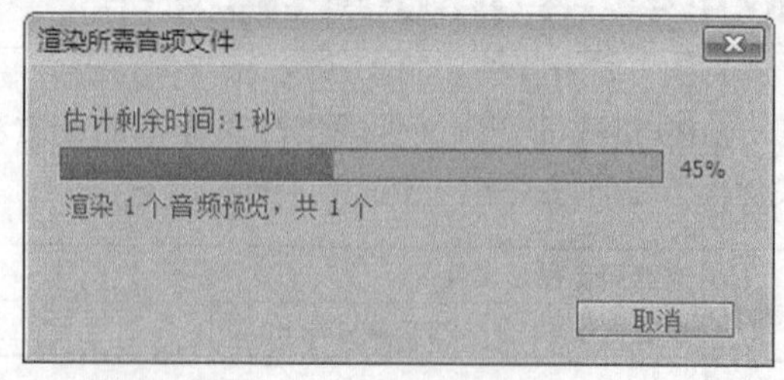

20.4.5 导出WMV音频文件

WMV是微软推出的一种流媒体格式，它是由“同门”的ASF格式升级延伸得来的。在同等视频质量下，WMV格式的文件可以边下载边播放，因此很适合在网上播放和传输。

	光盘同步视频文件
	配套光盘\导出WMV音频文件.mp4

步骤01 打开本书配套光盘中的“素材/第20章/20.4.5 导出WMV音频文件”项目文件，如下图所示。

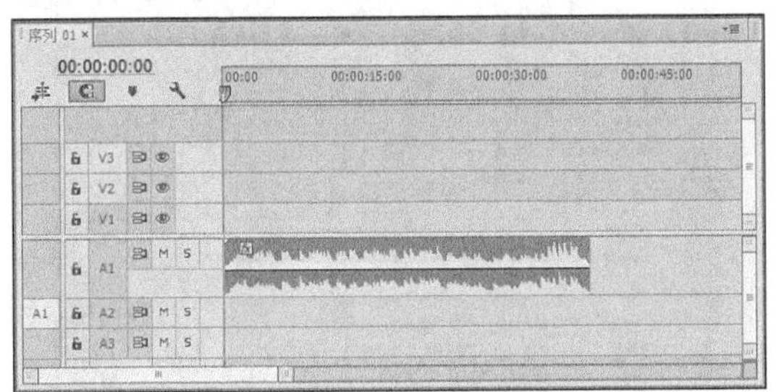

步骤02 单击“文件”➤“导出”➤“媒体”命令，打开“导出设置”对话框，❶单击“格式”右侧的下三角按钮，展开列表框，❷选择“Windows Media”选项，如下图所示。

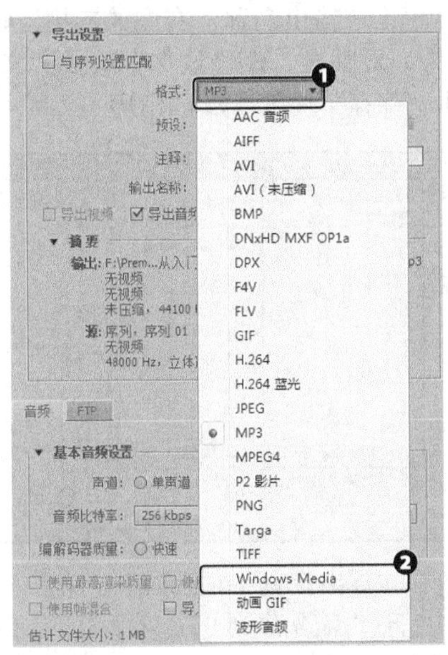

步骤03 ❶单击“预设”右侧的下三角按钮，展开列表框，❷选择“HD 720p 25”选项，如右上图所示。

步骤04 单击“输出名称”右侧的链接，❶打开“另存为”对话框，❷修改保存路径和文件名，❸单击“保存”按钮，如右中图所示。

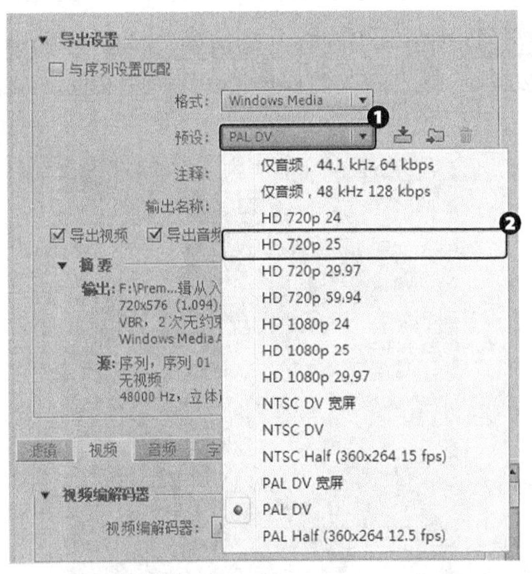

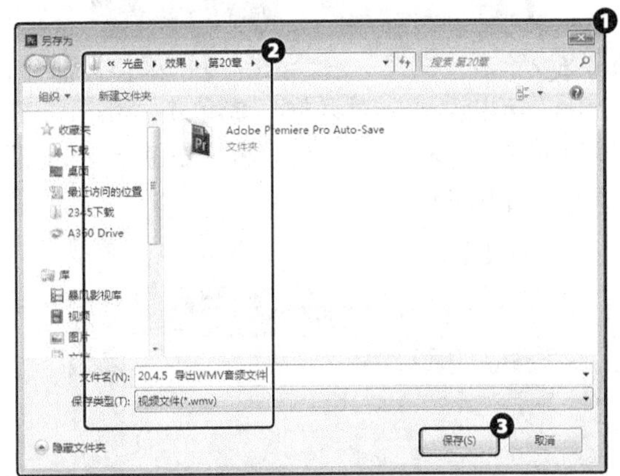

步骤05 在“导出设置”对话框中，单击“导出”按钮，打开“渲染所需音频文件”对话框，显示导出进度，如下图所示，即可导出WMV音频文件。

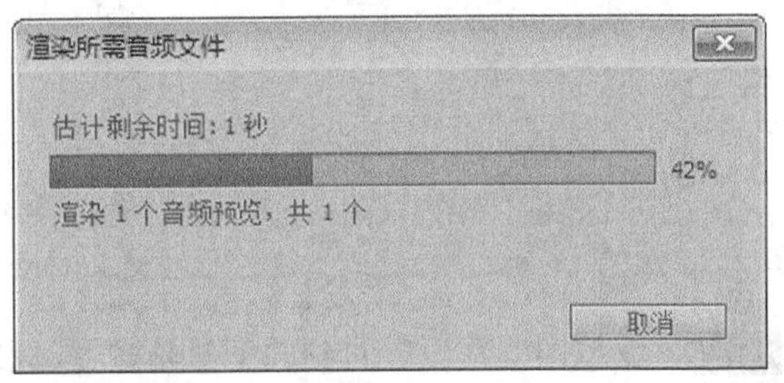

20.4.6 导出FLV流媒体文件

随着网络信息技术的普及，如今用户可以将制作的视频导出为 FLV 流媒体文件，然后再将其上传到网络中。

光盘同步视频文件

配套光盘\导出FLV流媒体文件.mp4

步骤 01 打开本书配套光盘中的“素材 / 第 20 章 / 20.4.6 导出 FLV 流媒体文件”项目文件，如下图所示。

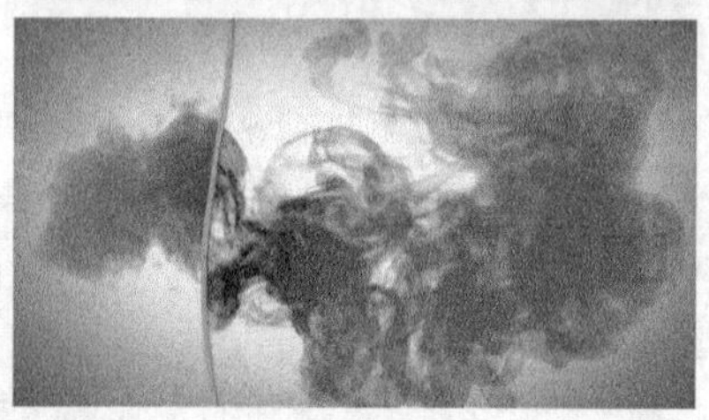

步骤 02 单击“文件”➤“导出”➤“媒体”命令，打开“导出设置”对话框，❶ 单击“格式”右侧的下三角按钮，展开列表框，❷ 选择“FLV”选项，如下图所示。

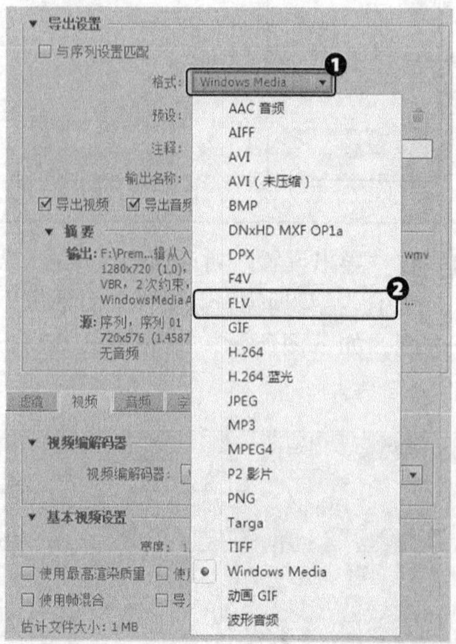

步骤 03 ❶ 单击“预设”右侧的下三角按钮，展开列表框，❷ 选择“Web-1920×1080、16×9、项目帧速率、7500kbit/s”选项，如下图所示。

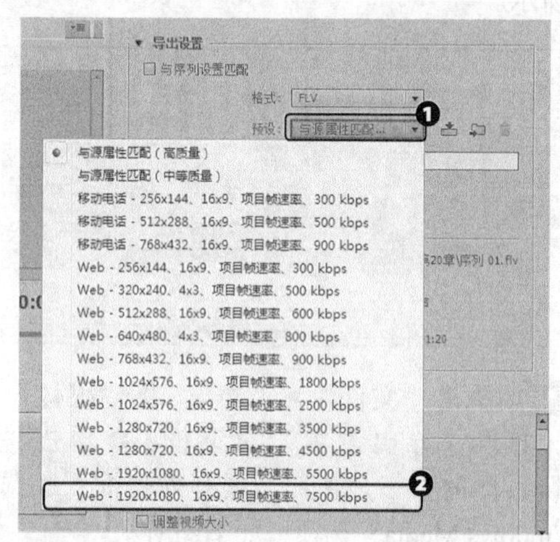

步骤 04 单击“输出名称”右侧的链接，❶ 打开“另存为”对话框，❷ 修改保存路径和文件名，❸ 单击“保存”按钮，如下图所示。

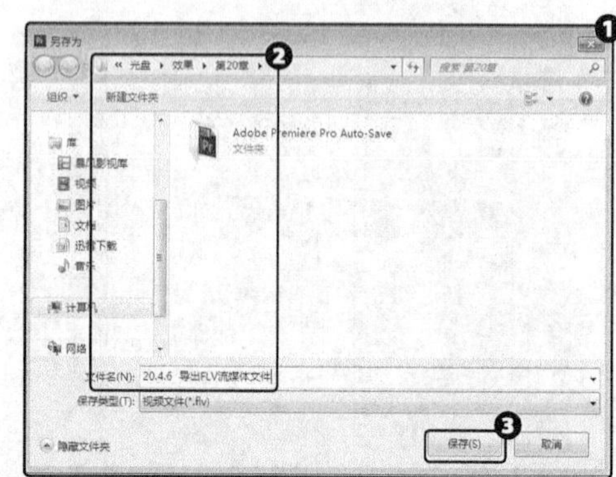

步骤 05 在“导出设置”对话框中，单击“导出”按钮，打开“编码 序列 01”对话框，显示导出进度，如下图所示，即可导出 FLV 流媒体文件。

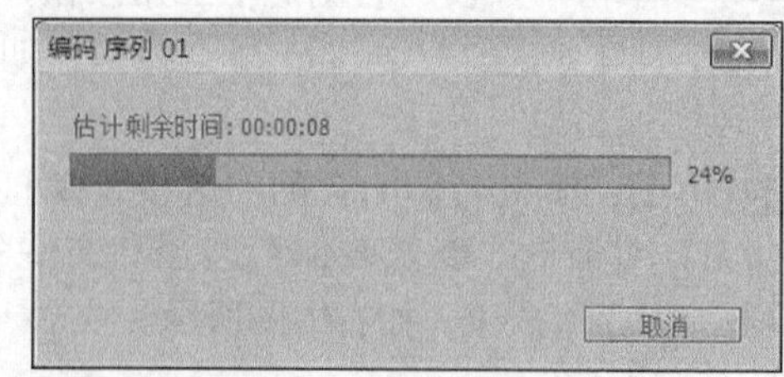

20.4.7 导出MPEG4视频文件

MPEG4 视频文件可以将自然物体与人造物体相溶合，因此其也成为了一种主流格式的视频文件。下面将介绍导出 MPEG4 视频文件的操作方法。

	光盘同步视频文件
	配套光盘\导出MPEG4视频文件.mp4

步骤 01 打开本书配套光盘中的“素材 / 第 20 章 / 20.4.7 导出 MPEG4 视频文件”项目文件，如下图所示。

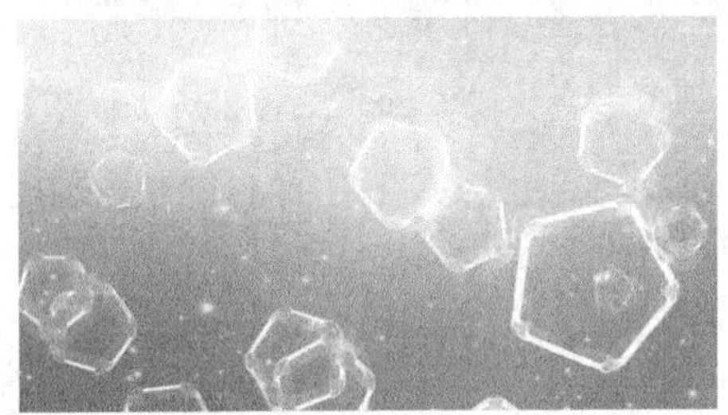

步骤 02 单击“文件”➤“导出”➤“媒体”命令，打开“导出设置”对话框，❶ 单击“格式”右侧的下三角按钮，展开列表框，❷ 选择“MPEG4”选项，如下图所示。

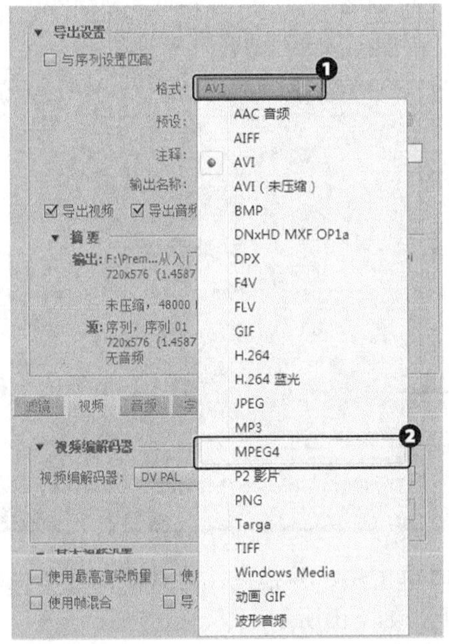

步骤 03 ❶ 单击“预设”右侧的下三角按钮，展开列表框，❷ 选择“3GPP 352×288 H.263”选项，如下图所示。

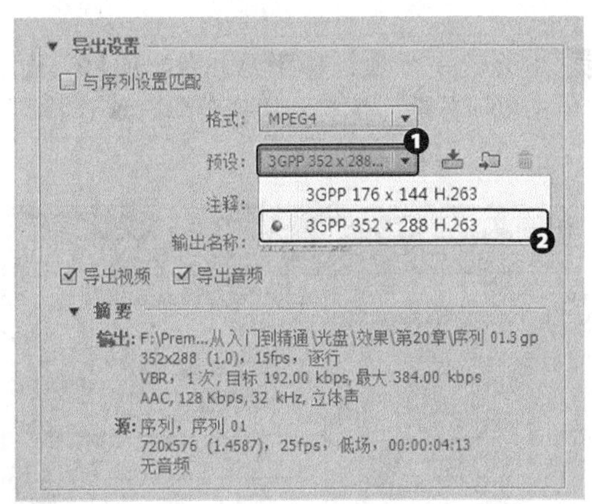

步骤 04 单击“输出名称”右侧的链接，❶ 打开“另存为”对话框，❷ 修改保存路径和文件名，❸ 单击“保存”按钮，如下图所示。

步骤 05 在“导出设置”对话框中，单击“导出”按钮，打开“编码 序列 01”对话框，显示导出进度，如下图所示，即可导出 MPEG4 视频文件。

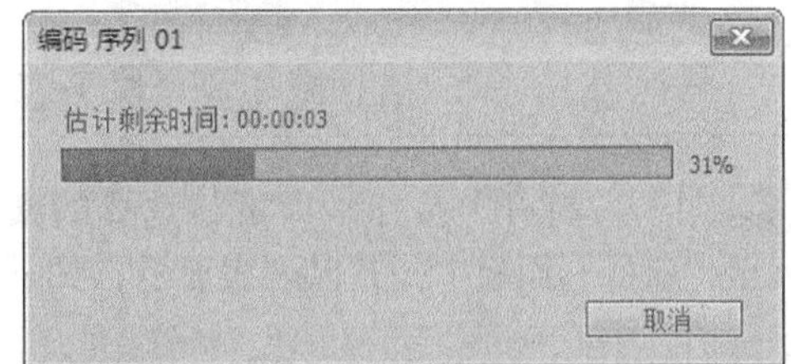

20.5 综合案例——输出影视片头视频

本节教学录像时间：12分钟

通过学习前面小节中影视文件的导出方法，再通过学习本节的综合实例，读者可以对本章所讲述的知识点进行融会贯通。

光盘同步视频文件

配套光盘\综合实例：输出影视片头视频.mp4

步骤 01 新建一个项目和序列，在"项目"面板中单击鼠标右键，❶ 打开快捷菜单，❷ 选择"导入"选项，如下图所示。

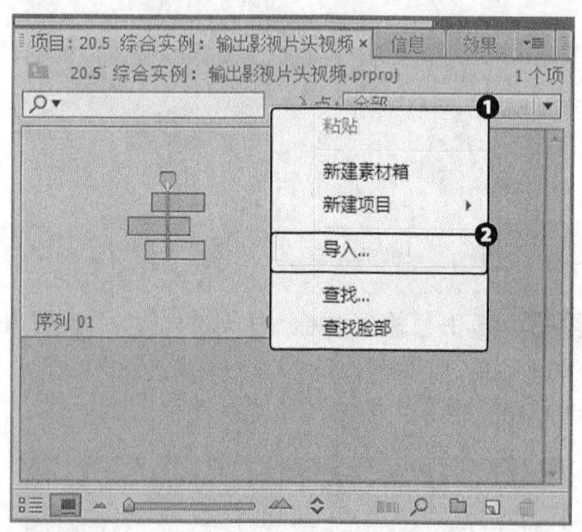

步骤 02 打开"导入"对话框，❶ 选择合适的素材，❷ 单击"打开"按钮，如下图所示。

步骤 03 单击"打开"按钮，即可将选择的素材导入至"项目"面板中，并以列表显示，如下图所示。

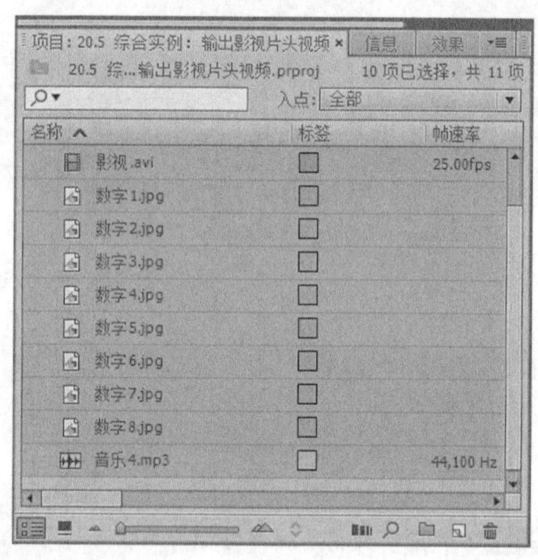

步骤 04 在"项目"面板中，选择"数字 8"素材图像，如下图所示。

步骤 05 单击鼠标并拖曳，将其添加至"视频 2"轨道上，如下图所示。

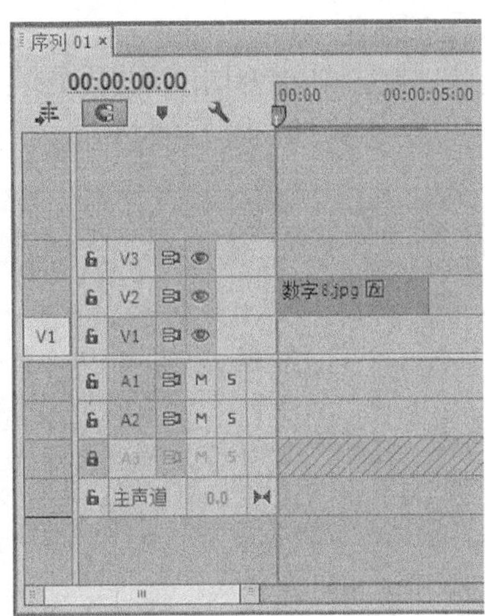

步骤06 选择“视频 2”轨道上的素材图像，调整其长度为 00:00:02:00，如下图所示。

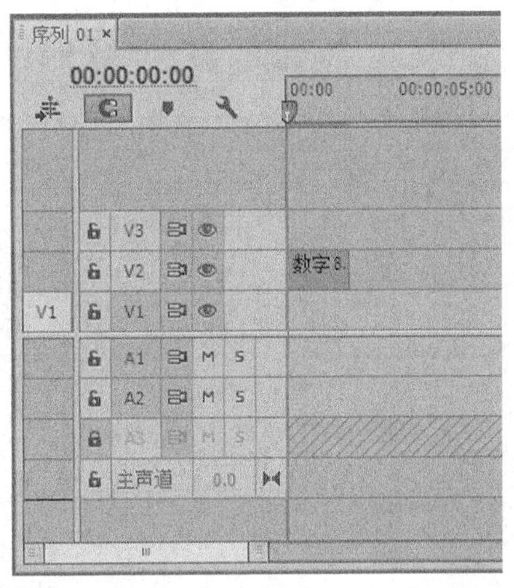

步骤07 将时间线移至 00:00:01:00 的位置处，选择“数字 7”素材图像，将其添加至“视频 1”轨道上，并调整其长度为 00:00:02:00，如下图所示。

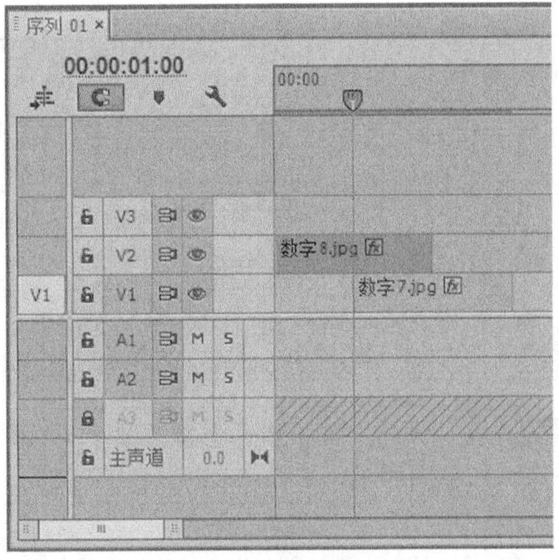

步骤08 在“效果”面板中，❶ 展开“视频过渡”列表框，❷ 选择“擦除”选项，如下图所示。

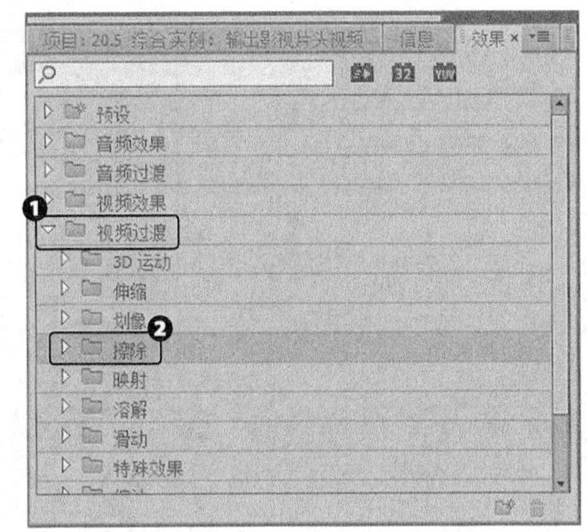

步骤09 ❶ 展开选择的选项，❷ 选择“时钟式擦除”选项，如下图所示。

步骤10 单击鼠标并拖曳，将其添加至“数字 8”图像的右侧，完成“时钟式擦除”效果的添加，如下图所示。

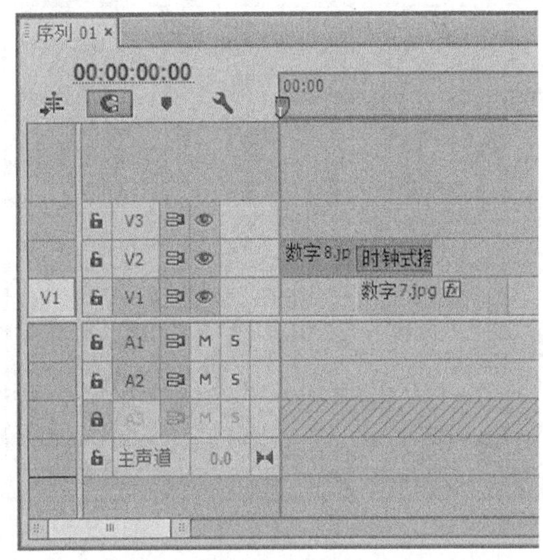

步骤 11 在“项目”面板中，选择“数字 6”素材图像，如下图所示。

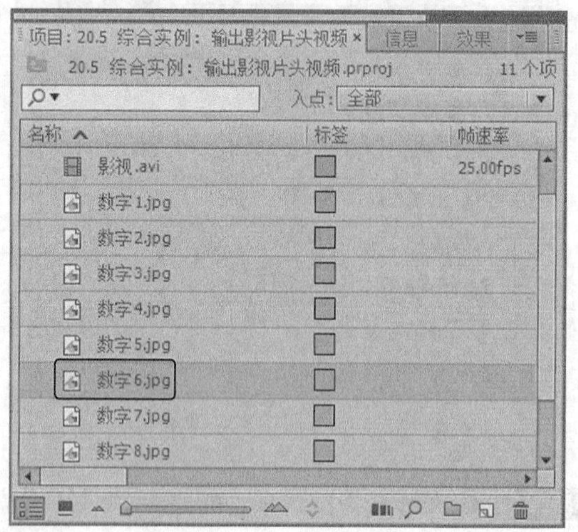

步骤 12 单击鼠标并拖曳，将其添加至“视频 2”轨道上的“数字 8”素材图像的出点处，并调整其长度为 00:00:02:00，如下图所示。

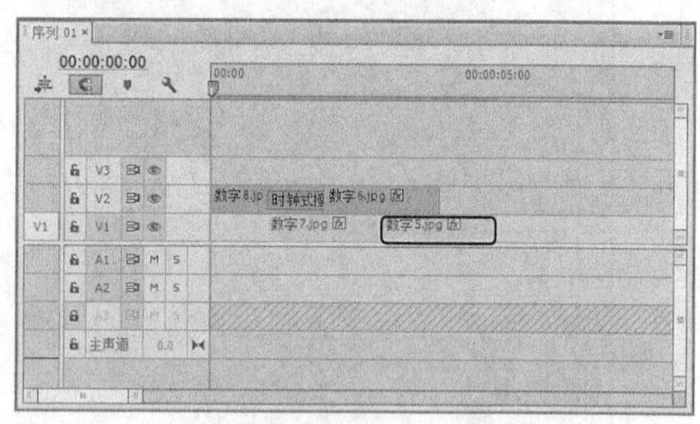

步骤 13 在“项目”面板中，选择“数字 5”素材图像，如下图所示。

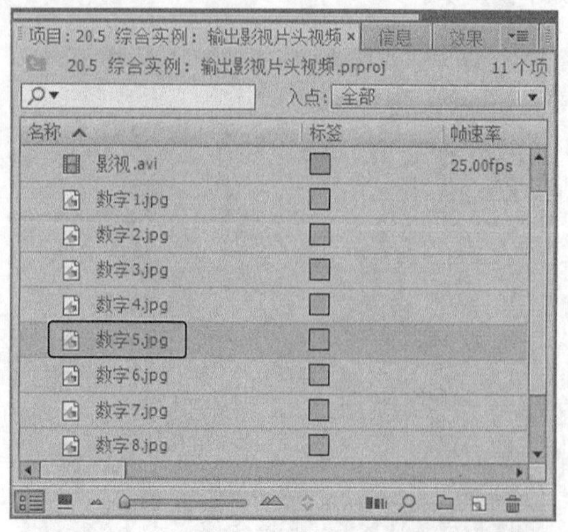

步骤 14 单击鼠标并拖曳，将其添加至“视频 1”轨道上的“数字 7”素材图像的出点处，并调整其长度为 00:00:02:00，如下图所示。

步骤 15 在“效果”面板中，展开“视频过渡”列表框，❶ 选择“擦除”选项，展开选择的选项，❷ 选择“时钟式擦除”选项，如下图所示。

步骤 16 单击鼠标并拖曳，将其添加至“数字 6”图像的右侧，完成“时钟式擦除”效果的添加，如下图所示。

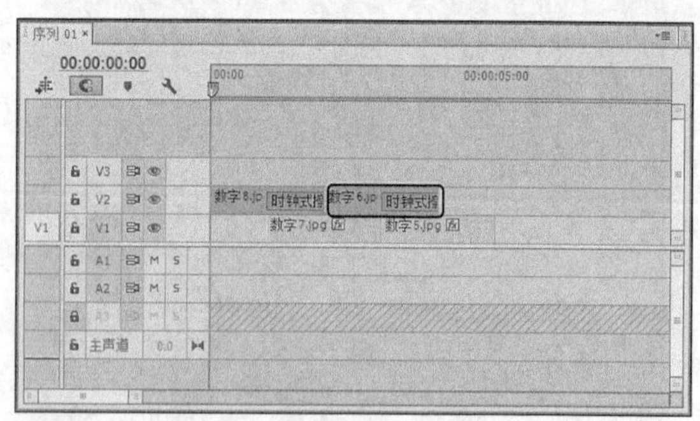

步骤 17 在“项目”面板中，选择“数字 4”素材图像，如下图所示。

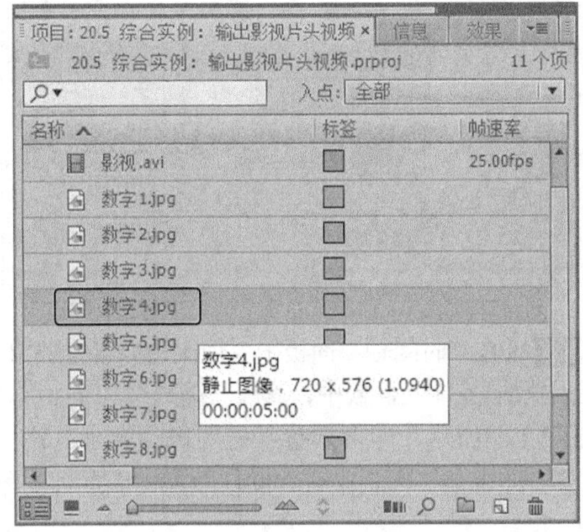

步骤18 单击鼠标并拖曳，将其添加至“视频 2”轨道上的“数字 6”素材图像的出点处，并调整其长度为 00:00:02:00，如下图所示。

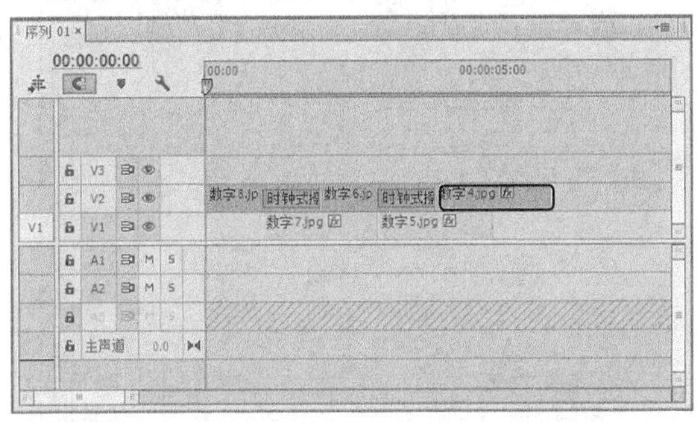

步骤19 在“项目”面板中，选择“数字 3”素材图像，如下图所示。

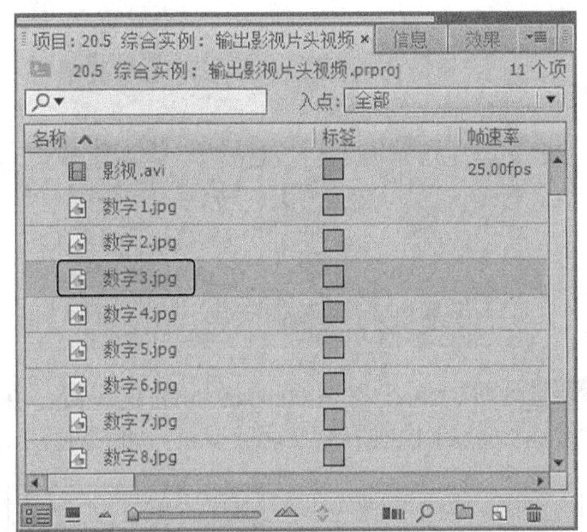

步骤20 单击鼠标并拖曳，将其添加至“视频 1”轨道上的“数字 5”素材图像的出点处，并调整其长度为 00:00:02:00，如右上图所示。

步骤21 在“效果”面板中，展开“视频过渡”列表框，选择“擦除”选项，展开选择的选项，选择“时钟式擦除”选项，单击鼠标并拖曳，将其添加至“数字 4”图像的右侧，完成“时钟式擦除”效果的添加，如右中图所示。

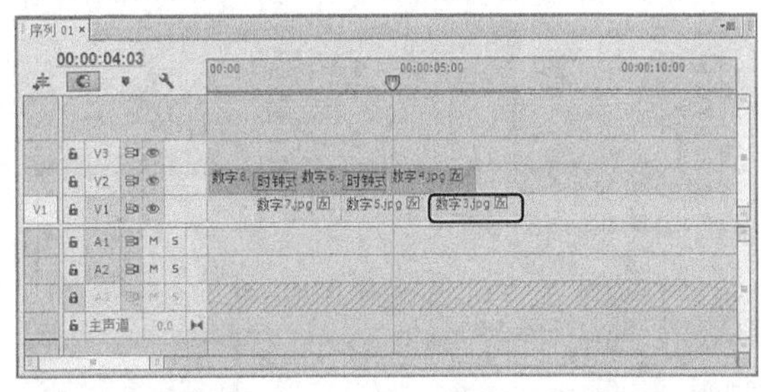

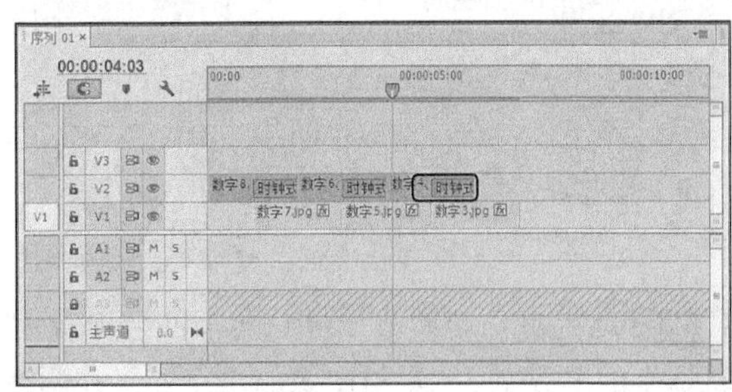

步骤22 在“项目”面板中，选择“数字 2”素材图像，如下图所示。

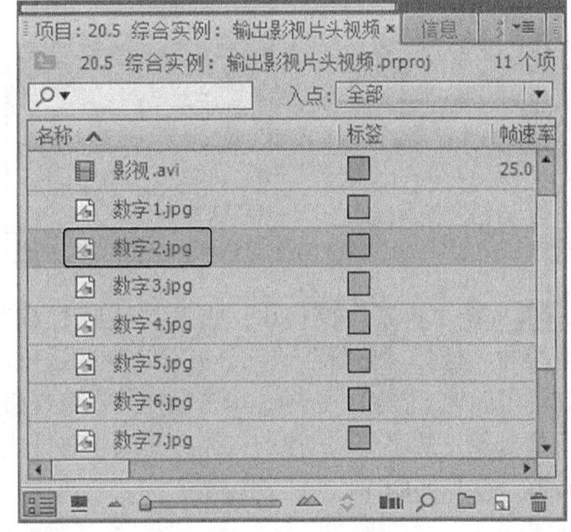

步骤23 单击鼠标并拖曳，将其添加至“视频 2”轨道上的“数字 4”素材图像的出点处，并调整其长度为 00:00:02:00，如下图所示。

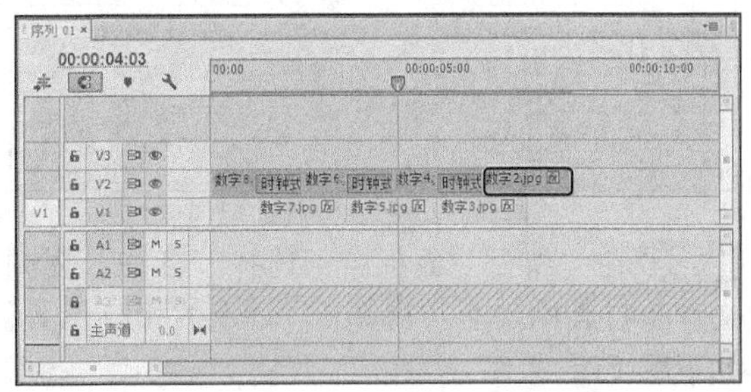

步骤 24 在“项目”面板中，选择“数字 1”素材图像，如下图所示。

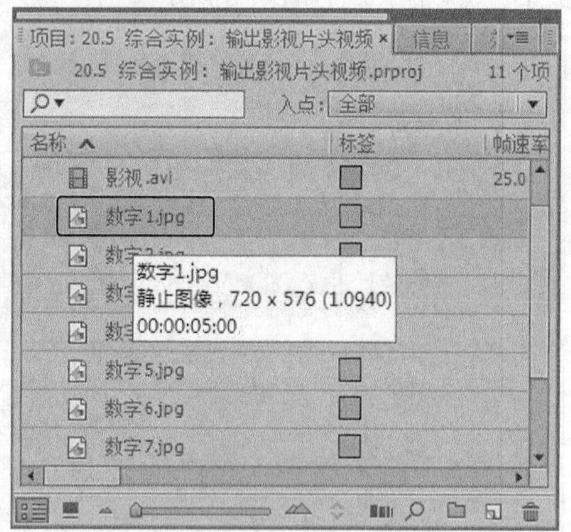

步骤 25 单击鼠标并拖曳，将其添加至“视频 1”轨道上的“数字 3”素材图像的出点处，并调整其长度为 00:00:02:00，如下图所示。

步骤 26 在“效果”面板中，展开“视频过渡”列表框，选择“擦除”选项，展开选择的选项，选择“时钟式擦除”选项，单击鼠标并拖曳，将其添加至“数字 2”图像的右侧，完成“时钟式擦除”效果的添加，如下图所示。

步骤 27 在“项目”面板中，选择“影视”视频文件，将其添加至“视频 1”轨道的相应位置，如下图所示。

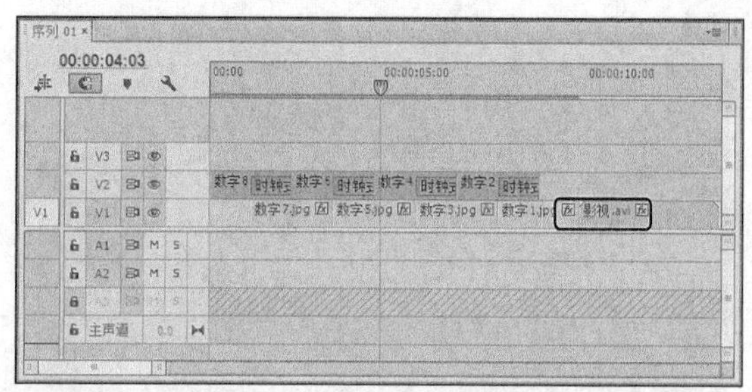

步骤 28 在“时间轴”面板中，依次选择素材图像，在“效果控件”面板中，修改“缩放”为 170，如下第 1 图所示，即可调整素材图像的大小，并在“节目监视器”面板中查看图像效果，如下第 2 图所示。

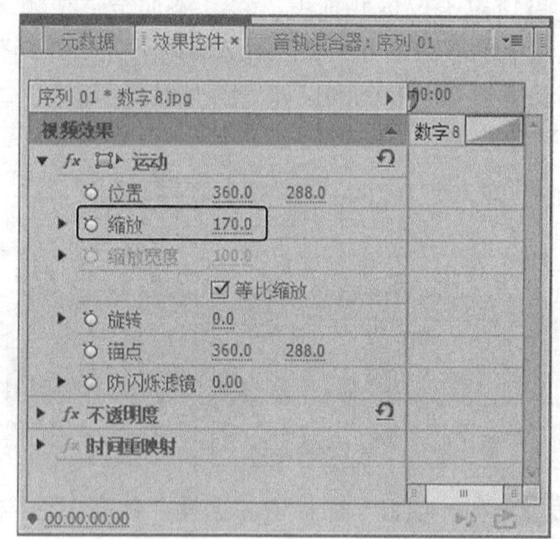

步骤 29 将时间线移至 00:00:09:00 的位置处，在“视频 1”轨道上，选择“影视”素材，如下图所示。

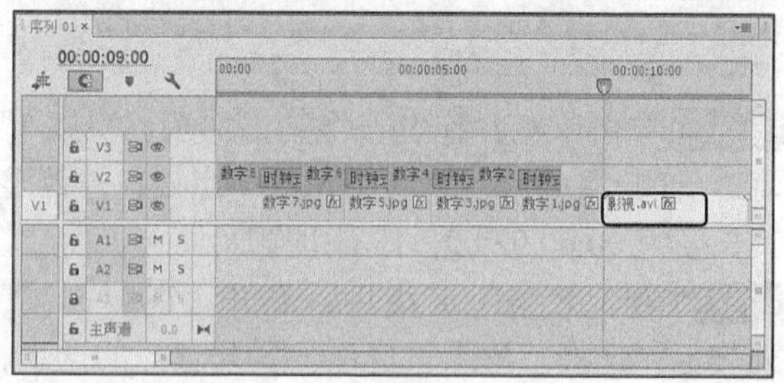

步骤30 在“效果控件”面板中，❶ 修改“不透明度”为0%，❷ 添加第一组关键帧，如下图所示。

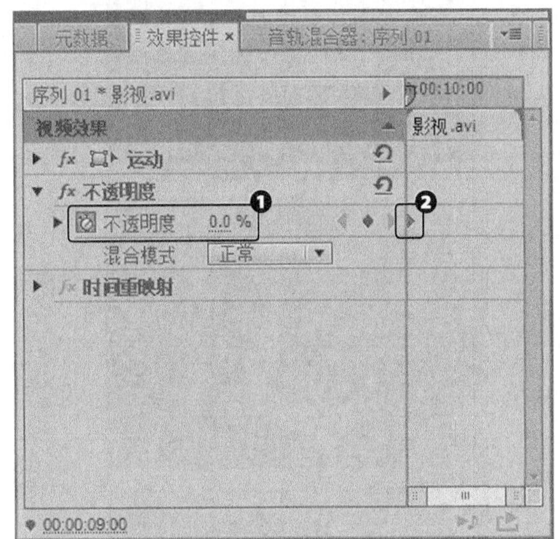

步骤31 将时间线移至00:00:10:00的位置处，❶ 修改“不透明度”为100%，❷ 添加第二组关键帧，如下图所示。

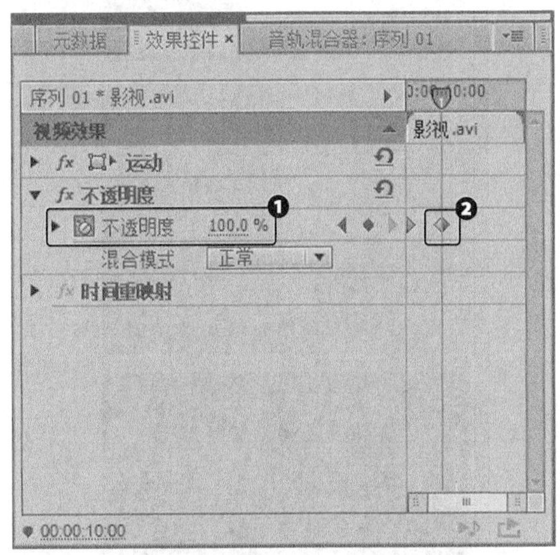

步骤32 在“项目”面板中，选择“音乐4”音频文件，将其添加至“音频1”轨道的相应位置，如下图所示。

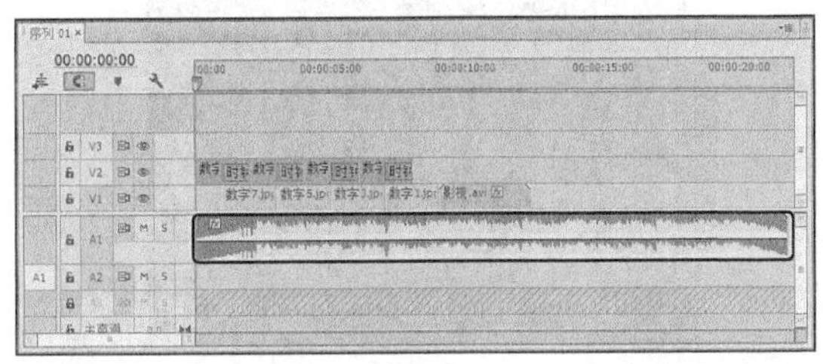

步骤33 单击“剃刀工具”按钮，在相应位置，分割音频文件，并删除分割后的右侧音频文件，如下图所示。

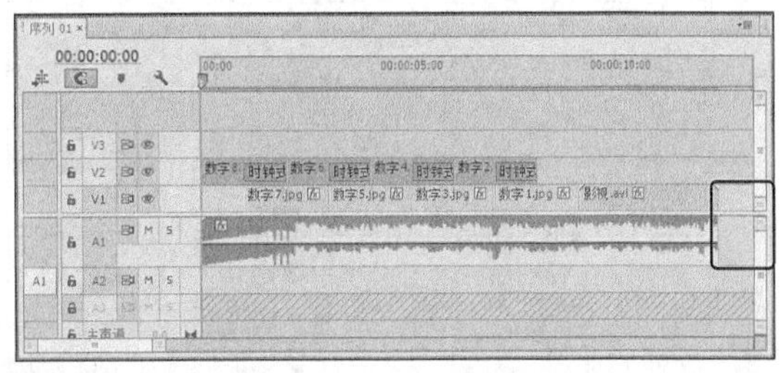

步骤34 在“效果”面板中，❶ 展开“音频过渡”列表框，❷ 选择“交叉淡化”选项，如下图所示。

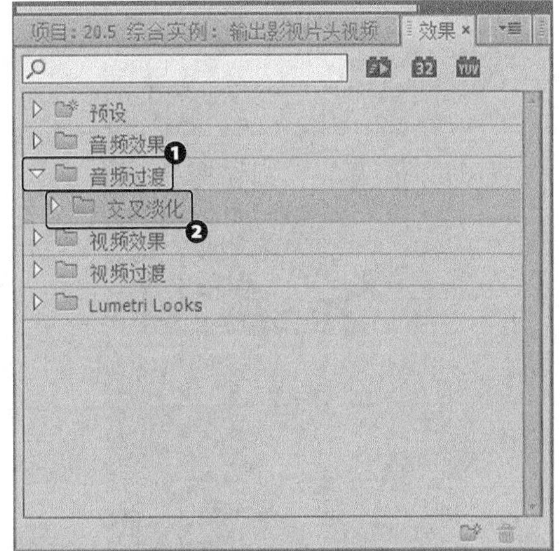

步骤35 ❶ 展开选择的选项，❷ 选择“指数淡化”选项，如下图所示。

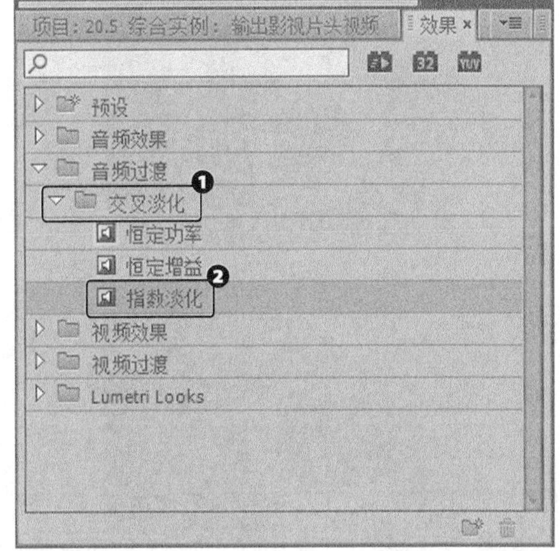

步骤 36 单击鼠标并拖曳，将其添加至“音频 1”轨道的左右两侧，完成音频过渡效果的添加，如下图所示。

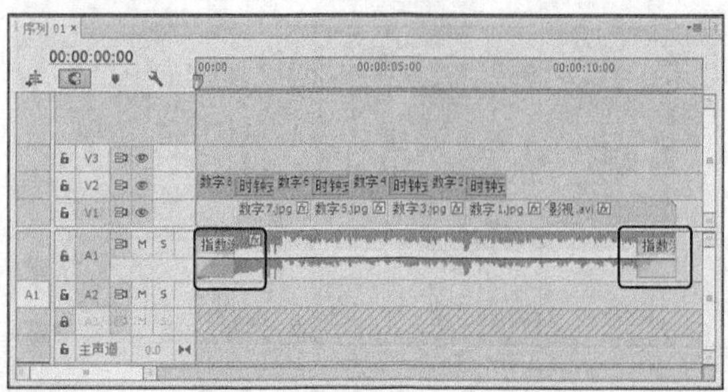

步骤 37 完成整个实例的制作后，在“节目监视器”面板中，单击“播放 - 停止切换”按钮，预览实例效果，如下图所示。

步骤 38 单击“文件”➤“导出”➤“媒体”命令，如下图所示。

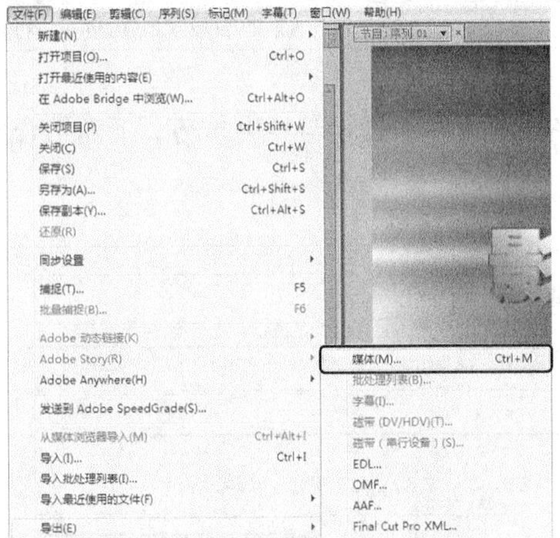

步骤 39 打开“导出设置”对话框，❶单击“格式”右侧的下三角按钮，展开列表框，❷选择“AVI”选项，如下图所示。

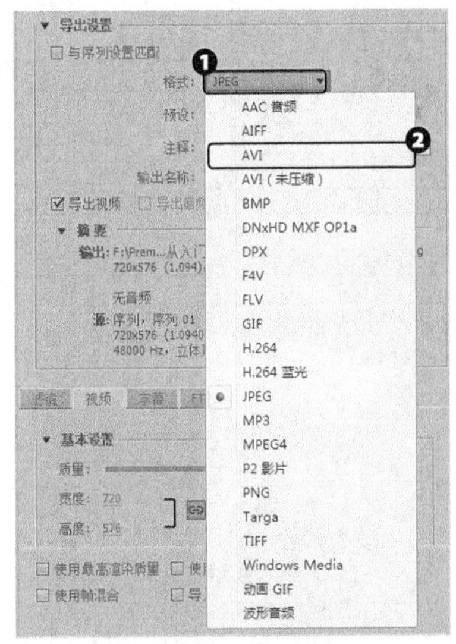

步骤 40 ❶单击“预设”右侧的下三角按钮，展开列表框，❷选择“NTSC DV 宽银幕”选项，如下图所示。

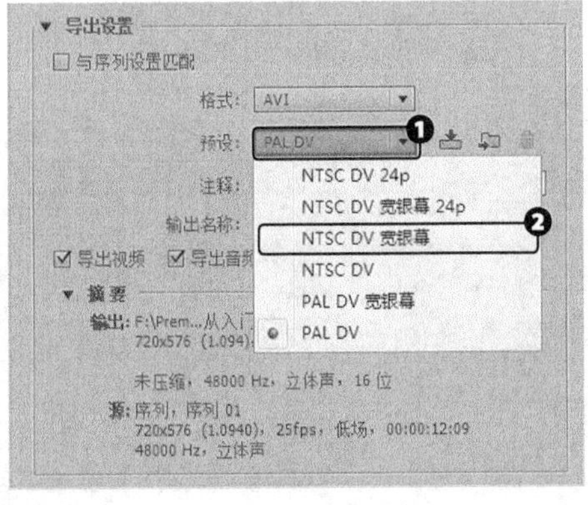

步骤 41 在“视频”选项卡中，❶单击“视频编解码器”右侧的下三角按钮，展开列表框，❷选择“Microsoft Video 1”选项，如下图所示。

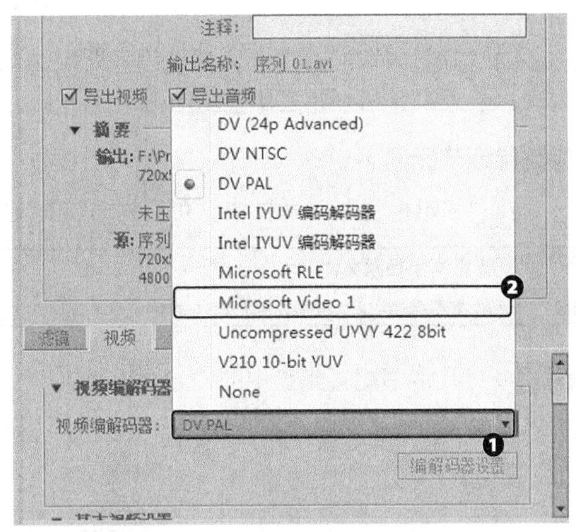

步骤 42 单击“输出名称”右侧的链接，❶打开“另存为”对话框，❷修改保存路径和文件名，❸单击“保存”按钮，如下图所示。

步骤 43 在“导出设置”对话框中，单击“导出”按钮，打开“编码 序列 01”对话框，显示导出进度，如下图所示，即可导出 AVI 视频文件。

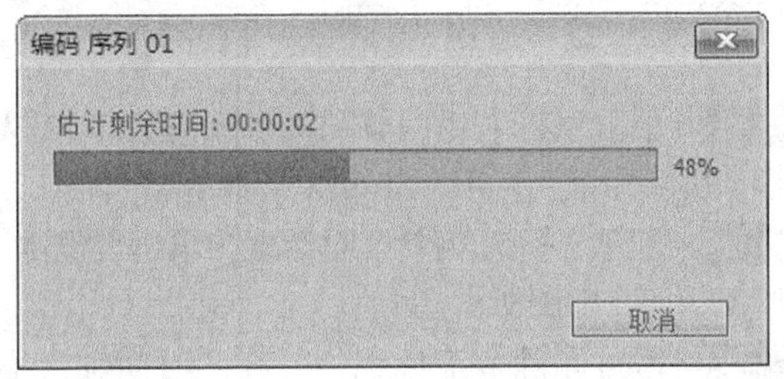

高手支招

本节教学录像时间：4分钟

通过对前面知识的学习，相信读者朋友已经掌握好视频文件的设置与导出技巧。下面结合本章内容，给大家介绍一些实用技巧。

删除章节标记

在“编辑标记”对话框中，可以对章节标记进行删除操作。

光盘同步视频文件
配套光盘\秘技1. 删除章节标记.mp4

步骤 01 打开本书配套光盘中的“素材 / 第 20 章 / 秘技 1. 删除章节标记”项目文件，如下图所示。

步骤 02 在“时间轴”面板中，选择章节标记，如下图所示。

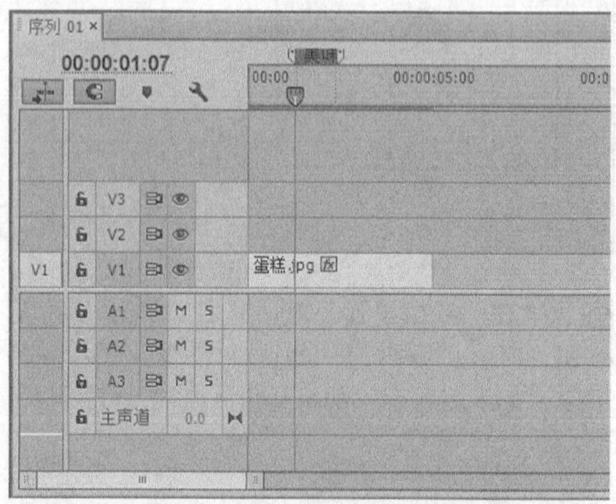

步骤 03 单击鼠标右键，❶ 打开快捷菜单，❷ 选择“编辑标记”选项，如右上图所示。

步骤 04 打开“标记 美食”对话框，单击“删除”按钮，如右中图所示。

步骤 05 即可删除章节标记，并在“时间轴”面板中不显示，如右下图所示。

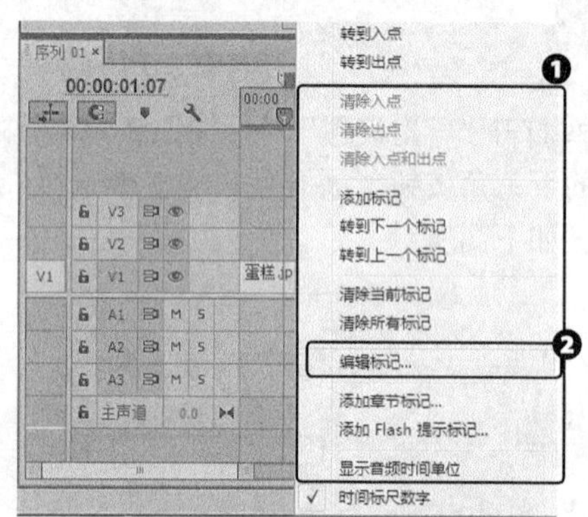

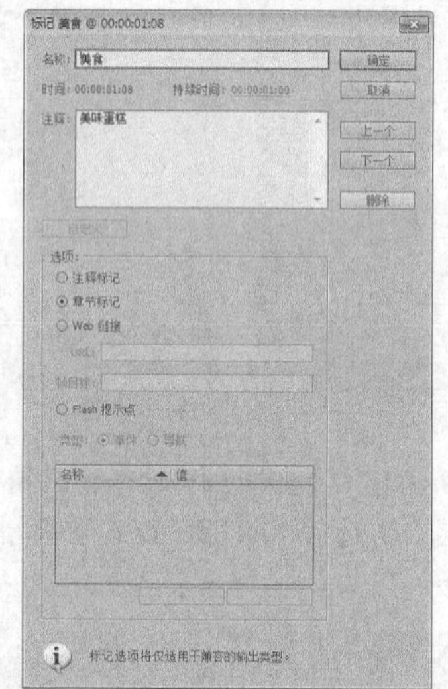

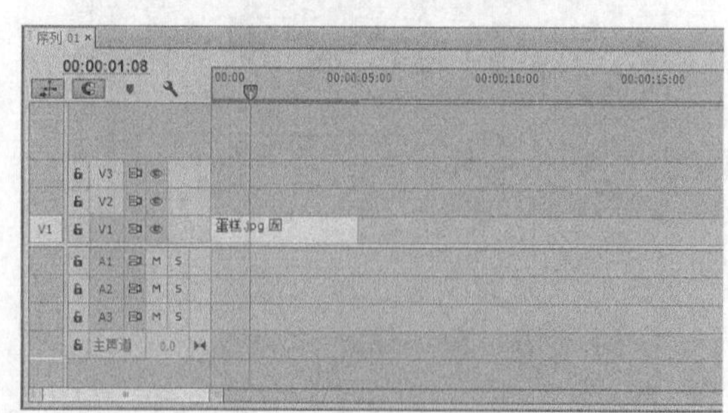

导出AAF文件

AAF 是一种用于多媒体创作及后期制作，面向企业界的开放式标准。下面介绍其的导出方法。

	光盘同步视频文件
	配套光盘\秘技2．导出AAF文件.mp4

步骤01 打开本书配套光盘中的“素材 / 第 20 章 / 秘技 2．导出 AAF 文件”项目文件，如下图所示。

步骤02 单击“文件”➤“导出”➤“AAF”命令，如下图所示。

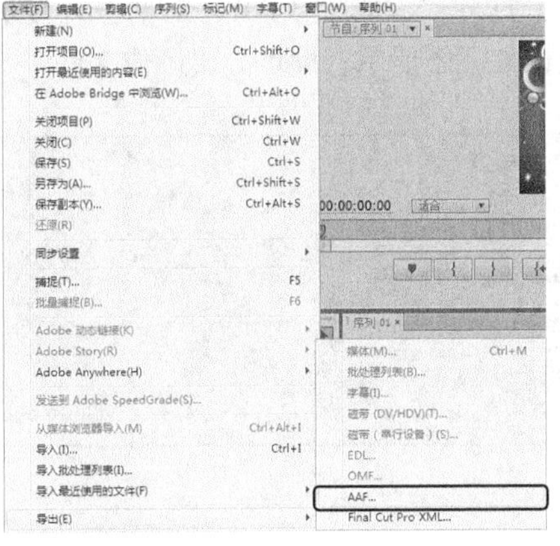

步骤03 打开“将转换的项目另存为 - AAF”对话框，❶ 修改保存路径和文件名，❷ 单击“保存”按钮，如下图所示。

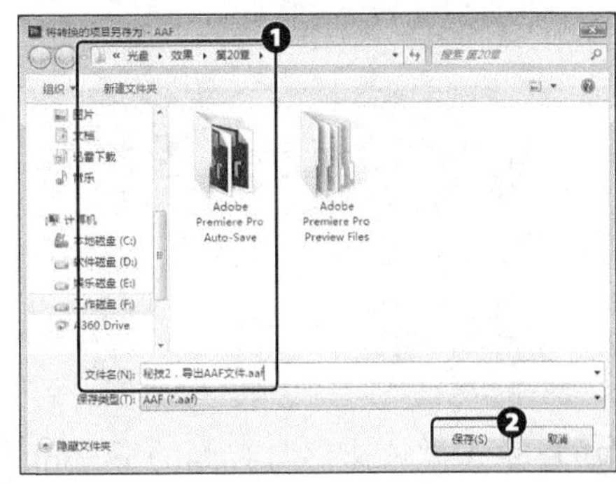

步骤04 打开“保存项目”对话框，❶ 稍后将打开“AAF 导出设置”对话框，❷ 勾选“另存为传统 AAF”复选框，❸ 单击“确定”按钮，如下图所示，打开相应的对话框，即可导出 AAF 文件。

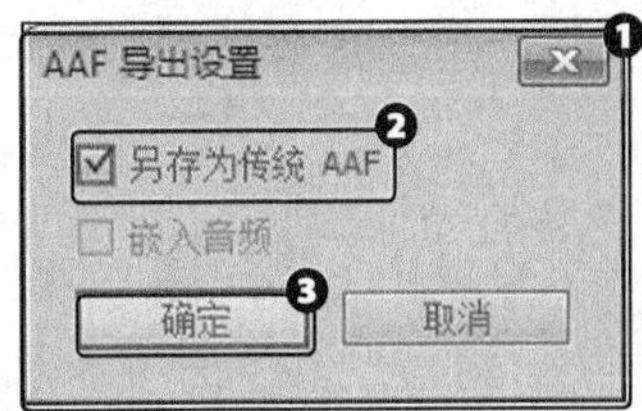

导出图像文件

在 Premiere Pro CC 中，除了可以导出视频、音频以及字幕等文件外，还可以将视频文件导出为图像文件，下面将介绍其导出方法。

	光盘同步视频文件
	配套光盘\秘技3．导出图像文件.mp4

步骤01 打开本书配套光盘中的“素材 / 第 20 章 / 秘技 3．导出图像文件”项目文件，如下图所示。

步骤 02 单击“文件”➤“导出”➤“媒体”命令，打开“导出设置”对话框，❶ 单击“格式”右侧的下三角按钮，展开列表框，❷ 选择“JPEG”选项，如下图所示。

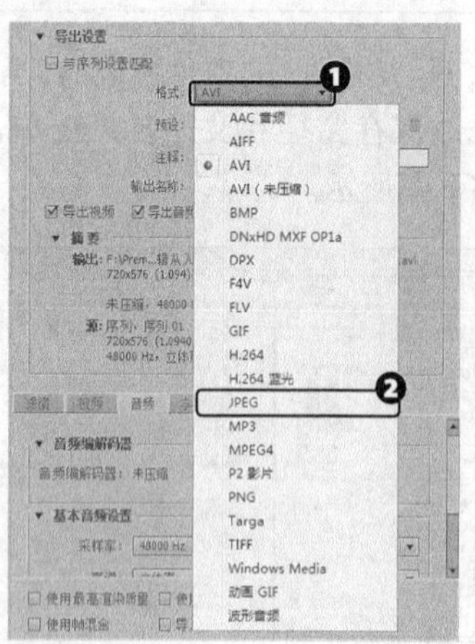

步骤 03 ❶ 单击“帧速率”右侧的下三角按钮，展开列表框，❷ 选择“1”选项，如下图所示。

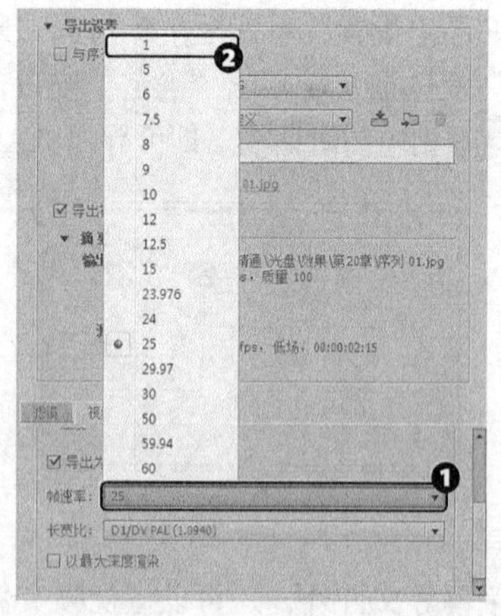

步骤 04 单击“输出名称”右侧的链接，❶ 打开“另存为”对话框，❷ 修改保存路径和文件名，❸ 单击“保存”按钮，如下图所示。

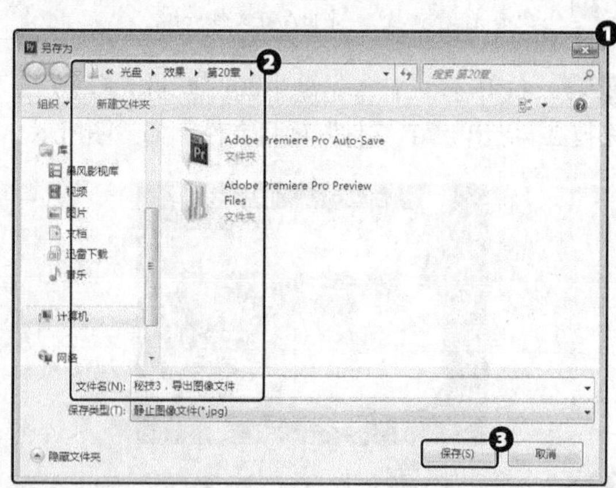

步骤 05 在“导出设置”对话框中，单击“导出”按钮，打开“编码 序列 01”对话框，显示导出进度，如下图所示，即可导出图像文件。

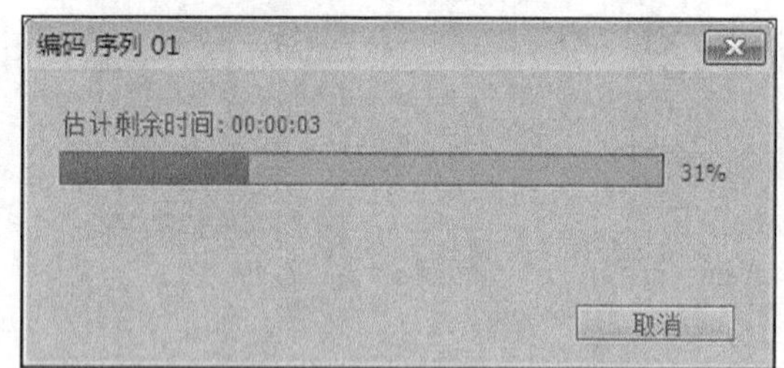

第5篇
高手秘技篇

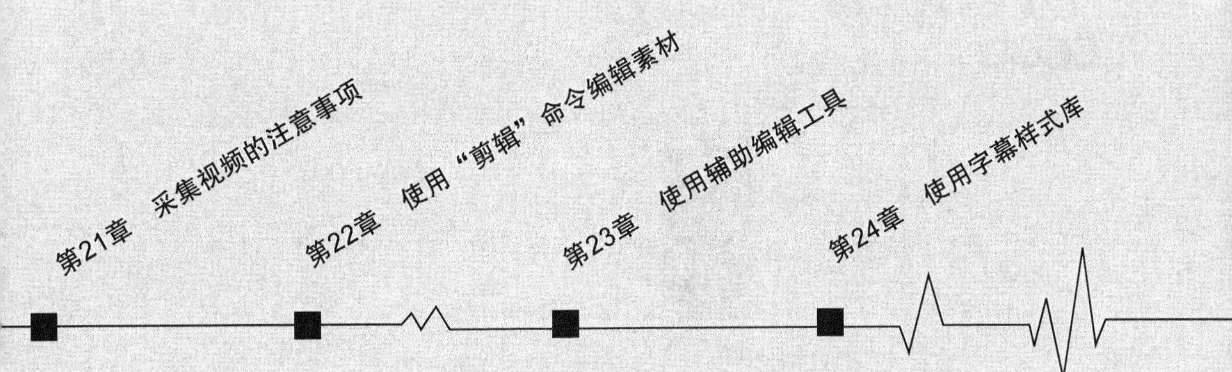
第21章　采集视频的注意事项
第22章　使用“剪辑”命令编辑素材
第23章　使用辅助编辑工具
第24章　使用字幕样式库

第21章 采集视频的注意事项

视频采集虽然是一项基础工作，但要做好却并不简单。本章主要介绍采集视频过程中需要注意的一些事项，帮助读者更好地完成相关工作。

- 释放资源
- 释放磁盘空间
- 优化系统
- 校正时间码
- 关闭屏幕保护程序

学习效果

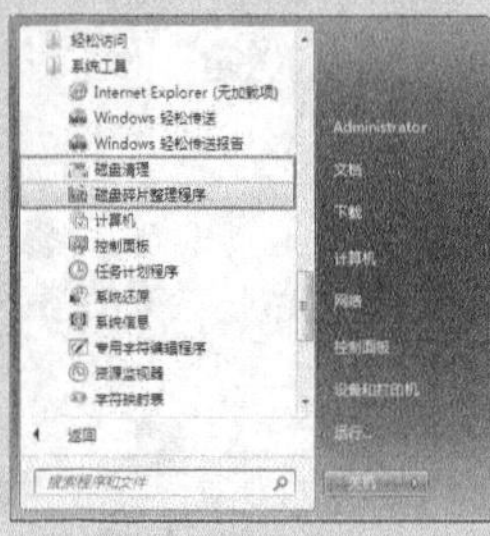

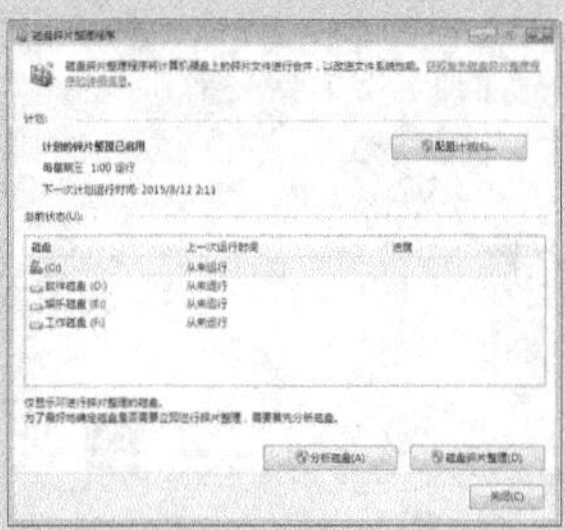

1. 对现有资源进行释放

关闭所有常驻内存中的应用程序，包括防毒程序、电源管理程序等，只保留运行的 Premiere Pro 和 Windows 资源管理器这两个应用程序。最好在开始采集前重启电脑系统。

2. 对计算机的磁盘空间进行释放

为了在捕获视频时能够有足够大的磁盘空间，建议把电脑中不常用的资料和文件备份到光盘或者其他存储设备上。

3. 对系统进行优化

如果没有进行过磁盘碎片整理，最好先运行磁盘碎片整理程序和磁盘清理程序。这两个程序都可以在“开始”➤“所有程序”➤“附件”➤“系统工具”中找到，如左下图所示。磁盘碎片整理程序的界面如右下图所示。

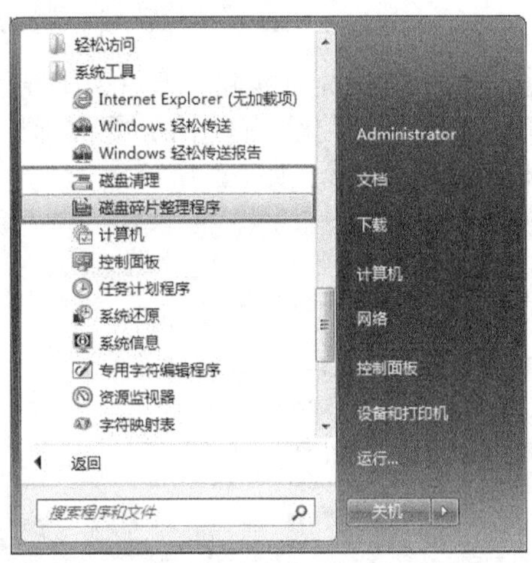

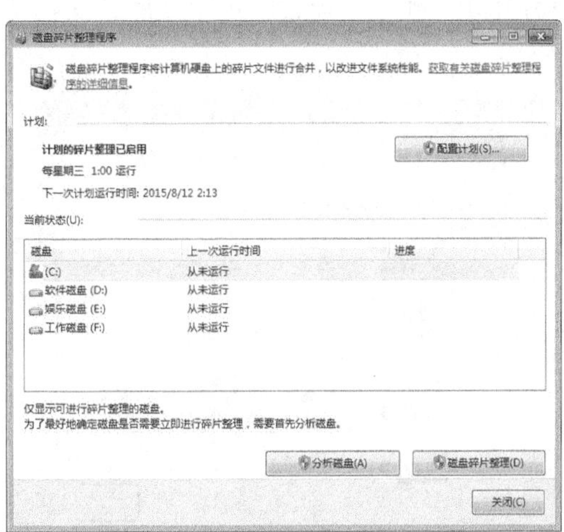

采集时需要选中一个空余空间较大的磁盘盘符，单击“磁盘碎片整理”按钮，系统就开始整理磁盘碎片了。整理磁盘碎片可以释放一定的硬盘空间，优化影片的存取速度，在对硬盘存取文件速度要求很高的视频捕获工作中，对硬盘进行优化是很有必要的。

4. 对时间码进行校正

如果要更好地采集影片和更顺畅地控制设备，则必须校正 DV 录像带的时间码。而校正时间码，则必须在拍摄视频前先使用标准的播放模式从头到尾不中断地录制视频，也可以采用在拍摄时用不透明的纸或布来盖住摄像机的方法。

5. 关闭屏幕保护程序

还有一点是需要用户特别注意的，就是一定要关闭屏幕保护。因为如果打开它，在启动的时候可能会终止采集工作，导致前功尽弃。下面将介绍关闭屏幕保护程序的操作方法。

光盘同步视频文件
配套光盘\关闭屏幕保护程序.mp4

步骤 01 在电脑桌面上，单击鼠标右键，❶ 打开快捷菜单，❷ 选择“个性化”选项，如下图所示。

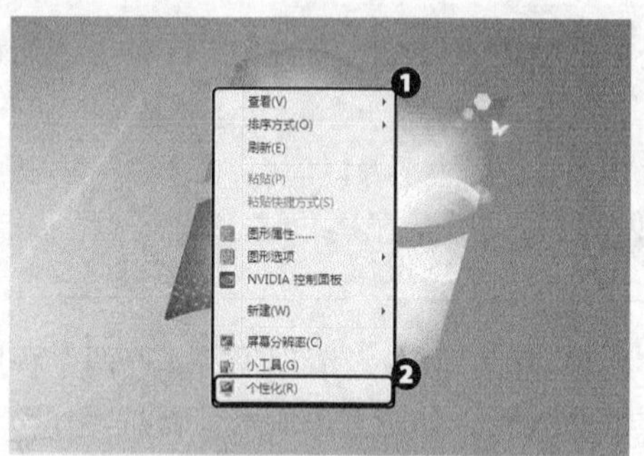

步骤 02 打开“个性化”窗口，单击“屏幕保护程序”链接，如右图所示。

步骤 03 打开“屏幕保护程序设置”对话框，❶ 单击“屏幕保护程序”下方的下三角按钮，展开列表框，❷ 选择“(无)”选项，如下图所示。

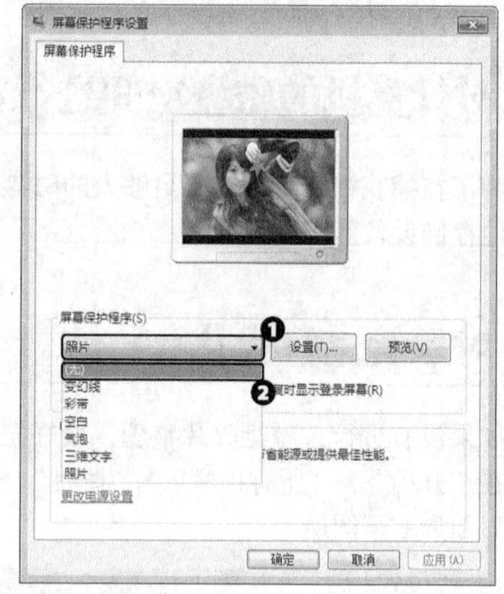

步骤 04 单击“确定”按钮，即可关闭屏幕保护程序，此时“个性化”窗口中的“屏幕保护程序”图标上将显示斜线，如下图所示。

第22章 使用“剪辑”命令编辑素材

学习目标

编辑作品时，为了在项目中保持素材的连贯性，需要调整素材。例如，减慢素材的速度以填充作品的间隙，或者将一帧定格几秒钟。“剪辑”菜单中的许多命令可以用于编辑素材。在Premiere Pro CC中，使用“速度/持续时间”命令可以改变素材的持续时间和速度；使用“帧定格”命令，可以改变素材的帧比率，还可以定格视频画面。

知识要点

- “速度/持续时间”命令
- “帧定格”命令
- “场选项”命令
- “帧混合”命令
- “缩放为帧大小”命令

学习效果

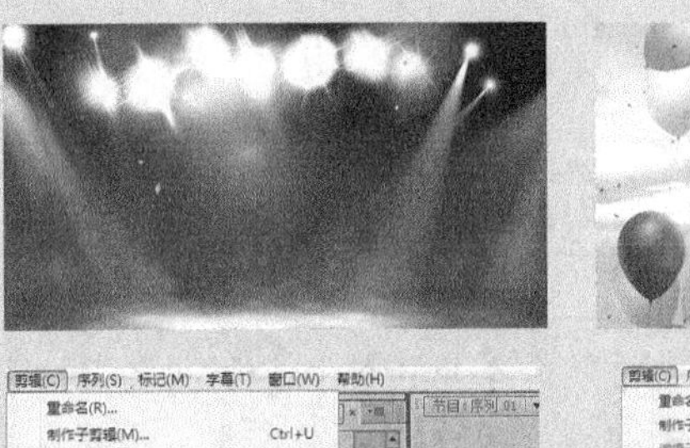

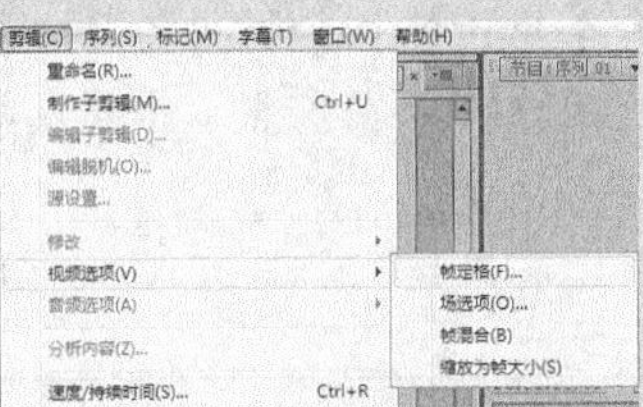

22.1 使用“速度/持续时间”命令

本节教学录像时间：1分钟

使用“速度/持续时间”命令，可以改变素材的长度，加快或减慢素材的播放速度，或者使视频反向播放。

光盘同步视频文件

配套光盘\使用“速度/持续时间”命令.mp4

步骤01 打开本书配套光盘中的“素材/第22章/22.1 使用“速度 持续时间”命令”项目文件，如下图所示。

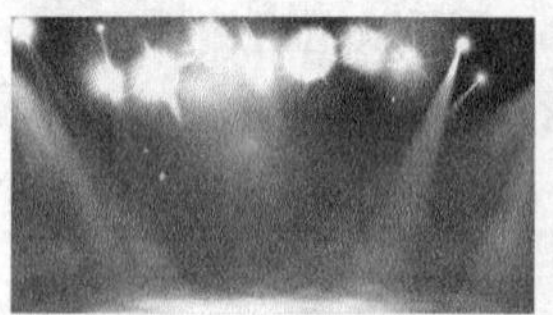

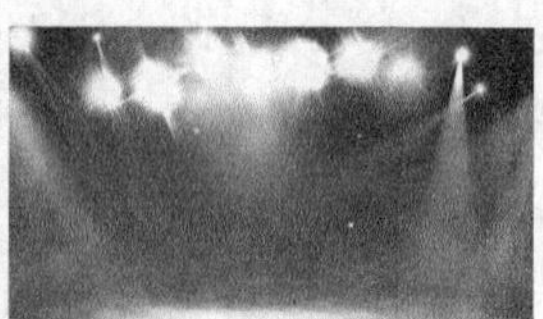

步骤02 在“视频1”轨道上，选择视频文件，单击“剪辑”➤“速度/持续时间”命令，如下图所示。

剪辑(C) 序列(S) 标记(M) 字幕(T) 窗口(W)

重命名(R)...
制作子剪辑(M)... Ctrl+U
编辑子剪辑(D)...
编辑脱机(O)...
源设置...
修改
视频选项(V)
音频选项(A)
分析内容(Z)...
速度/持续时间(S)... Ctrl+R
移除效果(R)...
捕捉设置(C)
插入(I)
覆盖(O)

步骤03 打开“剪辑速度/持续时间”对话框，修改“速度”为60，如下图所示。

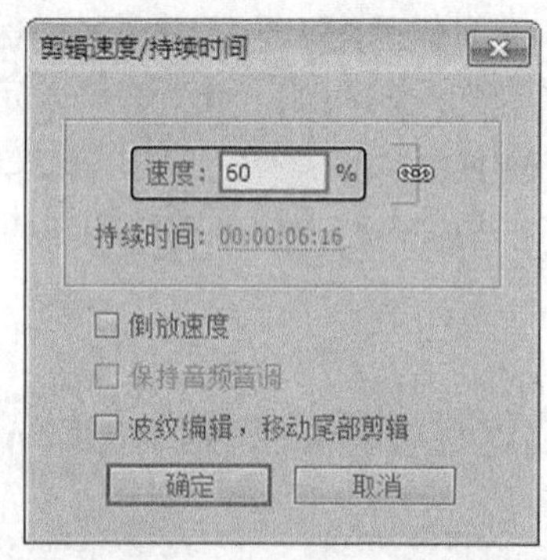

步骤04 单击“确定”按钮，即可使用“速度/持续时间”命令，修改素材的速度和持续时间，如下图所示。

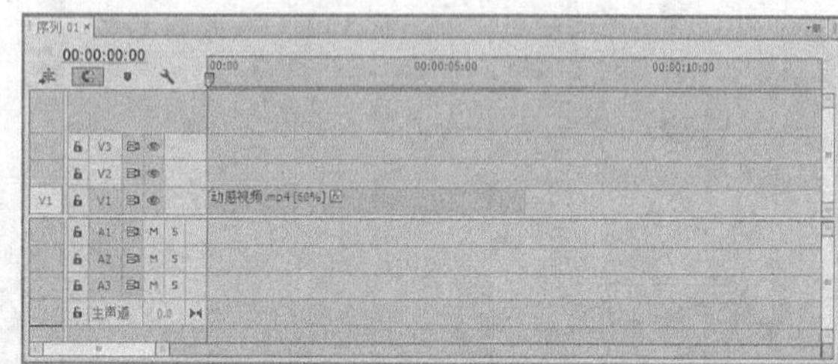

22.2 使用“帧定格”命令

本节教学录像时间：1分钟

Premiere Pro CC的“帧定格”命令用于定格素材中的某一帧，以便该帧出现在素材的入点到出点的这段时间内。用户可以在入点、出点或标记点0处创建定格帧。

光盘同步视频文件

配套光盘\使用“帧定格”命令.mp4

步骤01 打开本书配套光盘中的“素材 / 第 21 章 / 22.2 使用‘帧定格’命令”项目文件，如下图所示。

步骤02 将时间线移至 00:00:00:19 的位置处，单击“标记入点”按钮，即可添加标记，如右上图所示。

步骤03 在“视频 1”轨道上，选择视频素材，单击“剪辑”➤“视频选项”➤“帧定格”命令，如右中图所示。

步骤04 打开“帧定格选项”对话框，保持默认选项，单击“确定”按钮，如右下图所示，即可使用“帧定格”命令定格素材中的关键帧。

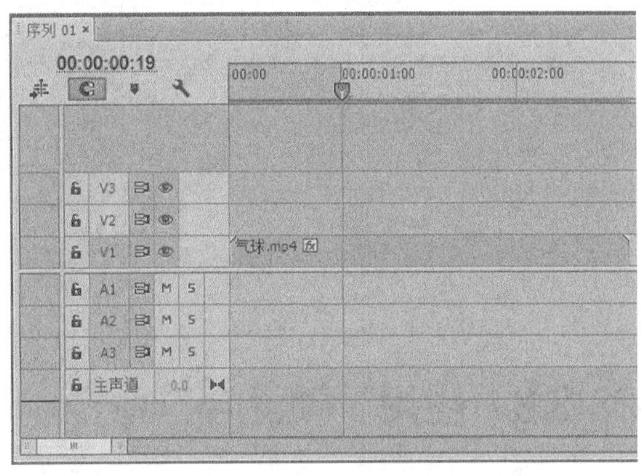

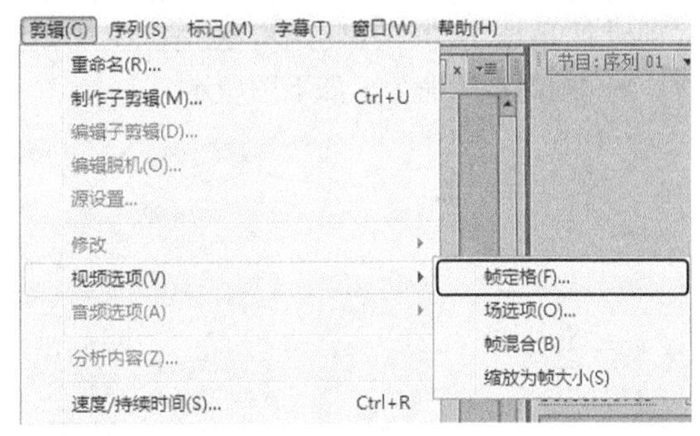

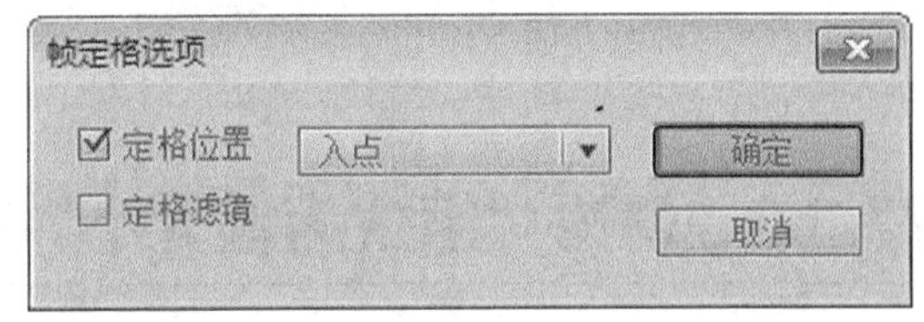

22.3 其他命令

除了“速度 / 持续时间”和“帧定格”命令外，还有其他命令可用于编辑素材。

22.3.1 使用“场选项”命令

使用“场选项”命令，可以减少素材中的闪烁并能消除交错。其使用方法是：在视频轨道中，选择视频素材，单击“剪辑”➤“视频选项”➤“场选项”命令，如左下图所示，打开“场选项”对话框，在该对话框中修改相应的参数，单击“确定”按钮即可，如右下图所示。

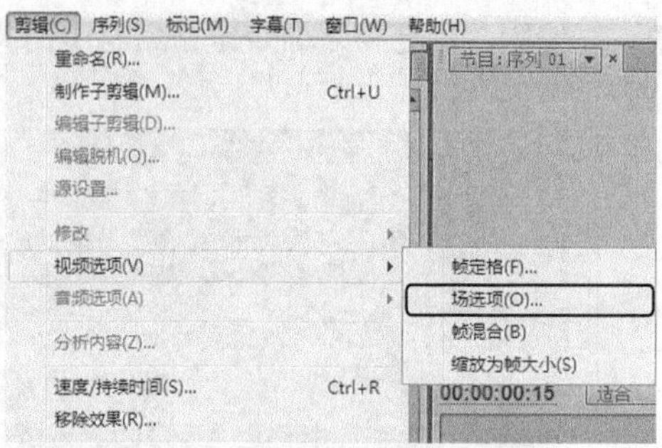

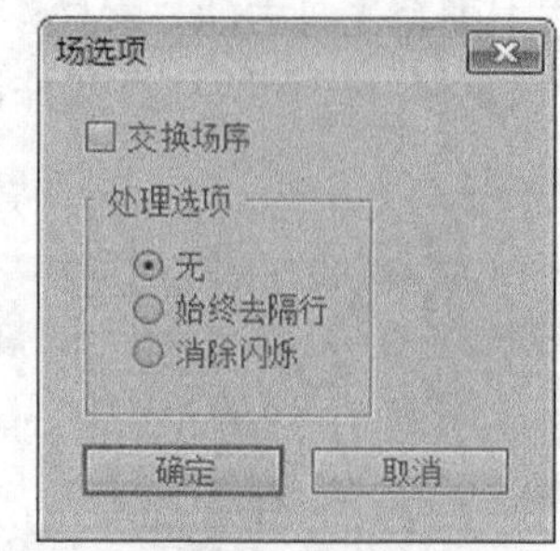

22.3.2 使用“帧混合”命令

使用“帧混合”命令，可以避免在修改素材的速度或帧速率时产生波浪似的起伏。帧融合选项默认是选中的。其使用方法是：在视频轨道中，选择视频素材，单击“剪辑”➤“视频选项”➤“帧混合”命令，如下图所示。

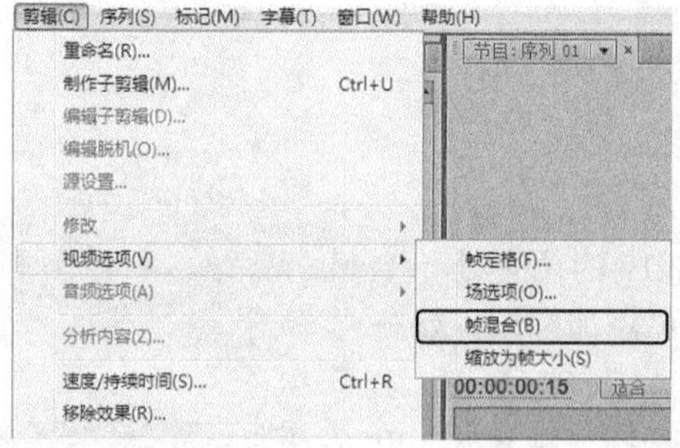

22.3.3 使用“缩放为帧大小”命令

使用“缩放为帧大小”命令可以调整素材的比例，使其与项目的画幅大小一致。其使用方法是：在视频轨道中，选择视频素材，单击“剪辑”➤“视频选项”➤“缩放为帧大小”命令，如下图所示。使用该命令后，则“节目监视器”面板中的画幅大小将发生变化。

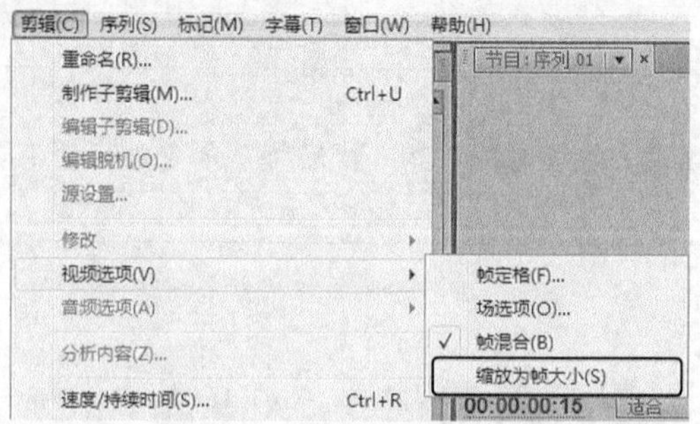

第23章 使用辅助编辑工具

学习目标

在视频编辑过程中，难免会出现各种小问题，这时候就需要辅助工具了。本章主要介绍几种工具的使用方法，帮助读者做出更完善的视频。

知识要点

- 使用“历史记录”面板撤销操作
- 删除序列间隙
- 使用“参考监视器”面板
- 查看素材的帧

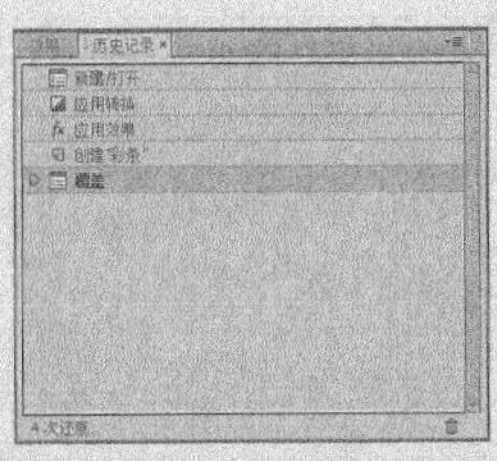

1. 使用“历史记录”面板撤销操作

即使是最优秀的编辑人员，也会有改变主意和犯错误的时候。传统的非线性编辑系统允许在将源素材真正录制到节目录像带之前预览编辑。但是，传统的编辑系统提供的撤销级别没有 Premiere Pro CC 的“历史记录”面板提供得多，如左下图所示。“历史记录”面板记录使用 Premiere Pro CC 时的编辑活动，每一步活动都分别对应“历史记录”面板上一个单独的条目。如果想返回到以前的某一步，在“历史记录”面板中单击该步，即可撤销该步以下的操作。

要了解“历史记录”面板的工作方式，可以打开一个新项目或现有项目，将一些素材拖到时间线上。在拖动时，注意观察“历史记录”面板中记录的每一个状态。例如，选择时间线上的一个素材，按【Delete】键将其删除，则“历史记录”面板上将记录了“删除”的状态，如右下图所示。

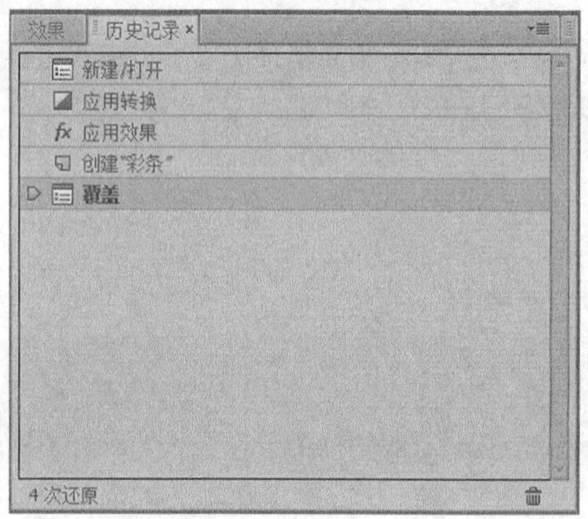

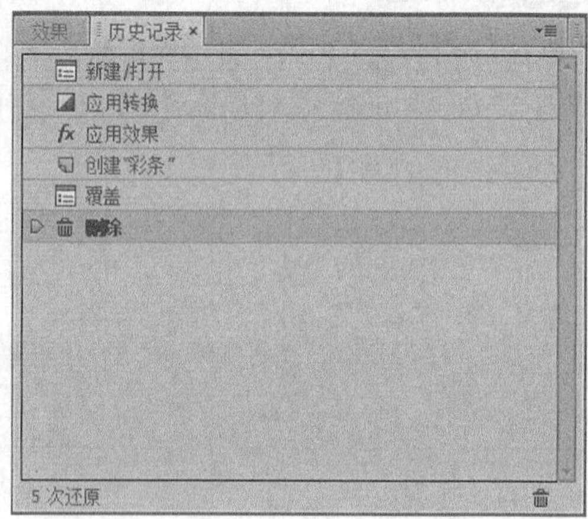

2. 删除序列间隙

时间线中不可避免地会留有间隙。有时由于“时间轴”面板的缩放比例问题，导致间隙根本看不出来。右键单击时间线的间隙处，单击鼠标右键，打开快捷菜单，选择“波纹删除”选项，如下图所示，即可删除序列间隙。

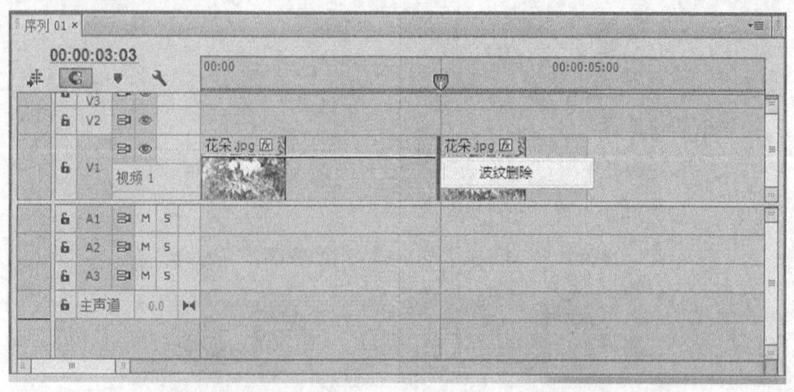

3. 使用“参考监视器”面板

“参考监视器”是另一种“节目监视器”，它独立于“节目监视器”显示节目。在“节目监视器”中编辑序列的前后，需要使用“参考监视器”显示影片，以帮助预览编辑的效果。还可以使用“参考监视器”显示 Premiere 的各种图形，如矢量图和 YC 波形，可以边播放节目边观察图形。

要查看“参考监视器”面板，可以单击“窗口”➤“参考监视器”命令，如左下图所示，即可打开“参考监视器”面板。在默认情况下，“节目监视器”面板菜单中的“绑定到参考监视器”选项是选中的，该命令会在屏幕中显示“参考监视器”时成为可选状态，如右下图所示。如果要关闭该选项，只需选择“节目监视器”面板菜单中的“嵌套参考监视器”选项即可。

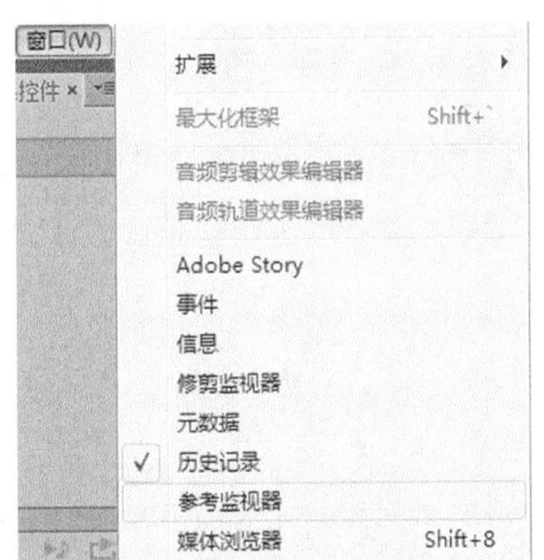

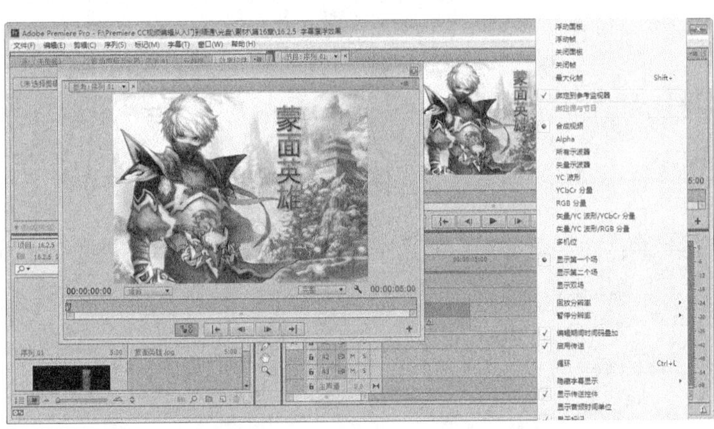

4. 查看素材的帧

在“源监视器”面板中可以精确地查找素材片段的每一帧。在“源监视器”面板中可以进行以下操作，以查看素材的帧。

- 在“源监视器”面板中，单击时间码区域，将其激活为可编辑状态，输入需要跳转的准确时间，如左下图所示，按【Enter】键确认，即可精确地定位到指定的帧位置，如右下图所示。

- 单击“逐帧后退”按钮，可以使画面向后移动一帧；如果按住【Shift】键的同时单击该按钮，可以使画面向后移动 5 帧。
- 单击“逐帧前进”按钮，可以使画面向前移动一帧；如果按住【Shift】键的同时单击该按钮，可以使画面向前移动 5 帧。
- 直接拖动当前时间指示器到要查看的位置即可。

第24章 使用字幕样式库

学习目标

字幕样式库用于管理 Premiere Pro CC 中的字幕样式文件，在使用字幕样式库时，可以对字幕样式库进行重置、替换、追加和保存操作。本章将详细介绍使用字幕样式库的方法。

知识要点

- 重置字幕样式库
- 替换字幕样式库
- 追加字幕样式库
- 保存字幕样式库

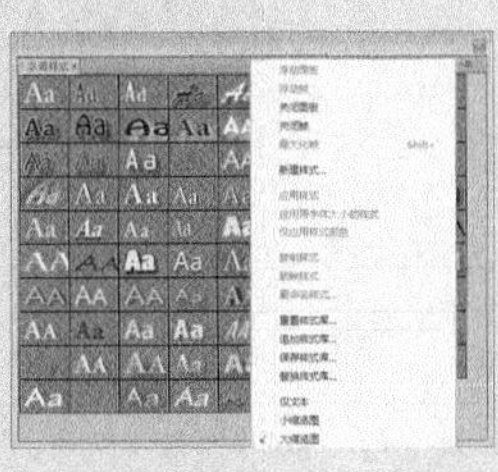

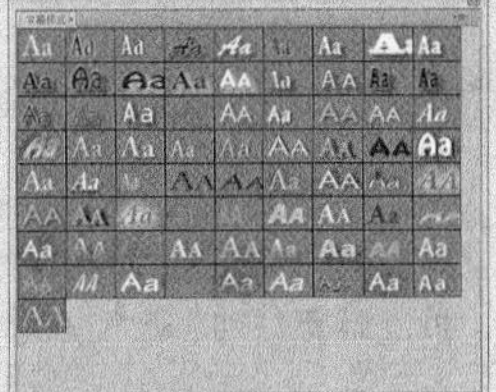

24.1 重置字幕样式库

本节教学录像时间：1分钟

重置字幕样式库可以让用户得到最新的样式库，下面将介绍其操作方法。

光盘同步视频文件

配套光盘\重置字幕样式库.mp4

步骤 01 新建一个项目文件，在“项目”面板中单击鼠标右键，❶ 打开快捷菜单，❷ 选择“新建”➤“字幕”选项，如下图所示。

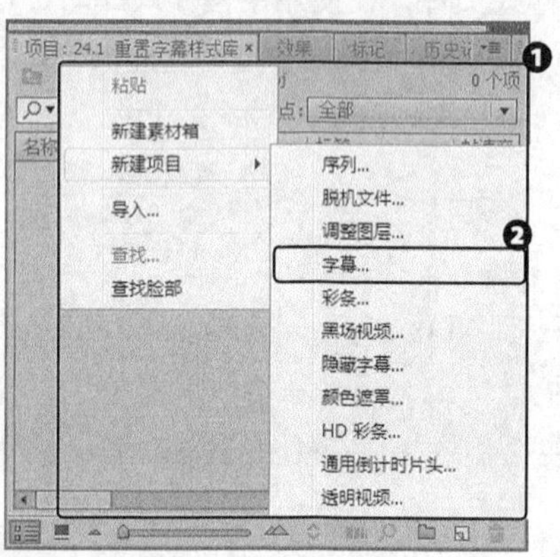

步骤 02 打开“新建字幕”对话框，保持默认设置，单击“确定”按钮，如下图所示。

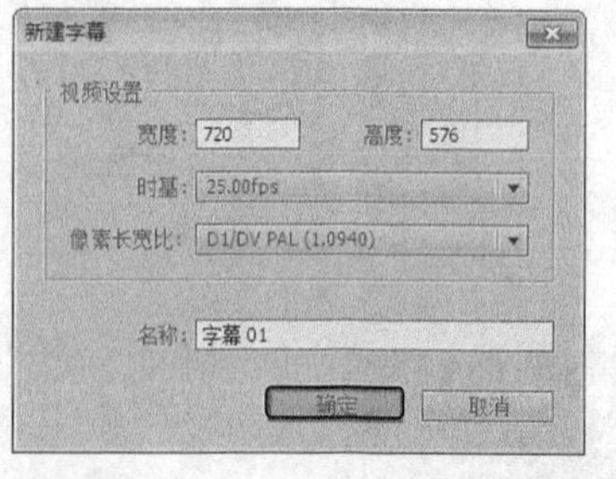

步骤 03 打开“字幕”窗口，❶ 单击“字幕样式”面板右上角的下三角按钮，展开列表框，❷ 选择“重置样式库”选项，如下图所示。

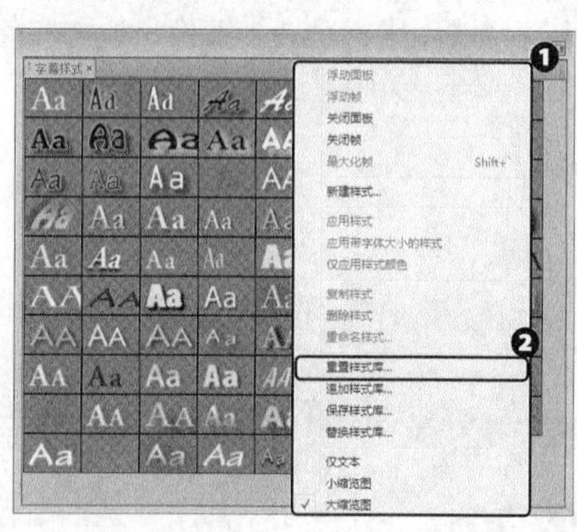

步骤 04 弹出“Adobe 字幕设计器”提示对话框，单击“确定”按钮，如下图所示，即可重置字幕样式库。

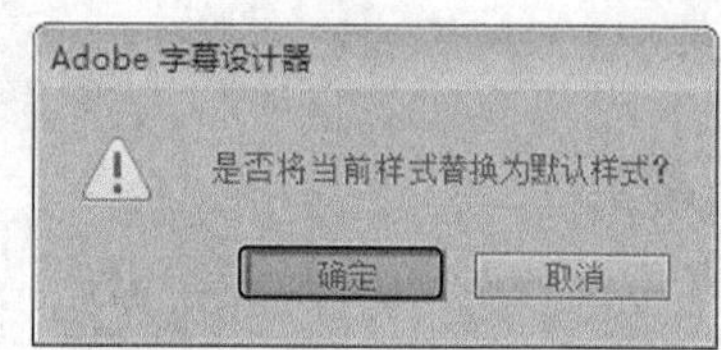

24.2 替换字幕样式库

本节教学录像时间：2分钟

替换样式库操作可以将用户不满意的字幕样式进行替换，下面将介绍替换字幕样式库的操作方法。

光盘同步视频文件

配套光盘\替换字幕样式库.mp4

步骤01 ❶ 单击“字幕样式”面板右上角的下三角按钮，展开列表框，❷ 选择“替换样式库”选项，如下图所示。

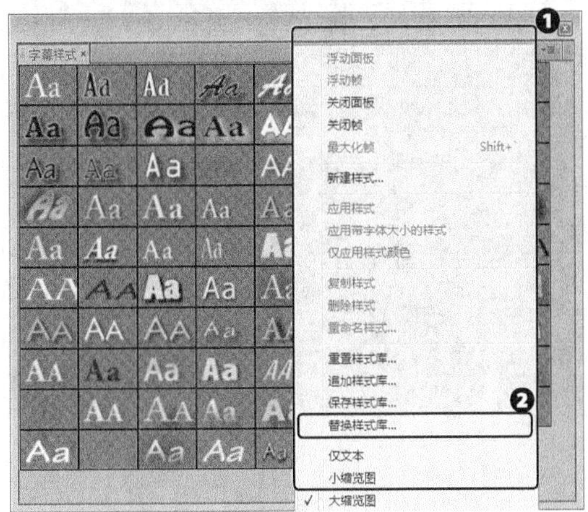

步骤02 打开“打开样式库”对话框，❶ 选择“字幕样式库”文件，❷ 单击“打开”按钮，如右上图所示。

步骤03 即可替换样式库，则“字幕样式”面板中的字幕样式发生了变化，如右下图所示。

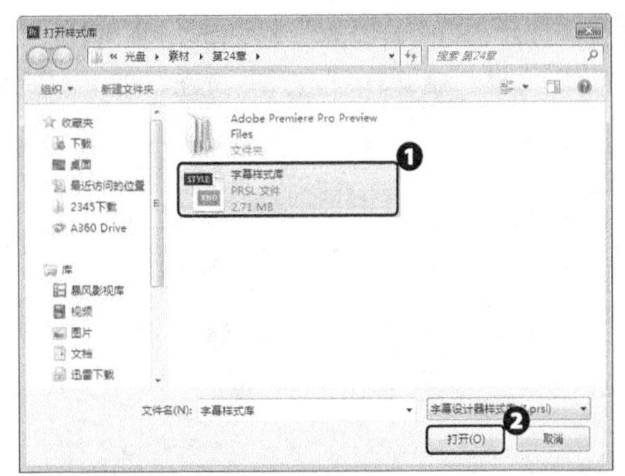

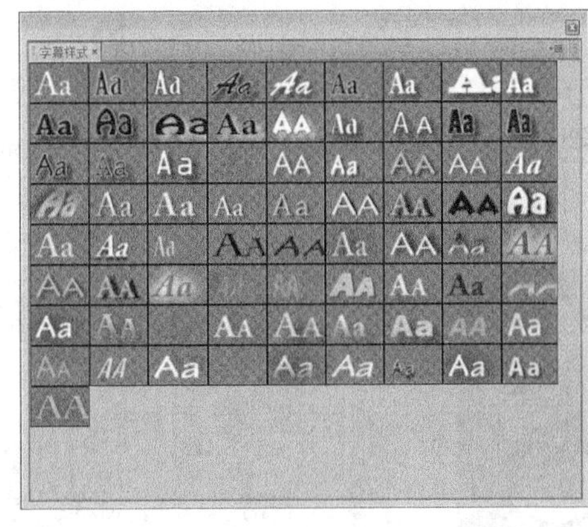

24.3 追加字幕样式库

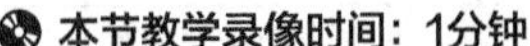

本节教学录像时间：1分钟

使用追加字幕样式库功能，可以将保存好的字幕样式库添加到“字幕样式”面板中，而不是进行替换。

	光盘同步视频文件
	配套光盘\追加字幕样式库.mp4

步骤01 ❶ 单击“字幕样式”面板右上角的下三角按钮，展开列表框，❷ 选择“追加样式库”选项，如右图所示。

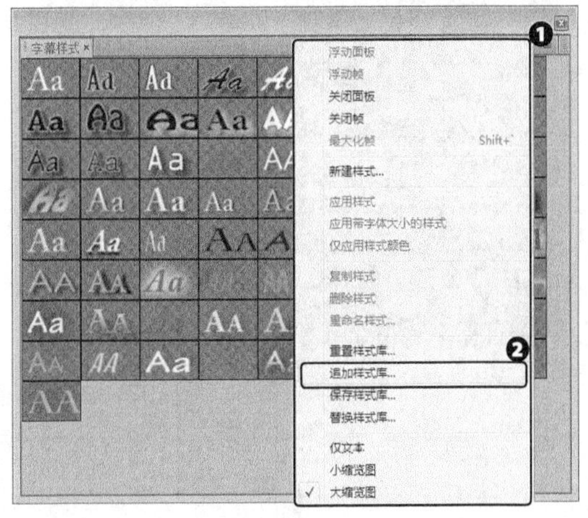

步骤02 打开“打开样式库”对话框，❶ 选择“字幕样式库”文件，❷ 单击“打开”按钮，如下图所示。

步骤03 即可追加样式库，则“字幕样式”面板中的字幕样式发生了变化，如下图所示。

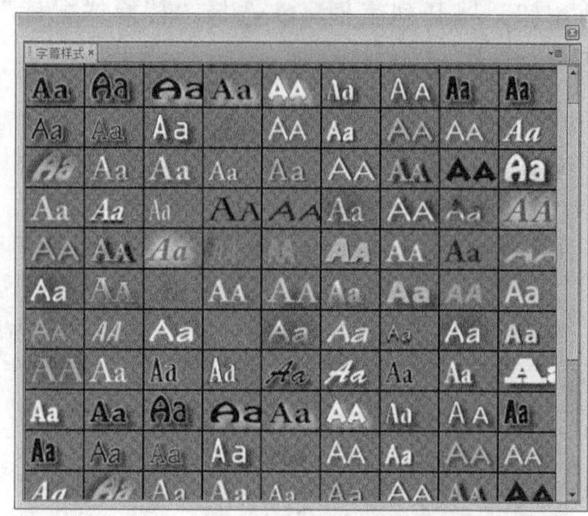

24.4 保存字幕样式库

本节教学录像时间：1分钟

使用保存字幕样式库，可以对字幕样式库进行保存操作。

光盘同步视频文件

配套光盘\保存字幕样式库.mp4

步骤01 ❶ 单击“字幕样式”面板右上角的下三角按钮，展开列表框，❷ 选择“保存样式库”选项，如下图所示。

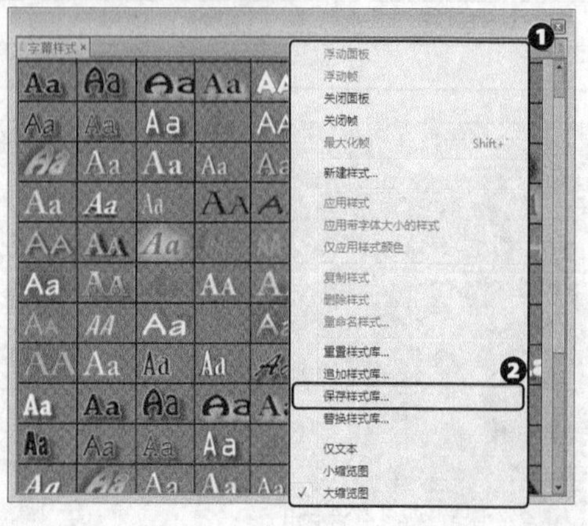

步骤02 打开“保存样式库”对话框，❶ 修改保存路径和文件名，❷ 单击“保存”按钮，如下图所示，即可保存字幕样式库。

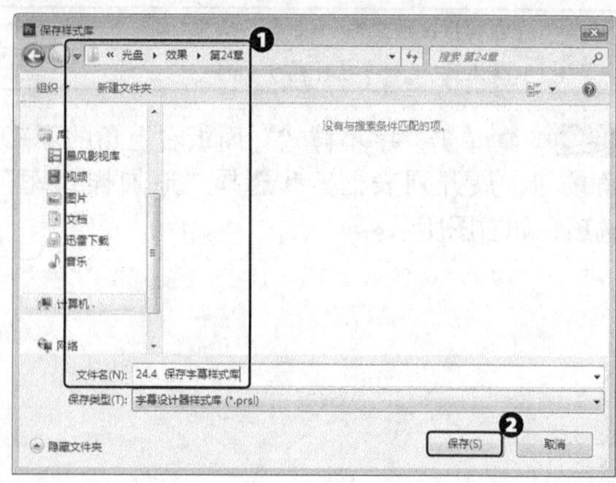